全国建筑防水堵漏工程
定额手册

（第二版）

沈春林　主编

中国质检出版社
中国标准出版社
北　京

图书在版编目(CIP)数据

全国建筑防水堵漏工程定额手册(2 版)/沈春林主编.—北京:中国标准出版社,2012
ISBN 978-7-5066-6574-2

Ⅰ.①全… Ⅱ.①沈… Ⅲ.①建筑防水-工程施工-建筑预算定额-中国-手册 Ⅳ.①TU723.3-62

中国版本图书馆 CIP 数据核字(2012)第 021232 号

中国质检出版社
中国标准出版社 出版发行
北京市朝阳区和平里西街甲 2 号(100013)
北京市西城区三里河北街 16 号(100045)
网址:www.spc.net.cn
总编室:(010)64275323 发行中心:(010)51780235
读者服务部:(010)68523946
中国标准出版社秦皇岛印刷厂印刷
各地新华书店经销
*
开本 787×1092 1/16 印张 80.5 字数 2 000 千字
2012 年 3 月第二版 2012 年 3 月第二次印刷
*
定价 240.00 元

编委会名单

李永友　汪良美　钱禹诚　霍祖政　陈家标
稂秋华　曹望远　唐　雪　孙明海　余美佑
赖礼榕　赵少斌　王　鹰　余金妹　张贵贤
黄万东　崔建伟　谭克俊　郑　兴　邓思荣
梁广明　朱廷丰　罗大凤　吴　俊　朱绍碧
陈汝斌　刘冠麟　郝伟国　郭　峰　位国喜
程德忠　赵书杰　韩　露　王建东　卢明义
程文涛　王志毅　刘太安　侯玉华　郑月友
孙美峰　金　人　李　伶　翁立林　储祥敏
赵　斌　徐伟杰　蔡皓钦　林江海　李青云
陈伟忠　郭志贤　辛立伦　吴连国　郑凤礼
池金傅　郑艺斌　王志强　薛邦田　陈正强
谭先华　孟祥旗　王天星　廖石泉　王继飞

前　言

为了满足我国广大建筑防水工作者对建筑防水堵漏工程定额资料的需求，我们于2005年根据各省市新颁布的建筑工程定额摘录其防水、防潮、堵漏工程部分的定额汇编成《全国建筑防水堵漏工程定额手册》(2005版)，供全国从事建筑防水堵漏工程的技术经济管理人员使用。本书第一版出版后至今已6年，各省、市又相继颁布了新的定额，现按新定额内容汇编为第二版。

目前在全国许多建筑防水堵漏工程实行招投标的过程中，采用了国家住房与城乡建设部和国家质检总局颁布的GB 50500—2008《建设工程工程量清单计价规范》的计价做法，但在执行过程中许多工程项目还要结合工程定额进行详细计算，因此非常有必要汇编第二版防水堵漏工程定额。

在本书汇编过程中，得到了大连细扬防水工程集团有限公司樊细杨董事长、江苏省盐城市康泰建筑灌浆技术有限公司陈森森总经理、湖南师旗防水有限公司张纪平总经理、连云港苏云防水材料厂单康成厂长、郑州赛诺建材有限公司王福州总经理等防水堵漏材料的研发生产施工单位的大力支持，他们提供了第一手技术经济资料并参与了部分内容的编写。本书参考和摘录了全国许多有关书刊资料中的防水堵漏工程定额内容，在此表示深切的谢意。在本书编写形式方面，我们对原文件中的章节未加改动。读者看到的章节即为各地定额规定中原有章节。这样既便于读者查阅，又保证了本书在内容上的科学性和追溯性。

编写本书的目的，是为了给防水堵漏业界人士的工程结算和项目洽谈提供一本实用型的工具书，但在本书汇编过程中难免存在许多不足之处，请广大读者提出批评意见和建议，来信请寄江苏省苏州市三香路999号(邮编:215004)，苏州非矿院防水材料设计研究所沈春林收(手机:13306211108，电话:0512-68657232，邮箱:scl1217@126.com)。

沈春林

2011年8月28日

目　录

一、北京市房屋修缮工程预算定额

（2005年定额防水工程部分）

关于颁布2005年《北京市房屋修缮工程预算定额》和《北京市房屋修缮工程间接费及其他费用定额》的通知

（京建房[2005]506号）

各有关单位：

为加强我市房屋修缮市场管理，合理确定并有效的控制房屋修缮工程造价，维护市场秩序，我委组织编制了2005年《北京市房屋修缮工程预算定额》和《北京市房屋修缮工程间接费及其他费用定额》（以下简称本定额）。经审查，现批准发布，自2005年7月1日起执行。

本定额作为北京市行政区域内编制房屋修缮工程预算、确定标底、投标报价、工程量清单计价以及签订施工合同、工程结算和造价审定的参考依据。

本定额由北京市房屋修缮工程定额管理处负责解释和管理。

北京市建设委员会

二〇〇五年五月二十六日

总　说　明

一、《北京市房屋修缮工程预算定额》（以下简称本定额）包括土建结构分册，装饰装修分册，古建筑分册，给排水、采暖分册、通风、空调分册，电气分册，电梯分册，措施费分册及材料预算价格汇总表共9个分册。

二、本定额适用于本市行政区域内的各类房屋建筑和其附属设备的修缮工程，改建工程，重新装饰装修工程，系统更新改造工程，抗震加固工程，一般单层房屋的翻建工程，古建筑修缮、复建、保护性移地迁建工程，以及随同上述各类工程施工的零星（建筑面积在300 m^2以内）添建、扩建工程。不适用于建筑面积在300 m^2以外的新建、扩建工程和临时性的工程。

三、本定额是编制房屋修缮工程、古建筑修缮工程预算、结算、确定其工程造价的依据，是编制房屋修缮工程、古建筑修缮工程招标标底和投标报价的依据，是编制房屋修缮工程工程量清单计价的基础，亦是施工企业编制本企业定额的参考。

四、本定额的编制依据

1. 国家和有关部门颁发的现行房屋修缮工程、抗震加固工程、建筑安装工程的有关法律法规、设计规范、施工及验收规范、技术操作规程、质量评定标准和安全操作规程。

2. 现行标准图集、典型设计图纸资料及各个时期有关房屋建筑的文献资料。

3.《全国统一房屋修缮工程预算定额》。

4. 其他有关资料。

五、本定额是按正常的施工条件、合理的施工组织及使用标准合格的建筑材料、成品、半成品编制的。已考虑了房屋修缮工程中普遍存在的工程规模相对较小且分散,施工现场狭小,连续作业差,室内不易全部腾空,要保护原有建筑物及其周边景观环境等对施工作业不利因素的影响,除各分册另有规定外,不得因具体施工条件的差异而降低定额水平。

六、本定额是以建筑物檐高在 25 m 以下为准编制的。建筑物檐高超过 25 m 时,可参考措施费分册的有关规定执行。

七、本定额是根据本市大多数施工企业管理水平并结合房屋修缮施工特点,以手工操作为主且配合相应中小型机械作业为准编制的。

八、本定额中人工消耗量的确定,人工不分工种、不分等级,以综合工日的形式表现,其中包括基本工、其他工和人工幅度差,现场材料加工和材料运输等其他用工。

九、本定额中仅列出主要材料消耗量,将零星材料、辅助材料综合在其他材料费中。

十、本定额中机械使用费除个别章节子目考虑了大型机械台班以外,均以中小型机械为主,未包括大型机械的使用费用,凡需使用大型机械的应根据工程具体情况按实列入直接工程费。

十一、本定额所列预算基价为定额编制期基期价格,其中:

1. 人工费基价为 30.80 元/工日,其中包括有基本工资、工资性补贴、生产工人辅助工资、职工福利费、生产工人劳动保护费。

2. 材料费基价中包括材料原价、材料运杂费、运输损耗费、采购及保管费和检验试验费,其中其他材料费中除包括有零星材料、辅助材料费外,还包括有生产工具用具费。

3. 定额中中小型机械费是根据房屋修缮工程特点综合确定的,此外凡例有大型机械定额子目均包括有折旧费、大修理费、经常修理费、安拆及场上运费、燃料动力费、机上人员工资以及养路费及车船使用税。

十二、本定额工程水电费可按下表计取,计入直接工程费。若业主提供水电的,则不得计取此项费用。

项目名称	取费基数	费率(%)	项目名称	取费基数	费率(%)
土建	定额人工费	2.2	通风空调	定额人工费	1.8
装饰	定额人工费	2.0	电气	定额人工费	1.4
古建筑	定额人工费	1.8	电梯	定额人工费	1.4
暖卫	定额人工费	1.8			

十三、本定额中凡注明×××以内或以下者均包括×××本身,注明×××以外或以上者均不包括×××本身。

十四、本定额各子目中凡有(　)者均按各自分册说明中的规定执行。

第八章　屋面工程

说　明

本章包括拆除、修补、挑修、保温、新做及屋面排水工程,共 6 节 149 个子目。

一、工作内容

1. 各种瓦屋面的拆除包括基层及其以上的屋面拆除，但不包括木基层的拆除；混凝土屋面的拆除包括屋面板、找平层及防水层的拆除。

2. 泥宼屋面工程包括：闷筛灰、烧滑秸、筛土、调制灰浆等工作。

3. 屋面修补包括：屋面、屋脊、檐头、边梢垄等部位的拔草、铲青苔、清垄、铲除酥裂空鼓的灰皮及破碎瓦件、找补抹灰、赶光轧实等工作。

4. 青灰屋面修补锔缝及屋面补衬泥背包括：灰、泥背的铲除清理、剔槎、补抹灰、赶光轧实等全部操作过程。

5. 抽换瓦件包括：拆换瓦件、归安固定瓦件等工作。

6. 檐头整修包括：局部揭宼、归安连檐瓦口、添换瓦件、夹腮或裹垄、刷浆轧实等工作。

7. 瓦头修补包括：清理檐头、补换互头、锔缝等工作。

8. 新开沟嘴包括：拆除屋面檐边、砌抹沟嘴、稳放瓦件、修复屋面等工作。

9. 各种泥宼瓦屋面包括钉度箔（瓦笆）、排钉瓦口、苫泥背、沾瓦、粘瓦头、调脊（不包括清水脊）、宼瓦（夹腮或裹垄捋梗）、轧脊、堵抹檐口燕窝等工作。合瓦屋面定额包括鞍子脊；其他青瓦屋面定额包括做屋脊和边梢垄；石板瓦屋面定额包括戳缝、锁口、裁石板等工作。

10. 青灰屋面包括：铺钉席箔、苫泥、灰背、拍麻、刷浆、赶平、轧实出亮、做瓦檐或沟嘴、堵抹檐口燕窝等工作。

11. 各种屋面挑修及檐头边梢揭宼，除包括新做屋面的工作内容以外，还包括拆除屋面、归安连檐瓦口、添配瓦件等工作。

12. 堵抹椽档（燕窝）包括：剔除旧灰、堵抹檐口椽档、赶平轧实等工作。

13. 屋面保温包括：清理基层、弹线找泛水、筛选保温材料、生熟料拌和、铺填（干铺、浆铺或浇注）、找平或拍平、养护等工作。

14. 水泥瓦屋面包括：选瓦、裁瓦、铺瓦（垫浆）、调平等工作。

15. 石棉瓦、瓦垄铁、玻璃钢等波形瓦屋面包括：裁瓦、割角、钻孔、穿垫固定等工作。

16. 水泥瓦、波形瓦屋面的屋脊、斜沟包括：选配瓦、裁瓦、坐浆、勾缝和固定等工作。

17. 水落管疏通包括：清扫冲洗屋面下水箅子、水斗、水落管、清运渣土等工作。

18. 修补白铁工程包括：拆换、整理、修补、安装等工作。

19. 新做白铁工程包装：裁铁、咬口焊接、铁件制作及安装等工作。屋面伸缩缝白铁罩面还包括埋木砖、钉木条、刷防腐油等工作。

二、统一性规定及说明

1. 水泥瓦、波形瓦屋面定额均未包括脊瓦、斜脊、斜沟及披水檐的工料；实际发生时，执行相应的定额。

2. 青瓦屋面定额未包括清水脊、排山脊的工料；实际发生时，执行古建筑分册的相应定额。

3. 一幢屋屋的屋面其工程做法不同时，应分别计算工程量并执行相应定额。

4. 石板瓦、干岔瓦、仰瓦灰梗屋面已包括屋脊、边梢垄的工作内容。

5. 檐头揭宼系指宽度在 80 cm 以内的范围，如超出上述宽度时，按局部挑修定额执行。

6. 保温层的保温材料配合比、砂浆强度等级与定额不同时，可以换算。

7. 拔草清垄定额只适用于屋面不需进行查补而为保护屋面做法时使用。

8. 凡注明安装的项目均不包括制作用工，材料以使用成品为准。

三、工程量计算规则

1. 屋面的拆除按屋面的实际面积以平方米为单位计算。

2. 各种水落管拆除按其垂直长度以米为单位计算。

3. 白铁檐沟、斜沟拆除按实拆长度以米为单位计算。拆沟嘴按个计算。

4. 坡屋面面积按屋面的斜面积以平方米为单位计算。新做、翻挑屋面面积，以屋面前后坡的瓦檐外皮及其两山墙的披水檐外皮为计算的起止点，以平方米为单位计算，不扣除屋脊、斜沟、烟囱、风帽底座等所占的面积。

5. 斜挑檐贴挂陶土或陶土瓦小泥瓦按实贴面积以平方米计算。

6. 屋面查补面积率不同的工程，按其单间、单坡的面积分别计算工程量，执行相应的定额。

7. 抹水泥泛水、补抹青灰背、补抹泥背等均按实际面积、以平方米为单位计算。

8. 屋脊、斜脊、披水檐斜沟及揭宼檐头、边梢等项均按实做长度，以米为单位计算。

9. 水落管疏通按长度以米为单位计算，其檐沟的水斗、拐弯等折成长度并入水落管项目内计算。

10. 抽换瓦件、修补瓦头、新开沟嘴、包和尚头分别以块、个为单位计算，堵抹椽档燕窝、砌抹金刚墙按长度以米为单位计算。

11. 拔草清垄按所做屋面的面积计算，各种檐头查补按实做长度以米为单位计算。

12. 新做屋面面层按实铺面积以平方米为单位计算。

13. 屋面保温工程除干铺沥青矿渣棉按实做面积以平方米计算外，其他均按实做体积以立方米为单位计算。

14. 水落管的长度按成活的图示长度以米为单位计算，弯曲部分斜长增量并入长度中计算。

15. 烟囱根、天沟、斜沟、檐沟、伸缩缝均按中心线长度以米为单位计算。

16. 铸铁下水口及女儿墙铸铁排水弯头以套为单位计算。

第一节　拆除工程

单位：平方米

定额编号				8-1	8-2	8-3	8-4	8-5
项目		单位	单价（元）	带泥背屋面				
				布瓦	水泥瓦	石板瓦	青灰瓦	焦渣顶
预算基价		元		3.97	2.38	2.78	3.17	3.17
其中	人工费	元		3.70	2.22	2.59	2.96	2.96
	材料费	元		0.05	0.03	0.04	0.04	0.04
	机械费	元		0.22	0.13	0.15	0.17	0.17
人工	综合工日	工日	30.800	0.1200	0.0720	0.0840	0.0960	0.0960
材料	其他材料费	元	—	0.0500	0.0300	0.0400	0.0400	0.0400
机械	中小型机械费	元	—	0.2200	0.1300	0.1500	0.1700	0.1700

单位:平方米

定额编号				8-6	8-7	8-8	8-9	8-10
项目		单位	单价(元)	无泥背屋面				
				石棉瓦顶	镀锌瓦垄铁顶	玻璃钢顶	望板油毡顶	挂瓦条水泥瓦顶
预算基价		元		1.59	1.20	1.20	1.59	1.72
其中	人工费	元		1.48	1.11	1.11	1.48	1.60
	材料费	元		0.02	0.02	0.02	0.02	0.02
	机械费	元		0.09	0.07	0.07	0.09	0.10
人工	综合工日	工日	30.800	0.0480	0.0360	0.0360	0.0480	0.0520
材料	其他材料费	元	—	0.0200	0.0200	0.0200	0.0200	0.0200
机械	中小型机械费	元	—	0.0900	0.0700	0.0700	0.0900	0.1000

单位:平方米

定额编号				8-11	8-12	8-13	8-14
项目		单位	单价(元)	混凝土屋面			
				预制短向圆孔板	预制长向圆孔板	现浇板	加气混凝土板
预算基价		元		14.30	17.15	22.64	11.92
其中	人工费	元		13.31	15.95	21.07	11.09
	材料费	元		0.19	0.24	0.31	0.16
	机械费	元		0.80	0.96	1.26	0.67
人工	综合工日	工日	30.800	0.4320	0.5180	0.6840	0.3600
材料	其他材料费	元	—	0.1900	0.2400	0.3100	0.1600
机械	中小型机械费	元	—	0.8000	0.9600	1.2600	0.6700

单位:平方米

定额编号				8-15	8-16	8-17	8-18
项目		单位	单价(元)	屋面保温层			焦渣垫层
				加气混凝土	水泥蛭石	水泥珍珠财	
预算基价		元		2.64	3.64	4.63	1.65
其中	人工费	元		2.46	3.39	4.31	1.54
	材料费	元		0.03	0.05	0.06	0.02
	机械费	元		0.15	0.20	0.26	0.09
人工	综合工日	工日	30.800	0.0800	0.1100	0.1400	0.0500
材料	其他材料费	元	—	0.0300	0.0500	0.0600	0.0200
机械	中小型机械费	元	—	0.1500	0.2000	0.2600	0.0900

单位:米

定额编号				8-19	8-20	8-21	8-22	8-23	8-24
项目		单位	单价(元)	水落管			白铁沿沟、斜沟	白铁沟嘴(个)	铸铁下水口(个)
				白铁水落管	铸铁水落管	玻璃钢水落管			
预算基价		元		0.97	2.41	1.08	1.92	2.41	3.53
其中	人工费	元		0.74	1.85	0.83	1.48	1.85	2.71
	材料费	元		0.05	0.12	0.05	0.09	0.12	0.17
	机械费	元		0.18	0.44	0.20	0.35	0.44	0.65
人工	综合工日	工日	30.800	0.0240	0.0600	0.0270	0.0480	0.0600	0.0880
材料	其他材料费	元	—	0.0500	0.1200	0.0500	0.0900	0.1200	0.1700
机械	中小型机械费	元	—	0.1800	0.4400	0.2000	0.3500	0.4400	0.6500

第二节 修补工程

单位:平方米

定额编号				8-25	8-26	8-27	8-28	8-29	8-30
项目		单位	单价(元)	合瓦、仰瓦灰梗屋面查补			筒瓦屋面查补		
				30%以内	60%以内	60%以外	30%以内	60%以内	60%以外
预算基价		元		3.27	7.38	11.84	4.07	11.00	18.63
其中	人工费	元		2.59	5.91	9.61	3.33	9.24	15.89
	材料费	元		0.53	1.13	1.68	0.55	1.25	1.87
	机械费	元		0.15	0.34	0.55	0.19	0.51	0.87
人工	综合工日	工日	30.800	0.0840	0.1920	0.3120	0.1080	0.3000	0.5160
材料	深月白中麻刀灰	m^3	124.528	0.0029	0.0071	0.0107	0.0030	0.0074	0.0111
	其他材料费	元	—	0.1700	0.2500	0.3500	0.1800	0.3300	0.4900
机械	中小型机械费	元	—	0.1500	0.3400	0.5500	0.1900	0.5100	0.8700

单位:平方米

定额编号				8-31	8-32	8-33	8-34	8-35	8-36
项目		单位	单价(元)	合瓦揭宽盖瓦	修补石板瓦顶	补、衬泥背		青灰顶查补	
						滑秸泥拍砂	掺灰泥	苫背	锔缝(m)
预算基价		元		33.99	12.00	9.43	6.70	16.27	8.74
其中	人工费	元		20.70	7.39	4.80	4.07	11.83	7.39
	材料费	元		11.70	4.05	4.19	2.32	3.68	0.94
	机械费	元		1.59	0.56	0.44	0.31	0.76	0.41
人工	综合工日	工日	30.800	0.6720	0.2400	0.1560	0.1320	0.3840	0.2400
材料	石板瓦	m^2	28.635	—	0.1100	—	—	—	—
	板瓦 2#	块	0.252	31.0000	—	—	—	—	—
	掺灰泥 4∶6	m^3	34.229	0.0310	0.0120	0.0570	0.0570	—	—
	深月白中麻刀灰	m^3	124.528	0.0160	—	—	—	—	—
	深月白大麻刀灰	m^3	147.469	—	—	—	—	0.0220	0.0045
	深月白浆	m^3	90.124	—	0.0015	—	—	—	—
	滑秸	kg	0.240	—	—	4.1200	0.5200	—	—
	砂	kg	0.059	—	—	16.1000	—	—	—
	其他材料费	元	—	0.8300	0.3500	0.3000	0.2400	0.4400	0.2800
机械	中小型机械费	元	—	1.5900	0.5600	0.4400	0.3100	0.7600	0.4100

单位:块

定额编号				8-37	8-38	8-39
项目		单位	单价(元)	抽换瓦件		
				干岔瓦	水泥瓦	石棉瓦
预算基价		元		1.07	1.13	23.55
其中	人工费	元		0.74	0.74	7.39
	材料费	元		0.28	0.34	15.06
	机械费	元		0.05	0.05	1.10
人工	综合工日	工日	30.800	0.0240	0.0240	0.2400
材料	板瓦 2#	块	0.252	1.0500	—	—
	水泥平瓦	块	0.302	—	1.0500	—
	石棉水泥波形瓦 1820×720×6	张	12.078	—	—	1.0400
	瓦楞铁螺钉带垫圈	个	0.453	—	—	4.1000
	其他材料费	元	—	0.0200	0.0200	0.6400
机械	中小型机械费	元	—	0.0500	0.0500	1.1000

单位:块

定额编号				8-40	8-41	8-42
项目		单位	单价(元)	抽换瓦件		
				石板瓦	玻璃钢瓦	瓦垄铁
预算基价		元		3.76	40.07	81.41
其中	人工费	元		1.11	7.39	5.17
	材料费	元		2.47	30.98	75.05
	机械费	元		0.18	1.70	1.19
人工	综合工日	工日	30.800	0.0360	0.2400	0.1680
材料	石板瓦	m^2	28.635	0.0800	—	—
	普通玻璃钢波形瓦 1800×720×0.8	张	26.874	—	1.0400	—
	镀锌瓦楞铁 1.0×720×2000	m^2	41.931	—	—	1.7000
	瓦楞铁螺钉带垫圈	个	0.453	—	4.1000	—
	瓦楞铁钉带垫圈	个	0.302	—	—	4.1000
	其他材料费	元	—	0.1800	1.1700	2.5300
机械	中小型机械费	元	—	0.1800	1.7000	1.1900

单位:米

定额编号				8-43	8-44	8-45	8-46	8-47
项目		单位	单价（元）	拔草清垄（m^2）	檐头、屋脊修补			
					修补檐头	脊瓦查补	整修檐头	堵抹燕窝椽档
预算基价		元		0.40	7.89	2.54	20.66	5.27
其中	人工费	元		0.37	4.80	2.22	18.48	4.07
	材料费	元		0.01	2.72	0.20	1.22	0.95
	机械费	元		0.02	0.37	0.12	0.96	0.25
人工	综合工日	工日	30.800	0.012	0.1560	0.0720	0.6000	0.1320
材料	花边瓦 2#	块	0.705	—	3.1500	—	—	—
	碎砖	m^3	15.802	—	—	—	—	0.0040
	掺灰泥 4∶6	m^3	34.229	—	—	—	0.0065	—
	深月白中麻刀灰	m^3	124.528	—	0.0019	0.0012	0.0037	—
	混合麻刀灰	m^3	135.490	—	—	—	—	0.0049
	其他材料费	元	—	0.0100	0.2600	0.0500	0.5400	0.2200
机械	中小型机械费	元	—	0.0200	0.3700	0.1200	0.9600	0.2500

单位:个

定额编号				8-48	8-49	8-50
项目		单位	单价（元）	瓦头修补	包和尚头	新开沟嘴
预算基价		元		1.66	6.48	11.39
其中	人工费	元		1.48	5.91	7.76
	材料费	元		0.10	0.27	3.10
	机械费	元		0.08	0.30	0.53
人工	综合工日	工日	30.800	0.0480	0.1920	0.2520
材料	花边瓦 2#	块	0.705	—	—	1.0500
	板瓦 2#	块	0.252	—	—	5.2500
	深月白中麻刀灰	m^3	124.528	0.0006	0.0011	0.0056
	其他材料费	元	—	0.0300	0.1300	0.3400
机械	中小型机械费	元	—	0.0800	0.3000	0.5300

第三节 挑 修 工 程

单位：平方米

定额编号				8-51	8-52	8-53	8-54	8-55	8-56
项目		单位	单价（元）	屋面挑顶					
				合瓦顶	干岔瓦顶	青灰顶	水泥瓦顶	石板瓦顶	仰瓦灰梗
预算基价		元		63.59	49.79	36.56	5.81	52.24	53.55
其中	人工费	元		39.49	28.77	21.01	4.00	14.72	28.03
	材料费	元		21.14	18.70	13.85	1.54	35.10	23.02
	机械费	元		2.96	2.32	1.70	0.27	2.42	2.50
人工	综合工日	工日	30.800	1.2820	0.9340	0.6820	0.1300	0.4780	0.9100
材料	板瓦 2#	块	0.252	13.0800	30.4000	1.9700	—	—	30.1800
	板瓦 3#	块	0.181	16.3900	—	—	—	—	—
	筒瓦 10#	块	0.352	1.7400	—	—	—	3.0800	1.7400
	水泥平瓦	块	0.302	—	—	—	4.3800	—	—
	石板瓦	m^2	28.635	—	—	—	—	0.7700	—
	掺灰泥 4：6	m^3	34.229	0.1240	0.1042	0.0590	—	0.1100	0.1100
	深月白中麻刀灰	m^3	124.528	0.0210	0.0034	0.0370	—	0.0075	0.0310
	苇席	m^2	2.587	1.1500	1.1500	1.1500	—	1.1500	1.1500
	苇箔	m^2	1.701	1.1800	1.1800	1.1800	—	1.1800	1.1800
	板条 1000×30×8	百根	22.747	0.0320	0.0320	0.0320	—	0.0320	0.0320
	圆钉	kg	3.664	0.0380	0.0300	0.0300	—	0.0300	0.0300
	其他材料费	元	—	1.5600	1.2300	0.9100	0.2200	1.4500	1.3600
机械	中小型机械费	元	—	2.9600	2.3200	1.7000	0.2700	2.4200	2.5000

单位：平方米

定额编号				8-57	8-58	8-59	8-60
项目		单位	单价（元）	旧式瓦顶改水泥瓦顶			
				挂水泥瓦	瓦笆泥宽水泥瓦	苇箔泥宽水泥瓦	泥背不动改水泥瓦
预算基价		元		15.09	38.34	31.98	18.71
其中	人工费	元		7.70	15.83	13.61	8.44
	材料费	元		6.68	20.72	16.89	9.40
	机械费	元		0.71	1.79	1.48	0.87
人工	综合工日	工日	30.800	0.2500	0.5140	0.4420	0.2740
材料	水泥平瓦	块	0.302	17.5100	17.5100	17.5100	17.5100
	板瓦 2#	块	0.252	—	37.1700	—	—
	掺灰泥 4：6	m^3	34.229	—	0.1100	0.1100	0.0770
	混合麻刀灰	m^3	135.490	0.0072	0.0072	0.0072	0.0072
	深月白浆	m^3	90.124	—	0.0036	—	—
	苇席	m^2	2.587	—	—	1.1500	—
	苇箔	m^2	1.701	—	—	1.1800	—
	板条 1000×30×8	百根	22.747	—	—	0.0320	—
	圆钉	kg	3.664	—	—	0.0300	—
	其他材料费	元	—	0.4200	1.0000	1.0400	0.5000
机械	中小型机械费	元	—	0.7100	1.7900	1.4800	0.8700

单位:平方米

定额编号				8-61	8-62
项目		单位	单价(元)	揭宽边梢垄	
				瓦顶边梢	灰顶边梢
预算基价		元		32.58	18.46
其中	人工费	元		23.59	12.14
	材料费	元		7.47	5.46
	机械费	元		1.52	0.86
人工	综合工日	工日	30.800	0.7660	0.3940
材料	板瓦 2#	块	0.252	4.4700	—
	筒瓦 3#	块	0.453	5.7400	—
	掺灰泥 4∶6	m^3	34.229	0.0390	0.0310
	深月白中麻刀灰	m^3	124.528	0.0130	0.0314
	其他材料费	元	—	0.7900	0.4900
机械	中小型机械费	元	—	1.5200	0.8600

单位:米

定额编号				8-63	8-64	8-65
项目		单位	单价(元)	檐头揭宽		
				灰背檐头	石板瓦檐头	合瓦檐头
预算基价		元		30.54	24.34	71.26
其中	人工费	元		14.23	10.66	49.10
	材料费	元		14.88	12.55	18.84
	机械费	元		1.43	1.13	3.32
人工	综合工日	工日	30.800	0.4620	0.3460	1.5940
材料	板瓦 2#	块	0.252	6.2000	—	10.4600
	板瓦 3#	块	0.181	—	—	13.1200
	花边瓦 2#	块	0.705	—	—	1.7400
	石板瓦	m^2	28.635	—	0.3300	—
	掺灰泥 4∶6	m^3	34.229	0.0570	0.0450	0.1100
	深月白大麻刀灰	m^3	147.469	0.0320	—	—
	深月白中麻刀灰	m^3	124.528	—	0.0074	0.0183
	苇席	m^2	2.587	1.1500	—	0.9200
	苇箔	m^2	1.701	1.1800	—	0.9500
	板条 1000×30×8	百根	22.747	0.0320	—	0.0320
	圆钉	kg	3.664	0.0370	—	0.0370
	其他材料费	元	—	0.8000	0.6400	1.7000
机械	中小型机械费	元	—	1.4300	1.1300	3.3200

单位:米

定额编号				8-66	8-67	8-68
项目		单位	单价(元)	檐头揭宽		
				筒瓦檐头	改水泥瓦檐头	改灰背檐头
预算基价		元		71.20	45.21	37.66
其中	人工费	元		51.31	24.70	19.13
	材料费	元		16.59	18.40	16.77
	机械费	元		3.30	2.11	1.76
人工	综合工日	工日	30.800	1.6660	0.8020	0.6210
材料	板瓦 3#	块	0.181	12.8600	—	—
	筒瓦 3#	块	0.453	3.7800	—	—
	水泥平瓦	块	0.302	—	17.5100	—
	掺灰泥 4∶6	m^3	34.229	0.1050	0.0930	0.0570
	深月白大麻刀灰	m^3	147.469	—	—	0.0610
	深月白中麻刀灰	m^3	124.528	0.0195	—	—
	混合麻刀灰	m^3	135.490	—	0.0290	—
	苇席	m^2	2.587	0.9200	0.9200	0.9200
	苇箔	m^2	1.701	0.9500	0.9500	0.9500
	板条 1000×30×8	百根	22.747	0.0320	0.0320	0.0320
	圆钉	kg	3.664	0.0370	0.0370	0.0370
	其他材料费	元	—	1.6700	1.1400	0.9600
机械	中小型机械费	元	—	3.3000	2.1100	1.7600

第四节 保温工程

单位:立方米

定额编号				8-69	8-70	8-71	8-72	8-73	8-74
项目		单位	单价(元)	干铺保温层					
				加气混凝土块	加气混凝土碎块	珍珠岩	水泥蛭石块	蛭石	沥青珍珠岩块
预算基价		元		301.14	152.79	97.38	306.84	207.73	161.68
其中	人工费	元		14.88	18.48	34.31	18.42	35.54	18.42
	材料费	元		282.84	130.06	55.18	284.18	164.02	139.02
	机械费	元		3.42	4.25	7.89	4.24	8.17	4.24
人工	综合工日	工日	30.800	0.4830	0.6000	1.1140	0.5980	1.1540	0.5980
材料	加气混凝土保温块 600×250×100	m^3	259.677	1.0750	—	—	—	—	—
	加气混凝土碎块	m^3	118.767	—	1.0750	—	—	—	—
	珍珠岩粉	m^3	50.325	—	—	1.0450	—	—	—
	水泥蛭石块	m^3	274.775	—	—	—	1.0200	—	—
	蛭石	m^3	127.826	—	—	—	—	1.2540	—
	沥青珍珠岩块	m^3	133.865	—	—	—	—	—	1.0200
	其他材料费	元	—	3.6900	2.3900	2.5900	3.9100	3.7300	2.4800
机械	中小型机械费	元	—	3.4200	4.2500	7.8900	4.2400	8.1700	4.2400

单位:立方米

定额编号				8-75	8-76	8-77	8-78
项目		单位	单价(元)	干铺沥青矿渣棉(m^2)	现浇水泥珍珠岩	现浇水泥蛭石	浆铺加气混凝土块
预算基价		元		9.78	575.97	302.65	368.90
其中	人工费	元		1.57	47.09	47.09	24.18
	材料费	元		7.84	518.05	244.73	339.16
	机械费	元		0.37	10.83	10.83	5.56
人工	综合工日	工日	30.800	0.0105	1.5290	1.5290	0.7850
材料	沥青矿渣棉毡	m^2	3.573	2.1400	—	—	—
	加气混凝土保温块 600×250×100	m^3	259.677	—	—	—	1.0750
	水泥珍珠岩憎水型	m^3	488.153	—	1.0450	—	—
	水泥蛭石 1∶8	m^3	229.188	—	—	1.0450	—
	混合砂浆 M2.5	m^3	167.333	—	—	—	0.3300
	其他材料费	元	—	0.1900	7.9300	5.2300	4.7900
机械	中小型机械费	元	—	0.3700	10.8300	10.8300	5.5600

第五节 新做工程

1.传统作法

单位:平方米

定额编号				8-79	8-80	8-81
项目		单位	单价(元)	挂水泥瓦	瓦笆泥宽水泥瓦	席箔泥宽水泥瓦
预算基价		元		9.28	38.99	26.55
其中	人工费	元		3.20	11.33	9.49
	材料费	元		5.53	25.71	15.43
	机械费	元		0.55	1.95	1.63
人工	综合工日	工日	30.800	0.1040	0.3680	0.3080
材料	水泥平瓦	块	0.302	17.5100	17.5100	17.5100
	板瓦 2#	块	0.252	—	61.8800	—
	掺灰泥 4∶6	m^3	34.229	—	0.1100	0.1100
	深月白浆	m^3	90.124	—	0.0036	—
	苇席	m^2	2.587	—	—	1.1500
	苇箔	m^2	1.701	—	—	1.1800
	板条 1000×30×8	百根	22.747	—	—	0.0320
	圆钉	kg	3.664	—	—	0.0300
	其他材料费	元	—	0.2400	0.7400	0.5600
机械	中小型机械费	元	—	0.5500	1.9500	1.6300

单位:平方米

定额编号				8-82	8-83	8-84
项目		单位	单价（元）	石棉瓦顶	玻璃钢瓦顶	镀锌瓦垄铁顶
预算基价		元		17.60	31.15	57.42
其中	人工费	元		2.46	2.09	2.09
	材料费	元		14.72	28.70	54.97
	机械费	元		0.42	0.36	0.36
人工	综合工日	工日	30.800	0.0800	0.0680	0.0680
材料	石棉水泥波形瓦 1820×720×6	张	12.078	1.0100	—	—
	普通玻璃钢波形瓦 1800×720×0.8	张	26.874	—	0.9700	—
	镀锌瓦楞铁 1.0×720×2000	m^2	41.931	—	—	1.2600
	瓦楞铁螺钉带垫圈	个	0.453	5.0000	5.0000	—
	瓦楞铁钉带垫圈	个	0.302	—	—	5.0000
	其他材料费	元	—	0.2600	0.3700	0.6300
机械	中小型机械费	元	—	0.4200	0.3600	0.3600

单位:平方米

定额编号				8-85	8-86	8-87	8-88	8-89	8-90
项目		单位	单价（元）	仰瓦灰梗	干岔瓦	青灰	石板瓦	抹水泥泛水	砌抹金刚墙（m）
预算基价		元		65.96	62.12	36.68	91.19	16.29	(4.43)
其中	人工费	元		24.64	20.94	18.36	13.55	6.96	2.90
	材料费	元		37.08	37.58	15.16	75.31	8.13	(1.03)
	机械费	元		4.24	3.60	3.16	2.33	1.20	0.50
人工	综合工日	工日	30.800	0.8000	0.6800	0.5960	0.4400	0.2260	0.0940
材料	板瓦 2#	块	0.252	86.2100	101.3100	1.9700	—	—	—
	筒瓦 10#	块	0.352	1.7400	1.7400	—	3.0800	—	—
	石板瓦	m^2	28.635	—	—	—	2.1800	—	—
	掺灰泥 4∶6	m^3	34.229	0.1100	0.1100	0.0590	0.1100	—	—
	深月白中麻刀灰	m^3	124.528	0.0300	0.0042	—	0.0072	—	0.0033
	深月白大麻刀灰	m^3	147.469	—	—	0.0400	—	—	—
	水泥砂浆 1∶3	m^3	251.525	—	—	—	—	0.0290	0.0016
	107 胶水泥砂浆	m^3	400.702	—	—	—	—	0.0011	—
	深月白浆	m^3	90.124	—	0.0008	—	—	—	—
	苇席	m^2	2.587	1.1500	1.1500	1.1500	1.1500	—	—
	苇箔	m^2	1.701	1.1800	1.1800	1.1800	1.1800	—	—
	板条 1000×30×8	百根	22.747	0.0320	0.0320	0.0320	0.0320	—	—
	圆钉	kg	3.664	0.0300	0.0300	0.0300	0.0300	—	—
	机砖	块	—	—	—	—	—	—	(4.1600)
	其他材料费	元	—	1.4200	1.2600	0.9300	1.3200	0.4000	0.2200
机械	中小型机械费	元	—	4.2400	3.6000	3.1600	2.3300	1.2000	0.5000

单位:米

定额编号				8-91	8-92	8-93	8-94	8-95	8-96
项目		单位	单价(元)	水泥瓦屋面		波瓦屋面			抹拔水檐
				斜沟	脊瓦	石棉瓦脊	玻璃钢瓦脊	石棉瓦斜沟	
预算基价		元		14.13	8.85	11.24	17.77	10.43	8.50
其中	人工费	元		8.07	5.11	1.97	4.00	3.26	5.85
	材料费	元		4.67	2.86	8.93	13.08	6.61	1.64
	机械费	元		1.39	0.88	0.34	0.69	0.56	1.01
人工	综合工日	工日	30.800	0.2620	0.1660	0.0640	0.1300	0.1060	0.1900
材料	水泥平瓦	块	0.302	4.2000	—	—	—	—	
	水泥脊瓦	块	0.886	—	2.5900	—	—	—	—
	石棉水泥脊瓦 850×180×6	块	4.429	—	—	1.4900	—	—	—
	石棉水泥波形瓦 1820×720×6	块	12.078	—	—	—	—	0.4900	—
	玻璃钢脊瓦 2000×400×0.8	块	19.023	—	—	—	0.5650	—	—
	混合麻刀灰	m^3	135.490	—	0.0018	0.0022	—	—	0.0043
	深月白大麻刀灰	m^3	147.469	0.0200	—	—	—	—	—
	水泥砂浆 1∶3	m^3	251.525	—	—	—	—	—	0.0028
	瓦楞铁螺钉带垫圈	个	0.453	—	—	4.1000	4.1000	1.0000	—
	其他材料费	元	—	0.4500	0.3200	0.1800	0.4700	0.2400	0.3500
机械	中小型机械费	元	—	1.3900	0.8800	0.3400	0.6900	0.5600	1.0100

单位:平方米

定额编号				8-97	8-98
项目		单位	单价(元)	斜挑檐贴挂	
				陶土瓦	陶土小泥瓦
预算基价		元		140.06	147.19
其中	人工费	元		72.07	75.46
	材料费	元		55.59	58.75
	机械费	元		12.40	12.98
人工	综合工日	工日	30.800	2.3400	2.4500
材料	钢筋(综合)	kg	4.135	4.5000	4.5000
	红陶平瓦 385×235×15	块	0.423	17.5100	—
	红陶瓦	m^2	7.360	—	1.4100
	钢板网 1.2～2.0	m^2	3.523	1.8400	1.8400
	白水泥	kg	0.544	1.9000	1.9000
	水泥砂浆 1∶2.5	m^3	271.385	0.0680	0.0680
	其他材料费	元	—	3.6100	3.7900
机械	中小型机械费	元	—	12.4000	12.9800

2. 平屋面

单位:平方米

定额编号		单位	单价(元)	8-99	8-100	8-101	8-102	8-103
项目				找平层				
				水泥砂浆 1∶3(2 cm 厚)			豆石混凝土 1∶2∶4	
				硬基层上	保温层上	每增减 0.5 cm	3 cm 厚	每增减 0.5 cm
预算基价		元		12.15	10.87	2.36	11.99	1.91
其中	人工费	元		2.77	2.46	0.31	1.85	0.31
	材料费	元		6.99	7.42	1.54	8.81	1.44
	机械费	元		2.39	0.99	0.51	1.33	0.16
人工	综合工日	工日	30.800	0.0900	0.0800	0.0100	0.0600	0.0100
材料	水泥砂浆 1∶3	m^3	251.525	0.0225	0.0281	0.0056	—	—
	豆石混凝土 1∶2∶4	m^3	232.230	—	—	—	0.0334	0.0056
	素水泥浆	m^3	569.146	0.0011	—	—	0.0011	—
	其他材料费	元	—	0.7000	0.3500	0.1300	0.4300	0.1400
机械	中小型机械费	元	—	2.3900	0.9900	0.5100	1.3300	0.1600

单位:平方米

定额编号		单位	单价(元)	8-104	8-105	8-106	8-107
项目				找坡层			
				水泥焦渣	水泥粉煤灰页岩陶粒	豆石混凝土 1∶2∶4	水泥砂子焦渣 1∶1∶6
预算基价		元		180.51	295.85	316.27	194.31
其中	人工费	元		35.42	39.12	56.06	38.68
	材料费	元		139.00	250.00	250.57	148.98
	机械费	元		6.09	6.73	9.64	6.65
人工	综合工日	工日	30.800	1.1500	1.2700	1.8200	1.2560
材料	水泥焦渣 1∶6	m^3	132.157	1.0300	—	—	—
	水泥(综合)	kg	0.368	—	257.5000	—	—
	粉煤灰	t	115.748	—	0.0515	—	—
	页岩陶粒	m^3	100.650	—	1.4420	—	—
	豆石混凝土 1∶2∶4	m^3	232.230	—	—	1.0500	—
	水泥砂子焦渣 1∶1∶6	m^3	141.616	—	—	—	1.0300
	聚酯布	m^2	3.825	—	—	0.4890	—
	其他材料费	元	—	2.8800	4.1400	4.8600	3.1200
机械	中小型机械费	元	—	6.0900	6.7300	9.6400	6.6500

单位:平方米

定额编号				8-108	8-109	8-110	8-111	8-112	8-113
项目		单位	单价(元)	平屋面面层					
				种植屋面	人造草皮屋面	砂铺水泥砖	浆铺水泥砖	卵石	着色剂
预算基价		元		52.86	49.35	43.82	50.73	7.78	1.57
其中	人工费	元		13.89	5.79	2.96	7.73	0.92	0.92
	材料费	元		36.58	42.57	40.35	41.68	6.70	0.49
	机械费	元		2.39	0.99	0.51	1.32	0.16	0.16
人工	综合工日	工日	30.800	0.4510	0.1880	0.0960	0.2510	0.0300	0.0300
材料	纸筋灰	m^3	114.298	0.0033	—	—	—	—	—
	普通混凝土 C20	m^3	246.557	0.0410	—	—	—	—	—
	钢筋 ϕ10 以内	kg	4.056	3.0800	—	—	—	—	—
	卵石	kg	0.022	141.4400	—	—	—	105.5700	—
	聚氨酯无纺布	m^2	8.200	1.1630	—	—	—	—	—
	人造草皮	m^2	33.000	—	1.0300	—	—	—	—
	粘接剂	kg	13.500	—	0.5860	—	—	—	—
	水泥地面砖 400×400×40	m^2	37.241	—	—	1.0250	1.0250	—	—
	砂	kg	0.059	—	—	28.0000	—	—	—
	水泥砂浆 1∶3	m^3	251.525	—	—	—	0.0100	—	—
	耐碱涂塑玻纤网格布	m^2	1.681	—	—	—	—	1.1120	—
	钢板网 0.5～1.0	m^2	2.315	—	—	—	—	1.0150	—
	着色剂	kg	1.500	—	—	—	—	—	0.2300
	其他材料费	元	—	0.9500	0.6700	0.5300	0.7400	0.1600	0.1400
机械	中小型机械费	元	—	2.3900	0.9900	0.5100	1.3200	0.1600	0.1600

3. 坡屋面

单位:平方米

定额编号				8-114	8-115	8-116	8-117	8-118
项目		单位	单价(元)	坡屋面				
				油毡瓦	波纹装饰瓦	彩色压型钢板波形瓦		琉璃型轻质波形瓦
						不带保温	带保温	
预算基价		元		31.54	108.33	52.21	120.59	35.42
其中	人工费	元		1.85	9.61	8.32	8.62	23.10
	材料费	元		29.37	97.07	42.46	110.49	8.35
	机械费	元		0.32	1.65	1.43	1.48	3.97
人工	综合工日	工日	30.800	0.0600	0.3120	0.2700	0.2800	0.7500
材料	油毡瓦	m^2	2.536	2.8500	—	—	—	—
	粘结胶	kg	53.093	0.4100	—	—	—	—
	波纹装饰瓦	m^2	33.627	—	1.0300	—	—	—
	水泥砂浆 1∶2.5	m^3	271.385	—	0.2250	—	—	—
	彩色压型钢板波形瓦不带保温	m^2	26.088	—	—	1.0600	—	—
	冷弯钢板挂瓦条	m	5.435	—	—	2.5800	—	—

续表　　单位：平方米

定额编号				8-114	8-115	8-116	8-117	8-118
项目		单位	单价（元）	坡屋面				
				油毡瓦	波纹装饰瓦	彩色压型钢板波形瓦		琉璃型轻质波形瓦
						不带保温	带保温	
材料	冷弯钢板挂瓦条	m	10.320	—	—	—	2.5800	—
	彩色压型钢板波形瓦带保温	m²	78.507	—	—	—	1.0600	—
	琉璃轻质波形瓦	块	5.234	—	—	—	—	1.0260
	镀锌六角螺栓 8×100	套	0.469	—	—	—	—	4.0400
	其他材料费	元	—	0.3700	1.3700	0.7800	0.6500	1.0900
机械	中小型机械费	元	—	0.3200	1.6500	1.4300	1.4800	3.9700

单位：平方米

定额编号				8-119	8-120	8-121
项目		单位	单价（元）	坡屋面		
				彩色压型板		阳光板
				不带保温	带保温	
预算基价		元		36.69	91.30	143.96
其中	人工费	元		5.79	5.85	27.41
	材料费	元		29.91	84.44	111.84
	机械费	元		0.99	1.01	4.71
人工	综合工日	工日	30.800	0.1880	0.1900	0.8900
材料	彩色压型钢板不带保温	m²	26.088	1.0300	—	—
	彩色压型钢板带保温	m²	78.507	—	1.0300	—
	密封胶条	m	1.661	1.5000	1.5000	—
	拉铆钉	个	0.003	3.0000	3.0000	—
	阳光板	m²	74.481	—	—	1.1500
	不锈钢方管 50×50	m	2.385	—	—	1.5500
	铝合金压条 15×14	m	3.291	—	—	1.2200
	P型橡胶条	m	1.510	—	—	3.1600
	海绵橡胶密封条	m	3.291	—	—	3.4700
	其他材料费	元	—	0.5400	1.0800	2.2800
机械	中小型机械费	元	—	0.9900	1.0100	4.7100

单位：米

定额编号				8-122	8-123	8-124
项目		单位	单价（元）	坡屋面脊瓦		
				波纹装饰瓦	彩色压型钢板波形瓦	彩色压型板
预算基价		元		(1.35)	(1.39)	(4.83)
其中	人工费	元		0.95	0.99	0.92
	材料费	元		(0.24)	(0.24)	(3.75)
	机械费	元		0.16	0.16	0.16
人工	综合工日	工日	30.800	0.0310	0.0320	0.0300
材料	波纹装饰瓦脊瓦	m	—	(1.0300)	—	—
	彩色压型钢板波形瓦脊瓦	m	—	—	(1.0300)	—
	彩色压型板脊瓦	m	—	—	—	(1.0300)
	密封胶条	m	1.661	—	—	2.1000
	其他材料费	元	—	0.2400	0.2400	0.2600
机械	中小型机械费	元	—	0.1600	0.1600	0.1600

第六节　屋面排水工程

单位：米

定额编号				8-125	8-126
项目		单位	单价（元）	水落管整修	檐沟整修
预算基价		元		29.46	23.30
其中	人工费	元		7.61	5.48
	材料费	元		20.54	16.88
	机械费	元		1.31	0.94
人工	综合工日	工日	30.800	0.2470	0.1780
材料	镀锌薄钢板 $\delta=0.6$	m^2	31.896	0.5600	0.4500
	铁件(垫铁)	kg	3.120	0.5400	0.5400
	机螺钉 M4×25	个	0.053	2.0000	—
	镀锌垫圈 M4	个	0.030	2.0000	—
	焊锡	kg	29.189	0.0100	0.0100
	盐酸	kg	0.705	0.0021	0.0032
	圆钉	kg	3.664	—	0.0200
	木炭	kg	1.268	—	0.0600
	其他材料费	元	—	0.5300	0.4000
机械	中小型机械费	元	—	1.3100	0.9400

单位:百个

定额编号				8-127	8-128	8-129
项目		单位	单价(元)	屋顶铁皮铅油补眼	屋顶铁皮焊锡补眼	不落管檐沟配铁件
						个
预算基价		元		18.76	79.25	2.76
其中	人工费	元		14.78	44.35	1.48
	材料费	元		1.44	22.27	1.03
	机械费	元		2.54	7.63	0.25
人工	综合工日	工日	30.800	0.4800	1.4400	0.0480
材料	铁杆(垫铁)	kg	3.120	—	—	0.2600
	焊锡	kg	29.189	—	0.8600	—
	盐酸	kg	0.705	—	0.0300	—
	铅油	kg	7.347	0.1100	—	—
	其他材料费	元	—	0.6300	2.1500	0.2200
机械	中小型机械费	元	—	2.5400	7.6300	0.2500

单位:米

定额编号				8-130	8-131	8-132	8-133
项目		单位	单价(元)	水落管疏通		水落管制安白铁	
				楼房	平房	方	圆
预算基价		元		0.55	0.25	29.84	26.37
其中	人工费	元		0.37	0.12	7.33	6.59
	材料费	元		0.12	0.11	21.25	18.65
	机械费	元		0.06	0.02	1.26	1.13
人工	综合工日	工日	30.800	0.0120	0.0040	0.2380	0.2140
材料	镀锌薄钢板 $\delta=0.6$	m^2	31.896	—	—	0.5800	0.5000
	铁件(垫铁)	kg	3.120	—	—	0.5700	0.5700
	机螺钉 M4×25	个	0.053	—	—	2.0000	2.0000
	镀锌垫圈 M4	个	0.030	—	—	2.0000	2.0000
	焊锡	kg	29.189	—	—	0.0100	0.0100
	盐酸	kg	0.705	—	—	0.0032	0.0030
	其他材料费	元	—	0.1200	0.1100	0.5100	0.4600
机械	中小型机械费	元	—	0.0600	0.0200	1.2600	1.1300

单位：米

定额编号				8-134	8-135	8-136	8-137	8-138
项目		单位	单价（元）	水落管安装				
				铸铁	塑料	玻璃钢	混凝土	石棉水泥
预算基价		元		37.07	30.64	(13.15)	(12.18)	18.94
其中	人工费	元		9.55	6.78	9.18	7.70	4.74
	材料费	元		25.88	22.69	(2.39)	(3.16)	13.38
	机械费	元		1.64	1.17	1.58	1.32	0.82
人工	综合工日	工日	30.800	0.3100	0.2200	0.2980	0.2500	0.1540
材料	铸铁下水管 100	m	21.076	1.0600	—	—	—	—
	硬塑料管 100	m	19.788	—	1.0300	—	—	—
	玻璃钢管 ϕ100	m	—	—	—	(1.0300)	—	—
	混凝土管	m	—	—	—	—	(1.0300)	—
	石棉水泥管 ϕ100	m	10.045	—	—	—	—	1.0300
	铁件(垫铁)	kg	3.120	0.6400	0.5700	0.5700	0.5700	0.5700
	石棉水泥管箍	个	1.157	—	—	—	0.6100	0.6100
	水泥(综合)	kg	0.368	1.4600	—	—	—	—
	油麻	kg	5.435	0.0630	—	—	—	—
	204 胶	kg	11.615	—	0.0013	0.0013	—	—
	其他材料费	元	—	0.6600	0.5100	0.6000	0.6800	0.5500
机械	中小型机械费	元	—	1.6400	1.1700	1.5800	1.3200	0.8200

单位：个

定额编号				8-139	8-140	8-141	8-142	8-143
项目		单位	单价（元）	铸铁排水口安装(套)		白铁水斗制作安装		
				挑檐	女儿墙	普通	异型	立墙出水嘴弯头
预算基价		元		105.14	39.68	33.36	48.31	27.38
其中	人工费	元		8.07	12.14	15.46	22.48	11.40
	材料费	元		95.68	25.45	15.24	21.96	14.02
	机械费	元		1.39	2.09	2.66	3.87	1.96
人工	综合工日	工日	30.800	0.2620	0.3940	0.5020	0.7300	0.3700
材料	铸铁挑檐漏斗 100	个	93.001	1.0200	—	—	—	—
	铸铁排水弯头	套	23.880	—	1.0200	—	—	—
	铁件(垫铁)	kg	3.120	—	0.0610	—	1.5400	—
	水泥(综合)	kg	0.368	—	0.0830	—	—	—
	砂	kg	0.059	—	3.1000	—	—	—
	镀锌薄钢板 δ=0.6	m^2	31.896	—	—	0.4000	0.4500	0.4200
	机螺钉 M4×25	个	0.053	—	—	2.0000	2.0000	—
	镀锌垫圈 M4	个	0.030	—	—	2.0000	2.0000	—
	焊锡	kg	29.189	—	—	0.0500	0.0500	—
	盐酸	kg	0.705	—	—	0.0110	0.0110	—
	其他材料费	元	—	0.8200	0.6900	0.8500	1.1700	0.6200
机械	中小型机械费	元	—	1.3900	2.0900	2.6600	3.8800	1.9600

单位:米

定额编号				8-144	8-145	8-146
项目		单位	单价(元)	白铁檐沟		
				半圆	方	冰盘檐
预算基价		元		19.85	23.07	30.35
其中	人工费	元		5.48	5.48	6.96
	材料费	元		13.43	16.65	22.19
	机械费	元		0.94	0.94	1.20
人工	综合工日	工日	30.800	0.1780	0.1780	0.2260
材料	镀锌薄钢板 $\delta=0.6$	m^2	31.896	0.3400	0.4400	0.6100
	铁件(垫铁)	kg	3.120	0.5700	0.5700	0.5700
	圆钉	kg	3.664	0.0200	0.0200	0.0200
	焊锡	kg	29.189	0.0100	0.0100	0.0100
	盐酸	kg	0.705	0.0032	0.0032	0.0032
	木炭	kg	1.268	0.0560	0.0560	0.0560
	其他材料费	元	—	0.3700	0.4000	0.5200
机械	中小型机械费	元	—	0.9400	0.9400	1.2000

单位:米

定额编号				8-147	8-148	8-149
项目		单位	单价(元)	白铁天沟、斜沟	天窗、烟囱根白铁泛水	屋面白铁伸缩缝盖面
预算基价		元		29.29	18.06	75.26
其中	人工费	元		4.74	2.90	42.44
	材料费	元		23.73	14.66	25.52
	机械费	元		0.82	0.50	7.30
人工	综合工日	工日	30.800	0.1540	0.0940	1.3780
材料	镀锌薄钢板 $\delta=0.6$	m^2	31.896	0.7200	0.4400	0.6000
	圆钉	kg	3.664	0.0100	0.0200	0.1100
	焊锡	kg	29.189	0.0100	0.0100	—
	盐酸	kg	0.705	0.0022	0.0043	—
	木砖	m^3	1308.450	—	—	0.0020
	木压条	m	0.604	—	—	2.0600
	防腐油	kg	0.951	—	—	0.0690
	其他材料费	元	—	0.4300	0.2600	2.0500
机械	中小型机械费	元	—	0.8200	0.5000	7.3000

第九章　防水工程

说　　明

本章包括拆除、修补和新做工程，共3节54个子目。

一、工作内容

1. 铲除防水层包括铲除找平层。

2. 修补工程除包括新做工程规定工作内容以外，还包括拆除清理破损部位的防水层及清理基层等工作。

3. 三元乙丙、氯丁橡胶、顺丁胶防水卷材屋面包括：清理基层、配制涂刷底胶，裁、扫、铺贴卷材防水层，涂刷防护层等工作。

4. 聚氨酯涂膜防水屋面包括：清理基层、配制涂刷底胶、涂刷涂膜防水层、刷防护层等工作。

5. SBS改性沥青油毡包括：清理基层、涂刷基底粘接剂、铺贴柔性油毡；热熔法包装用喷灯加热油毡、滚铺油毡成活以及材料的场内运输、清理等工作。

6. 建筑油膏包装：底层清理及油膏的嵌灌等工作。

二、统一性规定及说明

1. 本章的修补防水工程定额系指工程量单块面积在10 m^2 以内的项目；如超过10 m^2 时，分别执行拆除和新做防水工程定额。

2. 定额内已综合连接处边角部位的附加防水层的工料，以及立墙防不层铺贴高度小于0.5 m的增加工日因素。

3. 折板防水项目的定额已综合防水层在折弯部分耗用的工料。

三、工程量计算规则

1. 铲除卷材防水层按实际铲除面积以平方米为单位计算。

2. 各种防水做法的屋面、墙、地面工程量均按实做面积以平方米为单位计算，不扣除0.5 m^2 以内的孔洞所占的面积；平台面连接处的立墙防水层高在0.5 m以内者，按展开面积计算，并入屋面防水项目的工程量；立墙防水层高度超过0.5 m者，超过部分的工程日按人工工量乘以系数1.1。

3. 装配式墙板缝的空腔防水项目，其工程量按实做的横竖缝长度以米为单位计算。

4. 细石混凝土压毡边的工程量按图示尺寸以立方米为单位计算，执行第二章混凝土垫层子目。

5. 池槽防水项目按实做展开面积以平方米为单位计算。

6. 包臭气管及出水口防水，均以个为单位计算。

第一节　拆除工程

单位：平方米

定额编号				9-1	9-2	9-3
项目		单位	单价（元）	铲除防水层		
				无砂石保护层	带砂石保护层	天沟、檐沟 m
预算基价		元		1.76	2.76	1.97
其中	人工费	元		1.66	2.59	1.85
	材料费	元		0.02	0.04	0.03
	机械费	元		0.08	0.13	0.09
人工	综合工日	工日	30.800	0.0540	0.0840	0.0600
材料	其他材料费	元	—	0.0200	0.0400	0.0300
机械	中小型机械费	元	—	0.0800	0.1300	0.0900

第二节　修补工程

单位：平方米

定额编号				9-4	9-5
项目		单位	单价（元）	乳化沥青	
				单刷一油	一毡二油
预算基价		元		8.80	48.99
其中	人工费	元		1.42	2.53
	材料费	元		7.17	46.09
	机械费	元		0.21	0.37
人工	综合工日	工日	30.800	0.0460	0.0820
材料	乳化沥青	kg	5.970	1.1700	4.7500
	玻璃棉毡	m^2	11.575	—	1.4800
	其他材料费	元	—	0.1900	0.6000
机械	中小型机械费	元	—	0.2100	0.3700

单位:米

定额编号				9-6	9-7	9-8
项目		单位	单价(元)	大板缝空腔防水		伸缩缝堵建筑油膏
				4 cm 宽	每增 2 cm 宽	
预算基价		元		16.93	7.73	9.03
其中	人工费	元		7.70	3.26	4.00
	材料费	元		8.11	4.00	4.45
	机械费	元		1.12	0.47	0.58
人工	综合工日	工日	30.800	0.2500	0.1060	0.1300
材料	密封膏	kg	14.725	0.5100	0.2500	—
	二甲苯	kg	3.925	0.0110	0.0055	—
	建筑油膏	kg	1.862	—	—	2.0700
	建筑胶油	kg	3.583	—	—	0.0721
	其他材料费	元	—	0.5600	0.3000	0.3400
机械	中小型机械费	元	—	1.1200	0.4700	0.5800

单位:平方米

定额编号				9-9	9-10	9-11	9-12
项目		单位	单价(元)	屋面防水			
				三元乙丙	氯丁橡胶	建筑油膏	聚氨酯涂膜
预算基价		元		47.21	41.47	16.04	43.05
其中	人工费	元		4.28	4.28	2.53	9.55
	材料费	元		42.31	36.57	13.14	32.12
	机械费	元		0.62	0.62	0.37	1.38
人工	综合工日	工日	30.800	0.1390	0.1390	0.0820	0.3100
材料	三元乙丙橡胶防水卷材 1.5 厚	m^2	28.685	1.1300	—	—	—
	基层处理剂	kg	7.320	0.2100	0.2100	—	—
	404 胶粘剂	kg	6.930	0.4200	—	—	—
	聚氨酯嵌缝膏	kg	14.192	0.0600	0.0310	—	—
	丁基粘结剂	kg	7.046	0.1300	—	—	—
	二甲苯	kg	3.925	0.2200	0.2200	—	0.1330
	浅色保护涂料	kg	10.200	0.2000	0.2100	—	—
	氯丁橡胶防水卷材 1.2	m^2	21.137	—	1.1330	—	—
	409 胶粘剂	kg	13.286	—	0.5300	—	—
	建筑油膏	kg	1.862	—	—	6.9000	—
	聚氨酯甲料	kg	11.190	—	—	—	1.1290
	聚氨酯乙料	kg	11.190	—	—	—	1.6160
	其他材料费	元	—	0.7800	0.6000	0.2900	0.8800
机械	中小型机械费	元	—	0.6200	0.6200	0.3700	1.3800

单位:平方米

定额编号				9-13	9-14	9-15	9-16
项目		单位	单价(元)	天沟、檐沟防水			
				三元乙丙	氯丁橡胶	建筑油膏	聚氨酯涂膜
预算基价		元		48.38	43.93	17.58	47.69
其中	人工费	元		4.56	4.56	3.26	10.29
	材料费	元		43.16	38.71	13.85	35.91
	机械费	元		0.66	0.66	0.47	1.49
人工	综合工日	工日	30.800	0.1480	0.1480	0.1060	0.3340
材料	三元乙丙橡胶防水卷材 1.5 厚	m^2	28.685	1.1300	—	—	—
	基层处理剂	kg	7.320	0.2400	0.2400	—	—
	404 胶粘剂	kg	6.930	0.5800	—	—	—
	聚氨酯嵌缝膏	kg	14.192	0.0200	0.0310	—	—
	浅色保护涂料	kg	10.200	0.2000	0.2040	—	—
	丁基粘结剂	kg	7.046	0.1300	—	—	—
	二甲苯	kg	3.925	0.2200	0.2200	—	0.1330
	氯丁橡胶防水卷材 1.2	m^2	21.137	—	1.1300	—	—
	409 胶粘剂	kg	13.286	—	0.6800	—	—
	建筑油膏	kg	1.862	—	—	7.2600	—
	聚氨酯甲料	kg	11.190	—	—	—	1.2620
	聚氨酯乙料	kg	11.190	—	—	—	1.8140
	其他材料费	元	—	0.8700	0.6500	0.3300	0.9700
机械	中小型机械费	元	—	0.6600	0.6600	0.4700	1.4900

第三节 新做工程

单位:平方米

定额编号				9-17	9-18	9-19	9-20
项目		单位	单价(元)	找平层上改性沥青卷材屋面			
				玻璃毡胎		黄麻织物胎	
				冷粘法	热熔法	冷粘法	热熔法
预算基价		元		36.94	36.54	46.08	45.70
其中	人工费	元		2.77	3.70	2.77	3.70
	材料费	元		33.53	31.99	42.67	41.15
	机械费	元		0.64	0.85	0.64	0.85
人工	综合工日	工日	30.800	0.0900	0.1200	0.0900	0.1200
材料	玻璃毡胎改性沥青卷材	m^2	19.880	1.4000	1.4000	—	—
	黄麻织物胎改性沥青卷材	m^2	26.320	—	—	1.4000	1.4000
	聚氨酯嵌缝膏	kg	14.192	0.0400	0.0400	0.0400	0.0400
	冷底子油	kg	3.825	0.3500	0.3500	0.3500	0.3500
	MJ91 粘结剂	kg	5.737	0.5800	—	0.5800	—
	汽油 60#～70#	kg	3.523	—	0.5000	—	0.5000
	其他材料费	元	—	0.4600	0.4900	0.5900	0.6300
机械	中小型机械费	元	—	0.6400	0.8500	0.6400	0.8500

单位:平方米

定额编号				9-21	9-22	9-23	9-24
项目		单位	单价（元）	屋面找平层上			
				顺丁胶涂料屋面		SBS 弹性沥青胶屋面	
				二布三涂	每增减一布二涂	二布六涂	增一布二涂
预算基价		元		40.65	15.19	31.70	10.85
其中	人工费	元		3.08	1.54	3.70	1.85
	材料费	元		36.86	13.30	27.15	8.57
	机械费	元		0.71	0.35	0.85	0.43
人工	综合工日	工日	30.800	0.1000	0.0500	0.1200	0.0600
材料	二甲苯	kg	3.925	0.2800	0.0800	1.2600	—
	顺丁涂料	kg	7.690	3.7000	1.2200	—	
	玻璃纤维布	m^2	2.416	2.8000	1.4000	2.8000	1.4000
	SBS 弹性沥青防水胶	kg	4.529	—	—	3.3000	1.1000
	其他材料费	元	—	0.5400	0.2200	0.4900	0.2100
机械	中小型机械费	元	—	0.7100	0.3500	0.8500	0.4300

单位:平方米

定额编号				9-25	9-26	9-27	9-28	9-29	9-30
项目		单位	单价（元）	找平层上 SBS 改性沥青油毡屋面					
				冷粘法			热熔法		
				2 mm	3 mm	4 mm	2 mm	3 mm	4 mm
预算基价		元		35.28	42.65	54.80	29.84	37.43	49.59
其中	人工费	元		2.46	3.08	3.08	2.46	3.70	3.70
	材料费	元		32.26	38.86	51.01	26.82	32.88	45.04
	机械费	元		0.56	0.71	0.71	0.56	0.85	0.85
人工	综合工日	工日	30.800	0.0800	0.1000	0.1000	0.0800	0.1200	0.1200
材料	改性沥青防水卷材 SBS 厚 2	m^2	17.111	1.4000	—	—	1.4000	—	—
	改性沥青防水卷材 SBS 厚 3	m^2	19.627	—	1.4000	—	—	1.4000	—
	改性沥青防水卷材 SBS 厚 4	m^2	28.182	—	—	1.4000	—	—	1.4000
	聚丁胶粘结剂	kg	11.373	0.6000	0.6000	0.6000	—	—	—
	二甲苯	kg	3.925	0.2200	0.2200	0.2200	—	—	—
	水乳型橡胶沥青	kg	6.593	—	0.3600	0.3600	—	0.3600	0.3600
	聚氨酯嵌缝膏	kg	14.192	—	0.0400	0.0400	0.0400	0.0400	0.0400
	汽油 60# ～70#	kg	3.523	—	—	—	0.5000	0.5000	0.5000
	其他材料费	元	—	0.6200	0.7500	0.9300	0.5400	0.7000	0.8800
机械	中小型机械费	元	—	0.5600	0.7100	0.7100	0.5600	0.8500	0.8500

单位:平方米

定额编号				9-31	9-32	9-33	9-34
项目		单位	单价(元)	墙、地面SBS弹性沥青防水涂料			
				一布二涂		每增一布一涂	
				地面	墙面	地面	墙面
预算基价		元		9.97	9.76	7.16	6.95
其中	人工费	元		1.26	1.57	0.95	1.14
	材料费	元		8.56	8.00	6.10	5.67
	机械费	元		0.15	0.19	0.11	0.14
人工	综合工日	工日	30.800	0.0410	0.0510	0.0310	0.0370
材料	SBS弹性沥青防水胶	kg	4.529	1.1100	1.0300	0.5700	0.5200
	玻璃纤维布	m^2	2.416	1.3900	1.3000	1.3900	1.3000
	其他材料费	元	—	0.1700	0.1900	0.1600	0.1700
机械	中小型机械费	元	—	0.1500	0.1900	0.1100	0.1400

单位:平方米

定额编号				9-35	9-36	9-37	9-38	9-39	9-40
项目		单位	单价(元)	墙、地面SBS改性沥青油毡					
				地面			墙面		
				2 mm	3 mm	4 mm	2 mm	3 mm	4 mm
预算基价		元		35.36	39.13	51.42	35.48	38.78	52.94
其中	人工费	元		2.34	2.68	2.68	3.70	3.70	3.70
	材料费	元		32.74	36.13	48.42	31.34	34.64	48.80
	机械费	元		0.28	0.32	0.32	0.44	0.44	0.44
人工	综合工日	工日	30.800	0.0760	0.0870	0.0870	0.1200	0.1200	0.1200
材料	改性沥青防水卷材SBS厚2	m^2	17.111	1.4000	—	—	1.3000	—	—
	改性沥青防水卷材SBS厚3	m^2	19.627	—	1.3900	—	—	1.3000	—
	改性沥青防水卷材SBS厚4	m^2	28.182	—	—	1.4000	—	—	1.4000
	JG-1防水涂料	kg	7.850	0.5700	0.5700	0.5700	0.5900	0.5900	0.6000
	汽油60#～70#	kg	3.523	0.4500	0.4500	0.4500	0.5000	0.5000	0.5000
	SBS弹性沥青防水胶	kg	4.529	0.5000	0.5000	0.5000	0.4800	0.4800	0.4800
	其他材料费	元	—	0.4600	0.5200	0.6400	0.5300	0.5600	0.7000
机械	中小型机械费	元	—	0.2800	0.3200	0.3200	0.4400	0.4400	0.4400

单位:平方米

定额编号				9-41	9-42	9-43	9-44	9-45	9-46
项目		单位	单价(元)	墙、地面三元乙丙卷材		墙、地面聚氨酯涂膜			
				地面	墙面	三遍		每增减一遍	
						地面	墙面	地面	墙面
预算基价		元		52.37	51.79	22.69	23.78	7.88	8.20
其中	人工费	元		1.85	3.08	2.46	3.39	1.02	1.29
	材料费	元		50.30	48.34	19.93	19.98	6.74	6.76
	机械费	元		0.22	0.37	0.30	0.41	0.12	0.15
人工	综合工日	工日	30.800	0.0600	0.1000	0.0800	0.1100	0.0330	0.0420
材料	404胶粘剂	kg	6.930	0.5000	0.5000	—	—	—	—
	二甲苯	kg	3.925	0.2800	0.2800	0.2200	0.2200	0.0800	0.0800
	聚氨酯嵌缝膏	kg	14.192	0.1500	0.1500	—	—	—	—
	聚氨酯涂层	kg	8.706	0.2800	0.2800	2.1500	2.1500	0.7200	0.7200
	三元乙丙橡胶防水卷材1.5厚	m^2	28.685	1.4000	1.3300	—	—	—	—
	丁基粘结剂	kg	7.046	0.0350	0.0350	—	—	—	—
	其他材料费	元	—	0.7600	0.8100	0.3500	0.4000	0.1600	0.1800
机械	中小型机械费	元	—	0.2200	0.3700	0.3000	0.4100	0.1200	0.1500

单位:平方米

定额编号				9-47	9-48	9-49	9-50
项目		单位	单价(元)	屋面防水			
				三元乙丙	氯丁橡胶	建筑油膏	聚氨酯涂膜
预算基价		元		48.77	47.20	16.23	41.05
其中	人工费	元		3.08	3.08	2.53	7.70
	材料费	元		45.14	43.57	13.24	31.96
	机械费	元		0.55	0.55	0.46	1.39
人工	综合工日	工日	30.800	0.1000	0.1000	0.0820	0.2500
材料	三元乙丙橡胶防水卷材1.5厚	m^2	28.685	1.2300	—	—	—
	基层处理剂	kg	7.320	0.2100	0.2100	—	—
	404胶粘剂	kg	6.930	0.4200	—	—	—
	聚氨酯嵌缝膏	kg	14.192	0.0200	0.0300	—	—
	107胶水泥砂浆	m^3	400.702	0.0014	—	—	—
	浅色保护涂料	kg	10.200	0.2000	0.2100	—	—
	丁基粘结剂	kg	7.046	0.1300	—	—	—
	二甲苯	kg	3.925	0.2200	0.2200	—	0.1200
	氯丁橡胶防水卷材1.5厚	m^2	25.163	—	1.2300	—	—
	409胶粘剂	kg	13.286	—	0.5300	—	—
	建筑油膏	kg	1.862	—	—	6.9600	—
	聚氨酯甲料	kg	11.190	—	—	—	1.1290
	聚氨酯乙料	kg	11.190	—	—	—	1.6160
	其他材料费	元	—	0.7500	0.6100	0.2800	0.7700
机械	中小型机械费	元	—	0.5500	0.5500	0.4600	1.3900

单位：个

定额编号				9-51	9-52	9-53	9-54
项目		单位	单价（元）	出水口防水			
				三元乙丙	氯丁橡胶	建筑油膏	聚氨酯涂膜
预算基价		元		58.65	56.39	17.81	45.98
其中	人工费	元		4.00	4.00	2.53	8.62
	材料费	元		53.93	51.67	14.82	35.81
	机械费	元		0.72	0.72	0.46	1.55
人工	综合工日	工日	30.800	0.1300	0.1300	0.0820	0.2800
材料	三元乙丙橡胶防水卷材 1.5 厚	m^2	28.685	1.5200	—	—	—
	基层处理剂	kg	7.320	0.2400	0.2100	—	—
	404 胶粘剂	kg	6.930	0.4200	—	—	—
	聚氨酯嵌缝膏	kg	14.192	0.0200	0.0300	—	—
	107 胶水泥砂浆	m^3	400.702	0.0014	—	—	—
	浅色保护涂料	kg	10.200	0.2100	0.2100	—	—
	丁基粘结剂	kg	7.046	0.1300	—	—	—
	二甲苯	kg	3.925	0.2200	0.2200	—	0.1330
	氯丁橡胶防水卷材 1.5 厚	m^2	25.163	—	1.5200	—	—
	409 胶粘剂	kg	13.286	—	0.5800	—	—
	建筑油膏	kg	1.862	—	—	7.8000	—
	聚氨酯甲料	kg	11.190	—	—	—	1.2620
	聚氨酯乙料	kg	11.190	—	—	—	1.8140
	其他材料费	元	—	0.9000	0.7500	0.3000	0.8700
机械	中小型机械费	元	—	0.7200	0.7200	0.4600	1.5500

二、北京市建设工程预算定额

(2001 年定额防水工程部分)

第一章 屋 面 工 程

说明及工程量计算规则

一、说明

(一)本章包括:屋面保温,屋面找坡、找平及面层,坡屋面,屋面排水 4 节共 73 个子目。

(二)保温按不同材质均单独列项,使用时按设计要求分别列项计算。

(三)种植屋面只包括 40 mm 厚 C20 细石混凝土及细石混凝土以上部分,以下部分执行屋面及防水工程相应的定额子目。种植屋面矮墙和走道板分别按砌体和混凝土相应的定额子目执行。

(四)平屋面抹水泥砂浆找平层执行第十三章防水工程相应子目。

二、工程量计算规则

(一)屋面保温按设计图示面积乘以厚度以立方米计算。

(二)屋面找坡按图示水平投影面积乘以平均厚度以立方米计算。

(三)屋面面层:按图示尺寸以平方米计算,不扣除 0.3 m^2 以内孔洞及烟囱、风帽底座、风道、小气窗所占的面积,小气窗出檐部分也不增加。

(四)塑料、玻璃钢水落管按图示尺寸以米计算,水落管长度由檐沟底面(无檐沟的由水斗下口)算至室外设计地坪高度。

(五)镀锌铁皮零件按展开面积以平方米计算,设计无规定时按附表计算。

(六)檐沟、天沟按图示展开面积以平方米计算。

(七)各种水斗、弯头、雨水口按不同材质分别以套计算。

附表:镀锌铁皮零件单位面积计算表

名称	单位	水落管沿沟	天沟	斜沟	烟囱泛水	白铁滴水	天窗窗台泛水	天窗侧面泛水	白铁滴水沿头	下水口	水斗	透气管泛水	漏斗
		(m)								(个)			
白铁排水	m^2	0.30	1.30	0.90	0.8	0.11	0.50	0.70	0.24	0.45	0.40	0.22	0.16

第一节 屋面保温

工作内容：清扫基层，材料搬运，调制砂浆，调制胶粘剂。块体保温材料还包括铺贴，稳固，铺平，填缝。

整体保温材料的拌合，铺设，拍实抹平，养护。

单位：m^3

定额编号					12-1	12-2	12-3	12-4
项目					加气混凝土块		沥青珍珠岩块	膨胀珍珠岩块
					浆铺	干铺		
基价（元）					241.56	183.75	162.86	128.92
其中	人工费（元）				22.10	13.33	16.45	16.23
	材料费（元）				215.74	168.05	144.37	111.07
	机械费（元）				3.72	2.37	2.04	1.62
名称			单位	单价(元)	数量			
人工	82002	综合工日	工日	28.240	0.727	0.429	0.545	0.545
	82013	其他人工费	元	—	1.570	1.220	1.060	0.840
材料	02006	加气混凝土块	m^3	155.000	1.070	1.070	—	—
	13024	沥青珍珠岩块	m^3	133.000	—	—	1.040	—
	13029	膨胀珍珠岩块	m^3	102.000	—	—	—	1.040
	81068	M2.5 混合砂浆	m^3	123.860	0.330	—	—	—
	84004	其他材料费	元	—	9.020	2.200	6.050	4.990
机械	84023	其他机具费	元	—	3.720	2.370	2.040	1.620

单位：m^3

定额编号					12-5	12-6	12-7
项目					水泥蛭石块	沥青矿渣棉毡	沥青玻璃棉毡
基价（元）					309.99	146.75	255.06
其中	人工费（元）				17.45	14.14	14.86
	材料费（元）				288.55	130.72	236.92
	机械费（元）				3.99	1.89	3.28
名称			单位	单价(元)	数量		
人工	82002	综合工日	工日	28.240	0.545	0.466	0.466
	82013	其他人工费	元	—	2.060	0.980	1.700
材料	13030	水泥蛭石块	m^3	273.600	1.040	—	—
	13023	沥青矿渣棉毡	m^3	124.000	—	1.040	—
	13022	沥青玻璃棉毡	m^3	220.000	—	—	1.063
	84004	其他材料费	元	—	4.010	1.760	3.060
机械	84023	其他机具费	元	—	3.990	1.890	3.280

单位：m³

定额编号					12-8	12-9	12-10
项目					特制加气混凝土块浆铺	陶粒混凝土块干铺	现浇水泥珍珠岩
基价（元）					358.66	122.54	149.25
其中	人工费（元）				22.92	13.47	21.29
	材料费（元）				330.43	107.53	126.04
	机械费（元）				5.31	1.54	1.92
名称			单位	单价(元)	数量		
人工	82002	综合工日	工日	28.240	0.727	0.449	0.719
	82013	其他人工费	元	—	2.390	0.790	0.990
材料	02007	特制加气混凝土块	m^3	236.250	1.070	—	—
	04028	陶粒混凝土块	m^3	96.000	—	1.070	—
	02001	水泥(综合)	kg	0.366	—	—	174.720
	13034	珍珠岩	m^3	50.000	—	—	1.206
	81005	1∶2.5 水泥砂浆	m^3	222.240	0.330	—	—
	84004	其他材料费	元	—	4.300	4.810	1.790
机械	84023	其他机具费	元	—	5.310	1.540	1.920

单位：m³

定额编号					12-11	12-12	12-13
项目					现浇水泥蛭石	细石混凝土	发泡聚氨酯
基价（元）					241.49	250.28	416.23
其中	人工费（元）				21.91	32.82	25.42
	材料费（元）				216.47	203.55	385.45
	机械费（元）				3.11	13.91	5.36
名称			单位	单价(元)	数量		
人工	82002	综合工日	工日	28.240	0.719	1.103	0.802
	82013	其他人工费	元	—	1.610	1.670	2.770
材料	13031	蛭石	m^3	127.000	1.352	—	—
	81084	C20 豆石混凝土	m^3	185.380	—	1.015	—
	13021	发泡聚氨酯	m^3	373.000	—	—	1.020
	02001	水泥(综合)	kg	0.366	114.400	—	—
	84004	其他材料费	元	—	2.900	15.390	4.990
机械	84023	其他机具费	元	—	3.110	13.910	5.360

单位:m³

定额编号					12-14	12-15	12-16
项目					抹硅酸盐聚苯颗粒	水泥聚苯颗粒板	聚苯乙烯泡沫板
基价(元)					374.37	291.65	274.83
其中	人工费(元) 材料费(元) 机械费(元)				25.14 333.51 15.72	19.31 268.59 3.75	19.20 252.10 3.53
名称			单位	单价(元)	数量		
人工	82002	综合工日	工日	28.240	0.802	0.615	0.615
	82013	其他人工费	元	—	2.490	1.940	1.830
材料	13037	ZL 保温胶粉料	kg	0.170	12.750	—	—
	13046	聚苯乙烯泡沫塑料板	m³	235.000	—	—	1.010
	11143	界面剂	kg	1.800	3.213	—	—
	11188	ZL 聚苯颗粒	m³	312.710	1.020	—	—
	12004	聚氨酯泡沫塑料	m³	700.000	0.003	0.003	0.003
	08170	预制泡沫水泥聚苯颗粒板	m³	252.000	—	1.010	—
	84004	其他材料费	元	—	4.490	11.970	12.650
机械	84023	其他机具费	元	—	15.720	3.750	3.530

第二节 屋面找坡、找平及面层

工作内容:1. 屋面找坡层:清理基层,材料运输,拌合,分层铺设,压实,拍平,养护等。

2. 屋面找平层:清理基层,材料运输,砂浆、混凝土搅拌,铺设,抹平,压实,养护等。

3. 面砖铺贴,擦缝,填缝;架空板包括砌砖墩,板安装,勾板缝;卵石保护层包括玻纤布和钢板网;水泥砂浆保护层包括镀锌钢丝网。

4. 种植屋面包括基层清理,材料运输,砂浆,混凝土搅拌,铺设保护层,卵石排水层,过滤布,种植土铺设。

单位:m³

定额编号					12-17	12-18	12-19	12-20
项目					找坡层			
					水泥焦渣	水泥、粉煤灰、页岩陶粒	C15 豆石混凝土	1:1:6 水泥、砂子、焦渣
基价(元)					141.68	285.13	231.10	182.93
其中	人工费(元) 材料费(元) 机械费(元)				21.03 118.83 1.82	24.11 246.45 14.57	35.17 181.81 14.12	25.05 144.63 13.25
名称			单位	单价(元)	数量			
人工	82003	综合工日	工日	27.450	0.732	0.809	1.225	0.868
	82013	其他人工费	元	—	0.940	1.900	1.540	1.220
材料	02001	水泥(综合)	kg	0.366	194.800	257.500	—	257.000
	15012	焦渣	m³	35.000	1.306	—	—	1.050
	04003	页岩陶粒	m³	100.000	—	1.442	—	—
	81083	C15 豆石混凝土	m³	174.560	—	—	1.015	—

续表 单位：m^3

定额编号					12-17	12-18	12-19	12-20
项目					找坡层			
					水泥焦渣	水泥、粉煤灰、页岩陶粒	C15豆石混凝土	1：1：6水泥、砂子、焦渣
名称			单位	单价(元)	数量			
材料	04025	砂子	kg	0.036	—	—	—	319.000
	04024	粉煤灰	kg	0.089	—	51.500	—	—
	10097	聚酯布	m^2	3.800	—	—	0.489	—
	84004	其他材料费	元	—	1.820	3.420	2.770	2.330
机械	84023	其他机具费	元	—	1.820	14.570	14.120	13.250

单位：m^2

定额编号					12-21	12-22	12-23
项目					水泥砂浆坡屋面找平层		
					厚度 (mm)		厚度 (mm)
					20		每增减5
					硬基层	软基层	
基价（元）					10.45	12.24	1.62
其中	人工费（元）				2.17	2.24	0.47
	材料费（元）				7.98	9.63	1.09
	机械费（元）				0.30	0.37	0.06
名称			单位	单价(元)	数量		
人工	82007	综合工日	工日	30.810	0.068	0.070	0.015
	82013	其他人工费	元	—	0.070	0.080	0.010
材料	02001	水泥(综合)	kg	0.366	8.300	11.500	2.100
	04025	砂子	kg	0.036	33.100	45.600	8.300
	09241	钢板网	m^2	3.500	1.010	1.010	—
	84004	其他材料费	元	—	0.220	0.240	0.020
机械	84023	其他机具费	元	—	0.300	0.370	0.060

单位：m^2

定额编号		12-24	12-25	12-26
项目		屋面找平层		
		1：0.5：4水泥石灰砂浆	C15豆石混凝土	
			厚度 (mm)	
			30	每增减5
基价（元）		5.23	7.61	1.27
其中	人工费（元）	2.16	1.59	0.29
	材料费（元）	2.85	5.59	0.90
	机械费（元）	0.24	0.43	0.08

续表

单位：m^2

定额编号				12-24	12-25	12-26
项目				1∶0.5∶4 水泥石灰砂浆	屋面找平层	
					C15 豆石混凝土	
					厚度 (mm)	
					30	每增减 5
名称			单位	单价(元)	数量		
人工	82007	综合工日	工日	30.810	0.069	0.050	0.009
	82013	其他人工费	元	—	0.030	0.050	0.010
材料	02001	水泥(综合)	kg	0.366	4.770	—	—
	04023	石灰	kg	0.097	1.360	—	—
	04025	砂子	kg	0.036	25.250	—	—
	81083	C15 豆石混凝土	m^3	174.560	—	0.031	0.005
	84004	其他材料费	元	—	0.060	0.180	0.030
机械	84023	其他机具费	元	—	0.240	0.430	0.080

单位：m^2

定额编号					12-27	12-28
项目					屋面面层	
					架空板	种植层面
基价 (元)					40.41	37.06
其中	人工费 (元)				5.35	13.17
	材料费 (元)				34.47	21.91
	机械费 (元)				0.59	1.98
名称			单位	单价(元)	数量	
人工	82008	综合工日	工日	34.350	0.148	0.376
	82013	其他人工费	元	—	0.270	0.250
材料	02010	混凝土预制大方砖 490×490×50	块	7.800	4.060	—
	04001	红机砖	块	0.177	10.204	—
	81006	1∶3 水泥砂浆	m^3	204.110	0.001	—
	81027	1∶0.5∶5 混合砂浆	m^3	153.010	0.002	—
	81075	C20 普通混凝土	m^3	183.000	—	0.047
	01001	钢筋 ϕ10 以内	kg	2.430	—	0.262
	04054	卵石	kg	0.022	—	122.400
	15057	聚酯无纺布	m^2	8.200	—	1.163
	84004	其他材料费	元	—	0.490	0.440
机械	84023	其他机具费	元	—	0.590	1.980

单位：m^2

定额编号					12-29	12-30	12-31	12-32
项目					屋面面层			
					防滑地砖	水泥砖		
						砂铺	浆铺	干铺
基价（元）					63.15	34.12	40.70	32.06
其中	人工费（元）				8.15	2.69	6.71	1.69
	材料费（元）				50.37	30.99	32.30	29.96
	机械费（元）				4.63	0.44	1.69	0.41
名称			单位	单价(元)	数量			
人工	82007	综合工日	工日	30.810	0.251	0.080	0.209	0.048
	82013	其他人工费	元	—	0.420	0.230	0.270	0.210
材料	06007	石塑防滑地砖	m^2	45.000	1.020	—	—	—
	02005	水泥砖	m^2	29.000	—	1.020	1.020	1.020
	02001	水泥(综合)	kg	0.366	1.517	—	—	—
	02003	白水泥	kg	0.550	0.100	—	—	—
	81006	1∶3水泥砂浆	m^3	204.110	—	—	0.010	—
	04025	砂子	kg	0.036	—	27.700	—	—
	84004	其他材料费	元	—	3.860	0.410	0.680	0.380
机械	84023	其他机具费	元	—	4.630	0.440	1.690	0.410

单位：m^2

定额编号					12-33	12-34	12-35	12-36
项目					屋面面层			
					人造草皮	卵石	着色剂	水泥砂浆
基价（元）					47.48	9.37	1.07	11.92
其中	人工费（元）				5.16	0.95	0.75	3.25
	材料费（元）				41.71	8.30	0.31	8.35
	机械费（元）				0.61	0.12	0.01	0.32
名称			单位	单价(元)	数量			
人工	82007	综合工日	工日	30.810	0.157	0.029	0.024	0.103
	82013	其他人工费	元	—	0.320	0.060	0.010	0.080
材料	15055	人造草皮	m^2	33.000	1.020	—	—	—
	04054	卵石	kg	0.022	—	90.900	—	—
	11133	着色剂	kg	1.500	—	—	0.200	—
	81006	1∶3水泥砂浆	m^3	204.110	—	—	—	0.020
	11142	粘结剂	kg	13.500	0.546	—	—	—
	13001	玻璃丝布	m^2	2.400	—	1.106	—	—

续表 单位:m²

定额编号					12-33	12-34	12-35	12-36
项目					屋面面层			
					人造草皮	卵石	着色剂	水泥砂浆
名称			单位	单价(元)	数量			
材料	09241	钢板网	m²	3.500	—	1.010	—	—
	09242	钢丝网	m²	3.200	—	—	—	1.010
	84004	其他材料费	元	—	0.680	0.110	0.010	1.040
机械	84023	其他机具费	元	—	0.610	0.120	0.010	0.320

第三节 坡屋面

工作内容:1. 挂瓦条上挂瓦及砂浆卧铺瓦:选瓦、打瓦、挂铺瓦、安脊瓦,挂瓦条、顺水条的制作安装,调制砂浆,檐口固定、抹泛水及清扫。

2. 檩条及屋面板上钉瓦:选瓦、运瓦、成孔、钉挂瓦、脊瓦安装,调制砂浆抹泛水等。

3. 压型钢板及夹心板屋面:构件检查修理、加固,屋面板吊装就位、找正、螺栓固定,屋面板、封檐板、包角板、泛水板等配件制件安装,安密封条等。

4. 阳光板屋面:支架制件安装,阳光板安装,密封条、嵌缝等。

5. 屋面干铺防水卷材:压毡条及镀锌铁丝。

单位:m²

定额编号					12-37	12-38	12-39	12-40
项目					彩色水泥瓦屋面			
					木挂瓦条	钢挂瓦条	混合砂浆卧铺	钢筋挂瓦条
基价(元)					29.30	58.96	31.98	35.99
其中	人工费(元)				2.00	10.64	7.64	10.49
	材料费(元)				26.92	47.27	23.83	24.75
	机械费(元)				0.38	1.05	0.51	0.75
名称			单位	单价(元)	数量			
人工	82002	综合工日	工日	28.240	0.064	0.363	0.263	0.363
	82013	其他人工费	元	—	0.190	0.390	0.210	0.240
材料	04004	彩色水泥瓦	m²	20.200	1.030	1.030	1.030	1.030
	04005	彩色脊瓦	块	0.210	0.290	0.290	0.290	0.290
	09239	冷弯钢板挂瓦条 2 mm 厚	m	5.400	—	3.584	—	—
	09240	冷弯钢板顺水条 2 mm 厚	m	5.000	—	1.075	—	—
	01001	钢筋 ϕ10 以内	kg	2.430	—	—	—	1.035
	84004	其他材料费	元	—	6.050	1.670	2.960	1.370
机械	84023	其他机具费	元	—	0.380	1.050	0.510	0.750

单位：m²

定额编号				12-41	12-42	12-43	12-44	12-45
项目				瓦屋面				
				油毡瓦	小青瓦	彩色压型钢板波形瓦	波纹装饰瓦	琉璃型轻质波形瓦
基价（元）				30.56	30.76	49.12	49.75	25.71
其中	人工费（元）			1.61	6.55	7.53	7.76	17.76
	材料费（元）			28.56	23.73	40.96	41.27	7.62
	机械费（元）			0.39	0.48	0.63	0.72	0.33
名称		单位	单价(元)	数量				
人工	82002 综合工日	工日	28.240	0.050	0.225	0.255	0.263	0.623
	82013 其他人工费	元	—	0.200	0.200	0.330	0.330	0.170
材料	04006 油毡瓦	m²	2.520	2.377	—	—	—	—
	04007 小青瓦	块	1.260	—	15.350	—	—	—
	04008 彩色压型钢板波形瓦	m²	25.920	—	—	1.030	—	—
	04009 波纹装饰瓦	m²	33.410	—	—	—	1.030	—
	04011 琉璃型轻质波形瓦	块	5.200	—	—	—	—	1.026
	04014 水泥脊瓦	块	0.880	0.290	—	0.134	0.290	0.147
	11308 粘结胶	kg	52.750	0.408	—	—	—	—
	09239 冷弯钢板挂瓦条 2 mm 厚	m	5.400	—	—	2.452	—	—
	81032 麻刀灰	m³	80.180	—	—	—	—	0.000
	11128 油灰	kg	1.200	—	—	—	—	0.029
	09420 镀锌螺钉带垫	个	0.450	—	—	—	—	4.023
	84004 其他材料费	元	—	0.790	4.390	0.900	6.600	0.310
机械	84023 其他机具费	元	—	0.390	0.480	0.630	0.720	0.330

单位：m²

定额编号				12-46	12-47	12-48	12-49
项目				彩色压型板屋面		瓦垄铁屋面	玻璃钢瓦屋面
				钢板	夹心板（芯板 50 mm）		
基价（元）				38.02	101.60	24.13	66.67
其中	人工费（元）			4.60	7.97	0.89	1.88
	材料费（元）			32.23	91.65	22.93	63.93
	机械费（元）			1.19	1.98	0.31	0.86
名称		单位	单价(元)	数量			
人工	82002 综合工日	工日	28.240	0.154	0.259	0.026	0.051
	82013 其他人工费	元	—	0.250	0.660	0.160	0.440

续表

单位：m^2

定额编号					12-46	12-47	12-48	12-49
项目					彩色压型板屋面		瓦垄铁屋面	玻璃钢瓦屋面
					钢板	夹心板（芯板 50 mm）		
名称			单位	单价（元）	数量			
材料	04016	彩色压型钢板	m^2	25.920	1.082	—	—	—
	04042	彩色夹心板	m^2	78.000	—	1.082	—	—
	01132	瓦垄镀锌铁皮	m^2	16.670	—	—	1.261	—
	04022	玻璃钢瓦	m^2	58.920	—	—	—	1.000
	81032	麻刀灰	m^3	80.180	—	—	0.000	0.000
	11128	油灰	kg	1.200	—	—	0.029	0.029
	09420	镀锌螺钉带垫	个	0.450	—	—	—	4.060
	12004	聚氨酯泡沫塑料	m^3	700.000	0.001	0.001	—	—
	15035	密封条	m	0.500	0.866	1.917	—	—
	11060	玻璃胶（密封胶）	支	6.800	0.200	0.200	—	—
	09419	铁钉带垫圈（木檩条）	个	0.300	—	—	5.270	—
	04010	玻璃钢脊瓦	块	16.000	—	—	—	0.147
	84004	其他材料费	元	—	1.690	4.240	0.290	0.800
机械	84023	其他机具费	元	—	1.190	1.980	0.310	0.860

单位：m^2

定额编号					12-50	12-51	12-52	12-53
项目					小波石棉瓦屋面			干铺卷材
					木檩条	钢檩条	混凝土檩条	
基价（元）					16.74	16.64	16.85	19.35
其中	人工费（元）				1.52	2.23	2.23	1.15
	材料费（元）				15.00	14.20	14.40	17.95
	机械费（元）				0.22	0.21	0.22	0.25
名称			单位	单价（元）	数量			
人工	82002	综合工日	工日	28.240	0.050	0.075	0.075	0.036
	82013	其他人工费	元	—	0.110	0.110	0.110	0.130
材料	09421	镀锌螺栓钩（钢檩）	个	0.500	—	2.012	—	—
	10054	SBS 改性沥青油毡防水卷材 2 mm	m^2	15.000	—	—	—	1.139
	04013	小波石棉瓦	张	12.000	1.026	1.026	1.026	—
	04012	小波石棉脊瓦	块	4.400	0.147	0.147	0.147	—
	81032	麻刀灰	m^3	80.180	0.000	0.000	0.000	—
	11128	油灰	kg	1.200	0.029	0.029	0.029	—
	09420	镀锌螺钉带垫	个	0.450	4.023	—	—	—
	84004	其他材料费	元	—	0.200	0.200	1.410	0.860
机械	84023	其他机具费	元	—	0.220	0.210	0.220	0.250

单位：m²

定额编号					12-54
项目					阳光板屋面
基价（元）					124.38
其中	人工费（元） 材料费（元） 机械费（元）				23.82 98.44 2.12
名称			单位	单价（元）	数量
人工	82005	综合工日	工日	31.120	0.739
	82013	其他人工费	元	—	0.820
材料	12053	阳光板	m²	74.000	1.100
	09413	不锈钢方钢 50×50	m	2.370	1.478
	09354	铝合金压条	m	4.200	1.166
	10162	P型橡胶条	m	1.500	3.013
	15035	密封条	m	0.500	3.300
	84004	其他材料费	元	—	2.470
机械	84023	其他机具费	元	—	2.120

第四节　屋面排水

工作内容：1. 水落管：接口、管件固定安装等。

2. 铁皮零件制作安装，天沟、檐沟制作安装，支架制作安装。

3. 水斗、水口的就位、安装，填缝密封等。

单位：m

定额编号					12-55	12-56	12-57	12-58
项目					水落管			阳台排水口
					φ100塑料	φ110玻璃钢	φ160玻璃钢	（套）
基价（元）					28.50	28.45	33.31	39.37
其中	人工费（元） 材料费（元） 机械费（元）				5.88 22.25 0.37	6.04 22.04 0.37	6.72 26.16 0.43	2.13 36.73 0.51
名称			单位	单价（元）	数量			
人工	82005	综合工日	工日	31.120	0.183	0.188	0.209	0.060
	82013	其他人工费	元	—	0.190	0.190	0.220	0.260
材料	17089	塑料水落管 φ100	m	19.660	1.047	—	—	—
	17092	玻璃钢排水管 φ10	m	17.000	—	1.054	—	—
	17100	玻璃钢检查口 φ110	个	12.000	—	0.111	—	—
	17102	玻璃钢伸缩节 φ110	个	15.000	—	0.101	—	—

续表 单位:m

定额编号					12-55	12-56	12-57	12-58
项目					水落管			阳台排水口
					ϕ100 塑料	ϕ110 玻璃钢	ϕ160 玻璃钢	(套)
名称			单位	单价(元)	数量			
材料	17103	玻璃钢伸缩节 ϕ160	个	18.000	—	—	0.101	—
	17093	玻璃钢排水管 ϕ160	m	20.000	—	—	1.061	—
	17101	玻璃钢检查口 ϕ160	个	15.000	—	—	0.111	—
	12092	塑料弯头 ϕ50	套	4.500	—	—	—	1.010
	16001	铸铁地漏 ϕ50	个	23.000	—	—	—	1.010
	17090	塑料三通 100×50	个	8.400	—	—	—	1.010
	09263	铁件	kg	3.100	0.144	0.144	0.144	—
	09054	膨胀螺栓 ϕ6	套	0.420	1.050	0.714	0.714	—
	11168	密封胶 KS 型套	kg	15.610	0.028	0.012	0.020	—
	84004	其他材料费	元	—	0.340	0.340	0.400	0.470
机械	84023	其他机具费	元	—	0.370	0.370	0.430	0.510

单位:套

定额编号					12-59	12-60
项目					镀锌铁皮零件	铸铁弯头出水口
					(m^2)	
基价(元)					61.04	35.18
其中	人工费(元)				13.54	10.90
	材料费(元)				46.71	23.83
	机械费(元)				0.79	0.45
名称			单位	单价(元)	数量	
人工	82005	综合工日	工日	31.120	0.422	0.343
	82013	其他人工费	元	—	0.410	0.230
材料	01133	镀锌铁皮	m^2	39.630	1.060	—
	16120	铸铁排水弯头	套	21.000	—	1.010
	09294	焊锡	kg	29.000	0.021	—
	02001	水泥(综合)	kg	0.366	—	0.768
	04025	砂子	kg	0.036	—	2.900
	09263	铁件	kg	3.100	1.010	0.586
	84004	其他材料费	元	—	0.960	0.420
机械	84023	其他机具费	元	—	0.790	0.450

单位:套

定额编号					12-61	12-62	12-63
项目					ϕ100 铸铁下水口	ϕ100 铸铁承接水口	ϕ150 铸铁承接水口
基价(元)					23.78	50.67	80.59
其中	人工费(元)				7.41	8.68	9.28
	材料费(元)				16.06	41.34	70.27
	机械费(元)				0.31	0.65	1.04
名称			单位	单价(元)	数量		
人工	82005	综合工日	工日	31.120	0.233	0.268	0.281
	82013	其他人工费	元	—	0.160	0.340	0.540
材料	16117	雨水口 ϕ100	个	10.000	1.010	—	—
	16118	承接雨水口 ϕ100	个	37.000	—	1.010	—
	16119	承接雨水口 ϕ150	个	65.000	—	—	1.010
	10054	SBS 改性沥青油毡防水卷材 2 mm	m^2	15.000	0.242	—	—
	81006	1∶3 水泥砂浆	m^3	204.110	0.010	—	—
	09263	铁件	kg	3.100	—	1.083	1.177
	84004	其他材料费	元	—	0.290	0.610	0.970
机械	84023	其他机具费	元	—	0.310	0.650	1.040

单位:套

定额编号					12-64	12-65	12-66
项目					雨水斗		
					塑料	ϕ110 玻璃钢	ϕ160 玻璃钢
基价(元)					35.66	32.65	53.57
其中	人工费(元)				9.61	9.59	10.13
	材料费(元)				25.59	22.64	42.75
	机械费(元)				0.46	0.42	0.69
名称			单位	单价(元)	数量		
人工	82005	综合工日	工日	31.120	0.301	0.301	0.314
	82013	其他人工费	元	—	0.240	0.220	0.360
材料	17091	塑料雨水斗	个	23.880	1.010	—	—
	17094	玻璃钢雨水斗 ϕ110	个	21.000	—	1.010	—
	17095	玻璃钢雨水斗 ϕ160	个	40.000	—	—	1.010
	11168	密封胶 KS 型	kg	15.610	0.031	0.031	0.050
	81084	C20 豆石混凝土	m^3	185.380	0.003	0.003	0.005
	84004	其他材料费	元	—	0.430	0.390	0.640
机械	84023	其他机具费	元	—	0.460	0.420	0.690

单位:套

定额编号				12-67	12-68
项目				ϕ50 玻璃钢 90°弯头	ϕ50 玻璃钢短管
基价(元)				9.59	10.64
其中	人工费(元)			4.14	4.15
	材料费(元)			5.33	6.35
	机械费(元)			0.12	0.14
名称		单位	单价(元)	数量	
人工	82005 综合工日	工日	31.120	0.131	0.131
	82013 其他人工费	元	—	0.060	0.070
材料	17098 玻璃钢 90°弯头 ϕ50	个	5.000	1.010	—
	17099 玻璃钢短管 ϕ50	个	6.000	—	1.010
	11168 密封胶 KS 型	kg	15.610	0.010	0.010
	84004 其他材料费	元	—	0.120	0.130
机械	84023 其他机具费	元	—	0.120	0.140

单位:m^2

定额编号				12-69	12-70	12-71	12-72	12-73
项目				天沟		檐沟		
				彩色夹心板	彩色钢板	彩色夹心板	彩色钢板	玻璃钢
基价(元)				101.43	46.03	99.41	44.01	33.36
其中	人工费(元)			5.62	5.26	4.08	3.71	3.64
	材料费(元)			94.34	40.02	93.89	39.57	29.10
	机械费(元)			1.47	0.75	1.44	0.73	0.62
名称		单位	单价(元)	数量				
人工	82005 综合工日	工日	31.120	0.159	0.159	0.110	0.110	0.110
	82013 其他人工费	元	—	0.670	0.310	0.660	0.290	0.220
材料	04042 彩色夹心板	m^2	78.000	1.030	—	1.030	—	—
	04016 彩色压型钢板	m^2	25.920	—	1.030	—	1.030	—
	04043 玻璃钢檐沟	m^2	16.000	—	—	—	—	1.030
	15035 密封条	m	0.500	1.684	1.684	0.842	0.842	0.842
	09310 金属支架	kg	2.700	1.979	1.979	1.979	1.979	1.979
	09046 螺栓	个	3.730	1.684	1.684	1.684	1.684	1.684
	84004 其他材料费	元	—	1.530	0.860	1.500	0.830	0.570
机械	84023 其他机具费	元	—	1.470	0.750	1.440	0.730	0.620

第二章　防水工程

说明及工程量计算规则

一、说明

（一）本章包括：找平层及保护层，地下室基础防水，厨房、卫生间楼地面防水，屋面防水，止水带 5 节共 151 个子目。

（二）定额中卷材防水是按单层编制的，设计双层卷材时分别执行相应定额子目。

（三）墙体防水不分内外，均执行立面防水的相应定额子目。

（四）涂料防水不分涂刷遍数，均以厚度为准。

（五）防水子目中的找平层与保护层分别执行相应定额子目。

（六）聚酯布、玻璃布、化纤布定额是按单层编制，设计为双层时，工程量乘以 2。

（七）屋面隔汽层执行防水层相应定额子目。

二、工程量计算规则

（一）水泥砂浆找平层按图示尺寸以平方米计算。

（二）楼地面及地下室平面防水防潮按图示尺寸的水平投影面积以平方米计算，扣除 0.3 m^2 以上孔洞及凸出地面的构筑物、设备基础等所占面积，不扣除柱、垛、间壁墙所占面积；地面与墙面连接部分，墙面有防水时，卷起部分不再计算，墙面无防水时卷起部分按图示面积并入平面工程量内，图纸未标注时，卷起高度按 250 mm 计算；地下室底板下凸出部分，按展开面积并入平面工程量内。

（三）墙体防水按其图示长度乘以高度以平方米计算，柱及墙垛的侧面面积并入墙体工程量内；扣除 0.3 m^2 以上孔洞所占的面积。

（四）屋面防水按图示尺寸以平方米计算，扣除 0.3m^2 以上孔洞所占面积；女儿墙、伸缩缝、天窗等处的卷起部分，按图示面积并入屋面工程量内，图纸未标注时，卷起高度按 250 mm 计算。

（五）防水布按设计图示尺寸以平方米计算。

（六）豆石混凝土保护层按图示水平投影面积以平方米计算；水泥聚苯板、水泥砂浆、聚苯乙烯泡沫塑料均按图示尺寸以平方米计算。

（七）止水带分材质按图示长度以米计算。

（八）挑檐、雨罩按图示尺寸以平方米计算。

（九）蓄水池、游泳池等构筑物按图示尺寸以平方米计算。

第一节　找平层及保护层

工作内容：清理基层，材料运输，砂浆调制，抹找平层，保护层，养护等。　　单位：m^2

定额编号					13-1	13-2	13-3	13-4
项目					水泥砂浆找平层			
					厚度 (mm)			
					20		每增5	
					平面	立面	平面	立面
基价（元）					6.56	8.92	1.65	2.25
其中	人工费（元）				1.98	4.19	0.50	1.06
	材料费（元）				4.33	4.45	1.08	1.11
	机械费（元）				0.25	0.28	0.07	0.08
名称			单位	单价(元)	数量			
人工	82007	综合工日	工日	30.810	0.063	0.134	0.016	0.034
	82013	其他人工费	元	—	0.040	0.060	0.010	0.010
材料	02001	水泥(综合)	kg	0.366	8.320	8.480	2.080	2.120
	04025	砂子	kg	0.036	33.600	34.240	8.400	8.560
	84004	其他材料费	元	—	0.080	0.110	0.020	0.030
机械	84023	其他机具费	元	—	0.250	0.280	0.070	0.080

单位：m^2

定额编号					13-5	13-6	13-7	13-8
项目					保护层			
					水泥砂浆	豆石混凝土	聚乙烯泡沫塑料	水泥聚苯板
基价（元）					9.13	10.29	40.47	61.31
其中	人工费（元）				2.52	2.57	2.06	2.20
	材料费（元）				6.34	7.39	37.89	58.32
	机械费（元）				0.27	0.33	0.52	0.79
名称			单位	单价(元)	数量			
人工	82007	综合工日	工日	30.810	0.080	0.081	0.058	0.058
	82013	其他人工费	元	—	0.060	0.070	0.270	0.410
材料	81005	1∶2.5水泥砂浆	m^3	222.240	0.020	—	—	—
	11166	建筑胶	kg	1.700	1.050	—	—	—
	81083	C15豆石混凝土	m^3	174.560	—	0.040	—	—
	08167	水泥聚苯板	m^2	32.000	—	—	—	1.050
	11308	粘结胶	kg	52.750	—	—	0.045	0.045
	02001	水泥(综合)	kg	0.366	—	—	0.675	0.675
	13055	复合聚乙烯泡沫塑料$\delta=5$	m^2	12.780	—	—	1.050	—
	84004	其他材料费	元	—	0.110	0.410	0.490	0.740
机械	84023	其他机具费	元	—	0.270	0.330	0.520	0.790

第二节　地下室基础防水

一、涂料

工作内容：清理基层，涂刷附加层，分层涂刷涂料等。　　　　单位：m²

定额编号					13-9	13-10	13-11	13-12
项目					氯丁胶乳化沥青防水涂料			
					平面		立面	
					厚度（mm）			
					2	每增减0.5	2	每增减0.5
基价（元）					25.65	4.69	28.04	5.25
其中	人工费（元）				3.56	0.74	5.89	1.29
	材料费（元）				21.76	3.89	21.79	3.89
	机械费（元）				0.33	0.06	0.36	0.07
名称			单位	单价(元)	数量			
人工	82007	综合工日	工日	30.810	0.110	0.023	0.185	0.041
	82013	其他人工费	元	—	0.170	0.030	0.190	0.030
材料	10091	氯丁胶乳化沥青涂料	kg	4.700	3.260	0.815	3.260	0.815
	10090	玻璃纤维布	m²	2.400	2.340	—	2.340	—
	11177	基层处理剂	kg	2.800	0.182	—	0.182	—
	84004	其他材料费	元	—	0.310	0.060	0.340	0.060
机械	84023	其他机具费	元	—	0.330	0.060	0.360	0.070

单位：m²

定额编号					13-13	13-14	13-15	13-16
项目					聚氨酯防水涂料			
					平面		立面	
					厚度（mm）			
					2	每增减0.5	2	每增减0.5
基价（元）					32.73	8.57	33.52	8.76
其中	人工费（元）				2.65	0.68	3.42	0.86
	材料费（元）				29.66	7.78	29.67	7.79
	机械费（元）				0.42	0.11	0.43	0.11
名称			单位	单价(元)	数量			
人工	82007	综合工日	工日	30.810	0.079	0.020	0.104	0.026
	82013	其他人工费	元	—	0.220	0.060	0.220	0.060
材料	10080	聚氨酯防水涂料	kg	9.500	2.661	0.808	2.661	0.808
	81121	聚氨酯 1∶3	kg	19.000	0.182	—	0.182	—
	84004	其他材料费	元	—	0.920	0.100	0.930	0.110
机械	84023	其他机具费	元	—	0.420	0.110	0.430	0.110

单位：m^2

定额编号					13-17	13-18	13-19	13-20
项目					SBS 弹性沥青防水涂料			
					平面		立面	
					厚度（mm）			
					2	每增减 0.5	2	每增减 0.5
基价（元）					23.62	4.18	26.00	4.75
其中	人工费（元）				3.55	0.74	5.87	1.29
	材料费（元）				19.77	3.39	19.80	3.40
	机械费（元）				0.30	0.05	0.33	0.06
名称			单位	单价(元)	数量			
人工	82007	综合工日	工日	30.810	0.110	0.023	0.185	0.041
	82013	其他人工费	元	—	0.160	0.030	0.170	0.030
材料	10092	SBS 弹性沥青防水涂料	kg	4.100	3.260	0.815	3.260	0.815
	10090	玻璃纤维布	m^2	2.400	2.340	—	2.340	—
	11177	基层处理剂	kg	2.800	0.182	—	0.182	—
	84004	其他材料费	元	—	0.280	0.050	0.310	0.060
机械	84023	其他机具费	元	—	0.300	0.050	0.330	0.060

单位：m^2

定额编号					13-21	13-22	13-23	13-24
项目					硅橡胶防水涂料			
					平面		立面	
					厚度（mm）			
					2	每增减 0.5	2	每增减 0.5
基价（元）					19.53	4.77	20.33	4.95
其中	人工费（元）				2.56	0.65	3.34	0.83
	材料费（元）				16.72	4.06	16.73	4.06
	机械费（元）				0.25	0.06	0.26	0.06
名称			单位	单价(元)	数量			
人工	82007	综合工日	工日	30.810	0.079	0.020	0.104	0.026
	82013	其他人工费	元	—	0.130	0.030	0.140	0.030
材料	10093	硅橡胶涂料	kg	7.200	2.220	0.555	2.220	0.555
	11177	基层处理剂	kg	2.800	0.182	—	0.182	—
	84004	其他材料费	元	—	0.230	0.060	0.240	0.060
机械	84023	其他机具费	元	—	0.250	0.060	0.260	0.060

单位：m²

定额编号					13-25	13-26	13-27	13-28
项目					APP 型冷胶防水涂料			
					平面		立面	
					厚度 (mm)			
					2	每增减 0.5	2	每增减 0.5
基价（元）					15.64	3.80	16.44	3.98
其中	人工费（元）				2.53	0.65	3.31	0.83
	材料费（元）				12.91	3.10	12.92	3.10
	机械费（元）				0.20	0.05	0.21	0.05
名称			单位	单价(元)	数量			
人工	82007	综合工日	工日	30.810	0.079	0.020	0.104	0.026
	82013	其他人工费	元	—	0.100	0.030	0.110	0.030
材料	10094	APP 型冷胶防水涂料	kg	5.500	2.220	0.555	2.220	0.555
	11177	基层处理剂	kg	2.800	0.182	—	0.182	—
	84004	其他材料费	元	—	0.190	0.050	0.200	0.050
机械	84023	其他机具费	元	—	0.200	0.050	0.210	0.050

单位：m²

定额编号					13-29	13-30	13-31	13-32
项目					JS-复合防水涂料			
					平面		立面	
					厚度 (mm)			
					2	每增减 0.5	2	每增减 0.5
基价（元）					39.75	11.49	40.55	11.67
其中	人工费（元）				2.69	0.70	3.47	0.88
	材料费（元）				36.55	10.64	36.56	10.64
	机械费（元）				0.51	0.15	0.52	0.15
名称			单位	单价(元)	数量			
人工	82007	综合工日	工日	30.810	0.079	0.020	0.104	0.026
	82013	其他人工费	元	—	0.260	0.080	0.270	0.080
材料	10095	JS-复合防水涂料	kg	8.000	4.509	1.313	4.509	1.313
	84004	其他材料费	元	—	0.480	0.140	0.490	0.140
机械	84023	其他机具费	元	—	0.510	0.150	0.520	0.150

二、卷材

工作内容：清理基层，分格缝嵌缝，刷基层处理剂，铺贴附加层，刷胶铺贴防水卷材、收头等。　　单位：m²

定额编号					13-33	13-34	13-35	13-36
项目					三元乙丙-丁基橡胶防水卷材			
					厚度 (mm)			
					1.2		1.5	
					平面	立面	平面	立面
基价（元）					54.45	56.44	57.04	59.00
其中	人工费（元）				3.56	5.49	3.58	5.50
	材料费（元）				50.19	50.22	52.73	52.74
	机械费（元）				0.70	0.73	0.73	0.76
名称			单位	单价(元)	数量			
人工	82007	综合工日	工日	30.810	0.104	0.166	0.104	0.166
	82013	其他人工费	元	—	0.360	0.380	0.380	0.390
材料	10042	三元乙丙橡胶防水卷材 1.2 mm	m²	25.000	1.257	1.257	—	—
	10041	三元乙丙橡胶防水卷材 1.5 mm	m²	27.000	—	—	1.257	1.257
	10080	聚氨酯防水涂料	kg	9.500	0.136	0.136	0.136	0.136
	11142	黏结剂	kg	13.500	0.404	0.404	0.404	0.404
	11185	丁基粘接剂	kg	7.000	0.187	0.187	0.187	0.187
	10104	嵌缝膏 CSPE	支	17.000	0.323	0.323	0.323	0.323
	81121	聚氨酯 1∶3	kg	19.000	0.182	0.182	0.182	0.181
	84004	其他材料费	元	—	1.760	1.790	1.790	1.820
机械	84023	其他机具费	元	—	0.700	0.730	0.730	0.760

单位：m²

定额编号					13-37	13-38	13-39	13-40
项目					氯化聚乙烯-橡胶共混防水卷材			
					厚度 (mm)			
					1.2		1.5	
					平面	立面	平面	立面
基价（元）					46.84	48.82	53.34	55.31
其中	人工费（元）				3.51	5.43	3.55	5.48
	材料费（元）				42.73	42.76	49.10	49.12
	机械费（元）				0.60	0.63	0.69	0.71
名称			单位	单价(元)	数量			
人工	82007	综合工日	工日	30.810	0.104	0.166	0.104	0.166
	82013	其他人工费	元	—	0.310	0.320	0.350	0.370
材料	10045	氯化聚乙烯橡胶共混防水卷材 1.2 mm	m²	18.000	1.257	1.257	—	—
	10044	氯化聚乙烯橡胶共混防水卷材 1.5 mm	m²	23.000	—	—	1.257	1.257

续表

单位：m^2

定额编号					13-37	13-38	13-39	13-40
项目					氯化聚乙烯-橡胶共混防水卷材			
					厚度 (mm)			
					1.2		1.5	
					平面	立面	平面	立面
		名称	单位	单价(元)	数量			
材料	10080	聚氨酯防水涂料	kg	9.500	0.136	0.136	0.136	0.136
	10107	氯丁胶乳	kg	25.000	0.202	0.202	0.202	0.202
	10109	基层黏结剂	kg	15.000	0.455	0.455	0.455	0.455
	10104	嵌缝膏 CSPE	支	17.000	0.310	0.310	0.310	0.310
	84004	其他材料费	元	—	1.670	1.700	1.750	1.770
机械	84023	其他机具费	元	—	0.600	0.630	0.690	0.710

单位：m^2

定额编号					13-41	13-42	13-43	13-44
项目					LYX-603 氯化聚乙烯卷材			
					厚度 (mm)			
					1.2		1.5	
					平面	立面	平面	立面
基价 (元)					56.41	58.37	61.58	63.55
其中	人工费 (元)				3.58	5.50	3.61	5.53
	材料费 (元)				52.10	52.12	57.18	57.20
	机械费 (元)				0.73	0.75	0.79	0.82
		名称	单位	单价(元)	数量			
人工	82007	综合工日	工日	30.810	0.104	0.166	0.104	0.166
	82013	其他人工费	元	—	0.380	0.390	0.410	0.420
材料	10051	LYX603 氯化聚乙烯防水卷材 1.2 mm	m^2	18.000	1.257	1.257	—	—
	10050	LYX603 氯化聚乙烯防水卷材 1.5 mm	m^2	22.000	—	—	1.257	1.257
	10107	氯丁胶乳	kg	25.000	0.202	0.202	0.202	0.202
	11142	黏结剂	kg	13.500	0.642	0.642	0.642	0.642
	10104	嵌缝膏 CSPE	支	17.000	0.323	0.323	0.323	0.323
	10080	聚氨酯防水涂料	kg	9.500	0.136	0.136	0.136	0.136
	84004	其他材料费	元	—	8.970	8.990	9.030	9.050
机械	84023	其他机具费	元	—	0.730	0.750	0.790	0.820

单位：m²

定额编号					13-45	13-46	13-47	13-48
项目					氯化聚乙烯防水卷材			
					厚度（mm）			
					1.2		1.5	
					平面	立面	平面	立面
基价（元）					53.97	55.94	57.86	59.84
其中	人工费（元）				3.56	5.48	3.59	5.51
	材料费（元）				49.72	49.74	53.53	53.56
	机械费（元）				0.69	0.72	0.74	0.77
名称			单位	单价(元)	数量			
人工	82007	综合工日	工日	30.810	0.104	0.166	0.104	0.166
	82013	其他人工费	元	—	0.360	0.370	0.390	0.400
材料	10047	氯化聚乙烯防水卷材 1.2 mm	m²	15.000	1.257	1.257	—	—
	10046	氯化聚乙烯防水卷材 1.5 mm	m²	18.000	—	—	1.257	1.257
	10107	氯丁胶乳	kg	25.000	0.202	0.202	0.202	0.202
	11142	黏结剂	kg	13.500	0.792	0.792	0.792	0.792
	10104	嵌缝膏 CSPE	支	17.000	0.310	0.310	0.310	0.310
	10080	聚氨酯防水涂料	kg	9.500	0.136	0.136	0.136	0.136
	84004	其他材料费	元	—	8.560	8.580	8.600	8.630
机械	84023	其他机具费	元	—	0.690	0.720	0.740	0.770

单位：m²

定额编号					13-49	13-50	13-51	13-52
项目					聚氯乙烯防水卷材			
					厚度（mm）			
					1.2		1.5	
					平面	立面	平面	立面
基价（元）					47.87	49.84	53.06	55.04
其中	人工费（元）				3.52	5.44	3.55	5.48
	材料费（元）				43.73	43.76	48.83	48.85
	机械费（元）				0.62	0.64	0.68	0.71
名称			单位	单价(元)	数量			
人工	82007	综合工日	工日	30.810	0.104	0.166	0.104	0.166
	82013	其他人工费	元	—	0.320	0.330	0.350	0.370
材料	10053	聚氯乙烯防水卷材 1.2 mm	m²	14.000	1.257	1.257	—	—
	10052	聚氯乙烯防水卷材 1.5 mm	m²	18.000	—	—	1.257	1.257
	11142	黏结剂	kg	13.500	0.610	0.610	0.610	0.610
	10104	嵌缝膏 CSPE	支	17.000	0.310	0.310	0.310	0.310
	10080	聚氨酯防水涂料	kg	9.500	0.136	0.136	0.136	0.136
	81121	聚氨酯 1∶3	kg	19.000	0.182	0.182	0.182	0.182
	84004	其他材料费	元	—	7.880	7.910	7.950	7.970
机械	84023	其他机具费	元	—	0.620	0.640	0.680	0.710

单位：m²

定额编号					13-53	13-54	13-55	13-56
项目					氯丁橡胶防水卷材			
					厚度（mm）			
					1.2		1.5	
					平面	立面	平面	立面
基价（元）					60.28	62.25	65.48	67.45
其中	人工费（元）				3.60	5.52	3.64	5.56
	材料费（元）				55.90	55.93	61.00	61.02
	机械费（元）				0.78	0.80	0.84	0.87
名称			单位	单价（元）	数量			
人工	82007	综合工日	工日	30.810	0.104	0.166	0.104	0.166
	82013	其他人工费	元	0.400	0.410	0.440	0.450	
材料	10049	氯丁橡胶卷材 1.2 mm	m²	21.000	1.257	1.257	—	—
	10048	氯丁橡胶卷材 1.5 mm	m²	25.000	—	—	1.257	1.257
	10113	氯丁胶沥青胶液	kg	4.330	0.606	0.606	0.606	0.606
	11184	CY-409 黏结剂	kg	13.200	0.096	0.096	0.096	0.096
	10104	嵌缝膏 CSPE	支	17.000	0.310	0.310	0.310	0.310
	10106	乙酸乙酯	kg	20.000	0.051	0.051	0.051	0.051
	10080	聚氨酯防水涂料	kg	9.500	0.136	0.136	0.136	0.136
	84004	其他材料费	元	—	18.030	18.060	18.100	18.120
机械	84023	其他机具费	元	—	0.780	0.800	0.840	0.870

单位：m²

定额编号					13-57	13-58	13-59	13-60	13-61	13-62
项目					SBS 改性沥青油毡					
					厚度（mm）					
					2		3		4	
					平面	立面	平面	立面	平面	立面
基价（元）					38.36	40.33	41.19	43.18	52.58	54.54
其中	人工费（元）				3.46	5.38	3.47	5.40	3.55	5.47
	材料费（元）				34.41	34.43	37.19	37.22	48.35	48.37
	机械费（元）				0.49	0.52	0.53	0.56	0.68	0.70
名称			单位	单价（元）	数量					
人工	82007	综合工日	工日	30.810	0.104	0.166	0.104	0.166	0.104	0.166
	82013	其他人工费	元	—	0.260	0.270	0.270	0.290	0.350	0.360
材料	10054	SBS 改性沥青油毡防水卷材 2 mm	m²	15.000	1.377	1.377	—	—	—	—
	10055	SBS 改性沥青油毡防水卷材 3 mm	m²	17.000	—	—	1.377	1.377	—	—
	10056	SBS 改性沥青油毡防水卷材 4 mm	m²	25.000	—	—	—	—	1.377	1.377
	10104	嵌缝膏 CSPE	支	17.000	0.323	0.323	0.323	0.323	0.323	0.323
	84004	其他材料费	元	—	8.260	8.280	8.290	8.320	8.430	8.450
机械	84023	其他机具费	元	—	0.490	0.520	0.530	0.560	0.680	0.700

单位：m²

定额编号					13-63	13-64	13-65	13-66
项目					APP 改性沥青防水卷材		沥青复合胎柔性防水卷材	
					厚度 (mm)			
					4			
					平面	立面	平面	立面
基价 (元)					61.95	63.93	39.10	41.07
其中	人工费 (元)				3.61	5.54	3.46	5.38
	材料费 (元)				57.54	57.57	35.14	35.16
	机械费 (元)				0.80	0.82	0.50	0.53
名称			单位	单价(元)	数量			
人工	82007	综合工日	工日	30.810	0.104	0.166	0.104	0.166
	82013	其他人工费	元	—	0.410	0.430	0.260	0.270
材料	10059	APP 改性沥青油毡防水卷材 4 mm	m²	30.000	1.377	1.377	—	—
	10112	沥青复合胎柔性防水卷材 4 mm	m²	16.000	—	—	1.377	1.377
	10104	嵌缝膏 CSPE	支	17.000	0.323	0.323	0.323	0.323
	84004	其他材料费	元	—	10.740	10.770	7.620	7.640
机械	84023	其他机具费	元	—	0.800	0.820	0.500	0.530

第三节 厨房、卫生间楼地面防水

工作内容：涂料配制，涂刷附加层，分层涂刷防水涂料等。 单位：m²

定额编号					13-67	13-68	13-69	13-70	13-71	13-72
项目					氯丁胶乳化沥青防水		聚氨酯防水		SBS 弹性沥青防水	
					厚度 (mm)					
					2	每增减 0.5	2	每增减 0.5	2	每增减 0.5
基价 (元)					24.91	4.60	33.13	8.66	24.13	4.40
其中	人工费 (元)				4.05	0.95	3.02	0.77	4.04	0.95
	材料费 (元)				20.54	3.59	29.68	7.78	19.78	3.39
	机械费 (元)				0.32	0.06	0.43	0.11	0.31	0.06
名称			单位	单价(元)	数量					
人工	82007	综合工日	工日	30.810	0.126	0.030	0.091	0.023	0.126	0.030
	82013	其他人工费	元	—	0.170	0.030	0.220	0.060	0.160	0.030
材料	10090	玻璃纤维布	m²	2.400	2.340	—	—	—	2.340	—
	10116	氯丁胶乳化沥青	kg	4.330	3.260	0.815	—	—	—	—
	11177	基层处理剂	kg	2.800	0.182	—	—	—	0.182	—
	10092	SBS 弹性沥青防水涂料	kg	4.100	—	—	—	—	3.260	0.815
	81121	聚氨酯 1∶3	kg	19.000	—	—	0.182	—	—	—
	10080	聚氨酯防水涂料	kg	9.500	—	—	2.661	0.808	—	—
	84004	其他材料费	元	—	0.300	0.060	0.940	0.100	0.290	0.050
机械	84023	其他机具费	元	—	0.320	0.060	0.430	0.110	0.310	0.060

单位：m²

定额编号					13-73	13-74	13-75	13-76	13-77	13-78
项目					硅橡胶防水		APP 型冷胶防水		JS-复合防水涂料防水	
					厚度 (mm)					
					2	每增减 0.5	2	每增减 0.5	2	每增减 0.5
基价（元）					19.92	4.86	16.03	3.89	40.14	11.58
其中	人工费（元）				2.93	0.74	2.91	0.74	3.07	0.79
	材料费（元）				16.73	4.06	12.91	3.10	36.55	10.64
	机械费（元）				0.26	0.06	0.21	0.05	0.52	0.15
		名称	单位	单价(元)	数量					
人工	82007	综合工日	工日	30.810	0.091	0.023	0.091	0.023	0.091	0.023
	82013	其他人工费	元	—	0.130	0.030	0.110	0.030	0.270	0.080
材料	10093	硅橡胶涂料	kg	7.200	2.220	0.555	—	—	—	—
	10094	APP 型冷胶防水涂料	kg	5.500	—	—	2.220	0.555	—	—
	10095	JS-复合防水涂料	kg	8.000	—	—	—	—	4.509	1.313
	11177	基层处理剂	kg	2.800	0.182	—	0.182	—	—	—
	84004	其他材料费	元	—	0.240	0.060	0.190	0.050	0.480	0.140
机械	84023	其他机具费	元	—	0.260	0.060	0.210	0.050	0.520	0.150

单位：m²

定额编号					13-79	13-80	13-81
项目					聚酯布一层	玻璃布一层	高分子聚乙烯防水卷材
基价（元）					9.73	7.86	59.31
其中	人工费（元）				1.14	1.13	3.59
	材料费（元）				8.46	6.63	54.96
	机械费（元）				0.13	0.10	0.76
		名称	单位	单价(元)	数量		
人工	82007	综合工日	工日	30.810	0.035	0.035	0.104
	82013	其他人工费	元	—	0.060	0.050	0.390
材料	10097	聚酯布	m²	3.800	1.285	—	—
	10098	玻璃布	m²	2.400	—	1.285	—
	10089	高分子聚乙烯防水卷材 1.2 mm	m²	32.000	—	—	1.292
	11191	卷材专用胶	kg	8.000	—	—	1.313
	02001	水泥(综合)	kg	0.366	—	—	6.560
	81121	聚氨酯 1∶3	kg	19.000	0.182	0.182	—
	84004	其他材料费	元	—	0.120	0.090	0.710
机械	84023	其他机具费	元	—	0.130	0.100	0.760

第四节　屋面防水

一、卷材

工作内容：基层清理，分格缝嵌缝，刷基层处理剂，铺贴附加层，刷胶、铺贴防水卷材、收头等。　单位：m^2

定额编号					13-82	13-83	13-84
项目					三元乙丙橡胶防水卷材		
					厚度（mm）		
					1	1.2	1.5
基价（元）					49.73	52.01	54.29
其中	人工费（元）				2.36	2.38	2.39
	材料费（元）				46.73	48.96	51.20
	机械费（元）				0.64	0.67	0.70
名称			单位	单价(元)	数量		
人工	82007	综合工日	工日	30.810	0.066	0.066	0.066
	82013	其他人工费	元	—	0.330	0.350	0.360
材料	10043	三元乙丙橡胶防水卷材 1 mm	m^2	23.000	1.105	—	—
	10042	三元乙丙橡胶防水卷材 1.2 mm	m^2	25.000	—	1.105	—
	10041	三元乙丙橡胶防水卷材 1.5 mm	m^2	27.000	—	—	1.105
	11142	黏结剂	kg	13.500	0.500	0.500	0.500
	10104	嵌缝膏 CSPE	支	17.000	0.323	0.323	0.323
	10106	乙酸乙酯	kg	20.000	0.051	0.051	0.051
	01001	钢筋 ϕ10 以内	kg	2.430	0.044	0.044	0.044
	10080	聚氨酯防水涂料	kg	9.500	0.292	0.292	0.292
	81121	聚氨酯 1∶3	kg	19.000	0.182	0.182	0.182
	84004	其他材料费	元	—	1.720	1.740	1.770
机械	84023	其他机具费	元	—	0.640	0.670	0.700

单位：m^2

定额编号		13-85	13-86
项目		氯丁橡胶卷材防水	
		厚度（mm）	
		1.2	1.5
基价（元）		40.93	45.50
其中	人工费（元）	2.30	2.33
	材料费（元）	38.10	42.58
	机械费（元）	0.53	0.59

续表 单位：m^2

定额编号					13-85	13-86
项目					氯丁橡胶卷材防水	
					厚度 (mm)	
					1.2	1.5
名称			单位	单价(元)	数量	
人工	82007	综合工日	工日	30.810	0.066	0.066
	82013	其他人工费	元	—	0.270	0.300
材料	10049	氯丁橡胶卷材 1.2mm	m^2	21.000	1.105	—
	10048	氯丁橡胶卷材 1.5mm	m^2	25.000	—	1.105
	11184	CY-409 黏结剂	kg	13.200	0.096	0.096
	10108	氯丁胶沥青胶剂	kg	4.330	0.606	0.606
	01001	钢筋 ϕ10 以内	kg	2.430	0.044	0.044
	10104	嵌缝膏 CSPE	支	17.000	0.323	0.323
	10106	乙酸乙酯	kg	20.000	0.051	0.051
	10080	聚氨酯防水涂料	kg	9.500	0.292	0.292
	84004	其他材料费	元	—	1.610	1.670
机械	84023	其他机具费	元	—	0.530	0.590

单位：m^2

定额编号					13-87	13-88
项目					氯化聚乙烯-橡胶共混防水卷材	
					厚度 (mm)	
					1.2	1.5
基价 (元)					44.52	50.23
其中	人工费 (元)				2.33	2.36
	材料费 (元)				41.62	47.22
	机械费 (元)				0.57	0.65
名称			单位	单价(元)	数量	
人工	82007	综合工日	工日	30.810	0.066	0.066
	82013	其他人工费	元	—	0.300	0.330
材料	10045	氯化聚乙烯-橡胶共混防水卷材 1.2mm	m^2	18.000	1.105	—
	10044	氯化聚乙烯-橡胶共混防水卷材 1.5mm	m^2	23.000	—	1.105
	10107	氯丁胶乳	kg	25.000	0.182	0.182
	11142	黏结剂	kg	13.500	0.455	0.455
	01001	钢筋 ϕ10 以内	kg	2.430	0.044	0.044
	10104	嵌缝膏 CSPE	支	17.000	0.323	0.323
	10106	乙酸乙酯	kg	20.000	0.051	0.051
	10080	聚氨酯防水涂料	kg	9.500	0.292	0.292
	84004	其他材料费	元	—	1.650	1.720
机械	84023	其他机具费	元	—	0.570	0.650

单位:m²

定额编号					13-89	13-90	13-91
项目					高密度聚乙烯防水卷材		
					厚度 (mm)		
					1.2	1.5	2
基价 (元)					39.63	44.19	51.04
其中	人工费 (元)				2.29	2.32	2.37
	材料费 (元)				36.83	41.30	48.01
	机械费 (元)				0.51	0.57	0.66
名称			单位	单价(元)	数量		
人工	82007	综合工日	工日	30.810	0.066	0.066	0.066
	82013	其他人工费	元	—	0.260	0.290	0.340
材料	10063	高密度聚乙烯防水卷材 1.2mm	m²	22.000	1.105	—	—
	10062	高密度聚乙烯防水卷材 1.5mm	m²	26.000	—	1.105	—
	10061	高密度聚乙烯防水卷材 2mm	m²	32.000	—	—	1.105
	10108	氯丁胶沥青胶剂	kg	4.330	0.061	0.061	0.061
	11184	CY-409 黏结剂	kg	13.200	0.096	0.096	0.096
	01001	钢筋 ϕ10 以内	kg	2.430	0.044	0.044	0.044
	10104	嵌缝膏 CSPE	支	17.000	0.323	0.323	0.323
	10106	乙酸乙酯	kg	20.000	0.051	0.051	0.051
	10080	聚氨酯防水涂料	kg	9.500	0.292	0.292	0.292
	84004	其他材料费	元	—	1.600	1.650	1.730
机械	84023	其他机具费	元	—	0.510	0.570	0.660

单位:m²

定额编号					13-92	13-93	13-94
项目					高分子聚乙烯防水卷材	氯化聚氯乙烯防水卷材	
					厚度 (mm)		
					1.2		1.5
基价 (元)					60.68	42.14	45.56
其中	人工费 (元)				2.43	2.31	2.33
	材料费 (元)				57.47	39.29	42.64
	机械费 (元)				0.78	0.54	0.59
名称			单位	单价(元)	数量		
人工	82007	综合工日	工日	30.810	0.066	0.066	0.066
	82013	其他人工费	元	—	0.400	0.280	0.300
材料	10089	高分子聚乙烯防水卷材 1.2mm	m²	32.000	1.370	—	—
	10047	氯化聚乙烯防水卷材 1.2mm	m²	15.000	—	1.105	—
	10046	氯化聚乙烯防水卷材 1.5mm	m²	18.000	—	—	1.105

续表

单位：m²

定额编号					13-92	13-93	13-94
项目					高分子聚乙烯防水卷材	氯化聚氯乙烯防水卷材	
					厚度 (mm)		
					1.2		1.5
		名称	单位	单价(元)	数量		
材料	11191	卷材专用胶	kg	8.000	1.313	—	—
	02001	水泥(综合)	kg	0.366	6.560	—	—
	01001	钢筋 ϕ10 以内	kg	2.430	—	0.044	0.044
	10104	嵌缝膏 CSPE	支	17.000	—	0.323	0.323
	10106	乙酸乙酯	kg	20.000	—	0.051	0.051
	81121	聚氨酯 1∶3	kg	19.00	—	0.182	0.182
	10080	聚氨酯防水涂料	kg	9.500	—	0.292	0.292
	11142	黏结剂	kg	13.500	—	0.610	0.610
	84004	其他材料费	元	—	0.730	1.630	1.670
机械	84023	其他机具费	元	—	0.780	0.540	0.590

单位：m²

定额编号					13-95	13-96
项目					红泥塑料合金防水卷材	
					厚度 (mm)	
					1.2	1.5
基价 (元)					38.70	43.28
其中	人工费 (元)				2.29	2.32
	材料费 (元)				35.91	40.40
	机械费 (元)				0.50	0.56
		名称	单位	单价(元)	数量	
人工	82007	综合工日	工日	30.810	0.066	0.066
	82013	其他人工费	元	—	0.260	0.290
材料	10065	红泥塑料合金防水卷材 1.2mm	m²	12.000	1.105	—
	10064	红泥塑料合金防水卷材 1.5mm	m²	16.000	—	1.105
	01001	钢筋 ϕ10 以内	kg	2.430	0.044	0.044
	10104	嵌缝膏 CSPE	支	17.000	0.323	0.323
	10106	乙酸乙酯	kg	20.000	0.051	0.051
	81121	聚氨酯 1∶3	kg	19.000	0.182	0.182
	10080	聚氨酯防水涂料	kg	9.500	0.292	0.292
	11142	黏结剂	kg	13.500	0.610	0.610
	84004	其他材料费	元	—	1.570	1.640
机械	84023	其他机具费	元	—	0.500	0.560

单位：m^2

定额编号					13-97	13-98	13-99	13-100
项目					SBS 改性沥青防水卷材			
					厚度 (mm)			
					2	3	4	5
基价 (元)					37.04	39.67	50.18	54.13
其中	人工费 (元)				2.28	2.29	2.36	2.39
	材料费 (元)				34.28	36.87	47.17	51.04
	机械费 (元)				0.48	0.51	0.65	0.70
名称			单位	单价(元)	数量			
人工	82007	综合工日	工日	30.810	0.066	0.066	0.066	0.066
	82013	其他人工费	元	—	0.250	0.260	0.330	0.360
材料	10054	SBS 改性沥青油毡防水卷材 2mm	m^2	15.000	1.273	—	—	—
	10055	SBS 改性沥青油毡防水卷材 3mm	m^2	17.000	—	1.273	—	—
	10056	SBS 改性沥青油毡防水卷材 4mm	m^2	25.000	—	—	1.273	—
	10057	SBS 改性沥青油毡防水卷材 5mm	m^2	28.000	—	—	—	1.273
	01001	钢筋 ϕ10 以内	kg	2.430	0.044	0.044	0.044	0.044
	10104	嵌缝膏 CSPE	支	17.000	0.323	0.323	0.323	0.323
	10106	乙酸乙酯	kg	20.000	0.051	0.051	0.051	0.051
	10080	聚氨酯防水涂料	kg	9.500	0.292	0.292	0.292	0.292
	81121	聚氨酯 1∶3	kg	19.000	0.182	0.182	0.182	0.182
	84004	其他材料费	元	—	2.340	2.380	2.500	2.550
机械	84023	其他机具费	元	—	0.480	0.510	0.650	0.700

单位：m^2

定额编号					13-101	13-102	13-103
项目					APP 改性沥青防水卷材		
					厚度 (mm)		
					3	4	5
基价 (元)					54.13	56.76	60.70
其中	人工费 (元)				2.39	2.41	2.43
	材料费 (元)				51.04	53.62	57.49
	机械费 (元)				0.70	0.73	0.78
名称			单位	单价(元)	数量		
人工	82007	综合工日	工日	30.810	0.066	0.066	0.066
	82013	其他人工费	元	—	0.360	0.380	0.400
材料	10060	APP 改性沥青油毡防水卷材 3mm	m^2	28.000	1.273	—	—
	10059	APP 改性沥青油毡防水卷材 4mm	m^2	30.000	—	1.273	—
	10058	APP 改性沥青油毡防水卷材 5mm	m^2	33.000	—	—	1.273
	01001	钢筋 ϕ10 以内	kg	2.430	0.044	0.044	0.044
	10104	嵌缝膏 CSPE	支	17.000	0.323	0.323	0.323
	10106	乙酸乙酯	kg	20.000	0.051	0.051	0.051
	10080	聚氨酯防水涂料	kg	9.500	0.292	0.292	0.292
	81121	聚氨酯 1∶3	kg	19.000	0.182	0.182	0.182
	84004	其他材料费	元	—	2.550	2.580	2.630
机械	84023	其他机具费	元	—	0.700	0.730	0.780

单位：m²

定额编号					13-104	13-105
项目					弹性体-自粘性化纤胎橡胶改性沥青防水卷材	
					厚度 (mm)	
					3	4
基价 (元)					38.88	43.78
其中	人工费 (元)				2.29	2.32
	材料费 (元)				36.09	40.90
	机械费 (元)				0.50	0.56
名称			单位	单价(元)	数量	
人工	82007	综合工日	工日	30.810	0.066	0.066
	82013	其他人工费	元	—	0.260	0.290
材料	10066	弹性体-自粘性化纤胎橡胶改性沥青卷材	m²	20.000	1.105	—
	10067	弹性体-自粘性化纤胎橡胶改性沥青复材	m²	23.500	—	1.105
	10080	聚氨酯防水涂料	kg	9.500	0.292	0.292
	10108	氯丁胶沥青胶剂	kg	4.330	0.404	0.606
	11184	CY-409 黏结剂	kg	13.200	0.096	0.096
	01001	钢筋 ϕ10 以内	kg	2.430	0.044	0.044
	10104	嵌缝膏 CSPE	支	17.000	0.323	0.323
	10106	乙酸乙酯	kg	20.000	0.051	0.051
	84004	其他材料费	元	—	1.580	1.650
机械	84023	其他机具费	元	—	0.500	0.560

单位：m²

定额编号					13-106	13-107
项目					弹性体-化纤胎改性沥青防水卷材	
					厚度 (mm)	
					3	4
基价 (元)					42.29	45.49
其中	人工费 (元)				2.31	2.33
	材料费 (元)				39.44	42.57
	机械费 (元)				0.54	0.59
名称			单位	单价(元)	数量	
人工	82007	综合工日	工日	30.810	0.066	0.066
	82013	其他人工费	元	—	0.280	0.300
材料	10072	弹性体-化纤胎改性沥青防水卷材 3 mm	m²	23.000	1.105	—
	10073	弹性体-化纤胎改性沥青防水卷材 4 mm	m²	25.000	—	1.105
	10080	聚氨酯防水涂料	kg	9.500	0.292	0.292
	10108	氯丁胶沥青胶剂	kg	4.330	0.404	0.604
	11184	CY-409 黏结剂	kg	13.200	0.096	0.096
	01001	钢筋 ϕ10 以内	kg	2.430	0.044	0.044
	10104	嵌缝膏 CSPE	支	17.000	0.323	0.323
	10106	乙酸乙酯	kg	20.000	0.051	0.051
	84004	其他材料费	元	—	1.620	1.670
机械	84023	其他机具费	元	—	0.540	0.590

单位：m^2

定　额　编　号					13-108	13-109
项　目					橡塑改性沥青乙烯防水卷材	
					厚　度　(mm)	
					3	4
基　价　(元)					41.15	45.49
其中	人工费（元）				2.30	2.32
	材料费（元）				38.32	41.45
	机械费（元）				0.53	0.57
		名　称	单位	单价(元)	数　量	
人工	82007	综合工日	工日	30.810	0.066	0.066
	82013	其他人工费	元	—	0.270	0.290
材料	10070	橡塑改性沥青乙烯胎防水卷材 3 mm	m^2	22.000	1.105	—
	10071	橡塑改性沥青乙烯胎防水卷材 4 mm	m^2	24.000	—	1.105
	01001	钢筋 ϕ10 以内	kg	2.430	0.044	0.044
	10104	嵌缝膏 CSPE	支	17.000	0.323	0.323
	10106	乙酸乙酯	kg	20.000	0.051	0.051
	10108	氯丁胶沥青胶剂	kg	4.330	0.404	0.606
	10080	聚氨酯防水涂料	kg	9.500	0.292	0.292
	11184	CY-409 黏结剂	kg	13.200	0.096	0.096
	84004	其他材料费	元	—	1.600	1.650
机械	84023	其他机具费	元	—	0.530	0.570

单位：m^2

定　额　编　号					13-110	13-111	13-112
项　目					橡塑共混-铝箔橡塑改性沥青防水卷材		
					厚　度　(mm)		
					2	3	4
基　价　(元)					30.65	34.09	39.78
其中	人工费（元）				2.23	2.26	2.29
	材料费（元）				28.03	31.39	36.98
	机械费（元）				0.39	0.44	0.51
		名　称	单位	单价(元)	数　量		
人工	82007	综合工日	工日	30.810	0.066	0.066	0.066
	82013	其他人工费	元	—	0.200	0.230	0.260
材料	10075	橡塑共混-铝箔橡塑改性沥青防水卷材 2 mm	m^2	12.000	1.105	—	—
	10076	橡塑共混-铝箔橡塑改性沥青防水卷材 3 mm	m^2	15.000	—	1.105	—
	10074	橡塑共混-铝箔橡塑改性沥青防水卷材 4 mm	m^2	20.000	—	—	1.105
	01001	钢筋 ϕ10 以内	kg	2.430	0.044	0.044	0.044
	10104	嵌缝膏 CSPE	支	17.000	0.323	0.323	0.323
	10106	乙酸乙酯	kg	20.000	0.051	0.051	0.051
	10108	氯丁胶沥青胶剂	kg	4.330	0.606	0.606	0.606
	10080	聚氨酯防水涂料	kg	9.500	0.292	0.292	0.292
	11184	CY-409 黏结剂	kg	13.200	0.096	0.096	0.096
	84004	其他材料费	元	—	1.490	1.530	1.600
机械	84023	其他机具费	元	—	0.390	0.440	0.510

单位：m^2

定额编号					13-113	13-114
项目					改性沥青聚乙烯防水卷材	
					厚度 (mm)	
					3	4
基价（元）					46.63	48.01
其中	人工费（元）				2.34	2.35
	材料费（元）				43.69	45.04
	机械费（元）				0.60	0.62
名称			单位	单价(元)	数量	
人工	82007	综合工日	工日	30.810	0.066	0.066
	82013	其他人工费	元	—	0.310	0.320
材料	10068	改性沥青聚乙烯防水卷材 3mm	m^2	26.00	1.105	—
	10069	改性沥青聚乙烯防水卷材 4mm	m^2	28.000	—	1.105
	10108	氯丁胶沥青胶剂	kg	4.330	0.606	0.404
	11184	CY-409 黏结剂	kg	13.200	0.096	0.096
	01001	钢筋 ϕ10 以内	kg	2.430	0.044	0.044
	10104	嵌缝膏 CSPE	支	17.000	0.323	0.323
	10106	乙酸乙酯	kg	20.000	0.051	0.051
	10080	聚氨酯防水涂料	kg	9.500	0.292	0.292
	84004	其他材料费	元	—	1.680	1.690
机械	84023	其他机具费	元	—	0.600	0.620

单位：m^2

定额编号					13-115	13-116	13-117
项目					优质氧化沥青防水卷材		
					厚度 (mm)		
					3	4	8
基价（元）					26.90	30.09	37.50
其中	人工费（元）				2.21	2.23	2.28
	材料费（元）				24.34	27.47	34.74
	机械费（元）				0.35	0.39	0.48
名称			单位	单价(元)	数量		
人工	82007	综合工日	工日	30.810	0.066	0.066	0.066
	82013	其他人工费	元	—	0.180	0.200	0.250
材料	10079	优质氧化沥青防水卷材 3mm	m^2	9.500	1.105	—	—
	10078	优质氧化沥青防水卷材 4mm	m^2	11.500	—	1.105	—
	10077	优质氧化沥青防水卷材 8mm	m^2	18.000	—	—	1.105
	10108	氯丁胶沥青胶剂	kg	4.330	0.404	0.606	0.606
	11184	CY-409 黏结剂	kg	13.200	0.096	0.096	0.096
	01001	钢筋 ϕ10 以内	kg	2.430	0.044	0.044	0.044
	10104	嵌缝膏 CSPE	支	17.000	0.323	0.323	0.323
	10106	乙酸乙酯	kg	20.000	0.051	0.051	0.051
	10080	聚氨酯防水涂料	kg	9.500	0.292	0.292	0.292
	84004	其他材料费	元	—	1.430	1.480	1.570
机械	84023	其他机具费	元	—	0.350	0.390	0.480

二、涂料

工作内容：涂料配制，涂刷附加层，分层涂刷防水涂料等。 单位：m^2

定额编号					13-118	13-119
项目					聚氨酯防水涂料	
					厚度 (mm)	
					2	每增减 0.1
基价（元）					33.08	1.45
其中	人工费（元）				1.45	0.07
	材料费（元）				31.20	1.36
	机械费（元）				0.43	0.02
名称			单位	单价(元)	数量	
人工	82007	综合工日	工日	30.810	0.040	0.002
	82013	其他人工费	元	—	0.220	0.010
材料	10080	聚氨酯防水涂料	kg	9.500	2.816	0.141
	81121	聚氨酯 1∶3	kg	19.000	0.182	—
	84004	其他材料费	元	—	0.990	0.020
机械	84023	其他机具费	元	—	0.430	0.020

单位：m^2

定额编号					13-120	13-121	13-122	13-123
项目					水乳型硅橡胶防水涂料		水乳型丙烯酸酯防水涂料	
					厚度 (mm)			
					2	每增减 0.1	2	每增减 0.1
基价（元）					34.38	1.52	55.24	2.59
其中	人工费（元）				1.46	0.07	1.60	0.08
	材料费（元）				32.48	1.43	52.93	2.48
	机械费（元）				0.44	0.02	0.71	0.03
名称			单位	单价(元)	数量			
人工	82007	综合工日	工日	30.810	0.040	0.002	0.040	0.002
	82013	其他人工费	元	—	0.230	0.010	0.370	0.020
材料	10081	水乳型硅橡胶防水涂料	kg	10.000	2.525	0.131	—	—
	10082	水乳型丙烯酸酯防水涂料	kg	18.000	—	—	2.525	0.131
	10080	聚氨酯防水涂料	kg	9.500	0.292	0.010	0.292	0.010
	81121	聚氨酯 1∶3	kg	19.000	0.182	—	0.182	—
	84004	其他材料费	元	—	1.000	0.020	1.250	0.030
机械	84023	其他机具费	元	—	0.440	0.020	0.710	0.030

单位：m^2

定额编号					13-124	13-125	13-126	13-127
项目					溶剂型丙烯酸酯防水涂料		水乳型聚合物水泥基复合防水涂料	
					厚度 (mm)			
					2	每增减 0.1	2	每增减 0.1
基价 (元)					29.17	1.09	11.90	0.60
其中	人工费 (元)				1.42	0.07	1.31	0.06
	材料费 (元)				27.37	1.01	10.44	0.53
	机械费 (元)				0.38	0.01	0.15	0.01
	名称		单位	单价(元)	数量			
人工	82007	综合工日	工日	30.810	0.040	0.002	0.040	0.002
	82013	其他人工费	元	—	0.190	0.010	0.080	—
材料	10084	溶剂型丙烯酸酯防水涂料	kg	8.000	2.525	0.113	—	—
	10083	水乳型聚合物水泥基复合防水涂料	kg	3.000	—	—	3.434	0.172
	81121	聚氨酯 1∶3	kg	19.000	0.182	—	—	—
	10080	聚氨酯防水涂料	kg	9.500	0.292	0.010	—	—
	84004	其他材料费	元	—	0.940	0.010	0.140	0.010
机械	84023	其他机具费	元	—	0.380	0.010	0.150	0.010

单位：m^2

定额编号					13-128	13-129
项目					溶剂型氯丁橡胶改性沥青防水涂料	
					厚度 (mm)	
					3	每增减 0.1
基价 (元)					23.60	0.70
其中	人工费 (元)				2.01	0.06
	材料费 (元)				21.29	0.63
	机械费 (元)				0.30	0.01
	名称		单位	单价(元)	数量	
人工	82007	综合工日	工日	30.810	0.060	0.002
	82013	其他人工费	元	—	0.160	—
材料	10085	溶剂型氯丁橡胶改性沥青防水涂料	kg	4.500	3.283	0.121
	81121	聚氨酯 1∶3	kg	19.000	0.182	—
	10080	聚氨酯防水涂料	kg	9.500	0.292	0.008
	84004	其他材料费	元	—	0.280	0.010
机械	84023	其他机具费	元	—	0.300	0.010

单位：m^2

定额编号					13-130	13-131
项目					水乳型阳离子氯丁橡胶改性沥青防水涂料	
					厚度 (mm)	
					3	每增减 0.1
基价 (元)					21.90	0.64
其中	人工费 (元)				2.00	0.06
	材料费 (元)				19.62	0.57
	机械费 (元)				0.28	0.01
名称			单位	单价(元)	数量	
人工	82007	综合工日	工日	30.810	0.060	0.002
	82013	其他人工费	元	—	0.150	—
材料	10087	水乳型阳离子氯丁橡胶改性沥青防水涂料	kg	4.000	3.283	0.121
	81121	聚氨酯 1∶3	kg	19.000	0.182	—
	10080	聚氨酯防水涂料	kg	9.500	0.292	0.008
	84004	其他材料费	元	—	0.260	0.010
机械	84023	其他机具费	元	—	0.280	0.010

单位：m^2

定额编号					13-132	13-133	13-134	13-135
项目					溶剂型 SBS 改性沥青防水涂料		水乳型 SBS 改性沥青防水涂料	
					厚度 (mm)			
					3	每增减 0.1	3	每增减 0.1
基价 (元)					22.25	0.65	18.51	0.52
其中	人工费 (元)				2.00	0.06	1.97	0.06
	材料费 (元)				19.96	0.58	16.30	0.45
	机械费 (元)				0.29	0.01	0.24	0.01
名称			单位	单价(元)	数量			
人工	82007	综合工日	工日	30.810	0.060	0.002	0.060	0.002
	82013	其他人工费	元	—	0.150	—	0.120	—
材料	10086	溶剂型 SBS 改性沥青防水涂料	kg	4.100	3.283	0.121	—	—
	10088	水乳型 SBS 改性沥青防水涂料	kg	3.000	—	—	3.283	0.121
	10080	聚氨酯防水涂料	kg	9.500	0.292	0.008	0.292	0.008
	81121	聚氨酯 1∶3	kg	19.000	0.182	—	0.182	—
	84004	其他材料费	元	—	0.270	0.010	0.220	0.010
机械	84023	其他机具费	元	—	0.290	0.010	0.240	0.010

三、刚性防水

工作内容：1. 刚性防水：基层清理，混凝土搅拌，钢筋绑扎，混凝土浇注、振实、养护、嵌缝等。

2. 隔离层：基层清理，灰浆调制，抹隔离层等。

单位：m^2

定额编号					13-136	13-137	13-138	13-139
项目					防水砂浆		40mm 厚刚性防水层	
					平面	立面	细石混凝土	细石钢筋混凝土
基价（元）					11.79	13.21	19.88	22.05
其中	人工费（元）				2.91	4.00	4.35	4.49
	材料费（元）				8.58	8.89	14.83	16.84
	机械费（元）				0.30	0.32	0.70	0.72
名称			单位	单价(元)	数量			
人工	82007	综合工日	工日	30.810	0.092	0.127	0.137	0.141
	82013	其他人工费	元	—	0.080	0.090	0.130	0.150
材料	11179	防水粉	kg	6.100	0.561	0.567	—	—
	02001	水泥(综合)	kg	0.366	—	—	16.700	16.600
	04025	砂子	kg	0.036	—	—	34.800	34.900
	04056	豆石	kg	0.034	—	—	51.000	50.900
	01001	钢筋 ϕ10 以内	kg	2.430	—	—	—	0.830
	09342	火烧丝	kg	2.800	—	—	—	0.005
	10104	嵌缝膏 CSPE	支	17.000	—	—	0.323	0.323
	84004	其他材料费	元	—	5.160	5.430	0.240	0.260
机械	84023	其他机具费	元	—	0.300	0.320	0.700	0.720

单位：m^2

定额编号					13-140	13-141	13-142
项目					隔离层		
					1:6 水泥膨胀珍珠岩	麻刀灰	纸筋灰
					厚度 (mm)		
					20	30	
基价（元）					6.00	2.61	2.59
其中	人工费（元）				2.10	1.99	1.99
	材料费（元）				3.65	0.42	0.40
	机械费（元）				0.25	0.20	0.20
名称			单位	单价(元)	数量		
人工	82007	综合工日	工日	30.810	0.067	0.064	0.064
	82013	其他人工费	元	—	0.040	0.020	0.020
材料	02001	水泥(综合)	kg	0.366	3.360	—	—
	13029	膨胀珍珠岩块	m^3	102.000	0.023	—	—
	15017	麻刀	kg	1.150	—	0.036	—
	15077	纸筋	kg	0.590	—	—	0.026
	04023	石灰	kg	0.097	—	3.636	3.636
	84004	其他材料费	元	—	0.070	0.030	0.030
机械	84023	其他机具费	元	—	0.250	0.200	0.200

四、防水布

工作内容：清理基层、铺贴防水布等。　　　　单位：m^2

定额编号					13-143	13-144	13-145
项目					聚酯布	玻璃布	化纤布
基价（元）					9.62	7.65	6.38
其中	人工费（元）				0.74	0.73	0.72
	材料费（元）				8.76	6.82	5.58
	机械费（元）				0.12	0.10	0.08
名称			单位	单价(元)	数量		
人工	82007	综合工日	工日	30.810	0.022	0.022	0.022
	82013	其他人工费	元	—	0.060	0.050	0.040
材料	10097	聚酯布	m^2	3.800	1.363	—	—
	10098	玻璃布	m^2	2.400	—	1.363	—
	10099	化纤布	m^2	1.500	—	—	1.363
	81121	聚氨酯 1：3	kg	19.000	0.182	0.182	0.182
	84004	其他材料费	元	—	0.120	0.090	0.080
机械	84023	其他机具费	元	—	0.120	0.100	0.080

第五节　止　水　带

工作内容：止水带制作、安装、接头等。　　　　单位：m

定额编号					13-146	13-147	13-148
项目					止水带		
					钢板	橡胶	塑料
基价（元）					38.10	17.53	38.02
其中	人工费（元）				8.38	3.51	3.64
	材料费（元）				28.62	13.79	33.89
	机械费（元）				1.10	0.23	0.49
名称			单位	单价(元)	数量		
人工	82007	综合工日	工日	30.810	0.264	0.110	0.110
	82013	其他人工费	元	—	0.250	0.120	0.250
材料	01040	普通钢板 $\delta=2$	m^2	53.220	0.516	—	—
	10111	橡胶止水带	m	12.000	—	1.050	—
	12071	塑料止水带	m	30.900	—	—	1.050
	09290	电焊条(综合)	kg	4.900	0.143	—	—
	10101	E44 环氧树脂	kg	22.300	—	0.030	0.030

续表　　　　单位：m

定额编号					13-146	13-147	13-148
项目					止水带		
					钢板	橡胶	塑料
名称			单位	单价(元)	数量		
材料	11123	乙二胺	kg	15.600	—	0.002	0.002
	11049	丙酮	kg	6.200	—	0.030	0.030
	11178	甲苯	kg	4.000	—	0.024	0.024
	84004	其他材料费	元	—	0.460	0.210	0.460
机械	84023	其他机具费	元	—	1.100	0.230	0.490

单位：m

定额编号					13-149	13-150	13-151
项目					止水带		
					紫铜板	氯丁胶片	氯丁胶贴玻璃纤维布
基价（元）					209.77	30.20	40.87
其中	人工费（元）				9.53	1.43	1.81
	材料费（元）				197.13	28.38	38.53
	机械费（元）				3.11	0.39	0.53
名称			单位	单价(元)	数量		
人工	82007	综合工日	工日	30.810	0.264	0.040	0.050
	82013	其他人工费	元	—	1.400	0.200	0.270
材料	01130	紫铜板	kg	23.600	8.110	—	—
	09301	铜焊条	kg	22.500	0.143	—	—
	10198	氯丁橡胶片 2mm	m^2	29.000	—	0.320	—
	11317	乙酸乙酯	kg	15.800	—	0.230	0.153
	11311	氯丁橡胶浆	kg	21.250	—	0.610	1.360
	11313	三异氰酸酯	kg	21.600	—	0.091	0.200
	02001	水泥(综合)	kg	0.366	—	0.091	0.030
	04025	砂子	kg	0.036	—	2.560	2.880
	10090	玻璃纤维布	m^2	2.400	—	—	0.952
	84004	其他材料费	元	—	2.520	0.410	0.490
机械	84023	其他机具费	元	—	3.110	0.390	0.530

三、上海市房屋修缮工程预算定额

（2001 年定额防水工程部分）

平屋面工程

工作内容：领、运、退料、铺卷材、搭接等。

定额编号			8-8-015	8-8-016	8-8-017	8-8-018	8-8-019
项目		计量单位	新做卷材屋面				
			APP 改性沥青	SBS 改性沥青	三元乙丙橡胶	603 氯化聚乙烯	氯化聚乙烯橡胶共混
			m^2	m^2	m^2	m^2	m^2
人工	防水工	工日	0.0739	0.0665	0.0346	0.0346	0.0346
材料	APP 改性沥青防水卷材	m^2	1.2171				
	SBS 改性沥青防水卷材	m^2		1.2171			
	三元乙丙橡胶防水卷材	m^2			1.2171		
	603 氯化聚乙烯防水卷材	m^2				1.2171	
	氯化聚乙烯橡胶共混防水卷材	m^2					1.2171
	氯丁胶黏合剂	kg				0.5200	0.5200
	丁腈黏合剂	kg			0.5000		
	DY 卷材搭接带	m			1.1000		
	液化气	kg	0.2143	0.2143			
机械							
备注							

工作内容：领、运、退料、清理基层、刷涂膜、铺玻璃网络布或无纺布。

定额编号			8-8-020	8-8-021	8-8-022	8-8-023	8-8-024	8-8-025
项目		计量单位	防水涂膜屋面（二布六胶）		新做防水涂膜屋面			
			氯丁乳胶玻璃布		地下建筑防水胶		丙烯酸酯	
			新做	翻做	厚 1.5	厚 2	厚 1.5	厚 2
			m^2	m^2	m^2	m^2	m^2	m^2
人工	防水工	工日	0.1050	0.1680	0.0350	0.0435	0.0350	0.0435
材料	氯丁乳胶	kg	2.2000	2.2000				
	地下建筑防水胶	kg			2.0400	2.5380		
	丙烯酸酯防水涂料	kg					2.0400	2.5380
	玻璃网格布	m^2	2.2500	2.2500				
	无纺布	m^2			0.0432	0.0432	0.432	0.0432
机械								
备注								

工作内容：1. 新做铝基反光材料：领、运、退料、基层清理、刷反光材料。

2. 新做聚氨酯防水涂膜屋面：领、运、退料、基层清理、刷涂膜、铺无纺布。

定额编号			8-8-026	8-8-027	8-8-028	8-8-029	8-8-030	8-8-031
项目		计量单位	新做铝基反光涂料	新做聚氨酯防水涂膜屋面			新做水性沥青基防水涂膜屋面	
				二度	三度	每增加		
				厚1.5	厚2	一度	厚3.5	厚4
			m²	m²	m²	m²	m²	m²
人工	防水工	工日	0.0182	0.0350	0.0435	0.0085	0.0775	0.0963
材料	铝基反光隔热涂料	kg	0.1190					
	聚氨酯防水涂料	kg		1.9270	2.5380	0.6110		
	水性石棉沥青防水涂料	kg					9.9852	11.4226
	无纺布	m²		0.0432	0.0432			
	玻璃网络布	m²					1.1250	1.1250
机械								
备注								

工作内容：1. 聚氯乙烯胶泥防水涂膜屋面：领、运、退料、刷涂膜、铺涤纶布。

2. 增贴耐双温卷材一层：领、运、退料、刷胶泥、铺卷材。

定额编号			8-8-032	8-8-033	8-8-034	8-8-035	8-8-036
项目		计量单位	新做聚氯乙烯胶泥防水涂膜屋面				增贴耐双温卷材一层
			一布二油	二布三油	每增加		
					一布二油	单油一度	
			m²	m²	m²	m²	m²
人工	防水工	工日	0.1140	0.1670	0.0530	0.0400	0.0850
材料	聚氯乙烯胶泥	kg	5.2500	7.3500	2.1000	2.1000	0.4000
	无纺布	m²	1.1250	2.2500	1.1250		
	耐双温防水卷材	m²					1.1000
机械							
备注							

四、上海市建筑工程预算定额

（2001 年定额防水工程部分）

第一节　防水、防潮层

工作内容：清理基层，配制砂浆，抹水泥砂浆。

<table>
<tr><td colspan="3">定　额　编　号</td><td>11-1</td><td>11-2</td></tr>
<tr><td colspan="2" rowspan="3">项　目</td><td rowspan="3">单位</td><td colspan="2">防水砂浆粉刷</td></tr>
<tr><td>平　面</td><td>立　面</td></tr>
<tr><td>m²</td><td>m²</td></tr>
<tr><td rowspan="3">人工</td><td>抹灰工</td><td>工日</td><td>0.0830</td><td>0.01256</td></tr>
<tr><td>其他工</td><td>工日</td><td>0.0092</td><td>0.0140</td></tr>
<tr><td>人工工日</td><td>工日</td><td>0.0922</td><td>0.1396</td></tr>
<tr><td rowspan="3">材料</td><td>水泥砂浆 1∶2</td><td>m³</td><td>0.0204</td><td>0.0204</td></tr>
<tr><td>防水粉</td><td>kg</td><td>0.5587</td><td>0.5587</td></tr>
<tr><td>水</td><td>m³</td><td>0.0380</td><td>0.0380</td></tr>
<tr><td>机械</td><td>灰浆搅拌机 200 L</td><td>台班</td><td>0.0034</td><td>0.0034</td></tr>
</table>

工作内容：清理基层，配制、涂刷冷底子油，熬制、涂刷石油沥青。

<table>
<tr><td colspan="3">定　额　编　号</td><td>11-3</td><td>11-4</td><td>11-5</td></tr>
<tr><td colspan="2" rowspan="4">项　目</td><td rowspan="4">单位</td><td colspan="3">石油沥青一遍</td></tr>
<tr><td rowspan="2">平　面</td><td colspan="2">立　面</td></tr>
<tr><td>混凝土、抹灰面</td><td>砖　墙</td></tr>
<tr><td>m²</td><td>m²</td><td>m²</td></tr>
<tr><td rowspan="3">人工</td><td>防水工</td><td>工日</td><td>0.0168</td><td>0.0202</td><td>0.0229</td></tr>
<tr><td>其他工</td><td>工日</td><td>0.0019</td><td>0.0023</td><td>0.0025</td></tr>
<tr><td>人工工日</td><td>工日</td><td>0.0187</td><td>0.0225</td><td>0.0254</td></tr>
<tr><td rowspan="3">材料</td><td>石油沥青 30#</td><td>kg</td><td>1.8656</td><td>1.9822</td><td>2.2154</td></tr>
<tr><td>冷底子油(100 kg)30∶70</td><td>kg</td><td>0.4848</td><td>0.4848</td><td>0.4848</td></tr>
<tr><td>木柴</td><td>kg</td><td>0.8690</td><td>0.9130</td><td>1.0060</td></tr>
</table>

工作内容：熬制、涂刷石油沥青。

定额编号			11-6	11-7	11-8
项目		单位	每增加石油沥青一遍		
			平面	立面	
				混凝土、抹灰面	砖墙
			m²	m²	m²
人工	防水工	工日	0.0059	0.0079	0.0091
	其他工	工日	0.0007	0.0009	0.0012
	人工工日	工日	0.0066	0.0088	0.0103
材料	石油沥青 30#	kg	1.4443	1.6324	1.8656
	木柴	kg	0.5720	0.6160	0.6160

工作内容：1. 清理基层，刷涂料。

2. 配制、涂刷冷底子油。

定额编号			11-9	11-10	11-11	11-12
项目		单位	苯乙烯涂料二遍		刷冷底子油	
			平面	立面	第一遍	第二遍
			m²	m²	m²	m²
人工	防水工	工日	0.0184	0.0184	0.0142	0.0121
	其他工	工日	0.0037	0.0037	0.0015	0.0012
	人工工日	工日	0.0221	0.0221	0.0157	0.0133
材料	苯乙烯涂料	kg	0.5050	0.5200		
	冷底子油(100 kg)30∶70	kg			0.4848	
	冷底子油(100 kg)50∶50	kg				0.3636
	木柴	kg			0.1650	0.2090

工作内容：1. 清理基层，刷涂料、油膏。

2. 熬制、涂刷玛碲脂。

3. 涂刷底胶及附加层，刷聚氨酯两道，盖石屑保护层。

定额编号			11-13	11-14	11-15	11-16
项目		单位	焦油玛碲脂	塑料油膏	氯偏共聚乳液	聚氨酯
			厚 3mm	二遍	三遍	二遍
			m²	m²	m²	m²
人工	防水工	工日	0.0214	0.0175	0.0151	0.0533
	其他工	工日	0.0139	0.0037	0.0012	0.0133
	人工工日	工日	0.0353	0.0212	0.0163	0.0666
材料	石屑	kg				4.8000
	氯偏共聚乳液地面涂料	kg			0.2100	
	聚氨酯甲料	kg				1.0764
	聚氨酯乙料	kg				1.6841
	塑料油膏	kg		5.8512		
	聚乙烯醇 10%	kg			0.0095	
	磷酸三钠 10%	kg			0.0059	

续表

定额编号			11-13	11-14	11-15	11-16
项目		单位	焦油玛碲脂	塑料油膏	氯偏共聚乳液	聚氨酯
			厚 3 mm	二遍	三遍	二遍
			m^2	m^2	m^2	m^2
材料	焦油玛碲脂	m^3	0.0032			
	冷底子油(100 kg)30∶70	kg	0.4848			
	二甲苯	kg				0.1296
	木柴	kg	1.4850	1.8216		

工作内容：清理基层，配制、涂刷冷底子油，熬制玛碲脂，防水薄弱处贴附加层，铺贴卷材。

定额编号			11-17	11-18	11-19	11-20
项目		单位	玛碲脂卷材			
			二毡三油		每增减一毡一油	
			平面	立面	平面	立面
			m^2	m^2	m^2	m^2
人工	防水工	工日	0.0795	0.1046	0.0335	0.0462
	其他工	工日	0.0091	0.0113	0.0037	0.0049
	人工工日	工日	0.0886	0.1159	0.0372	0.0511
材料	石油沥青玛碲脂	m^3	0.0051	0.0054	0.0016	0.0017
	石油沥青油毡 350#	m^2	2.3976	2.3976	1.1649	1.1649
	冷底子油(100 kg)30∶70	kg	0.4848	0.4848		
	木柴	kg	2.2770	2.4090	0.6600	0.7040

工作内容：清理基层，配制、涂刷冷底子油，熬制沥青，防水薄弱处贴附加层，铺贴玻璃纤维布。

定额编号			11-21	11-22	11-23	11-24
项目		单位	玛碲脂玻璃布			
			二布三油		每增减一布一油	
			平面	立面	平面	立面
			m^2	m^2	m^2	m^2
人工	防水工	工日	0.0869	0.1300	0.0404	0.0575
	其他工	工日	0.0099	0.0140	0.0045	0.0061
	人工工日	工日	0.0968	0.1440	0.0449	0.0636
材料	石油沥青玛碲脂	m^3	0.0051	0.0054	0.0016	0.0017
	冷底子油(100kg)30∶70	kg	0.4848	0.4848		
	玻璃布	m^2	2.5030	2.5030	1.1649	1.1649
	木柴	kg	2.2770	2.4090	0.6600	0.7040

工作内容：清理基层，配制、涂刷冷底子油，熬制沥青，防水薄弱处贴附加层，铺贴玻璃纤维布。

定额编号			11-25	11-26	11-27	11-28
项目		单位	沥青玻璃布			
			二布三油		每增减一布一油	
			平面	立面	平面	立面
			m^2	m^2	m^2	m^2
人工	防水工	工日	0.0868	0.1301	0.0405	0.0574
	其他工	工日	0.0099	0.0137	0.0045	0.0060
	人工工日	工日	0.0967	0.1438	0.0450	0.0634
材料	石油沥青 30#	kg	4.8972	5.2470	1.5158	1.6324
	冷底子油(100 kg)30：70	kg	0.4848	0.4848		
	玻璃布	m^2	2.5030	2.5030	1.2176	1.2176
	木柴	kg	2.0130	2.1450	0.5720	0.6160

工作内容：清理基层，调制 851，裁剪无纺布、贴缝，涂刷面层。

定额编号			11-29	11-30	11-31	11-32
项目		单位	851 焦油聚氨酯防水层			
			2.0 mm 厚(三遍)		每增减 0.5 mm 厚	
			平面	立面	平面	立面
			m^2	m^2	m^2	m^2
人工	防水工	工日	0.0241	0.0311	0.0046	0.0059
	其他工	工日	0.0031	0.0040	0.0007	0.0009
	人工工日	工日	0.0272	0.0351	0.0053	0.0068
材料	851 焦油聚氨酯	kg	2.7000	2.7000	0.6500	0.6500
	无纺涤纶布宽 130	m	0.3329	0.3329		

工作内容：涂刷基层处理剂，防水薄弱处涂聚氨酯涂膜加强，铺贴卷材、接缝贴卷材条加强、收头。

定额编号			11-33	11-34	11-35	11-36
项目		单位	氯化聚乙烯-橡胶共混防水卷材		三元乙丙丁基橡胶卷材	
					冷贴满铺	
			平面	立面	平面	立面
			m^2	m^2	m^2	m^2
人工	防水工	工日	0.1603	0.2071	0.1603	0.2071
	其他工	工日	0.0331	0.0428	0.0331	0.0428
	人工工日	工日	0.1934	0.2499	0.1934	0.2499
材料	氯丁(冷)胶	kg	0.2020	0.2020		
	107 建筑胶水	kg	0.0030	0.0030	0.0030	0.0030
	聚氨酯甲料	kg	0.0542	0.0542	0.0997	0.0997

续表

定额编号			11-33	11-34	11-35	11-36
项目		单位	氯化聚乙烯-橡胶共混防水卷材		三元乙丙丁基橡胶卷材	
					冷贴满铺	
			平面	立面	平面	立面
			m^2	m^2	m^2	m^2
材料	聚氨酯乙料	kg	0.0813	0.0813	0.2177	0.2177
	素水泥浆	m^3	0.0001	0.0001	0.0001	0.0001
	氯化聚乙烯-橡胶共混防水卷材	m^2	1.2453	1.2453		
	三元乙丙丁基橡胶防水卷材	m^2			1.2417	1.2417
	乙酸乙酯	kg	0.0505	0.0505	0.0505	0.0505
	丁基黏合剂	kg			0.1760	0.1760
	CSPE 嵌缝油膏 330 mL	支	0.2983	0.2983	0.2983	0.2983
	二甲苯	kg	0.2700	0.2700	0.2700	0.2700
	BX-12 黏合剂	kg	0.4545	0.4545		
	BX-12 乙组分 880 mL	瓶	0.3228	0.3228		
	圆钉	kg	0.0023	0.0023	0.0023	0.0023

工作内容：涂刷基层处理剂，防水薄弱处涂聚氨酯涂膜加强，铺贴卷材、接缝贴卷材条加强、收头。

定额编号			11-37	11-38
项目		单位	再生橡胶卷材	
			冷贴满铺	
			平面	立面
			m^2	m^2
人工	防水工	工日	0.1603	0.2071
	其他工	工日	0.0331	0.0428
	人工工日	工日	0.1934	0.2499
材料	氯丁冷胶	kg	0.6393	0.6393
	107 建筑胶水	kg	0.0030	0.0030
	聚氨酯甲料	kg	0.0997	0.0997
	聚氨酯乙料	kg	0.2177	0.2177
	素水泥浆	m^3	0.0001	0.0001
	再生橡胶卷材	m^3	1.2417	1.2417
	乙酸乙酯	kg	0.0505	0.0505
	CSPE 嵌缝油膏 330 mL	支	0.2983	0.2983
	二甲苯	kg	0.2700	0.2700
	圆钉	kg	0.0023	0.0023

工作内容：清理基层，配制涂料，贴附加层，刷涂料，贴聚酯布。

定额编号			11-39	11-40	11-41	11-42
项目		单位	水乳型再生胶沥青聚酯布			
			二布三涂		每增一布一涂	
			平面	立面	平面	立面
			m^2	m^2	m^2	m^2
人工	防水工	工日	0.0832	0.1393	0.0337	0.0395
	其他工	工日	0.0128	0.0214	0.0052	0.0060
	人工工日	工日	0.0960	0.1607	0.0389	0.0455
材料	水泥 32.5 级	kg	0.1377	0.1377		
	再生胶沥青(水乳型)	kg	2.6000	2.6000	1.0400	1.0400
	聚酯布	m^2	2.4304	2.4304	1.1813	1.1813

工作内容：清理基层，配制涂料，贴附加层，刷涂料，贴聚酯布。

定额编号			11-43	11-44	11-45	11-46
项目		单位	溶剂型再生胶沥青聚酯布			
			二布三涂		每增一布一涂	
			平面	立面	平面	立面
			m^2	m^2	m^2	m^2
人工	防水工	工日	0.0832	0.1393	0.0337	0.0395
	其他工	工日	0.0128	0.0214	0.0052	0.0060
	人工工日	工日	0.0960	0.1607	0.0389	0.0455
材料	水泥 32.5 级	kg	0.2040	0.2040		
	再生胶沥青(溶剂型)	kg	3.1200	3.1200	1.5600	1.5600
	聚酯布	m^2	2.4304	2.4304	1.1813	1.1813

工作内容：清理基层，配制涂料，贴附加层，刷涂料，贴聚酯布。

定额编号			11-47	11-48	11-49	11-50
项目		单位	水乳型阳离子氯丁胶乳化沥青聚酯布			
			一布二涂		每增一布一涂	
			平面	立面	平面	立面
			m^2	m^2	m^2	m^2
人工	防水工	工日	0.0636	0.0998	0.0337	0.0395
	其他工	工日	0.0097	0.0154	0.0052	0.0060
	人工工日	工日	0.0733	0.1152	0.0389	0.0455
材料	水泥 32.5 级	kg	0.1530	0.1530		
	阳离子氯丁胶乳化沥青	kg	2.0800	2.0800	1.5600	1.5600
	聚酯布	m^2	1.2491	1.2491	1.1813	1.1813

工作内容：清理基层，配制涂料，贴附加层，刷涂料，贴聚酯布。

定额编号			11-51	11-52	11-53	11-54
项目		单位	水乳型阴离子合成胶乳化沥青聚酯布			
			一布二涂		每增一布一涂	
			平面	立面	平面	立面
			m^2	m^2	m^2	m^2
人工	防水工	工日	0.0636	0.0998	0.0337	0.0395
	其他工	工日	0.0097	0.0154	0.0052	0.0060
	人工工日	工日	0.0733	0.1152	0.0389	0.0455
材料	水泥 32.5 级	kg	0.1530	0.1530		
	阴离子合成胶乳化沥青	kg	2.0800	2.0800	1.5600	1.5600
	聚酯布	m^2	1.2491	1.2491	1.1813	1.1813

工作内容：清理基层，调配涂料，铺贴附加层，贴布，刷涂料。

定额编号			11-55	11-56	11-57	11-58
项目		单位	水乳型普通乳化沥青涂料		水乳型水性石棉质沥青	
			二布三涂		一布二涂	
			平面	立面	平面	立面
			m^2	m^2	m^2	m^2
人工	防水工	工日	0.0832	0.1393	0.0636	0.0999
	其他工	工日	0.0128	0.0214	0.0097	0.0153
	人工工日	工日	0.0960	0.1607	0.0733	0.1152
材料	水泥 32.5 级	kg	0.1377	0.1377	0.6120	0.6120
	玻璃网格布厚 1.8	m^2			1.2491	1.2491
	普通乳化沥青(水乳型)	kg	2.6000	2.6000		
	水性石棉质沥青(水乳型)	kg			8.3200	8.3200
	聚酯布	m^2	2.4304	2.4304		

第二节 变形缝

工作内容：清缝、填料、止水带安装。

定额编号			11-59	11-60	11-61
项目		单位	止水带		
			施工缝		
			铜板	薄钢板	腻子条
			m	m	m
人工	防水工	工日			0.0400
	电焊工	工日	0.2400	0.2200	
	其他工	工日	0.0300	0.0200	0.0100
	人工工日	工日	0.2700	0.2400	0.0500

续表

定额编号			11-59	11-60	11-61
项目		单位	止水带		
			施工缝		
			铜板	薄钢板	腻子条
			m	m	m
材料	BW水膨性止水腻子条 20×30	kg			0.8160
	电焊条结 422	kg		0.1130	
	铜电焊条铜 107	kg	0.1430		
	纯铜板 T_2 厚 2	m^2	0.4770		
	薄钢板厚 2 mm	kg		4.9926	
	其他材料费	%	5.0000		2.0000
机械	剪板机 20 mm×2500 mm	台班	0.0011	0.0012	
	交流电焊机 30 kVA	台班	0.0070	0.0070	

工作内容：立框、清缝、填料、止水带安装、调试。

定额编号			11-62	11-63	11-64
项目		单位	止水带		预埋止水铁框（单片）
			沉降缝		
			埋入式	可卸式	
			m	m	m
人工	抹灰工	工日		0.0675	
	防水工	工日	0.2134	0.2495	
	电焊工	工日		0.0944	0.0450
	木工	工日			0.2100
	其他工	工日	0.0213	0.0611	0.0255
	人工工日	工日	0.2347	0.4725	0.2805
材料	花纹钢板	kg		3.0200	
	钢筋<20	t		0.0020	0.0010
	木模板成材	m^3			0.0020
	木丝板厚 25	m^2	1.0929	0.7626	
	氯丁橡胶止水带	m	1.0500	1.0500	
	BW水膨性止水腻子条 20×30	kg	1.0152		
	电焊条结 422	kg		0.2300	0.5258
	水泥砂浆 1∶2	m^3		0.0157	
	石油沥青玛碲脂	m^3		0.0060	
	石油沥青油毡 350#	m^2		1.1950	
	石油沥青 30#	kg		7.7051	

续表

定额编号		单位	11-62	11-63	11-64
项目			止水带		预埋止水铁框（单片）
			沉降缝		
			埋入式	可卸式	
			m	m	m
材料	冷底子油(100 kg)30：70	kg		0.1982	
	环氧树脂	kg	0.0300	0.0300	
	聚氯乙烯胶泥	kg	1.1729		
	麻丝	kg		1.4170	
	木柴	kg		3.5200	
	其他材料费	%	2.0000	2.0000	2.0000
机械	灰浆搅拌机 200 L	台班		0.0020	
	交流电焊机 30 kVA	台班		0.084	0.0252
制品					
制品	可卸式止水铁框(单片)(制品)	m		2.000	1.0000

工作内容：盖板制作，埋木砖、胶合或钉盖板，铁皮盖板锡焊、刷防腐油。

定额编号		单位	11-65	11-66	11-67	11-68
项目			木板盖板		铁皮盖板	
			平面	立面	平面	立面
			m	m	m	m
人工	木工	工日	0.0352	0.0531	0.0107	0.0098
	白铁工	工日			0.0977	0.0844
	防水工	工日			0.0122	0.0011
	其他工	工日	0.0037	0.0056	0.0137	0.0105
	人工工日	工日	0.0389	0.0587	0.1343	0.1058
材料	松香焊锡丝	kg			0.0406	0.0344
	一般木板材	m^3	0.0061	0.0066	0.0100	
	一般木成材	m^3		0.0043	0.0015	0.0030
	混合砂浆 M7.5	m^3			0.6254	0.5300
	黏合剂 CX	kg	0.0152			
	防腐油	kg			0.0676	0.0531
	盐酸	kg			0.0086	0.0074
	圆钉长 60	kg		0.0181	0.0210	0.0070
	木炭	kg			0.1802	0.1527

第三节　屋面及屋面排水

工作内容：(1) 铺瓦，调制砂浆，安脊瓦、檐口梢头座灰。

(2) 檩条上铺钉石棉瓦、安脊瓦。

定额编号			11-69	11-70
项目		单位	小波石棉瓦	
			木檩上	钢(混凝土)檩上
			m^2	m^2
人工	木工	工日	0.0380	0.0614
	其他工	工日	0.0115	0.0137
	人工工日	工日	0.0495	0.0751
材料	石棉瓦(小波)1820×700	张	1.0255	1.0255
	石棉脊瓦(小波)850×360	张	0.1466	0.1466
	油灰	kg	0.0294	0.0294
	灰麻刀石灰浆	m^3	0.0002	0.0002
	镀锌螺钉 8×2 带垫	百个	0.0402	
	瓦楞钩钉 6×400	个		2.0116
	瓦楞扁钢钩 3×12×400	个		2.0116

工作内容：铺瓦，调制砂浆，安脊瓦、檐口梢头座灰，檩条上铺钉石棉瓦。

定额编号			11-71	11-72
项目		单位	大波石棉瓦	
			木檩上	钢(混凝土)檩上
			m^2	m^2
人工	木工	工日	0.0302	0.0548
	其他工	工日	0.0129	0.0138
	人工工日	工日	0.0431	0.0686
材料	石棉水泥脊瓦中波 850×(230×2)×6	张	0.1466	0.1466
	石棉瓦(大波)2800×994	张	0.5370	0.5370
	油灰	kg	0.0294	0.0294
	灰麻刀石灰浆	m^3	0.0003	0.0003
	镀锌螺钉 8×2 带垫	百个	0.0421	
	瓦楞钩钉 6×400	个		3.1598
	瓦楞扁钢钩 3×12×400	个		1.0533

工作内容：檩条上铺钉石棉瓦、玻璃钢瓦、安脊瓦。

定额编号			11-73	11-74
项目		单位	玻璃钢瓦	
			木檩上	钢(混凝土)檩上
			m^2	m^2
人工	木工	工日	0.0391	0.0502
	其他工	工日	0.0119	0.0109
	人工工日	工日	0.0510	0.0611
材料	镀锌螺钉 8×2 带垫	百个	0.0402	
	瓦楞钩钉 6×400	个		4.0232
	玻璃钢波形瓦 1800×740×1.2	张	0.9600	0.9600
	玻璃钢脊瓦(小波)2000×400	m	0.1020	0.1020

工作内容：截料、制作、安装、填缝、涂胶、接口等全部工序。

定额编号			11-75	11-76	11-77	11-78
项目		单位	玻璃钢排水管	玻璃钢水斗	玻璃钢弯头	玻璃钢短管
			$\phi110$		$\phi50$	
			m	个	个	个
人工	白铁工	工日	0.2630	0.2740	0.1190	0.1190
	其他工	工日	0.0260	0.0270	0.0120	0.0120
	人工工日	工日	0.2890	0.3010	0.1310	0.1310
材料	建筑密封膏	kg	0.0120	0.0310	0.0100	0.0100
	现浇现拌混凝土(5-16)C20	m^3		0.0030		
	玻璃钢排水管 110×1500	m	1.0540			
	玻璃钢水斗 100 带罩	个		1.0100		
	玻璃钢弯头 50	个			1.0100	
	玻璃钢短管 50	个				1.0100
	卡箍膨胀螺栓 M110	套	0.7140			
	排水管检查口	个	0.1110			
	排水管伸缩节	个	0.1010			

工作内容：水管、水斗、打眼安装。

定额编号			11-79	11-80	11-81	11-82
项目		单位	硬质 PVC-U 矩形雨水管		硬质 PVC-U 矩形水斗	
			100×75	75×50	100×75	75×50
			m	m	只	只
人工	白铁工	工日	0.0500	0.0500		
	其他工	工日	0.0050	0.0050		
	人工工日	工日	0.0550	0.0550		

续表

定额编号			11-79	11-80	11-81	11-82
项目		单位	硬质 PVC-U 矩形雨水管		硬质 PVC-U 矩形水斗	
			100×75	75×50	100×75	75×50
			m	m	只	只
材料	PVC-U 雨水管 100×75	m	1.0200			
	PVC-U 雨水管接头 100×75	只	0.3540			
	PVC-U 雨水管管卡 100×75	只	0.3030		1.0100	
	PVC-U 雨水管 75×50	m		1.0200		
	PVC-U 雨水管接头 75×50	只		0.3540		
	PVC-U 雨水管管卡 75×50	只		0.3030		1.0100
	PVC-U 雨水斗 ϕ110 圆管	只			1.0100	
	PVC-U 雨水斗 ϕ75 圆管	只				1.0100
	瓦楞钩钉连羊毛毡垫圈	百个		0.0130		0.0610
	瓦楞钉连羊毛毡垫圈	百个	0.0130		0.0610	
	其他材料费	%	1.1800	1.7300	5.0500	6.4700

五、上海市民防工程预算定额

（2000年定额防水工程部分）

关于发布《上海市民防工程预算定额（2000）》、《上海市民防工程预算定额工程量计算规则（2000）》的通知

（沪建建[2001]第0530号）

各有关单位：

《上海市民防工程预算定额(2000)》、《上海市民防工程预算定额工程量计算规则(2000)》已编制完成，经我委会同有关部门审核，现批准发布，自2001年11月1日起施行。原《上海市民防工程预算定额(一九九三)》及费用标准同时废止，凡2001年11月1日前完成招投标的工程项目，仍按原约定实行。

《上海市民防工程预算定额(2000)》、《上海市民防工程预算定额工程量计算规则(2000)》由上海市民防工程定额管理站负责组织实施和解释。

上海市建设和管理委员会

二〇〇一年七月三十日

第十一章　防水及屋面

说　　明

一、本章适用于工程围护结构及口部附属建筑屋面防水工程。

二、本章中"二涂"、"三涂"是指涂料构成防水层数，并非指涂刷遍数，每一"涂层"涂刷二遍至数遍不等。

三、本章沥青、玛碲脂均指石油沥青、石油沥青玛碲脂。

四、沉降缝、施工缝是按97沪防－561图集编制。

1. 沉降缝可卸式止水带中预埋铁框以工厂制品编制，定额中已包括双片止水铁框。

2. 施工缝止水带：铜板厚2 mm，展开宽450 mm；薄钢板厚2 mm，展开宽500 mm；如设计断面不同时，材料可调整，其他不变。

五、盖缝：木板盖缝断面为200 mm×25 mm，如设计断面不同时，用料可调整，其他不变。

六、本章中落水管安装已包括水斗安装人工。

一、防水、防潮层

工作内容：清理基层、配制砂浆、抹水泥砂浆。

定额编号			11-1	11-2
项目		单位	防水砂浆粉刷	
			平面	立面
			m^2	m^2
人工	抹灰工	工日	0.0830	0.1256
	其他工	工日	0.0092	0.0140
	人工工日	工日	0.0922	0.1396
材料	水泥砂浆 1∶2	m^3	0.0204	0.0204
	防水粉	kg	0.5587	0.5587
	水	m^3	0.0380	0.0380
机械	灰浆搅拌机 200 L	台班	0.0034	0.0034

工作内容：清理基层，配制、涂刷冷底子油，熬制、涂刷石油沥青。

定额编号			11-3	11-4	11-5
项目		单位	石油沥青一遍		
			平面	立面	
				混凝土、抹灰面	砖墙
			m^2	m^2	m^2
人工	防水工	工日	0.0168	0.0202	0.0229
	其他工	工日	0.0019	0.0023	0.0025
	人工工日	工日	0.0187	0.0225	0.0254
材料	石油沥青 30#	kg	1.8656	1.9822	2.2154
	冷底子油(100 kg)30∶70	kg	0.4848	0.4848	0.4848
	木柴	kg	0.8690	0.9130	1.0060

工作内容：熬制、涂刷石油沥青。

定额编号			11-6	11-7	11-8
项目		单位	每增加石油沥青一遍		
			平面	立面	
				混凝土、抹灰面	砖墙
			m^2	m^2	m^2
人工	防水工	工日	0.0059	0.0079	0.0091
	其他工	工日	0.0007	0.0009	0.0012
	人工工日	工日	0.0066	0.0088	0.0103
材料	石油沥青 30#	kg	1.4443	1.6324	1.8656
	木柴	kg	0.5720	0.6160	0.6160

工作内容：(1)清理基层，刷涂料。(2)配制、涂刷冷底子油。

定额编号			11-9	11-10	11-11	11-12
项目		单位	苯乙烯涂料二遍		刷冷底子油	
			平面	立面	第一遍	第二遍
			m^2	m^2	m^2	m^2
人工	防水工	工日	0.0184	0.0184	0.0142	0.0121
	其他工	工日	0.0037	0.0037	0.0015	0.0012
	人工工日	工日	0.0221	0.0221	0.0157	0.0133
材料	苯乙烯涂料	kg	0.5050	0.5200		
	冷底子油(100 kg)30：70	kg			0.4848	
	冷底子油(100 kg)50：50	kg				0.3636
	木柴	kg			0.1650	0.2090

工作内容：(1)清理基层，刷涂料、油膏。(2)熬制、涂刷玛碲脂。(3)涂刷底胶及附加层，刷聚氨酯两道，盖石屑保护层。

定额编号			11-13	11-14	11-15	11-16
项目		单位	焦油玛碲脂	塑料油膏	氯偏共聚乳液	聚氨酯
			厚 3 mm	二遍	三遍	二遍
			m^2	m^2	m^2	m^2
人工	防水工	工日	0.0214	0.0175	0.0151	0.0533
	其他工	工日	0.0139	0.0037	0.0012	0.0133
	人工工日	工日	0.0353	0.0212	0.0163	0.0666
材料	石屑	kg				4.8000
	氯偏共聚乳液地面涂料	kg			0.2100	
	聚氨酯甲料	kg				1.0764
	聚氨酯乙料	kg				1.6841
	塑料油膏	kg		5.8512		
	聚乙烯醇 10%	kg			0.0095	
	磷酸三钠 10%	kg			0.0059	
	焦油玛碲脂	m^3	0.0032			
	冷底子油(100 kg)30：70	kg	0.4848			
	二甲苯	kg				0.1296
	木柴	kg	1.4850	1.8216		

工作内容：清理基层，配制、涂刷冷底子油，熬制玛碲脂，防水薄弱处贴附加层，铺贴卷材。

定额编号			11-17	11-18	11-19	11-20
项目		单位	玛碲脂卷材			
			二毡三油		每增减一毡一油	
			平面	立面	平面	立面
			m^2	m^2	m^2	m^2
人工	防水工	工日	0.0795	0.1046	0.0335	0.0462
	其他工	工日	0.0091	0.0113	0.0037	0.0049
	人工工日	工日	0.0886	0.1159	0.0372	0.0511
材料	石油沥青玛碲脂	m^3	0.0051	0.0054	0.0016	0.0017
	石油沥青油毡 350#	m^2	2.3976	2.3976	1.1649	1.1649
	冷底子油(100 kg)30：70	kg	0.4848	0.4848		
	木柴	kg	2.2770	2.4090	0.6600	0.7040

工作内容：清理基层，配制、涂刷冷底子油，熬制沥青，防水薄弱处贴附加层，铺贴玻璃纤维布。

定额编号			11-21	11-22	11-23	11-24
项目		单位	玛碲脂玻璃布			
			二布三油		每增减一布一油	
			平面	立面	平面	立面
			m^2	m^2	m^2	m^2
人工	防水工	工日	0.0869	0.1300	0.0404	0.0575
	其他工	工日	0.0099	0.0140	0.0045	0.0061
	人工工日	工日	0.0968	0.1440	0.0449	0.0636
材料	石油沥青玛碲脂	m^3	0.0051	0.0054	0.0016	0.0017
	冷底子油(100 kg)30：70	kg	0.4848	0.4848		
	玻璃布	m^2	2.5030	2.5030	1.1649	1.1649
	木柴	kg	2.2770	2.4090	0.6600	0.7040

工作内容：清理基层，配制、涂刷冷底子油，熬制沥青，防水薄弱处贴附加层，铺贴玻璃纤维布。

定额编号			11-25	11-26	11-27	11-28
项目		单位	沥青玻璃布			
			二布三油		每增减一布一油	
			平面	立面	平面	立面
			m^2	m^2	m^2	m^2
人工	防水工	工日	0.0868	0.1301	0.0405	0.0574
	其他工	工日	0.0099	0.0137	0.0045	0.0060
	人工工日	工日	0.0967	0.1438	0.0450	0.0634
材料	石油沥青 30#	kg	4.8972	5.2470	1.5158	1.6324
	冷底子油(100 kg)30：70	kg	0.4848	0.4848		
	玻璃布	m^2	2.5030	2.5030	1.2176	1.2176
	木柴	kg	2.0130	2.1450	0.5720	0.6160

工作内容:清理基层、调制 851、截剪无纺布、贴缝,涂刷面层。

定额编号			11-29	11-30	11-31	11-32
项目		单位	851 焦油聚氨酯防水层			
			2.0 mm 厚(三遍)		每增减 0.5 mm 厚	
			平面	立面	平面	立面
			m^2	m^2	m^2	m^2
人工	防水工	工日	0.0241	0.0311	0.0046	0.0059
	其他工	工日	0.0031	0.0040	0.0007	0.0009
	人工工日	工日	0.0272	0.0351	0.0053	0.0068
材料	851 焦油聚氨酯	kg	2.7000	2.7000	0.6500	0.6500
	无纺涤纶布宽 130	m	0.3329	0.3329		

工作内容:涂刷基层处理剂、防水薄弱处涂聚氨酯涂膜加强、铺贴卷材、接缝贴卷材条加强、收头。

定额编号			11-33	11-34	11-35	11-36
项目		单位	氯化聚乙烯-橡胶共混防水卷材		三元乙丙丁基橡胶卷材	
					冷贴满铺	
			平面	立面	平面	立面
			m^2	m^2	m^2	m^2
人工	防水工	工日	0.1603	0.2071	0.1603	0.2071
	其他工	工日	0.0331	0.0428	0.0331	0.0428
	人工工日	工日	0.1934	0.2449	0.1934	0.2499
材料	氯丁(冷)胶	kg	0.2020	0.2020		
	107 建筑胶水	kg	0.0030	0.0030	0.0030	0.0030
	聚氨酯甲料	kg	0.0542	0.0542	0.0997	0.0997
	聚氨酯乙料	kg	0.0813	0.0813	0.2177	0.2177
	素水泥浆	m^3	0.0001	0.0001	0.0001	0.0001
	氯化聚乙烯-橡胶共混防水卷材	m^2	1.2453	1.2453		
	三元乙丙丁基橡胶防水卷材	m^2			1.2417	1.2417
	乙酸乙酯	kg	0.0505	0.0505	0.0505	0.0505
	丁基粘合剂	kg			0.1760	0.1760
	CSPE 嵌缝油膏 330 mL	支	0.2983	0.2983	0.2983	0.2983
	二甲苯	kg	0.2700	0.2700	0.2700	0.2700
	BX-12 粘合剂	kg	0.4545	0.4545		
	BX-12 乙组份 880 mL	瓶	0.3228	0.3228		
	圆钉	kg	0.0023	0.0023	0.0023	0.0023

工作内容：涂刷基层处理剂、防水薄弱处涂聚氨酯涂膜加强、铺贴卷材、接缝贴卷材条加强、收头。

定额编号			11-37	11-38
项目		单位	再生橡胶卷材	
			冷贴满铺	
			平面	立面
			m^2	m^2
人工	防水工	工日	0.1603	0.2071
	其他工	工日	0.0331	0.0428
	人工工日	工日	0.1934	0.2499
材料	氯丁冷胶	kg	0.6393	0.6393
	107 建筑胶水	kg	0.0030	0.0030
	聚氨酯甲料	kg	0.0997	0.0997
	聚氨酯乙料	kg	0.2177	0.2177
	素水泥浆	m^3	0.0001	0.0001
	再生橡胶卷材	m^2	1.2417	1.2417
	乙酸乙酯	kg	0.0505	0.0505
	CSPE 嵌缝油膏 330 mL	支	0.2983	0.2983
	二甲苯	kg	0.2700	0.2700
	圆钉	kg	0.0023	0.0023

工作内容：清理基层，配制涂料、贴附加层、刷涂料、贴聚酯布。

定额编号			11-39	11-40	11-41	11-42
项目		单位	水乳型再生胶沥青聚酯布			
			二布三涂		每增一布一涂	
			平面	立面	平面	立面
			m^2	m^2	m^2	m^2
人工	防水工	工日	0.0832	0.1393	0.0337	0.0395
	其他工	工日	0.0128	0.0214	0.0052	0.0060
	人工工日	工日	0.0960	0.1607	0.0389	0.0455
材料	水泥 32.5 级	kg	0.1377	0.1377		
	再生胶沥青(水乳型)	kg	2.6000	2.6000	1.0400	1.0400
	聚酯布	m^2	2.4304	2.4304	1.1813	1.1813

工作内容：清理基层，配制涂料、贴附加层、刷涂料、贴聚酯布。

定额编号			11-43	11-44	11-45	11-46
项目		单位	溶剂型再生胶沥青聚酯布			
			二布三涂		每增一布一涂	
			平面	立面	平面	立面
			m^2	m^2	m^2	m^2
人工	防水工	工日	0.0832	0.1393	0.0337	0.0395
	其他工	工日	0.0128	0.0214	0.0052	0.0060
	人工工日	工日	0.0960	0.1607	0.0389	0.0455
材料	水泥 32.5 级	kg	0.2040	0.2040		
	再生胶沥青(溶剂型)	kg	3.1200	3.1200	1.5600	1.5600
	聚酯布	m^2	2.4304	2.4304	1.1813	1.1813

工作内容：清理基层，配制涂料、贴附加层、刷涂料、贴聚酯布。

定额编号			11-47	11-48	11-49	11-50
项目		单位	水乳型阳离子氯丁胶乳化沥青聚酯布			
			一布二涂		每增一布一涂	
			平面	立面	平面	立面
			m^2	m^2	m^2	m^2
人工	防水工	工日	0.0636	0.0998	0.0337	0.0395
	其他工	工日	0.0097	0.0154	0.0052	0.0060
	人工工日	工日	0.0733	0.1152	0.0389	0.0455
材料	水泥 32.5 级	kg	0.1530	0.1530		
	阳离子氯丁胶乳化沥青	kg	2.0800	2.0800	1.5600	1.5600
	聚酯布	m^2	1.2491	1.2491	1.1813	1.1813

工作内容：清理基层，配制涂料、贴附加层、刷涂料、贴聚酯布。

定额编号			11-51	11-52	11-53	11-54
项目		单位	水乳型阴离子合成胶乳化沥青聚酯布			
			一布二涂		每增一布一涂	
			平面	立面	平面	立面
			m^2	m^2	m^2	m^2
人工	防水工	工日	0.0636	0.0998	0.0337	0.0395
	其他工	工日	0.0097	0.0154	0.0052	0.0060
	人工工日	工日	0.0733	0.1152	0.0389	0.0455
材料	水泥 32.5 级	kg	0.1530	0.1530		
	阴离子合成胶乳化沥青	kg	2.0800	2.0800	1.5600	1.5600
	聚酯布	m^2	1.2491	1.2491	1.1813	1.1813

工作内容：清理基层，调配涂料、铺贴附加层、贴布、刷涂料。

定额编号			11-55	11-56	11-57	11-58
项目		单位	水乳型普通乳化沥青涂料		水乳型水性石棉质沥青	
			二布三涂		一布二涂	
			平面	立面	平面	立面
			m^2	m^2	m^2	m^2
人工	防水工	工日	0.0832	0.1393	0.0636	0.0999
	其他工	工日	0.0128	0.0214	0.0097	0.0153
	人工工日	工日	0.0960	0.1607	0.0733	0.1152
材料	水泥 32.5 级	kg	0.1377	0.1377	0.6120	0.6120
	玻璃网格布厚 1.8	m^2			1.2491	1.2491
	普通乳化沥青（水乳型）	kg	2.6000	2.6000		
	水性石棉质沥青（水乳型）	kg			8.3200	8.3200
	聚酯布	m^2	2.4304	2.4304		

二、变形缝

工作内容:清缝、填料、止水带安装。

定额编号			11-59	11-60	11-61
项目		单位	止水带		
			施工缝		
			铜板	薄钢板	腻子条
			m	m	m
人工	防水工	工日			0.0400
	电焊工	工日	0.2400	0.2200	
	其他工	工日	0.0300	0.0200	0.0100
	人工工日	工日	0.2700	0.2400	0.0500
材料	BW 水膨性止水腻子条 20×30	kg			0.8160
	电焊条结 422	kg		0.1130	
	铜电焊条铜 107	kg	0.1430		
	纯铜板 T_2 厚 2	m^2	0.4770		
	薄钢板厚 2 mm	kg		4.9926	
	其他材料费	%	5.0000		2.0000
机械	剪板机 20×2500 mm	台班	0.0011	0.0012	
	交流电焊机 30 kVA	台班	0.0070	0.0070	

工作内容:立框、清缝、填料、止水带安装、调试。

定额编号			11-62	11-63	11-64
项目		单位	止水带		预埋止水铁框（单片）
			沉降缝		
			埋入式	可卸式	
			m	m	m
人工	抹灰工	工日		0.0675	
	防水工	工日	0.2134	0.2495	
	电焊工	工日		0.0944	0.0450
	木工	工日			0.2100
	其他工	工日	0.0213	0.0611	0.0255
	人工工日	工日	0.2347	0.4725	0.2805
材料	花纹钢板	kg		3.0200	
	钢筋<20	t		0.0020	0.0010
	木模板成材	m^3			0.0020
	木丝板厚 25	m^2	1.0929	0.7626	
	氯丁橡胶止水带	m	1.0500	1.0500	
	BW 水膨性止水腻子条 20×30	kg	1.0152		
	电焊条结 422	kg		0.2300	0.5258
	水泥砂浆 1∶2	m^3		0.0157	
	石油沥青玛碲脂	m^3		0.0060	
	石油沥青油毡 350#	m^2		1.1950	
	石油沥青 30#	kg		7.7051	
	冷底子油(100 kg)30∶70	kg		0.1982	

续表

定额编号			11-62	11-63	11-64
项目		单位	止水带		预埋止水铁框(单片)
			沉降缝		
			埋入式	可卸式	
			m	m	m
材料	环氧树脂	kg	0.0300	0.0300	
	聚氯乙烯胶泥	kg	1.1729		
	麻丝	kg		1.4170	
	木柴	kg		3.5200	
	其他材料费	%	2.0000	2.0000	2.0000
机械	灰浆搅拌机 200 L	台班		0.0020	
	交流电焊机 30 kVA	台班		0.0840	0.0252
制品					
制品	可卸式止水铁框(单片)(制品)	m		2.0000	1.0000

工作内容:盖板制作、埋木砖、胶合或钉盖板、铁皮盖板锡焊、刷防腐油。

定额编号			11-65	11-66	11-67	11-68
项目		单位	木板盖板		铁皮盖板	
			平面	立面	平面	立面
			m	m	m	m
人工	木工	工日	0.0352	0.0531	0.0107	0.0098
	白铁工	工日			0.0977	0.0844
	防水工	工日			0.0122	0.0011
	其他工	工日	0.0037	0.0056	0.0137	0.0105
	人工工日	工日	0.0389	0.0587	0.1343	0.1058
材料	松香焊锡丝	kg			0.0406	0.0344
	一般木板材	m^3	0.0061	0.0066	0.0100	
	一般木成材	m^3		0.0043	0.0015	0.0030
	混合砂浆 M7.5	m^3			0.6254	0.5300
	粘合剂 CX	kg	0.0152			
	防腐油	kg			0.0676	0.0531
	盐酸	kg			0.0086	0.0074
	圆钉长 60	kg		0.0181	0.0210	0.0070
	木炭	kg			0.1802	0.1527

三、屋面及屋面排水

工作内容:(1)铺瓦,调制砂浆,安脊瓦、檐口梢头座灰。(2)檩条上铺钉石棉瓦、安脊瓦。

定额编号			11-69	11-70
项目		单位	小波石棉瓦	
			木檩上	钢(混凝土)檩上
			m^2	m^2
人工	木工	工日	0.0380	0.0614
	其他工	工日	0.0115	0.0137
	人工工日	工日	0.0495	0.0751
材料	石棉瓦(小波)1 820×700	张	1.0255	1.0255
	石棉脊瓦(小波)850×360	张	0.1466	0.1466
	油灰	kg	0.0294	0.0294
	灰麻刀石灰浆	m^3	0.0002	0.0002
	镀锌螺钉 8×2 带垫	百个	0.0402	
	瓦楞构钉 6×400	个		2.0116
	瓦楞扁钢钩 3×12×400	个		2.0116

工作内容:铺瓦,调制砂浆,安脊瓦、檐口梢头座灰,檩条上铺钉石棉瓦。

定额编号			11-71	11-72
项目		单位	大波石棉瓦	
			木檩上	钢(混凝土)檩上
			m^2	m^2
人工	木工	工日	0.0302	0.0548
	其他工	工日	0.0129	0.0138
	人工工日	工日	0.0431	0.0686
材料	石棉水泥脊瓦中波 850×(230×2)×6	张	0.1466	0.1466
	石棉瓦(大波)2800×994	张	0.5370	0.5370
	油灰	kg	0.0294	0.0294
	灰麻刀石灰浆	m^3	0.0003	0.0003
	镀锌螺钉 8×2 带垫	百个	0.0421	
	瓦楞钩钉 6×400	个		3.1598
	瓦楞扁钢钩 3×12×400	个		1.0533

工作内容:檩条上铺钉石棉瓦、玻璃钢瓦、安脊瓦。

定额编号			11-73	11-74
项目		单位	玻璃钢瓦	
			木檩上	钢(混凝土)檩上
			m^2	m^2
人工	木工	工日	0.0391	0.0502
	其他工	工日	0.0119	0.0109
	人工工日	工日	0.0510	0.0611
材料	镀锌螺钉 8×2 带垫	百个	0.0402	
	瓦楞钩钉 6×400	个		4.0232
	玻璃钢波形瓦 1800×740×1.2	张	0.9600	0.9600
	玻璃钢脊瓦(小波)2000×400	m	0.1020	0.1020

工作内容:截料、制作、安装、填缝、涂胶、接口等全部工序。

定额编号			11-75	11-76	11-77	11-78
项目		单位	玻璃钢排水管	玻璃钢水斗	玻璃钢弯头	玻璃钢短管
			ϕ110		ϕ50	
			m	个	个	个
人工	白铁工	工日	0.2630	0.2740	0.1190	0.1190
	其他工	工日	0.0260	0.0270	0.0120	0.0120
	人工工日	工日	0.2890	0.3010	0.1310	0.1310
材料	建筑密封膏	kg	0.0120	0.0310	0.0100	0.0100
	现浇现拌混凝土(5-16)C20	m^3		0.0030		
	玻璃钢排水管 110×1500	m	1.0540			
	玻璃钢水斗 100 带罩	个		1.0100		
	玻璃钢弯头 50	个			1.0100	
	玻璃钢短管 50	个				1.0100
	卡箍膨胀螺栓 M110	套	0.7140			
	排水管检查口	个	0.1110			
	排水管伸缩节	个	0.1010			

工作内容:水管、水斗、打眼安装。

定额编号			11-79	11-80	11-81	11-82
项目		单位	硬质 PVC-U 矩形雨水管		硬质 PVC-U 矩形水斗	
			100×75 mm	75×50 mm	100×75 mm	75×50 mm
			m	m	只	只
人工	白铁工	工日	0.0500	0.0500		
	其他工	工日	0.0050	0.0050		
	人工工日	工日	0.0550	0.0550		
材料	PVC-U 雨水管 100×75	m	1.0200			
	PVC-U 雨水管接头 100×75	只	0.3540			
	PVC-U 雨水管管卡 100×75	只	0.3030		1.0100	
	PVC-U 雨水管 75×50	m		1.0200		
	PVC-U 雨水管接头 75×50	只		0.3540		
	PVC-U 雨水管管卡 75×50	只		0.3030		1.0100
	PVC-U 雨水斗 ϕ110 圆管	只			1.0100	
	PVC-U 雨水斗 ϕ75 圆管	只				1.0100
	瓦楞钩钉连羊毛毡垫圈	百个		0.0130		0.0610
	瓦楞钉连羊毛毡垫圈	百个	0.0130		0.0610	
	其他材料费	%	1.1800	1.7300	5.0500	6.4700

第十四章　加 固 改 造

说　明

一、加固

1. 加固改造及零星工程系指已建工程因局部不符合战术技术或使用要求而进行的土建工程项目。凡符合下列条件之一者按本章定额或本章说明相关规定执行：

(1) 工程扩建面积(建筑面积)不超过 20 m^2。

(2) 砖砌体单项工程量不超过 15 m^3。

(3) 混凝土单项工程量不超过 20 m^3。

(4) 混凝土、砖砌体总工程量不超过 30 m^3。

2. 砖砌体加固改造及零星工程套用相应新建项目定额时，定额人工乘以系数 1.05。

3. 混凝土、钢筋混凝土加固改造及零星工程套用相应新建项目定额时，定额人工乘以系数 1.10、混凝土机械乘以系数 1.05。

二、民防工程拆除

1. 人工拆除、锚固：

(1) 钢筋混凝土顶板厚度小于 25 cm 时，人工乘以系数 0.8；钢筋混凝土墙、人工凿洞，墙厚小于 20 cm 按小于 30 cm 子目人工乘以系数 0.6。

(2) 砖墙表面凿毛，按混凝土凿毛子目乘以系数 0.7。

(3) 墙体锚固筋截长：砖墙 40 cm、混凝土 30 cm，锚固深度：砖墙 30 cm、混凝土墙 20 cm，设计不同应予换算。

2. 机械拆除：

(1) 钢筋混凝土机械拆除是以“五级”民防工程选型编制的，定额中已考虑了易耗品费用。

(2) 对高于“五级”或低于“五级”民防工程，套用相应定额子目，其人工、机械台班分别乘以系数 1.10、0.90。拆除砖墙套用素混凝土子目，人工、机械台班分别乘以系数 0.80。

3. 拆除的垃圾量，详见“拆除垃圾量参考表”。

三、堵漏

1. 防水堵漏工程实行质量保修，保修期限：由双方合同约定。

2. 定额中，防水堵漏的裂缝宽度，指 1 mm 范围内，超过 1 mm，由甲乙双方经现场勘查按实际用料协商计取。

3. 防水堵漏，不包括拆除及恢复原装饰部分。

4. 采用有毒化学注浆时，营养津贴费计取金额由双方合同约定。

5. 砖结构堵漏按混凝土相应定额子目，人工、浆液分别乘以系数 0.70、1.125。

6. 沉降缝堵漏，不包括角铁框处的渗漏水，角铁框处的渗漏水，按一般点、缝渗漏水定额。

四、加固、拆除、堵漏定额中已综合考虑了作业面及场内运输因素。

拆除垃圾量参考表

单位：m^2

项目	单位	砖墙厚							
		半砖墙	一砖墙	一砖半墙	二砖墙	半砖墙	一砖墙	一砖半墙	二砖墙
		单面抹灰				双面抹灰			
垃圾量	m^3	0.040	0.075	0.100	0.125	0.060	0.095	0.120	0.145

一、加　　固

1. 原墙、拱钢筋混凝土

工作内容：清理基面、模板安拆，混凝土搅拌、浇捣、养护、场内运输。

定额编号			14-1	14-2	14-3	14-4
项目		单位	墙		拱	
			加固厚度(cm)			
			<15	>15	<15	>15
			m^3	m^3	m^3	m^3
模板工程						
人工	木工	工日	1.7420	1.0300	3.0310	1.7670
	其他工	工日	0.7470	0.4410	1.2990	0.7570
	人工工日	工日	2.4890	1.4710	4.3300	2.5240
材料	木模板成材	m^3	0.0037	0.0022	0.0775	0.0452
	工具式组合钢模板	kg	6.3277	3.7390		
	扣件	只	0.6966	0.4118	0.8672	0.5013
	零星卡具	kg	3.8794	2.2920		
	钢支撑	kg	1.2303	0.7273	1.5190	0.8854
	圆钉长 60	kg	0.0450	0.0260	1.0230	0.5970
	其他材料费	%	8.3400	8.3300	4.1600	4.1500
机械	汽车式起重机 5 t	台班	0.0130	0.0080	0.0070	0.0040
	载重汽车 6 t	台班	0.0200	0.0120	0.0260	0.0150
	木工圆锯机 ϕ500 mm	台班	0.0010	0.0010	0.0650	0.0380
混凝土工程						
人工	混凝土工	工日	1.5060	1.3680	1.6670	1.5000
	其他工	工日	0.6450	0.5870	0.7140	0.6430
	人工工日	工日	2.1510	1.9550	2.3810	2.1430
材料	现浇现拌混凝土(5-20)C30	m^3	1.0200	1.0200	1.0200	1.0200
	水	m^3	0.8740	0.8510	0.7590	0.7390
机械	机动翻斗车 1 t	台班	0.1280	0.1280	0.1280	0.1280
	电动滚筒式混凝土搅拌机 400 L	台班	0.0630	0.0630	0.0630	0.0630
	混凝土震捣器(插入式)	台班	0.1250	0.1250	0.1250	0.1250

2. 钢筋网制作、绑扎

工作内容：钢筋制作，绑扎、场内运输。

定额编号			14-5	14-6	14-7	14-8
项目		单位	网距 200×200 mm			
			钢筋直径(mm)			
			6	8	10	12
			m^2	m^2	m^2	m^2
人工	钢筋工	工日	0.0430	0.0560	0.0710	0.0840
	其他工	工日	0.0190	0.0240	0.0310	0.0360
	人工工日	工日	0.0620	0.0800	0.1020	0.1200

续表

定额编号			14-5	14-6	14-7	14-8
项目		单位	网距 200×200 mm			
			钢筋直径(mm)			
			6	8	10	12
			m²	m²	m²	m²
材料	钢筋<10	t	0.0025	0.0044	0.0069	
	钢筋>10	t				0.0101
	镀锌铁丝 22#	kg	0.0158	0.0158	0.0198	0.0198
	其他材料费	%	2.3300	2.3300	2.3400	2.3400
机械	钢筋切断机 φ40	台班	0.0070	0.0069	0.0070	0.0080

工作内容:钢筋制作,绑扎、场内运输。

定额编号			14-9	14-10	14-11	14-12
项目		单位	网距 250×250 mm			
			钢筋直径(mm)			
			6	8	10	12
			m²	m²	m²	m²
人工	钢筋工	工日	0.0350	0.0450	0.0570	0.0670
	其他工	工日	0.0150	0.0190	0.0240	0.0290
	人工工日	工日	0.0500	0.0640	0.0810	0.0960
材料	钢筋<10	t	0.0020	0.0035	0.0056	
	钢筋>10	t				0.0081
	镀锌铁丝 22#	kg	0.0099	0.0099	0.0129	0.0129
	其他材料费	%	2.3400	2.3400	2.3400	2.3400
机械	钢筋切断机 φ40	台班	0.0056	0.0054	0.0056	0.0064

工作内容:钢筋制作,绑扎、场内运输。

定额编号			14-13	14-14	14-15	14-16
项目		单位	网距 230×230 mm			
			钢筋直径(mm)			
			6	8	10	12
			m²	m²	m²	m²
人工	钢筋工	工日	0.0290	0.0380	0.0480	0.0560
	其他工	工日	0.0130	0.0160	0.0200	0.0240
	人工工日	工日	0.0420	0.0540	0.0680	0.0800
材料	钢筋<10	t	0.0016	0.0029	0.0046	
	钢筋>10	t				0.0068
	镀锌铁丝 22#	kg	0.0069	0.0069	0.0089	0.0089
	其他材料费	%	2.3300	0.3400	2.3400	2.3300
机械	钢筋切断机 φ40	台班	0.0047	0.0048	0.0050	0.0053

工作内容：钢筋制作，钻孔、塞浆、插筋、绑扎、场内运输。

定　额　编　号			14-17
项　目		单位	钢筋网锚固
			10 个锚点
人工	钢筋工	工日	0.3500
	其他工	工日	0.1500
	人工工日	工日	0.5000
材料	钢筋＜10	t	0.0008
	水泥砂浆 M7.5	m^3	0.0001
	其他材料费	%	2.3500
机械	电锤 520 kW	台班	0.5000

二、拆　除

1. 钢筋混凝土人工拆除

工作内容：拆除、破碎、垃圾场内清运。

定　额　编　号			14-18	14-19	14-20
项　目		单位	钢筋混凝土		
			柱	梁	顶板
			m^3	m^3	m^3
人工	普通工	工日	5.5000	6.0000	6.5000
	人工工日	工日	5.5000	6.0000	6.5000
材料	钢凿 ϕ20×300	把	0.9600	0.9600	0.9600
	其他材料费	%	10.0000	10.0000	10.0000
机械	电动空气压缩机 0.6 m^3/min	台班	1.8275	2.1123	2.1369

工作内容：拆除、破碎、垃圾场内清运。

定　额　编　号			14-21	14-22	14-23	14-24
项　目		单位	墙		底板	
			混凝土	钢筋混凝土	混凝土	钢筋混凝土
			m^3	m^3	m^3	m^3
人工	普通工	工日	4.5000	7.0000	4.0000	6.5000
	人工工日	工日	4.5000	7.0000	4.0000	6.5000
材料	钢凿 ϕ20×300	把	0.8037	1.0000	0.8037	1.0000
	其他材料费	%	10.0000	10.0000	10.0000	10.0000
机械	电动空气压缩机 0.6 m^3/min	台班	1.6107	2.2074	1.3514	2.0230

2. 砖结构人工拆除

工作内容:拆除及材料堆放,垃圾场内清运。

定额编号			14-25	14-26	14-27
项目		单位	砖拱	砖柱	砖基础
			m^3	m^3	m^3
人工	普通工	工日	3.0000	1.4000	2.9100
	人工工日	工日	3.0000	1.4000	2.9100
材料	钢凿 ϕ20×300	把	0.3785	0.3785	0.3785
	其他材料费	%	10.0000	10.0000	10.0000

工作内容:拆除及材料堆放,垃圾场内清运。

定额编号			14-28	14-29	14-30	14-31
项目		单位	砖墙		大便槽 小便槽	水盘
			一砖以下	一砖以上		
			m^2	m^2	m	只
人工	普通工	工日	0.2900	0.3900	0.2100	0.1400
	人工工日	工日	0.2900	0.3900	0.2100	0.1400
材料	钢凿 ϕ20×300	把	0.0649	0.0649	0.0708	0.0338
	其他材料费	%	10.0000	10.0000	10.0000	10.0000

3. 钢筋混凝土机械拆除

工作内容:挖土、破碎、排水、切割钢筋、垃圾场内清运、装车。

定额编号			14-32	14-33	14-34	14-35
项目		单位	顶板	墙板	底板	素混凝土
			m^3	m^3	m^3	m^3
人工	电焊工	工日	0.0360	0.0420	0.0560	0.0170
	其他工	工日	0.0360	0.0420	0.0560	0.0170
	人工工日	工日	0.0720	0.0840	0.1120	0.0340
材料	氧气	m^3	0.2580	0.1290	0.2580	0.0645
	乙炔	m^3	0.1253	0.0627	0.1253	0.0313
	其他材料费	%	15.0000	20.0000	15.0000	25.0000
机械	履带式单斗挖掘机液压 1.0 m^3	台班	0.0060	0.0060	0.0060	0.0060
	泥浆泵出口 ϕ100 mm 内	台班	0.0590	0.0590	0.0590	0.0590
	潜水泵 ϕ100 mm	台班	0.0790	0.0790	0.0790	0.0790
	液压镐	台班	0.0360	0.0420	0.0560	0.0170

4. 铲除粉刷层

工作内容:铲除底、面层,垃圾场内清运。

定额编号			14-36	14-37	14-38	14-39
项目		单位	天棚面			
			混凝土面			砖面
			水泥砂浆	混合砂浆	石灰浆	水泥砂浆
			m^2	m^2	m^2	m^2
人工	普通工	工日	0.2000	0.1200	0.0550	0.1800
	人工工日	工日	0.2000	0.1200	0.0550	0.1800
材料	钢凿 ϕ20×300	把	0.0370	0.0370	0.0370	0.0370
	其他材料费	%	10.0000	10.0000	10.0000	10.0000

工作内容：铲除底、面层，垃圾场内清运。

定额编号			14-40	14-41	14-42	14-43
项目		单位	天棚面		墙柱面	
			砖面		混凝土面	
			混合砂浆	石灰浆	水泥砂浆	混合砂浆
			m^2	m^2	m^2	m^2
人工	普通工	工日	0.1080	0.0500	0.1500	0.1080
	人工工日	工日	0.1080	0.0500	0.1500	0.1080
材料	钢凿 ϕ20×300	把	0.0370	0.0370	0.0370	0.0370
	其他材料费	%	10.0000	10.0000	10.0000	10.0000

工作内容：铲除底、面层，垃圾场内清运。

定额编号			14-44	14-45
项目		单位	墙柱面	
			混凝土面	砖面
			石灰浆	水泥砂浆
			m^2	m^2
人工	普通工	工日	0.0470	0.1200
	人工工日	工日	0.0470	0.1200
材料	钢凿 ϕ20×300	把	0.0370	0.0370
	其他材料费	%	10.0000	10.0000

工作内容：铲除底、面层，垃圾场内清运。

定额编号			14-46	14-47
项目		单位	墙柱面	
			砖面	
			混合砂浆	石灰浆
			m^2	m^2
人工	普通工	工日	0.0720	0.0420
	人工工日	工日	0.0720	0.0420
材料	钢凿 ϕ20×300	把	0.0370	0.0370
	其他材料费	%	10.0000	10.0000

5. 人工凿沟槽、砖墙表面凿除

工作内容：测位、划线、凿沟槽，凿除、垃圾场内清运。

定额编号			14-48	14-49
项目		单位	混凝土地坪凿沟槽	
			沟深(mm)	
			＜150	＞150
			m	m
人工	普通工	工日	0.5330	0.7980
	人工工日	工日	0.5330	0.7980
材料	钢凿 ϕ20×300	把	0.4480	0.5766
	其他材料费	%	10.0000	10.0000

工作内容：测位、划线、凿沟槽，凿除、垃圾场内清运。

定额编号			14-50	14-51	14-52
项目		单位	混凝土墙凿槽(槽深 mm)＜50		
			槽宽(mm)		
			＜30	＜50	＞50
			m	m	m
人工	普通工	工日	0.3100	0.4200	0.6500
	人工工日	工日	0.3100	0.4200	0.6500
材料	钢凿 ϕ20×300	把	0.4185	0.4246	0.5385
	其他材料费	%	10.0000	10.0000	10.0000

工作内容：测位、划线、凿沟槽，凿除、垃圾场内清运。

定额编号			14-53	14-54	14-55
项目		单位	混凝土墙凿槽(槽深 mm)＞50		
			槽宽(mm)		
			＜30	＜50	＞50
			m	m	m
人工	普通工	工日	0.4650	0.6300	0.9750
	人工工日	工日	0.4650	0.6300	0.9750
材料	钢凿 ϕ20×300	把	0.4246	0.5385	0.6462
	其他材料费	%	10.0000	10.0000	10.0000

工作内容：测位、划线、凿沟槽，凿除、垃圾场内清运。

定额编号			14-56	14-57	14-58	14-59
项目		单位	砖墙凿槽(槽深 mm)＜60		砖墙凿槽(槽深 mm)＞60	
			槽宽(mm)			
			＜60	＞60	＜60	＞60
			m	m	m	m
人工	普通工	工日	0.1500	0.2000	0.2250	0.3000
	人工工日	工日	0.1500	0.2000	0.2250	0.3000
材料	钢凿 ϕ20×300	把	0.3692	0.3692	0.3846	0.3846
	其他材料费	%	10.0000	10.0000	10.0000	10.0000

工作内容：测位、划线、凿沟槽，凿除、垃圾场内清运。

定额编号			14-60	14-61
项目		单位	砖墙表面凿除	
			厚(mm)＜100	厚(mm)＞100
			m^2	m^2
人工	普通工	工日	1.1000	1.2000
	人工工日	工日	1.1000	1.2000
材料	钢凿 ϕ20×300	把	0.4000	0.4000
	其他材料费	%	10.0000	10.0000

6. 人工凿防密门门框墙槽

工作内容：测位、划线、凿沟槽，凿除、垃圾场内清运。

定额编号			14-62	14-63	14-64
项目		单位	墙槽		
			槽深<150 mm		
			砖墙	混凝土墙	钢筋混凝土墙
			m^2	m^2	m^2
人工	普通工	工日	2.9700	5.2800	6.6000
	人工工日	工日	2.9700	5.2800	6.6000
材料	钢凿 $\phi20\times300$	把	0.3692	0.4615	0.5754
	其他材料费	%	10.0000	10.0000	10.0000

工作内容：测位、划线、凿沟槽，凿除、垃圾场内清运。

定额编号			14-65	14-66	14-67
项目		单位	墙槽		
			槽深>150 mm		
			砖墙	混凝土墙	钢筋混凝土墙
			m^2	m^2	m^2
人工	普通工	工日	4.4600	7.9200	9.9000
	人工工日	工日	4.4600	7.9200	9.9000
材料	钢凿 $\phi20\times300$	把	0.4000	0.5692	0.5908
	其他材料费	%	10.0000	10.0000	10.0000

工作内容：测位、划线、凿沟槽，凿除、垃圾场内清运。

定额编号			14-68	14-69	14-70
项目		单位	顶(拱)板槽		
			槽深<150 mm		
			砖拱	混凝土结构	钢筋混凝土结构
			m^2	m^2	m^2
人工	普通工	工日	4.4600	7.9200	9.9000
	人工工日	工日	4.4600	7.9200	9.9000
材料	钢凿 $\phi20\times300$	把	0.4000	0.5692	0.5754
	其他材料费	%	10.0000	10.0000	10.0000

工作内容：测位、划线、凿沟槽，凿除、垃圾场内清运。

定额编号			14-71	14-72	14-73
项目		单位	顶(拱)板槽		
			槽深>150 mm		
			砖拱	混凝土结构	钢筋混凝土结构
			m^2	m^2	m^2
人工	普通工	工日	6.6800	11.8800	14.8500
	人工工日	工日	6.6800	11.8800	14.8500
材料	钢凿 $\phi20\times300$	把	0.3692	0.4615	0.5754
	其他材料费	%	10.0000	10.0000	10.0000

7. 拆、开门窗洞口

工作内容：(1)定位、打点、拆除、垃圾场内清运。

(2)门窗立边、找平、砌窗台、砌砖、内粉刷、搭拆脚手。

定额编号			14-74	14-75	14-76	14-77
项目		单位	一砖墙		一砖半墙	
			门窗洞口面积(m²)			
			<1.5	<2.5	<1.5	<2.5
			樘	樘	樘	樘
人工	普通工	工日	2.0000	2.4500	2.7000	3.5000
	人工工日	工日	2.0000	2.4500	2.7000	3.5000
材料	水泥砂浆 M7.5	m^3	0.0500	0.0600	0.0750	0.0820
	水泥砂浆 1：2.5	m^3	0.0230	0.0270	0.0260	0.0270
	水泥砂浆 1：3	m^3	0.0140	0.0150	0.0140	0.0150
	其他材料费	%	2.4200	2.0750	1.9070	2.1350

8. 拆除地坪及其他

工作内容：拆除、垃圾归堆、清运。

定额编号			14-78	14-79	14-80	14-81
项目		单位	钢筋混凝土楼梯		混凝土地评(厚度<10 cm)	预制混凝土地面块
			连钢筋混凝土栏杆	连铁木栏杆		
			m^2	m^2	m^2	m^2
人工	普通工	工日	1.7370	1.6330	0.1730	0.0400
	人工工日	工日	1.7370	1.6330	0.1730	0.0400
材料	钢凿 ϕ20×300	把	0.0415	0.0415	0.0415	0.0123
	其他材料费	%	10.0000	10.0000	10.0000	10.0000

9. 面层凿毛、墙体锚固

工作内容：表面凿毛、清理现场、垃圾场内运输。

定额编号			14-82	14-83	14-84
项目		单位	混凝土表面凿毛		
			天棚面	墙面及其他面	地面
			m^2	m^2	m^2
人工	普通工	工日	0.2860	0.2210	0.1950
	人工工日	工日	0.2860	0.2210	0.1950
材料	钢凿 ϕ20×300	把	0.0523	0.0523	0.0523
	其他材料费	%	10.0000	10.0000	10.0000

工作内容:穿孔、锚固筋制作,砂浆拌和、填塞、插筋固定。

定额编号			14-85	14-86
项目		单位	墙体锚固	
			砖墙	混凝土墙
			1个锚固点	1个锚固点
人工	普通工	工日	0.0600	0.0800
	人工工日	工日	0.0600	0.0800
材料	钢筋<10	t	0.0002	0.0001
	水泥砂浆 M7.5	m^3	0.0004	0.0004
机械	电锤 520 kW	台班	0.0340	0.0500

10. 钢筋混凝土墙人工打洞

工作内容:定位、打点、拆除、清理、垃圾场内运输。

定额编号			14-87	14-88	14-89	14-90
项目		单位	孔洞直径≤35 cm			
			墙厚(cm)			
			<30	<40	<50	<60
			个	个	个	个
人工	普通工	工日	4.0000	4.5000	5.0000	5.5000
	人工工日	工日	4.0000	4.5000	5.0000	5.5000
材料	钢凿 ϕ20×300	把	0.4862	0.4862	0.5400	0.5400
	其他材料费	%	10.0000	10.0000	10.0000	10.0000

工作内容:定位、打点、拆除、清理、垃圾场内运输。

定额编号			14-91	14-92	14-93	14-94
项目		单位	孔洞直径≤50 cm			
			墙厚(cm)			
			<30	<40	<50	<60
			个	个	个	个
人工	普通工	工日	5.0000	5.5000	6.0000	6.5000
	人工工日	工日	5.0000	5.5000	6.0000	6.5000
材料	钢凿 ϕ20×300	把	0.5400	0.5400	0.6477	0.6477
	其他材料费	%	10.0000	10.0000	10.0000	10.0000

工作内容:定位、打点、拆除、清理、垃圾场内运输。

定额编号			14-95	14-96	14-97	14-98
项目		单位	孔洞直径≤80 cm			
			墙厚(cm)			
			<30	<40	<50	<60
			个	个	个	个
人工	普通工	工日	6.0000	6.5000	7.5000	8.0000
	人工工日	工日	6.0000	6.5000	7.5000	8.0000
材料	钢凿 ϕ20×300	把	0.6477	0.6477	0.7554	0.7554
	其他材料费	%	10.0000	10.0000	10.0000	10.0000

工作内容：定位、打点、拆除、清理、垃圾场内运输。

定　额　编　号			14-99	14-100	14-101	14-102
项　目		单位	孔洞直径≤100 cm			
			墙厚(cm)			
			＜30	＜40	＜50	＜60
			个	个	个	个
人工	普通工	工日	7.5000	8.0000	8.5000	9.0000
	人工工日	工日	7.5000	8.0000	8.5000	9.0000
材料	钢凿 ϕ20×300	把	0.7554	0.7554	0.8637	0.8637
	其他材料费	%	10.0000	10.0000	10.0000	10.0000

工作内容：定位、打点、拆除、清理、垃圾场内运输。

定　额　编　号			14-103	14-104	14-105	14-106
项　目		单位	开洞面积 1～1.5 m²			
			墙厚(cm)			
			＜30	＜40	＜50	＜60
			个	个	个	个
人工	普通工	工日	9.0000	10.0000	11.5000	13.0000
	人工工日	工日	9.0000	10.0000	11.5000	13.0000
材料	钢凿 ϕ20×300	把	0.8637	0.8637	0.9715	0.9715
	其他材料费	%	10.0000	10.0000	10.0000	10.0000

工作内容：定位、打点、拆除、清理、垃圾场内运输。

定　额　编　号			14-107	14-108	14-109	14-110
项　目		单位	开洞面积≤2.5 m²			
			墙厚(cm)			
			＜30	＜40	＜50	＜60
			个	个	个	个
人工	普通工	工日	11.0000	12.0000	13.5000	15.0000
	人工工日	工日	11.0000	12.0000	13.5000	15.0000
材料	钢凿 ϕ20×300	把	0.9715	0.9715	1.0796	1.0796
	其他材料费	%	10.0000	10.0000	10.0000	10.0000

三、堵　　漏

工作内容：工事内积水排到室外排水管。

定　额　编　号			14-111	14-112
项　目		单位	人工排水	机械排水
			10 cm 以内	10 cm 以外
			m³	m³
人工	普通工	工日	2.0520	0.0570
	人工工日	工日	2.0520	0.0570
材料	棉纱头	kg	0.0110	
机械	潜水泵 ϕ100 mm	台班		0.0280

工作内容:(1)观察确定漏水点,确定堵漏方案。

(2)凿除、堵漏、粉刷。

(3)施工中排水、清理、垃圾运出工事外。

定额编号			14-113	14-114	14-115
项目		单位	S型瞬凝水泥堵漏		
			混凝土顶面		
			片漏	缝漏	点漏
			m^2	m	个
人工	堵漏工	工日	4.1582	2.2135	1.2835
	人工工日	工日	4.1582	2.2135	1.2835
材料	水泥 32.5 级	kg	9.2900	1.5900	0.4900
	S型瞬凝水泥	kg	45.4300	4.1800	2.0900
	黄砂(中粗)	kg	33.4800	5.7000	1.5600
	水	m^3	0.1500	0.1000	0.0700
	其他材料费	%	5.3300	21.5700	28.3000

工作内容:(1)观察确定漏水点,确定堵漏方案。

(2)凿除、堵漏、粉刷。

(3)施工中排水、清理、垃圾运出工事外。

定额编号			14-116	14-117	14-118
项目		单位	S型瞬凝水泥堵漏		
			混凝土顶面		
			片漏	缝漏	点漏
			m^2	m	个
人工	堵漏工	工日	3.1996	1.9228	1.1410
	人工工日	工日	3.1996	1.9228	1.1410
材料	水泥 32.5 级	kg	9.2900	1.5900	0.4900
	S型瞬凝水泥	kg	45.4300	4.1800	2.0900
	黄砂(中粗)	kg	33.4800	5.7000	1.5600
	水	m^3	0.1500	0.1000	0.0700
	其他材料费	%	5.3300	21.5700	28.3000

工作内容:(1)观察确定漏水点,确定堵漏方案。

(2)凿除、堵漏、粉刷。

(3)施工中排水、清理、垃圾运出工事外。

定额编号			14-119	14-120	14-121
项目		单位	S型瞬凝水泥堵漏		
			混凝土底面		
			片漏	缝漏	点漏
			m^2	m	个
人工	堵漏工	工日	2.8196	1.7281	1.0450
	人工工日	工日	2.8196	1.7281	1.0450
材料	水泥 32.5 级	kg	9.2900	1.5900	0.4900
	S型瞬凝水泥	kg	45.4300	4.1800	2.0900
	黄砂(中粗)	kg	33.4800	5.7000	1.5600
	水	m^3	0.1500	0.1000	0.0700
	其他材料费	%	5.3300	21.5700	28.3000

工作内容:(1)观察确定漏水点,确定堵漏方案。

(2)凿除、堵漏、粉刷。

(3)施工中排水、清理、垃圾运出工事外。

定额编号			14-122	14-123	14-124
项目		单位	水泥防水浆堵漏		
			混凝土顶面		
			片漏	缝漏	点漏
			m^2	m	个
人工	堵漏工	工日	4.1582	2.2135	1.2835
	人工工日	工日	4.1582	2.2135	1.2835
材料	水泥 42.5 级	kg	45.4300	4.1800	2.0900
	水泥 32.5 级	kg	9.2900	1.5900	0.4900
	黄砂(中粗)	kg	33.4800	5.7000	1.5600
	防水浆	kg	7.5700	0.7100	0.3600
	水	m^3	0.1500	0.1000	0.0700
	其他材料费	%	10.3000	15.2000	16.3000

工作内容:(1)观察确定漏水点,确定堵漏方案。

(2)凿除、堵漏、粉刷。

(3)施工中排水、清理、垃圾运出工事外。

定额编号			14-125	14-126	14-127
项目		单位	水泥防水浆堵漏		
			混凝土墙面		
			片漏	缝漏	点漏
			m^2	m	个
人工	堵漏工	工日	3.1996	1.9228	1.1410
	人工工日	工日	3.1996	1.9228	1.1410
材料	水泥 42.5 级	kg	45.4300	4.1800	2.0900
	水泥 32.5 级	kg	9.2900	1.5900	0.4900
	黄砂(中粗)	kg	33.4800	5.7000	1.5600
	防水浆	kg	7.5700	0.7100	0.3600
	水	m^3	0.1500	0.1000	0.0700
	其他材料费	%	10.3000	15.2000	16.3000

工作内容:(1)观察确定漏水点,确定堵漏方案。

(2)凿除、堵漏、粉刷。

(3)施工中排水、清理、垃圾运出工事外。

定额编号			14-128	14-129	14-130
项目		单位	水泥防水浆堵漏		
			混凝土底面		
			片漏	缝漏	点漏
			m^2	m	个
人工	堵漏工	工日	2.8196	1.7281	1.0450
	人工工日	工日	2.8196	1.7281	1.0450

续表

定　　额　　编　　号			14-128	14-129	14-130
项　　目		单位	水泥防水浆堵漏		
			混凝土底面		
			片漏	缝漏	点漏
			m^2	m	个
材料	水泥 42.5 级	kg	45.4300	4.1800	2.0900
	水泥 32.5 级	kg	9.2900	1.5900	0.4900
	黄砂(中粗)	kg	33.4800	5.7000	1.5600
	防水浆	kg	7.5700	0.7100	0.3600
	水	m^3	0.1500	0.1000	0.0700
	其他材料费	%	10.3000	15.2000	16.3000

工作内容:凿毛、清洗基层、调制砂浆、粉刷、清理、垃圾运出工事外。

定　　额　　编　　号			14-131	14-132	14-133
项　　目		单位	防水砂浆粉刷		
			混凝土顶面	混凝土墙面	混凝土底面
			m^2	m^2	m^2
人工	抹灰工	工日	0.4180	0.2781	0.2104
	其他工	工日	0.0122	0.0665	0.0570
	人工工日	工日	0.4302	0.3446	0.2674
材料	水泥砂浆 1∶2	m^3	0.0222	0.0212	0.0202
	防水粉	kg	0.6080	0.5790	0.5560
	水	m^3	0.0380	0.0380	0.0380
	其他材料费	%	4.3000	4.5000	4.7100
机械	电动葫芦　单速 2 t	台班	0.0037	0.0035	0.0034
	灰浆搅拌机 200 L	台班	0.0037	0.0035	0.0034

工作内容:(1)确定渗漏水部位和堵漏方案。

(2)凿缝、排水、埋设注浆管、封缝。

(3)配浆、注浆、封孔。

(4)粉刷、清理、垃圾运出工事外。

定　　额　　编　　号			14-134	14-135	14-136	14-137
项　　目		单位	丙凝注浆堵漏			
			混凝土顶面		混凝土墙面	
			缝漏	点漏	缝漏	点漏
			m	个	m	个
人工	堵漏工	工日	2.9156	2.5023	2.3133	2.0321
	人工工日	工日	2.9156	2.5023	2.3133	2.0321
材料	水泥 32.5 级	kg	1.5920	0.4920	1.5920	0.4920
	S 型瞬凝水泥	kg	6.2700	4.5600	6.2700	4.5600
	黄砂(中粗)	kg	5.7000	1.5600	5.7000	1.5600
	丙凝浆液	kg	8.0000	2.6700	8.0000	2.6700
	水	m^3	0.0100	0.0030	0.0100	0.0030
	其他材料费	%	15.7900	20.4800	15.7900	20.4800
机械	手动压浆泵	台班	0.1250	0.0670	0.1250	0.0670

工作内容:(1)确定渗漏水部位和堵漏方案。

(2)凿缝、排水、埋设注浆管、封缝。

(3)配浆、注浆、封孔。

(4)粉刷、清理、垃圾运出工事外。

定额编号			14-138	14-139	14-140
项目		单位	丙凝注浆堵漏		丙凝注浆堵漏
			混凝土底面		
			缝漏	点漏	
			m	个	每增加 1 kg 浆液
人工	堵漏工	工日	2.0824	1.8297	0.0143
	人工工日	工日	2.0824	1.8297	0.0143
材料	水泥 32.5 级	kg	1.5920	0.4920	
	S型瞬凝水泥	kg	6.2700	4.5600	
	黄砂(中粗)	kg	5.7000	1.5600	
	丙凝浆液	kg	8.0000	2.6700	1.0000
	水	m^3	0.0100	0.0030	0.0010
	其他材料费	%	15.7900	20.4800	
机械	手动压浆泵	台班	0.1250	0.0670	0.0156

工作内容:(1)确定渗漏水部位和堵漏方案。

(2)凿缝、排水、埋设注浆管、封缝。

(3)配浆、注浆、封孔。

(4)粉刷、清理、垃圾运出工事外。

定额编号			14-141	14-142	14-143	14-144
项目		单位	氰凝注浆堵漏			
			混凝土顶面		混凝土墙面	
			缝漏	点漏	缝漏	点漏
			m	个	m	个
人工	堵漏工	工日	2.9156	2.6340	2.3133	2.0321
	人工工日	工日	2.9156	2.6340	2.3133	2.0321
材料	水泥 32.5 级	kg	1.5920	0.4920	1.5920	0.4920
	S型瞬凝水泥	kg	6.2700	4.5600	6.2700	4.5600
	黄砂(中粗)	kg	5.7000	1.5600	5.7000	1.5600
	氰凝浆液	kg	5.6000	1.8670	5.6000	1.8670
	水	m^3	0.0180	0.0060	0.0180	0.0060
	其他材料费	%	1.8900	2.9300	1.8900	2.9300
机械	手动压浆泵	台班	0.1250	0.0670	0.1250	0.0670

工作内容：(1)确定渗漏水部位和堵漏方案。

(2)凿缝、排水、埋设注浆管、封缝。

(3)配浆、注浆、封孔。

(4)粉刷、清理、垃圾运出工事外。

定　额　编　号			14-145	14-146	14-147
项　目		单位	氰凝注浆堵漏		氰凝注浆堵漏
			混凝土底面		
			缝漏	点漏	
			m	个	每增加 1 kg 浆液
人工	堵漏工	工日	2.0824	1.8297	0.0143
	人工工日	工日	2.0824	1.8297	0.0143
材料	水泥 32.5 级	kg	1.5920	0.4920	
	S 型瞬凝水泥	kg	6.2700	4.5600	
	黄砂(中粗)	kg	5.7000	1.5600	
	氰凝浆液	kg	5.6000	1.8670	1.0000
	水	m^3	0.0180	0.0060	0.0010
	其他材料费	%	1.8900	2.9300	
机械	手动压浆泵	台班	0.1250	0.0670	0.0156

工作内容：(1)确定渗漏水部位和堵漏方案。

(2)凿缝、排水、埋设注浆管、封缝。

(3)配浆、注浆、封孔。

(4)粉刷、清理、垃圾运出工事外。

定　额　编　号			14-148	14-149	14-150	14-151
项　目		单位	水溶性聚氨酯注浆堵漏			
			混凝土顶面		混凝土墙面	
			缝漏	点漏	缝漏	点漏
			m	个	m	个
人工	堵漏工	工日	2.9156	2.5023	2.3133	2.0321
	人工工日	工日	2.9156	2.5023	2.3133	2.0321
材料	水泥 32.5 级	kg	1.5920	0.4920	1.5920	0.4920
	S 型瞬凝水泥	kg	6.2700	4.5600	6.2700	4.5600
	黄砂(中粗)	kg	5.7000	1.5600	5.7000	1.5600
	水溶性聚氨酯(WPU)	kg	5.6000	1.8670	5.6000	1.8670
	水	m^3	0.0600	0.0220	0.0600	0.0220
	其他材料费	%	2.3900	3.8200	2.3900	3.8200
机械	手动压浆泵	台班	0.1250	0.0670	0.1250	0.0670

工作内容：(1)确定渗漏水部位和堵漏方案。

(2)凿缝、排水、埋设注浆管、封缝。

(3)配浆、注浆、封孔。

(4)粉刷、清理、垃圾运出工事外。

定额编号			14-152	14-153	14-154
项目		单位	水溶性聚氨酯注浆堵漏		
			混凝土底面		每增加 1 kg 浆液
			缝漏	点漏	
			m	个	kg
人工	堵漏工	工日	2.0824	1.8297	0.0143
	人工工日	工日	2.0824	1.8297	0.0143
材料	水泥 32.5 级	kg	1.5920	0.4920	
	S 型瞬凝水泥	kg	6.2700	4.5600	
	黄砂(中粗)	kg	5.7000	1.5600	
	水溶性聚氨酯(WPU)	kg	5.6000	1.8670	1.0000
	水	m^3	0.0600	0.0220	0.0060
	其他材料费	%	2.3900	3.8200	
机械	手动压浆泵	台班	0.1250	0.0670	0.0156

工作内容：(1)凿除缝内木条，清洗，施工中排水。

(2)封缝、注浆、封孔、清理、垃圾运出工事外。

定额编号			14-155	14-156	14-157
项目		单位	埋入式止水带注浆堵漏		
			丙凝注浆	氰凝注浆	水溶性聚氨酯注浆
			m	m	m
人工	堵漏工	工日	2.7645	2.7645	2.7645
	人工工日	工日	2.7645	2.7645	2.7645
材料	水泥 42.5 级	kg	8.2600	8.2600	8.2600
	防水浆	kg	1.4000	1.4000	1.4000
	水溶性聚氨酯(WPU)	kg			4.7860
	丙凝浆液	kg	5.6300		
	氰凝浆液	kg		4.7860	
	水	m^3	0.5100	0.1610	0.1000
	其他材料费	%	17.6500	2.4600	3.1500
机械	手动压浆泵	台班	0.1250	0.1250	0.1250

工作内容：(1)凿除缝内木条，清洗，施工中排水。

(2)封缝、注浆、封孔、清理、垃圾运出工事外。

定额编号			14-158	14-159	14-160
项目		单位	可卸式止水带注浆堵漏		
			丙凝注浆	氰凝注浆	水溶性聚氨酯注浆
			m	m	m
人工	堵漏工	工日	3.3440	3.3440	3.3440
	人工工日	工日	3.3440	3.3440	3.3440

续表

定　额　编　号			14-158	14-159	14-160
项　目		单位	可卸式止水带注浆堵漏		
			丙凝注浆	氰凝注浆	水溶性聚氨酯注浆
			m	m	m
材料	水泥 42.5 级	kg	9.4500	9.4500	9.4500
	防水浆	kg	1.8200	1.8200	1.8200
	水溶性聚氨酯(WPU)	kg			6.2200
	丙凝浆液	kg	7.3190		
	氰凝浆液	kg		6.2220	
	水	m^3	0.6600	0.2100	0.1000
	其他材料费	%	13.7200	1.8950	2.8000
机械	潜水泵 ϕ100 mm	台班	1.3300	1.3300	1.3300
	手动压浆泵	台班	0.1250	0.1250	0.1250

工作内容:(1)拆除螺帽及止水带。

(2)清理缝内木条,封缝,注浆,排水。

(3)支撑、拆除、清理垃圾等全过程。

定　额　编　号			14-161	14-162	14-163
项　目		单位	埋入式止水带嵌缝堵漏	可卸式止水带嵌缝堵漏	不嵌缝每增加 1 cm 缝宽用量
			聚氨酯双组份密封膏		
			m	m	m
人工	堵漏工	工日	4.3605	4.9400	0.1900
	人工工日	工日	4.3605	4.9400	0.1900
材料	木模板成材	m^3	0.0054	0.0054	
	水泥 42.5 级	kg	5.9100	7.6830	1.7700
	防水浆	kg	1.0050	1.3070	0.3200
	建筑油膏	kg	5.5800	5.5800	
	聚氨酯双组份密封膏	kg	4.2900	4.2900	
	丙凝浆液	kg	3.7500	4.8750	1.2900
	其他材料费	%	1.9500	1.9100	5.4600
机械	潜水泵 ϕ100 mm	台班		1.3300	0.2000
	手动压浆泵	台班	0.1250	0.1250	0.0202

工作内容:(1)拆除螺帽及止水带、凿眼安装、铁板除锈刷漆。

(2)清理缝内木条,封缝,注浆,排水。

(3)支撑、拆除、清理垃圾等全过程。

定　额　编　号			14-164	14-165	14-166
项　目		单位	嵌缝每增加 1 cm 缝宽用量	调换止水带	
				膨胀止水带	橡胶止水带
			m	m	m
人工	堵漏工	工日	0.2850	5.2345	5.4625
	人工工日	工日	0.2850	5.2345	5.4625

续表

定额编号			14-164	14-165	14-166
项目		单位	嵌缝每增加 1 cm 缝宽用量	调换止水带	
				膨胀止水带	橡胶止水带
			m	m	m
材料	水泥 42.5 级	kg	1.3590	5.9100	5.9100
	氯丁橡胶止水带	m			1.0500
	膨胀止水带(橡胶)	m		1.0500	
	膨胀橡胶带 100×5	m			2.1000
	酚醛防锈漆 F53-31 红丹	kg		0.5000	0.5000
	防水浆	kg	0.2310	1.0050	1.0050
	建筑油膏	kg	1.1200		
	聚氨酯双组份密封膏	kg	0.8580		
	丙凝浆液	kg	0.8630	3.7500	3.7500
	其他材料费	%	0.6600	0.5000	1.3300
机械	潜水泵 ϕ100 mm	台班	0.2000	1.3300	1.3300
	手动压浆泵	台班	0.0135	0.0586	0.0586

工作内容：凿毛、清洗基层、调制砂浆、粉刷、清理、垃圾运出工事外。

定额编号			14-167	14-168	14-169
项目		单位	五层抹面(混凝土面层)		
			顶面	墙面	底面
			m^2	m^2	m^2
人工	抹灰工	工日	0.5223	0.4457	0.3636
	人工工日	工日	0.5223	0.4457	0.3636
材料	水泥砂浆 1∶2	m^3	0.0172	0.0164	0.0162
	素水泥浆	m^3	0.0062	0.0062	0.0062
	水	m^3	0.0380	0.0380	0.0380
	其他材料费	%	6.5000	6.5000	6.5000
机械	电动葫芦　单速 2 t	台班	0.0039	0.0038	0.0038
	灰浆搅拌机 200 L	台班	0.0039	0.0038	0.0038

六、天津市建设工程计价办法

（2008 年定额防水工程部分）

关于颁布 2008 年《天津市建设工程计价办法》和天津市各专业工程预算基价的通知

（建筑[2008]1045 号）

各有关局、集团（总）公司，各区县建委及各有关单位：

根据《中华人民共和国建筑法》、《中华人民共和国合同法》、《中华人民共和国招标投标法》，为贯彻国家标准《建设工程工程量清单计价规范》（GB 50500—2008），在有关部门的配合和支持下，2008 年《天津市建设工程计价办法》和《天津市建筑工程预算基价》、《天津市装饰装修工程预算基价》、《天津市安装工程预算基价》、《天津市市政工程预算基价》、《天津市仿古建筑及园林工程预算基价》、《天津市房屋修缮工程工程量清单计价规则》、《天津市房屋修缮工程预算基价》、《天津市人防工程预算基价》以及与其配套的各专业工程量清单计价指引和计价软件已编制完成。经审核，批准自 2009 年 1 月 1 日起实施。2004 年《天津市建设工程计价办法》和天津市各专业工程预算基价同时废止。

2008 年《天津市建设工程计价办法》和天津市各专业工程预算基价由天津市建设工程定额管理研究站负责解释。

特此通知

天津市建设管理委员会
二〇〇八年十二月八日

第七章　屋面及防水工程

说　　明

一、本章包括找平层，瓦屋面，卷材屋面，涂膜及渗透结晶防水，彩色压型钢板屋面、屋脊、内外天沟，薄钢板、瓦楞铁皮屋面及排水等 6 节；共 75 条基价子目。

二、水泥瓦、黏土瓦的规格与基价不同时，除瓦的数量可以换算外，其余工、料均不宜调整。

三、卷材屋面不分屋面形式，如平屋面、锯齿形屋面、弧形屋面等，均执行同一子目。刷冷底子油一遍已综合在预算基价内，不另计算。

四、局部增加层数时，另计增加部分，套用每增减一毡一油预算基价。

五、卷材屋面的接缝、收头、找平层的嵌缝、冷底子油已计入基价内，不另计算。

六、卷材屋面子目中对弯起部分的圆角增加的混凝土及砂浆，用量中已考虑，不另计算。

七、薄钢板屋面及屋面排水项目，薄钢板咬口和搭接的工、料，已包括在基价内，不另计算。预算基价是以厚度 0.56 mm 的镀锌薄钢板编制的，薄钢板厚度规格不同的允许换算，其他工、料不变。

八、厂房的室内排水管，执行设备安装基价。

九、钢板焊接的雨水口，按铁件单价计算，安装用的工、料，已包括在雨水管的预算基价内，不另计算。

十、屋面混凝土梗，综合在檐头钢筋压毡条子目内，不另计算。

十一、如设计要求刷油与预算基价不同时，允许换算。

十二、找平层的砂浆厚度，允许按比例换算，人工费、机械费和管理费不得调整。

十三、屋面伸缩缝做法均参照 05J1 的做法，当设计要求与基价不同时，可按设计要求进行换算。

十四、屋面木基层按第五章中相应子目计算。

工程量计算规则

一、屋面抹水泥砂浆找平层的工程量与卷材屋面相同。

二、瓦屋面、型材屋面(包括挑檐部分)均按设计图示尺寸水平投影面积乘以屋面坡度系数(见屋面坡度系数表)以斜面积计算。不扣除房上烟囱、风帽底座、风道、屋面小气窗和斜沟等所占面积。而屋面小气窗出檐与屋面重叠部分的面积亦不增加，但天窗出檐部分重叠的面积计入相应的屋面工程量内。瓦屋面的出线、披水、稍头抹灰、脊瓦加腮等工、料均已综合在基价内，不另计算。

屋面坡度系数表

坡度			延尺系数	隅延尺系数	坡度			延尺系数	隅延尺系数
B (A=1)	$B/2A$	角度 θ	C (A=1)	D (A=S=1)	B (A=1)	$B/2A$	角度 θ	C (A=1)	D (A=S=1)
1.00	1/2	45°00′	1.4142	1.7321	0.40	1/5	21°48′	1.0770	1.4697
0.75		36°52′	1.2500	1.6008	0.35		19°17′	1.0595	1.4569
0.70		35°00′	1.2207	1.5780	0.30		16°42′	1.0440	1.4457
0.667	1/3	33°41′	1.2019	1.5635	0.25	1/8	14°02′	1.0308	1.4361
0.65		33°01′	1.1927	1.5564	0.20	1/10	11°19′	1.0198	1.4283
0.60		30°58′	1.1662	1.5362	0.167	1/12	9°28′	1.0138	1.4240
0.577		30°00′	1.1547	1.5275	0.15		8°32′	1.0112	1.4221
0.55		28°49′	1.1413	1.5174	0.125	1/16	7°08′	1.0078	1.4197
0.50	1/4	26°34′	1.1180	1.5000	0.10	1/20	5°43′	1.0050	1.4177
0.45		24°14′	1.0966	1.4841	0.083	1/24	4°46′	1.0035	1.4167
0.414		22°30′	1.0824	1.4736	0.067	1/30	3°49′	1.0022	1.4158

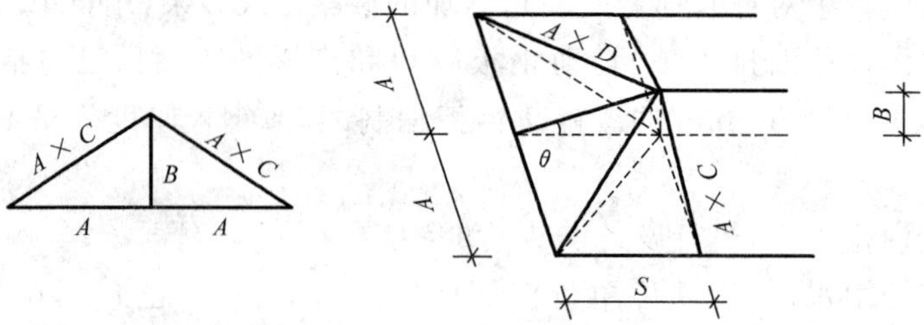

注：1. 两坡水及四坡水屋面的斜面积均为屋面水平投影面积乘以延尺系数 C。

2. 四坡水屋面斜脊长度 $=A\times D$(当 $S=A$ 时)。

3. 沿山墙泛水长度 $=A\times C$。

三、彩色压型钢板屋脊盖板、内天沟、外天沟按图示尺寸以延长米计算。

四、卷材屋面

1. 斜屋顶(不包括平屋顶找坡)的屋面按图示尺寸的水平投影面积乘以屋面坡度延尺系数按斜面积以平方米计算。

2. 平屋顶按水平投影面积计算,由于屋面泛水引起的坡度延长在基价内综合考虑。

3. 计算卷材屋面的工程量时,不扣除房上烟囱、风帽底座、风道、屋面小气窗和斜沟所占面积,其根部弯起部分不另计算。屋面的女儿墙、伸缩缝和天窗等处的弯起部分,并入屋面工程量内。天窗出檐部分重叠的面积应按图示尺寸,以平方米计算,并入卷材屋面工程量内。如图纸未注明尺寸,伸缩缝、女儿墙可按 25 cm,天窗处按 50 cm 计算。

五、涂膜屋面的工程量计算同卷材屋面。涂膜屋面的油膏嵌缝、玻璃布盖缝、屋面分隔缝,以延长米计算。

六、水泥基渗透结晶防水剂按喷涂部位的面积计算。

七、屋面排水管按设计图示尺寸以展开长度计算。如设计未标注尺寸,以檐口下皮算至设计室外地平以上 15 cm 为止,下端与铸铁弯头连接者,算至接头处。

八、屋面天沟、檐沟按设计图示尺寸以面积计算。薄钢板和卷材天沟按展开面积计算。

九、屋面伸缩缝按设计图示以长度计算。

十、檐头钢筋压毡条按延长米计算。

十一、混凝土板刷沥青一道按平方米计算。

十二、屋面排水相关项目中薄钢板、UPVC 雨水斗,铸铁落水口,铸铁、UPVC 弯头、短管,铅丝网球按个计算。

1. 找平层

工作内容：调制砂浆,抹水泥砂浆找平层。

编 号		7-1	7-2	7-3
项 目		1∶3 水泥砂浆抹找平层		
		在填充材料上厚 2 mm	在混凝土或硬基层上厚 2 cm	每增减 0.5 cm 厚
单 位		100 m^2		
预算基价	总 价(元)	1096.55	942.94	222.40
	人 工 费(元)	299.89	299.89	62.40
	材 料 费(元)	734.93	587.90	147.03
	机 械 费(元)	26.69	23.39	6.30
	管 理 费(元)	32.04	31.76	6.67

续表

编　号			7-1	7-2	7-3
项　目			1∶3 水泥砂浆抹找平层		
			在填充材料上厚 2 mm	在混凝土或硬基层上厚 2 cm	每增减 0.5 cm 厚
名　称	单位	单价(元)	数　量		
人工 综合工	工日	47.20	6.20	6.20	1.29
人工 其他人工费	元		7.25	7.25	1.51
材料 水泥	kg	0.34	1160.76	928.61	232.15
材料 砂子	t	74.43	4.293	3.434	0.859
材料 水	m^3	6.20	0.89	0.71	0.18
材料 其他材料费	元		15.23	12.18	3.05
材料 水泥砂浆 1∶3	m^3		(2.70)	(2.16)	(0.54)
机械 灰浆搅拌机 400 L	台班	89.98	0.33	0.26	0.07

2. 瓦屋面

工作内容：1. 铺水泥瓦、黏土瓦、屋脊抹灰。

2. 调制砂浆、按脊瓦及抹脊背。

3. 檩上铺钉石棉瓦、安脊瓦、石棉瓦裁角、钻眼等。

编　号			7-4	7-5	7-6	7-7	7-8
项　目			在屋面板或椽子挂瓦条上铺设		小波石棉瓦		
			水泥瓦	黏土瓦	木檩上	钢檩上	混凝土檩上
单　位			100 m^2				
预算基价 总　价(元)			2502.82	2003.66	3039.79	3478.50	3626.12
预算基价 人　工　费(元)			218.63	218.15	222.02	345.36	345.36
预算基价 材　料　费(元)			2261.82	1763.19	2795.05	3097.80	3245.42
预算基价 管　理　费(元)			22.37	22.32	22.72	35.34	35.34
名　称	单位	单价(元)	数　量				
人工 综合工	工日	47.20	4.52	4.51	4.59	7.14	7.14
人工 其他人工费	元		5.29	5.28	5.37	8.35	8.35
材料 水泥	kg	0.34	43.939	43.939	—	—	—
材料 砂子	t	74.43	0.135	0.135	—	—	—
材料 水泥平瓦 385×235	块	1.27	1691	—	—	—	—
材料 水泥脊瓦 455×195	块	1.46	28.2	—	—	—	—
材料 水	m^3	6.20	0.131	0.031	0.015	0.015	0.015
材料 黏土平瓦	块	1.01	—	1651	—	—	—
材料 黏土脊瓦 455×195	块	1.17	—	28.2	—	—	—
材料 白灰	kg	0.18	—	—	20.55	20.55	20.55
材料 麻刀	kg	2.24	—	—	0.6	0.6	0.6
材料 小波石棉瓦 1800×720×6	块	20.50	—	—	99	99	99
材料 石棉脊瓦小波 700×180×5	块	22.46	—	—	14.85	14.85	14.85
材料 镀锌螺钉 M7.5 带垫	套	0.90	—	—	402	—	—
材料 镀锌螺栓钩 M4.6×600	个	1.54	—	—	—	206	—
材料 镀锌扁钢钩 3×12×300	个	1.74	—	—	—	196	—
材料 镀锌螺栓钩 M4.6×800	个	2.08	—	—	—	—	206

续表

编号			7-4	7-5	7-6	7-7	7-8
项目			在屋面板或椽子挂瓦条上铺设		小波石棉瓦		
			水泥瓦	黏土瓦	木檩上	钢檩上	混凝土檩上
名称	单位	单价(元)	数量				
材料 镀锌扁钢钩 3×12×400	个	1.91	—	—	—	—	196
镀锌铁丝 *D*0.9	kg	6.50	0.16	0.15	—	—	—
零星材料费	元	—	—	—	7.17	7.17	7.17
其他材料费	元		46.86	36.53	57.91	64.18	67.24
白灰膏	m^3	—	—	—	(0.029)	(0.029)	(0.029)
水泥砂浆 1∶2.5	m^3	—	(0.09)	(0.09)	—	—	—
白灰麻刀浆	m^3	—	—	—	(0.03)	(0.03)	(0.03)

3. 卷材屋面①

工作内容：1. 清扫底层、刷冷底子油一道。
2. 熬制沥青、铺卷材、撒豆粒石。
3. 刷冷玛碲脂、铺卷材、撒云母粉扫匀。
4. 屋面浇水试验。

编号				7-9	7-10	7-11	7-12	7-13	7-14	7-15	7-16
项目				玻璃纤维油毡				伸缩缝		混凝土板刷沥青一道	檐头钢筋压毡条
				热作法		冷作法		靠墙	不靠墙		
				二毡三油带豆石	每增减一毡一油	二毡三油带云母粉	每增减一毡一油				
单位				100 m^2				100 m		100 m^2	100 m
预算基价	总价(元)			5037.02	1413.79	3162.84	983.12	8855.90	13380.45	1120.52	1634.21
	人工费(元)			673.31	209.93	376.80	111.73	1724.87	1758.25	48.37	367.13
	材料费(元)			4294.81	1182.38	2747.48	859.96	6954.51	11442.27	1067.20	1229.51
	管理费(元)			68.90	21.48	38.56	11.43	176.52	179.93	4.95	37.57
名称		单位	单价(元)	数量							
人工	综合工	工日	47.20	13.92	4.34	7.79	2.31	35.66	36.35	1.00	7.59
	其他人工费	元		16.29	5.08	9.11	2.70	41.72	42.53	1.17	8.88
材料	玻璃纤维油毡 80 g	m^2	3.51	228.00	114.00	228.00	114.00	—	—	—	—
	石油沥青 #10	kg	4.38	728.00	173.00	—	—	329.20	658.40	200.00	140.00
	豆粒石	t	80.50	0.787	—	—	—	—	—	—	—
	水	m^3	6.20	2.500	—	2.500	—	0.165	0.330	—	—
	沥青冷胶	kg	4.42	—	—	386	100	—	—	—	—
	云母粉	kg	0.68	—	—	45.00	—	—	—	—	—
	麻丝	kg	13.02	—	—	—	—	97	195	—	—
	砂子	t	74.43	—	—	—	—	1.197	2.394	—	—
	松木锯材三类	m^3	1408.33	—	—	—	—	0.819	1.189	—	—
	镀锌薄钢板 0.56	m^2	29.76	—	—	—	—	57.3	62.5	—	—
	油毡	m^2	3.58	—	—	—	—	46.1	46.1	—	—
	水泥	kg	0.34	—	—	—	—	159.75	319.50	—	—
	钢筋 *D*10 以内	t	5056.68	—	—	—	—	—	—	—	0.024

续表

编号				7-9	7-10	7-11	7-12	7-13	7-14	7-15	7-16
项目				玻璃纤维油毡				伸缩缝		混凝土板刷沥青一道	檐头钢筋压毡条
				热作法		冷作法					
				二毡三油带豆石	每增减一毡一油	二毡三油带云母粉	每增减一毡一油	靠墙	不靠墙		
名称		单位	单价(元)	数量							
材料	铁钉	kg	8.68	—	—	—	—	2.80	2.80		2.13
	机砖	千块	319.40	—	—	—	—	1.63	3.25	—	—
	调和漆	kg	14.75	—	—	—	—	12	13	—	—
	预拌混凝土 AC10	m^3	311.87	—	—	—	—	—	—	—	1.440
	稀料	kg	9.37	—	—	—	—	1.2	1.3	—	—
	零星材料费	元	—	138.06	—	138.06	—	204.28	527.82	169.09	—
	其他材料费	元	—	88.98	24.50	56.92	17.82	144.09	237.07	22.11	27.37
	水泥砂浆 M5	m^3	—	—	—	—	—	(0.75)	(1.50)	—	—

3. 卷材屋面②

工作内容:1. 清理基层、找平层分隔缝嵌油膏、防水薄弱处刷涂膜附加层。

2. 刷底胶、铺贴卷材、接缝嵌油膏、做收头。

3. 涂刷着色剂保护层二遍。

4. 清理基层、刷冷底子油一道。粘贴卷材。

编号				7-17	7-18	7-19	7-20	7-21
项目				三元乙丙橡胶卷材冷贴				SBS 改性沥青防水卷材
				满铺	空铺	点铺	条铺	
单位				100 m^2				
预算基价	总价(元)			6437.07	6038.20	6078.35	6079.40	3618.86
	人工费(元)			462.42	462.42	462.42	408.73	159.14
	材料费(元)			5927.33	5528.46	5568.61	5628.84	3443.43
	管理费(元)			47.32	47.32	47.32	41.83	16.29
名称		单位	单价(元)	数量				
人工	综合工	工日	47.20	9.56	9.56	9.56	8.45	3.29
	其他人工费	元		11.19	11.19	11.19	9.89	3.85
材料	三元乙丙橡胶卷材 1.0	m^2	31.79	110.55	112.85	112.85	112.85	—
	CSPE 嵌缝油膏 330 mL	支	8.64	50.28	50.28	50.28	50.28	—
	二甲苯	kg	5.22	27.00	27.00	27.00	27.00	—
	乙酸乙酯	kg	17.26	5.05	5.05	5.05	5.05	—
	铁钉	kg	8.68	0.23	0.23	0.23	0.23	—
	钢筋 $D10$ 以内	t	5056.68	0.004	0.004	0.004	0.004	—
	丁基胶粘剂	kg	15.56	9.56	11.85	11.85	11.85	—
	聚氨酯甲料	kg	14.04	16.21	16.21	16.21	16.21	—
	聚氨酯乙料	kg	13.72	31.13	31.13	31.13	31.13	—
	404 胶粘剂	kg	15.36	40.40	7.89	10.45	14.29	—
	银色着色剂	kg	7.92	20.20	20.20	20.20	20.20	—
	108 胶	kg	3.59	0.21	0.21	0.21	0.21	—

续表

编号				7-17	7-18	7-19	7-20	7-21
项目				三元乙丙橡胶卷材冷贴				SBS改性沥青防水卷材
				满铺	空铺	点铺	条铺	
名称		单位	单价(元)	数量				
材料	水	m^3	6.20	2.50	2.50	2.50	2.50	—
	水泥	kg	0.34	15.02	15.02	15.02	15.02	—
	石油沥青#10	kg	4.38	—	—	—	—	15.00
	C-NK-M-3卷材	m^2	25.82	—	—	—	—	113.35
	汽油#90	kg	7.50	—	—	—	—	46.30
	零星材料费	元	—	—	—	—	—	32.44
	其他材料费	元	—	122.87	114.60	115.43	116.68	71.34
	素水泥浆	m^3	—	(0.01)	(0.01)	(0.01)	(0.01)	—

4. 涂膜及渗透结晶防水

工作内容：1. 聚氨酯涂膜防水屋面：涂刷聚氨酯底胶、刷聚氨酯防水层二(三)遍、防水薄弱处增刷一遍聚氨酯涂膜、撒细沙做保护层。

2. 水泥基渗透结晶防水：基层处理，混凝土表面喷洒清水、润湿，清水养护，闭水试验，表面清洗。

编号				7-22	7-23	7-24	7-25
项目				聚氨酯涂膜防水屋面			水泥基渗透结晶防水
				二遍		三遍	
				厚1 mm	厚1.5 mm	厚2 mm	
单位				100 m^2			
预算基价	总价(元)			2917.02	4176.74	5505.78	1770.70
	人工费(元)			246.69	246.69	309.57	967.40
	材料费(元)			2645.08	3904.80	5164.53	630.71
	机械费(元)			—	—	—	70.38
	管理费(元)			25.25	25.25	31.68	102.21
名称		单位	单价(元)	数量			
人工	综合工	工日	47.20	5.10	5.10	6.40	20.00
	其他人工费	元		5.97	5.97	7.49	23.40
材料	聚氨酯甲料	kg	14.04	70.00	105.00	140.00	—
	聚氨酯乙料	kg	13.72	105.00	157.50	210.00	—
	二甲苯	kg	5.22	8.40	12.60	16.80	—
	丙酮	kg	11.34	10.00	10.00	10.00	—
	细砂	t	67.36	0.143	0.143	0.143	—
	水泥基渗透结晶防水剂	L	18.00	—	—	—	12.50
	水	m^3	6.20	—	—	—	30.00
	零星材料费	元	—	—	—	—	206.64
	其他材料费	元	—	54.80	80.90	107.00	13.07
	电动空气压缩机0.6 m^3	台班	34.53	—	—	—	2
	小型机具	元	—	—	—	—	1.32

注：1. 设计要求聚氨酯掺缓凝剂时，应增加磷酸0.2 kg(1 mm)、0.3 kg(1.5 mm)、0.4 kg(2 mm)；如果掺促凝剂，应增二月桂酸二丁基锡0.18 kg(1 mm)、0.25 kg(1.5 mm)、0.34 kg(2 mm)。2. 双组分聚氨酯防水层(甲料：乙料=1：1.5)。

5. 彩色压型钢板屋面、屋脊、内外天沟

工作内容：1. 铺彩钢屋面板、檐口堵头、防水。

2. 彩色压型钢板上铺屋脊盖板。

3. 铺彩钢板内、外天沟。

编　号				7-26	7-27	7-28	7-29
项　目				彩色压型屋面板	彩色压型钢板		
				铺在钢檀条上	屋脊盖板	外天沟	内天沟
单　位				100 m^2	100 m		
预算基价	总　价(元)			22682.62	5796.36	9162.49	7291.19
	人　工　费(元)			1089.78	314.89	1089.78	314.89
	材　料　费(元)			21481.32	5449.25	7961.19	6944.08
	管　理　费(元)			111.52	32.22	111.52	32.22
名　称		单位	单价(元)	数　量			
人工	综合工	工日	47.20	22.53	6.51	22.53	6.51
	其他人工费	元		26.36	7.62	26.36	7.62
材料	彩钢板双层夹芯聚苯板芯厚 100 mm	m^2	200.00	104.00	—	—	—
	彩钢板檐口塑料堵头	m	10.00	10.74	204.00	—	—
	彩钢屋脊板	m	24.00	—	108.00	—	—
	彩钢外天沟板	m	48.00	—	—	108.00	—
	彩钢板天沟专用挡板	块	4.00	—	—	2.43	4.86
	彩钢板内天沟	m	48.00	—	—	—	108.00
	角钢 40×4	t	5096.43	—	—	0.45	—
	胶泥带	m	1.42	11.58	220.00	—	220.00
	自攻螺钉	个	0.08	1400.00	734.00	1689.30	2200.00
	玻璃胶	支	27.76	—	12.00	6.00	16.70
	塑料压条	m	3.16	—	—	—	204.00
	零星材料费	元	—	0.42	0.11	0.16	0.14
	其他材料费	元	—	445.06	112.90	172.21	143.87

6. 薄钢板、瓦楞铁皮屋面及排水①

工作内容：1. 薄钢板的截料、制作，固定薄钢板带和折合缝、铺设咬口、刷油漆。

2. 薄钢板钻孔、稳固、上螺钉、刷油漆等。

3. 薄钢板排水的制作、安装、油漆及漏斗安装。

4. UPVC 雨水管、雨水斗、弯头、短管的安装、油漆。

编　号		7-30	7-31	7-32	7-33	7-34	7-35
项　目		薄钢板屋面					
		单咬口			双咬口		
		综合	制作安装	油漆	综合	制作安装	油漆
单　位		100 m^2					
预算基价	总　价(元)	4754.07	3727.36	1026.71	5046.77	4020.06	1026.71
	人　工　费(元)	664.13	178.97	485.16	681.54	196.38	485.16
	材　料　费(元)	4021.97	3530.07	491.90	4295.48	3803.58	491.90
	管　理　费(元)	67.97	18.32	49.65	69.75	20.10	49.65

续表

编号				7-30	7-31	7-32	7-33	7-34	7-35
项目				薄钢板屋面					
				单咬口			双咬口		
				综合	制作安装	油漆	综合	制作安装	油漆
名称		单位	单价(元)	数量					
人工	综合工	工日	47.20	13.73	3.70	10.03	14.09	4.06	10.03
	其他人工费	元		16.07	4.33	11.74	16.49	4.75	11.74
材料	镀锌薄钢板 0.56	m^2	29.76	116.00	116.00	—	125.00	125.00	—
	铁钉	kg	8.68	0.55	0.55	—	0.55	0.55	—
	防锈漆	kg	14.26	12.22	—	12.22	12.22	—	12.22
	调和漆	kg	14.75	16.52	—	16.62	16.62	—	16.62
	稀料	kg	9.37	2.88	—	2.88	2.88	—	2.88
	零星材料费	元	—	35.32	—	35.32	35.32	—	35.32
	其他材料费	元	—	83.33	73.14	10.19	89.00	78.81	10.19

6. 薄钢板、瓦楞铁皮屋面及排水②

工作内容:同前

编号				7-36	7-37	7-38	7-39	7-40	7-41	7-42	7-43	7-44	7-45
项目				瓦楞铁皮屋面						薄钢板雨水管			
				木檀上			钢檀上			周长在 270～330 mm			
				综合	制作安装	油漆	综合	制作安装	油漆	综合	制作	安装	油漆
单位				100 m^2						100 m			
预算基价	总价(元)			7052.65	5832.91	1219.74	7074.52	5854.78	1219.74	1997.86	1304.36	347.21	346.26
	人工费(元)			656.85	80.77	576.08	676.69	100.61	576.08	464.84	104.00	196.86	163.98
	材料费(元)			6328.58	5743.87	584.71	6328.58	5743.87	584.71	1485.42	1189.72	130.20	165.50
	管理费(元)			67.22	8.27	58.95	69.25	10.30	58.95	47.57	10.64	20.15	16.78
名称		单位	单价(元)	数量									
人工	综合工	工日	47.20	13.58	1.67	11.91	13.99	2.08	11.91	9.61	2.15	4.07	3.39
	其他人工费	元		15.88	1.95	13.93	16.36	2.43	13.93	11.25	2.52	4.76	3.97
材料	镀锌薄钢板 0.56	m^2	29.76	4.41	4.41	—	4.41	4.41	—	38.16	38.16	—	—
	镀锌瓦楞铁 0.56	m^2	42.27	126	126	—	126	126	—	—	—	—	—
	铁钉	kg	8.68	0.14	0.14	—	0.14	0.14	—	—	—	—	—
	防锈漆	kg	14.26	14.54	—	14.54	14.54	—	14.54	4.12	—	—	4.12
	调和漆	kg	14.75	19.76	—	19.76	19.76	—	19.76	5.61	—	—	5.61
	稀料	kg	9.37	3.43	—	3.43	3.43	—	3.43	0.91	—	—	0.97
	镀锌瓦钉带垫 60	套	0.40	404	404	—	404	404	—	—	—	—	—
	焊锡	kg	55.00	—	—	—	—	—	—	0.40	0.40	—	—
	铁件	kg	8.50	—	—	—	—	—	—	15.00	—	15.00	—
	零星材料费	元	—	46.44	4.78	41.66	46.44	4.78	41.66	18.91	7.43	—	11.48
	其他材料费	元	—	131.12	119.01	12.11	131.12	119.01	12.11	30.78	24.65	2.70	3.43

6. 薄钢板、瓦楞铁皮屋面及排水③

工作内容:同前

编号				7-46	7-47	7-48	7-49	7-50	7-51	7-52	7-53
项目				薄钢板雨水管							
				周长在 330～420 mm				周长在 420～570 mm			
				综合	制作	安装	油漆	综合	制作	安装	油漆
单位				100 m							
预算基价	总价(元)			2446.06	1604.04	388.00	454.02	3167.41	2100.85	448.94	617.62
	人工费(元)			515.62	104.00	196.86	514.76	592.54	104.00	196.86	291.68
	材料费(元)			1877.67	1489.40	170.99	217.28	2514.23	1986.21	231.93	296.09
	管理费(元)			52.77	10.64	20.15	21.98	60.64	10.64	20.15	29.85
	名称	单位	单价(元)	数量							
人工	综合工	工日	47.20	10.66	2.15	4.07	4.44	12.25	2.15	4.07	6.03
	其他人工费	元		12.47	2.52	4.76	5.19	14.34	2.52	4.76	7.06
材料	镀锌薄钢板 0.56	m^2	29.76	47.70	47.70	—	—	63.60	63.60	—	—
	防锈漆	kg	14.26	5.41	—	—	5.41	7.34	—	—	7.34
	调和漆	kg	14.75	7.35	—	—	7.35	9.99	—	—	9.99
	稀料	kg	9.37	1.28	—	—	1.28	1.73	—	—	1.73
	焊锡	kg	55.00	0.53	0.53	—	—	0.71	0.71	—	—
	铁件	kg	8.50	19.70	—	19.70	—	26.72	—	26.72	—
	零星材料费	元	—	25.07	9.84	—	15.23	35.00	13.27	—	21.73
	其他材料费	元	—	38.90	30.86	3.54	4.50	52.09	41.15	4.81	6.13

6. 薄钢板、瓦楞铁皮屋面及排水④

工作内容:同前

编号				7-54	7-55	7-56	7-57	7-58
项目				UPVC 雨水管	天沟泛水			
				直径 160 mm	综合	制作	安装	油漆
单位				100 m	100 m^2			
预算基价	总价(元)			7494.03	4693.79	3687.94	306.96	698.89
	人工费(元)			1552.68	662.67	244.27	254.42	163.98
	材料费(元)			5782.45	3963.30	3418.67	26.50	518.13
	管理费(元)			158.90	67.82	25.00	26.04	16.78
	名称	单位	单价(元)	数量				
人工	综合工	工日	47.20	32.10	13.70	5.05	5.26	3.39
	其他人工费	元		37.56	16.03	5.91	6.15	3.97
材料	镀锌薄钢板 0.56	m^2	29.76	—	107.35	107.35	—	—
	铁钉	kg	8.68	—	2.99	—	2.99	—
	防锈漆	kg	14.26	—	12.89	—	—	12.89
	调和漆	kg	14.75	—	17.52	—	—	17.52
	稀料	kg	9.37	—	3.04	—	—	3.04
	焊锡	kg	55.00	—	2.08	2.08	—	—
	UPVC 雨水管 *D*160	m	41.86	106.10	—	—	—	—
	卡箍膨胀螺栓 160	套	3.63	71.40	—	—	—	—
	排水管检查口 160	个	44.00	11.10	—	—	—	—

续表

编号				7-54	7-55	7-56	7-57	7-58
项目				UPVC 雨水管	天沟泛水			
				直径 160 mm	综合	制作	安装	油漆
名称		单位	单价(元)	数量				
材料	排水管伸缩节 160	个	40.40	10.10	—	—	—	—
	密封胶	kg	32.84	2.00	—	—	—	—
	零星材料费	元	—	—	75.38	38.70	—	36.68
	其他材料费	元	—	119.80	82.11	70.83	0.55	10.73

6. 薄钢板、瓦楞铁皮屋面及排水⑤

工作内容:同前

编号				7-59	7-60	7-61	7-62
项目				雨水斗			
				薄钢板			UPVC
				综合	制作	油漆	
单位				十个			
预算基价	总价(元)			394.82	349.08	45.74	1032.40
	人工费(元)			154.79	133.02	21.77	151.88
	材料费(元)			224.19	202.45	21.74	864.98
	管理费(元)			15.84	13.61	2.23	15.54
名称		单位	单价(元)	数量			
人工	综合工	工日	47.20	3.20	2.75	0.45	3.14
	其他人工费	元		3.75	3.22	0.53	3.67
材料	预拌混凝土 AC20	m^3	330.61	—	—	—	0.05
	镀锌薄钢板 0.56	m^2	29.76	4.24	4.24	—	—
	UPVC 雨水斗 160 带罩	个	80.60	—	—	—	10.10
	防锈漆	kg	14.26	0.55	—	0.55	—
	调和漆	kg	14.75	0.74	—	0.74	—
	稀料	kg	9.37	0.13	—	0.13	—
	铁钉	kg	8.68	0.10	0.10	—	—
	焊锡	kg	55.00	0.72	0.72	—	—
	密封胶	kg	32.84	—	—	—	0.50
	零星材料费	元	—	32.92	31.61	1.31	—
	其他材料费	元	—	4.64	4.19	0.45	17.97

6. 薄钢板、瓦楞铁皮屋面及排水⑥

工作内容:同前

编号		7-63	7-64	7-65	7-66	7-67	7-68	7-69
项目		铸铁落水口			弯头			
		综合	安装	油漆	铸铁			UPVC
					综合	安装	油漆	
单位		100 m						
预算基价	总价(元)	870.04	848.38	21.66	821.78	672.77	149.01	669.01
	人工费(元)	209.92	201.70	8.22	267.96	211.37	56.59	63.36
	材料费(元)	638.64	626.04	12.60	526.40	439.77	86.63	599.17
	管理费(元)	21.48	20.64	0.84	27.42	21.63	5.79	6.48

续表

编号				7-63	7-64	7-65	7-66	7-67	7-68	7-69
项目				铸铁落水口			弯头			
							铸铁			UPVC
				综合	安装	油漆	综合	安装	油漆	
名称		单位	单价(元)	数量						
人工	综合工	工日	47.20	4.34	4.17	0.17	5.54	4.37	1.17	1.31
	其他人工费	元		5.08	4.88	0.20	6.48	5.11	1.37	1.53
材料	铸铁落水口 D100×300	套	46.46	10.10	10.10	—	—	—	—	—
	铸铁弯头排水口 336×200	个	42.64	—	—	—	10.10	10.10	—	—
	铁件	kg	8.50	16.92	16.92	—	—	—	—	—
	UPVC 弯头 90°	个	57.77	—	—	—	—	—	—	10.10
	石油沥青＃10	kg	4.38	0.59	—	0.59	4.06	—	4.06	—
	清油	kg	15.43	0.07	—	0.07	0.45	—	0.45	—
	稀料	kg	9.37	0.65	—	0.65	4.51	—	4.51	—
	密封胶	kg	32.84	—	—	—	—	—	—	0.10
	零星材料费	元	—	2.59	—	2.59	17.85	—	17.85	—
	其他材料费	元	—	13.23	12.97	0.26	10.90	9.11	1.79	12.41

6. 薄钢板、瓦楞铁皮屋面及排水⑦

工作内容:同前

编号				7-70	7-71	7-72	7-73	7-74	7-75
项目				铅丝网球 D100	UPVC 短管	阳台出水口	烟道、掏灰口薄钢板盖		
							综合	制作安装	油漆
单位				十个					
预算基价	总价(元)			122.65	570.31	63.93	133.67	126.70	6.97
	人工费(元)			26.60	63.36	38.70	100.12	96.74	3.38
	材料费(元)			93.33	500.47	21.27	23.30	20.06	3.24
	管理费(元)			2.72	6.48	3.96	10.25	9.90	0.35
名称		单位	单价(元)	数量					
人工	综合工	工日	47.20	0.55	1.31	0.80	2.07	2.00	0.07
	其他人工费	元		0.64	1.53	0.94	2.42	2.34	0.08
材料	镀锌薄钢板 0.56	m^2	29.76	—	—	—	0.66	0.66	—
	铅丝网球 D100 出气罩	个	9.14	10	—	—	—	—	—
	硬塑料管 50	kg	9.47	—	—	2.20	—	—	—
	防锈漆	kg	14.26	—	—	—	0.085	—	0.085
	调和漆	kg	14.75	—	—	—	0.12	—	0.12
	稀料	kg	9.37	—	—	—	0.02	—	0.02
	UPVC 短管	个	48.20	—	10.10	—	—	—	—
	密封胶	kg	32.84	—	0.10	—	—	—	—
	其他材料费	元	—	1.93	10.37	0.44	0.49	0.42	0.07

A.7 屋面及防水工程

表 A.7.1 瓦、型材屋面（编码：010701）

项目编码	项目名称	项目特征	计量单位	工程量计算规则	工程内容	可组合的预算基价子目	
						编号	名称
010701001	瓦屋面	1. 瓦品种、规格、品牌、颜色 2. 防水材料种类 3. 基层材料种类 4. 檩条种类、截面 5. 防护材料种类	m²	按设计图示尺寸以斜面积计算。不扣除房上烟囱、风帽底座、风道、小气窗、斜沟等所占面积。小气窗的出檐部分不增加面积。	檩条安装	5-120～5-121	方木檩（简支、悬挂）
					椽子安装	5-129～5-130	檩木上钉椽子
					基层铺设、安顺水条和挂瓦条	5-122～5-124	檩木上钉屋面板
						5-131～5-132	屋面板制作
					铺防水层	7-9～7-12	卷材防水
						7-15～7-21	
						7-22～7-24	涂膜防水
					安瓦	7-4～7-5	在屋面板或椽子挂瓦条上铺设水泥或黏土瓦
						7-6～7-8	小波石棉瓦
					刷防护材料	自行补充	自行补充
010701002	型材屋面	1. 型材品种、规格、品牌、颜色 2. 骨架材料品种、规格 3. 接缝、嵌缝、材料种类		按设计图示尺寸以斜面积计算。不扣除房上烟囱、风帽底座、风道、小气窗、斜沟等所占面积。小气窗的出檐部分不增加面积。	骨架制作、运输、安装	6-1～6-6	钢柱制作、安装
						6-53～6-55	钢檩条制作、安装
						6-125～6-130	金属结构构件运输（Ⅰ、Ⅱ类）
					屋面型材安装，接缝、嵌缝	7-30～7-41	薄钢板、瓦楞铁皮屋面
						7-26	彩色压型屋面板
						7-28～7-29	彩色压型钢板内、外天沟
						7-27	彩色压型钢板屋脊盖板
010701003	膜结构屋面	1. 膜布品种、规格、颜色 2. 支柱（网架）钢材品种、规格 3. 钢丝绳品种、规格 4. 油漆品种、刷漆遍数		按设计图示尺寸以需要覆盖的水平面积计算。	1. 膜布热压胶接 2. 支柱（网架）制作、安装 3. 膜布安装 4. 穿钢丝绳、锚头锚固 5. 刷油漆	自行补充	自行补充

表 A.7.2 屋面防水(编码:010702)

项目编码	项目名称	项目特征	计量单位	工程量计算规则	工程内容	可组合的预算基价子目	
						编号	名称
010702001	屋面卷材防水	1. 卷材品种、规格 2. 防水层作法 3. 嵌缝材料种类 4. 防护材料种类	m²	按设计图示尺寸以面积计算。 1. 斜屋顶(不包括平屋顶找坡)按斜面积计算,平屋顶按水平投影面积计算。 2. 不扣除房上烟囱、风帽底座、风道、屋面小气窗和斜沟所占面积。 3. 屋面的女儿墙、伸缩缝和天窗等处的弯起部分,并入屋面工程量内。	基层处理,抹找平层	7-1～7-3	1∶3 水泥砂浆抹找平层
						B1-286～B1-288	沥青砂浆找平层
						B1-289～B1-291	细石混凝土硬基层上找平层
					刷底油,铺油毡卷材、接缝、嵌缝	7-9～7-12	玻璃纤维油毡
						7-17～7-20	三元乙丙橡胶卷材冷贴
						7-21	SBS 改性沥青卷材屋面
						7-15	混凝土板刷沥青一道
						7-16	檐头钢筋压毡条
					铺保温层	8-162～8-179	屋面保温层
010702002	屋面涂膜防水	1. 防水膜品种 2. 涂膜厚度、遍数、增强材料种类 3. 嵌缝材料种类 4. 防护材料种类			基层处理、抹找平层	7-1～7-3	1∶3 水泥砂浆抹找平层
						B1-286～B1-288	沥青砂浆找平层
						B1-289～B1-291	细石混凝土硬基层上找平层
					涂防水膜	7-22～7-24	聚氨酯涂膜防水屋面
					铺保温层	8-162～8-172	屋面保温层
010702003	屋面刚性防水	1. 防水层厚度 2. 嵌缝材料种类 3. 混凝土强度等级		按设计图示尺寸以面积计算。不扣除房上烟囱、风帽底座、风道等所占面积。	1. 基层处理 2. 混凝土制作、运输、铺筑、养护	自行补充	自行补充
010702004	屋面排水管	1. 排水管品种、规格、品牌、颜色 2. 接缝、嵌套材料种类 3. 油漆品种、刷漆遍数	m	按设计图示尺寸以长度计算。如设计未标注尺寸,以檐口至设计室外散水上表面垂直距离计算。	排水管及配件安装、固定,接缝、嵌缝	7-42～7-53	薄钢板雨水管
						7-54	UPVC 雨水管(直径 160 mm)
					雨水斗、雨水篦子安装	7-59～7-62	雨水斗
						7-63～7-65	铸铁落水口
						7-66～7-69	弯头
						7-70	铅丝网球 *D*100
						7-71	UPVC 短管

续表

项目编码	项目名称	项目特征	计量单位	工程量计算规则	工程内容	可组合的预算基价子目	
						编号	名 称
010702005	屋面天沟、沿沟	1. 材料品种 2. 砂浆配合比 3. 宽度、坡度 4. 接缝、嵌缝材料种类 5. 防护材料种类	m^2	按设计图示尺寸以面积计算。铁皮和卷材天沟按展开面积计算。	砂浆找坡、养护	7-1～7-3	1∶3水泥砂浆抹找平层
						B1-286～B1-288	沥青砂浆找平层
						B1-289～B1-291	细石混凝土硬基层上找平层
					天沟材料铺设，天沟配件安装，接缝、嵌缝	7-55～7-58	屋面天沟泛水
					刷防护材料	自行补充	自行补充
010702301	水泥基渗透结晶防水	1. 防水剂品种 2. 喷涂厚度、遍数		按喷涂部位面积以平方米计算。	1. 基层处理 2. 喷涂水泥基渗透结晶防水剂	7-25	水泥基渗透结晶防水

表 A.7.3　墙、地面防水、防潮（编码：010703）

项目编码	项目名称	项目特征	计量单位	工程量计算规则	工程内容	可组合的预算基价子目	
						编号	名 称
010703001	卷材防水	1. 卷材、涂膜品种 2. 涂膜厚度、遍数、增强材料种类 3. 防水部位 4. 防水做法 5. 接缝、嵌缝材料种类 6. 防护材料种类	m^2	按设计图示尺寸以面积计算。 1. 地面防水：按主墙间净空面积计算，扣除凸出地面的构筑物、设备基础等所占面积，不扣除柱、垛、间壁墙、烟囱及单个0.3 m²以内的孔洞所占面积。 2. 墙基防水：外墙按中心线，内墙按净长乘以宽度计算。	基层处理，抹找平层	7-1～7-3	1∶3水泥砂浆抹找平层
						B1-286～B1-288	沥青砂浆找平层
						B1-289～B1-291	细石混凝土硬基层上找平层
						B2-1～B2-3 B2-8～B2-10	砖墙面水泥砂浆、预拌砂浆
						B2-12～B2-14	混凝土墙面水泥砂浆、预拌砂浆
					刷粘结剂，铺防水卷材，接缝、嵌缝	B1-276～B1-277	三元乙丙橡胶卷材（冷贴满铺）
						B1-282～B1-283	SBS改性沥青防水卷材
010703002	涂膜防水				基层处理，抹找平层	7-1～7-3	1∶3水泥砂浆抹找平层
						B1-286～B1-288	沥青砂浆找平层
						B1-289～B1-291	细石混凝土硬基层上找平层
						B2-1～B2-3 B2-8～B2-10	砖墙面水泥砂浆、预拌砂浆
						B2-12～B2-14	混凝土墙面水泥砂浆、预拌砂浆
					刷基层处理剂，铺涂膜防水层	B1-271	防水油五层作法
						B1-272～B1-273	苯乙烯涂料二遍
						B1-274～B1-275	乳化沥青
						B1-278～B1-281	聚氨酯防水涂膜

续表

项目编码	项目名称	项目特征	计量单位	工程量计算规则	工程内容	可组合的预算基价子目	
						编号	名　称
010703003	砂浆防水(潮)层	1. 防水(潮)部位 2. 防水(潮)厚度、层数 3. 砂浆配合比 4. 外加剂材料种类	m^2	按设计图示尺寸以面积计算。 1. 地面防水:按主墙间净空面积计算,扣除凸出地面的构筑物、设备基础等所占面积,不扣除柱、垛、间壁墙、烟囱及单个0.3 m^2以内的孔洞所占面积。 2. 墙基防水:外墙按中心线,内墙按净长乘以宽度计算。	1. 基层处理 2. 挂钢丝网片 3. 设置分格缝 4. 砂浆运输、摊铺、养护	B1-265~B1-270	刚性防水
010703004	变形缝	1. 变形缝部位 2. 作嵌缝材料种类 3. 止水带材料种类 4. 盖板材料 5. 防护材料种类	m	按设计图示以长度计算。	清缝,填塞防水材料	B1-292~B1-293	填缝(石灰麻刀)
					止水带安装	B1-294~B1-300	氯丁橡胶片止水带、预埋式紫铜板止水带、聚氯乙烯胶泥、涂刷式一布二涂氯丁胶贴玻璃纤维布止水片、预埋式止水带
					盖板制作	B1-301~B1-306	盖缝(木板、铁皮、橡胶板)
					刷防护材料	自行补充	自行补充

七、天津市房屋修缮工程预算定额

（2000年定额防水工程部分）

第一节　房屋修缮工程价格计算程序

1. 土建包工包料

(1) 预算基价合计：	Σ(工程量×预算基价)
(2) 中小型机械费：	Σ基价人工费×相应费率
(3) 利润：	[(1)+(2)]×相应利润率
(4) 施工组织措施费：	按规定计算
(5) 差价：	按规定计算
(6) 合计：	(1)+(2)+(3)+(4)+(5)
(7) 含税造价：	(6)×[(1)+(相应税率)]

2. 中小型机械费费率　6.58%

3. 工程利润率

一类	二类	三类	四类
12.00%	10.00%	7.50%	4.5%

4. 税金　3.41%

第二节　屋面工程

一、说明

1. 除新做瓦垄铁屋面不包括木基层外，其他新做屋面均包括木基层，如设计与基价规定不符时，允许换算。

2. 木基层挂瓦条，屋面板、椽子按二类木材考虑，如设计与基价不同时其木种与材料价格允许换算，人工不作调整。

3. 基价规定泥背厚度、遍数设计与基价规定不同时工料不得调整，统一按基价执行。

4. 石棉瓦、瓦垄铁、平铁屋面、玻璃钢瓦顶不包括披水、烟囱根抹灰。

5. 卷材屋面不包括瓦檐；瓦垄铁、平铁屋面不包括屋脊，其项目可另套相应基价计算。

6. 新做及揭各种瓦屋面工程均包括调脊工料，不得重复计算。各种瓦屋面修补和加腮工程均不包括调脊，如需要可另套相应基价计算。

7. 保温层材料设计配合比与基价不同时，允许换算。

8. 屋面连同天窗顶铺油毡，其天窗作法层数相同时，则天窗工程量可并入屋面内，执行同一基价，如作法层数不同时，可分别单列项目计算。

9. 卷材屋面不分屋面形式如平屋面、锯齿形屋面、弧形屋面等，均执行同一基价。刷冷底子油一遍，根据工程需要另列项目计算。

10. 瓦屋面修补系指屋面局部渗漏进行修补，操作面积在 $3m^2$ 以内为准，超过 $3m^2$ 者可套用加腮基价执行。卷材屋面修补适用于分散零星修补工程。

11. 拆换屋面板包括拆除，适用于局部拆换工程。

12. 牛舌瓦的规格为标准规格。揭牛舌瓦屋面系按双摆瓦考虑的，设计使用的材料规格作法与基价不同时允许换算。

13. 屋面坡度加工：系指坡度大于1/2(即高跨比1∶4)的屋面，按该项综合工日乘以系数0.1023，增加人工。多坡顶加工：系指三坡以上的多坡，按该项综合工日乘以系数0.0503，增加人工。

14. 设计要求重开出墙水嘴或开大出墙水嘴时，其开墙孔人工另行计算。

15. 凡拆换排水工程，无论工程量大小，制安可套用分章相应基价，其拆除部分另套拆除工程基价计算。

16. 躺沟、立水管所用铁件的工料均已综合在基价内，不得重复计算，安装雨水管的脚手架另行计算。

17. 镀锌薄钢板排水项目，镀锌薄钢板咬口的搭接的工料已包括在基价内不得另行计算。镀锌薄钢板厚度与基价规定不同时允许换量，其他工料不变。

18. 剔墙眼为人工操作，外跨圈梁剔墙键按照剔墙眼基价的综合工日乘以系数1.5。

19. 屋面排水、卷材防水面层工程包括全现场运距，其他工程包括50 m运距。

二、工程量计算规则

1. 各种瓦屋面均按水平投影面积乘以屋面坡度延尺系数(见附表)以m^2计算。不扣除屋顶烟囱、屋顶小气窗、斜沟等所占的面积，而屋顶小气窗出檐与屋面重叠部分的面积亦不增加，但天窗出檐部分重叠的面积，计入相应的屋面工程量内。

2. 卷材屋面按其水平投影面积乘以屋面坡度延尺系数(见附表)，不扣除屋顶烟囱、风帽、风道、斜沟等所占面积，其根部弯起部分不另增加。女儿墙和天窗等弯起部分增加面积并入卷材屋面工程量内。如图纸未注明尺寸，伸缩缝、女儿墙可按0.25m，天窗处可按0.5m高度计算。局部增加层数时，另计增加部分，套用每增减一毡一油基价。

3. 油毡天沟按露明沟宽乘以长以m^2计算，压入瓦底部分已综合在基价内，不得展开计算。

4. 拆换椽子按设计长度乘以间距以m^2计算，拆换屋面板、笆砖按设计面积以m^2计算。

5. 焦渣屋面及保温层均按设计体积以m^3计算。剔抹弯水、摆瓦檐、铅铁屋脊、调脊等工程以m计算。

6. 铲修卷材屋面、各种瓦屋面加腮、修补、托屋面板均按设计面积以m^2计算。铲修、修补卷材屋面，其弯起部分展开并入屋面工程量内。屋面抹水泥砂浆找平层的工程量与卷材屋面相等。

7. 屋面板刨光，按设计要求面积以m^2计算。

8. 铲作油毡沟嘴按设计个数计算。

9. 各种镀锌薄钢板躺沟按檐口外围长度以m计算，其顺长度方向咬口或搭接的镀锌薄钢板已包括在基价内。躺沟周长包括沟尾压顶部分不得重复计算。

10. 各种镀锌薄钢板立水管均以安装后长度按m计算，其接口插入部分已综合在基价内，不得重复计算。镀锌薄钢板立水管中的下水嘴、灯插弯合并在立水管基价内。弓形弯制安另列项目计算。

11. 镀锌薄钢板下水嘴、灯插弯、弓形弯均按个计算。

12. 水漏斗、出墙水嘴、虾体弯包括制作、安装,均按安装后成品以个计算。

13. 镀锌薄钢板天沟、披水、烟囱根按展开面积以 m^2 计算,其顺长度方向咬口或搭接的镀锌薄钢板已包括在基价内,不得重复计算。

14. 玻璃钢雨水斗、出墙水嘴按个计算,玻璃钢雨水管、躺沟按延米计算,其插入及搭接部分已综合在基价内。

屋面坡度系数表

高跨比	延尺系数	高跨比	延尺系数
$\frac{1}{2}$	1.4142	$\frac{1}{12}$	1.0138
$\frac{1}{3}$	1.2019	$\frac{1}{16}$	1.0078
$\frac{1}{4}$	1.1180	$\frac{1}{20}$	1.0050
$\frac{1}{5}$	1.0770	$\frac{1}{24}$	1.0035
$\frac{1}{8}$	1.0308	$\frac{1}{30}$	1.0022
$\frac{1}{10}$	1.0198		

三、保温层

工作内容:配料、拌和、填铺、压实。

	编号			6-1	6-2	6-3	6-4	6-5
	工程项目			干铺焦碴	干铺沥青矿渣棉	干铺蛭石	1:10水泥珍珠岩	1:10水泥蛭石
	单位			m^3	m^2	m^3	m^3	m^3
	预算基价			91.92	16.75	111.87	219.04	222.42
其中	人工费(元)			24.90	1.39	18.66	46.64	37.31
	材料费(元)			52.63	14.56	82.42	145.44	163.54
	费用(元)			14.39	0.80	10.79	26.96	21.57
	名称	单位	单价(元)	数量				
人工	综合工日	工日	29.00	0.734	0.041	0.55	1.375	1.10
	其他人工费	元		3.611	0.202	2.706	6.765	5.412
材料	水泥	kg	0.33	—	—	—	182.00	182.00
	焦渣	m^3	36.53	1.40	—	—	—	—
	沥青矿渣棉	m^3	66.14	—	0.214	—	—	—
	珍珠岩	m^3	52.68	—	—	—	1.543	—
	蛭石	m^3	64.08	—	—	1.25	—	1.543
	其他材料费	元		1.483	0.41	2.323	4.099	4.609

工作内容：配料、拌和、填铺、压实。

编 号				6-6	6-7	6-8	6-9	6-10
工 程 项 目				石灰焦渣	1∶1∶12 水泥石灰焦渣	水泥蛭石块	沥青珍珠岩块	加气混凝土
单 位				m^3	m^3	m^3	m^3	m^3
预 算 基 价				213.67	220.67	351.16	381.97	208.07
其中	人 工 费(元)			74.62	74.62	20.73	20.73	29.85
	材 料 费(元)			95.91	102.91	318.45	349.26	160.96
	费 用(元)			43.14	43.14	11.98	11.98	17.26
名 称		单位	单价(元)	数 量				
人工	综合工日	工日	29.00	2.20	2.20	0.611	0.611	0.88
	其他人工费	元		10.824	10.824	3.006	3.006	4.33
材料	水泥	kg	0.33	—	130.00	—	—	—
	焦渣	m^3	36.53	1.60	1.30	—	—	—
	加气混凝土块(300×600×175200)	m^3	116.10		—	—	—	1.07
	水泥蛭石块	m^3	(303.41)	—	—	1.02	—	—
	沥青珍珠岩板 1000×500×50	m^3	(332.76)	—	—	—	1.02	—
	灰膏	m^3	120.29	0.289	0.08	—	—	—
	其他材料费	元		2.703	2.90	8.975	9.843	4.536

四、找平层

工作内容：调制砂浆，抹水泥砂浆找平层。

编 号				6-11	6-12	6-13
工 程 项 目				1∶3 水泥砂浆		
				20mm 厚	30mm 厚	每增减 5mm 厚
单 位				m^2	m^2	m^2
预 算 基 价				9.80	13.50	2.13
其中	人 工 费(元)			2.41	3.09	0.51
	材 料 费(元)			6.00	8.63	1.33
	费 用(元)			1.39	1.78	0.29
名 称		单位	单价(元)	数 量		
人工	综合工日	工日	29.00	0.071	0.091	0.015
	其他人工费	元		0.349	0.448	0.074
材料	水泥	kg	0.33	9.70	14.50	2.33
	粗砂	m^3	87.76	0.03	0.041	0.006
	其他材料费	元		0.169	0.243	0.038
	1∶3 水泥砂浆	m^3		(0.0225)	(0.0337)	(0.0054)

五、新作瓦屋面

工作内容：铺钉土板，铺油毡甩油焊口，钉顺水条及挂瓦条，挂瓦，瓦打眼拴铅丝，披水，烟囱根抹灰。

编号				6-14	6-15	6-16	6-17	6-18
工程项目				红陶挂瓦	水泥挂瓦	红陶瓦坐泥		
				(20mm 厚土板)		椽子笆砖	椽子苇箔	20mm 土板
单位				m^2	m^2	m^2	m^2	m^2
预算基价				76.32	80.62	81.44	72.61	102.08
其中	人工费(元)			7.60	7.60	13.87	13.67	17.30
	材料费(元)			64.33	68.63	59.55	51.04	74.78
	费用(元)			4.39	4.39	8.02	7.90	10.00
	名称	单位	单价(元)	数量				
人工	综合工日	工日	29.00	0.224	0.224	0.409	0.403	0.51
	其他人工费	元		1.102	1.102	2.012	1.983	2.509
材料	水泥	kg	0.33	—	1.30	—	—	—
	红陶瓦	块	0.55	18.00	—	18.00	18.00	18.00
	红陶脊瓦	块	0.72	0.45	—	0.45	0.45	0.45
	水泥挂瓦	块	0.78	—	18.00	—	—	—
	水泥脊瓦 455×195	块	1.10	—	0.52	—	—	—
	青灰	kg	1.06	0.40	—	0.40	0.40	0.40
	黄土	m^3	38.01	0.001	—	0.08	0.15	0.15
	粗砂	m^3	87.76	—	0.002	—	—	—
	石油沥青	kg	1.26	0.62	0.62	—	0.62	0.62
	防腐油	kg	0.46	—	—	0.05	0.05	—
	油毡	m^2	2.25	1.20	1.20	—	1.20	1.20
	红白松锯材二类	m^3	1959.16	0.0238	0.0238	0.0128	0.0108	0.0238
	板条 1200×38×6	100 根	35.20	0.02	0.002	—	0.02	—
	镀锌铁丝 20#	kg	5.65	0.004	0.004	—	—	—
	铁钉	kg	3.63	0.13	0.13	0.08	0.09	0.13
	麻刀	kg	1.39	0.11	0.03	0.11	0.11	0.11
	煤	kg	0.25	0.04	0.04	—	0.04	0.04
	苇箔	m^2	(1.32)	—	—	—	3.15	—
	滑秸	kg	(1.80)	—	—	1.60	1.60	2.90
	笆砖	块	(0.44)	—	—	35.00	—	—
	灰膏	m^3	120.29	0.003	0.001	0.003	0.003	0.003
	其他材料费	元		1.813	1.934	1.678	1.439	2.108
	水泥石灰麻刀浆	m^3		—	(0.0034)	—	—	—
	青麻刀灰浆	m^3		(0.0034)	—	(0.0034)	(0.0034)	(0.0034)

工作内容：铺钉土板，铺油毡甩油焊口，钉顺水条及挂瓦条，挂瓦，瓦打眼拴铅丝，披水，烟囱根抹灰。

编号				6-19	6-20	6-21	6-22
工程项目				干岔瓦		低背密垄大筒瓦	
				椽子笆砖	20mm 土板	椽子笆砖	20mm 土板
单位				m^2	m^2	m^2	m^2
预算基价				112.64	126.99	156.33	168.92
其中	人工费(元)			22.22	23.81	23.34	23.81
	材料费(元)			77.58	89.41	119.50	131.34
	费用(元)			12.84	13.77	13.49	13.77
名称		单位	单价(元)	数量			
人工	综合工日	工日	29.00	0.655	0.702	0.688	0.702
	其他人工费	元		3.223	3.454	3.385	3.451
材料	机砖	块	0.24	1.00	1.00	—	—
	青灰	kg	1.06	1.00	1.00	1.50	1.50
	黄土	m^3	38.01	0.08	0.15	0.12	0.19
	防腐油	kg	0.46	0.05	0.42	0.05	0.42
	红白松锯材二类	m^3	1959.16	0.0128	0.0238	0.0128	0.0238
	铁钉	kg	3.63	0.08	0.13	0.08	0.13
	麻刀	kg	1.39	0.30	0.30	0.42	0.42
	滑秸	kg	(1.80)	1.60	2.90	1.60	2.90
	笆砖	块	(0.44)	35.00	—	35.00	—
	大筒瓦	块	(1.62)	—	—	39.00	39.00
	大筒脊瓦	块	(2.46)	—	—	0.45	0.45
	小青瓦 15×14	块	(0.20)	130.00	130.00	—	—
	灰膏	m^3	120.29	0.008	0.008	0.012	0.012
	其他材料费	元		2.186	2.52	3.368	3.702
	青麻刀灰浆	m^3		(0.0088)	(0.0088)	(0.0131)	(0.0131)

工作内容：铺钉土板，铺油毡甩油焊口，钉顺水条及挂瓦条，挂瓦，瓦打眼拴铅丝，披水，烟囱根抹灰。

编号				6-23	6-24	6-25	6-26	6-27	6-28
工程项目				石棉瓦			瓦垄铁		
				20 mm 土板油毡	木楞	铁楞	木楞	铁楞	旧瓦垄铁调垄
单位				m^2	m^2	m^2	m^2	m^2	张
预算基价				79.42	24.74	27.31	51.56	51.77	10.70
其中	人工费(元)			4.24	2.51	4.14	5.09	5.22	6.78
	材料费(元)			72.73	20.78	20.78	43.53	43.53	—
	费用(元)			2.45	1.45	2.39	2.94	3.02	3.92
名称		单位	单价(元)	数量					
人工	综合工日	工日	29.00	0.125	0.074	0.122	0.15	0.154	0.20
	其他人工费	元		0.615	0.364	0.60	0.738	0.758	0.984
材料	石棉瓦（小波）1800×720×6	块	18.12	1.00	1.00	1.00	—	—	—
	石棉脊瓦（小波）700×180×5	块	6.71	0.14	0.14	0.14	—	—	—
	石油沥青	kg	1.26	0.62	—	—	—	—	—
	油毡	m^2	2.25	1.20	—	—	—	—	—
	红白松锯材二类	m^3	1959.16	0.0238	—	—	—	—	—
	镀锌瓦垄铁 0.46	m^2	32.67	—	—	—	1.26	1.26	—

续表

编号				6-23	6-24	6-25	6-26	6-27	6-28
工程项目				石棉瓦			瓦垄铁		
				20mm土板油毡	木楞	铁楞	木楞	铁楞	旧瓦垄铁调垄
名称		单位	单价(元)	数量					
材料	铁钉	kg	3.63	0.10	—	—	—	—	—
	镀锌瓦钉带垫 60mm	套	0.18	6.00	6.00	6.00	6.00	6.00	—
	煤	kg	0.25	0.04	—	—	—	—	—
	铅油	kg	5.75	0.01	0.01	0.01	0.01	0.01	—
	其他材料费	元		2.05	0.586	0.586	1.227	1.227	—

工作内容：铺钉土板，铺油毡甩油焊口，钉顺水条及挂瓦条，挂瓦，瓦打眼拴铅丝，披水，烟囱根抹灰。

编号				6-29	6-30	6-31	6-32	6-33
工程项目				平铁屋面	铅铁屋脊		玻璃钢瓦顶	白铁伸缩缝盖面
					圆型	八字		
单位				m^2	m	m	m^2	m
预算基价				38.87	14.19	13.29	22.69	99.36
其中	人工费(元)			7.19	1.87	1.15	1.63	46.40
	材料费(元)			27.52	11.24	11.47	20.12	26.13
	费用(元)			4.16	1.08	0.67	0.94	26.83
名称		单位	单价(元)	数量				
人工	综合工日	工日	29.00	0.212	0.055	0.034	0.048	1.368
	其他人工费	元		1.043	0.271	0.167	0.236	6.731
材料	防腐油	kg	0.46	—	—	—		0.069
	红白松锯材二类	m^3	1959.16	—	—	—	—	0.0058
	镀锌薄钢板 0.46	m^2	22.29	1.20	0.49	0.50	—	0.61
	铁钉	kg	3.63	—	—	—	—	0.11
	镀锌瓦钉带垫 60mm	套	0.18	—	—	—	6.00	
	玻璃钢瓦 1800×720	块	19.04	—	—	—	0.97	
	其他材料费	元		0.776	0.317	0.323	0.567	0.736

六、新作卷材屋面

工作内容：熬沥青，清理基层，涂刷沥青，铺油毡，撒粒砂(豆石)。

编号		6-34	6-35	6-36	6-37	6-38
工程项目		一毡二油		二毡三油		
		不带粒砂	带粒砂	不带粒砂	带粒砂	带粒石
单位		m^2	m^2	m^2	m^2	m^2
预算基价		15.31	20.22	23.36	28.40	29.50
其中	人工费(元)	3.19	4.14	4.68	5.63	5.70
	材料费(元)	10.28	13.69	15.97	19.51	20.51
	费用(元)	1.84	2.39	2.71	3.26	3.29

续表

编号				6-34	6-35	6-36	6-37	6-38
工程项目				一毡二油		二毡三油		
				不带粒砂	带粒砂	不带粒砂	带粒砂	带粒石
名称		单位	单价(元)	数量				
人工	综合工日	工日	29.00	0.094	0.122	0.138	0.166	0.168
	其他人工费	元		0.462	0.60	0.679	0.817	0.827
材料	粒砂	m^3	89.10	—	0.008	—	0.008	—
	石油沥青	kg	1.26	4.50	5.60	6.10	7.30	7.30
	油毡	m^2	2.25	1.20	1.20	2.40	2.40	2.40
	煤	kg	0.25	0.72	0.94	1.11	1.33	1.55
	木柴	kg	1.16	1.24	2.24	1.86	2.86	3.01
	豆粒石	m^3	145.89	—	—	—	—	0.01
	其他材料费	元		0.29	0.386	0.45	0.55	0.578

工作内容：熬沥青，清理基层，涂刷沥青，铺油毡，撒粒砂(豆石)。

编号				6-39	6-40	6-41	6-42	6-43
工程项目				刷冷底子油一遍	每增减一毡一油	乳化沥青一毡二油		天沟二毡三油粒砂
						不带粒砂	带粒砂	
单位				m^2	m^2	m^2	m^2	m^2
预算基价				2.12	8.88	39.46	43.59	36.90
其中	人工费(元)			0.68	1.49	2.44	3.39	8.01
	材料费(元)			1.05	6.53	35.61	38.24	24.26
	费用(元)			0.39	0.86	0.41	1.96	4.63
名称		单位	单价(元)	数量				
人工	综合工日	工日	29.00	0.02	0.044	0.072	0.10	0.236
	其他人工费	元		0.096	0.216	0.354	0.492	1.161
材料	粒砂	m^3	89.10	—	—	—	0.003	0.003
	石油沥青	kg	1.26	—	2.10	—	—	8.90
	油毡	m^2	2.25	—	1.20	—	—	3.40
	煤	kg	0.25	—	—	—	—	1.60
	木柴	kg	1.16	—	0.80	—	—	3.10
	乳化沥青	kg	1.16	—	—	4.75	6.34	—
	冷底子油	kg	2.04	0.50	—	—	—	—
	玻璃棉毡	m^2	19.66	—	—	1.48	1.48	—
	其他材料费	元		0.03	0.184	1.004	1.078	0.684

工作内容：钉土板、刷臭油、钉椽子、铺苇把、摆笆砖、抹草泥、找平层、熬油、铺焊油毡、焊砂。

编号		6-44	6-45	6-46	6-47
工程项目		一毡二油焊砂			
		椽子笆砖	20mm厚土板	椽子苇箔	苇把
单位		m^2	m^2	m^2	m^2
预算基价		82.42	92.34	70.87	68.10
其中	人工费(元)	11.13	11.80	11.77	12.48
	材料费(元)	64.86	73.72	52.30	48.40
	费用(元)	6.43	6.82	6.80	7.22

续表

编号			6-44	6-45	6-46	6-47
工程项目			一毡二油焊砂			
			椽子笆砖	20mm 厚土板	椽子苇箔	苇　把
名　　称	单位	单价(元)	数　量			
人工 综合工日	工日	29.00	0.328	0.348	0.347	0.368
人工 其他人工费	元		1.614	1.712	1.707	1.811
材料 水泥	kg	0.33	9.48	9.48	9.48	9.48
黄土	m^3	38.01	0.05	0.08	0.08	0.15
粗砂	m^3	87.76	0.024	0.024	0.024	0.024
粒砂	m^3	89.10	0.008	0.008	0.008	0.008
石油沥青	kg	1.26	5.60	5.60	5.60	5.60
防腐油	kg	0.46	0.05	0.42	0.05	—
油毡	m^2	2.25	1.20	1.20	1.20	1.20
红白松锯材二类	m^3	1959.16	0.0128	0.0238	0.0108	—
板条 1200×38×6	100 根	35.20	—	—	0.02	—
铁钉	kg	3.63	0.08	0.10	0.09	—
煤	kg	0.25	0.94	0.94	0.94	0.94
木柴	kg	1.16	2.24	2.24	2.24	2.24
苇箔	m^2	(1.32)	—	—	3.15	—
滑秸	kg	(1.80)	1.00	1.60	1.60	2.90
笆砖	块	(0.44)	35.00	—	—	—
苇把 $D12\times400$	根	(8.37)	—	—	—	2.10
其他材料费	元		1.828	2.078	1.474	1.364
1∶3 水泥砂浆	m^3		(0.0218)	(0.0218)	(0.0218)	(0.0218)

工作内容：钉土板、刷臭油、钉椽子、铺苇把、摆笆砖、抹草泥、找平层、熬油、铺焊油毡、焊砂。

编号			6-48	6-49	6-50
工程项目			二毡三油焊砂		
			椽子笆砖	20mm 厚土板	苇　把
单　位			m^2	m^2	m^2
预算基价			91.13	101.06	79.70
其中 人工费(元)			12.96	13.64	16.15
其中 材料费(元)			70.68	79.54	54.22
其中 费用(元)			7.49	7.88	9.33
名　　称	单位	单价(元)	数　量		
人工 综合工日	工日	29.00	0.382	0.402	0.476
人工 其他人工费	元		1.879	1.978	2.342
材料 水泥	kg	0.33	9.48	9.48	9.48
黄土	m^3	38.01	0.05	0.08	0.15
粗砂	m^3	87.76	0.024	0.024	0.024

续表

编号				6-48	6-49	6-50
工程项目				二毡三油焊砂		
				椽子笆砖	20mm 厚土板	苇把
	名称	单位	单价(元)	数量		
材料	粒砂	m^3	89.10	0.008	0.008	0.008
	石油沥青	kg	1.26	7.30	7.30	7.30
	防腐油	kg	0.46	0.05	0.42	—
	油毡	m^2	2.25	2.40	2.40	2.40
	红白松锯材二类	m^3	1959.16	0.0128	0.0238	—
	铁钉	kg	3.63	0.08	0.10	—
	煤	kg	0.25	1.33	1.33	1.33
	木柴	kg	1.16	2.86	2.86	2.86
	滑秸	kg	(1.80)	1.00	1.60	2.90
	笆砖	块	(0.44)	35.00	—	—
	苇把 $D12\times400$	根	(8.37)	—	—	2.10
	其他材料费	元		1.992	2.242	1.528
	1∶3 水泥砂浆	m^3		(0.0218)	(0.0218)	(0.0218)

七、新型材料卷材屋面

工作内容：清理基层，配制涂料，刷底胶，裁、扫、铺贴卷材防水层。

编号				6-51	6-52	6-53	6-54	6-55
工程项目				三元乙丙	氯丁橡胶	建筑油膏	聚氨酯涂膜	SBS 防水卷材屋面
单位				m^2	m^2	m^2	m^2	m^2
预算基价				47.38	36.22	22.61	42.43	21.13
其中	人工费(元)			4.41	4.41	3.39	10.18	3.39
	材料费(元)			40.42	29.26	17.26	26.37	15.78
	费用(元)			2.55	2.55	1.96	5.88	1.96
	名称	单位	单价(元)	数量				
人工	综合工日	工日	29.00	0.13	0.13	0.10	0.30	0.10
	其他人工费	元		0.64	0.64	0.492	1.476	0.492
材料	水泥	kg	0.33	0.20	0.20	—	—	—
	建筑油膏	kg	2.31	—	—	7.26	—	—
	107 胶	kg	2.93	0.02	0.02	—	—	—
	三元乙丙橡胶卷材 1.0	m^2	(17.96)	1.30	—	—	—	—
	二甲苯	kg	3.12	0.30	0.30	—	0.14	—
	404 胶黏剂	kg	12.40	0.42	—	—	—	—
	聚氨酯乙料	kg	8.90	0.32	—	—	1.70	—
	聚氨酯甲料	kg	8.90	0.17	—	—	1.13	—
	丁基黏结剂	kg	13.53	0.11	—	—	—	—
	乙酸乙酯	kg	18.32	0.051	0.05	—	—	—
	氯丁胶黏结剂	kg	(11.88)	—	0.64	—	—	—
	氯丁橡胶卷材	m^2	(12.29)	—	1.30	—	—	—
	SBS 防水卷材	m^2	10.64	—	—	—	—	1.30
	辅料费	元	1.00	—	—	—	—	1.50
	CSPE 嵌缝油膏 330 mL	支	5.65	0.51	0.51	—	—	—
	其他材料费	元		1.139	0.825	0.486	0.743	0.445

八、弯水、瓦檐

工作内容：1. 瓦檐：和灰浆、摆瓦、堵燕窝、砖水檐抹灰等。2. 抹弯水、和、运砂浆、抹面压光。

编号				6-56	6-57	6-58	6-59	6-60
工程项目				剔弯水	抹弯水	瓦檐		
						青瓦		红陶瓦
						单瓦	双瓦	
单位				m	m	m	m	m
预算基价				8.93	10.34	5.39	7.20	5.76
其中	人工费(元)			5.66	4.85	1.87	2.10	1.22
	材料费(元)			—	2.69	2.44	3.88	3.83
	费用(元)			3.27	2.80	1.08	1.22	0.71
名称		单位	单价(元)	数量				
人工	综合工日	工日	29.00	0.167	0.143	0.055	0.062	0.036
	其他人工费	元		0.822	0.704	0.271	0.305	0.177
材料	水泥	kg	0.33	—	5.00	0.60	0.60	0.60
	红陶瓦	块	0.55	—	—	—	—	5.00
	青灰	kg	1.06	—	—	0.30	0.30	0.30
	粗砂	m^3	87.76	—	0.011	0.001	0.001	0.001
	麻刀	kg	1.39	—	—	0.09	0.09	0.09
	小青瓦 17×16	块	(0.20)	—	—	7.00	14.00	—
	灰膏	m^3	120.29	—	—	0.002	0.002	0.002
	其他材料费	元		—	0.076	0.069	0.109	0.108
	1∶2 水泥砂浆	m^3		—	—	(0.001)	(0.001)	(0.001)
	1∶2.5 水泥砂浆	m^3		—	(0.101)	—	—	—
	青麻刀灰浆	m^3		—	—	(0.0027)	(0.0027)	(0.0027)

九、揭换屋面

工作内容：1. 换瓦顶：揭瓦、落土清扫、抹泥换瓦、加腮或做灰梗及披水、烟囱根抹灰。

2. 挂瓦顶：拆瓦、挂瓦条油毡、重焊油毡、钉顺水条、挂瓦条、挂瓦等。

编号				6-61	6-62	6-63	6-64	6-65
工程项目				干岔瓦	合瓦顶	大筒瓦	低背密垄大筒瓦	簸箕瓦
单位				m^2	m^2	m^2	m^2	m^2
预算基价				72.96	79.97	118.24	116.82	58.27
其中	人工费(元)			23.44	27.48	27.48	24.90	11.97
	材料费(元)			35.97	36.61	74.88	77.53	39.38
	费用(元)			13.55	15.88	15.88	14.39	6.92
名称		单位	单价(元)	数量				
人工	综合工日	工日	29.00	0.691	0.81	0.81	0.734	0.353
	其他人工费	元		3.40	3.985	3.985	3.611	1.737

续表

编号			6-61	6-62	6-63	6-64	6-65
工程项目			干岔瓦	合瓦顶	大筒瓦	低背密垄大筒瓦	簸箕瓦
名称	单位	单价(元)	数量				
材料 机砖	块	0.24	1.00	—	—	—	—
红陶脊瓦	块	0.72	—	—	—	—	0.45
青灰	kg	1.06	1.00	2.30	1.60	1.50	0.40
黄土	m^3	38.01	0.09	0.11	0.13	0.12	0.08
石油沥青	kg	1.26	—	—	—	—	0.62
油毡	m^2	2.25	—	—	—	—	1.20
麻刀	kg	1.39	0.28	0.66	0.46	0.42	0.11
煤	kg	0.25	—	—	—	—	0.04
滑秸	kg	(1.80)	1.60	1.60	1.60	1.60	1.60
大筒瓦	块	(1.62)	—	—	37.00	39.00	—
大筒脊瓦	块	(2.46)	—	—	0.45	0.45	—
小青瓦 17×16	块	(0.20)	130.00	115.00	—	—	—
簸箕瓦	块	(1.38)	—	—	—	—	20.00
灰膏	m^3	120.29	0.008	0.018	0.013	0.012	0.003
其他材料费	元		1.014	1.032	2.11	2.185	1.11
青麻刀灰浆	m^3		(0.0088)	(0.0207)	(0.0145)	(0.0131)	(0.0034)

工作内容：1. 换瓦顶：揭瓦、落土清扫、抹泥换瓦、加腮或做灰梗及披水、烟囱根抹灰。

2. 挂瓦顶：拆瓦、挂瓦条油毡、重焊油毡、钉顺水条、挂瓦条、挂瓦等。

编号			6-66	6-67	6-68	6-69	6-70
工程项目			红陶瓦坐泥	仰瓦灰梗	红陶挂瓦	水泥挂瓦	牛舌瓦
单位			m^2	m^2	m^2	m^2	m^2
预算基价			44.56	71.72	31.75	36.09	121.45
其中 人工费(元)			14.82	24.49	7.19	7.19	22.76
材料费(元)			21.17	33.07	20.40	24.74	85.53
费用(元)			8.57	14.16	4.16	4.16	13.16
名称	单位	单价(元)	数量				
人工 综合工日	工日	29.00	0.437	0.722	0.212	0.212	0.671
其他人工费	元		2.15	3.552	1.043	1.043	3.301
材料 水泥	kg	0.33	—	—	—	1.30	—
机砖	块	0.24	—	1.00	—	—	—
红陶瓦	块	0.55	18.00	—	18.00	—	—
红陶脊瓦	块	0.72	0.45	—	0.45	—	0.47
水泥挂瓦	块	0.78	—	—	—	18.00	—
水泥脊瓦 455×195	块	1.10	—	—	—	0.52	—
青灰	kg	1.06	0.40	2.40	0.40	—	0.40
黄土	m^3	38.01	0.08	0.08	0.001	0.001	0.005

续表

编号				6-66	6-67	6-68	6-69	6-70
工程项目				红陶瓦坐泥	仰瓦灰梗	红陶挂瓦	水泥挂瓦	牛舌瓦
名称		单位	单价(元)	数量				
材料	粗砂	m^3	87.76	—	—	—	0.002	—
	石油沥青	kg	1.26	0.62	—	0.62	0.62	0.62
	油毡	m^2	2.25	1.20	—	1.20	1.20	1.20
	红白松锯材二类	m^3	1959.16	—	—	0.0022	0.0022	0.0022
	板条 1200×38×6	100 根	35.20	—	—	0.02	0.02	0.02
	镀锌铁丝 20#	kg	5.65	—	—	0.004	0.004	0.011
	铁钉	kg	3.63	—	—	0.026	0.026	0.089
	麻刀	kg	1.39	0.11	0.68	0.11	0.03	0.11
	煤	kg	0.25	0.04	—	0.04	0.04	0.04
	滑秸	kg	(1.80)	1.60	1.60	—	—	—
	小青瓦 17×16	块	(0.20)	—	101.00	—	—	—
	牛舌瓦	块	(1.07)	—	—	—	—	68.00
	灰膏	m^3	120.29	0.003	0.019	0.003	0.001	0.003
	其他材料费	元		0.597	0.932	0.575	0.697	2.41
	青麻刀灰浆	m^3		(0.0034)	(0.0211)	(0.0034)	(0.0034)	(0.0034)

十、铲作卷材屋面

工作内容：铲除清扫、熬沥青、裁铺油毡、焊砂粒或砂石。

编号				6-71	6-72	6-73	6-74	6-75
工程项目				一毡二油		二毡三油		
				不带粒砂	带粒砂	不带粒砂	带粒砂	带粒石
单位				m^2	m^2	m^2	m^2	m^2
预算基价				16.81	22.20	25.55	31.08	32.17
其中	人工费(元)			4.14	5.39	6.07	7.33	7.39
	材料费(元)			10.28	13.69	15.97	19.51	20.51
	费用(元)			2.39	3.12	3.51	4.24	4.27
名称		单位	单价(元)	数量				
人工	综合工日	工日	29.00	0.122	0.159	0.179	0.216	0.218
	其他人工费	元		0.60	0.782	0.881	1.063	1.073
材料	粒砂	m^3	89.10	—	0.008	—	0.008	—
	石油沥青	kg	1.26	4.50	5.60	6.10	7.30	7.30
	油毡	m^2	2.25	1.20	1.20	2.40	2.40	2.40
	煤	kg	0.25	0.72	0.94	1.11	1.33	1.55
	木柴	kg	1.16	1.24	2.24	1.86	2.86	3.01
	豆粒石	m^3	145.89	—	—	—	—	0.01
	其他材料费	元		0.29	0.386	0.45	0.55	0.578

十一、新作屋面板

工作内容：屋面板制作，檩木上钉屋面板。

编号				6-76	6-77	6-78	6-79	6-80	6-81
工程项目				屋面板			椽子	封檐板博风板	
				20mm厚	每增5mm厚	刷臭油		高200mm以内	高200mm以外
单位				m^2	m^2	m^2	m^2	m	m
预算基价				52.50	12.34	1.10	28.98	21.88	32.26
其中	人工费(元)			2.37	0.14	0.51	1.63	1.90	2.61
	材料费(元)			48.35	12.10	0.21	26.13	18.56	27.69
	费用(元)			1.78	0.10	0.38	1.22	1.42	1.96
名称		单位	单价(元)	数量					
人工	综合工日	工日	29.00	0.07	0.004	0.015	0.048	0.056	0.077
	其他人工费	元		0.344	0.02	0.074	0.236	0.276	0.379
材料	防腐油	kg	0.46	—	—	0.42	0.05	—	—
	红白松锯材一类烘干	m^3	2856.17	—	—	—	—	0.0063	0.0094
	红白松锯材二类	m^3	1959.16	0.0238	0.006	—	0.0128	—	—
	铁钉	kg	3.63	0.10	—	—	0.08	0.012	0.016
	煤	kg	0.25	—	—	0.04	—	—	—
	其他材料费	元		1.363	0.341	0.006	0.736	0.523	0.78

十二、拆换屋面板、封檐板

工作内容：拆除、铺钉土板、椽子，摆笆砖，土板刷防腐油。

编号				6-82	6-83	6-84	6-85	6-86
工程项目				屋面板		椽子	笆砖	屋面板
				20mm厚	每增5mm厚			椽子刨光
单位				m^2	m^2	m^2	m^2	m^2
预算基价				53.51	12.40	29.70	21.01	13.57
其中	人工费(元)			2.95	0.17	2.04	2.95	4.07
	材料费(元)			48.35	12.10	26.13	15.85	6.45
	费用(元)			2.21	0.13	1.53	2.21	3.05
名称		单位	单价(元)	数量				
人工	综合工日	工日	29.00	0.087	0.005	0.06	0.087	0.12
	其他人工费	元		0.428	0.025	0.295	0.428	0.59
材料	防腐油	kg	0.46	—	—	0.05	—	—
	红白松锯材二类	m^3	1959.16	0.0238	0.006	0.0128	—	0.0032
	铁钉	kg	3.63	0.10	—	0.08	—	—
	笆砖	块	(0.44)	—	—	—	35.00	—
	其他材料费	元		1.363	0.341	0.736	0.447	0.182

工作内容：拆除、铺钉土板、椽子，摆笆砖，土板刷防腐油。

编号				6-87	6-88	6-89
工程项目				封檐板博风板		
				拆换		修理
				高 20mm 以内	高 300mm 以内	
单位				m	m	m
预算基价				22.90	33.62	13.48
其中	人工费(元)			2.48	3.39	1.12
	材料费(元)			18.56	27.69	11.52
	费用(元)			1.86	2.54	0.84
名称		单位	单价(元)	数量		
人工	综合工日	工日	29.00	0.073	0.10	0.033
	其他人工费	元		0.359	0.492	0.162
材料	红白松锯材一类	m^3	2425.36	—	—	0.0046
	红白松锯材一类烘干	m^3	2856.17	0.0063	0.0094	—
	铁钉	kg	3.63	0.012	0.016	0.011
	其他材料费	元		0.523	0.78	0.325

十三、瓦屋面加腮

工作内容：铲除灰腮，浇水扫垄，换补块瓦，重新加腮及披水烟，囱根抹灰。

编号				6-90	6-91	6-92	6-93	6-94	6-95
工程项目				红陶挂瓦	合瓦	大筒瓦	小筒瓦	簸箕瓦	牛舌瓦(圆)
单位				m^2	m^2	m^2	m^2	m^2	m^2
预算基价				12.12	25.51	25.51	42.27	7.15	18.30
其中	人工费(元)			5.73	12.41	12.41	18.66	3.39	9.33
	材料费(元)			3.08	5.92	5.92	12.82	1.80	3.58
	费用(元)			3.31	7.18	7.18	10.79	1.96	5.39
名称		单位	单价(元)	数量					
人工	综合工日	工日	29.00	0.169	0.366	0.366	0.55	0.10	0.275
	其他人工费	元		0.831	1.801	1.801	2.706	0.492	1.353
材料	红陶瓦	块	0.55	1.00	—	—	—	—	—
	青灰	kg	1.06	1.00	2.00	1.50	3.50	0.60	0.10
	黄土	m^3	38.01	—	0.002	0.005	0.004	—	—
	麻刀	kg	1.39	0.30	0.60	0.42	1.00	0.17	0.03
	大筒瓦	块	(1.62)	—	—	1.20	—	—	—
	小筒瓦	块	(1.28)	—	—	—	3.00	—	—
	小青瓦 17×16	块	(0.20)	—	4.00	—	—	—	—
	簸箕瓦	块	(1.38)	—	—	—	—	0.20	—
	牛舌瓦	块	(1.07)	—	—	—	—	—	3.00
	灰膏	m^3	120.29	0.008	0.016	0.012	0.028	0.005	0.001
	其他材料费	元		0.087	0.167	0.167	0.361	0.051	0.101
	青麻刀灰浆	m^3		(0.008)	(0.018)	(0.0132)	(0.0315)	(0.0009)	(0.0009)

十四、瓦屋面调脊

工作内容：铲除、清扫、浇水，换瓦加腮，带浆压光等。

编号				6-96	6-97	6-98	6-99	6-100
工程项目				红陶挂瓦	水泥挂瓦	大筒瓦	杠子脊	整理瓦屋面(归瓦)
单位				m	m	m	m	m^2
预算基价				16.49	17.25	23.05	19.41	1.07
其中	人工费(元)			6.24	6.24	6.78	9.33	0.68
	材料费(元)			6.64	7.40	12.35	4.69	—
	费用(元)			3.61	3.61	3.92	5.39	0.39
名称		单位	单价(元)	数量				
人工	综合工日	工日	29.00	0.184	0.184	0.20	0.275	0.02
	其他人工费	元		0.905	0.905	0.984	1.353	0.098
材料	水泥	kg	0.33	—	5.66	—	—	—
	机砖	块	0.24	—	—	—	8.00	—
	红陶脊瓦	块	0.72	3.00	—	—	—	—
	水泥脊瓦 455×195	块	1.10	—	3.00	—	—	—
	青灰	kg	1.06	1.50	—	1.50	0.80	—
	黄土	m^3	38.01	0.021	0.021	0.05	0.012	—
	粗砂	m^3	87.76	—	0.014	—	0.002	—
	麻刀	kg	1.39	0.12	—	0.42	0.23	—
	大筒瓦	块	(1.62)	—	—	4.00	—	—
	灰膏	m^3	120.29	0.011	—	0.012	0.007	—
	其他材料费	元		0.187	0.209	0.348	0.132	—
	1∶3石灰砂浆	m^3	—	—	—	—	(0.0015)	—
	1∶3水泥砂浆	m^3		—	(0.031)	—	—	—
	青麻刀灰浆	m^3		(0.031)	—	(0.0131)	(0.0071)	—

十五、瓦屋面修补

工作内容：清扫屋面，换瓦加腮，清除污土。

编号				6-101	6-102	6-103	6-104
工程项目				水泥挂瓦及红陶挂瓦	仰瓦灰梗	合瓦	大筒瓦
单位				m^2	m^2	m^2	m^2
预算基价				13.30	28.13	33.20	25.78
其中	人工费(元)			7.46	14.92	18.66	14.92
	材料费(元)			1.53	4.58	3.75	2.23
	费用(元)			4.31	8.63	10.79	8.63
名称		单位	单价(元)	数量			
人工	综合工日	工日	29.00	0.22	0.44	0.55	0.44
	其他人工费	元		1.082	2.165	2.706	2.165
材料	青灰	kg	1.06	0.60	1.80	1.50	0.90
	麻刀	kg	1.39	0.18	0.53	0.44	0.27
	灰膏	m^3	120.29	0.005	0.015	0.012	0.007
	其他材料费	元		0.043	0.129	0.106	0.063
	青麻刀灰浆	m^3		(0.0055)	(0.0165)	(0.0137)	(0.0084)

工作内容：清扫屋面，换瓦加腮，清除污土。

编号				6-105	6-106	6-107	6-108
工程项目				小筒瓦	簸箕瓦	瓦垄铁石棉瓦粘布条	堵燕窝
单位				m²	m²	m²	m²
预算基价				36.39	8.37	5.73	8.23
其中	人工费(元)			18.66	4.68	1.87	4.48
	材料费(元)			6.94	0.98	2.78	1.16
	费用(元)			10.79	2.71	1.08	2.59
名称		单位	单价(元)	数量			
人工	综合工日	工日	29.00	0.55	0.138	0.055	0.132
	其他人工费	元		2.706	0.679	0.271	0.649
材料	水泥	kg	0.33	—	—	—	1.20
	碎砖	m³	28.54	—	—	—	0.004
	青灰	kg	1.06	2.80	0.40	—	—
	石油沥青	kg	1.26	—	—	0.80	—
	豆包布	m	4.21	—	—	0.40	—
	麻刀	kg	1.30	0.81	0.12	—	0.10
	煤	kg	0.25	—	—	0.05	—
	灰膏	m³	120.29	0.022	0.003	—	0.004
	其他材料费	元		0.195	0.028	0.078	0.033
	水泥石灰麻刀浆	m³		—	—	—	(0.0049)
	青麻刀灰浆	m³		(0.0252)	(0.0038)	—	—

十六、卷材屋面修补

工作内容：清基层，熬沥青，铺贴油毡。

编号				6-109	6-110	6-111	6-112	6-113
工程项目				一毡二油		二毡三油		
				带粒砂	不带粒砂	带粒砂	不带粒砂	带粒石
单位				m²	m²	m²	m²	m²
预算基价				23.92	18.09	33.35	27.48	34.54
其中	人工费(元)			6.48	4.95	8.74	7.29	8.89
	材料费(元)			13.69	10.28	19.51	15.97	20.51
	费用(元)			3.75	2.86	5.05	4.22	5.14
名称		单位	单价(元)	数量				
人工	综合工日	工日	29.00	0.191	0.146	0.254	0.215	0.262
	其他人工费	元		0.94	0.718	1.274	1.058	1.289
材料	粒砂	m³	89.10	0.008	—	0.008	—	—
	石油沥青	kg	1.26	5.60	4.50	7.30	6.10	7.30
	油毡	m²	2.25	1.20	1.20	2.40	2.40	2.40
	煤	kg	0.25	0.94	0.72	1.33	1.11	1.55
	木柴	kg	1.16	2.24	1.24	2.86	1.86	3.01
	豆粒石	m³	145.89	—	—	—	—	0.01
	其他材料费	元		0.386	0.29	0.55	0.45	0.578

工作内容：清基层，熬沥青，铺贴油毡。

编　号				6-114	6-115	6-116	6-117	6-118
工 程 项 目				乳化沥青补漏不带砂粒	烟囱根、披水一毡二油不带砂粒	托 土 板		铲作油毡沟嘴
						笆 砖	苇 把	
单　位				m^2	m^2	m^2	m^2	个
预 算 基 价				39.89	41.87	49.22	40.04	17.55
其中	人 工 费(元)			2.71	3.97	6.24	2.61	8.48
	材 料 费(元)			35.61	35.61	39.37	35.92	4.17
	费 用(元)			1.57	2.29	3.61	1.51	4.90
名　称		单位	单价(元)	数　量				
人工	综合工日	工日	29.00	0.08	0.117	0.184	0.077	0.25
	其他人工费	元		0.394	0.576	0.905	0.379	1.23
材料	石油沥青	kg	1.26	—	—	—	—	1.80
	油毡	m^2	2.25	—	—	—	—	0.50
	红白锯材二类	m^3	1959.16	—	—	0.0194	0.0178	—
	铁钉	kg	3.63	—	—	0.07	0.01	—
	煤	kg	0.25	—	—	—	—	0.30
	木柴	kg	1.16	—	—	—	—	0.50
	乳化沥青	kg	1.16	4.75	4.75	—	—	—
	玻璃棉毡	m^2	19.66	1.48	1.48	—	—	—
	其他材料费	元		1.004	1.004	1.11	1.012	0.117

十七、屋面排水

工作内容：量尺、划线、裁铁、起线、卷边、咬口、焊口、钉钉子、制安卡子。

编　号				6-119	6-120	6-121	6-122	6-123
工 程 项 目				铅 铁 躺 沟				
				半 圆 型		冰盘沿型周长450mm	马 槽 型	
				周长 300 mm	周长 450 mm		周长 450 mm	周长 520 mm
单　位				m	m	m	m	m
预 算 基 价				17.83	21.82	24.40	21.82	24.68
其中	人 工 费(元)			5.70	5.70	7.33	5.70	5.70
	材 料 费(元)			8.84	12.83	12.83	12.83	15.69
	费 用(元)			3.29	3.29	4.24	3.29	3.29
名　称		单位	单价(元)	数　量				
人工	综合工日	工日	29.00	0.168	0.168	0.216	0.168	0.168
	其他人工费	元		0.827	0.827	1.063	0.827	0.827
材料	镀锌薄钢板 0.46	m^2	22.29	0.32	0.48	0.48	0.48	0.60
	铁件	kg	2.80	0.35	0.46	0.46	0.46	0.50
	焊锡	kg	43.34	0.011	0.011	0.011	0.011	0.011
	其他材料费	元		0.249	0.361	0.361	0.361	0.442

工作内容：量尺、划线、裁铁、起线、卷边、咬口、焊口、钉钉子、制安卡子。

编号				6-124	6-125	6-126	6-127	6-128	6-129
工程项目				铅铁雨水管					
				圆型				方型	
				带箍		不带箍		带箍	
				$D100$	$D130$	$D100$	$D130$	80×120	100×150
单位				m	m	m	m	m	m
预算基价				24.25	27.25	20.64	23.15	28.74	32.81
其中	人工费(元)			8.24	8.24	6.92	6.92	9.97	9.97
	材料费(元)			11.24	14.24	9.72	12.23	13.00	17.07
	费用(元)			4.77	4.77	4.00	4.00	5.77	5.77
名称		单位	单价(元)	数量					
人工	综合工日	工日	29.00	0.243	0.243	0.204	0.204	0.294	0.294
	其他人工费	元		1.196	1.196	1.004	1.004	1.446	1.446
材料	镀锌薄钢板0.46	m^2	22.29	0.37	0.47	0.36	0.46	0.47	0.59
	铁件	kg	2.80	0.43	0.49	0.43	0.49	0.43	0.50
	焊锡	kg	43.34	0.034	0.046	0.005	0.006	0.022	0.047
	其他材料费	元		0.317	0.401	0.274	0.345	0.366	0.481

工作内容：量尺、划线、裁铁、起线、卷边、咬口、焊口、钉钉子、制安卡子。

编号				6-130	6-131	6-132	6-133	6-134
工程项目				铅铁雨水管		雨水斗	出墙水嘴	
				方型			下口圆型	
				不带箍			$D100$mm	$D130$mm
				80×120	100×150			
单位				m	m	个	个	个
预算基价				23.97	26.92	49.04	27.92	30.53
其中	人工费(元)			7.73	7.73	22.39	11.19	11.19
	材料费(元)			11.77	14.72	13.71	10.26	12.87
	费用(元)			4.47	4.47	12.94	6.47	6.47
名称		单位	单价(元)	数量				
人工	综合工日	工日	29.00	0.228	0.228	0.66	0.33	0.33
	其他人工费	元		1.122	1.122	3.247	1.624	1.624
材料	镀锌薄钢板0.46	m^2	22.29	0.46	0.58	0.46	0.42	0.53
	铁件	kg	2.80	0.36	0.43	—	—	—
	铁钉	kg	3.63	—	—	0.01	—	—
	焊锡	kg	43.34	0.004	0.004	0.07	0.014	0.016
	其他材料费	元		0.332	0.415	0.386	0.289	0.363

工作内容：量尺、划线、裁铁、起线、卷边、咬口、焊口、钉钉子、制安卡子。

<table>
<tr><td colspan="4">编　　号</td><td>6-135</td><td>6-136</td><td>6-137</td><td>6-138</td><td>6-139</td></tr>
<tr><td colspan="4" rowspan="3">工　程　项　目</td><td colspan="2">出墙水嘴</td><td rowspan="3">天沟制安</td><td rowspan="3">披水制安</td><td rowspan="3">烟囱根制安</td></tr>
<tr><td colspan="2">下口方型</td></tr>
<tr><td>80×120</td><td>100×150</td></tr>
<tr><td colspan="4">单　　位</td><td>个</td><td>个</td><td>m²</td><td>m²</td><td>m²</td></tr>
<tr><td colspan="4">预　算　基　价</td><td>30.44</td><td>33.28</td><td>33.65</td><td>30.50</td><td>56.78</td></tr>
<tr><td rowspan="3">其
中</td><td colspan="3">人　工　费(元)</td><td>11.19</td><td>11.19</td><td>4.99</td><td>3.12</td><td>18.66</td></tr>
<tr><td colspan="3">材　料　费(元)</td><td>12.78</td><td>15.62</td><td>25.78</td><td>25.58</td><td>27.33</td></tr>
<tr><td colspan="3">费　用(元)</td><td>6.47</td><td>6.47</td><td>2.88</td><td>1.80</td><td>10.79</td></tr>
<tr><td colspan="2">名　　称</td><td>单位</td><td>单价(元)</td><td colspan="5">数　　量</td></tr>
<tr><td rowspan="2">人
工</td><td>综合工日</td><td>工日</td><td>29.00</td><td>0.33</td><td>0.33</td><td>0.147</td><td>0.092</td><td>0.55</td></tr>
<tr><td>其他人工费</td><td>元</td><td></td><td>1.624</td><td>1.624</td><td>0.723</td><td>0.453</td><td>2.706</td></tr>
<tr><td rowspan="4">材
料</td><td>镀锌薄钢板 0.46</td><td>m²</td><td>22.29</td><td>0.53</td><td>0.65</td><td>1.08</td><td>1.06</td><td>1.12</td></tr>
<tr><td>铁件</td><td>kg</td><td>3.63</td><td>—</td><td>—</td><td>0.03</td><td>0.01</td><td>0.08</td></tr>
<tr><td>焊锡</td><td>kg</td><td>43.34</td><td>0.014</td><td>0.016</td><td>0.02</td><td>0.02</td><td>0.03</td></tr>
<tr><td>其他材料费</td><td>元</td><td></td><td>0.36</td><td>0.44</td><td>0.726</td><td>—</td><td>0.77</td></tr>
</table>

工作内容：量尺、划线、裁铁、起线、卷边、咬口、焊口、钉钉子、制安卡子。

<table>
<tr><td colspan="4">编　　号</td><td>6-140</td><td>6-141</td><td>6-142</td><td>6-143</td><td>6-144</td></tr>
<tr><td colspan="4" rowspan="2">工　程　项　目</td><td colspan="2">虾体弯制定</td><td colspan="3">方、圆型立水管</td></tr>
<tr><td>D100</td><td>D150</td><td>下水嘴</td><td>弓型弯</td><td>灯叉弯</td></tr>
<tr><td colspan="4">单　　位</td><td>个</td><td>个</td><td>个</td><td>个</td><td>个</td></tr>
<tr><td colspan="4">预　算　基　价</td><td>18.67</td><td>20.44</td><td>8.37</td><td>34.82</td><td>17.62</td></tr>
<tr><td rowspan="3">其
中</td><td colspan="3">人　工　费(元)</td><td>9.50</td><td>9.50</td><td>3.09</td><td>12.21</td><td>6.24</td></tr>
<tr><td colspan="3">材　料　费(元)</td><td>3.68</td><td>5.45</td><td>3.50</td><td>15.55</td><td>7.77</td></tr>
<tr><td colspan="3">费　用(元)</td><td>5.49</td><td>5.49</td><td>1.78</td><td>7.06</td><td>3.61</td></tr>
<tr><td colspan="2">名　　称</td><td>单位</td><td>单价(元)</td><td colspan="5">数　　量</td></tr>
<tr><td rowspan="2">人
工</td><td>综合工日</td><td>工日</td><td>29.00</td><td>0.28</td><td>0.28</td><td>0.091</td><td>0.36</td><td>0.184</td></tr>
<tr><td>其他人工费</td><td>元</td><td></td><td>1.378</td><td>1.378</td><td>0.448</td><td>1.771</td><td>0.905</td></tr>
<tr><td rowspan="3">材
料</td><td>镀锌薄钢板 0.46</td><td>m²</td><td>22.29</td><td>0.102</td><td>0.16</td><td>0.133</td><td>0.60</td><td>0.30</td></tr>
<tr><td>焊锡</td><td>kg</td><td>43.34</td><td>0.03</td><td>0.04</td><td>0.01</td><td>0.04</td><td>0.02</td></tr>
<tr><td>其他材料费</td><td>元</td><td></td><td>0.104</td><td>0.154</td><td>0.099</td><td>0.438</td><td>0.219</td></tr>
</table>

工作内容：量尺、划线、裁铁、起线、卷边、咬口、焊口、钉钉子、制安卡子。

<table>
<tr><td colspan="2">编　　号</td><td>6-145</td><td>6-146</td><td>6-147</td><td>6-148</td><td>6-149</td><td>6-150</td></tr>
<tr><td colspan="2" rowspan="2">工　程　项　目</td><td rowspan="2">铸铁出墙水嘴</td><td colspan="5">玻　　璃　　钢</td></tr>
<tr><td>雨水管</td><td>雨水斗</td><td>出墙水嘴</td><td>半圆型躺沟</td><td>马槽型躺沟</td></tr>
<tr><td colspan="2">单　　位</td><td>个</td><td>m</td><td>个</td><td>个</td><td>m</td><td>m</td></tr>
<tr><td colspan="2">预　算　基　价</td><td>43.49</td><td>20.74</td><td>23.17</td><td>44.35</td><td>30.96</td><td>30.96</td></tr>
<tr><td rowspan="3">其
中</td><td>人　工　费(元)</td><td>2.04</td><td>3.66</td><td>3.73</td><td>5.33</td><td>3.66</td><td>3.66</td></tr>
<tr><td>材　料　费(元)</td><td>40.27</td><td>14.96</td><td>17.28</td><td>35.94</td><td>25.18</td><td>25.18</td></tr>
<tr><td>费　用(元)</td><td>1.18</td><td>2.12</td><td>2.16</td><td>3.08</td><td>2.12</td><td>2.12</td></tr>
</table>

续表

编号				6-145	6-146	6-147	6-148	6-149	6-150
工程项目				铸铁出墙水嘴	玻璃钢				
					雨水管	雨水斗	出墙水嘴	半圆型躺沟	马槽型躺沟
名称		单位	单价(元)	数量					
人工	综合工日	工日	29.00	0.06	0.108	0.11	0.157	0.108	0.108
	其他人工费	元		0.295	0.531	0.541	0.772	0.531	0.531
材料	玻璃钢雨水管 100mm	m	12.31	—	1.05	—	—	—	—
	玻璃钢雨水斗 400×300	个	16.79	—	—	1.00	—	—	—
	玻璃钢出墙水嘴	个	34.93	—	—	—	1.00	—	—
	铸铁落水口 $D100\times300$	套	34.03	1.01	—	—	—	—	—
	铁件	kg	2.80	1.70	0.57	—	—	0.64	0.64
	404 胶黏剂	kg	12.40	—	0.0013	—	—	0.0013	0.0013
	玻璃钢躺沟	m	(21.58)	—	—	—	—	1.05	1.05
	其他材料费	元		1.135	0.422	0.487	1.013	0.71	0.71

八、重庆市建筑工程计价定额

（2008 年定额防水工程部分）

重庆市建设委员会关于颁发 2008 年《重庆市建筑工程计价定额》等六部定额的通知

（渝建发[2008]17 号）

各区县（自治县）建委，有关单位：

为合理确定和有效控制工程投资，提高工程投资效益，加强政府宏观调控，满足建设各方主体计价需要，结合本市实际情况，我委编制了 2008 年《重庆市建筑工程计价定额》、《重庆市装饰工程计价定额》、《重庆市安装工程计价定额》、《重庆市市政工程计价定额》、《重庆市仿古建筑及园林工程计价定额》、《重庆市房屋修缮工程计价定额》（以上六部定额简称 2008 年计价定额），予以颁发。现将有关事宜通知如下：

一、2008 年计划定额于 2008 年 4 月 1 日起在新开工的建设工程中执行，在此之前已发出招标文件或已签订施工合同的工程仍按原招标文件或施工合同执行。

二、2008 年计划定额与 2008 年《重庆市建设工程费用定额》、《混凝土及砂浆配合比表、施工机械台班定额》配套执行。

三、1999 年颁发的《全国统一建筑工程基础定额重庆市基价表》、《重庆市市政工程预算定额》，2000 年颁发的《重庆市装饰工程计价定额》、《重庆市安装工程单位基价表》、《重庆市仿古建筑及园林工程预算定额》、《重庆市房屋修缮工程预算定额》，2003 年颁发的《重庆市建筑工程消耗量定额》、《重庆市装饰工程消耗量定额》、《重庆市安装工程消耗量定额》、《重庆市市政工程消耗量定额》、《重庆市园林工程消耗量定额》及有关规定和解释同时停止使用。

四、2008 年计价定额的缺项，由建设、施工、监理单位共同编制一次性补充定额，并报重庆市建设工程造价管理总站备案。

五、2008 年计价定额由重庆市建设工程造价管理总站负责管理和解释。

重庆市建设委员会

二〇〇八年一月二十五日

第六章　加 固 工 程

说　　明

一、混凝土内植筋不含植筋用钢筋，其钢筋按第五章的现浇钢筋子目执行。

二、粘贴碳纤维布和钢板加固项目中，使用的碳纤维布和钢板与定额不同时，允许调整，人工不变。

三、结构胶、粘结剂的设计用量与定额子目耗量不同时，允许调整，人工不变。

四、粘贴钢板、碳纤维布时，被加固体的剔除保护层及表面修补不包括在定额内容中，发生时执行相应子目。

五、板裂缝、缺陷修补按板上施工考虑，板下施工时人工、机械乘以系数1.3。

六、本章混凝土强度等级与定额不符时可以换算，其用量不得调整。

七、现浇混凝土加固项目包括模板和浇筑混凝土，模板是按木模板编制的，实际施工时不同时，不作调整。

八、现浇混凝土加固项目的钢筋工程执行第五章的相应子目，人工乘以系数1.2。

计算规则

一、混凝土内植筋区别不同的钢筋规格以根计算。

二、粘贴钢板、碳纤维布按实粘面积以平方米计算。

三、混凝土裂缝修补按实际修补裂缝长度以米计算。

四、混凝土缺损修补采用环氧砂浆修补的，按缺损面积计算；采用环氧混凝土修补的，按缺损体积计算。

五、角柱、壁柱均按图示尺寸以立方米计算。

六、砖墙等外包混凝土按图示尺寸以立方米计算，砖墙外包混凝土应扣除门窗洞口及单个面积在0.03 m^2 以上孔洞所占体积。

七、钢筋网墙面抹水泥砂浆，扣除洞口所占面积，钢筋网墙面侧壁展开按图示尺寸以平方米计算。

八、金属结构制作安装均按图示规格尺寸折合重量以吨计算，其安装所用的零星铁件不另计算。

九、环箍竖铁按图示尺寸、规格折合重量以吨计算。

一、混凝土内植筋

工作内容：钻孔、清孔、钢筋安置、灌注植筋胶泥。　　　　单位：10根

定额编号		FF0001	FF0002	FF0003	FF0004
项目名称		砼内植筋（直径mm以内）			
		ϕ6.5	ϕ8	ϕ10	ϕ12
基价（元）		18.44	22.05	49.00	59.72
其中	人工费（元）	4.70	5.18	27.50	33.50
	材料费（元）	9.55	11.69	15.02	18.44
	机械费（元）	4.19	5.18	6.48	7.78

续表 单位:10 根

定额编号				FF0001	FF0002	FF0003	FF0004
项目名称				砼内植筋(直径 mm 以内)			
				ϕ6.5	ϕ8	ϕ10	ϕ12
编号	名称	单位	单价	消耗量			
人工 00010101	综合工日	工日	25.00	0.188	0.207	1.100	1.340
材料 07090201	合金钢钻头	个	25.00	0.300	0.330	0.363	0.399
17012501	植筋胶泥	kg	18.00	0.114	0.191	0.330	0.470
机械 85021701	手提冲击钻	台班	12.00	0.349	0.432	0.540	0.648

工作内容:钻孔、清孔、钢筋安置、灌注植筋胶泥。 单位:10 根

定额编号				FF0005	FF0006	FF0007	FF0008
项目名称				砼内植筋(直径 mm 以内)			
				ϕ14	ϕ16	ϕ18	ϕ20
基价(元)				71.08	91.32	111.71	142.95
其中	人工费(元)			39.75	46.25	53.00	60.00
	材料费(元)			22.32	34.76	47.12	62.51
	机械费(元)			9.01	10.31	11.59	20.44
编号	名称	单位	单价	消耗量			
人工 00010101	综合工日	工日	25.00	1.590	1.850	2.120	2.400
材料 07090201	合金钢钻头	个	25.00	0.439	0.483	0.531	0.585
17012501	植筋胶泥	kg	18.00	0.630	1.260	1.880	2.660
机械 85021701	手提冲击钻	台班	12.00	0.751	0.859	0.966	1.703

工作内容:钻孔、清孔、钢筋安置、灌注植筋胶泥。 单位:10 根

定额编号		FF0009	FF0010	FF0011	FF0012
项目名称		砼内植筋(直径 mm 以内)			
		ϕ22	ϕ25	ϕ28	ϕ32
基价(元)		154.74	184.07	231.71	265.83
其中	人工费(元)	67.25	78.25	90.00	106.50
	材料费(元)	73.32	90.04	123.67	138.73
	机械费(元)	14.17	15.78	18.04	20.60

续表　　　　单位:10 根

定额编号				FF0009	FF0010	FF0011	FF0012
项目名称				砼内植筋(直径 mm 以内)			
				$\phi22$	$\phi25$	$\phi28$	$\phi32$
编号	名称	单位	单价	消耗量			
人工 00010101	综合工日	工日	25.00	2.690	3.130	3.600	4.260
材料 07090201	合金钢钻头	个	25.00	0.643	0.707	0.778	0.941
材料 17012501	植筋胶泥	kg	18.00	3.180	4.020	5.790	6.400
机械 85021701	手提冲击钻	台班	12.00	1.181	1.315	1.503	1.717

二、粘贴钢板

工作内容:混凝土梁面、钢板打磨、配粘结剂、抹丙酮、刮粘结剂、上钢板、加压、安装、包箍等全过程。

单位:m^2

定额编号				FF0013	FF0014	FF0015
项目名称				梁粘贴钢板		
				单层钢板厚 3 mm		
				梁面	梁底	梁侧
基价(元)				289.43	341.95	365.37
其中	人工费(元)			46.75	65.25	68.30
	材料费(元)			242.68	276.70	297.07
	机械费(元)					
编号	名称	单位	单价	消耗量		
人工 00010101	综合工日	工日	25.00	1.870	2.610	2.732
材料 03030102	钢板	kg	2.90	24.963	24.963	24.963
材料 03060401	角钢	kg	5.00		2.775	6.660
材料 07033201	膨胀螺栓	套	1.20	3.755	9.789	14.456
材料 17010402	粘结胶	kg	12.50	7.445	7.445	6.985
材料 75010101	其他材料费	元		72.720	85.620	86.720

工作内容:混凝土梁面、钢板打磨、配粘结剂、抹丙酮、刮粘结剂、上钢板、加压、安装、包箍等全过程。

单位:m²

定额编号					FF0016	FF0017	FF0018	FF0019
项目名称					梁粘贴钢板		柱粘贴钢板	板粘贴钢板
					单层钢板厚 3 mm		单层钢板厚 3 mm	
					U 形箍板	L 形箍板		
基价(元)					466.42	376.15	359.82	368.86
其中	人工费(元)				101.58	128.03	62.28	68.30
	材料费(元)				364.84	248.12	297.54	300.56
	机械费(元)							
	编号	名称	单位	单价	消耗量			
人工	00010101	综合工日	工日	25.00	4.063	5.121	2.491	2.732
材料	03030102	钢板	kg	2.90	24.963	24.963	24.963	24.963
	03060401	角钢	kg	5.00	64.375	47.568	6.660	6.660
	07033201	膨胀螺栓	套	1.20	64.375	47.568	16.093	16.830
	17010402	粘结胶	kg	12.50	8.560	6.589	7.029	7.031
	75010101	其他材料费	元		108.200	36.280	84.670	86.780

三、粘贴碳纤维布

工作内容:1. 混凝土表面打磨清洁、结构胶找平、涂刷粘贴胶、粘贴纤维布,表面处理。

2. 涂刷粘贴胶、粘贴纤维布,表面处理。

单位:m²

定额编号					FF0020	FF0021	FF0022	FF0023
项目名称					墙		柱	
					碳纤维布 200 g/m²			
					单层	每增加一层	单层	每增加一层
基价(元)					598.88	390.29	616.94	392.79
其中	人工费(元)				72.50	15.00	88.78	17.50
	材料费(元)				526.38	375.29	528.16	375.29
	机械费(元)							
	编号	名称	单位	单价	消耗量			
人工	00010101	综合工日	工日	25.00	2.900	0.600	3.551	0.700
材料	17010701	结构胶	kg	24.84	1.250	0.550	1.250	0.550
	36181701	碳纤维布 200 g/m²	m²	340.00	1.030	1.030	1.030	1.030
	75010101	其他材料费	元		145.130	11.430	146.910	11.430

工作内容：1. 混凝土表面打磨清洁、结构胶找平、涂刷粘贴胶、粘贴纤维布，表面处理。
2. 涂刷粘贴胶、粘贴纤维布，表面处理。

单位：m²

<table>
<tr><td colspan="4">定　额　编　号</td><td>FF0024</td><td>FF0025</td><td>FF0026</td><td>FF0027</td></tr>
<tr><td colspan="4" rowspan="3">项　目　名　称</td><td colspan="2">梁</td><td colspan="2">板</td></tr>
<tr><td colspan="4">碳纤维布 200 g/m²</td></tr>
<tr><td>单层</td><td>每增加一层</td><td>单层</td><td>每增加一层</td></tr>
<tr><td colspan="4">基　价(元)</td><td>622.07</td><td>395.29</td><td>625.85</td><td>395.29</td></tr>
<tr><td rowspan="3">其中</td><td colspan="3">人　工　费(元)</td><td>92.50</td><td>20.00</td><td>96.28</td><td>20.00</td></tr>
<tr><td colspan="3">材　料　费(元)</td><td>529.57</td><td>375.29</td><td>529.57</td><td>375.29</td></tr>
<tr><td colspan="3">机　械　费(元)</td><td></td><td></td><td></td><td></td></tr>
<tr><td colspan="2">编　号</td><td>名　称</td><td>单位</td><td>单价</td><td colspan="3">消　耗　量</td></tr>
<tr><td>人工</td><td>00010101</td><td>综合工日</td><td>工日</td><td>25.00</td><td>3.700</td><td>0.800</td><td>3.851</td><td>0.800</td></tr>
<tr><td rowspan="3">材料</td><td>17010701</td><td>结构胶</td><td>kg</td><td>24.84</td><td>1.250</td><td>0.550</td><td>1.250</td><td>0.550</td></tr>
<tr><td>36181701</td><td>碳纤维布 200 g/m²</td><td>m²</td><td>340.00</td><td>1.030</td><td>1.030</td><td>1.030</td><td>1.030</td></tr>
<tr><td>75010101</td><td>其他材料费</td><td>元</td><td></td><td>148.320</td><td>11.430</td><td>148.320</td><td>11.430</td></tr>
</table>

四、混凝土修补

工作内容：裂缝表面打磨、丙酮清洗，调配密封胶、封闭。

单位：m

<table>
<tr><td colspan="5">定　额　编　号</td><td>FF0028</td><td>FF0029</td><td>FF0030</td></tr>
<tr><td colspan="5" rowspan="3">项　目　名　称</td><td colspan="3">砼裂缝修补</td></tr>
<tr><td colspan="3">表面封闭</td></tr>
<tr><td>墙、梁、柱</td><td>板</td><td>零星裂缝</td></tr>
<tr><td colspan="5">基　价(元)</td><td>16.98</td><td>15.67</td><td>18.59</td></tr>
<tr><td rowspan="3">其中</td><td colspan="4">人　工　费(元)</td><td>5.50</td><td>4.65</td><td>6.58</td></tr>
<tr><td colspan="4">材　料　费(元)</td><td>11.48</td><td>11.02</td><td>12.01</td></tr>
<tr><td colspan="4">机　械　费(元)</td><td></td><td></td><td></td></tr>
<tr><td colspan="2">编　号</td><td>名　称</td><td>单位</td><td>单价</td><td colspan="3">消　耗　量</td></tr>
<tr><td>人工</td><td>00010101</td><td>综合工日</td><td>工日</td><td>25.00</td><td>0.220</td><td>0.186</td><td>0.263</td></tr>
<tr><td rowspan="2">材料</td><td>17010604</td><td>合成树脂密封胶</td><td>kg</td><td>19.97</td><td>0.350</td><td>0.350</td><td>0.350</td></tr>
<tr><td>75010101</td><td>其他材料费</td><td>元</td><td></td><td>4.490</td><td>4.030</td><td>5.020</td></tr>
</table>

工作内容：1. 沿缝打磨、丙酮清洗、安装注浆嘴、封闭裂缝、灌注结构胶。

2. 剔缝，清洗，埋灌浆嘴，封缝面，调制水泥砂浆，压力灌浆，铲除封面、洗刷浆罐，保养设备等。

单位：m

定额编号				FF0031	FF0032	FF0033	FF0034	FF0035
项目名称				砼裂缝修补				
				裂缝注射			裂缝压力注浆	
				墙、梁、柱	板	零星裂缝	缝宽 1 cm 以内	缝宽 2 cm 以内
基价(元)				60.69	55.39	66.40	20.82	23.86
其中	人工费(元)			31.00	26.23	35.68	18.50	21.00
	材料费(元)			26.69	29.16	30.72	2.32	2.86
	机械费(元)							
编号	名称	单位	单价	消耗量				
人工 00010101	综合工日	工日	25.00	1.240	1.049	1.427	0.740	0.840
材料 17010604	合成树脂密封胶	kg	19.97	0.570	0.570	0.570		
17010701	结构胶	kg	24.84	0.330	0.330	0.350		
01010101	水泥 32.5	kg	0.25				3.850	4.750
05010102	特细砂	m^3	35.00				0.005	0.008
75010101	其他材料费	元		10.110	9.580	10.640	1.180	1.390

工作内容：剔打并清洁缺损混凝土构件表面，用水湿润、拌制砂浆或细石混凝土，修补缺损部位，场内清洁。

单位：m^2

定额编号				FF0036	FF0037
项目名称				砼缺损修补	
				环氧砂浆	
				墙、柱	板
基价(元)				357.61	355.94
其中	人工费(元)			8.80	7.13
	材料费(元)			348.81	348.81
	机械费(元)				
编号	名称	单位	单价	消耗量	
人工 00010101	综合工日	工日	25.00	0.352	0.285
材料 05011701	石英砂	kg	0.34	0.032	0.032
17040901	环氧树脂	kg	20.00	15.330	15.330
75010101	其他材料费	元		42.200	42.200

五、其他加固

工作内容：1. 木模板制作、安装、拆除、清理、刷隔离剂、场内运输等全部工作。

2. 混凝土：砂石筛选、生熟料运输、搅拌、浇筑、震捣和养护等全部工作。 单位：m^3

定额编号					FF0038	FF0039	FF0040	FF0041	FF0042
项目名称					现浇砼角柱	现浇砼壁柱	现浇砼外跨圈梁	外包砼	
								砖墙	砖柱
基价(元)					690.70	880.34	828.11	418.38	727.05
其中	人工费(元)				319.40	408.25	405.25	154.53	349.50
	材料费(元)				351.30	441.59	399.96	243.85	336.95
	机械费(元)				20.00	30.50	22.90	20.00	40.60
编号		名称	单位	单价	消耗量				
人工	00010101	综合工日	工日	25.00	12.776	16.330	16.210	6.181	13.980
材料	80020603	砼C25(塑、特、碎5～20、坍10～30)	m^3	146.90	1.020	1.020	1.020	1.020	1.020
	02020101	锯材	m^3	850.00	0.225	0.318	0.271	0.100	0.200
	07010101	铁钉	kg	5.00	0.970	2.880	2.570	0.756	2.011
	36290101	水	m^3	2.00	1.580	1.886	2.001	1.820	2.300
	75010101	其他材料费	元		2.210	3.280	2.920	1.590	2.460
机械	75020101	其他机械费	元		20.000	30.500	22.900	20.000	40.600

工作内容：墙体打眼、下铆固栓、拌制混凝土、浇水、刷水泥浆、打底、罩面、抹护角、清扫落地灰等全部工作。

单位：10 m^2

定额编号					FF0043	FF0044	FF0045	FF0046
项目名称					钢筋网墙抹细石砼C20		钢筋网墙抹水泥砂浆	
					厚50 mm	每增减10 mm	厚40 mm	每增减10 mm
基价(元)					303.54	64.54	235.85	49.34
其中	人工费(元)				192.03	49.25	133.43	32.50
	材料费(元)				111.51	15.29	102.42	16.84
	机械费(元)							
编号		名称	单位	单价	消耗量			
人工	00010101	综合工日	工日	25.00	7.681	1.970	5.337	1.300
材料	01030201	细石砼C20	m	139.00	0.550	0.110		
	81020104	水泥砂浆1∶2.5	m^3	153.08			0.440	0.110
	03020101	钢筋	t	2600.00	0.013		0.013	
	75010101	其他材料费	元		1.260		1.260	

工作内容：1. 制作：钢材调直、划线、切割、焊接、打眼、制作螺栓、锚件、配件、成品检验等全部工作。

2. 安装：定位、墙体打眼、掏堵墙洞、埋设锚件、加固铁件的就位安装、紧固焊接、检验等工作。

单位：t

定额编号					FF0047	FF0048	FF0049	FF0050	FF0051
项目名称					角钢护墙	扁钢护墙	角钢包柱	钢圈梁制安	
								角钢	槽钢
基价(元)					6148.17	4769.25	7631.27	7049.84	5360.82
其中	人工费(元)				822.05	820.08	1178.58	860.53	917.08
	材料费(元)				4973.34	3607.07	5271.34	5707.02	4257.45
	机械费(元)				352.78	342.10	1181.35	482.29	186.29
	编号	名称	单位	单价	消耗量				
人工	00010101	综合工日	工日	25.00	32.882	32.803	47.143	34.421	36.683
材料	03060401	角钢	kg	5.00	650.980		759.190	922.360	
	03060702	扁钢 综合	kg	2.90	409.020	1060.000	237.810		
	03030103	薄钢板	kg	2.90				108.990	74.170
	03060301	槽钢	kg	3.50					985.830
	03061201	圆钢	kg	2.90			63.010	27.490	
	08041101	垫铁	kg	4.00	47.130	44.750	5.050	90.370	49.790
	09010201	电焊条	kg	6.30	29.240	31.360	57.830	31.800	35.100
	75010101	其他材料费	元		159.550	156.500	218.480	137.610	171.660
机械	85072203	台式钻床孔径 35 mm	台班	54.29	0.280	0.280	0.260	0.140	0.108
	85072501	型钢剪断机 剪断宽度 500 mm	台班	152.68	0.210	0.140	5.050	0.070	0.010
	85090203	直流弧焊机 32 kW	台班	81.69	3.740	3.740	4.850	5.680	2.190

工作内容：1. 制作：钢材调直、划线、切割、焊接、打眼、制作螺栓、锚件、配件、成品检验等全部工作。

2. 安装：定位、墙体打眼、掏堵墙洞、埋设锚件、加固铁件的就位安装、紧固焊接、检验等工作。

3. 环箍竖铁及其配件的制作、定位排档、剔凿墙洞、埋设锚件、加固件的安装就位、焊接紧固、检验等工作。

单位：t

定额编号					FF0052	FF0053	FF0054
项目名称					圆钢拉杆	环箍竖铁	
						30 m 以内	30 m 以外
基价(元)					3986.99	5949.31	6585.71
其中	人工费(元)				622.25	2102.50	2702.50
	材料费(元)				3094.35	3523.00	3559.40
	机械费(元)				270.39	323.81	323.81
	编号	名称	单位	单价	消耗量		
人工	00010101	综合工日	工日	25.00	24.890	84.100	108.100
材料	03010101	钢材	t	2600.00	1.060		
	03060702	扁钢 综合	kg	2.90		1060.000	1060.000
	08041101	垫铁	kg	4.00		6.980	6.980
	09010201	电焊条	kg	6.30	22.500	33.950	33.450
	75010101	其他材料费	元		196.600	207.200	246.750
机械	85072203	台式钻床 孔径 35 mm	台班	54.29		0.140	0.140
	85072501	型钢剪断机 剪断宽度 500 mm	台班	152.68		0.070	0.070
	85090203	直流弧焊机 32 kW	台班	81.69	3.310	3.740	3.740

第十章　屋面工程

说　　明

一、瓦屋面翻盖、检漏项目中均未包括添瓦量，使用时按实际添瓦数量计算。

二、瓦屋面翻盖、检漏项目中已包括废料运至场内指定地点的用工，不另计算。

三、瓦屋面及彩钢板屋面

1. 瓦屋面的屋脊和瓦出线均已包括在项目内，不另计算。

2. 大波、中波、小波石棉瓦屋面均执行石棉瓦项目。石棉瓦规格与项目取定不同时，瓦材耗量允许调整，其他不变。

3. 玻璃钢瓦屋面铺在混凝土檩子上，执行铺在钢檩上子目。

4. 彩钢板是按 750 mm 宽编制的，如宽度不同时，板材耗量允许调整，其他不变。

四、卷材、涂膜防水

1. 所有防水卷材冷贴满铺执行同一子目，执行时材料品名、规格、消耗量允许换算，人工不变。

2. 聚氨酯、981、991 等高分子材料防水均执行涂膜防水项目，材料用量不同时允许换算，其他不变。

3. 本章中的“二布三涂”或“每增减一布一涂”项目，是指涂料构成防水层数并非指涂刷遍数。

五、屋面排水

1. 铸铁水斗、铸铁弯管已综合在铸铁水落管项目内，不另计算。

2. 石棉水斗、石棉弯管已综合在石棉水落管项目内，不另计算。

3. 塑料水斗、塑料弯管已综合在塑料水落管项目内，不另计算。

计 算 规 则

一、瓦屋面的翻盖、检漏工程量按实铺面积计算。

二、柔性屋面的翻修、砍补工程量按实补面积计算。

三、瓦屋面及彩钢板屋面。

瓦屋面、彩钢板屋面均按设计图示尺寸以斜面积计算。亦可按屋面水平投影面积乘以屋面坡度系数以面积计算。不扣除房上烟囱、风帽底座、风道、屋面小气窗、斜沟等所占面积，屋面小气窗的出檐部分亦不增加面积。

屋面坡度系数表

坡度			延尺系数 $C(A=1)$	隅延尺系数 $D(A=1)$
$B(A=1)$	$B/2A$	角度(θ)		
1	1/2	45°	1.4142	1.7321
0.75		36°52′	1.2500	1.6008
0.70		35°	1.2207	1.5779
0.666	1/3	33°40′	1.2015	1.5620
0.65		33°01′	1.1926	1.5564
0.60		30°58′	1.1662	1.5362
0.577		30°	1.1547	1.5270
0.55		28°49′	1.1413	1.5170
0.50	1/4	26°34′	1.1180	1.5000
0.45		24°14′	1.0966	1.4839
0.40	1/5	21°48′	1.0770	1.4697
0.35		19°17′	1.0594	1.4569
0.30		16°42′	1.0440	1.4457
0.25		14°02′	1.0308	1.4362
0.20	1/10	11°19′	1.0198	1.4283
0.15		8°32′	1.0112	1.4221
0.125		7°8′	1.0078	1.4191
0.100	1/20	5°42′	1.0050	1.4177
0.083		4°45′	1.0035	1.4166
0.066	1/30	3°49′	1.0022	1.4157

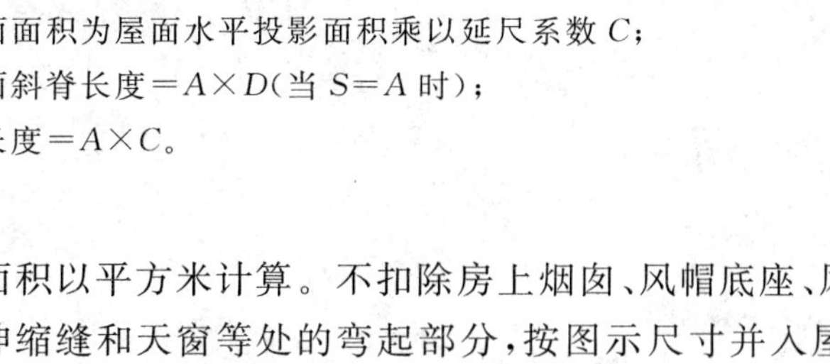

注：1. 两坡排水屋面面积为屋面水平投影面积乘以延尺系数 C；

2. 四坡排水屋面斜脊长度$=A\times D$(当 $S=A$ 时)；

3. 沿山墙泛水长度$=A\times C$。

二、涂膜

涂膜屋面按实铺面积以平方米计算。不扣除房上烟囱、风帽底座、风道、斜沟、变形缝所占面积，屋面的女儿墙、伸缩缝和天窗等处的弯起部分，按图示尺寸并入屋面工程量计算。如图纸无规定时，伸缩缝、女儿墙的弯起部分可按 250 mm 计算，天窗弯起部分可按 500 mm 计算。

三、墙、地面防水(潮)

1. 建筑物地面防水、防潮层，按主墙间净空面积计算，扣除凸出地面的构筑物、设备基础等所占的面积，不扣除柱、垛、间壁墙、烟囱及单个在 0.3 m^2 以内孔洞所占面积。与墙面连接处上卷高度在 500 mm 以内者按展开面积计算，按平面防水（潮）层计算，超过 500 mm 时，按立面防水（潮）层计算。

2. 建筑物墙基防水（潮）层，外墙长度按中心线，内墙按净长，乘以墙宽以平方米计算。

3. 构筑物及建筑物地下室防潮层，按设计展开面积以平方米计算，但不扣除单个在 0.3 m^2 以内的孔洞面积。

四、屋面排水

1. 屋面排水管拆换，按实际拆换长度以延长米计算。

2. 石棉水泥水斗、白铁水斗、铸铁水斗拆换以个计算。

3. 铸铁、石棉、塑料水落管按图示尺寸以延长米计算，如设计未标注尺寸，以檐口至设计室外散水上表面垂直距离计算。未含在项目内的雨水口、水斗、弯头等管件所占长度不扣除。管件按个计算。

一、屋　面

1. 瓦　屋　面

工作内容：1. 铺瓦。

2. 调运砂浆、安脊瓦、檐口瓦头抹灰。

3. 檩条上铺钉石棉瓦、安脊瓦。

单位：100 m^2

定额编号					AJ0001	AJ0002
项目名称					石棉瓦	
					木檩上	钢(砼)檩上
基价(元)					1233.86	1696.46
其中	人工费(元)				123.75	187.75
	材料费(元)				1110.11	1508.71
	机械费(元)					
	编号	名称	单位	单价	消耗量	
人工	00010101	综合工日	工日	25.00	4.950	7.510
材料	05050201	小波石棉瓦 1820×720	块	8.50	102.550	102.550
	05050202	小波石棉脊瓦 850×360	块	10.10	14.660	14.660
	75010101	其他材料费	元		91.832	490.437

工作内容：1. 铺瓦、调运砂浆。

2. 钢檩上铺玻璃钢瓦、安置脊瓦。

3. 部分打眼、铺瓦、嵌缝等，安脊瓦、檐口瓦头抹灰。

单位：100 m^2

定额编号					AJ0003	AJ0004	AJ0005
项目名称					玻璃钢瓦	屋面彩瓦	
					钢檩上	粘贴	挂贴
基价(元)					2679.30	3968.53	4845.49
其中	人工费(元)				255.00	1010.75	1111.75
	材料费(元)				2424.30	2937.08	3716.49
	机械费(元)					20.70	17.25
	编号	名称	单位	单价	消耗量		
人工	00010101	综合工日	工日	25.00	10.200	40.430	44.470
材料	81020104	水泥砂浆 1∶2.5	m^3	153.08		2.930	1.820
	81042501	素水泥浆	m^3	385.79		0.100	0.100
	05050302	玻璃钢瓦 1800×740×10	块	19.96	111.300		
	05050303	玻璃钢脊瓦	块	8.32	13.700		
	05050601	彩瓦	m^2	22.00		103.500	139.440
	05050602	彩瓦瓦脊	块	3.00		29.570	29.570
	17010101	建筑胶	kg	1.80		2.100	1.800
	17020401	粘结剂	kg	3.50		15.750	10.210
	36290101	水	m^3	2.00		0.200	0.180
	75010101	其他材料费	元		88.770	24.960	203.580
机械	85060501	灰浆搅拌机 200 L	台班	57.49		0.360	0.300

2. 彩钢板屋面

工作内容：1. 制作安装铁件。

2. 吊装屋面板，钻孔，对位，安装防水堵头、屋脊板。

单位：100 m²

定额编号					AJ0006	AJ0007
项目名称					彩钢板屋面	
					单层	夹芯板
基价(元)					4839.25	7556.68
其中	人工费(元)				290.50	377.75
	材料费(元)				3932.08	6431.36
	机械费(元)				616.67	747.57
	编号	名称	单位	单价	消耗量	
人工	00010101	综合工日	工日	25.00	11.620	15.110
材料	05050701	彩钢波纹瓦	m²	30.00	122.350	
	10011101	彩钢夹心板 100	m²	50.00		122.350
	05050702	彩钢瓦脊	m	15.00	4.730	4.730
	08040101	铁件	kg	4.00	9.710	12.623
	75010101	其他材料费	元		151.790	192.420
机械	85030401	汽车式起重机 5 t	台班	338.17	1.600	1.920
	75020101	其他机械费	元		75.600	98.280

3. 压型板屋面

工作内容：构件变形修理、临时加固、吊装、就位、找正、固定。

单位：100 m²

定额编号					AJ0008	AJ0009	AJ0010
项目名称					W-550 压型板屋面		
					檩距(m 以内)		
					7.50	6.00	4.20
基价(元)					9466.52	9608.42	9893.73
其中	人工费(元)				428.00	452.00	500.00
	材料费(元)				8940.23	9058.13	9295.44
	机械费(元)				98.29	98.29	98.29
	编号	名称	单位	单价	消耗量		
人工	00010101	综合工日	工日	25.00	17.120	18.080	20.000
材料	05050401	压型屋面板 W-550	m²	60.00	116.520	116.520	116.520
	05050404	檐口堵头板 WD-1	块	5.00	59.310	59.310	59.310
	05050405	屋脊堵头板 WD-2	块	4.50	59.310	59.310	59.310
	05050406	屋脊挡雨板 WD-3	块	3.00	59.310	59.310	59.310
	05050407	屋脊板 2 mm	m²	25.00	4.340	4.340	4.340
	05050408	沿口包角板 0.8 mm	m²	24.00	1.110	1.110	1.110
	09010201	电焊条	kg	6.30	4.030	5.180	7.480
	75010101	其他材料费	元		1047.125	1157.782	1380.599
机械	85090102	交流弧焊机 32 kV·A	台班	71.64	1.100	1.100	1.100
	75020101	其他机械费	元		19.490	19.490	19.490

4. 卷材屋面

工作内容：1. 清理基层、找平层分格缝嵌油膏、防水薄弱处刷涂膜附加层。

2. 刷底胶、铺贴卷材、接缝嵌油膏、做收头。

3. 涂刷着色剂保护层二遍。

4. 金属压条：清理基层、铺卷材、钉压条、射钉上嵌密封膏收头。　　单位：100 m^2

定额编号					AJ0011	AJ0012	AJ0013
项目名称					高分子防水卷材		防水卷材
单位					冷贴满铺	干铺	金属压条
基价(元)					2437.91	1786.47	2936.20
其中	人工费(元)				230.50	240.00	206.00
	材料费(元)				2207.41	1546.47	2730.20
	机械费(元)						
	编号	名称	单位	单价	消耗量		
人工	00010101	综合工日	工日	25.00	9.220	9.600	8.240
材料	22010101	防水卷材	m^2	12.00	110.550	115.000	130.000
	13030301	金属压条 3×30	m	1.50			105.000
	17020401	粘结剂	kg	3.50	52.450		
	81042401	水泥建筑胶浆 1∶0.1∶0.2	m^3	449.50	0.010		
	17010402	粘结胶	kg	12.50			45.000
	17010601	密封胶	kg	19.97			13.000
	75010101	其他材料费	元		692.740	166.470	190.590

工作内容：清理基层、铺贴、涂刷。　　单位：100 m^2

定额编号					AJ0014	AJ0015	AJ0016	AJ0017
项目名称					氯丁胶乳沥青卷材防水层			
					二布六涂	每增减一布一涂	每增减一涂	砼、砂浆面涂刷三层
基价(元)					1619.72	390.80	111.85	656.15
其中	人工费(元)				225.25	56.75	24.75	101.00
	材料费(元)				1394.47	334.05	87.10	555.15
	机械费(元)							
	编号	名称	单位	单价	消耗量			
人工	00010101	综合工日	工日	25.00	9.010	2.270	0.990	4.040
材料	16022001	氯丁胶乳沥青涂料	kg	4.56	224.000	34.000	19.000	121.00
	21030404	玻璃纤维布	m^2	1.53	239.100	116.300		
	75010101	其他材料费	元		7.210	1.070	0.460	3.390

工作内容：1. 支座处铺油膏一层、清理缝隙、油膏嵌缝，沿缝做二布三油。

2. 清理平整、铺设土工布、缝合及锚固土工布。

定额编号					AJ0018	AJ0019
项目名称					屋面分格缝	土工布隔离层
单位					100 m	100 m^2
基价(元)					824.98	696.08
其中	人工费(元)				211.00	132.75
	材料费(元)				613.98	563.33
	机械费(元)					
	编号	名称	单位	单价	消耗量	
人工	00010101	综合工日	工日	25.00	8.440	5.310
材料	18040102	无纺布	m^2	5.00	35.000	
	18040101	土工布	m^2	5.00		111.520
	81032401	冷底子油 30：70	kg	3.00	38.850	
	16022001	氯丁胶乳沥青涂料	kg	4.56	23.800	
	17060201	塑料油膏	kg	1.29	151.840	
	75010101	其他材料费	元		18.030	5.730

5. 涂膜屋面

工作内容：1. 清理基层、铺贴、涂刷。

2. 贴防水附加层、满涂油膏铺贴。

定额编号					AJ0020	AJ0021	AJ0022	AJ0023
项目名称					塑料油膏			
					玻璃纤维布		贴玻璃布盖缝	
					一布二油	每增一布一油	一布二油	每增一布一油
单位					100 m^2	100 m^2	100 m	100 m
基价(元)					1443.94	663.67	565.46	249.83
其中	人工费(元)				86.25	54.25	47.00	26.25
	材料费(元)				1357.69	609.42	518.46	223.58
	机械费(元)							
	编号	名称	单位	单价	消耗量			
人工	00010101	综合工日	工日	25.00	3.450	2.170	1.880	1.050
材料	21030404	玻璃纤维布	m^2	1.53	120.450	112.180	30.300	30.300
	17060201	塑料油膏	kg	1.29	872.260	324.940	351.070	131.650
	75010101	其他材料费	元		48.190	18.610	19.220	7.390

工作内容：清理基层、涂刷底胶、冷胶贴防水布及附加层。　　　　　　　　　　　　单位：100 m²

定额编号					AJ0024	AJ0025
项目名称					玻璃纤维布涂膜防水	
					二布三涂	每增减一布一涂
基价(元)					1870.78	587.89
其中	人工费(元)				230.50	116.25
	材料费(元)				1640.28	471.64
	机械费(元)					
	编号	名称	单位	单价	消耗量	
人工	00010101	综合工日	工日	25.00	9.220	4.650
材料	21030404	玻璃纤维布	m²	1.53	236.360	110.890
	17060701	涂膜油膏	kg	3.50	363.600	85.850
	75010101	其他材料费	元		6.050	1.500

工作内容：1. 清理基层、涂刷涂膜防水材料二遍。

2. 清理基层、泛水局部处理、筛铺镇水粉、铺隔离纸。　　　　　　　　　　　　单位：100 m²

定额编号					AJ0026	AJ0027
项目名称					涂膜防水	隔热镇水粉防水
					厚度 2 mm	
基价(元)					1946.01	1770.30
其中	人工费(元)				156.75	49.50
	材料费(元)				1789.26	1720.80
	机械费(元)					
	编号	名称	单位	单价	消耗量	
人工	00010101	综合工日	工日	25.00	6.270	1.980
材料	22030501	涂膜防水材料	kg	5.00	356.000	
	17081801	镇水粉	kg	2.66		600.000
	75010101	其他材料费	元		9.260	124.800

6. 刚性屋面

工作内容：1. 清理基层、混凝土浇捣、压实、养护、屋面分格缝设置及泛水处理。

2. 商品混凝土振捣、养护，屋面分格缝设置及泛水处理。　　　　　　　　　　　　单位：100 m²

定额编号		AJ0028	AJ0029	AJ0030	AJ0031
项目名称		刚性屋面			
		自拌砼		商品砼	
		厚度 40 mm	厚度每增减 5 mm	厚度 40 mm	厚度每增减 5 mm
基价(元)		1961.84	198.84	1859.84	193.11
其中	人工费(元)	550.75	76.25	338.00	55.00
	材料费(元)	1372.95	117.89	1521.27	138.11
	机械费(元)	38.14	4.70	0.57	

续表　　单位:100 m²

定额编号				AJ0028	AJ0029	AJ0030	AJ0031
项目名称				刚性屋面			
				自拌砼		商品砼	
				厚度 40 mm	厚度每增减 5 mm	厚度 40 mm	厚度每增减 5 mm
编号	名称	单位	单价	消耗量			
人工 00010101	综合工日	工日	25.00	22.030	3.050	13.520	2.200
材料 80021302	砼 C20(塑、特、碎 5～10、坍 35～50)	m³	136.72	4.460	0.560		
01020101	商品砼	m³	160.00			4.800	0.600
81040502	水泥石屑浆 1∶2.5	m³	175.65	0.050		0.050	
81042501	素水泥浆	m³	385.79	0.120		0.120	
17060301	建筑油膏	kg	3.43	81.170	10.150	81.170	10.150
36290101	水	m³	2.00	8.690	0.280	3.690	0.280
75010101	其他材料费	元		412.310	5.950	412.400	6.740
机械 85060202	双锥反转出料砼搅拌机 350 L	台班	93.92	0.400	0.050		
85060501	灰浆搅拌机 200 L	台班	57.49	0.010		0.010	

工作内容:清理基层、刷水泥浆、调运砂浆、铺抹、收光、养护、屋面分格缝设置及泛水处理。　单位:100 m²

定额编号				AJ0032	AJ0033
项目名称				防水砂浆	
				厚度 25 mm	厚度每增减 5 mm
基价(元)				965.97	147.21
其中	人工费(元)			286.75	35.25
	材料费(元)			655.07	107.36
	机械费(元)			24.15	4.60
编号	名称	单位	单价	消耗量	
人工 00010101	综合工日	工日	25.00	11.470	1.410
材料 17081901	防水粉	kg	1.29	69.700	14.330
81020103	水泥砂浆 1∶2	m³	174.27	2.530	0.510
81042501	素水泥浆	m³	385.79	0.100	
02020101	锯材	m³	850.00	0.010	
17060301	建筑油膏	kg	3.43	18.500	
36290101	水	m³	2.00	3.800	
75010101	其他材料费	元		6.120	
机械 85060501	灰浆搅拌机 200 L	台班	57.49	0.420	0.080

二、墙、地面防水（潮）

1. 卷 材 防 水（潮）

工作内容：清理基层、刷基层处理剂、铺贴防水卷材。　　单位：100 m^2

定额编号					AJ0034	AJ0035
项目名称					高分子卷材防水	
					冷贴满铺	
					平面	立面
基价（元）					3069.55	3256.18
其中	人工费（元）				322.75	407.00
	材料费（元）				2746.80	2849.18
	机械费（元）					
	编号	名称	单位	单价	消耗量	
人工	00010101	综合工日	工日	25.00	12.910	16.280
材料	22010101	防水卷材	m^2	12.00	124.170	124.170
	81042401	水泥建筑胶浆 1∶0.1∶0.2	m^3	449.50	0.010	0.010
	17010402	粘结胶	kg	12.50	63.930	70.320
	75010101	其他材料费	元		453.143	475.640

2. 涂 膜 防 水（潮）

工作内容：1. 清理基层、涂刷底胶及附加层、涂刷防水涂膜。

2. 清理基层、刷冷底子油。　　单位：100 m^2

定额编号					AJ0036	AJ0037	AJ0038	AJ0039
项目名称					涂膜防水（潮）		刷冷底子油	
					平面	立面	一遍	每增加一遍
基价（元）					1974.61	2148.30	188.37	145.09
其中	人工费（元）				166.50	249.75	39.25	33.25
	材料费（元）				1808.11	1898.55	149.12	111.84
	机械费（元）							
	编号	名称	单位	单价	消耗量			
人工	00010101	综合工日	工日	25.00	6.660	9.990	1.570	1.330
材料	22030501	涂膜防水材料	kg	5.00	361.260	379.330		
	81032401	冷底子油 30∶70	kg	3.00			48.480	36.360
	75010101	其他材料费	元		1.810	1.900	3.680	2.760

工作内容：清理基层、调运砂浆、抹水泥砂浆。　　　　单位：100 m²

定额编号					AJ0040	AJ0041
项目名称					防水砂浆	
					平面	立面
基价(元)					705.57	854.70
其中	人工费(元)				254.25	381.50
	材料费(元)				431.77	453.65
	机械费(元)				19.55	19.55
	编号	名称	单位	单价	消耗量	
人工	00010101	综合工日	工日	25.00	10.170	15.260
材料	17081901	防水粉	kg	1.29	55.000	57.750
	81020103	水泥砂浆 1：2	m³	174.27	2.040	2.142
	75010101	其他材料费	元		5.310	5.870
机械	85060501	灰浆搅拌机 200 L	台班	57.49	0.340	0.340

三、变形缝

1. 填缝

工作内容：清理基层、嵌缝。　　　　单位：100 m

定额编号					AJ0042
项目名称					建筑油膏
基价(元)					444.78
其中	人工费(元)				139.00
	材料费(元)				305.78
	机械费(元)				
	编号	名称	单位	单价	消耗量
人工	00010101	综合工日	工日	25.00	5.560
材料	17060301	建筑油膏	kg	3.43	87.770
	75010101	其他材料费	元		4.730

2. 盖缝

工作内容：镀锌铁皮、铝板、不锈钢板加工，盖缝板安装。　　　　单位：100 m

定额编号		AJ0043	AJ0044	AJ0045
项目名称		外墙变形缝		
		镀锌铁皮	铝板	不锈钢板
		缝宽 50 mm 以内		
基价(元)		708.13	1937.24	2015.47
其中	人工费(元)	222.00	188.75	188.75
	材料费(元)	486.13	1748.49	1826.72
	机械费(元)			

续表

单位:100 m

定额编号					AJ0043	AJ0044	AJ0045
项目名称					外墙变形缝		
					镀锌铁皮	铝板	不锈钢板
					缝宽 50 mm 以内		
	编号	名称	单位	单价	消耗量		
人工	00010101	综合工日	工日	25.00	8.880	7.550	7.550
材料	03030201	镀锌铁皮	m^2	14.00	25.860		
	04010102	铝板	kg	15.00		110.550	
	03080303	不锈钢板	m^2	70.00			25.860
	75010101	其他材料费	元		124.093	90.240	16.520

工作内容:镀锌铁皮、铝板、不锈钢板加工,盖缝板安装。

单位:100 m

定额编号					AJ0046	AJ0047	AJ0048	AJ0049	AJ0050	AJ0051
项目名称					外墙变形缝			内墙变形缝		
					镀锌铁皮	铝板	不锈钢板	镀锌铁皮	铝板	不锈钢板
					缝宽 100 mm 以内					
基价(元)					961.53	2962.10	3134.30	889.05	2564.88	2792.52
其中	人工费(元)				233.00	198.25	198.25	233.00	198.25	198.25
	材料费(元)				728.53	2763.85	2936.05	656.05	2366.63	2594.27
	机械费(元)									
	编号	名称	单位	单价	消耗量					
人工	00010101	综合工日	工日	25.00	9.320	7.930	7.930	9.320	7.930	7.930
材料	03030201	镀锌铁皮	m^2	14.00	41.660			36.720		
	04010102	铝板	kg	15.00		178.090			156.980	
	03080303	不锈钢板	m^2	70.00			41.660			36.720
	75010101	其他材料费	元		145.290	92.500	19.850	141.971	11.930	23.870

工作内容:镀锌铁皮、铝板、不锈钢板加工,盖缝板安装。

单位:100 m

定额编号		AJ0052	AJ0053	AJ0054
项目名称		顶棚变形缝		
		镀锌铁皮	铝板	不锈钢板
		缝宽 100 mm 内		
基价(元)		912.55	2666.83	2894.46
其中	人工费(元)	256.50	218.25	218.25
	材料费(元)	656.05	2448.58	2676.21
	机械费(元)			

续表 单位:100 m

定额编号				AJ0052	AJ0053	AJ0054
项目名称				顶棚变形缝		
				镀锌铁皮	铝板	不锈钢板
				缝宽 100 mm 内		
编号	名称	单位	单价	消耗量		
人工 00010101	综合工日	工日	25.00	10.260	8.730	8.730
材料 03030201	镀锌铁皮	m^2	14.00	36.720		
04010102	铝板	kg	15.00		156.980	
03080303	不锈钢板	m^2	70.00			36.720
75010101	其他材料费	元		141.971	93.880	105.810

工作内容:铝板、胶合板加工,盖缝板安装。 单位:100 m

定额编号				AJ0055	AJ0056
项目名称				吊顶变形缝	
				铝板	胶合板
				缝宽 250 mm 内	
基价(元)				2420.40	403.34
其中	人工费(元)			119.50	81.75
	材料费(元)			2300.90	321.59
	机械费(元)				
编号	名称	单位	单价	消耗量	
人工 00010101	综合工日	工日	25.00	4.780	3.270
材料 04010102	铝板	kg	15.00	152.620	
10010201	胶合板	m^2	15.00		10.500
75010101	其他材料费	元		11.600	164.090

工作内容:钢板、铝板、塑料硬板加工,预埋铁件,盖缝板安装。 单位:100 m

定额编号				AJ0057	AJ0058	AJ0059	AJ0060	AJ0061	AJ0062
项目名称				楼地面变形缝					
				钢板	铝板	塑料硬板	钢板	铝板	塑料硬板
				缝宽 50 mm 内			缝宽 150 mm 内		
基价(元)				2890.56	2767.88	1562.17	3853.37	3355.60	977.32
其中	人工费(元)			282.00	282.00	282.00	310.00	310.00	310.00
	材料费(元)			2608.56	2485.88	1280.17	3543.37	3045.60	667.32
	机械费(元)								
编号	名称	单位	单价	消耗量					
人工 00010101	综合工日	工日	25.00	11.280	11.280	11.280	12.400	12.400	12.400

续表

单位:100 m

定额编号					AJ0057	AJ0058	AJ0059	AJ0060	AJ0061	AJ0062
项目名称					楼地面变形缝					
					钢板	铝板	塑料硬板	钢板	铝板	塑料硬板
					缝宽 50 mm 内			缝宽 150 mm 内		
	编号	名称	单位	单价	消耗量					
材料	03030502	花纹钢板	t	3500.00	0.458			0.977	0.008	0.001
	04010102	铝板	kg	15.00		99.690			194.850	
	20050201	硬塑料板	m^2	25.30			11.600			22.790
	03060102	型钢	t	2900.00	0.302	0.302	0.302			
	08040101	铁件	kg	4.00	0.012					
	75010101	其他材料费	元		129.710	114.730	110.890	123.870	94.850	87.230

工作内容:镀锌铁皮、铝板、不锈钢板加工,盖缝板安装,砂浆抹灰。

单位:100 m

定额编号					AJ0063	AJ0064	AJ0065
项目名称					屋面变形缝		
					镀锌铁皮	铝板	不锈钢板
					缝宽 100 mm 内		
基价(元)					1187.49	1875.18	3120.74
其中	人工费(元)				562.50	562.50	562.50
	材料费(元)				624.99	1312.68	2558.24
	机械费(元)						
	编号	名称	单位	单价	消耗量		
人工	00010101	综合工日	工日	25.00	22.500	22.500	22.500
材料	03030201	镀锌铁皮	m^2	14.00	36.210		
	04010102	铝板	kg	15.00		82.560	
	03080303	不锈钢板	m^2	70.00			36.210
	75010101	其他材料费	元		118.050	74.280	23.540

3. 止　水　带

工作内容:1. 清理、洗缝、隔纸、粘贴。

2. 钢板(紫铜板)剪裁、焊接成型、铺设。

单位:100 m

定额编号		AJ0066	AJ0067	AJ0068
项目名称		氯丁橡胶片止水带	预埋式金属止水带	
			紫铜板	钢板
基价(元)		1777.56	25561.36	2981.72
其中	人工费(元)	89.50	660.75	660.75
	材料费(元)	1688.06	24827.50	2247.86
	机械费(元)		73.11	73.11

续表 单位:100 m

定额编号				AJ0066	AJ0067	AJ0068
项目名称				氯丁橡胶片止水带	预埋式金属止水带	
					紫铜板	钢板
编号		名称	单位	单价	消耗量		
人工	00010101	综合工日	工日	25.00	3.580	26.430	26.430
材料	20010102	橡胶板	m^2	11.44	31.820		
	04020101	紫铜板	kg	30.00		810.900	
	03030102	钢板	kg	2.90			715.210
	09010101	铜焊条	kg	35.00		14.300	
	09010201	电焊条	kg	6.30			13.280
	17010402	粘结胶	kg	12.50	60.580		
	75010101	其他材料费	元		566.793		90.090
机械	85072404	剪板机 厚20×宽2500(mm)	台班	208.73		0.110	0.110
	85090102	交流弧焊机 32 kV·A	台班	71.64		0.700	0.700

工作内容:止水带裁制、接头及安装。 单位:100 m

定额编号					AJ0069	AJ0070
项目名称					预埋式止水带	
					橡胶	塑料
基价(元)					4029.23	2555.03
其中	人工费(元)				275.00	275.00
	材料费(元)				3754.23	2280.03
	机械费(元)					
编号		名称	单位	单价	消耗量	
人工	00010101	综合工日	工日	25.00	11.000	11.000
材料	22030201	橡胶止水带	m	35.00	105.000	
	22030401	塑料止水带	m	20.96		105.000
	17010402	粘结胶	kg	12.50	3.040	3.040
	75010101	其他材料费	元		41.234	41.234

四、屋面排水

工作内容:1. 铸铁水落管:包括切管、埋管卡、安水管、合灰、捻口等。

2. 铸铁雨水口:就位、安装。

定额编号		AJ0071	AJ0072	AJ0073	AJ0074
项目名称		柔性接口球墨铸铁排水管(直径 mm)		铸铁雨水口(直径 mm)	
		ϕ100	ϕ150	ϕ100	ϕ150
单位		10 m	10 m	10 个	10 个
基价(元)		392.07	518.05	270.36	325.52
其中	人工费(元)	70.50	78.00	80.75	84.00
	材料费(元)	321.57	440.05	189.61	241.52
	机械费(元)				

续表

定额编号					AJ0071	AJ0072	AJ0073	AJ0074
项目名称					柔性接口球墨铸铁排水管(直径 mm)		铸铁雨水口(直径 mm)	
					ϕ100	ϕ150	ϕ100	ϕ150
编号		名称	单位	单价	消耗量			
人工	00010101	综合工日	工日	25.00	2.820	3.120	3.230	3.360
材料	24110701	RBS 铸铁水落管	m	20.00	10.470			
	25030501	RBS 铸铁三通	个	20.50	3.610			
	24110307	铸铁排水管 DN150×1500	m	27.50		10.100		
	25030402	铸铁三通 150×50	个	30.50		3.610		
	08040101	铁件	kg	4.00	1.440	7.780		
	25130301	铸铁雨水口 150 带罩	套	21.24				10.100
	25130401	RBS 铸铁雨水口 带罩	套	15.70			10.470	
	75010101	其他材料费	元		32.400	21.070	25.232	27.000

工作内容:1. 铸铁水斗、弯头、就位安装。

2. 铁皮截料、制作安装。

定额编号					AJ0075	AJ0076
项目名称					铸铁弯头	铁皮排水天沟、泛水
单位					10 个	100 m²
基价(元)					725.67	1838.16
其中	人工费(元)				89.50	260.25
	材料费(元)				636.17	1577.91
	机械费(元)					
编号		名称	单位	单价	消耗量	
人工	00010101	综合工日	工日	25.00	3.580	10.410
材料	25040701	铸铁弯头(出水口)100	个	47.61	10.100	
	08040101	铁件	kg	4.00	2.420	
	03030201	镀锌铁皮	m²	14.00		105.400
	75010101	其他材料费	元		145.630	102.310

工作内容:1. 划线、埋设管卡、安装塑料管、弯管、水斗等全部操作过程。

2. 吐水管就位安装。

定额编号		AJ0077	AJ0078	AJ0079	AJ0080	AJ0081
项目名称		塑料水落管(直径 mm)			吐水管	
		ϕ50 以内	ϕ75	ϕ114	钢管	塑料管
单位		套	10 m	10 m	10 个	10 个
基价(元)		38.74	144.84	212.25	100.74	43.80
其中	人工费(元)	6.25	11.50	24.00	24.75	14.50
	材料费(元)	32.49	133.34	188.25	75.99	29.30
	机械费(元)					

续表

定额编号				AJ0077	AJ0078	AJ0079	AJ0080	AJ0081
项目名称				塑料水落管(直径 mm)			吐水管	
				φ50 以内	φ75	φ114	钢管	塑料管
编号		名称	单位	单价	消耗量				
人工	00010101	综合工日	工日	25.00	0.250	0.460	0.960	0.990	0.580
材料	24080703	塑料硬管 φ50	m	5.50	1.010				
	24080201	塑料短管 φ50×400	个	3.50	1.010				
	25030301	塑料三通 φ110	个	12.00	1.010				
	25041301	塑料硬管弯头 φ90	个	8.00	1.010				
	24080704	塑料硬管 φ75	m	10.00		10.450			
	24080302	塑料弯管 φ75	个	8.00		0.630			
	24080705	塑料硬管 φ114	m	15.00			10.320		
	24080303	塑料弯管 φ114	个	8.00			0.630		
	20022501	塑料水斗	个	20.00		0.630	0.630		
	24010108	钢管 φ50	m	14.15				5.050	
	24080105	塑料管 φ50	m	5.50					5.050
	75010101	其他材料费	元		3.200	11.200	15.810	4.530	1.520

九、内蒙古自治区建设工程计价依据

（2009年定额防水工程部分）

关于发布《内蒙古自治区建设工程计价依据》的通知

（内建工[2009]209号）

各盟市建设局(建委),各有关单位：

为了规范建设工程造价计价行为,维护建设工程发承包双方的合法权益,满足建设工程计价的需要,根据住房和城乡建设部、国家质量监督检验检疫总局联合发布的《建设工程工程量清单计价规范》(GB 50500—2008)和建设部《建筑工程施工发包与承包计价管理办法》(建设部令第107号)、《内蒙古自治区建筑市场管理条例》等政策法规,结合内蒙古自治区的实际情况,我厅组织编制了2009届"内蒙古自治区建设工程计价依据",包括:《内蒙古自治区建筑工程预算定额》、《内蒙古自治区装饰装修工程预算定额》、《内蒙古自治区安装工程预算定额》、《内蒙古自治区市政工程预算定额》、《内蒙古自治区园林绿化工程预算定额》、《内蒙古自治区园林绿化养护工程预算定额》、《内蒙古自治区砼及砂浆配合比价格》、《内蒙古自治区施工机械台班费用定额》以及相关的编制说明(以下简称"2009届计价依据")。业经审查,予以发布,自2009年7月1日起执行。现将有关事项通知如下：

一、"2009届计价依据"的消耗量为社会平均水平,计入定额基价的材料价格是呼和浩特地区2008届材料预算价格。

二、"2009届计价依据"是建设工程计价活动的地方性标准;是编制工程招标控制价、设计概算、施工图预算和调解、处理建设工程造价纠纷的依据;是投标报价、确定合同价款、拨付工程款、办理竣工结算和衡量投标报价合理性的基础。

三、凡2009年7月1日以后开工建设的项目,应执行"2009届计价依据";2009年7月1日以前开工建设的项目,按照合同约定执行;合同约定按照政策性规定调整的工程项目,2009年7月1日以后完成的工作量应执行"2009届计价依据"。

四、"2009届计价依据"执行过程中,自治区建设工程造价管理总站应对计入定额基价的人工费、机械台班费进行适时调查、测算调整;各盟市对计入定额基价内的材料价格根据本地区市场变化情况,适时进行调查、测算,并及时公布材料价格信息。

五、"2009届计价依据"由内蒙古自治区建设工程造价管理总站负责管理和解释。各盟市建设工程造价管理站受自治区建设工程造价管理总站委托负责在本行政区域内管理和解释。

内蒙古自治区建设厅

二〇〇九年五月二十七日

说　明

1. 定额中各种瓦的规格不同时，瓦的数量可以换算，其他不允许调整。

2. 卷材及柔性卷材屋面防水均包括附加层及冷底油一遍。

3. 铁皮屋面及屋面排水，定额中已包括了咬口、搭接等工料，使用时不再另行计算，铁皮型号不同可以换算。

4. 白铁皮压毡条，宽度是按 3 cm 计算的，实际宽度不同时可按比例增加铁皮用量，其他不变。如压条带有出沿者执行泛水定额。

5. 墙、地面防水防潮本定额适用于楼地面、墙基、墙身、构筑物、水池、水塔及室内厕、浴室以及±0.00 以下的防水防潮工程。

6. 变形缝中的盖缝，如设计规格与定额中不同时用料可以换算，其他不变。

7. 屋面砂浆找平层、面层按楼地面相应定额执行。

8. 刚性防水水泥砂浆内掺高效有机硅防水剂项目，如设计与定额不同时，掺和剂及其含量可换算，人工不变。

工程量计算规则

1. 各种瓦屋面、金属型材屋面按图示尺寸的水平投影面积乘以坡度系数(见屋面坡度系数表)，以面积计算，不扣除房上烟囱、风帽底座、风道、屋顶小气窗、斜沟等所占的面积。但屋面小气窗出檐部分亦不增加。阳光板屋面，按设计图示尺寸以面积计算。

2. 卷材及涂膜屋面:按设计图示尺寸以面积计算。

(1) 斜屋顶(不包括平屋顶找坡)按斜面积计算，平屋顶按水平投影面积计算。

(2) 不扣除房上烟囱、风帽底座、风道、屋面小气窗和斜沟所占面积。

(3) 屋面的女儿墙、伸缩缝和天窗等处的弯起部分、并入屋面工程量内。弯起部分如图纸无规定时，女儿墙、伸缩缝的弯起部分可按 250 mm 计算，天窗弯起部分按 500 mm 计算。

3. 卷材屋面附加层、接缝、收头、找平层的嵌缝、冷底子油已包括在定额内，不再另行计算。

4. 刚性防水按设计图纸尺寸以展开面积计算，不扣除房上烟囱、风帽底座风道等所占体积。

5. 铁皮排水按图示尺寸以展开面积计算，咬口和搭接已计入定额内，不得另行计算。

6. 屋面排水管按设计图示尺寸以长度计算。如设计未标注尺寸，以檐口至设计室外散水上表面垂直距离计算。

7. 屋面天沟、檐沟按设计图示尺寸以面积计算。铁皮和卷材天沟按展开面积计算。

8. 防潮、防水工程量按以下规定计算:

(1) 地面防水、防潮层，按主墙间净面积计算，扣除凸出地面的构筑物，设备基础等所占的面积，不扣除间壁墙及单个 0.3 m^2 以内的柱、垛、烟囱和孔洞所占面积。与墙面连接处高度在 500 mm 以内按展开面积并入平面工程量内，超过 500 mm 时，按立面防水层计算。

(2) 墙基防水、防潮层，外墙长度按中心线，内墙按净长线乘宽度以平方米计算。

(3) 构筑物及建筑物地下室防水层，按实铺面积计算，但不扣除 0.3 m^2 以内的孔洞面积，平面与立面交接处的防水层，其上卷高度超过 500 mm 时，按立面防水层计算。

(4) 防水卷材的附加层，接缝、收头、冷底子油等人工材料均已计入定额内，不得另行计算。

9. 变形缝按设计图示以长度计算。

屋面坡度系数表

坡度			延尺系数	隅延尺系数	坡度			延尺系数	隅延尺系数
B (*A*=1)	*B*/2*A*	角度 *θ*	*C* (*A*=1)	*D* (*A*=1)	B (A=1)	B/2A	角度 θ	C (A=1)	D (A=1)
1	1/2	45°	1.4142	1.7320	0.4	1/5	21°48′	1.0770	1.4697
0.75		36°52′	1.2500	1.6008	0.35		19°47′	1.0595	1.4569
0.7		35°	1.2207	1.5780	0.3		16°42′	1.0440	1.4457
0.666	1/3	33°40′	1.2015	1.5632	0.25	1/8	14°02′	1.0308	1.4361
0.65		33°01′	1.1927	1.5564	0.2	1/10	11°19′	1.0198	1.4283
0.6		30°58′	1.1662	1.5362	0.15		8°32′	1.0112	1.4221
0.577		30°	1.1545	1.5274	0.125	1/15	7°8′	1.0078	1.4197
0.55		28°49′	1.1413	1.5274	0.1	1/20	5°42′	1.0050	1.4177
0.5	1/4	26°34′	1.1180	1.5000	0.083	1/24	4°45′	1.0035	1.4166
0.45		24°14′	1.0966	1.4841	0.066	1/30	3°49′	1.0022	1.4157

注：1. 两坡水屋面的实际面积为屋面水平投影面积乘延尺系数 C。

2. 四坡水屋面斜脊长度＝$A \times D$(当 $S=A$ 时)。

3. 沿山墙泛水长度＝$A \times C$。

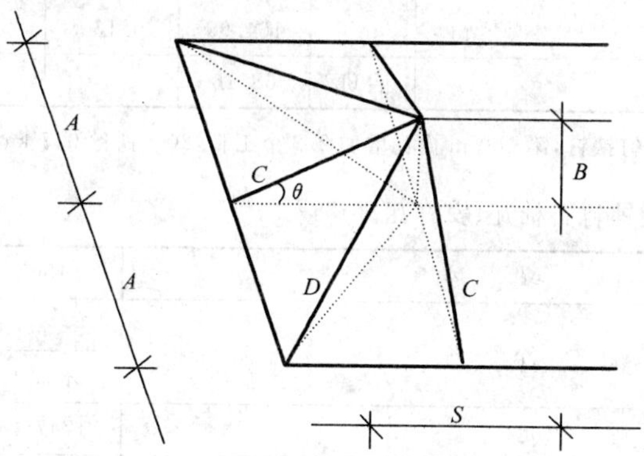

一、屋　面

1. 瓦　屋　面

工作内容：调制砂浆，挂瓦、卧瓦，安脊瓦，抹脊背，檐口梢头坐灰。　　单位：100 m²

定额编号	1504	1505	1506	1507
项目名称	粘土瓦	水泥瓦		小青瓦
	屋面板上或椽子挂瓦上铺设		砂浆卧瓦	
基价(元)	1634.31	6468.32	7214.48	3462.66
人工费(元)	413.91	546.75	808.25	908.82
材料费(元)	1220.40	5921.57	6378.97	2553.84
机械费(元)	—	—	27.26	—

续表

单位：100 m²

定额编号				1504	1505	1506	1507
项目名称				粘土瓦	水泥瓦		小青瓦
				屋面板上或椽子挂瓦上铺设		砂浆卧瓦	
编码	名称	单位	单价(元)	数量			
AZ0020	综合工日	工日	45.00	9.198	12.150	17.961	20.196
AB0051	水泥脊瓦 460×175×15 mm	千块	3600.00	—	0.028	0.028	—
AB0081	水泥平瓦 387×238×15 mm	千块	3400.00	—	1.700	1.700	—
AC0160	粘土脊瓦 250×180 mm	千块	1200.00	0.070	—	—	—
AC0170	粘土平瓦 365×215 mm	千块	600.00	1.850	—	—	—
AC0190	青平瓦 200×145	千块	520.00	—	—	—	4.840
AN0040	钉子 50 mm	kg	5.00	—	1.640	—	—
AN1550	镀锌铁丝 20#	kg	5.20	—	2.340	—	—
AV0010	水	m³	5.70	—	—	0.600	—
PL0120	混合砂浆 1∶1∶4	m³	119.49	—	—	—	0.310
PL0300	水泥砂浆 1∶2.5	m³	185.45	—	0.110	0.110	—
PL0320	水泥砂浆 1∶3	m³	164.99	0.160	—	2.875	—
XF0160	灰浆搅拌机 200 L	台班	68.16	—	—	0.400	—

注：粘土瓦、水泥瓦如穿铁丝钉铁钉，第 100 m 檐瓦增加 2.2 个工日，20# 铁丝 0.7 kg，铁钉 0.49 kg。

工作内容：钢、木、混凝土檩上铺钉石棉瓦、安脊瓦。

单位：100 m²

定额编号				1508	1509	1510
项目名称				波形石棉瓦		
				木檩上	钢檩上	混凝土檩上
基价(元)				1747.84	2082.55	2074.63
人工费(元)				200.48	267.66	304.16
材料费(元)				1547.36	1814.89	1770.47
机械费(元)				—	—	—
编码	名称	单位	单价(元)	数量		
AZ0020	综合工日	工日	45.00	4.455	5.948	6.759
AC0280	石棉脊瓦 850×400×8	块	5.00	14.660	14.660	14.660
AC0341	波形石棉瓦	m²	11.06	129.560	129.560	129.560
AM8360	镀锌螺栓钩 6×600	百个	99.10	—	2.010	—
AN0081	镀锌铁钉带垫	百个	8.00	4.020	—	—
AN2770	镀锌扁钢钩 3×12×300	十个	5.00	—	20.100	—
AN2771	镀锌扁钢钩 3×12×400	十个	4.50	—	—	20.100
AN7020	镀锌螺栓钩 8×600	百个	82.00	—	—	2.010
HA1360	油灰	kg	1.20	2.940	2.940	2.940
PL0710	麻刀石灰浆	m³	217.65	0.025	0.025	0.025

工作内容：钢、木、檩上铺钉玻璃钢瓦、安脊瓦。 单位：100 m²

定额编号				1511	1512
项目名称				玻璃钢瓦	
				木檩上	钢檩上
基价(元)				2961.79	3407.51
人工费(元) 材料费(元) 机械费(元)				138.51 2823.28 —	221.13 3186.38 —
编码	名称	单位	单价(元)	数量	
AZ0020	综合工日	工日	45.00	3.078	4.914
AC0460	玻璃钢瓦 1800×720×15	块	28.00	97.000	97.000
AC0480	玻璃钢脊瓦 800×700	块	12.00	6.000	6.000
AM8360	镀锌螺栓钩 6×600	百个	99.10	—	4.020
AN0081	镀锌铁钉 带垫	百个	8.00	4.410	—

工作内容：调制砂浆；铺灰盖瓦、安装筒瓦、脊瓦修齐瓦口边线；清扫瓦面。 单位：10 m²

定额编号				1513	1514	1515
项目名称				琉璃瓦		
				砼亭面上	砼屋面上	砼檩条上
基价(元)				2594.91	4907.38	5374.81
人工费(元) 材料费(元) 机械费(元)				345.87 2244.27 4.77	280.04 4622.57 4.77	363.83 5008.25 2.73
编码	名称	单位	单价(元)	数量		
AZ0020	综合工日	工日	45.00	7.686	6.223	8.085
AC0420	琉璃瓦边 178×26	块	2.70	598.000	—	—
AC0430	琉璃瓦片	块	2.30	240.000	463.000	598.000
AC0440	琉璃瓦筒	块	15.00	—	232.000	240.000
AN1510	镀锌铁丝 14#	kg	5.20	1.440	1.440	1.440
PK0030	混合砂浆 M5-H-3	m³	115.27	0.220	0.220	0.220
PL0280	水泥砂浆 1：2	m³	203.74	0.220	0.220	—
XF0160	灰浆搅拌机 200 L	台班	68.16	0.070	0.070	0.040

工作内容：同前。 单位：10 m

定额编号				1516	1517
项目名称				琉璃脊瓦	琉璃瓦檐
基价(元)				385.39	394.99
人工费(元) 材料费(元) 机械费(元)				171.99 212.04 1.36	137.97 255.66 1.36
编码	名称	单位	单价(元)	数量	
AZ0020	综合工日	工日	45.00	3.822	3.066
AC0010	红(青)砖 240×115×53	千块	230.00	0.040	—
AC0390	琉璃脊瓦	块	4.10	47.000	—
AC0400	琉璃满面(勾头)	块	2.00	—	44.000
AC0410	琉璃满面筒(花瓦)	块	3.10	—	50.000
RK0040	混合砂浆 M5-H-4	m^3	112.66	0.090	0.040
PL0280	水泥砂浆 1∶2	m^3	203.74	—	0.040
XF0160	灰浆搅拌机 200 L	台班	68.16	0.020	0.020

工作内容：1. 调制砂浆；铺瓦并修界瓦边，绑铁线及钉固；清扫瓦面。

2. 清理基层，刷冷底子油，放样定位，铺油毡瓦，沥青膏嵌缝。 单位：见表

定额编号				1518	1519	1520
项目名称				西班牙瓦屋面		
				屋面落水		正斜脊
				两坡以内	四坡以内	
				100 m^2		100 m
基价(元)				12601.65	12792.00	6402.76
人工费(元) 材料费(元) 机械费(元)				1065.15 11488.79 47.71	1255.50 11488.79 47.71	850.50 5538.63 13.63
编码	名称	单位	单价(元)	数量		
AZ0020	综合工日	工日	45.00	23.670	27.900	18.900
AC1410	西班牙瓦 310×310×15	块	6.80	1580.000	1580.000	—
AC1420	西班牙脊瓦 285×180×15	块	11.80	—	—	370.000
AC1430	S盾瓦 250×90×10	百块	240.00	—	—	4.100
AN0231	扣钉	kg	5.00	0.900	0.900	0.900
AN1585	镀锌铁丝 ϕ1.2 mm	kg	5.20	14.400	14.400	14.400
AV0010	水	m^3	5.70	3.200	3.200	2.000
PK0020	混合砂浆 M2.5-H-4	m^3	108.72	2.200	2.200	0.900
PL0300	水泥砂浆 1∶2.5	m^3	185.45	2.200	2.200	—
XF0160	灰浆搅拌机 200 L	台班	68.16	0.700	0.700	0.200

工作内容：同前。　　　　　　　　　　　　　　　　　　　　　　　　　单位：见表

定额编号				1521	1522	1523	1524
项目名称				英红瓦屋面			多彩油毡瓦
				两坡以内	四坡以内	斜脊	
				100 m^2		100 m	100 m^2
基价(元)				9313.28	9520.01	4640.83	4236.60
人工费(元)				965.84	1172.57	841.10	648.00
材料费(元)				8320.18	8320.18	3786.10	3588.60
机械费(元)				27.26	27.26	13.63	—
编码	名称	单位	单价(元)	数量			
AZ0020	综合工日	工日	45.00	21.463	26.057	18.691	14.400
AC0511	多彩油毡瓦 1000×333	m^2	29.00	—	—	—	105.000
AC1421	英红瓦 420×332	块	7.12	1093.750	1093.750	—	—
AC1422	英红脊瓦	块	11.80	—	—	304.350	—
AN7030	油毡钉	kg	6.00	—	—	—	6.180
AV0010	水	m^3	5.70	3.200	3.200	2.000	—
PL0280	水泥砂浆 1∶2	m^3	203.74	2.575	2.525	0.900	—
PM0400	冷底子油 3∶7	kg	6.03	—	—	—	84.000
XF0160	灰浆搅拌机 200 L	台班	68.16	0.400	0.400	0.200	—

2. 金属屋面(型材)

工作内容：瓦垄铁皮的钻孔稳固上螺丝等全部过程。　　　　　　　　　　　单位：100 m^2

定额编号				1525	1526
项目名称				瓦垄铁皮	
				木檩上	钢檩上
基价(元)				4102.70	4821.09
人工费(元)				91.53	134.87
材料费(元)				4011.17	4686.22
机械费(元)				—	—
编码	名称	单位	单价(元)	数量	
AZ0020	综合工日	工日	45.00	2.034	2.997
AM8360	镀锌螺栓钩 6×600	百个	99.10	—	7.410
AN0081	镀锌铁钉　带垫	百个	8.00	7.410	—
AN2830	镀锌瓦垄铁皮 26＃	m^2	30.43	126.000	126.000
DA1110	镀锌铁皮 26＃	m^2	28.50	4.130	4.130

3. 阳光板屋面

工作内容：支架制作安装，阳光板安装，密封条、嵌缝等。　　单位：10 m^2

定　额　编　号				1527
项　目　名　称				阳光板屋面
基　价(元)				1203.63
人　工　费(元) 材　料　费(元) 机　械　费(元)				140.31 1063.32 —
编码	名　称	单位	单价(元)	数　量
AZ0020	综合工日	工日	45.00	3.118
AC2040	阳光板	m^2	79.18	11.000
AG0992	铝合金压条	m	3.20	11.660
AN7040	不锈钢方钢 50×50	m	2.96	14.780
AP1891	P 型橡胶条	m	1.50	30.130
AP1930	橡胶密封条 2#	m	1.23	33.000
AV0020	电	kWh	0.493	51.710

4. 屋面防水

工作内容：1. 清扫底层，熬制沥青胶；

　　　　2. 铺贴卷材、收头撒砂。　　单位：100 m^2

定　额　编　号				1528	1529	1530	1531
项　目　名　称				一毡二油	二毡三油一砂	每增一毡一油	干铺卷材
基　价(元)				2918.86	3804.24	1150.91	2440.07
人　工　费(元) 材　料　费(元) 机　械　费(元)				134.64 2784.22 —	211.55 3592.69 —	79.97 1070.94 —	50.90 2389.17 —
编码	名　称	单位	单价(元)	数　量			
AZ0020	综合工日	工日	45.00	2.992	4.701	1.777	1.131
AC0540	豆粒砂	m^3	45.00	—	0.510	—	—
AN0040	钉子 50 mm	kg	5.00	0.280	0.280	—	—
AV0320	木柴	kg	1.20	205.700	254.400	76.000	—
HB1461	SBS 改性沥青卷材 2 mm	m^2	21.00	—	—	—	113.770
HB1560	石油沥青油毡 350#	m^2	1.50	124.170	237.940	111.000	—
PM0400	冷底子油 3∶7	kg	6.03	48.960	48.960	—	—
PM0420	石油沥青胶	m^3	4280.20	0.480	0.610	0.190	—

工作内容：1. 清理基层、刷基层处理剂；

2. 铺贴卷材及附加层、收头嵌油膏。

单位：100 m^2

定额编号				1532	1533	1534	1535
项目名称				SBS改性沥青防水卷材			
				冷贴		热熔	
				一层	每增一层	一层	每增一层
基价(元)				4290.49	3925.98	3814.31	3437.25
人工费(元)				316.31	255.15	369.36	295.65
材料费(元)				3974.18	3670.83	3444.95	3141.60
机械费(元)				—	—	—	—
编码	名称	单位	单价(元)	数量			
AZ0020	综合工日	工日	45.00	7.029	5.670	8.208	6.570
HB1462	SBS改性沥青卷材 3 mm	m^2	25.00	123.410	111.500	123.410	111.500
JA1812	石油液化气	kg	5.50	—	—	28.000	28.000
JA4090	聚丁胶粘合剂	kg	15.50	55.750	55.750	—	—
JA4100	改性沥青封口油膏	kg	4.00	6.200	4.800	6.200	4.800
PM0400	冷底子油 3∶7	kg	6.03	—	—	30.000	30.000

工作内容：1. 清理基层、刷基层处理剂；

2. 铺贴卷材及附加层、收头嵌油膏。

单位：100 m^2

定额编号				1536
项目名称				SBC聚乙烯丙纶复合冷贴满铺
基价(元)				2314.73
人工费(元)				242.10
材料费(元)				2072.63
机械费(元)				—
编码	名称	单位	单价(元)	数量
AZ0020	综合工日	工日	45.00	5.380
AA0010	水泥 32.5	t	310.00	0.360
AV0010	水	m^3	5.70	0.180
JA4110	SBC聚乙烯丙纶复合防水卷材 400 g/m^2	m^2	15.50	120.000
JA4120	胶粘剂	kg	20.00	5.000

工作内容：清理基层、找平层分格缝嵌油膏、防水薄弱处刷底胶、铺贴卷材及附加层、涂刷着色剂、收头嵌油膏。

单位：100 m^2

定额编号	1537	1538	1539
项目名称	防水卷材冷贴		
	三元乙丙橡胶	再生橡胶	氯丁橡胶
基价(元)	4898.24	3515.13	3503.15
人工费(元)	377.46	328.59	377.46
材料费(元)	4520.78	3186.54	3125.69
机械费(元)	—	—	—

续表 单位：100 m²

定额编号				1537	1538	1539
项目名称				防水卷材冷贴		
				三元乙丙橡胶	再生橡胶	氯丁橡胶
编码	名称	单位	单价(元)	数量		
AZ0020	综合工日	工日	45.00	8.388	7.302	8.388
AN0020	铁钉 25 mm	kg	5.50	0.230	—	0.230
AP0660	三元乙丙橡胶卷材	m²	26.00	110.500	—	—
HA1140	聚氨酯甲料	kg	16.00	16.210	16.210	11.660
HA1150	聚氨酯乙料	kg	13.00	31.130	31.130	17.500
HA1620	银色着色剂	kg	5.20	20.200	20.200	20.200
HA1700	氯丁胶沥青胶液	kg	3.80	—	—	60.600
HB1510	氯丁橡胶卷材	m²	15.68	—	—	110.550
JA1610	乙酸乙酯	kg	12.00	5.050	5.050	5.050
JA1730	二甲苯	kg	9.50	27.000	25.250	27.000
JA4130	再生橡胶卷材	m²	10.00	—	110.500	—
JA4140	氯丁胶粘合剂	kg	15.73	—	49.950	—
JB0090	409 胶	kg	10.00	—	—	9.550
JB0160	CSPE 嵌缝油膏	支	4.50	50.280	50.280	50.280
JB0370	丁基粘结剂	kg	9.30	9.560	—	—
JB0770	粘结剂 CX-404	kg	6.00	40.400	—	—
PL0930	108 胶水泥砂浆	m³	275.72	0.010	—	0.010

工作内容：同前。 单位：100 m²

定额编号				1540
项目名称				氯化聚乙烯-橡胶共混卷材冷贴
基价(元)				5150.53
人工费(元)				328.59
材料费(元)				4821.94
机械费(元)				—
编码	名称	单位	单价(元)	数量
AZ0020	综合工日	工日	45.00	7.302
AN0020	铁钉 25 mm	kg	5.50	0.230
HA1140	聚氨酯甲料	kg	16.00	11.660
HA1150	聚氨酯乙料	kg	13.00	17.500
HA1620	银色着色剂	kg	5.20	20.200
HA1700	氯丁胶沥青胶液	kg	3.80	18.180
JA1610	乙酸乙酯	kg	12.00	5.050
JA1730	二甲苯	kg	9.50	27.000
JA4150	氯化聚乙烯-橡胶共混卷材	m²	18.00	110.500
JA4160	BX12 粘结剂	kg	35.00	45.450
JA4170	BX-12 乙组分 880 mL	瓶	8.93	11.940
JB0160	CSPE 嵌缝油膏	支	4.50	50.280
PL0930	108 胶水泥砂浆	m³	275.72	0.010

工作内容：1. 油膏加热、满涂油膏、铺贴玻璃纤维布、油膏嵌缝；
2. 清扫基层、刷冷胶料。

单位：100 m²

定额编号				1541	1542	1543	1544
项目名称				塑料油膏	塑料油膏玻璃纤维布		刷冷底子油
					一布二油	每增一布一油	
基价(元)				1636.27	2646.12	1210.06	503.98
人工费(元)				130.41	160.38	149.45	127.98
材料费(元)				1505.86	2485.74	1060.61	376.00
机械费(元)				—	—	—	—
编码	名称	单位	单价(元)	数量			
AZ0020	综合工日	工日	45.00	2.898	3.564	3.321	2.844
AP0580	塑料油膏	kg	2.20	585.120	872.260	324.940	—
AV0320	木柴	kg	1.20	182.160	271.560	101.150	—
HB1630	冷胶料	kg	1.00	—	—	—	35.000
JA0331	汽油	kg	6.20	—	—	—	55.000
JB0790	玻璃丝布 0.2 mm	m²	2.00	—	120.450	112.180	—

工作内容：1. 清理基层、涂刷聚氨酯底胶及附加层；
2. 刷聚氨酯防水层两遍。

单位：100 m²

定额编号				1545	1546
项目名称				聚氨酯涂膜防水	
				1.5 mm 厚	每±0.5 mm 厚
基价(元)				4032.42	1306.40
人工费(元)				181.80	17.82
材料费(元)				3850.62	1288.58
机械费(元)				—	—
编码	名称	单位	单价(元)	数量	
AZ0020	综合工日	工日	45.00	4.040	0.396
HA1140	聚氨酯甲料	kg	16.00	105.000	35.000
HA1150	聚氨酯乙料	kg	13.00	157.500	52.500
JA1730	二甲苯	kg	9.50	12.960	4.850

工作内容：1. 清扫底层，熬沥青胶；
2. 钉压毡条。

单位：100 m

定额编号				1547	1548	1549
项目名称				压毡条		
				白铁皮	钢筋	沥青胶
基价(元)				249.81	167.12	1329.80
人工费(元)				123.53	123.53	44.55
材料费(元)				126.28	43.59	1285.25
机械费(元)				—	—	—
编码	名称	单位	单价(元)	数量		
AZ0020	综合工日	工日	45.00	2.745	2.745	0.990
AN0060	铁钉 70 mm	kg	5.00	0.700	—	—
AN0070	铁钉 100 mm	kg	5.00	—	2.100	—
AV0320	木柴	kg	1.20	—	—	108.000
CA0250	木材 三等	m³	1100.00	0.030	0.030	—
DA1110	镀锌铁皮 26＃	m²	28.50	3.150	—	—
DA1860	圆钢 ϕ6	t	3.90	—	0.023	—
PM0420	石油沥青胶	m³	4280.20	—	—	0.270

5. 屋面排水

工作内容：铁皮排水制作,安装水落管、檐沟泛水、雨水斗、雨水口等。　　单位：见表

定额编号				1550	1551	1552
项目名称				铁皮水落管		镀锌铁皮水斗
				方型	圆型	10个
				10 m		
基价(元)				231.96	204.89	389.35
人工费(元)				49.05	43.65	171.45
材料费(元)				182.91	161.24	217.90
机械费(元)				—	—	—
编码	名称	单位	单价(元)	数量		
AZ0020	综合工日	工日	45.00	1.090	0.970	3.810
AN1320	铁件	kg	5.50	1.990	1.720	3.630
AR0750	焊锡	kg	38.00	0.040	0.040	0.720
AV1160	木炭	kg	2.00	0.200	0.200	10.760
DA1100	镀锌钢板(铁皮)24#0.7 mm	m^2	38.82	4.380	3.860	3.820
JA1110	盐酸31%合成	kg	1.50	0.010	0.010	0.510

工作内容：同前。　　单位：100 m^2

定额编号				1553	1554
项目名称				铁皮排水	
				檐沟	天沟泛水
基价(元)				4023.75	3655.31
人工费(元)				357.30	421.20
材料费(元)				3666.45	3234.11
机械费(元)				—	—
编码	名称	单位	单价(元)	数量	
AZ0020	综合工日	工日	45.00	7.940	9.360
AM8930	木螺钉38 mm	百个	2.412	3.450	—
AN0040	钉子50 mm	kg	5.00	—	1.500
AN1320	铁件	kg	5.50	50.000	—
AN2320	镀锌铁丝8#	kg	5.20	20.000	—
AR0750	焊锡	kg	38.00	0.370	0.190
AV1160	木炭	kg	2.00	1.650	0.840
CA0250	木材　三等	m^3	1100.00	0.040	—
DA1110	镀锌铁皮26#	m^2	28.50	112.900	112.900
JA1110	盐酸31%合成	kg	1.50	0.080	0.040

工作内容：截管、填缝、清理等。 单位：10 个

定额编号				1555	1556
项目名称				阳台、雨篷排水	
				塑料管 $\phi20$	钢管 $\phi20$
基价(元)				13.23	18.49
人工费(元)				9.90	9.90
材料费(元)				3.33	8.59
机械费(元)				—	—
编码	名称	单位	单价(元)	数量	
AZ0020	综合工日	工日	45.00	0.220	0.220
FE3010	塑料排水短管 $\phi20$	m	1.65	2.020	—
FE3020	钢管排水短管 $\phi20$	m	4.25	—	2.020

工作内容：铁皮排水制作、安装水落管、檐沟泛水、雨水斗、雨水口。 单位：10 个

定额编号				1557	1558	1559	1560
项目名称				铸铁雨水口	钢板雨水口	铸铁雨水口	钢板雨水口
				带蓖子		带铅线球	
基价(元)				573.17	1078.17	1067.23	966.23
人工费(元)				118.67	118.67	107.73	107.73
材料费(元)				454.50	959.50	959.50	858.50
机械费(元)				—	—	—	—
编码	名称	单位	单价(元)	数量			
AZ0020	综合工日	工日	45.00	2.637	2.637	2.394	2.394
AV0130	钢板雨水口　带蓖子	个	95.00	—	10.100	—	—
AV0140	钢板雨水口　带铅丝球	个	85.00	—	—	—	10.100
AV0240	铸铁雨水口	个	45.00	10.100	—	—	—
AV0250	铸铁雨水口　100 带罩	套	95.00	—	—	10.100	—

工作内容：同前。 单位：10 个

定额编号				1561	1562	1563
项目名称				铸铁雨水斗	铸铁弯头（含蓖子板）	铸铁排气孔
基价(元)				602.03	608.20	216.95
人工费(元)				108.54	144.99	6.57
材料费(元)				493.49	463.21	210.38
机械费(元)				—	—	—
编码	名称	单位	单价(元)	数量		
AZ0020	综合工日	工日	45.00	2.412	3.222	0.146
AV0180	铸铁水斗接水口 100	个	45.00	10.100	—	—
AV0200	铸铁弯头　出水口 100	个	45.00	—	10.100	—
DA35700	铸铁件	kg	3.60	10.830	2.420	—
EC0030	承插铸铁管 DN100	m	41.66	—	—	5.050

工作内容：1. 塑料水落管：埋管卡、切管、安装；

2. 雨水口、雨水斗、弯头雨水口含篦子板：就位、安装。　　单位：见表

定额编号				1564	1565	1566	1567
项目名称				UPVC 塑料			
				落水管	雨水口	雨水斗	弯头雨水口含篦子板（10套）
				10 m	10 个		
基价(元)				288.32	205.69	289.38	259.28
人工费(元)				17.82	106.79	98.06	130.50
材料费(元)				270.50	98.90	191.32	128.78
机械费(元)				—	—	—	—
编码	名称	单位	单价(元)	数量			
AZ0020	综合工日	工日	45.00	0.396	2.373	2.179	2.900
AV0251	UPVC 雨水口 DN100	个	9.00	—	10.100	—	—
AV0252	UPVC 雨水斗 DN100	个	18.15	—	—	10.100	—
AV0253	弯头落水口含篦子板	套	12.75	—	—	—	10.100
EE2110	UPVC 管 ϕ100	m	22.00	10.500	—	—	—
EE2120	塑料管箍 BN100	个	1.00	2.500	—	—	—
JB0710	塑料粘结剂	kg	8.00	0.250	1.000	1.000	—
RG3660	塑料管卡子 DN100	个	3.50	10.000	—	—	—

工作内容：1. 单屋面排水管系统：埋设管卡箍、截管、涂胶、接口、安装；

2. 屋面阳台雨水系统：埋设管卡箍、截管、涂胶、安三通、伸缩节管。　　单位：10 m

定额编号				1568	1569	1570	1571
项目名称				玻璃钢排水管			
				单屋面排水管系统		屋面阳台雨水系统	
				ϕ110	ϕ160	ϕ110	ϕ160
基价(元)				555.05	797.04	764.98	1086.12
人工费(元)				127.80	141.75	131.85	141.75
材料费(元)				427.25	655.29	633.13	944.37
机械费(元)				—	—	—	—
编码	名称	单位	单价(元)	数量			
AZ0020	综合工日	工日	45.00	2.840	3.150	2.930	3.150
AM6101	卡箍膨胀螺栓 110	个	1.90	7.140	—	7.140	—
AM6102	卡箍膨胀螺栓 160	个	2.60	—	7.140	—	5.100
EE2130	玻璃钢排水管 110×1500	m	14.65	10.540	—	10.180	—
EE2140	玻璃钢排水管 160×1500	m	26.90	—	10.610	—	10.150
EE2150	排水管检查口 110	个	67.50	1.110	—	1.110	—
EE2160	排水管检查口 160	个	112.50	—	1.110	—	1.110
EE2170	排水管伸缩节 110	个	180.00	1.010	—	1.010	—
EE2180	排水管伸缩节 160	个	220.00	—	1.010	—	1.010
EE2190	排水管连接件 110×115	个	5.00	—	—	3.160	—
EE2200	排水管连接件 160×135	个	5.00	—	—	—	3.160
EE2210	玻璃钢三通 110×50	个	60.75	—	—	3.160	—
EE2220	玻璃钢三通 160×50	个	90.20	—	—	—	3.160
JB0641	密封胶	kg	21.19	0.120	0.200	0.280	0.480

工作内容：1. 水斗：细石混凝土填缝、涂胶、接口；

2. 弯头及短管；涂胶、接口。

单位：10 个

定额编号				1572	1573	1574	1575
项目名称				玻璃钢排水部件			
				水斗(带罩)直径		弯头 90°	短管
				ϕ110 mm	ϕ 160mm	ϕ50	
基价(元)				353.96	435.86	151.07	304.99
人工费(元)				133.20	138.60	58.05	58.05
材料费(元)				220.76	297.26	93.02	246.94
机械费(元)				—	—	—	—
编码	名称	单位	单价(元)	数量			
AZ0020	综合工日	工日	45.00	2.960	3.080	1.290	1.290
EE2230	玻璃钢水斗 110 带罩	个	20.75	10.100	—	—	—
EE2240	玻璃钢水斗 160 带罩	个	27.62	—	10.100	—	—
EE2250	玻璃钢弯头 50	个	9.00	—	—	10.100	—
EE2260	玻璃钢短弯 50	个	24.24	—	—	—	10.100
JB0641	密封胶	kg	21.19	0.310	0.500	0.100	0.100
PB0060	现浇碎石混凝土 C20-20-4	m^3	153.99	0.030	0.050	—	—

二、地面及其他防潮、防水

1. 防水砂浆

工作内容：清扫基层、调制砂浆、抹灰、养护等全部操作过程。

单位：100 m^2

定额编号				1576	1577	1578	1579
项目名称				防水砂浆		防水砂浆五层作法	
				平面	立面	平面	立面
基价(元)				840.75	1009.73	1152.83	1340.54
人工费(元)				328.59	497.57	621.23	806.90
材料费(元)				488.99	488.99	513.20	515.24
机械费(元)				23.17	23.17	18.40	18.40
编码	名称	单位	单价(元)	数量			
AZ0020	综合工日	工日	45.00	7.302	11.057	13.805	17.931
AV0010	水	m^3	5.70	3.800	3.800	3.800	3.800
HB0180	防水粉	kg	0.94	55.000	55.000	—	—
PL0250	素水泥浆	m^3	468.47	—	—	0.610	0.610
PL0280	水泥砂浆 1∶2	m^3	203.74	2.040	2.040	1.010	1.020
XF0160	灰浆搅拌机 200 L	台班	68.16	0.340	0.340	0.270	0.270

工作内容：清理湿润基层、调制砂浆、分层抹灰压光、养护等全部操作过程。　　单位：100 m²

定额编号				1580	1581	1582
项目名称				掺无机铝盐防水剂		掺高效有机硅防水剂
				素水泥浆	防水砂浆	
基价(元)				188.21	1120.87	3170.31
人工费(元)				54.90	412.65	732.96
材料费(元)				133.31	691.18	2390.32
机械费(元)				—	17.04	47.03
编码	名称	单位	单价(元)	数量		
AZ0020	综合工日	工日	45.00	1.220	9.170	16.288
AV0010	水	m^3	5.70	0.350	3.800	3.800
JA4180	无机铝盐防水剂	kg	5.00	16.800	51.000	—
JA4190	高效有机硅防水剂	kg	28.00	—	—	46.000
PL0250	素水泥浆	m^3	468.47	0.101	—	0.101
PL0280	水泥砂浆 1∶2	m^3	203.74	—	—	2.020
PL0310	水泥砂浆 1∶2.5	m^3	205.21	—	2.020	3.030
XF0160	灰浆搅拌机 200 L	台班	68.16	—	0.250	0.690

2. 防水涂料(涂膜)

工作内容：1. 清理基层、调剂、涂刷防水层；
2. 在防水薄弱处做涂布附加层，贴布防水层。　　单位：100 m²

定额编号				1583	1584	1585	1586
项目名称				防水涂料			
				聚合物水泥一布四涂	水泥基渗透结晶二～三遍	丙烯酸一布三涂	聚苯乙烯两遍
基价(元)				3188.19	3626.92	1916.55	266.26
人工费(元)				260.19	106.92	224.55	89.51
材料费(元)				2928.00	3520.00	1692.00	176.75
机械费(元)				—	—	—	—
编码	名称	单位	单价(元)	数量			
AZ0020	综合工日	工日	45.00	5.782	2.376	4.990	1.989
AJ0200	涂料 苯乙烯	kg	3.50	—	—	—	50.500
JA4200	聚合物水泥防水涂料(JS-Ⅱ)	kg	9.00	300.000	—	—	—
JA4210	水泥基渗透结晶防水涂料	kg	32.00	—	110.000	—	—
JA4220	丙烯酸防水涂料	kg	12.20	—	—	120.000	—
JB0790	玻璃丝布 0.2 mm	m^2	2.00	114.000	—	114.000	—

工作内容：清理基层、涂刷附加层；分层涂刷涂料等。 单位：100 m²

定额编号				1587	1588	1589	1590
项目名称				JS-复合防水涂料			
				2 mm厚		每增加0.5 mm厚	
				平面	立面	平面	立面
基价(元)				2010.45	2122.95	504.15	531.15
人工费(元)				355.50	468.00	90.00	117.00
材料费(元)				1654.95	1654.95	414.15	414.15
机械费(元)				—	—	—	—
编码	名称	单位	单价(元)	数量			
AZ0020	综合工日	工日	45.00	7.900	10.400	2.000	2.600
JA4221	JS-复合防水涂料	kg	5.50	300.900	300.900	75.300	75.300

工作内容：1. 清理基层、调配涂料铺贴附加层；

2. 贴布(聚酯布或玻璃纤维布)刷涂料(最后两遍掺水泥做保护层)等全部操作过程。

单位：100 m²

定额编号				1591	1592	1593	1594
项目名称				水乳化普通乳化沥青涂料		水乳化水性石棉质沥青涂料	
				二布三涂		一布二涂	
				平面	立面	平面	立面
基价(元)				1542.97	1773.55	4524.06	4673.41
人工费(元)				342.14	572.72	261.23	410.58
材料费(元)				1200.83	1200.83	4262.83	4262.83
机械费(元)				—	—	—	—
编码	名称	单位	单价(元)	数量			
AZ0020	综合工日	工日	45.00	7.603	12.727	5.805	9.124
AA0011	水泥 32.5	kg	0.31	13.770	13.770	61.200	61.200
JA2481	普通乳化沥青　水乳型	kg	3.20	260.000	260.000	—	—
JA4270	聚酯布 100 g/m²	m²	1.50	243.040	243.040	—	—
JA4280	水性石棉质沥青(水乳型)	kg	4.20	—	—	832.000	832.000
KB0110	玻璃纤维网格布	m²	6.00	—	—	124.910	124.910

工作内容：清理基层、调配涂料、铺贴附加层；刷涂料(最后两遍掺水泥做保护层)、贴聚酯布等全部操作过程

单位：100 m²

定额编号	1595	1596	1597	1598
项目名称	水乳型阳离子氯丁胶乳化沥青聚酯布			
	一布二涂		每增减一布一涂	
	平面	立面	平面	立面
基价(元)	1597.34	1746.69	1173.85	1197.34
人工费(元)	261.23	410.58	138.65	162.14
材料费(元)	1336.11	1336.11	1035.20	1035.20
机械费(元)	—	—	—	—

续表　　单位：100 m²

定额编号				1595	1596	1597	1598
项目名称				水乳型阳离子氯丁胶乳化沥青聚酯布			
				一布二涂		每增减一布一涂	
				平面	立面	平面	立面
编码	名称	单位	单价(元)	数量			
AZ0020	综合工日	工日	45.00	5.805	9.124	3.081	3.603
AA0011	水泥 32.5	kg	0.31	15.300	15.300	—	—
JA4270	聚酯布 100 g/m²	m²	1.50	124.910	124.910	118.130	118.130
JA4290	阳离子氯丁胶乳化沥青	kg	5.50	208.000	208.000	156.000	156.000

工作内容：涂刷聚氨酯底胶及附加层；刷聚氨酯防水层两遍。　　单位：100 m²

定额编号				1599	1660	1601	1602
项目名称				聚氨酯涂膜防水涂膜			
				2 mm 厚		每±0.5 mm 厚	
				平面	立面	平面	立面
基价(元)				4272.29	4463.69	1043.74	1078.87
人工费(元)				237.60	312.30	19.80	25.65
材料费(元)				4034.69	4151.39	1023.94	1053.22
机械费(元)				—	—	—	—
编码	名称	单位	单价(元)	数量			
AZ0020	综合工日	工日	45.00	5.280	6.940	0.440	0.570
HA1140	聚氨酯甲料	kg	16.00	107.640	110.790	26.910	27.700
HA1150	聚氨酯乙料	kg	13.00	168.410	173.510	42.100	43.380
JA1730	二甲苯	kg	9.50	12.960	12.960	4.850	4.850

工作内容：清扫底层、熬制沥青、涂刷冷底子油。　　单位：100 m²

定额编号				1603	1604	1605	1606
项目名称				刷冷底子油		刷热沥青	
				第一遍	第二遍	一遍	每增一遍
基价(元)				376.93	299.41	1224.26	671.47
人工费(元)				64.80	55.08	81.41	25.11
材料费(元)				312.13	244.33	1142.85	646.36
机械费(元)				—	—	—	—
编码	名称	单位	单价(元)	数量			
AZ0020	综合工日	工日	45.00	1.440	1.224	1.809	0.558
AV0320	木柴	kg	1.20	16.500	20.900	86.900	57.200
JA0030	石油沥青 30#	kg	4.00	—	—	186.560	144.430
PM0400	冷底子油 3∶7	kg	6.03	48.480	36.360	48.480	—

工作内容：清理基层，运料，熬制沥青胶、涂刷冷底子油或油膏、沥青胶。　　单位：100 m²

定额编号				1607	1608	1609	1610
项目名称				刷沥青胶		氯偏共聚乳胶	塑料油膏
				一遍	每增一遍	三遍	二遍
基价(元)				1254.55	747.54	272.11	1606.30
人工费(元)				82.22	31.59	115.92	100.44
材料费(元)				1172.33	715.95	156.19	1505.86
机械费(元)				—	—	—	—
编码	名称	单位	单价(元)	数量			
AZ0020	综合工日	工日	45.00	1.827	0.702	2.576	2.232
AP0580	塑料油膏	kg	2.20	—	—	—	585.120
AV0320	木柴	kg	1.20	91.300	61.600	—	182.160
JA4230	垫胶	kg	6.50	—	—	21.000	—
JA4240	磷酸三钠溶液 10%	kg	6.00	—	—	0.590	—
JA4250	聚乙烯醇溶液 10%	kg	17.00	—	—	0.950	—
PM0400	冷底子油 3∶7	kg	6.03	48.480	—	—	—
PM0420	石油沥青胶	m³	4280.20	0.180	0.150	—	—

3. 防水卷材

工作内容：清理基层，熬制沥青胶、涂刷冷底子油、铺贴卷材。　　单位：100 m²

定额编号				1611	1612	1613	1614
项目名称				沥青卷材			
				石油沥青二毡三油		每增加一毡一油	
				平面	立面	平面	立面
基价(元)				3423.89	3665.38	1071.22	1168.97
人工费(元)				315.77	413.10	132.57	182.12
材料费(元)				3108.12	3252.28	938.65	986.85
机械费(元)				—	—	—	—
编码	名称	单位	单价(元)	数量			
AZ0020	综合工日	工日	45.00	7.017	9.180	2.946	4.047
AV0320	木柴	kg	1.20	227.700	240.900	66.000	70.400
HB1560	石油沥青油毡 350＃	m²	1.50	239.760	239.706	116.409	116.490
PM0400	冷底子油 3∶7	kg	6.03	48.480	48.480	—	—
PM0420	石油沥青胶	m³	4280.20	0.510	0.540	0.160	0.170

工作内容：清理基层，涂刷冷底子油、熬制沥青，防水薄弱处贴附加层铺贴沥青玻璃布卷材。

单位：100 m^2

定额编号				1615	1616	1617	1618
项目名称				沥青玻璃布卷材			
				二布三油		每增加一布一油	
				平面	立面	平面	立面
基价(元)				3337.98	3661.64	1078.86	1196.39
人工费(元)				344.61	512.51	160.38	225.99
材料费(元)				2993.37	3149.13	918.48	970.40
机械费(元)				—	—	—	—
编码	名称	单位	单价(元)	数量			
AZ0020	综合工日	工日	45.00	7.658	11.389	3.564	5.022
AV0320	木柴	kg	1.20	201.300	214.500	57.200	61.600
JA0030	石油沥青 30#	kg	4.00	489.720	524.700	151.580	163.240
JB0790	玻璃丝布 0.2 mm	m^2	2.00	250.300	250.300	121.760	121.760
PM0400	冷底子油 3：7	kg	6.03	48.480	48.480	—	—

工作内容：清理基层，涂刷处理剂一层、配料刷胶，铺贴卷材等全部操作过程。 单位：100 m^2

定额编号				1619	1620	1621	1622
项目名称				三元乙丙橡胶卷材		再生橡胶卷材	
				平面	立面	平面	立面
基价(元)				4890.88	4998.47	3499.93	3607.52
人工费(元)				358.61	466.20	358.61	466.20
材料费(元)				4532.27	4532.27	3141.32	3141.32
机械费(元)				—	—	—	—
编码	名称	单位	单价(元)	数量			
AZ0020	综合工日	工日	45.00	7.969	10.360	7.969	10.360
AN0040	钉子 50 mm	kg	5.00	0.230	0.230	0.230	0.230
AP0660	三元乙丙橡胶卷材	m^2	26.00	124.170	124.170	—	—
HA1140	聚氨酯甲料	kg	16.00	9.970	9.970	9.970	9.970
HA1150	聚氨酯乙料	kg	13.00	21.770	21.770	21.770	21.770
JA1610	乙酸乙酯	kg	12.00	5.050	5.050	5.050	5.050
JA1730	二甲苯	kg	9.50	27.000	27.000	27.000	27.000
JA4130	再生橡胶卷材	m^2	10.00	—	—	124.170	124.170
JA4140	氯丁胶粘合剂	kg	15.73	—	—	63.690	63.690
JB0160	CSPE 嵌缝油膏	支	4.50	29.830	29.830	29.830	29.830
JB0370	丁基粘结剂	kg	9.30	17.600	17.600	—	—
JB0770	粘结剂 CX-404	kg	6.00	40.400	40.400	—	—
PL0930	108 胶水泥砂浆	m^3	275.72	0.010	0.010	0.010	0.010

工作内容：清理基层，涂刷处理剂一层、配料刷胶，铺贴卷材等全部操作过程。　　单位：100 m²

定额编号				1623	1624
项目名称				氯化聚乙烯-橡胶共混卷材	
				平面	立面
基价(元)				5179.33	5286.92
人工费(元)				358.61	466.20
材料费(元)				4820.72	4820.72
机械费(元)				—	—
编码	名称	单位	单价(元)	数量	
AZ0020	综合工日	工日	45.00	7.969	10.360
AN0040	钉子 50 mm	kg	5.00	0.230	0.230
HA1140	聚氨酯甲料	kg	16.00	5.420	5.420
HA1150	聚氨酯乙料	kg	13.00	8.130	8.130
JA1610	乙酸乙酯	kg	12.00	5.050	5.050
JA1730	二甲苯	kg	9.50	27.000	27.000
JA4150	氯化聚乙烯　橡胶共混卷材	m²	18.00	124.530	124.530
JA4160	BX12 粘结剂	kg	35.00	45.450	45.450
JA4170	BX-12 乙组分 880 mL	瓶	8.93	32.280	32.280
JA4260	氯丁胶乳沥青	kg	2.60	20.200	20.200
JB0160	CSPE 嵌缝油膏	支	4.50	29.830	29.830
PL0930	108 胶水泥砂浆	m³	275.72	0.010	0.010

工作内容：刷基层处理剂；防水薄弱处贴附加层；铺贴卷材。　　单位：100 m²

定额编号				1625	1626
项目名称				SBC 聚乙烯丙纶复合卷材	
				冷贴满铺	
				平面	立面
基价(元)				2224.23	2296.68
人工费(元)				242.10	314.55
材料费(元)				1982.13	1982.13
机械费(元)				—	—
编码	名称	单位	单价(元)	数量	
AZ0020	综合工日	工日	45.00	5.380	6.990
AA0010	水泥 32.5	t	310.00	0.360	0.360
AV0010	水	m³	5.70	0.180	0.180
JA4110	SBC 聚乙烯丙纶复合防水卷材 400 g/m²	m²	15.50	120.000	120.000
JB0120	107 胶	kg	1.90	5.000	5.000

工作内容：刷基层处理剂；防水薄弱处贴附加层；铺贴卷材。 单位：100 m²

定额编号				1627	1628	1629	1630
项目名称				SBS改性沥青防水卷材			
				冷贴一层		冷贴每增一层	
				平面	立面	平面	立面
基价(元)				4386.06	4486.68	3855.75	3936.93
人工费(元)				255.78	356.40	204.12	285.30
材料费(元)				4130.28	4130.28	3651.63	3651.63
机械费(元)				—	—	—	—
编码	名称	单位	单价(元)	数量			
AZ0020	综合工日	工日	45.00	5.684	7.920	4.536	6.340
HB1462	SBS改性沥青卷材 3 mm	m²	25.00	123.410	123.410	111.500	111.500
JA4090	聚丁胶粘合剂	kg	15.50	55.750	55.750	55.750	55.750
PM0400	冷底子油 3∶7	kg	6.03	30.000	30.000	—	—

工作内容：刷基层处理剂；防水薄弱处贴附加层；铺贴卷材。 单位：100 m²

定额编号				1631	1632	1633	1634
项目名称				SBS改性沥青防水卷材			
				热熔一层		热熔每增一层	
				平面	立面	平面	立面
基价(元)				3716.88	3851.45	3178.38	3300.80
人工费(元)				296.73	420.30	236.88	348.30
材料费(元)				3420.15	3431.15	2941.50	2952.50
机械费(元)				—	—	—	—
编码	名称	单位	单价(元)	数量			
AZ0020	综合工日	工日	45.00	6.594	9.340	5.264	7.740
HB1462	SBS改性沥青卷材 3 mm	m²	25.00	123.410	123.410	111.500	111.500
JA1812	石油液化气	kg	5.50	28.000	30.000	28.000	30.000
PM0400	冷底子油 3∶7	kg	6.03	30.000	30.000	—	—

三、变 形 缝

1. 填 缝

工作内容：1. 木砖制作、浸油、清缝、运料、浸油麻丝、木丝板填缝；
2. 熬沥青、沥青玛碲脂、调制砂浆、嵌缝。　　单位：100 m

定额编号				1635	1636	1637	1638
项目名称				油浸麻丝		油浸木丝板	玛碲脂
				平面	立面		
基价(元)				1701.82	1879.26	1865.20	2576.82
人工费(元)				321.48	498.92	250.92	284.72
材料费(元)				1380.34	1380.34	1614.28	2292.10
机械费(元)				—	—	—	—
编码	名称	单位	单价(元)	数量			
AZ0020	综合工日	工日	45.00	7.144	11.087	5.576	6.327
AG0500	木丝板 25×610×1830	m^2	58.00	—	—	15.300	—
AQ1120	麻丝	kg	7.20	55.080	55.080	—	—
AV0320	木柴	kg	1.20	99.000	99.000	61.600	198.000
JA0030	石油沥青 30#	kg	4.00	216.240	216.240	163.240	—
PM0420	石油沥青胶	m^3	4280.20	—	—	—	0.480

工作内容：1. 石灰麻刀：调制石灰麻刀，石灰麻刀嵌缝；
2. 建筑油膏、沥青砂浆：熬制油膏、沥青，拌合砂浆，嵌缝。　　单位：100 m

定额编号				1639	1640	1641	1642
项目名称				石灰麻刀		建筑油膏	沥青砂浆
				平面	立面		
基价(元)				777.04	818.48	498.68	1150.63
人工费(元)				297.14	338.58	237.69	281.30
材料费(元)				479.90	479.90	260.99	869.33
机械费(元)				—	—	—	—
编码	名称	单位	单价(元)	数量			
AZ0020	综合工日	工日	45.00	6.603	7.524	5.282	6.251
AC0720	生石灰	kg	0.14	180.000	180.000	—	—
AQ1090	麻刀	kg	1.30	108.000	108.000	—	—
AV0320	木柴	kg	1.20	24.000	24.000	27.320	198.000
HB1560	石油沥青油毡 350#	m^2	1.50	17.000	17.000	—	—
JA0030	石油沥青 30#	kg	4.00	65.000	65.000	—	—
JA0440	建筑油膏	kg	2.60	—	—	87.770	—
PM0020	沥青砂浆 1∶2∶6	m^3	1316.10	—	—	—	0.480

工作内容：1. 用氯丁胶粘剂贴氯丁橡胶片及在其上涂胶铺砂；

2. 熬灌聚乙烯胶泥、勾缝清缝；聚苯乙烯板填缝等。　　单位：100 m

定额编号				1643	1644	1645
项目名称				聚氯乙烯胶泥	氯丁胶橡胶带	聚苯乙烯板
基价(元)				550.84	1836.69	313.31
人工费(元)				306.18	144.99	206.01
材料费(元)				244.66	1691.70	107.30
机械费(元)				—	—	—
编码	名称	单位	单价(元)	数量		
AZ0020	综合工日	工日	45.00	6.804	3.222	4.578
AC0530	中粗砂	m^3	30.00	—	0.160	—
AP0021	聚苯乙烯泡沫板(容重 20 kg/m^3)50 mm	m^3	320.00	—	—	0.250
AP1950	氯丁橡胶片 2 mm	m^2	17.50	—	31.820	—
JA0440	建筑油膏	kg	2.60	—	—	10.500
JA1610	乙酸乙酯	kg	12.00	—	15.120	—
JB0510	氯丁橡胶粘接剂	kg	12.00	—	78.750	—
JB0950	聚氯乙烯胶泥	kg	2.40	83.320	—	—
RH0410	牛皮纸	m^2	0.61	53.230	5.910	—
PL0280	水泥砂浆 1∶2	m^3	203.74	0.060	—	—

2. 盖　　缝

工作内容：1. 平面板材加工、板缝一侧涂胶粘合；立面、埋木砖、钉木盖板；

2. 平面埋木砖、钉木条、木条上钉铁皮；立面埋木砖、木砖上钉铁皮。　　单位：100 m

定额编号				1646	1647	1648	1649
项目名称				木板盖缝		铁皮盖缝	
				平面	立面	平面	立面
基价(元)				1055.81	2035.56	5996.97	1893.62
人工费(元)				157.55	493.70	476.28	428.49
材料费(元)				898.26	1541.86	5520.69	1465.13
机械费(元)				—	—	—	—
编码	名称	单位	单价(元)	数量			
AZ0020	综合工日	工日	45.00	3.501	10.971	10.584	9.522
AN0040	钉子 50 mm	kg	5.00	—	1.810	—	—
AN0191	钢钉 35 mm	十个	1.30	—	—	—	70.800
AP0060	聚苯乙烯泡沫板材　各种规格	m^3	256.00	—	—	—	0.450
AQ1120	麻丝	kg	7.20	—	—	167.220	—
AR0750	焊锡	kg	38.00	—	—	4.320	—
CA0180	方材　一等杉	m^3	1430.00	0.612	0.655	—	—
CA0210	方材　二等杉	m^3	1380.00	—	0.432	0.956	—
DA1100	镀锌钢板(铁皮)24＃0.7 mm	m^2	38.82	—	—	64.660	26.500
HA0470	防锈漆 C53-1	kg	5.31	—	—	7.540	3.090
HB1280	滑石粉	kg	0.35	—	—	—	12.540
HB1560	石油沥青油毡 350＃	m^2	1.50	—	—	62.220	—
JA0030	石油沥青 30＃	kg	4.00	—	—	47.450	52.090
JB0220	XY-508 胶	kg	15.20	1.520	—	—	—

工作内容：成品金属板材下料、安装等全部操作过程。　　单位：100 m

定额编号				1650	1651	1652	1653
项目名称				铝合金盖缝		彩钢板盖缝	
				平面	立面	平面	立面
基价(元)				4302.69	1975.61	3806.96	1757.81
人工费(元)				182.16	150.48	182.25	150.48
材料费(元)				4120.53	1825.13	3624.71	1607.33
机械费(元)				—	—	—	—
编码	名称	单位	单价(元)	数量			
AZ0020	综合工日	工日	45.00	4.048	3.344	4.050	3.344
AG0131	彩钢板	m^2	56.75	—	—	60.100	26.400
AG1001	铝合金条板 1 mm	m^2	65.00	60.100	26.400	—	—
AN0190	钢钉	kg	9.39	2.100	0.300	2.100	0.300
AN0351	拉铆钉 LD-1	个	0.35	300.000	200.000	300.000	200.000
AV0020	电	kW·h	0.493	12.195	12.195	12.195	12.195
JA0410	防腐油	kg	3.50	11.000	3.400	11.000	3.400
JB0343	玻璃胶 300 mL	支	8.00	5.600	2.300	5.600	2.300

工作内容：成品金属板材下料，安装等全部操作过程。　　单位：100 m

定额编号				1654	1655
项目名称				不锈钢板盖缝	
				平面	立面
基价(元)				6902.19	3093.61
人工费(元)				182.16	150.48
材料费(元)				6720.03	2943.13
机械费(元)				—	—
编码	名称	单位	单价(元)	数量	
AZ0020	综合工日	工日	45.00	4.048	3.344
AN0190	钢钉	kg	9.39	2.100	0.300
AV0020	电	kW·h	0.493	12.195	12.195
DA0302	不锈钢板 0.8 mm	m^2	110.00	60.100	26.400
JA0410	防腐油	kg	3.50	11.000	3.400
JB0343	玻璃胶 300 mL	支	8.00	5.600	2.300

3. 止 水 带

工作内容：止水带制作，接头及安装。　　　　　　单位：100 m

定额编号				1656	1657	1658	1659
项目名称				止水带			
				橡胶	塑料	钢板	紫铜板
基价(元)				2211.94	3219.94	3327.58	54765.72
人工费(元)				470.25	470.25	1188.00	1167.75
材料费(元)				1741.69	2749.69	2116.16	53558.70
机械费(元)				—	—	23.42	39.27
编码	名称	单位	单价(元)	数量			
AZ0020	综合工日	工日	45.00	10.450	10.450	26.400	25.950
AP0610	塑料止水带 651 型	m	2500	—	105.000	—	—
AP2390	橡胶止水带 15×300	m	15.40	105.000	—	—	—
AR0211	电焊条	kg	6.90	—	—	6.410	—
AR0290	铜焊条	kg	59.00	—	—	—	14.300
DA0641	钢板 3 mm	kg	4.15	—	—	499.260	—
DB0551	紫铜板 2 mm	t	65000.00	—	—	—	0.811
JA0760	丙酮	kg	11.00	3.040	3.040	—	—
JA1490	环氧树脂 E44	kg	24.00	3.040	3.040	—	—
JA2180	甲苯	kg	7.50	2.400	2.400	—	—
JA2990	乙二胺	kg	1.20	0.240	0.240	—	—
XG0490	剪板机 6.3×2000 mm	台班	98.41	—	—	0.110	0.110
XI0010	交流弧焊机 21 kVA	台班	40.64	—	—	0.310	0.700

工作内容：1. 一布二涂氯丁胶贴玻璃丝布：刷底胶缝上贴 350 mm 宽一布二涂氯丁胶贴玻璃丝布，再在缝中心贴 150 mm 宽玻璃纤维布并涂胶粘砂；

2. 遇水膨胀止水条：粘贴、安设遇水膨胀止水条。　　　　　　单位：100 m

定额编号				1660	1661	1662
项目名称				一布二涂氯丁胶贴玻璃纤维布		遇水膨胀止水条
				湿基层	干基层	
基价(元)				2896.58	2748.54	1407.00
人工费(元)				186.66	186.66	495.00
材料费(元)				2709.92	2561.88	912.00
机械费(元)				—	—	—
编码	名称	单位	单价(元)	数量		
AZ0020	综合工日	工日	45.00	4.148	4.148	11.000
AA0012	水泥 42.5	t	350.00	0.007	0.003	—
AC0530	中粗砂	m^3	30.00	0.180	0.180	—
HB0120	氯丁橡胶浆	kg	14.50	116.940	135.980	—
HB0670	玻璃布	m^2	1.00	95.200	95.200	—
JA1400	三异氰酸酯	kg	16.00	17.540	20.400	—
JA1490	环氧树脂 E44	kg	24.00	—	—	3.000
JA1500	环氧树脂 E51	kg	24.00	14.420	—	—
JA1610	乙酸乙酯	kg	12.00	15.310	13.510	—
JA4300	遇水膨胀止水条 20×30	m	8.00	—	—	105.000
JB0980	30＃低分子聚酰胺	kg	35.00	2.880	—	—

十、山西省建筑工程预算定额

（2011 年定额防水工程部分）

关于发布 2011 年《山西省建设工程计价依据》的通知

（晋建标字[2011]166 号）

各市住房和城乡建设局（建委），各有关单位：

为适应建筑市场发展变化的需要，合理确定工程造价，维护工程建设各方的合法权益，根据国家标准 GB 50500—2008《建设工程工程量清单计价规范》、《建筑安装工程费用项目组成》（建标[2003]206 号）等的规定，山西省工程建设标准定额站在 2005 年《山西省建设工程计价依据》的基础上，结合我省实际，偏制完成了 2011 年《山西省建设工程计价依据》。我厅组织相关专家于 2011 年 4 月 22 日召开了专家审定会，审定通过了新的《山西省建设工程计价依据》，现予发布，自 2011 年 7 月 1 日起在全省范围内实施。原 2005 年《山西省建设工程计价依据》同时停止使用。凡 2011 年 7 月 1 日以前签订合同的在建项目，按原合同条款执行。

山西省住房和城乡建设厅

二〇一一年五月十二日

第七章　屋面及防水工程

说　　明

一、屋面及防水工程

1. 粘土瓦、小青瓦、石棉瓦规格如与定额不同时，可以调整，其他不变。

2. 卷材屋面坡度在 15°以下者，为平屋面；超过 15°时，人工乘以系数 1.18。定额内已包括刷冷底子油一遍。

3. 卷材厚度与定额不同时，其数量不变，可换算单价。

4. 熬制沥青不包括申报防火费用和环保费用。

5. 细石混凝土刚性防水和水泥砂浆二次抹压防水子目中未包括分格缝填缝工料。

6. 细石混凝土防水层如使用钢筋网者，钢筋制作、安装按钢筋工程相应项目计算。

7. 铁皮排水项目，已包括铁皮咬口和搭接的工料。

二、变形缝

变形缝填缝断面取定：建筑油膏、聚氯乙烯胶泥断面为 30 mm×20 mm；油浸木丝板 25 mm×150 mm；聚苯乙烯泡沫塑料 50 mm×150 mm；其余均为 30 mm×150 mm。变形缝止水带:紫铜板止水带系 2 mm 厚,展开宽 460 mm;氯丁橡胶系 2 mm 厚,宽度 300 mm;涂刷式氯丁胶贴玻璃纤维布止水片 350 mm。如设计断面不同时,用料可以调整,人工不变。

工程量计算规则

一、屋面工程

1. 瓦屋面、金属压型板(包括挑檐部分)均按图 7-1 中尺寸水平投影面积乘以屋面坡度系数(见表 7-1),以平方米计算。不扣除屋面上烟囱、风帽底座、风道、屋面小气窗和斜沟等所占面积,屋面小气窗的出檐部分亦不增加面积。

2. 卷材屋面按图示尺寸的水平投影面积乘以规定的坡度系数(见表 7-1)以平方米计算。但不扣除屋面上烟囱、风帽底座、风道、屋面小气窗和斜沟等所占的面积,屋面的女儿墙、伸缩缝和天窗等处的弯起部分,按图示尺寸并入屋面工程量计算。如图纸无规定时,伸缩缝、女儿墙的弯起部分可按 250 mm 计算,天窗弯起部分可按 500 mm 计算。屋面涂刷着色剂保护层同屋面防水卷材计算规则,以平方米计算。

3. 涂膜屋面的工程量计算方法同卷材屋面。涂膜屋面的油膏嵌缝、玻璃布盖缝、屋面分格缝,另列项目以延长米计算。

4. 屋面刚性防水按设计图示尺寸以面积计算,不扣除屋面上烟囱、风帽底座及单孔小于 0.3 m^2 以内孔洞等所占面积。

5. 屋面隔离层的工程量计算方法同卷材屋面,以平方米计算。

6. 铁皮排水按图示尺寸以展开面积计算,如图纸没有注明尺寸时,可按表 7-2 计算。咬口和搭接等已计入定额项目中,不另计算。

7. PVC 水落管区别不同直径按图示尺寸以延长米计算,阳台出水口、水落斗、落水口以个计算。

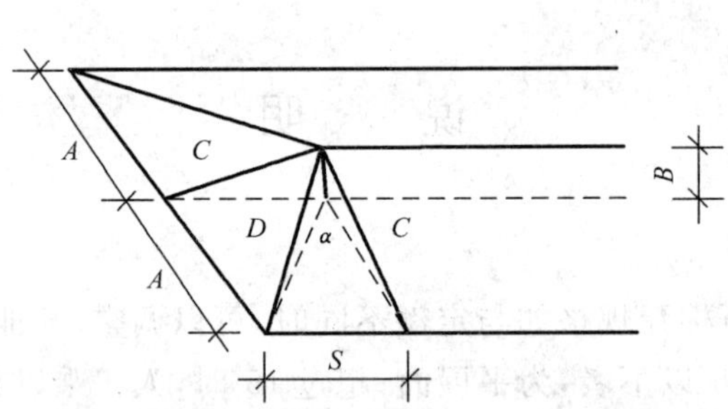

注:1. 两坡排水屋面面积为屋面水平投影面积乘以延长系数 C;

2. 四坡排水屋面斜脊长度 $=A\times D$(当 $S=A$ 时);

3. 沿山墙泛水长度 $=A\times C$;

4. $B=$坡屋面高度。

图 7-1

表 7-1 屋面坡度系数表

坡度			延长系数 C	隅延尺系数 D
$B(A=1)$	$B/2A$	角度(θ)	$(A=1)$	$(A=1)$
1	1/2	45°	1.4142	1.7321

续表 7-1

坡度			延长系数 C	隅延尺系数 D
$B(A=1)$	$B/2A$	角度(θ)	($A=1$)	($A=1$)
0.75		36°52′	1.2500	1.6008
0.7		35°	1.2207	1.5779
0.666	1/3	33°40′	1.2015	1.5620
0.65		33°01′	1.1926	1.5564
0.60		33°58′	1.1662	1.5362
0.577		30°	1.1547	1.5270
0.55		28°49′	1.1413	1.5170
0.50	1/4	26°34′	1.1180	1.5000
0.45		24°14′	1.0966	1.4839
0.40	1/5	21°48′	1.0770	1.4697
0.35		19°17′	1.0594	1.4569
0.30		16°42′	1.0440	1.4457
0.25		14°02′	1.0308	1.4362
0.20	1/10	11°19′	1.0198	1.4283
0.15		8°32′	1.0112	1.4221
0.125		7°8′	1.0078	1.4191
0.100	1/20	5°42′	1.0050	1.4177
0.083		4°45′	1.0035	1.4166
0.066	1/30	3°49′	1.0022	1.4157

表 7-2　铁皮排水单件零件折算表

名称 / 单位 / 系数		单位	方形水落管(m)	檐沟(m)	水斗(个)	漏斗(个)	下水口(个)		
铁皮排水	水落管、檐沟、水斗、漏斗、下水口	m^2	0.42	0.30	0.40	0.16	0.45		
	天沟、斜沟、天窗、窗台泛水、天窗侧面泛水、通气管泛水、滴水檐头泛水滴水	m^2	天沟(m)	斜沟天窗窗台泛水(m)	天窗侧面泛水(m)	烟囱泛水(m)	通气管泛水(m)	滴水檐头泛水(m)	滴水(m)
			1.30	0.50	0.70	0.80	0.22	0.24	0.11

8. 水落管的长度，应由水斗的下口算至设计室外地坪。泄水口的弯起部分不另增加。当水落管遇有外墙腰线，设计规定必须采用弯管绕过时，每个弯管长度折长按 250 mm 计算。

二、防水工程

1. 建筑物地面防水、防潮层，按主墙间净空面积计算，扣除凸出地面的构筑物、设备基础等所占面积，不扣除柱、垛、间壁墙、烟囱及 0.3 m^2 以内孔洞所占面积。与墙面连接处高度在 500 mm 以内者按展开面积计算，并入平面工程量内；超过 500 mm 时，其立面部分工程量全部按立面防水层计算。

2. 建筑物墙基平面防水、防潮层，外墙长度按中心线，内墙长度按净长线乘以宽度以平方米计算；墙基立面防水、防潮层，按设计图示尺寸展开面积计算。

3. 构筑物及建筑物地下室防水层，按设计图示尺寸以平方米计算，但不扣除单孔 0.3 m² 以内的孔洞面积。平面与立面交接处的防水层，其上卷高度超过 500 mm 时，其立面部分按立面防水层计算。

4. 防水隔离层按设计图示尺寸以平方米计算。

三、变形缝

变形缝区分不同部位、不同材料以延长米计算。

一、屋面工程

1. 瓦屋面

工作内容：1. 铺粘土瓦、调制砂浆、安脊瓦、檐口稍头坐灰。

2. 铺小青瓦、包括屋脊抹灰。　　单位：100 m²

定额编号				A7-1	A7-2	A7-3
项目				粘土瓦		小青瓦
				屋面板油毡挂瓦条上铺设	在灰泥上铺设	
预算价格(元)				1864.56	2342.84	5112.45
其中	人工费(元)			403.56	693.69	1326.39
	材料费(元)			1461.00	1649.15	3786.06
	机械费(元)					
名称		单位	单价(元)	数量		
人工	综合工日	工日	57.00	7.08	12.17	23.27
材料	机红平瓦 380 mm×220 mm×20 mm	块	0.75	1858.06	1858.06	
	粘土脊瓦 455 mm×190 mm×20 mm	块	1.44	28.19	28.19	
	小青瓦 233 mm×133 mm×16 mm	块	0.26			13651.54
	水泥砂浆 1∶2.5	m³	233.94	0.11	0.11	
	混合砂浆 1∶1∶4	m³	189.19			0.31
	镀锌铁丝	kg	4.90	0.14		
	圆钉(综合)	kg	4.40	0.10		
	生石灰粉	t	200.00		0.89	0.89
	黄土	m³			(6.00)	(7.28)
	麦秸	kg	0.06		138.00	0.16
	其他材料费	元			3.00	

工作内容：檩条上铺钉石棉瓦、安脊瓦。　　单位：100 m²

定额编号		A7-4	A7-5	A7-6
项目		小波石棉瓦		
		木檩上	钢檩上	混凝土檩上
预算价格(元)		2147.96	3128.26	3128.26
其中	人工费(元)	300.96	464.55	464.55
	材料费(元)	1847.00	2663.71	2663.71
	机械费(元)			

续表

单位:100 m²

定额编号				A7-4	A7-5	A7-6
项目				小波石棉瓦		
				木檩上	钢檩上	混凝土檩上
	名称	单位	单价(元)	数量		
人工	综合工日	工日	57.00	5.28	8.15	8.15
材料	石棉水泥瓦 小波 1820 mm×720 mm×6 mm	块	15.81	102.55	102.55	102.55
	石棉水泥脊瓦 850 mm×360 mm×8 mm	块	5.64	14.66	14.66	14.66
	石灰麻刀砂浆 1:3	m³	134.12	0.02	0.02	0.02
	镀锌瓦垄螺钉(带垫) 6 mm×65 mm	个	0.34	402.33		
	玻璃腻子(油灰)	kg	1.20	2.94	2.94	2.94
	镀锌带钩螺栓(带帽)	套	3.80		201.16	201.16
	镀锌带钩扁钢	个	0.94		201.16	201.16

工作内容:同前。

单位:100 m²

定额编号				A7-7	A7-8	A7-9
项目				大波石棉瓦		
				木檩上	钢檩上	混凝土檩上
预算价格(元)				2317.17	3516.65	3516.65
其中	人工费(元)			257.64	413.25	413.25
	材料费(元)			2059.53	3103.40	3103.40
	机械费(元)					
	名称	单位	单价(元)	数量		
人工	综合工日	工日	57.00	4.52	7.25	7.25
材料	石棉水泥瓦 大波 2800 mm×994 mm×8 mm	块	37.77	48.29	48.29	48.29
	石棉水泥脊瓦 850 mm×460 mm×8 mm	块	6.77	14.66	14.66	14.66
	石灰麻刀砂浆 1:3	m³	134.12	0.03	0.03	0.03
	镀锌瓦垄螺钉(带垫) 6 mm×65 mm	个	0.34	378.87		
	玻璃腻子(油灰)	kg	1.20	2.94	2.94	2.94
	镀锌带钩扁钢	个	0.94		94.72	94.72
	镀锌带钩螺栓(带帽)	套	3.80		285.17	285.17

工作内容:同前。

单位:100 m²

定额编号		A7-10	A7-11	A7-12	A7-13
项目		玻璃钢波纹瓦		塑料波纹瓦	
		木檩上	钢檩上	木檩上	钢檩上
预算价格(元)		3509.49	3592.77	2381.71	2464.99
其中	人工费(元)	233.70	308.94	233.70	308.94
	材料费(元)	3274.81	3282.85	2147.03	2155.07
	机械费(元)	0.98	0.98	0.98	0.98

续表　　　　单位：100 m^2

定额编号				A7-10	A7-11	A7-12	A7-13
项目				玻璃钢波纹瓦		塑料波纹瓦	
				木檩上	钢檩上	木檩上	钢檩上
	名称	单位	单价(元)	数量			
人工	综合工日	工日	57.00	4.10	5.42	4.10	5.42
材料	水泥砂浆　M5	m^3	151.07	0.03	0.03	0.03	0.03
	玻璃钢瓦　1.0 mm×1 800 mm×720 mm	m^2	22.56	134.10	134.10		
	玻璃钢脊瓦	m	9.02	12.00	12.00		
	塑料波纹瓦　中波	m^2	14.15			134.10	134.10
	塑料脊瓦	m	9.02			12.00	12.00
	镀锌瓦垄螺钉(带垫)　6 mm×65 mm	个	0.34	402.00		402.00	
	镀锌瓦垄带钩螺栓(带垫)直钩　6 mm×65 mm	个	0.36		402.00		402.00
	工程用水	m^3	5.60	0.01	0.01	0.01	0.01
机械	灰浆搅拌机 200 L	台班	98.42	0.01	0.01	0.01	0.01

工作内容：构件变形处理及构件脏物清除，临时加固，吊装，就位，找正，螺栓固定，焊接等。　单位：100 m^2

定额编号				A7-14	A7-15	A7-16
项目				W-550 型金属压型板屋面		
				檩距(m 以内)		
				7.5	6.0	4.2
预算价格(元)				7738.80	7840.47	8043.87
其中	人工费(元)			975.84	1030.56	1140.00
	材料费(元)			6562.89	6609.84	6703.80
	机械费(元)			200.07	200.07	200.07
	名称	单位	单价(元)	数量		
人工	综合工日	工日	57.00	17.12	18.08	20.00
材料	彩钢压型屋面板　0.6 mm	m^2	41.97	116.52	116.52	116.52
	檐口堵头板	块	3.03	59.31	59.31	59.31
	屋脊堵头板	块	3.45	59.31	59.31	59.31
	屋脊挡雨板	块	2.93	59.31	59.31	59.31
	屋脊板	m^2	58.34	4.34	4.34	4.34
	沿口包角板	m^2	58.34	1.11	1.11	1.11
	中间固定架	个	2.09	42.63	54.81	79.16
	端部固定架	个	2.09	1.18	1.51	2.19
	单面固定螺栓	个	0.63	86.46	111.14	160.52
	单面连接螺栓	个	0.47	143.32	143.32	143.32
	镀锌铁丝	kg	4.90	3.00	3.00	3.00
	铝抽心铆钉(拉铆钉)	个	0.03	30.00	30.00	30.00
	半圆头机螺栓(带一个螺帽两个垫圈)　M8×35	套	0.22	177.78	177.78	177.78
	电焊条　结　4224 mm	kg	4.50	4.03	5.18	7.48
	低温密封膏	支	24.15	20.00	20.00	20.00
	橡胶密封条　平形　2 mm×50 mm	m	0.86	16.43	16.43	16.43
	其他材料费	元		13.10	13.19	13.38
机械	交流弧焊机 30 kVA	台班	167.67	1.10	1.10	1.10
	其他机械费	元		15.63	15.63	15.63

2. 卷材防水屋面

(1) 石油沥青卷材屋面

工作内容：清理底层，配制、刷冷底子油，沥青胶结料，铺贴卷材，收头，撒砂。　　单位：100 m²

定额编号				A7-17	A7-18	A7-19	A7-20
项目				石油沥青玛𤧛脂卷材			
				一毡二油	二毡三油	二毡三油一砂	每增减一毡一油
预算价格(元)				3012.83	3820.29	4179.52	966.58
其中	人工费(元)			297.54	421.80	511.86	123.69
	材料费(元)			2715.29	3398.49	3667.66	842.89
	机械费(元)						
名称		单位	单价(元)	数量			
人工	综合工日	工日	57.00	5.22	7.40	8.98	2.17
材料	石油沥青油毡　350 g 普通	m²	1.71	121.19	233.77	233.77	111.99
	石油沥青玛𤧛脂	m³	3831.68	0.57	0.69	0.75	0.17
	冷底子油　3∶7	kg	6.75	48.00	48.00	48.00	
	镀锌水泥钢钉　4 mm×65 mm	kg	9.20		0.48	0.48	
	薄钢板	t	3780.00		0.007	0.007	
	豆粒砂　2～7 mm	m³	77.00			0.51	

工作内容：同前。　　单位：100 m²

定额编号				A7-21	A7-22	A7-23
项目				石油沥青玛𤧛脂		一层油毡
				玻璃纤维布		
				一布二油不带砂	二布三油带砂	用油焊接
预算价格(元)				3337.09	4808.72	359.65
其中	人工费(元)			363.66	641.25	54.72
	材料费(元)			2973.43	4167.47	304.93
	机械费(元)					
名称		单位	单价(元)	数量		
人工	综合工日	工日	57.00	6.38	11.25	0.96
材料	玻璃纤维布　1.80 mm	m²	3.84	121.19	234.26	
	石油沥青玛𤧛脂	m³	3831.68	0.57	0.75	0.03
	冷底子油　3∶7	kg	6.75	48.00	48.00	
	镀锌水泥钢钉　4 mm×65 mm	kg	9.20		0.48	
	薄钢板	t	3780.00		0.007	
	豆粒砂　2～7 mm	m³	77.00		0.51	
	石油沥青油毡　350 g 普通	m²	1.71			111.10

(2) 合成高分子防水卷材屋面

工作内容：清扫基层，刷基层处理剂，找平层分格缝嵌油膏，铺贴附加层；刷底胶，铺贴卷材，接缝嵌油膏，做收头。

单位：100 m²

定额编号				A7-24	A7-25	A7-26	A7-27
项目				三元乙丙橡胶卷材冷贴			
				满铺	空铺	点铺	条铺
预算价格(元)				4798.09	4326.96	4358.98	4408.21
其中	人工费(元)			361.38	300.96	304.38	310.65
	材料费(元)			4436.71	4026.00	4054.60	4097.56
	机械费(元)						
名称		单位	单价(元)	数量			
人工	综合工日	工日	57.00	6.34	5.28	5.34	5.45
材料	三元乙丙橡胶卷材 1.2 mm	m²	25.63	119.43	121.99	121.99	121.99
	聚氨酯 甲料	kg	15.58	5.05	5.05	5.05	5.05
	聚氨酯 乙料	kg	15.58	15.15	15.15	15.15	15.15
	XC404胶(粘塑料地板胶)	kg	13.18	40.40	4.26	6.43	9.69
	丁基粘结剂	kg	10.98	10.10	10.10	10.10	10.10
	镀锌水泥钢钉 4 mm×65 mm	kg	9.20	0.40	0.40	0.40	0.40
	薄钢板	t	3780.00	0.006	0.006	0.006	0.006
	CSPE嵌缝油膏 330 mL	支	3.90	38.05	38.05	38.05	38.05
	二甲苯	kg	6.69	27.00	27.00	27.00	27.00
	建筑胶	kg	1.28	0.94	0.94	0.94	0.94
	素水泥浆	m³	513.59	0.01	0.01	0.01	0.01
	乙酸乙酯	kg	11.07	5.05	5.05	5.05	5.05

工作内容：同前。

单位：100 m²

定额编号				A7-28	A7-29	A7-30	A7-31
项目				氯丁橡胶卷材冷贴			
				满铺	空铺	点铺	条铺
预算价格(元)				3332.92	2998.94	3021.20	3055.77
其中	人工费(元)			361.38	300.96	304.38	310.65
	材料费(元)			2971.54	2697.98	2716.82	2745.12
	机械费(元)						
名称		单位	单价(元)	数量			
人工	综合工日	工日	57.00	6.34	5.28	5.34	5.45
材料	氯丁橡胶卷材 1.2 mm	m²	15.68	119.43	121.99	121.99	121.99
	氯丁胶沥青胶液	kg	8.68	60.60	24.46	26.63	29.89
	CY409胶	kg	15.37	10.10	10.10	10.10	10.10
	镀锌水泥钢钉 4 mm×65 mm	kg	9.20	0.40	0.40	0.40	0.40
	薄钢板	t	3780.00	0.006	0.006	0.006	0.006
	CSPE嵌缝油膏 330 mL	支	3.90	38.05	38.05	38.05	38.05
	素水泥浆	m³	513.59	0.01	0.01	0.01	0.01
	二甲苯	kg	6.69	27.00	27.00	27.00	27.00
	乙酸乙酯	kg	11.07	5.05	5.05	5.05	5.05
	建筑胶	kg	1.28	0.94	0.94	0.94	0.94

工作内容:同前。 单位:100 m^2

定额编号				A7-32	A7-33	A7-34	A7-35
项目				氯化聚乙烯橡胶共混卷材冷贴			
				满铺	空铺	点铺	条铺
预算价格(元)				4831.20	4440.55	4469.52	4513.86
其中	人工费(元)			361.38	300.96	304.38	310.65
	材料费(元)			4469.82	4139.59	4165.14	4203.21
	机械费(元)						
名称		单位	单价(元)	数量			
人工	综合工日	工日	57.00	6.34	5.28	5.34	5.45
材料	氯化聚乙烯橡胶共混卷材 1.2 mm	m^2	27.68	119.43	121.99	121.99	121.99
	水乳型阳离子氯丁胶乳沥青	kg	9.41	20.20	20.20	20.20	20.20
	BX-12 粘结剂	kg	10.43	45.45	4.79	7.24	10.89
	BX-12 粘结剂 乙组份	kg	7.14	11.52	14.74	14.74	14.74
	镀锌水泥钢钉 4 mm×65 mm	kg	9.20	0.40	0.40	0.40	0.40
	薄钢板	t	3780.00	0.006	0.006	0.006	0.006
	CSPE 嵌缝油膏 330 mL	支	3.90	38.05	38.05	38.05	38.05
	素水泥浆	m^3	513.59	0.01	0.01	0.01	0.01
	二甲苯	kg	6.69	27.00	27.00	27.00	27.00
	乙酸乙酯	kg	11.07	5.05	5.05	5.05	5.05
	建筑胶	kg	1.28	0.94	0.94	0.94	0.94

工作内容:同前。 单位:100 m^2

定额编号				A7-36	A7-37	A7-38	A7-39
项目				氯磺化聚乙烯卷材冷贴			
				满铺	空铺	点铺	条铺
预算价格(元)				4855.21	4384.59	4416.61	4465.84
其中	人工费(元)			361.38	300.96	304.38	310.65
	材料费(元)			4493.83	4083.63	4112.23	4155.19
	机械费(元)						
名称		单位	单价(元)	数量			
人工	综合工日	工日	57.00	6.34	5.28	5.34	5.45
材料	氯磺化聚乙烯卷材	m^2	25.83	119.43	121.99	121.99	121.99
	聚氨酯 甲料	kg	15.58	5.05	5.05	5.05	5.05
	聚氨酯 乙料	kg	15.58	15.15	15.15	15.15	15.15
	XC404 胶(粘塑料地板胶)	kg	13.18	40.40	4.26	6.43	9.69
	镀锌水泥钢钉 4 mm×65 mm	kg	9.20	0.40	0.40	0.40	0.40
	薄钢板	t	3780.00	0.006	0.006	0.006	0.006
	CSPE 嵌缝油膏 330 mL	支	3.90	38.05	38.05	38.05	38.05
	二甲苯	kg	6.69	27.00	27.00	27.00	27.00
	建筑胶	kg	1.28	0.94	0.94	0.94	0.94
	素水泥浆	m^3	513.59	0.01	0.01	0.01	0.01
	乙酸乙酯	kg	11.07	5.05	5.05	5.05	5.05
	401 胶(88#胶)	kg	14.27	10.10	10.10	10.10	10.10

工作内容:同前。　　　　单位:100 m²

定　额　编　号				A7-40	A7-41	A7-42	A7-43
项　目				再生橡胶卷材冷贴			
				满铺	空铺	点铺	条铺
预　算　价　格(元)				2545.31	2329.89	2344.16	2366.73
其中	人　工　费(元)			361.38	300.96	304.38	310.65
	材　料　费(元)			2183.93	2028.93	2039.78	2056.08
	机　械　费(元)						
名　称		单位	单价(元)	数　量			
人工	综合工日	工日	57.00	6.34	5.28	5.34	5.45
材料	再生橡胶卷材　1.2 mm	m²	10.04	119.43	121.99	121.99	121.99
	聚氨酯　甲料	kg	15.58	5.05	5.05	5.05	5.05
	聚氨酯　乙料	kg	15.58	15.15	15.15	15.15	15.15
	氯丁胶粘结剂	kg	5.00	50.50	14.36	16.53	19.79
	镀锌水泥钢钉　4 mm×65 mm	kg	9.20	0.40	0.40	0.40	0.40
	薄钢板	t	3780.00	0.006	0.006	0.006	0.006
	CSPE嵌缝油膏　330 mL	支	3.90	38.05	38.05	38.05	38.05
	二甲苯	kg	6.69	27.00	27.00	27.00	27.00
	建筑胶	kg	1.28	0.94	0.94	0.94	0.94
	素水泥浆	m³	513.59	0.01	0.01	0.01	0.01
	乙酸乙酯	kg	11.07	5.05	5.05	5.05	5.05

(3)高聚物改性沥青防水卷材屋面

工作内容:清理基层,刷基层处理剂,找平层分格缝嵌油膏,铺贴附加层;
　　刷底胶,铺贴卷材(热熔接缝),接缝嵌油膏。　　　　单位:100 m²

定　额　编　号				A7-44	A7-45	A7-46	A7-47
项　目				SBS改性沥青防水卷材			
				满铺	空铺	点铺	条铺
预　算　价　格(元)				3957.79	3712.68	3768.61	3780.42
其中	人　工　费(元)			325.47	266.19	270.18	275.88
	材　料　费(元)			3632.32	3446.49	3498.43	3504.54
	机　械　费(元)						
名　称		单位	单价(元)	数　量			
人工	综合工日	工日	57.00	5.71	4.67	4.74	4.84
材料	SBS改性沥青卷材玻璃纤维复合胎铝箔面　3 mm －20 ℃	m²	24.00	119.43	121.99	121.99	121.99
	改性沥青粘结剂	kg	4.70	59.71	15.27	22.23	23.53
	改性乳化沥青	kg	4.61	32.13	32.13	32.13	32.13
	改性沥青嵌缝油膏	kg	3.88	36.03	36.03	36.03	36.03
	液化石油气	kg	6.41	25.70	19.71	22.71	22.71
	镀锌水泥钢钉　4 mm×65 mm	kg	9.20	0.40	0.40	0.40	0.40
	薄钢板	t	3780.00	0.006	0.006	0.006	0.006
	素水泥浆	m³	513.59	0.01	0.01	0.01	0.01
	建筑胶	kg	1.28	0.94	0.94	0.94	0.94

注:高聚物改性沥青卷材采用热熔施工时,用工为5.95工日/100 m²,相应冷贴子目扣除改性沥青粘结剂,改性沥青处理剂(改性乳化沥青)用量调整为42.84 kg,液化石油气用量调整为34.27 kg,其他不变。

工作内容：同前。　　单位：100 m^2

定额编号				A7-48
项目				自粘结改性沥青防水卷材
预算价格(元)				4538.25
其中	人工费(元)			313.50
	材料费(元)			4224.75
	机械费(元)			
名称		单位	单价(元)	数量
人工	综合工日	工日	57.00	5.50
材料	自粘聚合物改性沥青防水卷材玻纤胎铝箔面 3 mm	m^2	32.00	119.43
	改性乳化沥青	kg	4.61	32.13
	改性沥青嵌缝油膏	kg	3.88	36.03
	液化石油气	kg	6.41	12.85
	镀锌水泥钢钉 4 mm×65 mm	kg	9.20	0.40
	薄钢板	t	3780.00	0.006
	素水泥浆	m^3	513.59	0.01
	建筑胶	kg	1.28	0.94

(4) 其他

工作内容：清理基层，熔化粘胶，涂刷粘胶，铺贴柔毡，收头；铺撒白石子防护层。　　单位：100 m^2

定额编号				A7-49	A7-50
项目				防水柔毡热贴满铺	
				二胶一毡一砂	每增一胶一毡
预算价格(元)				6642.21	3943.04
其中	人工费(元)			352.26	138.51
	材料费(元)			6289.95	3804.53
	机械费(元)				
名称		单位	单价(元)	数量	
人工	综合工日	工日	57.00	6.18	2.43
材料	防水柔毡	m^2	19.86	119.43	110.22
	热熔粘结剂	kg	5.00	691.87	319.27
	白石子	kg	0.17	772.50	
	木柴(劈柴)	kg	0.20	208.11	96.03
	镀锌水泥钢钉 4 mm×65 mm	kg	9.20	0.40	
	薄钢板	t	3780.00	0.006	
	CSPE 嵌缝油膏 330 mL	支	3.90	4.24	
	素水泥浆	m^3	513.59	0.01	
	建筑胶	kg	1.28	0.94	
	二甲苯	kg	6.69	27.00	
	乙酸乙酯	kg	11.07	5.05	

工作内容:1. 清理基层,铺卷材,钉压条,接缝嵌油膏,射钉上嵌密封膏收头。

2. 找平层嵌缝,铺贴附加层,用掺胶水泥浆贴卷材,聚氨酯胶接缝搭接。 单位:100 m²

定额编号				A7-51	A7-52
项目				聚氯乙烯防水卷材 铝合金钉压条空铺	SBC复合型卷材 冷贴满铺
预算价格(元)				11593.94	2093.69
其中	人工费(元)			5038.80	363.66
	材料费(元)			6555.14	1730.03
	机械费(元)				
名称		单位	单价(元)	数量	
人工	综合工日	工日	57.00	88.40	6.38
材料	聚氯乙烯防水卷材 1.2 mm	m²	36.91	130.00	
	铝合金压边线 30 mm×3 mm 银白色	m	4.98	105.00	
	303 氯酊酚醛胶	kg	19.38	45.00	
	射钉	个	0.26	527.00	
	门窗密封油膏 300 mL	支	3.14	13.00	
	聚乙烯丙纶复合防水卷材(SBC卷材) 350 g/m²	m²	9.23		119.43
	聚氨酯 甲料	kg	15.58		7.37
	聚氨酯 乙料	kg	15.58		11.07
	CSPE 嵌缝油膏 330 mL	支	3.90		38.05
	素水泥浆	m³	513.59		0.18
	建筑胶	kg	1.28		13.51
	乙酸乙酯	kg	11.07		5.05
	镀锌水泥钢钉 4 mm×65 mm	kg	9.20		0.40
	薄钢板	t	3780.00		0.006
	其他材料费	元		184.00	

工作内容:1. 改性沥青加热,刷基层处理剂、找平层嵌缝、附加层刷聚氨酯涂膜、铺贴卷材,卷材接缝,收头处嵌油膏。

2. 清理基层,刷着色剂二遍。 单位:100 m²

定额编号				A7-53	A7-54
项目				分格缝上粘300宽 SBS改性沥青卷材	涂刷着色剂 保护层
				100 m	100 m²
预算价格(元)				987.66	238.45
其中	人工费(元)			117.99	110.58
	材料费(元)			869.67	127.87
	机械费(元)				
名称		单位	单价(元)	数量	
人工	综合工日	工日	57.00	2.07	1.94
材料	SBS改性沥青卷材玻璃纤维复合胎铝箔面 3 mm −20 ℃	m²	24.00	33.63	
	改性沥青粘结剂	kg	4.70	7.58	
	液化石油气	kg	6.41	4.20	
	银色着色剂	kg	6.33		20.20

3. 涂膜防水屋面

工作内容：1. 油膏加热，屋面满涂、板缝嵌油膏等。

2. 找平层分格缝嵌油膏，贴防水附加层，铺贴玻璃纤维布。 单位：100 m^2

定额编号				A7-55	A7-56	A7-57	A7-58	A7-59
项目				满涂建筑油膏 4 mm	建筑油膏嵌缝		建筑油膏贴玻璃纤维布	
					空心板	大型屋面板	一布二油	每增一布一油
				100 m^2	100 m		100 m^2	
预算价格(元)				2368.19	648.55	788.11	3708.19	1781.78
其中	人工费(元)			108.30	188.67	189.81	143.07	97.47
	材料费(元)			2259.89	459.88	598.30	3565.12	1684.31
	机械费(元)							
名称		单位	单价(元)	数量				
人工	综合工日	工日	57.00	1.90	3.31	3.33	2.51	1.71
材料	建筑油膏	kg	3.80	585.12	119.07	154.91	811.63	324.66
	木柴(劈柴)	kg	0.20	182.16	37.07	48.22	252.68	101.07
	玻璃纤维布 1.80 mm	m^2	3.84				112.08	112.08

注：嵌缝取定纵缝断面：大型屋面板 9 cm^2，空心板 7.5 cm^2，如果断面不同于定额取定断面，以纵缝断面比例调整人工、材料数量。

工作内容：1. 油膏加热，板缝嵌油膏缝上铺贴玻璃纤维布。

2. 支座处干铺油毡一层，清理缝，油膏加热，灌缝，沿缝做二毡三油一砂。 单位：100 m

定额编号				A7-60	A7-61	A7-62
项目				建筑油膏贴玻璃纤维布盖缝		分格缝
				一布二油	每增一布一油	
预算价格(元)				1577.16	685.80	4231.30
其中	人工费(元)			104.88	62.13	489.63
	材料费(元)			1472.28	623.67	3741.67
	机械费(元)					
名称		单位	单价(元)	数量		
人工	综合工日	工日	57.00	1.84	1.09	8.59
材料	建筑油膏	kg	3.80	351.07	131.65	303.68
	玻璃纤维布 1.80 mm	m^2	3.84	30.30	30.00	
	木柴(劈柴)	kg	0.20	109.30	40.99	218.13
	石油沥青油毡 350 g 普通	m^2	1.71			217.06
	石油沥青玛碲脂	m^3	3831.68			0.49
	冷底子油 3∶7	kg	6.75			38.89
	豆粒砂 2～7 mm	m^3	77.00			0.41
	工程用水	m^3	5.60			0.23

工作内容：1. 清理基层，涂刷基层处理剂、聚氨酯二度涂层，撒细沙保护层。

2. 涂刷底胶，做一布一涂附加层于防水薄弱处，冷胶贴防水层，表面撒细沙保护层。

单位：100 m^2

定额编号				A7-63	A7-64	A7-65
项目				聚氨酯涂膜防水	氯丁冷胶	
					二布三涂	每增一布一涂
预算价格(元)				4521.28	2080.50	595.62
其中	人工费(元)			200.64	331.74	94.62
	材料费(元)			4320.64	1748.76	501.00
	机械费(元)					
名称		单位	单价(元)	数量		
人工	综合工日	工日	57.00	3.52	5.82	1.66
材料	聚氨酯　甲料	kg	15.58	105.55		
	聚氨酯　乙料	kg	15.58	165.13		
	二甲苯	kg	6.69	12.96		
	细沙	m^3	54.00	0.31	0.31	
	聚酯布　100 g/m^2	m^2	1.67		230.99	109.79
	氯丁冷胶	kg	3.70		363.60	85.85
	工程用水	m^3	5.60		0.17	

注：聚氨酯如果掺缓凝剂，应增加磷酸 0.3 kg，如果掺促凝剂，应增加二月桂酸二丁基锡 0.3 kg。

4. 刚性防水屋面

工作内容：清理基层，调制砂浆，纵横刷素水泥浆，铺混凝土或砂浆，压实、抹光、做分格缝，蓄水养护。

单位：100 m^2

定额编号				A7-66	A7-67	A7-68	A7-69
项目				细石混凝土防水		水泥砂浆二次压抹防水	
				厚 3.5 cm	每增减 1 cm	厚 2.5 cm	每增减 1 cm
预算价格(元)				1959.59	434.66	1383.80	471.89
其中	人工费(元)			746.70	170.43	570.00	182.40
	材料费(元)			1141.84	247.15	782.31	276.70
	机械费(元)			71.05	17.08	31.49	12.79
名称		单位	单价(元)	数量			
人工	综合工日	工日	57.00	13.10	2.99	10.00	3.20
材料	现浇碎石混凝土，粒径　15 mm，C20	m^3	224.79	3.57	1.02		
	水泥砂浆　1∶1	m^3	300.53	0.51			
	水泥砂浆　1∶2	m^3	248.99			2.53	1.01
	模板锯材	m^3	1670.00	0.06	0.01	0.04	0.01
	矿渣硅酸盐水泥 32.5 级	t	340.00	0.14		0.17	
	工程用水	m^3	5.60	5.80	0.20	1.16	0.30
	其他材料费	元		5.79	0.04	21.27	6.84
机械	灰浆搅拌机 200 L	台班	98.42	0.06		0.32	0.13
	滚筒式混凝土搅拌机 电动 400 L	台班	142.32	0.45	0.12		
	混凝土振捣器 平板式	台班	13.69	0.08			

工作内容：1. 清理基层，调制砂浆、灌缝膏。

2. 纵横刷水泥浆，铺灌砂浆，压实，抹光。

单位：100 m²

定额编号				A7-70	A7-71	A7-72
项目				填分格缝		
				细石混凝土面	水泥砂浆面	不分种类
				厚 3.5 cm	厚 2.5 cm	每增减 1 cm
预算价格(元)				482.01	512.98	138.38
其中	人工费(元)			255.36	245.67	58.14
	材料费(元)			226.65	267.31	80.24
	机械费(元)					
名称		单位	单价(元)	数量		
人工	综合工日	工日	57.00	4.48	4.31	1.02
材料	水泥砂浆 1：2	m³	248.99	0.03		
	滑石粉	kg	0.40	28.81	29.85	9.24
	石棉绒	kg	1.91	0.01	0.01	0.003
	建筑石油沥青 10＃(旧 5＃)	kg	3.38	43.65	54.72	16.94
	建筑石油沥青 30＃(旧 4＃)	kg	3.56	1.45	1.77	0.32
	汽油机油 15＃	kg	7.33	3.97	4.98	1.54
	汽油	升	5.34	3.53	3.53	0.79
	工程用水	m³	5.60	0.01		
	木柴(劈柴)	kg	0.20	29.10	36.41	10.91
	其他材料费	元		1.11	1.47	0.44

工作内容：清理基层，调制砂浆，养护，筛铺憎水粉，铺隔离纸。

单位：100 m²

定额编号				A7-73	A7-74
项目				防水砂浆	憎水粉隔离层
				厚 2 cm	厚 1 cm
预算价格(元)				1419.22	4805.17
其中	人工费(元)			615.03	849.87
	材料费(元)			769.74	3955.30
	机械费(元)			34.45	
名称		单位	单价(元)	数量	
人工	综合工日	工日	57.00	10.79	14.91
材料	水泥砂浆 1：2	m³	248.99	2.02	
	防水粉	kg	3.23	66.00	
	素水泥浆	m³	513.59	0.10	
	工程用水	m³	5.60	0.40	
	憎水粉	kg	6.46		600.00
	牛皮纸(70 g) 1092 mm×787 mm	张	0.61		130.00
机械	灰浆搅拌机 200 L	台班	98.42	0.35	

5. 隔　离　层

工作内容：清理基层，干铺无纺聚酯纤维布。　　　　单位：100 m^2

定　额　编　号				A7-75
项　目				干铺无纺聚酯纤维布
预　算　价　格(元)				365.31
其中	人　工　费(元) 材　料　费(元) 机　械　费(元)			180.12 185.19
名　称		单位	单价(元)	数　量
人工	综合工日	工日	57.00	3.16
材料	聚酯布 100 g/m^2	m^2	1.67	110.89

6. 屋 面 排 水

工作内容：制作安装落水管、檐沟、泛水、出水口等。　　　　单位：100 m^2

定　额　编　号				A7-76	A7-77	A7-78
项　目				铁皮排水		阳台出水口
				水落管、檐沟	天沟、泛水	
				100 m^2		10 个
预　算　价　格(元)				4563.92	3457.69	61.34
其中	人　工　费(元) 材　料　费(元) 机　械　费(元)			1295.61 3268.31	588.24 2869.45	42.18 19.16
名　称		单位	单价(元)	数　量		
人工	综合工日	工日	57.00	22.73	10.32	0.74
材料	镀锌薄钢板	m^2	25.43	105.88	104.56	
	铁件	kg	4.60	86.10		
	焊锡	kg	90.60	1.88	2.08	
	盐酸	kg	1.05	0.39	0.44	
	木炭	kg	0.92	8.33	9.21	
	圆钉(综合)	kg	4.40	0.30	2.98	
	焊接钢管 DN40～50 mm	kg	3.67			5.22

工作内容：1. 安装就位。

2. 短管制作、安装等。

3. 截料、接口、套管、安装、固定。　　　　单位：100 m^2

定　额　编　号		A7-79	A7-80	A7-81	A7-82	A7-83
项　目		UPVC 落水管		UPVC 水落斗		UPVC 落水口
		ϕ75	ϕ100	ϕ75	ϕ100	
		10 m		10 个		
预　算　价　格(元)		270.17	358.55	156.85	185.30	270.34
其中	人　工　费(元) 材　料　费(元) 机　械　费(元)	131.67 138.50	131.67 226.88	120.27 36.58	120.27 65.03	134.52 135.82

续表　　　　单位:100 m²

定额编号				A7-79	A7-80	A7-81	A7-82	A7-83
项目				UPVC 落水管		UPVC 水落斗		UPVC 落水口
				ϕ75	ϕ100	ϕ75	ϕ100	
				10 m		10 个		
名称		单位	单价(元)	数量				
人工	综合工日	工日	57.00	2.31	2.31	2.11	2.11	2.36
材料	改性硬聚氯乙烯(UPVC)排水管　75 mm×2.3 mm	m	9.70	10.45				
	改性硬聚氯乙烯(UPVC)排水管　110 mm×3.2 mm	m	17.18		10.52			
	管卡带膨胀螺栓　ϕ160	套	3.20	7.14	7.14			
	改性硬聚氯乙烯(UPVC)排水管立管检查口　75 mm	个	4.17	1.11				
	改性硬聚氯乙烯(UPVC)排水管伸缩节　75 mm	个	4.04	1.01				
	改性硬聚氯乙烯(UPVC)排水管立管检查口　110 mm	个	7.46		1.11			
	改性硬聚氯乙烯(UPVC)排水管伸缩节　110 mm	个	7.52		1.01			
	改性硬聚氯乙烯(UPVC)排水管雨水斗　75 mm	个	1.89			10.10		
	改性硬聚氯乙烯(UPVC)排水管雨水斗　110 mm	个	4.13				10.10	
	改性硬聚氯乙烯(UPVC)排水管落水口　160 mm	个	11.17					10.10
	其他材料费	元		5.57	7.42	17.49	23.32	23.00

二、防 水 工 程

1. 卷 材 防 水

(1) 石油沥青卷材防水

工作内容:清理基层,配制、刷冷底子油,沥青胶结料贴附加层和沥青卷材。　　　　单位:100 m²

定额编号		A7-84	A7-85	A7-86	A7-87
项目		石油沥青玛碲脂卷材			
		二毡三油		每增减一毡一油	
		平面	立面	平面	立面
预算价格(元)		3357.64	3736.06	1059.46	1170.01
其中	人工费(元)	401.28	626.43	132.24	200.64
	材料费(元)	2956.36	3109.63	927.22	969.37
	机械费(元)				

续表

单位:100 m^2

定额编号				A7-84	A7-85	A7-86	A7-87
项目				石油沥青玛碲脂卷材			
				二毡三油		每增减一毡一油	
				平面	立面	平面	立面
名称		单位	单价(元)	数量			
人工	综合工日	工日	57.00	7.04	10.99	2.32	3.52
材料	石油沥青油毡 350 g 普通	m^2	1.71	239.76	239.76	116.49	116.49
	石油沥青玛碲脂	m^3	3831.68	0.58	0.62	0.19	0.20
	冷底子油 3∶7	kg	6.75	48.00	48.00		

工作内容:清理基层,配制、刷冷底子油,沥青胶结料贴附加层和玻璃纤维布卷材。

单位:100 m^2

定额编号				A7-88	A7-89	A7-90	A7-91
项目				石油沥青玛碲脂玻璃纤维布卷材			
				二布三油		每增减一布一油	
				平面	立面	平面	立面
预算价格(元)				3980.05	4434.28	1350.33	1479.85
其中	人工费(元)			513.00	813.96	174.99	266.19
	材料费(元)			3467.05	3620.32	1175.34	1213.66
	机械费(元)						
名称		单位	单价(元)	数量			
人工	综合工日	工日	57.00	9.00	14.28	3.07	4.67
材料	玻璃纤维布 1.80 mm	m^2	3.84	239.76	239.76	116.49	116.49
	石油沥青玛碲脂	m^3	3831.68	0.58	0.62	0.19	0.20
	冷底子油 3∶7	kg	6.75	48.00	48.00		

工作内容:1. 清理基层,配制、刷冷底子油,熬热沥青贴附加层和玻璃纤维布。

2. 清理基层,干铺油毡。

单位:100 m^2

定额编号				A7-92	A7-93	A7-94	A7-95	A7-96
项目				石油沥青玻璃布卷材				干铺油毡
				二布三油		每增减一布一油		一层
				平面	立面	平面	立面	
预算价格(元)				3704.67	4125.78	1238.58	1378.28	269.04
其中	人工费(元)			519.27	819.09	176.70	267.90	77.52
	材料费(元)			3185.40	3306.69	1061.88	1110.38	191.52
	机械费(元)							
名称		单位	单价(元)	数量				
人工	综合工日	工日	57.00	9.11	14.37	3.10	4.70	1.36
材料	玻璃纤维布 1.80 mm	m^2	3.84	239.76	239.76	116.49	116.49	
	建筑石油沥青 30#(旧4#)	kg	3.56	533.28	566.61	168.87	182.20	
	冷底子油 3∶7	kg	6.75	48.00	48.00			
	木柴(劈柴)	kg	0.20	211.20	224.40	66.88	72.16	
	石油沥青油毡 350 g 普通	m^2	1.71					112.00

(2) 合成高分子卷材防水

工作内容:清理基层,涂刷基层处理剂,防水薄弱处涂聚氨脂涂膜加强,铺贴卷材。　　　　单位:100 m²

定　额　编　号				A7-97	A7-98	A7-99	A7-100
项　目				氯化聚乙烯橡胶共混卷材		三元乙丙橡胶卷材冷贴满铺	
				平面	立面	平面	立面
预　算　价　格(元)				6004.47	6208.53	6034.12	6238.18
其中	人　工　费(元)			846.45	1050.51	846.45	1050.51
	材　料　费(元)			5158.02	5158.02	5187.67	5187.67
	机　械　费(元)						
名　称		单位	单价(元)	数　量			
人工	综合工日	工日	57.00	14.85	18.43	14.85	18.43
材料	氯化聚乙烯橡胶共混卷材　1.2 mm	m²	27.68	135.47	135.47		
	三元乙丙橡胶卷材　1.2 mm	m²	25.63			135.47	135.47
	聚氨酯　甲料	kg	15.58	5.42	5.42	10.47	10.47
	聚氨酯　乙料	kg	15.58	8.13	8.13	23.28	23.28
	水乳型阳离子氯丁胶乳沥青	kg	9.41	20.20	20.20		
	BX-12 粘结剂	kg	10.43	45.45	45.45		
	BS-12 粘结剂 乙组份	kg	7.14	32.37	32.37		
	CSPE 嵌缝油膏 330 mL	支	3.90	16.75	16.75	16.75	16.75
	二甲苯	kg	6.69	27.00	27.00	27.00	27.00
	乙酸乙酯	kg	11.07	5.05	5.05	5.05	5.05
	XC404 胶	kg	13.18			40.40	40.40
	丁基粘结剂	kg	10.98			32.37	32.37

工作内容:同前。　　　　单位:100 m²

定　额　编　号				A7-101	A7-102
项　目				再生橡胶卷材	
				平面	立面
预　算　价　格(元)				4234.90	4443.04
其中	人　工　费(元)			846.45	1050.51
	材　料　费(元)			3388.45	3392.53
	机　械　费(元)				
名　称		单位	单价(元)	数　量	
人工	综合工日	工日	57.00	14.85	18.43
材料	再生橡胶卷材　1.2 mm	m²	10.04	135.47	135.47
	聚氨酯　甲料	kg	15.58	10.47	10.47
	聚氨酯　乙料	kg	15.58	23.28	23.28
	CSPE 嵌缝油膏　330 mL	支	3.90	16.75	16.75
	二甲苯	kg	6.69	27.00	27.00
	乙酸乙酯	kg	11.07	5.05	5.05
	氯丁胶粘结剂	kg	5.00	72.77	72.77
	XC404 胶	kg	13.18	63.48	63.80

(3) 高聚物改性沥青卷材防水

工作内容:清理基层,涂刷基层处理剂,防水薄弱处涂聚氨酯涂膜加强,铺贴卷材。 单位:100m²

定额编号				A7-103	A7-104	A7-105
项目				SBS改性沥青卷材冷贴满铺		自粘结改性沥青防水卷材
				平面	立面	
预算价格(元)				5616.92	6061.31	5621.77
其中	人工费(元)			820.23	1234.62	1082.43
	材料费(元)			4796.69	4826.69	4539.34
	机械费(元)					
名称		单位	单价(元)	数量		
人工	综合工日	工日	57.00	14.39	21.66	18.99
材料	聚氨酯 甲料	kg	15.58	5.42	5.42	5.42
	聚氨酯 乙料	kg	15.58	8.13	8.13	8.13
	改性乳化沥青	kg	4.61	35.10	35.10	35.10
	SBS改性沥青卷材玻璃纤维复合胎岩页片 3 mm -20 ℃	m²	26.50	148.11	148.11	148.11
	改性沥青粘结剂	kg	4.70	59.23	59.23	
	改性沥青嵌缝油膏	kg	3.88	14.30	14.30	14.30
	液化石油气	kg	6.41	25.74	30.42	29.02

2. 涂膜防水

工作内容:清理基层,刷涂料或刷冷底子油。 单位:100 m²

定额编号				A7-106	A7-107	A7-108	A7-109
项目				苯乙烯涂料二遍		刷冷底子油	
				平面	立面	第一遍	第二遍
预算价格(元)				1128.29	1173.87	403.41	290.11
其中	人工费(元)			169.29	186.39	76.38	73.53
	材料费(元)			959.00	987.48	327.03	216.58
	机械费(元)						
名称		单位	单价(元)	数量			
人工	综合工日	工日	57.00	2.97	3.27	1.34	1.29
材料	苯乙烯外墙涂料 各色	kg	18.99	50.50	52.00		
	冷底子油 3∶7	kg	6.75			48.00	
	木柴(劈柴)	kg	0.20			15.15	20.90
	冷底子油 5∶5	kg	5.90				36.00

工作内容:同前。 单位:100 m²

定额编号		A7-110	A7-111	A7-112	A7-113
项目		石油沥青玛碲脂 3 mm	建筑油膏二遍	氯偏共聚乳胶三遍	聚氨酯涂膜防水
预算价格(元)		1719.43	2405.24	305.72	4681.08
其中	人工费(元)	169.29	145.35	151.62	282.72
	材料费(元)	1550.14	2259.89	154.10	4398.36
	机械费(元)				

续表

单位:100 m²

定额编号				A7-110	A7-111	A7-112	A7-113
项目				石油沥青玛碲脂 3 mm	建筑油膏二遍	氯偏共聚乳胶三遍	聚氨酯涂膜防水
名称		单位	单价(元)	数量			
人工	综合工日	工日	57.00	2.97	2.55	2.66	4.96
材料	冷底子油 3:7	kg	6.75	48.00			
	石油沥青玛碲脂	m^3	3831.68	0.32			
	建筑油膏	kg	3.80		585.12		
	木柴(劈柴)	kg	0.20		182.16		
	氯偏共聚乳液	kg	6.69			21.00	
	磷酸三钠	kg	2.49			0.59	
	聚乙烯醇溶液 10%	kg	12.92			0.94	
	聚氨酯 甲料	kg	15.58				107.64
	聚氨酯 乙料	kg	15.58				168.41
	二甲苯	kg	6.69				12.96
	细沙	m^3	54.00				0.20

注:聚氨酯如果掺缓凝剂,应增加磷酸 0.3 kg,如果掺促凝剂,应增加二月桂酸二丁基锡 0.3 kg。

工作内容:同前。

单位:100 m²

定额编号				A7-114	A7-115	A7-116	A7-117	A7-118	A7-119
项目				石油沥青一遍			每增加石油沥青一遍		
				平面	混凝土抹灰面立面	砖墙面立面	平面	混凝土抹灰面立面	砖墙面立面
预算价格(元)				1114.83	1175.07	1272.75	587.81	637.19	739.08
其中	人工费(元)			107.16	125.40	139.08	37.62	45.03	58.71
	材料费(元)			1007.67	1049.67	1133.67	550.19	592.16	680.37
	机械费(元)								
名称		单位	单价(元)	数量					
人工	综合工日	工日	57.00	1.88	2.20	2.44	0.66	0.79	1.03
材料	冷底子油 3:7	kg	6.75	48.00	48.00	48.00			
	建筑石油沥青 30#(旧 4#)	kg	3.56	187.11	198.66	221.76	151.31	162.85	187.11
	木柴(劈柴)	kg	0.20	87.78	92.18	100.98	57.64	62.04	71.28

工作内容:同前。

单位:100 m²

定额编号				A7-120	A7-121	A7-122	A7-123	A7-124	A7-125
项目				石油沥青玛碲脂一遍			每增加石油沥青玛碲脂一遍		
				平面	混凝土抹灰面立面	砖墙立面	平面	混凝土抹灰面立面	砖墙立面
预算价格(元)				1119.72	1180.11	1273.69	603.57	653.70	747.27
其中	人工费(元)			106.02	124.26	137.37	36.48	44.46	57.27
	材料费(元)			1013.70	1055.85	1136.32	567.09	609.24	689.70
	机械费(元)								
名称		单位	单价(元)	数量					
人工	综合工日	工日	57.00	1.86	2.18	2.41	0.64	0.78	1.01
材料	石油沥青玛碲脂	m^3	3831.68	0.18	0.191	0.212	0.148	0.159	0.18
	冷底子油 3:7	kg	6.75	48.00	48.00	48.00			

工作内容：清理基层，调配涂料，铺贴附加层，刷涂料，贴聚酯布或玻璃纤维布。 单位：100 m²

定额编号				A7-126	A7-127	A7-128	A7-129
项目				水乳型阴(阳)离子合成胶乳化沥青聚酯布			
				一布二涂		每增一布一涂	
				平面	立面	平面	立面
预算价格(元)				1934.97	2091.72	1411.48	1479.88
其中	人工费(元)			238.26	395.01	105.45	173.85
	材料费(元)			1696.71	1696.71	1306.03	1306.03
	机械费(元)						
名称		单位	单价(元)	数量			
人工	综合工日	工日	57.00	4.18	6.93	1.85	3.05
材料	聚酯布 100 g/m²	m²	1.67	120.93	120.93	114.15	114.15
	水乳型阴离子合成胶乳沥青	kg	7.15	208.21	208.21	156.00	156.00
	滑石粉	kg	0.40	15.15	15.15		

工作内容：同前。 单位：100 m²

定额编号				A7-130	A7-131	A7-132	A7-133
项目				水乳型普通乳化沥青涂料聚酯布		水乳型水性石棉质沥青玻璃布	
				二布三涂		一布二涂	
				平面	立面	平面	立面
预算价格(元)				1697.95	1922.53	7597.30	7753.48
其中	人工费(元)			342.57	567.15	247.95	404.13
	材料费(元)			1355.38	1355.38	7349.35	7349.35
	机械费(元)						
名称		单位	单价(元)	数量			
人工	综合工日	工日	57.00	6.01	9.95	4.35	7.09
材料	聚酯布 100 g/m²	m²	1.67	235.08	235.08		
	水乳型乳化沥青	kg	3.69	260.00	260.00		
	矿渣硅酸盐水泥 32.5级	t	340.00	0.01	0.01	0.06	0.06
	网格玻璃纤维布	m²	2.40			120.93	120.93
	水乳型水性石棉质沥青	kg	8.46			832.00	832.00

工作内容：同前。 单位：100 m²

定额编号		A7-134	A7-135	A7-136	A7-137
项目		水乳型再生胶乳化沥青聚酯布			
		二布三涂		每增一布一涂	
		平面	立面	平面	立面
预算价格(元)		1712.26	1936.84	687.12	755.52
其中	人工费(元)	342.57	567.15	105.45	173.85
	材料费(元)	1369.69	1369.69	581.67	581.67
	机械费(元)				

续表　　　　单位:100 m²

定额编号				A7-134	A7-135	A7-136	A7-137
项目				水乳型再生胶乳化沥青聚酯布			
				二布三涂		每增一布一涂	
				平面	立面	平面	立面
名称		单位	单价(元)	数量			
人工	综合工日	工日	57.00	6.01	9.95	1.85	3.05
材料	聚酯布　100 g/m²	m²	1.67	232.75	232.75	114.15	114.15
	水乳型再生胶沥青	kg	3.76	260.00	260.00	104.00	104.00
	矿渣硅酸盐水泥　32.5 级	t	340.00	0.01	0.01		

工作内容:同前。　　　　单位:100 m²

定额编号				A7-138	A7-139	A7-140	A7-141
项目				溶剂型再生胶沥青聚酯布			
				二布三涂		每增一布一涂	
				平面	立面	平面	立面
预算价格(元)				4736.12	4960.70	2292.88	2361.28
其中	人工费(元)			343.14	567.72	105.45	173.85
	材料费(元)			4392.98	4392.98	2187.43	2187.43
	机械费(元)						
名称		单位	单价(元)	数量			
人工	综合工日	工日	57.00	6.02	9.96	1.85	3.05
材料	聚酯布　100 g/m²	m²	1.67	235.08	235.08	114.15	114.15
	溶剂型再生胶沥青	kg	12.80	312.00	312.00	156.00	156.00
	矿渣硅酸盐水泥　32.5 级	t	340.00	0.02	0.02		

3. 刚性防水

工作内容:清理基层,调制砂浆,抹水泥砂浆,表面压光、养护。　　　　单位:100 m²

定额编号				A7-142	A7-143	A7-144	A7-145
项目				防水砂浆			
				五层做法		普通	
				平面	立面	平面	立面
预算价格(元)				1468.61	1735.01	1234.74	1482.60
其中	人工费(元)			865.83	1129.74	497.61	738.72
	材料费(元)			586.05	588.54	703.67	710.42
	机械费(元)			16.73	16.73	33.46	33.46
名称		单位	单价(元)	数量			
人工	综合工日	工日	57.00	15.19	19.82	8.73	12.96
材料	水泥砂浆　1∶2	m³	248.99	1.01	1.02	2.02	2.04
	素水泥浆	m³	513.59	0.61	0.61		
	工程用水	m³	5.60	3.80	3.80	3.80	3.80
	防水粉	kg	3.23			55.55	56.10
机械	灰浆搅拌机 200 L	台班	98.42	0.17	0.17	0.34	0.34

工作内容:同前。　　　　单位:100 m²

定　额　编　号				A7-146	A7-147
项　目				掺无机盐防水剂	
				素水泥浆	防水砂浆 2 cm 厚
预　算　价　格(元)				287.94	2332.34
其中	人　工　费(元)			110.01	599.64
	材　料　费(元)			177.93	1698.25
	机　械　费(元)				34.45
名　称		单位	单价(元)	数　量	
人工	综合工日	工日	57.00	1.93	10.52
材料	无机盐铝防水剂	kg	8.61	14.70	132.60
	素水泥浆	m³	513.59	0.10	0.10
	水泥砂浆　1∶2	m³	248.99		2.02
	工程用水	m³	5.60		0.40
机械	灰浆搅拌机 200 L	台班	98.42		0.35

三、变　形　缝

1. 填　　缝

工作内容:1. 熬制沥青,调配、填塞沥青麻丝,清理缝。

2. 熬制沥青,浸木丝板,木丝板嵌缝。　　　　单位:100 m

定　额　编　号				A7-148	A7-149	A7-150	A7-151
项　目				油浸麻丝		油浸木丝板	玛碲脂
				平面	立面		
预　算　价　格(元)				1672.47	1881.66	759.37	1936.11
其中	人　工　费(元)			452.58	661.77	239.40	96.90
	材　料　费(元)			1219.89	1219.89	519.97	1839.21
	机　械　费(元)						
名　称		单位	单价(元)	数　量			
人工	综合工日	工日	57.00	7.94	11.61	4.20	1.70
材料	建筑石油沥青　30#(旧 4#)	kg	3.56	204.00	204.00	124.12	
	麻皮(白麻)	kg	8.84	54.59	54.59		
	木柴(劈柴)	kg	0.20	55.35	55.35	46.82	
	木丝板　1830 mm×610 mm×25 mm	m²	4.37			15.73	
	石油沥青玛碲脂	m³	3831.68				0.48

工作内容:1. 麻刀灰浆调制、嵌缝,刷裁油毡,缝上贴油毡等。

2. 熬制油膏、建筑油膏嵌缝。

3. 熬制沥青、拌和沥青砂浆(胶泥),嵌缝。　　　　单位:100 m

定　额　编　号		A7-152	A7-153	A7-154	A7-155
项　目		石灰麻刀		建筑油膏	沥青砂浆(胶泥)
		平面	立面		
预　算　价　格(元)		811.45	915.19	748.23	958.30
其中	人　工　费(元)	347.13	450.87	348.27	402.99
	材　料　费(元)	464.32	464.32	399.96	555.31
	机　械　费(元)				

续表 单位:100 m

定额编号				A7-152	A7-153	A7-154	A7-155
项目				石灰麻刀		建筑油膏	沥青砂浆(胶泥)
				平面	立面		
名称		单位	单价(元)	数量			
人工	综合工日	工日	57.00	6.09	7.91	6.11	7.07
材料	石油沥青油毡 350 g普通	m^2	1.71	15.15	15.15		
	建筑石油沥青 30#(旧4#)	kg	3.56	65.60	65.60		
	生石灰粉	t	200.00	0.18	0.18		
	麻刀	kg	1.50	109.08	109.08		
	木柴(劈柴)	kg	0.20	26.24	26.24	33.48	198.00
	建筑油膏	kg	3.80			103.49	
	沥青砂浆 1:2:7	m^3	1121.11				0.46

工作内容:1. 乳化沥青浸木丝板,乳化沥青木丝板嵌缝。

2. 缝清理,填塞聚苯乙烯板。 单位:100 m

定额编号				A7-156	A7-157	A7-158	A7-159
项目				乳化沥青木丝板		聚苯乙烯泡沫塑料	
				平面	立面	平面	立面
预算价格(元)				728.80	798.12	414.96	473.67
其中	人工费(元)			316.92	361.38	195.51	254.22
	材料费(元)			411.88	436.74	219.45	219.45
	机械费(元)						
名称		单位	单价(元)	数量			
人工	综合工日	工日	57.00	5.56	6.34	3.43	4.46
材料	木丝板 1830 mm×610 mm×25 mm	m^2	4.37	34.00	38.00		
	水乳型乳化沥青	kg	3.69	70.00	72.00		
	聚苯乙烯泡沫塑料 阻燃型	m^3	285.00			0.77	0.77
	其他材料费	元		5.00	5.00		

2. 止水带

工作内容:1. 铜板剪裁,焊接成型,铺设。

2. 聚氯乙烯胶泥拌制,嵌缝,水泥砂浆勾缝,垫牛皮纸等。 单位:100 m

定额编号		A7-160	A7-161
项目		紫铜板止水带	聚氯乙烯胶泥
预算价格(元)		55441.48	1232.25
其中	人工费(元)	1506.51	462.27
	材料费(元)	53780.32	769.98
	机械费(元)	154.65	

续表 单位:100 m

定　额　编　号				A7-160	A7-161
项　目				紫铜板止水带	聚氯乙烯胶泥
名　称		单位	单价(元)	数　量	
人工	综合工日	工日	57.00	26.43	8.11
材料	紫铜板　T2　2 mm	kg	60.50	867.54	
	紫铜电焊条　铜 107　3.2 mm	kg	90.50	14.30	
	水泥砂浆　1∶2	m^3	248.99		0.06
	聚氯乙烯胶泥	kg	9.40		76.32
	牛皮纸(70 g)　1092 mm×787 mm	张	0.61		50.70
	木柴(劈柴)	kg	0.20		33.48
机械	交流弧焊机 30 kVA	台班	167.67	0.74	
	剪板机 20 mm×2500 mm	台班	254.73	0.12	

工作内容:1. 钢板剪裁,焊接成型,铺设。

2. 止水带制作、接头及安装。

单位:100 m

定　额　编　号				A7-162	A7-163	A7-164
项　目				钢板止水带	预埋式止水带	
					橡胶	塑料
预　算　价　格(元)				4855.69	3907.28	3427.43
其中	人　工　费(元)			1048.80	627.00	627.00
	材　料　费(元)			3656.80	3280.28	2800.43
	机　械　费(元)			150.09		
名　称		单位	单价(元)	数　量		
人工	综合工日	工日	57.00	18.40	11.00	11.00
材料	薄钢板	t	3780.00	0.94		
	电焊条　结 422　3.2 mm	kg	4.50	20.72		
	橡胶止水带　300 mm×14 mm	m	30.20		105.00	
	塑料止水带　651#	m	25.63			105.00
	丙酮	kg	7.38		3.12	3.12
	环氧树脂	kg	20.15		3.12	3.12
	甲苯	kg	6.69		2.46	2.46
	乙二胺	kg	27.68		0.25	0.25
	其他材料费	元		10.36		
机械	剪板机　20 mm×2500 mm	台班	254.73	0.11		
	交流弧焊机　32 kVA	台班	174.38	0.70		

工作内容:1. 清理、用乙酸乙酯洗缝,隔纸,用氯丁胶粘剂贴氯丁橡胶片,在氯丁橡胶上涂胶、铺沙。

2. 清理基层、刷底胶、缝上粘贴一布二涂氯丁胶、贴玻璃纤维布;在缝中心贴设一布二涂氯丁胶玻璃布;止水片干后表面涂刷并粘粒砂。

单位:100 m

定　额　编　号		A7-165	A7-166	A7-167
项　目		氯丁橡胶片止水带	涂刷式一布二涂氯丁胶玻璃纤维布止水带	
			湿基层	干基层
预　算　价　格(元)		1399.25	1740.71	1493.78
其中	人　工　费(元)	169.29	189.81	189.81
	材　料　费(元)	1229.96	1550.90	1303.97
	机　械　费(元)			

续表　　　　单位:100 m

定额编号				A7-165	A7-166	A7-167
项目				氯丁橡胶片止水带	涂刷式一布二涂氯丁胶玻璃纤维布止水带	
					湿基层	干基层
名称		单位	单价(元)	数量		
人工	综合工日	工日	57.00	2.97	3.33	3.33
材料	氯丁橡胶板　2 mm	m^2	18.45	31.90		
	玻璃纤维布　1.80 mm	m^2	3.84		86.31	86.31
	氯丁橡胶浆	kg	2.80	60.73	112.43	130.75
	三异氰酸酯	kg	21.53	9.11	16.87	19.60
	乙酸乙酯	kg	11.07	23.06	15.31	15.31
	矿渣硅酸盐水泥　42.5 级	t	370.00	0.01	0.01	0.003
	豆粒砂　2～7 mm	m^3	77.00	0.16	0.18	0.18
	牛皮纸(70 g)　1092 mm×787 mm	张	0.61	5.63		
	300 低分子聚酰酯	kg	25.83		2.80	
	环氧树脂	kg	20.15		14.00	
	工程用水	m^3	5.60	0.09		

3. 盖　　缝

工作内容:盖缝板加工安装。　　　　单位:100 m

定额编号				A7-168	A7-169	A7-170	A7-171	A7-172	A7-173
项目				外墙变形缝					
				镀锌铁皮 0.5 mm 厚		铝板 1.5 mm 厚		不锈钢板 1.0 mm 厚	
				缝宽					
				50 mm 以内	100 mm 以内	50 mm 以内	100 mm 以内	50 mm 以内	50 mm 以外
预算价格(元)				1213.85	1374.60	2654.95	3128.73	5432.24	6470.78
其中	人工费(元)			482.22	506.16	409.83	430.35	409.83	430.35
	材料费(元)			731.63	868.44	2245.12	2698.38	5022.41	6040.43
	机械费(元)								
名称		单位	单价(元)	数量					
人工	综合工日	工日	57.00	8.46	8.88	7.19	7.55	7.19	7.55
材料	镀锌薄钢板	m^2	25.43	24.89	30.00				
	铝板　L1　0.7～7 mm	kg	20.50			106.00	128.00		
	不锈、耐酸、耐热钢板　1.0 mm	m^2	198.57					24.89	30.00
	醇酸防锈漆　红丹	kg	9.86	2.37	2.86				
	油漆溶剂油(松香水)	kg	4.59	0.12	0.12				
	镀锌水泥钢钉　4 mm×65 mm	kg	9.20	6.90	6.90	6.90	6.90	6.90	6.90
	其他材料费	元		11.28	13.31	8.64	10.90	16.52	19.85

工作内容：同前。　　　　　　　　　　　　　　　　　　　　　　　　　　单位：100 m

定　额　编　号				A7-174	A7-175	A7-176	A7-177
项　目				内墙变形缝			
				木板 20 mm 厚缝宽	镀锌铁皮 0.5 mm 厚缝宽	铝板 1.5 mm 厚缝宽	不锈钢板 1.0 mm 厚缝宽
				100 mm 以内			
预　算　价　格(元)				1669.31	1548.30	3724.26	7809.19
其中	人　工　费(元)			555.75	506.16	430.35	430.35
	材　料　费(元)			1113.56	1042.14	3293.91	7378.84
	机　械　费(元)						
名　称		单位	单价(元)	数　量			
人工	综合工日	工日	57.00	9.75	8.88	7.55	7.55
材料	椤木锯材	m^3	1610.00	0.676			
	镀锌薄钢板	m^2	25.43		36.72		
	铝板　L1　0.7～7 mm	kg	20.50			157.00	
	不锈、耐酸、耐热钢板　1.0 mm	m^2	198.57				36.72
	醇酸防锈漆　红丹	kg	9.86		2.86		
	油漆溶剂油(松香水)	kg	4.59		0.15		
	镀锌沉头木螺钉　70 mm	个	0.11	84.00			
	镀锌水泥钢钉　4 mm×65 mm	kg	9.20		6.90	6.90	6.90
	其他材料费	元		15.96	15.98	11.93	23.87

工作内容：同前。　　　　　　　　　　　　　　　　　　　　　　　　　　单位：100 m

定　额　编　号				A7-178	A7-179	A7-180	A7-181
项　目				顶棚变形缝			
				木板 20 mm 厚缝宽	镀锌铁皮 0.5 mm 厚缝宽	铝板 1.5 mm 厚缝宽	不锈钢板 1.0 mm 厚缝宽
				100 mm 以内			
预　算　价　格(元)				1725.17	1599.03	3767.93	7852.85
其中	人　工　费(元)			611.61	556.89	473.67	473.67
	材　料　费(元)			1113.56	1042.14	3294.26	7379.18
	机　械　费(元)						
名　称		单位	单价(元)	数　量			
人工	综合工日	工日	57.00	10.73	9.77	8.31	8.31
材料	椤木锯材	m^3	1610.00	0.676			
	镀锌薄钢板	m^2	25.43		36.72		
	铝板　L1　0.7～7 mm	kg	20.50			157.00	
	不锈、耐酸、耐热钢板　1.0 mm	m^2	198.57				36.72
	醇酸防锈漆　红丹	kg	9.86		2.86		
	油漆溶剂油(松香水)	kg	4.59		0.15		
	镀锌水泥钢钉　4 mm×65 mm	kg	9.20		6.90	6.90	6.90
	镀锌沉头木螺钉　70 mm	个	0.11	84.00			
	其他材料费	元		15.96	15.98	12.28	24.21

工作内容:同前。　　　　单位:100 m

定额编号				A7-182	A7-183
项目				吊顶变形缝	
				铝板 1.5 mm 厚	胶合板
				缝宽 250 mm 以内	
预算价格(元)				3512.53	611.93
其中	人工费(元)			259.35	177.27
	材料费(元)			3253.18	434.66
	机械费(元)				
名称		单位	单价(元)	数量	
人工	综合工日	工日	57.00	4.55	3.11
材料	铝板　L1　0.7～7 mm	kg	20.50	153.00	
	胶合板　5 mm	m^2	7.97		10.50
	射钉	个	0.26	160.00	1090.00
	镀锌水泥钢钉　4 mm×65 mm	kg	9.20	6.90	6.90
	其他材料费	元		11.60	4.09

工作内容:同前。　　　　单位:100 m

定额编号				A7-184	A7-185	A7-186
项目				楼面变形缝		
				铝板 3 mm 厚	钢板 6 mm 厚	塑料硬板 5 mm 厚
				缝宽 150 mm 以内		
预算价格(元)				5769.15	5341.59	3127.92
其中	人工费(元)			673.17	673.17	673.17
	材料费(元)			5095.98	4668.42	2454.75
	机械费(元)					
名称		单位	单价(元)	数量		
人工	综合工日	工日	57.00	11.81	11.81	11.81
材料	铝板　L1　0.7～7 mm	kg	20.50	195.00		
	花纹钢板	t	3660.00	0.008	0.977	0.001
	硬聚氯乙烯板　5 mm	m^2	60.97			22.79
	镀锌水泥钢钉　4 mm×65 mm	kg	9.20	6.90	6.90	6.90
	镀锌薄钢板	m^2	25.43	38.76	38.76	38.76
	醇酸防锈漆　红丹	kg	9.86		2.17	
	油漆溶剂油(松香水)	kg	4.59		0.11	
	其他材料费	元		20.05	21.55	12.43

工作内容:同前。　　　　　　　　　　　　　　　　　　　　单位:100 m

定　额　编　号				A7-187	A7-188	A7-189
项　目				屋面变形缝		
				镀锌铁皮 0.5 mm厚	铝板 0.8 mm厚	不锈钢板 1.0 mm厚
				缝宽100 mm以内		
预 算 价 格(元)				2914.18	3656.65	8438.12
其中	人　工　费(元)			1224.36	1224.36	1224.36
	材　料　费(元)			1689.82	2432.29	7213.76
	机　械　费(元)					
	名　称	单位	单价(元)	数　量		
人工	综合工日	工日	57.00	21.48	21.48	21.48
材料	水泥砂浆　1∶2.5	m^3	233.94	1.25	1.25	
	镀锌薄钢板	m^2	25.43	36.21		
	铝板　L1　0.7～7 mm	kg	20.50		83.00	
	不锈、耐酸、耐热钢板　1.0 mm	m^2	198.57			36.21
	矿渣硅酸盐水泥　32.5级	t	340.00	0.63	0.63	
	碎石　5～15 mm	m^3	79.00	1.42	1.42	
	水洗中(粗)砂	m^3	93.00	1.09	1.09	
	醇酸防锈漆　红丹	kg	9.86	3.45		
	油漆溶剂油(松香水)	kg	4.59	0.18		
	工程用水	m^3	5.60	0.34	0.34	
	其他材料费	元		12.07	8.71	23.54

十一、全国统一建筑工程基础定额
河北省消耗量定额

（2008 年定额防水工程部分）

关于颁布 2008 年《全国统一建筑工程基础定额河北省消耗量定额》等计价依据的通知

冀建质[2008]396 号

各设区市建设局、省直有关部门、华北石油管理局：

为合理确定和有效控制建设工程造价，进一步推进建设工程工程量清单计价工作，满足工程建设的需要。我厅组织编制了 2008 年《全国统一建筑工程基础定额河北省消耗量定额》、《全国统一建筑装饰装修工程消耗量定额河北省消耗量定额》、《全国统一安装工程预算定额河北省消耗量定额》、《全国统一市政工程预算定额河北省消耗量定额》、《河北省建设工程材料价格》、《河北省建设工程施工机械台班单价》、《河北省建筑、安装、市政、装饰装修工程费用标准》，现予颁布，自 2008 年 7 月 1 日起执行。2008 年 7 月 1 日以前完成的工作量不再调整。

以上计价依据由省工程建设造价管理总站负责管理和解释。请在执行中认真积累资料，及时反馈意见，以便进一步修改完善。

河北省建设厅

二〇〇八年六月二十四日

总 说 明

一、《全国统一建筑工程基础定额河北省消耗量定额》（以下简称本定额）是在《全国统一建筑工程基础定额》（土建工程）（GJD-101-95）的基础上，结合我省实际，按照合理的施工组织设计和正常的施工条件，根据现行的建筑工程施工及验收规范、操作规程和 2000 年《全国统一建筑安装工程工期定额》编制的。

二、本定额适用于河北省行政区域内的一般工业与民用建筑的新建、扩建和接层工程。

三、本定额中的消耗量（不含可竞争措施项目消耗量）是编制施工图预算、最高限价、标底的依据。本定额是工程量清单计价、投标报价、进行工程拨款、竣工结算、衡量投标报价合理性、编制企业定额和工程造价管理的基础或依据，是编制概算定额、概算指标和投资估算指标的主要资料。

四、本定额分为实体项目、措施项目及附录三部分，其中措施项目分为可竞争措施项目和不可竞争措施项目。实体项目及不可竞争措施项目消耗量不得调整；可竞争措施项目消耗量在投标报价时投标人可以合理调整。

五、本定额可竞争措施项目包括：脚手架工程、模板工程、垂直运输工程、建筑物超高费、大型机械一次安拆及场外运输费及其他可竞争措施项目，其中其他可竞争措施项目由支挡土板、打拔钢板桩、降水工程、冬雨季施工增加费、夜间施工增加费、生产工具用具使用费、检验试验配合费、工程定位复测场地清理费、成品保护费、二次搬运费、临时停电停水费、土建工程施工与生产同时进行增加费、在有害身体健康环境中施工降效增加费组成；不可竞争措施项目包括安全防护、文明施工费。

六、本定额适用于工料单价法，也可用于综合单价法。

七、建筑工程应用工料单价法计价方式时，在不同的计价阶段使用本定额应符合以下规定：

1. 在编制最高限价或标底时人工、材料、机械台班单价根据市场行情或造价信息调整，可竞争措施项目按照常规、科学、合理的施工方法计算。

2. 在报价时投标人可将人工、材料、机械台班单价根据市场行情或造价信息进行调整；可竞争措施项目按照施工方案计算，消耗量可以合理调整。

3. 在价款调整、结算时，依据省建设行政主管部门的规定、合同约定进行调整。

八、建筑工程应用综合单价法计价方式时，在不同的计价阶段使用本定额应符合以下规定：

1. 在编制最高限价或标底时人工、材料、机械台班单价根据市场行情或造价信息调整，可竞争措施项目按照常规、科学、合理的施工方法计算。

2. 在报价时投标人可将人工、材料、机械台班单价根据市场行情或造价信息、所承担的风险情况进行调整；可竞争措施项目按照施工方案计算，消耗量可以合理调整。

3. 在价款调整、结算时，依据省建设行政主管部门的规定、合同约定进行调整。

九、人工消耗量及单价的确定：

1. 本定额中人工工日是按照 1994 年《建筑安装工程劳动定额、建筑装饰工程劳动定额》计算的，综合了基本用工、超运距用工、辅助用工及人工幅度差，不分工种和技术等级以综合用工表示。

2. 本定额综合用工按技术含量不同分为综合用工一类、综合用工二类、综合用工三类共三种，单价分别为：综合用工一类 45 元/工日，综合用工二类 40 元/工日，综合用工三类 30 元/工日。

十、材料消耗量及单价的确定：

1. 本定额中的材料消耗量包括施工中消耗的主要材料、辅助材料和零星材料等，并计入了相应损耗。材料、成品、半成品的损耗，包括场内运输损耗、现场存放损耗和施工操作损耗。

2. 本定额中的材料是按选定的材料规格或综合后计算的，其选用标准见"材料、成品、半成品价格取定表"，实际工程所使用材料的品种、规格与定额不同时，可以调整。材料价格是依据 2008 年《河北省建设工程材料价格》确定的。

3. 用量很少、占材料费比重很小的零星材料合并为其他材料费。

4. 主要材料、成品、半成品损耗率见附录二。

十一、机械台班消耗量及单价的确定：

1. 机械规格、种类及台班用量是按合理的施工方法确定的，并考虑了必要的机械停滞时间等因素。

2. 本定额中机械台班单价是依据2008年《河北省建设工程施工机械台班单价》确定的，凡未指明具体型号、规格的机械，其台班单价是根据本省当前机械配备情况取定的综合价格。

3. 本定额中次要机械综合为其他机械费。

十二、建筑材料、成品、半成品从工地仓库、现场堆放地点或现场加工地点至施工操作地点的水平运输所需要的劳动工日和机械台班，已按正常合理的施工运距计算在定额的项目中。

十三、本定额中建筑材料、成品、半成品垂直运输所需的人工和机械费按本册A.13垂直运输工程相应项目计算。

十四、本定额中的模板和脚手杆、板等周转性材料的数量为摊销量，已考虑了正常的周转次数和残值回收折价，实际施工采用不同品种的周转性材料时，可以调整。模板和脚手杆、板等在同一城市内工地间转移、场外运输所需的人工和机械台班已包括在相应项目内。组合钢模板及零星卡具回库维修费已包括在其单价内，不再单独计算。

十五、本定额中商品混凝土价格为到达施工现场价(包括商品混凝土出厂价及运输费)，如发生泵送时，另按泵送增加费项目计算泵送费，同时按本册A.13垂直运输工程相应项目扣减垂直运输费。

十六、本定额中非预应力钢筋(冷轧带肋除外)未考虑冷加工，如设计规定必须进行冷加工者，除不改变直径使用的钢筋冷拉加工费用、加工损耗由延伸率抵补外，冷轧、冷扭的加工费和加工损耗可据实计算。

十七、本定额中木材消耗量是指加工后的规格料的消耗量，烘干木材单价中已包括参考烘于费110元/m^3；烘干木材用量中包括了6.5%的烘干损耗；1 m^3 原木参考综合出材率为66%。

十八、本定额中混凝土和钢筋混凝土是按自然养护考虑的。如预制混凝土和钢筋混凝土的构件实际采用蒸汽养护时，每立方米预制构件按实体积增加参考养护费80元/m^3；如采用其他养护方法，根据实际计算养护费。

十九、本定额中混凝土、砂浆、垫层等用砂是按中砂编制的，如实际施工中采用细砂的，可按附录一“配合比”进行调整。

二十、本定额中混凝土和砂浆配合比是确定工程预算价使用的，如实际施工与规定有出入时，不作调整。

二十一、本定额的工作内容中说明了主要施工工序，次要工序虽未说明，但均已考虑在本定额中。

二十二、现场使用建设单位水电时，水电费按如下方式计算：单独设置水、电表，按计数结算；未单独设水、电表，使用商品混凝土的工程按定额实体项目与措施项目基价之和的1.65%结算(其中：水费0.08%，电费1.57%)，使用现场搅拌混凝土的工程按定额实体项目与措施项目基价之和的1.86%结算(其中：水费0.24%，电费1.62%)，该系数为参考，实际不同时，可按实结算。

二十三、本定额中以“×××以内”或“×××以下”表示者，均包括“×××”本身；“×××以外”或“×××以上”者，则不包括其本身。

二十四、本定额中材料数量带“( )”者，表示基价中未包括其价值。

二十五、未尽事宜详见各章节说明及附注。

A.7 屋面及防水工程

说　明

一、水泥瓦、粘土瓦、小青瓦、油毡瓦的实际使用规格与本章项目不同时，瓦的数量可以换算，其他不变。

二、卷材及防水涂料屋面，均已包括基层表面刷冷底子油或处理剂一遍。油毡收头的材料包括在其他材料费内。

三、卷材屋面坡度在15°以下者为平屋面，超过15°按卷材屋面人工增加表增加人工。

四、铁皮屋面及铁皮排水项目内已包括铁皮咬口和搭接的工料。钢管底节每个按2 m长考虑。

五、橡胶卷材及镀锌铁皮的厚度，设计与本章项目不同时，仍按相应项目计算。

六、屋面水泥砂浆找平层按B.1楼地面工程的相应项目计算。

七、屋面保温按本册A.8防腐、隔热、保温工程的相应项目计算。

八、琉璃瓦面如实际使用盾瓦者，每10 cm长的脊瓦长度，每一面增计盾瓦50块，其他不变，如增加勾头、博古等另行计算。

九、墙、地面防水、防潮项目适用于楼地面、墙基、墙身、构筑物、水池、水塔、室内厕所、浴室以及±0.000以下的防水、防潮工程。

十、变形缝填缝，建筑油膏聚氯乙烯断面取定为3 cm×2 cm；油浸木丝板取定为2.5 cm×1.5 cm；紫铜板止水带按2 cm厚展开宽度45 cm；氯丁橡胶宽30 cm；涂刷式氯丁胶贴玻璃纤维止水片宽35 cm；其他填料取定为15 cm×3 cm。如设计断面不同时用料可以换算，人工不变。

十一、变形缝盖缝，木板盖缝断面取定为20 cm×2.5 cm；橡胶板的厚度取定为2.0 cm；铝合金装饰板取定为25 cm×0.15 cm；抛光金属板厚度取定为0.3 cm；不锈钢板盖缝子目中的不锈钢板厚度取定为0.5 cm；塑胶硬板厚度取定为0.5 cm。如设计不同时，用料可以换算，人工不变。实际所含铁件含量与定额项目不同时，可以调整。

十二、刚性防水水泥砂浆内掺高效有机硅防水剂项目，如设计与定额不同时，掺合剂及其含量可调整换算，人工不变。

A.7.1 瓦、型材屋面

A.7.1.1 瓦屋面

A.7.1.1.1 普通瓦

工作内容：1. 铺水泥瓦、粘土瓦或小青瓦(包括屋脊抹灰)。

2. 调制砂浆、安脊瓦、抹脊背。

3. 檩上钉石棉瓦、安脊瓦。

单位：100 m²

定额编号				A7-1	A7-2	A7-3	A7-4
项目名称				水泥瓦	粘土瓦	小青瓦	石棉瓦
				铺贴在屋面板		铺在椽子上	
基价(元)				1587.28	1251.26	3195.32	2296.33
其中	人工费(元)			250.40	250.40	423.20	256.00
	材料费(元)			1336.88	1000.86	2772.12	2040.33
	机械费(元)			—	—	—	—
	名称	单位	单价(元)	数量			
人工	综合用工二类	工日	40.00	6.260	6.260	10.580	6.400
材料	水泥石灰砂浆 M2.5(中砂)	m³	—	(0.090)	(0.090)	(0.230)	—
	水泥瓦 385×235×14	千块	800.00	1.610	—	—	—
	粘土瓦 380×240	千块	600.00	—	1.620	—	—
	水泥脊瓦	千块	1450.00	0.028	—	—	—
	粘土脊瓦	千块	735.00	—	0.028	—	—
	小青瓦 150×150	千块	150.00	—	—	18.340	—
	波形石棉瓦(水泥)	m²	12.00	—	—	—	129.560
	镀锌钉钩	个	1.00	—	—	—	400.000
	石棉脊瓦	块	6.50	—	—	—	12.000
	水泥 32.5	t	220.00	0.017	0.017	0.043	—
	中砂	t	25.16	0.144	0.144	0.369	—
	生石灰	t	85.00	0.009	0.009	0.023	—
	水	m³	3.03	0.050	0.050	0.140	—
	其他材料费	元	1.00	—	—	—	7.610

注：铺水泥瓦、粘土瓦，小青瓦，如设计规定挂檐瓦需要穿铁丝、钉钉子加固者，按每 100 m 檐瓦增加 20# 镀锌铁丝 0.68 kg、铁钉 0.48 kg、人工 1.05 工日。

A.7.1.1.2 玻璃钢瓦及塑料波纹瓦

工作内容：檩上钉玻璃钢瓦、塑料波纹瓦，安脊瓦。

单位：100 m²

定额编号		A7-5	A7-6
项目名称		钢檩上铺	
		玻璃钢瓦	塑料波纹瓦
基价(元)		2306.30	922.60
其中	人工费(元)	208.00	200.40
	材料费(元)	2098.30	722.20
	机械费(元)	—	—

续表

单位：100 m²

定额编号			A7-5	A7-6
项目名称			钢楞上铺	
			玻璃钢瓦	塑料波纹瓦
名称	单位	单价(元)	数量	
人工 综合用工二类	工日	40.00	5.200	5.010
材料 小波玻璃钢瓦 1800×725	块	15.00	100.000	—
玻璃钢脊瓦 400×2000	块	33.60	5.000	—
塑料波纹瓦 2000×1300	块	12.50	—	47.000
镀锌螺栓 带钩 3 mm	个	1.00	406.000	—
镀锌瓦钩(带帽)	个	0.40	—	276.000
其他材料费	元	1.00	24.300	24.300

注：钢楞上铺塑料波纹瓦项目按单坡考虑的，若有双坡者，每 100 m² 屋面增加塑料瓦 2 块、人工 0.32 工日、瓦钩 32 个。

A.7.1.1.3 琉璃瓦屋面

工作内容：1. 调制砂浆。

2. 在钢筋混凝土板上铺灰、盖瓦，安装筒瓦、瓦脊、修齐瓦口边线。

3. 清扫瓦面。

单位：100 m²

定额编号			A7-7	A7-8	A7-9	A7-10
项目名称			琉璃瓦屋面		琉璃瓦	
			铺于钢筋混凝土			
			亭面	斜屋面	檐口线	瓦脊
			10 m² 斜面积		10 m	
基价(元)			5471.76	4894.08	421.23	506.34
其中 人工费(元)			431.20	349.20	172.00	214.40
材料费(元)			5035.31	4539.63	247.73	290.44
机械费(元)			5.25	5.25	1.50	1.50
名称	单位	单价(元)	数量			
人工 综合用工二类	工日	40.00	10.780	8.730	4.300	5.360
材料 水泥石灰砂浆 M5(中砂)	m³	—	(0.220)	(0.220)	(0.040)	(0.090)
水泥砂浆 1∶2(中砂)	m³	—	(0.220)	(0.220)	(0.040)	—
琉璃瓦片 230×230	块	2.30	592.000	533.000	—	—
琉璃筒瓦 220×115	块	15.00	240.000	216.000	—	—
琉璃满面片	块	2.00	—	—	50.000	—
琉璃满面筒	块	3.10	—	—	44.000	—
琉璃大三星筒	块	4.10	—	—	—	47.000
镀锌铁丝 22#	kg	6.38	1.440	1.440	—	—
标准砖 240×115×53	千块	200.00	—	—	—	0.440
生石灰	t	85.00	0.018	0.018	0.003	0.007
水泥 32.5	t	220.00	0.168	0.168	0.031	0.019
中砂	t	25.16	0.673	0.673	0.122	0.144
水	m³	3.03	0.320	0.320	0.060	0.050
其他材料费	元	1.00	8.130	8.150	1.000	1.190
机械 灰浆搅拌机 200 L	台班	75.03	0.070	0.070	0.020	0.020

A.7.1.1.4 彩瓦屋面

工作内容：1. 调制砂浆。

2. 运输传递瓦块。

3. 铺盖瓦片，并修界瓦边，绑铁丝及钉固。

4. 清扫瓦面。

定额编号				A7-11	A7-12	A7-13
项目名称				彩瓦		
				屋面落水		正、斜脊
				两坡以内	四坡以内	
				10 m^2 斜面积		10 m
基价(元)				1126.73	1145.13	670.95
其中	人工费(元)			103.20	121.60	74.40
	材料费(元)			1018.28	1018.28	595.05
	机械费(元)			5.25	5.25	1.50
名称		单位	单价(元)	数量		
人工	综合用工二类	工日	40.00	2.580	3.040	1.860
材料	水泥石灰砂浆 M2.5(中砂)	m^3	—	(0.220)	(0.220)	(0.090)
	水泥砂浆 1∶2.5(中砂)	m^3	—	(0.220)	(0.220)	—
	彩瓦 310×310×15	块	6.00	158.000	158.000	—
	彩瓦瓦脊 285×180×15	块	11.80	—	—	37.000
	S盾瓦 250×90×10	百块	260.00	—	—	0.410
	镀锌铁丝 12#	kg	5.57	1.440	1.440	1.440
	生石灰	t	85.00	0.022	0.022	0.009
	扣钉	kg	3.70	0.090	0.090	0.090
	水泥 32.5	t	220.22	0.147	0.147	0.017
	中砂	t	25.16	0.705	0.705	0.144
	水	m^3	3.03	0.320	0.320	0.200
	其他材料费	元	1.00	9.010	9.010	34.760
机械	灰浆搅拌机 200 L	台班	75.03	0.070	0.070	0.020

注：铺盖脊瓦(包括斜脊及四坡水背顶瓦)及瓦脊各端头瓦的材料费，均已考虑在其他材料费内；山墙端及阴沟部位需要界瓦的工料，也包括在项目内。

A.7.1.1.5 油毡瓦屋面

工作内容：1. 清理基层，刷冷底子油。

2. 放样、定位，钉铺油毡瓦。

3. 沥青膏灌缝。

4. 清扫瓦面。

单位：100 m^2

定额编号				A7-14
项目名称				屋面铺设多彩油毡瓦
基价(元)				4950.80
其中	人工费(元)			200.00
	材料费(元)			4750.80
	机械费(元)			—
名称		单位	单位(元)	数量
人工	综合用工二类	工日	40.00	5.000
材料	冷底子油 3∶7	t	—	(0.084)
	多彩油毡瓦 1 000×333	块	5.50	777.170
	油毡钉	kg	8.00	6.180
	石油沥青 10#	t	3000.00	0.027
	烟煤	t	500.00	0.014
	汽油	kg	5.24	64.680

A.7.1.2 型材屋面

A.7.1.2.1 镀锌铁皮屋面

工作内容：1. 铁皮的裁剪、制作、固定铁皮带和折合缝、铺设、咬口。

2. 瓦楞铁皮钻孔、稳固、上螺丝、安装脊瓦。

单位：100 m^2

定额编号				A7-15	A7-16	A7-17	A7-18
项目名称				平铁皮		瓦垄铁皮	
				单咬口	双咬口	木檩上	钢檩上
基价(元)				2831.22	3103.87	3440.30	3611.82
其中	人工费(元)			150.80	216.00	65.60	124.00
	材料费(元)			2680.42	2887.87	3374.70	3487.82
	机械费(元)			—	—	—	—
名称		单位	单价(元)	数量			
人工	综合用工二类	工日	40.00	3.770	5.400	1.640	3.100
材料	普碳镀锌铁皮 26#	m^2	23.05	116.000	125.000	4.410	4.410
	镀锌瓦楞铁皮 26#	m^2	25.56	—	—	126.000	126.000
	镀锌瓦钩(带帽)	个	0.40	—	—	—	404.000
	镀锌瓦楞钉(带垫)	个	0.12	—	—	404.000	—
	铁钉	kg	6.50	0.550	0.550	0.140	0.140
	其他材料费	元	1.00	3.040	3.040	3.100	3.100

A.7.1.2.2 镀锌钢板屋面

工作内容：构件由工地临时堆置场运往安装地点，包括构件或半成品的挑料、装卸车、运输、构件微小变形的修理及构件上脏物的清除。构件的临时加固、就位、吊装、找正、螺栓固定、点焊接、简单超重工具的设置与拆除等。

定额编号				A7-19	A7-20	A7-21	A7-22
项目名称				镀锌薄钢板压型板			屋面采光罩 1.5 m^2 以内
				屋面板		墙板	
				W550、W600 型	V125 型		
				100 m^2			10 个
基价(元)				9801.70	7922.31	8367.51	4086.30
其中	人工费(元)			814.80	611.60	1018.80	1240.80
	材料费(元)			8708.76	7190.59	7244.79	2456.89
	机械费(元)			278.14	120.12	103.92	388.61
名称		单位	单价(元)	数量			
人工	综合用工二类	工日	40.00	20.370	15.290	25.470	31.020
材料	镀锌薄钢板压型板	m^2	55.87	118.000	—	—	—
	镀锌薄钢板压型板(V125)	m^2	54.34	—	112.000	112.000	—
	采光罩	套	100.00	—	—	—	10.000
	零配件(镀锌薄钢板屋面)	元	1.00	1384.760	587.030	749.280	—
	连接件(镀锌薄钢板屋面)	元	1.00	249.060	151.190	226.040	—
	密封件(镀锌薄钢板屋面)	元	1.00	394.130	338.580	146.130	—
	砂布	张	0.50	—	—	—	1.210
	砂纸	张	0.30	—	—	—	3.600
	镀锌铁丝 8#	kg	5.25	3.000	3.000	5.700	—

续表

定额编号				A7-19	A7-20	A7-21	A7-22
项目名称				镀锌薄钢板压型板			屋面采光罩 1.5 m² 以内
				屋面板		墙板	
				W550、W600 型	V125 型		
				100 m²			10 个
	名称	单位	单价(元)	数量			
材料	电焊条 结 422	kg	4.00	5.000	—	—	—
	螺栓 M16×70 带螺母	kg	4.60	—	—	—	7.200
	钢板网	m²	12.11	—	—	—	4.840
	普碳镀锌铁皮 24#	m²	33.23	—	—	—	11.590
	烘干木材	m³	2676.65	—	—	—	0.315
	半圆木螺丝(带垫)	百个	8.00	—	—	—	2.000
	防腐油	kg	3.15	—	—	—	3.870
	铁钉	kg	6.50	—	—	—	0.980
	焊锡	kg	29.00	—	—	—	0.680
	油漆溶剂油	kg	7.35	—	—	—	0.250
	调和漆	kg	12.50	—	—	—	1.930
	橡胶条 40×10	m	3.15	—	—	—	5.050
	防锈漆	kg	13.65	—	—	—	2.860
	其他材料费	元	1.00	52.400	11.960	7.330	—
机械	平板拖车组 15 t	台班	815.28	0.070	0.070	0.070	—
	交流弧焊机 32 kV·A	台班	143.66	1.100	—	—	1.860
	载货汽车(综合)	台班	414.90	—	—	—	0.180
	装卸机械(综合)	台班	586.84	0.070	0.070	0.070	—
	其他机械费	元	1.00	21.970	21.970	5.770	46.720

A.7.1.2.3 彩钢板屋面

工作内容：1. 制作安装铁件。

2. 吊装屋面板、钻孔、对位、安装防水堵头、屋脊板、涂填缝膏。　　单位：100 m²

定额编号				A7-23	A7-24	A7-25	A7-26	A7-27
项目名称				彩钢板屋面				采光带
				安装于 S/C 型轻型钢檩条上				装于 S/C 型轻型钢檩条上
				彩钢压型板	彩钢夹心板			
					50 mm 厚	75 mm 厚	100 mm 厚	
基价(元)				5820.64	8226.45	8453.08	9127.12	10156.46
其中	人工费(元)			334.80	384.00	392.00	400.00	334.80
	材料费(元)			4950.36	6944.49	7163.12	7829.16	9286.18
	机械费(元)			535.48	897.96	897.96	897.96	535.48
	名称	单位	单价(元)	数量				
人工	综合用工二类	工日	40.00	8.370	9.600	9.800	10.000	8.370
材料	彩钢压型板	m²	40.00	108.200	—	—	—	—
	彩钢夹心板 50 mm(屋面板)	m²	58.00	—	108.200	—	—	—
	彩钢夹心板 75 mm(屋面板)	m²	60.00	—	—	108.200	—	—

续表 单位：100 m²

定额编号			A7-23	A7-24	A7-25	A7-26	A7-27
项目名称			彩钢板屋面				采光带
			安装于S/C型轻型钢檩条上				装于S/C型轻型钢檩条上
			彩钢压型板	彩钢夹心板			
				50 mm厚	75 mm厚	100 mm厚	
名称	单位	单价(元)	数量				
材料 彩钢夹心板100 mm(屋面板)	m²	66.00	—	—	—	108.200	—
采光瓦1.2 mm厚	m²	80.00	—	—	—	—	108.200
彩钢脊瓦	m	31.00	4.730	4.730	4.730	4.730	4.730
塑料堵头	m	10.00	8.670	8.670	8.670	8.670	8.670
低碳钢电焊条	kg	15.85	2.380	3.080	3.080	3.080	2.380
铁件	kg	9.86	4.040	7.280	7.280	7.280	4.040
铝拉铆钉	百个	9.00	7.000	7.000	7.000	7.000	7.000
固定螺丝(屋面板专用)	百个	52.00	4.200	4.200	4.200	4.200	4.200
其他材料费	元	1.00	30.070	33.560	35.790	52.630	37.890
机械 汽车式起重机5t	台班	460.58	0.870	1.520	1.520	1.520	0.870
交流弧焊机32 kV·A	台班	143.66	0.570	0.760	0.760	0.760	0.570
其他机械费	元	1.00	52.890	88.700	88.700	88.700	52.890

A.7.1.2.4 彩钢板墙板

工作内容：1. 制作安装铁件。

2. 吊装墙板、钻孔、对位、安装防水堵头、涂填缝膏。 单位：100 m²

定额编号				A7-28	A7-29	A7-30	A7-31
项目名称				彩钢板墙板			
				彩钢压型板	彩钢夹心板		
					50 mm厚	75 mm厚	100 mm厚
基价(元)				5646.83	8390.23	8620.63	8961.23
其中	人工费(元)			365.20	427.60	435.60	443.60
	材料费(元)			4774.84	7099.74	7322.14	7654.74
	机械费(元)			506.79	862.89	862.89	862.89
名称		单位	单价(元)	数量			
人工	综合用工二类	工日	40.00	9.130	10.690	10.890	11.090
材料	彩钢压型板	m²	40.00	110.200	—	—	—
	彩钢夹心板50 mm(墙板)	m²	60.00	—	110.200	—	—
	彩钢夹心板75 mm(墙板)	m²	62.00	—	—	110.200	—
	彩钢夹心板100 mm(墙板)	m²	65.00	—	—	—	110.200
	低碳钢电焊条	kg	15.85	1.740	2.400	2.400	2.400
	固定螺栓(彩钢墙板专用)	百个	90.00	2.800	3.600	3.600	3.600
	铝拉铆钉	百个	9.00	2.500	3.000	3.000	3.000
	铁件	kg	9.86	4.040	7.280	7.280	7.280
	其他材料费	元	1.00	24.930	26.920	28.920	30.920
机械	汽车式起重机5 t	台班	460.58	0.870	1.520	1.520	1.520
	交流弧焊机32 kV·A	台班	143.66	0.390	0.540	0.540	0.540
	其他机械费	元	1.00	50.060	85.230	85.230	85.230

A.7.2 屋面防水

A.7.2.1 隔气层

工作内容：1. 清扫底层、刷冷底子油。

2. 熬制沥青玛碲脂、铺贴卷材。

3. 清理基层、涂刷处理剂一遍、配料、刷胶、铺贴卷材或涂刷防水涂料等全部操作过程。

单位：100 m²

定额编号				A7-32	A7-33	A7-34	A7-35	A7-36	A7-37
项目名称				冷底子油一遍 热沥青一遍	石油沥青一毡二油	乳化沥青二遍	水乳型橡胶沥青二遍	氯丁胶乳沥青二遍	水乳型橡胶沥青一布二涂
基价(元)				1973.41	1722.08	684.00	486.40	711.40	722.00
其中	人工费(元)			73.60	170.40	174.00	198.40	198.40	226.00
	材料费(元)			1899.81	1551.68	510.00	288.00	513.00	496.00
	机械费(元)			—	—	—	—	—	—
名称		单位	单价(元)	数量					
人工	综合用工二类	工日	40.00	1.840	4.260	4.350	4.960	4.960	5.650
材料	冷底子油 3∶7	t	—	(0.049)	(0.048)	—	—	—	—
	石油沥青玛碲脂	m³	—	—	(0.320)	—	—	—	—
	乳化沥青	kg	3.00	—	—	170.000	—	—	—
	橡胶沥青JG-2冷胶料	kg	1.60	—	—	—	180.000	—	190.000
	氯丁胶乳沥青(水溶型)	kg	5.70	—	—	—	—	90.000	—
	石油沥青油毡 350 g/m²	m²	2.30	—	109.000	—	—	—	—
	烟煤	t	500.00	0.040	0.057	—	—	—	—
	玻璃丝布 0.2 mm 厚	m²	1.60	—	—	—	—	—	120.000
	石油沥青 30#	t	3300.00	0.187	—	—	—	—	—
	石油沥青 10#	t	3000.00	0.355	0.351	—	—	—	—
	汽油	kg	5.24	37.730	36.960	—	—	—	—
	滑石粉	kg	0.32	—	80.640	—	—	—	—

A.7.2.2 隔离层

工作内容：清理基层，干铺卷材。

单位：100 m²

定额编号				A7-38	A7-39
项目名称				干铺 无纺聚酯纤维布	满铺 0.15 mm 厚聚乙烯薄膜一层
基价(元)				237.60	176.98
其中	人工费(元)			39.20	39.20
	材料费(元)			198.40	137.78
	机械费(元)			—	—
名称		单位	单价(元)	数量	
人工	综合用工二类	工日	40.00	0.980	0.980
材料	无纺聚酯纤维布 50 g/m²	m²	1.80	110.220	—
	聚乙烯薄膜 0.15 mm 厚	m²	1.25	—	110.220

A.7.2.3 防水层

工作内容：1. 清理基层面、涂刷处理剂一遍、刷冷底子油。

2. 熬制沥青玛碲脂、铺贴卷材、撒砂。

3. 撒蛭石粉或刷涂料保护层。

单位：100 m^2

定额编号				A7-40	A7-41	A7-42	A7-43	A7-44	A7-45
项目名称				石油沥青				橡胶沥青 JG-2 涂料	
								水溶型	
				二毡三油	二毡三油带砂	三毡四油带砂	每增减一毡一油	二布三涂	每增减一布一涂
基价(元)				2873.07	3380.60	4343.01	962.02	1362.24	506.00
其中	人工费(元)			283.20	335.60	435.20	99.20	417.20	186.00
	材料费(元)			2589.64	3044.77	3907.58	862.82	945.04	320.00
	机械费(元)			0.23	0.23	0.23	—	—	—
	名称	单位	单价(元)	数量					
人工	综合用工二类	工日	40.00	7.080	8.390	10.880	2.480	10.430	4.650
材料	石油沥青玛碲脂	m^3	—	(0.510)	(0.640)	(0.820)	(0.180)	—	—
	冷底子油 3∶7	t	—	(0.048)	(0.048)	(0.048)	—	—	—
	石油沥青油毡 350 g/m^2	m^2	2.30	245.000	245.000	361.000	116.000	—	—
	二等方木	m^3	2174.37	0.022	0.022	0.022	—	—	—
	钢筋	t	5061.80	0.006	0.006	0.006	—	—	—
	粒砂	t	34.60	—	0.770	0.770	—	—	—
	玻璃丝布 0.2 mm 厚	m^2	1.60	—	—	—	—	240.000	120.000
	橡胶沥青 JG-2 冷胶料	kg	1.60	—	—	—	—	270.000	80.000
	稀释剂	kg	7.85	—	—	—	—	14.000	—
	烟煤	t	500.00	0.088	0.108	0.137	0.029	—	—
	石油沥青 10#	t	3000.00	0.550	0.686	0.875	0.189	—	—
	滑石粉	kg	0.32	128.520	161.280	206.640	45.360	—	—
	汽油	kg	5.24	36.960	36.960	36.960	—	—	—
	其他材料费	元	1.00	19.140	19.140	19.140	—	19.140	—
机械	木工圆锯机 ϕ500	台班	22.87	0.010	0.010	0.010	—	—	—

注：橡胶沥青 JG-2 涂料如带砂时，每 100 m^2 增加人工 1.34 工日，粒砂 0.77 t，其他不变。

工作内容：1. 清理基层面、涂刷处理剂一遍。

2. 配料刷胶、铺贴卷材或涂刷防水涂料。

3. 撒蛭石粉或刷涂料保护层。

单位：100 m^2

定额编号				A7-46	A7-47	A7-48	A7-49
项目名称				氯丁胶乳沥青涂料		氯化聚乙烯橡胶共混卷材	三元乙丙丁基橡胶卷材防水
				水溶型			
				一布四涂	每增减一布二涂		
基价(元)				1961.83	873.20	4852.13	5560.00
其中	人工费(元)			530.00	225.20	173.60	173.60
	材料费(元)			1431.83	648.00	4678.53	5386.40
	机械费(元)			—	—	—	—
	名称	单位	单价(元)	数量			
人工	综合用工二类	工日	40.00	13.250	5.630	4.340	4.340
材料	TG 胶素水泥浆	m^3	—	—	—	(0.010)	(0.010)
	氯化聚乙烯橡胶共混卷材	m^2	18.00	—	—	110.550	—
	三元乙丙丁基橡胶卷材	m^2	30.00	—	—	—	110.550
	玻璃丝布 0.2 mm 厚	m^2	1.60	120.000	120.000	—	—
	氯丁胶乳沥青(水溶型)	kg	5.70	190.000	80.000	18.180	—

续表　　　　单位：100 m²

定额编号			A7-46	A7-47	A7-48	A7-49
项目名称			氯丁胶乳沥青涂料		氯化聚乙烯橡胶共混卷材	三元乙丙丁基橡胶卷材防水
			水溶型			
			一布四涂	每增减一布二涂		
名称	单位	单价(元)	数量			
材料 稀释剂	kg	7.85	14.000	—	—	—
蛭石	m³	53.45	0.520	—	—	—
二甲苯	kg	9.50	—	—	27.000	27.000
BX12 粘结剂	kg	35.00	—	—	45.450	—
BX-12 乙组分 880 mL	瓶	8.93	—	—	11.940	—
钢筋 ϕ10 以内	kg	5.01	—	—	4.380	4.380
铁钉	kg	6.50	—	—	0.230	0.230
CSPE 嵌缝油膏 330 mL	支	2.00	—	—	50.280	50.280
404 粘结剂	kg	20.00	—	—	—	40.400
丁基粘结剂	kg	13.00	—	—	—	9.560
聚氨酯甲料	kg	16.00	—	—	11.660	16.210
聚氨酯乙料	kg	13.00	—	—	17.500	31.130
乙酸乙酯	kg	10.50	—	—	5.050	5.050
银色着色剂	kg	1.80	—	—	20.200	20.200
水泥 32.5	t	220.00	—	—	0.015	0.015
TG 胶	kg	2.20	—	—	0.160	0.160
水	m³	3.03	—	—	0.010	0.010
其他材料费	元	1.00	19.140	—	—	—

工作内容：1. 清理基层，刷基层处理剂，铺贴卷材附加层或刷聚氨酯涂膜附加层。

2. 铺贴卷材防水层及收头嵌油膏。

定额编号			A7-50	A7-51	A7-52	A7-53	A7-54	A7-55
项目名称			SBS 改性沥青防水卷材					SBC120 复合卷材
			冷贴		热熔		屋面分格缝	
			一层	每增一层	一层	每增一层	点粘 300 宽	冷贴满铺
			100 m²				100 m	100 m²
基价(元)			2877.97	2415.90	2182.63	1715.75	594.81	3277.77
其中 人工费(元)			157.60	126.00	182.40	146.00	55.20	107.60
其中 材料费(元)			2720.37	2289.90	2000.23	1569.75	539.61	3170.17
其中 机械费(元)			—	—	—	—	—	—
名称	单位	单价(元)	数量					
人工 综合用工二类	工日	40.00	3.940	3.150	4.560	3.650	1.380	2.690
材料 素水泥浆	m³	—	—	—	—	—	—	(0.150)
SBS 改性沥青防水卷材 3 mm	m²	12.50	123.410	111.500	123.410	111.500	33.630	—
聚乙烯丙纶双面复合卷材 500 g/m²	m²	21.00	—	—	—	—	—	110.550
聚丁胶粘合剂	kg	15.73	55.750	55.750	—	—	7.580	—
SBS 弹性沥青防水胶	kg	9.20	30.000	—	30.000	—	—	—
聚氨酯甲料	kg	16.00	—	—	—	—	—	19.040
聚氨酯乙料	kg	13.00	—	—	—	—	—	28.560
CSPE 嵌缝油膏 330 mL	支	2.00	—	—	—	—	—	48.960
石油液化气	kg	5.60	—	—	28.000	28.000	—	—
改性沥青嵌缝油膏	kg	4.00	6.200	4.800	6.200	4.800	—	—
TG 胶	kg	2.20	—	—	—	—	—	11.380
水泥 32.5	t	220.00	—	—	—	—	—	0.225
水	m³	3.03	—	—	—	—	—	0.080

工作内容：1. 清理基层，涂刷聚氨酯底胶及附加层。
2. 刷聚氨酯防水层两遍，撒细砂做保护层。
3. 铺贴卷材及收头嵌油膏。

单位：100 m²

定额编号				A7-56	A7-57	A7-58	A7-59	A7-60
项目名称				聚氨酯防水涂膜		塑料油膏	氯丁橡胶卷材冷贴	卷材面层刷着色剂涂料保护层一遍
				1.5 mm 厚	每增减 0.5 mm 厚			
基价(元)				3319.35	1071.41	1591.25	2833.48	399.20
其中	人工费(元)			161.60	16.00	90.00	173.60	150.00
	材料费(元)			3157.75	1055.41	1501.25	2659.88	249.20
	机械费(元)			—	—	—	—	—
	名称	单位	单价(元)	数量				
人工	综合用工二类	工日	40.00	4.040	0.400	2.250	4.340	3.750
材料	氯丁橡胶卷材	m²	14.46	—	—	—	110.550	—
	聚氨酯甲料	kg	16.00	85.290	28.430	—	11.660	—
	聚氨酯乙料	kg	13.00	127.950	42.650	—	17.500	—
	烟煤	t	500.00	—	—	0.067	—	—
	二甲苯	kg	9.50	12.960	4.850	—	27.000	—
	加气剂	kg	6.50	—	—	—	9.550	—
	CSPE 嵌缝油膏 330 mL	支	2.00	—	—	—	50.280	—
	氯丁胶乳沥青	kg	2.60	—	—	—	60.600	—
	防水油膏	kg	2.47	—	—	585.120	—	—
	彩色着色剂涂料	kg	17.80	—	—	—	—	14.000
	乙酸乙酯	kg	10.50	—	—	—	5.050	—
	细砂	t	23.48	0.283	—	—	—	—
	其他材料费	元	1.00	—	—	22.500	17.550	—

A.7.2.4 卷材屋面人工增加表

单位：100 m²

定额编号				A7-61	A7-62	A7-63	A7-64	A7-65
项目名称				锯齿型及弧型屋面				
				隔气层	隔离层	防水层		
						二毡三油	二毡三油一砂	每增减一毡一油
基价(元)				36.00	9.60	68.80	92.80	29.20
其中	人工费(元)			36.00	9.60	68.80	92.80	29.20
	材料费(元)			—	—	—	—	—
	机械费(元)			—	—	—	—	—
	名称	单位	单价(元)	数量				
人工	综合用工二类	工日	40.00	0.900	0.240	1.720	2.320	0.730

单位：100 m²

定额编号				A7-66	A7-67	A7-68	A7-69	A7-70	A7-71
项目名称				锯齿型及弧型屋面					
				防水层					
				橡胶沥青 JG-2 涂料(水溶型)		氯丁橡胶沥青涂料(水溶型)		氯化聚乙烯橡胶共混卷材	三元乙丙丁基橡胶卷材防水
				二布三涂	每增减一布一涂	一布四涂	每增减一布二涂		
基价(元)				101.60	55.20	146.80	62.40	48.00	48.00
其中	人工费(元)			101.60	55.20	146.80	62.40	48.00	48.00
	材料费(元)			—	—	—	—	—	—
	机械费(元)			—	—	—	—	—	—
	名称	单位	单价(元)	数量					
人工	综合用工二类	工日	40.00	2.540	1.380	3.670	1.560	1.200	1.200

单位：100 m²

<table>
<tr><td colspan="3">定额编号</td><td>A7-72</td><td>A7-73</td><td>A7-74</td><td>A7-75</td><td>A7-76</td><td>A7-77</td></tr>
<tr><td colspan="3" rowspan="4">项目名称</td><td colspan="6">锯齿型及弧型屋面</td></tr>
<tr><td colspan="6">防水层</td></tr>
<tr><td colspan="5">SBS 改性沥青防水卷材</td><td>SBC120 复合卷材</td></tr>
<tr><td>冷贴一层</td><td>冷贴每增一层</td><td>热熔一层</td><td>热熔每增一层</td><td>屋面分格缝点粘 300 宽</td><td>冷贴满铺</td></tr>
<tr><td colspan="3">基价(元)</td><td>44.00</td><td>34.80</td><td>50.00</td><td>40.00</td><td>15.20</td><td>29.20</td></tr>
<tr><td rowspan="3">其中</td><td colspan="2">人工费(元)</td><td>44.00</td><td>34.80</td><td>50.00</td><td>40.00</td><td>15.20</td><td>29.20</td></tr>
<tr><td colspan="2">材料费(元)</td><td>—</td><td>—</td><td>—</td><td>—</td><td>—</td><td>—</td></tr>
<tr><td colspan="2">机械费(元)</td><td>—</td><td>—</td><td>—</td><td>—</td><td>—</td><td>—</td></tr>
<tr><td colspan="2">名称</td><td>单位</td><td>单价(元)</td><td colspan="6">数量</td></tr>
<tr><td>人工</td><td>综合用工二类</td><td>工日</td><td>40.00</td><td>1.100</td><td>0.870</td><td>1.250</td><td>1.000</td><td>0.380</td><td>0.730</td></tr>
</table>

单位：100 m²

<table>
<tr><td colspan="3">定额编号</td><td>A7-78</td><td>A7-79</td><td>A7-80</td><td>A7-81</td><td>A7-82</td></tr>
<tr><td colspan="3" rowspan="3">项目名称</td><td colspan="5">折板屋面</td></tr>
<tr><td rowspan="2">隔气层</td><td rowspan="2">隔离层</td><td colspan="3">防水层</td></tr>
<tr><td>二毡三油</td><td>二毡三油一砂</td><td>每增减一毡一油</td></tr>
<tr><td colspan="3">基价(元)</td><td>82.00</td><td>22.00</td><td>152.80</td><td>196.80</td><td>70.00</td></tr>
<tr><td rowspan="3">其中</td><td colspan="2">人工费(元)</td><td>82.00</td><td>22.00</td><td>152.80</td><td>196.80</td><td>70.00</td></tr>
<tr><td colspan="2">材料费(元)</td><td>—</td><td>—</td><td>—</td><td>—</td><td>—</td></tr>
<tr><td colspan="2">机械费(元)</td><td>—</td><td>—</td><td>—</td><td>—</td><td>—</td></tr>
<tr><td colspan="2">名称</td><td>单位</td><td>单价(元)</td><td colspan="5">数量</td></tr>
<tr><td>人工</td><td>综合用工二类</td><td>工日</td><td>40.00</td><td>2.050</td><td>0.550</td><td>3.820</td><td>4.920</td><td>1.750</td></tr>
</table>

单位：100 m²

<table>
<tr><td colspan="3">定额编号</td><td>A7-83</td><td>A7-84</td><td>A7-85</td><td>A7-86</td><td>A7-87</td><td>A7-88</td></tr>
<tr><td colspan="3" rowspan="4">项目名称</td><td colspan="6">折板屋面</td></tr>
<tr><td colspan="6">防水层</td></tr>
<tr><td colspan="2">橡胶沥青 JG-2 涂料（水溶型）</td><td colspan="2">氯丁橡胶沥青涂料（水溶型）</td><td rowspan="2">氯化聚乙烯橡胶共混卷材</td><td rowspan="2">三元乙丙丁基橡胶卷材防水</td></tr>
<tr><td>二布三涂</td><td>每增减一布一涂</td><td>一布四涂</td><td>每增减一布二涂</td></tr>
<tr><td colspan="3">基价(元)</td><td>200.80</td><td>89.60</td><td>286.00</td><td>121.20</td><td>122.00</td><td>122.00</td></tr>
<tr><td rowspan="3">其中</td><td colspan="2">人工费(元)</td><td>200.80</td><td>89.60</td><td>286.00</td><td>121.20</td><td>122.00</td><td>122.00</td></tr>
<tr><td colspan="2">材料费(元)</td><td>—</td><td>—</td><td>—</td><td>—</td><td>—</td><td>—</td></tr>
<tr><td colspan="2">机械费(元)</td><td>—</td><td>—</td><td>—</td><td>—</td><td>—</td><td>—</td></tr>
<tr><td colspan="2">名称</td><td>单位</td><td>单价(元)</td><td colspan="6">数量</td></tr>
<tr><td>人工</td><td>综合用工二类</td><td>工日</td><td>40.00</td><td>5.020</td><td>2.240</td><td>7.150</td><td>3.030</td><td>3.050</td><td>3.050</td></tr>
</table>

单位：100 m²

定额编号				A7-89	A7-90	A7-91	A7-92	A7-93	A7-94
项目名称				折板屋面					
				防水层					
				SBS改性沥青防水卷材					SBC120复合卷材
				冷贴一层	冷贴每增一层	热熔一层	热熔每增一层	屋面分格缝点粘300宽	冷贴满铺
				100 m²				100 m	100 m²
基价(元)				110.80	88.80	128.00	102.40	38.80	74.40
其中	人工费(元)			110.80	88.80	128.00	102.40	38.80	74.40
	材料费(元)			—	—	—	—	—	—
	机械费(元)			—	—	—	—	—	—
名称		单位	单价(元)	数量					
人工	综合用工二类	工日	40.00	2.770	2.220	3.200	2.560	0.970	1.860

A.7.2.5 屋面排水

A.7.2.5.1 铁皮排水

工作内容：1. 制作安装水落管、檐沟、泛水、水斗等。

2. 清扫灰土、清除铁锈、刷各遍油漆等。

单位：100 m²

定额编号				A7-95	A7-96
项目名称				铁皮排水	
				水落管、檐沟	天沟泛水
基价(元)				4562.50	3527.22
其中	人工费(元)			1148.80	616.80
	材料费(元)			3413.70	2910.42
	机械费(元)			—	—
名称		单位	单价(元)	数量	
人工	综合用工二类	工日	40.00	28.720	15.420
材料	普碳镀锌铁皮 26#	m²	23.05	105.800	104.400
	焊锡	kg	29.00	1.800	2.080
	防锈漆	kg	13.65	13.180	12.780
	调和漆	kg	12.50	17.920	17.380
	油漆溶剂油	kg	7.35	1.640	1.590
	铁件	kg	9.86	49.150	—
	铁钉	kg	6.50	0.380	2.990
	砂布	张	0.50	5.900	5.400
	砂纸	张	0.30	33.400	33.400
	其他材料费	元	1.00	6.790	8.140

注：卷材屋面的铁皮檐口滴水按檐沟项目计算。

A.7.2.5.2 塑料排水

工作内容：切管、调制、熔化接口材料、对口、粘接，管道、管件及管卡安装。　　　单位：100 m

定额编号				A7-97	A7-98
项目名称				塑料水落管	
				ϕ110	ϕ160
基价(元)				3503.80	4927.80
其中	人工费(元)			883.60	895.60
	材料费(元)			2620.20	4032.20
	机械费(元)			—	—
名称		单位	单价(元)	数量	
人工	综合用工二类	工日	40.00	22.090	22.390
材料	UPVC 排水管 ϕ110	m	22.00	105.000	—
	UPVC 排水管 ϕ160	m	34.40	—	106.000
	卡箍膨胀螺栓 110	个	1.90	90.000	—
	卡箍膨胀螺栓 160	个	2.60	—	90.000
	密封胶	kg	10.50	12.400	13.600
	其他材料费	元	1.00	9.000	9.000

注：管件不包括潜水弯、地漏。

工作内容：就位、熔化接口材料、对口、粘接、安装等。

定额编号				A7-99	A7-100	A7-101	A7-102	A7-103
项目名称				塑料落水口		塑料水斗		塑料弯头落水口(含箅子板)
				落水口直径				
				ϕ110	ϕ160	ϕ110	ϕ160	
				10个				10套
基价(元)				226.99	242.14	320.51	373.03	285.98
其中	人工费(元)			137.60	137.60	118.00	118.00	157.20
	材料费(元)			89.39	104.54	202.51	255.03	128.78
	机械费(元)			—	—	—	—	—
名称		单位	单价(元)	数量				
人工	综合用工二类	工日	40.00	3.440	3.440	2.950	2.950	3.930
材料	UPVC 落水口 ϕ110	个	8.85	10.100	—	—	—	—
	UPVC 落水口 ϕ160	个	10.35	—	10.100	—	—	—
	UPVC 水斗 ϕ110	个	18.15	—	—	10.100	—	—
	UPVC 水斗 ϕ160	个	22.65	—	—	—	10.100	—
	UPVC 弯头落水口(含箅子板)	套	12.75	—	—	—	—	10.100
	卡箍膨胀螺栓 110	个	1.90	—	—	10.100	—	—
	卡箍膨胀螺栓 160	个	2.60	—	—	—	10.100	—

注：管件不包括潜水弯、地漏。

A.7.2.5.3 玻璃钢排水

工作内容：1. 单屋面排水管系统：埋设管卡箍、截管、涂胶、接口。

2. 屋面阳台雨水系统：埋设管卡箍、截箍、截管、涂胶，安三通、伸缩节管等。　　单位：10 m

定额编号				A7-104	A7-105	A7-106	A7-107
项目名称				玻璃钢排水管(直径 mm)			
				单屋面排水管系统		屋面阳台雨水管系统	
				φ110	φ160	φ110	φ160
基价(元)				542.34	750.23	750.11	1036.33
其中	人工费(元)			113.60	126.00	117.20	126.00
	材料费(元)			428.74	624.23	632.91	910.33
	机械费(元)			—	—	—	—
	名称	单位	单价(元)	数量			
人工	综合用工二类	工日	40.00	2.840	3.150	2.930	3.150
材料	玻璃钢排水管 110×1500	m	14.65	10.540	—	10.180	—
	玻璃钢排水管 160×1500	m	26.90	—	10.610	—	10.150
	卡箍膨胀螺栓 110	个	1.90	7.140	—	7.140	—
	卡箍膨胀螺栓 160	个	2.60	—	7.140	—	5.100
	排水管检查口 110	个	70.00	1.110	—	1.110	—
	排水管伸缩节 110	个	180.00	1.010	—	1.010	—
	排水管检查口 160	个	86.45	—	1.110	—	1.110
	排水管伸缩节 160	个	220.00	—	1.010	—	1.010
	排水管连接件 160×115	个	5.00	—	—	3.160	—
	排水管连接件 160×135	个	5.00	—	—	—	3.160
	玻璃钢三通 160×50	个	90.20	—	—	—	3.160
	玻璃钢三通 110×50	个	60.75	—	—	3.160	—
	密封胶	kg	10.50	0.120	0.200	0.280	0.480

工作内容：1. 水斗：细石混凝土填缝、涂胶、接口。

2. 弯头及短管：涂胶、接口。　　单位：10 个

定额编号				A7-108	A7-109	A7-110	A7-111
项目名称				玻璃钢排水部件			
				水斗(带罩)直径		弯头 90°	短管
				φ110	φ160	φ50	
基价(元)				335.24	414.32	143.55	297.47
其中	人工费(元)			118.40	123.20	51.60	51.60
	材料费(元)			216.84	291.12	91.95	245.87
	机械费(元)			—	—	—	—
	名称	单位	单价(元)	数量			
人工	综合用工二类	工日	40.00	2.960	3.080	1.290	1.290
材料	细石混凝土 C20-10	m^3	—	(0.030)	(0.050)	—	—
	玻璃钢水斗 110 带罩	个	20.71	10.100	—	—	—
	玻璃钢水斗 160 带罩	个	27.60	—	10.100	—	—
	玻璃钢弯头 50	个	9.00	—	—	10.100	—
	玻璃钢短管 50	个	24.24	—	—	—	10.100
	密封胶	kg	10.50	0.310	0.500	0.100	0.100
	水泥 32.5	t	220.00	0.012	0.019	—	—
	中砂	t	25.16	0.021	0.036	—	—
	碎石	t	33.78	0.036	0.059	—	—
	水	m^3	3.03	0.010	0.010	—	—

A.7.2.5.4 阳台、雨篷排水

工作内容：截管、填缝、清理等。 单位:10 个

定额编号				A7-112	A7-113
项目名称				阳台、雨篷 塑料管排水 ϕ20	阳台、雨篷 钢管排水 ϕ20
基价(元)				16.18	21.44
其中	人工费(元)			6.60	6.60
	材料费(元)			9.58	14.84
	机械费(元)			—	—
名称		单位	单价(元)	数量	
人工	综合用工三类	工日	30.00	0.220	0.220
材料	塑料排水短管 ϕ20	m	1.65	2.020	—
	钢管排水短管 ϕ20	m	4.25	—	2.020
	其他材料费	元	1.00	6.250	6.250

工作内容：底节安装。 单位:10 个

定额编号				A7-114	A7-115
项目名称				钢管底节 ϕ110	钢管底节 ϕ160
基价(元)				518.45	1124.20
其中	人工费(元)			14.70	14.70
	材料费(元)			503.75	1109.50
	机械费(元)			—	—
名称		单位	单价(元)	数量	
人工	综合用工三类	工日	30.00	0.490	0.490
材料	钢管底节 ϕ110	个	50.00	10.000	—
	钢管底节 ϕ160	个	110.00	—	10.000
	其他材料费	元	1.00	3.750	9.500

A.7.3 墙、地面防水、防潮

A.7.3.1 卷材防水

工作内容：清理基层、熬制沥青、刷冷底子油、铺贴卷材。 单位:100 m²

定额编号				A7-116	A7-117	A7-118	A7-119
项目名称				沥青卷材			
				石油沥青二毡三油		每增减一毡一油	
				平面	立面	平面	立面
基价(元)				3001.61	3393.31	989.75	1118.55
其中	人工费(元)			304.40	561.60	101.60	183.20
	材料费(元)			2697.21	2831.71	888.15	935.35
	机械费(元)			—	—	—	—
名称		单位	单价(元)	数量			
人工	综合用工三类	工日	40.00	7.610	14.040	2.540	4.580
材料	冷底子油 3∶7	t	—	(0.048)	(0.048)	—	—
	石油沥青油毡 350 g/m²	m²	2.30	239.800	239.800	116.500	116.500
	石油沥青 30#	t	3300.00	0.565	0.605	0.184	0.198
	石油沥青 10#	t	3000.00	0.015	0.015	—	—
	烟煤	t	500.00	0.085	0.090	0.026	0.028
	汽油	kg	5.24	36.960	36.960	—	—

工作内容：清理基层、熬制沥青玛碲脂、刷冷底子油、铺贴卷材。　　　　单位：100 m²

定额编号				A7-120	A7-121	A7-122	A7-123	A7-124
项目名称				玛碲脂卷材				干铺油毡
				二毡三油		每增减一毡一油		
				平面	立面	平面	立面	
基价(元)				2997.17	3428.99	984.07	1146.48	314.20
其中	人工费(元)			352.80	652.40	119.60	216.40	61.20
	材料费(元)			2644.37	2776.59	846.47	930.08	253.00
	机械费(元)			—	—	—	—	—
名称		单位	单价(元)	数量				
人工	综合用工二类	工日	40.00	8.820	16.310	2.990	5.410	1.530
材料	冷底子油 3∶7	t	—	(0.048)	(0.048)	—	—	—
	石油沥青玛碲脂	m^3	—	(0.560)	(0.600)	(0.180)	(0.200)	—
	石油沥青油毡 350 g/m^2	m^2	2.30	239.800	239.800	116.500	116.500	110.000
	石油沥青 10#	t	3000.00	0.602	0.644	0.189	0.210	—
	滑石粉	kg	0.32	141.120	151.200	45.360	50.400	—
	烟煤	t	500.00	0.096	0.102	0.030	0.032	—
	汽油	kg	5.24	36.960	36.960	—	—	—

工作内容：清理基层、熬制沥青、刷冷底子油、铺贴卷材。　　　　单位：100 m²

定额编号				A7-125	A7-126	A7-127	A7-128
项目名称				沥青玻璃布卷材			
				石油沥青二布三油		每增减一布一油	
				平面	立面	平面	立面
基价(元)				3344.19	3805.89	1147.87	1299.47
其中	人工费(元)			380.80	708.00	130.40	234.80
	材料费(元)			2963.39	3097.89	1017.47	1064.67
	机械费(元)			—	—	—	—
名称		单位	单价(元)	数量			
人工	综合用工二类	工日	40.00	9.520	17.700	3.260	5.870
材料	冷底子油 3∶7	t	—	(0.048)	(0.048)	—	—
	石油沥青玻璃布油毡	m^2	3.41	239.800	239.800	116.500	116.500
	石油沥青 30#	t	3300.00	0.565	0.605	0.184	0.198
	石油沥青 10#	t	3000.00	0.015	0.015	—	—
	烟煤	t	500.00	0.085	0.090	0.026	0.028
	汽油	kg	5.24	36.960	36.960	—	—

工作内容：1. 清理基层、熬制沥青玛碲脂、刷冷底子油、铺贴卷材。

2. 涂刷处理剂一层、配料刷胶、铺贴卷材等全部操作过程。　　单位：100 m²

定额编号				A7-129	A7-130	A7-131	A7-132	A7-133	A7-134
				玛碲脂玻璃布卷材				橡胶沥青 JG-2（水溶型）	
				二布三油		每增减一布一油		无纺布	
								一布四涂	
				平面	立面	平面	立面	平面	立面
基价（元）				3353.75	3845.57	1146.58	1337.39	1347.90	1544.24
其中	人工费（元）			443.20	802.80	152.80	278.00	486.00	662.40
	材料费（元）			2910.55	3042.77	993.78	1059.39	861.90	881.84
	机械费（元）			—	—	—	—	—	—
	名称	单位	单价（元）	数量					
人工	综合用工二类	工日	40.00	11.080	20.070	3.820	6.950	12.150	16.560
材料	冷底子油 3∶7	t	—	(0.048)	(0.048)	—	—	—	—
	石油沥青玛碲脂	m³	—	(0.560)	(0.600)	(0.180)	(0.200)	—	—
	石油沥青玻璃布油毡	m²	3.41	239.800	239.800	116.500	116.500	—	—
	橡胶沥青 JG-2 冷胶料	kg	1.60	—	—	—	—	350.000	360.500
	石油沥青 10#	t	3000.00	0.602	0.644	0.189	0.210	—	—
	稀释剂	kg	7.85	—	—	—	—	14.000	14.400
	滑石粉	kg	0.32	141.120	151.200	45.360	50.400	—	—
	无纺布	m²	1.60	—	—	—	—	120.000	120.000
	烟煤	t	500.00	0.096	0.102	0.030	0.032	—	—
	汽油	kg	5.24	36.960	36.960	—	—	—	—

工作内容：清理基层面、涂刷处理剂一层、配料刷胶、铺贴卷材等全部操作过程。　　单位：100 m²

定额编号				A7-135	A7-136	A7-137	A7-138	A7-139
项目名称				橡胶沥青 JG-2（水溶型）				
				无纺布				一布二涂带砂
				一布二涂		每增减一布一涂		
				平面	立面	平面	立面	
基价（元）				814.30	868.16	476.00	515.44	870.62
其中	人工费（元）			208.40	250.00	156.00	191.60	240.80
	材料费（元）			605.90	618.16	320.00	323.84	629.82
	机械费（元）			—	—	—	—	—
	名称	单位	单价（元）	数量				
人工	综合用工二类	工日	40.00	5.210	6.250	3.900	4.790	6.020
材料	橡胶沥青 JG-2 冷胶料	kg	1.60	190.000	195.700	80.000	82.400	195.000
	无纺布	m²	1.60	120.000	120.000	12.000	120.000	—
	稀释剂	kg	7.85	14.000	14.400	—	—	14.000
	玻璃丝布 0.2 mm 厚	m²	1.60	—	—	—	—	120.000
	粒砂	t	34.60	—	—	—	—	0.460

工作内容:清理基层面、涂刷处理剂一层、配料刷胶、铺贴卷材等全部操作过程。 单位:100 m^2

定额编号				A7-140	A7-141	A7-142	A7-143	A7-144	A7-145
项目名称				氯化聚乙烯橡胶共混卷材		三元乙丙橡胶卷材		再生橡胶卷材	
						冷贴满铺			
				平面	立面	平面	立面	平面	立面
基价(元)				4948.28	5133.48	6577.30	6762.50	3321.88	3507.08
其中	人工费(元)			188.40	373.60	188.40	373.60	188.40	373.60
	材料费(元)			4759.88	4759.88	6388.90	6388.90	3133.48	3133.48
	机械费(元)			—	—	—	—	—	—
名称		单位	单价(元)	数量					
人工	综合用工二类	工日	40.00	4.710	9.340	4.710	9.340	4.710	9.340
材料	TG胶素水泥浆	m^3	—	(0.010)	(0.010)	(0.010)	(0.010)	(0.010)	(0.010)
	氯化聚乙烯橡胶共混卷材	m^2	18.00	124.530	124.530	—	—	—	—
	三元乙丙橡胶卷材	m^2	42.87	—	—	124.170	124.170	—	—
	再生橡胶卷材	m^2	10.00	—	—	—	—	124.170	124.170
	BX12粘结剂	kg	35.00	45.450	45.450	—	—	—	—
	BX-12乙组分880 mL	瓶	8.93	32.280	32.280	—	—	—	—
	氯丁胶乳沥青	kg	2.60	20.200	20.200	—	—	—	—
	氯丁胶粘合剂	kg	16.50	—	—	—	—	63.930	63.930
	丁基粘结剂	kg	13.00	—	—	17.600	17.600	—	—
	二甲苯	kg	9.50	27.000	27.000	27.000	27.000	27.000	27.000
	乙酸乙酯	kg	10.50	5.050	5.050	5.050	5.050	5.050	5.050
	CSPE嵌缝油膏330 mL	支	2.00	29.830	29.830	29.830	29.830	29.830	29.830
	聚氨酯甲料	kg	16.00	5.420	5.420	9.970	9.970	9.970	9.970
	聚氨酯乙料	kg	13.00	8.130	8.130	21.770	21.770	21.770	21.770
	TG胶	kg	2.20	0.160	0.160	0.160	0.160	0.160	0160
	钢筋ϕ10以内	t	5010.00	0.004	0.004	0.004	0.004	0.004	0.004
	水泥32.5	t	220.00	0.015	0.015	0.015	0.015	0.015	0.015
	铁钉	kg	6.50	0.230	0.230	0.230	0.230	0.230	0.230
	水	m^3	3.03	0.010	0.010	0.010	0.010	0.010	0.010

工作内容:1. 刷基层处理剂,防水薄弱处贴卷材加强。

2. 铺贴卷材防水层。

单位:100 m^2

定额编号				A7-146	A7-147	A7-148	A7-149	A7-150	A7-151
项目名称				SBC120复合卷材		SBS改性沥青防水卷材			
				冷贴满铺		冷贴一层		冷贴每增一层	
				平面	立面	平面	立面	平面	立面
基价(元)				3553.83	3688.63	2857.97	3012.37	2400.30	2524.30
其中	人工费(元)			114.80	249.60	162.40	316.80	129.60	253.60
	材料费(元)			3439.03	3439.03	2695.57	2695.57	2270.70	2270.70
	机械费(元)			—	—	—	—	—	—
名称		单位	单价(元)	数量					
人工	综合用工二类	工日	40.00	2.870	6.240	4.060	7.920	3.240	6.340
材料	素水泥浆	m^3	—	(0.160)	(0.160)	—	—	—	—
	聚乙烯丙纶双面复合卷材500 g/m^2	m^2	21.00	120.550	120.550	—	—	—	—
	SBS改性沥青防水卷材3 mm	m^2	12.50	—	—	123.410	123.410	111.500	111.500
	水泥32.5	t	220.00	0.245	0.245	—	—	—	—

续表 单位:100 m

定额编号				A7-146	A7-147	A7-148	A7-149	A7-150	A7-151
项目名称				SBC120 复合卷材		SBS改性沥青防水卷材			
				冷贴满铺		冷贴一层		冷贴每增一层	
				平面	立面	平面	立面	平面	立面
名称		单位	单价(元)	数量					
材料	CSPE嵌缝油膏330 mL	支	2.00	48.960	48.960	—	—	—	—
	乙酸乙酯	kg	10.50	5.050	5.050	—	—	—	—
	聚氨酯甲料	kg	16.00	19.040	19.040	—	—	—	—
	聚氨酯乙料	kg	13.00	28.560	28.560	—	—	—	—
	聚丁胶粘合剂	kg	15.73	—	—	55.750	55.750	55.750	55.750
	SBS弹性沥青防水胶	kg	9.20	—	—	30.000	30.000	—	—
	TG胶	kg	2.20	12.020	12.020	—	—	—	—
	水	m^3	3.03	0.090	0.090	—	—	—	—

工作内容:1. 刷基层处理剂,防水薄弱处贴卷材加强。

2. 铺贴卷材防水层。

单位:100 m^2

定额编号				A7-152	A7-153	A7-154	A7-155
项目名称				SBS改性沥青防水卷材			
				热熔一层		热熔每增一层	
				平面	立面	平面	立面
基价(元)				2163.83	2360.23	1700.95	1860.55
其中	人工费(元)			188.40	373.60	150.40	298.80
	材料费(元)			1975.43	1986.63	1550.55	1561.75
	机械费(元)			—	—	—	—
名称		单位	单价(元)	数量			
人工	综合用工二类	工日	40.00	4.710	9.340	3.760	7.470
材料	SBS改性沥青防水卷材3 mm	m^2	12.50	123.410	123.410	111.500	111.500
	SBS弹性沥青防水胶	kg	9.20	30.000	30.000	—	—
	石油液化气	kg	5.60	28.000	30.000	28.000	30.000

工作内容:1. 清理基层、调配涂料、铺贴附加层。

2. 贴布(聚酯布或玻璃纤维布)、刷涂料(最后两遍掺水泥作保护层)等全部操作过程。

单位:100 m^2

定额编号				A7-156	A7-157	A7-158	A7-159
项目名称				水乳型普通乳化沥青涂料		水乳型水性石棉质沥青	
				二布三涂		一布二涂	
				平面	立面	平面	立面
基价(元)				1243.24	1535.18	4038.88	4228.08
其中	人工费(元)			433.60	725.60	331.20	520.40
	材料费(元)			809.64	809.58	3707.68	3707.68
	机械费(元)			—	—	—	—
名称		单位	单价(元)	数量			
人工	综合用工二类	工日	40.00	10.840	18.140	8.280	13.010
材料	聚酯布100 g/m^2	m^2	1.50	243.040	243.000	—	—
	普通乳化沥青(水乳型)	kg	1.70	260.000	260.000	—	—
	水性石棉质沥青(水乳型)	kg	4.20	—	—	832.000	832.000
	网纱玻璃纤维布	m^2	1.60	—	—	124.910	124.910
	水泥32.5	t	220.00	0.014	0.014	0.061	0.061

工作内容：1. 清理基层、调配涂料、铺贴附加层。

2. 刷涂料(最后两遍掺水泥作保护层)、贴聚酯布等全部操作过程。　　单位：100 m²

定额编号				A7-160	A7-161	A7-162	A7-163
项目名称				水乳型再生沥青聚酯布			
				二布三涂		每增减一布一涂	
				平面	立面	平面	立面
基价(元)				1347.24	1639.24	571.20	601.20
其中	人工费(元)			433.60	725.60	175.60	205.60
	材料费(元)			913.64	913.64	395.60	395.60
	机械费(元)			—	—	—	—
名称		单位	单价(元)	数量			
人工	综合用工二类	工日	40.00	10.840	18.140	4.390	5.140
材料	聚酯布 100 g/m²	m²	1.50	243.040	243.040	118.130	118.130
	再生胶沥青(水乳型)	kg	2.10	260.000	260.000	104.000	104.000
	水泥 32.5	t	220.00	0.014	0.014	—	—

工作内容：1. 清理基层、调配涂料、铺贴附加层。

2. 刷涂料(最后两遍掺水泥作保护层)、贴聚酯布等全部操作过程。　　单位：100 m²

定额编号				A7-164	A7-165	A7-166	A7-167
项目名称				水乳型阴离子合成胶乳化沥青聚酯布			
				一布一涂		每增一布一涂	
				平面	立面	平面	立面
基价(元)				2393.87	2583.07	1756.80	1786.80
其中	人工费(元)			331.20	520.40	175.60	205.60
	材料费(元)			2062.67	2062.67	1581.20	1581.20
	机械费(元)			—	—	—	—
名称		单位	单价(元)	数量			
人工	综合用工二类	工日	40.00	8.280	13.010	4.390	5.140
材料	聚酯布 100 g/m²	m²	1.50	124.910	124.910	118.130	118.130
	阴离子合成胶乳沥青	kg	9.00	208.000	208.000	156.000	156.000
	水泥 32.5	t	220.00	0.015	0.015	—	—

工作内容：1. 清理基层、调配涂料、铺贴附加层。

2. 刷涂料(最后两遍掺水泥作保护层)、贴聚酯布等全部操作过程。　　单位：100 m²

定额编号				A7-168	A7-169	A7-170	A7-171
项目名称				溶剂型再生胶沥青聚酯布			
				二布三涂		每增减一布一涂	
				平面	立面	平面	立面
基价(元)				3052.08	3344.08	1477.56	1507.56
其中	人工费(元)			433.60	725.60	175.60	205.60
	材料费(元)			2618.48	2618.48	1301.96	1301.96
	机械费(元)			—	—	—	—
名称		单位	单价(元)	数量			
人工	综合用工二类	工日	40.00	10.840	18.140	4.390	5.140
材料	聚酯布 100 g/m²	m²	1.50	243.040	243.040	118.130	118.130
	再生胶沥青	kg	7.21	312.000	312.000	156.000	156.000
	水泥 32.5	t	220.00	0.020	0.020	—	—

工作内容：1. 清理基层、调配涂料、铺贴附加层。

2. 刷涂料(最后两遍掺水泥作保护层)、贴聚酯布等全部操作过程。　　单位:100 m²

定额编号				A7-172	A7-173	A7-174	A7-175	A7-176
项目名称				水乳型阳离子氯丁胶乳化沥青聚酯布				双面自粘防水卷材3 mm厚
				一布二涂		每增减一布一涂		
				平面	立面	平面	立面	
基价(元)				1665.87	1855.07	1210.80	1240.80	5885.97
其中	人工费(元)			331.20	520.40	175.60	205.60	84.00
	材料费(元)			1334.67	1334.67	1035.20	1035.20	5801.97
	机械费(元)			—	—	—	—	—
名称		单位	单价(元)	数量				
人工	综合用工二类	工日	40.00	8.280	13.010	4.390	5.140	2.100
材料	阳离子氯丁胶乳化沥青	kg	5.50	208.000	208.000	156.000	156.000	—
	聚酯布 100 g/m²	m²	1.50	124.910	124.910	118.130	118.130	—
	水泥 32.5	t	220.00	0.015	0.015	—	—	—
	BAC双面自粘防水卷材 3 mm	m²	46.00	—	—	—	—	126.000
	石油液化气	kg	5.60	—	—	—	—	0.530
	其他材料费	元	1.00	—	—	—	—	3.000

A.7.3.2 涂膜防水

工作内容：清理基层、刷涂料。　　单位:100 m²

定额编号				A7-177	A7-178	A7-179	A7-180
项目名称				苯乙烯涂料二遍		聚氯乙烯防水涂料	
				平面	立面	平面	立面
基价(元)				525.63	547.76	450.82	472.69
其中	人工费(元)			90.40	99.60	118.80	130.80
	材料费(元)			435.23	448.16	332.02	341.89
	机械费(元)			—	—	—	—
名称		单位	单价(元)	数量			
人工	综合用工二类	工日	40.00	2.260	2.490	2.970	3.270
材料	苯乙烯涂料	kg	8.40	50.500	52.000	—	—
	聚氯乙烯防水涂料	kg	1.60	—	—	202.000	208.000
	其他材料费	元	1.00	11.030	11.360	8.820	9.090

工作内容：1. 清理基层。

2. 涂刷附加层。

3. 分层涂刷涂料等。　　单位:100 m²

定额编号				A7-181	A7-182	A7-183	A7-184
项目名称				JS-复合防水涂料			
				2 mm厚		每增减0.5 mm厚	
				平面	立面	平面	立面
基价(元)				3971.18	4071.18	1144.37	1168.37
其中	人工费(元)			316.00	416.00	80.00	104.00
	材料费(元)			3655.18	3655.18	1064.37	1064.37
	机械费(元)			—	—	—	—
名称		单位	单价(元)	数量			
人工	综合用工二类	工日	40.00	7.900	10.400	2.000	2.600
材料	JS-复合防水涂料	kg	8.00	450.900	450.900	131.300	131.300
	其他材料费	元	1.00	47.980	47.980	13.970	13.970

工作内容：1. 清理基层。

2. 涂料配制，涂刷附加层。

3. 分层涂刷涂料等。

单位：100 m²

定额编号				A7-185	A7-186	A7-187	A7-188
项目名称				SBS 改性沥青涂膜防水			
				溶剂型		水乳型	
				3 mm 厚	每增减 0.1 mm 厚	3 mm 厚	每增减 0.1 mm 厚
基价(元)				2365.08	75.01	3197.15	105.68
其中	人工费(元)			240.00	8.00	240.00	8.00
	材料费(元)			2125.08	67.01	2957.15	97.68
	机械费(元)			—	—	—	—
名称		单位	单价(元)	数量			
人工	综合用工二类	工日	40.00	6.000	0.200	6.000	0.200
材料	聚氨酯甲料	kg	16.00	4.550	—	4.550	—
	聚氨酯乙料	kg	13.00	13.650	—	13.650	—
	溶剂型 SBS 改性沥青防水涂料	kg	5.00	328.300	12.100	—	—
	水乳型 SBS 改性沥青防水涂料	kg	7.50	—	—	328.300	12.100
	聚氨酯防水涂料	kg	7.00	29.200	0.800	29.200	0.800
	其他材料费	元	1.00	28.930	0.910	40.250	1.330

工作内容：1. 清理基层、刷涂料。

2. 熬制热沥青、涂刷冷底子油、玛碲脂或油膏。

单位：100 m²

定额编号				A7-189	A7-190	A7-191	A7-192
项目名称				刷冷底子油		石油沥青玛碲脂	塑料油膏
				第一遍	第二遍	3 mm 厚	二遍
基价(元)				312.87	225.95	1459.58	1065.69
其中	人工费(元)			71.20	61.20	159.60	96.00
	材料费(元)			241.67	164.75	1299.98	969.69
	机械费(元)			—	—	—	—
名称		单位	单价(元)	数量			
人工	综合用工二类	工日	40.00	1.780	1.530	3.990	2.400
材料	冷底子油 3∶7	t	—	(0.048)	—	(0.048)	—
	冷底子油 5∶5	t	—	—	(0.036)	—	—
	石油沥青玛碲脂	m³	—	—	—	(0.320)	—
	石油沥青 10#	t	3000.00	0.015	0.019	0.351	—
	塑料油膏	kg	1.60	—	—	—	585.120
	滑石粉	kg	0.32	—	—	80.640	—
	烟煤	t	500.00	0.006	0.008	0.055	0.067
	汽油	kg	5.24	36.960	19.800	36.960	—

工作内容：1. 涂刷底胶及附加层，刷聚氨酯两遍。
2. 氯偏共聚乳液：成品涂刷。

单位：100 m²

定额编号				A7-193	A7-194	A7-195	A7-196	A7-197
项目名称				聚氨酯防水涂膜				氯偏共聚乳液
				刷涂膜二遍 2 mm 厚		每增减 0.5 mm		三遍
				平面	立面	平面	立面	
基价（元）				4245.89	4428.99	1041.54	1076.02	229.79
其中	人工费（元）			211.20	277.60	17.60	22.80	73.60
	材料费（元）			4034.69	4151.39	1023.94	1053.22	156.19
	机械费（元）			—	—	—	—	—
	名称	单位	单价（元）	数量				
人工	综合用工二类	工日	40.00	5.280	6.940	0.440	0.570	1.840
材料	聚氨酯甲料	kg	16.00	107.640	110.790	26.910	27.700	—
	聚氨酯乙料	kg	13.00	168.410	173.510	42.100	43.380	—
	氯偏共聚乳液	kg	6.50	—	—	—	—	21.000
	二甲苯	kg	9.50	12.960	12.960	4.850	4.850	—
	磷酸三钠溶液 10%	kg	6.00	—	—	—	—	0.590
	聚乙烯醇溶液 10%	kg	17.00	—	—	—	—	0.950

工作内容：熬制石油沥青、配制冷底子油，刷冷底子油一遍，涂刷沥青等全部操作过程。 单位：100 m²

定额编号				A7-198	A7-199	A7-200	A7-201
项目名称				石油沥青一遍			每增加石油沥青一遍
				平面	混凝土抹灰面（立面）	砖墙（立面）	平面
基价（元）				958.11	1012.61	1107.01	515.70
其中	人工费（元）			84.40	101.60	114.80	30.00
	材料费（元）			873.71	911.01	992.21	485.70
	机械费（元）			—	—	—	—
	名称	单位	单价（元）	数量			
人工	综合用工二类	工日	40.00	2.110	2.540	2.870	0.750
材料	冷底子油 3∶7	t	—	(0.048)	(0.048)	(0.048)	—
	石油沥青 30#	t	3300.00	0.187	0.198	0.222	0.144
	石油沥青 10#	t	3000.00	0.015	0.015	0.015	—
	烟煤	t	500.00	0.032	0.034	0.038	0.021
	汽油	kg	5.24	37.330	37.330	37.330	—

工作内容：配制涂刷冷底子油一遍、熬制石油沥青玛碲脂、涂刷石油沥青玛碲脂一遍等全部操作过程。

单位：100 m²

定额编号	A7-202	A7-203	A7-204	A7-205	A7-206
项目名称	每增加石油沥青一遍		刷石油沥青玛碲脂一遍		
	混凝土抹灰面（立面）	砖墙（立面）	平面	混凝土抹灰面（立面）	砖墙（立面）
基价（元）	589.00	676.50	919.52	1170.97	1281.99

续表 单位：100 m^2

定额编号				A7-202	A7-203	A7-204	A7-205	A7-206
项目名称				每增加石油沥青一遍		刷石油沥青玛碲脂一遍		
				混凝土抹灰面(立面)	砖墙(立面)	平面	混凝土抹灰面(立面)	砖墙(立面)
其中	人工费(元)			39.60	46.40	80.40	103.20	116.80
	材料费(元)			549.40	630.10	839.12	1067.77	1165.19
	机械费(元)			—	—	—	—	—
名称		单位	单价(元)	数量				
人工	综合用工二类	工日	40.00	0.990	1.160	2.010	2.580	2.920
材料	石油沥青玛碲脂	m^3	—	—	—	(0.180)	(0.250)	(0.280)
	冷底子油 3∶7	t	—	—	—	(0.048)	(0.048)	(0.048)
	石油沥青 30#	t	3300.00	0.163	0.187	—	—	—
	石油沥青 10#	t	3000.00	—	—	0.204	0.278	0.309
	滑石粉	kg	0.32	—	—	45.360	63.000	70.560
	烟煤	t	500.00	0.023	0.026	0.034	0.036	0.040
	汽油	kg	5.24	—	—	37.330	37.330	37.330

工作内容：熬制、涂刷石油沥青玛碲脂一遍。 单位：100 m^2

定额编号				A7-207	A7-208	A7-209
项目名称				每增加一遍石油沥青玛碲脂		
				平面	混凝土抹灰面(立面)	砖墙(立面)
基价(元)				525.80	569.00	641.52
其中	人工费(元)			31.20	39.60	46.00
	材料费(元)			494.60	529.40	595.52
	机械费(元)			—	—	—
名称		单位	单价(元)	数量		
人工	综合用工二类	工日	40.00	0.780	0.990	1.150
材料	石油沥青玛碲脂	m^3	—	(0.150)	(0.160)	(0.180)
	石油沥青 10#	t	3000.00	0.157	0.168	0.189
	滑石粉	kg	0.32	37.800	40.320	45.360
	烟煤	t	500.00	0.023	0.025	0.028

A.7.3.3 刚性防水

工作内容：清理基层、调运砂浆、抹灰、养护等全部操作过程。 单位：100 m^2

定额编号				A7-210	A7-211	A7-212	A7-213	A7-214
项目名称				水泥砂浆五层作法		防水砂浆		
				平面	立面	墙基	平面	立面
基价(元)				1121.19	1259.89	655.28	787.47	927.68
其中	人工费(元)			652.40	789.60	130.80	366.80	488.80
	材料费(元)			453.78	455.28	500.47	401.91	419.37
	机械费(元)			15.01	15.01	24.01	18.76	19.51
名称		单位	单价(元)	数量				
人工	综合用工二类	工日	40.00	16.310	19.740	3.270	9.170	12.220

续表　　　　　　　　　　　　单位：100 m²

定额编号				A7-210	A7-211	A7-212	A7-213	A7-214
项目名称				水泥砂浆五层作法		防水砂浆		
				平面	立面	墙基	平面	立面
材料	水泥砂浆 1∶25(中砂)	m³	—	(1.620)	(1.630)	—	—	—
	防水砂浆(防水粉5%)1∶2(中砂)	m³	—	—	—	(2.530)	(2.020)	(2.110)
	素水泥浆	m³	—	(0.610)	(0.610)	—	—	—
	水泥 32.5	t	220.00	1.702	1.707	1.394	1.113	1.163
	中砂	t	25.16	2.597	2.613	3.684	2.941	3.072
	防水粉	kg	1.25	—	—	69.830	55.750	58.240
	水	m³	3.03	4.620	4.620	4.560	4.410	4.430
机械	灰浆搅拌机 200 L	台班	75.03	0.200	0.200	0.320	0.250	0.260

工作内容：清理湿润基层、调运砂浆、分层抹光压光、养护等全部操作过程。　　　　单位：100 m²

定额编号				A7-215	A7-216	A7-217
项目名称				掺无机铝盐防水剂		掺高效有机硅防水剂
				素水泥浆	防水砂浆	
基价(元)				167.30	949.93	2968.21
其中	人工费(元)			48.80	366.80	814.40
	材料费(元)			118.0	564.37	2102.04
	机械费(元)			—	18.76	51.77
名称		单位	单价(元)	数量		
人工	综合用工二类	工日	40.00	1.220	9.170	20.360
材料	水泥砂浆 1∶2(中砂)	m³	—	—	—	(2.020)
	水泥砂浆 1∶2.5(中砂)	m³	—	—	(2.020)	(3.030)
	素水泥浆	m³	—	(0.101)	—	(0.101)
	无机铝盐防水剂	kg	5.00	16.800	51.000	—
	高效有机硅防水剂	kg	28.00	—	—	46.000
	水泥 32.5	t	220.00	0.152	0.980	2.734
	中砂	t	25.16	—	3.238	7.798
	水	m³	3.03	0.350	4.060	5.400
机械	灰浆搅拌机 200 L	台班	75.03	—	0.250	0.690

A.7.3.4 变形缝

A.7.3.4.1 填缝

工作内容：1. 熬制沥青，调配、填塞沥青麻丝。

2. 熬沥青、油浸木丝板嵌缝。

3. 熬玛碲脂、灌缝。

4. 调配石灰麻刀，石灰麻刀嵌缝，缝上贴二毡三油一层。　　　　单位：100 m

定额编号	A7-218	A7-219	A7-220	A7-221	A7-222	A7-223
项目名称	油浸麻丝		油浸木丝板	玛碲脂	石灰麻刀	
	平面	立面			平面	立面
基价(元)	1686.96	1831.36	1324.48	1845.81	708.20	746.60

续表　　　　单位：100 m

定额编号				A7-218	A7-219	A7-220	A7-221	A7-222	A7-223
项目名称				油浸麻丝		油浸木丝板	玛碲脂	石灰麻刀	
				平面	立面			平面	立面
其中	人工费(元)			295.20	439.60	230.40	261.60	272.80	311.20
	材料费(元)			1391.76	1391.76	1094.08	1584.21	435.40	435.40
	机械费(元)			—	—	—	—	—	—
名称		单位	单价(元)	数量					
人工	综合用工二类	工日	40.00	7.380	10.990	5.760	6.540	6.820	7.780
材料	石油沥青玛碲脂	m^3	—	—	—	—	(0.480)	—	—
	水泥木丝板 25 mm	m^2	35.60	—	—	15.300	—	—	—
	石油沥青油毡 350 g/m^2	m^2	2.30	—	—	—	—	17.000	17.000
	石油沥青 30#	t	3300.00	0.216	0.216	0.163	—	0.065	0.065
	石油沥青 10#	t	3000.00	—	—	—	0.503	—	—
	滑石粉	kg	0.32	—	—	—	120.960	—	—
	生石灰	t	85.00	—	—	—	—	0.180	0.180
	麻丝	kg	12.00	55.080	55.080	—	—	—	—
	麻刀	kg	1.50	—	—	—	—	108.000	108.000
	烟煤	t	500.00	0.036	0.036	0.023	0.073	0.009	0.009

工作内容：1. 熬制油膏、沥青，拌合砂浆，嵌缝。

2. 清理、用乙酸乙酯洗缝、隔纸，用氯丁胶粘贴氯丁橡胶片，涂胶铺砂。

3. 清缝、水泥砂浆勾缝、垫牛皮纸、熬灌聚氯乙烯胶泥。　　　　单位：100 m

定额编号				A7-224	A7-225	A7-226	A7-227
项目名称				建筑油膏	沥青砂浆	氯丁橡胶片止水带	聚氯乙烯胶泥
基价(元)				440.19	773.29	1136.31	546.18
其中	人工费(元)			218.40	258.40	140.80	296.80
	材料费(元)			221.79	514.89	995.51	249.38
	机械费(元)			—	—	—	—
名称		单位	单价(元)	数量			
人工	综合用工二类	工日	40.00	5.460	6.460	3.520	7.420
材料	水泥砂浆 1:2(中砂)	m^3	—	—	—	—	(0.060)
	普通沥青砂浆 1:2:7(中砂)	m^3	—	—	(0.480)	—	—
	水泥 32.5	t	220.00	—	—	0.009	0.033
	中砂	t	25.16	—	0.811	—	0.087
	粒砂	t	34.60	—	—	0.240	—
	防水油膏	kg	2.47	87.770	—	—	—
	氯丁橡胶片 2 mm 厚	m^2	15.80	—	—	31.820	—
	乙酸乙酯	kg	10.50	—	—	23.000	—
	氯丁橡胶浆	kg	2.60	—	—	60.580	—
	三异氰酸酯	kg	9.00	—	—	9.090	—
	聚氯乙烯胶泥	kg	2.70	—	—	—	83.320
	石油沥青 30#	t	3300.00	—	0.117	—	—
	滑石粉	kg	0.32	—	224.640	—	—
	牛皮纸	m^2	0.28	—	—	5.910	53.230
	烟煤	t	500.00	0.010	0.073	—	—
	水	m^3	3.03	—	—	—	0.020

工作内容：1. 清理基层、刷底胶、缝上粘贴 350 mm 宽一布二涂氯丁胶贴玻璃纤维布，在缝中心贴 150 mm 宽一布二涂氯丁胶玻璃布，止水片干后，表面涂胶并贴粒砂。

2. 粘接、安设橡胶（塑料）止水带。

3. 铜板剪裁，焊接成型，铺设。

单位：100 m

定额编号				A7-228	A7-229	A7-230	A7-231	A7-232
项目名称				涂刷式一布二涂氯丁胶贴玻璃纤维布止水带		预埋式止水带		
				湿基层	干基层	橡胶	塑料	紫铜板
基价（元）				3110.77	2898.47	5608.28	6028.28	61276.17
其中	人工费（元）			191.60	191.60	432.00	432.00	1038.00
	材料费（元）			2919.17	2706.87	5176.28	5596.28	60111.34
	机械费（元）			—	—	—	—	126.83
名称		单位	单价（元）	数量				
人工	综合用工二类	工日	40.00	4.790	4.790	10.800	10.800	25.950
材料	玻璃纤维布	m^2	4.00	95.200	95.200	—	—	—
	橡胶止水带	m	48.00	—	—	105.000	—	—
	塑料止水带	m	52.00	—	—	—	105.000	—
	紫铜板 2 mm 厚	kg	72.93	—	—	—	—	810.900
	乙酸乙酯	kg	10.50	15.310	15.310	—	—	—
	三异氰酸酯	kg	9.00	17.540	20.400	—	—	—
	氯丁橡胶浆液	kg	14.50	116.940	135.980	—	—	—
	600# 环氧树脂	kg	30.00	14.420	—	—	—	—
	300# 低分子聚酰胺	kg	28.00	2.880	—	—	—	—
	E44 环氧树脂	kg	27.50	—	—	3.040	3.040	—
	乙二胺	kg	16.50	—	—	0.240	0.240	—
	丙酮	kg	9.00	—	—	3.040	3.040	—
	甲苯	kg	8.90	—	—	2.400	2.400	—
	铜焊条	kg	68.00	—	—	—	—	14.300
	水泥 32.5	t	220.00	0.007	0.003	—	—	—
	粒砂	t	34.60	0.270	0.270	—	—	—
机械	剪板机 20×2500	台班	238.83	—	—	—	—	0.110
	交流弧焊机 32 kV·A	台班	143.66	—	—	—	—	0.700

工作内容：1. 钢板剪裁，焊接成型，铺设。

2. 粘贴、安设遇水膨胀止水条。

3. 缝清理、塞填泡沫塑料板。

4. 缝基面清理，金属板材截料、制作，填缝保温材料、涂胶、打孔、塑料胀栓安装等操作过程。

单位：100 m

定额编号				A7-233	A7-234	A7-235	A7-236
项目名称				预埋式钢板止水带	遇水膨胀止水条	聚苯乙烯泡沫塑料板	复合填料
基价（元）				3871.35	4092.50	382.00	11578.60
其中	人工费（元）			1056.00	440.00	116.80	1026.80
	材料费（元）			2744.54	3652.50	265.20	10532.69
	机械费（元）			70.81	—	—	19.11
名称		单位	单价（元）	数量			
人工	综合用工二类	工日	40.00	26.400	11.000	2.920	25.670

续表 单位:100 m

定额编号				A7-233	A7-234	A7-235	A7-236
项目名称				预埋式钢板止水带	遇水膨胀止水条	聚苯乙烯泡沫塑料板	复合填料
名称		单位	单价(元)	数量			
材料	钢板 3 m	m^2	128.25	21.200	—	—	—
	遇水膨胀止水条 20×30	m	34.00	—	105.000	—	—
	聚苯乙烯泡沫塑料板	m^3	335.00	—	—	0.600	—
	钢板网	m^2	12.11	—	—	—	31.080
	聚苯乙烯泡沫塑料板(厚 50 mm)	m^2	16.75	—	—	—	20.580
	E44 环氧树脂	kg	27.50	—	3.000	—	—
	电焊条结 422	kg	4.00	6.410	—	—	—
	烟煤	t	500.00	—	—	0.003	—
	石油沥青 30#	t	3300.00	—	—	0.019	—
	塑料胀栓 ϕ6	个	0.45	—	—	—	681.000
	不锈钢板 0.4 mm	m^2	128.47	—	—	—	73.670
	纤维毡	m^2	2.00	—	—	—	20.380
机械	剪板机 20×2500	台班	238.83	0.110	—	—	0.080
	交流弧焊机 32 kV·A	台班	143.66	0.310	—	—	—

A.7.3.4.2 盖缝

工作内容:1. 平面板材加工、板材一侧涂胶粘合、立面埋木砖、钉木盖板。

2. 缝清理、铁皮截料、制作安装。

3. 成品金属板材下料、截料、定位、弹线、打孔、锚夹安装、涂胶、盖缝等全部操作过程。

单位:100 m

定额编号				A7-237	A7-238	A7-239	A7-240	A7-241
项目名称				木板盖板		铁皮盖板		铝合金装饰板盖缝
				平面	立面	平面	立面	
基价(元)				1890.88	3061.93	2763.08	1623.67	19954.33
其中	人工费(元)			256.40	439.60	342.00	301.60	302.00
	材料费(元)			1634.48	2622.33	2421.08	1322.07	19652.33
	机械费(元)			—	—	—	—	—
名称		单位	单价(元)	数量				
人工	综合用工二类	工日	40.00	6.410	10.990	8.550	7.540	7.550
材料	一等方木	m^3	2551.50	0.612	0.655	—	—	—
	二等方木	m^3	2174.37	—	0.432	—	—	—
	普碳镀锌铁皮 24#	m^2	33.23	—	—	67.320	36.840	—
	铝合金装饰板 250(宽)×1.5(厚)	m	165.00	—	—	—	—	107.000
	粘结剂 XY508	kg	48.00	1.520	—	—	—	—
	水泥钢钉	kg	9.50	—	—	1.870	0.730	—
	焊锡	kg	29.00	—	—	4.370	2.390	—
	盐酸	kg	0.80	—	—	0.930	0.510	—
	铁钉	kg	6.50	—	1.810	—	—	—
	木炭	kg	2.00	—	—	19.400	10.610	—
	密封胶条	m	0.75	—	—	—	—	210.000
	铝锚夹	m	15.00	—	—	—	—	107.000
	塑料胀栓 ϕ6	个	0.45	—	—	—	—	350.000
	其他材料费	元	1.00	—	—	—	—	77.330

工作内容：1. 平面板材加工制作、金属板材截料、木材面刷防腐油。

2. 缝清理、打孔、涂胶、固定、盖缝安装等。 单位：100 m

定额编号				A7-242	A7-243
项目名称				抛光金属板盖缝	
				实木	细木工板
基价(元)				17366.15	16767.67
其中	人工费(元)			2010.40	2122.00
	材料费(元)			15283.24	14591.14
	机械费(元)			72.51	54.53
名称		单位	单价(元)	数量	
人工	综合用工二类	工日	40.00	50.260	53.050
材料	一等方木	m^3	2551.50	0.623	—
	烘干木材	m^3	1925.32	—	0.217
	细木工板	m^2	25.60	12.600	28.350
	三层胶合板	m^2	8.39	—	33.660
	塑料胀栓 $\phi6$	个	0.45	1364.000	1364.000
	不锈钢板 0.4 mm	m^2	128.47	73.670	71.240
	钢板网	m^2	12.11	31.080	31.110
	聚苯乙烯泡沫塑料板(厚 50 mm)	m^2	16.75	20.610	20.610
	抛光金属板铝 3 mm 厚	m^2	245.00	5.830	5.830
	硅酸铝耐火纤维板	m^2	54.00	20.380	20.610
	木螺丝 4×25	百个	3.00	3.370	3.370
	防腐油	kg	3.15	7.970	7.500
	煤油	kg	8.50	0.850	0.800
	聚醋酸乙烯乳液	kg	7.40	—	12.890
机械	木工圆锯机 $\phi500$	台班	22.87	0.140	0.110
	木工压刨床(四面 300 mm)	台班	101.74	0.470	0.300
	剪板机 20×2500	台班	238.83	0.090	0.090

工作内容：缝清理、铁件制安，镀锌铁皮、橡胶板铺设等全部操作过程。 单位：100 m

定额编号				A7-244	A7-245
项目名称				橡胶板盖缝(平面)	
				缝宽 5 cm 以内	缝宽 10 cm 以内
基价(元)				9505.95	15050.97
其中	人工费(元)			640.80	768.80
	材料费(元)			8865.15	14282.17
	机械费(元)			—	—
名称		单位	单价(元)	数量	
人工	综合用工二类	工日	40.00	16.020	19.220
材料	木材	m^3	2174.37	0.184	0.184
	花纹硬橡胶板 20 mm	m^2	95.00	16.650	30.570
	普碳镀锌铁皮 26#	m^2	23.05	15.180	33.730
	防腐油	kg	3.15	2.800	2.800
	中砂	t	25.16	0.030	0.060
	铁钉	kg	6.50	0.450	0.450
	铁件	t	9863.44	0.659	1.029
	焊锡	kg	29.00	0.480	1.060
	其他材料费	元	1.00	6.990	6.990

工作内容:缝清理、平面板材加工制作、金属板材截料、铁皮刷防锈漆两道、缝中填保温材料、膨胀螺栓固定、安装等全部操作过程。

单位:100 m

<table>
<tr><td colspan="4">定额编号</td><td>A7-246</td><td>A7-247</td><td>A7-248</td></tr>
<tr><td colspan="4" rowspan="2">项目名称</td><td colspan="2">塑胶硬板盖缝</td><td rowspan="2">不锈钢板盖缝</td></tr>
<tr><td>缝宽 5 cm 以内</td><td>缝宽 10 cm 以内</td></tr>
<tr><td colspan="4">基价(元)</td><td>7736.17</td><td>8557.06</td><td>66231.19</td></tr>
<tr><td rowspan="3">其中</td><td colspan="3">人工费(元)</td><td>1008.40</td><td>1064.40</td><td>1380.80</td></tr>
<tr><td colspan="3">材料费(元)</td><td>6727.77</td><td>7492.66</td><td>64797.85</td></tr>
<tr><td colspan="3">机械费(元)</td><td>—</td><td>—</td><td>52.54</td></tr>
<tr><td colspan="2">名称</td><td>单位</td><td>单价(元)</td><td colspan="3">数量</td></tr>
<tr><td>人工</td><td>综合用工二类</td><td>工日</td><td>40.00</td><td>25.210</td><td>26.610</td><td>34.520</td></tr>
<tr><td rowspan="15">材料</td><td>不锈钢板 5 mm</td><td>m^2</td><td>1511.00</td><td>—</td><td>—</td><td>38.690</td></tr>
<tr><td>花纹橡胶板 5 mm</td><td>m^2</td><td>42.00</td><td>—</td><td>—</td><td>49.470</td></tr>
<tr><td>钢板 5 mm</td><td>m^2</td><td>209.87</td><td>—</td><td>—</td><td>1.019</td></tr>
<tr><td>石油沥青 30#</td><td>t</td><td>3300.00</td><td>0.216</td><td>0.216</td><td>0.216</td></tr>
<tr><td>麻丝</td><td>kg</td><td>12.00</td><td>55.080</td><td>55.080</td><td>55.080</td></tr>
<tr><td>普碳镀锌铁皮 24#</td><td>m^2</td><td>33.23</td><td>20.730</td><td>25.100</td><td>34.640</td></tr>
<tr><td>防锈漆</td><td>kg</td><td>13.65</td><td>—</td><td>—</td><td>7.344</td></tr>
<tr><td>油漆溶剂油</td><td>kg</td><td>7.35</td><td>—</td><td>—</td><td>0.384</td></tr>
<tr><td>塑胶硬板</td><td>m^2</td><td>35.00</td><td>11.220</td><td>16.320</td><td>—</td></tr>
<tr><td>砂布</td><td>张</td><td>0.50</td><td>—</td><td>—</td><td>3.120</td></tr>
<tr><td>硅酸铝耐火纤维板</td><td>m^2</td><td>54.00</td><td>8.160</td><td>16.330</td><td>20.384</td></tr>
<tr><td>膨胀螺栓 M6×85</td><td>个</td><td>0.45</td><td>—</td><td>—</td><td>701.000</td></tr>
<tr><td>防水油膏</td><td>kg</td><td>2.47</td><td>87.770</td><td>87.770</td><td>—</td></tr>
<tr><td>烟煤</td><td>t</td><td>500.00</td><td>0.010</td><td>0.010</td><td>—</td></tr>
<tr><td>铁件</td><td>t</td><td>9863.44</td><td>0.366</td><td>0.366</td><td>—</td></tr>
<tr><td>机械</td><td>剪板机 20×2500</td><td>台班</td><td>238.83</td><td>—</td><td>—</td><td>0.220</td></tr>
</table>

十二、河北省建筑工程预算定额

（1998 年定额防水工程部分）

关于颁发《河北省建筑工程预算定额》的通知

冀建监[1998]195 号

各市建委：

为合理确定工程造价，根据建设部建标[1995]736 号文件精神，结合我省实际情况，编制了 1998 年《河北省建筑工程预算定额》，经与省计委研究，现予颁发，自 1998 年 7 月 1 日起执行。

为了便于新旧定额交替时期的工程造价管理，搞好定额管理工作，凡 1998 年 7 月 1 日后新开工的单项工程一律执行本定额，7 月 1 日前竣工和已开工的工程仍执行 1993 年《河北省建筑工程预算定额》〔冀建定(1993)85 号〕。

该定额由河北省工程建设造价管理总站负责管理和解释。在执行中望认真积累资料。及时反馈意见，以便进一步修改完善。

河北省建设委员会
1998 年 5 月 30 日

第一节　墙地面工程防水

一、说明

1. 设计的垫层材料的配合比和混凝土强度等级，如与定额规定不同，可根据设计要求按定额规定的配合比进行换算。

2. 本章整体面层及块料面层的结合层和底层（找平层）的砂浆配合比和厚度，除定额注明允许换算者外，一律不得换算。

3. 整体面层、块料面层使用的白水泥、金属嵌条、颜料等，如设计与定额规定不同时，仍按定额执行，其因材质、品种不同而发生的差价，以材差调价处理，其他不变。

4. 明沟、散水、台阶、坡道等项目均为综合项目，包括挖填土、垫层、基层、沟壁及面层等全部工序。除砖砌台阶和混凝土台阶未包括面层抹面，其面层可按设计规定套用本分部相应定额外，其余项目不予换算。

5. 砌毛石和砌方整石台阶，应另列项目，分别按有关分部相应定额执行。

6. 防水定额项目适用于楼地面、墙基、墙身、构筑物、水池、水塔、室内厕所、浴室以及±0.00以下的防水、防潮工程。

7. 变形缝填缝，建筑油膏聚氯乙烯断面取定为 3 cm×2 cm；油浸木丝板取定为 2.5 cm×1.5 cm；紫铜板止水带按 2 mm 厚，展开 45 cm；氯丁橡胶宽 30 cm；涂刷式氯丁胶贴玻璃纤维止水片宽 35 cm。其他填料取定为 15 cm×3 cm。如设计断面不同时用料可以换算，人工不变。

8. 盖缝：木板盖缝断面为 20 cm×2.5 cm，如设计断面不同时，用料可以换算，人工不变。

二、工程量计算规则

1. 楼地面面层、找平层按墙间净面积计算，应扣除凸出地面的构筑物、设备基础及室内沟道等所占的面积（不需作面层的地沟盖板所占的面积变应扣除），不扣除柱、垛、间壁墙、附墙烟囱及 0.3 m^2 以内孔洞所占的面积。但门洞、空圈和暖气包槽、壁龛的开口部分亦不增加。

2. 垫层按设计规定厚度乘以楼地面面积以立方米计算。

3. 踢脚线应按不同用料及做法以平方米计算，垛、柱面按实际计算，不扣除门洞口，及空圈处的长度，但侧壁部分亦不增加。垛柱的踢脚线工程量合并计算。

4. 水泥砂浆及水磨石楼梯面层，以楼梯水平投影面积计算（包括踏步和中间休息平台，不包括伸入墙内部分。楼梯与楼面分界以楼梯梁内边缘为界），不扣除小于 50 cm 宽的楼梯井面积，梯井宽度超过 50 cm 时应予扣除。定额内包括了楼梯踢脚线工料。

5. 楼梯防滑条按设计规定长度计算，如设计无规定者，可按踏步长度两边共减 15 cm 计算。

6. 107 胶彩色楼地面及其踢脚线定额，不包括基层抹灰工程量，其抹灰工程量应另行计算。

7. 台阶面层（包括踏步及最上一层踏步沿 300 mm）按水平投影面积计算。

8. 明沟按设计图示尺寸以延长米计算，净空断面面积在 0.2 m^2 以上的沟道，应分别按相应项目计算。

9. 散水按设计图示尺寸以平方米计算，应扣除空过散水的踏步、花台面积。

10. 防滑坡道按斜面积计算，坡道与台阶相连处，以台阶外围面积为界。

11. 剁假石台阶以展开面积计算，执行第十二章的普通腰线定额。

12. 防水工程按以下规定计算：

(1) 建筑物地面防水防潮层，按主墙间净空面积计算，扣除凸出地面的构筑物、设备基础等所占的面积，不扣除柱、垛、间壁墙、烟囱及 0.3 m^2 以内孔洞所占面积。与墙面连接处高度在 500 mm 以内者按展开面积计算，并入平面工程量内，超过 500 mm 时，按立面防水层计算。

(2) 建筑物墙基防水、防潮层，外墙长度按中心线，内墙按净长乘以墙的宽度以平方米计算。

(3) 构筑物及建筑物地下室防水层，按实铺面积计算，但不扣除 0.3 m^2 以内的孔洞面积，其上卷高度超过 500 mm 时，按立面防水层计算。

(4) 防水卷材的附加层、接缝、收头、冷底子油等人工材料均已计入定额内，不另计算。

13. 变形缝按缝的长度计算。

三、刚性防水

工作内容：清理基层，调砂浆，抹灰，养护。　　　　单位：100 m^2

定额编号			9-32	9-33	9-34	9-35	9-36
工程项目	单位	单价（元）	水泥砂浆五层做法		防水砂浆		
			平面	立面	墙基	平面	立面
基价	元		795.87	869.24	630.63	640.30	724.03

续表 单位:100 m²

定额编号		单位	单价(元)	9-32	9-33	9-34	9-35	9-36
工程项目				水泥砂浆五层做法		防水砂浆		
				平面	立面	墙基	平面	立面
其中	人工费	元		340.51	412.26	68.27	191.47	255.23
	材料费	元		446.79	448.41	548.22	438.12	457.66
	机械费	元		8.57	8.57	14.14	10.71	11.14
综合用工		工日	20.50	16.61	20.11	3.33	9.34	12.45
材料	水泥砂浆 1∶2.5	m^3	—	(1.62)	(1.63)	—	—	—
	防水砂浆 1∶2 含防水粉 5%	m^3	—	—	—	(2.53)	(2.02)	(2.11)
	素水泥浆	m^3	—	(0.61)	(0.61)	—	—	—
	水泥 42.5 级	t	254.00	0.786	0.791	1.394	1.113	1.163
	水泥 32.5 级	t	205.00	0.916	0.916	—	—	—
	中砂	t	21.88	2.597	2.613	3.684	2.941	3.072
	防水粉	kg	1.59	—	—	69.830	55.750	58.240
	水	m^3	0.55	4.620	4.620	4.560	4.410	4.430
机械	砂浆搅拌机(200 L)	台班	42.85	0.20	0.20	0.33	0.25	0.26

四、卷材防水

工作内容:清理基层,调砂浆,抹灰,养护。 单位:100 m³

定额编号		单位	单价(元)	9-37	9-38	9-39	9-40	9-41	9-42	9-43	9-44
工程项目				沥青卷材				玛碲脂卷材			
				石油沥青二毡三油		每增减一毡一油		二毡三油		每增减一毡一油	
				平面	立面	平面	立面	平面	立面	平面	立面
基价		元		1701.28	1890.45	619.57	681.26	1764.10	1978.72	638.36	717.71
其中	人工费	元		158.88	293.15	53.10	95.53	184.09	340.51	62.53	112.96
	材料费	元		1542.40	1597.30	566.47	585.73	1580.01	1638.21	575.83	604.75
综合用工		工日	20.50	7.75	14.30	2.59	4.66	8.98	16.61	3.05	5.51
材料	石油沥青玛碲脂	m^3	—	—	—	—	—	(0.56)	(0.60)	(0.18)	(0.20)
	冷底子油 3∶7	kg	—	(48.00)	(48.00)	—	—	(48.00)	(48.00)	—	—
	石油沥青 10#	t	1300.00	0.015	0.015	—	—	0.602	0.644	0.189	0.210
	石油沥青 30#	t	1350.00	0.565	0.605	0.184	0.198	—	—	—	—
	石油沥青油毡 350g	m^2	2.69	239.800	239.800	116.500	116.500	239.800	239.800	116.500	116.500
	烟煤	t	180.00	0.085	0.090	0.026	0.028	0.096	0.102	0.030	0.032
	滑石粉	kg	0.25	—	—	—	—	141.120	151.200	45.360	50.400
	汽油	kg	2.70	36.960	36.960	—	—	36.960	36.960	—	—

工作内容：清理基层，调砂浆，抹灰，养护。　　　　单位：100 m^3

定额编号				9-45	9-46	9-47	9-48	9-49	9-50	9-51
工程项目		单位	单价（元）	干铺油毡	刷石油沥青					
					一遍			每增加一遍		
					平面	立面		平面	立面	
						混凝土及抹灰面	砖墙面		混凝土及抹灰面	砖墙面
基价		元		327.88	425.06	446.13	494.36	221.78	240.80	276.81
其中	人工费	元		31.98	47.56	52.07	57.61	14.15	16.61	19.68
	材料费	元		295.90	377.50	394.06	436.75	207.63	224.19	257.13
综合用工		工日	20.50	1.56	2.32	2.54	2.81	0.69	0.81	0.96
材料	冷底子油 3∶7	kg	—	—	(48.00)	(48.00)	(52.00)	—	—	—
	石油沥青油毡 350 g	m^2	2.69	110.000	—	—	—	—	—	—
	石油沥青 10#	t	1300.00	—	0.015	0.015	0.017	—	—	—
	石油沥青 30#	t	1350.00	—	0.187	0.199	0.222	0.151	0.163	0.187
	烟煤	t	180.00	—	0.032	0.034	0.038	0.021	0.023	0.026
	汽油	kg	2.70	—	36.960	36.960	40.040	—	—	—

工作内容：清理基层，调砂浆，抹灰，养护。　　　　单位：100 m^2

定额编号				9-52	9-53	9-54	9-55	9-56	9-57
项目		单位	单价（元）	刷石油沥青玛碲脂					
				一遍			每增加一遍		
				平面	立面		平面	立面	
					混凝土及抹灰面	砖墙面		混凝土及抹灰面	砖墙面
基价		元		421.98	441.10	486.75	221.21	239.44	271.61
其中	人工费	元		50.43	55.56	62.32	15.79	18.66	21.73
	材料费	元		371.55	385.54	424.43	205.42	220.78	249.88
综合用工		工日	20.50	2.46	2.71	3.04	0.77	0.91	1.06
材料	石油沥青玛碲脂	m^3	—	0.172	(0.182)	(0.202)	(0.141)	(0.152)	(0.172)
	冷底子油 3∶7	kg	—	48.000	(48.00)	(52.00)	—	—	—
	石油沥青 10#	t	1300.00	0.196	0.206	0.228	0.148	0.159	0.180
	烟煤	t	180.00	0.034	0.036	0.040	0.023	0.025	0.028
	滑石粉	kg	0.25	43.340	45.860	50.900	35.530	38.300	43.340
	汽油	kg	2.70	36.960	36.960	40.040	—	—	—

工作内容：清理基层，调砂浆，抹灰，养护。　　单位：100 m²

定额编号				9-58	9-59	9-60	9-61	9-62	9-63	9-64	9-65
工程项目		单位	单价（元）	沥青玻璃布卷材				玛碲脂玻璃布卷材			
				石油沥青二布三油		每增减一布一油		二布三油		每增减一布一油	
				平面	立面	平面	立面	平面	立面	平面	立面
基价		元		1928.30	2153.97	725.40	799.19	1998.30	2244.28	746.45	840.76
其中	人工费	元		198.85	369.62	68.06	122.59	231.24	419.02	79.75	145.14
	材料费	元		1729.45	1784.35	657.34	676.60	1767.06	1825.26	666.70	695.62
综合用工		工日	20.50	9.70	18.03	3.32	5.98	11.28	20.44	3.89	7.08
材料	石油沥青玛碲脂	m³	—	—	—	—	—	(0.56)	(0.60)	(0.18)	(0.20)
	冷底子油 3∶7	kg	—	(48.00)	(48.00)	—	—	(48.00)	(48.00)	—	—
	石油沥青 10#	t	1300.00	0.015	0.015	—	—	0.602	0.644	0.189	0.210
	石油沥青 30#	t	1350.00	0.565	0.605	0.184	0.198	—	—	—	—
	石油沥青玻璃布油毡	m²	3.47	239.800	239.800	116.500	116.500	239.800	239.800	116.500	116.500
	烟煤	t	180.00	0.085	0.090	0.026	0.028	0.096	0.102	0.030	0.032
	滑石粉	kg	0.25	—	—	—	—	141.120	151.200	45.360	50.400
	汽油	kg	2.70	36.960	36.960	—	—	36.960	36.960	—	—

工作内容：清理基层面，涂刷处理剂一遍，配料刷胶，铺贴卷材等全部操作过程。　　单位：100 m²

定额编号				9-66	9-67	9-68	9-69	9-70	9-71	9-72
工程项目		单位	单价（元）	橡胶沥青 JG-2（水溶型）						
				无纺布						一布二涂带砂
				一布四涂		一布二涂		每增减一布一涂		
				平面	立面	平面	立面	平面	立面	
基价		元		1135.53	1248.51	718.80	753.10	403.39	426.12	856.95
其中	人工费	元		253.59	345.84	108.86	130.59	81.39	100.04	125.67
	材料费	元		881.94	902.67	609.94	622.51	322.00	326.08	731.28
综合用工		工日	20.50	12.37	16.87	5.31	6.37	3.97	4.88	6.13
材料	橡胶沥青 JG-2 冷胶料	kg	1.70	350.000	365.500	190.000	195.700	80.000	82.400	195.000
	稀释剂	kg	7.21	14.000	14.400	14.000	14.400	—	—	14.000
	无纺布	m²	1.55	120.000	120.000	120.000	120.000	120.000	120.000	—
	粒砂	t	41.82	—	—	—	—	—	—	0.460
	玻璃丝布 0.2 mm 厚	m²	2.33	—	—	—	—	—	—	120.00

工作内容：清理基层面，涂刷处理剂一遍，配料刷胶，铺贴卷材等全部操作过程。　　单位：100 m^3

定额编号				9-73	9-74	9-75	9-76	9-77	9-78
项目		单位	单价（元）	氯化聚乙烯橡胶共混卷材		聚氨酯防水涂膜			
						刷涂膜二遍 1 mm 厚		每增减 0.1 mm 厚	
				平面	立面	平面	立面	平面	立面
基价		元		3196.54	3303.97	2887.34	3124.50	217.14	231.15
其中	人工费	元		270.81	352.19	558.42	726.11	49.20	58.02
	材料费	元		2925.73	2951.78	2328.92	2398.39	167.94	173.13
综合用工		工日	20.50	13.21	17.18	27.24	35.42	2.40	2.83
材料	聚氨酯防水涂膜甲	kg	20.24	—	—	61.600	63.400	4.510	4.650
	聚氨酯防水涂膜乙	kg	7.14	—	—	92.400	95.200	6.770	6.970
	聚氨酯固化剂	kg	30.56	—	—	7.650	7.900	0.560	0.580
	丙酮	kg	7.73	—	—	24.400	25.100	1.450	1.490
	氯化聚乙烯橡胶共混卷材	m^2	19.00	126.000	126.000	—	—	—	—
	BX12 黏结剂	kg	9.58	33.000	34.650	—	—	—	—
	BX12 乙黏结剂	kg	6.84	8.000	8.400	—	—	—	—
	氯丁胶乳沥青	kg	2.57	26.000	27.300	—	—	—	—
	列克钠	kg	35.70	0.300	0.300	—	—	—	—
	二甲苯	kg	4.63	18.000	18.900	—	—	—	—

工作内容：清理基层面，涂刷处理剂一遍，配料刷胶，铺贴卷材等全部操作过程。　　单位：100m^2

定额编号				9-79	9-80	9-81	9-82
项目		单位	单价（元）	三元乙丙橡胶卷材		再生橡胶卷材	
				冷贴满铺			
				平面	立面	平面	立面
基价		元		6625.70	6758.95	3481.23	3614.48
其中	人工费	元		455.92	589.17	455.92	589.17
	材料费	元		6169.78	6169.78	3025.31	3025.31
综合用工		工日	20.50	22.24	28.74	22.24	28.74
材料	107 胶素水泥浆	m^3	—	(0.01)	(0.01)	(0.01)	(0.01)
	水泥 32.5 级	t	205.00	0.015	0.015	0.015	0.015
	三元乙丙橡胶卷材	m^2	42.87	124.170	124.170	—	—
	再生橡胶卷材	m^2	10.13	—	—	124.170	124.170
	氯丁胶黏合剂	kg	17.27	—	—	63.930	63.930
	CSPE 嵌缝油膏 330 mL	只	1.59	29.830	29.830	29.830	29.830
	二甲苯	kg	4.63	27.000	27.000	27.000	27.000
	乙酸乙酯	kg	9.27	5.050	5.050	5.050	5.050
	铁钉	kg	5.54	0.230	0.230	0.230	0.230
	钢筋 ϕ10 以内	kg	2.40	4.380	—	4.380	4.380
	丁基黏结剂	kg	10.41	17.600	17.600	—	—
	聚氯配甲料	kg	15.13	9.970	9.970	9.970	9.970
	聚氨酯乙料	kg	12.77	21.770	21.770	21.770	21.770
	107 胶	kg	2.67	0.160	0.160	0.160	0.160
	水	m^3	0.55	0.006	0.006	0.006	0.006

工作内容：1. 清理基层，调配涂料，铺贴附加层。

2. 贴布(聚酯布或玻璃纤维布)，刷涂料(最后两遍掺水泥作保护层)。 单位：100 m^2

定额编号		单位	单价(元)	9-83	9-84	9-85	9-86
项目				水乳型普通乳化沥青涂料二布三涂		水乳型水性石棉质沥青一布二涂	
				平面	立面	平面	立面
基价		元		975.52	1128.03	4387.49	4486.30
其中	人工费	元		226.32	378.84	172.82	271.63
	材料费	元		749.20	749.19	4214.67	4214.67
综合用工		工日	20.50	11.04	18.48	8.43	13.25
材料	聚酯布 100 g/m^2	m^2	1.68	243.040	243.040	—	—
	普通乳化沥青(水乳型)	kg	1.30	260.00	260.00	—	—
	水泥 32.5 级	kg	0.21	13.770	13.730	61.200	61.200
	网纱玻璃纤维布	m^2	2.00	—	—	124.910	124.910
	水性石棉质沥青(水乳型)	kg	4.75	—	—	832.000	832.000

工作内容：1. 清理基层，调配涂料，贴附加层。

2. 刷涂料(最后两遍掺水泥作保护层)，贴聚酯布。 单位：100 m^2

定额编号		单位	单价(元)	9-87	9-88	9-89	9-90	9-91	9-92	9-93	9-94
工程项目				水乳型再生沥青聚酯布				水乳型阴离子合成胶乳化沥青聚酯布			
				二布三涂		每增减一布一涂		一布一涂		每增一布一涂	
				平面	立面	平面	立面	平面	立面	平面	立面
基价		元		1173.12	1325.64	504.34	519.92	1203.32	1302.13	903.18	918.76
其中	人工费	元		226.32	378.84	91.64	107.22	172.82	271.63	91.64	107.22
	材料费	元		946.80	946.80	412.70	412.70	1030.50	1030.50	811.54	811.54
	机械费	元		—	—	—	—	—	—	—	—
综合用工		工日	20.50	11.04	18.48	4.47	5.23	8.43	13.25	4.47	5.23
材料	聚酯布 100 g/m^2	m^2	1.68	243.040	243.040	118.130	118.130	124.910	124.910	118.130	118.130
	再生胶沥青(水乳型)	kg	2.06	260.00	260.000	104.000	104.000	—	—	—	—
	阴离子合成胶乳沥青	kg	3.93	—	—	—	—	208.000	208.000	156.000	156.000
	水泥 32.5 级	kg	0.21	13.770	13.770	—	—	15.300	15.300	—	—

工作内容：1. 清理基层，调配涂料，贴附加层。

2. 刷涂料(最后两遍掺水泥作保护层)，贴聚酯布。 单位：100 m^2

定额编号	单位	单价(元)	9-95	9-96	9-97	9-98	9-99	9-100	9-101	9-102
工程项目			溶剂型再生胶沥青聚酯布				水乳型阳离子氯丁胶乳化沥青聚酯布			
			二布三涂		每增减一布一涂		一布二涂		每增减一布一涂	
			平面	立面	平面	立面	平面	立面	平面	立面
基价	元		2888.43	3040.95	1414.86	1430.44	1496.60	1595.41	1123.14	1138.72

续表 单位:100 m²

<table>
<tr><td colspan="3">定 额 编 号</td><td>9-95</td><td>9-96</td><td>9-97</td><td>9-98</td><td>9-99</td><td>9-100</td><td>9-101</td><td>9-102</td></tr>
<tr><td colspan="3" rowspan="3">工 程 项 目</td><td rowspan="3">单位</td><td rowspan="3">单价(元)</td><td colspan="4">溶剂型再生胶沥青聚酯布</td><td colspan="4">水乳型阳离子氯丁胶乳化沥青聚酯布</td></tr>
<tr><td colspan="2">二布三涂</td><td colspan="2">每增减一布一涂</td><td colspan="2">一布二涂</td><td colspan="2">每增减一布一涂</td></tr>
<tr><td>平 面</td><td>立 面</td><td>平 面</td><td>立 面</td><td>平 面</td><td>立 面</td><td>平 面</td><td>立 面</td></tr>
<tr><td rowspan="3">其中</td><td colspan="2">人 工 费</td><td>元</td><td></td><td>226.32</td><td>378.84</td><td>91.64</td><td>107.22</td><td>172.82</td><td>271.63</td><td>91.64</td><td>107.22</td></tr>
<tr><td colspan="2">材 料 费</td><td>元</td><td></td><td>2662.11</td><td>2662.11</td><td>1323.22</td><td>1323.22</td><td>1323.78</td><td>1323.78</td><td>1031.50</td><td>1031.50</td></tr>
<tr><td colspan="2">机 械 费</td><td>元</td><td></td><td>—</td><td>—</td><td>—</td><td>—</td><td>—</td><td>—</td><td>—</td><td>—</td></tr>
<tr><td colspan="3">综 合 用 工</td><td>工日</td><td>20.50</td><td>11.04</td><td>18.48</td><td>4.47</td><td>5.23</td><td>8.43</td><td>13.25</td><td>4.47</td><td>5.23</td></tr>
<tr><td rowspan="4">材料</td><td colspan="2">聚酯布 100 g/m²</td><td>m²</td><td>1.68</td><td>243.040</td><td>243.040</td><td>118.130</td><td>118.130</td><td>124.910</td><td>124.910</td><td>118.130</td><td>118.130</td></tr>
<tr><td colspan="2">阳离子氯丁胶乳化沥青(水乳型)</td><td>kg</td><td>5.3</td><td>—</td><td>—</td><td>—</td><td>—</td><td>208.000</td><td>208.000</td><td>156.000</td><td>156.000</td></tr>
<tr><td colspan="2">再生胶沥青</td><td>kg</td><td>7.21</td><td>312.000</td><td>312.000</td><td>156.000</td><td>156.000</td><td>—</td><td>—</td><td>—</td><td>—</td></tr>
<tr><td colspan="2">水泥 32.5 级</td><td>kg</td><td>0.21</td><td>20.400</td><td>20.400</td><td>—</td><td>—</td><td>15.300</td><td>15.300</td><td>—</td><td>—</td></tr>
</table>

五、涂膜防水

工作内容:清理基层,刷涂料。 单位:100 m²

<table>
<tr><td colspan="4">定 额 编 号</td><td>9-103</td><td>9-104</td><td>9-105</td><td>9-106</td></tr>
<tr><td colspan="2" rowspan="2">项 目</td><td rowspan="2">单位</td><td rowspan="2">单价(元)</td><td colspan="2">苯乙烯涂料二遍</td><td colspan="2">刷冷底子油</td></tr>
<tr><td>平 面</td><td>立 面</td><td>第 一 遍</td><td>第 二 遍</td></tr>
<tr><td colspan="2">基 价</td><td>元</td><td></td><td>957.54</td><td>984.43</td><td>163.65</td><td>116.34</td></tr>
<tr><td rowspan="2">其中</td><td>人 工 费</td><td>元</td><td></td><td>52.07</td><td>52.07</td><td>37.11</td><td>31.37</td></tr>
<tr><td>材 料 费</td><td>元</td><td></td><td>905.47</td><td>932.36</td><td>126.54</td><td>84.97</td></tr>
<tr><td colspan="2">综 合 用 工</td><td>工日</td><td>20.50</td><td>2.54</td><td>2.54</td><td>1.81</td><td>1.53</td></tr>
<tr><td rowspan="6">材料</td><td>冷底子油 3∶7</td><td>kg</td><td>—</td><td>—</td><td>—</td><td>(48.48)</td><td>—</td></tr>
<tr><td>冷底子油 5∶5</td><td>kg</td><td>—</td><td>—</td><td>—</td><td>—</td><td>(36.36)</td></tr>
<tr><td>木柴</td><td>kg</td><td>0.30</td><td>—</td><td>—</td><td>16.500</td><td>20.900</td></tr>
<tr><td>苯乙烯涂料</td><td>kg</td><td>17.93</td><td>50.500</td><td>52.000</td><td>—</td><td>—</td></tr>
<tr><td>汽油</td><td>kg</td><td>2.70</td><td>—</td><td>—</td><td>37.330</td><td>19.998</td></tr>
<tr><td>石油沥青 10#</td><td>t</td><td>1300.00</td><td>—</td><td>—</td><td>0.016</td><td>0.019</td></tr>
</table>

工作内容:1. 焦油玛碲脂、塑料油膏:配制涂刷冷底子油,熬制玛碲脂或油膏,涂刷油膏或玛碲脂。

2. 氯偏共聚乳液:成品涂刷。

3. 聚氨酯:涂刷底胶及附加层,刷聚氨酯两遍,盖石渣保护层(或刚性连接层)。 单位:100 m²

<table>
<tr><td colspan="3">定 额 编 号</td><td>9-107</td><td>9-108</td><td>9-109</td><td>9-110</td></tr>
<tr><td rowspan="2">项 目</td><td rowspan="2">单位</td><td rowspan="2">单价(元)</td><td>石油沥青玛碲脂</td><td>塑料油膏</td><td>氯偏共聚乳胶</td><td>聚氨酯</td></tr>
<tr><td>3 mm</td><td>两遍</td><td>三遍</td><td>两遍</td></tr>
<tr><td>基 价</td><td>元</td><td></td><td>705.03</td><td>1210.54</td><td>157.84</td><td>4107.82</td></tr>
</table>

续表　　　　　　　　　　　　单位:100 m²

定额编号				9-107	9-108	9-109	9-110
项目		单位	单价(元)	石油沥青玛碲脂	塑料油膏	氯偏共聚乳胶	聚氨酯
				3 mm	两遍	三遍	两遍
其中	人工费	元		83.23	50.02	38.34	157.03
	材料费	元		621.80	1160.52	119.50	3950.79
	机械费	元		—	—	—	—
综合用工		工日	20.50	4.06	2.44	1.87	7.66
材料	冷底子油 3∶7	kg	—	(48.48)	—	—	—
	石油沥青玛碲脂	m³	—	(0.32)	—	—	—
	木柴	kg	0.30	148.500	182.160	—	—
	塑料油膏	kg	1.89	—	585.120	—	—
	氯偏共聚乳液	kg	4.89	—	—	21.000	—
	磷酸三钠溶液 10%	kg	3.61	—	—	0.590	—
	聚乙烯醇溶液 10%	kg	15.45	—	—	0.950	—
	二甲苯	kg	4.63	—	—	—	12.960
	石渣	kg	0.24	—	—	—	465.000
	聚氨酯甲料	kg	15.13	—	—	—	107.640
	聚氨酯乙料	kg	12.77	—	—	—	168.400
	石油沥青 10#	t	1300.00	0.351	—	—	—
	汽油	kg	2.70	37.330	—	—	—
	滑石粉	kg	0.25	80.64	—	—	—

工作内容：熬制石油沥青，配制冷底子油，刷冷底子油一遍，涂刷沥青。　　　　单位:100 m²

定额编号				9-111	9-112	9-113	9-114	9-115	9-116
项目		单位	单价(元)	石油沥青一遍			每增石油沥青一遍		
				平面	混凝土抹灰面(立面)	砖墙(立面)	平面	混凝土抹灰面(立面)	砖墙(立面)
基价		元		444.19	469.38	511.33	227.14	259.24	295.12
其中	人工费	元		44.08	53.10	59.86	15.58	20.71	24.19
	材料费	元		400.11	416.28	451.47	211.56	238.53	270.93
综合用工		工日	20.50	2.15	2.59	2.92	0.76	1.01	1.18
材料	冷底子油 3∶7	kg	—	(48.48)	(48.48)	(48.48)	—	—	—
	石油沥青 10#	t	1300.00	0.015	0.015	0.015	—	—	—
	石油沥青 30#	t	1350.00	0.187	0.198	0.222	0.144	0.163	0.187
	木柴	kg	0.30	86.900	91.300	100.600	57.200	61.600	61.600
	汽油	kg	2.70	37.330	37.330	37.330	—	—	—

工作内容：1. 配制、涂刷冷底子油一遍，熬制石油沥青玛碲脂。

2. 涂刷石油沥青玛碲脂一遍。　　单位：100 m^2

定额编号				9-117	9-118	9-119	9-120	9-121	9-122
项目		单位	单价（元）	刷石油沥青玛碲脂一遍			每增一遍石油沥青玛碲脂		
				平面	混凝土、抹灰面（立面）	砖墙立面	平面	混凝土、抹灰面（立面）	砖墙立面
基价		元		446.54	568.49	620.29	248.23	268.99	303.47
其中	人工费	元		41.82	53.92	60.89	16.20	20.71	23.99
	材料费	元		404.72	514.57	559.40	232.03	248.28	279.48
综合用工		工日	20.50	2.04	2.63	2.97	0.79	1.01	1.17
材料	石油沥青玛碲脂	m^3	—	(0.18)	(0.25)	(0.28)	(0.15)	(0.16)	(0.18)
	冷底子油 3∶7	kg	—	(48.48)	(48.48)	(48.48)	—	—	—
	木柴	kg	0.30	91.300	122.100	130.900	61.600	66.000	74.800
	石油沥青 10#	t	1300.00	0.204	0.278	0.309	0.157	0.618	0.189
	汽油	kg	2.70	37.330	37.330	37.330	—	—	—
	滑石粉	kg	0.25	45.360	63.000	70.560	37.800	40.320	45.360

第二节　屋面防水

一、说明

1. 水泥瓦、黏土瓦、小青瓦的规格与定额不同时，瓦的数量可以换算，其他不变。

2. 卷材及防水涂料屋面，均已包括基层表面刷冷底子油或处理剂一遍。油毡收头的材料包括在其他材料费内。

3. 卷材屋面坡度在15°以下者为平屋面，超过15°按卷材屋面的附表“卷材屋面人工增加表”增加人工。

4. 铁皮屋面及铁皮排水项目，定额内已包括铁皮咬口和搭接的工料。

5. 橡胶卷材及镀锌铁皮的厚度，定额与设计不同时，仍按定额执行，因此发生的差价以材差调价处理，其他不变。

6. 屋面水泥砂浆找平层按第九章“楼地面工程”的相应项目计算。

7. 屋面保温按第十一章“防腐、保温、隔热工程”的相应项目计算。

二、工程量计算规则

1. 瓦屋面：按图示尺寸的水平投影面积乘以屋面延尺系数，以平方米计算。不扣除房上烟囱、风帽底座、风道、屋面小气窗和斜沟等所占面积。而屋面小气窗出檐与屋面重叠部分的面积亦不增加。但天窗出檐部分重叠的面积应并入相应屋面工程量内计算。

2. 卷材及防水涂料屋面：按图示尺寸的水平投影面积乘以屋面延尺系数，以平方米计算，不扣除房上烟囱、风帽底座、风道、斜沟等所占面积。平屋面的女儿墙和天窗等处弯起部分和天窗出檐部分重叠的面积应按图示尺寸，并入相应屋面工程量内计算。弯起部分应按图示尺寸计算，如图纸无规定时，伸缩缝、女儿墙的弯起部分可按 25 cm 计算，天窗弯起部分可按 50 cm计算，但各部分的附加层已包括在定额内，不得另计。

3. 平、瓦垄及压型板铁皮屋面:按图示尺寸的水平投影面积乘屋面延尺系数,以平方米计算,不扣除房上烟囱、风帽底座、风道、斜沟等所占面积。①平、瓦垄铁皮屋面檐口处用的丁字铁未包括在定额内,如设计需要时,可按实计算,但人工、机械不另增加。②镀锌薄钢板压型屋面板、墙板,其所需的零配件、连接件和密封件均已包括在定额内,不得另计。③玻璃钢采光罩按个计量,如单个水平投影面积超过 1.5 m^2 者,仍按定额执行,其规格差的差价以材差调价处理,其他工、料费不变。

4. 滴水线按设计规定计算。设计无规定时,瓦屋面可加 5 cm 计算;铁皮屋面有滴水线时,应另加 7 cm 计算。

5. 铁皮排水按下表规定以展开面积计算。本定额已综合了刷油漆的工料,不得重复计算。

铁皮排水单体零件工程量折算表

名称	单位	折算 m^2	名称	单位	折算 m^2
带铁件部分			不带铁件部分		
圆形水落管	m	0.32	天沟	m	1.30
方形水落管	m	0.40	斜沟、天窗窗台泛水	m	0.50
檐沟	m	0.30	天窗侧面泛水	m	0.70
水斗	个	0.40	烟囱泛水	m	0.80
漏斗	个	0.16	通风管泛水	m	0.22
下水口	个	0.45	檐头泛水	m	0.24
			滴水	m	0.11

屋面坡度系数表

坡度 $B(A=1)$	坡度 $B/2A$	坡度角度(α)	延尺系数 $C(A=1)$	隅延尺系数 $D(A=1)$
1	1/2	45°	1.4142	1.7321
0.75		36°52′	1.2500	1.6008
0.70		35°	1.2207	1.5779
0.666	1/3	33°40′	1.2015	1.5620
0.65		33°01′	1.1926	1.5564
0.60		30°58′	1.1662	1.5362
0.577		30°	1.1547	1.5270
0.55		28°49′	1.1413	1.5170
0.50	1/4	26°34′	1.1180	1.5000
0.45		24°14′	1.0966	1.4839
0.40	1/5	21°48′	1.0770	1.4697
0.35		19°17′	1.0594	1.4569
0.30		16°42′	1.0440	1.4457
0.25		14°02′	1.0308	1.4362
0.20	1/10	11°19′	1.0198	1.4283
0.15		8°32′	1.0112	1.4221
0.125		7°08′	1.0078	1.4191
0.100	1/20	5°42′	1.0050	1.4177

续表

坡度 $B(A=1)$	坡度 $B/2A$	坡度角度(α)	延尺系数 $C(A=1)$	隅延尺系数 $D(A=1)$
0.083		4°45′	1.0035	1.4166
0.066	1/30	3°49′	1.0022	1.4157

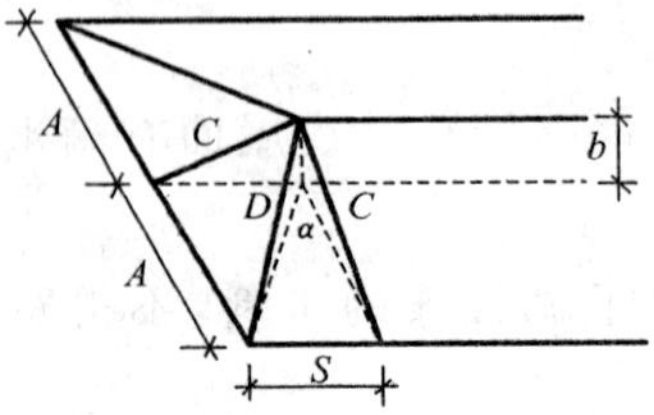

注：1. 两坡排水屋面面积为屋面水平投影面积乘以延尺系数 C；

2. 四坡排水屋面斜脊长度 $=A\times D$(当 $S=A$ 时)；

3. 沿山墙泛水长度 $=A\times C$

三、卷材及防水涂料屋面

工作内容：1. 清扫底层，刷冷底子油。

2. 熬制沥青玛碲脂，铺贴卷材，撒砂。

3. 清理基层，涂刷处理剂一遍，配料、刷胶、铺贴卷材或涂刷防水涂料等全部操作过程。

单位：100 m^2

定额编号		单位	单价(元)	10-7	10-8	10-9	10-10	10-11	10-12
项目				隔气层					
				冷底子油一遍，热沥青一遍	石油沥青一毡二油	乳化沥青二遍	水乳型橡胶沥青二遍	氯丁胶乳沥青二遍	水乳型橡胶沥青一布二涂
基价		元		778.36	968.69	488.62	409.53	502.23	720.48
其中	人工费	元		38.34	88.97	90.82	103.53	103.53	117.48
	材料费	元		740.02	879.72	397.80	306.00	398.70	602.60
综合用工		工日	20.50	1.87	4.34	4.34	5.05	5.05	5.75
材料	石油沥青玛碲脂	m^3	—	—	(0.32)	—	—	—	—
	冷底子油 3∶7	kg	—	(48.48)	(48.00)	—	—	—	—
	石油沥青 10#	t	1300.00	0.355	0.351	—	—	—	—
	木柴	kg	0.30	86.90	—	—	—	—	—
	石油沥青 30#	t	1350.00	0.187	—	—	—	—	—
	石油沥青油毡 350 g/m^2	m^2	2.69	—	109.00	—	—	—	—
	滑石粉	kg	0.25	—	80.64	—	—	—	—
	烟煤	t	180.00	—	0.057	—	—	—	—
	汽油	kg	2.70	—	36.96	—	—	—	—
	乳化沥青	kg	2.34	—	—	170.00	—	—	—
	橡胶沥青 JG-2 冷胶料	kg	1.70	—	—	—	180.00	—	190.00
	氯丁胶乳沥青(水溶型)	kg	4.43	—	—	—	—	90.00	—
	玻璃丝布 0.2 mm 厚	m^2	2.33	—	—	—	—	—	120.00

工作内容：1. 清理基层面，涂刷处理剂一遍，刷冷底子油。

2. 熬制沥青玛碲脂，铺贴卷材，撒砂。

3. 撒蛭石粉或刷涂料保护层。

单位：100 m²

定额编号		单位	单价（元）	10-13	10-14	10-15	10-16	10-17	10-18	10-19	10-20
工程项目				防水层							
				石油沥青				橡胶沥青 JG-2 涂料		氯丁胶乳沥青涂料	
								水溶型			
				二毡三油	二毡三油带砂	三毡四油带砂	每增减一毡一油	二布三涂	每增减一布一涂	一布四涂	每增减一布二涂
基价		元		1742.10	1990.36	2616.52	626.17	1353.86	512.77	1532.47	751.47
其中	人工费	元		147.81	175.28	227.14	51.87	217.71	97.17	276.75	117.47
	材料费	元		1594.03	1814.82	2389.12	574.30	1136.15	415.60	1255.72	634.00
	机械费	元		0.26	0.26	0.26	—	—	—	—	—
综合用工		工日	20.50	7.21	8.55	11.08	2.53	10.62	4.74	13.50	5.73
材料	石油沥青玛碲脂	m³	—	(0.51)	(0.64)	(0.82)	(0.18)	—	—	—	—
	冷底子油 3∶7	kg	—	(48.00)	(48.00)	(48.00)	—	—	—	—	—
	二等方木	m³	1854.90	0.022	0.022	0.022	—	—	—	—	—
	钢筋	t	2400.00	0.006	0.006	0.006	—	—	—	—	—
	粒砂	t	41.82	—	0.770	0.770	—	—	—	—	—
	橡胶沥青JG-2冷胶料	kg	1.70	—	—	—	—	270.00	80.00	—	—
	石油沥青 10#	t	1300.00	0.550	0.686	0.875	0.189	—	—	—	—
	石油沥青油毡 350 g/m²	m²	2.69	245.00	245.00	361.00	116.00	—	—	—	—
	稀释剂	kg	7.21	—	—	—	—	14.00	—	14.00	—
	玻璃丝布 0.2 mm 厚	m²	2.33	—	—	—	—	240.00	120.00	120.00	120.00
	氯丁胶乳沥青(水溶型)	kg	4.43	—	—	—	—	—	—	190.00	80.00
	蛭石	m³	31.67	—	—	—	—	—	—	0.520	—
	滑石粉	kg	0.25	128.52	161.28	206.64	45.36	—	—	—	—
	烟煤	t	180.00	0.088	0.108	0.137	0.029	—	—	—	—
	汽油	kg	2.70	36.96	36.96	36.96	—	—	—	—	—
	其他材料费	元	—	17.01	17.01	17.01	—	17.01	—	17.01	—
机械	木工圆锯机 ϕ500	台班	25.89	0.01	0.01	0.01	—	—	—	—	—

注：橡胶沥青 JG-21 涂料如带砂时，每 100 m² 增加人工 1.34 工日，砂粒 0.77 t，其他不变。

工作内容：1. 清理基层面，涂刷处理剂一遍，刷冷底子油。

2. 熬制沥青玛碲脂，铺贴卷材，撒砂。

3. 撒蛭石粉或刷涂料保护层。

单位：100 m^2

定额编号			10-21	10-22	10-23	10-24	10-25	10-26	10-27	10-28
工程项目	单位	单价（元）	防水层						氯丁橡胶卷材冷贴	卷材面层刷着色剂涂料保护层每一遍
			氯化聚乙烯橡胶共混卷材 1.2 mm厚	三元乙丙丁基橡胶卷材防水 1.2 mm厚	改性沥青柔性油毡防水 2 mm厚	聚氨酯防水涂膜 二遍 1.6 mm厚	聚氨酯防水涂膜 每增减 0.1 mm厚	塑料油膏		
基价	元		3339.81	4963.79	1987.66	4083.22	226.98	2630.28	2697.56	283.41
其中 人工费	元		348.71	348.71	348.71	758.50	59.04	146.78	189.01	78.31
其中 材料费	元		2991.10	4615.08	1638.95	3324.72	167.94	2483.50	2508.55	205.10
综合用工	工日	20.50	17.01	17.01	17.01	37.00	2.88	7.16	9.22	3.82
材料 氯丁胶乳沥青(水溶型)	kg	4.43	26.00	—	—	—	—	—	—	—
二甲苯	kg	4.63	18.00	18.00	20.00	—	—	—	27.00	—
氯化聚乙烯橡胶共混卷材	m^2	19.00	126.00	—	—	—	—	—	—	—
BX12 黏结剂	kg	9.58	33.00	—	—	—	—	—	—	—
BX12 乙黏结剂	kg	6.84	8.00	—	—	—	—	—	—	—
列克钠	kg	35.70	0.30	—	—	—	—	—	—	—
其他材料费	元	—	17.01	17.01	17.01	17.01	—	20.00	15.60	—
聚氨酯防水涂膜甲	kg	20.24	—	11.00	—	88.00	4.51	—	11.66	—
聚氨酯防水涂膜乙	kg	7.14	—	15.00	—	131.00	6.77	—	17.50	—
三元乙丙丁基橡胶卷材	m^2	25.78	—	130.00	—	—	—	—	—	—
404 黏结剂	kg	14.99	—	46.00	—	—	—	—	—	—
丁基黏结剂甲	kg	15.77	—	5.00	—	—	—	—	—	—
丁基黏结剂乙	kg	13.04	—	5.00	—	—	—	—	—	—
改性沥青柔性油毡 2 mm	m^2	8.69	—	—	126.00	—	—	—	—	—
再生橡胶沥青胶结剂	kg	5.43	—	—	80.00	—	—	—	—	—
聚氨酯固化剂	kg	30.56	—	—	—	11.00	0.56	—	—	—
丙酮	kg	7.73	—	—	—	33.00	1.45	—	—	—
防水油膏	kg	2.47	—	—	—	—	—	560.00	—	—
烟煤	t	180.00	—	—	—	—	—	6.000	—	—
木柴	kg	0.30	—	—	—	—	—	1.00	—	—
加气剂	kg	14.35	—	—	—	—	—	—	110.55	—
氯丁胶乳沥青	kg	2.57	—	—	—	—	—	—	60.60	—
氯丁橡胶卷材	m^2	14.46	—	—	—	—	—	—	9.55	—
CSPE 嵌缝油膏 330 mL	只	1.59	—	—	—	—	—	—	50.28	—
乙酸乙酯	kg	9.27	—	—	—	—	—	—	5.05	—
彩色着色剂涂料	kg	14.65	—	—	—	—	—	—	—	14.00

卷材屋面人工增加表

计量单位:100 m^2

定额编号				10-29	10-30	10-31	10-32	10-33	10-34
项目		单位	单价（元）	锯齿形及弧形屋面					
				隔气层	防水层				
					二毡三油	二毡三油一砂	每增减一毡一油	橡胶沥青 JG-2 涂料（水溶型）	
								二布三涂	每增减一布一涂
基价		元		18.86	35.88	48.38	15.17	53.10	28.70
其中	人工费	元		18.86	35.88	48.38	15.17	53.10	28.70
综合用工		工日	20.50	0.92	1.75	2.36	0.74	2.59	1.40

单位:100 m^2

定额编号				10-35	10-36	10-37	10-38	10-39
工程项目		单位	单价（元）	锯齿形及弧形屋面				
				防水层				
				氯丁橡胶沥青涂料（水溶型）		氯化聚乙烯橡胶共混卷材	三元乙丙丁基橡胶卷材防水	改性沥青柔性油毡防水
				一布四涂	每增减一布二涂	1.2 mm 厚		2 mm 厚
基价		元		76.67	32.60	96.35	96.35	96.35
其中	人工费	元		76.67	32.60	96.35	96.35	96.35
综合用工		工日	20.50	3.74	1.59	4.70	4.70	4.70

单位:100 m^2

定额编号				10-40	10-41	10-42	10-43	10-44	10-45
项目		单位	单价（元）	折板屋面					
				隔气层	防水层				
					二毡三油	二毡三油一砂	每增减一毡一油	橡胶沥青 JG-2 涂料（水溶型）	
								二布三涂	每增减一布一涂
基价		元		42.85	79.75	102.71	36.49	104.76	46.74
其中	人工费	元		42.85	79.75	102.71	36.49	104.76	46.74
综合用工		工日	20.50	2.09	3.89	5.01	1.78	5.11	2.28

单位:100m²

<table>
<tr><td colspan="2">定　额　编　号</td><td colspan="2"></td><td>10-46</td><td>10-47</td><td>10-48</td><td>10-49</td><td>10-50</td></tr>
<tr><td colspan="2" rowspan="5">工 程 项 目</td><td rowspan="5">单
位</td><td rowspan="5">单价
(元)</td><td colspan="5">折　板　屋　面</td></tr>
<tr><td colspan="5">防　水　层</td></tr>
<tr><td colspan="2">氯丁橡胶沥青
涂料(水溶型)</td><td rowspan="2">氯化聚乙
烯橡胶共
混卷材</td><td rowspan="2">三元乙丙
丁基橡胶
卷材防水</td><td rowspan="2">改性沥青
柔性油毡
防水</td></tr>
<tr><td rowspan="2">一布四涂</td><td rowspan="2">每增减
一布二涂</td></tr>
<tr><td colspan="2">1.2 mm厚</td><td>2 mm厚</td></tr>
<tr><td colspan="2">基　　价</td><td>元</td><td></td><td>149.24</td><td>63.35</td><td>244.98</td><td>244.98</td><td>244.98</td></tr>
<tr><td>其中</td><td>人　工　费</td><td>元</td><td></td><td>149.24</td><td>63.35</td><td>244.98</td><td>244.98</td><td>244.98</td></tr>
<tr><td colspan="2">综 合 用 工</td><td>工日</td><td>20.50</td><td>7.28</td><td>3.09</td><td>11.95</td><td>11.95</td><td>11.95</td></tr>
</table>

十三、辽宁省建设工程计价依据：A 建筑工程计价

（2008 年定额防水工程部分）

关于颁发《辽宁省建设工程计价依据建筑、装饰装修、安装、市政、园林绿化工程计价定额》、《辽宁省建设工程计价依据建设工程费用、机械台班费用、混凝土砂浆配合比标准》的通知

辽建发[2007]87 号

各市建委、局，财政局、有关部门：

为了进一步贯彻执行国家标准《建设工程工程量清单计价规范》，适应建筑市场发展变化的需要，合理确定和有效控制工程造价，根据国家标准《建设工程工程量清单计价规范》及相关规定，结合我省实际重新修编了《辽宁省建设工程计价依据建筑、装饰装修、安装、市政、园林绿化工程计价定额》、《辽宁省建设工程计价依据建设工程费用、机械台班费用、混凝土砂浆配合比标准》（以下简称本定额），现予颁发，从 2008 年 3 月 1 日起施行。

凡全部使用国有资金投资或国有资金为主的工程建设项目及招标投标工程，应执行本定额。

本定额既适用于工程量清单计价方式，同时也适用于定额计价方式。

本定额是编制工程量清单、工程量清单计价、招标控制价或拦标价的依据；是编审建设工程投资估算、设计概算、施工图预算、竣工结算的依据；是调解处理工程造价纠纷、鉴定工程造价的依据；是投标报价和衡量投标报价合理性的基础。

2008 年 3 月 1 日起，本定额施行前颁发的辽宁省建筑、装饰装修、安装、市政、园林绿化工程实物量定额、消耗量定额、参考价格表、单位估价表及辽宁省建设工程费用标准（参考标准）、全国统一施工机械台班费用辽宁省参考单价、辽宁省建设工程混凝土砂浆配合比停止使用。

2008 年 3 月 1 日前发出招标文件或已签订施工合同的建设工程项目不再按本定额调整。

各级建设工程造价管理部门，在本定额的贯彻实施中要加强管理，有效地开展监督检查工作，及时发现和解决存在的问题，保证本定额的正确执行。

本定额由辽宁省建设工程造价管理总站负责解释。

辽宁省建设厅
辽宁省财政厅
二〇〇七年十二月四日

A.7 屋面及防水工程

说　明

一、瓦、型材屋面：

1. 水泥瓦、粘土瓦、小青瓦、石棉瓦规格与定额不同时，瓦材数量可以换算，其他不变。

2. 琉璃脊瓦定额是按一般小三星做法考虑的，如采用大三星做法可按实际进行换算。

二、本定额中沥青、玛碲脂均指石油沥青、石油沥青玛碲脂。

三、屋面防水：

1. 高分子卷材厚度，再生橡胶卷材按 1.5 mm，其他均按 1.2 mm 取定。

2. 三元乙丙丁基橡胶卷材屋面防水，按相应三元乙丙橡胶卷材屋面防水项目计算。

3. 氯丁冷胶“二布三涂”项目，其“三涂”是指涂料构成防水层数并非指涂刷遍数；每一层“涂层”刷两遍至数遍不等。

四、墙、地面防水、防潮：

1. 本定额适用于楼地面、墙基、墙身、构筑物、水池、水塔及室内厕所、浴室等防水，建筑物±0.00 以下的防水、防潮工程按防水工程相应项目计算。

2. 变形缝填缝：建筑油膏聚氯乙烯胶泥断面取定 30 mm×20 mm；油浸木丝板取定为 25 mm×150 mm；钢板止水带展开宽度取定为 450 mm；氯丁橡胶宽 300 mm，涂刷式氯丁胶贴玻璃止水片宽 350 mm，其余均为 150 mm×30 mm。如设计断面不同时，用料可以换算，人工不变。

3. 盖缝：木板盖缝断面为 200 mm×25 mm，如设计断面不同时，用料可以换算，人工不变。

工程量计算规则

一、瓦屋面、金属型材屋面：

1. 瓦屋面，金属压型板，均按设计图示尺寸的水平投影面积乘以屋面坡度系数（见下表），以斜面积计算。不扣除房上烟囱、风帽底座、风道、屋面小气窗、斜沟等所占面积，屋面小气窗的出檐部分亦不增加。

2. 琉璃瓦、西班牙瓦、英红瓦屋面按设计图示尺寸的斜面积以 m^2 计算：瓦脊、瓦檐上线的工程量按图示尺寸以延长米计算。

二、屋面防水：

1. 卷材屋面工程量按设计图示尺寸以面积计算。

（1）斜屋面（不包括平屋顶找坡）按设计图示尺寸的水平投影面积乘以规定的坡度系数（见屋面坡度系数表）以斜面积计算。平屋顶按水平投影面积计算。

（2）不扣除房上烟囱、风帽底座、风道、屋面小气窗、斜沟等所占面积。

（3）屋面的女儿墙、伸缩缝和天窗等处的弯起部分，并入屋面工程量内计算。弯起部分如图纸无规定时，女儿墙、伸缩缝的弯起部分可按 250 mm 计算，天窗弯起部分可按 500 mm

计算。

(4) 铁皮和卷材天沟按展开面积计算。

(5) 卷材屋面的附加层、接缝、收头、找平层的嵌缝、冷底子油已计入定额内。

2. 屋面涂膜防水工程量计算同卷材屋面。涂膜屋面的油膏嵌缝、玻璃布盖缝、屋面分格缝以延长米计算。

屋面坡度系数

坡度 B(A=1)	坡度 B/2A	坡度 角度(α)	延尺系数 C (A=1)	隅延尺系数 D (A=1)
1	1/2	45°	1.4142	1.7321
0.75		36°52′	1.2500	1.6008
0.70		35°	1.2207	1.5779
0.666	1/3	33°40′	1.2015	1.5620
0.65		33°01′	1.1926	1.5564
0.60		30°58′	1.1662	1.5362
0.577		30°	1.1547	1.5270
0.55		28°49′	1.1413	1.5170
0.50	1/4	26°34′	1.1180	1.5000
0.45		24°14′	1.0966	1.4839
0.40	1/5	21°48′	1.0770	1.4697
0.35		19°17′	1.0594	1.4569
0.30		16°42′	1.0440	1.4457
0.25		14°02′	1.0308	1.4362
0.20	1/10	11°19′	1.0198	1.4283
0.15		8°32′	1.0112	1.4221
0.125		7°8′	1.0078	1.4191
0.100	1/20	5°42′	1.0050	1.4177
0.083		4°45′	1.0035	1.4166
0.066	1/30	3°49′	1.0022	1.4157

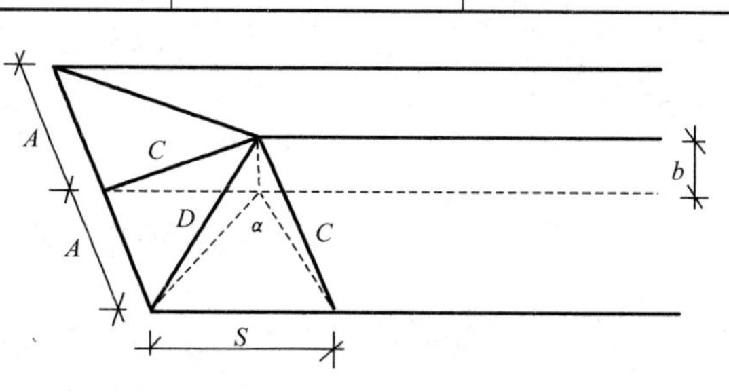

注:1. 两坡排水屋面面积为屋面水平投影面积乘以延尺系数 C;

2. 四坡排水屋面斜脊长度 $=A\times D$(当 $S=A$ 时);

3. 沿山墙泛水长度 $=A\times C$

3. 屋面刚性防水按设计图示尺寸以面积计算。不扣除房上烟囱、风帽底座风道等所占体积。

4. 屋面排水工程量计算：

(1) 铁皮排水按设计图示尺寸以展开面积计算，如图纸没有注明尺寸时，可按下表计算。咬口和搭接等已计入定额项目中，不另计算。

(2) 铸铁、玻璃钢、UPVC 水落管区别不同直径按设计图示尺寸以长度计算，雨水口、水斗、弯头、短管以个计算。

(3) 排水管的长度按设计长度计算，如设计未标注尺寸，以檐口至设计室外散水上表面垂直距离计算。

三、墙、地面防水、防潮工程量按设计尺寸以面积计算。

1. 建筑物地面防水、防潮层，按主墙间净空面积计算，扣除凸出地面的构筑物，设备基础等所占的面积，不扣除柱、垛、间壁墙、烟囱及 0.3 m^2 以内孔洞所占面积。与墙面连接处高度在 500 mm 以内者按展开面积计算，并入平面工程量内，超过 500 mm 时，按立面防水层计算。

铁皮排水单体零件折算表

名称	单位	水落管 ϕ100 (m)	檐沟 (m)	水斗 (个)	漏斗 (个)	下水口 (个)	天沟 (m)	斜沟天窗窗台泛水 (m)	天窗侧面泛水 (m)	烟囱泛水 (m)	通气管泛水 (m)	滴檐水头 (m)	滴水 (m)	备注
铁皮排水	m^2	0.32	0.30	0.40	0.16	0.45	—	—	—	—	—	—	—	系带铁件部分
		—	—	—	—	—	1.30	0.50	0.70	0.80	0.22	0.24	0.11	系不带铁件部分

2. 建筑物墙基防水、防潮层、外墙长度按中心线，内墙按净长乘以宽度以 m^2 计算。

3. 构筑物及建筑地下室防水层，按实铺面积计算，但不扣除 0.3 m^2 内的孔洞面积。平面与立面交接处的防水层，其上卷高度超过 500 mm 时，按立面防水层计算。

4. 防水卷材的附加层、接缝、收头、冷底子油等人工材料均已计入定额内，不另计算。

5. 变形缝按设计图示尺寸以长度计算。

一、瓦、型材屋面(编号:010701)

1. 瓦屋面(编号:010701001)

工作内容:铺瓦、调制砂浆、安脊瓦、檐口梢头坐灰。

单位:100 m²

项目编码			001	002	003
			7-1	7-2	7-3
项目			水泥瓦	粘土瓦	小青瓦
			屋面板上或椽子挂瓦条上铺设		椽子上铺设
基价(元)			1378.83	1321.06	4725.98
其中	人工费(元)		245.91	245.91	437.19
	材料费(元)		1132.92	1075.15	4288.79
	机械费(元)		—	—	—
名称		单位	消耗量		
人工	普工	工日	3.208	3.208	5.702
	技工	工日	2.138	2.138	3.802
材料	抹灰用混合砂浆 1∶1∶4	m³	—	—	0.31
	水泥砂浆 1∶2.5	m³	0.11	0.11	—
	水泥脊瓦	块	28.46	—	—
	水泥瓦 385×235	千块	1.70	—	—
	小青瓦	千块	—	—	15.35
	粘土脊瓦	块	—	28.46	—
	粘土瓦 380×240	千块	—	1.67	—

注:水泥瓦或粘土瓦如果穿铁丝钉铁钉,每 100 m 檐瓦增加 2.2 工日,20# 铁丝 0.7 kg,铁钉 0.49 kg。

工作内容:檩条上铺钉石棉瓦、安脊瓦。

单位:100 m²

项目编码			004	005	006
			7-4	7-5	7-6
项目			小波石棉瓦		
			木檩上	钢檩上	混凝土檩上
基价(元)			1736.16	2107.05	2187.52
其中	人工费(元)		180.32	273.61	273.61
	材料费(元)		1555.84	1833.44	1913.91
	机械费(元)		—	—	—
名称		单位	消耗量		
人工	普工	工日	2.352	3.569	3.569
	技工	工日	1.568	2.379	2.379
材料	抹灰用麻刀石灰浆	m³	0.02	0.02	0.02
	小波石棉脊瓦 850×360	块	14.66	14.66	14.66
	小波石棉瓦 1820×720	块	102.55	102.55	102.55
	镀锌扁钢钩 3×12×300	个	—	201.16	—
	镀锌扁钢钩 3×12×400	个	—	—	201.16
	镀锌螺钉 带垫	个	402.33	—	—
	镀锌螺栓钩 6×600	个	—	201.16	—
	镀锌螺栓钩 6×800	个	—	—	201.16
	油灰	kg	2.94	2.94	2.94

工作内容：檩条上铺钉石棉瓦、安脊瓦。 单位：100 m²

项目编码				007	008	009
				7-7	7-8	7-9
项目				大波石棉瓦		
				木檩上	钢檩上	混凝土檩上
基价(元)				1804.22	2198.38	2060.06
其中	人工费(元)			157.00	249.92	249.92
	材料费(元)			1647.22	1948.46	1810.14
	机械费(元)			—	—	—
名称			单位	消耗量		
人工	普工		工日	2.048	3.260	3.260
	技工		工日	1.365	2.173	2.173
材料	抹灰用麻刀石灰浆		m³	0.03	0.03	—
	石灰麻刀砂浆 1∶3		m³	—	—	0.03
	镀锌扁钢钩 3×12×300		个	—	105.33	—
	镀锌扁钢钩 3×12×400		个	—	—	105.33
	镀锌镙钉　带垫		个	421.30	—	—
	镀锌螺栓钩 6×600		个	—	315.98	—
	油灰		kg	2.94	2.94	2.94
	大波石棉脊瓦 850×460		块	14.66	14.66	14.66
	大波石棉瓦 2800×994		块	53.70	53.70	53.70
	镀锌螺栓 6×800		个	—	—	315.98

工作内容：调制砂浆、在钢筋混凝土板上铺灰盖瓦、抹瓦筒、安脊瓦、修齐瓦口边线、清扫瓦面。 单位：10 m²

项目编码			010	011	012
			7-10	7-11	7-12
项目			琉璃瓦屋面		
			铺在混凝土亭面	铺在混凝土屋面	铺在混凝土檩条上
			10 m² 斜面积		
基价(元)			2294.69	1945.76	2264.21
其中	人工费(元)		400.01	323.88	420.81
	材料费(元)		1887.52	1614.72	1839.82
	机械费(元)		7.16	7.16	3.58
名称		单位	消耗量		
人工	普工	工日	5.218	4.225	5.489
	技工	工日	3.478	2.816	3.659
材料	水泥砂浆 1∶2	m³	0.222	0.222	—
	混合砂浆 M5	m³	0.222	0.222	0.222
	琉璃瓦片	块	589.00	463.00	589.00
	琉璃瓦筒	块	240.00	232.00	240.00
	镀锌铁丝 12#	kg	1.44	1.44	1.44
机械	灰浆搅拌机 200 L	台班	0.074	0.074	0.037

工作内容：调制砂浆、在钢筋混凝土板上铺灰盖瓦、抹瓦筒、安脊瓦、修齐瓦口边线、清扫瓦面。 单位：10 m

项目编码			013	014
			7-13	7-14
项目			琉璃瓦檐	琉璃瓦脊
			10 m	
基价(元)			392.10	297.02
其中	人工费(元)		159.58	198.95
	材料费(元)		231.07	96.62
	机械费(元)		1.45	1.45
名称		单位	消耗量	
人工	普工	工日	2.081	2.595
	技工	工日	1.388	1.730
材料	水泥砂浆 1∶2	m^3	0.044	—
	混合砂浆 M5	m^3	0.044	0.088
	琉璃满面筒花瓦	块	50.00	—
	琉璃满面筒勾瓦	块	44.00	—
	琉璃脊瓦	块	—	47.00
机械	灰浆搅拌机 200 L	台班	0.015	0.015

工作内容：调制砂浆、铺瓦并修齐瓦边、绑铁线及固定、清扫瓦面。 单位：100 m^2

项目编码			015	016	017
			7-15	7-16	7-17
项目			西班牙瓦屋面		
			两坡以内	四坡以内	正、斜脊
			100 m^2		100 m
基价(元)			10965.59	10098.12	5353.75
其中	人工费(元)		987.30	119.83	85.98
	材料费(元)		9939.58	9939.58	5248.42
	机械费(元)		38.71	38.71	19.35
名称		单位	消耗量		
人工	普工	工日	12.878	1.563	1.121
	技工	工日	8.585	1.042	0.748
材料	西班牙瓦 310×310	块	1580.00	1580.00	—
	西班牙 S 盾瓦 250×90	块	—	—	410.00
	西班牙脊瓦 285×180×15	块	—	—	370.00
	水	m^3	3.20	3.20	2.00
	镀锌铁丝 16～18#	kg	14.40	14.40	14.40
	混合砂浆 M2.5	m^3	3.03	3.03	0.90
	扣钉	kg	0.90	0.90	0.90
	其他材料费	元	765.15	765.15	311.05
机械	灰浆搅拌机 200 L	台班	0.40	0.40	0.20

注：铺盖脊瓦(包括斜脊及四坡水背顶瓦)及脊瓦各端头瓦的材料费，均已考虑在其他材料费内，山墙端及阴沟部位需要界瓦的工料费也包括在子目内。

工作内容：同前。　　　　　　　　　　　　　　　　　　　　　　　　　　　　　　单位：100 m²

项目编码			018	019	020
			7-18	7-19	7-20
项目			英红瓦屋面		
			两坡以内	四坡以内	正、斜脊
			100 m²		100 m
基价(元)			9834.68	10046.01	4451.63
其中	人工费(元)		987.30	1198.63	859.78
	材料费(元)		8808.67	8808.67	3572.50
	机械费(元)		38.71	38.71	19.35
名称		单位	消耗量		
人工	普工	工日	12.878	15.634	11.215
	技工	工日	8.585	10.423	7.476
材料	英红瓦 420×332	块	1093.75	1093.75	—
	英红脊瓦	块	—	—	304.348
	水	m³	3.20	3.20	2.00
	水泥砂浆 1∶2	m³	2.525	2.525	0.90
	其他材料费	元	678.09	678.09	211.73
机械	灰浆搅拌机 200 L	台班	0.40	0.40	0.20

注：铺盖脊瓦(包括斜脊及四坡水背顶瓦)及脊瓦各端头瓦的材料费，均已考虑在其他材料费内，山墙端及阴沟部位需要界瓦的工料费也包括在子目内。

工作内容：切割板、粘接、固定、安装屋面瓦、封边。　　　　　　　　　　　　　　单位：100 m²

项目编码			021
			7-21
项目			玻璃纤维多彩瓦屋面
基价(元)			2778.00
其中	人工费(元)		1730.52
	材料费(元)		1047.48
	机械费(元)		—
名称		单位	消耗量
人工	普工	工日	22.572
	技工	工日	15.048
材料	玻璃纤维多彩瓦 3.2 mm	m²	(105.00)
	镀锌钢钉	kg	8.54
	沥青胶粘结剂	kg	80.00
	粘结胶	kg	15.00

2. 型材屋面(编码:010701002)

工作内容:构件变形修理、临时加固、吊装、就位、找正、螺栓固定。　　单位:100 m²

项目编码			001	002	003
			7-22	7-23	7-24
项目			金属压型板屋面		
			檩距 7.50 m 以内	檩距 6.00 m 以内	檩距 4.20 m 以内
基价(元)			13556.45	13729.81	14076.28
其中	人工费(元)		623.72	658.72	728.64
	材料费(元)		12825.22	12963.58	13240.13
	机械费(元)		107.51	107.51	107.51
名称		单位	消耗量		
人工	普工	工日	8.135	8.592	9.504
	技工	工日	5.424	5.728	6.336
材料	圆钢(综合)	t	1.11	1.11	1.11
	屋脊板 2 mm	m²	4.34	4.34	4.34
	屋脊挡雨板 WD-3	块	59.31	59.31	59.31
	屋脊堵头板 WD-2	块	59.31	59.31	59.31
	压型屋面板 W-550	m²	116.52	116.52	116.52
	檐口堵头板 WD-1	块	59.31	59.31	59.31
	橡胶密封条	m	16.43	16.43	16.43
	电焊条	kg	4.03	5.18	7.48
	密封胶	支	20.00	20.00	20.00
	单面固定螺栓 ML-850R	个	86.46	111.14	160.52
	单面连接螺栓 R-8	个	143.42	143.42	143.42
	黑铁丝 8-12#	kg	3.00	3.00	3.00
	拉铆钉 LD-1	个	30.30	30.30	30.30
	普通螺栓 M8	个	177.78	177.78	177.78
	端部固定架 WG-3	个	1.18	1.52	2.19
	中间固定架 WG-2	个	42.63	54.81	79.16
	其他材料费	元	25.60	25.88	26.43
机械	交流弧焊机 32 kV·A	台班	1.10	1.10	1.10
	其他机械费	元	13.84	13.84	13.84

二、屋面防水(编号:010702)

1. 屋面卷材防水(编码:010702001)

(1) 油 毡 防 水

工作内容:熬制沥青玛碲脂、配制冷底子油、刷冷底子油、贴附加层、铺贴卷材收头。 单位:100 m²

项目编码			001	002	003	004	005
			7-25	7-26	7-27	7-28	7-29
项目			石油沥青玛碲脂卷材防水				
			一毡二油	二毡三油	二毡三油一砂	玛碲脂卷材每增减一毡一油	干铺油毡一层
基价(元)			2566.52	3488.44	3899.93	929.53	273.08
其中	人工费(元)		116.94	186.53	228.07	69.60	45.54
	材料费(元)		2449.58	3301.91	3671.86	859.93	227.54
	机械费(元)		—	—	—	—	—
名称		单位	消耗量				
人工	普工	工日	1.525	2.433	2.975	0.908	0.594
	技工	工日	1.017	1.622	1.983	0.605	0.396
材料	石油沥青玛碲脂	m³	0.46	0.61	0.69	0.15	—
	冷底子油 30∶70	kg	48.96	48.96	48.96	—	—
	钢筋 ϕ10 以内	kg	5.22	5.22	5.22	—	—
	木柴	kg	205.70	245.40	301.18	64.24	—
	粒砂	m³	—	—	0.52	—	—
	石油沥青油毡 350	m²	124.17	237.94	237.94	113.77	113.77
	铁钉(圆钉)	kg	0.28	0.28	0.28	—	—

(2) 高分子卷材防水

工作内容:清理基层、找平层分格缝嵌油膏、防水薄弱处刷涂膜附加层;刷底胶、铺贴卷材、接缝嵌油膏、做接头;涂刷着色剂保护层两遍。 单位:100 m²

项目编码			006	007	008	009
			7-30	7-31	7-32	7-33
项目			三元乙丙橡胶卷材冷贴			
			满铺	空铺	点铺	条铺
基价(元)			4209.63	4020.72	4041.20	4031.48
其中	人工费(元)		335.90	335.90	335.90	295.46
	材料费(元)		3873.73	3684.82	3705.30	3736.02
	机械费(元)		—	—	—	—
名称		单位	消耗量			
人工	普工	工日	4.381	4.381	4.381	3.854
	技工	工日	2.921	2.921	2.921	2.569
材料	银色着色剂	kg	20.20	20.20	20.20	20.20
	CSPE 嵌缝油膏 330 mL	支	50.28	50.28	50.28	50.28
	三元乙丙橡胶卷材	m³	110.55	112.85	112.85	112.85
	改性沥青粘结剂	kg	9.56	11.58	11.58	11.58
	二甲苯	kg	27.00	27.00	27.00	27.00
	聚氨酯甲料	kg	16.21	16.21	16.21	16.21
	聚氨酯乙料	kg	31.13	31.13	31.13	31.13
	乙酸乙酯	kg	5.05	5.05	5.05	5.05
	粘结剂 C×－404	kg	40.40	7.89	10.45	14.29

工作内容：清理基层、找平层分格缝嵌油膏、防水薄弱处刷涂膜附加层；刷底胶、铺贴卷材、接缝嵌油膏、做接头；涂刷着色剂保护层两遍。

单位：100 m^2

项目编码			010	011	012	013
			7-34	7-35	7-36	7-37
项目			再生橡胶卷材冷贴			
			满铺	空铺	点铺	条铺
基价(元)			3912.45	3490.93	3520.04	3523.19
其中	人工费(元)		335.90	335.90	335.90	295.46
	材料费(元)		3576.55	3155.03	3184.14	3227.73
	机械费(元)		—	—	—	—
名称		单位	消耗量			
人工	普工	工日	4.381	4.381	4.381	3.854
	技工	工日	2.921	2.921	2.921	2.569
材料	银色着色剂	kg	20.20	20.20	20.20	20.20
	二甲苯	kg	25.25	25.25	25.25	25.25
	聚氨酯甲料	kg	16.21	16.21	16.21	16.21
	聚氨酯乙料	kg	31.13	31.13	31.13	31.13
	乙酸乙酯	kg	5.05	5.05	5.05	5.05
	CSPE 嵌缝油膏 300 mL	支	50.28	50.28	50.28	50.28
	氯丁胶粘合剂	kg	49.95	18.16	20.21	23.28
	再生橡胶卷材	m^2	110.55	112.85	112.85	112.85

单位：100 m^2

项目编码			014	015	016	017
			7-38	7-39	7-40	7-41
项目			氯丁橡胶卷材冷贴			
			满铺	空铺	点铺	条铺
基价(元)			4707.03	4200.09	4238.66	4249.49
其中	人工费(元)		335.90	335.90	335.90	295.46
	材料费(元)		4371.13	3864.19	3902.76	3954.03
	机械费(元)		—	—	—	—
名称		单位	消耗量			
人工	普工	工日	4.381	4.381	4.381	3.854
	技工	工日	2.921	2.921	2.921	2.569
材料	107 胶素水泥浆	m^3	0.01	0.01	0.01	0.01
	钢筋 ϕ10 以内	kg	4.38	4.38	4.38	4.38
	银色着色剂	kg	20.20	20.20	20.20	20.20
	CSPE 嵌缝油膏 300 mL	支	50.28	50.28	50.28	50.28
	氯丁橡胶防水卷材	m^3	110.55	112.85	112.85	112.85
	CY409 液	kg	9.55	11.85	11.85	11.85
	二甲苯	kg	27.00	27.00	27.00	27.00
	聚氨酯甲料	kg	11.66	11.66	11.66	11.66
	聚氨酯乙料	kg	17.50	17.50	17.50	17.50
	氯丁胶沥青胶液	kg	60.60	26.25	28.56	31.63
	乙酸乙酯	kg	5.05	5.05	5.05	5.05
	铁钉(圆钉)	kg	0.23	0.23	0.23	0.23

单位:100 m²

项目编码			018	019	020	021
			7-42	7-43	7-44	7-45
项目			氯化聚乙烯-橡胶共混卷材冷贴			
			满铺	空铺	点铺	条铺
基价(元)			5743.98	5276.21	5310.16	5320.44
其中	人工费(元)		335.90	335.90	335.90	295.46
	材料费(元)		5408.08	4940.31	4974.26	5024.98
	机械费(元)		—	—	—	—
名称		单位	消耗量			
人工	普工	工日	4.381	4.381	4.381	3.854
	技工	工日	2.921	2.921	2.921	2.569
材料	107 胶素水泥浆	m³	0.01	0.01	0.01	0.01
	钢筋 ϕ10 以内	kg	4.38	4.38	4.38	4.38
	银色着色剂	kg	20.20	20.20	20.20	20.20
	CSPE 嵌缝油膏 330 mL	支	50.28	50.28	50.28	50.28
	BX-12 乙组份 880 mL	瓶	11.94	14.81	14.81	14.81
	BX-12 粘结剂	kg	45.45	7.10	9.41	12.86
	二甲苯	kg	27.00	27.00	27.00	27.00
	聚氨酯甲料	kg	11.66	11.66	11.66	11.66
	聚氨酯乙料	kg	17.50	17.50	17.50	17.50
	氯丁胶乳	kg	18.18	18.18	18.18	18.18
	氯化聚乙烯	m²	110.55	112.85	112.85	112.85
	乙酸乙酯	kg	5.05	5.05	5.05	5.05
	铁钉(圆钉)	kg	0.23	0.23	0.23	0.23

单位:100 m²

项目编码			022	023	024	025
			7-46	7-47	7-48	7-49
项目			氯磺化聚乙烯卷材冷贴			
			满铺	空铺	点铺	条铺
基价(元)			4635.81	4285.95	4311.55	4309.51
其中	人工费(元)		335.90	335.90	335.90	295.46
	材料费(元)		4299.91	3950.05	3975.65	4014.05
	机械费(元)		—	—	—	—
名称		单位	消耗量			
人工	普工	工日	4.381	4.381	4.381	3.854
	技工	工日	2.921	2.921	2.921	2.569
材料	107 胶素水泥浆	m³	0.01	0.01	0.01	0.01
	钢筋 ϕ10 以内	kg	4.38	4.38	4.38	4.38
	银色着色剂	kg	20.20	20.20	20.20	20.20
	CSPE 嵌缝油膏 330 mL	支	50.28	50.28	50.28	50.28
	氯磺化聚乙烯卷材	m²	110.55	112.85	112.85	112.85
	CX-401 胶	kg	10.51	13.03	13.03	13.03
	CX-404 胶	kg	50.50	7.89	10.45	14.29
	二甲苯	kg	27.00	27.00	27.00	27.00
	聚氨酯甲料	kg	16.21	16.21	16.21	16.21
	聚氨酯乙料	kg	31.13	31.13	31.13	31.13
	乙酸乙酯	kg	5.05	5.05	5.05	5.05
	铁钉(圆钉)	kg	0.23	0.23	0.23	0.23

工作内容：1. 防水柔毡：清扫基层、熔化粘胶、涂刷粘胶、铺贴柔毡、收头铺撒白石子保护层。

2. 聚氯乙烯卷材铝合金压条：清理基层、铺卷材、钉压条、射钉上嵌密封膏收头。 单位：100 m²

项目编码			026	027	028
			7-50	7-51	7-52
项目			防水柔毡(热贴满铺)		聚氯乙烯防水卷材铝合金压条
			二胶一毡一砂	每增一胶一毡	空铺
基价(元)			12279.56	5796.14	6919.05
其中	人工费(元)		218.60	112.93	3220.60
	材料费(元)		12060.96	5683.21	3698.45
	机械费(元)		—	—	—
名称		单位	消耗量		
人工	普工	工日	2.851	1.473	42.008
	技工	工日	1.901	0.982	28.005
材料	107 胶素水泥浆	m^3	0.01	—	—
	钢筋 ϕ10 以内	kg	4.38	—	—
	CSPE 嵌缝油膏 330 mL	支	50.28	—	—
	二甲苯	kg	25.25	—	—
	乙酸乙酯	kg	5.05	—	—
	铁钉(圆钉)	kg	0.23	—	—
	铝合金压条 3×30	m	—	—	105.00
	木柴	kg	219.82	90.20	—
	白石子	kg	772.50	—	—
	PVC 防水卷材	m^2	—	—	130.00
	防水柔毡	m^2	126.15	110.15	—
	密封胶	支	—	—	13.00
	303 胶	kg	—	—	45.00
	粘结剂	kg	730.82	320.24	—
	射钉	百个	—	—	5.27
	其他材料费	元	—	—	176.12

工作内容：1. 防水柔毡：清扫基层、熔化粘胶、涂刷粘胶、铺贴柔毡、收头铺撒白石子保护层。

2. 聚氯乙烯卷材铝合金压条：清理基层、铺卷材、钉压条、射钉上嵌密封膏收头。 单位：100 m²

项目编码			029
			7-53
项目			SCB120 复合卷材冷贴满铺
基价(元)			3267.93
其中	人工费(元)		196.00
	材料费(元)		3071.93
	机械费(元)		—
名称		单位	消耗量
人工	普工	工日	2.557
	技工	工日	1.704
材料	CSPE 嵌缝油膏 330 mL	支	48.96
	乙酸乙酯	kg	5.05
	素水泥浆	m^3	0.15
	聚氨酯甲料	kg	19.04
	聚氨酯乙料	kg	28.56
	聚乙烯丙纶双面复合防水卷材 SBC	m^2	110.55
	107 胶	kg	11.38

(3) 改性沥青卷材防水

工作内容：1. 清理基层、涂刷基层处理剂。
2. 铺贴卷材及附加层。
3. 封口、收头、钉压条。

单位：100 m²

项目编码			030	031	032	033
			7-54	7-55	7-56	7-57
项目			改性沥青卷材防水			
			冷粘法		热熔满铺	
			单层	双层	单层	双层
基价(元)			4066.17	7581.61	2431.58	4265.01
其中	人工费(元)		218.60	306.04	265.98	353.38
	材料费(元)		3847.57	7275.57	2165.60	3911.63
	机械费(元)		—	—	—	—
名称		单位	消耗量			
人工	普工	工日	2.851	3.992	3.469	4.609
	技工	工日	1.901	2.661	2.313	3.073
材料	改性沥青卷材(3 mm 厚)	m²	125.00	235.00	125.00	235.00
	改性沥青粘结剂	kg	134.00	268.00	—	—
	改性沥青封口油膏	kg	6.20	11.00	6.20	11.00
	改性沥青基层处理剂	kg	35.50	35.50	35.50	35.50
	石油液化气	kg	—	—	9.00	18.00
	钢筋 ϕ10 以内	kg	5.20	5.20	5.20	5.20
	钢钉	kg	0.30	0.30	0.30	0.30

工作内容：同前。

单位：100 m²

项目编码			034	035	036	037	038
			7-58	7-59	7-60	7-61	7-62
项目			改性沥青卷材防水				
			热溶条铺、点铺法		热溶空铺法		热溶满铺
			单层	双层	单层	双层	立面
基价(元)			2291.04	4070.65	2231.24	4009.47	3100.42
其中	人工费(元)		255.03	342.47	214.96	302.36	910.44
	材料费(元)		2036.01	3728.18	2016.28	3707.11	2189.98
	机械费(元)		—	—	—	—	—
名称		单位	消耗量				
人工	普工	工日	3.326	4.467	2.804	3.944	11.875
	技工	工日	2.218	2.978	1.869	2.629	7.917
材料	改性沥青卷材(3 mm 厚)	m²	125.00	235.00	125.00	235.00	125.00
	改性沥青基层处理剂	kg	15.00	15.00	11.00	11.00	35.50
	改性沥青封口油膏	kg	6.20	7.00	6.20	7.00	12.22
	石油液化气	kg	5.20	10.40	5.00	10.00	9.00
	钢筋 ϕ10 以内	kg	2.40	2.60	2.40	2.60	—
	钢钉	kg	0.30	0.40	0.30	0.40	—

工作内容：1.清理基层、涂刷基层处理剂；2.铺贴卷材及附加层；3.铺设卷材、做收头。　　单位：100 m²

<table>
<tr><td colspan="3" rowspan="2">项　目　编　码</td><td>039</td><td>040</td><td>041</td></tr>
<tr><td>7-63</td><td>7-64</td><td>7-65</td></tr>
<tr><td colspan="3" rowspan="3">项　　目</td><td colspan="3">高聚物改性沥青防水</td></tr>
<tr><td colspan="2">热熔</td><td>冷粘</td></tr>
<tr><td>3 mm</td><td colspan="2">4 mm</td></tr>
<tr><td colspan="3">基　价(元)</td><td>2297.63</td><td>2526.63</td><td>3137.62</td></tr>
<tr><td rowspan="3">其中</td><td colspan="2">人　工　费(元)</td><td>—</td><td>—</td><td>—</td></tr>
<tr><td colspan="2">材　料　费(元)</td><td>2297.63</td><td>2526.63</td><td>3137.62</td></tr>
<tr><td colspan="2">机　械　费(元)</td><td>—</td><td>—</td><td>—</td></tr>
<tr><td colspan="2">名　　称</td><td>单位</td><td colspan="3">消　耗　量</td></tr>
<tr><td>人工</td><td>综合人工</td><td>工日</td><td>4.805</td><td>4.805</td><td>4.805</td></tr>
<tr><td rowspan="7">材料</td><td>高聚物改性沥青防水卷材 3 mm</td><td>m²</td><td>114.50</td><td>—</td><td>—</td></tr>
<tr><td>高聚物改性沥青防水卷材 4 mm</td><td>m²</td><td>—</td><td>114.50</td><td>114.50</td></tr>
<tr><td>改性沥青基层处理剂</td><td>kg</td><td>40.00</td><td>40.00</td><td>30.00</td></tr>
<tr><td>改性沥青粘结剂</td><td>kg</td><td>—</td><td>—</td><td>53.00</td></tr>
<tr><td>钢筋 ϕ10 以内</td><td>kg</td><td>5.20</td><td>5.20</td><td>5.20</td></tr>
<tr><td>钢钉</td><td>kg</td><td>0.28</td><td>0.28</td><td>0.28</td></tr>
<tr><td>石油液化气</td><td>kg</td><td>4.80</td><td>4.80</td><td>—</td></tr>
</table>

工作内容：清理基层、滚铺，排气液压，搭接处加热压实，清理。　　单位：100 m²

<table>
<tr><td colspan="3" rowspan="2">项　目　编　码</td><td>042</td><td>043</td></tr>
<tr><td>7-66</td><td>7-67</td></tr>
<tr><td colspan="3" rowspan="3">项　　目</td><td>屋面分格缝上
点粘 300 宽改性沥青卷材</td><td rowspan="3">自粘型卷材防水</td></tr>
<tr><td>改性沥青卷材</td></tr>
<tr><td>100 m</td></tr>
<tr><td colspan="3">基　价(元)</td><td>680.10</td><td>3572.09</td></tr>
<tr><td rowspan="3">其中</td><td colspan="2">人　工　费(元)</td><td>75.44</td><td>211.28</td></tr>
<tr><td colspan="2">材　料　费(元)</td><td>604.66</td><td>3360.81</td></tr>
<tr><td colspan="2">机　械　费(元)</td><td>—</td><td>—</td></tr>
<tr><td colspan="2">名　　称</td><td>单位</td><td colspan="2">消　耗　量</td></tr>
<tr><td rowspan="2">人工</td><td>普工</td><td>工日</td><td>0.984</td><td>2.756</td></tr>
<tr><td>技工</td><td>工日</td><td>0.656</td><td>1.837</td></tr>
<tr><td rowspan="6">材料</td><td>改性沥青卷材(3 mm 厚)</td><td>m²</td><td>33.63</td><td>—</td></tr>
<tr><td>改性沥青粘结剂</td><td>kg</td><td>7.58</td><td>35.50</td></tr>
<tr><td>自粘性防水卷材</td><td>m²</td><td>—</td><td>115.00</td></tr>
<tr><td>石油液化气</td><td>kg</td><td>0.25</td><td>0.53</td></tr>
<tr><td>钢筋 ϕ10 以内</td><td>kg</td><td>—</td><td>5.20</td></tr>
<tr><td>钢钉</td><td>kg</td><td>—</td><td>0.30</td></tr>
</table>

2. 屋面涂膜防水(编码:010702002)

工作内容:1. 屋面满涂油膏:油膏加热,屋面满涂油膏。

2. 板嵌缝:油膏加热,板缝嵌油膏。

单位:见表

项目编码			001	002	003
			7-68	7-69	7-70
项目			屋面满涂塑料油膏	塑料油膏嵌缝	
				空心板	大型屋面板
			100 m^2	100 m	
基价(元)			4022.45	917.97	1158.66
其中	人工费(元)		104.19	120.62	121.31
	材料费(元)		3918.26	797.35	1037.35
	机械费(元)		—	—	—
名称		单位	消耗量		
人工	普工	工日	1.359	1.573	1.582
	技工	工日	0.906	1.049	1.055
材料	木柴	kg	182.16	37.07	48.22
	塑料油膏	kg	585.12	119.07	154.91

注:嵌缝取定纵缝断面:空心板 7.5 cm^2,大型屋面板 9 cm^2,如果断面不同于定额取定断面,以纵缝断面比例调整人工、材料数量。

工作内容:1. 塑料油膏玻璃纤维布:包括刷冷底子油,找平层分格缝嵌油膏,贴防水附加层,铺贴玻璃纤维布,表面撒粒砂保护层。

2. 屋面分格缝:支座处铺油毡一层,清理缝、熬制油膏、油膏灌缝;沿缝上做二毡三油一砂。

单位:见表

项目编码			004	005	006
			7-71	7-72	7-73
项目			塑料油膏玻璃纤维布		屋面分格缝
			一布二油	每增一布一油	100 m
			100 m^2		
基价(元)			6388.35	2647.62	4399.59
其中	人工费(元)		125,68	79.03	360.64
	材料费(元)		6262.67	2568.59	4038.95
	机械费(元)		—	—	—
名称		单位	消耗量		
人工	普工	工日	1.639	1.031	4.704
	技工	工日	1.093	0.687	3.136
材料	木柴	kg	271.56	101.15	218.11
	粒砂	m^3	—	—	0.41
	石油膏青油毡 350	m^2	—	—	232.10
	塑料油膏	kg	872.26	324.94	303.68
	玛碲脂	m^3	—	—	0.49
	玻璃纤维布	m^2	120.45	112.18	—

工作内容：熬制油膏，缝灌油膏，缝上铺贴玻璃纤维布。涂刷聚氨酯底胶，刷聚氨脂防水层两遍，并撒石渣作保护层(或与钢性块料层的连接层)。

单位：100 m

项目编码			007	008
			7-74	7-75
项目			塑料油膏贴玻璃布盖缝	
			一布二油	每增一布一油
基价(元)			2532.44	1032.83
其中	人工费(元)		75.44	45.18
	材料费(元)		2457.00	987.65
	机械费(元)		—	—
名称		单位	消耗量	
人工	普工	工日	0.984	0.589
	技工	工日	0.656	0.393
材料	木柴	kg	109.30	40.99
	塑料油膏	kg	351.07	131.65
	玻璃纤维布	m^2	30.30	30.30

工作内容：涂刷聚氨酯底胶，刷聚氨酯防水层两遍，防水薄弱处增刷一遍聚氨酯涂膜、撒细砂作保护层。

单位：100 m^2

项目编码			009	010
			7-76	7-77
项目			聚氨酯涂膜防水屋面	
			1.5 mm 厚	每±0.5 厚
基价(元)			3203.11	973.71
其中	人工费(元)		185.84	18.21
	材料费(元)		3017.27	955.50
	机械费(元)		—	—
名称		单位	消耗量	
人工	普工	工日	2.424	0.238
	技工	工日	1.616	0.158
材料	聚氨酯甲料	kg	105.00	35.00
	聚氨酯乙料	kg	157.50	52.50
	丙酮	kg	10.00	—
	二甲苯	kg	12.96	—
	天然砂 细砂	m^3	0.21	—

注：聚氨酯如果掺缓凝剂，应增加磷酸 0.30 kg；如果掺促凝剂应增加二月桂酸二丁基锡 0.25 kg。

工作内容：清理基层、调配砂浆、铺抹砂浆养护、筛铺镇水粉、铺隔离纸。　单位：100 m²

项目编码			011	012	013	014
			7-78	7-79	7-80	7-81
项目			掺无机盐铝防水剂		防水砂浆 20 mm 厚	镇水粉隔离层
			素水泥浆	防水砂浆 20 mm		
基价(元)			204.14	1692.45	1364.11	3892.10
其中	人工费(元)		70.29	383.28	393.07	679.10
	材料费(元)		133.85	1275.30	937.17	3213.00
	机械费(元)		—	33.87	33.87	—
名称		单位	消耗量			
人工	普工	工日	0.917	4.999	5.127	8.858
	技工	工日	0.611	3.333	3.418	5.905
材料	水泥砂浆 1∶2	m^3	—	2.02	2.02	—
	素水泥浆	m^3	0.10	0.10	0.10	—
	无机盐铝防水剂	kg	14.70	132.60	—	—
	隔离纸	m^2	—	—	—	130.00
	防水粉(剂)	kg	—	—	66.30	—
	镇水粉	kg	—	—	—	600.00
机械	灰浆搅拌机 200 L	台班	—	0.35	0.35	—

工作内容：涂刷底胶：做一布一涂附加层于防水薄弱处；冷胶贴聚酯布防水层；最表层撒细砂作保护层。

单位：100 m²

项目编码			015	016
			7-82	7-83
项目			氯丁冷胶	
			二布三涂	每增一布一涂
基价(元)			5504.75	1519.43
其中	人工费(元)		340.63	171.58
	材料费(元)		5164.12	1347.85
	机械费(元)		—	—
名称		单位	消耗量	
人工	普工	工日	4.443	2.238
	技工	工日	2.962	1.492
材料	天然砂　细砂	m^3	0.31	—
	聚酯布 100 g/m²	m^3	236.36	110.89
	氯丁冷胶	kg	363.60	85.85

3. 屋面刚性防水(编码:010702003)

工作内容:清理基层,浇灌细石混凝土。　　　　单位:100 m^2

项目编码			001	002
			7-84	7-85
项目			细石混凝土	
			40 mm 厚	增减 5 mm
基价(元)			1608.76	203.42
其中	人工费(元)		346.48	43.70
	材料费(元)		1229.38	154.88
	机械费(元)		32.90	4.84
名称		单位	消耗量	
人工	普工	工日	4.519	0.570
	技工	工日	3.013	0.380
材料	混凝土(一)砾石 C20-10 水泥 32.5 MPa	m^3	4.05	0.51
	防水粉(剂)	kg	72.09	9.08
	水	m^3	3.80	0.50
机械	灰浆搅拌机 200 L	台班	0.34	0.05

4. 屋面排水管(编码:010702004)

工作内容:铁皮截料、制作安装。　　　　单位:100 m^2

项目编码			001
			7-86
项目			铁皮排水
			水落管
基价(元)			4035.29
其中	人工费(元)		1049.63
	材料费(元)		2985.66
	机械费(元)		—
名称		单位	消耗量
人工	普工	工日	13.691
	技工	工日	9.127
材料	镀锌薄钢板(镀锌铁皮)26#	m^2	105.80
	木炭	kg	7.69
	焊锡	kg	1.80
	盐酸	kg	0.38
	铁钉(圆钉)	kg	0.38
	铁件	kg	49.15

工作内容：铸铁水落管：包括切管、埋管卡、安水管和灰捻口。　　单位：10 m

项目编码			002	003
			7-87	7-88
项目			铸铁落水管	
			直径 100 mm	直径 150 mm
			100	
基价(元)			891.96	1325.00
其中	人工费(元)		102.72	113.66
	材料费(元)		789.24	1211.34
	机械费(元)		—	—
名称		单位	消耗量	
人工	普工	工日	1.340	1.483
	技工	工日	0.893	0.988
材料	镀锌铁丝 8#	kg	0.82	0.82
	水泥 32.5 MPa	kg	11.63	13.20
	砂	m^3	0.02	0.02
	石棉绒	kg	1.74	2.36
	石油沥青	kg	0.70	0.95
	螺栓 M3×20	套	21.00	—
	膨胀螺栓 M6	套	10.50	—
	铁件	kg	1.44	7.78
	铸铁排水管 100×1500	m	10.47	—
	铸铁排水管 150×1500	m	—	10.10
	铸铁三通 100×50	个	3.61	—
	铸铁三通 150×50	个	—	3.61
	麻丝	kg	0.18	0.25
	水	m^3	1.04	1.32

工作内容：1. 单屋面排水管系统：埋设管卡箍、截管、涂胶、接口。

2. 屋面阳台雨水管系统：埋设管卡箍、截管、涂胶、安三通、伸缩节、管等。　　单位：10 m

项目编码			004	005	006	007
			7-89	7-90	7-91	7-92
项目			玻璃钢排水管(直径 mm)			
			单屋面排水管系统		屋面阳台雨水管系统	
			ϕ110	ϕ160	ϕ110	ϕ160
基价(元)			313.08	369.13	368.17	438.30
其中	人工费(元)		105.30	116.94	105.30	116.94
	材料费(元)		207.78	252.19	262.87	321.36
	机械费(元)		—	—	—	—
名称		单位	消耗量			
人工	普工	工日	1.373	1.525	1.373	1.525
	技工	工日	0.916	1.017	0.916	1.017
材料	密封胶	kg	0.12	0.20	0.28	0.48
	卡箍膨胀螺栓 110	套	7.14	—	7.14	—
	卡箍膨胀螺栓 160	套	—	7.14	—	5.10
	玻璃钢排水管 110×1500	m	10.54	—	10.18	—
	玻璃钢排水管 160×1500	m	—	10.61	—	10.15
	玻璃钢三通 110×50	个	—	—	3.61	—
	排水管检查口 110	个	1.11	—	1.11	—
	排水管检查口 160	个	—	1.11	—	1.11
	排水管连接件 110×115	个	—	—	3.61	—
	排水管伸缩节 110	个	1.01	—	1.01	—
	排水管伸缩节 160	个	—	1.01	—	1.01
	玻璃钢三通 160×50	个	—	—	—	3.61
	排水管连接件 160×135	个	—	—	—	3.61

工作内容：就位、安装。　　单位:10 个

项目编码			008	009
			7-93	7-94
项目			铸铁雨水口	
			直径 100 mm	直径 150 mm
			10 个	
基价(元)			445.92	562.51
其中	人工费(元)		117.67	122.40
	材料费(元)		328.25	440.11
	机械费(元)		—	—
名称		单位	消耗量	
人工	普工	工日	1.535	1.597
	技工	工日	1.023	1.064
材料	玛碲脂	m^2	0.01	0.01
	石油沥青油毡 350	m^2	2.42	2.93
	铸铁雨水口 100 带罩	套	10.47	—
	铸铁雨水口 150 带罩	套	—	10.10

工作内容：就位、安装。　　单位:10 个

项目编码			010	011	012
			7-95	7-96	7-97
项目			铸铁水斗(或称接水口)		铸铁弯头(含箅子板)
			落水口直径 100 mm	落水口直径 150 mm	
基价(元)			593.55	800.36	630.81
其中	人工费(元)		97.66	102.35	130.41
	材料费(元)		495.89	698.01	500.40
	机械费(元)		—	—	—
名称		单位	消耗量		
人工	普工	工日	1.274	1.335	1.701
	技工	工日	0.849	0.890	1.134
材料	玛碲脂	m^3	—	—	0.07
	二等板方材	m^3	—	—	0.036
	防腐油	kg	—	—	0.40
	铁件	kg	10.83	11.77	2.42
	铸铁水斗(接水口)100	个	10.10	—	—
	铸铁水斗(接水口)150	个	—	10.10	—
	铸铁弯头(出水口)100	个	—	—	10.10

工作内容：1. 水斗：细石混凝土填缝、涂胶、接口。
2. 弯头及短管：涂胶，接口。

单位：10 个

项目编码			013	014	015	016
			7-98	7-99	7-100	7-101
项目			玻璃钢排水部件			
			水斗（带罩）		弯头 90 度	短管
			ϕ110	ϕ160	ϕ50	
基价（元）			306.58	343.02	151.28	304.80
其中	人工费（元）		109.67	114.41	47.75	47.75
	材料费（元）		196.91	228.61	103.53	257.05
	机械费（元）		—	—	—	—
名称		单位	消耗量			
人工	普工	工日	1.430	1.492	0.623	0.623
	技工	工日	0.954	0.995	0.415	0.415
材料	密封胶	kg	0.31	0.50	0.10	0.10
	混凝土（一）砾石 C20-10 水泥 32.5 MPa	m^3	0.03	0.05	—	—
	玻璃钢短管 50	个	—	—	—	10.10
	玻璃钢弯头 50	个	—	—	10.10	—
	玻璃钢雨水斗 110 带罩	个	10.10	—	—	—
	玻璃钢雨水斗 160 带罩	个	—	10.10	—	—

工作内容：埋管卡、切管、安管。

单位：10 m

项目编码			017	018
			7-102	7-103
项目			UPVC 落水管	
			直径 100 mm	直径 150 mm
基价（元）			169.78	303.38
其中	人工费（元）		18.21	18.21
	材料费（元）		150.80	284.40
	机械费（元）		0.77	0.77
名称		单位	消耗量	
人工	普工	工日	0.238	0.238
	技工	工日	0.158	0.158
材料	UPVC 管　直径 100 mm	m	10.50	—
	UPVC 管　直径 150 mm	m	—	10.50
	管卡 DN100	个	10.00	—
	管卡 DN150	个	—	10.00
	管箍 DN100	个	2.50	—
	管箍 DN150	个	—	2.50
	塑料粘结剂	kg	0.25	0.25
机械	电锤	台班	0.06	0.06
	手提圆锯机小	台班	0.01	0.01

工作内容：就位、安装。 单位：10 个

项目编码			019	020	021	022
			7-104	7-105	7-106	7-107
项目			UPVC 排水部件			
			雨水口		弯头 90 度	短管
			直径 100 mm	直径 150 mm	$\phi50$	
基价(元)			194.01	359.01	77.88	57.88
其中	人工费(元)		20.01	20.01	8.38	8.38
	材料费(元)		174.00	339.00	69.50	49.50
	机械费(元)		—	—	—	—
名称		单位	消耗量			
人工	普工	工日	0.261	0.261	0.109	0.109
	技工	工日	0.174	0.174	0.073	0.073
材料	UPVC 雨水口直径 100 mm	个	10.00	—	—	—
	UPVC 雨水口直径 150 mm	个	—	10.00	—	—
	塑料粘结剂	kg	1.00	1.00	0.50	0.50
	UPVC 弯头 $\phi50$	个	—	—	10.00	—
	UPVC 短管 $\phi50$	个	—	—	—	10.00

5. 屋面天沟、檐沟(编码:010702005)

工作内容：铁皮截料、制作安装等全部操作过程。 单位：100 m^2

项目编码			001	002
			7-108	7-109
项目			铁皮排水	
			天沟泛水	檐沟
基价(元)			3106.59	4035.29
其中	人工费(元)		379.27	1049.63
	材料费(元)		2727.32	2985.66
	机械费(元)		—	—
名称		单位	消耗量	
人工	普工	工日	4.947	13.691
	技工	工日	3.298	9.127
材料	镀锌薄钢板(镀锌铁皮)26#	m^2	105.40	105.80
	木炭	kg	9.24	7.69
	焊锡	kg	2.08	1.80
	盐酸	kg	0.44	0.38
	铁钉(圆钉)	kg	3.00	0.38
	铁件	kg	—	49.15

三、墙、地面防水、防潮(编号:010703)

1. 卷材防水(编码:010703001)

(1) 油毡卷材防水

工作内容:配制涂刷冷底子油、熬制玛碲脂,防水薄弱处贴附加层,铺贴玛碲脂卷材。　　单位:100 m²

项目编码			001	002	003	004
			7-110	7-111	7-112	7-113
项目			玛碲脂卷材			
			二毡三油		每增减一毡一油	
			平面	立面	平面	立面
基价(元)			3192.40	3418.47	1042.26	1135.12
其中	人工费(元)		322.79	422.28	135.51	186.17
	材料费(元)		2869.61	2996.19	906.75	948.95
	机械费(元)		—	—	—	—
名称		单位	消耗量			
人工	普工	工日	4.210	5.508	1.768	2.428
	技工	工日	2.807	3.672	1.178	1.619
材料	石油沥青玛碲脂	m^3	0.51	0.54	0.16	0.17
	冷底子油 30∶70	kg	48.48	48.48	—	—
	木柴	kg	227.70	240.90	66.00	70.40
	石油沥青油毡 350	m^2	239.76	239.76	116.49	116.49

工作内容:1. 基层清理,配制、涂刷冷底子油、熬制玛碲脂,防水薄弱处贴附加层。

2. 铺贴玛碲脂玻璃纤维布。　　单位:100 m²

项目编码			005	006	007	008
			7-114	7-115	7-116	7-117
项目			玛碲脂玻璃纤维布			
			二布三油		每增减一布一油	
			平面	立面	平面	立面
基价(元)			3618.83	3917.35	1245.06	1355.39
其中	人工费(元)		352.69	524.63	163.57	231.71
	材料费(元)		3266.14	3392.72	1081.49	1123.68
	机械费(元)		—	—	—	—
名称		单位	消耗量			
人工	普工	工日	4.600	6.843	2.134	3.022
	技工	工日	3.067	4.562	1.422	2.015
材料	石油沥青玛碲脂	m^3	0.51	0.54	0.16	0.17
	冷底子油 30∶70	kg	48.48	48.48	—	—
	木柴	kg	227.70	240.90	66.00	70.40
	玻璃纤维布	m^2	250.30	250.30	116.49	116.49

工作内容：1. 基层清理，配制、涂刷冷底子油、熬制沥青，防水薄弱处贴附加层。

2. 铺贴沥青玻璃布卷材。

单位：100 m²

项目编码			009	010	011	012
			7-118	7-119	7-120	7-121
项目			沥青玻璃布卷材			
			二布三油		每增减一布一油	
			平面	立面	平面	立面
基价(元)			3388.73	3697.37	1183.85	1296.59
其中	人工费(元)		352.27	523.90	163.95	231.02
	材料费(元)		3036.46	3173.47	1019.90	1065.57
	机械费(元)		—	—	—	—
名称		单位	消耗量			
人工	普工	工日	4.595	6.833	2.138	3.013
	技工	工日	3.063	4.556	1.426	2.009
材料	冷底子油 30∶70	kg	48.48	48.48	—	—
	木柴	kg	201.30	214.50	57.20	61.60
	石油沥青	kg	489.72	524.70	151.58	163.24
	玻璃纤维布	m²	250.30	250.30	121.76	121.76

(2) 高分子卷材防水

工作内容：1. 涂刷基层处理剂，防水薄弱处涂聚氨酯涂膜加强。

2. 铺贴卷材，卷材接缝贴卷材条加强，收头。

单位：100 m²

项目编码			013	014
			7-122	7-123
项目			氯化聚乙烯-橡胶共混卷材	
			平面	立面
基价(元)			6182.64	6388.49
其中	人工费(元)		704.59	910.44
	材料费(元)		5478.05	5478.05
	机械费(元)		—	—
名称		单位	消耗量	
人工	普工	工日	9.190	11.875
	技工	工日	6.127	7.917
材料	107 胶素水泥浆	m³	0.01	0.01
	钢筋 ϕ10 以内	kg	4.38	4.38
	CSPE 嵌缝油膏 330 mL	支	29.83	29.83
	BX-12 乙组分 880 mL	瓶	32.28	32.28
	BX-12 粘结剂	kg	45.45	45.45
	二甲苯	kg	27.00	27.00
	聚氨酯甲料	kg	5.42	5.42
	聚氨酯乙料	kg	8.13	8.13
	氯丁冷胶	kg	20.20	20.20
	氯化聚乙烯	m²	124.53	124.53
	乙酸乙酯	kg	5.05	5.05
	铁钉(圆钉)	kg	0.23	0.23

工作内容：同前。　　　　单位：100 m^2

项目编码			015	016
			7-124	7-125
项目			三元乙丙橡胶卷材	
			冷贴满铺 平面	冷贴满铺 立面
基价(元)			4398.88	4604.73
其中	人工费(元)		704.59	910.44
	材料费(元)		3694.29	3694.29
	机械费(元)		—	—
名称		单位	消耗量	
人工	普工	工日	9.190	11.875
	技工	工日	6.127	7.917
材料	107 胶素水泥浆	m^3	0.01	0.01
	钢筋 ϕ10 以内	kg	4.38	4.38
	CSPE 嵌缝油膏 330 mL	支	29.83	29.83
	三元乙丙橡胶卷材	m^3	124.17	124.17
	改性沥青粘结剂	kg	17.60	17.60
	二甲苯	kg	27.00	27.00
	聚氨酯甲料	kg	9.97	9.97
	聚氨酯乙料	kg	21.77	21.77
	粘结剂 C×－404	kg	40.40	40.40
	乙酸乙酯	kg	5.05	5.05
	铁钉(圆钉)	kg	0.23	0.23

工作内容：同前。　　　　单位：100 m^2

项目编码			017	018
			7-126	7-127
项目			再生橡胶卷材	
			冷贴满铺 平面	冷贴满铺 立面
基价(元)			4133.83	4339.68
其中	人工费(元)		704.59	910.44
	材料费(元)		3429.24	3429.24
	机械费(元)		—	—
名称		单位	消耗量	
人工	普工	工日	9.190	11.875
	技工	工日	6.127	7.917
材料	107 胶素水泥浆	m^3	0.01	0.01
	钢筋 ϕ10 以内	kg	4.38	4.38
	CSPE 嵌缝油膏 330 mL	支	29.83	29.83
	二甲苯	kg	27.00	27.00
	聚氨酯甲料	kg	9.97	9.97
	聚氨酯乙料	kg	21.77	21.77
	氯丁胶粘合剂	kg	63.93	63.93
	乙酸乙酯	kg	5.05	5.05
	再生橡胶卷材	m^2	124.17	124.17
	铁钉(圆钉)	kg	0.23	0.23

2. 涂膜防水(010703002)

工作内容:清理基层、刷涂料。　　　　单位:100 m^2

项目编码			001	002	003	004
			7-128	7-129	7-130	7-131
项目			苯乙烯涂料二遍		刷冷底子油	
			平面	立面	第一遍	第二遍
基价(元)			535.00	548.50	299.36	223.63
其中	人工费(元)		80.50	80.50	57.18	48.44
	材料费(元)		454.50	468.00	242.18	175.19
	机械费(元)		—	—	—	—
名称		单位	消耗量			
人工	普工	工日	1.050	1.050	0.746	0.632
	技工	工日	0.700	0.700	0.497	0.421
材料	冷底子油 30∶70	kg	—	—	48.48	—
	冷底子油 50∶50	kg	—	—	—	36.36
	木柴	kg	—	—	16.50	20.90
	苯乙烯涂料	kg	50.50	52.00	—	—

工作内容:1. 焦油玛碲脂、塑料油膏;刷冷底油子,熬制、涂刷油膏或玛碲脂。

2. 氯偏共聚乳液涂刷。　　　　单位:100 m^2

项目编码			005	006	007
			7-132	7-133	7-134
项目			焦油玛碲脂	塑料油膏	氯偏共聚乳胶
			涂刷厚度	涂刷遍数	
			3 mm	二遍	三遍
基价(元)			2216.40	3995.50	202.79
其中	人工费(元)		128.57	77.24	59.38
	材料费(元)		2087.83	3918.26	143.41
	机械费(元)		—	—	—
名称		单位	消耗量		
人工	普工	工日	1.677	1.007	0.775
	技工	工日	1.118	0.672	0.516
材料	焦油玛碲脂	m^3	0.32	—	—
	冷底子油 30∶70	kg	48.48	—	—
	木柴	kg	148.50	182.16	—
	塑料油膏	kg	—	585.12	—
	聚乙烯醇溶液 10%	kg	—	—	0.95
	磷酸三钠溶液 10%	kg	—	—	0.59
	氯偏共聚乳液	kg	—	—	21.00

工作内容：涂刷聚氨酯底胶，刷聚氨酯防水层两遍，防水薄弱处增刷一遍聚氨酯涂膜、撒细砂作保护层。

单位：100 m²

项目编码			008	009
			7-135	7-136
项目			聚氨酯	
			2 mm 厚	每±0.5 厚
基价(元)			3986.42	941.82
其中	人工费(元)		242.65	20.01
	材料费(元)		3743.77	921.81
	机械费(元)		—	—
名称		单位	消耗量	
人工	普工	工日	3.165	0.261
	技工	工日	2.110	0.174
材料	二甲苯	kg	12.96	4.85
	聚氨酯甲料	kg	133.00	33.30
	聚氨酯乙料	kg	205.00	49.50
	天然砂 细砂	m³	0.21	—

注：聚氨酯如果掺缓凝剂，应增加磷酸 0.3 kg；如果掺促凝剂应增加二月桂酸二丁基锡 0.25 kg。

工作内容：熬制石油沥青，配制冷底子油，刷冷底子油一遍，涂刷沥青。

单位：100 m²

项目编码			010	011	012
			7-137	7-138	7-139
项目			石油沥青		
			一遍		
			平面	混凝土抹灰面立面	砖堵立面
基价(元)			1041.05	1100.59	1202.67
其中	人工费(元)		68.12	81.98	92.56
	材料费(元)		972.93	1018.61	1110.11
	机械费(元)		—	—	—
名称		单位	消耗量		
人工	普工	工日	0.889	1.069	1.207
	技工	工日	0.592	0.713	0.805
材料	冷底子油 30：70	kg	48.48	48.48	48.48
	木柴	kg	86.90	91.30	100.60
	石油沥青	kg	186.56	198.22	221.54

工作内容：熬制沥青，刷沥青一遍。

单位：100 m²

项目编码			013	014	015
			7-140	7-141	7-142
项目			石油沥青		
			每增加一遍		
			平面	混凝土抹灰立面	砖堵立面
基价(元)			590.63	671.48	765.51
其中	人工费(元)		24.06	32.07	37.49
	材料费(元)		566.57	639.41	728.02
	机械费(元)		—	—	—
名称		单位	消耗量		
人工	普工	工日	0.314	0.418	0.489
	技工	工日	0.209	0.279	0.326
材料	木柴	kg	57.20	61.60	61.60
	石油沥青	kg	144.43	163.24	186.56

工作内容：1. 配制涂刷冷底子油一遍，熬制石油沥青玛碲脂。

2. 涂刷石油沥青玛碲脂一遍。

单位：100 m²

项目编码			016	017	018
			7-143	7-144	7-145
项目			石油沥青玛碲脂		
			一遍		
			平面	混凝土抹灰面立面	砖墙立面
基价(元)			1064.85	1379.12	1514.92
其中	人工费(元)		64.50	83.40	93.98
	材料费(元)		1000.35	1295.72	1420.94
	机械费(元)		—	—	—
名称		单位	消耗量		
人工	普工	工日	0.841	1.088	1.226
	技工	工日	0.561	0.725	0.817
材料	冷底子油 30∶70	kg	48.48	48.48	48.48
	石油沥青玛碲脂	m³	0.18	0.25	0.28
	木柴	kg	91.30	122.10	130.90

工作内容：熬制石油沥青玛碲脂，涂刷石油沥青玛碲脂一遍。

单位：100 m²

项目编码			019	020	021
			7-146	7-147	7-148
项目			石油沥青玛碲脂		
			每增加一遍		
			平面	混凝土抹灰面立面	砖墙立面
基价(元)			656.75	705.84	795.33
其中	人工费(元)		25.17	32.07	37.17
	材料费(元)		631.58	673.77	758.16
	机械费(元)		—	—	—
名称		单位	消耗量		
人工	普工	工日	0.328	0.418	0.485
	技工	工日	0.219	0.279	0.323
材料	木柴	kg	61.60	66.00	74.80
	石油沥青玛碲脂	m³	0.15	0.16	0.18

工作内容：1. 清理基层，调制涂料，铺贴附加层。

2. 贴布(聚酯布或玻璃纤维布)，刷涂料(最后两遍掺水泥作保护层)。

单位：100 m²

项目编码			022	023	024	025
			7-149	7-150	7-151	7-152
项目			水乳型普通乳化沥青涂料二布三涂		水乳型水性石棉质沥青一布二涂	
			平面	立面	平面	立面
基价(元)			1899.17	2134.88	3372.48	3525.16
其中	人工费(元)		349.74	585.45	267.03	419.71
	材料费(元)		1549.43	1549.43	3105.45	3105.45
	机械费(元)		—	—	—	—
名称		单位	消耗量			
人工	普工	工日	4.562	7.636	3.483	5.474
	技工	工日	3.041	5.091	2.322	3.650
材料	水泥 32.5 MPa	kg	13.77	13.77	61.20	61.20
	聚酯布 100 g/m²	m²	243.04	243.04	—	—
	普通乳化沥青(水乳型)	kg	260.00	260.00	—	—
	水性石棉质沥青(水乳型)	kg	—	—	832.00	832.00
	玻璃纤维网格布	m²	—	—	124.91	124.91

工作内容：1. 清理基层，调制涂料、铺贴附加层。

2. 刷涂料(最后两遍掺水泥作保护层)，贴聚酯布。

单位：100 m²

项目编码			026	027	028	029
			7-153	7-154	7-155	7-156
项目			水乳型再生胶沥青聚酯布			
			二布三涂		每增一布一涂	
			平面	立面	平面	立面
基价(元)			1587.17	1822.88	685.23	709.25
其中	人工费(元)		349.74	585.45	141.72	165.74
	材料费(元)		1237.43	1237.43	543.51	543.51
	机械费(元)		—	—	—	—
名称		单位	消耗量			
人工	普工	工日	4.562	7.636	1.849	2.162
	技工	工日	3.041	5.091	1.232	1.441
材料	水泥 32.5 MPa	kg	13.77	13.77	—	—
	聚酯布 100 g/m²	m²	243.04	243.04	118.13	118.13
	再生胶沥青	kg	260.00	260.00	104.00	104.00

工作内容：1. 清理基层，调制涂料，铺贴附加层。

2. 刷涂料(最后两遍掺水泥作保护层)，贴聚酯布。

单位：100 m²

项目编码			030	031	032	033
			7-157	7-158	7-159	7-160
项目			水乳型阴离子合成胶乳化沥青聚酯布			
			一布二涂		每增一布一涂	
			平面	立面	平面	立面
基价(元)			1112.20	1264.88	830.83	854.85
其中	人工费(元)		267.03	419.71	141.72	165.74
	材料费(元)		845.17	845.17	689.11	689.11
	机械费(元)		—	—	—	—
名称		单位	消耗量			
人工	普工	工日	3.483	5.474	1.849	2.162
	技工	工日	2.322	3.650	1.232	1.441
材料	水泥 32.5 MPa	kg	15.30	15.30	—	—
	聚酯布 100 g/m²	m²	124.91	124.91	118.13	118.13
	阴离子合成胶乳沥青	kg	208.00	208.00	156.00	156.00

单位：100 m²

项目编码			034	035	036	037
			7-161	7-162	7-163	7-164
项目			水乳型阳离子氯丁胶乳化沥青聚酯布			
			一布二涂		每增一布一涂	
			平面	立面	平面	立面
基价(元)			1549.00	1701.68	1158.43	1182.45
其中	人工费(元)		267.03	419.71	141.72	165.74
	材料费(元)		1281.97	1281.97	1016.71	1016.71
	机械费(元)		—	—	—	—
名称		单位	消耗量			
人工	普工	工日	3.483	5.474	1.849	2.162
	技工	工日	2.322	3.650	1.232	1.441
材料	水泥 32.5 MPa	kg	15.30	15.30	—	—
	聚酯布 100 g/m²	m²	124.91	124.91	118.13	118.13
	阳离子氯丁胶乳沥青(水乳型)	kg	208.00	208.00	156.00	156.00

单位:100 m²

项目编码			038 7-165	039 7-166
项目			溶剂型再生胶沥青聚酯布 二布三涂 平面	溶剂型再生胶沥青聚酯布 二布三涂 立面
基价(元)			1719.16	1954.87
其中	人工费(元)		349.74	585.45
	材料费(元)		1369.42	1369.42
	机械费(元)		—	—
名称		单位	消耗量	
人工	普工	工日	4.562	7.636
	技工	工日	3.041	5.091
材料	水泥 32.5 MPa	kg	20.40	20.40
	聚酯布 100 g/m²	m²	243.04	243.04
	再生胶沥青	kg	312.00	312.00

单位:100 m²

项目编码			040 7-167	041 7-168
项目			溶剂型再生胶沥青聚酯布 每增一布一涂 平面	溶剂型再生胶沥青聚酯布 每增一布一涂 立面
基价(元)			815.23	839.25
其中	人工费(元)		141.72	165.74
	材料费(元)		673.51	673.51
	机械费(元)		—	—
名称		单位	消耗量	
人工	普工	工日	1.849	2.162
	技工	工日	1.232	1.441
材料	聚酯布 100 g/m²	m²	118.13	118.13
	再生胶沥青	kg	156.00	156.00

工作内容:1. 清理基层、调剂、涂刷防水层。

2. 在防水薄弱处做涂布附加层,贴布防水层。

单位:100 m²

项目编码			042 7-169	043 7-170	044 7-171
项目			防水涂料 聚合物水泥 一布四涂	防水涂料 水泥基渗透结晶 二至三遍	防水涂料 丙烯酸 一布三涂
基价(元)			3604.98	3629.29	1888.54
其中	人工费(元)		265.98	109.29	229.54
	材料费(元)		3339.00	3520.00	1659.00
	机械费(元)		—	—	—
名称		单位	消耗量		
人工	普工	工日	3.469	1.426	2.994
	技工	工日	2.313	0.950	1.996
材料	玻璃纤维布	m²	114.00	—	114.00
	聚合物水泥防水涂料(JS-Ⅱ)	kg	300.00	—	—
	水泥基渗透结晶防水涂料	kg	—	110.00	—
	丙烯酸防水涂料	kg	—	—	120.00

3. 砂浆防水（潮）（编码：010703003）

工作内容：清理基层，调制砂浆，抹水泥砂浆。　　　　单位：100 m²

项目编码			001	002	003	004
			7-172	7-173	7-174	7-175
项目			防水砂浆			
			平面	立面	五层做法	
					平面	立面
基价（元）			1196.54	1369.27	1166.50	1358.44
其中	人工费（元）		335.90	508.63	635.03	824.82
	材料费（元）		827.74	827.74	505.34	507.49
	机械费（元）		32.90	32.90	26.13	26.13
名称		单位	消耗量			
人工	普工	工日	4.381	6.634	8.283	10.759
	技工	工日	2.921	4.423	5.522	7.172
材料	水泥砂浆 1∶2	m³	2.04	2.04	1.01	1.02
	素水泥浆	m³	—	—	0.61	0.61
	防水粉（剂）	kg	55.00	55.00	—	—
	水	m³	3.80	3.80	3.80	3.80
机械	灰浆搅拌机 200 L	台班	0.34	0.34	0.27	0.27

4. 变形缝（编码：010703004）

（1）清缝、填塞防水材料

工作内容：1. 油浸麻丝：熬制沥青，调制沥青麻丝、填塞沥青麻丝。

2. 油浸木丝板：熬沥青，浸木丝板，油浸木丝板嵌缝。

3. 玛碲脂：熬玛碲脂，玛碲脂灌缝。　　　　单位：100 m

项目编码			001	002	003	004
			7-176	7-177	7-178	7-179
项目			油浸麻丝		油浸木丝板	玛碲脂
			平面	立面		
基价（元）			1732.25	1865.94	1098.07	2263.97
其中	人工费（元）		273.97	407.66	213.86	242.65
	材料费（元）		1458.28	1458.28	884.21	2021.32
	机械费（元）		—	—	—	—
名称		单位	消耗量			
人工	普工	工日	3.574	5.317	2.789	3.165
	技工	工日	2.382	3.545	1.860	2.110
材料	石油沥青玛碲脂	m³	—	—	—	0.48
	木柴	kg	99.00	99.00	61.60	198.00
	木丝板	m²	—	—	15.30	—
	石油沥青	kg	216.24	216.24	163.24	—
	麻丝	kg	55.08	55.08	—	—

工作内容：1. 石灰麻刀：调制石灰麻刀、石灰麻刀嵌缝，缝上贴二毡二油条一层。

2. 建筑油膏、沥青砂浆：熬制油膏、沥青，拌和沥青砂浆，沥青砂浆或建筑油膏嵌缝。

单位：100 m

项目编码			005	006	007	008
			7-180	7-181	7-182	7-183
项目			石灰麻刀		建筑油膏	沥青砂浆
			平面	立面		
基价(元)			754.07	789.40	368.90	928.98
其中	人工费(元)		253.23	288.56	202.54	239.76
	材料费(元)		500.84	500.84	166.36	689.22
	机械费(元)		—	—	—	—
名称		单位	消耗量			
人工	普工	工日	3.303	3.764	2.642	3.127
	技工	工日	2.202	2.509	1.761	2.085
材料	普通沥青砂浆 1∶2∶6	m^3	—	—	—	0.48
	木柴	kg	24.00	24.00	27.00	198.00
	生石灰	kg	180.00	180.00	—	—
	石油沥青油毡 350	m^2	17.00	17.00	—	—
	石油沥青	kg	65.00	65.00	—	—
	麻刀	kg	108.00	108.00	—	—
	建筑油膏	kg	—	—	87.77	—

工作内容：聚氯乙烯胶泥：清缝、勾缝等。聚苯乙烯板填缝。

单位：100 m

项目编码			009	010
			7-184	7-185
项目			聚氯乙烯胶泥	聚苯乙烯板
基价(元)			330.93	350.94
其中	人工费(元)		275.45	210.59
	材料费(元)		55.48	140.35
	机械费(元)		—	—
名称		单位	消耗量	
人工	普工	工日	3.593	2.747
	技工	工日	2.395	1.831
材料	水泥砂浆 1∶2	m^3	0.06	—
	聚氯乙烯胶泥	kg	83.32	—
	牛皮纸	m^2	53.23	—
	聚苯乙烯硬泡沫板	m^3	—	0.25
	建筑油膏	kg	—	10.50

（2）止水带安装

工作内容：1. 贴氯丁橡胶片：清理、洗缝、隔纸、贴氯丁胶片。

2. 钢板止水带：剪裁、焊接、铺设。

单位：100 m

项目编码			011 7-186	012 7-187
项目			氯丁橡胶片止水带	钢板止水带
基价(元)			3273.79	5892.82
其中	人工费(元)		130.41	870.74
	材料费(元)		3143.38	4973.50
	机械费(元)		—	48.58
名称		单位	消耗量	
人工	普工	工日	1.701	11.357
	技工	工日	1.134	7.572
材料	水泥 32.5 MPa	kg	9.09	—
	粒砂	m^3	0.16	—
	氯丁橡胶浆	kg	60.58	—
	氯丁橡胶片 2 mm 厚	m^2	31.82	—
	三异氰酸酯	kg	9.09	—
	乙酸乙酯	kg	23.00	—
	牛皮纸	m^2	5.91	—
	中厚钢板 15 mm 以内	kg	—	1140.00
	电焊条	kg	—	14.30
机械	剪板机 13 mm×2500 mm	台班	—	0.11
	电焊机(综合)	台班	—	0.70

工作内容：1. 清理基层，刷底胶，缝上粘贴 350 mm 宽一布二涂氯丁胶粘玻璃纤维布。

2. 在缝中心贴 150 mm 宽一布二涂氯丁胶玻璃布。

3. 止水片干后，表面涂胶并粘粒砂。

单位：100 m

项目编码			013 7-188	014 7-189
项目			一布二涂氯丁胶贴玻璃纤维布	
			止水片湿基层	止水片干基层
基价(元)			4766.12	4818.09
其中	人工费(元)		177.79	177.79
	材料费(元)		4588.33	4640.30
	机械费(元)		—	—
名称		单位	消耗量	
人工	普工	工日	2.319	2.319
	技工	工日	1.546	1.546
材料	水泥 32.5 MPa	kg	7.00	3.00
	粒砂	m^3	0.18	0.18
	300 号低分子聚酰胺	kg	2.88	—
	600 号环氧树脂	kg	14.42	—
	氯丁橡胶浆	kg	116.94	135.98
	三异氰酸酯	kg	17.54	20.40
	乙酸乙酯	kg	15.31	15.31
	玻璃纤维布	m^2	95.20	95.20

工作内容：止水带制作，接头及安装。　　　　　　　　　　　　　　　　　　　　单位：100 m

项目编码			015	016
			7-190	7-191
项目			预埋式止水带	
			橡胶	塑料
基价(元)			6816.10	4642.60
其中	人工费(元)		400.76	400.76
	材料费(元)		6415.34	4241.84
	机械费(元)		—	—
名称		单位	消耗量	
人工	普工	工日	5.227	5.227
	技工	工日	3.485	3.485
材料	塑料止水带	m	—	105.00
	橡胶止水带	m	105.00	—
	E44 环氧树脂	kg	3.04	3.04
	丙酮	kg	3.04	3.04
	甲苯	kg	2.40	2.40
	乙二胺	kg	0.24	0.24

(3) 盖板安装

工作内容：1. 木板盖面：平面板材加工，板缝一侧涂胶粘合；立面，埋木砖，钉木盖板。2. 铁皮盖面：平面(屋面)埋木砖，钉木条，木条上钉铁皮；立面埋木砖，木砖上钉铁皮。　　　　单位：100 m

项目编码			017	018	019	020
			7-192	7-193	7-194	7-195
项目			木板盖板		铁皮盖板	
			平面	立面	平面	立面
基价(元)			1207.92	2173.08	4545.07	2621.69
其中	人工费(元)		141.72	444.13	489.31	385.48
	材料费(元)		1066.20	1728.95	4055.76	2236.21
	机械费(元)		—	—	—	—
名称		单位	消耗量			
人工	普工	工日	1.849	5.793	6.382	5.028
	技工	工日	1.232	3.862	4.255	3.352
材料	镀锌薄钢板(镀锌铁皮)24#	m^2	—	—	62.54	53.00
	二等板方材	m^3	—	0.432	0.15	0.301
	木炭	kg	—	—	18.02	15.27
	一等板方材	m^3	0.612	0.655	0.999	—
	焊锡	kg	—	—	4.06	3.44
	防腐油	kg	5.40	5.00	6.76	5.31
	盐酸	kg	—	—	0.86	0.74
	粘合剂 XY508	kg	1.52	—	—	—
	铁钉(圆钉)	kg	—	1.81	2.10	0.70

单位:100 m

项目编码			021	022	023	024
			7-196	7-197	7-198	7-199
项目			铝合金板盖面		彩钢板盖面	
			平面	立面	平面	立面
基价(元)			5822.17	2560.01	1494.97	659.21
其中	人工费(元)		—	—	—	—
	材料费(元)		5817.17	2555.01	1489.97	654.21
	机械费(元)		5.00	5.00	5.00	5.00
名称		单位	消耗量			
人工	综合人工	工日	4.048	3.344	4.048	3.344
材料	铝合金条板 1 mm	m^2	60.10	26.40	—	—
	彩钢板	m^2	—	—	60.10	26.40
	钢钉	kg	2.10	0.30	2.10	0.30
	玻璃胶 300 mL	支	5.60	2.30	5.60	2.30
	拉铆钉 LD-1	个	300.00	200.00	300.00	200.00
	防腐油	kg	11.00	3.40	11.00	3.40
机械	其他机械费	元	5.00	5.00	5.00	5.00

单位:100 m

项目编码			025	026
			7-200	7-201
项目			不锈钢盖板	
			平面	立面
基价(元)			9097.67	3992.01
其中	人工费(元)		—	—
	材料费(元)		9092.67	3987.01
	机械费(元)		5.00	5.00
名称		单位	消耗量	
人工	综合人工	工日	4.048	3.344
材料	镜面不锈钢板 0.8 mm	m^2	60.10	26.40
	钢钉	kg	2.10	0.30
	玻璃胶 300 mL	支	5.60	2.30
	防腐油	kg	11.00	3.40
机械	其他机械费	元	5.00	5.00

十四、辽宁省建筑工程预算实物量定额

（2004年定额防水工程部分）

第一节　屋面防水

一、屋面卷材防水

（一）油毡防水

工作内容：熬制沥青玛碲脂，配制冷底子油，刷冷底子油，贴附加层，铺贴卷材收头。　　单位：100 m²

定额编号			7-18	7-19	7-20	7-21	7-22
项目			石油沥青玛碲脂卷材防水				
			一毡二油	二毡三油	二毡三油一砂	玛碲脂卷材每增减一毡一油	干铺油毡一层
名称		单位	数量				
人工	综合工日	工日	3.210	5.120	6.260	1.910	1.250
材料	石油沥青玛碲脂	m³	0.460	0.610	0.690	0.150	—
	冷底子油 30：70	kg	48.960	48.960	48.960	—	—
	钢筋 ϕ10 以内	kg	5.220	5.220	5.220	—	—
	木柴	kg	205.700	245.400	301.180	64.240	—
	粒砂	m³	—	—	0.520	—	—
	石油沥青油毡 350#	m²	124.170	237.940	237.940	113.770	113.770
	铁钉	kg	0.280	0.280	0.280	—	—

（二）高分子卷材防水

工作内容：1. 清理基层，找平层分格缝嵌油膏，防水薄弱处刷涂膜附加层。

2. 刷底胶，铺贴卷材，接缝嵌油膏，做接头。

3. 涂刷着色剂保护层二遍。　　单位：100 m²

定额编号			7-23	7-24	7-25	7-26	7-27	7-28	7-29
项目			三元乙丙橡胶卷材冷贴				再生橡胶卷材冷贴		
			满铺	空铺	点铺	条铺	满铺	空铺	点铺
名称		单位	数量						
人工	综合工日	工日	9.220	9.220	9.220	8.110	9.220	9.220	9.220
材料	107 胶素水泥浆	m³	0.010	0.010	0.010	0.010	0.010	0.010	0.010
	钢筋 ϕ10 以内	kg	4.380	4.380	4.380	4.380	4.380	4.380	4.380
	银色着色剂	kg	20.200	20.200	20.200	20.200	20.200	20.200	20.200
	CSPE 嵌缝油膏 330 mL	支	50.280	50.280	50.280	50.280	—	—	—
	三元乙丙橡胶卷材	m²	110.550	112.850	112.850	112.850	—	—	—

续表

单位：100 m^2

定额编号			7-23	7-24	7-25	7-26	7-27	7-28	7-29
项目			三元乙丙橡胶卷材冷贴				再生橡胶卷材冷贴		
			满铺	空铺	点铺	条铺	满铺	空铺	点铺
名称		单位	数量						
材料	丁基黏结剂	kg	9.560	11.850	11.850	11.850	—	—	—
	二甲苯	kg	27.000	27.000	27.000	27.000	25.250	25.250	25.250
	聚氨酯甲料	kg	16.210	16.210	16.210	16.210	16.210	16.210	16.210
	聚氨酯乙料	kg	31.130	31.130	31.130	31.130	31.130	31.130	31.130
	乙酸乙酯	kg	5.050	5.050	5.050	5.050	5.050	5.050	5.050
	黏结剂 CX-404	kg	40.400	7.890	10.450	14.290	—	—	—
	铁钉	kg	0.230	0.230	0.230	0.230	0.230	0.230	0.230
	CSPE 嵌缝油膏 300 mL	支	—	—	—	—	50.280	50.280	50.280
	氯丁胶黏合剂	kg	—	—	—	—	49.950	23.280	20.210
	再生橡胶卷材	m^2	—	—	—	—	110.550	112.850	112.850

单位：100 m^2

定额编号			7-30	7-31	7-32	7-33	7-34	7-35
项目			再生橡胶卷材冷贴	氯丁橡胶卷材冷贴				氯化聚乙烯橡胶共混卷材冷贴
			条铺	满铺	空铺	点铺	条铺	满铺
名称		单位	数量					
人工	综合工日	工日	8.110	9.220	9.220	9.220	8.110	9.220
材料	107 胶素水泥浆	m^3	0.010	0.010	0.010	0.010	0.010	0.010
	钢筋 $\phi10$ 以内	kg	4.380	4.380	4.380	4.380	4.380	4.380
	银色着色剂	kg	20.200	20.200	20.200	20.200	20.200	20.200
	CSPE 嵌缝油膏 300 mL	支	50.280	—	—	—	—	—
	CSPE 嵌缝油膏 300 mL	支	—	50.280	50.280	50.280	50.280	50.280
	氯丁橡胶卷材	m^2	—	110.550	112.850	112.850	112.850	—
	BX-12 乙组分 880 mL	瓶	—	—	—	—	—	11.940
	BX-12 黏结剂	kg	—	—	—	—	—	45.450
	CY409 液	kg	—	9.550	11.850	11.850	11.850	—
	二甲苯	kg	25.250	27.000	27.000	27.000	27.000	27.000
	聚氨酯甲料	kg	16.210	11.660	11.660	11.660	11.660	11.660
	聚氨酯乙料	kg	31.130	17.500	17.500	17.500	17.500	17.500
	氯丁胶沥青胶液	kg	—	60.600	31.630	28.560	26.520	—
	氯丁胶乳	kg	—	—	—	—	—	18.180
	氯丁胶黏合剂	kg	18.160	—	—	—	—	—
	氯化聚乙烯橡胶共混卷材	m^2	—	—	—	—	—	110.550
	乙酸乙酯	kg	5.050	5.050	5.050	5.050	5.050	5.050
	再生橡胶卷材	m^2	112.850	—	—	—	—	—
	铁钉	kg	0.230	0.230	0.230	0.230	0.230	0.230

单位：100 m²

定额编号			7-36	7-37	7-38	7-39	7-40	7-41	7-42
项目			氯化聚乙烯橡胶共混卷材冷贴			氯磺化聚乙烯卷材冷贴			
			空铺	点铺	条铺	满铺	空铺	点铺	条铺
	名称	单位	数量						
人工	综合工日	工日	9.220	9.220	8.110	9.220	9.220	9.220	8.110
材料	107胶素水泥浆	m³	0.010	0.010	0.010	0.010	0.010	0.010	0.010
	钢筋ϕ10以内	kg	4.380	4.380	4.380	4.380	4.380	4.380	4.380
	银色着色剂	kg	20.200	20.200	20.200	20.200	20.200	20.200	20.200
	CSPE嵌缝油膏330 mL	支	50.280	50.280	50.280	50.280	50.280	50.280	50.280
	氯磺化聚乙烯卷材	m²	—	—	—	110.550	112.850	112.850	112.850
	BX-12乙组分880 mL	瓶	14.810	14.810	14.810	—	—	—	—
	BX-12黏结剂	kg	12.860	9.410	7.100	—	—	—	—
	CX-401胶	kg	—	—	—	10.510	12.210	13.030	10.510
	CX-404胶	kg	—	—	—	50.500	14.290	10.450	7.890
	二甲苯	kg	27.000	27.000	27.000	27.000	27.000	27.000	27.000
	聚氨酯甲料	kg	11.660	11.660	11.660	16.210	16.210	16.210	16.210
	聚氨酯乙料	kg	17.500	17.500	17.500	31.130	31.130	31.130	31.130
	氯丁胶乳	kg	18.180	18.180	18.180	—	—	—	—
	氯化聚乙烯橡胶共混卷材	m²	112.850	112.850	112.850	—	—	—	—
	乙酸乙酯	kg	5.050	5.050	5.050	5.050	5.050	5.050	5.050
	铁钉	kg	0.230	0.230	0.230	0.230	0.230	0.230	0.230

工作内容：1. 防水柔毡：清扫基层，熔化粘胶，涂刷粘胶，铺贴柔毡，收头，铺撒白石子保护层。

2. 聚氯乙烯卷材铝合金压条：清理基层，铺卷材，钉压条，射钉上嵌密封膏收头。

单位：100 m²

定额编号			7-43	7-44	7-45
项目			防水柔毡(热贴满铺)		聚氯乙烯防水卷材铝合金压条
			二胶一毡一砂	每增一胶一毡	空铺
	名称	单位	数量		
人工	综合工日	工日	6.000	3.100	88.400
材料	107胶素水泥浆	m³	0.010	—	—
	钢筋ϕ10以内	kg	4.380	—	—
	CSPE嵌缝油膏330 mL	支	50.280	—	—
	二甲苯	kg	25.250	—	—
	乙酸乙酯	kg	5.050	—	—
	铁钉	kg	0.230	—	—
	铝合金压条3×30	m	—	—	105.000
	木柴	kg	219.820	90.200	—
	白石子	kg	772.500	—	—
	PVC防水卷材	m²	—	—	130.00
	防水柔毡	m²	126.150	110.150	—
	密封膏	支	—	—	13.000
	303胶	kg	—	—	45.000
	黏胶	kg	730.820	320.240	—
	射钉	百个	—	—	5.270
	其他材料费占材料费	%	—	—	5.000

工作内容：找平层嵌缝，刷聚氨酯涂膜附加层。用掺胶水泥浆贴卷材，聚氨酯胶接缝搭接。

单位：100 m²

定额编号			7-46
项目			SCB120 复合卷材冷贴满铺
名称		单位	数量
人工	综合工日	工日	5.380
材料	素水泥浆	m^3	0.150
	CSPE 嵌缝油膏 330 mL	支	48.960
	聚氨酯甲料	kg	19.040
	聚氨酯乙料	kg	28.560
	乙酸乙酯	kg	5.050
	聚乙烯丙纶双面复合防水卷材 SBC	m^2	110.550
	107 胶	kg	11.380

（三）改性沥青卷材防水

工作内容：1. 清理基层，刷基层处理剂，找平层分格缝嵌油膏，防水薄弱处刷聚氨酯涂膜附加层。

2. 屋面贴改性沥青卷材，卷材搭接处及收头嵌油膏。 单位：100 m²

定额编号			7-47	7-48	7-49	7-50
项目			改性沥青卷材防水			
			满铺	条铺	点铺	空铺
名称		单位	数量			
人工	综合工日	工日	7.020	7.020	7.020	5.910
材料	聚氨酯甲料	kg	8.320	8.320	8.320	8.320
	聚氨酯乙料	kg	12.480	12.480	12.480	12.480
	改性沥青乳胶	kg	30.000	30.000	30.000	30.000
	改性沥青卷材(3 mm 厚)	m^2	111.500	113.930	113.930	113.930
	改性沥青黏结剂	kg	55.750	21.970	20.760	14.260
	改性沥青嵌缝油膏	kg	33.640	33.640	33.640	33.640
	石油液化气	kg	24.000	21.200	21.200	18.400

工作内容：热熔单层：刷基层处理剂，找平层嵌缝，附加层刷聚氨酯膜，贴卷材，卷材接缝收头处嵌油膏。

定额编号			7-51	7-52
项目			改性沥青卷材防水	屋面分格缝上点粘 300 宽改性沥青卷材
			热熔单层	改性沥青卷材
			100 m²	100 m
名称		单位	数量	
人工	综合工日	工日	7.020	2.070
材料	聚氨酯甲料	kg	8.320	—
	聚氨酯乙料	kg	12.480	—
	改性沥青嵌缝油膏	kg	33.640	—
	改性沥青卷材(铝箔)	m^2	111.500	—
	改性沥青卷材(3 mm 厚)	m^2	—	33.630
	改性沥青黏结剂	kg	—	7.580
	改性沥青乳胶	kg	30.000	—
	石油液化气	kg	28.000	4.200

工作内容：1. 刷基层处理剂，防水薄弱处刷聚氨酯涂膜附加层。

2. 粘贴卷材，卷材接缝贴120宽加强层并油膏收头。　　单位：100 m^2

定额编号			7-53	7-54
项目			改性沥青卷材满铺(防水)	
			平面	立面
名称		单位	数量	
人工	综合工日	工日	19.340	24.990
材料	聚氨酯甲料	kg	5.420	5.420
	聚氨酯乙料	kg	8.130	8.130
	改性乳化沥青	kg	30.000	30.000
	改性沥青卷材(3 mm厚)	m^2	126.540	126.540
	改性沥青黏结剂	kg	50.620	50.620
	改性沥青嵌缝油膏	kg	12.220	12.220
	石油液化气	kg	22.000	22.000

二、屋面涂膜防水

工作内容：1. 屋面满涂油膏：油膏加热，屋面满涂油膏。

2. 板嵌缝：油膏加热，板缝嵌油膏。

定额编号			7-55	7-56	7-57
项目			屋面满涂塑料油膏	塑料油膏嵌缝	
				空心板	大型屋面板
			100 m^2	100 m	
名称		单位	数量		
人工	综合工日	工日	2.860	3.310	3.330
材料	木柴	kg	182.160	37.070	48.220
	塑料油膏	kg	585.120	119.070	154.910

注：嵌缝取定纵缝断面：空心板7.5 cm^2，大型屋面板9 cm^2，如果断面不同于定额取定断面，以纵缝断面比例调整人工、材料数量。

工作内容：1. 塑料油膏玻璃纤维布：包括刷冷底子油，找平层分格缝嵌油膏，贴防水附加层，铺贴玻璃纤维布，表面撒粒砂保护层。

2. 屋面分格缝：支座处铺油毡一层，清理缝，熬制油膏，油膏灌缝，沿缝上做二毡三油一砂。

定额编号			7-58	7-59	7-60
项目			塑料油膏玻璃纤维布		屋面分格缝
			一布二油	每增一布一油	100 m
			100 m^2		
名称		单位	数量		
人工	综合工日	工日	3.450	2.170	9.900
材料	木柴	kg	271.560	101.150	218.110
	粒砂	m^3	—	—	0.410

续表

定额编号		7-58	7-59	7-60
项目		塑料油膏玻璃纤维布		屋面分格缝
		一布二油	每增一布一油	100 m
		100 m^2		
名称	单位	数量		
材料 石油沥青油毡 350#	m^2	—	—	232.100
塑料油膏	kg	872.260	324.940	303.680
冷底子油 30∶70	kg	—	—	38.850
玛碲脂	m^3	—	—	0.490
玻璃纤维布 1.8 mm 厚	m^2	120.450	112.180	—

工作内容：熬制油膏，缝灌油膏，缝上铺贴玻璃纤维布。涂刷聚氨酯底胶，刷聚氨酯防水层二遍，并撒石渣作保护层(或与钢性块料层的连接层)。

定额编号			7-61	7-62	7-63
项目			塑料油膏贴玻璃布盖缝		聚氨酯涂膜防水屋面
			一布二油	每增一布一油	100 m^2
			100 m		
名称		单位	数量		
人工	综合工日	工日	2.070	1.240	5.100
材料	木柴	kg	109.300	40.990	—
	石渣	m^3	—	—	0.310
	塑料油膏	kg	351.070	131.650	—
	二甲苯	kg	—	—	12.960
	聚氨酯甲料	kg	—	—	105.550
	聚氨酯乙料	kg	—	—	165.130
	玻璃纤维布 1.8 mm 厚	m^2	30.300	30.300	—

注：聚氨酯如果掺缓凝剂，应增加磷酸 0.30 kg；如果掺促凝剂应增加二月桂酸二丁基锡 0.25kg。

工作内容：清理基层，调配砂浆，铺抹砂浆养护，筛铺镇水粉，铺隔离纸。　　单位：100 m^2

定额编号			7-64	7-65	7-66	7-67
项目			掺无机盐铝防水剂		防水砂浆 2 cm 厚	镇水粉隔离层
			素水泥浆	防水砂浆 2 cm		
名称		单位	数量			
人工	综合工日	工日	1.930	10.520	10.790	18.640
材料	水泥砂浆 1∶2	m^3	—	2.020	2.020	—
	素水泥浆	m^3	0.100	0.100	0.100	—
	防水粉	kg	—	—	66.300	—
	无机盐铝防水剂	kg	14.700	132.600	—	—
	隔离纸	m^2	—	—	—	130.00
	镇水粉	kg	—	—	—	600.00
机械	灰浆搅拌机 200 L	台班	—	0.350	0.350	—

工作内容：涂刷底胶：做一布一涂附加层于防水薄弱处，冷胶贴聚酯布防水层，最表层撒细砂保护层。

单位：100 m^2

定额编号			7-68	7-69
项目			氯丁冷胶	
			二布三涂	每增一布一涂
名称		单位	数量	
人工	综合工日	工日	9.350	4.710
材料	细砂	m^3	0.310	—
	聚酯布 100 g/m^2	m^2	236.360	110.890
	氯丁冷胶	kg	363.600	85.850

三、屋面刚性防水

工作内容：清理基层，浇灌细石混凝土。

单位：100 m^2

定额编号			7-70	7-71
项目			细石混凝土	
			厚度(mm)	
			40	增减 5 mm
名称		单位	数量	
人工	综合工日	工日	9.510	1.200
材料	混凝土水泥 32.5 级	m^3	4.050	0.510
	银色防水粉(剂)	kg	72.090	9.080
	水	m^3	3.800	0.500
机械	灰浆搅拌机 200 L	台班	0.340	0.050

四、屋面排水

工作内容：铁皮截料、制作、安装。

单位：100 m^2

定额编号			7-72	7-73
项目			铁皮排水	
			水落管、檐沟	天沟、泛水
名称		单位	数量	
人工	综合工日	工日	28.810	10.410
材料	镀锌铁皮 26#	m^2	105.800	105.400
	木炭	kg	7.690	9.240
	焊锡	kg	1.800	2.080
	盐酸	kg	0.380	0.440
	铁钉	kg	0.380	3.000
	铁件	kg	49.150	—

工作内容：1. 铸铁水落管：包括切管，埋管卡，安水管，和灰埝口。

2. 铸铁雨水口；就位，安装。

定额编号			7-74	7-75	7-76	7-77
项目			铸铁水落管		铸铁雨水口	
			直径 100 mm	直径 150 mm	直径 100 mm	直径 150 mm
			10 m		10 个	
名称		单位	数量			
人工	综合工日	工日	2.820	3.120	3.230	3.360
材料	玛碲脂	m^3	—	—	0.010	0.010
	镀锌铁丝 8#	kg	0.820	0.820	—	—
	水泥	kg	11.630	13.200	—	—
	砂	m^3	0.020	0.020	—	—
	石棉绒	kg	1.740	2.360	—	—
	石油沥青油毡 350#	m^2	—	—	2.420	2.930
	石油沥青 30#	kg	0.700	0.950	—	—
	螺栓 M3×20	套	21.000	—	—	—
	膨胀螺栓 6×22	套	10.500	—	—	—
	铁件	kg	1.440	7.780	—	—
	铸铁雨水口 100 带罩	套	—	—	10.470	—
	铸铁雨水口 150 带罩	套	—	—	—	10.100
	铸铁排水管 100×1500	m	10.470	—	—	—
	铸铁排水管 150×1500	m	—	10.100	—	—
	铸铁三通 100×50	个	3.610	—	—	—
	铸铁三通 150×50	个	—	3.610	—	—
	麻丝	kg	0.180	0.250	—	—
	水	m^3	1.040	1.320	—	—

工作内容：就位，安装。　　　　单位：10 个

定额编号			7-78	7-79	7-80
项目			铸铁水斗（或称接水口）		铸铁弯头（含箅子板）
			落水口直径 100 mm	落水口直径 150 mm	
名称		单位	数量		
人工	综合工日	工日	2.680	2.810	3.580
材料	玛碲脂	m^3	—	—	0.070
	二等板方材	m^3	—	—	0.036
	防腐油	kg	—	—	0.400
	铁件	kg	10.830	11.770	2.420
	铸铁水头（接水口）100	个	10.100	—	—
	铸铁水头（接水口）150	个	—	10.100	—
	铸铁弯头（出水口）100	个	—	—	10.100

十五、吉林省建设工程计价定额

(2009年定额防水工程部分)

关于颁发吉林省建设工程计价定额的通知

吉建造[2008]14号

各有关单位：

为合理确定工程造价，根据国家标准《建设工程工程量清单计价规范》(GB 50500—2008)的规定和国家有关定额，结合我省实际，编制了《吉林省建筑工程计价定额》(JLJD—JZ—2009)、《吉林省装饰工程计价定额》(JLJD—ZS—2009)、《吉林省安装工程计价定额》(JLJD—AZ—2009)、《吉林省市政工程计价定额》(JLJD—SZ—2009)、《吉林省建设工程费用定额》(JLJD—FY—2009)、《吉林省建设工程材料预算价格》(JLJD—CJ—2009)、《吉林省施工机械台班计价定额》(JLJD—JX—2009)(以下统称"本定额")，现予颁布，自2009年1月1日起施行。

本定额是编制建设工程投资估算、设计概算、施工图预算、竣工结算的依据；是工程量清单计价、编制招标控制价的依据；是调解处理工程造价纠纷、鉴定工程造价的依据；是编制投资估算指标、概算指标(定额)的基础；是投标报价和衡量投标报价合理性的基础。

2004年出版的《吉林省建筑工程消耗量定额》(JLXD—JZ—2004)、《吉林省装饰装修工程消耗量定额》(JLXD—ZS—2004)、《吉林省安装工程消耗量定额》(JLXD—AZ—2004)、《吉林省市政工程消耗量定额》(JLXD—SZ—2004)和2006年出版的《吉林省建筑、装饰、安装、市政工程消耗量定额基价表》、《吉林省建筑安装工程费用定额》、《吉林省建设工程材料预算价格》、《吉林省施工机械台班费用定额》同时废止。

本定额由吉林省建设厅负责解释和管理。

吉林省建设厅

二〇〇八年十二月三十日

第七章　屋面及防水工程

说　明

一、瓦片规格与定额不同时，面层数量可以换算，其他不变。

二、高分子卷材厚度，再生橡胶卷材按 1.5 mm，其他均按 1.2 mm 取定。

三、防水工程适用于楼面、墙基、墙身、构筑物、水池、水塔及室内厕所、浴室等防水，建筑物±0 以下的防水、防潮工程按防水工程相应项目计算。

四、三元乙丙丁基橡胶卷材屋面防水，按相应三元乙丙橡胶卷材屋面防水项目计算。

五、氯丁冷胶"二布三涂"项目，其"三涂"是指涂料构成防水层数并非指涂刷遍数；每一层"涂层"刷二遍至数遍不等。

六、本定额中沥青、玛碲脂均指石油沥青、石油沥青玛碲脂。

七、变形缝填缝：建筑油膏聚乙稀胶泥断面取定 3 cm×2 cm；油浸木丝板取定为 2.5 cm×15 cm；紫铜板止水带系 2 mm 厚，展开宽 45 cm；氯丁橡胶宽 30 cm，涂刷式氯丁胶贴玻璃止水片宽 35 cm，其余均为 15 cm×3 cm。如设计断面不同时，用料可以换算，人工不变。

八、盖缝：木板盖缝断面为 20 cm×2.5 cm，如设计断面不同时，用料可以换算，人工不变。

九、屋面砂浆找平层，面层按 B.1 楼地面工程相应定额项目计算。

十、细石混凝土刚性防水和水泥砂浆二次抹压防水子目中未包括分格缝填缝工料。

十一、细石混凝土防水层如使用钢筋网者，钢筋制安按混凝土及钢筋工程相应定额项目计算。

十二、轻质隔热彩钢夹芯板屋面安装，未考虑开启天窗、采光带工料，发生时单独计算。

十三、膜结构（也称索膜结构），是一种以膜布与支撑（柱、网架等）和拉结结构（拉杆、钢丝绳等）组成的屋盖、篷顶结构；常用于候车亭、收费站和地下通道出口等。

十四、膜结构屋面适用于膜布屋面；膜结构中支撑和拉固膜布的钢柱、拉杆、金属网架、钢丝绳、锚固的锚头等已包括在项目内，不得另算；支撑柱的钢筋混凝土柱基、锚固的钢筋混凝土基础以及地脚螺栓等应按钢筋混凝土工程相关项目计算。

工程量计算规则

一、屋面工程

1. 轻质隔热彩钢夹芯板屋面安装按图示尺寸计算，减屋面采光带、天窗面积以平方米计算。

2. 瓦屋面、金属压型板（包括挑檐部分）均按屋面水平投影面积乘以屋面坡度系数，以平方米计算。不扣除房上烟囱、风帽底座、风道、屋面小气窗、斜沟等所占面积，屋面小气窗出檐部分亦不增加。

3. 膜结构屋面，按设计图示尺寸以需要覆盖的水平面积计算。

屋面坡度系数表

坡度高 $B(A=1)$	高跨比 $B/2A$	坡度角度 (α)	延尺系数 $C(A=1)$	隅延尺系数 $D(A=1)$
1.0	1/2	45°	1.4142	1.7321
0.75		36°52′	1.25	1.6008
0.70		35°	1.2207	1.5779
0.666	1/3	33°40′	1.2015	1.5620
0.65		33°01′	1.1926	1.5564
0.60		30°58′	1.1662	1.5362
0.577		30°	1.1547	1.5270
0.55		28°49′	1.1413	1.5170
0.50	1/4	26°34′	1.118	1.5000
0.45		24°14′	1.0966	1.4839
0.40	1/5	21°48′	1.077	1.4697
0.35		19°17′	1.0595	1.4569
0.30		16°42′	1.044	1.4457
0.25	1/8	14°02′	1.0308	1.4362
0.20	1/10	11°19′	1.0198	1.4283
0.15		8°32′	1.0112	1.4221
0.125		7°8′	1.0078	1.4191
0.10	1/20	5°42′	1.0050	1.4177
0.083	1/24	4°45′	1.0035	1.4166
0.066	1/30	3°49′	1.0022	1.4157

注：(1) B 为坡度的高，A 为跨度的 1/2；

(2) 两坡排水屋面面积为水平投影面积乘以延尺系数 C；

(3) 四坡排水屋面斜脊长度＝$A\times D$ 隅延尺系数(马尾架)；

(4) 沿山墙泛水长度＝$A\times C$。

二、卷材屋面

1. 卷材屋面按图示尺寸的水平投影面积乘以规定的坡度系数(见表 1)以平方米计算，但不扣除房上烟囱、风帽底座、风道、屋面小气窗和斜沟所占的面积。屋面的女儿墙、伸缩缝和天窗等处的弯起部分，按图示尺寸并入屋面工程量计算。如图纸无规定时，伸缩缝、女儿墙的弯起部分可按 0.25 m 计算，天窗弯起部分按 0.5 m 计算。

2. 卷材屋面的附加层、接缝、收头、找平层的嵌缝、冷底子油已计入定额内，不另计算。

三、涂膜屋面

涂膜屋面的工程量计算同卷材屋面。涂膜屋面的油膏嵌缝、玻璃布盖缝、屋面分格缝，以延长米计算。

四、屋面排水

1. 铁皮排水按图示尺寸以展开面积计算。

2. 铸铁、塑料水落管区别不同直径，按图示尺寸以延长米计算。雨水口、水斗、弯头以个计算。

3. PVC、玻璃钢水落管区别不同直径按设计图示尺寸以长度计算，如设计未标注尺寸，以檐口至设计室外散水上表面垂直距离计算，管件所占位置不扣除。管件以个计算。

五、防水工程

1. 建筑物地面防水、防潮层，按主墙间净面积计算，扣除凸出地面的构筑物、设备基础等所占的面积，不扣除柱、垛、间壁墙、烟囱及0.3 m^2 以内孔洞所占面积。与墙面连接处高度在0.5 m以内者按展开面积计算，并入平面工程量内，超过0.5 m时，按立面防水层计算。

2. 建筑物墙基防水、防潮层，外墙长度按中心线，内墙按净线乘以宽度以平方米计算。

3. 屋面刚性防水按设计图示尺寸以面积计算，不扣除房上烟囱、风帽底座及小于0.3 m^2 以内孔洞等所占面积。

4. 构筑物及建筑物地下室防水层，按实铺面积计算，但不扣除0.3 m^2 以内的孔洞面积。平面与立面交接处的防水层，其上卷高度超过0.5 m时，按立面防水层计算。

5. 防水卷材的附加层、接缝、收头、冷底子油等工料均已计入定额内，不另计算。

6. 变形缝按设计图示以延长米计算。

一、瓦、型材屋面工程

1. 瓦 屋 面

工作内容：铺瓦、调制砂浆、安脊瓦、檐口。　　　　单位：100 m^2

定额编号				A7-0001	A7-0002
项目名称				水泥瓦	粘土瓦
				屋面板上或椽子挂瓦条上铺设	
基价(元)				2401.65	1550.39
其中	人工费(元)			303.75	303.75
	材料费(元)			2097.90	1246.64
	机械费(元)			—	—
名称		单位	单价(元)	数量	
人工	综合工日	工日	50.00	6.08	6.08
材料	水泥瓦 385×235	千块	1200.00	1.7	—
	粘土瓦 380×240	千块	720.00	—	1.67
	水泥脊瓦	块	1.20	28.46	—
	粘土脊瓦	块	0.72	—	28.46
	水泥砂浆 1∶2.5	m^3	215.90	0.11	0.11

工作内容：檩条上铺钉石棉瓦；调制砂浆、安脊瓦、檐口。　　　　单位：100 m^2

定额编号				A7-0003	A7-0004	A7-0005
项目名称				小波石棉瓦		
				木檩上	钢檩上	混凝土檩上
基价(元)				1930.84	2204.96	2196.91
其中	人工费(元)			222.75	337.95	337.95
	材料费(元)			1708.09	1867.01	1858.96
	机械费(元)			—	—	—
名称		单位	单价(元)	数量		
人工	综合工日	工日	50.00	4.46	6.76	6.76
材料	小波石棉瓦 1820×725	块	15.20	102.55	102.55	102.55
	小波石棉脊瓦 850×360	块	7.50	14.66	14.66	14.66
	镀锌铁钉带垫	个	0.06	402.33	—	—
	镀锌螺栓钩 ϕ6×600	个	0.41	—	201.16	—
	镀锌扁钢钩 3×12×400	个	0.50	—	201.16	—
	镀锌螺栓钩 ϕ6×800	个	0.47	—	—	201.16
	镀锌扁钢钩 3×12×300	个	0.40	—	—	201.16
	油灰	kg	4.00	2.94	2.94	2.94
	麻刀石灰浆	m^3	174.18	0.02	0.02	0.02

工作内容：檩条上铺钉石棉瓦；调制砂浆、安脊瓦、檐口。　　　　单位：100 m^2

定额编号				A7-0006	A7-0007	A7-0008
项目名称				大波石棉瓦		
				木檩上	钢檩上	混凝土檩上
基价(元)				2140.25	2401.41	2430.90
其中	人工费(元)			193.95	308.70	308.70
	材料费(元)			1946.30	2092.71	2122.20
	机械费(元)			—	—	—
名称		单位	单价(元)	数量		
人工	综合工日	工日	50.00	3.88	6.17	6.17
材料	大波石棉瓦 2800×994	块	33.00	53.7	53.7	53.7
	大波石棉脊瓦 850×460	块	9.00	14.66	14.66	14.66
	镀锌铁钉带垫	个	0.06	421.31	—	—
	镀锌螺栓钩 ϕ6×800	个	0.47	—	—	315.98
	镀锌螺栓钩 ϕ6×600	个	0.41	—	315.98	—
	镀锌扁钢钩 3×12×300	个	0.40	—	105.33	—
	镀锌扁钢钩 3×12×400	个	0.50	—	—	105.33
	油灰	kg	4.00	2.94	2.94	2.94
	麻刀石灰浆	m^3	174.18	0.03	0.03	0.03

工作内容：在混凝土板上铺灰盖瓦、抹瓦管、安脊瓦、修脊瓦口边线，清扫瓦面。　　　　单位：10 m²

定额编号				A7-0009	A7-0010	A7-0011
项目名称				铺在混凝土		
				亭面上	屋面上	桷条上
基价(元)				2091.46	1781.62	2063.71
其中	人工费(元)			516.60	418.05	543.60
	材料费(元)			1569.19	1357.90	1516.87
	机械费(元)			5.67	5.67	3.24
名称		单位	单价(元)	数量		
人工	综合工日	工日	50.00	10.33	8.36	10.87
材料	玻璃瓦片 225×215×10	块	1.50	589	463	589
	玻璃瓦筒 220×115×60	块	2.40	240	232	240
	镀锌铁丝 14#	kg	4.10	1.44	1.44	1.44
	水泥砂浆 1:2	m³	233.51	0.222	0.222	—
	混合砂浆 M5	m³	143.25	0.222	0.222	0.222
	其他材料费	元	1.00	20.15	17.06	19.66
机械	灰浆搅拌机 200 L	台班	80.97	0.07	0.07	0.04

工作内容：在混凝土板上铺灰盖瓦、抹瓦管、安脊瓦、修脊瓦口边线，清扫瓦面。　　　　单位：10 m

定额编号				A7-0012	A7-0013
项目名称				玻璃瓦檐	琉璃瓦脊
基价(元)				500.39	517.13
其中	人工费(元)			206.10	256.95
	材料费(元)			292.67	258.56
	机械费(元)			1.62	1.62
名称		单位	单价(元)	数量	
人工	综合工日	工日	50.00	4.12	5.14
材料	琉璃满面筒(花瓦)245×215	块	3.00	50	—
	琉璃满面筒(勾头)265×110	块	2.80	44	—
	琉璃瓦脊 255×140	块	5.00	—	47
	红砖	千块	210.00	—	0.04
	水泥砂浆 1:2	m³	233.51	0.044	—
	混合砂浆 M5	m³	143.25	0.044	0.088
	其他材料费	元	1.00	2.89	2.55
机械	灰浆搅拌机 200 L	台班	80.97	0.02	0.02

工作内容：调制砂浆；铺瓦并修界瓦边，绑铁线及钉固；清扫屋面。　　　　单位：10 m²

<table>
<tr><td colspan="4">定　额　编　号</td><td>A7-0014</td><td>A7-0015</td><td>A7-0016</td></tr>
<tr><td colspan="4" rowspan="3">项　目　名　称</td><td colspan="3">西班牙瓦屋面</td></tr>
<tr><td rowspan="2">两坡以内</td><td rowspan="2">四坡以内</td><td>正斜脊</td></tr>
<tr><td>(10 m)</td></tr>
<tr><td colspan="4">基　价(元)</td><td>1010.54</td><td>1031.69</td><td>177.45</td></tr>
<tr><td rowspan="3">其中</td><td colspan="3">人　工　费(元)</td><td>118.35</td><td>139.50</td><td>85.05</td></tr>
<tr><td colspan="3">材　料　费(元)</td><td>886.50</td><td>886.50</td><td>90.78</td></tr>
<tr><td colspan="3">机　械　费(元)</td><td>5.69</td><td>5.69</td><td>1.62</td></tr>
<tr><td colspan="2">名　称</td><td>单位</td><td>单价(元)</td><td colspan="3">数　量</td></tr>
<tr><td>人工</td><td>综合工日</td><td>工日</td><td>50.00</td><td>2.37</td><td>2.79</td><td>1.70</td></tr>
<tr><td rowspan="9">材料</td><td>西班牙瓦 310×310×15</td><td>块</td><td>5.00</td><td>158</td><td>158</td><td>—</td></tr>
<tr><td>西班牙瓦脊 285×180×15</td><td>块</td><td>2.60</td><td>—</td><td>—</td><td>0.37</td></tr>
<tr><td>S盾瓦 250×90×10</td><td>百块</td><td>160.00</td><td>—</td><td>—</td><td>0.41</td></tr>
<tr><td>镀锌铁丝 12#</td><td>kg</td><td>4.05</td><td>1.44</td><td>1.44</td><td>1.44</td></tr>
<tr><td>混合砂浆 M2.5</td><td>m³</td><td>140.01</td><td>0.22</td><td>0.22</td><td>0.09</td></tr>
<tr><td>水泥砂浆 1：2.5</td><td>m³</td><td>215.90</td><td>0.22</td><td>0.22</td><td>—</td></tr>
<tr><td>扣钉</td><td>kg</td><td>8.50</td><td>0.09</td><td>0.09</td><td>0.09</td></tr>
<tr><td>水</td><td>m³</td><td>9.00</td><td>0.32</td><td>0.32</td><td>0.2</td></tr>
<tr><td>其他材料费</td><td>元</td><td>1.00</td><td>8.72</td><td>8.72</td><td>3.22</td></tr>
<tr><td rowspan="2">机械</td><td>灰浆搅拌机 200 L</td><td>台班</td><td>80.97</td><td>0.07</td><td>0.07</td><td>0.02</td></tr>
<tr><td>其他机械费</td><td>元</td><td>1.00</td><td>0.02</td><td>0.02</td><td>—</td></tr>
</table>

工作内容：调制砂浆；铺瓦并修界瓦边，绑铁线及钉固；清扫屋面。　　　　单位：10 m²

<table>
<tr><td colspan="4">定　额　编　号</td><td>A7-0017</td><td>A7-0018</td><td>A7-0019</td></tr>
<tr><td colspan="4" rowspan="3">项　目　名　称</td><td colspan="3">英红瓦屋面</td></tr>
<tr><td rowspan="2">两坡以内</td><td rowspan="2">四坡以内</td><td>正斜脊</td></tr>
<tr><td>(10 m)</td></tr>
<tr><td colspan="4">基　价(元)</td><td>1108.74</td><td>1129.24</td><td>273.70</td></tr>
<tr><td rowspan="3">其中</td><td colspan="3">人　工　费(元)</td><td>106.00</td><td>126.50</td><td>77.50</td></tr>
<tr><td colspan="3">材　料　费(元)</td><td>999.50</td><td>999.50</td><td>194.58</td></tr>
<tr><td colspan="3">机　械　费(元)</td><td>3.24</td><td>3.24</td><td>1.62</td></tr>
<tr><td colspan="2">名　称</td><td>单位</td><td>单价(元)</td><td colspan="3">数　量</td></tr>
<tr><td>人工</td><td>综合工日</td><td>工日</td><td>50.00</td><td>2.12</td><td>2.53</td><td>1.55</td></tr>
<tr><td rowspan="5">材料</td><td>英红瓦 420×332</td><td>块</td><td>8.00</td><td>109.38</td><td>109.38</td><td>—</td></tr>
<tr><td>英红脊瓦</td><td>块</td><td>5.00</td><td>—</td><td>—</td><td>30.43</td></tr>
<tr><td>水泥砂浆 1：2.5</td><td>m³</td><td>215.90</td><td>0.25</td><td>0.25</td><td>0.09</td></tr>
<tr><td>水</td><td>m³</td><td>9.00</td><td>0.32</td><td>0.32</td><td>0.2</td></tr>
<tr><td>其他材料费</td><td>元</td><td>1.00</td><td>67.6</td><td>67.6</td><td>21.2</td></tr>
<tr><td>机械</td><td>灰浆搅拌机 200 L</td><td>台班</td><td>80.97</td><td>0.04</td><td>0.04</td><td>0.02</td></tr>
</table>

工作内容：调制砂浆；铺瓦并修界瓦边，绑铁线及钉固；清扫屋面。　　单位：10 m²

定额编号				A7-0020
项目名称				玻璃纤维多彩瓦屋面
基价(元)				311.67
其中	人工费(元)			183.50
	材料费(元)			128.17
	机械费(元)			—
名称		单位	单价(元)	数量
人工	综合工日	工日	50.00	3.67
材料	玻璃纤维多彩瓦	m²	8.50	10.5
	不锈钢钉 φ4×16	个	0.08	9
	粘结剂	kg	2.00	8
	其他材料费	元	1.00	22.2

工作内容：调制砂浆；铺瓦并修界瓦边，绑铁线及钉固；清扫屋面。　　单位：100 m²

定额编号				A7-0021	A7-0022	A7-0023	A7-0024
项目名称				玻璃钢波纹瓦		塑料波纹瓦	
				铺于钢檩	铺于木檩	铺于钢檩	铺于木檩
基价(元)				3927.59	4008.89	5445.59	5586.29
其中	人工费(元)			243.90	184.50	184.50	184.50
	材料费(元)			3682.88	3823.58	5260.28	5400.98
	机械费(元)			0.81	0.81	0.81	0.81
名称		单位	单价(元)	数量			
人工	综合工日	工日	50.00	4.88	3.69	3.69	3.69
材料	玻璃钢波纹瓦(中波)	m²	24.00	134.1	134.1	—	—
	塑料波纹瓦(中波)	m²	38.00	—	—	134.1	134.1
	玻璃钢瓦脊	m	30.00	12	12	—	—
	塑料瓦脊	m	5.00	—	—	12	12
	镀锌瓦楞钩	百个	25.00	4.02	—	4.02	—
	瓦楞螺丝 φ8×40	百个	60.00	—	402	—	4.02
	水泥砂浆 M5	m³	129.60	0.03	0.03	0.03	0.03
	水	m³	9.00	0.01	0.01	0.01	0.01
机械	灰浆搅拌机 200 L	台班	80.97	0.01	0.01	0.01	0.01

2. 型材屋面

工作内容：压型板修整、临时加固，吊装、就位找正、螺栓固定。 单位：100 m²

定额编号				A7-0025	A7-0026	A7-0027
项目名称				金属压型板屋面檩距(m以内)		
				7.5	6	4.2
基价(元)				10282.11	10479.99	10875.61
其中	人工费(元)			770.40	813.60	900.00
	材料费(元)			9328.22	9482.60	9791.23
	机械费(元)			183.49	183.79	184.38
名称		单位	单价(元)	数量		
人工	综合工日	工日	50.00	15.41	16.27	18.00
材料	压型屋面板 W-550	m²	57.00	116.52	116.52	116.52
	中间固定架 WG-2	个	10.00	42.63	54.81	79.16
	端部固定架 WG-3	个	6.00	1.18	1.52	2.19
	单面固定螺栓 ML-850R	个	1.00	86.46	111.14	160.52
	单面连接螺栓 R-8	个	1.00	143.42	143.42	143.42
	带帽螺栓 M8×75	个	0.60	177.78	177.78	177.78
	檐口堵头板 WD-1	块	8.80	59.31	59.31	59.31
	屋脊堵头板 WD-2	块	3.80	59.31	59.31	59.31
	屋脊挡雨板 WD-3	块	5.30	59.31	59.31	59.31
	屋脊板 2 mm	m²	66.42	4.34	4.34	4.34
	沿口包角板 0.8 mm	m²	47.00	1.11	1.11	1.11
	密封胶	kg	20.00	20	20	20
	电焊条	kg	5.10	4.03	5.18	7.48
	镀锌铁丝 12#	kg	4.05	3	3	3
	拉铆钉 LD-1M8×12	个	0.10	30	30	30
	橡胶密封条 2#	m	4.80	16.43	16.43	16.43
机械	交流电焊机 32 kVA	台班	155.63	1.1	1.1	1.1
	其他机械费	元	1.00	12.3	12.3	13.19

工作内容：铁皮截料、制作、固定铁皮带和折合缝、铺设、咬口；瓦垄铁皮的钻孔、稳固上螺丝等及安装脊瓦。

单位：100 m²

定额编号				A7-0028	A7-0029	A7-0030	A7-0031
项目名称				平铁皮		瓦垄铁皮	
				单咬口	双咬口	单咬口	双咬口
基价(元)				2289.45	2479.15	2490.18	2666.66
其中	人工费(元)			165.60	190.80	78.75	97.65
	材料费(元)			2123.85	2288.35	2411.43	2569.01
	机械费(元)			—	—	—	—
名称		单位	单价(元)	数量			
人工	综合工日	工日	50.00	3.31	3.82	1.58	1.95
材料	镀锌铁皮 26#	m²	18.26	116	125	4.41	4.41
	瓦垄铁皮 26#	m²	18.29	—	—	126	126
	镀锌铁钉带垫	个	0.06	—	—	404	—
	镀锌螺丝(带钩)	个	0.45	—	—	—	404
	铁钉	kg	6.50	0.55	0.55	0.14	0.14
	其他材料费	元	1.00	2.11	2.27	1.21	1.23

3. 膜结构屋面

工作内容：膜布热压胶接，支柱（网架）制作、安装，膜布安装，穿钢丝绳、锚头锚固，刷油漆。

单位：100 m²

定额编号				A7-0032
项目名称				膜结构屋面
基价(元)				51318.00
其中	人工费(元)			4223.00
	材料费(元)			47095.00
	机械费(元)			—
名称		单位	单价(元)	数量
人工	综合工日	工日	50.00	84.46
材料	加强型PVC膜布	m²	220.00	100
	复合不锈钢支撑、拉杆、法兰	t	18000.00	1.2
	包塑钢丝绳	kg	8.00	200
	其他材料费	元	1.00	1895

二、屋面防水

1. 屋面卷材防水

工作内容：熬制沥青玛碲脂，配制冷底子油、粘贴附加层、铺贴卷材收头。

单位：100 m²

定额编号				A7-0033	A7-0034	A7-0035	A7-0036	A7-0037	A7-0038
项目名称				石油沥青玛碲脂卷材屋面					
				一毡二油	二毡三油	二毡三油一砂	每增减一毡一油	折板屋面	
								二毡三油一砂	每增减一毡一油
基价(元)				2957.09	4059.59	4534.38	1161.24	4833.28	1421.09
其中	人工费(元)			164.70	262.35	322.65	131.85	496.35	189.90
	材料费(元)			2792.39	3797.24	4211.73	1029.39	4336.93	1231.19
	机械费(元)			—	—	—	—	—	—
名称		单位	单价(元)	数量					
人工	综合工日	工日	50.00	3.29	5.25	6.45	2.64	9.93	3.80
材料	石油沥青玛碲脂	m³	4158.90	0.46	0.61	0.69	0.15	0.72	0.19
	石油沥青油毡 350 g	m³	3.00	124.17	237.94	237.94	113.77	250	122
	冷底子油 30:70	kg	5.75	48.96	48.96	48.96	—	48.96	—
	木柴	kg	1.00	205.7	245.4	301.18	64.24	285	75
	粒砂	m³	50.00	—	—	0.52	—	0.52	—
	铁钉	kg	6.50	0.28	0.28	0.28	—	—	—
	圆钢 ϕ6	kg	3.40	5.22	5.22	5.22	—	—	—

工作内容：清理基层、找平层分格嵌缝油膏、防水薄弱处刷涂膜附加层；刷底胶、铺贴卷材、接缝嵌油膏、做收头；涂刷。

单位：100 m^2

定额编号				A7-0039	A7-0040	A7-0041	A7-0042	A7-0043	A7-0044
项目名称				三元乙丙橡胶卷材冷贴				再生橡胶卷材冷贴	
				满铺	空铺	点铺	条铺	满铺	空铺
基价(元)				5327.47	5115.83	5185.75	5215.70	4050.19	3717.00
其中	人工费(元)			414.90	364.95	414.90	414.90	414.90	364.95
	材料费(元)			4912.57	4750.88	4770.85	4800.80	3635.29	3352.05
	机械费(元)			—	—	—	—	—	—
	名称	单位	单价(元)	数量					
人工	综合工日	工日	50.00	8.30	7.30	8.30	8.30	8.30	7.30
材料	三元乙丙橡胶卷材	m^2	29.00	110.55	112.85	112.85	112.85	—	—
	再生橡胶卷材	m^2	16.00	—	—	—	—	110.55	112.85
	粘结剂 CX-404	kg	7.80	40.4	7.89	10.45	14.29	—	—
	氯丁胶粘合剂	kg	12.00	—	—	—	—	49.95	23.28
	铁钉	kg	6.50	0.23	0.23	0.23	0.23	0.23	0.23
	圆钢 ϕ6	kg	3.40	4.38	4.38	4.38	4.38	4.38	4.38
	CSPE 嵌缝油膏 330 mL	支	1.90	50.28	50.28	50.28	50.28	50.28	50.28
	107 胶素水泥浆	m^3	297.00	0.01	0.01	0.01	0.01	0.01	0.01
	表面着色剂	kg	5.20	20.2	20.2	20.2	20.2	20.2	20.2
	二甲苯	kg	11.00	27	27	27	27	25.25	25.25
	乙酸乙脂	kg	12.00	5.05	5.05	5.05	5.05	5.05	5.05
	丁基粘结剂	kg	11.00	9.56	11.85	11.85	11.85	—	—
	聚氨脂　甲料	kg	13.00	16.21	16.21	16.21	16.21	16.21	16.21
	聚氨脂　乙料	kg	16.00	31.13	31.13	31.13	31.13	31.13	31.13

工作内容：清理基层、找平层分格嵌缝油膏、防水薄弱处刷涂膜附加层；刷底胶、铺贴卷材、接缝嵌油膏、做收头；涂刷。

单位：100 m^2

定额编号		A7-0045	A7-0046	A7-0047	A7-0048	A7-0049	A7-0050
项目名称		再生橡胶卷材冷贴		氯丁橡胶卷材冷贴			
		点铺	条铺	满铺	空铺	点铺	条铺
基价(元)		3730.11	3705.51	3491.78	3411.23	3451.35	3444.82
其中	人工费(元)	414.90	414.90	414.90	364.95	414.90	414.90
	材料费(元)	3315.21	3290.61	3076.88	3046.28	3036.45	3029.92
	机械费(元)	—	—	—	—	—	—

续表

定额编号			A7-0045	A7-0046	A7-0047	A7-0048	A7-0049	A7-0050
项目名称			再生橡胶卷材冷贴		氯丁橡胶卷材冷贴			
			点铺	条铺	满铺	空铺	点铺	条铺
名称	单位	单价(元)	数量					
人工 综合工日	工日	50.00	8.30	8.30	8.30	7.30	8.30	8.30
材料 再生橡胶卷材	m^2	16.00	112.85	112.85	—	—	—	—
氯丁胶粘合剂	kg	12.00	20.21	18.16	—	—	—	—
氯丁橡胶卷材	m^2	16.00	—	—	110.55	112.85	112.85	112.85
氯丁胶沥青胶液	kg	3.20	—	—	60.6	31.63	28.56	26.52
CY409 液	kg	11.00	—	—	9.55	11.85	11.85	11.85
铁钉	kg	6.50	0.23	0.23	0.23	0.23	0.23	0.23
圆钢 $\phi6$	kg	3.40	4.38	4.38	4.38	4.38	4.38	4.38
嵌缝油膏 330 mL	支	1.90	50.28	50.28	50.28	50.28	50.28	50.28
107 胶素水泥浆	m^3	297.00	0.01	0.01	0.01	0.01	0.01	0.01
表面着色剂	kg	5.20	20.2	20.2	20.2	20.2	20.2	20.2
二甲苯	kg	11.00	25.25	25.25	27	27	27	27
乙酸乙脂	kg	12.00	5.05	5.05	5.05	5.05	5.05	5.05
聚氨脂 甲料	kg	13.00	16.21	16.21	11.66	11.66	11.66	11.66
聚氨脂 乙料	kg	16.00	31.13	31.13	17.5	17.5	17.5	17.5

工作内容：清理基层、找平层分格嵌缝油膏、防水薄弱处刷涂膜附加层；刷底胶、铺贴卷材、接缝嵌油膏、做收头；涂刷。

单位：100 m^2

定额编号			A7-0051	A7-0052	A7-0053	A7-0054	A7-0055	A7-0056
项目名称			氯化聚乙烯-橡胶共混卷材冷贴				氯磺化聚乙烯卷材冷贴	
			满铺	空铺	点铺	条铺	满铺	空铺
基价(元)			4963.50	4956.39	4999.44	4994.82	4196.45	3923.48
其中 人工费(元)			414.90	364.95	414.90	414.90	414.90	364.95
材料费(元)			4548.60	4591.44	4584.54	4579.92	3781.55	3558.53
机械费(元)			—	—	—	—	—	—
名称	单位	单价(元)	数量					
人工 综合工日	工日	50.00	8.30	7.30	8.30	8.30	8.30	7.30
材料 氯化聚乙烯橡胶共混卷材	m^2	27.00	110.55	112.85	112.85	112.85	—	—
氯磺化聚乙烯卷材	m^2	18.00	—	—	—	—	110.55	112.85
粘结剂 CX-404	kg	7.80	—	—	—	—	50.5	14.29
粘结剂 CX-401	kg	10.60	—	—	—	—	10.51	12.21
粘结剂 BX-12	kg	2.00	45.45	12.86	9.41	7.1	—	—
乙组份 BX-12 880 mL	瓶	16.00	11.94	14.81	14.81	14.81	—	—
氯丁胶乳	kg	15.00	18.18	18.18	18.18	18.18	—	—
铁钉	kg	6.50	0.23	0.23	0.23	0.23	0.23	0.23
圆钢 $\phi6$	kg	3.40	4.38	4.38	4.38	4.38	4.38	4.38
CSPE 嵌缝油膏 330 mL	支	1.90	50.28	50.28	50.28	50.28	50.28	50.28
107 胶素水泥浆	m^3	297.00	0.01	0.01	0.01	0.01	0.01	0.01
表面着色剂	kg	5.20	20.2	20.2	20.2	20.2	20.2	20.2
二甲苯	kg	11.00	27	27	27	27	27	27
乙酸乙脂	kg	12.00	5.05	5.05	5.05	5.05	5.05	5.05
聚氨脂 甲料	kg	13.00	11.66	11.66	11.66	11.66	16.21	16.21
聚氨脂 乙料	kg	16.00	17.5	17.5	17.5	17.5	31.13	31.13

工作内容：贴卷材的工作内容同前。铺 APP 卷材用喷枪加热、贴实；铺拒水粉、刮平、铺牛皮纸碾压等。

单位：100 m²

定额编号				A7-0057	A7-0058	A7-0059	A7-0060	A7-0061	A7-0062
项目名称				氯磺化聚乙烯卷材冷贴		SBC120 复合卷材冷贴满铺	APP 改性沥青防水卷材满铺	屋面拒水粉	
				点铺	条铺			防水层 5 mm	每增减 1 mm
基价(元)				3952.17	3905.49	2611.52	3617.05	1108.30	154.00
其中	人工费(元)			414.90	414.90	242.10	214.65	144.90	—
	材料费(元)			3537.27	3490.59	2369.42	3402.40	963.40	154.00
	机械费(元)			—	—	—	—	—	—
	名称	单位	单价(元)	数量					
人工	综合工日	工日	50.00	8.30	8.30	4.84	4.29	2.90	—
村料	氯磺化聚乙烯卷材	m²	18.00	112.85	112.85	—	—	—	—
	聚乙烯丙纶双面复合卷材	m²	12.80	—	—	110.55	—	—	—
	APP 防水卷材	m²	23.00	—	—	—	126.8	—	—
	拒水粉	kg	1.40	—	—	—	—	550	110
	粘结剂 CX-404	kg	7.80	10.45	7.89	—	—	—	—
	粘结剂 CX-401	kg	10.60	13.03	10.51	—	—	—	—
	铁钉	kg	6.50	0.23	0.23	—	—	—	—
	圆钢 ϕ6	kg	3.40	4.38	4.38	—	—	—	—
	CSPE 嵌缝油膏 330 mL	支	1.90	50.28	50.28	48.96	—	—	—
	107 胶素水泥浆	m³	297.00	0.01	0.01	—	—	—	—
	表面着色剂	kg	5.20	20.2	20.2	—	—	—	—
	二甲苯	kg	11.00	27	27	—	—	—	—
	乙酸乙脂	kg	12.00	5.05	5.05	5.05	—	—	—
	聚氨脂 甲料	kg	13.00	16.21	16.21	19.04	—	—	—
	聚氨脂 乙料	kg	16.00	31.13	31.13	28.56	—	—	—
	素水泥浆	m³	505.29	—	—	0.15	—	—	—
	107 胶	kg	1.80	—	—	11.38	—	—	—
	冷底子油 30∶70	kg	5.75	—	—	—	48	—	—
	牛皮纸	m²	1.00	—	—	—	—	118.6	—
	聚氨脂油膏	kg	2.20	—	—	—	—	34	—
	液化石油气	kg	6.00	—	—	—	32.5	—	—
	木柴	kg	1.00	—	—	—	15	—	—

工作内容：清理基层、分隔缝嵌缝、刷基层处理剂、铺贴附加层、刷胶、铺贴防水卷材、收头等。

单位：100 m²

定额编号				A7-0063	A7-0064	A7-0065	A7-0066
项目名称				SBS 改性沥青防水卷材 厚度(mm)			
				2	3	4	5
基价(元)				2791.96	3353.97	4539.48	4985.85
其中	人工费(元)			333.45	334.80	345.15	349.65
	材料费(元)			2408.60	2966.15	4126.73	4563.37
	机械费(元)			49.91	53.02	67.60	72.83
	名称	单位	单价(元)	数量			
人工	综合工日	工日	50.00	6.67	6.70	6.90	6.99
材料	SBS 改性沥青油毡防水卷材 2 mm	m²	12.00	127.3	—	—	—
	SBS 改性沥青油毡防水卷材 3 mm	m²	16.00	—	127.3	—	—
	SBS 改性沥青油毡防水卷材 4 mm	m²	25.00	—	—	127.3	—
	SBS 改性沥青油毡防水卷材 5 mm	m²	28.00	—	—	—	127.3
	圆钢 综合	kg	3.55	4.4	4.4	4.4	4.4
	CSPE 嵌缝油膏 330 mL	支	1.90	32.3	32.3	32.3	32.3
	乙酸乙酯	kg	12.00	5.1	5.1	5.1	5.1
	聚氨酯防水涂料	kg	8.50	29.2	29.2	29.2	29.2
	聚氨酯	kg	22.00	18.2	18.2	18.2	18.2
	其他材料费占材料费	元	1.00	94.21	142.56	157.44	212.18
机械	其他机械费占人工费	元	1.00	49.91	53.02	67.6	72.83

2. 屋面涂膜防水

工作内容：屋面满涂油膏、油膏加热；贴玻璃丝布、涂胶；涂刷聚氨酯底胶、刷聚氨酯防水层二遍，并撒石碴做保护层(或与刚性块料层的连接层)。

单位：100 m²

定额编号				A7-0067	A7-0068	A7-0069	A7-0070	A7-0071
项目名称				屋面满涂塑料油膏 4 mm	氰凝			聚氨酯涂膜防水屋面
					一布二涂	一布一涂	一涂	
基价(元)				2066.22	4184.31	1779.98	1526.62	4400.86
其中	人工费(元)			128.70	123.75	109.35	55.80	229.50
	材料费(元)			1937.52	4060.56	1670.63	1470.82	4171.36
	机械费(元)			—	—	—	—	—
	名称	单位	单价(元)	数量				
人工	综合工日	工日	50.00	2.57	2.48	2.19	1.12	4.59
材料	塑料油膏	kg	3.00	585.12	—	—	—	—
	氰凝	kg	32.00	—	110.1	43.5	40	—
	丙酮	kg	13.50	—	30.33	13.18	12.12	—
	玻璃纤维布 1.8 mm	m²	0.70	—	105	105	—	—
	渗透剂	kg	68.00	—	0.8	0.4	0.4	—
	木柴	kg	1.00	182.16	—	—	—	—
	二甲苯	kg	11.00	—	—	—	—	12.96
	石碴	m³	47.00	—	—	—	—	0.31
	聚氨脂 甲料	kg	13.00	—	—	—	—	105.55
	聚氨酯 乙料	kg	16.00	—	—	—	—	165.13

工作内容：屋面满涂油膏、油膏加热；贴玻璃丝布、涂胶。　　　　单位：100 m²

定额编号				A7-0072	A7-0073	A7-0074	A7-0075	A7-0076
项目名称				塑料油膏玻璃纤维布		屋面分格缝（100 mm）	塑料油膏玻璃纤维布盖缝(100 m)	
				一布二油	每增一布一油		一布二油	每增一布一油
基价（元）				3127.91	1252.15	4552.70	1276.87	512.95
其中	人工费（元）			155.25	97.65	445.50	93.15	55.80
	材料费（元）			2972.66	1154.50	4107.20	1183.72	457.15
	机械费（元）			—	—	—	—	—
名称		单位	单价（元）	数量				
人工	综合工日	工日	50.00	3.11	1.95	8.91	1.86	1.12
材料	塑料油膏	kg	3.00	872.26	324.94	303.68	351.07	131.65
	玻璃纤维布 1.8 mm	m²	0.70	120.45	112.18	—	30.3	30.3
	石油沥青油毡 350 g	m²	3.00	—	—	232.1	—	—
	石油沥青玛碲脂	m²	4158.90	—	—	0.49	—	—
	冷底子油 30：70	kg	5.75	—	—	38.85	—	—
	粒砂	m³	50.00	—	—	0.41	—	—
	木柴	kg	1.00	271.56	101.15	218.11	109.3	40.99

工作内容：清理基层、调配砂浆、铺抹砂浆养护；涂刷底胶、冷胶贴聚酯布、表面撒细砂。　　单位：100 m²

定额编号				A7-0077	A7-0078	A7-0079	A7-0080	A7-0081
项目名称				掺无机盐铝防水剂		防水砂浆 20 mm	氯丁冷胶	
				素水泥浆	防水砂浆 20 mm		二布三涂	每增一布一涂
基价（元）				171.19	1328.94	1500.21	5550.87	1548.08
其中	人工费（元）			86.85	473.40	485.55	368.55	140.85
	材料费（元）			84.34	827.20	986.32	5182.32	1407.23
	机械费（元）			—	28.34	28.34	—	—
名称		单位	单价（元）	数量				
人工	综合工日	工日	50.00	1.74	9.47	9.71	7.37	2.82
材料	素水泥浆	m³	505.29	0.1	0.1	0.1		
	水泥砂浆 1：2	m³	233.51	—	2.02	2.02		
	防水粉	kg	7.00	—	—	66.3	—	—
	无机盐铝防水剂	kg	2.30	14.7	132.6	—	—	—
	聚脂布 100 gXV	m²	3.40	—	—	—	236.36	110.89
	氯丁冷胶	kg	12.00	—	—	—	363.6	85.85
	中砂	m³	50.00	—	—	—	0.31	—
机械	灰浆搅拌机 200 L	台班	80.97	—	0.35	0.35	—	—

工作内容：清理基层、刷第一遍SE涂料、干后铺一层玻璃丝布，边铺布边刷涂料、在一布二涂(二布二涂)的基底上，再涂涂料成膜。

单位：100 m²

定额编号				A7-0082	A7-0083	A7-0084	A7-0085	A7-0086	A7-0087
项目名称				SE涂料防水层平面			SE涂料防水层立面		
				一布二涂	二布三涂	每增减一遍涂料	一布二涂	二布三涂	每增减一遍涂料
基价(元)				1136.47	1760.30	507.24	1166.62	1808.45	518.04
其中	人工费(元)			100.80	160.20	36.00	130.95	208.35	46.80
	材料费(元)			1035.67	1600.10	471.24	1035.67	1600.10	471.24
	机械费(元)			—	—	—	—	—	—
名称		单位	单价(元)	数量					
人工	综合工日	工日	50.00	2.02	3.20	0.72	2.62	4.17	0.94
材料	SE-建筑防水涂料	kg	14.00	67.32	100.98	33.66	67.32	100.98	33.66
	玻璃丝布	m²	0.80	116.49	232.98	—	116.49	232.98	—

3. 屋面刚性防水

工作内容：清理基层，调制砂浆；纵横扫水泥浆，铺混凝土或砂浆，压实，抹光，做分割缝。 单位：100 m²

定额编号				A7-0088	A7-0089	A7-0090	A7-0091
项目名称				细石混凝土刚性防水		水泥砂浆二次抹压防水	
				厚3.5 cm	每增减1 cm	厚2.5 cm	每增减1 cm
基价(元)				1765.79	370.88	1258.58	441.16
其中	人工费(元)			589.50	134.55	450.00	144.00
	材料费(元)			1170.90	236.33	780.00	285.56
	机械费(元)			5.39	—	28.58	11.60
名称		单位	单价(元)	数量			
人工	综合工日	工日	50.00	11.79	2.69	9.00	2.88
材料	混凝土半干C20碎石16 mm	m³	191.08	3.57	1.02	—	—
	水泥砂浆1:1	m³	287.15	0.51	—	—	—
	水泥砂浆1:2	m³	233.51	—	—	2.53	1.01
	一等硬木板方材	m³	3880.00	0.06	0.01	0.04	0.01
	水泥32.5	kg	0.33	0.14	—	0.17	—
	水	m³	9.00	9.67	0.2	1.16	0.3
	其他材料费	元	1.00	22.42	0.83	23.52	8.21
机械	灰浆搅拌机200 L	台班	80.97	0.06	—	0.32	0.13
	其他机械费	元	1.00	0.53	—	2.67	1.07

工作内容：清理基层，涂刷附加层、分层涂刷涂料等。

单位：100 m²

定额编号				A7-0092	A7-0093	A7-0094	A7-0095
项目名称				JS-复合防水涂料			
				平面厚度(mm)		立面厚度(mm)	
				2	每增减 0.5	2	每增减 0.5
基价(元)				4593.03	1324.90	4710.44	1352.00
其中	人工费(元)			393.30	101.70	507.60	128.70
	材料费(元)			4146.70	1207.30	4148.73	1207.30
	机械费(元)			53.03	15.90	54.11	16.00
名称		单位	单价(元)	数量			
人工	综合工日	工日	50.00	7.87	2.03	10.15	2.57
材料	JS-复合防水涂料	kg	9.00	450.9	131.3	450.9	131.3
	其他材料费	元	1.00	88.6	25.6	90.63	25.6
机械	其他机械费	元	1.00	53.03	15.9	54.11	16

工作内容：清理基层、调制砂浆、铺抹砂浆，养护，筛防水粉，铺隔离纸；纵横扫水泥浆，压实、抹光。

单位：100 m

定额编号				A7-0096	A7-0097	A7-0098	A7-0099	A7-0100
项目名称				屋面		刚性防水层填分格缝		
				防水砂浆厚 2 cm	镇水粉隔离层厚 1 cm	细石混凝土面	水泥砂浆面	不分种类
				100 m²		厚 3.5 cm	厚 2.5 cm	每增减 1 cm
基价(元)				830.08	5529.45	508.18	566.57	156.71
其中	人工费(元)			388.35	670.95	201.60	193.95	45.90
	材料费(元)			403.58	4858.50	306.58	372.62	110.81
	机械费(元)			38.15	—	—	—	—
名称		单位	单价(元)	数量				
人工	综合工日	工日	50.00	7.77	13.42	4.03	3.88	0.92
材料	水泥砂浆 1∶2	m³	233.51	—	—	0.03	—	—
	水泥防水沙浆 1∶2	m³	198.00	2.02	—	—	—	—
	水泥 32.5	kg	0.33	0.06	—	—	—	—
	滑石粉	kg	0.30	—	—	28.81	29.85	9.24
	石棉泥	t	400.00	—	—	0.008	0.01	0.003
	石油沥青 10#	kg	3.80	—	—	43.65	54.72	16.94
	石油沥青 30#	kg	3.90	—	—	1.45	1.77	0.32
	机油	kg	16.20	—	—	3.97	4.98	1.54
	汽油	kg	5.85	—	—	3.53	4.32	0.79
	镇水粉	kg	8.00	—	600	—	—	—
	隔离纸	m²	0.45	—	130	—	—	—
	木柴	kg	1.00	—	—	29.1	36.41	10.91
	水	m³	9.00	0.4	—	0.01	—	—
	其他材料费	元	1.00	—	—	2.05	2.47	0.74
机械	灰浆搅拌机 200 L	台班	80.97	0.35	—	—	—	—
	其他机械费占机械费的	元	1.00	9.81	—	—	—	—

4. 屋面排水管

工作内容：铁皮截料、刷作安装；铸铁雨水口就位、安装。　　单位：10 个

定额编号				A7-0101	A7-0102
项目名称				铸铁落水口直径(mm)	
				100	150
基价(元)				504.29	631.34
其中	人工费(元)			145.35	151.20
	材料费(元)			358.94	480.14
	机械费(元)			—	—
名称		单位	单价(元)	数量	
人工	综合工日	工日	50.00	2.91	3.02
材料	铁件	kg	4.50	16.92	16.92
	铸铁雨水口(带罩)100	套	28.00	10.1	—
	铸铁雨水口(带罩)150	套	40.00	—	10.1

工作内容：铸铁落水管，包括切管、埋管卡、安装、和灰捻口；铸铁水斗、弯头就位、安装。　　单位：10 个

定额编号				A7-0103	A7-0104	A7-0105	A7-0106	A7-0107
项目名称				铸铁落水管直径(mm)		铸铁雨水斗落水口直径(mm)		铸铁弯头落水口
				100	150	100	150	
				(10 m)				
基价(元)				870.56	1386.27	518.20	482.10	1412.89
其中	人工费(元)			126.90	140.40	164.70	179.10	210.15
	材料费(元)			743.66	1245.87	353.50	303.00	1202.74
	机械费(元)			—	—	—	—	—
名称		单位	单价(元)	数量				
人工	综合工日	工日	50.00	2.54	2.81	3.29	3.58	4.20
材料	铸铁排水管 100	m	65.00	10.47	—	—	—	—
	铸铁排水管 150	m	113.00	—	10.47	—	—	—
	铸铁水斗出水门 100	个	35.00	—	—	10.1	—	—
	铸铁水斗出水口 150	个	30.00	—	—	—	10.1	—
	铸铁弯头进水口 330×200	个	48.00	—	—	—	—	10.1
	铸铁蓖子 460×280×10	个	70.00	—	—	—	—	10.1
	铁件	kg	4.50	1.44	7.78	—	—	2.43
	膨胀螺栓 M16×100	套	3.00	10.5	—	—	—	—
	带帽螺栓 ϕ4	套	0.14	21	—	—	—	—
料	镀锌铁丝 8#	kg	4.00	0.82	0.82	—	—	—
	水泥 32.5	kg	0.33	11.63	13.2	—	—	—
	中砂	m^3	50.00	0.02	0.02	—	—	—
	麻丝	kg	5.00	0.18	0.25	—	—	—
	石棉	kg	6.00	1.74	2.36	—	—	—
	石油沥青 30#	kg	3.90	0.7	0.95	—	—	—

工作内容：切管、调制、熔化接口材料，对口、粘接，管道、管件及管卡安装。　　　　单位：100 m

定额编号				A7-0108	A7-0109	A7-0110	A7-0111
项目名称				PVC 排水管			玻璃钢水落管
				ϕ75	ϕ100	ϕ150	
基价(元)				2072.41	2791.34	5299.08	1688.27
其中	人工费(元)			748.80	835.20	1177.20	450.00
	材料费(元)			1323.61	1956.14	4121.88	1238.27
	机械费(元)			—	—	—	—
名称		单位	单价(元)	数量			
人工	综合工日	工日	50.00	14.98	16.70	23.54	9.00
材料	PVC 塑料管 ϕ75	m	11.50	96.3	—	—	—
	PVC 塑料管 ϕ100	m	16.30	—	96.3	—	—
	PVC 塑料管 ϕ150	m	37.80	—	—	96.3	—
	玻璃钢落水管 ϕ10	m	11.00	—	—	—	105
	扁钢	kg	3.80	0.008	0.016	0.011	—
	密封胶	kg	20.00	6.1	12.4	13.6	—
	螺栓	kg	13.00	1.08	1.4	1.16	—
	膨胀螺栓 M8×75	套	0.65	0.32	0.43	0.3	—
	白棉纱	m^2	5.00	3	4	4	—
	铁纱布 0～2#	张	0.50	7	9	9	—
	铁件	kg	4.50	—	—	—	18
	其他材料费	元	1.00	61.38	95.41	169.92	2.27

工作内容：截料、接口、安装、固定等。　　　　单位：10 个

定额编号				A7-0112	A7-0113	A7-0114	A7-0115
项目名称				水斗		弯头	
				玻璃钢	塑料	玻璃钢	塑料
基价(元)				299.12	149.76	109.88	89.22
其中	人工费(元)			54.00	54.00	58.50	58.50
	材料费(元)			245.12	95.76	51.38	30.72
	机械费(元)			—	—	—	—
名称		单位	单价(元)	数量			
人工	综合工日	工日	50.00	1.08	1.08	1.17	1.17
材料	玻璃钢水斗	个	23.00	10.1	—	—	—
	塑料水斗	个	9.00	—	10.1	—	—
	玻璃钢弯头	个	5.00	—	—	10.1	—
	塑料弯头	个	3.00	—	—	—	10.1
	其他材料费	元	1.00	12.82	4.86	0.88	0.42

5. 屋面天沟、檐沟

工作内容：铁皮截料、刷作安装；铸铁雨水口就位、安装。　　　　单位：100 m^2

定额编号				A7-0116	A7-0117
项目名称				铁皮排水	
				水落管、檐沟	天沟泛水
基价(元)				3541.20	2517.04
其中	人工费(元)			1296.45	468.45
	材料费(元)			2244.75	2048.59
	机械费(元)			—	—
名称		单位	单价(元)	数量	
人工	综合工日	工日	50.00	25.93	9.37
材料	铁件	kg	4.50	49.15	—
	镀锌铁皮 26#	m^2	18.26	105.8	105.4
	铁钉	kg	6.50	0.38	3
	焊锡	kg	32.00	1.8	2.08
	盐酸	kg	2.20	0.38	0.44
	木炭	kg	4.00	7.69	9.24

三、墙、地面、防水、防潮

1. 卷材防水

工作内容：配制涂刷冷底子油、熬制玛碲脂、贴附加层、铺贴玛碲脂卷材。

单位：100 m^2

定额编号				A7-0118	A7-0119	A7-0120	A7-0121	A7-0122	A7-0123
项目名称				玛碲脂贴油毡				玛碲脂贴玻璃布	
				二毡三油		每增减一毡一油		二布三油	
				平面	立面	平面	立面	平面	立面
基价(元)				3745.48	4006.30	1248.29	1356.83	3288.31	3588.68
其中	人工费(元)			398.70	521.55	167.40	229.95	435.60	648.00
	材料费(元)			3346.78	3484.75	1080.89	1126.88	2852.71	2940.68
	机械费(元)			—	—	—	—	—	—
名称		单位	单价(元)	数量					
人工	综合工日	工日	50.00	7.97	10.43	3.35	4.60	8.71	12.96
材料	石油沥青油毡 350 g	m^2	3.00	239.76	239.76	116.49	116.49	—	—
	玻璃纤维布 1.8 mm	m^2	0.70	—	—	—	—	250.3	250.3
	石油沥青玛碲脂	m^3	4158.90	0.51	0.54	0.16	0.17	0.51	0.54
	冷底子油 30∶70	kg	5.75	48.48	48.48	—	—	48.48	48.48
	木柴	kg	1.00	227.7	240.9	66	70.4	277.7	240.9

工作内容：配制涂刷冷底子油、熬制玛碲脂、贴附加层、铺贴玛碲脂卷材。

单位：100 m²

定额编号				A7-0124	A7-0125	A7-0126	A7-0127	A7-0128	A7-0129
项目名称				玛碲脂玻璃布		石油沥青玻璃纤维布			
				每增减一布一油		二布三油		每增减一布一油	
				平面	立面	平面	立面	平面	立面
基价(元)				1015.02	1145.16	3000.33	3361.90	936.09	1068.77
其中	人工费(元)			202.05	286.20	435.15	647.10	202.50	285.30
	材料费(元)			812.97	858.96	2565.18	2714.80	733.59	783.47
	机械费(元)			—	—	—	—	—	—
	名称	单位	单价(元)	数量					
人工	综合工日	工日	50.00	4.04	5.72	8.70	12.94	4.05	5.71
材料	玻璃纤维布 1.8 mm	m²	0.70	116.49	116.49	250.3	250.3	121.76	121.76
	石油沥青玛碲脂	m³	4158.90	0.16	0.17	—	—	—	—
	石油沥青 30#	kg	3.90	—	—	489.72	524.7	151.58	163.24
	冷底子油 30：70	kg	5.75	—	—	48.48	48.48	—	—
	木柴	kg	1.00	66	70.4	201.3	214.5	57.2	61.6

工作内容：涂刷基层处理剂、防水薄弱处涂聚氨酯、涂膜加强；铺贴卷材、卷材接缝贴卷材条加强、收头。

单位：100 m²

定额编号				A7-0130	A7-0131	A7-0132	A7-0133	A7-0134	A7-0135
项目名称				氯化聚乙烯-橡胶共混卷材		三元乙丙橡胶卷材冷贴满铺		再生橡胶卷材冷贴满铺	
				平面	立面	平面	立面	平面	立面
基价(元)				5716.56	5970.81	5576.39	5830.64	4551.74	4805.99
其中	人工费(元)			870.30	1124.55	870.30	1124.55	870.30	1124.55
	材料费(元)			4846.26	4846.26	4706.09	4706.09	3681.44	3681.44
	机械费(元)			—	—	—	—	—	—
	名称	单位	单价(元)	数量					
人工	综合工日	工日	50.00	17.41	22.49	17.41	22.49	17.41	22.49
材料	氯化聚乙烯橡胶共混卷材	m²	27.00	124.53	124.53	—	—	—	—
	三元乙丙橡胶卷材 1 mm	m²	29.00	—	—	124.17	124.17	—	—
	再生橡胶卷材	m²	16.00	—	—	—	—	124.17	124.17
	氯丁冷胶	kg	12.00	20.2	20.2	—	—	—	—
	氯丁胶粘合剂	kg	12.00	—	—	—	—	63.93	63.93
	丁基粘结剂	kg	11.00	—	—	17.6	17.6	—	—
	枯结剂 BX-12	kg	2.00	45.45	45.45	—	—	—	—
	乙组份 BC-12 880 mL	瓶	16.00	32.28	32.28	—	—	—	—
	CSPE 嵌缝油膏 330 mL	支	1.90	29.83	29.83	29.83	29.83	29.83	29.83
	二甲苯	kg	11.00	27	27	27	27	27	27
	乙酸乙脂	kg	12.00	5.05	5.05	5.05	5.05	5.05	5.05
	铁钉	kg	6.50	0.23	0.23	0.23	0.23	0.23	0.23
	圆钢 $\phi 6$	kg	3.40	4.38	4.38	4.38	4.38	4.38	4.38
	107 胶素水泥浆	m³	297.00	0.01	0.01	0.01	0.01	0.01	0.01
	聚氨脂 甲料	kg	13.00	5.42	5.42	9.97	9.97	9.97	9.97
	聚氨脂 乙料	kg	16.00	8.13	8.13	21.77	21.77	22.77	22.77

2. 涂膜防水

工作内容：清理基层、刷涂料；配制涂刷冷底子油；聚氨脂涂胶撒粒砂保护。 单位：100 m^2

定额编号				A7-0136	A7-0137	A7-0138	A7-0139	A7-0140	A7-0141
项目名称				苯乙烯涂料二遍		刷冷子底油		塑料油膏	聚氨脂
				平面	立面	第一遍	第二遍	第二遍	
基价(元)				452.95	463.45	365.91	272.73	2074.77	4434.24
其中	人工费(元)			99.45	99.45	70.65	59.85	137.25	172.80
	材料费(元)			353.50	364.00	295.26	212.88	1937.52	4261.44
	机械费(元)			—	—	—	—	—	—
	名称	单位	单价(元)	数量					
人工	综合工日	工日	50.00	1.99	1.99	1.41	1.20	2.75	3.46
材料	苯乙烯涂料	kg	7.00	50.5	52	—	—	—	—
	冷底子油 30∶70	kg	5.75	—	—	48.48	—	—	—
	冷底子油 50∶50	kg	5.28	—	—	—	36.36	—	—
	塑料油膏	kg	3.00	—	—	—	—	585.12	—
	二甲苯	kg	11.00	—	—	—	—	—	12.96
	聚氨脂　甲料	kg	13.00	—	—	—	—	—	107.64
	聚氨脂　乙料	kg	16.00	—	—	—	—	—	168.41
	粒砂	m^3	50.00	—	—	—	—	—	0.5
	木柴	kg	1.00	—	—	16.5	20.9	182.16	—

工作内容：熬制石油沥青、刷冷底子油一遍、涂刷沥青。 单位：100 m^2

定额编号				A7-0142	A7-0143	A7-0144	A7-0145	A7-0146	A7-0147
项目名称				石油沥青一遍			每增加石油沥青一遍		
				平面	抹灰立面	砖墙立面	平面	抹灰立面	砖墙立面
基价(元)				1177.39	1244.37	1357.67	650.18	737.84	835.53
其中	人工费(元)			84.15	101.25	114.30	29.70	39.60	46.35
	材料费(元)			1093.24	1143.12	1243.37	620.48	698.24	789.18
	机械费(元)			—	—	—	—	—	—
	名称	单位	单价(元)	数量					
人工	综合工日	工日	50.00	1.68	2.03	2.29	0.59	0.79	0.93
材料	石油沥青 30#	kg	3.90	186.56	198.22	221.54	144.43	163.24	186.56
	冷底子油 30∶70	kg	5.75	48.48	48.48	48.48	—	—	—
	木柴	kg	1.00	86.9	91.3	100.6	57.2	61.6	61.6

工作内容：熬制石油沥青玛碲脂、刷冷底子油一遍、涂刷沥青玛碲脂。　　单位：100 m²

定额编号				A7-0148	A7-0149	A7-0150	A7-0151	A7-0152	A7-0153
项目名称				石油沥青玛碲脂一遍			每增加石油沥青玛碲脂一遍		
				平面	抹灰立面	砖墙立面	平面	抹灰立面	砖墙立面
基价(元)				1198.31	1543.64	1690.25	716.39	771.02	869.30
其中	人工费(元)			79.65	103.05	116.10	31.05	39.60	45.90
	材料费(元)			1118.66	1440.59	1574.15	685.34	731.42	823.40
	机械费(元)			—	—	—	—	—	—
名称		单位	单价(元)	数量					
人工	综合工日	工日	50.00	1.59	2.06	2.32	0.62	0.79	0.92
材料	石油沥青玛碲脂	m³	4158.90	0.18	0.25	0.28	0.15	0.16	0.18
	冷底子油 30：70	kg	5.75	48.48	48.48	48.48	—	—	—
	木柴	kg	1.00	91.3	122.1	130.9	61.5	66	74.8

工作内容：清理基层、调制涂料、铺贴附加层；贴布、刷涂料(最后二遍掺水泥保护)。　　单位：100 m²

定额编号				A7-0154	A7-0155	A7-0156	A7-0157
项目名称				普通乳化沥青二布三油		水性石棉质沥青一布二涂	
				平面	立面	平面	立面
基价(元)				1782.88	2074.03	1828.02	2016.57
其中	人工费(元)			432.00	723.15	329.85	518.40
	材料费(元)			1350.88	1350.88	1498.17	1498.17
	机械费(元)			—	—	—	—
名称		单位	单价(元)	数量			
人工	综合工日	工日	50.00	8.64	14.46	6.60	10.37
材料	聚脂布 100 gXV	m²	3.40	243.04	243.04	—	—
	乳化沥青　水乳型	kg	2.00	260	260	—	—
	水泥 32.5	kg	0.33	13.77	13.77	20.4	20.4
	玻璃纤维布 1.8 mm	m³	0.70	—	—	124.91	124.91
	石棉质沥青　水乳型	kg	4.50	—	—	312	312

工作内容：清理基层、调制涂料、铺贴附加层；贴布、刷涂料（最后二遍掺水泥保护）。　　　　单位：100 m^2

定额编号				A7-0158	A7-0159	A7-0160	A7-0161
项目名称				再生胶沥青聚酯布			
				二布三涂		每增减一布一涂	
				平面	立面	平面	立面
基价（元）				2432.88	2724.03	1044.69	1074.39
其中	人工费（元）			432.00	723.15	175.05	204.75
	材料费（元）			2000.88	2000.88	869.64	869.64
	机械费（元）			—	—	—	—
名称		单位	单价（元）	数量			
人工	综合工日	工日	50.00	8.64	14.46	3.50	4.10
材料	聚脂布 100 gXV	m^2	3.40	243.04	243.04	118.13	118.13
	再生胶沥青　水乳型	kg	4.50	260	260	104	104
	水泥 32.5	kg	0.33	13.77	13.77	—	—

工作内容：清理基层、调制涂料、铺贴附加层；贴布、刷涂料（最后二遍掺水泥保护）。　　　　单位：100 m^2

定额编号				A7-0162	A7-0163	A7-0164	A7-0165	A7-0166	A7-0167
项目名称				阴离子合成胶乳化沥青聚酯布				阳离子氯丁胶乳化沥青聚酯布	
				一布二涂		每增一布一涂		二布二涂	
				平面	立面	平面	立面	平面	立面
基价（元）				2423.59	2612.14	1824.69	1854.39	2423.59	2612.14
其中	人工费（元）			329.85	518.40	175.05	204.75	329.85	518.40
	材料费（元）			2093.74	2093.74	1649.64	1649.64	2093.74	2093.74
	机械费（元）			—	—	—	—	—	—
名称		单位	单价（元）	数量					
人工	综合工日	工日	50.00	6.60	10.37	3.50	4.10	6.60	10.37
材料	聚脂布 100 gXV	m^2	3.40	124.91	124.91	118.13	118.13	124.91	124.91
	阴离子合成胶乳沥青	kg	8.00	208	208	156	156	—	—
	阳离子氯丁胶乳化沥青	kg	8.00	—	—	—	—	208	208
	水泥 32.5	kg	0.33	15.3	15.3	—	—	15.3	15.3

工作内容：清理基层、调制涂料、铺贴附加层；贴布、刷涂料（最后二遍掺水泥保护）。　　单位：100 m²

定额编号				A7-0168	A7-0169	A7-0170	A7-0171	A7-0172	A7-0173
项目名称				阳离子氯丁胶乳化沥青聚酯布		再生胶沥青（溶剂型）聚酯布			
				每增一布一涂		二布三涂		每增一布一涂	
				平面	立面	平面	立面	平面	立面
基价（元）				1824.69	1854.39	2669.07	2960.22	1278.69	1308.39
其中	人工费（元）			175.05	204.75	432.00	723.15	175.05	204.75
	材料费（元）			1649.64	1649.64	2237.07	2237.07	1103.64	1103.64
	机械费（元）			—	—	—	—	—	—
名称		单位	单价（元）	数量					
人工	综合工日	工日	50.00	3.50	4.10	8.64	14.46	3.50	4.10
材料	聚脂布 100 gXV	m²	3.40	118.13	118.13	243.04	243.04	118.13	118.13
	阳离子氯丁胶乳化沥青	kg	8.00	156	156	—	—	—	—
	再生胶沥青　溶剂型	kg	4.50	—	—	312	312	156	156
	水泥 32.5	kg	0.33	—	—	20.4	20.4	—	—

3. 砂浆防水（潮）

工作内容：清理基层、调制砂浆、抹水泥砂浆。　　单位：100 m²

定额编号				A7-0174	A7-0175
项目名称				防水砂浆	
				平面	立面
基价（元）				1368.14	1581.44
其中	人工费（元）			445.05	658.35
	材料费（元）			895.56	895.56
	机械费（元）			27.33	27.53
名称		单位	单价（元）	数量	
人工	综合工日	工日	50.00	8.90	13.17
材料	水泥砂浆 1：2	m³	233.51	2.04	2.04
	防水粉	kg	7.00	55	55
	水	m³	9.00	3.8	3.8
机械	灰浆搅拌机 200 L	台班	80.97	0.34	0.34

4. 变 形 缝

工作内容：浸油麻丝；熬制沥青、调配填塞沥青麻丝；油浸木丝板：熬沥青、浸木丝板、嵌缝；玛碲脂：熬制玛碲脂、灌缝；石灰麻刀：调制石灰麻刀、嵌缝，缝上贴二毡二油条一层。　　单位：100 m

	定额编号			A7-0176	A7-0177	A7-0178	A7-0179	A7-0180	A7-0181
	项目名称			油浸麻丝		油浸木丝板	玛碲脂	石灰麻刀	
				平面	立面			平面	立面
	基价(元)			1556.14	1721.29	1513.19	2493.97	1100.25	1143.90
其中	人工费(元)			338.40	503.55	264.15	299.70	312.75	356.40
	材料费(元)			1217.74	1217.74	1249.04	2194.27	787.50	787.50
	机械费(元)			—	—	—	—	—	—
	名称	单位	单价(元)	数量					
人工	综合工日	工日	50.00	6.77	10.07	5.28	5.99	6.26	7.13
材料	石油沥青 30#	kg	3.00	216.24	216.24	163.24	—	65	65
	麻丝	kg	5.00	55.08	55.08	—	—	—	—
	木丝板	m^2	36.00	—	—	15.3	—	—	—
	石油沥青玛碲脂	m^2	4158.90	—	—	—	0.48	—	—
	石油沥青油毡 350 g	m^2	3.00	—	—	—	—	17	17
	生石灰	kg	0.15	—	—	—	—	180	180
	麻刀	kg	4.00	—	—	—	—	108	108
	木柴	kg	1.00	99	99	61.6	198	24	24

工作内容：建筑油膏、沥青砂浆：熬制油膏、沥青，拌合沥青砂浆、嵌缝；氯丁橡胶片：洗缝、隔纸、贴橡胶片，片上涂胶铺砂；紫铜板：剪裁、焊接成型、铺设；聚氯乙烯胶泥：清缝、砂浆勾缝、垫纸、灌胶泥。

单位：100 m

	定额编号			A7-0182	A7-0183	A7-0184
	项目名称			建筑油膏	涂刷式氯丁橡胶贴玻璃丝布一布二涂止水带	
					湿基层	干基层
	基价(元)			540.51	4581.39	4634.19
其中	人工费(元)			250.20	219.60	219.60
	材料费(元)			290.31	4361.79	4414.59
	机械费(元)			—	—	—
	名称	单位	单价(元)	数量		
人工	综合工日	工日	50.00	5.00	4.9	4.39
材料	建筑油膏	kg	3.00	87.77	—	—
	木柴	kg	1.00	27	—	—
	乙酸乙酯	kg	12.00	—	15.31	15.31
	氯丁橡胶浆	kg	28.00	—	116.94	135.98
	三异氰酸脂	kg	17.00	—	17.54	20.4
	水泥 32.5	kg	0.33	—	7	3
	粒砂	m^3	50.00	—	0.18	0.18
	玻璃纤维布 1.8 mm	m^2	0.70	—	95.2	95.2
	环氧树脂 600#	kg	29.00	—	14.42	—
	聚酰胺 低分子 300#	kg	38.00	—	2.88	—

工作内容：建筑油膏、沥青砂浆：熬制油膏、沥青，拌合沥青砂浆、嵌缝；氯丁橡胶片：洗缝、隔纸、贴橡胶片，片上涂胶铺砂；紫铜板：剪裁、焊接成型、铺设；聚氯乙烯胶泥：清缝、砂浆勾缝、垫纸、灌胶泥。

单位：100 m

定额编号				A7-0185	A7-0186	A7-0187
项目名称				聚氯乙烯胶泥	沥青砂浆	聚氨脂发泡（10 m^3）
基价（元）				1147.32	1109.70	8702.53
其中	人工费（元）			340.20	296.10	987.00
	材料费（元）			807.12	813.60	7715.53
	机械费（元）			—	—	—
名称		单位	单价（元）	数量		
人工	综合工日	工日	50.00	6.80	5.92	19.74
材料	聚氯乙烯胶泥	kg	8.88	83.32	—	—
	水泥砂浆 1：2	m^3	233.51	0.06	—	—
	牛皮纸	m^2	1.00	53.23	—	—
	普通沥青砂浆 1：2：6	m^3	1282.50	—	0.48	—
	木柴	kg	1.00	—	198	—
	聚氨脂 甲料	kg	13.00	—	—	263.2
	聚氨脂 乙料	kg	16.00	—	—	263.2
	竹胶模板 2.44×1.22	m^2	40.00	—	—	1.1
	支撑方木	m^3	600.00	—	—	0.05
	镀锌铁丝 8#	kg	4.00	—	—	1.02
	其他材料费	元	1.00	—	—	4.65

工作内容：木板盖面；平面板材加工、板缝一侧涂胶结合立面，埋木砖、钉盖板；铁皮盖板：平面（屋面）埋木砖、钉木条，钉铁皮，立面埋木砖，木砖上钉铁皮。

单位：100 m

定额编号				A7-0188	A7-0189	A7-0190	A7-0191
项目名称				木板盖板		铁皮盖板	
				平面	立面	平面	立面
基价（元）				1747.86	1708.55	3130.04	1335.50
其中	人工费（元）			288.45	306.00	614.25	346.50
	材料费（元）			1459.41	1402.55	2515.79	989.00
	机械费（元）			—	—	—	—
名称		单位	单价（元）	数量			
人工	综合工日	工日	50.00	5.77	6.12	12.29	6.93
材料	一等板方材	m^3	3060.00	0.378	0.378	—	—
	二等板方材	m^3	1880.00	0.154	0.124	0.693	0.247
	镀锌铁皮 26#	m^2	18.26	—	—	59.3	26
	铁钉	kg	6.50	0.37	0.3	2.1	0.29
	焊锡	kg	32.00	—	—	1.87	0.82
	金属防腐油	kg	2.00	5.4	5.4	11.1	3.4
	盐酸	kg	2.20	—	—	0.4	0.18
	木炭	kg	4.00	—	—	8.39	3.64

工作内容：铝板、不锈钢板加工，盖缝板安装。　　单位：100 m

定额编号				A7-0192	A7-0193	A7-0194	A7-0195
项目名称				外墙变形缝			
				铝板 1.5 mm		不锈钢板 1.0 mm	
				缝宽 50 mm 以内	缝宽 100 mm 以内	缝宽 50 mm 以内	缝宽 100 mm 以内
基价(元)				2672.89	3130.77	5405.88	6423.51
其中	人工费(元)			323.55	339.75	323.55	339.75
	材料费(元)			2349.34	2791.02	5082.33	6083.76
	机械费(元)			—	—	—	—
名称		单位	单价(元)	数量			
人工	综合工日	工日	50.00	6.47	6.80	6.47	6.80
材料	铝板	kg	20.00	106.4	128.25	—	—
	不锈钢板 1.0 mm	m^2	195.00	—	—	24.89	30
	膨胀螺栓 5×50	百个	30.00	6.8	6.8	6.8	6.8
	其他材料费	元	1.00	17.34	22.02	24.78	29.76

工作内容：铝板、不锈钢板加工、盖缝板安装。　　单位：100 m

定额编号				A7-0196	A7-0197
项目名称				内墙变形缝	
				铝板 1.5 mm	不锈钢板 1.0 mm
				缝宽 100 mm 以内	
基价(元)				3708.19	7740.46
其中	人工费(元)			339.75	339.75
	材料费(元)			3368.44	7400.71
	机械费(元)			—	—
名称		单位	单价(元)	数量	
人工	综合工日	工日	50.00	6.80	6.80
材料	铝板	kg	20.00	156.98	—
	不锈钢板 1.0 mm	m^2	195.00	—	36.72
	膨胀螺栓 5×50	百个	30.00	6.8	6.8
	其他材料费	元	1.00	24.84	36.31

工作内容：铝板、不锈钢板加工，盖缝板安装。　　单位：100 m

定额编号				A7-0198	A7-0199	A7-0200	A7-0201
项目名称				顶棚变形缝			
				铝板 1.5 mm	不锈钢板 1.0 mm	铝板 1.5 mm	胶合板 5 mm
				缝宽 100 mm 以内		缝宽 250 mm 以内	
基价(元)				3742.39	7774.66	3280.81	248.57
其中	人工费(元)			373.95	373.95	204.75	139.95
	材料费(元)			3368.44	7400.71	3076.06	108.62
	机械费(元)			—	—	—	—
名称		单位	单价(元)	数量			
人工	综合工日	工日	50.00	7.48	7.48	4.10	2.80
材料	铝板	kg	20.00	156.98	—	152.62	—
	不锈钢板 1.0 mm	m^2	195.00	—	36.72	—	—
	膨胀螺栓 5×50	百个	30.00	6.8	6.8	—	—
	其他材料费	元	1.00	24.84	36.51	23.66	2.12
	胶合板　五层	m^2	10.00	—	—	—	10.5
	射钉	个	0.15	—	—	—	10

工作内容：铝板、不锈钢板加工，盖缝板安装。　　单位：100 m

定额编号				A7-0202	A7-0203	A7-0204
项目名称				楼面变形缝		
				钢板 5 mm	铝板 3 mm	硬塑料板 5 mm
				缝宽 150 mm 以内		
基价(元)				5114.73	5230.01	2305.47
其中	人工费(元)			373.95	373.95	373.95
	材料费(元)			4740.78	4856.06	1931.52
	机械费(元)			—	—	—
名称		单位	单价(元)	数量		
人工	综合工日	工日	50.00	7.48	7.48	7.48
材料	铝板	kg	20.00	—	194.85	—
	其他材料费	元	1.00	22.95	33.9	8.11
	花纹钢板	t	3900.00	0.977	0.008	0.001
	硬塑料板 5 mm	m^2	45.00	—	—	22.79
	防锈漆	kg	6.00	2.17	—	—
	油漆溶剂油	kg	5.00	0.11	—	—
	镀锌薄钢板 δ0.45	m^2	22.95	38.76	38.76	38.76
	膨胀螺栓 M8×75	套	0.65	6.8	6.8	6.8

工作内容：建筑油膏、沥青砂浆：熬制油膏、沥青，拌合沥青砂浆、嵌缝；氯丁橡胶片：洗缝、隔纸、贴橡胶片，片上涂胶铺砂；紫铜板：剪裁、焊接成型、铺设；聚氯乙烯胶泥：清缝、砂浆勾缝、垫纸、灌胶泥。

单位：100 m

定额编号				A7-0205	A7-0206	A7-0207	A7-0208	A7-0209
项目名称				止水带				
				氯丁橡胶片	钢板	预埋式紫铜板	橡胶	塑料
基价(元)				3277.11	4281.03	57581.58	5697.08	4857.08
其中	人工费(元)			161.10	828.00	1189.35	495.00	495.00
	材料费(元)			3116.01	3317.40	56256.60	5202.08	4362.08
	机械费(元)			—	135.63	135.63	—	—
名称		单位	单价(元)	数量				
人工	综合工日	工日	50.00	3.22	16.56	23.79	9.90	9.90
材料	氯丁橡胶片 2 mm	m^2	30.00	31.82	—	—	—	—
	钢板　综合	t	3400.00	—	0.94	—	—	—
	紫铜板 2 mm	kg	68.00	—	—	810.9	—	—
	橡胶止水带	m	48.00	—	—	—	105	—
	塑料止水带	m	40.00	—	—	—	—	105
	乙酸乙酯	kg	12.00	23	—	—	—	—
	氯丁橡胶浆	kg	28.00	60.58	—	—	—	—
	三异氰酸酯	kg	17.00	9.09	—	—	—	—
	建筑油膏	kg	3.00	5.91	—	—	—	—
	水泥 32.5	kg	0.33	9.09	—	—	—	—
	牛皮纸	m^2	1.00	5.91	—	—	—	—
	粒砂	m^3	50.00	0.16	—	—	—	—
	铜焊条	kg	78.00	—	—	14.3	—	—
	电焊条	kg	5.10	—	20.72	—	—	—
	环氧树脂 E44	kg	29.00	—	—	—	3.04	3.04
	乙二胺	kg	17.00	—	—	—	0.24	0.24
	丙酮	kg	13.50	—	—	—	3.04	3.04
	甲苯	kg	12.00	—	—	—	2.4	2.4
	其他材料费	元	1.00	—	15.73	—	—	—
机械	剪板机 20×2500 mm	台班	242.60	—	0.11	0.11	—	—
	交流电焊机 32 kVA	台班	155.63	—	0.7	0.7	—	—

十六、黑龙江省建筑工程计价定额

（2010 年定额防水工程部分）

关于颁发《黑龙江省建设工程计价依据（建筑、装饰装修、水暖、电气、市政、园林绿化工程计价定额、施工机械台班费用定额、建设工程费用定额）》的通知

黑建造价[2010]5 号

各市（行署）建设局（建委）、财政局，省直有关委、办、厅（局），各建设、施工、设计单位，工程造价咨询企业及有关社会中介服务机构，中直驻省单位、哈尔滨铁路局，省军区、驻军：

为了进一步贯彻执行国家标准《建设工程工程量清单计价规范》（GB 50500—2008），适应建筑市场发展变化的需要，合理确定和有效控制工程造价，根据国家标准《建设工程工程量清单计价规范》及相关规定，结合我省实际情况，编制完成了 2010 年黑龙江省建设工程计价依据，包括《建筑工程计价定额》、《装饰装修工程计价定额》、《给排水、暖通、消防及生活用燃气安装工程计价定额》、《电气设备及建筑智能化系统设备安装工程计价定额》、《市政工程计价定额》、《园林绿化工程计价定额》、《施工机械台班费用定额》、《建设工程费用定额》，现予颁发，自 2010 年 7 月 1 日起执行。

2000 年颁发的《黑龙江省建设工程预算定额（土建）、（给排水、暖通、消防及生活用煤气）、（电气）》、《全国统一市政工程预算定额黑龙江省估价表》、《全国统一房屋修缮工程预算定额黑龙江省估价表》、《黑龙江省施工机械台班费用定额》，2004 年颁发的《黑龙江省建筑工程消耗量定额》、《黑龙江省装饰装修工程消耗量定额》、《黑龙江省市政及园林绿化工程消耗量定额》、《黑龙江省施工机械台班费用计算规则》、《黑龙江省统一安装工程消耗量定额》相应部分，2007 年颁发的《黑龙江省建筑安装工程费用定额》、《黑龙江省建设工程预算定额（高级装饰修订版）》停止使用。

本计价依据由黑龙江省建设工程造价管理总站负责管理、解释和补充。

（此文件有效期至 2015 年 6 月 10 日）

黑龙江省住房和城乡建设厅

二〇一〇年六月十一日

一、墙、地面防水、防潮(A.7.3　编码:010703)

1. 卷材防水、防潮

(1) 墙、地面防水(潮)

工作内容:基层清理、配制、涂刷冷底子油、熬制沥青、防水薄弱处贴附加层、铺贴沥青玻璃布卷材等操作过程。

单位:100 m²

清单编码				010703001			
定额编号				7-142	7-143	7-144	7-145
项目名称				沥青玻璃布卷材			
				二布三油		每增减一布一油	
				平面	立面	平面	立面
基价(元)				3188.31	3576.83	1039.65	1183.51
其中	人工费(元)			512.51	762.14	238.50	336.02
	材料费(元)			2675.80	2814.69	801.15	847.49
	机械费(元)			—	—	—	—
名称		单位	单价	数量			
综合工日		工日	53.00	9.670	14.380	4.500	6.340
材料	冷底子油 30:70	kg	—	(48.480)	(48.480)	—	—
	玻璃纤维布 1.8 mm	m²	1.64	250.300	250.300	121.760	121.760
	木柴	kg	0.18	201.300	215.000	57.200	62.000
	石油沥青 30#	kg	3.90	489.721	524.701	151.580	163.240
	汽油	kg	8.55	37.330	37.330	—	—

工作内容:包括清理基层、防水薄弱处附加层、刷底胶、铺贴卷材等操作过程。

单位:100 m²

清单编码				010703001			
定额编号				7-146	7-147	7-148	7-149
项目名称				SBC120 复合卷材		自粘型卷材防水	
				冷贴满铺			
				平面	立面	平面	立面
基价(元)				2686.17	2832.45	4618.98	4752.01
其中	人工费(元)			156.35	302.63	142.57	275.60
	材料费(元)			2529.82	2529.82	4476.41	4476.41
	机械费(元)			—	—	—	—
名称		单位	单价	数量			
综合工日		工日	53.00	2.950	5.710	2.690	5.200
材料	107 胶素水泥浆	m³	—	—	—	(0.012)	(0.012)
	SBC120 聚乙烯丙纶双面复合防水卷材 300 g	m²	17.54	126.300	126.300	—	—
	自粘防水卷材 2 mm	m²	33.00	—	—	126.300	126.300
	聚氨酯胶黏剂	kg	13.29	9.180	9.180	—	—
	SBC120 聚合物水泥专用配料	kg	19.00	9.470	9.470	—	—
	BPS-201 基层处理剂	kg	13.00	—	—	22.910	22.910
	石油液化气	kg	6.00	—	—	0.520	0.520
	水泥 32.5 MPa	kg	0.39	—	—	18.108	18.108
	107 胶	kg	1.80	—	—	0.252	0.252
	水	m³	7.59	—	—	0.006	0.006
	其他材料费(占材料费)	%	—	0.500	0.500	—	—

工作内容:包括清理基层、铺设卷材、涂刷粘结剂、溶化搭接面等操作过程。　　单位:100 m^2

清单编码				010703001			
定额编号				7-150	7-151	7-152	7-153
项目名称				SBS卷材			
				冷贴		热熔	
				平面	立面	平面	立面
基价(元)				3617.16	3735.35	3899.42	4029.80
其中	人工费(元)			127.73	245.92	139.39	269.77
	材料费(元)			3489.43	3489.43	3760.03	3760.03
	机械费(元)			—	—	—	—
名称		单位	单价	数量			
综合工日		工日	53.00	2.410	4.640	2.630	5.090
材料	SBS改性沥青防水卷材	m^2	27.08	126.300	126.300	126.300	126.300
	SBS冷粘结剂	kg	4.04	12.840	12.840	—	—
	石油液化气	kg	6.00	—	—	53.520	53.520
	其他材料费(占材料费)	%	—	0.500	0.500	0.500	0.500

工作内容:同前。　　单位:100 m^2

清单编码				010703001			
定额编号				7-154	7-155	7-156	7-157
项目名称				APP卷材			
				冷贴		热熔	
				平面	立面	平面	立面
基价(元)				3721.25	3839.44	4003.50	4133.88
其中	人工费(元)			127.73	245.92	139.39	269.77
	材料费(元)			3593.52	3593.52	3864.11	3864.11
	机械费(元)			—	—	—	—
名称		单位	单价	数量			
综合工日		工日	53.00	2.410	4.640	2.630	5.090
材料	APP改性沥青防水卷材	m^2	27.90	126.300	126.300	126.300	126.300
	SBS冷粘结剂	kg	4.04	12.840	12.840	—	—
	石油液化气	kg	6.00	—	—	53.520	53.520
	其他材料费(占材料费)	%	—	0.500	0.500	0.500	0.500

工作内容:包括涂刷基层处理剂、防水薄弱处加强、铺贴卷材、卷材接缝处理、收头等操作过程。 单位:100 m^2

清单编码				010703001					
定额编号				7-158	7-159	7-160	7-161	7-162	7-163
项目名称				氯化聚乙烯-橡胶共混卷材		三元乙丙橡胶卷材		再生橡胶卷材	
						冷贴满铺			
				平面	立面	平面	立面	平面	立面
基价(元)				5975.04	6073.62	6795.97	6894.55	4064.56	4163.14
其中	人工费(元)			470.64	569.22	470.64	569.22	470.64	569.22
	材料费(元)			5504.40	5504.40	6325.33	6325.33	3593.92	3593.92
	机械费(元)			—	—	—	—	—	—
名称		单位	单价	数量					
综合工日		工日	53.00	8.880	10.740	8.880	10.740	8.880	10.740
材料	107胶素水泥浆	m^3	—	(0.010)	(0.010)	(0.010)	(0.010)	(0.010)	(0.010)
	氧化聚乙烯-橡胶共混卷材	m^2	27.00	126.300	126.300	—	—	—	—
	三元乙丙橡胶卷材	m^2	35.77	—	—	126.300	126.300	—	—
	再生橡胶卷材	m^2	16.00	—	—	—	—	126.300	126.300
	氯丁冷胶	kg	11.65	20.200	20.200	—	—	—	—
	BX-12粘结剂	kg	21.26	45.450	45.450	—	—	—	—
	BX-12乙组份880 mL	瓶	18.40	32.280	32.280	—	—	—	—
	CSPE嵌缝油膏330 mL	支	4.07	29.830	29.830	29.830	29.830	29.830	29.830
	二甲苯	kg	4.09	27.000	27.000	27.000	27.000	27.000	27.000
	乙酸乙酯	kg	12.00	5.050	5.050	5.050	5.050	5.050	5.050
	聚氨酯甲料	kg	16.72	—	—	4.550	4.550	4.550	4.550
	聚氨酯乙料	kg	16.00	—	—	13.640	13.640	13.640	13.640
	丁基粘结剂	kg	23.51	—	—	17.600	17.600	—	—
	CX-404粘结剂	kg	19.82	—	—	40.400	40.400	—	—
	氯丁粘结剂	kg	15.33	—	—	—	—	63.930	63.930
	水泥32.5 MPa	kg	0.39	15.090	15.090	15.090	15.090	15.090	15.090
	107胶	kg	1.80	0.210	0.210	0.210	0.210	0.210	0.210
	水	m^3	7.59	0.005	0.005	0.005	0.005	0.005	0.005

(2) 基础卷材防水、防潮

工作内容:包括清理基层、铺贴卷材、涂刷冷粘结剂(熔化搭接面)等操作过程。 单位:100 m^2

清单编码				010703001			
定额编号				7-164	7-165	7-166	7-167
项目名称				SBS防水卷材		APP防水卷材	
				冷贴	热熔	冷贴	热熔
基价(元)				2943.21	3174.32	3026.45	3257.55
其中	人工费(元)			152.64	167.48	152.64	167.48
	材料费(元)			2790.57	3006.84	2873.81	3090.07
	机械费(元)			—	—	—	—
名称		单位	单价	数量			
综合工日		工日	53.00	2.880	3.160	2.880	3.160
材料	SBS改性沥青防水卷材	m^2	27.08	101.000	101.000	—	—
	APP改性沥青防水卷材	m^2	27.90	—	—	101.000	101.000
	SBS冷粘结剂	kg	4.04	10.300	—	10.300	—
	石油液化气	kg	6.00	—	42.800	—	42.800
	其他材料费(占材料费)	%	—	0.500	0.500	0.500	0.500

工作内容：包括涂刷基层处理剂、铺贴卷材等操作过程。 单位：100 m²

清单编码				010703001			
定额编号				7-168	7-169	7-170	7-171
项目名称				再生橡胶卷材	三元乙丙橡胶卷材	自粘型卷材防水	氯化聚乙烯-橡胶共混卷材
基价(元)				3158.26	5302.17	3898.80	4482.12
其中	人工费(元)			187.62	187.62	171.19	187.62
	材料费(元)			2970.64	5114.55	3727.61	4294.50
	机械费(元)			—	—	—	—
名称		单位	单价	数量			
综合工日		工日	53.00	3.540	3.540	3.230	3.540
材料	107胶素水泥浆	m²	—	(0.012)	(0.012)	(0.012)	(0.012)
	再生橡胶卷材	m²	16.00	101.000	—	—	—
	三元乙丙橡胶卷材	m²	35.77	—	101.000	—	—
	自粘防水卷材 2 mm	m²	33.00	—	—	101.000	—
	氯化聚乙烯-橡胶共混卷材	m²	27.00	—	—	—	101.000
	氯丁粘结剂	kg	15.33	49.950	—	—	—
	CSPE 嵌缝油膏 330 mL	支	4.07	28.500	28.500	—	28.500
	二甲苯	kg	4.09	27.000	27.000	—	27.000
	乙酸乙酯	kg	12.00	5.050	5.050	—	5.050
	CX-404 粘结剂	kg	19.82	—	40.400	—	—
	聚氨酯甲料	kg	16.72	4.550	4.550	—	—
	聚氨酯乙料	kg	16.00	13.640	13.640	—	—
	丁基粘结剂	kg	23.51	—	4.770	—	—
	BPS-201 基层处理剂	kg	13.00	—	—	23.110	—
	氯丁胶乳	kg	1.69	—	—	—	20.200
	BX-12 乙组份 880 mL	瓶	18.40	—	—	—	14.810
	BX-12 粘结剂	kg	21.26	—	—	—	45.450
	水泥 32.5 MPa	kg	0.39	18.108	18.108	181.080	18.108
	107 胶	kg	1.80	0.252	0.252	2.520	0.252
	水	m³	7.59	0.006	0.006	0.062	0.006
	其他材料费(占材料费)	%	—	—	—	0.500	—

2. 涂膜防水

工作内容：包括清理基层、刷涂料等操作过程。 单位：100 m²

清单编码				010703002			
定额编号				7-172	7-173	7-174	7-175
项目名称				苯乙烯涂料二遍		刷冷底子油	
				平面	立面	第一遍	第二遍
基价(元)				245.40	249.21	464.91	319.68
其中	人工费(元)			117.13	117.13	83.21	70.49
	材料费(元)			128.27	132.08	381.70	249.19
	机械费(元)			—	—	—	—
名称		单位	单价	数量			
综合工日		工日	53.00	2.210	2.210	1.570	1.330
材料	冷底子油 30∶70	kg	—	—	—	(48.480)	—
	冷底子油 50∶50	kg	—	—	—	—	(36.360)
	苯乙烯涂料	kg	2.54	50.500	52.00	—	—
	木柴	kg	0.18	—	—	16.500	20.900
	石油沥青 30#	kg	3.90	—	—	15.271	19.089
	汽油	kg	8.55	—	—	37.330	19.998

工作内容：包括清理基层、涂刷附加层、分层涂刷涂料等操作过程。　　单位：100 m²

清单编码				010703002			
定额编号				7-176	7-177	7-178	7-179
项目名称				JS防水涂料			
				平面		立面	
				涂刷厚度 2 mm	每增减 0.5 mm	涂刷厚度 2 mm	每增减 0.5 mm
基价(元)				4903.80	1412.04	5036.30	1443.84
其中	人工费(元)			418.70	106.00	551.20	137.80
	材料费(元)			4485.10	1306.04	4485.10	1306.04
	机械费(元)			—	—	—	—
名称		单位	单价	数量			
综合工日		工日	53.00	7.900	2.000	10.400	2.600
材料	JS防水涂料	kg	9.80	450.900	131.300	450.900	131.300
	其他材料费(占材料费)	%	—	1.500	1.500	1.500	1.500

工作内容：1. 焦油玛碲脂、塑料油膏包括清理基层、熬制、涂刷等操作过程。

2. 氯偏共聚乳胶包括成品涂刷等操作过程。

3. 聚氨脂包括涂刷底胶及附加层、刷聚氨脂、铺石碴保护层(或刚性连接层)等操作过程。单位：100 m²

清单编码				010703002				
定额编号				7-180	7-181	7-182	7-183	7-184
项目名称				焦油玛碲脂	塑料油膏	氯偏共聚乳胶	聚氨脂	
				涂刷厚	涂刷厚度(遍数)		涂刷厚度	每增减
				3 mm	二遍	三遍	2 mm	1 mm
基价(元)				1755.21	1251.03	254.94	4858.23	1909.64
其中	人工费(元)			187.09	112.36	86.39	296.80	118.72
	材料费(元)			1568.12	1138.67	168.55	4561.43	1790.92
	机械费(元)			—	—	—	—	—
名称		单位	单价	数量				
综合工日		工日	53.00	3.530	2.120	1.630	5.600	2.240
材料	焦油玛碲脂	m³	—	(0.320)	—	—	—	—
	冷底子油 30：70	kg	—	(48.480)	—	—	—	—
	塑料油膏	kg	1.89	—	585.120	—	—	—
	氯偏共聚乳液	kg	7.00	—	—	21.000	—	—
	磷酸三钠溶液 10%	kg	8.00	—	—	0.590	—	—
	聚乙烯醇溶液 10%	kg	17.72	—	—	0.950	—	—
	二甲苯	kg	4.09	—	—	—	12.960	4.850
	聚氨酯甲料	kg	16.72	—	—	—	107.640	42.720
	聚氨酯乙料	kg	16.00	—	—	—	168.410	66.050
	木柴	kg	0.18	148.500	182.160	—	—	—
	石碴	m³	45.54	—	—	—	0.310	—
	石油沥青 30#	kg	3.90	15.271	—	—	—	—
	汽油	kg	8.55	37.330	—	—	—	—
	煤焦油	kg	3.20	335.360	—	—	—	—
	滑石粉	kg	1.11	80.640	—	—	—	—

工作内容：包括清理基层、调配涂料、铺贴附加层、贴布(聚脂布或玻璃纤维布)、刷涂料(最后两遍掺水水泥作保护层)等操作过程。

单位：100 m²

<table>
<tr><td colspan="4">清单编码</td><td colspan="4">010703002</td></tr>
<tr><td colspan="4">定额编号</td><td>7-185</td><td>7-186</td><td>7-187</td><td>7-188</td></tr>
<tr><td colspan="4" rowspan="3">项目名称</td><td colspan="2">水乳型普通乳化沥青涂料</td><td colspan="2">水乳型水性石棉质沥青</td></tr>
<tr><td colspan="2">二布三涂</td><td colspan="2">一布二涂</td></tr>
<tr><td>平面</td><td>立面</td><td>平面</td><td>立面</td></tr>
<tr><td colspan="4">基价(元)</td><td>1505.67</td><td>1848.56</td><td>4361.21</td><td>4583.28</td></tr>
<tr><td rowspan="3">其中</td><td colspan="3">人工费(元)</td><td>508.80</td><td>851.71</td><td>388.49</td><td>610.56</td></tr>
<tr><td colspan="3">材料费(元)</td><td>996.87</td><td>996.85</td><td>3972.72</td><td>3972.72</td></tr>
<tr><td colspan="3">机械费(元)</td><td>—</td><td>—</td><td>—</td><td>—</td></tr>
<tr><td colspan="2">名称</td><td>单位</td><td>单价</td><td colspan="4">数量</td></tr>
<tr><td colspan="2">综合工日</td><td>工日</td><td>53.00</td><td>9.600</td><td>16.070</td><td>7.330</td><td>11.520</td></tr>
<tr><td rowspan="5">材料</td><td>聚脂布 1000 g/m²</td><td>m²</td><td>1.94</td><td>243.040</td><td>243.040</td><td>—</td><td>—</td></tr>
<tr><td>乳化沥青管(水乳型)</td><td>kg</td><td>2.00</td><td>260.000</td><td>260.000</td><td>—</td><td>—</td></tr>
<tr><td>玻璃纤维布 1.8 mm</td><td>m²</td><td>1.64</td><td>—</td><td>—</td><td>124.910</td><td>124.910</td></tr>
<tr><td>水性石棉棉质沥青(水乳型)</td><td>kg</td><td>4.50</td><td>—</td><td>—</td><td>832.000</td><td>832.000</td></tr>
<tr><td>水泥 32.5 MPa</td><td>kg</td><td>0.39</td><td>13.770</td><td>13.730</td><td>61.200</td><td>61.200</td></tr>
</table>

工作内容：同前。

单位：100 m²

<table>
<tr><td colspan="4">清单编码</td><td colspan="4">010703002</td></tr>
<tr><td colspan="4">定额编号</td><td>7-189</td><td>7-190</td><td>7-191</td><td>7-192</td></tr>
<tr><td colspan="4" rowspan="3">项目名称</td><td colspan="4">水乳型再生胶沥青聚脂布</td></tr>
<tr><td colspan="2">二布三涂</td><td colspan="2">每增一布一涂</td></tr>
<tr><td>平面</td><td>立面</td><td>平面</td><td>立面</td></tr>
<tr><td colspan="4">基价(元)</td><td>1375.67</td><td>1718.58</td><td>591.34</td><td>626.32</td></tr>
<tr><td rowspan="3">其中</td><td colspan="3">人工费(元)</td><td>508.80</td><td>851.71</td><td>206.17</td><td>241.15</td></tr>
<tr><td colspan="3">材料费(元)</td><td>866.87</td><td>866.87</td><td>385.17</td><td>385.17</td></tr>
<tr><td colspan="3">机械费(元)</td><td>—</td><td>—</td><td>—</td><td>—</td></tr>
<tr><td colspan="2">名称</td><td>单位</td><td>单价</td><td colspan="4">数量</td></tr>
<tr><td colspan="2">综合工日</td><td>工日</td><td>53.00</td><td>9.600</td><td>16.070</td><td>3.890</td><td>4.550</td></tr>
<tr><td rowspan="3">材料</td><td>聚脂布 100 g/m²</td><td>m²</td><td>1.94</td><td>243.040</td><td>243.040</td><td>118.130</td><td>118.130</td></tr>
<tr><td>再生胶沥青(水乳型)</td><td>kg</td><td>1.50</td><td>260.000</td><td>260.000</td><td>104.000</td><td>104.000</td></tr>
<tr><td>水泥 32.5 MPa</td><td>kg</td><td>0.39</td><td>13.770</td><td>13.770</td><td>—</td><td>—</td></tr>
</table>

工作内容:同前。　　　　　　　　　　　　　　　　　　　　　　　　　　单位:100 m^2

清单编码				010703002			
定额编号				7-193	7-194	7-195	7-196
项目名称				水乳型阴离子合成胶化沥青聚脂布			
				一布二涂		每增一布一涂	
				平面	立面	平面	立面
基价(元)				971.67	1193.74	686.50	721.48
其中	人工费(元)			388.49	610.56	206.17	241.15
	材料费(元)			583.18	583.18	480.33	480.33
	机械费(元)			—	—	—	—
名称		单位	单价	数量			
综合工日		工日	53.00	7.300	11.520	3.890	4.550
材料	聚脂布 100 g/m^2	m^2	1.94	124.910	124.910	118.130	118.130
	阴离子合成胶乳沥青(水乳型)	kg	1.61	208.000	208.000	156.000	156.000
	水泥 32.5 MPa	kg	0.39	15.300	15.300	—	—

工作内容:同前。　　　　　　　　　　　　　　　　　　　　　　　　　　单位:100 m^2

清单编码				010703002			
定额编号				7-197	7-198	7-199	7-200
项目名称				水乳型阳离子氯丁胶乳化沥青聚脂布			
				一布二涂		每增一布一涂	
				平面	立面	平面	立面
基价(元)				955.03	1177.10	674.02	709.00
其中	人工费(元)			388.49	610.56	206.17	241.15
	材料费(元)			566.54	566.54	467.85	467.85
	机械费(元)			—	—	—	—
名称		单位	单价	数量			
综合工日		工日	53.00	7.330	11.520	3.890	4.550
材料	聚酯布 100 g/m^2	m^2	1.94	124.910	124.910	118.130	118.130
	阳离子氯丁胶乳沥青(水乳型)	kg	1.53	208.000	208.000	156.000	156.000
	水泥 32.5 MPa	kg	0.39	15.300	15.300	—	—

工作内容：同前。　　　　单位：100 m²

清单编码				010703002			
定额编号				7-201	7-202	7-203	7-204
项目名称				溶剂型再生胶沥青聚脂布			
				二布三涂		每增一布一涂	
				平面	立面	平面	立面
基价(元)				1499.94	1842.85	691.18	726.16
其中	人工费(元)			508.80	851.71	206.17	241.15
	材料费(元)			991.14	991.14	485.01	485.01
	机械费(元)			—	—	—	—
名称		单位	单价	数量			
综合工日		工日	53.00	9.600	16.070	3.890	4.550
材料	聚脂布 100 g/m²	m²	1.94	243.040	243.040	118.130	118.130
	再生胶沥青(溶剂型)	kg	1.64	312.000	312.000	156.000	156.000
	水泥 32.5 MPa	kg	0.39	20.400	20.400	—	—

3. 砂浆防水(潮)

工作内容：包括清理基层、调制砂浆、抹砂浆等操作过程　　　　单位：100 m²

清单编码				010703003			
定额编号				7-205	7-206	7-207	7-208
项目名称				防水砂浆			
				平面	立面	五层做法	
						平面	立面
基价(元)				1246.42	1497.64	1628.17	1906.94
其中	人工费(元)			488.66	739.88	923.79	1199.92
	材料费(元)			737.61	737.61	694.31	696.95
	机械费(元)			20.15	20.15	10.07	10.07
名称		单位	单价	数量			
综合工日		工日	53.00	9.220	13.960	17.430	22.640
材料	抹灰水泥砂浆 1∶2	m³	—	(2.040)	(2.040)	(1.010)	(1.020)
	素水泥浆	m³	—	—	—	(0.610)	(0.610)
	防水粉	kg	1.52	62.740	62.740	—	—
	水泥 32.5 MPa	kg	0.39	1242.360	1242.360	1535.580	1541.670
	砂(净中砂)	m³	64.12	1.938	1.938	0.965	0.969
	水	m³	7.59	4.410	4.410	4.420	4.423
机械	灰浆搅拌机 400 L	台班	100.74	0.200	0.200	0.100	0.100
	电	kW·h	—	(3.030)	(3.030)	(1.520)	(1.520)

4. 变 形 缝

(1) 填缝、盖缝

工作内容:1. 油浸麻丝包括熬沥青、调配沥青麻丝、填塞沥青麻丝等操作过程。

2. 油浸木丝板包括熬制沥青、浸木丝板、油浸木丝板嵌缝等操作过程。

3. 玛碲脂包括熬玛碲脂、玛碲脂灌缝等操作过程。　　单位:100 m

清单编码				010703004			
定额编号				7-209	7-210	7-211	7-212
项目名称				油浸麻丝		油浸木丝板	玛碲脂
				平面	立面		
基价(元)				1535.12	1729.63	1192.93	2535.05
其中	人工费(元)			398.56	593.07	311.11	352.98
	材料费(元)			1136.56	1136.56	881.82	2182.07
	机械费(元)			—	—	—	—
名称		单位	单价	数量			
综合工日		工日	53.00	7.520	11.190	5.870	6.660
材料	石油沥青玛碲脂	m^3	—	—	—	—	(0.480)
	石油沥青 30#	kg	3.90	216.24	216.240	163.240	—
	石油沥青 60#	kg	4.00	—	—	—	503.040
	木柴	kg	0.18	99.000	99.000	61.600	198.000
	麻丝	kg	5.00	55.080	55.080	—	—
	木丝板	m^2	15.30	—	—	15.300	—
	滑石粉	kg	1.11	—	—	—	120.960

工作内容:1. 石灰麻刀包括调制石灰麻刀、石灰麻刀嵌缝、缝上贴二毡二油一层等操作过程。

2. 建筑油膏、沥青砂浆包括熬制沥青、油膏,沥青砂浆或建筑油膏嵌缝等操作过程。　　单位:100 m

清单编码				010703004			
定额编号				7-213	7-214	7-215	7-216
项目名称				石灰麻刀		建筑油膏	沥青砂浆
				平面	立面		
基价(元)				1146.19	1197.60	533.89	1212.98
其中	人工费(元)			368.35	419.76	294.68	348.74
	材料费(元)			777.84	777.84	239.21	864.24
	机械费(元)			—	—	—	—
名称		单位	单价	数量			
综合工日		工日	53.00	6.950	7.920	5.560	6.580
材料	普通沥青砂浆	m^3	—	—	—	—	(0.480)
	建筑油膏	kg	2.67	—	—	87.770	—
	石油沥青油毡 350 g	m^2	3.06	17.000	17.000	—	—
	生石灰	kg	0.20	180.000	180.000	—	—
	麻刀	kg	4.00	108.000	108.000	—	—
	木柴	kg	0.18	24.000	24.000	27.000	198.000
	石油沥青 30#	kg	3.90	65.000	65.000	—	132.000
	滑石粉	kg	1.11	—	—	—	254.400
	砂(净中砂)	m^3	64.12	—	—	—	0.490

工作内容：1. 聚氯乙烯胶泥包括清缝、水泥砂浆勾缝、垫牛皮纸、熬灌聚氯乙烯胶泥等操作过程。

2. 聚氨脂发泡包括支模板、聚氨酯甲乙料拌合、灌注等操作过程。

3. 苯板填缝包括清缝、苯板的放置等操作过程。

清单编码				010703004		
定额编号				7-217	7-218	7-219
项目名称				聚氯乙烯胶泥	聚氨脂发泡	聚苯板填缝
				100 m	10 m^3	100 m^2
基价(元)				1147.68	9755.95	3809.32
其中	人工费(元)			400.68	1046.22	181.26
	材料费(元)			747.00	8709.73	3628.06
	机械费(元)			—	—	—
名称		单位	单价	数量		
综合工日		工日	53.00	7.560	19.740	3.420
材料	抹灰水泥砂浆 1∶2	m^3	—	(0.060)	—	—
	聚氯乙烯胶泥	kg	8.11	83.320	—	—
	牛皮纸	m^2	1.00	53.230	—	—
	聚氨酯甲料	kg	16.72	—	263.200	—
	聚氨酯乙料	kg	16.00	—	263.200	—
	镀锌铁线 12#	kg	4.27	—	1.020	—
	胶合板模板 12 mm	m^2	31.00	—	1.100	—
	支撑方木	m^3	752.93	—	0.050	—
	聚苯乙烯泡沫塑料板 120 mm 18 kg/m^3	m^3	296.41	—	—	12.240
	水泥 32.5 MPa	kg	0.39	36.540	—	—
	砂(净中砂)	m^3	64.12	0.057	—	—
	水	m^3	7.59	0.018	—	—
	其他材料费(占材料费)	%	—	—	0.250	—

工作内容：1. 木板盖面包括平面板材加工、板缝一侧涂胶粘合、立面埋木砖、钉木盖板等操作过程。

2. 薄钢板盖面包括平面(屋面)埋木砖、钉木条、木条上钉薄钢板、立面埋木砖、木砖上钉薄钢板等操作过程。

单位：100 m

清单编码				010703004			
定额编号				7-220	7-221	7-222	7-223
项目名称				木板盖缝		薄钢板盖缝	
				平面	立面	平面	立面
基价(元)				907.65	1833.11	4123.86	2687.79
其中	人工费(元)			206.17	646.07	711.79	560.74
	材料费(元)			701.48	1187.04	3412.07	2127.05
	机械费(元)			—	—	—	—
名称		单位	单价	数量			
综合工日		工日	53.000	3.890	12.190	13.430	10.580
材料	板方材一等	m^3	1113.20	0.612	0.655	0.990	—
	板方材二等	m^3	1032.24	—	0.432	0.150	0.301
	镀锌薄钢板 24#	m^2	29.78	—	—	62.540	53.000
	铁钉	kg	6.61	—	1.810	2.100	0.700
	焊锡	kg	38.84	—	—	4.060	3.440
	防腐油	kg	6.98	—	—	6.760	5.310
	盐酸	kg	2.20	—	—	0.860	0.740
	木炭	kg	4.00	—	—	18.020	15.270
	XY508 粘合剂	kg	13.29	1.520	—	—	—

工作内容：包括盖板制作、安装等操作过程。　　单位：100 m

清单编码				010703004			
定额编号				7-224	7-225	7-226	7-227
项目名称				铝合金盖缝		不锈钢盖缝	
				平面	立面	平面	立面
基价(元)				7246.99	3267.83	7485.58	3370.00
其中	人工费(元)			243.80	201.40	243.80	201.40
	材料费(元)			7001.66	3065.51	7240.25	3167.68
	机械费(元)			1.53	0.92	1.53	0.92
名称		单位	单价	数量			
综合工日		工日	53.00	4.600	3.800	4.600	3.800
材料	铝合金条板 1 mm	m^2	103.74	60.100	26.400	—	—
	镜面不锈钢板 0.8 mm	m^2	107.86	—	—	60.100	26.400
	钢钉	kg	12.71	2.100	0.300	2.100	0.300
	防腐油	kg	6.98	11.000	3.400	11.000	3.400
	铝拉铆钉	百个	3.80	3.000	2.000	—	—
	木砖	m^3	910.80	0.550	0.250	0.550	0.250
	玻璃胶 300 g	支	14.60	5.600	2.300	5.600	2.300
	其他材料费(占材料费)	%	—	1.000	1.000	1.000	1.000
机械	木工圆锯机 ϕ500	台班	30.50	0.050	0.030	0.050	0.030
	电	kW·h	—	(1.200)	(0.720)	(1.200)	(0.720)

（2）止水带

工作内容：1. 氯丁胶橡胶止水片包括清理用乙酸乙酯洗缝、隔纸用氯丁胶粘剂贴氯丁胶片、最后在氯丁橡胶片上涂胶铺砂等操作过程。

2. 预埋紫铜板、钢板止水带包括板剪裁、焊接成型、铺设等操作过程。　　单位：100 m

清单编码				010703004		
定额编号				7-228	7-229	7-230
项目名称				氯丁橡胶片止水带	预埋式紫铜板止水带	预埋式钢板止水带
				宽 300 mm	宽 450 mm	
基价(元)				1670.32	72690.73	5938.59
其中	人工费(元)			189.74	1400.79	1264.05
	材料费(元)			1480.58	71117.27	4501.87
	机械费(元)			—	172.67	172.67
名称		单位	单价	数量		
综合工日		工日	53.00	3.580	26.430	23.850
材料	氯丁橡胶片 2 mm	m^2	16.86	31.820	—	—
	紫铜板 2 mm	kg	86.53	—	810.900	—
	铜焊条	kg	66.44	—	14.300	—

续表

清单编码				010703004		
定额编号				7-228	7-229	7-230
项目名称				氯丁橡胶片止水带	预埋式紫铜板止水带	预埋式钢板止水带
				宽 300 mm	宽 450 mm	
材料	钢板 3 mm 厚	kg	4.14	—	—	1070.000
	电焊条	kg	5.04	—	—	14.300
	氯丁橡胶浆	kg	8.18	60.580	—	—
	乙酸乙酯	kg	12.00	23.000	—	—
	三异氰酸酯	kg	17.00	9.090	—	—
	牛皮纸	m^2	1.00	5.910	—	—
	粗砂	m^2	53.74	0.160	—	—
	水泥 32.5 MPa	kg	0.39	9.000	—	—
机械	剪板机 20 mm×2 500 mm	台班	262.90	—	0.110	0.110
	直流电焊机 32 kW	台班	205.36	—	0.700	0.700
	电	kW·h	—	—	(71.830)	(71.830)

工作内容：1. 预埋式橡胶、塑料止水带包括止水带制作、接头及安装等操作过程。

2. 遇水膨胀止水条包括清理基层、止水条安装等操作过程。 单位：100 m

清单编码				010703004		
定额编号				7-231	7-232	7-233
项目名称				预埋式止水带		遇水膨胀止水条
				橡胶	塑料	10 mm×25 mm
				宽 350 mm		
基价(元)				6053.20	4550.65	2000.20
其中	人工费(元)			583.00	583.00	291.50
	材料费(元)			5470.20	3967.65	1708.70
	机械费(元)			—	—	—
名称		单位	单价	数量		
综合工日		工日	53.00	11.000	11.000	5.500
材料	橡胶止水带	m	51.00	105.000	—	—
	塑料止水带	m	36.80	—	105.000	—
	环氧树脂 E44	kg	22.88	3.040	3.040	3.040
	乙二胺	kg	17.00	0.240	0.240	—
	丙酮	kg	6.64	3.040	3.040	—
	甲苯	kg	4.09	2.400	2.400	—
	遇水膨胀止水条 10 mm×25 mm	m	15.00	—	—	105.000
	其他材料费(占材料费)	%	—	—	—	3.900

工作内容：清理基层、刷底胶、缝上粘贴一布二涂氯丁胶贴玻璃纤维布、在缝中心贴 150 mm 宽一布二涂氯丁胶玻璃布、止水片干后，表面涂胶并粘粒砂等操作过程。

单位：100 m

清单编码				010703004	
定额编号				7-234	7-235
项目名称				涂刷式一布二涂氯丁胶贴玻璃纤维布止水片	
				湿基层	干基层
				宽 350 mm	
基价(元)				2238.81	2068.45
其中	人工费(元)			258.64	258.64
	材料费(元)			1980.17	1809.81
	机械费(元)			—	—
名称		单位	单价	数量	
综合工日		工日	53.00	4.880	4.880
材料	乙酸乙酯	kg	12.00	15.310	15.310
	粗砂	m^3	53.74	0.180	0.180
	玻璃纤维布 1.8 mm	m^2	1.64	95.200	95.200
	氯丁橡胶浆	kg	8.18	116.940	135.980
	三异氰酸酯	kg	17.00	17.540	20.400
	水泥 32.5 MPa	kg	0.39	7.000	3.000
	环氧树脂 600#	kg	20.57	14.420	—
	低分子聚酰胺 300#	kg	26.58	2.880	—

十七、江苏省房屋修缮工程计价表

（2009 年定额防水工程部分）

关于颁发《江苏省房屋修缮工程计价表》的通知

苏建价[2009]372 号

各市建设局(建委)，省各有关委、办、厅、局：

为满足我省房屋修缮工程的计价需要，合理确定房屋修缮工程费用，我厅组织修订编制了 2009 版《江苏省房屋修缮工程计价表》，现予颁发。本计价表自二〇一〇年一月一日起执行，原《江苏省房屋修缮工程预算定额》(1999)同时停止执行。

本计价表由江苏省建设工程造价管理总站负责解释和管理。

江苏省住房和城乡建设厅

二〇〇九年十一月二十日

第八章　防水、屋面及保温工程

说　　明

本章包括平瓦屋面、蝴蝶瓦屋面及彩钢板屋面、屋脊、沿口瓦档、斜沟、天沟、泛水、瓦出线、边楞、屋面采光天窗、伸缩缝、屋面防水、屋面及墙面保温等，共 15 节，176 个子目。

一、本章瓦屋面的屋脊、天沟、斜沟、泛水、瓦出线、沿头瓦档、天窗等，均不包括在屋面铺设子目内，按有关项目另行计算。

二、翻做干铺油毡斜沟、天沟子目已包括沟底维修工、料在内，如沟底板不需整修时，扣除木工人工及板材数量。

三、瓦屋面瓦的规格与子目中含量不同时，瓦的数量可以换算，其他不变。

四、油毡卷材屋面包括刷冷底子油一遍，但不包括天沟、泛水、屋脊、沿口等处的附加屋在内，其附加屋另行计算。卷材屋面如设计要求不刷冷底子油时，则扣除一遍冷底子油的工料。其他卷材屋面均已包括附加层，执行时不得另外计算。

五、本章翻做、修补、修换、拆换项目中旧料利用数量应按实换算。

六、本章中的屋面、外墙面保温层只包括保温隔热材料的铺设，不包括保护层。

七、凡保温、隔热工程用于地面时，增加电动夯实机 0.04 台班/m^3。

工程量计算规则

一、瓦屋面按沿口(封沿板)外包展开面积以平方米计算。除层面老虎窗外，烟囱、竖风道、凡帽底座、斜沟、天窗等面积均不扣除，屋面气楼出沿的重叠部分应增加面积计算。

二、屋脊、蝴蝶瓦屋面沿头按图示尺寸以延长米计算，瓦出线按水平投影长度乘屋面坡度系数按延长米计算。

三、卷材屋面按实铺面积计算。女儿墙、伸缩缝和天窗处的弯起部分，按图示尺寸并入屋面工程量内计算；其他卷材屋面所需附加卷材层的工、料包括在定额内，不另计算。如图纸未定时，伸缩缝、天窗女儿墙的弯起部分可按 25 cm 计算，天窗的弯起部分可按 50 cm 计算。油毡屋面的天沟、泛水、屋脊、沿口等处的附加层按设计尺寸和层数以实铺面积计算。

四、卷材屋面与墙面连接处的弯起部分高出在 50 cm 以内者，该部分按平面计算。

五、彩钢夹芯板、彩钢复合板屋面按实铺面积以平方米计算，支架、槽铝、角铝等均包含在子目内；彩板屋脊、天沟、泛水、包角、山头按设计长度以延长米计算，堵头已包含在子目内。

六、屋面冷底子油的工程量，可利用相应的卷材屋面工程量计算。

七、防水卷材的接缝、收头、冷底子油等工料均已包括在子目内，不另计算。

八、屋面排水的水落管、沿沟、天沟、斜沟、泛水均按延长米计算，其长度规定如下：

1. 水落管长度按室外地坪至沿口滴水高度，沿口处延伸长部分（即马腿弯伸长）勒脚和泄水口的弯起均不增加，但水落管遇有外墙腰线时（需弯起的），按每条腰线增加长度 25 cm 计算。

2. 沿沟、天沟按图示延长米计算。

3. 屋面斜沟长度可按延长系数 C 或偶延长系数 D 计算。

九、平屋面裂缝修补按实际修补长度计算，防水层修补按实际修补面积计算。

十、一坡水、两坡水和四坡水屋面（包括挑沿在内）的工程量，按其水平投影面积，乘以不同屋面坡度的延长系数 C 计算。延长系数 C 与偶延长系数 D 附表如下：

坡度比例	2/3	1/3	1/2		2/5
角度	33°41	30°	26°34	24°14	21°48
延长系数 C	1.2015	1.1547	1.118	1.0966	1.077
偶延长系数 D	1.502	1.527	1.5	1.4839	1.4697

注：1. A 为屋面水平投影宽度；C 为屋面坡度系数。D 为四坡水屋面斜脊的坡度系数。

2. 两坡水屋面的实际面积＝屋面水平投影面积×延长系数 C。

3. 四坡水屋面斜脊长度＝$A\times D$(当 $S=A/2$ 时)。

4. 两坡水沿山墙泛水长度＝$A\times C$。

十一、刚性屋面，涂膜屋面工程量计算同卷材屋面。

十二、平、立面防水工程量，保温隔热工程量按《江苏省建筑与装饰工程计价表》执行。

一、平瓦屋面

工作内容：拌运砂浆、抹灰、递瓦、铺瓦。　　　　单位：10 m²

定额编号					8-1		8-2	
项目			单位	单价	新铺			
					铺瓦		抹泥铺瓦	
					数量	合价	数量	合价
综合单价			元		164.90		229.73	
其中		人工费	元		24.20		58.08	
		材料费	元		131.75		150.16	
		机械费	元		—		—	
		管理费	元		6.05		14.52	
		利润	元		2.90		6.97	
二类工			工日	44.00	0.55	24.20	1.32	58.08
材料	0304914017	柴泥石灰浆	m³	58.43	—	—	0.315	18.41
	0204010302	粘土平瓦 400×240	百块	85.00	1.55	131.75	1.55	131.75
措施	J13131	卷扬机带塔（1t，H=40 m）	台班	125.23	(0.032)	(4.01)	(0.035)	(4.38)

注：1. 平瓦规格为 400×240 mm（计算有效面积 315×215 mm），如实际采用规格不符，瓦数量换算，其他不变。

2. 如加铺油毡，则人工乘系数 1.20，增加油毡 11.00 m²。

工作内容：1. 翻铺：拆卸瓦、换基层、铺瓦、垃圾清理归堆。

2. 扫灰、除草、拾漏、整理屋脊、垃圾清理归堆。　　　　单位：10 m²

定额编号					8-3		8-4		8-5	
项目			单位	单价	翻铺瓦		翻换席（帘）		清扫拾漏	
					数量	合价	数量	合价	数量	合价
综合单价			元		62.93		138.09		17.08	
其中		人工费	元		39.69		63.89		8.23	
		材料费	元		8.50		50.51		5.75	
		机械费	元		0.04		0.04		0.04	
		管理费	元		9.93		15.98		2.07	
		利润	元		4.77		7.67		0.99	
二类工			工日	44.00	0.902	39.69	1.452	63.89	0.187	8.23
材料	0304913062	纸筋石灰浆	m³	187.13					0.008	1.50
	0402010806	普通成材	m³	1599.00			0.005	8.00		
	0402060201	板条 8×30×1 000	百根	55.00			0.23	12.65		
	0406020401	芦席	m³	1.60			11.80	18.88		
	0204010302	粘土平瓦 400×240	百块	85.00	0.10	8.50	0.10	8.50	0.05	4.25
	0508091502	铁钉	kg	5.50			0.45	2.48		
机械		小型机械费	元			0.04		0.04		0.04
措施	J13131	卷扬机带塔（1t，H=40 m）	台班	125.23			(0.035)	(4.38)		

注：1. 如加铺油毡，则人工乘系数 1.20，增加油毡 11.00 m²。

2. 平瓦屋面翻铺子目中的添加粘土瓦数量如与实际不符时，可按实际调整，其他不变。

二、蝴蝶瓦、水泥彩瓦、彩钢板屋面

工作内容：递瓦、望砖，拌砂浆，铺瓦和望砖、做边楞。　　　　单位：10 m^2

定额编号				8-6		8-7	
项目		单位	单价	新铺望砖		新铺抹泥	
				蝴蝶瓦屋面			
				数量	合价	数量	合价
综合单价		元		485.25		333.58	
其中	人工费	元		77.44		72.60	
	材料费	元		379.16		234.12	
	机械费	元					
	管理费	元		19.36		18.15	
	利润	元		9.29		8.71	
二类工		工日	44.00	1.76	77.44	1.65	72.60
材料 0304914017	柴泥石灰浆	m^2	58.43			0.46	26.88
0304914019	1∶3石灰粘土浆	m^2	80.03	0.02	1.60		
0204040103	蝴蝶瓦 200×200 mm	百块	12.73	16.28	207.24	16.28	207.24
0201040101	望砖 210×105×17 mm	百块	34.00	5.00	170.00		
0105010201	石灰膏	m^3	160.00	0.002	0.32		
措施 J13131	卷扬机带塔（1t，H=40 m）	台班	125.23	(0.03)	(3.76)	(0.03)	(3.76)

注：望砖如要批线条者，人工增加 0.15 工日。

工作内容：拆卸瓦及望砖、添瓦及铺瓦、望砖、垃圾清理归堆。　　　　单位：10 m^2

定额编号				8-8		8-9		8-10	
项目		单位	单价	蝴蝶瓦屋面望砖				普通整修	
				翻做		翻楞			
				数量	合价	数量	合价	数量	合价
综合单价		元		247.83		103.24		55.85	
其中	人工费	元		107.45		49.37		25.17	
	材料费	元		100.57		35.55		21.31	
	机械费	元		0.04		0.04		0.04	
	管理费	元		26.87		12.35		6.30	
	利润	元		12.90		5.93		3.03	
二类工		工日	44.00	2.442	107.45	1.122	49.37	0.572	25.17
材料 0304914019	1∶3石灰粘土浆	m^3	80.03	0.02	1.60	0.02	1.60		
0304913062	纸筋石灰浆	m^3	187.13					0.005	0.94
0402010806	普通成材	m^3	1599.00	0.005	8.00				
0204040103	蝴蝶瓦 200×200 mm	百块	12.73	5.10	64.92	2.40	30.55	1.60	20.37
0201040101	望砖 210×105×17 mm	百块	34.00	0.75	25.50	0.10	3.40		
0508091502	铁钉	kg	5.50	0.10	0.55				
机械	小型机械费	元			0.04		0.04		0.04
措施 J13131	卷扬机带塔（1t，H=40 m）	台班	125.23	(0.033)	(4.13)				

注：翻做：瓦及望砖卸落地，翻楞：瓦不落地。

工作内容：揭瓦扫拾、除草、拾漏、整修瓦头、屋脊。　　单位：处

定额编号					8-11		8-12	
项目			单位	单价	拾漏			
					第一处		同一屋面每增加一处	
					数量	合价	数量	合价
综合单价			元		10.72		5.39	
其中		人工费	元		6.29		2.42	
		材料费	元		2.07		2.07	
		机械费	元		0.02			
		管理费	元		1.58		0.61	
		利润	元		0.76		0.29	
二类工			工日	44.00	0.143	6.29	0.055	2.42
材料	0304914019	1∶3石灰粘土浆	m^3	80.03	0.01	0.80	0.01	0.80
	0204040103	蝴蝶瓦 200×200 mm	百块	12.73	0.10	1.27	0.10	1.27
机械		小型机械费	元			0.02		

注：添瓦数量不同，按实换算，其他不变。

工作内容：1. 切割、铺瓦。

2. 调运砂浆、安装脊瓦(件)、钻孔固定封檐瓦、色浆密封。　　单位：10 m^2

定额编号					8-13		8-14		8-15	
项目			单位	单价	铺水泥彩瓦		水泥彩瓦			
							脊瓦		封山瓦	
							10 m			
					数量	合价	数量	合价	数量	合价
综合单价			元		411.04		252.09		441.81	
其中		人工费	元		39.60		31.68		44.88	
		材料费	元		356.37		206.66		378.59	
		机械费	元		0.30		1.48		1.26	
		管理费	元		9.98		8.29		11.54	
		利润	元		4.79		3.98		5.54	
二类工			工日	44.00	0.90	39.60	0.72	31.68	1.02	44.88
材料	0304913004	1∶2.5水泥砂浆	m^3	262.01	0.018	4.71	0.099	25.94	0.083	21.75
	0402010806	普通成材	m^3	1599.00					0.001	1.60
	0207023201	三向圆脊 M-D	块	31.07			0.246	7.64		
	0207023202	双向圆脊 L-D	块	38.95			0.246	9.58		
	0208030201	檐口封	块	10.45					1.599	16.71
	0208030202	圆脊封 T-D	块	16.15			0.246	3.97		
	0302060202	水泥脊瓦(英红)432×228 mm	百块	490.00			0.308	150.92		
	0609010301	氧化铁红	kg	4.37			0.195	0.85	0.062	0.27
	0302060102	水泥彩瓦(英红)420×332 mm	百块	340.00	1.025	348.50				
	0204050301	封山瓦	块	10.45					31.55	329.70
	0208030203	圆脊斜封 S-D	块	15.77			0.492	7.76		
	0508010503	合金钢钻头一字型	个	19.00					0.40	7.60
	0508091502	铁钉	kg	5.50					0.174	0.96
	0508200301	合金钢切割锯片	片	61.75	0.051	3.15				
机械	J06016	灰浆搅拌机 200 L	台班	73.94	0.004	0.30	0.02	1.48	0.017	1.26
措施	J13131	卷扬机带塔(1t,H=40 m)	台班	125.23	(0.048)	(6.01)	(0.033)	(4.13)	(0.03)	(3.76)

工作内容：1. 铺瓦、钻孔、固定、安屋脊。

2. 锯、铺玻璃钢瓦、安屋脊。

单位：10 m^3

定额编号				8-16		8-17	
项目		单位	单价	彩色金属波形瓦		玻璃钢波形瓦 钢檩上、混凝土擦上	
				数量	合价	数量	合价
综合单价		元		381.82		254.97	
其中	人工费	元		35.38		35.38	
	材料费	元		333.34		206.49	
	机械费	元					
	管理费	元		8.85		8.85	
	利润	元		4.25		4.25	
二类工		工日	44.00	0.804	35.38	0.804	35.38
材料 0501070102	彩波纹瓦 0.35×830×L	m^2	25.00	11.378	284.45		
0501070301	彩色金属脊瓦 1000×500 mm	节	27.00	1.271	34.32		
0608040801	玻璃钢脊瓦 1800×750×0.64 mm	m	20.00			0.646	12.92
0204030102	玻璃钢波形瓦 1800×750×0.64 mm	块	18.80			9.461	177.87
0503021001	镀锌扁钢钩 3×12×300(400)mm	百只	33.25			0.236	7.85
0508030401	镀锌螺栓钩	百只	33.25	0.174	5.79	0.236	7.85
0503050701	彩钢堵头	m	8.08	1.087	8.78		
措施 J13131	卷扬机带塔(1t，H=40 m)	台班	125.23	(0.022)	(2.76)	(0.022)	(2.76)

注：瓦的规格与设计不符，瓦的数量和单价可以换算，其他不变，彩色金属波形瓦遮阳板仍按 8-16 子目执行。

工作内容：场内运输、选料、弹线、配板、切割；支座固定、彩板、槽铝、角铝安装、打胶、堵头、收口防腐。

单位：10 m^2

定额编号				8-18		8-19		8-20	
项目		单位	单价	彩钢夹芯板屋面					
				50 mm		75 mm		100 mm	
				数量	合价	数量	合价	数量	合价
综合单价		元		967.47		1030.91		1090.78	
其中	人工费	元		85.54		85.54		85.54	
	材料费	元		850.28		913.72		973.59	
	机械费	元							
	管理费	元		21.39		21.39		21.39	
	利润	元		10.26		10.26		10.26	
二类工		工日	44.00	1.944	85.54	1.944	85.54	1.944	85.54
材料 0501070401	彩钢夹芯板 50 mm	m^2	57.48	10.66	612.74				
0501070403	彩钢夹芯板 100 mm	m^2	67.93					10.66	724.13
0504010508	槽铝 100 mm	m	11.40					3.444	39.26
0504010507	槽铝 75 mm	m	10.45			3.444	35.99		
0501070402	彩钢夹芯板 75 mm	m^2	62.70			10.66	668.38		

续表

定额编号					8-18		8-19		8-20	
项目			单位	单价	彩钢夹芯板屋面					
					50 mm		75 mm		100 mm	
					数量	合价	数量	合价	数量	合价
材料	0503021702	固定卡子 75 mm	只	2.66			4.51	12.00		
	0504010402	工字铝	m	8.00	8.631	69.05	8.631	69.05	8.631	69.05
	0503021703	固定卡子 100 mm	只	2.85					4.51	12.85
	0504010506	槽铝 50 mm	m	8.55	3.444	29.45				
	0504010704	角铝	m	3.00	0.256	0.77	0.256	0.77	0.256	0.77
	0503021701	固定卡子 50 mm	只	2.38	4.51	10.73				
	0512010401	彩钢内外扣槽	m	3.80	8.631	32.80	8.631	32.80	8.631	32.80
	0606070501	橡皮密封条 20×3～4 mm	m	2.61	17.763	46.36	17.763	46.36	17.763	46.36
	0508070207	铝拉铆钉 LD-1	百个	3.33	1.302	4.43	1.302	4.34	1.302	4.34
	0508080300	自攻螺丝(钉)	百只	3.80	0.144	0.55	0.144	0.55	0.144	0.55
	0608016301	密封带 3×20 mm	m	0.68	0.603	0.41	0.595	0.40	0.595	0.40
	0609060402	玻璃胶 300 mL	支	13.87	3.106	43.08	3.106	43.08	3.106	43.08
措施	J13131	卷扬机带塔(1t,H=40 m)	台班	125.23	(0.079)	(9.89)	(0.095)	(11.90)	(0.011)	(1.38)

工作内容:场内运输、选料、弹线、配板、切割;支座固定、彩板、支撑、钢条安装、固定、打胶、堵头。　单位:10 m

定额编号					8-21		8-22		8-23	
项目			单位	单价	单层彩钢板					
					屋脊宽 600 mm,带背托		天沟展开宽 660 mm		泛水、包墙转角、山头展开宽 500 mm	
					数量	合价	数量	合价	数量	合价
综合单价			元		1213.20		663.36		329.27	
其中	人工费		元		43.30		32.74		23.76	
	材料费		元		1153.87		618.50		296.72	
	机械费		元							
	管理费		元		10.83		8.19		5.94	
	利润		元		5.20		3.93		2.85	
二类工			工日	44.00	0.984	43.30	0.744	32.74	0.54	23.76
材料	0501070302	彩钢屋脊	m²	80.75	12.792	1032.95				
	0501011410	槽型彩钢条 2 mm	m	7.60			16.708	126.98		
	0501070405	单层彩板	m²	45.00					5.33	239.85
	0501070201	彩钢天沟 660 mm	m	40.50			11.07	448.34		
	0508070207	铝拉铆钉 LD-1	百个	3.33	0.718	2.39			1.538	5.12
	0508080300	自攻螺丝(钉)	百只	3.80	0.718	2.73	1.425	5.42		
	0608016301	密封带 3×20 mm	m	0.68	43.05	29.27				
	0609060402	玻璃胶 300 mL	支	13.87	3.731	51.75	0.215	2.98	3.731	51.75
	0503050701	彩钢堵头	m	8.08	4.305	34.78	4.305	34.78		
措施	J13131	卷扬机带塔(1t,H=40 m)	台班	125.23	(0.038)	(4.76)	(0.044)	(5.51)	(0.032)	(4.01)

注:1. 屋脊不带背托时,彩钢屋脊数量乘系数 0.5,人工乘 0.7。

2. 屋脊、天沟展开宽与定额不同时,彩钢天沟按比例调整、其他不变。

3. 彩钢屋面泛水展开宽度与定额不同时,单层彩板按比例调整、其他不变。

三、屋　　脊

工作内容：递脊瓦、盖脊瓦、调制砂浆。　　　　单位：10 m

定额编号					8-24		8-25		8-26	
项目			单位	单价	平瓦屋面上新做脊瓦		新做			
							蚰脊		平瓦斜脊	
					数量	合价	数量	合价	数量	合价
综合单价			元		108.67		157.63		187.85	
其中	人工费		元		33.88		72.60		87.12	
	材料费		元		62.25		58.17		68.50	
	机械费		元							
	管理费		元		8.47		18.15		21.78	
	利润		元		4.07		8.71		10.45	
二类工			工日	44.00	0.77	33.88	1.65	72.60	1.98	87.12
材料	0304913021	1∶1∶4 混合砂浆	m^3	224.76	0.05	11.24			0.06	13.49
	0304914019	1∶3 石灰粘土浆	m^3	80.03			0.10	8.00	0.05	4.00
	0304913062	纸筋石灰浆	m^3	187.13	0.02	3.74	0.03	5.61	0.02	3.74
	0204040103	蝴蝶瓦 200×200 mm	百块	12.73			3.50	44.56		
	0204010203	粘土脊瓦 380×240 mm	百块	157.56	0.30	47.27			0.30	47.27

注：脊瓦规格为 380×240 mm(计算有效长度 350 mm)，如实际采用规格不符，瓦数量换算，其他不变。

工作内容：拆除、垃圾清理归堆，添瓦、盖瓦、调、抹砂浆。　　　　单位：10 m

定额编号					8-27		8-28		8-29	
项目			单位	单价	翻做平瓦屋脊		蝴蝶瓦脊改平瓦脊		屏风屋脊修粉	
					数量	合价	数量	合价	数量	合价
综合单价			元		84.44		147.25		271.60	
其中	人工费		元		48.40		58.08		193.60	
	材料费		元		18.13		67.68		6.37	
	机械费		元							
	管理费		元		12.10		14.52		48.40	
	利润		元		5.81		6.97		23.23	
二类工			工日	44.00	1.10	48.40	1.32	58.08	4.40	193.60
材料	0304913021	1∶1∶4 混合砂浆	m^3	224.76	0.05	11.24	0.07	15.73		
	0304913062	纸筋石灰浆	m^3	187.13	0.02	3.74	0.025	4.68		
	0204010203	粘土脊瓦 380×240 mm	百块	157.56	0.02	3.15	0.30	47.27		
	0204040103	蝴蝶瓦 200×200 mm	百块	12.73					0.50	6.37

注：1. 添加脊瓦数量不同按实调整。

2. 屏风屋脊修粉，包括修粉沿头及线脚。

四、沿口瓦档

工作内容：1. 粉抹沿口瓦档。

2. 拆开、添瓦、粉抹沿口及瓦档。

3. 拆卸蝴蝶瓦、钉瓦条、盖平瓦及蝴蝶瓦屋面接水，粉做泛水等。　　单位：10 m

<table>
<tr><td colspan="3">定额编号</td><td></td><td colspan="2">8-30</td><td colspan="2">8-31</td><td colspan="2">8-32</td><td colspan="2">8-33</td></tr>
<tr><td colspan="3" rowspan="3">项目</td><td rowspan="3">单位</td><td rowspan="3">单价</td><td colspan="2">新做</td><td colspan="2">翻做</td><td colspan="2">修补</td><td colspan="2" rowspan="2">蝴蝶瓦屋面沿口拆换平瓦</td></tr>
<tr><td colspan="6">蝴蝶瓦屋面沿口连瓦档</td></tr>
<tr><td>数量</td><td>合价</td><td>数量</td><td>合价</td><td>数量</td><td>合价</td><td>数量</td><td>合价</td></tr>
<tr><td colspan="3">综合单价</td><td>元</td><td></td><td colspan="2">63.20</td><td colspan="2">73.15</td><td colspan="2">30.70</td><td colspan="2">379.27</td></tr>
<tr><td rowspan="5">其中</td><td colspan="2">人工费</td><td>元</td><td></td><td colspan="2">33.88</td><td colspan="2">41.14</td><td colspan="2">16.94</td><td colspan="2">145.20</td></tr>
<tr><td colspan="2">材料费</td><td>元</td><td></td><td colspan="2">16.78</td><td colspan="2">16.78</td><td colspan="2">7.49</td><td colspan="2">180.35</td></tr>
<tr><td colspan="2">机械费</td><td>元</td><td></td><td colspan="2"></td><td colspan="2"></td><td colspan="2"></td><td colspan="2"></td></tr>
<tr><td colspan="2">管理费</td><td>元</td><td></td><td colspan="2">8.47</td><td colspan="2">10.29</td><td colspan="2">4.24</td><td colspan="2">36.30</td></tr>
<tr><td colspan="2">利润</td><td>元</td><td></td><td colspan="2">4.07</td><td colspan="2">4.94</td><td colspan="2">2.03</td><td colspan="2">17.42</td></tr>
<tr><td colspan="3">二类工</td><td>工日</td><td>44.00</td><td>0.77</td><td>33.88</td><td>0.935</td><td>41.14</td><td>0.385</td><td>16.94</td><td>3.30</td><td>145.20</td></tr>
<tr><td rowspan="6">材料</td><td>0304914019</td><td>1∶3石灰粘土浆</td><td>m³</td><td>80.03</td><td>0.06</td><td>4.80</td><td>0.06</td><td>4.80</td><td></td><td></td><td>0.17</td><td>13.61</td></tr>
<tr><td>0304913062</td><td>纸筋石灰浆</td><td>m³</td><td>187.13</td><td>0.03</td><td>5.61</td><td>0.03</td><td>5.61</td><td>0.04</td><td>7.49</td><td>0.03</td><td>5.61</td></tr>
<tr><td>0402010806</td><td>普通成材</td><td>m³</td><td>1599.00</td><td></td><td></td><td></td><td></td><td></td><td></td><td>0.02</td><td>31.98</td></tr>
<tr><td>0204010302</td><td>粘土平瓦 400×240</td><td>百块</td><td>85.00</td><td></td><td></td><td></td><td></td><td></td><td></td><td>1.50</td><td>127.50</td></tr>
<tr><td>0508091502</td><td>铁钉</td><td>kg</td><td>5.50</td><td></td><td></td><td></td><td></td><td></td><td></td><td>0.30</td><td>1.65</td></tr>
<tr><td>0204040103</td><td>蝴蝶瓦 200×200 mm</td><td>百块</td><td>12.73</td><td>0.50</td><td>6.37</td><td>0.50</td><td>6.37</td><td></td><td></td><td></td><td></td></tr>
</table>

注：1. 修补瓦档，包括整理沿口瓦。

2. 修补瓦档添置瓦数量按实调整。

3. 蝴蝶瓦屋面沿口拆换平瓦以三路瓦为准，每增减一路，人工增减 0.50 工日，材料换算。

五、斜沟、天沟

工作内容：1. 递瓦、铺瓦或油毡，铺设斜沟或天沟边瓦、瓦头。

2. 拆除斜沟或天沟，整修沟底板，铺设油毡，拆、接沟边瓦或瓦头。　　单位：10 m

<table>
<tr><td colspan="2">定额编号</td><td></td><td></td><td colspan="2">8-34</td><td colspan="2">8-35</td><td colspan="2">8-36</td><td colspan="2">8-37</td></tr>
<tr><td colspan="2" rowspan="4">项目</td><td rowspan="4">单位</td><td rowspan="4">单价</td><td colspan="2">新做</td><td colspan="2">翻做</td><td colspan="2">新做</td><td colspan="2">翻做</td></tr>
<tr><td colspan="8">蝴蝶瓦屋面斜沟</td></tr>
<tr><td colspan="4">瓦底</td><td colspan="4">油毡底</td></tr>
<tr><td>数量</td><td>合价</td><td>数量</td><td>合价</td><td>数量</td><td>合价</td><td>数量</td><td>合价</td></tr>
<tr><td colspan="2">综合单价</td><td>元</td><td></td><td colspan="2">330.19</td><td colspan="2">218.93</td><td colspan="2">140.64</td><td colspan="2">216.73</td></tr>
<tr><td rowspan="5">其中</td><td>人工费</td><td>元</td><td></td><td colspan="2">96.80</td><td colspan="2">121.00</td><td colspan="2">62.92</td><td colspan="2">87.12</td></tr>
<tr><td>材料费</td><td>元</td><td></td><td colspan="2">197.57</td><td colspan="2">53.16</td><td colspan="2">54.44</td><td colspan="2">97.38</td></tr>
<tr><td>机械费</td><td>元</td><td></td><td colspan="2"></td><td colspan="2"></td><td colspan="2"></td><td colspan="2"></td></tr>
<tr><td>管理费</td><td>元</td><td></td><td colspan="2">24.20</td><td colspan="2">30.25</td><td colspan="2">15.73</td><td colspan="2">21.78</td></tr>
<tr><td>利润</td><td>元</td><td></td><td colspan="2">11.62</td><td colspan="2">14.52</td><td colspan="2">7.55</td><td colspan="2">10.45</td></tr>
</table>

续表 单位：10 m

定额编号					8-34		8-35		8-36		8-37	
项目			单位	单价	新做		翻做		新做		翻做	
					蝴蝶瓦屋面斜沟							
					瓦底				油毡底			
					数量	合价	数量	合价	数量	合价	数量	合价
二类工			工日	44.00	2.20	96.80	2.75	121.00	1.43	62.92	1.98	87.12
材料	0304914019	1∶3石灰粘土浆	m^3	80.03	0.10	8.00	0.10	8.00				
	0402060201	板条 8×30×1000	百根	55.00					0.20	11.00	0.20	11.00
	0304913062	纸筋石灰浆	m^3	187.13	0.08	14.97	0.08	14.97	0.05	9.36	0.05	9.36
	0402010806	普通成材	m^3	1599.00							0.004	6.40
	0610021302	石油沥青油毡 350#	m^2	2.96					10.40	30.78	10.40	30.78
	0204040103	蝴蝶瓦 200×200 mm	百块	12.73			1.00	12.73			3.00	38.19
	0508091502	铁钉	kg	5.50					0.60	3.30	0.30	1.65
	0204050202	沟瓦	百块	116.40	1.50	174.60	0.15	17.46				

注：防水卷材材料品种不同，可换算。

工作内容：1. 递瓦、铺瓦或油毡，铺设斜沟或天沟边瓦、瓦头。

2. 拆除斜沟或天沟，整修沟底板，铺设油毡，拆、接沟边瓦或瓦头。 单位：10 m

定额编号					8-38		8-39	
项目			单位	单价	新做		翻做	
					平瓦屋面斜沟			
					油毡底			
					数量	合价	数量	合价
综合单价			元		140.64		180.41	
其中	人工费		元		62.92		82.28	
	材料费		元		54.44		67.69	
	机械费		元					
	管理费		元		15.73		20.57	
	利润		元		7.55		9.87	
二类工			工日	44.00	1.43	62.92	1.87	82.28
材料	0304913062	纸筋石灰浆	m^3	187.13	0.05	9.36	0.05	9.36
	0402010806	普通成材	m^3	1599.00			0.004	6.40
	0402060201	板条 8×30×1000	百根	55.00	0.20	11.00	0.20	11.00
	0204010302	粘土平瓦 400×240	百块	85.00			0.10	8.50
	0610021302	石油沥青油毡 350#	m^2	2.96	10.40	30.78	10.40	30.78
	0508091502	铁钉	kg	5.50	0.60	3.30	0.30	1.65

注：1. 油毡斜沟以宽 45 cm 为准，若实际沟宽与定额不符时，其材料按比例换算，人工不变。

2. 防水卷材材料品种不同，可换算。

3. 翻做屋面斜沟时如沟底板或望砖基层不需整修时，应扣除定额中的普通成材、园钉及人工 0.1 工日，其他不变。

工作内容：1. 递瓦、铺瓦或油毡，铺设斜沟或天沟边瓦、瓦头。

2. 拆除斜沟或天沟，整修沟底板，铺设油毡，拆、接沟边瓦或瓦头。　　单位：10 m

定额编号				8-40		8-41		8-42	
项目		单位	单价	油毡天沟					
				新做		翻做			
						蝴蝶瓦屋面		平瓦屋面	
				数量	合价	数量	合价	数量	合价
综合单价		元		102.92		202.94		140.10	
其中	人工费	元		14.52		58.08		33.88	
	材料费	元		83.03		123.37		93.68	
	机械费	元							
	管理费	元		3.63		14.52		8.47	
	利润	元		1.74		6.97		4.07	
二类工		工日	44.00	0.33	14.52	1.32	58.08	0.77	33.88
材料 0304913062	纸筋石灰浆	m^3	187.13	0.05	9.36	0.05	9.36	0.05	9.36
0402010806	普通成材	m^3	1599.00			0.001	1.60	0.001	1.60
0204010302	粘土平瓦 400×240	百块	85.00					0.10	8.50
0204040103	蝴蝶瓦 200×200 mm	百块	12.73			3.00	38.19		
0402060201	板条 8×30×1000	百根	55.00	0.20	11.00	0.20	11.00	0.20	11.00
0610021302	石油沥青油毡 350＃	m^2	2.96	20.80	61.57	20.80	61.57	20.80	61.57
0508091502	铁钉	kg	5.50	0.20	1.10	0.30	1.65	0.30	1.65

注：1. 新做油毡天沟适用于蝴蝶瓦屋面或平瓦屋面，其底板制作安装费用另行计算。

2. 防水卷材材料品种不同，可换算。

工作内容：拆除斜沟或天沟，整修沟底板，铺设油毡，拆、接沟边瓦或瓦头。　　单位：10 m^2

定额编号				8-43		8-44	
项目		单位	单价	天沟、沿沟修补			
				一毡二油		二毡三油	
				数量	合价	数量	合价
综合单价		元		270.54		390.96	
其中	人工费	元		50.82		69.21	
	材料费	元		200.91		296.14	
	机械费	元					
	管理费	元		12.71		17.30	
	利润	元		6.10		8.31	
二类工		工日	44.00	1.155	50.82	1.573	69.21
材料 0304914011	30∶70 冷底子油	100 kg	701.44	0.048	33.67	0.048	33.67
0610021302	石油沥青油毡 350＃	m^2	2.96	11.60	34.34	23.32	69.03
0604010300	石油沥青	kg	3.70	34.30	126.91	50.00	185.00
0406010201	木柴	kg	0.35	16.00	5.60	23.00	8.05
	其他材料费	元			0.39		0.39
措施 J13131	卷扬机带塔（1 t，H＝40 m）	台班	125.23	(0.053)	(6.64)	(0.099)	(12.40)

注：1. 本定额修补油毡天沟、沿沟，由于工程量零星，可另加搭拆锅炉及熔化沥青人工 0.50 工日。

2. 防水卷材材料品种不同，可换算。

工作内容：放样、裁料、制作、安装。　　单位：10 m

定额编号					8-45		8-46		8-47		8-48	
项目			单位	单价	新装		拆换		新装		拆换	
					白铁沿沟 30 cm				白铁斜沟 45 cm			
					数量	合价	数量	合价	数量	合价	数量	合价
综合单价			元		185.35		214.74		199.79		213.74	
其中		人工费	元		47.99		68.80		33.88		44.04	
		材料费	元		114.68		114.68		153.37		153.37	
		机械费	元		3.59		4.24				0.02	
		管理费	元		12.90		18.26		8.47		11.02	
		利润	元		6.19		8.76		4.07		5.29	
		二类工	工日	44.00	0.99	43.56	1.463	64.37	0.77	33.88	1.001	44.04
材料	5-31	铁件	kg	8.89	2.80	24.89	2.80	24.89				
	0501061010	镀锌铁皮 26#	m^3	30.00	3.15	94.50	3.15	94.50	4.75	142.50	4.75	142.50
	0507051001	焊锡丝	kg	51.40	0.10	5.14	0.10	5.14	0.20	10.28	0.20	10.28
	0508091502	铁钉	kg	5.50	0.10	0.55	0.10	0.55	0.07	0.39	0.07	0.39
		其他材料费	元			0.60		0.60		0.20		0.20
机械		小型机械费	元					0.65				0.02

注：1. 白铁皮型号及周长与定额不符时，白铁皮可以换算，其他不变。

2. 若用黑铁皮制作时，人工乘系数 1.14，铁皮材料换算，其他不变。

工作内容：放样、裁料、制作、安装。　　单位：10 m

定额编号					8-49		8-50	
项目			单位	单价	新装		拆换	
					白铁天沟 45 cm			
					数量	合价	数量	合价
综合单价			元		203.48		217.70	
其中		人工费	元		33.88		44.04	
		材料费	元		157.06		157.06	
		机械费	元				0.22	
		管理费	元		8.47		11.07	
		利润	元		4.07		5.31	
		二类工	工日	44.00	0.77	33.88	1.001	44.04
材料	0501061010	镀锌铁皮 26#	m^2	30.00	4.75	142.50	4.75	142.50
	0507051001	焊锡丝	kg	51.40	0.25	12.85	0.25	12.85
	0508091502	铁钉	kg	5.50	0.15	0.83	0.15	0.83
		其他材料费	元			0.88		0.88
机械		小型机械费	元					0.22

注：1. 定额中已包括水管头、弯头、封头。

2. 白铁皮型号及周长与定额不符时，白铁皮可以换算，其他不变。

3. 若用黑铁皮制作时，人工乘系数 1.14，铁皮材料换算，其他不变。

六、泛水、瓦出线、边楞

工作内容：1. 清理基层、涂刷基层处理剂，铺设 SBS 卷材及附加层，封白、收头、钉压条。

2. 放样、裁料、制作、安装。

单位：10 m

定额编号					8-51		8-52		8-53		8-54	
项目			单位	单价	新做		翻做		新装		拆除	
					屋面泛水 SBS 卷材(双层)				白铁泛水 30 cm			
					数量	合价	数量	合价	数量	合价	数量	合价
综合单价			元		397.52		414.43		139.39		153.86	
其中		人工费	元		40.66		48.05		29.04		39.20	
		材料费	元		341.81		348.60		99.61		99.61	
		机械费	元								0.40	
		管理费	元		10.17		12.01		7.26		9.90	
		利润	元		4.88		5.77		3.48		4.75	
		二类工	工日	44.00	0.924	40.66	1.092	48.05	0.66	29.04	0.891	39.20
材料	0610020502	SBS 聚脂胎乙烯膜卷材厚度 3 mm	m^2	22.00	11.75	258.50	12.044	264.97				
	0609040201	改性沥青粘结剂	kg	5.20	13.40	69.68	13.40	69.68				
	0501061010	镀锌铁皮 26#	m^2	30.00					3.15	94.50	3.15	94.50
	0610010102	APP 及 SBS 基层处理剂	kg	4.60	1.775	8.17	1.814	8.34				
	0507051001	焊锡丝	kg	51.10					0.08	4.11	0.08	4.11
	0609050401	SBS 封口油膏	kg	7.50	0.55	4.13	0.565	4.24				
	0512010301	钢压条	kg	4.82	0.26	1.25	0.267	1.29				
	0508091502	铁钉	kg	5.50	0.015	0.08	0.015	0.08	0.11	0.61	0.11	0.61
		其他材料费	元							0.39		0.39
机械		小型机械费	元									0.40
措施	J13131	卷扬机带塔(1 t,$H=$40 m)	台班	125.23	(0.017)	(2.13)	(0.017)	(2.13)				

注：1. SBS 卷材按展开宽 50 cm 考虑，如实际沟宽与定额不符，其材料按比例调整，人工不变。

2. 白铁皮型号及周长与定额不符时，白铁皮可以换算，其他不变。

3. 若用黑铁皮制作时，人工乘系数 1.14，铁皮材料换算，其他不变。

工作内容：包括调制砂浆，粉抹、铲粉瓦出线。

单位：10 m

定额编号		单位	单价	8-55		8-56		8-57	
项目				新做		翻做		修补	
				平瓦屋面瓦出线					
				数量	合价	数量	合价	数量	合价
综合单价		元		116.64		138.40		51.66	
其中	人工费	元		72.60		82.28		33.88	
	材料费	元		17.18		25.68		5.24	
	机械费	元							
	管理费	元		18.15		20.57		8.47	
	利润	元		8.71		9.87		4.07	

续表　　单位:10 m

定额编号					8-55		8-56		8-57	
项目			单位	单价	新做		翻做		修补	
					平瓦屋面瓦出线					
					数量	合价	数量	合价	数量	合价
二类工			工日	44.00	1.65	72.60	1.87	82.28	0.77	33.88
材料	0304913072	1∶2∶4水泥纸筋灰砂浆	m^3	223.34	0.03	6.70	0.03	6.70		
	0304913004	1∶2.5水泥砂浆	m^3	262.01	0.04	10.48	0.04	10.48	0.02	5.24
	0204010302	粘土平瓦 400×240 mm	百块	85.00			0.10	8.50		

注：瓦实际使用数量不同时应换算。

工作内容:包括砌粉砖边楞,翻铺屋面边楞。　　单位:10 m

定额编号					8-58		8-59	
项目			单位	单价	蝴蝶瓦屋面边楞翻做			
					偏尖楞		蓑衣楞	
					数量	合价	数量	合价
综合单价			元		108.71		65.19	
其中	人工费		元		62.92		33.88	
	材料费		元		22.51		18.77	
	机械费		元					
	管理费		元		15.73		8.47	
	利润		元		7.55		4.07	
二类工			工日	44.00	1.43	62.92	0.77	33.88
材料	0304914019	1∶3石灰粘土浆	m^3	80.03	0.07	5.60	0.07	5.60
	0304913062	纸筋石灰浆	m^3	187.13	0.02	3.74		
	0204040103	蝴蝶瓦 200×200 mm	百块	12.73	0.50	6.37	0.50	6.37
	0201040101	望砖 210×105×17 mm	百块	34.00	0.20	6.80	0.20	6.80

七、屋面采光天窗

工作内容:拆开屋面,安玻璃,粉做瓦头,粉泛水。　　单位:个

定额编号					8-60		8-61	
项目			单位	单价	平瓦屋面		蝴蝶瓦屋面	
					新开天窗			
					数量	合价	数量	合价
综合单价			元		32.74		29.42	
其中	人工费		元		16.94		14.52	
	材料费		元		9.53		9.53	
	机械费		元					
	管理费		元		4.24		3.63	
	利润		元		2.03		1.74	
二类工			工日	44.00	0.385	16.94	0.33	14.52
材料	0304913062	纸筋石灰浆	m^3	187.13	0.01	1.87	0.01	1.87
	0206010104	浮法平板玻璃 5 mm	m^2	23.20	0.33	7.66	0.33	7.66

注：玻璃品种规格不同按实调整。

工作内容：复盖天窗：拆除天窗、铺油毡或望砖、铺瓦、粉椽档、清理垃圾。　　单位：个

定额编号					8-62		8-63		8-64	
项目			单位	单价	复盖天窗				拆除天窗玻璃	
					平瓦油毡芦席(帘)屋面		蝴蝶瓦望砖屋面			
					数量	合价	数量	合价	数量	合价
综合单价			元		25.44		22.35		14.85	
其中		人工费	元		12.10		9.68		4.84	
		材料费	元		8.86		9.09		8.22	
		机械费	元							
		管理费	元		3.03		2.42		1.21	
		利润	元		1.45		1.16		0.58	
二类工			工日	44.00	0.275	12.10	0.22	9.68	0.11	4.84
材料	0304913062	纸筋石灰浆	m^2	187.13	0.007	1.31			0.003	0.56
	0206010104	浮法平板玻璃 5 mm	m^2	23.20					0.33	7.66
	0201040101	望砖 210×105×17 mm	百块	34.00			0.08	2.72		
	0204040103	蝴蝶瓦 200×200 mm	百块	12.73			0.50	6.37		
	0204010302	粘土平瓦 400×240 mm	百块	85.00	0.04	3.40				
	0402010806	普通成材	m^3	1599.00	0.001	1.60				
	0508091502	铁钉	kg	5.50	0.02	0.11				
	0610021302	石油沥青油毡 350#	m^2	2.96	0.50	1.48				
	0406020401	芦席	m^2	1.60	0.60	0.96				

注：1. 实际瓦数量不同按实换算。

2. 玻璃数量按实际用量换算。

八、玻璃钢瓦楞屋面

工作内容：铺钉或扎钩螺丝，玻璃钢瓦楞安装。修换：拆换铺玻璃钢瓦楞，检修、焊洞、整修。　单位：10 m^2

定额编号					8-65		8-66		8-67		8-68	
项目			单位	单价	玻璃钢瓦楞屋面							
					新做				修换(块)			
					瓦楞钉		扎钩螺丝		瓦楞钉		扎钩螺丝	
					数量	合价	数量	合价	数量	合价	数量	合价
综合单价			元		217.96		236.61		32.71		45.51	
其中		人工费	元		16.94		33.88		9.68		19.36	
		材料费	元		194.75		190.19		19.45		18.99	
		机械费	元									
		管理费	元		4.24		8.47		2.42		4.84	
		利润	元		2.03		4.07		1.16		2.32	
二类工			工日	44.00	0.385	16.94	0.77	33.88	0.22	9.68	0.44	19.36
材料	0204030102	玻璃钢波形瓦 1800×750×0.64 mm	块	18.80	10.00	188.00	10.00	188.00	1.00	18.80	1.00	18.80
	0508060407	镀锌螺钉(带垫)	百个	16.15	0.40	6.46			0.04	0.65		
	0906080101	镀锌螺丝(栓)	百只	4.75			0.40	1.90			0.04	0.19
		其他材料费	元			0.29		0.29				
措施	J13131	卷扬机带塔(1 t，H=40 m)	台班	125.23	(0.022)	(2.76)	(0.022)	(2.76)				

注：玻璃钢瓦雨棚套用玻璃钢瓦屋面定额。

九、防 水 工 程

工作内容：1. 清扫基层，刷冷底子油，刷卷材。

2. 熬制沥青（玛琋脂），裁、铺贴卷材，撒砂。　　　　单位：10 m²

定额编号					8-69		8-70		8-71		8-72	
项目			单位	单价	油毡屋面							
					干铺		二毡三油一砂					
							新做		翻做		修补	
					数量	合价	数量	合价	数量	合价	数量	合价
综合单价				元	43.08		421.78		454.93		464.23	
其中		人工费		元	6.86		41.62		65.82		72.60	
		材料费		元	33.68		364.72		364.72		364.72	
		机械费		元			0.03		0.03		0.03	
		管理费		元	1.72		10.41		16.46		18.16	
		利润		元	0.82		5.00		7.90		8.72	
二类工			工日	44.00	0.156	6.86	0.946	41.62	1.496	65.82	1.65	72.60
材料	0304914011	30∶70 冷底子油	100 kg	701.44			0.05	35.07	0.05	35.07	0.05	35.07
	0499000077	周转木材	m³	1400.00			0.002	2.80	0.002	2.80	0.002	2.80
	0610021302	石油沥青油毡 350＃	m²	2.96	11.377	33.68	22.40	66.30	22.40	66.30	22.40	66.30
	0102040301	绿豆砂	t	86.00			0.084	7.22	0.084	7.22	0.084	7.22
	0604010300	石油沥青	kg	3.70			65.10	240.87	65.10	240.87	65.10	240.87
	0406010201	木柴	kg	0.35			5.271	1.84	5.271	1.84	5.271	1.84
	0604070102	煤	kg	1.00			10.54	10.54	10.542	10.54	10.542	10.54
		其他材料费	元					0.08		0.08		0.08
机械	J07013	木工圆锯机 600 mm	台班	33.64			0.001	0.03	0.001	0.03	0.001	0.03
措施	J13131	卷扬机带塔（1 t，H=40 m）	台班	125.23			(0.049)	(6.14)	(0.099)	(12.40)	(0.099)	(12.40)

工作内容：熬制沥青（玛琋脂），裁、铺贴卷材，撒砂。　　　　单位：10 m²

定额编号					8-73		8-74	
项目			单位	单价	油毡屋面每增减一毡一油		油毡附加层	
					数量	合价	数量	合价
综合单价				元	117.70		113.57	
其中		人工费		元	14.04		19.36	
		材料费		元	98.47		87.05	
		机械费		元				
		管理费		元	3.51		4.84	
		利润		元	1.68		2.32	
二类工			工日	44.00	0.319	14.04	0.44	19.36
材料	0610021302	石油沥青油毡 350＃	m²	2.96	11.20	33.15	10.10	29.90
	0406010201	木柴	kg	0.35	1.34	0.47	1.18	0.41
	0604070102	煤	kg	1.00	2.69	2.69	2.35	2.35
	0604010300	石油沥青	kg	3.70	16.80	62.16	14.70	54.39

工作内容：1. 基层处理、刷基层处理剂，贴布、涂膜。

2. 涂刷基层处理剂，防水薄弱处涂聚氨酯涂膜加强；铺贴卷材，卷材按缝贴卷材条加强，收头。

单位：10 m²

定额编号					8-75		8-76	
项目			单位	单价	氯化聚乙稀橡胶共混卷材			
					平面		立面	
					数量	合价	数量	合价
综合单价			元		694.95		740.25	
其中		人工费	元		103.09		136.00	
		材料费	元		553.72		553.72	
		机械费	元				0.15	
		管理费	元		25.77		34.04	
		利润	元		12.37		16.34	
二类工			工日	44.00	2.343	103.09	3.091	136.00
材料	0304913077	801胶素水泥浆	m³	509.85	0.001	0.51	0.001	0.51
	0610021205	氯丁冷胶	kg	6.18	2.02	12.48	2.02	12.48
	0610010303	BX-12粘结剂	kg	12.54	4.55	57.06	4.55	57.06
	0610010302	BX-12乙组分 880 mL	瓶	10.45	3.23	33.75	3.23	33.75
	0610010402	CSPE嵌缝油膏 330 mL	支	22.99	2.98	68.51	2.98	68.51
	0609100602	二甲苯	kg	3.42	2.70	9.23	2.70	9.23
	0603060301	乙酸乙脂	kg	8.55	0.51	4.36	0.51	4.36
	0508091502	铁钉	kg	5.50	0.023	0.13	0.023	0.13
	0512010301	钢压条	kg	4.82	0.44	2.12	0.44	2.12
	0605110301	聚氨脂甲料	kg	19.95	0.54	10.77	0.54	10.77
	0605110501	聚氨脂乙料	kg	19.95	0.81	16.16	0.81	16.16
	0610021200	聚氯乙烯-橡胶共混卷材	m²	27.20	12.45	338.64	12.45	338.64
机械		小型机械费	元					0.15
措施	J13131	卷扬机带塔(1 t，H=40 m)	台班	125.23	(0.038)	(4.76)	(0.038)	(4.76)

工作内容：基层处理、配制、刷冷底子油；熬制沥青，防水薄弱处贴附加层；铺贴沥青玻璃纤维卷材。

单位：10 m²

定额编号				8-77		8-78		8-79		8-80	
项目		单位	单价	沥青玻璃纤维布卷材							
				二布三油				每增减 一布一油			
				平面		立面		平面		立面	
				数量	合价	数量	合价	数量	合价	数量	合价
综合单价			元	353.17		402.09		119.68		136.10	
其中	人工费		元	46.95		72.60		21.78		30.49	
	材料费		元	288.85		302.42		89.84		94.33	
	机械费		元			0.15					
	管理费		元	11.74		18.19		5.45		7.62	
	利润		元	5.63		8.73		2.61		3.66	

续表　　　　单位:10 m²

定额编号					8-77		8-78		8-79		8-80	
项目			单位	单价	沥青玻璃纤维布卷材							
					二布三油				每增减 一布一油			
					平面		立面		平面		立面	
					数量	合价	数量	合价	数量	合价	数量	合价
二类工			工日	44.00	1.067	46.95	1.65	72.60	0.495	21.78	0.693	30.49
材料	0608011102	玻璃纤维布 1.8 mm	m²	2.55	25.03	63.83	25.03	63.83	12.18	31.06	12.18	31.06
	0604010300	石油沥青	kg	3.70	48.97	181.19	52.47	194.14	15.16	56.09	16.32	60.38
	0304914011	30∶70 冷底子油	100 kg	701.44	0.049	34.37	0.049	34.37				
	0406010201	木柴	kg	0.35	4.03	1.41	4.29	1.50	1.14	0.40	1.23	0.43
	0604070102	煤	kg	1.00	8.05	8.05	8.58	8.58	2.29	2.29	2.46	2.46
机械		小型机械费	元					0.15				
措施	J13131	卷扬机带塔(1 t,H=40 m)	台班	125.23	(0.038)	(4.76)	(0.038)	(4.76)				

工作内容:清理基层、刷涂料。　　　　单位:10 m²

定额编号					8-81		8-82		8-83		8-84	
项目			单位	单价	平面		立面		平面		立面	
					苯乙烯涂料二遍				刷冷底子油			
					数量	合价	数量	合价	数量	合价	数量	合价
综合单价				元	31.37		37.81		50.74		69.05	
其中		人工费		元	15.97		20.33		9.20		13.07	
		材料费		元	9.49		9.75		38.14		50.93	
		机械费		元			0.15				0.15	
		管理费		元	3.99		5.12		2.30		3.31	
		利润		元	1.92		2.46		1.10		1.59	
二类工			工日	44.00	0.363	15.97	0.462	20.33	0.209	9.20	0.297	13.07
材料	0304914011	30∶70 冷底子油	100 kg	701.44					0.048	33.67	0.038	26.65
	0601010701	苯乙烯漆料	kg	2.58	3.68	9.49	3.78	9.75				
	0304914012	50∶50 冷底子油	100 kg	611.73					0.006	3.67	0.038	23.25
	0604070102	煤	kg	1.00					0.69	0.69	0.88	0.88
	0406010201	木柴	kg	0.35					0.32	0.11	0.44	0.15
机械		小型机械费	元					0.15				0.15
措施	J13131	卷扬机带塔(1 t,H=40 m)	台班	125.23	(0.007)	(0.88)	(0.004)	(0.50)	(0.007)	(0.88)	(0.004)	(0.50)

工作内容：1. 配制涂刷冷底子油，涂刷玛碲脂。
2. 熬制油膏，涂刷油膏。
3. 涂刷底胶及附加层、刷聚氨酯，并撒砂保护层。

单位：10 m²

定额编号					8-85		8-86		8-87	
项目			单位	单价	焦油玛碲脂刷厚 3 mm		塑料油膏刷二遍		聚氨酯防水层 1.5 mm 厚	
					数量	合价	数量	合价	数量	合价
综合单价				元	108.44		107.91		604.23	
其中	人工费			元	18.88		11.13		27.98	
	材料费			元	82.57		92.66		565.89	
	机械费			元						
	管理费			元	4.72		2.78		7.00	
	利润			元	2.27		1.34		3.36	
二类工			工日	44.00	0.429	18.88	0.253	11.13	0.636	27.98
材料	0611040602	焦油玛碲脂	m^3	1277.18	0.032	40.87				
	0605110501	聚氨脂乙料	kg	19.95					16.923	337.61
	0102040301	绿豆砂	t	86.00					0.051	4.39
	0605110301	聚氨脂甲料	kg	19.95					10.814	215.74
	0608012501	化纤无纺布	m^2	1.43					2.511	3.59
	0609100602	二甲苯	kg	3.42					1.333	4.56
	0605171301	塑料油膏	kg	1.43			58.51	83.67		
	0304914011	30：70 冷底子油	100 kg	701.44	0.049	34.37				
	0406010201	木柴	kg	0.35	3.119	1.09	3.825	1.34		
	0604070102	煤	kg	1.00	6.237	6.24	7.65	7.65		
措施	J13131	卷扬机带塔（1 t，H＝40 m）	台班	125.23	(0.007)	(0.88)	(0.038)	(4.76)	(0.004)	(0.50)

工作内容：熬制石油沥青，配制冷底子油，刷冷底子油一遍，涂刷沥青。

单位：10 m²

定额编号					8-88		8-89		8-90	
项目			单位	单价	刷石油沥青一遍					
					平面		立面			
							混凝土抹灰面		砖墙	
					数量	合价	数量	合价	数量	合价
综合单价				元	122.10		131.55		146.64	
其中	人工费			元	10.65		14.52		16.94	
	材料费			元	107.51		111.45		123.23	
	机械费			元			0.15		0.15	
	管理费			元	2.66		3.67		4.27	
	利润			元	1.28		1.76		2.05	
二类工			工日	44.00	0.242	10.65	0.33	14.52	0.385	16.94
材料	0604010300	石油沥青	kg	3.70	18.70	69.19	19.90	73.63	22.20	82.14
	0304914011	30：70 冷底子油	100 kg	701.44	0.049	34.37	0.048	33.67	0.052	36.47
	0406010201	木柴	kg	0.35	1.68	0.59	1.76	0.62	1.92	0.67
	0604070102	煤	kg	1.00	3.36	3.36	3.53	3.53	3.95	3.95
机械		小型机械费	元					0.15		0.15
措施	J13131	卷扬机带塔（1 t，H＝40 m）	台班	125.23	(0.011)	(1.38)	(0.013)	(1.63)	(0.015)	(1.88)

工作内容：配制、涂刷冷底子油一遍，熬制石油沥青玛碲脂，涂刷石油沥青玛碲脂一遍。　　　单位：10 m^2

定额编号					8-94		8-95		8-96	
项目			单位	单价	刷石油沥青玛碲脂一遍					
					平面		立面			
							混凝土抹灰面		砖墙	
					数量	合价	数量	合价	数量	合价
综合单价			元		105.95		114.77		126.93	
其中		人工费	元		11.13		15.00		16.94	
其中		材料费	元		90.70		94.01		103.52	
其中		机械费	元				0.15		0.15	
其中		管理费	元		2.78		3.79		4.27	
其中		利润	元		1.34		1.82		2.05	
二类工			工日	44.00	0.253	11.13	0.341	15.00	0.385	16.94
材料	0304914010	石油沥青玛碲脂	m^3	3110.68	0.017	52.88	0.018	55.99	0.02	62.21
材料	0304914011	30∶70冷底子油	100 kg	701.44	0.048	33.67	0.048	33.67	0.052	36.47
材料	0406010201	木柴	kg	0.35	1.76	0.62	1.85	0.65	2.06	0.72
材料	0604070102	煤	kg	1.00	3.53	3.53	3.70	3.70	4.12	4.12
机械		小型机械费	元					0.15		0.15
措施	J13131	卷扬机带塔(1 t,H=40 m)	台班	125.23	(0.012)	(1.50)	(0.014)	(1.75)	(0.017)	(2.13)

工作内容：熬制石油沥青玛碲脂，涂刷石油沥青玛碲脂。　　　单位：10 m^2

定额编号					8-97		8-98		8-99	
项目			单位	单价	每增加一遍石油沥青玛碲脂					
					平面		立面			
							混凝土抹灰面		砖墙	
					数量	合价	数量	合价	数量	合价
综合单价			元		51.61		109.35		62.92	
其中		人工费	元		3.87		43.56		4.84	
其中		材料费	元		46.31		49.67		56.29	
其中		机械费	元							
其中		管理费	元		0.97		10.89		1.21	
其中		利润	元		0.46		5.23		0.58	
二类工			工日	44.00	0.088	3.87	0.99	43.56	0.11	4.84
材料	0304914010	石油沥青玛碲脂	m^3	3110.68	0.014	43.55	0.015	46.66	0.017	52.88
材料	0406010201	木柴	kg	0.35	1.18	0.41	1.28	0.45	1.45	0.51
材料	0604070102	煤	kg	1.00	2.35	2.35	2.56	2.56	2.90	2.90
措施	J13131	卷扬机带塔(1 t,H=40 m)	台班	125.23	(0.006)	(0.75)	(0.007)	(0.88)	(0.008)	(1.00)

工作内容：1. 清理基层、涂刷基层处理剂。

2. 铺贴卷材及附加层。

3. 封口、收头、钉压条。

单位：10 m²

	定额编号				8-100		8-101		8-102		8-103	
	项目		单位	单价	单层		双层		单层		双层	
					SBS 改性沥青防水卷材							
					冷粘法				热熔满铺法			
					数量	合价	数量	合价	数量	合价	数量	合价
	综合单价		元		421.99		762.51		362.32		633.78	
其中	人工费		元		31.68		44.35		38.54		51.22	
	材料费		元		378.59		701.75		309.52		563.60	
	机械费		元									
	管理费		元		7.92		11.09		9.64		12.81	
	利润		元		3.80		5.32		4.62		6.15	
	二类工		工日	44.00	0.72	31.68	1.008	44.35	0.876	38.54	1.164	51.22
材料	0610020502	SBS 聚脂胎乙烯膜卷材厚度 3 mm	m²	22.00	12.813	281.89	24.088	529.94	12.813	281.89	24.088	529.94
	0609040201	改性沥青粘结剂	kg	5.20	13.735	71.42	27.47	142.84				
	0610010102	APP 及 SBS 基层处理剂	kg	4.60	3.639	16.74	3.639	16.74	3.639	16.74	3.639	16.74
	0609050401	SBS 封口油膏	kg	7.50	0.636	4.77	1.128	8.46	0.636	4.77	1.128	8.46
	0603080101	石油液化气	kg	4.40					0.533	2.35	1.066	4.69
	0512010301	钢压条	kg	4.82	0.533	2.57	0.533	2.57	0.533	2.57	0.533	2.57
	0508091502	铁钉	kg	5.50	0.031	0.17	0.031	0.17	0.031	0.17	0.031	0.17
		其他材料费	元			1.03		1.03		1.03		1.03
措施	J13131	卷扬机带塔（1 t，H＝40 m）	台班	125.23	(0.026)	(3.26)	(0.038)	(4.76)	(0.026)	(3.26)	(0.038)	(4.76)

十、刚性防水屋面

工作内容：1. 清扫底层，浇混凝土、找平、抹面、养护。

2. 伸缩缝清理、刷冷底子油、嵌聚氯乙烯胶泥、垫油毡。

单位：10 m²

	定额编号				8-120		8-121	
	项目		单位	单价	普通细石混凝土防水层			
					40 mm 厚		每增(减)5 mm	
					数量	合价	数量	合价
	综合单价		元		257.66		22.04	
其中	人工费		元		98.65		6.86	
	材料费		元		117.48		12.11	
	机械费		元		3.67		0.39	
	管理费		元		25.58		1.81	
	利润		元		12.28		0.87	
	二类工		工日	44.00	2.242	98.65	0.156	6.86
材料	0303901005	C30 粒径 16 混凝土 42.5 级坍落度 35-50	m³	232.98	0.42	97.85	0.052	12.11
	0609062302	聚氯乙烯胶泥	kg	1.24	5.25	6.51		
	0304914011	30：70 冷底子油	100 kg	701.44	0.005	3.51		
	0499000077	周转木材	m³	1400.00	0.002	2.80		
	0610021302	石油沥青油毡 350＃	m³	2.96	0.578	1.71		
	0406010201	木柴	kg	0.35	0.525	0.18		
	0604070102	煤	kg	1.00	1.05	1.05		
	0612070102	水	m³	4.10	0.945	3.87		

续表　　单位：10 m²

定额编号					8-120		8-121	
项目			单位	单价	普通细石混凝土防水层			
					40 mm 厚		每增(减)5 mm	
					数量	合价	数量	合价
机械	J13072	滚筒式混凝土搅拌机(电动)400 L	台班	105.90	0.029	3.07	0.003	0.32
	J15003	混凝土振捣器 BL11　平板式	台班	14.00	0.043	0.60	0.005	0.07
措施	J13131	卷扬机带塔(1 t，H=40 m)	台班	125.23	(0.026)	(3.26)	(0.003)	(0.38)

十一、平屋面修理

工作内容：1. 包括凿除起壳、裂缝部分，清扫，调制砂浆，刷浆修粉，养护，垃圾清理。

2. 包括凿除清扫，配或熬制嵌补膏，嵌抹。

3. 配或熬制嵌油膏，裁、铺玻纤布并涂刷成型。

单位：10 m²

定额编号					8-122		8-123		8-124		8-125	
项目			单位	单价	防水砂浆面层修补		嵌聚氯乙烯胶泥裂缝修补		PVC 油膏玻纤布防水层			
							10 m		一布二膏		二布三膏	
					数量	合价	数量	合价	数量	合价	数量	合价
综合单价			元		133.43		147.96		176.19		261.39	
其中	人工费		元		48.40		96.80		43.56		58.08	
	材料费		元		64.95		15.34		111.69		175.52	
	机械费		元		1.58				3.52		4.60	
	管理费		元		12.50		24.20		11.77		15.67	
	利润		元		6.00		11.62		5.65		7.52	
二类工			工日	44.00	1.10	48.40	2.20	96.80	0.99	43.56	1.32	58.08
材料	0304913009	1∶2 防水砂浆	m³	314.84	0.204	64.23						
	0301010102	水泥 32.5 级	kg	0.307	1.00	0.31						
	0406010201	木柴	kg	0.35			5.00	1.75	4.00	1.40	5.00	1.75
	0604070102	煤	kg	1.00							4.016	4.02
	0605171301	塑料油膏	kg	1.43					55.00	78.65	75.00	107.25
	0608011102	玻璃纤维布 1.8 mm	m²	2.55					12.00	30.60	24.00	61.20
	0609062302	聚氯乙烯胶泥	kg	1.24			10.50	13.02				
	0612070102	水	m³	4.10	0.10	0.41						
		其他材料费	元					0.57		1.04		1.30
机械		小型机械费	元			1.58				3.52		4.60
措施	J13131	卷扬机带塔(1 t，H=40 m)	台班	125.23	(0.027)	(3.38)	(0.004)	(0.50)	(0.025)	(3.13)	(0.03)	(3.76)

注：凡每栋累计工程量修补面积在 30 m² 以内者，人工乘系数 1.20，其他不变。

定额编号					8-126		8-127		8-128		8-129	
项目			单位	单价	氯丁橡胶玻纤布							
					补漏				补缝(10 m)			
					二布六油		一布三油		二布六油		一布三油	
					数量	合价	数量	合价	数量	合价	数量	合价
综合单价			元		264.28		166.30		52.91		33.91	
其中		人工费	元		96.80		67.76		24.20		16.94	
		材料费	元		131.66		73.47		19.76		10.70	
		机械费	元									
		管理费	元		24.20		16.94		6.05		4.24	
		利润	元		11.62		8.13		2.90		2.03	
二类工			工日	44.00	2.20	96.80	1.54	67.76	0.55	24.20	0.385	16.94
材料	0606090902	氯丁橡胶浆	kg	2.95	25.00	73.75	15.00	44.25	3.75	11.06	2.30	6.79
	0608011102	玻璃纤维布 1.8 mm	m^2	2.55	22.50	57.38	11.25	28.69	3.38	8.62	1.50	3.83
		其他材料费	元			0.53		0.53		0.08		0.08
措施	J13131	卷扬机带塔(1 t,H=40 m)	台班	125.23	(0.03)	(3.76)	(0.015)	(1.88)	(0.008)	(1.00)	(0.004)	(0.50)

注:凡每栋累计工程量修补面积在 30 m^2 以内者,人工乘系数 1.20,其他不变。

工作内容:清扫基层,裁、铺玻纤布并涂刷成型。　　单位:10 m^2

定额编号					8-130		8-131	
项目			单位	单价	聚氨脂玻纤布			
					一布二度			
					补漏		补缝(10 m)	
					数量	合价	数量	合价
综合单价			元		494.53		110.18	
其中		人工费	元		48.40		33.88	
		材料费	元		428.22		63.76	
		机械费	元					
		管理费	元		12.10		8.47	
		利润	元		5.81		4.07	
二类工			工日	44.00	1.10	48.40	0.77	33.88
材料	0605110301	聚氨脂甲料	kg	19.95	20.00	399.00	3.00	59.85
	0608011102	玻璃纤维布 1.8 mm	m^2	2.55	11.25	28.69	1.50	3.83
		其他材料费	元			0.53		0.08
措施	J13131	卷扬机带塔(1 t,H=40 m)	台班	125.23	(0.021)	(2.63)	(0.006)	(0.75)

注:凡每栋累计工程量修补面积在 30 m^2 以内者,人工乘系数 1.20,其他不变。

工作内容：1. 清扫基层，涂刷成型。

2. 清扫修补基层，涂抹粘接剂，铺贴卷材。

单位：10 m²

定额编号					8-132		8-133		8-134		8-135	
项目			单位	单价	裂缝修补							
					聚氨脂(二度)				PVC 卷材			
					补漏		补缝(10 m)		补漏		补缝(10 m)	
					数量	合价	数量	合价	数量	合价	数量	合价
综合单价				元	452.58		99.71		373.31		102.78	
其中		人工费		元	38.72		29.04		20.33		17.42	
		材料费		元	399.53		59.93		345.46		78.91	
		机械费		元								
		管理费		元	9.68		7.26		5.08		4.36	
		利润		元	4.65		3.48		2.44		2.09	
二类工			工日	44.00	0.88	38.72	0.66	29.04	0.462	20.33	0.396	17.42
材料	0605110301	聚氨脂甲料	kg	19.95	20.00	399.00	3.00	59.85				
	0605090100	PVC 卷材	m^2	26.00					11.80	306.80	1.77	46.02
	0613010101	粘结剂	kg	5.95					6.30	37.49	5.36	31.89
		其他材料费	元			0.53		0.08		1.17		1.00
措施	J13131	卷扬机带塔(1 t,H=40 m)	台班	125.23	(0.015)	(1.88)	(0.004)	(0.50)	(0.021)	(2.63)	(0.006)	(0.75)

注：凡每栋累计工程量修补面积在 30 m² 以内者，人工乘系数 1.20，其他不变。

十二、屋面及墙面保温

1. 隔 热 板

工作内容：翻做包括拆除损坏部分，清理垃圾并运至 30 m 以内归堆。

单位：10 m²

定额编号					8-136	
项目			单位	单价	翻做屋面隔热板	
					数量	合价
综合单价				元	210.38	
其中		人工费		元	91.96	
		材料费		元	83.29	
		机械费		元	0.81	
		管理费		元	23.19	
		利润		元	11.13	
二类工			工日	44.00	2.09	91.96
材料	0304913003	1∶2 水泥砂浆	m^3	272.51	0.013	3.54
	0304912005	M2.5 混合砂浆	m^3	180.94	0.038	6.88
	0302071201	预制混凝土隔热板	m^3	932.00	0.06	55.92
	0201010101	标准砖 240×115×53 mm	百块	30.11	0.55	16.56
	0612070102	水	m^3	4.10	0.051	0.21
		其他材料费	元			0.18
机械	J06016	灰浆搅拌机 200 L	台班	73.94	0.011	0.81
措施	J13131	卷扬机带塔(1 t,H=40 m)	台班	125.23	(0.05)	(6.26)

注：架空隔热层是按苏 J73-3-4 通用图设计的，隔热板规格为 495×495×30 mm，设计不同时，砖数量换算，其他不变。

2. 屋面保温

工作内容：1. 清扫底层。

2. 铺设块料。

3. 调制混凝土及填铺。

单位：m^3

定额编号					8-137		8-138		8-139	
项目			单位	单价	屋面楼地面保温隔热					
					现浇泡沫混凝土		加气混凝土块		炉(矿)渣混凝土	
					数量	合价	数量	合价	数量	合价
综合单价				元	153.09		248.48		350.44	
其中	人工费			元	52.80		25.17		48.88	
	材料费			元	80.75		214.00		275.79	
	机械费			元					5.61	
	管理费			元	13.20		6.29		13.62	
	利润			元	6.34		3.02		6.54	
	二类工		工日	44.00	1.20	52.80	0.572	25.17	1.111	48.88
材料	0304910010	C10炉渣混凝土	m^2	270.38					1.02	275.79
	0304911001	泡沫混凝土(容重:300 kg/m^3)	m^3	78.78	1.025	80.75				
	0303030202	加气混凝土 容重:700 kg/m^3	m^3	200.00			1.07	214.00		
机械	J13072	滚筒式混凝土搅拌机(电动)400 L	台班	105.90					0.053	5.61
措施	J13131	卷扬机带塔(1 t,H=40 m)	台班	125.23	(0.053)	(6.64)	(0.019)	(2.38)	(0.053)	(6.64)

注：8-138子目如设计规定铺加气混凝土碎块保温时，其材料单价应换算，其他不变。

工作内容：1. 清扫底层、铺设块料。

2. 清扫基层、调制砂浆、抹灰养护。

单位：10 m^2

定额编号					8-140		8-141		8-142	
项目			单位	单价	聚苯乙烯挤塑板		保温隔热材料(R.E)			
					厚度25		厚度45+30		厚度65+30	
					数量	合价	数量	合价	数量	合价
综合单价				元	369.87		569.65		714.31	
其中	人工费			元	42.24		62.83		73.39	
	材料费			元	312.00		467.27		593.10	
	机械费			元			11.90		15.08	
	管理费			元	10.56		18.68		22.12	
	利润			元	5.07		8.97		10.62	
	二类工		工日	44.00	0.96	42.24	1.428	62.83	1.668	73.39
材料	0605012004	FWB聚苯乙烯挤塑板	m^3	1200.00	0.26	312.00				
	0101020201	中砂	t	68.50			0.349	23.91	0.349	23.91
	0605012401	保温材料(R.E—Ⅲp)	m^3	600.00			0.47	282.00	0.68	408.00
	0609090102	防裂抗渗剂(R.E)	t	1350.00			0.118	159.30	0.118	159.30
	0612070102	水	m^3	4.10			0.502	2.06	0.461	1.89
机械	J06016	灰浆搅拌机200 L	台班	73.94			0.161	11.90	0.204	15.08
措施	J13131	卷扬机带塔(1 t,H=40 m)	台班	125.23	(0.002)	(0.25)	(0.002)	(0.25)	(0.002)	(0.25)

工作内容：1. 清扫底层、喷涂基层转接层。

2. 喷涂防水保温层、处理收头。

单位：10 m²

定额编号					8-143		8-144	
项目			单位	单价	不上人屋面防水保温		上人屋面防水保温	
					喷涂改性聚氨酯硬泡体厚度 30 mm			
					数量	合价	数量	合价
综合单价			元		623.66		810.72	
其中		人工费	元		36.96		38.54	
		材料费	元		419.76		598.97	
		机械费	元		111.87		116.02	
		管理费	元		37.21		38.64	
		利润	元		17.86		18.55	
二类工			工日	44.00	0.84	36.96	0.876	38.54
材料	0610010703	聚醚多醇组合料	kg	18.00	7.79	140.22	10.968	197.42
	0610010702	多异氰酸脂	kg	16.00	8.303	132.85	11.275	180.40
	0609100201	改性剂	kg	27.00	1.64	44.28	2.563	69.20
	0609100301	阻燃剂	kg	25.00	1.948	48.70	2.87	71.75
		其他材料费	元			53.71		80.20
机械	J15021	专项作业汽车	台班	214.12	0.242	51.82	0.251	53.74
	J15020	进口移动式发泡机	台班	160.00	0.242	38.72	0.251	40.16
	J10011	电动空气压缩机 0.6 m³/min	台班	88.13	0.242	21.33	0.251	22.12
措施	J13131	卷扬机带塔(1 t, H=40 m)	台班	125.23	(0.002)	(0.25)	(0.002)	(0.25)

3. 外墙面外保温

工作内容：1. 基层和边角处理、刷界面剂、粘贴挤塑板、安装固定件、板面打磨找平、贴网格布、拌制及抹砂浆。

2. 基层和边角处理、刷胶、粘贴模压板、板面打磨找平、开装线条、贴网格布、抹砂浆二遍。

单位：10 m²

定额编号		单位	单价	8-145		8-146		8-147		8-148	
项目				外墙外保温						聚苯乙烯模压板厚度 30 mm	
				聚苯乙烯挤塑板							
				厚度 25 mm				厚度每增 5 mm			
				砖墙面		混凝土墙面					
				数量	合价	数量	合价	数量	合价	数量	合价
综合单价		元		925.60		993.83		46.31		819.95	
其中	人工费	元		158.40		166.85				105.60	
	材料费	元		696.86		752.29		46.31		672.40	
	机械费	元		8.56		9.45				2.10	
	管理费	元		41.74		44.08				26.93	
	利润	元		20.04		21.16				12.92	

续表 单位:10 m^2

定额编号					8-145		8-146		8-147		8-148	
项目			单位	单价	外墙外保温						聚苯乙烯模压板厚度 30 mm	
					聚苯乙烯挤塑板							
					厚度 25 mm				厚度每增 5 mm			
					砖墙面		混凝土墙面					
					数量	合价	数量	合价	数量	合价	数量	合价
二类工			工日	44.00	3.60	158.40	3.792	166.85			2.40	105.60
材料	0306010201	聚合物砂浆	kg	2.50	36.90	92.25	41.00	102.50				
	0605012003	聚苯乙烯挤塑板	m^3	900.00	0.267	240.30	0.267	240.30	0.051	45.90		
	0301010102	水泥 32.5 级	kg	0.307							13.325	4.09
	0609040502	专用粘结剂	kg	5.00	36.90	184.50	41.00	205.00				
	0605012005	EPS 聚苯乙烯模压板	m^2	15.00							12.30	184.50
	0609080501	专用界面剂	kg	3.60	0.82	2.95	0.82	2.95				
	0508090106	塑料保温螺钉	套	1.80	61.50	110.70	71.75	129.15				
	0609063001	专用胶粘剂	kg	14.00							25.625	358.75
	0612010901	耐碱玻璃网格布	m^2	4.00	13.325	53.30	14.35	57.40	0.103	0.41		
	0612010701	耐碱玻璃加强网格布	m^2	12.00							1.538	18.46
	0508010503	合金钢钻头 一字型	个	19.00	0.677	12.86	0.789	14.99				
	0612010601	耐碱玻璃标准网格布	m^2	8.00							13.325	106.60
机械	J13091	电锤 520 W	台班	8.14	0.788	6.41	0.897	7.30				
		小型机械费	元			2.15		2.15				2.10
措施	J13131	卷扬机带塔(1 t,H=40 m)	台班	125.23	(0.011)	(1.38)	(0.011)	(1.38)			(0.011)	(1.38)

工作内容:基层处理修补、润湿基层表面,调运砂浆,抹保温砂浆。 单位:10 m^2

定额编号					8-149		8-150		8-151	
项目			单位	单价	外墙聚苯颗粒保温砂浆(25 mm)厚					
					砖墙面		混凝土及砌块墙面		每增 5 mm	
					数量	合价	数量	合价	数量	合价
综合单价			元		362.01		354.31		53.45	
其中		人工费	元		66.00		66.00			
		材料费	元		265.72		258.12		52.34	
		机械费	元		4.29		4.21		0.81	
		管理费	元		17.57		17.55		0.20	
		利润	元		8.43		8.43		0.10	
二类工			工日	44.00	1.50	66.00	1.50	66.00		
材料	0304021200	聚苯颗粒保温砂浆	m^3	950.00	0.279	265.05	0.271	257.45	0.055	52.25
	0612070102	水	m^3	4.10	0.164	0.67	0.164	0.67	0.021	0.09
机械	J06016	灰浆搅拌机 200 L	台班	73.94	0.058	4.29	0.057	4.21	0.011	0.81
措施	J13131	卷扬机带塔(1 t,H=40 m)	台班	125.23	(0.011)	(1.38)	(0.011)	(1.38)		

十三、伸　缩　缝

1. 伸　缩　缝

工作内容：1. 熬制沥青、玛碲脂、浸木板、油浸麻丝填缝。

2. 调配沥青砂浆、玛碲脂灌缝。

单位：10 m

定额编号					8-152		8-153		8-154		8-155	
项目			单位	单价	油浸麻丝				墙面嵌木丝板		玛碲脂	
					平面		立面					
					数量	合价	数量	合价	数量	合价	数量	合价
综合单价				元	175.83		202.61		99.29		181.44	
其中	人工费			元	39.60		59.14		20.06		12.67	
	材料费			元	121.58		121.58		71.80		164.08	
	机械费			元								
	管理费			元	9.90		14.79		5.02		3.17	
	利润			元	4.75		7.10		2.41		1.52	
二类工			工日	44.00	0.90	39.60	1.344	59.14	0.456	20.06	0.288	12.67
材料	0604010300	石油沥青	kg	3.70	20.40	75.48	20.40	75.48	12.80	47.36		
	0304914010	石油沥青玛碲脂	m^3	3110.68							0.05	155.53
	0608013801	麻丝	kg	7.91	5.50	43.51	5.50	43.51				
	0302131001	水泥压木丝板 25 mm	m^2	14.25					1.57	22.37		
	0406010201	木柴	kg	0.35	1.10	0.39	1.10	0.39	0.88	0.31	3.64	1.27
	0604070102	煤	kg	1.00	2.20	2.20	2.20	2.20	1.76	1.76	7.28	7.28

注：玛碲脂伸缩缝断面以 15×30 mm 断面计算，设计不同，材料按比例换算，人工不变。

2. 盖　　缝

工作内容：1. 木砖、木条制作，浸油、预埋、制作和装钉木或铁皮盖板、刷油。

2. 缝清理、运料、嵌油膏。

单位：10 m

定额编号				8-156		8-157		8-158		8-159	
项目		单位	单价	木板盖面				铁皮盖面			
				平面		立面		平面		立面	
				数量	合价	数量	合价	数量	合价	数量	合价
综合单价			元	125.08		130.88		377.05		168.56	
其中	人工费		元	28.51		31.68		71.81		39.07	
	材料费		元	85.89		87.38		278.51		114.93	
	机械费		元	0.10		0.07		0.12		0.07	
	管理费		元	7.15		7.94		17.98		9.79	
	利润		元	3.43		3.81		8.63		4.70	

续表　　　　　　　　　　　　　　　　　　　　　　　　　　　　　　　　　单位:10 m

定额编号					8-156		8-157		8-158		8-159	
项目			单位	单价	木板盖面				铁皮盖面			
					平面		立面		平面		立面	
					数量	合价	数量	合价	数量	合价	数量	合价
		二类工	工日	44.00	0.648	28.51	0.72	31.68	1.632	71.81	0.888	39.07
材料	0402010806	普通成材	m^3	1599.00	0.053	84.75	0.054	86.35				
	0402060601	木砖与拉条	m^3	1249.00					0.069	86.18	0.025	31.23
	0611010101	防腐油	kg	1.71	0.54	0.92	0.50	0.86	1.10	1.88	0.34	0.58
	0507051002	焊锡	kg	35.91					0.19	6.82	0.08	2.87
	0508091502	铁钉	kg	5.50	0.04	0.22	0.03	0.17	0.21	1.16	0.03	0.17
	0501061010	镀锌铁皮 26#	m^2	30.00					6.01	180.30	2.64	79.20
		其他材料费	元							2.17		0.88
机械	J07012	木工圆锯机 500 mm	台班	24.27	0.004	0.10	0.003	0.07	0.005	0.12	0.003	0.07

注：如用预制混凝土盖板，按混凝土部分的有关子目另行计算。

工作内容：1. 木砖、木条制作，浸油、预埋。

2. 制作和装钉盖板。

3. 缝清理、嵌胶。

单位:10 m

定额编号					8-160		8-161		8-162		8-163	
项目			单位	单价	铝合金板盖面				不锈钢板盖面			
					平面		立面		平面		立面	
					数量	合价	数量	合价	数量	合价	数量	合价
综合单价				元	886.28		394.90		1427.54		632.49	
其中		人工费		元	24.29		20.06		24.29		20.06	
		材料费		元	852.84		367.32		1394.10		604.91	
		机械费		元	0.12		0.07		0.12		0.07	
		管理费		元	6.10		5.03		6.10		5.03	
		利润		元	2.93		2.42		2.93		2.42	
		二类工	工日	44.00	0.552	24.29	0.456	20.06	0.552	24.29	0.456	20.06
材料	0504060304	铝合金条板 1 mm	m^2	125.00	6.01	751.25	2.64	330.00				
	0506020302	8K 不锈钢镜面板 1219×2438×0.8	m^2	215.00					6.01	1292.15	2.64	567.60
	0402060601	木砖与拉条	m^3	1249.00	0.069	86.18	0.025	31.23	0.069	86.18	0.025	31.23
	0508070207	铝拉铆钉 LD-1	百个	3.33	0.30	1.00	0.20	0.67				
	0507050201	不锈钢焊丝	kg	47.70					0.19	9.06	0.08	3.82
	0508060600	钢钉	kg	8.50	0.21	1.79	0.03	0.26	0.21	1.79	0.03	0.26
	0609060402	玻璃胶 300 mL	支	13.87	0.56	7.77	0.23	3.19				
	0611010101	防腐油	kg	1.71	1.10	1.88	0.34	0.58	1.10	1.88	0.34	0.58
		其他材料费	元			2.97		1.39		3.04		1.42
机械	J07012	木工圆锯机 500 mm	台班	24.27	0.005	0.12	0.003	0.07	0.005	0.12	0.003	0.07

十四、屋面排水

工作内容：切(配)管，粘接管道、管件和卡安装。　　　　　　　　　　　　单位：10 m

	定额编号			8-164		8-165		8-166		8-167	
	项目	单位	单价	PVC水落管				PVC水斗(10只)			
				ϕ75		ϕ100		ϕ75		ϕ100	
				数量	合价	数量	合价	数量	合价	数量	合价
	综合单价		元	186.11		313.66		176.19		277.06	
其中	人工费		元	24.29		24.29		20.06		20.06	
其中	材料费		元	152.84		280.39		148.70		249.57	
其中	机械费		元								
其中	管理费		元	6.07		6.07		5.02		5.02	
其中	利润		元	2.91		2.91		2.41		2.41	
	二类工	工日	44.00	0.552	24.29	0.552	24.29	0.456	20.06	0.456	20.06
材料 0605030401	增强塑料水管(PVC水管)ϕ75 mm	m	11.66	10.455	121.91						
0605050703	PVC水斗ϕ100 mm	只	15.96							10.455	166.86
0605030402	增强塑料水管(PVC水管)ϕ100 mm	m	21.44			10.455	224.16				
0605050702	PVC水斗ϕ75 mm	只	9.00					10.455	94.10		
0605071602	塑料弯头(PVC)ϕ100 135°	个	8.17			0.584	4.77				
0605050113	PVC束接ϕ100 mm	只	4.18			2.809	11.74			10.455	43.70
0605151102	塑料抱箍(PVC)100 mm	副	3.52			10.865	38.24			10.455	36.80
0605151105	塑料抱箍(PVC)75 mm	副	1.66	10.865	18.04			10.455	17.36		
0605050112	PVC束接ϕ75 mm	只	3.42	2.809	9.61			10.455	35.76		
0605071601	塑料弯头(PVC)ϕ75 135°	个	3.80	0.584	2.22						
0609062601	胶水	kg	7.98	0.133	1.06	0.185	1.48	0.185	1.48	0.277	2.21

工作内容：1. 拆除并清理旧管、切(配)新管，粘接管道、管件和卡安装。

2. 拆除并清理旧水斗、安装新水斗。　　　　　　　　　　　　单位：10 m

	定额编号			8-168		8-169		8-170		8-171	
	项目	单位	单价	PVC落水管拆换				PVC水斗拆换(10只)			
				ϕ75		ϕ100		ϕ75		ϕ100	
				数量	合价	数量	合价	数量	合价	数量	合价
	综合单价		元	221.26		318.13		202.10		300.53	
其中	人工费		元	46.46		46.46		30.98		30.98	
其中	材料费		元	157.02		253.89		159.65		258.08	
其中	机械费		元	0.43		0.43					
其中	管理费		元	11.72		11.72		7.75		7.75	
其中	利润		元	5.63		5.63		3.72		3.72	

续表 单位:10 m

定额编号					8-168		8-169		8-170		8-171	
项目			单位	单价	PVC 落水管拆换				PVC 水斗拆换(10 只)			
					ϕ75		ϕ100		ϕ75		ϕ100	
					数量	合价	数量	合价	数量	合价	数量	合价
二类工			工日	44.00	1.056	46.46	1.056	46.46	0.704	30.98	0.704	30.98
材料	0699000358	PVC 落水管 75 mm	m	12.08	10.53	127.20						
	0605050702	PVC 水斗 ϕ75 mm	只	9.00					10.20	91.80		
	0605050703	PVC 水斗 ϕ100 mm	只	15.96							10.20	162.79
	0699000361	PVC 落水管 100 mm	m	19.00			10.53	200.07				
	0605151105	塑料抱箍(PVC) 75 mm	副	1.66	10.29	17.08			10.20	16.93		
	0503070703	弯头(45°)ϕ100	只	8.27			0.57	4.71				
	0605151102	塑料抱箍(PVC) 100 mm	副	3.52			10.29	36.22			10.20	35.90
	0605050113	PVC 束接 ϕ100 mm	只	4.18			2.74	11.45			10.20	42.64
	0605050112	PVC 束接 ϕ75 mm	只	3.42	2.74	9.37			10.20	34.88		
	0503070701	弯头(45°)ϕ75	只	4.08	0.57	2.33						
	0609062601	胶水	kg	7.98	0.13	1.04	0.18	1.44	0.18	1.44	0.27	2.15
		其他材料费	元							14.60		14.60
机械		小型机械费	元			0.43		0.43				

工作内容:放样、裁料、制作、安装。 单位:10 只

定额编号					8-172		8-173		8-174	
项目			单位	单价	新装白铁倒水斗		铸铁		女儿墙弯头	
							落水口			
					数量	合价	数量	合价	数量	合价
综合单价				元	402.67		349.24		438.92	
其中		人工费		元	139.52		102.61		120.52	
		材料费		元	209.77		208.67		273.81	
		机械费		元	1.28					
		管理费		元	35.20		25.65		30.13	
		利润		元	16.90		12.31		14.46	
二类工			工日	44.00	3.135	137.94	2.332	102.61	2.739	120.52
材料	0501061010	镀锌铁皮 26#	m^2	30.00	5.40	162.00				
	0507051001	焊锡丝	kg	51.40	0.72	37.01				
	0503072701	铸铁落水口 100×200 (带罩)	套	20.66			10.10	208.67		
	0503072702	铸铁进水口 470×238	套	27.11					10.10	273.81
	5-31	铁件	kg	8.89	1.00	8.89				
	0508130202	镀锌铁丝 12#	kg	5.80	1.00	5.80				

注:铸铁落水口是以铸铁罩为准,如用铅丝球罩者,人工不变。

十五、外墙喷有机硅防水

工作内容：清理基层，喷有机硅。　　　　单位：10 m²

定额编号					8-175		8-176	
项目			单位	单价	毛面		光面	
					外墙有机硅			
					数量	合价	数量	合价
综合单价				元	13.68		13.18	
其中	人工费			元	5.81		5.81	
	材料费			元	2.50		2.00	
	机械费			元	2.35		2.35	
	管理费			元	2.04		2.04	
	利润			元	0.98		0.98	
二类工			工日	44.00	0.132	5.81	0.132	5.81
材料	0601131202	有机硅	kg	10.00	0.25	2.50	0.20	2.00
机械	J10010	电动空气压缩机 0.3 m³/min	台班	80.95	0.029	2.35	0.029	2.35

注：外墙表面有机硅防水、抗渗执行本定额。

十八、江苏省建筑与装饰工程计价表

（2004 年定额防水工程部分）

关于颁发《江苏省建筑与装饰工程计价表》的通知

苏建定[2003]373 号

各市建设局（建委）、省有关厅、局：

根据国家建设部、国家质量监督检验检疫总局联合发布的 GB 50500—2003《建设工程工程量清单计价规范》，我厅组织编制了《江苏省建筑与装饰工程计价表》，现予颁发。本计价表自 2004 年 4 月 1 日起执行，具体执行办法另行通知，原 2001 年《江苏省建筑工程单位估价表》、《江苏省建筑工程综合预算定额》、《江苏省建筑工程费用定额》、1998 年《江苏省建筑装饰工程预算定额》、《江苏省建筑装饰工程费用定额》，同时停止执行。

本计价表由江苏省工程建设标准定额总站负责解释和管理。

江苏省建设厅

2003 年 12 月 2 日

第一节　建筑与装饰工程费用计算规则

一、说　明

（一）江苏省建筑与装饰工程费用计算规则（以下简称本费用计算规则）与《江苏省建筑与装饰工程计价表》配套执行。

（二）为了切实保护人民生产生活的安全，保证安全和文明施工措施落实到位，现场安全文明施工措施费作为不可竞争费用，建设单位不得任意压低费用标准，施工单位不得让利。此项费用的计取由各市工程造价管理部门根据工程实际情况予以核定，并进行监督，未经核定不得计取。

（三）不可竞争费包括：

1. 现场安全文明施工措施费；
2. 工程定额测定费；
3. 安全生产监督费；
4. 建筑管理费；
5. 劳动保险费；
6. 税金；
7. 有权部门批准的其他不可竞争费用。

以上不可竞争费在编制标底或投标报价时均应按规定计算，不得让利或随意调整计算标准。

（四）措施项目费原则上由编标单位或投标单位根据工程实际情况分别计算。除了不可竞争费必须按规定计算外，其余费用均作为参考标准。

（五）管理费和利润统一以人工费加机械费为计算基础。

（六）包工不包料和点工按本费用计算规则的规定计算。

1. 包工不包料：适用于只包计价表人工的工程。

2. 点工：适用于在建筑与装饰工程中由于各种因素所造成的损失、清理等不在计价表范围内的用工。

3. 包工不包料、点工的临时设施应由建设单位提供。

二、费用项目划分

建筑与装饰工程造价由分部分项工程费、措施项目费、其他项目费、规费和税金组成。

（一）分部分项工程费包括人工费、材料费、机械费、管理费、利润。

1. 人工费：指应列入计价表的直接从事建筑与装饰工程施工工人（包括现场内水平、垂直运输等辅助工人）和附属辅助生产单位（非独立经济核算单位）工人的基本工资、工资性津贴、流动施工津贴、房租补贴、职工福利费、劳动保护费。

2. 材料费：指应列入计价表的材料、构件和半成品材料的用量以及周转材料的摊销量乘以相应的预算价格计算的费用。

3. 机械费：指应列入计价表的施工机械台班消耗量按相应的我省施工机械台班单价计算的建筑与装饰工程施工机械使用费以及机械安、拆和进（退）场费。

4. 管理费：包括企业管理费、现场管理费、冬雨季施工增加费、生产工具用具使用费、工程定位复测点交场地清理费、远地施工增加费、非甲方所为四小时以内的临时停水停电费。

（1）企业管理费：指企业管理层为组织施工生产经营活动所发生的管理费用。内容包括：

① 管理人员的基本工资、工资性津贴、流动施工津贴、房租补贴、职工福利费、劳动保护费。

② 差旅交通费：指企业职工因公出差、工作调动的差旅费、住勤补助费、市内交通费和误餐补助费、职工探亲路费、劳动力招募费、离退休职工一次性路费及交通工具油料、燃料、牌照、养路费等。

③ 办公费：指企业办公用文具、纸张、账表、印刷、邮电、书报、会议、水、电、燃煤、燃气等费用。

④ 固定资产折旧、修理费：指企业属于固定资产的房屋、设备、仪器等的折旧及维修费用。

⑤ 低值易耗品摊销费：指企业管理使用不属于固定资产的工具、用具、家具、交通工具、检验、试验 、消防等的摊销及维修费用。

⑥ 工会经费及职工教育经费：工会经费是指企业按职工工资总额计提的工会经费；职工教育经费是指企业为职工学习先进技术和提高文化水平按职工工资总额计提的费用。

⑦ 职工待业保险费：指按规定标准计提的职工待业保险费用。

⑧ 保险费：指企业财产保险、管理用车辆等保险费用。

⑨ 税金：指企业按规定交纳的房产税、车船使用税、土地使用税、印花税及土地使用费等。

⑩ 其他：包括技术转让费、技术开发费、业务招待费、绿化费、广告费、公证费、法律顾问费、审计费、咨询费、联防费等。

(2) 现场管理费:指现场管理人员组织工程施工过程中所发生的费用。内容包括:

① 现场管理人员的基本工资、工资性津贴、流动施工津贴、房租补贴、职工福利费、劳动保护费。

② 办公费:指现场管理办公用的工具、纸张、账表、印刷、邮电、书报、会议、水、电、燃煤(气)等费用。

③ 差旅交通费:指职工因公出差的旅费、住勤费、补助费、市内交通费和误餐补助费,职工探亲路费、劳动力招募、职工离退休一次性路费、工伤人员就医路费、工地转移费以及现场管理使用的交通工具的油料、燃料、养路费、牌照费等。

④ 固定资产使用费:指现场管理及试验部门使用的属于固定资产的设备、仪器等的折旧、大修理、维修和租赁费等。

⑤ 低值易耗品摊销费:指现场管理使用的不属于固定资产的工具、器具、家具、交通工具、检验、试验、测绘、消防用具等的购置、维修和摊销费。

⑥ 保险费:指施工管理用财产和车辆保险、高空作业等特殊工种的安全保险等费用。

⑦ 其他费用。

(3) 冬雨季施工增加费:指在冬雨季施工期间所增加的费用。包括冬季作业、临时取暖、建筑物门窗洞口封闭及防雨措施、排水、工效降低等费用。

(4) 生产工具用具使用费:指施工生产所需不属于固定资产的生产工具、检验用具、仪器仪表等的购置、摊销和维修费,以及支付给工人自备工具的补贴费。

(5) 工程定位、复测点场地清理费。

(6) 远地施工增加费:指远离基地施工所发生的管理人员和生产工人的调迁旅费、工人在途工资,中小型施工机具、工具仪器、周转性材料、办公和生活用具等的运杂费。

对包工包料工程,不论施工单位基地与工程所在地之间的距离远近,均由施工单位包干使用;包工不包料工程按发承包双方的合同约定计算。

(7) 非甲方所为四小时以内的临时停水停电费用。

5. 利润:指按国家规定应计入建筑与装饰工程造价的利润。

(二) 措施项目费

1. 环境保护费:指正常施工条件下,环保部门按规定向施工单位收取的噪音、扬尘、排污等费用。

2. 现场安全文明施工措施费:包括脚手架挂安全网、铺安全竹笆片、洞口五临边及电梯井护栏费用、电气保护安全照明设施费、消防设施及各类标牌摊销费、施工现场环境美化、现场生活卫生设施、施工出入口清洗及污水排放设施、建筑垃圾清理外运等内容。

3. 临时设施费:指施工单位为进行建筑与装饰工程施工所必需的生产和生活用的临时建筑物、构筑物和其他临时设施等费用。

临时设施费内容包括:临时设施的搭设、维修、拆除、摊销等费用。

4. 夜间施工增加费:指规范、规程要求正常作业而发生的照明设施、夜餐补助和工效降低等费用。

5. 二次搬运费:指因施工场地狭小而发生的二次搬运所需费用。

6. 大型机械设备进出场及安拆:指机械整体或分体自停放场地转至施工场地,或由一个施工地点运至另一个施工地点所发生的机械安装、拆卸和进出场运输转移费用。

7. 混凝土、钢筋混凝土模板及支架：指模板及支架制作、安装、拆除、维护、运输、周转材料摊销等费用。

8. 脚手架费：指脚手架搭设、加固、拆除、周转材料摊销等费用。

9. 已完工程及设备保护：指对已施工完成的工程和设备采取保护措施所发生的费用。

10. 施工排水、降水：指施工过程中发生的排水、降水费用。

11. 垂直运输机械费：指在合理工期内完成单位工程全部项目所需的垂直运输机械台班费用。

12. 室内空气污染测试：指对室内空气相关参数进行检测发生的人工和检测设备的摊销等费用。

13. 检验试验费：是指根据有关国家标准或施工验收规范要求对建筑材料、构配件和建筑物工程质量检测检验发生的费用。除此以外发生的检验试验费，如已有质保书材料，而建设单位或质监部门另行要求检验试验所发生的费用，及新材料、新工艺、新设备的试验费等应另行向建设单位收取。

14. 赶工措施费：若建设单位对工期有特殊要求，则施工单位必须增加的施工成本费。

15. 工程按质论价：指建设单位要求施工单位完成的单位工程质量达到经有权部门鉴定为优良工程所必须增加的施工成本费。

16. 特殊条件下施工增加费：

(1) 地下不明障碍物、铁路、航空、航运等交通干扰而发生的施工降效费用。

(2) 在有毒有害气体和有放射性物质区域范围内的施工人员的保健费，与建设单位职工享受同等特殊保健津贴，享受人数，根据现场实际完成的工程量(区域外加工的制品不应计入)的计价表耗工数，并加计百分之十的现场管理人员的人工数确定。

(三) 其他项目费

1. 总承包服务费

(1) 总承包：指对建设工程的勘察、设计、施工、设备采购进行全过程承包的行为，建设项目从立项开始至竣工投产全过程承包的“交钥匙”方式。

(2) 总分包：

① 建设单位单独分包的工程，总包单位与分包单位的配合费由建设单位、总包单位和分包单位在合同中明确。

② 总包单位自行分包的工程所需的总包管理费由总包单位和分包单位自行解决。

③ 安装施工单位与土建施工单位的施工配合费由双方协商确定。

2. 预留金：招标人为可能发生的工程量变更而预留的金额。

3. 零星工作项目费：指完成招标人提出的，工程量暂估的零星工作所需的费用。

(四) 规费

1. 工程定额测定费：包括预算定额编制管理费和劳动定额测定费。应按江苏省物价局、江苏省财政厅苏价房(1999)13 号、苏财综(1999)5 号《关于工程定额编制管理费、劳动定额测定费合并为工程(劳动)定额测定费的通知》等文件的规定收取工程定额测定费。该费用列入工程造价，由施工单位代收代缴，上交工程所在地的定额或工程造价管理部门。

2. 安全生产监督费：指上级部门批准的由施工安全生产监督部门收取的安全生产监督费。

3. 建筑管理费:指建筑管理部门按照经上级部门批准的收费办法和标准向施工单位收取的建筑管理费。

4. 劳动保险费:指施工单位支付离退休职工的退休金、价格补贴、医药费、职工退职金及六个月以上的病假人员工资、职工死亡丧葬补助费、抚恤费,按规定支付给离退休干部的各项经费;以及在职职工的养老保险费用等。

(五) 税金

指国家税法规定的应计入建筑与装饰工程造价内的营业税、城市维护建设税及教育费附加。

三、工程类别划分

(一) 建筑工程类别划分标准表

项目			单位	一类	二类	三类
工业建筑	单层	檐口高度	m	≥20	≥16	<16
		跨　度	m	≥24	≥18	<18
	多层	檐口高度	m	≥30	≥18	<18
		建筑面积	m^2	≥8000	≥5000	<5000
民用建筑	住宅	檐口高度	m	≥62	≥34	<34
		建筑面积	m^2	≥10000	≥6000	<6000
		层　数	层	≥22	≥12	<12
	公共建筑	檐口高度	m	≥56	≥30	<30
		建筑面积	m^2	≥10000	≥6000	<6000
		层　数	层	≥18	≥10	<10
构筑物	烟囱	混凝土结构高度	m	≥100	≥50	<50
		砖结构高度	m	≥50	≥30	<30
	水塔	高　度	m	≥40	≥30	<30
		容　积	m^3	≥80	≥60	<60
	筒仓	高　度	m	≥30	≥20	<20
	贮池	容积(单体)	m^3	≥2000	≥1000	<1000
大型机械吊装工程		檐口高度	m	≥20	≥16	<16
		跨　度	m	≥24	≥18	<18
桩基础工程		预制混凝土(钢板)桩长	m	≥30	≥20	<20
		灌注混凝土桩长	m	≥50	≥30	<30
单独土(石)方工程 大型土(石)方工程		挖或填、土(石)方容量	m^3	≥10000	≥5000	<5000

(二) 工程类别划分说明

1. 工程类别划分是根据不同的单位工程,按施工难易程度,结合我省建筑市场历年来的实际施工项目确定的。

2. 不同层数组成的单位工程,当高层部分的面积(竖向切分)占总面积30%以上时,按高层的指标确定工程类别，不足30%的按低层指标确定工程类别。

3. 以建筑面积、檐高、跨度确定工程类别时，如该工程指标达不到高类别的指标，但工程施工难度很大的(如建筑复杂、有地下室、基础要求高、采用新的施工工艺的工程等)，其类别由各市工程造价管理部门根据实际情况予以核定。

4. 单独承包地下室工程的按二类标准取费，如地下室建筑面积指标达到一类标准的则按一类标准取费。

5. 建筑物、构筑物高度系指设计室外地面标高至檐口顶标高(不包括女儿墙，高出屋面电梯间、楼梯间、水箱间等的高度)，跨度系指轴线之间的宽度。

6. 工业建筑工程：指从事物质生产和直接为生产服务的建筑工程，主要包括生产(加工)车间、实验车间、仓库、独立实验室、化验室、民用锅炉房、变电所和其他生产用建筑工程。

7. 民用建筑工程：指直接用于满足人们的物质和文化生活需要的非生产性建筑，主要包括：商住楼、综合楼、办公楼、教学楼、宾馆、宿舍及其他民用建筑工程。

8. 构筑物工程：指与工业与民用建筑工程相配套且独立于工业与民用建筑的工程，主要包括烟囱、水塔、仓类、池类等。

9. 桩基础工程：指天然地基上的浅基础不能满足建筑物、构筑物和稳定要求而采用的一种深基础。主要包括各种现浇和预制桩。

10. 强夯法加固地基、基础钢管支撑均按二类标准执行。深层搅拌桩、粉喷桩、基坑锚喷护壁按打灌注桩基工程三类标准执行。专业预应力张拉施工如主体为一类工程按一类工程取费；主体为二、三类工程均按二类工程取费。

11. 轻钢结构的单层厂房按单层厂房的类别降低一类标准计算。

12. 大型土石方和单独土石方工程：指单独编制概预算或在一个单位工程内挖方或填方在5000 m^3(不含5000 m^3)以上的工民建土石方工程。包括土石方挖或填等。

13. 预制构件制作工程类别划分按相应的建筑工程类别划分标准执行。

14. 与建筑物配套的零星项目，如化粪池、检查井、分户围墙按相应的主体建筑工程类别标准确定外，其余如厂区围墙、道路、下水道、挡土墙等零星项目，均按三类标准执行。

15. 关于建筑物加层扩建时套用类别的方法：

(1) 当选用面积和跨度指标时，以新增的实际面积和跨度套用类别标准。

(2) 当选用檐高和层数指标时，要与原建筑物一并考虑套用类别标准。

16. 在计算层数指标时，半地下室和层高小于2.2 m的均不计算层数。

17. 凡工程类别标准中，有两个指标控制的，只要满足其中一个指标即可按该指标确定工程类别；有三个指标控制的，必须满足两个及两个以上指标才可按该指标确定工程类别。

18. 工程类别标准中未包括的特殊工程，如影剧院、体育馆、游泳馆、别墅、别墅群等，由工程造价管理部门根据具体情况确定，报省定额总站备案。

四、费用计算规则及计算标准

(一) 人工工资标准分为三类：一类工标准为28元/工日；二类工标准为26元/工日；三类工标准为24元/工日。单独装饰工程的人工工资可在计价表单价基础上调整为30～45元/工日，具体在投标报价或由双方合同中予以明确。

(二) 包工不包料、点工分别按35元/工日、29元/工日计算，其中包括了管理费、利润和劳动保险费。

（三）建筑工程管理费和利润计算标准：建筑工程计价表中的管理费是以三类工程的标准列入子目，其计算基础为人工费加机械费。利润不分工程类别按表中规定计算。

建筑工程管理费、利润取费标准表

序号	工程名称	计算基础	管理费费率（%）			利润费率（%）
			一类工程	二类工程	三类工程	
一	建筑工程	人工费＋机械费	35	30	25	12
二	预制构件制作	人工费＋机械费	17	15	13	6
三	构件吊装	人工费＋机械费	12	10.5	9	5
四	制作兼打桩	人工费＋机械费	19	16.5	14	8
五	打预制桩	人工费＋机械费	15	13	11	6
六	机械施工大型土石方工程	人工费＋机械费	7	6	5	4

（四）单独装饰工程管理费、利润取费标准：装饰工程的管理费按装饰施工企业的资质等级划分计取，其计算基础为人工费加机械费。利润不分企业资质等级按表中规定计算。

单独装饰工程管理费、利润取费标准表

项目	计算基础	管理费费率（%）			利润费率（%）
		一级企业	二级企业	三级企业	
单独装饰工程	人工费＋机械费	56	48	40	15

（五）措施项目费计算标准

1. 环境保护费：按环保部门的有关规定计算，由双方在合同中约定。

2. 现场安全文明施工措施费：建筑工程按分部分项工程费的1.5%～3.5%计算；单独装饰工程按分部分项工程费的0.5%～1.5%计算。该费用作为不可竞争费，具体由各市工程造价管理部门根据工程实际情况予以核定后方可计取。

3. 临时设施费：建筑工程按分部分项工程费的1%～2%计算；单独装饰工程按分部分项工程费的0.3%～1.2%计算。由施工单位根据工程实际情况报价，发承包双方在合同中约定。

4. 夜间施工增加费：根据工程实际情况，由发承包双方在合同中约定。

5. 二次搬运费：按建筑与装饰工程计价表中第二十三章计算。

6. 大型机械设备进出场及安拆：按建筑与装饰工程计价表中附录二计算。

7. 混凝土、钢筋混凝土模板及支架：按建筑与装饰工程计价表中第二十章计算。

8. 脚手架费：按建筑与装饰工程计价表中第十九章计算。

9. 已完工程及设备保护：根据工程实际情况，由发承包双方在合同中约定。

10. 施工排水、降水：按建筑与装饰工程计价表中第二十一章计算。

11. 垂直运输机械费：按建筑与装饰工程计价表中第二十二章计算。

12. 室内空气污染测试：根据工程实际情况，由发承包双方在合同中约定。

13. 检验试验费：根据有关国家标准或施工验收规范要求对建筑材料、构配件和建筑物工程质量检测检验发生的费用按分部分项工程费的0.4%计算。除此以外发生的检验试验费，如已有质保书的材料，而建设单位或质监部门另行要求检验试验所发生的费用，及新材料、新工艺、新设备的试验费等应另行向建设单位收取，由施工单位根据工程实际情况报价，发承包双方在合同中约定。

14. 赶工措施费：我省现行定额工期按苏建定(2000)283号《关于贯彻执行〈全国统一建筑安装工程工期定额〉的通知》执行，该费用由发承包双方在合同中约定。

住宅工程：比我省现行定额工期提前20%以内，按分部分项工程费的2%～3.5%计取。

高层建筑工程：比我省现行定额工期提前25%以内，按分部分项工程费的3%～4.5%计取。

一般框架、工业厂房等其他工程：比我省现行定额工期提前20%以内，按分部分项工程费的2.5%～4%计取。

15. 工程按质论价，由发承包双方在合同中约定。

住宅工程：优良级增加分部分项工程费的1.5%～2.5%。一次、二次验收不合格的，除返工合格，尚应按分部分项工程费的0.8%～1.2%扣罚工程款。

一般工业与公共建筑：优良级增加分部分项工程费的1%～2%。一次、二次验收不合格的，除返工合格，尚应按分部分项工程费的0.5%～1%扣罚工程款。

16. 特殊条件下施工增加费：根据工程实际情况，由发承包双方在合同中约定。

(六) 其他项目费

1. 总承包服务费根据总承包的范围、深度按工程总造价的2%～3%向建设单位收取。

2. 预留金：由招标人预留。

3. 零星工作项目费：工程量暂估的零星工作所需的费用。

(七) 规费计算标准

规费应按照有关文件的规定计取，作为不可竞争费用，不得让利，也不得任意调整计算标准。

1. 工程定额测定费：根据江苏省物价局、江苏省财政厅苏价房(1999)13号、苏财综(1999)5号《关于工程定额编制管理费、劳动定额测定费合并为工程(劳动)定额测定费的通知》等文件的规定，工程定额测定费应按工程不含税造价的1‰收取。

2. 安全生产监督费：应按各市的规定执行，以不含税工程造价为计算基础。

3. 建筑管理费：应按江苏省物价局、江苏省财政厅苏价服(2003)101号、苏财综(2003)32号《关于统一规范建筑管理费的通知》的规定执行。

4. 劳动保险费：

(1) 建筑与装饰工程劳动保险费取费标准

序　号	工　程　名　称	计　算　基　础	劳动保险费率(%)
一	建筑工程	分部分项工程费	1.60
二	预制构件制作	分部分项工程费	0.80
三	构件吊装	分部分项工程费	0.60
四	制作兼打桩	分部分项工程费	1.60
五	打预制桩	分部分项工程费	0.66
六	机械施工大型土石方工程	分部分项工程费	1.60
七	单独装饰工程	分部分项工程费	1.20
八	包工不包料、点工	人工工日	0.23

(2) 实行建筑行业劳保统筹的市(县),其劳动保险费计算标准须由各市进行预算,并报省建设厅批准后执行。

(3) 包工不包料、点工的劳动保险费已包含在人工工日单价中。

(八) 税金:按各市规定的税率计算,计算基础为不含税工程造价。

五、工程造价计算程序

(一) 建筑与装饰工程造价计算程序(包工包料)

<table>
<tr><th>序　号</th><th colspan="2">费　用　名　称</th><th>计　算　公　式</th><th>备　注</th></tr>
<tr><td rowspan="6">一</td><td colspan="2">分部分项工程量清单费用</td><td>综合单价×工程量</td><td rowspan="6">按《计价表》</td></tr>
<tr><td rowspan="5">其中</td><td>1.人工费</td><td>计价表人工消耗量×人工单价</td></tr>
<tr><td>2.材料费</td><td>计价表材料消耗量×材料单价</td></tr>
<tr><td>3.机械费</td><td>计价表机械消耗量×机械单价</td></tr>
<tr><td>4.管理费</td><td>(1+3)×费率</td></tr>
<tr><td>5.利　润</td><td>(1+3)×费率</td></tr>
<tr><td>二</td><td colspan="2">措施项目清单计价</td><td>分部分项工程费×费率
或综合单价×工程量</td><td>按《计价表》或
费用计算规则</td></tr>
<tr><td>三</td><td colspan="2">其他项目费用</td><td></td><td>双方约定</td></tr>
<tr><td rowspan="5">四</td><td colspan="2">规　费</td><td></td><td></td></tr>
<tr><td rowspan="4">其中</td><td>1.工程定额测定费</td><td rowspan="4">(一+二+三)×费率</td><td>按规定计取</td></tr>
<tr><td>2.安全生产监督费</td><td>按规定计取</td></tr>
<tr><td>3.建筑管理费</td><td>按规定计取</td></tr>
<tr><td>4.劳动保险费</td><td>按各市规定计取</td></tr>
<tr><td>五</td><td colspan="2">税　金</td><td>(一+二+三+四)×费率</td><td>按各市规定计取</td></tr>
<tr><td>六</td><td colspan="2">工程造价</td><td>一+二+三+四+五</td><td></td></tr>
</table>

(二) 建筑与装饰工程造价计算程序(包工不包料)

<table>
<tr><th>序　号</th><th colspan="2">费　用　名　称</th><th>计　算　公　式</th><th>备　注</th></tr>
<tr><td>一</td><td colspan="2">分部分项工程量清单人工费</td><td>计价表人工消耗量×35元/工日</td><td>按《计价表》</td></tr>
<tr><td>二</td><td colspan="2">措施项目清单计价</td><td>(一)×费率或按计价表</td><td>按《计价表》或
费用计算规则</td></tr>
<tr><td>三</td><td colspan="2">其他项目费用</td><td></td><td>双方约定</td></tr>
<tr><td rowspan="4">四</td><td colspan="2">规　费</td><td></td><td></td></tr>
<tr><td rowspan="3">其中</td><td>1.工程定额测定费</td><td rowspan="3">(一+二+三)×费率</td><td rowspan="3">按规定计取</td></tr>
<tr><td>2.安全生产费监督费</td></tr>
<tr><td>3.建筑管理费</td></tr>
<tr><td>五</td><td colspan="2">税　金</td><td>(一+二+三+四)×费率</td><td>按各市规定计取</td></tr>
<tr><td>六</td><td colspan="2">工程造价</td><td>一+二+三+四+五</td><td></td></tr>
</table>

（三）机械施工大型土石方工程、单独基础打桩工程造价计算程序同建筑与装饰工程造价计算程序(包工包料)。

第二节　江苏省建筑与装饰工程计价表

一、总　说　明

一、为了贯彻执行建设部《建设工程工程量清单计价规范》,适应我省建设工程计价改革的需要,我厅组织有关人员,对《江苏省建筑工程单位估价表》(2001 年)以及《江苏省建筑装饰工程预算定额》(1998 年)进行修订,形成了《江苏省建筑与装饰工程计价表》(2004 年)(以下简称计价表)。本计价表共计二册,与 2004 年《江苏省建筑与装饰工程费用计算规则》配套使用。

二、本计价表适用于我省行政区域范围内一般工业与民用建筑的新建、扩建、改建工程及其单独装饰工程,不适用于修缮工程。全部使用国有资金投资或国有资金投资为主的建筑与装饰工程应执行本计价表;其他形式投资的建筑与装饰工程可参照使用本计价表;当工程施工合同约定按本计价表规定计价时,应遵守本计价表的相关规定。

三、本计价表的编制依据:

1.《江苏省建筑工程单位估价表》(2001 年);

2.《江苏省建筑装饰工程预算定额》(1998 年);

3.《全国统一建筑工程基础定额》(GJD 101—95);

4.《全国统一建筑装饰装修工程消耗量定额》(GYD 901—2002);

5.《建筑安装工程劳动定额》[LD/T 72—94(DE)];

6.《建筑装饰工程劳动定额》[LD/T 73—94(DE)];

7.《全国统一建筑安装工程工期定额》(2000 年);

8.《全国统一施工机械台班费用编制规则》(2004 年江苏地区预算价格);

9. 南京市 2003 年下半年建筑工程材料指导价格。

四、本计价表的作用:

1. 编制工程标底、招标工程结算审核的指导;

2. 工程投标报价、企业内部核算、制定企业定额的参考;

3. 一般工程(依法不招标工程)编制与审核工程预结算的依据;

4. 编制建筑工程概算定额的依据;

5. 建设行政主管部门调解工程造价纠纷、合理确定工程造价的依据。

五、本计价表由二十三章及九个附录组成,其中:第一章至第十八章为工程实体项目,第十九章至第二十三章为工程措施项目,另有部分难以列出定额项目的措施费用,应按照本计价表费用计算规则中的规定进行计算。

六、本计价表中的综合单价由人工费、材料费、机械费、管理费、利润等五项费用组成。一般建筑工程、单独打桩与制作兼打桩项目的管理费与利润,已按照三类工程标准计入综合单价内;一、二类工程和单独装饰工程应根据《江苏省建筑与装饰工程费用计算规则》规定,对管理费和利润进行调整后计入综合单价内。计价表项目中带括号的材料价格供选用,不包含在综合单价内。部分计价表项目在引用了其他项目综合单价时,引用的项目综合单价列入材料费一栏,但其五项费用数据在项目汇总时已作拆解分析,使用中应予以注意。

七、本计价表是按在正常的施工条件下，结合我省颁发的地方标准《江苏省建筑安装工程施工技术操作规程》(DB32)、现行的施工及验收规范和我省颁发的部分建筑构、配件通用图作法进行编制。

八、本计价表的装饰项目是按一般装饰工程中档水准编制的，设计三星及三星级以上宾馆、总统套房、展览馆及公共建筑等对其装修有特殊设计要求和较高艺术造型的装饰工程时，应适当补贴人工，补贴标准由发承包双方在合同中确定。

九、家庭室内装饰也执行本计价表，但在执行本计价表时其人工乘以系数1.15。

十、本计价表中未包括的拆除、铲除、拆换、零星修补等项目，应按照1999年《江苏省房屋修缮工程预算定额》及其配套费用定额执行；未包括的水电安装项目按照2004年《江苏省安装工程计价表》及其配套费用计算规则执行。

十一、本计价表中规定的工作内容，均包括完成该项目过程的全部工序以及施工过程中所需的人工、材料、半成品和机械台班数量。除计价表中有规定允许调整外，其余不得因具体工程的施工组织设计、施工方法和工、料、机等耗用与计价表有出入而调整计价表用量。

十二、本计价表中的檐高是指设计室外地面至檐口的高度。檐口高度按以下情况确定：

1. 坡(瓦)屋面按檐墙中心线处屋面板面或椽子上表面的高度计算。

2. 平屋面以檐墙中心线处平屋面的板面高度计算。

3. 屋面女儿墙、电梯间、楼梯间、水箱等高度不计入。

十三、本计价表人工工资分别按一类工28.00元/工日、二类工26.00元/工日、三类工24.00元/工日计算；单独装饰工程按30.00元/工日～45.00元/工日进行调整后执行。每工日按8小时工作制计算。工日中包括基本用工、材料场内运输用工、部分项目的材料加工及人工幅度差。

十四、材料消耗量及有关规定：

1. 本计价表中材料预算价格的组成：材料预算价格＝[采购原价(包括供销部门手续费和包装费)＋场外运输费]×1.02(采购保管费)。

2. 本计价表项目中的主要材料、成品、半成品均按合格的品种、规格加附录中的操作损耗以数量列入定额，次要材料以“其他材料费”按“元”列入。

3. 周转性材料已按“规范”及“操作规程”的要求以摊销量列入相应项目。

4. 本计价表中，混凝土以现场搅拌常用的强度等级列入项目，实际使用现场集中搅拌混凝土时综合单价应调整。本计价表按C25以下的混凝土以32.5级水泥、C25以上的混凝土以42.5级水泥、砌筑砂浆与抹灰砂浆以32.5级水泥的配合比列入综合单价；混凝土实际使用水泥级别与计价表取定不符，竣工结算时以实际使用的水泥级别按配合比的规定进行调整；砌筑、抹灰砂浆使用水泥级别与计价表取定不符，水泥用量不调整，价差应调整。本计价表各章项目综合单价取定的混凝土、砂浆强度等级，设计与计价表不符时可以调整。抹灰砂浆厚度、配合比与计价表取定不符，除各章已有规定外均不调整。

5. 计价表项目中的黏土材料，如就地取土者，应扣除黏土价格，另增挖、运土方人工费用。

6. 现浇、预制混凝土构件内的预埋铁件，应另列预埋铁件制作、安装等项目进行计算。

7. 本计价表中，凡注明规格的木材及周转木材单价中，均已包括方板材改制成定额规格木材或周转木材的加工费。方板材改制成定额规格木材或周转木材的出材率按91%计算(所购置方板材＝定额用量×1.098 9)，圆木改制成方板材的出材率及加工费按各市造价处(站)

规定执行。

8. 本计价表项目中的综合单价、附录中的材料预算价格是作为编制预算的基础，工程实际发生的价格与定额取定价格之价差，结算时列入综合单价内。

9. 凡建设单位供应的材料，其税金的计算基础按税务部门规定执行。建设单位完成了采购和运输并将材料运至施工工地仓库交施工单位保管的，施工单位退价时应按附录中材料预算价格除以 1.01 退给建设单位(1%作为施工单位的现场保管费)；凡甲供木材中板材(25 mm 厚以内)到现场退价时，按计价表分析用量和每立方米预算价格除以 1.01 再减 49 元后的单价退给甲方。

10. 使用商品混凝土时，应按本计价表中的相应规定和项目执行。

十五、本计价表的垂直运输机械费已包含了单位工程在经本省调整后的国家定额工期内完成全部工程项目所需要的垂直运输机械台班费用。凡檐高在 3.6 m 内的平房、围墙、层高在 3.6 m 以内单独施工的一层地下室工程，不得计取垂直运输机械费。

十六、本计价表的机械台班单价是按《全国统一施工机械台班费用编制规则江苏地区预算价格》(2004 年)取定；其中人工工资单价为 26.00 元/工日；汽油 3.81 元/kg；柴油 3.28 元/kg；煤 0.39 元/t；电 0.75 元/k·W·h；水 2.80 元/m^3。工程实际发生的燃料动力价差由各市造价处(站)另行处理。

十七、本计价表，除脚手架、垂直运输费用定额已注明其适用高度外，其余章节均按檐口高度在 20 m 以内编制的。超过 20 m 时，建筑工程另按建筑物超高增加费用定额计算超高增加费，单独装饰工程则另外计取超高人工降效费。

本计价表已将 2001 年《江苏省建筑工程单位估价表》中的建筑物超高增加费分解为：垂直运输机械台班单价费用差、多层建筑用高层机械差价分摊费、机械降效、外脚手架垂直运输费、上下通讯联络费用归入第二十二章(垂直运输机械费)；人工降效、高压水泵摊销费、垃圾管道摊销费归入第十八章(高层施工增加费)；脚手架加固、脚手架材料周期延长摊销费归入第十九章(脚手架工程)；脚手架挂安全网及铺安全竹笆片、洞口五临边及电梯井护栏费用、电气保护安全照明设施费、消防设施及各类标牌摊销费归入安全措施费用中。

十八、本计价表中的塔吊、施工电梯基础、塔吊电梯与建筑物连接件项目，供编制施工图预算、标底及投标报价之用，竣工结算时按其规定可作部分调整。大型机械进退场费按附录二中的有关子目执行。

十九、为方便发承包双方的工程量计量，本计价表在附录一中列出了混凝土构件的模板、钢筋含量表，供参考使用。按设计图纸计算模板接触面积或使用混凝土含模量折算模板面积，同一工程两种方法仅能使用其中一种，不得混用。竣工结算时，使用含模量者，模板面积不得调整；使用含钢量者，钢筋应按设计图纸计算的质量进行调整。

二十、钢材理论质量与实际质量不符时，钢材数量可以调整；调整系数由施工单位提出资料与建设单位、设计单位共同研究确定。

二十一、市区沿街建筑在现场堆放材料有困难，汽车不能将材料运入巷内的建筑，材料不能直接运到单位工程周边需再次中转，建设单位不能按正常合理的施工组织设计提供材料、构件堆放场地和临时设施用地的工程而发生的二次搬运费用，按第二十三章子目执行。

二十二、工程施工用水、电，应由建设单位在现场装置水、电表，交施工单位保管使用，施工单位按电表读数乘以预算单价付给建设单位；如无条件装表计量，由建设单位直接提供水电，在竣工结算时按定额含量乘以预算单价付给建设单位。生活用电按实际发生金额支付。

二十三、同时使用二个或二个以上系数时，采用连乘方法计算。

二十四、本计价表的缺项项目，由施工单位提出实际耗用的人工、材料、机械含量测算资料，经工程所在市工程造价管理处(定额站)批准并报省定额总站备案后方可执行。

二十五、本计价表中凡注有“×××以内”均包括×××本身，“×××以上”均不包括×××本身。

二十六、本计价表由江苏省工程建设标准定额总站负责解释。

二、建筑面积计算规则

(一) 计算建筑面积的范围

1. 单层建筑物按一层计算建筑面积。其建筑面积按建筑物外墙勒脚以上结构的外围水平面积计算，无围护结构算至框架柱结构外表面。单层建筑物内设有部分楼层者，楼层亦应计算建筑面积，顶层仅有栏杆者，该层视作为操作平台。

2. 多层建筑物建筑面积按各层建筑面积之和计算。首层建筑面积按外墙勒脚以上结构的外围水平面积计算，二层及二层以上按外墙结构的外围水平面积计算。

3. 高低连跨的建筑物，需分别计算建筑面积时，应以高跨结构外边线(有墙以墙，无墙以柱)为界分别计算。

4. 围护结构未垂直于水平面而倾斜出地面或楼层结构外边线的建筑物，应按其地面或楼层处的围护结构外围水平面积计算建筑面积。

5. 层高达到 2.20 m 的地下建筑物工程(包括地下室、半地下室)按其上口外墙(不包括采光井、防潮层及保护墙)外围水平投影面积计算。自然地面通向地下室的车道、人行道按其通道宽度(包括上口墙厚)的水平投影面积计算(通道不受高度限制)。

6. 利用斜坡及深基础的建筑设置架空层，利用建筑物斜坡空间(如看台踏步下面、室外台阶下面等)作为办公、宿舍及其他用途者，其空间部分达到 2.20 m 的应按其围护结构外围水平投影面积计算建筑面积。

7. 穿过建筑物的通道、建筑物内的门厅、大厅，不论其高度如何，均按一层建筑面积计算。门厅、大厅内有回廊时，按其自然层的水平投影面积计算建筑面积。

8. 室内楼梯间、电梯井、观光电梯间、提物井、垃圾道、管道井等均按建筑物自然层水平投影面积之和计算建筑面积。无上盖的室外楼梯按其分层水平投影面积的一半计算建筑面积(每层必须达到 2.20 m)，有上盖的室外楼梯按其分层水平投影面积计算建筑面积。

9. 书库、立体仓库内设计有结构层者，按结构层计算建筑面积；没有结构层者，按承重书架层或货架层计算建筑面积。

10. 层高达到 2.20 m，有围护结构的舞台、灯光控制室(耳光室)，按其围护结构的外围水平面积乘以层数计算建筑面积。

11. 建筑物内设有管道层、贮藏室、技术层、车库等，其层高达到 2.20 m 的应计算建筑面积。

12. 利用坡屋面的空间做阁楼并加以利用的，不论有无檐墙，只要有结构楼层者，达到 2.20 m部分的阁楼空间应按其水平投影面积计算建筑面积。

13. 有双排柱的雨篷、车棚、货棚、站台等按柱外围水平面积计算建筑面积；独立柱雨篷、单排柱车棚、货棚、站台等按其顶盖水平投影面积的一半计算建筑面积。当双排柱雨篷、车棚、货棚、站台等按柱外围水平面积计算的面积小于顶盖水平投影面积的一半时，按其顶盖水平投影面积的一半计算建筑面积。

14. 有檐廊的建筑物，其楼层有柱的檐廊，按柱外围水平投影面积计算建筑面积；无柱的檐廊，按檐廊水平投影面积的一半计算建筑面积。底层檐廊、阳台有平台和围护结构(矮墙或栏杆)的，按檐廊、阳台的水平投影面积的一半计算建筑面积，无围护结构的不计算建筑面积。底层檐廊有柱、平台和围护结构的，按檐廊的水平投影面积计算建筑面积；仅有柱、平台，无围护结构的按檐廊水平投影面积的一半计算建筑面积。

15. 屋面上部有围护结构的楼梯间、水箱间、电梯机房等，其围护结构达到 2.20 m，按围护结构的外围水平面积计算。

16. 突出墙外有围护结构且达到 2.20 m 高的门斗、眺望间、橱窗等按其围护结构外围水平面积计算。

17. 封闭式阳台、挑廊，按其封闭外围水平投影面积计算建筑面积；不封闭的挑阳台、凹阳台按其结构水平投影面积(不包括附在梁上的混凝土线条)的一半计算建筑面积。

18. 玻璃幕墙作为房屋围护结构的按玻璃幕墙外围水平投影面积计算。

19. 建筑物与建筑物之间有柱(或封闭)的通廊、架空通廊，按通廊的各层水平投影面积之和计算建筑面积；有顶盖无柱(或未封闭)的通廊、架空通廊按通廊水平投影面积的一半计算建筑面积。

(二) 不计算建筑面积的范围

1. 建筑物内层高未达到 2.2 m 部分的面积。

2. 突出墙面的构件、配件、附墙柱、垛、勒脚、台阶、飘窗、电器隔板(箱)、悬挑雨篷以及墙面抹灰、镶贴块材、装饰面层、装饰性幕墙的厚度。

3. 用于检修、消防等室外爬梯及室外踏步楼梯。

4. 设计不利用的深基础架空层及吊脚架空层。

5. 建筑物内操作平台、上料平台、安装箱或罐体平台、没有围护结构的屋顶水箱、花架、凉棚等。

6. 独立烟囱、烟道、地沟、油(水)罐、气柜、水塔、栈桥、贮油(水)池、贮仓等构筑物。

7. 单层建筑物内分隔出的单层房间、舞台及后台悬挂的幕布、布景的天桥、挑台。

8. 建筑物内宽度大于 300 mm 的变形缝、沉降缝。

(三) 其他

1. 建筑物与构筑物连接成一体的，属建筑物部分按本规则第一、二条规定计算。

2. 本规则适用于地上、地下建筑物的建筑面积计算，如遇上述未尽事宜，可参照上述规则办理。

第三节　屋、平、立面防水及保温隔热工程

说　明

一、屋面防水分为瓦、卷材、刚性、涂膜四部分。

1. 瓦材规格与定额不同时，瓦的数量可以换算，其他不变。换算公式：

$$\frac{10\ \text{m}^2}{\text{瓦有效长度}\times\text{有效宽度}}\times 1.025(\text{操作损耗})$$

2. 油毡卷材屋面包括刷冷底子油一遍，但不包括天沟、泛水、屋脊、檐口等处的附加屋在内，其附加层应另行计算。其他卷材屋面均包括附加层。

3. 本章以石油沥青、石油沥青玛碲脂为准，设计使用煤沥青、煤沥青玛碲脂，按实调整。

4. 冷胶"二布三涂"项目，其"三涂"是指涂膜构成的防水层数，并非指涂刷遍数，每一涂层的厚度必须符合规范(每一涂层刷二至三遍)要求。

5. 高聚物、高分子防水卷材粘贴，实际使用的粘结剂与本定额不同，单价可以换算，其他不变。

二、平、立面及其他防水是指楼地面及墙面的防水，分为涂刷、砂浆、粘贴卷材三部分，既适用于建筑物(包括地下室)又适用于构筑物。

各种卷材的防水层均已包括刷冷底子油一遍和平、立面交界处的附加层工料在内。

三、在粘结层上单撒绿豆砂者(定额中已包括绿豆砂的项目除外)，每 10 m^2 铺洒面积增加 0.066 工日。绿豆砂 0.078 t，合计 6.62 元。

四、伸缩缝项目中，除已注明规格可调整外，其余项目均不调整。

五、玻璃棉、矿棉包装材料和人工均已包括在定额内。

六、凡保温、隔热工程用于地面时，增加电动夯实机 0.04 台班/m^3。

工程量计算规则

一、瓦屋面按图示尺寸的水平投影面积乘以屋面坡度延长系数 C(见表)以平方米计算(瓦出线已包括在内)，不扣除房上烟囱、风帽底座、风道、屋面小气窗、斜沟等所占面积，屋面小气窗的出檐部分也不增加。

二、瓦屋面的屋脊、蝴蝶瓦的檐口花边、滴水应另列项目按延长米计算，四坡屋面斜脊长度按下图中的"b"乘以隅延长系数 D(见表)以延长米计算，山墙泛水长度$=A\times C$，瓦穿铁丝、钉铁钉、水泥砂浆粉挂瓦条按每 10 m^2 斜面积计算。

屋面坡度延长米系数表

坡度比例 $\frac{a}{b}$	角度 Q	延长系数 C	隅延长系数 D
$\frac{1}{1}$	45°	1.4142	1.7321
$\frac{1}{1.5}$	33°40′	1.2015	1.5620
$\frac{1}{2}$	26°34′	1.1180	1.5000
$\frac{1}{2.5}$	21°48′	1.0770	1.4697
$\frac{1}{3}$	18°26′	1.0541	1.4530

三、彩钢夹芯板、彩钢复合板屋面按实铺面积以平方米计算，支架、槽铝、角铝等均包含在定额内。

四、彩板屋脊、天沟、泛水、包角、山头按设计长度以延长米计算，堵头已包含在定额内。

五、卷材屋面工程量按以下规定计算。

1. 卷材屋面按图示尺寸的水平投影面积乘以规定的坡度系数以平方米计算，但不扣除房上烟囱，风帽底座、风道所占面积。女儿墙、伸缩缝、天窗等处的弯起高度按图示尺寸计算并入屋面工程量内；如图纸无规定时，伸缩缝，女儿墙的弯起高度按 250 mm 计算，天窗弯起高度按 500 mm 计算并入屋面工程量内；檐沟、天沟按展开面积并入屋面工程量内。

2. 油毡屋面均不包括附加层在内，附加层按设计尺寸和层数另行计算；其他卷材屋面已包括附加层在内，不另行计算；收头、接缝材料已列入定额内。

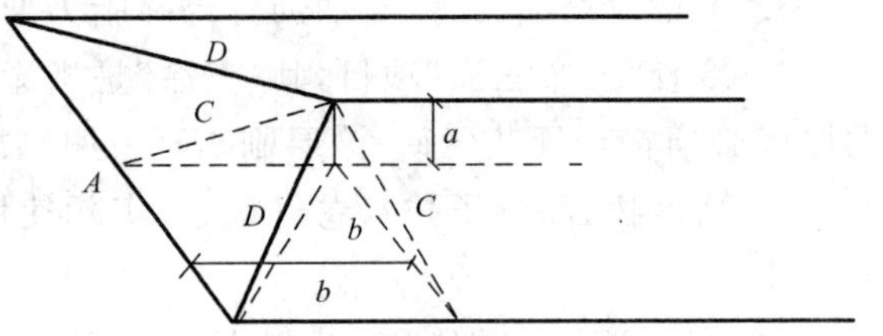

注：屋面坡度大于 45°时，按设计斜面积计算。

六、刚性屋面、涂膜屋面工程量计算同卷材屋面。

七、平、立面防水工程量按以下规定计算：

1. 涂刷油类防水按设计涂刷面积计算。

2. 防水砂浆防水按设计抹灰面积计算，扣除凸出地面的构筑物、设备基础及室内铁道所占的面积。不扣除附墙垛、柱、间壁墙、附墙烟囱及 0.3 m^2 以内孔洞所占面积。

3. 粘贴卷材、布类

① 平面：建筑物地面、地下室防水层按主墙（承重墙）间净面积以平方米计算，扣除凸出地面的构筑物、柱、设备基础等所占面积，不扣除附墙垛、间壁墙、附墙烟囱及 0.3 m^2 以内孔洞所占面积。与墙间连接处高度在 500 mm 以内者，按展开面积计算并入平面工程量内，超过 500 mm时，按立面防水层计算。

② 立面：墙身防水层按图示尺寸扣除立面孔洞所占面积（0.3 m^2 以内孔洞不扣）以平方米计算；

③ 构筑物防水层按实铺面积计算，不扣除 0.3 m^2 以内孔洞面积。

八、伸缩缝、盖缝、止水带按延长米计算，外墙伸缩缝在墙内、外双面填缝者，工程量应按双面计算。

九、屋面排水工程量按以下规定计算：

1. 铁皮排水项目：水落管按檐口滴水处算至设计室外地坪的高度以延长米计算，檐口处伸长部分（即马腿弯伸长）、勒脚和泄水口的弯起均不增加，但水落管遇到外墙腰线（需弯起的）按每条腰线增加长度 25 cm 计算。檐沟、天沟均以图示延长米计算。白铁斜沟、泛水长度可按水平长度乘以延长系数或隅延长系数计算。水斗以个计算。

2. 玻璃钢、PVC、铸铁水落管、檐沟均按图示尺寸以延长米计算。水斗、女儿墙弯头、铸铁落水口（带罩）均按只计算。

3. 阳台 PVC 管通水落管按只计算。每只阳台出水口至水落管中心线斜长按 1 m 计（内含两只 135°弯头，1 只异径三通）。

十、保温隔热工程量按以下规定计算：

1. 保温隔热层按隔热材料净厚度（不包括胶结材料厚度）乘实铺面积按立方米计算；

2. 地墙隔热层，按围护结构墙体内净面积计算，不扣除 0.3 m^2 以内孔洞所占的面积。

3. 软木、聚苯乙烯泡沫板铺贴平顶以图示长乘宽乘厚的体积以立方米计算；

4. 屋面架空隔热板、天棚保温（沥青贴软木除外）层，按图示尺寸实铺面积计算。

5. 墙体隔热：外墙按隔热层中心线，内墙按隔热屋净长乘图示尺寸的高度（如图纸和注明高度时，则下部由地坪隔热层起算，带阁楼时算至阁楼板顶面止；无阁楼时则算至檐口）及厚度以立方米计算，应扣除冷藏门洞口和管道窗墙洞口所占的体积。

6. 门口周围的隔热部分，按图示部位，分别套用墙体或地坪的相应定额以立方米计算。

7. 软木、泡沫塑料板铺贴柱帽、梁面，以图示尺寸按立方米计算。

8. 梁头、管道周围及其他零星隔热工程，均按实际尺寸以立方米计算，套用柱帽、梁面定额。

9. 池槽隔热层按图示池槽保温隔热层的长、宽及厚度以立方米计算，其中池壁按墙面计算，池底按地面计算。

10. 包柱隔热层，按图示柱的隔热层中心线的展开长度乘图示尺寸高度及厚度以立方米计算。

一、屋面防水

（一）瓦屋面及彩钢板屋面

工作内容：1. 铺瓦包括斜沟及梢头抹灰；脊瓦包括屋脊、斜脊。

2. 穿铁丝、钉铁钉。

单位：10 m^2

定额编号					9-1		9-2		9-3	
项目			单位	单价	黏土瓦					
					铺在挂瓦条上				穿铁丝钉铁钉	
					铺瓦		脊瓦（10 m）			
					数量	合价	数量	合价	数量	合价
综合单价			元		113.82		72.93		28.10	
其中		人工费	元		12.48		8.84		19.50	
		材料费	元		96.72		60.82		1.38	
		机械费	元							
		管理费	元		3.12		2.21		4.88	
		利润	元		1.50		1.06		2.34	
二类工			工日	26.00	0.48	12.48	0.34	8.84	0.75	19.50
材料	203086	黏土瓦 400×240	百块	63.24	1.52	96.12				
	203084	黏土脊瓦 380×240	百块	157.56			0.30	47.27		
	511533	铁钉	kg	3.60					0.22	0.79
	013004	水泥砂浆 1∶2.5	m^3	199.26	0.003	0.60	0.068	13.55		
	510127	镀锌铁丝 22#	kg	3.90					0.15	0.59

注：1. 瓦的计算有效面积和计算有效长度分别为：黏土（水泥）瓦 315 mm×215 mm，黏土（水泥）脊瓦 350 mm，瓦规格不同，数量可换算，其他不变。

2. 9-1 子目以不穿铁丝钉铁钉为准，需穿铁丝钉铁钉者另按 9-3 子目增加。在陶土波形瓦上穿铁丝钉铁钉者，基价乘系数 1.50。

工作内容：浇水、弹线、调运砂浆、抹面。

单位：10 m^2

定额编号				9-4		9-5		9-6	
项目		单位	单价	水泥砂浆粉挂瓦条					
				断面 20×30					
				间距 315 mm		间距 345 mm		间距 356 mm	
				数量	合价	数量	合价	数量	合价
综合单价		元		26.78		24.25		23.34	
其中	人工费	元		16.12		14.56		14.04	
	材料费	元		4.41		4.02		3.82	
	机械费	元		0.21		0.21		0.21	
	管理费	元		4.08		3.69		3.56	
	利润	元		1.96		1.77		1.71	

续表　　单位:10 m^2

定额编号					9-4		9-5		9-6	
项目			单位	单价	水泥砂浆粉挂瓦条					
					断面 20×30					
					间距 315 mm		间距 345 mm		间距 356 mm	
					数量	合价	数量	合价	数量	合价
二类工			工日	26.00	0.62	16.12	0.56	14.56	0.54	14.04
材料	013004	水泥砂浆 1∶2.5	m^3	199.26	0.022	4.38	0.02	3.99	0.019	3.79
	013003	水泥砂浆 1∶2	m^3	212.43	(0.022)	(4.67)	(0.02)	(4.25)	(0.019)	(4.04)
	613206	水	m^2	2.80	0.012	0.03	0.011	0.03	0.011	0.03
机械	06016	灰浆拌和机 200L	台班	51.43	0.004	0.21	0.004	0.21	0.004	0.21

注:斜板上水泥砂浆粉挂瓦条,设计断面、间距与定额不符按比例换算。

工作内容:1. 切割、铺瓦。

2. 调运砂浆,安装脊瓦(件),钻孔固定封檐瓦,色浆密封。　　单位:10 m^2

定额编号					9-7		9-8		9-9	
项目			单位	单价	水泥彩瓦					
					铺瓦		脊瓦		封山瓦	
							10 m			
					数量	合价	数量	合价	数量	合价
综合单价				元	373.69		218.14		395.37	
其中	人工费			元	19.50		15.60		22.10	
	材料费			元	346.68		195.42		363.97	
	机械费			元	0.21		0.98		0.82	
	管理费			元	4.93		4.15		5.73	
	利润			元	2.37		1.99		2.75	
二类工			工日	26.00	0.75	19.50	0.60	15.60	0.85	22.10
材料	302105	水泥彩瓦(英红)420×332	百块	340.00	1.00	340.00				
	302120	水泥脊瓦(英红)432×228	百块	490.00			0.30	147.00		
	203080	圆脊封(T-D)	块	16.15			0.24	3.88		
	209132	双向圆脊 L-D	块	38.95			0.24	9.35		
	203047	三向圆脊 M-D	块	31.07			0.24	7.46		
	203081	圆脊斜封 S-D	块	15.77			0.48	7.57		
	203028	封山瓦	块	10.45					30.78	321.65
	203077	檐口封	块	10.45					1.56	16.30
	013004	水泥砂浆 1∶2.5	m^3	199.26	0.018	3.59	0.097	19.33	0.081	16.14
	609107	氧化铁红	kg	4.37			0.19	0.83	0.06	0.26
	511533	铁钉	kg	3.60					0.17	0.61
	401029	普通成材	m^3	1599.00					0.001	1.60
	510165	合金钢切割锯片	片	61.75	0.05	3.09				
	510168	合金钢钻头一字型	个	19.00					0.39	7.41
机械	06016	灰浆拌和机 200L	台班	51.43	0.004	0.21	0.019	0.98	0.016	0.82

工作内容：1. 刷石灰水，铺望砖。

2. 调运砂浆，铺瓦，檐口梢头坐浆。

3. 运砖瓦，调运砂浆，砌筑，抹面，刷黑水二度。

单位：10 m^2

定额编号					9-10		9-11		9-12	
项目			单位	单价	屋面铺望砖		蝴蝶瓦屋面			
							椽子上铺设		坐浆铺设	
					数量	合价	数量	合价	数量	合价
综合单价				元	81.58		234.58		293.67	
其中	人工费			元	16.64		29.64		48.10	
	材料费			元	58.78		193.55		224.18	
	机械费			元			0.31		2.62	
	管理费			元	4.16		7.49		12.68	
	利润			元	2.00		3.59		6.09	
二类工			工日	26.00	0.64	16.64	1.14	29.64	1.85	48.10
材料	201047	望砖 200×102×15	百块	11.73	5.00	58.65				
	203036	蝴蝶瓦 200×200	百块	12.36			15.35	189.73	15.35	189.73
	105009	生石灰	t	140.00	0.0005	0.07				
	013030	石灰砂浆 1∶3	m^3	101.74			0.031	3.15		
	013014	混合砂浆 1∶3∶9	m^3	131.92					0.253	33.38
	613206	水	m^3	2.80	0.02	0.06	0.02	0.06	0.02	0.06
	613202	石墨粉	kg	2.04			0.20	0.41	0.20	0.41
	013062	纸筋石灰浆	m^3	134.78					0.003	0.40
	613003	801 胶	kg	2.00			0.10	0.20	0.10	0.20
机械	06016	灰浆拌和机 200L	台班	51.43			0.006	0.31	0.051	2.62

工作内容：1. 调运砂浆，铺瓦，檐口梢头坐浆。

2. 运砖瓦，调运砂浆，砌筑，抹面，刷黑水二度。

单位：10 m

定额编号				9-13		9-14		9-15	
项目		单位	单价	蝴蝶瓦屋面					
				脊瓦		檐口花边		檐口滴水	
				数量	合价	数量	合价	数量	合价
综合单价			元	58.75		37.19		58.31	
其中	人工费		元	20.28		8.06		13.26	
	材料费		元	30.41		26.14		39.36	
	机械费		元	0.41				0.57	
	管理费		元	5.17		2.02		3.46	
	利润		元	2.48		0.97		1.66	

续表

单位:10 m

定额编号					9-13		9-14		9-15	
					蝴蝶瓦屋面					
项目			单位	单价	脊瓦		檐口花边		檐口滴水	
					数量	合价	数量	合价	数量	合价
二类工			工日	26.00	0.78	20.28	0.31	8.06	0.51	13.26
材料	201008	标准砖 240×115×53	百块	21.42	0.05	1.07				
	203038	蝴蝶瓦花边 200×190	百块	65.36			0.40	26.14		
	203037	蝴蝶瓦滴水 200×190	百块	82.77					0.40	33.11
	203036	蝴蝶瓦 200×200	百块	12.36	0.83	10.26				
	201047	望砖 200×102×15	百块	11.73	0.10	1.17				
	013030	石灰砂浆 1∶3	m^3	101.74	0.017	1.73			0.031	3.15
	013062	纸筋石灰浆	m^3	134.78	0.024	3.23			0.023	3.10
	613202	石墨粉	kg	2.04	3.90	7.96				
	613003	801 胶	kg	2.00	1.95	3.90				
	613206	水	m^3	2.80	0.39	1.09				
机械	06016	灰浆拌和机 200L	台班	51.43	0.008	0.41			0.011	0.57

工作内容：1. 铺瓦、钻孔、固定、安屋脊。

2. 锯、铺玻璃钢瓦，安屋脊。

单位:10 m^2

定额编号					9-16		9-17		9-18	
					陶土波形瓦				玻璃钢波形瓦	
项目			单位	单价	防水砂浆底混合砂浆坐垫		彩色金属波形瓦		钢檩上、混凝土檩上	
					数量	合价	数量	合价	数量	合价
综合单价			元		358.33		360.94		133.62	
其中		人工费	元		100.62		17.42		17.42	
		材料费	元		214.77		337.07		109.75	
		机械费	元		4.17					
		管理费	元		26.20		4.36		4.36	
		利润	元		12.57		2.09		2.09	
二类工			工日	26.00	3.87	100.62	0.67	17.42	0.67	17.42
材料	203052	陶土波形瓦 250×250	百块	73.00	1.94	141.62				
	503038	彩波纹瓦 0.35×830×L	m^2	26.07			11.10	289.38		
	203050	陶土波形脊瓦	百块	73.00	0.05	3.65				
	503047	彩色金属脊瓦 1000×500	节	27.00			1.24	33.48		
	608017	玻璃钢波形瓦 1800×750×0.64	块	9.40					9.23	86.76
	511175	镀锌螺栓钩	百只	33.25			0.17	5.65	0.23	7.65
	507051	镀锌扁钢钩 3×12×300(400)	百只	33.25					0.23	7.65
	608030	玻璃钢脊瓦 1800×750×0.64	块	12.20					0.63	7.69
	505025	彩钢堵头	m	8.08			1.06	8.56		
	013010	防水砂浆 1∶2.5	m^3	236.50	0.152	35.95				
	013014	混合砂浆 1∶3∶9	m^3	131.92	0.253	33.38				
	613206	水	m^3	2.80	0.06	0.17				
机械	06016	灰浆拌和机 200L	台班	51.43	0.081	4.17				

注：1. 各种瓦的规格与设计不符，瓦的数量和单价可以换算，其他不变。

2. 陶土波形瓦上穿铁丝钉铁钉者按 9-3 的相应规定计算。

工作内容：场内运输，选料，弹线，配板，切割；支座固定，彩板、槽铝、角铝安装，打胶、堵头、收口防腐。

单位：10 m²

定额编号					9-19		9-20		9-21	
项目			单位	单价	彩钢夹芯板屋面					
					板厚（mm）					
					50		75		100	
					数量	合价	数量	合价	数量	合价
综合单价				元	887.22		949.11		1007.53	
其中	人工费			元	42.12		42.12		42.12	
	材料费			元	829.52		891.41		949.83	
	机械费			元						
	管理费			元	10.53		10.53		10.53	
	利润			元	5.05		5.05		5.05	
二类工			工日	26.00	1.62	42.12	1.62	42.12	1.62	42.12
材料	503042	彩钢夹芯板 50 mm	m²	57.48	10.40	597.79				
	503043	彩钢夹芯板 75 mm	m²	62.70			10.40	652.08		
	503044	彩钢夹芯板 100 mm	m²	67.93					10.40	706.47
	501070	工字铝	m	8.00	8.42	67.36	8.42	67.36	8.42	67.36
	501033	槽铝 50 mm	m	8.55	3.36	28.73				
	501034	槽铝 75 mm	m	10.45			3.36	35.11		
	501035	槽铝 100 mm	m	11.40					3.36	38.30
	501094	角铝	m	3.00	0.25	0.75	0.25	0.75	0.25	0.75
	706025	固定卡子 50 mm	只	2.38	4.40	10.47				
	706026	固定卡子 75 mm	只	2.66			4.40	11.70		
	706027	固定卡子 100 mm	只	2.85					4.40	12.54
	507012	彩钢内外扣槽	m	3.80	8.42	32.00	8.42	32.00	8.42	32.00
	606235	橡皮密封条 20×4	m	2.61	17.33	45.23	17.33	45.23	17.33	45.23
	511379	铝拉铆钉 LD-1	百个	3.33	1.27	4.23	1.27	4.23	1.27	4.23
	511580	自攻螺丝(钉)	百只	3.80	0.14	0.53	0.14	0.53	0.14	0.53
	610066	密封带 3×20	m	0.68	0.588	0.40	0.58	0.39	0.58	0.39
	610028	玻璃胶 300 mL	支	13.87	3.03	42.03	3.03	42.03	3.03	42.03

工作内容：场内运输，选料，弹线，配板，切割，支座固定，彩板、槽铝、角铝安装，打胶、堵头、收口防腐。

单位：10 m²

定额编号				9-22		9-23		9-24		9-25	
项目		单位	单价	彩钢复合板							
				单层面板				单层底板			
				T330		暗扣式 YX. KL		V135		YX15-225-90	
				数量	合价	数量	合价	数量	合价	数量	合价
综合单价			元	388.39		379.75		442.34		694.34	
其中	人工费		元	29.38		29.38		33.80		33.80	
	材料费		元	348.13		339.49		396.03		648.03	
	机械费		元								
	管理费		元	7.35		7.35		8.45		8.45	
	利润		元	3.53		3.53		4.06		4.06	

续表 单位:10 m²

定额编号					9-22		9-23		9-24		9-25	
项目			单位	单价	彩钢复合板							
					单层面板				单层底板			
					T330		暗扣式 YX. KL		V135		YX15-225-90	
					数量	合价	数量	合价	数量	合价	数量	合价
二类工			工日	26.00	1.13	29.38	1.13	29.38	1.30	33.80	1.30	33.80
材料	503039	彩钢板 T330	m²	30.00	10.40	312.00						
	503040	彩钢板 TX 面板 Y135	m²	28.00			10.40	291.20	10.40	291.20		
	503045	彩钢夹芯板 TX 底面	m²	52.25							10.40	543.40
	507111	连结支板	只	2.38	10.20	24.28						
	507096	固定支板	只	2.66			13.70	36.44				
	507002	Z 形支撑	m	19.95					5.10	101.75	5.10	101.75
	505025	彩钢堵头	m	8.08	1.13	9.13	1.13	9.13				
	511379	铝拉铆钉 LD-1	百个	3.33					0.58	1.93	0.52	1.73
	511580	自攻螺丝(钉)	百只	3.80	0.21	0.80	0.21	0.80	0.20	0.76	0.20	0.76
	610066	密封带 3×20	m	0.68	0.58	0.39	0.58	0.39	0.58	0.39	0.58	0.39
	610028	玻璃胶 300ml	支	13.87	0.11	1.53	0.11	1.53				

注:彩钢复合板面板与底板间采用保温时,执行相应的屋面保温、隔热子目。

工作内容:场内运输,选料,弹线,配板,切割,支座固定,彩板、支撑、钢条安装,固定、打胶、堵头。 单位:10 m

定额编号					9-26		9-27		9-28		9-29	
项目			单位	单价	单层彩钢板屋面							
					屋脊		天沟		泛水、包墙转角、山头			
					宽 600 mm,带背托		展开宽 660 mm		展开宽 500 mm		每增、减 100 mm	
					数量	合价	数量	合价	数量	合价	数量	合价
综合单价			元		1154.95		625.49		447.64		46.80	
其中	人工费		元		21.32		16.12		115.44			
	材料费		元		1125.74		603.41		289.49		46.80	
	机械费		元									
	管理费		元		5.33		4.03		28.86			
	利润		元		2.56		1.93		13.85			
二类工			工日	26.00	0.82	21.32	0.62	16.12	4.44	115.44		
材料	508032	彩钢屋脊	m²	80.75	12.48	1007.76						
	503046	彩钢天沟 660 mm	m	40.50			10.80	437.40				
	508044	单层彩板	m²	45.00					5.20	234.00	1.04	46.80
	511379	铝拉铆钉 LD-1	百个	3.33	0.70	2.33			1.50	5.00		
	502003	槽形彩钢条 2 mm	m	7.60			16.30	123.88				
	511580	自攻螺丝(钉)	百只	3.80	0.70	2.66	1.39	5.28				
	610066	密封带 3×20	m	0.68	42.00	28.56						
	610028	玻璃胶 300 mL	支	13.87	3.64	50.49	0.21	2.91	3.64	50.49		
	505025	彩钢堵头	m	8.08	4.20	33.94	4.20	33.94				

注:1. 屋脊不带背托时,彩钢屋脊数量乘系数 0.5,人工乘 0.7。

2. 屋脊、天沟展开宽与定额不同时,彩钢屋脊、天沟按比例调整,其他不变。

（二）卷材屋面

工作内容：1. 清理基层，涂刷基层处理剂。

2. 铺贴卷材及附加层。

3. 封口、收头、钉压条。

单位：10 m^2

定额编号					9-30		9-31		9-32		9-33	
项目			单位	单价	SBS改性沥青防水卷材							
					冷粘法				热熔满铺法			
					单层		双层		单层		双层	
					数量	合价	数量	合价	数量	合价	数量	合价
综合单价				元	389.78		713.61		326.82		583.05	
其中		人工费		元	15.60		21.84		18.98		25.22	
		材料费		元	368.41		683.69		300.81		548.49	
		机械费		元								
		管理费		元	3.90		5.46		4.75		6.31	
		利润		元	1.87		2.62		2.28		3.03	
		二类工	工日	26.00	0.60	15.60	0.84	21.84	0.73	16.98	0.97	25.22
材料	610019	SBS聚酯胎乙烯膜卷材厚度3	m^2	22.00	12.50	275.00	23.50	517.00	12.50	275.00	23.50	517.00
	610006	改性沥青粘结剂	kg	5.20	13.40	69.68	26.80	139.36				
	610001	APP及SBS基层处理剂	kg	4.60	3.55	16.33	3.55	16.33	3.55	16.33	3.55	16.33
	610016	SBS封口油膏	kg	7.50	0.62	4.65	1.10	8.25	0.62	4.65	1.10	8.25
	503152	钢压条	kg	3.00	0.52	1.56	0.52	1.56	0.52	1.56	0.52	1.56
	511213	钢钉	kg	6.37	0.03	0.19	0.03	0.19	0.03	0.19	0.03	0.19
	603050	石油液化气	kg	4.00					0.52	2.08	1.04	4.16
		其他材料费	元			1.00		1.00		1.00		1.00

工作内容：1. 清理基层，涂刷基层处理剂。

2. 铺贴卷材及附加层。

3. 封口、收头、钉压条。

单位：10 m^2

定额编号				9-34		9-35		9-36		9-37	
项目		单位	单价	SBS改性沥青防水卷材							
				热熔条铺、点铺法				热熔空铺法			
				单层		双层		单层		双层	
				数量	合价	数量	合价	数量	合价	数量	合价
综合单价			元	316.99		572.06		309.64		563.11	
其中	人工费		元	18.20		24.44		15.34		21.58	
	材料费		元	292.06		538.58		288.62		533.54	
	机械费		元								
	管理费		元	4.55		6.11		3.84		5.40	
	利润		元	2.18		2.93		1.84		2.59	

续表

单位:10 m²

定额编号					9-34		9-35		9-36		9-37	
项目			单位	单价	SBS改性沥青防水卷材							
					热熔条铺、点铺法				热熔空铺法			
					单层		双层		单层		双层	
					数量	合价	数量	合价	数量	合价	数量	合价
二类工			工日	26.00	0.70	18.20	0.94	24.44	0.59	15.34	0.83	21.58
材料	610019	SBS聚酯胎乙烯膜卷材厚度3	m²	22.00	12.50	275.00	23.50	517.00	12.50	275.00	23.50	517.00
	610001	APP及SBS基层处理剂	kg	4.60	1.50	6.90	1.50	6.90	1.10	5.06	1.10	5.06
	610016	SBS封口油膏	kg	7.50	0.62	4.65	0.70	5.25	0.62	4.65	0.70	5.25
	503152	钢压条	kg	3.00	0.24	0.72	0.26	0.78	0.24	0.72	0.26	0.78
	511213	钢钉	kg	6.37	0.03	0.19	0.04	0.25	0.03	0.19	0.04	0.25
	603050	石油液化气	kg	4.00	0.90	3.60	1.80	7.20	0.50	2.00	1.00	4.00
		其他材料费	元			1.00		1.20		1.00		1.20

工作内容:1. 清理基层,涂刷基层处理剂。

2. 铺贴卷材及附加层。

3. 封口、收头、钉压条。

单位:10 m²

定额编号					9-38		9-39		9-40		9-41	
项目			单位	单价	APP改性沥青防水卷材							
					冷粘法				热熔满铺法			
					单层		双层		单层		双层	
					数量	合价	数量	合价	数量	合价	数量	合价
综合单价				元	396.03		725.36		327.59		589.38	
其中		人工费		元	15.60		21.84		15.60		21.84	
		材料费		元	374.66		695.44		306.22		559.46	
		机械费		元								
		管理费		元	3.90		5.46		3.90		5.46	
		利润		元	1.87		2.62		1.87		2.62	
二类工			工日	26.00	0.60	15.60	0.84	21.84	0.60	15.60	0.84	21.84
材料	610004	APP聚酯胎乙烯膜卷材厚度3	m²	22.50	12.50	281.25	23.50	528.75	12.50	281.25	23.50	528.75
	610006	改性沥青粘结剂	kg	5.20	13.40	69.68	26.80	139.36				
	610001	APP及SBS基层处理剂	kg	4.60	3.55	16.33	3.55	16.33	3.55	16.33	3.55	16.33
	610007	APP封口油膏	kg	7.50	0.62	4.65	1.10	8.25	0.62	4.65	1.10	8.25
	503152	钢压条	kg	3.00	0.52	1.56	0.52	1.56	0.24	0.72	0.26	0.78
	511213	钢钉	kg	6.37	0.03	0.19	0.03	0.19	0.03	0.19	0.03	0.19
	603050	石油液化气	kg	4.00					0.52	2.08	1.04	4.16
		其他材料费	元			1.00		1.00		1.00		1.00

工作内容：1. 清理基层，涂刷基层处理剂。

2. 铺贴卷材及附加层。

3. 封口、收头、钉压条。

单位：10 m²

定额编号					9-42		9-43		9-44		9-45	
项目			单位	单价	APP改性沥青防水卷材							
					热熔条铺、点铺法				热熔空铺法			
					单层		双层		单层		双层	
					数量	合价	数量	合价	数量	合价	数量	合价
综合单价				元	323.24		583.81		315.89		574.86	
其中		人工费		元	18.20		24.44		15.34		21.58	
		材料费		元	298.31		550.33		294.87		545.29	
		机械费		元								
		管理费		元	4.55		6.11		3.84		5.40	
		利润		元	2.18		2.93		1.84		2.59	
		二类工	工日	26.00	0.70	18.20	0.94	24.44	0.59	15.34	0.83	21.58
材料	610004	APP聚酯胎乙烯膜卷材厚度3	m²	22.50	12.50	281.25	23.50	528.75	12.50	281.25	23.50	528.75
	610001	APP及SBS基层处理剂	kg	4.60	1.50	6.90	1.50	6.90	1.10	5.06	1.10	5.06
	610007	APP封口油膏	kg	7.50	0.62	4.65	0.70	5.25	0.62	4.65	0.70	5.25
	503152	钢压条	kg	3.00	0.24	0.72	0.26	0.78	0.24	0.72	0.26	0.78
	511213	钢钉	kg	6.37	0.03	0.19	0.04	0.25	0.03	0.19	0.04	0.25
	603050	石油液化气	kg	4.00	0.90	3.60	1.80	7.20	0.50	2.00	1.00	4.00
		其他材料费	元			1.00		1.20		1.00		1.20

工作内容：1. 清理基层，涂刷基层处理剂或冷底子油。

2. 熬制胶泥，涂刷胶泥。

3. 铺贴卷材及附加层。

4. 封口、收头、钉压条。

单位：10 m²

定额编号				9-46		9-47		9-48	
项目		单位	单价	自粘聚酯胎卷材		氯化聚乙烯防水卷材		PVC卷材胶泥厚3 mm	
				数量	合价	数量	合价	数量	合价
综合单价			元	415.08		524.66		468.22	
其中	人工费		元	19.50		13.00		13.00	
	材料费		元	388.36		506.85		450.41	
	机械费		元						
	管理费		元	4.88		3.25		3.25	
	利润		元	2.34		1.56		1.56	

续表 单位：10 m²

定额编号				9-46		9-47		9-48	
项目		单位	单价	自粘聚酯胎卷材		氯化聚乙烯防水卷材		PVC 卷材胶泥厚 3 mm	
				数量	合价	数量	合价	数量	合价
二类工		工日	26.00	0.75	19.50	0.50	13.00	0.50	13.00
材料	610105 自粘聚酯胎乙烯膜卷材厚度 2	m²	29.00	12.50	362.50				
	610111 氯化聚乙烯防水卷材	m²	24.00			12.80	307.20		
	605020 PVC 卷材	m²	26.00					12.37	321.62
	610006 改性沥青粘结剂	kg	5.20	3.55	18.46				
	610016 SBS 封口油膏	kg	7.50	0.62	4.65				
	613010 PVC 胶泥	kg	1.74					60.01	104.42
	610071 密封膏	kg	15.00			0.34	5.10		
	014011 冷底子油 30∶70	100kg	356.37					0.048	17.11
	610107 接缝胶粘剂	kg	18.50			0.82	15.17		
	610108 基层胶粘剂	kg	14.50			4.08	59.16		
	609074 清洗剂	kg	7.20			0.34	2.45		
	602055 表面涂料	kg	12.00			5.44	65.28		
	013077 801 胶素水泥浆	m³	468.22					0.001	0.47
	501102 铝合金压条	m	4.00			1.84	7.36		
	503152 钢压条	kg	3.00	0.52	1.56			0.52	1.56
	511213 钢钉	kg	6.37	0.03	0.19	0.04	0.25	0.03	0.19
	610109 胶粘带	m	3.00			14.96	44.88		
	407012 木柴	kg	0.35					3.58	1.25
	613145 煤	kg	0.39					7.16	2.79
	其他材料费	元			1.00				1.00

工作内容：1. 清理基层，刷基底处理剂及涂膜附加层。

2. 铺贴卷材及附加层，收头钉压条，撒砂保护层。 单位：10 m²

定额编号				9-49		9-50		9-51		9-52	
项目		单位	单价	高聚物改性沥青防水卷材 APP 粘结剂 B 型							
				SBS 卷材				APP 卷材			
				二层		每增减一层		二层		每增减一层	
				数量	合价	数量	合价	数量	合价	数量	合价
综合单价		元		639.25		278.01		781.51		346.05	
其中	人工费	元		18.72		3.90		18.72		3.90	
	材料费	元		613.60		272.66		755.86		340.70	
	机械费	元									
	管理费	元		4.68		0.98		4.68		0.98	
	利润	元		2.25		0.47		2.25		0.47	

续表 单位:10 m²

定额编号					9-49		9-50		9-51		9-52	
项目			单位	单价	高聚物改性沥青防水卷材 APP 粘结剂 B 型							
					SBS 卷材				APP 卷材			
					二层		每增减一层		二层		每增减一层	
					数量	合价	数量	合价	数量	合价	数量	合价
二类工			工日	26.00	0.72	18.72	0.15	3.90	0.72	18.72	0.15	3.90
材料	610017	SBS 卷材	m²	22.00	23.71	521.62	11.34	249.48				
	610002	APP 卷材	m²	28.00					23.71	663.88	11.34	317.52
	609044	高强 APP 粘结剂 B 型	kg	5.04	13.60	68.54	4.60	23.18	13.60	68.54	4.60	23.18
	609043	高强 APP 基底处理剂	kg	5.04	2.53	12.75			2.53	12.75		
	503152	钢压条	kg	3.00	0.52	1.56			0.52	1.56		
	013077	801 胶素水泥浆	m³	468.22	0.001	0.47			0.001	0.47		
	511213	钢钉	kg	6.37	0.28	1.78			0.28	1.78		
	101008	绿豆砂	t	86.00	0.08	6.88			0.08	6.88		

工作内容:1. 清理基层,刷基底处理剂及涂膜附加层。

2. 铺贴卷材及附加层,收头钉压条,撒砂保护层。 单位:10 m²

定额编号					9-53		9-54	
项目			单位	单价	高分子防水卷材			
					三元乙丙卷材			
					APP 粘结剂		CX-404 粘结剂	
					数量	合价	数量	合价
综合单价				元	462.08		512.93	
其中	人工费			元	17.16		17.16	
	材料费			元	438.57		489.42	
	机械费			元				
	管理费			元	4.29		4.29	
	利润			元	2.06		2.06	
二类工			工日	26.00	0.66	17.16	0.66	17.16
材料	606125	三元乙丙橡胶卷材	m²	26.14	12.37	323.35	12.37	323.35
	609045	高强 APP 粘结剂 A 型	kg	10.26	9.10	93.37		
	609008	CX-404 粘结剂	kg	10.45			4.04	42.22
	609043	高强 APP 基底处理剂	kg	5.04	2.53	12.75		
	609035	丁基粘结剂	kg	14.25			0.96	13.68
	013077	801 胶素水泥浆	m³	468.22	0.001	0.47	0.001	0.47
	511213	钢钉	kg	6.37	0.03	0.19	0.03	0.19
	613255	乙酸乙酯	kg	8.55			0.51	4.36
	503152	钢压条	kg	3.00	0.52	1.56	0.52	1.56
	605104	聚氨酯甲料	kg	19.95			1.62	32.32
	101008	绿豆砂	t	86.00	0.08	6.88		
	605106	聚氨酯乙料	kg	19.95			3.11	62.04
	613056	二甲苯	kg	3.42			2.70	9.23

工作内容：1. 清理基层，刷基底处理剂及涂膜附加层。

2. 铺贴卷材及附加层，收头钉压条，撒砂保护层。

单位：10 m²

定额编号				9-55		9-56		9-57		9-58	
项目		单位	单价	高分子防水卷材							
				聚氯乙烯卷材				氯化聚乙烯橡胶共混卷材			
				APP 粘结剂		CX-404 粘结剂		APP 粘结剂		BX-12 粘结剂	
				数量	合价	数量	合价	数量	合价	数量	合价
综合单价		元		460.35		511.20		475.19		508.77	
其中	人工费	元		17.16		17.16		17.16		17.16	
	材料费	元		436.84		487.69		451.68		485.26	
	机械费	元									
	管理费	元		4.29		4.29		4.29		4.29	
	利润	元		2.06		2.06		2.06		2.06	
二类工		工日	26.00	0.66	17.16	0.66	17.16	0.66	17.16	0.66	17.16
材料 605119	聚氯乙烯卷材	m²	26.00	12.37	321.62	12.37	321.62				
606103	聚氯乙烯橡胶共混卷材	m²	27.20					12.37	336.46	12.37	336.46
609045	高强 APP 粘结剂 A 型	kg	10.26	9.10	93.37			9.10	93.37		
609008	CX-404 粘结剂	kg	10.45			4.04	42.22				
613130	氯丁胶乳液	kg	2.99							1.82	5.44
609043	高强 APP 基底处理剂	kg	5.04	2.53	12.75			2.53	12.75		
609035	丁基粘结剂	kg	14.25			0.96	13.68				
609007	BX-12 粘结剂	kg	12.54							4.55	57.06
013077	801 胶素水泥浆	m³	468.22	0.001	0.47	0.001	0.47	0.001	0.47	0.001	0.47
610008	BX-12 乙组分 880ml	瓶	10.45							1.19	12.44
511213	钢钉	kg	6.37	0.03	0.19	0.03	0.19	0.03	0.19	0.03	0.19
613255	乙酸乙酯	kg	8.55			0.51	4.36			0.51	4.36
503152	钢压条	kg	3.00	0.52	1.56	0.52	1.56	0.52	1.56	0.52	1.56
605104	聚氨酯甲料	kg	19.95			1.62	32.32			1.16	23.14
101008	绿豆砂	t	86.00	0.08	6.88			0.08	6.88		
605106	聚氨酯乙料	kg	19.95			3.11	62.04			1.75	34.91
613056	二甲苯	kg	3.42			2.70	9.23			2.70	9.23

工作内容：1. 清理基层，配制粘结剂。

2. 铺贴卷材及附加层。

3. 封口，收头钉压条。

4. 涂粉保护层。

单位：10 m²

定额编号	单位	单价	9-59		9-60		9-61		9-62	
项目			聚乙烯丙纶复合卷材屋面水泥 801 胶粘贴							
			水泥 801 胶面层		1∶2 水泥砂浆面层 20 mm		平面		立面	
			数量	合价	数量	合价	数量	合价	数量	合价
综合单价	元		176.46		247.71		177.03		181.66	

续表

单位：10 m^2

定额编号					9-59		9-60		9-61		9-62	
项目			单位	单价	聚乙烯丙纶复合卷材屋面水泥801胶粘贴							
					水泥801胶面层		1：2水泥砂浆面层20 mm		平面		立面	
					数量	合价	数量	合价	数量	合价	数量	合价
其中		人工费	元		11.70		32.50		11.70		15.08	
		材料费	元		160.43		200.30		161.00		161.00	
		机械费	元				2.11					
		管理费	元		2.93		8.65		2.93		3.77	
		利润	元		1.40		4.15		1.40		1.81	
		二类工	工日	26.00	0.45	11.70	1.25	32.50	0.45	11.70	0.58	15.08
材料	610112	聚乙烯丙纶防水卷材	m^2	11.50	12.37	142.26	12.37	142.26	12.42	142.83	12.42	142.83
	013003	水泥砂浆1：2	m^3	212.43			0.204	43.34				
	301023	水泥32.5级	kg	0.28	33.37	9.34	16.69	4.67	33.37	9.34	33.37	9.34
	613003	801胶	kg	2.00	3.51	7.02	4.11	8.22	3.51	7.02	3.51	7.02
	503152	钢压条	kg	3.00	0.52	1.56	0.52	1.56	0.52	1.56	0.52	1.56
	511213	钢钉	kg	6.37	0.03	0.19	0.03	0.19	0.03	0.19	0.03	0.19
	613206	水	m^3	2.80	0.02	0.06	0.02	0.06	0.02	0.06	0.02	0.06
机械	06016	灰浆拌和机200L	台班	51.43			0.041	2.11				

工作内容：1. 清理基层，刷基层处理剂，找平层分格缝嵌油膏，防水薄弱处刷聚氨酯涂膜附加层，屋面贴改性沥青卷材，卷材搭接处及收头嵌油膏。

2. 热熔单层：基层刷处理剂，找平层嵌缝，附加层刷聚氨酯膜，贴卷材，卷材接缝收头处嵌油膏。

单位：10 m^2

定额编号					9-63		9-64		9-65		9-66	
项目			单位	单价	改性沥青防水卷材屋面							
					满粘		条粘		点粘		空铺	
					数量	合价	数量	合价	数量	合价	数量	合价
综合单价			元		328.84		321.71		321.37		314.48	
其中		人工费	元		17.94		17.42		17.42		14.56	
		材料费	元		304.26		297.84		297.50		294.53	
		机械费	元									
		管理费	元		4.49		4.36		4.36		3.64	
		利润	元		2.15		2.09		2.09		1.75	
		二类工	工日	26.00	0.69	17.94	0.67	17.42	0.67	17.42	0.56	14.56
材料	605104	聚氨酯甲料	kg	19.95	0.83	16.56	0.83	16.56	0.83	16.56	0.83	16.56
	605106	聚氨酯乙料	kg	19.95	1.25	24.94	1.25	24.94	1.25	24.94	1.25	24.94
	604004	改性沥青卷材3 mm厚	m^2	18.05	11.15	201.26	11.39	205.59	11.39	205.99	11.39	205.99
	604008	改性沥青粘结剂	kg	2.85	5.58	15.90	2.20	6.27	2.08	5.93	1.43	4.08
	604006	改性沥青嵌缝油膏	kg	8.17	3.36	27.45	3.36	27.45	3.36	27.45	3.36	27.45
	604007	改性沥青乳胶	kg	2.85	3.00	8.55	3.00	8.55	3.00	8.55	3.00	8.55
	603050	石油液化气	kg	4.00	2.40	9.60	2.12	8.48	2.12	8.48	1.84	7.36

工作内容：1. 清理基层，刷基层处理剂，找平层分格缝嵌油膏，防水薄弱处刷聚氨酯涂膜附加层，屋面贴改性沥青卷材，卷材搭接处及收头嵌油膏。

2. 热熔单：基层刷处理剂，找平层嵌缝，附加层刷聚氨酯膜，贴卷材，卷材接缝收头处嵌油膏。

单位：10 m²

定额编号			单位	单价	9-67		9-68	
项目					改性沥青防水卷材屋面热熔单层		屋面分格缝上点粘 300 宽改性沥青卷材 10 m	
					数量	合价	数量	合价
综合单价			元		378.09		28.44	
其中	人工费		元		17.94		5.20	
	材料费		元		353.51		21.32	
	机械费		元					
	管理费		元		4.49		1.30	
	利润		元		2.15		0.62	
二类工			工日	26.00	0.69	17.94	0.20	5.20
材料	604005	改性沥青卷材(铝箔)	m²	23.75	11.15	264.81		
	605104	聚氨酯甲料	kg	19.95	0.83	16.56		
	604008	改性沥青粘结剂	kg	2.85			0.76	2.17
	605106	聚氨酯乙料	kg	19.95	1.25	24.94		
	610006	改性沥青粘结剂	kg	5.20			3.36	17.47
	604006	改性沥青嵌缝油膏	kg	8.17	3.36	27.45		
	604007	改性沥青乳胶	kg	2.85	3.00	8.55		
	603050	石油液化气	kg	4.00	2.80	11.20	0.42	1.68

（三）刚性防水屋面

工作内容：清理基层，刷水泥浆，砂浆搅拌，抹灰、分格，分格缝内嵌油膏。

单位：10 m²

定额编号		单位	单价	9-69		9-70		9-71	
项目				防水砂浆					
				有分格缝 25 mm厚		无分格缝 25 mm厚		每增(减)5 mm	
				数量	合价	数量	合价	数量	合价
综合单价		元		139.35		115.68		18.32	
其中	人工费	元		29.64		27.30		3.38	
	材料费	元		95.15		69.77		12.99	
	机械费	元		2.62		6.21		0.51	
	管理费	元		8.07		8.38		0.97	
	利润	元		3.87		4.02		0.47	

续表 单位:10 m²

定额编号					9-69		9-70		9-71	
项目			单位	单价	防水砂浆					
					有分格缝		无分格缝		每增(减)5 mm	
					25 mm厚					
					数量	合价	数量	合价	数量	合价
二类工			工日	26.00	1.14	29.64	1.05	27.30	0.13	3.38
材料	013009	防水砂浆1:2	m³	254.76	0.253	64.45	0.253	64.45	0.051	12.99
	013075	素水泥浆	m³	426.22	0.01	4.26	0.01	4.26		
	610039	高强APP嵌缝膏	kg	8.17	2.94	24.02				
	401035	周转木材	m³	1249.00	0.001	1.25				
	511533	铁钉	kg	3.60	0.03	0.11				
	613206	水	m³	2.80	0.38	1.06	0.38	1.06		
机械	06016	灰浆拌和机200L	台班	51.43	0.051	2.62	0.051	2.62	0.01	0.51
	13072	混凝土搅拌机400L	台班	83.39			0.043	3.59		

工作内容:撒细砂,干铺油毡一层,拌和混凝土,浇捣,分格,分格缝内嵌油膏。 单位:10 m²

定额编号					9-72		9-73		9-74	
项目			单位	单价	细石混凝土					
					有分格缝		无分格缝		每增(减)5 mm	
					40 mm厚					
					数量	合价	数量	合价	数量	合价
综合单价				元	211.07		168.65		13.97	
其中		人工费		元	52.52		45.24		3.38	
		材料费		元	135.49		103.04		8.90	
		机械费		元	2.65		2.65		0.32	
		管理费		元	13.79		11.97		0.93	
		利润		元	6.62		5.75		0.44	
二类工			工日	26.00	2.02	52.52	1.74	45.24	0.13	3.38
材料	001001	现浇C20混凝土	m³	174.50	0.404	70.50	0.404	70.50	0.051	8.90
	604038	石油沥青油毡350#	m²	2.96	10.50	31.08	10.50	31.08		
	610039	高强APP嵌缝膏	kg	8.17	3.69	30.15				
	401035	周转木材	m³	1249.00	0.001	1.25				
	101021	细砂	t	28.00	0.031	0.87				
	511533	铁钉	kg	3.60	0.05	0.18				
	613206	水	m³	2.80	0.52	1.46	0.52	1.46		
机械	13072	混凝土搅拌机400L	台班	83.39	0.025	2.08	0.025	2.08	0.003	0.25
	15003	混凝土震动器(平板式)	台班	14.00	0.041	0.57	0.041	0.57	0.005	0.07

注:屋面细石混凝土内设计钢筋网,另按第四章相应项目执行。

工作内容：调制砂浆，运输，抹灰，分格，分格缝内嵌油膏。 单位：10 m^2

<table>
<tr><td colspan="3">定额编号</td><td></td><td></td><td colspan="2">9-75</td><td colspan="2">9-76</td></tr>
<tr><td colspan="3" rowspan="4">项目</td><td rowspan="4">单位</td><td rowspan="4">单价</td><td colspan="4">水泥砂浆</td></tr>
<tr><td colspan="2">有分格缝</td><td colspan="2">无分格缝</td></tr>
<tr><td colspan="4">20 mm厚</td></tr>
<tr><td>数量</td><td>合价</td><td>数量</td><td>合价</td></tr>
<tr><td colspan="3">综合单价</td><td></td><td>元</td><td colspan="2">89.13</td><td colspan="2">65.68</td></tr>
<tr><td rowspan="5">其中</td><td colspan="2">人工费</td><td></td><td>元</td><td colspan="2">22.36</td><td colspan="2">19.76</td></tr>
<tr><td colspan="2">材料费</td><td></td><td>元</td><td colspan="2">55.67</td><td colspan="2">35.78</td></tr>
<tr><td colspan="2">机械费</td><td></td><td>元</td><td colspan="2">2.06</td><td colspan="2">2.06</td></tr>
<tr><td colspan="2">管理费</td><td></td><td>元</td><td colspan="2">6.11</td><td colspan="2">5.46</td></tr>
<tr><td colspan="2">利润</td><td></td><td>元</td><td colspan="2">2.93</td><td colspan="2">2.62</td></tr>
<tr><td colspan="3">二类工</td><td>工日</td><td>26.00</td><td>0.86</td><td>22.36</td><td>0.76</td><td>19.76</td></tr>
<tr><td rowspan="5">材料</td><td>013005</td><td>水泥砂浆 1∶3</td><td>m^3</td><td>176.30</td><td>0.202</td><td>35.61</td><td>0.202</td><td>35.61</td></tr>
<tr><td>401035</td><td>周转木材</td><td>m^3</td><td>1249.00</td><td>0.0004</td><td>0.50</td><td></td><td></td></tr>
<tr><td>511533</td><td>铁钉</td><td>kg</td><td>3.60</td><td>0.03</td><td>0.11</td><td></td><td></td></tr>
<tr><td>610039</td><td>高强APP嵌缝膏</td><td>kg</td><td>8.17</td><td>2.36</td><td>19.28</td><td></td><td></td></tr>
<tr><td>613206</td><td>水</td><td>m^3</td><td>2.80</td><td>0.06</td><td>0.17</td><td>0.06</td><td>0.17</td></tr>
<tr><td>机械</td><td>06016</td><td>灰浆拌和机 200L</td><td>台班</td><td>51.43</td><td>0.04</td><td>2.06</td><td>0.04</td><td>2.06</td></tr>
</table>

工作内容：调制砂浆，运输，抹灰，分格缝条制、安、拆，分格缝嵌油膏。 单位：10 m^2

<table>
<tr><td colspan="3">定额编号</td><td></td><td></td><td colspan="2">9-77</td><td colspan="2">9-78</td><td colspan="2">9-79</td></tr>
<tr><td colspan="3" rowspan="4">项目</td><td rowspan="4">单位</td><td rowspan="4">单价</td><td colspan="4">水泥砂浆</td><td colspan="2">石灰砂浆隔离层</td></tr>
<tr><td colspan="2">有分格缝</td><td colspan="2">无分格缝</td><td colspan="2" rowspan="2">3 mm</td></tr>
<tr><td colspan="4">每增（减）5 mm</td></tr>
<tr><td>数量</td><td>合价</td><td>数量</td><td>合价</td><td>数量</td><td>合价</td></tr>
<tr><td colspan="3">综合单价</td><td></td><td>元</td><td colspan="2">18.08</td><td colspan="2">14.32</td><td colspan="2">13.45</td></tr>
<tr><td rowspan="5">其中</td><td colspan="2">人工费</td><td></td><td>元</td><td colspan="2">3.38</td><td colspan="2">3.38</td><td colspan="2">7.28</td></tr>
<tr><td colspan="2">材料费</td><td></td><td>元</td><td colspan="2">12.75</td><td colspan="2">8.99</td><td colspan="2">3.05</td></tr>
<tr><td colspan="2">机械费</td><td></td><td>元</td><td colspan="2">0.51</td><td colspan="2">0.51</td><td colspan="2">0.31</td></tr>
<tr><td colspan="2">管理费</td><td></td><td>元</td><td colspan="2">0.97</td><td colspan="2">0.97</td><td colspan="2">1.90</td></tr>
<tr><td colspan="2">利润</td><td></td><td>元</td><td colspan="2">0.47</td><td colspan="2">0.47</td><td colspan="2">0.91</td></tr>
<tr><td colspan="3">二类工</td><td>工日</td><td>26.00</td><td>0.13</td><td>3.38</td><td>0.13</td><td>3.38</td><td>0.28</td><td>7.28</td></tr>
<tr><td rowspan="3">材料</td><td>013005</td><td>水泥砂浆 1∶3</td><td>m^3</td><td>176.30</td><td>0.051</td><td>8.99</td><td>0.051</td><td>8.99</td><td></td><td></td></tr>
<tr><td>013030</td><td>石灰砂浆 1∶3</td><td>m^3</td><td>101.74</td><td></td><td></td><td></td><td></td><td>0.03</td><td>3.05</td></tr>
<tr><td>610039</td><td>高强APP嵌缝膏</td><td>kg</td><td>8.17</td><td>0.46</td><td>3.76</td><td></td><td></td><td></td><td></td></tr>
<tr><td>机械</td><td>06016</td><td>灰浆拌和机 200L</td><td>台班</td><td>51.43</td><td>0.01</td><td>0.51</td><td>0.01</td><td>0.51</td><td>0.006</td><td>0.31</td></tr>
</table>

（四）涂膜屋面

工作内容：1. 清理基层，油膏加热、涂刷。

2. 刷冷底子油，基层处理剂，贴防水布及附加层。

单位：10 m^2

定额编号				9-80		9-81		9-82		9-83	
项目		单位	单价	屋面满涂				塑料油膏贴玻璃纤维布			
				塑料油膏		APP 冷胶涂料		一布二油		每增加一布一油	
				数量	合价	数量	合价	数量	合价	数量	合价
综合单价		元		97.75		192.67		176.34		86.96	
其中	人工费	元		7.28		2.60		10.40		7.02	
	材料费	元		87.78		189.11		162.09		77.34	
	机械费	元									
	管理费	元		1.82		0.65		2.60		1.76	
	利润	元		0.87		0.31		1.25		0.84	
二类工		工日	26.00	0.28	7.28	0.10	2.60	0.40	10.40	0.27	7.02
材料 605300	塑料油膏	kg	1.43	58.51	83.67			87.23	124.74	32.49	46.46
602029	高强 APP-841 冷胶涂料	kg	6.18			30.60	189.11				
407012	木柴	kg	0.35	3.64	1.27			5.43	1.90	2.02	0.71
608045	玻璃纤维布 1.8 mm	m^2	2.55					12.24	31.21	11.21	28.59
613145	煤	kg	0.39	7.28	2.84			10.86	4.24	4.05	1.58

工作内容：1. 清理基层，油膏加热、涂刷。

2. 刷冷底子油、基层处理剂，贴防水布及附加层。

3. 调制、涂刷聚氨酯防水层。

4. 表面撒绿豆砂保护层。

单位：10 m^2

定额编号				9-84		9-85		9-86		9-87	
项目		单位	单价	APP 冷胶贴无纺布		塑料油膏嵌板缝		聚氨酯防水层			
				二布三涂		10 m		1.5 mm 厚		每增(减)0.5 mm 厚	
				数量	合价	数量	合价	数量	合价	数量	合价
综合单价		元		259.61		23.56		570.97		160.79	
其中	人工费	元		17.68		8.84		13.78		1.30	
	材料费	元		235.39		11.45		552.09		159.00	
	机械费	元									
	管理费	元		4.42		2.21		3.45		0.33	
	利润	元		2.12		1.06		1.65		0.16	
二类工		工日	26.00	0.68	17.68	0.34	8.84	0.53	13.78	0.05	1.30
材料 602029	高强 APP-841 冷胶涂料	kg	6.18	30.60	189.11						
605300	塑料油膏	kg	1.43			7.42	10.61				
605104	聚氨酯甲料	kg	19.95					10.55	210.47	3.19	63.64
608077	化纤无纺布	m^2	1.43	23.45	33.53			2.45	3.50		
407012	木柴	kg	0.35			0.74	0.26				
605106	聚氨酯乙料	kg	19.95					16.51	329.37	4.78	95.36
609043	高强 APP 基底处理剂	kg	5.04	2.53	12.75						
613145	煤	kg	0.39			1.48	0.58				
101008	绿豆砂	t	86.00					0.05	4.30		
613056	二甲苯	kg	3.42					1.30	4.45		

二、平面、立面及其他防水

(一)涂刷油类

工作内容：清理基层，调制、涂刷冷底子油。　　　　单位：10 m^2

定额编号					9-88		9-89	
项目			单位	单价	刷冷底子油			
					第一遍		第二遍	
					数量	合价	数量	合价
综合单价			元		22.80		16.74	
其中	人工费		元		3.90		3.64	
	材料费		元		17.45		11.75	
	机械费		元					
	管理费		元		0.98		0.91	
	利润		元		0.47		0.44	
二类工			工日	26.00	0.15	3.90	0.14	3.64
材料	014011	冷底子油 30：70	100kg	356.37	0.048	17.11		
	014012	冷底子油 50：50	100kg	314.55			0.036	11.32
	407012	木柴	kg	0.35	0.30	0.11	0.38	0.13
	613145	煤	kg	0.39	0.60	0.23	0.76	0.30

工作内容：裁、铺玻璃纤维布，涂刷氰凝。　　　　单位：10 m^2

定额编号					9-90		9-91		9-92	
项目			单位	单价	氰凝防水涂料					
					地下室墙、板、屋面					
					二涂		每增(减)一涂		每增一布	
					数量	合价	数量	合价	数量	合价
综合单价			元		96.14		40.04		36.22	
其中	人工费		元		12.74		3.12		5.20	
	材料费		元		78.68		35.77		29.10	
	机械费		元							
	管理费		元		3.19		0.78		1.30	
	利润		元		1.53		0.37		0.62	
二类工			工日	26.00	0.49	12.74	0.12	3.12	0.20	5.20
材料	610083	氰凝	kg	12.35	6.23	76.94	2.83	34.95		
	608045	玻璃纤维布 1.8 mm	m^2	2.55					11.41	29.10
	613056	二甲苯	kg	3.42	0.51	1.74	0.24	0.82		

工作内容：清理基层，熬制、涂刷石油沥青(冷底子油)。　　单位：10 m^2

定额编号					9-93		9-94		9-95	
项目			单位	单价	刷石油沥青					
					一遍					
					平面		立面			
							混凝土、抹灰面		砖墙面	
					数量	合价	数量	合价	数量	合价
综合单价			元		62.73		67.01		73.97	
其中		人工费	元		4.68		5.98		6.50	
		材料费	元		56.32		58.81		65.06	
		机械费	元							
		管理费	元		1.17		1.50		1.63	
		利润	元		0.56		0.72		0.78	
二类工			工日	26.00	0.18	4.68	0.23	5.98	0.25	6.50
材料	014011	冷底子油 30∶70	100kg	356.37	0.048	17.11	0.048	17.11	0.052	18.53
	604032	石油沥青 30#	kg	2.00	18.70	37.40	19.90	39.80	22.20	44.40
	407012	木柴	kg	0.35	1.60	0.56	1.68	0.59	1.88	0.66
	613145	煤	kg	0.39	3.20	1.25	3.36	1.31	3.76	1.47

工作内容：熬制、涂刷石油沥青。　　单位：10 m^2

定额编号					9-96		9-97		9-98	
项目			单位	单价	刷石油沥青					
					每增加一遍					
					平面		立面			
							混凝土、抹灰面		砖墙面	
					数量	合价	数量	合价	数量	合价
综合单价			元		34.07		37.07		42.43	
其中		人工费	元		1.82		2.34		2.60	
		材料费	元		31.57		33.86		38.87	
		机械费	元							
		管理费	元		0.46		0.59		0.65	
		利润	元		0.22		0.28		0.31	
二类工			工日	26.00	0.07	1.82	0.09	2.34	0.10	2.60
材料	604032	石油沥青 30#	kg	2.00	15.20	30.40	16.30	32.60	18.70	37.40
	407012	木柴	kg	0.35	1.04	0.36	1.12	0.39	1.30	0.46
	613145	煤	kg	0.39	2.08	0.81	2.24	0.87	2.60	1.01

工作内容：清理基层，熬制、涂刷沥青玛碲脂(冷底子油)。　　单位：10 m^2

定额编号					9-99		9-100		9-101	
项目			单位	单价	刷石油沥青玛碲脂					
					一遍					
					平面		立面			
							混凝土、抹灰面		砖墙面	
					数量	合价	数量	合价	数量	合价
综合单价				元	55.41		59.32		65.05	
其中	人工费			元	4.42		5.98		6.50	
	材料费			元	49.35		51.12		56.14	
	机械费			元						
	管理费			元	1.11		1.50		1.63	
	利润			元	0.53		0.72		0.78	
二类工			工日	26.00	0.17	4.42	0.23	5.98	0.25	6.50
材料	014011	冷底子油 30∶70	100kg	356.37	0.048	17.11	0.048	17.11	0.052	18.53
	014010	石油沥青玛碲脂	m^3	1685.40	0.018	30.34	0.019	32.02	0.021	35.39
	407012	木柴	kg	0.35	1.68	0.59	1.76	0.62	1.96	0.69
	613145	煤	kg	0.39	3.36	1.31	3.52	1.37	3.92	1.53

工作内容：熬制、涂刷石油沥青玛碲脂。　　单位：10 m^2

定额编号					9-102		9-103		9-104	
项目			单位	单价	刷石油沥青玛碲脂					
					每增加一遍					
					平面		立面			
							混凝土、抹灰面		砖墙面	
					数量	合价	数量	合价	数量	合价
综合单价				元	27.36		29.87		33.77	
其中	人工费			元	1.82		2.34		2.60	
	材料费			元	24.86		26.66		30.21	
	机械费			元						
	管理费			元	0.46		0.59		0.65	
	利润			元	0.22		0.28		0.31	
二类工			工日	26.00	0.07	1.82	0.09	2.34	0.10	2.60
材料	014010	石油沥青玛碲脂	m^3	1685.40	0.014	23.60	0.015	25.28	0.017	28.65
	407012	木柴	kg	0.35	1.12	0.39	1.22	0.43	1.38	0.48
	613145	煤	kg	0.39	2.24	0.87	2.44	0.95	2.76	1.08

工作内容：1. 清理基层，调制、涂刷防水层。

2. 在防水薄弱处做涂布附加层，贴布防水层。

单位：10 m²

定额编号				9-105		9-106		9-107		9-108	
项目		单位	单价	刷聚氨酯防水涂料							
				三涂		一布三涂		三涂		二涂	
								2 mm		1.5 mm	
				数量	合价	数量	合价	数量	合价	数量	合价
综合单价		元		146.37		194.54		264.93		197.81	
其中	人工费	元		15.60		20.80		18.20		13.00	
	材料费	元		125.00		166.04		240.00		180.00	
	机械费	元									
	管理费	元		3.90		5.20		4.55		3.25	
	利润	元		1.87		2.50		2.18		1.56	
二类工		工日	26.00	0.60	15.60	0.80	20.80	0.70	18.20	0.50	13.00
材料 610122	聚氨酯防水涂料	kg	10.00					24.00	240.00	18.00	180.00
材料 610123	聚氨酯防水涂料特种	kg	25.00	5.00	125.00	5.00	125.00				
材料 608194	耐碱玻纤布	m²	3.60			11.40	41.04				

工作内容：1. 清理基层，调制、涂刷防水层。

2. 在防水薄弱处做涂布附加层，贴布防水层。

单位：10 m²

定额编号				9-109		9-110		9-111	
项目		单位	单价	聚合物水泥		丙烯酸		水泥基渗透结晶	
				防水涂料				防水材料	
				一布四涂		一布三涂		二～三遍	
				数量	合价	数量	合价	数量	合价
综合单价		元		352.05		167.29		378.89	
其中	人工费	元		18.98		16.38		7.80	
	材料费	元		326.04		144.84		363.00	
	机械费	元						3.80	
	管理费	元		4.75		4.10		2.90	
	利润	元		2.28		1.97		1.39	
二类工		工日	26.00	0.73	18.98	0.63	16.38	0.30	7.80
材料 610125	聚合物水泥防水涂料 JS-Ⅱ型	kg	9.50	30.00	285.00				
材料 610127	丙烯酸防水涂料	kg	11.50			12.00	138.00		
材料 610126	水泥基渗透结晶防水材料	kg	33.00					11.00	363.00
材料 608194	耐碱玻纤布	m²	3.60	11.40	41.04				
材料 608195	无纺布 25g/m²	m²	0.60			11.40	6.84		
机械	其他机械费	元							3.80

（二）防水砂浆

工作内容：清理基层，调制砂浆，抹灰养护。　　单位：10 m²

定额编号				9-112		9-113		9-114		9-115	
项目		单位	单价	防水砂浆							
				平面		立面		五层作法			
								平面		立面	
				数量	合价	数量	合价	数量	合价	数量	合价
综合单价			元	84.91		101.94		118.42		138.86	
其中	人工费		元	21.58		32.24		39.26		50.70	
	材料费		元	52.52		54.81		61.47		66.15	
	机械费		元	2.06		2.16		2.31		2.37	
	管理费		元	5.91		8.60		10.39		13.27	
	利润		元	2.84		4.13		4.99		6.37	
二类工		工日	26.00	0.83	21.58	1.24	32.24	1.51	39.26	1.95	50.70
材料 013009	防水砂浆 1∶2	m³	254.76	0.202	51.46	0.211	53.75				
013075	素水泥浆	m³	426.22					0.061	26.00	0.068	28.98
013003	水泥砂浆 1∶2	m³	212.43					0.162	34.41	0.17	36.11
613206	水	m³	2.80	0.38	1.06	0.38	1.06	0.38	1.06	0.38	1.06
机械 06016	灰浆拌和机 200L	台班	51.43	0.04	2.06	0.042	2.16	0.045	2.31	0.046	2.37

注：防水砂浆厚度均按 2cm 计算，设计厚度与定额不同时，砂浆按比例调整，其他不变。配合比不同，单价调整。

（三）粘贴卷材、纤维布

工作内容：1. 清理基层，熬沥青（玛碲脂），配制冷底子油，刷冷底子油。

2. 裁、铺、贴卷材及附加层。　　单位：10 m²

定额编号				9-116		9-117		9-118		9-119	
项目		单位	单价	沥青卷材（石油沥青粘贴）							
				二毡三油				每增（减）一毡一油			
				平面		立面		平面		立面	
				数量	合价	数量	合价	数量	合价	数量	合价
综合单价			元	234.36		259.06		80.93		95.57	
其中	人工费		元	20.80		32.76		5.98		14.56	
	材料费		元	205.86		214.18		72.73		75.62	
	机械费		元								
	管理费		元	5.20		8.19		1.50		3.64	
	利润		元	2.50		3.93		0.72		1.75	
二类工		工日	26.00	0.80	20.80	1.26	32.76	0.23	5.98	0.56	14.56
材料 604038	石油沥青油毡 350#	m²	2.96	23.98	70.98	23.98	70.98	11.65	34.48	11.65	34.48
604032	石油沥青 30#	kg	2.00	56.50	113.00	60.50	121.00	18.40	36.80	19.80	39.60
014011	冷底子油 30∶70	100kg	356.37	0.048	17.11	0.048	17.11				
407012	木柴	kg	0.35	4.22	1.48	4.50	1.58	1.28	0.45	1.36	0.48
613145	煤	kg	0.39	8.44	3.29	9.00	3.51	2.56	1.00	2.72	1.06

工作内容：1. 清理基层，熬沥青(玛碲脂)，配制冷底子油，刷冷底子油。

2. 裁、铺、贴卷材及附加层。

单位：10 m^2

定额编号					9-120		9-121		9-122		9-123	
项目			单位	单价	沥青卷材(玛碲脂粘贴)							
					二毡三油				每增(减)一毡一油			
					平面		立面		平面		立面	
					数量	合价	数量	合价	数量	合价	数量	合价
综合单价			元		216.37		239.81		74.67		89.91	
其中		人工费	元		20.80		32.76		5.98		14.56	
		材料费	元		187.87		194.93		66.47		69.96	
		机械费	元									
		管理费	元		5.20		8.19		1.50		3.64	
		利润	元		2.50		3.93		0.72		1.75	
二类工			工日	26.00	0.80	20.80	1.26	32.76	0.23	5.98	0.56	14.56
材料	604038	石油沥青油毡 350#	m^2	2.96	23.98	70.98	23.98	70.98	11.65	34.48	11.65	34.48
	014010	石油沥青玛碲脂	m^3	1685.40	0.056	94.38	0.06	101.12	0.018	30.34	0.02	33.71
	014011	冷底子油 30：70	100kg	356.37	0.048	17.11	0.048	17.11				
	407012	木柴	kg	0.35	4.78	1.67	5.06	1.77	1.46	0.51	1.56	0.55
	613145	煤	kg	0.39	9.56	3.73	10.12	3.95	2.92	1.14	3.12	1.22

工作内容：清理基层，涂刷基底处理剂，铺贴卷材及附加层。

单位：10 m^2

定额编号					9-124		9-125		9-126		9-127	
项目			单位	单价	沥青卷材(APP 黏结剂)							
					二毡三油				每增(减)一毡一油			
					平面		立面		平面		立面	
					数量	合价	数量	合价	数量	合价	数量	合价
综合单价			元		175.78		191.37		65.30		75.52	
其中		人工费	元		17.16		24.96		5.72		12.22	
		材料费	元		152.27		157.17		57.46		58.77	
		机械费	元									
		管理费	元		4.29		6.24		1.43		3.06	
		利润	元		2.06		3.00		0.69		1.47	
二类工			工日	26.00	0.66	17.76	0.96	24.96	0.22	5.72	0.47	12.22
材料	604038	石油沥青油毡 350#	m^2	2.96	23.98	70.98	23.98	70.98	11.65	34.48	11.65	34.48
	609043	高强 APP 基底处理剂	kg	5.04	2.53	12.75	2.68	13.51				
	609044	高强 APP 粘结剂 B 型	kg	5.04	13.60	68.54	14.42	72.68	4.56	22.98	4.82	24.29

工作内容：清理基层，涂刷基底处理剂，铺贴玻璃布及附加层。　　　　单位：10 m^2

定额编号				9-128		9-129	
项目		单位	单价	玻璃纤维布（APP 黏结剂）			
				二布三涂			
				平面		立面	
				数量	合价	数量	合价
综合单价		元		252.83		275.70	
其中	人工费	元		17.94		27.30	
	材料费	元		228.25		238.29	
	机械费	元					
	管理费	元		4.49		6.83	
	利润	元		2.15		3.28	
二类工		工日	26.00	0.69	17.94	1.05	27.30
材料 608045	玻璃纤维布 1.8 mm	m^2	2.55	24.03	61.28	24.03	61.28
材料 609043	高强 APP 基底处理剂	kg	5.04	2.53	12.75	2.68	13.51
材料 609044	高强 APP 粘结剂 B 型	kg	5.04	30.60	154.22	32.44	163.50

工作内容：清理基层，涂刷基底处理剂，铺贴玻璃布及附加层。　　　　单位：10 m^2

定额编号				9-130		9-131		9-132		9-133	
项目		单位	单价	玻璃纤维布（沥青粘贴）							
				二布三油				每增(减)一布一油			
				平面		立面		平面		立面	
				数量	合价	数量	合价	数量	合价	数量	合价
综合单价		元		230.72		260.41		82.64		97.28	
其中	人工费	元		25.22		40.82		10.66		19.24	
	材料费	元		196.16		204.48		68.03		70.92	
	机械费	元									
	管理费	元		6.31		10.21		2.67		4.81	
	利润	元		3.03		4.90		1.28		2.31	
二类工		工日	26.00	0.97	25.22	1.57	40.82	0.41	10.66	0.74	19.24
材料 608045	玻璃纤维布 1.8 mm	m^2	2.55	24.03	61.28	24.03	61.28	11.68	29.78	11.68	29.78
材料 014011	冷底子油 30∶70	100kg	356.37	0.048	17.11	0.048	17.11				
材料 604032	石油沥青 30#	kg	2.00	56.50	113.00	60.50	121.00	18.40	36.80	19.80	39.60
材料 407012	木柴	kg	0.35	4.22	1.48	4.50	1.58	1.28	0.45	1.36	0.48
材料 613145	煤	kg	0.39	8.44	3.29	9.00	3.51	2.56	1.00	2.72	1.06

工作内容：清理基层，涂刷基底处理剂，铺贴玻璃布及附加层。

单位：10 m²

定额编号				9-134		9-135		9-136		9-137	
项目		单位	单价	玻璃纤维布（玛碲脂粘贴）							
				二布三油				每增(减)一布一油			
				平面		立面		平面		立面	
				数量	合价	数量	合价	数量	合价	数量	合价
综合单价		元		219.47		241.16		79.75		91.62	
其中	人工费	元		25.22		40.82		10.66		19.24	
	材料费	元		184.91		185.23		65.14		65.26	
	机械费	元									
	管理费	元		6.31		10.21		2.67		4.81	
	利润	元		3.03		4.90		1.28		2.31	
二类工		工日	26.00	0.97	25.22	1.57	40.82	0.41	10.66	0.74	19.24
材料 608045	玻璃纤维布 1.8 mm	m²	2.55	24.03	61.28	24.03	61.28	11.68	29.78	11.68	29.78
014011	冷底子油 30：70	100kg	356.37	0.048	17.11	0.048	17.11				
014010	石油沥青玛碲脂	m³	1685.40	0.06	101.12	0.06	101.12	0.02	33.71	0.02	33.71
407012	木柴	kg	0.35	4.78	1.67	5.07	1.77	1.46	0.51	1.56	0.55
613145	煤	kg	0.39	9.56	3.73	10.14	3.95	2.92	1.14	3.12	1.22

工作内容：清理基层，涂刷基层处理剂，防水薄弱处涂聚氨酯涂膜加强，铺贴卷材，接缝处贴卷材条加强，收头。

单位：10 m²

定额编号				9-138		9-139	
项目		单位	单价	氯化聚乙烯橡胶共混卷材			
				平面		立面	
				数量	合价	数量	合价
综合单价		元		621.16		641.11	
其中	人工费	元		50.44		65.00	
	材料费	元		552.06		552.06	
	机械费	元					
	管理费	元		12.61		16.25	
	利润	元		6.05		7.80	
二类工		工日	26.00	1.94	50.44	2.50	65.00
材料 606103	聚氯乙烯橡胶共混卷材	m²	27.20	12.42	337.82	12.42	337.82
613131	氯丁冷胶	kg	6.18	2.02	12.48	2.02	12.48
609007	BX-12 粘结剂	kg	12.54	4.55	57.06	4.55	57.06
610008	BX-12 乙组分 880 mL	瓶	10.45	3.23	33.75	2.23	33.75
610009	CSPE 嵌缝油膏 330 mL	支	22.99	2.98	68.51	3.98	68.51
613056	二甲苯	kg	3.42	2.70	9.23	2.70	9.23
613255	乙酸乙酯	kg	8.55	0.51	4.36	0.51	4.36
605104	聚氨酯甲料	kg	19.95	0.54	10.77	0.54	10.77
605106	聚氨酯乙料	kg	19.95	0.81	16.16	0.81	16.16
013077	801 胶素水泥浆	m³	468.22	0.001	0.47	0.001	0.47
511213	钢钉	kg	6.37	0.02	0.13	0.02	0.13
503152	钢压条	kg	3.00	0.44	1.32	0.44	1.32

工作内容：清理基层，涂刷基层处理剂，防水薄弱处涂聚氨酯涂膜加强，铺贴卷材，接缝贴卷材条加强，收头。

单位：10 m²

定额编号		单位	单价	9-140		9-141		9-142		9-143	
项目				三元乙丙橡胶卷材				再生橡胶卷材			
				冷贴满铺							
				平面		立面		平面		立面	
				数量	合价	数量	合价	数量	合价	数量	合价
综合单价		元		566.30		586.25		580.36		600.31	
其中	人工费	元		50.44		65.00		50.44		65.00	
	材料费	元		497.20		497.20		511.26		511.26	
	机械费	元									
	管理费	元		12.61		16.25		12.61		16.25	
	利润	元		6.05		7.80		6.05		7.80	
二类工		工日	26.00	1.94	50.44	2.50	65.00	1.94	50.44	2.50	65.00
材料 606125	三元乙丙橡胶卷材	m²	26.14	12.42	324.66	12.42	324.66				
606255	再生橡胶卷材	m²	21.96					12.42	272.74	12.42	272.74
610009	CSPE 嵌缝油膏 330 mL	支	22.99	2.98	68.51	2.98	68.51	2.98	68.51	2.98	68.51
609066	氯丁胶黏合剂	kg	14.25					6.39	91.06	6.39	91.06
613056	二甲苯	kg	3.42	2.70	9.23	2.70	9.23	2.70	9.23	2.70	9.23
613255	乙酸乙酯	kg	8.55	0.51	4.36	0.51	4.36	0.51	4.36	0.51	4.36
605104	聚氨酯甲料	kg	19.95	1.00	19.95	1.00	19.95	1.00	19.95	1.00	19.95
605106	聚氨酯乙料	kg	19.95	2.18	43.49	2.18	43.49	2.18	43.49	2.18	43.49
013077	801 胶素水泥浆	m³	468.22	0.001	0.47	0.001	0.47	0.001	0.47	0.001	0.47
609035	丁基粘结剂	kg	14.25	1.76	25.08	1.76	25.08				
511213	钢钉	kg	6.37	0.02	0.13	0.02	0.13	0.02	0.13	0.02	0.13
503152	钢压条	kg	3.00	0.44	1.32	0.44	1.32	0.44	1.32	0.44	1.32

工作内容：清理基层，调配涂料，铺贴聚酯布及附加层，刷涂料(最后两遍掺水泥作保护层)。 单位：10 m²

定额编号		单位	单价	9-144		9-145		9-146		9-147	
项目				水乳型再生胶沥青聚酯布							
				二布三涂				每增一布一油			
				平面		立面		平面		立面	
				数量	合价	数量	合价	数量	合价	数量	合价
综合单价		元		108.24		131.75		46.47		48.60	
其中	人工费	元		24.70		41.86		10.14		11.70	
	材料费	元		74.40		74.40		32.57		32.57	
	机械费	元									
	管理费	元		6.18		10.47		2.54		2.93	
	利润	元		2.96		5.02		1.22		1.40	
二类工		工日	26.00	0.95	24.70	1.61	41.86	0.39	10.14	0.45	11.70
材料 604044	再生胶沥青(水乳型)	kg	1.52	26.00	39.52	26.00	39.52	10.40	15.81	10.40	15.81
608088	聚酯布 100 g/m²	m²	1.43	24.12	34.49	24.12	34.49	11.72	16.76	11.72	16.76
301023	水泥 32.5 级	kg	0.28	1.38	0.39	1.38	0.39				

工作内容：清理基层，刷基层处理剂，防水薄弱处刷聚氨酯涂膜附加层，粘贴卷材，卷材接缝贴120宽加强层并油膏收头，钉压条。

单位：10 m^2

定额编号					9-148		9-149	
项目			单位	单价	改性沥青卷材满铺			
					平面		立面	
					数量	合价	数量	合价
综合单价			元		375.53		396.72	
其中	人工费		元		47.58		61.88	
	材料费		元		310.34		311.94	
	机械费		元					
	管理费		元		11.90		15.47	
	利润		元		5.71		7.43	
二类工			工日	26.00	1.83	47.58	2.38	61.88
材料	605104	聚氨酯甲料	kg	19.95	0.54	10.77	0.54	10.77
	605106	聚氨酯乙料	kg	19.95	0.81	16.16	0.81	16.16
	604007	改性沥青乳胶	kg	2.85	3.00	8.55	3.00	8.55
	604004	改性沥青卷材 3 mm 厚	m^2	18.05	12.65	228.33	12.65	228.33
	610006	改性沥青粘结剂	kg	5.20	5.06	26.31	5.06	26.31
	604006	改性沥青嵌缝油膏	kg	8.17	1.22	9.97	1.22	9.97
	603050	石油液化气	kg	4.00	2.20	8.80	2.60	10.40
	503152	钢压条	kg	3.00	0.44	1.32	0.44	1.32
	511213	钢钉	kg	6.37	0.02	0.13	0.02	0.13

工作内容：1. 清理基层，调运胶合料，裁铺玻璃纤维布(毡)。

2. 刮(刷)胶、面胶。

单位：10 m^2

定额编号					9-150		9-151	
项目			单位	单价	氯丁橡胶防水（溶剂型）			
					一布三胶		二布六胶	
					数量	合价	数量	合价
综合单价			元		93.55		177.75	
其中	人工费		元		11.18		23.66	
	材料费		元		78.23		145.33	
	机械费		元					
	管理费		元		2.80		5.92	
	利润		元		1.34		2.84	
二类工			工日	26.00	0.43	11.18	0.91	23.66
材料	602035	氯丁橡胶防水涂料	kg	3.04	15.90	48.34	28.20	85.73
	608045	玻璃纤维布 1.8 mm	m^2	2.55	11.26	28.71	22.52	57.43
		其他材料费	元			1.18		2.17

工作内容：1. 清理基层，调运胶合料，裁铺玻璃纤维布(毡)。

2. 刮(刷)胶、面胶。

3. 聚氯乙烯胶泥：清理基层，加热熬制聚氯乙烯胶泥，涂刷胶泥，裁铺丝布。　　单位：10 m²

定额编号					9-152		9-153		9-154	
项目			单位	单价	氯丁橡胶防水(溶剂型)				聚氯乙烯胶泥	
					每增一布三胶		一毡二胶附贴层		二布三油 4.5 mm 厚	
					数量	合价	数量	合价	数量	合价
综合单价			元		51.51		108.27		174.34	
其中		人工费	元		5.98		15.60		26.78	
		材料费	元		43.31		86.90		136.00	
		机械费	元						1.20	
		管理费	元		1.50		3.90		7.00	
		利润	元		0.72		1.87		3.36	
二类工			工日	26.00	0.23	5.98	0.60	15.60	1.03	26.78
材料	602035	氯丁橡胶防水涂料	kg	3.04	4.46	13.56	11.46	34.84		
	608045	玻璃纤维布 1.8 mm	m²	2.55	11.26	28.71			23.45	59.80
	209031	2# 合成纤维加筋毡	m²	4.75			10.74	51.02		
	207040	聚氯乙烯胶泥	kg	1.24					58.33	72.33
	407012	木柴	kg	0.35					4.20	1.47
		其他材料费	元			1.04		1.04		2.40
机械		其他机械费	元							1.20

注：聚氯乙烯胶泥粘贴设计厚度与定额不符，胶泥用量可以调整，其他不变。

三、伸缩缝、止水带

(一) 伸缩缝

工作内容：1. 熬制沥青、玛碲脂，浸木板，油浸麻丝填缝。

2. 调配沥青砂浆，玛碲脂灌缝。　　单位：10 m

定额编号					9-155		9-156		9-157		9-158	
项目			单位	单价	油浸麻丝				墙面嵌木丝板		玛碲脂	
					平面		立面					
					数量	合价	数量	合价	数量	合价	数量	合价
综合单价			元		112.28		125.45		62.51		96.93	
其中		人工费	元		19.50		29.12		9.88		6.24	
		材料费	元		85.56		85.56		48.97		88.38	
		机械费	元									
		管理费	元		4.88		7.28		2.47		1.56	
		利润	元		2.34		3.49		1.19		0.75	
二类工			工日	26.00	0.75	19.50	1.12	29.12	0.38	9.88	0.24	6.24
材料	604032	石油沥青 30#	kg	2.00	20.40	40.80	20.40	40.80	12.80	25.60		
	014010	石油沥青玛碲脂	m³	1685.40							0.05	84.27
	608104	麻丝	kg	7.91	5.50	43.51	5.50	43.51				
	302131	水泥木丝板 25 mm	m²	14.25					1.57	22.37		
	407012	木柴	kg	0.35	1.10	0.39	1.10	0.39	0.88	0.31	3.64	1.27
	613145	煤	kg	0.39	2.20	0.86	2.20	0.86	1.76	0.69	7.28	2.84

注：玛碲脂伸缩缝断面以 150 mm×30 mm 断面计算，设计不同，材料按比例换算，人工不变。

工作内容：1. 调制石灰麻刀，嵌缝，缝上贴二毡三油一层。

2. 熬制油膏、沥青，拌和沥青砂浆，缝清理，嵌缝。

单位：10 m

		定额编号			9-159		9-160		9-161		9-162	
		项目	单位	单价	麻刀石灰				建筑油膏		沥青砂浆	
					平面		立面					
					数量	合价	数量	合价	数量	合价	数量	合价
		综合单价		元	66.59		69.44		50.90		70.91	
其中		人工费		元	17.42		19.50		14.30		17.16	
		材料费		元	42.72		42.72		31.30		47.40	
		机械费		元								
		管理费		元	4.36		4.88		3.58		4.29	
		利润		元	2.09		2.34		1.72		2.06	
		二类工	工日	26.00	0.67	17.42	0.75	19.50	0.55	14.30	0.66	17.16
材料	604032	石油沥青 30#	kg	2.00	6.50	13.00	6.50	13.00				
	610049	建筑油膏	kg	2.50					10.08	25.20		
	014008	沥青砂浆 1∶2∶6	m^3	847.78							0.05	42.39
	604038	石油沥青油毡 350#	m^2	2.96	1.71	5.06	1.71	5.06				
	105009	生石灰	t	140.00	0.018	2.52	0.018	2.52				
	608099	麻刀	kg	2.00	10.80	21.60	10.80	21.60				
	407012	木柴	kg	0.35	0.48	0.17	0.48	0.17	5.40	1.89	4.44	1.55
	613145	煤	kg	0.39	0.96	0.37	0.96	0.37	10.80	4.21	8.88	3.46

注：建筑油膏伸缩缝断面以 30 mm×20 mm 计算，沥青砂浆以 150 mm×30 mm 断面计算，如设计不同，材料按比例换算，人工不变。

工作内容：清缝，裁嵌沥青木丝板，水泥砂浆勾缝，胶泥灌缝。

单位：10 m

		定额编号			9-163		9-164	
		项目	单位	单价	聚氯乙烯胶泥嵌缝			
					1∶2 水泥砂浆		沥青木丝板	
					数量	合价	数量	合价
		综合单价		元	45.06		83.03	
其中		人工费		元	20.54		23.66	
		材料费		元	16.92		50.61	
		机械费		元				
		管理费		元	5.14		5.92	
		利润		元	2.46		2.84	
		二类工	工日	26.00	0.79	20.54	0.91	23.66
材料	207040	聚氯乙烯胶泥	kg	1.24	8.33	10.33	8.33	10.33
	013003	水泥砂浆 1∶2	m^3	212.43	0.006	1.27		
	608128	牛皮纸	m^2	1.00	5.32	5.32	0.55	0.55
	604019	沥青木丝板	m^2	24.08			1.65	39.73

注：聚氯乙烯胶泥嵌伸缩缝断面以 30 mm×20 mm 计算，如设计不同，材料按比例调整，其他不变。

工作内容：清缝，刷底涂，组分混合，施胶。　　　　　　　　　　　　　　　　　　　单位：10 m

定额编号					9-165		9-166		9-167		9-168	
项目			单位	单价	聚氨酯		硅酮		丙烯酸酯			
					建筑密封胶							
					位移能力							
					±20%		±12.5%				±7.5%	
					数量	合价	数量	合价	数量	合价	数量	合价
综合单价			元		357.77		499.27		342.27		215.52	
其中	人工费		元		4.94		3.12		3.12		3.12	
	材料费		元		351.00		495.00		338.00		211.25	
	机械费		元									
	管理费		元		1.24		0.78		0.78		0.78	
	利润		元		0.59		0.37		0.37		0.37	
二类工			工日	26.00	0.19	4.94	0.12	3.12	0.12	3.12	0.12	3.12
材料	610116	聚氨酯建筑密封胶双组分	kg	39.00	9.00	351.00						
	610120	硅酮建筑密封胶位移能力±12.5%	kg	55.00			9.00	495.00				
	610119	丙烯酸酯建筑密封胶(高)	kg	40.00					8.40	336.00		
	610118	丙烯酸酯建筑密封胶(中)	kg	22.50							9.30	209.25
	605359	手动挤枪	把	10.00					0.20	2.00	0.20	2.00

注：伸缩缝以 30 mm×20 mm 计算，如设计不同，材料按比例调整，其他不变。

（二）盖缝

工作内容：1. 木砖、木条制作，浸油、预埋、制作和装钉木或铁皮盖板，刷油。

2. 缝清理，运料，嵌油膏。　　　　　　　　　　　　　　　　　　　单位：10 m

定额编号					9-169		9-170		9-171		9-172	
项目			单位	单价	木板盖面				铁皮盖面			
					平面		立面		平面		立面	
					数量	合价	数量	合价	数量	合价	数量	合价
综合单价			元		105.19		108.79		266.32		114.80	
其中	人工费		元		14.04		15.60		35.36		19.24	
	材料费		元		85.81		87.32		217.71		88.34	
	机械费		元		0.10		0.07		0.12		0.07	
	管理费		元		3.54		3.92		8.87		4.83	
	利润		元		1.70		1.88		4.26		2.32	
二类工			工日	26.00	0.54	14.04	0.60	15.60	1.36	35.36	0.74	19.24
材料	401029	普通成材	m^3	1599.00	0.053	84.75	0.054	86.35				
	405098	木砖与拉条	m^3	1249.00					0.069	86.18	0.025	31.23
	611001	防腐油	kg	1.71	0.54	0.92	0.50	0.86	1.10	1.88	0.34	0.58
	511533	铁钉	kg	3.60	0.04	0.14	0.03	0.11	0.21	0.76	0.03	0.11
	503079	镀锌铁皮 26#	m^2	19.95					6.01	119.90	2.64	52.67
	509015	焊锡	kg	35.91					0.19	6.82	0.08	2.87
		其他材料费	元							2.17		0.88
机械	07012	木工圆锯机 ϕ500 mm 以内	台班	24.28	0.004	0.10	0.003	0.07	0.005	0.12	0.003	0.07

注：如用预制混凝土盖板，按混凝土部分的有关子目另行计算。

工作内容：1. 木砖、木条制作，浸油、预埋。
2. 制作和装钉盖板。
3. 缝清理，嵌胶。

单位：10 m

定额编号					9-173		9-174		9-175		9-176	
项目			单位	单价	铝合金板盖面				彩钢板盖面			
					平面		立面		平面		立面	
					数量	合价	数量	合价	数量	合价	数量	合价
综合单价			元		868.94		380.88		283.93		123.83	
其中		人工费	元		11.96		9.88		11.96		9.88	
		材料费	元		852.39		367.25		267.38		110.20	
		机械费	元		0.12		0.07		0.12		0.07	
		管理费	元		3.02		2.49		3.02		2.49	
		利润	元		1.45		1.19		1.45		1.19	
二类工			工日	26.00	0.46	11.96	0.38	9.88	0.46	11.96	0.38	9.88
材料	503204	铝合金条板 1 mm	m^2	125.00	6.01	751.25	2.64	330.00				
	503040	彩钢板 TX 面板 Y135	m^2	28.00					6.01	168.28	2.64	73.92
	405098	木砖与拉条	m^3	1249.00	0.069	86.18	0.025	31.23	0.069	86.18	0.025	31.23
	511379	铝拉铆钉 LD-1	百个	3.33	0.30	1.00	0.20	0.67	0.30	1.00	0.20	0.67
	511213	钢钉	kg	6.37	0.21	1.34	0.03	0.19	0.21	1.34	0.03	0.19
	610028	玻璃胶 300 mL	支	13.87	0.56	7.77	0.23	3.19	0.56	7.77	0.23	3.19
	611001	防腐油	kg	1.71	1.10	1.88	0.34	0.58	1.10	1.88	0.34	0.58
		其他材料费	元			2.97		1.39		0.93		0.42
机械	07012	木工圆锯机 ϕ500 mm 以内	台班	24.28	0.005	0.12	0.003	0.07	0.005	0.12	0.003	0.07

工作内容：1. 木砖、木条制作，浸油、预埋。
2. 制作和装钉盖板。
3. 缝清理，嵌胶。

单位：10 m

定额编号					9-177		9-178	
项目			单位	单价	不锈钢板盖面			
					平面		立面	
					数量	合价	数量	合价
综合单价			元		886.55		388.45	
其中		人工费	元		11.96		9.88	
		材料费	元		870.00		374.82	
		机械费	元		0.12		0.07	
		管理费	元		3.02		2.49	
		利润	元		1.45		1.19	
二类工			工日	26.00	0.46	11.96	0.38	9.88
材料	513148	镜面不锈钢 8k0.8 mm	m^2	127.87	6.01	768.50	2.64	337.58
	405098	木砖与拉条	m^3	1249.00	0.069	86.18	0.025	31.23
	509003	不锈钢焊丝 1Cr18Ni9Ti	kg	47.70	0.19	9.06	0.08	3.82
	511213	钢钉	kg	6.37	0.21	1.34	0.03	0.19
	611001	防腐油	kg	1.71	1.10	1.88	0.34	0.58
		其他材料费	元			3.04		1.42
机械	07012	木工圆锯机 ϕ500 mm 以内	台班	24.28	0.005	0.12	0.003	0.07

（三）止水带

工作内容：1. 钢板、紫铜板止水带：钢（紫铜）板裁剪、焊接成型，铺设。

2. 橡胶（塑料）止水带：裁剪止水带，接头、安装。

单位：10 m

定额编号					9-179		9-180		9-181	
项目			单位	单价	地下室底板、墙止水带					
					钢板		紫铜片		橡胶（塑料）	
					数量	合价	数量	合价	数量	合价
综合单价			元		464.96		4090.44		539.33	
其中		人工费	元		75.14		75.14		27.30	
		材料费	元		347.15		3980.57		501.92	
		机械费	元		10.85		5.06			
		管理费	元		21.50		20.05		6.83	
		利润	元		10.32		9.62		3.28	
二类工			工日	26.00	2.89	75.14	2.89	75.14	1.05	27.30
材料	501114	型钢	t	3000.00	0.114	342.00				
	503317	紫铜板 δ3	kg	30.00			129.00	3870.00		
	606218	橡胶止水带 300×7	m	38.95					10.50	408.98
	509006	电焊条	kg	3.60	1.43	5.15				
	509047	铜焊条 铜107 φ3.2	kg	59.85			1.43	85.59		
	612010	环氧树脂 E44	kg	19.95					3.04	60.65
	613249	氧气	m^3	2.47			3.93	9.71		
	613094	甲苯	kg	5.12					2.40	12.29
	613253	乙炔气	m^3	8.93			1.71	15.27		
	613252	乙二胺	kg	15.96					0.24	3.83
	613025	丙酮	kg	5.32					3.04	16.17
机械	07050	剪板机 13×3000	台班	118.74	0.011	1.31	0.011	1.31		
	13096	交流电焊机 30kVA	台班	111.25	0.07	7.79				
		其他机械费	元			1.75		3.75		

注：1. 钢（铜）板止水带按 3 mm×450 mm 计算，设计宽、厚度不同时，按设计用量加 5% 损耗调整含量，其他不变。

2. 橡胶止水带规格不同，单价换算；使用塑料止水带，止水带单价换算，含量不变。

单位：10 m

定额编号				9-182		9-183		9-184	
项目		单位	单价	伸缩缝（变形缝）处止水带					
				氯丁橡胶片		橡胶止水带		塑料止水带	
				数量	合价	数量	合价	数量	合价
综合单价		元		78.15		457.30		380.54	
其中	人工费	元		9.10		28.60		28.60	
	材料费	元		65.68		418.12		341.36	
	机械费	元							
	管理费	元		2.28		7.15		7.15	
	利润	元		1.09		3.43		3.43	

续表　　　　单位:10 m

定额编号					9-182		9-183		9-184	
项目			单位	单价	伸缩缝(变形缝)处止水带					
					氯丁橡胶片		橡胶止水带		塑料止水带	
					数量	合价	数量	合价	数量	合价
二类工			工日	26.00	0.35	9.10	1.10	28.60	1.10	28.60
材料	606108	氯丁橡胶片 2 mm	m^2	4.56	3.18	14.50				
	606218	橡胶止水带 300×7	m	38.95			10.50	408.98		
	605312	塑料止水带	m	31.64					10.50	332.22
	613255	乙酸乙酯	kg	8.55	2.30	19.67				
	612010	环氧树脂 E44	kg	19.95			0.30	5.99	0.30	5.99
	613190	三异氰酸酯	kg	12.16	0.91	11.07				
	613252	乙二胺	kg	15.96			0.02	0.32	0.02	0.32
	606107	氯乙橡胶浆	kg	2.95	6.06	17.88				
	613025	丙酮	kg	5.32			0.30	1.60	0.30	1.60
	301023	水泥 32.5 级	kg	0.28	0.91	0.25				
	613094	甲苯	kg	5.12			0.24	1.23	0.24	1.23
	101008	绿豆砂	t	86.00	0.02	1.72				
	608128	牛皮纸	m^2	1.00	0.59	0.59				

单位:10 m

定额编号					9-185		9-186	
项目			单位	单价	涂刷式一布二涂氯丁胶			
					贴玻璃纤维布止水片			
					湿基层		干基层	
					数量	合价	数量	合价
综合单价			元		151.59		123.12	
其中		人工费	元		13.26		13.26	
		材料费	元		133.42		104.95	
		机械费	元					
		管理费	元		3.32		3.32	
		利润	元		1.59		1.59	
二类工			工日	26.00	0.51	13.26	0.51	13.26
材料	608045	玻璃纤维布 1.8 mm	m^2	2.55	9.52	24.28	9.52	24.28
	606107	氯丁橡胶浆	kg	2.95	11.68	34.49	13.60	40.12
	613255	乙酸乙酯	kg	8.55	1.53	13.08	1.53	13.08
	613190	三异氰酸酯	kg	12.16	1.75	21.28	2.04	24.81
	612011	环氧树脂 6003#	kg	23.75	1.44	34.20		
	613039	低分子聚酰胺	kg	11.40	0.29	3.31		
	301023	水泥 32.5 级	kg	0.28	0.70	0.20	0.30	0.08
	101008	绿豆砂	t	86.00	0.03	2.58	0.03	2.58

四、屋面排水

(一) PVC管排水

工作内容：切(配)管，粘接管道、管件和卡安装。　　　　单位：10只

		定额编号			9-187		9-188		9-189		9-190	
		项目	单位	单价	PVC水落管				PVC水斗			
					φ75		φ100		φ75		φ100	
					10 m							
					数量	合价	数量	合价	数量	合价	数量	合价
		综合单价		元	165.50		289.94		158.59		257.02	
其中		人工费		元	11.96		11.96		9.88		9.88	
		材料费		元	149.11		273.55		145.05		243.48	
		机械费		元								
		管理费		元	2.99		2.99		2.47		2.47	
		利润		元	1.44		1.44		1.19		1.19	
		二类工	工日	26.00	0.46	11.96	0.46	11.96	0.38	9.88	0.38	9.88
材料	605355	增强塑料水管(PVC水管)φ75 mm	m	11.66	10.20	118.93						
	605356	增强塑料水管(PVC水管)φ100 mm	m	21.44			10.20	218.69				
	605026	PVC水斗φ75 mm	只	9.00					10.20	91.80		
	605280	塑料水斗(PVC水斗)φ100 mm	只	15.96							10.20	162.79
	605153	塑料抱箍(PVC)φ75 mm	副	1.66	10.60	17.60			10.20	16.93		
	605154	塑料抱箍(PVC)φ100 mm	副	3.52			10.60	37.31			10.20	35.90
	605023	PVC束接φ75 mm	只	3.42	2.74	9.37			10.20	34.88		
	605024	PVC束接φ100 mm	只	4.18			2.74	11.45			10.20	42.64
	605289	塑料弯头(PVC)φ75 135°	只	3.80	0.57	2.17						
	605291	塑料弯头(PVC)φ100 135°	只	8.17			0.57	4.66				
	613098	胶水	kg	7.98	0.13	1.04	0.18	1.44	0.18	1.44	0.27	2.15

工作内容：切(配)管，粘接管道、管件，管件和卡安装。　　　　单位：10只

	定额编号			9-191		9-192	
	项目	单位	单价	阳台PVC通水落管φ50			
				斜长			
				1000 mm		每增、减100 mm	
				数量	合价	数量	合价
	综合单价		元	224.08		6.73	
其中	人工费		元	61.88			
	材料费		元	139.30		6.73	
	机械费		元				
	管理费		元	15.47			
	利润		元	7.43			

续表 单位:10 只

定额编号					9-191		9-192	
项目			单位	单价	阳台 PVC 通水落管 ϕ50			
					斜长			
					1000 mm		每增、减 100 mm	
					数量	合价	数量	合价
二类工			工日	26.00	2.38	61.88		
材料	605354	增强塑料水管(PVC 水管)ϕ50 mm	m	6.73	9.18	61.78	1.00	6.73
	605297	塑料异径三通 ϕ50 mm	只	3.80	10.20	38.76		
	605287	塑料弯头(PVC)ϕ50 135°	只	1.90	20.40	38.76		

注:每只阳台出水口至水落管中心线斜长按 1 m 长(内含两只 135°弯头,一只异径三通)计算,设计长度不同应增减,弯头不变。规格不同应调整。

(二)铸铁管排水

工作内容:铸铁(不锈钢)水落管:包括切管,埋管卡,安水管固定铁卡子及水泥、油麻埝口等。单位:10 m

定额编号					9-193		9-194		9-195	
项目			单位	单价	铸铁水落等				不锈钢水落管	
					ϕ100		ϕ150			
					数量	合价	数量	合价	数量	合价
综合单价				元	319.16		493.42		750.34	
其中	人工费			元	51.09		63.47		11.96	
	材料费			元	240.85		395.07		733.95	
	机械费			元	6.07		8.32			
	管理费			元	14.29		17.95		2.99	
	利润			元	6.86		8.61		1.44	
二类工			工日	26.00	1.76	45.76	2.16	56.16	0.46	11.96
材料	504358	铸铁排水管 ϕ100	m	20.43	10.50	214.52				
	504359	铸铁排水管 ϕ150	m	34.20			10.50	359.10		
	504012	不锈钢水落管 ϕ100	m	70.30					10.30	724.09
	6-40	铁件	kg	6.32	5.67	35.83	7.78	49.17		
	507008	不锈钢连接件	百只	47.50					0.08	3.80
	301023	水泥 32.5 级	kg	0.28	13.00	3.64	15.00	4.20	13.00	3.64
		其他材料费	元			2.39		3.92		2.42

注:铸铁水落管出水口设计用弯头者,按每道水落管另增:ϕ100 弯头 14.25 元/只,ϕ150 弯头 19 元/只。

工作内容：铸铁落水口及水斗：就位、安装。　　　　单位：10 只

定额编号					9-196		9-197		9-198		9-199	
项目			单位	单价	屋面铸铁落水口(带罩)				铸铁水斗			
					ϕ100		ϕ150		ϕ100		ϕ150	
					数量	合价	数量	合价	数量	合价	数量	合价
综合单价			元		172.65		186.09		530.91		735.02	
其中		人工费	元		47.58		47.58		57.76		58.64	
		材料费	元		107.46		120.90		435.90		637.43	
		机械费	元						11.59		12.59	
		管理费	元		11.90		11.90		17.34		17.81	
		利润	元		5.71		5.71		8.32		8.55	
二类工			工日	26.00	1.83	47.58	1.83	47.58	1.83	47.58	1.83	47.58
材料	508264	铸铁雨水口(带罩)ϕ100 mm	套	10.64	10.10	107.46						
	508265	铸铁雨水口(带罩)ϕ150 mm	套	11.97			10.10	120.90				
	508256	铸铁水斗 ϕ100 mm	只	39.32					10.10	397.13		
	508257	铸铁水斗 ϕ150 mm	只	58.94							10.10	595.29
	6-40	铁件	kg	6.32					10.83	68.45	11.77	74.39

工作内容：就位、安装、固定。　　　　单位：10 只

定额编号					9-200		9-201		9-202		9-203	
项目			单位	单价	不锈钢落水斗		女儿墙铸铁弯头落水口		屋面挑沿铸铁弯头落水口			
									ϕ100		ϕ150	
					数量	合价	数量	合价	数量	合价	数量	合价
综合单价			元		236.65		704.22		401.02		496.97	
其中		人工费	元		9.88		47.58		47.58		47.58	
		材料费	元		223.11		639.03		335.83		431.78	
		机械费	元									
		管理费	元		2.47		11.90		11.90		11.90	
		利润	元		1.19		5.71		5.71		5.71	
二类工			工日	26.00	0.38	9.88	1.83	47.58	1.83	47.58	1.83	47.58
材料	508019	不锈钢落水斗 ϕ100	只	21.38	10.10	215.94						
	505655	铸铁弯头出水口	套	63.27			10.10	639.03				
	505552	挑沿铸铁弯头落水口 ϕ100 mm	只	33.25					10.10	335.83		
	505553	挑沿铸铁弯头落水口 ϕ150 mm	只	42.75							10.10	431.78
	301023	水泥 32.5 级	kg	0.28	11.00	3.08						
		其他材料费	元			4.09						

（三）玻璃钢管排水

工作内容：裁料、接口、套管、安装、固定等全部工序。　　　　单位:10 m

定额编号					9-204		9-205		9-206	
项目			单位	单价	玻璃钢水落管				玻璃钢檐沟	
					60×90		100×120			
					数量	合价	数量	合价	数量	合价
综合单价				元	114.08		145.88		164.57	
其中		人工费		元	13.09		13.09		9.91	
		材料费		元	94.40		126.20		146.88	
		机械费		元	1.28		1.28		3.00	
		管理费		元	3.59		3.59		3.23	
		利润		元	1.72		1.72		1.55	
二类工			工日	26.00	0.46	11.96	0.46	11.96	0.28	7.28
材料	608039	玻璃钢排水管 60×90	m	8.50	10.60	90.10				
	608040	玻璃钢排水管 100×120	m	11.50			10.60	121.90		
	608043	玻璃钢檐沟	m	13.00					10.50	136.50
	6-40	铁件	kg	6.32	1.20	7.58	1.20	7.58	2.80	17.70
	511533	铁钉	kg	3.60					0.10	0.36

工作内容：裁料、接口、套管、安装、固定等全部工序。　　　　单位:10 只

定额编号					9-207		9-208		9-209	
项目			单位	单价	玻璃钢					
					水斗		女儿墙弯头落水口		直通式落水口	
					数量	合价	数量	合价	数量	合价
综合单价				元	143.29		187.40		201.54	
其中		人工费		元	15.86		47.58		47.58	
		材料费		元	121.56		122.21		136.35	
		机械费		元						
		管理费		元	3.97		11.90		11.90	
		利润		元	1.90		5.71		5.71	
二类工			工日	26.00	0.61	15.86	1.83	47.58	1.83	47.58
材料	608041	玻璃钢水斗	只	12.00	10.10	121.20				
	608023	玻璃钢出水口方形弯头式	只	12.10			10.10	122.21		
	608024	玻璃钢出水口圆形直通式	只	13.50					10.10	136.35
	511533	铁钉	kg	3.60	0.10	0.36				

五、保温、隔热

(一)屋、楼地面

工作内容:1. 清扫底层。

2. 铺设棉毡及块料。

单位:m^3

定额编号					9-210		9-211		9-212	
项目			单位	单价	屋面、楼地面保温隔热					
					沥青玻璃棉毡		沥青矿渣棉毡		水泥珍珠岩块	
					数量	合价	数量	合价	数量	合价
综合单价				元	480.48		449.89		319.55	
其中	人工费			元	15.34		15.34		14.56	
	材料费			元	459.46		428.87		299.60	
	机械费			元						
	管理费			元	3.84		3.84		3.64	
	利润			元	1.84		1.84		1.75	
二类工			工日	26.00	0.59	15.34	0.59	15.34	0.56	14.56
材料	604012	沥青玻璃棉毡	m^3	429.40	1.07	459.46				
	604017	沥青矿棉毡 50 mm	m^3	397.10			1.08	428.87		
	302135	水泥珍珠岩板	m^3	280.00					1.07	299.60

工作内容:1. 清扫底层。

2. 铺设块料。

3. 调制混合料并铺填。

单位:m^3

定额编号					9-213		9-214		9-215	
项目			单位	单价	屋面、楼地面保温隔热					
					沥青珍珠岩块		加气混凝土块		现浇水泥珍珠岩	
					数量	合价	数量	合价	数量	合价
综合单价				元	521.78		206.49		203.06	
其中	人工费			元	14.56		12.22		26.00	
	材料费			元	501.83		189.74		167.44	
	机械费			元						
	管理费			元	3.64		3.06		6.50	
	利润			元	1.75		1.47		3.12	
二类工			工日	26.00	0.56	14.56	0.47	12.22	1.00	26.00
材料	604025	沥青珍珠岩块	m^3	469.00	1.07	501.83				
	202008	加气混凝土块 600×240×150	块	3.83			49.54	189.74		
	014004	水泥珍珠岩 1:8	m^3	164.16					1.02	167.44

单位：m³

定额编号					9-216		9-217		9-218	
项目			单位	单价	屋面、楼地面保温隔热					
					聚苯乙烯泡沫板		沥青贴软木		沥青铺加气混凝土块	
					数量	合价	数量	合价	数量	合价
综合单价				元	957.23		991.92		380.25	
其中	人工费			元	118.82		97.76		45.24	
	材料费			元	794.44		857.99		318.27	
	机械费			元						
	管理费			元	29.71		24.44		11.31	
	利润			元	14.26		11.73		5.43	
二类工			工日	26.00	4.57	118.82	3.76	97.76	1.74	45.24
材料	605110	聚苯乙烯泡沫板	m^3	316.35	1.02	322.68				
	405104	软木 380×380	m^3	583.30			1.05	612.47		
	202008	加气混凝土块 600×240×150	块	3.83					49.54	189.74
	604032	石油沥青 30#	kg	2.00	116.71	233.42	116.71	233.42	61.10	122.20
	603030	汽油	kg	3.81	58.30	222.12				
	607045	石棉粉	kg	0.68	6.00	4.08				
	407012	木柴	kg	0.35	10.70	3.75	10.70	3.75	5.60	1.96
	613145	煤	kg	0.39	21.50	8.39	21.40	8.35	11.20	4.37

工作内容：1. 清理基层，喷涂基层转接层。

2. 喷涂防水保温层，处理收头。

单位：10 m²

定额编号				9-219		9-220		9-221		9-222	
项目		单位	单价	屋面防水保温							
				喷涂改性聚氨酯硬泡体							
				不上人屋面				上人屋面			
				厚度 30		厚度 40		厚度 30		厚度 40	
				数量	合价	数量	合价	数量	合价	数量	合价
综合单价			元	543.35		723.51		723.52		963.66	
其中	人工费		元	18.20		24.18		18.98		26.78	
	材料费		元	409.50		545.48		584.34		776.40	
	机械费		元	79.50		105.77		82.61		109.91	
	管理费		元	24.43		32.49		25.40		34.17	
	利润		元	11.72		15.59		12.19		16.40	

续表

单位:10 m²

定额编号					9-219		9-220		9-221		9-222	
项目			单位	单价	屋面防水保温							
					喷涂改性聚氨酯硬泡体							
					不上人屋面				上人屋面			
					厚度 30		厚度 40		厚度 30		厚度 40	
					数量	合价	数量	合价	数量	合价	数量	合价
二类工			工日	26.00	0.70	18.20	0.93	24.18	0.73	18.98	1.03	26.78
材料	613269	聚醚多醇组合料	kg	18.00	7.60	136.80	10.10	181.80	10.70	192.60	14.20	255.60
	613270	多异氰酸酯	kg	16.00	8.10	129.60	10.80	172.80	11.00	176.00	14.60	233.60
	613271	改性剂	kg	27.00	1.60	43.20	2.10	56.70	2.50	67.50	3.30	89.10
	613272	阻燃剂	kg	25.00	1.90	47.50	2.50	62.50	2.80	70.00	3.70	92.50
		其他材料费	元			52.40		71.68		78.24		105.60
机械	10011	电动空气压缩机 0.6 m³min	台班	65.64	0.23	15.10	0.306	20.09	0.239	15.69	0.318	20.87
	15020	进口移动式发泡机	台班	160.00	0.23	36.80	0.306	48.96	0.239	38.24	0.318	50.88
	15021	专项作业汽车	台班	120.00	0.23	27.60	0.306	36.72	0.239	28.68	0.318	38.16

（二）墙、柱、天棚及其他

工作内容：1. 安装、清理等全过程。

2. 清理基层，熬沥青，配制冷沥青液，铺贴，清理现场。

单位:10 m²

定额编号					9-223		9-224		9-225		9-226	
项目			单位	单价	天棚保温							
					袋装矿棉		超细玻璃棉袋		聚苯乙烯泡沫板		沥青贴软木	
											m³	
					数量	合价	数量	合价	数量	合价	数量	合价
综合单价			元		247.97		191.52		143.64		979.32	
其中		人工费	元		30.94		39.52		17.42		122.46	
		材料费	元		205.58		137.38		119.77		811.54	
		机械费	元									
		管理费	元		7.74		9.88		4.36		30.62	
		利润	元		3.17		4.74		2.09		14.70	
二类工			工日	26.00	1.19	30.94	1.52	39.52	0.67	17.42	4.71	122.46
材料	607003	袋装矿棉 50 mm 厚	m²	19.00	10.40	197.60						
	207004	超细玻璃棉 100 mm 厚	m²	12.00			11.00	132.00				
	605112	聚苯乙烯泡沫板 $\delta=50$ mm	m²	10.46					11.00	115.06		
	405104	软木 380×380	m³	583.30							1.05	612.47
	604032	石油沥青 30#	kg	2.00							94.40	188.80
	407012	木柴	kg	0.35							8.70	3.05
	613145	煤	kg	0.39							17.40	6.79
	406010	竹钉 $\phi5\times40$	百个	3.31							0.31	0.43
		其他材料费	元			7.98		5.38		4.71		

注：1. 保温层厚度与设计不符，保温材料单价可调整，其他不变。

2. 定额均不包括龙骨，龙骨应按相应项目另行计算。

工作内容：1. 安装、清理等全过程。

2. 清理基层，熬沥青，配制冷沥青液，铺贴，清理现场。

单位：m^3

定额编号					9-227		9-228		9-229		9-230	
项目			单位	单价	贴柱帽、梁面				柱保温隔热			
					聚苯乙烯泡沫板		沥青贴软木				聚苯乙烯泡沫板	
					数量	合价	数量	合价	数量	合价	数量	合价
综合单价				元	1186.33		1212.57		984.30		902.89	
其中		人工费		元	346.84		271.44		126.10		144.56	
		材料费		元	711.16		840.70		811.54		704.84	
		机械费		元								
		管理费		元	86.71		67.86		31.53		36.14	
		利润		元	41.62		32.57		15.13		17.35	
二类工			工日	26.00	13.34	346.84	10.44	271.44	4.85	126.10	5.56	144.56
材料	605110	聚苯乙烯泡沫板	m^3	316.35	1.04	329.00					1.02	322.68
	405104	软木 380×380	m^3	583.30			1.10	641.63	1.05	612.47		
	604032	石油沥青 30#	kg	2.00	94.40	188.80	94.40	188.80	94.40	188.80	94.40	188.80
	603030	汽油	kg	3.81	47.20	179.83					47.20	179.83
	607045	石棉粉	kg	0.68	4.80	3.26					4.80	3.26
	407012	木柴	kg	0.35	8.70	3.05	8.70	3.05	8.70	3.05	8.70	3.05
	613145	煤	kg	0.39	17.40	6.79	17.40	6.79	17.40	6.79	17.40	6.79
	406010	竹钉 $\phi5\times40$	百个	3.31	0.13	0.43	0.13	0.43	0.13	0.43	0.13	0.43

注：保温层厚度与设计不符，保温材料单价可调整，其他不变。

工作内容：1. 清理基层。

2. 木框架制作及安装。

3. 熬制沥青。

4. 铺贴保温材料。

5. 清理现场。

单位：m^3

定额编号				9-231		9-232		9-233		9-234	
项目		单位	单价	墙体保温隔热							
				沥青贴软木				聚苯乙烯泡沫板			
				带木框架独立墙体		附墙铺贴		带木框架独立墙体		附墙铺贴	
				数量	合价	数量	合价	数量	合价	数量	合价
综合单价			元	1063.70		950.46		944.71		895.05	
其中	人工费		元	113.62		101.40		143.26		138.84	
	材料费		元	908.04		811.54		748.44		704.84	
	机械费		元								
	管理费		元	28.41		25.35		35.82		34.71	
	利润		元	13.63		12.17		17.19		16.66	

续表　　单位：m³

定额编号					9-231		9-232		9-233		9-234	
项目			单位	单价	墙体保温隔热							
					沥青贴软木				聚苯乙烯泡沫板			
					带木框架独立墙体		附墙铺贴		带木框架独立墙体		附墙铺贴	
					数量	合价	数量	合价	数量	合价	数量	合价
二类工			工日	26.00	4.37	113.62	3.90	101.40	5.51	143.26	5.34	138.84
材料	405104	软木 380×380	m³	583.30	0.91	530.80	1.05	612.47				
	605110	聚苯乙烯泡沫板	m³	316.35					0.88	278.39	1.02	322.68
	604032	石油沥青 30#	kg	2.00	47.90	95.80	94.40	188.80	47.90	95.80	94.40	188.80
	401029	普通成材	m³	1599.00	0.17	271.83			0.17	271.83		
	611001	防腐油	kg	1.71	2.46	4.21			2.53	4.33		
	607045	石棉粉	kg	0.68					2.40	1.63	4.80	3.26
	406010	竹钉 $\phi5\times40$	百个	3.31	0.13	0.43	0.13	0.43	0.13	0.43	0.13	0.43
	407012	木柴	kg	0.35	4.40	1.54	8.70	3.05	4.40	1.54	8.70	3.05
	613145	煤	kg	0.39	8.80	3.43	17.40	6.79	8.80	3.43	17.40	6.79
	603030	汽油	kg	3.81					23.90	91.06	47.20	179.83

注：带木框架独立墙体的基本层厚为 100 mm，超过 100 mm 时，其超过部分按附墙铺贴定额计算。

工作内容：1. 清理基层。
2. 熬制沥青。
3. 加气混凝土块锯割、铺砌。
4. 铺贴保温材料。

单位：m³

定额编号					9-235		9-236		9-237	
项目			单位	单价	墙体保温隔热					
					砌加气混凝土块				沥青珍珠岩板	
					独立墙体		附墙铺贴			
					数量	合价	数量	合价	数量	合价
综合单价				元	328.77		390.93		835.90	
其中		人工费		元	48.62		53.04		98.54	
		材料费		元	262.16		318.27		700.90	
		机械费		元						
		管理费		元	12.16		13.26		24.64	
		利润		元	5.83		6.38		11.82	
二类工			工日	26.00	1.87	48.62	2.04	53.04	3.79	98.54
材料	202008	加气混凝土块 600×240×150	块	3.83	49.54	189.74	49.54	189.74		
	604025	沥青珍珠岩块	m³	469.00					1.07	501.83
	604032	石油沥青 30#	kg	2.00	34.40	68.80	61.10	122.20	94.40	188.80
	407012	木柴	kg	0.35	3.20	1.12	5.60	1.96	8.70	3.05
	613145	煤	kg	0.39	6.40	2.50	11.20	4.37	17.40	6.79
	406010	竹钉 $\phi5\times40$	百个	3.31					0.13	0.43

工作内容：1. 清理基层。
2. 熬制沥青。
3. 铺贴保温材料。

单位：m^3

定额编号				9-238		9-239		9-240	
项目		单位	单价	墙体保温隔热					
				水泥珍珠岩板		袋装超细玻璃棉		袋装矿棉	
				附墙铺贴		10 m^2			
				数量	合价	数量	合价	数量	合价
综合单价		元		630.11		155.08		228.58	
其中	人工费	元		95.94		21.06		21.06	
	材料费	元		498.67		126.22		199.72	
	机械费	元							
	管理费	元		23.99		5.27		5.27	
	利润	元		11.51		2.53		2.53	
二类工		工日	26.00	3.69	95.94	0.81	21.06	0.81	21.06
材料 302135	水泥珍珠岩板	m^3	280.00	1.07	299.60				
207004	超细玻璃棉 100 mm 厚	m^2	12.00			10.50	126.00		
607003	袋装矿棉 50 mm 厚	m^2	19.00					10.50	199.50
604032	石油沥青 30#	kg	2.00	94.40	188.80				
511533	铁钉	kg	3.60			0.06	0.22	0.06	0.22
407012	木柴	kg	0.35	8.70	3.05				
613145	煤	kg	0.39	17.40	6.79				
406010	竹钉 $\phi5\times40$	百个	3.31	0.13	0.43				

工作内容：1. 清理外墙基面，喷涂基面转接层。
2. 喷涂防水保温层，铺网格布，处理收头和分隔缝。
3. 抹面层聚合物砂浆。

单位：10 m^2

定额编号				9-241		9-242	
项目		单位	单价	外墙外防水保温			
				喷涂改性聚氨酯硬泡体			
				20 mm		每增加 5 mm	
				数量	合价	数量	合价
综合单价		元		645.15		70.59	
其中	人工费	元		54.60		7.80	
	材料费	元		458.47		59.90	
	机械费	元		81.66			
	管理费	元		34.07		1.95	
	利润	元		16.35		0.94	

续表 单位:10 m^2

定额编号					9-241		9-242	
项目			单位	单价	外墙外防水保温			
					喷涂改性聚氨酯硬泡体			
					20 mm		每增加 5 mm	
					数量	合价	数量	合价
二类工			工日	26.00	2.10	54.60	0.30	7.80
材料	613269	聚醚多醇组合料	kg	18.00	5.08	91.44	1.27	22.86
	613270	多异氰酸酯	kg	16.00	5.44	87.04	1.34	21.44
	613271	改性剂	kg	27.00	1.04	28.08	0.30	8.10
	613272	阻燃剂	kg	25.00	1.28	32.00	0.30	7.50
	608196	无碱网格布	m^2	6.80	10.50	71.40		
	303058	聚合物面层砂浆	m^3	381.00	0.21	80.01		
		其他材料费	元			68.50		
机械	15020	进口移动式发泡机	台班	160.00	0.23	36.80		
	15021	专项作业汽车	台班	120.00	0.23	27.60		
	10011	电动空气压缩机 0.6 m^3/min	台班	65.64	0.23	15.10		
	06016	灰浆拌和机 200L	台班	51.43	0.042	2.16		

附录　主要建筑材料预算价格取定表

代码编号	材　料　名　称	规　　格	单位	预算价格(元)
101001	70 砂		t	63.65
101002	白石屑		t	90.20
101003	白云石砂	4#	t	133.00
101007	金刚砂		kg	7.60
101008	绿豆砂		t	86.00
101010	砂(黄砂)		t	33.00
101015	石屑(米砂)		t	22.30
101016	石英粉		kg	0.11
101018	石英粉	300 目	kg	0.11
101019	石英砂		t	120.00
101021	细砂		t	28.00
101022	中砂		t	38.00
102003	白石子		t	106.00
102009	彩色石子		t	152.00
102011	道渣	40～80	t	28.40
102019	毛石		t	31.50
102026	石英石		t	76.00
102039	碎石	5～31.5	t	35.10
102040	碎石	5～16	t	27.80
102041	碎石	5～20	t	35.60
102042	碎石	5～40	t	35.10
102045	小豆石		t	62.70
102046	蛭石		m^3	81.50
102047	重晶石		t	171.00
102048	重晶石砂		t	237.50
103002	凹凸假麻石块	200×100	百块	66.00
103003	凹凸假麻石块(釉面)	100×200	百块	66.00
103007	方整石	400×200×200	m^3	570.00
103064	珍珠岩		m^3	100.00
104001	大理石	综合	m^2	150.00
104013	花岗石地坪石	600×400×120	m^2	190.00
104017	花岗岩	综合	m^2	250.00
104025	石材底墙		m^2	2350.00
104026	石材圆柱面(六拼)		m^2	1420.00
104027	石材圆柱面(四拼)		m^2	1590.00
104028	石材柱帽		m^2	2680.00

续表

代码编号	材料名称	规格	单位	预算价格(元)
602022	多彩面涂		kg	7.32
602023	多彩中涂		kg	8.36
602028	仿石型外墙涂料		kg	21.45
602029	高强 APP-841 冷胶涂料		kg	6.18
602030	高效内墙防霉涂料		kg	17.77
602034	抗碱底涂(溶剂型)		kg	33.25
602035	氯丁橡胶防水涂料		kg	3.04
602036	氯化橡胶涂料	X-14	kg	3.33
602038	内墙浮雕弹性骨料面涂		kg	22.70
602039	内墙浮雕弹性骨料中涂		kg	7.56
602040	内墙浮雕底涂		kg	12.20
602042	喷塑面层高光面料		kg	11.30
602043	喷塑中层涂料		kg	3.40
602046	乳液型涂料		kg	18.00
602047	砂胶涂料		kg	1.94
602048	水性封底漆		kg	26.00
602050	外墙弹性乳胶涂料		kg	33.62
602051	外墙溶剂涂料		kg	19.00
602055	表面涂料		kg	12.00
603024	煤焦油		kg	0.98
603026	煤油		kg	4.00
603030	汽油		kg	3.81
603037	熟桐油		kg	10.43
603038	松节油		kg	3.80
603042	亚麻仁油		kg	8.36
603043	液压油		kg	4.82
603045	油漆溶剂油		kg	3.33
603050	石油液化气		kg	4.00
604001	SBS 改性沥青防水卷材		m^2	26.00
604002	SBS 改性沥青粘结剂		kg	2.66
604004	改性沥青卷材	3 厚	m^2	18.05
604005	改性沥青卷材(铝箔)		m^2	23.75
604006	改性沥青嵌缝油膏		kg	8.17
604007	改性沥青乳胶		kg	2.85
604008	改性沥青粘结剂		kg	2.85
604012	沥青玻璃棉毡		m^3	429.40

续表

代码编号	材料名称	规格	单位	预算价格(元)
604017	沥青矿棉毡	50	m^3	397.10
604019	沥青木丝板		m^2	24.08
604025	沥青珍珠岩块		m^3	469.00
604030	软填料(沥青玻璃棉毡)		kg	3.80
604031	石油沥青	10#	kg	1.50
604032	石油沥青	30#	kg	2.00
604038	石油沥青油毡	350#	m^2	2.96
604044	再生胶沥青(水乳型)		kg	1.52
605001	钙塑板		m^2	10.07
605012	PVC 浮雕塑面板	2100×900×0.45	m^2	20.60
605014	PVC 管	ϕ20	m	1.90
605020	PVC 卷材		m^2	26.00
605023	PVC 束接	ϕ75	只	3.42
605024	PVC 束接	ϕ100	只	4.18
605026	PVC 水斗	ϕ75	只	9.00
605029	PVC 塑料角线	b=18	m	1.40
605031	PVC 真石地板	δ=2	m^2	85.00
605038	U-PVC 管	ϕ110	m	21.44
605039	U-PVC 管	ϕ160	m	43.00
605040	U-PVC 管	ϕ200	m	52.00
605041	U-PVC 管	ϕ250	m	80.00
605042	U-PVC 管	ϕ315	m	142.00
605069	复合地板泡沫垫		m^2	3.80
605104	聚氨酯甲料		kg	19.95
605106	聚氨酯乙料		kg	19.95
605110	聚苯乙烯泡沫板		m^3	316.35
605112	聚苯乙烯泡沫板	δ=50	m^2	10.46
605113	聚苯乙烯泡沫板	δ=100	m^2	20.90
605114	聚苯乙烯泡沫板	140	m^2	25.10
605119	聚氯乙烯卷材		m^2	26.00
605135	泡沫塑料		m^2	14.82
605138	泡沫条		m	1.05
605139	轻型井点管	ϕ40	m	14.00
605153	塑料抱箍(PVC)	ϕ75	副	1.66
605154	塑料抱箍(PVC)	ϕ100	副	3.52
605155	塑料薄膜		m^2	0.86

续表

代码编号	材 料 名 称	规 格	单位	预算价格(元)
605162	塑料窗纱		m^2	2.82
605166	塑料地板砖	303×303	m^2	12.73
605169	塑料堵头		个	1.43
605172	塑料扶手		m	8.50
605173	塑料盖		个	0.10
605236	塑料卷材	δ=1.5	m^2	15.67
605238	塑料扣板		m^2	18.90
605239	塑料扣板阴角线	30×30	m	2.99
605245	塑料连接件		套	0.47
605249	塑料门吸		只	2.98
605257	塑料平行百页帘		m^2	38.00
605280	塑料水斗(PVC 水斗)	ϕ100	只	15.96
605281	塑料水斗(PVC 水斗)	ϕ150	只	22.80
605284	塑料踢脚板	高 150	m	3.04
605285	塑料透光片		m^2	21.80
605287	塑料弯头(PVC)	ϕ50 135°	只	1.90
605289	塑料弯头(PVC)	ϕ75 135°	只	3.80
605291	塑料弯头(PVC)	ϕ100 135°	只	8.17
605294	塑料穴模		套	3.80
605297	塑料异径三通	ϕ50	只	3.80
605300	塑料油膏		kg	1.43
605307	塑料粘结剂		kg	8.17
605310	塑料胀管铜螺丝		百套	17.10
605312	塑料止水带		m	31.64
605318	小格状塑料格栅		m^2	27.95
605350	有机玻璃	3	m^2	21.80
605351	有机玻璃灯片		m^2	21.80
605353	增强塑料水管	ϕ25	m	2.85
605354	增强塑料水管(PVC 水管)	ϕ50	m	6.73
605355	增强塑料水管(PVC 水管)	ϕ75	m	11.66
605356	增强塑料水管(PVC 水管)	ϕ100	m	21.44
605359	手动挤枪		把	10.00
606054	高压胶管		m	42.75
606065	夹布橡胶板	3	m^2	14.92
606067	胶管	Dg32	m	1.14
606069	胶管	ϕ50	m	4.85

续表

代码编号	材 料 名 称	规 格	单位	预算价格(元)
606102	聚硫橡胶		kg	9.50
606103	聚氯乙烯橡胶共混卷材		m^2	27.20
606107	氯丁橡胶浆		kg	2.95
606108	氯丁橡胶片	2	m^2	4.56
606113	耐热胶垫	2×38	m	7.22
606122	皮条		m	0.50
606125	三元乙丙橡胶卷材		m^2	26.14
606136	橡胶板		m^2	19.00
606138	橡胶板	2	m^2	13.00
606139	橡胶板	3	m^2	18.00
606148	橡胶垫条		m	0.45
606166	橡胶密封条	2#	m	2.50
606213	橡胶水管	ϕ25	m	7.60
606214	橡胶条	9 字型	m	2.71
606215	橡胶条	b=7.90	m	2.80
606218	橡胶止水带	300×7	m	38.95
606225	橡皮垫片	宽 25	m	0.76
606226	橡皮垫片	宽 250	m	7.60
606227	橡皮垫圈		百个	23.75
606228	橡皮垫条	(小)	m	2.66
606229	橡皮垫条	(大)	m	3.33
606235	橡皮密封条	20×4	m	2.61
606255	再生橡胶卷材		m^2	21.96
607003	袋装矿棉	50 厚	m^2	19.00
607005	浮雕石膏板	600×600×22	m^2	53.47
607010	矿棉板	600×600	m^2	28.30
607010	矿棉板	600×600	m^2	28.30
607018	石膏粉	325 目	kg	0.45
607019	石膏浮雕艺术灯盘	R1080 小 ϕ900	只	68.60
607020	石膏浮雕艺术角花	L5044 280×280	只	7.40
607023	石膏装饰线	100×30	m	8.68
607024	石棉		kg	3.00
607025	石棉板		m^2	4.47
607045	石棉粉		kg	0.68
607058	素白石膏吸音装饰板		m^2	14.00
607059	温石棉		kg	7.79

续表

代码编号	材料名称	规格	单位	预算价格(元)
607060	吸音板	50×50 穿孔	m^2	23.22
607072	纸面石膏板(龙牌)	1200×3000×9.5	m^2	13.25
608003	白布		m^2	3.42
608012	丙纶簇绒地毯		m^2	28.30
608017	玻璃钢波形瓦	1800×750×0.64	块	9.40
608023	玻璃钢出水口	方型弯头式	只	12.10
608024	玻璃钢出水口	圆形直通式	只	13.50
608030	玻璃钢脊瓦	1800×750×0.64	块	12.20
608039	玻璃钢排水管	60×90	m	8.50
608040	玻璃钢排水管	100×120	m	11.50
608041	玻璃钢水斗		只	12.00
608043	玻璃钢檐沟		m	13.00
608044	玻璃丝布		m^2	1.33
608045	玻璃纤维布	1.8	m^2	2.55
608049	草袋子	1×0.7	m^2	1.43
608050	草绳		kg	0.38
608052	窗帘编织花边		m	12.05
608053	窗帘布		m^2	24.96
608054	窗幔布		m^2	36.42
608055	窗纱(提花)		m^2	11.98
608061	豆包布		m^2	1.33
608062	豆色布		m^2	4.49
608064	帆布水龙带		m	10.93
608066	方块圈绒地毯	500×500	m^2	71.00
608067	防火板		m^2	35.10
608069	钢纸磨片		片	6.78
608077	化纤无纺布		m^2	1.43
608082	金属墙纸		m^2	17.10
608087	旧地毯		m^2	4.79
608088	聚酯布	100g/m^2	m^2	1.43
608097	麻袋		条	5.00
608099	麻刀		kg	2.00
608101	麻绳		kg	6.18
608104	麻丝		kg	7.91
608105	密目型阻燃安全网		m^2	4.25
608107	棉花		kg	10.36

续表

代码编号	材 料 名 称	规 格	单位	预算价格(元)
608110	棉纱头		kg	6.00
608128	牛皮纸		m^2	1.00
608133	墙纸	(中)	m^2	10.50
608134	墙纸	(高)	m^2	22.40
608139	人造革		m^2	8.84
608140	软包布	1450～1500(门幅)	m^2	25.95
608143	砂纸 200#	200#	张	0.60
608144	砂纸		张	1.02
608148	双面胶纸	$\delta=2.0$	m	3.65
608149	水砂纸		张	0.50
608152	丝绒面料		m^2	23.09
608156	脱脂棉		kg	17.86
608157	锡纸		kg	51.30
608167	亚麻布垂直百页窗帘		m^2	37.92
608168	羊毛割绒地毯(40%羊毛)	LKT 系列,绒重 300Z,阻燃抗静	m^2	205.00
608176	印花墙毯	1.05 m×30 m	m^2	17.50
608188	真皮皮革		m^2	54.00
608189	织棉锻连裱宣纸		m^2	33.25
608190	织绵缎		m^2	33.93
608191	纸筋		kg	0.50
608194	耐碱玻纤布		m^2	3.60
608195	无纺布	25 g/m^2	m^2	0.60
608196	无碱网格布		m^2	6.80
609001	202 胶(粘结剂)	FSC-2	kg	13.02
609006	BJ-302 粘结剂		kg	8.93
609007	BX-12 粘结剂		kg	12.54
609008	CX-404 粘结剂		kg	10.45
609009	E06 无机硅酸底漆专用稀释剂		kg	9.03
609016	NL 型固化剂		kg	14.25
609021	YJ-Ⅲ粘结剂		kg	11.50
609027	丙烯酸稀释剂		kg	3.90
609028	醇酸漆稀释剂	X6	kg	6.94
609031	催干剂		kg	6.94
609032	大白粉		kg	0.48
609034	丁醇	95%	kg	6.84
609035	丁基粘结剂		kg	14.25

续表

代码编号	材料名称	规格	单位	预算价格(元)
609041	防水剂		kg	1.52
609042	干粉型粘结剂		kg	1.52
609043	高强 APP 基底处理剂		kg	5.04
609044	高强 APP 粘结剂	B 型	kg	5.04
609045	高强 APP 粘结剂	A 型	kg	10.26
609046	高效减水剂		kg	2.85
609047	高效增强剂	JMⅢ型	kg	1.85
609048	隔离剂		kg	3.61
609050	过氯乙烯漆稀释剂		kg	6.94
609053	环氧固化剂		kg	28.50
609063	聚氯乙烯粘结剂		kg	6.66
609065	铝粉		kg	10.45
609066	氯丁胶黏合剂		kg	14.25
609067	氯磺化聚乙烯漆稀释剂		kg	11.40
609071	喷塑底层巩固剂		kg	8.64
609074	清洗剂		kg	7.20
609078	色粉		kg	6.46
609084	速凝剂		kg	1.05
609085	塑胶地板粘结剂		kg	12.30
609087	钛白粉		kg	11.32
609096	稀释剂		kg	7.13
609101	硝基稀释剂		kg	9.50
609103	颜料		kg	9.03
609104	氧化铬绿		kg	24.99
609107	氧化铁红		kg	4.37
609108	氧化铁黄		kg	4.94
609121	高效增强剂		kg	1.95
610001	APP 及 SBS 基层处理剂		kg	4.60
610002	APP 卷材		m^2	28.00
610004	APP 聚酯胎乙烯膜卷材	厚度 3	m^2	22.50
610005	APP 聚酯胎乙烯膜卷材	厚度 4	m^2	25.50
610006	APP 改性沥青粘结剂		kg	5.20
610007	APP 封口油膏		kg	7.50
610008	BX-12 乙组分	880 mL	瓶	10.45
610009	CSPE 嵌缝油膏	330 mL	支	22.99
610010	F130 密封胶		支	29.26

续表

代码编号	材料名称	规格	单位	预算价格(元)
610013	NJ-2(油膏)		kg	18.05
610016	SBS封口油膏		kg	7.50
610017	SBS卷材		m^2	22.00
610019	SBS聚酯胎乙烯膜卷材	厚度3	m^2	22.00
610020	SBS聚酯胎乙烯膜卷材	厚度4	m^2	25.00
610023	XY508胶		kg	12.83
610027	玻璃胶	350 g	支	5.74
610028	玻璃胶	300 mL	支	13.87
610029	玻璃密封胶		kg	20.14
610035	防火岩棉		m^3	361.00
610037	封箱带	10 m/卷	卷	5.39
610038	干挂云石胶(AB胶)		组	225.00
610039	高强APP嵌缝膏		kg	8.17
610040	古铜色玻璃胶	300 mL	支	19.70
610049	建筑油膏		kg	2.50
610052	胶带纸		m^2	0.14
610054	结构胶	DC995	升	123.50
610063	毛毡		m^2	21.19
610064	美纹纸胶带	10000×18	m	0.22
610066	密封带	3×20 mm	m	0.68
610071	密封膏		kg	15.00
610072	密封胶	KS型	kg	4.93
610074	密封胶条		m	0.57
610075	密封毛条		m	0.44
610076	密封油膏		kg	1.43
3610078	幕墙结构胶	400g	支	38.80
610079	幕墙耐候胶	400g	支	29.31
610080	耐候胶	DC79HN	升	84.30
610082	嵌缝料		kg	1.62
610083	氰凝		kg	12.35
610087	双面胶带	$\delta=2.0$	m	4.73
610088	双面强力弹性胶带		m	3.75
610103	自粘胶带		m	0.88
610104	共混防水卷材基层处理剂		kg	13.00
610105	自粘聚酯胎乙烯膜卷材	厚度2	m^2	29.00

续表

代码编号	材料名称	规格	单位	预算价格(元)
610107	接缝胶黏剂		kg	18.50
610108	基层胶黏剂		kg	14.50
610109	胶粘带		m	3.00
610111	氯化聚乙烯防水卷材		m^2	24.00
610112	氯乙烯丙纶防水卷材		m^2	11.50
610116	聚氨酯建筑密封胶	双组分	kg	39.00
610117	丙烯酸酯建筑密封胶(低)		kg	15.00
610118	丙烯酸酯建筑密封胶(中)		kg	22.50
610119	丙烯酸酯建筑密封胶(高)		kg	40.00
610120	硅酮建筑密封胶	位移能力±12.5%	kg	55.00
610121	硅酮建筑密封胶	位移能力±25%	kg	70.00
610122	聚氨酯防水涂料		kg	10.00
610123	聚氨酯防水涂料	特种	kg	25.00
610124	聚合物水泥防水涂料	JS-Ⅰ型	kg	8.50
610125	聚合物水泥防水涂料	JS-Ⅱ型	kg	9.50
610126	水泥基渗透结晶防水材料		kg	33.00
610127	丙烯酸防水涂料		kg	11.50
611001	防腐油		kg	1.71
611002	钾水玻璃胶泥(KP-1)	1∶2.8	m^3	5905.20
611003	钾水玻璃稀胶泥		m^3	5065.40
612003	玻璃钢瓦		m^2	9.04
612004	酚醛树脂		kg	9.50
612005	呋喃树脂		kg	14.25
612008	环氧树脂	618	kg	27.40
612009	环氧树脂	E42	kg	19.95
612010	环氧树脂	E44	kg	19.95
612011	环氧树脂	6003#	kg	23.75
612013	甲基硅树脂		kg	57.00
612016	邻苯型不饱和聚酸树脂		kg	17.10
612018	喷射井点总管		m	20.90
612019	喷射总管		m	142.50
612020	双酚A不饱和聚脂树脂		kg	10.45
612021	乙烯基树脂	MFZ-2	kg	28.50
613003	801胶		kg	2.00
613004	3M反光膜	1220×45720	m^2	132.10
613005	3M透光膜	1220×45720	m^2	190.81

续表

代码编号	材　料　名　称	规　　格	单位	预算价格(元)
613008	PS晶晶板506	1220×1830×5	m^2	122.60
613009	PS晶晶板509	1220×1830×2.4	m^2	41.70
613010	PVC胶泥		kg	1.74
613019	保护贴膜		m^2	3.75
613020	苯磺酰氯		kg	8.55
613021	苯乙烯		kg	4.85
613025	丙酮		kg	5.32
613028	草酸		kg	4.75
613029	臭油水		kg	0.76
613039	低分子聚酰胺		kg	11.40
613045	地板水胶粉		kg	3.90
613046	地毯衬垫	25 m^2/卷	m^2	8.48
613047	地毯烫带	0.1×20 m/卷	m	3.27
613056	二甲苯		kg	3.42
613057	二甲基苯胺液		kg	25.65
613069	氟硅酸钠		kg	2.28
613077	骨胶		kg	9.50
613080	过氯乙烯腻子		kg	6.75
613082	过氧化环己酮二丁酯糊	50%	kg	14.25
613083	过氧化甲酰粉		kg	34.20
613084	海绵	$\delta=20$	m^2	6.18
613085	合成虫胶液		kg	9.49
613086	黑烟子		kg	2.88
613090	化学锚栓		套	15.00
613091	环烷酸钴苯乙烯		kg	16.15
613092	环烷酸钴苯乙烯液		kg	10.45
613094	甲苯	国产	kg	5.12
613098	胶水		kg	7.98
613106	聚醋酸乙烯乳液		kg	5.23
613108	卡普隆透光板	2100×5800×6	m^2	60.00
613109	卡普隆透光板	2100×5800×10	m^2	70.00
613111	可赛银		kg	0.67
613112	立时得胶		kg	13.59
613114	邻苯二甲酸二丁酯		kg	6.65
613115	邻苯型聚酯烯胶泥		m^3	18052.85
613117	磷酸三钠		kg	2.46

续表

代码编号	材料名称	规格	单位	预算价格(元)
613119	硫黄		kg	2.19
613120	硫酸		kg	0.67
613130	氯丁胶乳液		kg	2.99
613131	氯丁冷胶		kg	6.18
613133	氯化镁		kg	9.00
613145	煤		kg	0.39
613150	木炭		kg	1.71
613151	木质素磺酸钙		kg	3.71
613152	幕墙双面不干胶条	6×10	m	1.14
613153	幕墙双面不干胶条	8×16	m	1.24
613156	尼龙滑轮		只	1.90
613170	漆片		kg	27.36
613171	漆片固体		kg	42.30
613178	氢氧化钠		kg	2.38
613180	轻型井点管	7m	根	150.00
613182	轻型井点总管	ϕ100	m	49.69
613184	乳胶		kg	5.51
613185	软白蜡		kg	4.85
613189	三乙醇胺		kg	10.64
613190	三异氰酸酯		kg	12.16
613191	砂蜡	0.5kg	kg	8.60
613196	上光蜡		kg	10.26
613202	石墨粉	高碳	kg	2.04
613206	水		m^3	2.80
613208	水柏油		kg	1.90
613209	水玻璃	1.38～1.48	kg	3.33
613210	水胶		kg	4.28
613214	松香		kg	5.13
613215	松香水		kg	2.99
613219	羧甲基纤维素		kg	4.56
613225	万能胶		kg	14.92
613234	硝胺炸药	2#	kg	3.42
613239	血料		kg	0.57
613241	亚硝酸钠	一级	kg	4.80
613242	氩气		m^3	8.84
613247	盐酸		kg	0.67

续表

代码编号	材 料 名 称	规 格	单位	预算价格(元)
613249	氧气		m^3	2.47
613250	液化气		kg	2.38
613251	乙醇(酒精)		kg	3.52
613252	乙二胺		kg	15.96
613253	乙炔气		m^3	8.93
613254	乙炔气		kg	13.41
613255	乙酸乙酯		kg	8.55
613256	硬白蜡		kg	3.33
613258	油灰		kg	1.05
613260	云石胶	1L 装 1.5kg	kg	75.60
613269	聚醚多醇组合料		kg	18.00
613270	多异氰酸酯		kg	16.00
613271	改性剂		kg	27.00
613272	阻燃剂		kg	25.00
701003	电缆	6	m	9.24
701004	电缆	10	m	11.36
701005	电缆	16	m	15.43
702011	胶质导线	1.5	m	0.43
702012	胶质导线	2.5	m	0.66
702013	胶质导线	4.0	m	1.02
705003	瓷板	150×150×20	百块	152.95
705005	瓷板	150×150×30	百块	197.60
705007	瓷板	180×110×20	百块	152.95
705009	瓷板	180×110×30	百块	197.60
706025	固定卡子	50	只	2.38
706026	固定卡子	75	只	2.66
706027	固定卡子	100	只	2.85
707009	电		kWh	0.75
707016	电热丝		m	1.90
901007	3D 墙板(聚苯乙烯芯材)	丝径 2.5×1200×50	m^2	57.35
901010	C20		kg	20.90
901014	PS 灯片		m^2	16.64
901015	T31		kg	24.70
901018	U 型码		只	1.76
901067	单层天沟板扣槽铝、角铝、铝拉铆钉		元	1.00
901076	电雷管		个	0.76

续表

代码编号	材　料　名　称	规　　格	单位	预算价格(元)
901091	二格平网	1200×150	片	1.96
901096	封口		只	3.80
901104	高压风管	ϕ25－18×6	m	19.00
901105	高压风管	ϕ50	m	42.75
901134	卷帘门电动装置	300kg 提升力	套	1723.00
901182	三格角网	1200×200	片	2.69
901237	之字条		m	0.98
901246	自动感应门感应装置	LYS	套	13447.00
901263	塑模租用费	1500×1500×400	只	42.58
901264	塑模租用费	1200×1200×350	只	28.85
901265	塑模租用费	900×900×400	只	18.18
901266	塑模租用费	900×900×350	只	18.18

十九、安徽省建筑工程基础定额

（2000 年定额防水工程部分）

关于颁发《全国统一建筑工程基础定额安徽省综合估价表》及其费用定额的通知

（建定[1999]436 号）

各市、地建委（建管局）、省有关委、办、厅、局：

为了方便招标投标快速报价，简化计量规则，提高编制工效，进一步完善我省建筑工程计价依据，根据 1998 年《全国统一建筑工程基础定额安徽省估价表》，我们组织编制了《全国统一建筑工程基础定额安徽省综合估价表》及其费用定额（以下简称综合估价表），其定额水平与 1998 年《全国统一建筑工程基础定额安徽省估价表》基本保持一致，现予颁发，请遵照执行。

本综合估价表自发布之日起在全省范围内执行，具体实施由省定额总站负责。本综合估价表是确定建筑工程造价的基础，是编制工程概预算、办理竣工结算、编制招标标底、投标报价的依据。

1998 年《全国统一建筑工程基础定额安徽省估价表》作为本综合估价表项目分析的基础，是建设单位、施工企业内部经济核算和总分包单位之间编制工程结算的依据。

本综合估价表授权安徽省工程建设标准定额总站负责解释、管理。

安徽省建设厅

1991 年 10 月 1 日

关于贯彻执行《全国统一建筑工程基础定额安徽省综合估价表》及其费用定额的实施意见

（建定字[2000]021 号）

各市、地定额（造价）站，省直专业定额站：

根据省建设厅建定[1999]436 号“关于颁发《全国统一建筑工程基础定额安徽省综合估价表》及其费用定额的通知”精神，结合目前我省实际情况，提出如下具体实施意见：

一、《全国统一建筑工程基础定额安徽省综合估价表》（以下简称“综合估价表”）及其费用定额适用于我省范围内的新建、扩建和改建的一般工业与民用建筑工程。

二、综合估价表自 2000 年 7 月 1 日起在全省贯彻实施，各市地定额（造价）站在贯彻执行中应做好新老估价表的衔接工作，并根据估价表中的材料品种、规格，认真做好材料价格的信息发布工作。

三、凡今年7月1日以前已开工的工程或已签订合同的工程，仍按原规定执行。

四、综合估价表及其费用定额是编制、审查建筑工程招标标底与投标报价的依据，也是编制工程概预算、办理竣工结算的依据。建筑工程（主体结构部分）执行本综合估价表及配套的费用定额。装饰工程（中、高档）执行1999年《全国统一建筑工程基础定额安徽省装饰工程综合估价表》及其配套的费用定额。

五、各市、地要认真做好本综合估价表贯彻执行与宣传工作，并配合省总站做好估价表发行与交底培训等工作。

安徽省建设工程造价总站
安徽省工程建设标准定额总站
2000年5月28日

第一节　总说明

一、为适应招标投标快速报价和合理确定工程造价的需要，根据1998年《全国统一建筑工程基础定额安徽省估价表》，经适当简化、综合，编制了2000年《全国统一建筑工程基础定额安徽省综合估价表》（以下简称综合估价表）。

二、本综合估价表适用于我省范围内的新建、扩建和改建的一般工业与民用建筑工程。

三、综合估价表的作用。

1. 作为编制、审查建筑工程招标标底与投标报价的依据；

2. 作为编制、审查建筑工程概预算的依据；

3. 作为确定建筑工程施工合同价款和办理建筑工程结算的依据。

四、综合估价表编制的依据

1. 1998年《全国统一建筑工程基础定额安徽省估价表》（上、下册，1998年版）；

2.《全国统一建筑工程基础定额》（土建上、下册，GJD—101—95）；

3.《全国统一建筑工程预算工程量计算规则》（GJDZ—101—95）；

4.《建筑安装工程劳动定额》[LD/t 72—94(De)]和《建筑装饰工程劳动定额》[LD/t 73—94(De)]；

5. 现行施工工期定额、机械台班费用定额；

6. 省内相关定额、标准图集及其他资料。

五、本综合估价表是按照合理的施工组织设计，正常的施工条件，现行标准设计，施工及验收规范，典型工程图纸编制的。综合估价表的项目内容及含量是经测算、分析取定的，除注明允许调整或换算外，执行中一般不得调整或换算。

本综合估价表各章由说明、工作内容、定额表和附表等组成。其中工作内容扼要说明了主要工序的施工操作过程，某些次要工序虽未列出，但定额中已作了考虑。

六、本综合估价表和其他相关估价表的界定。

1. 建筑工程(主体结构部分)执行本综合估价表及其配套的费用定额;装饰工程(中、高档)执行《全国统一建筑工程基础定额安徽省装饰工程综合估价表》及其配套的费用定额。

2. 本综合估价表未包括的项目,且属单项性质的,可执行1998年《全国统一建筑工程基础定额安徽省估价表》。

七、本综合估价表中材料、半成品、成品,除注明者外,均包括从工地仓库、现场集中堆放点或现场加工地点至操作或安装地点的现场运输、运输损耗、施工操作损耗、施工现场堆放损耗。不论现场实际发生多少,均按本综合估价表规定执行。

八、预制钢筋混凝土构件、金属结构构件,除注明者外,均已综合了8 km运输费,实际运距不同,不得调整。构件在运输过程中,如遇路桥限载或限高而发生的加固、拓宽等费用,应另行处理。

九、本综合估价表已包括预制钢筋混凝土构件的制作破损及运输、安装损耗。预制钢筋混凝土构件、金属结构构件吊装按不同类别,综合取定吊装机械,实际与定额不同,不得调整。但构件在吊装过程中,需在起重机的行驶线路或机座底垫道木、钢板等,按该建筑物的底层建筑面积2.00元/m^2列入直接费,计取各项费用。

十、各类砂浆、混凝土、垫层材料及胶泥等,均按半成品消耗量列入综合估价表中,除注明外,其强度、水泥等级不同可以换算,但配合比用量不得调整。

十一、本综合估价表预制混凝土构件未考虑蒸汽养护,如设计或业主要求蒸汽养护,其养护费用按60元/m^3计算,列入直接费中,计取各项费用。

十二、本综合估价表中各种钢筋混凝土构件均综合了模板、混凝土及钢筋工程。钢筋混凝土构件中模板是综合考虑的,实际模板种类、用量及支撑等与定额不同,均不得调整。钢筋(包括铁件)施工图用量加损耗超过或低于定额用量时,可按附录二规定调整。

本综合估价表中凡未综合抗震因素的子目,可按施工图设计规定的抗震和构造要求,计算所需的钢筋、铁件用量,套用"砌体内钢筋加固"定额,并按附录二规定调整。

十三、本综合估价表中木材以一、二类木材为准,如设计采用三、四类木种时,木门窗部分项目人工和机械乘以1.20系数;其他项目按相应项目人工和机械乘以1.30系数。木材木种分类同1998年《全国统一建筑工程基础定额安徽省估价表》。

十四、本综合估价表中工程用木材未包括烘干费及烘干损耗,如设计或业主要求木材烘干时,每立方米木材(成材不分材种)的烘干费及烘干损耗由各市地定额站进行测算确定。

十五、本综合估价表价格确定,人工以综合工日表示,其单价按二类地区列入,每工日25.84元。材料预算价格:按现行全省信息价格综合取定。执行中,定额材料预算价格与市场材料预算价格发生价差,按《安徽省工程建设材料价格动态管理暂行办法》的规定执行。机械台班价格:依据《全国统一施工机械台班费用定额》(1995年),其中台班费用中二类费用已按现行价格确定。

本综合估价表中人工单价在一类地区为27.64元/工日,计算人工费时,其估价表人工费×1.07;三类地区为24.55元/工日,计算人工费时,其估价表人工费×0.95。无特殊规定者,综合估价表中人工单价及机械台班价格,执行中一般不得调整。

十六、本综合估价表中所用的建筑面积应按估价表中《建筑面积计算规则》计算确定。

十七、工程施工所用水电,应由业主在现场安装水、电表,交施工承包商保管使用,施工承包商按表计量,按预算价格计算费用退给业主;如无条件装表计量,使用业主水、电的，在工程竣工结算时，施工承包商应按工程造价的7‰付给业主（其中水占2‰，电占5‰）。

十八、本综合估价表中注有"XXX以内"或"XXX以下"者，均包括"XXX"本身；"XXX以外"或"XXX以上"者，则不包括"XXX"本身。

十九、本综合估价表权属安徽省工程建设标准定额总站（安徽省建设工程造价总站），综合估价表中文字、数据等内容，未经同意，任何单位、个人不得录入使用或用于软件开发，违者追究责任。

二十、用于计算生成本综合估价表的《安徽省工程造价系列软件（BW2000）》，其数据库版权属安徽省工程建设标准定额总站（安徽省建设工程造价总站），一并开发完成的《安徽省工程造价系列软件（BW2000）》，与本综合估价表同时发布，并与本综合估价表配套使用。

二十一、本综合估价表授权安徽省工程建设标准定额总站（安徽省建设工程造价总站）负责解释、管理。

第二节　建筑面积计算规则

一、计算建筑面积的范围

第1条　单层建筑物不论其高度如何，均按一层计算建筑面积。其建筑面积按建筑物外墙勒脚以上结构的外围水平面积计算。单层建筑物内设有部分楼层者，首层建筑面积已包括在单层建筑物内，二层及二层以上应计算建筑面积。高低联跨的单层建筑物，需分别计算建筑面积时，应以结构外边线为界分别计算。

第2条　多层建筑物建筑面积，按各层建筑面积之和计算，其首层建筑面积按外墙勒脚以上结构的外围水平面积计算，二层及二层以上按外墙结构的外围水平面积计算。

第3条　同一建筑物如结构、层数不同时，应分别计算建筑面积。

第4条　地下室、半地下室、地下车间、仓库、商店、车站、地下指挥部等及相应的出入口建筑面积，按其上口外墙（不包括采光井、防潮层及其保护墙）外围水平面积计算。

第5条　建于坡地的建筑物利用吊脚空间设置架空层和深基础地下架空层设计加以利用时，其层高超过2.2 m，按围护结构外围水平面积计算建筑面积。

第6条　穿过建筑物的通道，建筑物内的门厅、大厅，不论其高度如何均按一层建筑面积计算。门厅、大厅内设有回廊时，按其自然层的水平投影面积计算建筑面积。

第7条　室内楼梯间、电梯井、提物井、垃圾道、管道井等均按建筑物的自然层计算建筑面积。

第8条　书库、立体仓库设有结构层的，按结构层计算建筑面积，没有结构层的，按承重书架层或货架层计算建筑面积。

第9条　有围护结构的舞台灯光控制室，按其围护结构外围水平面积乘以层数计算建筑面积。

第10条　建筑物内设备管道层、贮藏室其层高超过2.2 m时，应计算建筑面积。

第11条　有柱的雨篷、车棚、货棚、站台等，按柱外围水平面积计算建筑面积；独立柱的雨篷、单排柱的车棚、货棚、站台等，按其顶盖水平投影面积的一半计算建筑面积。

第 12 条　屋面上部有围护结构的楼梯间、水箱间、电梯机房等，按围护结构外围水平面积计算建筑面积。

第 13 条　建筑物外有围护结构的门斗、眺望间、观望电梯间、阳台、橱窗、挑廊、走廊等，按其围护结构外围水平面积计算建筑面积。

第 14 条　建筑物外有柱和顶盖走廊、檐廊，按柱外围水平面积计算建筑面积；有盖无柱的走廊、檐廊挑出墙外宽度在 1.5 m 以上时，按其顶盖投影面积一半计算建筑面积。无围护结构的凹阳台、挑阳台，按其水平面积一半计算建筑面积。建筑物间有顶盖的架空走廊，按其顶盖水平投影面积计算建筑面积。

第 15 条　室外楼梯，按自然层投影面积之和计算建筑面积。

第 16 条　建筑物内变形缝、沉降缝等，凡缝宽在 300 mm 以内者，均依其缝宽按自然层计算建筑面积，并入建筑物建筑面积之内计算。

二、不计算建筑面积的范围

第 17 条　突出外墙的构件、配件、附墙柱、垛、勒脚、台阶、悬挑雨篷、墙面抹灰、镶贴块材、装饰面等。

第 18 条　用于检修、消防等室外爬梯。

第 19 条　层高 2.2 m 以内设备管道层、贮藏室、设计不利用的深基础架空层及吊脚架空层。

第 20 条　建筑物内操作平台、上料平台、安装箱或罐体平台；没有围护结构的屋顶水箱、花架、凉棚等。

第 21 条　独立烟囱、烟道、地沟、油（水）罐、气柜、水塔、贮油（水）池、贮仓、栈桥、地下人防通道等构筑物。

第 22 条　单层建筑物内分隔单层房间、舞台及后台悬挂的幕布、布景天桥、挑台。

第 23 条　建筑物内宽度大于 300 mm 的变形缝、沉降缝。

三、其他

第 24 条　建筑物与构筑物连接成一体的，属建筑物部分按本规则一、二规定计算。

第 25 条　本规则适用于地上、地下建筑物的建筑面积计算，如遇有上述未尽事宜，可参照上述规则办理，并及时将有关资料上报省定额总站。

第三节　土石方工程工程量计算规则

一、一般规则

1. 土方体积，均以开挖前的天然密实体积为准，折算虚方体积系数为 1.30，折算夯实土体积系数为 0.87，折算松填土体积系数为 1.08。

2. 挖土深度超过 1.50 m 时，人工挖土的放坡系数为 0.33；机械挖土的放坡系数，机械在坑内作业时为 0.25，机械在坑上作业时为 0.67。

二、人工土、石方

1. 挖土工程量按下式计算：

(1) 地槽：$V=(B+KH+2C)HL$

(2) 地坑(方形)：$V=(L+2C+KH)\times(B+2C+KH)\times H+\frac{1}{3}K^2H^3$

(圆形)：$V=\frac{1}{3}\pi H[(R+C)^2+(R+C)(R+C+KH)+(R+C+KH)^2]$

式中：

V——挖土体积(m^3)；

L——基础底长度(m)；

B——基础底宽度(m)；

H——挖土深度(m)(设计室外地面至槽、坑底)；

R——基础底半径；

C——工作面宽度(见表 1-1)；

K——放坡系数(综合为 0.33)。

表 1-1 基础施工所需工作面宽度

基础材料	每边各增加工作面宽度(mm)	基础材料	每边各增加工作面宽度(mm)
砖基础	200	浆砌毛石、条石基础	150
混凝土基础垫层支模板	300	混凝土基础支模板	300
基础垂直面作防水层	800(防水层面)	坑槽侧面支挡土板	100

2. 平整场地按底层建筑面积计算。

3. 就地回填区分夯填、松填以立方米计算。

第四节 楼地面、屋面及防水工程

一、楼地面工程

1. 室内回填土(含平整场地)按底层墙中心线面积计算。

2. 地面的垫层、找平层和面层的工程量均按墙中心线面积以平方米计算。计算工程量时，应扣除突出地面的构筑物、设备基础、室内地沟等所占面积(不需作面层的地沟盖板，浴缸，大、小便槽亦应扣除)，不扣除柱、垛、间壁墙、附墙烟囱及 0.3 m^2 以内孔洞所占面积，但门洞、空圈、暖气包、槽、壁龛的开口部分也不增加。

3. 楼面面层、找平层按楼层墙中心线面积计算，并扣除楼梯间、电梯井、大于 0.3 m^2 的孔洞所占面积。

不同材料的面层应分别计算，以墙中心线为界。

4. 楼梯

(1) 钢筋混凝土楼梯(包括楼梯段、中间休息平台、平台梁、斜梁及楼梯与楼板连接的梁)按水平投影面积计算，不扣除宽度小于 200 mm 的楼梯井所占面积，伸入墙内部分不增加，楼梯与楼板连接时，楼梯算至楼梯梁外侧面，圆弧形楼梯按悬挑楼梯段水平投影面积计算(不包括中心柱)。

(2) 木楼梯(包括踏步板、休息平台、踢脚板)按水平投影面积计算，不扣除宽度小于

300 mm的楼梯井，伸入墙内部分不增加。

5. 现浇钢筋混凝土阳台、雨篷，按挑出墙外的水平投影面积计算（包括伸出墙外的牛腿，但不包括嵌入墙内的梁，该梁另按圈、过梁计算），若雨篷伸出墙外超过 1.5 m，按有梁板子目计算，水平遮阳板套用雨篷子目，雨篷翻边按翻边高度（从雨篷上表面至翻边顶）乘其长度按面积并入雨篷面积内计算。

6. 栏板、栏杆按延长米计算。

7. 台阶、散水、坡道按水平投影面积计算，明沟按延长米计算。

二、层面及防水工程

1. 瓦材屋面按屋面（含挑檐）的水平投影面积乘屋面坡度延尺系数（见附表）计算。不扣除房上烟囱、竖风道、风帽底座、屋顶小气窗和斜沟等所占面积，屋顶小气窗的出檐与屋面重叠部分面积亦不增加。屋脊及瓦出线已包括在定额内，不得另计。

2. 檐口天棚分不同宽度以延长米计算。坡屋面挑出山墙的檐口天棚按斜长计算。不扣除通气孔及墙垛所占的面积。

3. 卷材屋面和涂膜屋面的防水层、隔气层、保温层、隔热层、架空层及块料保护层均按外墙中心线面积计算。扣除突出屋面的楼梯间、检修孔及超过 0.30 m^2 的孔洞面积。但不扣除房上烟囱、竖风道、出气孔、风帽底座、斜沟等所占面积。

4. 涂膜屋面的油膏嵌缝、玻璃布盖缝、屋面分隔缝以延长米计算。

5. 挑檐板及檐沟按挑出外墙的水平投影面积计算。其面层已综合了防水卷材、砂浆找平、找坡、檐沟及沟底抹灰。

6. 屋面水落管按延长米计算，其长度按设计室外地坪到檐口底面（滴水处）的垂直长度计算。白铁皮水落管檐口处至水斗间的斜长（即马腿弯伸长），勒脚与泄水口的弯起部分均不增加，但水落管遇有外墙腰线，按每条腰线（需弯起的）增加长度 25 cm 计算。白铁皮檐沟、天沟按延长米计算，斜沟、泛水按水平长度乘坡度系数计算。水斗、雨水口、铸铁弯头均以个计算。阳台塑料落水弯以套计算。

7. 变形缝按图示尺寸以延长米计算。检修孔、排气孔及烟道风帽以个计算。

8. 地下室防水，现行设计的防水方法与措施繁多，且梁柱的轴线与墙体的中心轴线时有偏心错位，为此，应以设计图示尺寸按实际展开面积计算。

9. 工业厂房天沟的防水层按延长米计算（仅为天沟两侧的卷材和天沟底面的找坡）。其天沟底面的卷材防水层应并在屋面防水层内计算。

三、说明

1. 本章包括各种楼地面、楼梯、栏板（杆）、扶手、阳台、雨篷、台阶、散水、各种屋面、防水、变形缝等项目。

2. 楼地面编有各种垫层、找平层、面层等项目，还列有省标楼地面综合项目。其中省标楼地面综合项目按皖 93J301 图集编制的，设计采用省标者可直接套用。列出的单项项目是供非标设计的楼地面工程套用或供省标楼地面综合项目调整用。

3. 本章地面垫层按室内外高差 30 cm 编列的，如设计室内外高差与定额不同时，按每增减 10 cm 进行调整，但增减不足 5 cm 时不计，大于 5 cm 不足 10 cm 时，按 10 cm 计算。

4. 本章各种垫层是按墙中心线 100 m^2 面积、1 cm 厚编列的。

5. 楼地面和楼梯各子目中均综合了水泥砂浆踢脚线，楼梯还综合了侧边和底边抹灰。雨篷综合了上表面、下表面抹灰，雨篷翻边综合了内侧抹灰，阳台综合了下表面抹灰。

6. 楼梯、台阶的面层与基层均未综合，应分别计算。

7. 台阶不包括牵边、侧面装饰，应另按相应定额项目计算。

8. 定额中的地面、楼面、垫层、找平层、面层含量是根据省标准图集和典型工程图纸综合取定的，当单间面积超过 400 m^2 时，其土方（包括运输）、垫层、找平层、面层等含量均乘以 1.03 系数。

9. 屋面工程包括瓦材屋面、檐口天棚、卷材屋面、刚性防水屋面、涂膜屋面、隔离（气）层、保温隔热层、架空隔热层与块料保护层、挑檐板及檐沟防水层、屋面排水。防水防潮工程包括卷材防水、涂膜防水。靠墙与不靠墙变形缝、排气孔与检修孔。

10. 水泥瓦及粘土瓦屋面项目中综合了铺瓦及屋面木基层。瓦材屋面中瓦材规格与定额不同时，其数量可以换算，其他不变。

11. 檐口天棚区分不同宽度列项，其项目均综合了钉板条、抹灰、涂料和封檐板（搏风板）及其油漆，实际与定额不同时，均不作调整。

12. 冷胶“二布三涂”项目，其“三涂”是指涂料构成防水层数，并非指涂料遍数，每一“涂层”刷二遍至数遍不等。

13. 隔离（气）层、保温隔热层、架空隔热层、块料保护层已分别列项。架空隔热层、块料保护层根据省标皖 92J201 屋面图集编制，块料厚度按 35 mm 编列，实际不同时，允许调整，其他不变。架空隔热层综合了块料（包括钢筋、模板、混凝土）制作、安装、运输、支承的砖墩等。块料保护层综合了块料（包括混凝土、模板）制作、安装等。

14. 挑檐板、檐沟、天沟防水层子目系选用省标图集，分别综合了刚性防水与卷材防水。其中檐沟子目中综合了找坡、找平以及沟内两侧壁及板底天棚抹灰。

15. 屋面排水铁皮配件均综合了底漆与面漆，铸铁配件综合了涂刷沥青漆。

16. 防水防潮定额适用于楼地面、屋面防水、防潮工程，也适用于墙基、墙身、构筑物、水池、冷库、厕浴间、地下室等防水防潮工程。

17. 靠墙与不靠墙变形缝子目综合了干铺油毡、砂浆填抹、麻丝填料、缝壁砌体、缝顶盖板等全部内容。其中靠墙变形缝综合了与盖板相连部分的内容。实际不同时，不得调整。

18. 砖砌排气孔综合了砌砖、预制盖板的制作、安装、抹灰等。

四、工作内容

1. 楼地面垫层：平整场地、填土、夯实，材料和半成品场内运输、拌合、铺设，调制砂浆、灌缝，混凝土搅拌、捣固、养护，钢筋场内运输、制作、绑扎、安装。

2. 找平层：清理基层，调运砂浆（或熬制沥青砂浆），刷素水泥浆，抹平、压实。混凝土搅拌、捣固、养护。

3. 整体面层：清理基层，调运砂浆或石屑浆，刷素水泥浆，抹面、压光、养护。

4. 块料面层：清理基层，材料场内运输，锯板、磨边，贴块料、擦缝、清理净面，调制水泥砂浆或粘结剂，刷素水泥浆及成品养护。

5. 楼梯、阳台、雨篷、台阶：模板制作、安装、拆除、整理堆放及场内外运输、清理模板粘结物及模内杂物，刷隔离剂等；钢筋场内运输、制作、绑扎、安装；混凝土搅拌、运输、捣固、养护，搅拌砂浆、抹面敷设、金钢砂防滑条。

6. 散水、明沟、坡道、大便蹲位、大便槽、小便槽：挖运土、铺垫层，调运砂浆，运砖、砌砖、抹面。

7. 楼梯栏杆扶手：包括焊接、安装及弯头制作安装，除锈、清扫、刷调和漆。阳台混凝土栏板、栏杆扶手：木模板制作、安装、清理模板，刷隔离剂，拆除模板，整理堆放；钢筋场内运输、制作、绑扎、安装；混凝土搅拌、捣固、养护，调制砂浆、抹面等。

8. 瓦材屋面：

(1) 屋面板制作，钉屋面板，铺油毡，钉挂瓦条；

(2) 檩木上钉椽子，挂瓦条；

(3) 铺(钉)瓦，安脊瓦，调制砂浆，檐口梢头座灰；

(4) 金属压型板包括构件变形修理、临时加固、吊装、就位、找正、螺栓固定。

9. 檐口天棚：

(1) 钉檐口楞木及板条，封檐板制作，装钉及油漆；

(2) 调运砂浆，抹灰找平，罩面压光，刷涂料等；

10. 卷材屋面：

(1) 熬制沥青玛碲脂，配制和涂刷冷底子油，铺贴卷材及附加层，做好收头钉压条；

(2) 清理基层，刷基底处理剂或底胶，找平层、分格缝(或接缝)嵌油膏，防水薄弱处刷涂膜附加层、做收头；

(3) 涂刷着色剂保护层两遍。

11. 刚性防水：

(1) 清理基层，刷水泥浆；

(2) 混凝土及砂浆搅拌、运输、浇注、找平、养护；

(3) 分格缝嵌膏及缝条制作、安装、拆除；

(4) 钢筋场内运输、制作、绑扎、安装。

12. 涂膜屋面：

(1) 熬制油膏，清理缝隙，油膏灌缝，缝沿防水处理；

(2) 涂刷底胶或基层剂，铺贴玻璃纤维布或聚酯布、无纺布等；

(3) 刷冷底子油，贴附加层及撒砂保护层。

13. 隔气(离)层：

(1) 熬制石油沥青或玛碲脂，调制冷底子油，清理基层，分别涂刷、铺贴防水附加层；

(2) 调运砂浆，刷素水泥浆，抹平、压实。

14. 保温隔热层：清理基层，拍实、平整、找坡、铺砌。

15. 架空隔热层：

(1) 保温材料水平运输，清理块料保护层；清理基层，拍实、平整、找坡、铺砌块料及砖墩，板缝勾缝等；

(2) 混凝土水平运输、搅拌、捣固、养护、成品堆放、保护；

(3) 模板制作、安装、清理，刷隔离剂，拆降、整理、堆放及场内外运输；

(4) 钢筋场内运输、制作、绑扎、安装；

(5) 调运砂浆，刷素水泥浆，贴块料，勾缝。

16. 挑檐板、檐沟、天沟、防水：

(1) 熬制沥青玛碲脂，配制、涂刷冷底子油，挑檐沟及贴附加层，铺贴卷材收头；

(2) 清理基层，刷基底处理剂，铺贴卷材及附加层，钉压条收头；

(3) 堵眼、修补基层，混凝土及砂浆搅拌、运输、浇注、找平、找坡、养护，刷素水泥浆，抹平、压实；

(4) 洒水湿润，配料，刮腻子，磨砂纸，刷涂料等。

17. 屋面排水：

(1) 白铁皮配件：截料、制作、安装、除锈、清扫、擦油污、清洗、刷油漆；

(2) 铸铁配件：切管、就位、埋管片、安水管和灰埝口、除锈、清洗、磨光、刷漆；

(3) 塑料配件：截料、涂胶、接口、套管、安三通、固定、安地漏等全部工序。

18. 卷材防水：

(1) 熬制玛碲脂，配制、涂刷冷底子油，薄弱处贴防水附加层；

(2) 清理基层，涂刷基底处理剂，贴布(或卷材)、涂膜、接缝、收头。

19. 涂膜防水：

(1) 熬制与涂刷石油沥青或玛碲脂，配制和涂刷冷底子油或油膏；

(2) 清理基层，配调涂料，涂刷底胶及附加层，贴布、刷涂料、撒砂掺水泥作保护层；

(3) 调运砂浆，抹水泥砂浆。

20. 填缝、盖缝：

(1) 熬制沥青、玛碲脂，油膏灌缝、嵌缝，调配与填塞沥青麻丝，油浸木丝板及嵌缝；

(2) 调制石灰麻刀，拌和沥青砂浆，缝沿贴卷材；

(3) 橡胶、塑料止水带制作及安装，紫钢板剪裁、焊接成型、铺设；

(4) 平面板材加工，板缝一侧涂胶粘合，埋木砖，钉木条，盖板，铁皮、油漆等全部工序。

21. 靠墙与不靠墙变形缝、检修孔、排气孔：

(1) 调制砂浆，运砖、铺砌，混凝土运输，预制盖板安装；

(2) 钢筋场内运输、制作、绑扎、安装；

(3) 模板制作、安装、清理、刷隔离剂、拆除、整理堆放、场内外运输；

(4) 熬制沥青或玛碲脂，调配并填塞沥青麻丝，贴防水卷材；

(5) 平面埋木砖，钉木条、铁皮，除锈、擦油污、清洗、刷油及调合漆；

(6) 清理修补，湿润基层，调运砂浆，抹灰、找平、罩面、压光及刷浆等全部操作过程。

五、屋面工程

(一) 卷材屋面

单位：100 m²

定额编号		单位	单价(元)	05-111	05-112	05-113	05-114
项目				石油沥青玛碲脂卷材屋面			
				一毡二油		二毡三油	
				无女儿墙	有女儿墙	无女儿墙	有女儿墙
				数量	数量	数量	数量
基价		元		1520.6	1565	2148.81	2212.47
其中	人工费	元		85.43	87.93	136.28	140.23
	材料费	元		1435.17	1477.07	2012.53	2072.24
	机械费	元		—	—	—	—
综合工日		工日	25.84	3.306	3.403	5.274	5.427
主要材料	钢筋 $\phi10$ 以内	t	2600	0.005	0.005	0.005	0.005
	石油沥青油毡 350#	m²	2.27	127.895	131.62	245.078	252.216
	木柴	kg	0.32	211.871	218.042	252.762	260.124
半成品	冷底子油 30∶70	100 kg	287.7	0.504	0.519	0.504	0.519
	石油沥青玛碲脂 6∶1∶2∶1	m³	1936.8	0.474	0.488	0.628	0.647

单位：100 m²

定额编号		单位	单价(元)	05-115	05-116	05-117	05-118
项目				石油沥青玛碲脂卷材屋面			
				二毡三油一砂		每增减一毡一油	
				无女儿墙	有女儿墙	无女儿墙	有女儿墙
				数量	数量	数量	数量
基价		元		2405.44	2473.82	630.13	647.5
其中	人工费	元		166.62	171.47	50.83	52.33
	材料费	元		2238.82	2302.35	579.3	595.17
	机械费	元		—	—	—	—
综合工日		工日	25.84	6.448	6.636	1.967	2.025
主要材料	钢筋 $\phi10$ 以内	t	2600	0.005	0.005	—	—
	绿豆砂	t	61	0.773	0.795	—	—
	石油沥青油毡 350#	m²	2.27	245.078	252.216	117.183	120.596
	木柴	kg	0.32	310.215	319.251	40.891	42.082
半成品	冷底子油 30∶70	100 kg	287.7	0.504	0.519	—	—
	石油沥青玛碲脂 6∶1∶2∶1	m³	1936.8	0.711	0.731	0.155	0.159

单位:100 m²

定额编号				05-119	05-120	05-121	05-122
项目		单位	单价(元)	改性沥青卷材防水面层			
				SBS 卷材(一层)		SBS 卷材(二层)	
				无女儿墙	有女儿墙	无女儿墙	有女儿墙
				数量	数量	数量	数量
基价		元		3127.39	3218.12	5464.63	5623.41
其中	人工费	元		105.92	109.02	161.55	166.25
	材料费	元		3021.47	3109.1	5303.08	5457.16
	机械费	元		—	—	—	—
综合工日		工日	25.84	4.099	4.219	6.252	6.434
主要材料	钢筋 ϕ10 以内	t	2600	0.005	0.005	0.005	0.005
	SBS 改性沥青柔性油毡	m²	16.5	127.895	131.62	245.078	252.216
	高强 APP 粘结剂 B 型	kg	7.51	93.73	96.46	140.08	144.16
	高强 APP 基底处理剂	kg	7.39	26.038	26.797	26.038	26.797

单位:100 m²

定额编号				05-123	05-124	05-125	05-126
项目		单位	单价(元)	改性沥青卷材防水面层			
				高强 APP 卷材(一层)		高强 APP 卷材(二层)	
				无女儿墙	有女儿墙	无女儿墙	有女儿墙
				数量	数量	数量	数量
基价		元		2065.86	2125.67	3430.48	3530.02
其中	人工费	元		105.92	109.02	161.55	166.25
	材料费	元		1959.94	2016.65	3268.93	3363.77
	机械费	元		—	—	—	—
综合工日		工日	25.84	4.099	4.219	6.252	6.434
主要材料	钢筋 ϕ10 以内	t	2600	0.005	0.005	0.005	0.005
	APP 改性沥青防水卷材	m²	8.2	127.895	131.62	245.078	252.216
	高强 APP 粘结剂 B 型	kg	7.51	93.73	96.46	140.08	144.16
	高强 APP 基底处理剂	kg	7.39	26.038	26.797	26.038	26.797

单位：100 m²

定额编号				05-127	05-128	05-129	05-130
项目		单位	单价(元)	三元乙丙橡胶卷材		再生橡胶卷材	
				满铺冷贴			
				无女儿墙	有女儿墙	无女儿墙	有女儿墙
				数量	数量	数量	数量
基价		元		4510.58	4641.94	3026.98	3115.14
其中	人工费	元		245.4	252.53	245.4	252.53
	材料费	元		4265.18	4389.41	2781.58	2862.61
	机械费	元		—	—	—	—
综合工日		工日	25.84	9.497	9.773	9.497	9.773
主要材料	钢筋 $\phi10$ 以内	t	2600	0.004	0.004	0.004	0.004
	CSPE 嵌缝油膏 330 mL	kg	5.5	51.788	53.297	51.788	53.297
	再生橡胶卷材	m²	7.5	—	—	113.867	117.183
	三元乙丙橡胶卷材	m²	21	113.867	117.183	—	—
	聚氨酯甲料	kg	8.6	16.696	17.183	16.696	17.183
	聚氨酯乙料	kg	8.6	32.064	32.998	32.064	32.998
	CX-404 胶	kg	13.97	41.612	42.824	—	—
	丁基黏结剂	kg	15.76	9.847	10.134	—	—
	氯丁胶黏结剂	kg	15.48	—	—	51.449	52.947
	二甲苯	kg	3.5	27.81	28.62	26.008	26.765
	乙酸乙酯	kg	8	5.202	5.353	5.202	5.353
	银色着色剂	kg	13.38	20.806	21.412	20.806	21.412
	107 胶素水泥浆	m³	472.31	0.01	0.011	0.01	0.011

单位：100 m²

定额编号				05-131	05-132	05-133	05-134
项目		单位	单价(元)	氯丁橡胶卷材		氯化聚乙烯橡胶共混卷材	
				满铺冷贴			
				无女儿墙	有女儿墙	无女儿墙	有女儿墙
				数量	数量	数量	数量
基价		元		2992.45	3079.58	4546.28	4678.69
其中	人工费	元		245.4	252.53	245.4	252.53
	材料费	元		2747.05	2827.05	4300.88	4426.16
	机械费	元		—	—	—	—
综合工日		工日	25.84	9.497	9.773	9.497	9.773
主要材料	钢筋 $\phi10$ 以内	t	2600	0.004	0.004	0.004	0.004
	氯丁胶沥青胶液	kg	2.55	62.418	64.236	—	—
	CSPE 嵌缝油膏 330 mL	kg	5.5	51.788	53.297	51.788	53.297
	氯丁橡胶卷材	kg	12.8	113.867	117.183	—	—
	氯化聚乙烯橡胶共混卷材	m²	20	—	—	113.867	117.183
	聚氨酯甲料	kg	8.6	12.01	12.36	12.01	12.36
	聚氨酯乙料	kg	8.6	18.025	18.55	18.025	18.55
	CY409 液	kg	15.65	9.837	10.123	—	—
	氯丁胶乳	kg	12.36	—	—	18.725	19.271
	BX-12 黏结剂	kg	13.16	—	—	46.814	48.177
	BX-12 乙组分 880 mL	瓶	16.23	—	—	12.298	12.656
	二甲苯	kg	3.5	27.81	28.62	27.81	28.62
	乙酸乙酯	kg	8	5.202	5.353	5.202	5.353
	银色着色剂	kg	13.38	20.806	21.412	20.806	21.412
	107 胶素水泥浆	m³	472.31	0.01	0.011	0.01	0.011

单位:100 m^2

定额编号				05-135	05-136
项目		单位	单价(元)	氯磺化聚乙烯卷材	
				满铺冷贴	
				无女儿墙	有女儿墙
				数量	数量
基价		元		3218.75	3312.5
其中	人工费	元		245.4	252.53
	材料费	元		2973.35	3059.97
	机械费	元		—	—
综合工日		工日	25.84	9.497	9.773
主要材料	钢筋 ϕ10 以内	t	2600	0.004	0.004
	CSPE 嵌缝油膏 330 mL	kg	5.5	51.788	53.297
	氯磺化聚乙烯卷材	m^2	9	113.867	117.183
	聚氨酯甲料	kg	8.6	16.696	17.183
	聚氨酯乙料	kg	8.6	32.064	32.998
	CX-401 胶	kg	7.8	10.825	11.141
	CX-404 胶	kg	13.97	52.015	53.53
	二甲苯	kg	3.5	27.81	28.62
	乙酸乙酯	kg	8	5.202	5.353
	银色着色剂	kg	13.38	20.806	21.412
	107 胶素水泥浆	m^3	472.31	0.01	0.011

(二)刚性防水屋面

单位:100 m^2

定额编号				05-137	05-138	05-139	05-140
项目		单位	单价(元)	防水砂浆			
				厚 25 mm		每增减 5 mm	
				无女儿墙	有女儿墙	无女儿墙	有女儿墙
				数量	数量	数量	数量
基价		元		1070.91	1008.71	171.37	161.52
其中	人工费	元		319.93	301.27	45.79	43.1
	材料费	元		728.42	686.19	121.09	114.15
	机械费	元		22.56	21.25	4.49	4.27
综合工日		工日	25.84	12.381	11.659	1.772	1.668
	松木成材	m^3	1000	0.004	0.004	—	—
	高强 APP 嵌缝膏	kg	4.2	19.076	17.964	—	—
	水泥砂浆 1:2	m^3	184.69	3.606	2.454	0.525	0.495
	素水泥浆	m^3	410.06	0.103	0.097	—	—

单位:100 m²

定额编号				05-141	05-142	05-143	05-144
项目		单位	单价(元)	细石混凝土		配筋细石混凝土	
				厚 40 mm		厚 40 mm	
				无女儿墙	有女儿墙	无女儿墙	有女儿墙
				数量	数量	数量	数量
基价		元		1676.61	1579.57	2277.32	2137.1
其中	人工费	元		566.9	533.88	683.18	641.84
	材料费	元		1069.87	1008.07	1500.08	1407.35
	机械费	元		39.84	37.62	94.06	87.91
	综合工日	工日	25.84	21.939	20.661	26.439	24.839
主要材料	低碳冷拔钢丝 ϕ5 以内	t	2800	—	—	0.153	0.142
	松木成材	m^3	1000	0.008	0.008	0.008	0.008
	细砂	t	23	0.463	0.436	0.463	0.436
	高强 APP 嵌缝膏	kg	4.2	38.038	35.822	38.038	38.822
	石油沥青油毡 350#	m^2	2.27	108.15	101.85	108.15	101.85
	镀锌铁丝 22#	kg	3.83	—	—	0.3	0.278
	滚筒式混凝土搅拌机 500 L 内	台班	119.64	0.288	0.272	0.288	0.272
	点焊机(长臂 75 kVA 以内)	台班	160.96	—	—	0.305	0.283
	现浇 C20 混凝土,粒径 20 mm,52.5 级水泥	m^3	153.65	4.161	3.919	4.161	3.919

单位:100 m²

定额编号				05-145	05-146
项目		单位	单价(元)	细石混凝土	
				每增减 5 mm	
				无女儿墙	有女儿墙
				数量	数量
基价		元		118.62	111.84
其中	人工费	元		32.48	30.57
	材料费	元		80.67	76.06
	机械费	元		5.47	5.21
	综合工日	工日	25.84	1.257	1.183
	滚筒式混凝土搅拌机 500 L 内	台班	119.64	0.041	0.039
	现浇 C20 混凝土,粒径 20 mm,52.5 级水泥	m^3	153.65	0.525	0.495

（三）涂膜屋面

单位：100 m

定额编号				05-147	05-148	05-149	05-150
项目		单位	单价（元）	塑料油膏嵌缝		塑料油膏贴玻璃布盖缝	
				空心板	大型屋面板	一布二油	每增一布一油
				数量	数量	数量	数量
基价		元		442.69	550.72	1152.02	472.4
其中	人工费	元		85.53	86.05	53.49	32.04
	材料费	元		357.16	464.67	1098.53	440.36
	机械费	元		—	—	—	—
综合工日		工日	25.84	3.31	3.33	2.07	1.24
主要材料	塑料油膏	kg	2.9	119.07	154.91	351.07	131.65
	木柴	kg	0.32	37.07	48.22	109.3	40.99
	玻璃纤维布 1.8 mm	m^2	1.5	—	—	30.3	30.3

单位：100 m^2

定额编号				05-151	05-152	05-153	05-154
项目		单位	单价（元）	屋面满涂			
				塑料油膏厚 4 mm		APP 冷胶涂料	
				无女儿墙	有女儿墙	无女儿墙	有女儿墙
				数量	数量	数量	数量
基价		元		1954.17	2011.1	2091.52	2152.42
其中	人工费	元		146.38	150.65	61.76	63.54
	材料费	元		1807.79	1860.45	2029.76	2088.88
	机械费	元		—	—	—	—
综合工日		工日	25.84	5.665	5.83	2.39	2.459
主要材料	塑料油膏	kg	2.9	602.674	620.227	—	—
	高强 APP-841 冷胶涂料	kg	6.44	—	—	315.18	324.36
	木柴	kg	0.32	187.625	193.09	—	—

单位：100 m^2

定额编号				05-155	05-156	05-157	05-158
项目		单位	单价（元）	屋面满涂		塑料油膏玻璃纤维布	
				聚氨酯涂料		一布二油	
				无女儿墙	有女儿墙	无女儿墙	有女儿墙
				数量	数量	数量	数量
基价		元		2640.8	2717.71	2972.89	3059.46
其中	人工费	元		166.87	171.73	91.84	94.5
	材料费	元		2473.93	2545.98	2881.05	2964.96
	机械费	元		—	—	—	—

续表

单位:100 m²

定额编号				05-155	05-156	05-157	05-158
项目		单位	单价(元)	屋面满涂		塑料油膏玻璃纤维布	
				聚氨酯涂料		一布二油	
				无女儿墙	有女儿墙	无女儿墙	有女儿墙
				数量	数量	数量	数量
综合工日		工日	25.84	6.458	6.646	3.554	3.657
主要材料	绿豆砂	t	61	0.484	0.498	—	—
	塑料油膏	kg	2.9	—	—	898.428	924.596
	聚氨酯甲料	kg	8.6	108.717	111.883	—	—
	聚氨酯乙料	kg	8.6	170.084	175.038	—	—
	二甲苯	kg	3.5	13.349	13.738	—	—
	木柴	kg	0.32	—	—	279.707	287.854
	玻璃纤维布 1.8 mm	m²	1.5	—	—	124.064	127.677

注:聚氨酯如掺缓凝剂,增加磷酸 0.30 kg;如掺促凝剂,增加二月桂酸二丁基锡 0.25 kg。

单位:100 m²

定额编号				05-159	05-160	05-161	05-162
项目		单位	单价(元)	塑料油膏玻璃纤维布		氯丁冷胶	
				每增一布一油		二布三涂	
				无女儿墙	有女儿墙	无女儿墙	有女儿墙
				数量	数量	数量	数量
基价		元		1235.01	1270.97	1761.21	1812.48
其中	人工费	元		57.75	59.43	248.87	256.1
	材料费	元		1177.26	1211.54	1512.34	1556.38
	机械费	元		—	—	—	—
综合工日		工日	25.84	2.235	2.3	9.631	9.911
主要材料	细砂	t	23	—	—	0.702	0.722
	塑料油膏	kg	2.9	334.688	344.436	—	—
	氯丁冷胶	kg	3.02	—	—	374.508	385.416
	木柴	kg	0.32	104.185	107.219	—	—
	聚酯布 100 g/m²	m²	1.5	—	—	243.451	250.542
	玻璃纤维布 1.8 mm	m²	1.5	115.545	118.911	—	—

单位：100 m²

定额编号				05-163	05-164	05-165	05-166
项目		单位	单价(元)	氯丁冷胶		APP 冷胶涂料贴无纺布	
				每增一布一涂		二布三涂	
				无女儿墙	有女儿墙	无女儿墙	有女儿墙
				数量	数量	数量	数量
基价		元		563.73	580.15	2810.99	2892.88
其中	人工费	元		125.35	129.02	117.37	120.8
	材料费	元		438.38	451.13	2693.62	2772.08
	机械费	元		—	—	—	—
综合工日		工日	25.84	4.851	4.993	4.542	4.675
主要材料	氯丁冷胶	kg	3.02	88.426	91.001	—	—
	高强 APP-841 冷胶涂料	kg	6.44	—	—	315.18	324.36
	高强 APP 基底处理剂	kg	7.39	—	—	26.038	26.797
	聚酯布 100 g/m²	m²	1.5	114.217	117.543	—	—
	化纤无纺布	m²	1.9	—	—	248.127	255.354

单位：100 m

定额编号				05-167
项目		单位	单价(元)	屋面分格缝
				数量
基价		元		2831.93
其中	人工费	元		255.82
	材料费	元		2576.11
	机械费	元		—
综合工日		工日	25.84	9.9
主要材料	绿豆砂	t	61	0.62
	石油沥青油毡 350#	m²	2.27	232.1
	塑料油膏	kg	2.9	303.68
	木柴	kg	0.32	218.11
半成品	冷底子油 30：70	100 kg	287.7	0.389
	石油沥青玛碲脂 6：1：2：1	m³	1936.8	0.49

（四）隔气（离）层

单位：100 m²

定额编号				05-168	05-169	05-170	05-171
项目		单位	单价（元）	刷石油沥青一遍（含冷底子油）		每增加石油沥青一遍	
				无女儿墙	有女儿墙	无女儿墙	有女儿墙
				数量	数量	数量	数量
基价		元		567.85	584.53	304.19	313.06
其中	人工费	元		49.77	51.21	17.57	18.09
	材料费	元		518.08	533.32	286.62	294.97
	机械费	元		—	—	—	—
综合工日		工日	25.84	1.926	1.982	0.68	0.7
	石油沥青 30#	kg	1.8	192.157	197.754	148.763	153.096
	木柴	kg	0.32	89.507	92.114	58.916	60.632
	冷底子油 30∶70	100 kg	287.7	0.499	0.514	—	—

单位：100 m²

定额编号				05-172	05-173	05-174	05-175
项目		单位	单价（元）	二毡三油（含冷底子油）		每增减一毡一油	
				无女儿墙	有女儿墙	无女儿墙	有女儿墙
				数量	数量	数量	数量
基价		元		2031.83	2092.53	712.71	733.84
其中	人工费	元		235.82	242.69	99.02	101.89
	材料费	元		1796.01	1849.84	613.69	631.95
	机械费	元		—	—	—	—
综合工日		工日	25.84	9.126	9.392	3.832	3.943
	石油沥青油毡 350#	m²	2.27	246.953	254.146	119.985	123.479
	木柴	kg	0.32	234.531	241.362	67.98	69.96
半成品	冷底子油 30∶70	100 kg	287.7	0.499	0.514	—	—
	石油沥青玛碲脂 6∶1∶2∶1	m³	1936.8	0.525	0.541	0.165	0.17

单位：100 m²

定额编号			05-176	05-177	05-178	05-179
项目	单位	单价（元）	水泥砂浆找平厚 20 mm			
			在混凝土或硬基层上		在填充料上	
			无女儿墙	有女儿墙	无女儿墙	有女儿墙
			数量	数量	数量	数量
基价	元		578.72	544.91	624.34	587.9

续表

单位:100 m²

定额编号				05-176	05-177	05-178	05-179
项目		单位	单价(元)	水泥砂浆找平厚20 mm			
				在混凝土或硬基层上		在填充料上	
				无女儿墙	有女儿墙	无女儿墙	有女儿墙
				数量	数量	数量	数量
其中	人工费	元		207.6	195.51	212.92	200.52
	材料费	元		351.95	331.33	387.71	365.09
	机械费	元		19.17	18.07	23.71	22.29
综合工日		工日	25.84	8.034	7.566	8.24	7.76
	水泥砂浆1∶3	m^3	148.56	2.081	1.959	2.606	2.454
	素水泥浆	m^3	410.06	0.103	0.097	—	—

单位:100 m²

定额编号				05-180	05-181
项目		单位	单价(元)	水泥砂浆找平	
				每增减5 mm	
				无女儿墙	有女儿墙
				数量	数量
基价		元		120.6	113.65
其中	人工费	元		37.52	35.35
	材料费	元		77.99	73.54
	机械费	元		5.09	4.76
	综合工日	工日	25.84	1.452	1.368
	水泥砂浆1∶3	m^3	148.56	0.525	0.495

(五)保温隔热层

单位:100 m²

定额编号				05-182	05-183	05-184	05-185
项目		单位	单价(元)	石灰炉(矿)渣			
				厚10 cm		厚每增减1 cm	
				无女儿墙	有女儿墙	无女儿墙	有女儿墙
				数量	数量	数量	数量
基价		元		850.11	800.59	84.99	80.08
其中	人工费	元		197.75	186.23	19.77	18.63
	材料费	元		652.36	614.36	65.22	61.45
	机械费	元		—	—	—	—
	综合工日	工日	25.84	7.653	7.207	0.765	0.721
	石灰炉渣1∶3	m^3	60.9	10.712	10.088	1.071	1.009

单位：100 m^2

定额编号				05-186	05-187	05-188	05-189
项目		单位	单价(元)	水泥石灰炉(矿)渣			
				厚10 cm		厚每增减1 cm	
				无女儿墙	有女儿墙	无女儿墙	有女儿墙
				数量	数量	数量	数量
基价		元		1198.64	1128.83	119.85	112.9
其中	人工费	元		202.53	190.75	20.26	19.07
	材料费	元		996.11	938.08	99.59	93.83
	机械费	元		—	—	—	—
	综合工日	工日	25.84	7.838	7.382	0.784	0.738
	水泥石灰炉渣 1∶1∶8	m^3	92.99	10.712	10.088	1.071	1.009

单位：100 m^2

定额编号				05-190	05-191	05-192	05-193
项目		单位	单价(元)	水泥蛭石块			
				厚10 cm		厚每增减1 cm	
				无女儿墙	有女儿墙	无女儿墙	有女儿墙
				数量	数量	数量	数量
基价		元		1970.34	1855.58	197.01	185.59
其中	人工费	元		149.3	140.62	14.94	14.06
	材料费	元		1821.04	1714.96	182.07	171.53
	机械费	元		—	—	—	—
	综合工日	工日	25.84	5.778	5.442	0.578	0.544
	水泥蛭石块 0.5×0.25×0.1	m^3	170	10.712	10.088	1.071	1.009

单位：100 m^2

定额编号				05-194	05-195	05-196	05-197
项目		单位	单价(元)	现浇水泥蛭石			
				厚10 cm		厚每增减1 cm	
				无女儿墙	有女儿墙	无女儿墙	有女儿墙
				数量	数量	数量	数量
基价		元		1803.8	1698.71	180.36	169.89
其中	人工费	元		191.37	180.21	19.15	18.01
	材料费	元		1612.43	1518.5	161.21	151.88
	机械费	元		—	—	—	—
	综合工日	工日	25.84	7.406	6.974	0.741	0.697
	水泥蛭石浆 1∶8	m^3	149.92	10.712	10.088	1.071	1.009

（六）挑檐板、檐沟、天沟防水层

单位：100 m²

定额编号		单位	单价(元)	05-202	05-203	05-204	05-205
项目				挑檐板			
				石油沥青玛碲脂卷材		SBS改性沥青卷材	
				二毡三油一砂	增减一毡一油	一层	二层
				数量	数量	数量	数量
基价		元		5007.29	549.75	5638.5	7680.74
其中	人工费	元		1674.61	44.42	1621.59	1670.19
	材料费	元		3291.83	505.33	3976.06	5969.7
	机械费	元		40.85	—	40.85	40.85
综合工日		工日	25.84	64.807	1.719	62.755	64.636
主要材料	钢筋 ϕ10以内	t	2600	0.005	—	0.005	0.005
	松木成材	m³	1000	0.015	—	0.015	0.015
	绿豆砂	t	61	0.675	—	—	—
	石油沥青油毡350#	m²	2.27	214.146	102.393	—	—
	SBS改性沥青柔性油毡	m²	16.5	—	—	111.753	214.146
	建筑油膏	kg	3.13	148.331	—	148.331	148.331
	107胶	kg	1.9	15.134	—	15.134	15.134
	高强APP黏结剂B型	kg	7.51	—	—	81.9	122.4
	106涂料	kg	1.2	36.556	—	36.556	36.556
	高强APP基底处理剂	kg	7.39	—	—	22.752	22.752
	木柴	kg	0.32	316.692	35.73	45.63	45.63
半成品	水泥砂浆 1∶2	m³	184.69	0.221	—	0.221	0.221
	水泥砂浆 1∶2.5	m³	170.43	0.306	—	0.306	0.306
	水泥砂浆 1∶3	m³	148.56	2.124	—	2.124	2.124
	混合砂浆 1∶1∶6	m³	118.27	0.855	—	0.855	0.855
	素水泥浆	m³	410.06	0.185	—	0.185	0.185
	麻刀石灰浆	m³	167.42	0.96	—	0.96	0.96
	冷底子油 30∶70	100 kg	287.7	0.441	—	—	—
	石油沥青玛碲脂 6∶1∶2∶1	m³	1936.8	0.621	0.135	—	—

单位：100 m²

定额编号		单位	单价(元)	05-206	05-207
项目				挑檐板	天沟
				1∶2水泥砂浆抹面	SBS卷材防水
				20厚	(10 m)
				数量	数量
基价		元		2335.94	301.56
其中	人工费	元		1343.68	66.59
	材料费	元		951.41	232.62
	机械费	元		40.85	2.35
综合工日		工日	25.84	52	2.577

续表

单位：100 m^2

定额编号				05-206	05-207
项目		单位	单价(元)	挑檐板	天沟
				1∶2 水泥砂浆抹面	SBS 卷材防水
				20 厚	(10 m)
				数量	数量
主要材料	钢筋 ϕ10 以内	t	2600	—	—
	松木成材	m^3	1000	0.015	—
	SBS 改性沥青柔性油毡	m^2	16.5	—	7.45
	107 胶	kg	1.9	15.134	0.133
	高强 APP 黏结剂 B 型	kg	7.51	—	5.46
	106 涂料	kg	1.2	36.556	—
	高强 APP 基底处理剂	kg	7.39	—	1.517
半成品	水泥砂浆 1∶2	m^3	184.69	2.039	—
	水泥砂浆 1∶2.5	m^3	170.43	0.306	0.04
	水泥砂浆 1∶3	m^3	148.56	0.306	0.305
	混合砂浆 1∶1∶6	m^3	118.27	0.855	—
	素水泥浆	m^3	410.06	0.185	0.012
	麻刀石灰浆	m^3	167.42	0.96	—

单位：100 m^2

定额编号				05-208	05-209	05-210
项目		单位	单价(元)	檐沟		
				1∶2 防水砂浆 20 厚	1∶2 防水砂浆 20 厚	1∶2 水泥砂浆 20 厚 SBS 卷材防水
					水泥石灰炉渣找坡	
				数量	数量	数量
基价		元		2452.7	2473.63	8671.51
其中	人工费	元		1050.55	1054.09	1693.19
	材料费	元		1348.32	1365.71	6918.8
	机械费	元		53.83	53.83	59.52
综合工日		工日	25.84	40.656	40.793	65.526
主要材料	钢筋 ϕ10 以内	t	2600	—	—	0.01
	松木成材	m^3	1000	0.016	0.016	0.016
	SBS 改性沥青柔性油毡	m^2	16.5	—	—	242.132
	107 胶	kg	1.9	15.93	15.93	18.251
	高强 APP 黏结剂 B 型	kg	7.51	—	—	177.45
	106 涂料	kg	1.2	38.48	38.48	38.48
	高强 APP 基底处理剂	kg	7.39	—	—	49.296
半成品	水泥砂浆 1∶2	m^3	184.69	3.978	3.978	—
	水泥砂浆 1∶2.5	m^3	170.43	—	—	0.704
	水泥砂浆 1∶3	m^3	148.56	—	—	3.905
	混合砂浆 1∶1∶6	m^3	118.27	0.9	0.9	0.9
	素水泥浆	m^3	410.06	0.1	0.1	0.205

续表

单位:100 m²

定额编号				05-208	05-209	05-210
项目		单位	单价(元)	檐沟		
				1∶2 防水砂浆 20 厚	1∶2 防水砂浆 20 厚 水泥石灰炉渣找坡	1∶2 水泥砂浆 20 厚 SBS 卷材防水 水泥石灰炉渣找坡
				数量	数量	数量
半成品	麻刀石灰浆	m^3	167.42	1.01	1.01	1.01
	水泥石灰炉渣 1∶1∶8	m^3	92.99	—	0.187	0.187

（七）屋面排水

单位:100 m

定额编号				05-211	05-212	05-213
项目		单位	单价(元)	白铁皮水落管		白铁皮檐沟
				展开宽度(mm)		
				225	300	300
				数量	数量	数量
基价		元		783.19	1043.79	1043.79
其中	人工费	元		226.57	301.89	301.89
	材料费	元		556.62	741.9	741.9
	机械费	元		—	—	—
综合工日		工日	25.84	8.768	11.683	11.683
主要材料	镀锌铁皮 26#	m^2	18.3	23.805	31.74	31.74
	铁件	kg	3.3	11.059	14.745	14.745
	焊锡	kg	36.83	0.405	0.54	0.54
	红丹防锈漆	kg	7.3	2.908	3.866	3.866
	调和漆	kg	9.38	3.953	5.256	5.256

单位:100 m

定额编号				05-214	05-215	05-216	05-217
项目		单位	单价(元)	白铁皮天沟		白铁皮斜沟泛水	白铁皮水斗
				展开宽度(mm)			
				600	900	450	(10 个)
				数量	数量	数量	数量
基价		元		1714.01	2571.04	1285.5	220.33
其中	人工费	元		318.48	477.73	238.86	81.47
	材料费	元		1395.53	2093.31	1046.64	138.86
	机械费	元		—	—	—	—
综合工日		工日	25.84	12.325	18.488	9.244	3.153
主要材料	镀锌铁皮 26#	m^2	18.3	63.24	94.86	47.43	5.4
	焊锡	kg	36.83	1.248	1.872	0.936	0.72
	红丹防锈漆	kg	7.3	7.731	11.597	5.799	0.512
	调和漆	kg	9.38	10.511	15.767	7.883	0.696

单位:100 m

定额编号				05-218	05-219	05-220	05-221
项目		单位	单价(元)	铸铁水落管		铸铁雨水口(10个)	
				ϕ100 mm	ϕ150 mm	ϕ100 mm	ϕ150 mm
				数量	数量	数量	数量
基价		元		4213.65	5409.09	592.91	642.19
其中	人工费	元		775.95	878.04	84.91	88.84
	材料费	元		3437.7	4531.05	508	553.35
	机械费	元		—	—	—	—
综合工日		工日	25.84	30.029	33.98	3.286	3.438
主要材料	铁件	kg	3.3	14.4	77.8	—	—
	水泥 42.5 级	t	270	0.116	0.132	—	—
	中(粗)砂	t	26	0.3	0.3	—	—
	石油沥青 10#	kg	1.7	6.468	9.83	0.197	0.275
	石油沥青 30#	kg	1.8	7	9.5	—	—
	石油沥青油毡 350#	m^2	2.27	—	—	2.42	2.93
	螺栓 M3	套	0.25	210	—	—	—
	膨胀螺栓 6×22	套	0.55	105	—	—	—
	镀锌铁丝 20#	kg	3.67	8.2	8.2	—	—
	铸铁三通 150×50	个	25.8	—	36.1	—	—
	铸铁三通 100×50	个	17.5	36.1	—	—	—
	铸铁排水管 100×1500	m	23	104.7	—	—	—
	铸铁排水管 150×1500	m	30	—	101	—	—
	铸铁雨水口 100 带罩	套	46	—	—	10.47	—
	铸铁雨水口 150 带罩	套	52	—	—	—	10.1
	石棉绒	kg	5.23	17.4	23.6	—	—
	木柴	kg	0.32	6.416	9.75	0.195	0.273
	石油沥青玛碲脂 6∶1∶2∶1	m^3	1936.8	—	—	0.01	0.01

单位:10 个

定额编号				05-222	05-223	05-224
项目		单位	单价(元)	铸铁水斗		铸铁弯头(含箅子板)
				落水口直径		
				100 mm	150 mm	
				数量	数量	数量
基价		元		299.22	347.55	761.95
其中	人工费	元		75.3	79.35	100.98
	材料费	元		223.92	268.2	660.97
	机械费	元		—	—	—
综合工日		工日	25.84	2.914	3.071	3.908
主要材料	铁件	kg	3.3	10.83	11.77	2.42
	杉木成材	m^3	1200	—	—	0.036
	石油沥青 10#	kg	1.7	0.826	0.924	1.16

续表 单位:10 个

定额编号				05-222	05-223	05-224
项目		单位	单价(元)	铸铁水斗		铸铁弯头(含箅子板)
				落水口直径		
				100 mm	150 mm	
				数量	数量	数量
主要材料	铸铁水斗 100	个	18	10.1	—	—
	铸铁水斗 150	个	22	—	10.1	—
	铸铁弯头出水口 100	个	46	—	—	10.1
	木柴	kg	0.32	0.819	0.919	1.151
	石油沥青玛碲脂 6∶1∶2∶1	m^3	1936.8	—	—	0.07

单位:10 m

定额编号				05-225	05-226	05-227	05-228
项目		单位	单价(元)	塑料水落管		塑料水斗	
				ϕ75 mm	ϕ110 mm	ϕ75 mm	ϕ110 mm
						10 个	10 个
				数量	数量	数量	数量
基价		元		216.37	290.9	159.82	283.99
其中	人工费	元		59.69	59.69	54.52	54.52
	材料费	元		156.68	231.21	105.3	229.47
	机械费	元		—	—	—	—
综合工日		工日	25.84	2.31	2.31	2.11	2.11
主要材料	密封胶	kg	21.18	0.1	0.12	0.17	0.31
	卡箍膨胀螺栓 75	套	5	7.14	—	—	—
	卡箍膨胀螺栓 110	套	5.15	—	7.14	—	—
	塑料水管 ϕ110	m	15.65	—	10.52	—	—
	塑料水管 ϕ75	m	10	10.45	—	—	—
	塑料检查口 ϕ110	个	14.38	—	1.01	—	—
	塑料检查口 ϕ75	个	7.43	1.01	—	—	—
	塑料伸缩节 ϕ110	个	11.48	—	1.11	—	—
	塑料伸缩节 ϕ75	个	6.18	1.11	—	—	—
	塑料水斗 ϕ110	个	22	—	—	—	10.1
	塑料水斗 ϕ75	个	10	—	—	10.1	—

单位:10 套

定额编号				05-229	05-230
项目		单位	单价(元)	阳台塑料落水弯(ϕ50 mm)	
				三通直径 ϕ110 mm	三通直径 ϕ75 mm
				数量	数量
基价		元		290.86	206.22
其中	人工费	元		54.01	54.01
	材料费	元		236.85	152.21
	机械费	元		—	—

续表　　　　单位:10 套

定额编号				05-229	05-230
项目		单位	单价(元)	阳台塑料落水弯(ϕ50 mm)	
				三通直径 ϕ110 mm	三通直径 ϕ75 mm
				数量	数量
综合工日		工日	25.84	2.09	2.09
主要材料	密封胶	kg	21.18	0.1	0.1
	塑料水管 ϕ50×400 短管	个	2	10.1	10.1
	塑料三通 ϕ110	个	15.86	10.1	10.1
	阳台地漏	个	5.38	10.1	10.1

六、防水防潮

(一) 卷材防水

单位:100 m²

定额编号				05-231	05-232	05-233	05-234
项目		单位	单价(元)	玛碲脂卷材			
				二毡三油		每增减一毡一油	
				平面	立面	平面	立面
				数量	数量	数量	数量
基价		元		1976.36	2106.24	691.56	748.26
其中	人工费	元		228.94	299.49	96.12	132.04
	材料费	元		1744.42	1806.75	595.44	616.22
	机械费	元		—	—	—	—
综合工日		工日	25.84	8.86	11.59	3.72	5.11
	石油沥青油毡 350#	m²	2.27	239.76	239.76	116.49	116.49
	木柴	kg	0.32	227.7	240.9	66	70.4
	冷底子油 30:70	100 kg	287.7	0.485	0.485	—	—
	石油沥青玛碲脂 6:1:2:1	m³	1936.8	0.51	0.54	0.16	0.17

单位:100 m²

定额编号				05-235	05-236	05-237	05-238
项目		单位	单价(元)	APP 卷材			
				二毡三油		每增减一毡一油	
				平面	立面	平面	立面
				数量	数量	数量	数量
基价		元		1951.14	2092.39	680.01	747.6
其中	人工费	元		202.84	271.58	79.59	127.13
	材料费	元		1748.3	1820.81	600.42	620.47
	机械费	元		—	—	—	—
综合工日		工日	25.84	7.85	10.51	3.08	4.92

续表

单位:100 m²

定额编号				05-235	05-236	05-237	05-238
项目		单位	单价(元)	APP 卷材			
				二毡三油		每增减一毡一油	
				平面	立面	平面	立面
				数量	数量	数量	数量
主要材料	石油沥青油毡 350#	m²	2.27	237.94	237.94	113.77	113.77
	高强 APP 黏结剂 B 型	kg	7.51	136	144.16	45.56	48.33
	高强 APP 基底处理剂	kg	7.39	25.28	26.8	—	—

单位:100 m²

定额编号				05-239	05-240	05-241	05-242
项目		单位	单价(元)	玛碲脂玻璃纤维布			
				二布三油		每增减一布一油	
				平面	立面	平面	立面
				数量	数量	数量	数量
基价		元		1810.76	1995.06	622.19	691.29
其中	人工费	元		250.13	372.1	116.02	164.34
	材料费	元		1560.63	1622.96	506.17	526.95
	机械费	元		—	—	—	—
综合工日		工日	25.84	9.68	14.4	4.49	6.36
	木柴	kg	0.32	227.7	240.9	66	70.4
	玻璃纤维布 1.8 mm	m²	1.5	240.31	240.31	116.77	116.77
	冷底子油 30∶70	100 kg	287.7	0.485	0.485	—	—
	石油沥青玛碲脂 6∶1∶2∶1	m³	1936.8	0.51	0.54	0.16	0.17

单位:100 m²

定额编号				05-243	05-244	05-245	05-246
项目		单位	单价(元)	沥青玻璃纤维布			
				二布三油		每增减一布一油	
				平面	立面	平面	立面
				数量	数量	数量	数量
基价		元		1695.79	1884.68	582.58	652.53
其中	人工费	元		249.87	371.58	116.28	163.83
	材料费	元		1445.92	1513.1	466.3	488.7
	机械费	元		—	—	—	—
综合工日		工日	25.84	9.67	14.38	4.5	6.34
主要材料	石油沥青 30#	kg	1.8	489.72	524.7	151.58	163.24
	木柴	kg	0.32	201.3	214.5	57.2	61.6
	玻璃纤维布 1.8 mm	m²	1.5	240.31	240.31	116.77	116.77
	冷底子油 30∶70	100 kg	287.7	0.485	0.485	—	—

单位:100 m²

定额编号				05-247	05-248	05-249	05-250
项目		单位	单价(元)	高强APP玻璃纤维布		氯化聚乙烯橡胶共混卷材	
				二布六涂			
				平面	立面	平面	立面
				数量	数量	数量	数量
基价		元		3110.41	3357.72	4604.8	4750.79
其中	人工费	元		265.89	364.09	499.75	645.74
	材料费	元		2844.52	2993.63	4105.05	4105.05
	机械费	元		—	—	—	—
综合工日		工日	25.84	10.29	14.09	19.34	24.99
主要材料	钢筋 ϕ10 以内	t	2600	—	—	0.004	0.004
	CSPE 嵌缝油膏 330 mL	kg	5.5	—	—	29.83	29.83
	氯化聚乙烯橡胶共混卷材	m²	20	—	—	124.53	124.53
	聚氨酯甲料	kg	8.6	—	—	5.42	5.42
	聚氨酯乙料	kg	8.6	—	—	8.13	8.13
	氯丁冷胶	kg	3.02	—	—	20.2	20.2
	BX-12 黏结剂	kg	13.16	—	—	45.45	45.45
	BX-12 乙组分 880 mL	瓶	16.23	—	—	32.28	32.28
	高强 APP 黏结剂 B 型	kg	7.51	306	324.36	—	—
	二甲苯	kg	3.5	—	—	27	27
	乙酸乙酯	kg	8	—	—	5.05	5.05
	高强 APP 基底处理剂	kg	7.39	25.28	26.8	—	—
	玻璃纤维布 1.8 mm	m²	1.5	239.76	239.76	—	—
	107 胶素水泥浆	m³	472.31	—	—	0.01	0.01

单位:100 m²

定额编号				05-251	05-252	05-253	05-254
项目		单位	单价(元)	三元乙丙橡胶卷材		再生橡胶卷材	
				冷贴满铺			
				平面	立面	平面	立面
				数量	数量	数量	数量
基价		元		3972.56	4118.55	3008.53	3154.52
其中	人工费	元		499.75	645.74	499.75	645.74
	材料费	元		3472.81	3472.81	2508.78	2508.78
	机械费	元		—	—	—	—
综合工日		工日	25.84	19.34	24.99	19.34	24.99
主要材料	钢筋 ϕ10 以内	t	2600	0.004	0.004	0.004	0.004
	CSPE 嵌缝油膏 330 mL	kg	5.5	29.83	29.83	29.83	29.83
	再生橡胶卷材	m²	7.5	—	—	124.17	124.17
	三元乙丙橡胶卷材	m²	21	124.17	124.17	—	—
	聚氨酯甲料	kg	8.6	9.97	9.97	9.97	9.97
	聚氨酯乙料	kg	8.6	21.77	21.77	21.77	21.77

续表

单位：100 m²

定额编号				05-251	05-252	05-253	05-254
项目		单位	单价(元)	三元乙丙橡胶卷材		再生橡胶卷材	
				冷贴满铺			
				平面	立面	平面	立面
				数量	数量	数量	数量
主要材料	丁基黏结剂	kg	15.76	17.6	17.6	—	—
	氯丁胶黏结剂	kg	15.48	—	—	63.93	63.93
	二甲苯	kg	3.5	27	27	27	27
	乙酸乙酯	kg	8	5.05	5.05	5.05	5.05
	107胶素水泥浆	m^3	472.31	0.01	0.01	0.01	0.01

（二）涂膜防水

单位：100 m²

定额编号				05-255	05-256	05-257	05-258
项目		单位	单价(元)	苯乙烯涂料二遍		刷冷底子油	
				平面	立面	第一遍	第二遍
				数量	数量	数量	数量
基价		元		238.91	244.31	185.38	135.52
其中	人工费	元		57.11	57.11	40.57	34.37
	材料费	元		181.8	187.2	144.81	101.15
	机械费	元		—	—	—	—
综合工日		工日	25.84	2.21	2.21	1.57	1.33
	苯乙烯涂料	kg	3.6	50.5	52	—	—
	木柴	kg	0.32	—	—	16.5	20.9
	冷底子油 30∶70	100 kg	287.7	—	—	0.485	—
	冷底子油 50∶50	100 kg	259.5	—	—	—	0.364

单位：100 m²

定额编号				05-259	05-260	05-261
项目		单位	单价(元)	塑料油膏	氯偏共聚乳液	聚氨酯
				涂刷遍数		
				二遍	三遍	二遍
				数量	数量	数量
基价		元		1809.92	131.02	2620.15
其中	人工费	元		54.78	42.12	172.09
	材料费	元		1755.14	88.9	2448.06
	机械费	元		—	—	—
	综合工日	工日	25.84	2.12	1.63	6.66

续表

单位:100 m²

定额编号		单位	单价(元)	05-259	05-260	05-261
项目				塑料油膏	氯偏共聚乳液	聚氨酯
				涂刷遍数		
				二遍	三遍	二遍
				数量	数量	数量
主要材料	绿豆砂	t	61	—	—	0.47
	塑料油膏	kg	2.9	585.12	—	—
	聚氨酯甲料	kg	8.6	—	—	107.64
	聚氨酯乙料	kg	8.6	—	—	168.41
	氯偏共聚乳液	kg	3.86	—	21	—
	磷酸三钠溶液 10%	kg	4.85	—	0.59	—
	聚乙烯醇溶液	kg	5.24	—	0.95	—
	二甲苯	kg	3.5	—	—	12.96
	木柴	kg	0.32	182.16	—	—

单位:100 m²

定额编号		单位	单价(元)	05-262	05-263	05-264
项目				石油沥青一遍		
				平面	混凝土抹灰面	砖墙面
					立面	
				数量	数量	数量
基价		元		551.47	583.69	636.12
其中	人工费	元		48.32	58.14	65.63
	材料费	元		503.15	525.55	570.49
	机械费	元		—	—	—
综合工日		工日	25.84	1.87	2.25	2.54
	石油沥青 30#	kg	1.8	186.56	198.22	221.54
	木柴	kg	0.32	86.9	91.3	100.6
	冷底子油 30:70	100 kg	287.7	0.485	0.485	0.485

单位:100 m²

定额编号	单位	单价(元)	05-265	05-266	05-267
项目			石油沥青每增加一遍		
			平面	混凝土抹灰面	砖墙面
				立面	
			数量	数量	数量
基价	元		295.32	336.28	382.14

续表

单位:100 m^2

定额编号				05-265	05-266	05-267
项目		单位	单价(元)	石油沥青每增加一遍		
				平面	混凝土抹灰面	砖墙面
					立面	
				数量	数量	数量
其中	人工费	元		17.05	22.74	26.62
	材料费	元		278.27	313.54	355.52
	机械费	元		—	—	—
综合工日		工日	25.84	0.66	0.88	1.03
	石油沥青 30#	kg	1.8	144.43	163.24	186.56
	木柴	kg	0.32	57.2	61.6	61.6

单位:100 m^2

定额编号				05-268	05-269	05-270
项目		单位	单价(元)	刷石油沥青玛碲脂一遍		
				平面	混凝土抹灰面	砖墙面
					立面	
				数量	数量	数量
基价		元		565.95	721.97	790.2
其中	人工费	元		48.58	59.17	66.67
	材料费	元		517.37	662.8	723.53
	机械费	元		—	—	—
综合工日		工日	25.84	1.88	2.29	2.58
木柴		kg	0.32	91.3	122.1	130.3
半成品	冷底子油 30∶70	100 kg	287.7	0.485	0.485	0.485
	石油沥青玛碲脂 6∶1∶2∶1	m^3	1936.8	0.18	0.25	0.28

单位:100 m^2

定额编号				05-271	05-272	05-273
项目		单位	单价(元)	刷石油沥青玛碲脂每增加一遍		
				平面	混凝土抹灰面	砖墙面
					立面	
				数量	数量	数量
基价		元		328.06	353.75	398.92
其中	人工费	元		17.83	22.74	26.36
	材料费	元		310.23	331.01	372.56
	机械费	元		—	—	—

续表　　　　单位：100 m²

定　额　编　号				05-271	05-272	05-273
项　目		单位	单价(元)	刷石油沥青玛碲脂每增加一遍		
				平面	混凝土抹灰面	砖墙面
					立面	
				数量	数量	数量
综合工日		工日	25.84	0.69	0.88	1.02
	木柴	kg	0.32	61.6	66	74.8
	石油沥青玛碲脂 6：1：2：1	m^3	1936.8	0.15	0.16	0.18

单位：100 m²

定　额　编　号				05-274	05-275	05-276	05-277
项　目		单位	单价(元)	防水砂浆			
				平面	立面	五层做法	
						平面	立面
				数量	数量	数量	数量
基　价		元		727.32	849.81	901.86	1038.33
其中	人　工　费	元		238.24	360.73	450.39	585.02
	材　料　费	元		470.46	470.46	436.68	438.52
	机　械　费	元		18.62	18.62	14.79	14.79
综合工日		工日	25.84	9.22	13.96	17.43	22.64
	水泥砂浆 1：2	m^3	184.69	2.04	2.04	1.01	1.02
	素水泥浆	m^3	410.06	—	—	0.61	0.61

单位：100 m²

定　额　编　号				05-278	05-279	05-280	05-281
项　目		单位	单价(元)	水乳型普通乳化沥青涂料		水乳型水性石棉质沥青	
				二布三涂		一布二涂	
				平面	立面	平面	立面
				数量	数量	数量	数量
基　价		元		1677.2	1844.39	3712.93	3821.2
其中	人　工　费	元		248.06	415.25	189.41	297.68
	材　料　费	元		1429.14	1429.14	3523.52	3523.52
	机　械　费	元		—	—	—	—
综合工日		工日	25.84	9.6	16.07	7.33	11.52
主要材料	水泥 42.5 级	t	270	0.014	0.014	0.061	0.061
	普通乳化沥青(水乳型)	kg	4.08	260	260	—	—
	水性石棉质沥青(水乳型)	kg	3.99	—	—	832	832
	聚酯布 100 g/m²	m^2	1.5	243.04	243.04	—	—
	玻璃纤维布 1.8 mm	m^2	1.5	—	—	124.91	124.91

单位:100 m²

定额编号				05-282	05-283	05-284	05-285
项目		单位	单价(元)	水乳型再生胶沥青聚酯布			
				二布三涂		每增一布一涂	
				平面	立面	平面	立面
				数量	数量	数量	数量
基价		元		1565.36	1732.55	657.32	674.37
其中	人工费	元		248.06	415.25	100.52	117.57
	材料费	元		1317.3	1317.3	556.8	556.8
	机械费	元		—	—	—	—
综合工日		工日	25.84	9.6	16.07	3.89	4.55
主要材料	水泥 42.5 级	t	270	0.014	0.014	—	—
	再生胶沥青(水乳型)	kg	3.65	260	260	104	104
	聚酯布 100 g/m²	m²	1.5	243.01	243.01	118.13	118.13

单位:100 m²

定额编号				05-286	05-287	05-288	05-289
项目		单位	单价(元)	水乳型阴离子合成胶乳化沥青聚酯布			
				一布二涂		每增一布一涂	
				平面	立面	平面	立面
				数量	数量	数量	数量
基价		元		1445.79	1554.06	1076.44	1093.49
其中	人工费	元		189.41	297.68	100.52	117.57
	材料费	元		1256.38	1256.38	972.92	975.92
	机械费	元		—	—	—	—
综合工日		工日	25.84	7.33	11.52	3.89	4.55
主要材料	水泥 42.5 级	t	270	0.015	0.015	—	—
	阴离子合成胶乳沥青(水乳型)	kg	5.12	208	208	156	156
	聚酯布 100 g/m²	m²	1.5	124.91	124.91	118.13	118.13

单位:100 m²

定额编号			05-290	05-291	05-292	05-293
项目	单位	单价(元)	水乳型阳离子氯丁胶乳化沥青聚酯布			
			一布二涂		每增一布一涂	
			平面	立面	平面	立面
			数量	数量	数量	数量
基价	元		1709.95	1818.22	1274.56	1291.61

续表

单位:100 m²

定额编号				05-290	05-291	05-292	05-293
项目		单位	单价(元)	水乳型阳离子氯丁胶乳化沥青聚酯布			
				一布二涂		每增一布一涂	
				平面	立面	平面	立面
				数量	数量	数量	数量
其中	人工费	元		189.41	297.68	100.52	117.57
	材料费	元		1520.54	1520.54	1174.04	1174.04
	机械费	元		—	—	—	—
综合工日		工日	25.84	7.33	11.52	3.89	4.55
主要材料	水泥 42.5 级	t	270	0.015	0.015	—	—
	阳离子氯丁胶乳化沥青(水乳型)	kg	6.39	208	208	156	156
	聚酯布 100 g/m²	m²	1.5	124.91	124.91	118.13	118.13

单位:100 m²

定额编号				05-294	05-295	05-296	05-297
项目		单位	单价(元)	溶剂型再生胶沥青聚酯布			
				二布三涂		每增一布一涂	
				平面	立面	平面	立面
				数量	数量	数量	数量
基价		元		1806.74	1973.93	872.08	889.13
其中	人工费	元		248.06	415.25	100.52	117.57
	材料费	元		1558.68	1558.68	771.56	771.56
	机械费	元		—	—	—	—
综合工日		工日	25.84	9.6	16.07	3.89	4.55
主要材料	水泥 42.5 级	t	270	0.02	0.02	—	—
	再生胶沥青(溶剂型)	kg	3.81	312	312	156	156
	聚酯布 100 g/m²	m²	1.5	243.04	243.04	118.13	118.13

单位:100 m²

定额编号				05-298	05-299	05-300	05-301
项目		单位	单价(元)	水基高分子防水涂料			
				二布六涂		每增减一布一涂	
				平面	立面	平面	立面
				数量	数量	数量	数量
基价		元		2774.58	3015.28	572.39	607.54
其中	人工费	元		310.08	454.78	75.19	110.34
	材料费	元		2464.5	2560.5	497.2	497.2
	机械费	元		—	—	—	—
综合工日		工日	25.84	12	17.6	2.91	4.27

续表 单位：100 m²

定额编号				05-298	05-299	05-300	05-301
项目		单位	单价(元)	水基高分子防水涂料			
				二布六涂		每增减一布一涂	
				平面	立面	平面	立面
				数量	数量	数量	数量
主要材料	9501 涂料	kg	8	250	262	40	40
	9502 涂料	kg	10	10	10	—	—
	玻璃纤维布 1.8 mm	m²	1.5	243	243	118.13	118.13

单位：100 m²

定额编号				05-302	05-303
项目		单位	单价(元)	水基高分子防水涂料	
				立面	
				五涂	每增减一涂
				数量	数量
基价		元		1983.52	364.7
其中	人工费	元		223.52	44.7
	材料费	元		1760	320
	机械费	元		—	—
综合工日		工日	25.84	8.65	1.73
	9501 涂料	kg	8	200	40
	9502 涂料	kg	10	16	—

七、变形缝

(一) 填缝

单位：100 m

定额编号				05-304	05-305	05-306	05-307
项目		单位	单价(元)	油浸麻丝		玛碲脂	建筑油膏
				平面	立面		
				数量	数量	数量	数量
基价		元		854.83	949.66	1165.11	427.03
其中	人工费	元		194.32	289.15	172.09	143.67
	材料费	元		660.51	660.51	993.02	283.36
	机械费	元		—	—	—	—
综合工日		工日	25.84	7.52	11.19	6.66	5.56
主要材料	石油沥青 30#	kg	1.8	216.24	216.24	—	—
	建筑油膏	kg	3.13	—	—	—	87.77
	木柴	kg	0.32	99	99	198	27
	石油沥青玛碲脂 6：1：2：1	m³	1936.8	—	—	0.48	—

单位:100 m

定额编号		单位	单价(元)	05-308	05-309	05-310
项目				石灰麻刀		油浸木丝板
				平面	立面	
				数量	数量	数量
基价		元		567.14	592.2	547.69
其中	人工费	元		179.59	204.65	151.68
	材料费	元		387.55	387.55	396.01
	机械费	元		—	—	—
综合工日		工日	25.84	6.95	7.92	5.87
主要材料	木丝板	m^2	5.39	—	—	15.3
	石油沥青 30#	kg	1.8	65	65	163.24
	石油沥青油毡 350#	m^2	2.27	17	17	—
	木柴	kg	0.32	24	24	61.6

单位:100 m

定额编号		单位	单价(元)	05-311	05-312	05-313	05-314
项目				预埋式止水带			沥青砂浆
				橡胶	塑料	紫铜板	
				数量	数量	数量	数量
基价		元		8818.21	3043.21	26434.2	541.34
其中	人工费	元		284.24	284.24	682.95	170.03
	材料费	元		8533.97	2758.97	25646.7	371.31
	机械费	元		—	—	104.56	—
综合工日		工日	25.84	11	11	26.43	6.58
主要材料	铜焊条	kg	35.58	—	—	14.3	—
	橡胶止水带	m	80	105	—	—	—
	塑料止水带	kg	25	—	105	—	—
	环氧树脂	kg	30.12	3.04	3.04	—	—
	乙二胺	kg	19.28	0.24	0.24	—	—
	丙酮	kg	9.35	3.04	3.04	—	—
	甲苯	kg	3.9	2.4	2.4	—	—
	紫铜板 2 mm	kg	31	—	—	810.9	—
	木柴	kg	0.32	—	—	—	198
	交流电焊机(30 kVA 以内)	台班	105.9	—	—	0.7	—
	普通沥青砂浆 1∶2∶6	m^3	641.56	—	—	—	0.48

（二）盖缝

单位：100 m

定额编号				05-315	05-316	05-317	05-318
项目		单位	单价(元)	木盖板		铁皮盖板	
				平面	立面	平面	立面
				数量	数量	数量	数量
基价		元		970.65	1732.86	3925.04	2229.39
其中	人工费	元		158.11	369.54	586.83	350.16
	材料费	元		812.54	1363.32	3338.21	1879.23
	机械费	元		—	—	—	—
综合工日		工日	25.84	6.119	14.301	22.71	13.551
主要材料	镀锌铁皮 24#	m^2	23.7	—	—	62.54	53
	焊锡	kg	36.83	—	—	4.06	3.44
	杉木成材	m^3	1200	0.612	1.087	1.149	0.301
	XY508 黏结剂	kg	14.87	1.52	—	—	—
	红丹防锈漆	kg	7.3	—	—	14.042	6.608
	调和漆	kg	9.38	2.109	1.998	14.824	3.594
	无光调和漆	kg	8.76	2.39	2.264	—	—

（三）省标：靠墙与不靠墙变形缝

单位：100 m

定额编号				05-319	05-320	05-321	05-322
项目		单位	单价(元)	靠墙变形缝		不靠墙变形缝	
				铁皮盖板	混凝土盖板	铁皮盖板	混凝土盖板
				数量	数量	数量	数量
基价		元		3340.99	4205.26	5380.45	5957.5
其中	人工费	元		831.43	1211.51	1394.82	1858.08
	材料费	元		2497.07	2792.16	3960.71	3892.98
	机械费	元		12.49	201.59	24.92	206.44
综合工日		工日	25.84	32.176	46.885	53.979	71.907
主要材料	钢筋 ϕ10 以内	t	2600	—	0.158	—	0.236
	镀锌铁皮 26#	m^2	18.3	35.836	—	63.24	—
	焊锡	kg	36.83	0.707	—	1.248	—
	松木成材	m^3	1000	—	0.048	—	0.043
	杉木成材	m^3	1200	—	0.016	—	0.014
	水泥 42.5 级	t	270	—	0.022	—	0.02
	普通黏土砖 240×115×53	千块	180	3.881	3.881	7.761	7.761
	中(粗)砂	t	26	—	0.101	—	0.091
	碎石 40	t	28	—	0.147	—	0.132
	石油沥青 30#	kg	1.8	216.24	216.24	216.24	216.24
	石油沥青油毡 350#	m^2	2.27	84.19	88.741	88.741	88.741
	107 胶	kg	1.9	—	0.774	—	1.437
	红丹防锈漆	kg	7.3	4.46	—	7.764	—

续表

单位:100 m

定额编号				05-319	05-320	05-321	05-322
项目		单位	单价(元)	靠墙变形缝		不靠墙变形缝	
				铁皮盖板	混凝土盖板	铁皮盖板	混凝土盖板
				数量	数量	数量	数量
主要材料	调和漆	kg	9.38	6.064	—	10.556	—
	镀锌铁丝 22#	kg	3.83	—	1.528	—	2.282
	木柴	kg	0.32	99	99	99	99
主要机械	夯实机 夯实能力 20～62 kg m	台班	24.39	—	0.008	—	0.007
	龙门式起重机(10 t 以内)	台班	322.56	—	0.037	—	0.033
	塔式起重机(6 t 以内)	台班	534.79	—	0.037	—	0.033
	一类起重机械	台班	680.16	—	0.153	—	0.138
	机动翻斗车(1 t 以内)	台班	108.98	—	0.178	—	0.16
	卷扬机单筒慢速(5 t 以内)	台班	92.09	—	0.049	—	0.074
	皮带运输机(运距 15 m 以内)	台班	109.47	—	0.071	—	0.064
	滚筒式混凝土搅拌机 500 L 内	台班	119.64	—	0.094	—	0.066
半成品	预制 C20 混凝土,粒径 20 mm,52.5 级水泥	m^3	146.92	—	2.872	—	2.578
	M5 混合砂浆,42.5 级水泥	m^3	105.87	1.346	1.346	2.691	2.691
	水泥砂浆 1∶2.5	m^3	170.43	—	0.235	—	0.436
	水泥砂浆 1∶3	m^3	148.56	—	0.543	—	1.008
	素水泥浆	m^3	410.06	—	0.035	—	0.065

(四) 检修孔、排气孔

单位:10 个

定额编号				05-323	05-324
项目		单位	单价(元)	检修孔	砖砌排气孔
				皖 92J201	皖 92J201
				数量	数量
基价		元		1179.69	1285.9
其中	人工费	元		444.45	455.17
	材料费	元		735.24	782.81
	机械费	元		—	47.92
综合工日		工日	25.84	17.2	17.615
主要材料	钢筋 ϕ10 以内	t	2600	0.029	0.027
	钢筋 ϕ10 以上	t	2600	0.014	—
	镀锌铁皮 26#	m^2	18.3	1.04	—
	电焊条	kg	4.8	0.031	—
	松木成材	m^3	1000	0.201	0.01
	杉木成材	m^3	1200	0.04	0.003
	水泥 42.5 级	t	270	0.31	0.004

续表 单位:10 个

定额编号				05-323	05-324
项目		单位	单价(元)	检修孔	砖砌排气孔
				皖 92J201	皖 92J201
				数量	数量
主要材料	普通黏土砖 240×115×53	千块	180	—	1.274
	中(粗)砂	t	26	1.259	0.021
	碎石 20	t	28	0.695	—
	碎石 40	t	28	—	0.03
	石油沥青 10#	kg	1.7	65.76	—
	石油沥青油毡 350#	m^2	2.27	27.84	25.698
	107 胶	kg	1.9	—	0.681
	镀锌铁丝 20#	kg	3.67	0.466	—
	镀锌铁丝 22#	kg	3.83	—	0.258
	木柴	kg	0.32	—	26.503
主要机械	夯实机 夯实能力 20~62 kg m	台班	24.39	—	0.002
	龙门式起重机(10 t 以内)	台班	322.56	—	0.008
	塔式起重机(6 t 以内)	台班	534.79	—	0.008
	一类起重机械	台班	680.16	—	0.031
	机动翻斗车(1 t 以内)	台班	108.98	—	0.037
	卷扬机单筒慢速(5 t 以内)	台班	92.09	—	0.008
	皮带运输机(运距 15 m 以内)	台班	109.47	—	0.015
	滚筒式混凝土搅拌机 500 L 内	台班	119.64	—	0.015
半成品	预制 C20 混凝土,粒径 20 mm,52.5 级水泥	m^3	146.92	—	0.589
	M5 水泥砂浆,42.5 级水泥	m^3	91.11	—	0.487
	水泥砂浆 1∶2.5	m^3	170.43	—	0.206
	水泥砂浆 1∶3	m^3	148.56	—	0.477
	素水泥浆	m^3	410.06	—	0.031
	冷底子油 30∶70	100 kg	287.7	—	0.053
	石油沥青玛碲脂 6∶1∶2∶1	m^3	1936.8	—	0.066

二十、安徽省建设工程消耗量定额

（2005 年定额防水工程部分）

关于发布安徽省建设工程消耗量定额的通知

（建定[2005]101 号）

为认真贯彻执行国家标准《建设工程工程量清单计价规范》，结合本省实际情况，编制了"安徽省建设工程消耗量定额"，现予发布，请遵照执行，并就实施过程中的有关事项通知如下：

一、"安徽省建设工程消耗量定额"是"安徽省建设工程工程量清单计价依据"的组成部分，主要由以下内容构成：

(1)《安徽省建筑工程消耗量定额》。

(2)《安徽省装饰装修工程消耗量定额》。

(3)《安徽省安装工程消耗量定额》。

(4)《安徽省市政工程消耗量定额》。

(5)《安徽省园林绿化及仿古建筑工程消耗量定额》。

(6)《安徽省建设工程清单计价费用定额》。

(7)《安徽省建设工程清单计价施工机械台班费用定额》。

二、凡全部使用国有资金投资或国有资金投资为主的建设工程，应按照《建设工程工程量清单计价规范》的要求和"安徽省建设工程消耗量定额"的规定，执行工程量清单计价。

其他投资的建设项目，是否采用工程量清单计价，由招标人自行确定。如采用工程量清单计价招标的，应执行清单计价办法和规定。

实行工程量清单计价时必须统一项目编码、统一项目名称、统一计量单位和统一工程量计算规则。

三、"安徽省建设工程消耗量定额"从 2005 年 7 月 1 日起在全省范围内施行。2005 年 7 月 1 日以前已发出招标文件或已签订合同的工程则不作改变。

四、各市在贯彻执行"安徽省建设工程消耗量定额"过程中，如有问题和意见，请及时向安徽省工程建设标准定额总站（安徽省建设工程造价总站）反映。

五、《安徽省建设工程消耗量定额》由安徽省建设工程造价总站负责管理与解释。

安徽省建设厅

二〇〇五年四月四日

第七章　屋面及防水工程

说　　明

一、水泥瓦、粘土瓦、石棉瓦规格与定额不同时，瓦材数量可以换算，其他不变。

二、防水工程适用于楼地面、墙基、墙身、构筑物、水池、水塔、室内厕所、浴室等防水，也适用于建筑物±0.00以下的防水、防潮工程。各种卷材的防水层均已包括刷冷底子油一遍和平面、立面交界处的附加层工料。

三、冷胶“二布三涂”项目，其“三涂”项目是指涂料构成防水层数，并非指涂刷遍数，每一“涂层”涂刷二遍至数遍，其厚度必须符合规范要求。

四、在卷材面粘结层上单撒绿豆砂者（定额中已包括绿豆砂项目除外），每铺洒100 m^2 增加人工0.66工日，绿豆砂0.78 t。

工程量计算规则

一、平瓦、波瓦屋面、金属压型板（含挑檐部分）均按图示尺寸的水平投影面积乘以屋面坡度系数（见表7-1）以“m^2”计算，不扣除房上烟囱、竖风道、风帽底座、屋顶小气窗和斜沟等所占面积，屋面小气窗的出檐部分亦不增加。屋脊已包括在定额内，不得另行计算。

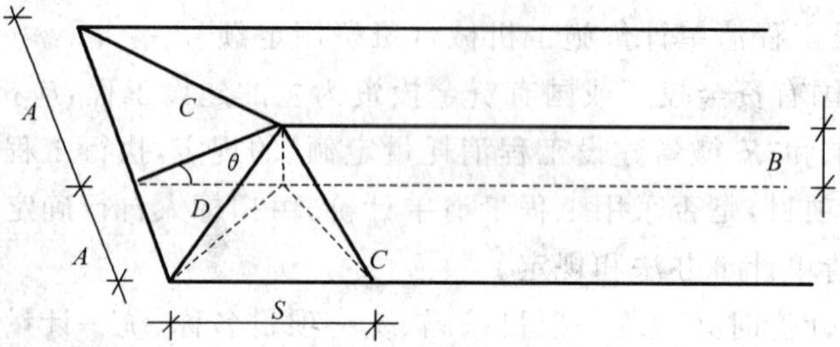

注：1. 两坡排水屋面面积为屋面水平投影面积乘以延尺系数 C；

2. 四坡排水屋面斜脊长度＝$A \times D$（当 $S=A$ 时）；

3. 沿山墙泛水长度＝$A \times C$。

表7-1　屋面坡度系数表

坡　度			延尺系数 C ($A=1$)	偶延尺系数 D ($A=S=1$)
B($A=1$)	$B/2A$	角度(θ)		
1	1/2	45°	1.4142	1.7321
0.75		36°52′	1.2500	1.6008
0.70		35°	1.2207	1.5779
0.666	1/3	33°40′	1.2015	1.5620
0.65		33°01′	1.1926	1.5564
0.60		30°58′	1.1662	1.5362

续表 7-1

坡度			延尺系数 C	偶延尺系数 D
B(A=1)	B/2A	角度(θ)	(A=1)	(A=S=1)
0.577	1/3	30°	1.1547	1.5270
0.55		28°49′	1.1413	1.5170
0.50	1/4	26°34′	1.1180	1.500
0.45		24°14′	1.0966	1.4839
0.40	1/5	21°48′	1.0770	1.4697
0.35		19°17′	1.0594	1.4569
0.30		16°42′	1.0440	1.4457
0.25		14°02′	1.0308	1.4362
0.20	1/10	11°19′	1.0198	1.4283
0.15		8°22′	1.0112	1.4221
0.125		7°8′	1.0078	1.4191
0.10	1/20	5°42′	1.0050	1.4177
0.083		4°45′	1.0035	1.4166
0.066	1/30	3°49′	1.0022	1.4157

二、卷材屋面工程量按以下规定计算：

1. 卷材屋面按图示尺寸展开面积以“m^2”计算。不扣除房上烟囱、竖风道、风帽底座、屋顶小气窗和斜沟所占面积。女儿墙、伸缩缝和天窗等处的弯起高度，按图示尺寸并入屋面工程量内计算。如图纸无规定时，伸缩缝、女儿墙的弯起高度按 250 mm 计算，天窗弯起高度按 500 mm计算，并入屋面工程量内。

2. 卷材屋面的附加层、接缝、收头、找平层的嵌缝、冷底子油、基底处理剂已计入定额内，不另计算。

三、刚性屋面和涂膜屋面工程量的计算同卷材屋面。涂膜屋面的油膏嵌缝，玻璃布盖缝、以“延长米”计算。

坡度小于 3°49′的屋面工程量按图示尺寸水平投影面积计算。

四、防水工程工程量按以下规定计算：

1. 建筑物地面防水、防潮层，按主墙间净空面积计算，扣除凸出地面的构筑物，设备基础等所占面积，不扣除柱、垛、间壁墙、附墙烟囱及 0.30 m^2 以内的孔洞所占面积。与墙面连接处高度在 500 mm 以内者按展开面积计算，并入平面工程量内，超过 500 mm 时，按立面防水层计算。

2. 构筑物及建筑物地下室防水层，按实铺面积计算，不扣除 0.30 m^2 以内的孔洞面积。平面与立面交接处的防水层，其上卷高度超过 500 mm 时，按立面防水层计算。

3. 防水卷材的附加层，接缝、收头、冷底子油等工料均已包括在定额内，不另计算。

4. 变形缝按“延长米”计算。

五、屋面排水工程量按以下规定计算：

1. 铁皮排水按图示尺寸以展开面积计算；如图纸未注明尺寸时，按表 7-2(铁皮排水单体零件面积折算表)规定计算；咬口和搭接已包括在定额内，不另计算。

2. 铸铁、玻璃钢及塑料水落管，区别不同直径、规格、按图示尺寸以“延长米”计算；雨水口、水斗、弯头、短管以“个(套)”计算。

表 7-2 铁皮排水单体零件面积折算表

名称		单位	天沟(m)	斜沟、天窗窗台泛水(m)	天窗侧面泛水(m)	烟囱泛水(m)	通气管泛水(m)	滴水檐头泛水(m)	滴水(m)
铁皮排水	天沟、斜沟、天窗窗台泛水、天窗侧面泛水、烟囱泛水、通气管泛水、滴水、檐头泛水、滴水	m²	1.30	0.50	0.70	0.80	0.22	0.24	0.11

一、屋　　面

1. 瓦屋面

工作内容：1. 铺瓦、安脊瓦；

2. 调制砂浆、檐口、梢头座灰；

3. 穿铁丝、钉铁钉。

单位：m²

定额编号			A7-1	A7-2	A7-3	A7-4
项目名称			水泥瓦屋面	粘土瓦屋面	水泥(粘土)瓦	小青瓦
			屋面板椽子、挂瓦条、挂瓦		穿铁丝钉铁钉	椽子上铺设
名称		单位	消耗量			
人工	综合工日	工日	0.065	0.065	0.074	0.109
材料	水泥脊瓦	块	0.280	—	—	—
	粘土脊瓦	块	—	0.280	—	—
	粘土瓦 380×240	块	—	16.510	—	—
	水泥瓦 385×235	块	16.910	—	—	—
	铁钉	kg	—	—	0.016	—
	镀锌铁丝	kg	—	—	0.023	—
	水泥砂浆 1∶2.5	m³	0.0011	0.0011	—	—
	小青瓦 200×130	块	—	—	—	152.000
	水泥砂浆 1∶1∶4	m³	—	—	—	0.0031
机械	灰浆搅拌机 200 L	台班	0.0002	0.0002	—	0.0005

注：A7-1、A7-2 子目考虑不穿铁丝铁钉，如需穿铁丝铁钉另按 A7-3 子目增加。

工作内容：1. 清理基层、调运砂浆、刷素水泥浆、水泥砂浆抹平压实；

2. 钉、粉挂瓦条；

3. 铺瓦、安脊瓦、檐口、梢头座灰。

单位：m²

定额编号			A7-5	A7-6	A7-7	A7-8
项目名称			水泥砂浆上铺水泥瓦屋面	水泥彩瓦屋面	水泥砂浆粉挂瓦条	
					断面 20×30	
					间距 315	间距 345
名称		单位	消耗量			
人工	综合工日	工日	0.170	0.078	0.062	0.056
材料	水泥瓦 385×235	块	16.910	—	—	—
	水泥彩瓦(樱红)420×332	块	—	10.000	—	—

续表 单位：m^2

定额编号			A7-5	A7-6	A7-7	A7-8
项目名称			水泥砂浆上铺水泥瓦屋面	水泥彩瓦屋面	水泥砂浆粉挂瓦条 断面 20×30 间距 315	水泥砂浆粉挂瓦条 断面 20×30 间距 345
名称		单位	消耗量			
人工	综合工日	工日	0.170	0.078	0.062	0.056
材料	水泥彩瓦(樱红)脊瓦	块	—	0.2957	—	—
	水泥脊瓦	块	0.2846	—	—	—
	水泥砂浆 1∶2.5	m^3	0.0213	—	0.0022	0.002
	素水泥浆	m^3	0.001	—	—	—
	彩色水泥砂浆	m^3	—	0.0011	—	—
	一等木方材≤54 cm^2	m^3	0.0022	0.0001	—	—
	铁钉	kg	0.0184	—	—	—
	水	m^3	0.006	—	0.0012	0.0011
机械	灰浆搅拌机 200 L	台班	0.0036	—	0.0004	0.0004

注：斜屋面上水泥砂浆粉挂瓦条设计断面、间距与定额不符可按比例换算。

工作内容：1. 清理修补基层表面、打底抹灰砂浆找平；
2. 选料、贴面砖、勾缝、清理净面。

单位：m^2

定额编号			A7-9	A7-10
项目名称			斜屋面贴波形面砖 平铺	斜屋面贴波形面砖 搭铺
名称		单位	消耗量	
人工	综合工日	工日	0.417	0.508
材料	陶土波形面砖 152×152	块	44.150	47.210
	107 胶	kg	0.0221	0.0221
	水泥砂浆 1∶3	m^3	0.0111	0.0111
	混合砂浆 1∶0.2∶2	m^3	0.0133	0.0166
	素水泥浆	m^3	0.001	0.001
机械	灰浆搅拌机 200 L	台班	0.0042	0.0046

注：各种瓦的规格与设计不符时瓦的数量可以换算，其他不变。

工作内容：檩条上铺钉石棉瓦、安脊瓦。 单位：m^2

定额编号			A7-11	A7-12	A7-13	A7-14
项目名称			小波石棉瓦 木檩上	小波石棉瓦 钢檩上(混凝土檩上)	大波石棉瓦 木檩上	大波石棉瓦 钢檩上(混凝土檩上)
名称		单位	消耗量			
人工	综合工日	工日	0.0471	0.0726	0.042	0.0675
材料	小波石棉瓦 1820×720	块	1.0255	1.0255	—	—
	小波石棉脊瓦 850×360	块	0.1466	0.1466	—	—
	镀锌螺钉(带垫)	个	4.0233	—	—	—
	镀锌扁钢钩 3×12×300	个	—	2.0116	—	1.0533

续表 单位：m^2

定额编号			A7-11	A7-12	A7-13	A7-14
项目名称			小波石棉瓦		大波石棉瓦	
			木檩上	钢檩上（混凝土檩上）	木檩上	钢檩上（混凝土檩上）
名称		单位	消耗量			
人工	综合工日	工日	0.0471	0.0726	0.042	0.0675
材料	镀锌扁钢钩 3×12×400	个	—	(2.0116)	—	(1.0533)
	镀锌螺栓钩 φ6×600	个	—	2.0116	—	3.1598
	镀锌螺栓钩 φ6×800	个	—	(2.0116)	—	(3.1598)
	油灰	kg	0.0294	0.0294	0.0294	0.0294
	石灰麻刀砂浆 1∶3	m^3	0.0002	0.0002	0.0003	0.0003
	大波石棉瓦 2800×944	块	—	—	0.537	0.537
	大波石棉脊瓦 850×460	块	—	—	0.1466	0.1466
	镀锌螺栓（带垫）	个	—	—	4.213	—

工作内容：檩条上锯、铺玻璃钢瓦、安屋脊。 单位：m^2

定额编号			A7-15	A7-16
项目名称			玻璃钢波形瓦	
			木檩上	钢檩上（混凝土檩上）
名称		单位	消耗量	
人工	综合工日	工日	0.051	0.067
材料	玻璃钢瓦 波形瓦 1800×750	块	0.925	0.925
	玻璃钢瓦 脊瓦 1800×750	块	0.066	0.066
	镀锌螺钉（带垫）	个	4.020	—
	镀锌螺栓钩	个	—	2.010
	镀锌扁钢钩	个	—	2.010

2. 金属压型板屋面

工作内容：构件变形修理、临时加固、吊装、就位、找正、螺栓固定。 单位：m^2

定额编号			A7-17	A7-18	A7-19
项目名称			金属压型板屋面		
			檩距（m 以内）		
			7.50	6.00	4.20
名称		单位	消耗量		
人工	综合工日	工日	0.1712	0.1808	0.200
材料	压型屋面积 W-550	m^2	1.1652	1.1652	1.1652
	拉铆钉 LD-1	个	0.303	0.303	0.303
	螺栓 M8	套	1.7778	1.7778	1.7778
	单面固定螺栓 ML-850R	个	0.8646	1.1114	1.6052
	单面连接螺栓 R-8	个	1.4342	1.4342	1.4342
	镀锌铁丝 20#	kg	0.030	0.030	0.030
	中间固定架 WG-2	个	0.4263	0.5481	0.7916
	端部固定架 WG-2	个	0.0118	0.0152	0.0219
	檐口堵头板 WD-1	块	0.5931	0.5931	0.5931
	屋脊堵头板 WD-2	块	0.5931	0.5931	0.5931

续表　　　　　　　　　　　　　　　　　　　　　　　　　　单位：m^2

定额编号			A7-17	A7-18	A7-19
项目名称			金属压型板屋面		
			檩距(m以内)		
			7.50	6.00	4.20
名称		单位	消耗量		
人工	综合工日	工日	0.1712	0.1808	0.200
材料	屋脊挡雨板 WD-3	块	0.5931	0.5931	0.5931
	屋脊板 2	m^2	0.0434	0.0434	0.0434
	檐口包角板 0.8	m^2	0.0111	0.0111	0.0111
	橡胶密封条	m	0.1643	0.1643	0.1643
	密封膏	支	0.200	0.200	0.200
	电焊条	kg	0.0403	0.0518	0.0748
	其他材料费占材料费	%	0.002	0.002	0.002
机械	交流弧焊机 32 kVA	台班	0.011	0.011	0.011
	其他机械费占机械费	%	14.780	14.780	14.780

3. 卷材屋面

工作内容：熬制沥青玛碲脂、配制冷底子油、贴附加层、铺贴卷材收头。　　　　单位：m^2

定额编号			A7-20	A7-21	A7-22	A7-23
项目名称			石油沥青玛碲脂			
			卷材屋面			
			一毡二油	二毡三油	二毡三油一砂	每增减一毡一油
名称		单位	消耗量			
人工	综合工日	工日	0.0314	0.0504	0.0617	0.019
材料	绿豆砂	t	—	—	0.0074	—
	钢筋 ϕ10 以内	t	0.0001	0.0001	0.0001	—
	铁钉	kg	0.0028	0.0028	0.0028	—
	冷底子油 30∶70	kg	0.4896	0.4896	0.4896	—
	石油沥青油毡 350#	m^2	1.2417	2.3793	2.3793	1.1377
	木柴	kg	2.151	2.793	3.012	0.642
	石油沥青玛碲脂	m^3	0.0046	0.0063	0.0069	0.0015

工作内容：干铺油毡。　　　　　　　　　　　　　　　　　　单位：m^2

定额编号			A7-24
项目名称			干铺油毡一层
名称		单位	消耗量
人工	综合工日	工日	0.013
材料	石油沥青油毡 350#	m^2	1.1377

工作内容：清扫基层、涂刷基层处理剂、铺贴卷材及附加层、封口、收头、钉压条。　　单位：m^2

定　额　编　号			A7-25	A7-26	A7-27	A7-28
项　目　名　称			SBS改性沥青防水卷材			
			冷贴法		热熔法(满铺)	
			一层	二层	一层	二层
名　称		单位	消　耗　量			
人工	综合工日	工日	0.058	0.082	0.071	0.095
材料	SBS改性沥青卷材3	m^2	1.242	2.379	1.242	2.379
	改性沥青粘结剂	kg	1.326	2.650	—	—
	APP及SBS基层处理剂	kg	0.312	0.312	0.312	0.312
	钢压条 $\phi6$	kg	0.050	0.050	0.050	0.050
	钢钉	kg	0.0028	0.0028	0.0028	0.0028
	SBS、APP封口油膏	kg	0.062	0.110	0.062	0.110
	石油液化气	kg	—	—	0.050	0.100
	其他材料费占材料费	%	0.500	0.500	0.500	0.500

工作内容：1. 清扫基层、找平层分格缝嵌油膏、防水薄弱处刷涂膜附加层；

2. 涂刷底胶、铺贴卷材、按缝嵌油膏收头；

3. 涂刷保护层。　　单位：m^2

定　额　编　号			A7-29	A7-30	A7-31
项　目　名　称			高分子防水卷材		
			满铺冷贴		
			三元乙丙橡胶卷材	再生橡胶卷材	氯丁橡胶卷材
名　称		单位	消　耗　量		
人工	综合工日	工日	0.0761	0.0761	0.0761
材料	三元乙丙橡胶卷材	m^2	1.1055	—	—
	聚氨酯甲料	kg	0.1621	0.1621	0.1166
	聚氨酯乙料	kg	0.3113	0.3113	0.175
	粘结剂 CX-404	kg	0.404	—	—
	粘结剂　丁基	kg	0.0956	—	—
	铁钉	kg	0.0023	0.0023	0.0023
	钢压条 $\phi6$	kg	0.040	0.040	0.040
	CSPE嵌缝油膏 330 mL	支	0.5028	0.5028	0.5028
	107胶水泥砂浆	m^3	0.0001	0.0001	0.0001
	银色着色剂	kg	0.202	0.202	0.202
	二甲苯	kg	0.270	0.2525	0.270
	乙酸乙酯	kg	0.0505	0.0505	0.0505
	再生橡胶卷材	m^2	—	1.1055	—
	氯丁橡胶卷材	m^2	—	—	1.1055
	氯丁胶沥青胶液	kg	—	—	0.606
	CY-409液	kg	—	—	0.0955
	粘结剂　氯丁胶	kg	—	0.4995	—

工作内容：1. 清扫基层、找平层分格缝嵌油膏、防水薄弱处刷涂膜附加层；

2. 涂刷底胶、铺贴卷材、按缝嵌油膏收头；

3. 涂刷保护层。

单位：m^2

定额编号			A7-32	A7-33
项目名称			高分子防水卷材	
			满铺冷贴	
			氯化聚乙烯-橡胶共混卷材	氯磺化聚乙烯卷材
名称		单位	消耗量	
人工	综合工日	工日	0.0761	0.0761
材料	氯化聚乙烯橡胶共混卷材	m^2	1.1055	—
	聚氨酯甲料	kg	0.1166	0.1621
	聚氨酯乙料	kg	0.175	0.3113
	氯丁胶乳	kg	0.1818	—
	粘结剂 BX-12	kg	0.4545	—
	BX-12 乙组分 800 mL	瓶	0.1194	—
	铁钉	kg	0.0023	0.0023
	钢压条 $\phi6$	kg	0.040	0.040
	CSPE 嵌缝膏 330 mL	支	0.5028	0.5028
	107 胶水泥砂浆	m^3	0.0001	—
	银色着色剂	kg	0.202	0.202
	二甲苯	kg	0.270	0.270
	乙酸乙酯	kg	0.0505	0.0505
	氯磺化聚乙烯卷材	m^2	—	1.1055
	粘结剂 CX-404 胶	kg	—	0.505
	CX-401 胶	kg	—	0.1051

工作内容：1. 防水柔毡：清扫基层、熔化粘胶、涂刷粘胶、铺贴柔毡、收头铺撒白石子保护层。

2. 聚氯乙烯卷材铝合金压条：清理基层、铺卷材、钉压条、射钉上嵌密封膏收头。

3. SBC120 复合卷材：找平层嵌缝、刷聚氨酯涂膜附加层；用掺胶水泥浆贴卷材、聚氨酯胶接缝搭接。

单位：m^2

定额编号			A7-34	A7-35	A7-36	A7-37
项目名称			防水柔毡		聚氯乙烯防水卷材	SBC120 复合卷材
			热贴满铺			
			二胶一毡	每增一胶一毡	铝合金压条空铺	冷贴满铺
名称		单位	消耗量			
人工	综合工日	工日	0.054	0.0301	0.868	0.0491
材料	柔毡	m^2	1.248	1.102	—	—
	粘胶	kg	7.230	3.190	—	—
	白石子	kg	7.725	—	—	—
	木柴	kg	2.1784	0.899	—	—
	铁钉	kg	0.0023	—	—	—
	钢压条 $\phi6$	kg	0.040	—	—	—
	CSPE 嵌缝油膏 330 mL	支	0.5078	—	—	0.4896
	107 胶水泥砂浆	m^3	0.010	—	—	—
	二甲苯	kg	0.2525	—	—	—
	乙酸乙酯	kg	0.0505	—	—	0.0505

续表 单位：m^2

定额编号			A7-34	A7-35	A7-36	A7-37
项目名称			防水柔毡		聚氯乙烯	SBC120
			热贴满铺		防水卷材	复合卷材
			二胶一毡	每增一胶一毡	铝合金压条空铺	冷贴满铺
名称		单位	消耗量			
人工	综合工日	工日	0.054	0.0301	0.868	0.0491
材料	PVC 防水卷材	m^2	—	—	1.300	—
	铝合金压条 3×30	m	—	—	1.050	—
	射钉	百个	—	—	0.0527	—
	密封膏 310 mL	支	—	—	0.130	—
	303 胶	kg	—	—	0.450	—
	SBC120 卷材	m^2	—	—	—	1.1055
	聚氨酯甲料	kg	—	—	—	0.1904
	聚氨酯乙料	kg	—	—	—	0.2856
	107 胶	kg	—	—	—	0.1138
	素水泥浆	m^3	—	—	—	0.0015
	其他材料费占材料费	%	—	—	0.300	—

4. 刚性防水屋面

工作内容：清理基层、刷水泥浆；砂浆搅拌、抹灰、拌和混凝土、浇捣、分格、分格缝内嵌油膏。 单位：m^2

定额编号			A7-38	A7-39	A7-40	A7-41
项目名称			防水砂浆		细石混凝土	
			厚 25	每增减 5	厚 40	每增减 5
名称		单位	消耗量			
人工	综合工日	工日	0.1147	0.0141	0.2025	0.0141
材料	水泥砂浆 1∶2	m^3	0.0253	0.0051	—	—
	防水粉	kg	0.697	0.1433	—	—
	素水泥浆	m^3	0.001	—	0.001	—
	APP 嵌缝膏	kg	0.185	—	0.3727	—
	松木成材	m^3	0.0001	—	0.0001	—
	铁钉	kg	0.0036	—	0.0052	—
	细砂	t	—	—	0.0044	—
	细石混凝土	m^3	—	—	0.0404	0.0051
	石油沥青油毡 $350^{\#}$	m^2	—	—	1.050	—
	水	m^3	0.038	—	0.050	—
	其他材料费占材料费	%	0.700	—	0.900	—
机械	灰浆搅拌机 200 L	台班	0.0042	0.0008	—	—
	混凝土搅拌机 350 L	台班	—	—	0.0025	0.0003
	混凝土震捣器 平板式	台班	—	—	0.004	0.0005

注：屋面细石混凝土内钢筋网另按相应项目执行。

5. 涂膜屋面

工作内容:清理基层、油膏加热涂刷,刷基层处理剂;刷聚氨酯底胶,刷聚氨酯防水层两遍,撒绿豆砂做保护层。

单位:m^2

定额编号			A7-42	A7-43	A7-44
项目名称			屋面满涂		
			塑料油膏 4 mm	APP 冷胶涂料	聚氨酯涂料
名称		单位	消耗量		
人工	综合工日	工日	0.0286	0.0101	0.0525
材料	塑料油膏	kg	5.851	—	—
	木柴	kg	1.8216	—	—
	高强 APP-841 冷胶涂料	kg	—	3.060	—
	二甲苯	kg	—	—	0.1296
	绿豆砂	t	—	—	0.0048
	聚氨酯甲料	kg	—	—	1.0555
	聚氨酯乙料	kg	—	—	1.6496

注:聚氨酯如掺缓凝剂增加磷酸 0.3 kg;如掺促凝剂增加二月桂酸二丁基锡 0.25 kg。

工作内容:1. 清理基层、油膏加热、涂刷、嵌缝;

2. 刷冷底子油、基层处理剂、贴防水布及附加层。

单位:m^2

定额编号			A7-45	A7-46	A7-47
项目名称			塑料油膏玻璃纤维布		APP 冷胶涂料
					贴无纺布
			一布二油	每增一布一油	二布三涂
名称		单位	消耗量		
人工	综合工日	工日	0.0433	0.0252	0.0672
材料	玻璃纤维布 1.8 mm	m^2	1.2045	1.1218	—
	塑料油膏	kg	8.723	3.2494	—
	木柴	kg	2.7156	1.0115	—
	化纤无纺布	m^2	—	—	2.314
	高强 APP 基底处理剂	kg	—	—	0.253
	高强 APP-841 冷胶涂料	kg	—	—	3.060

工作内容:清理基层、熬制油膏、油膏嵌缝、缝上铺贴玻璃纤维布。

单位:m^2

定额编号			A7-48	A7-49	A7-50	A7-51
项目名称			塑料油膏嵌缝		塑料油膏	
					贴玻璃布盖缝	
			空心板	大型屋面板	一布二油	每增减一布一油
名称		单位	消耗量			
人工	综合工日	工日	0.033	0.0331	0.0198	0.0117
材料	塑料油膏	kg	1.1907	1.5491	3.5107	1.3165
	玻璃纤维布 1.8 mm	m^2	—	—	0.303	0.303
	木柴	kg	0.3707	0.4822	1.093	0.4099

工作内容：1. 涂刷底胶、冷胶贴防水布及附加层、撒细砂保护；

2. 清理基层、刷水泥浆、调配砂浆、铺抹砂浆、养护。

单位：m^2

定额编号			A7-52	A7-53	A7-54	A7-55
项目名称			氯丁冷胶		掺无机盐铝防水剂	
			二布三涂	每增减一布一涂	素水泥浆	防水砂浆 2 cm
名称		单位	消耗量			
人工	综合工日	工日	0.0922	0.0465	0.0193	0.1052
材料	聚酯布	m^2	2.3636	1.1089	—	—
	氯丁冷胶	kg	3.636	0.8585	—	—
	细砂	t	0.0045	—	—	—
	无机盐铝防水剂	kg	—	—	0.147	1.326
	水泥砂浆 1∶2	m^3	—	—	—	0.020
	素水泥浆	m^3	—	—	0.001	0.001
机械	灰浆搅拌机 200L	台班	—	—	—	0.0034

一、防　水

1. 卷材防水

工作内容：清理基层、熬玛碲脂、刷冷底子油、铺贴卷材及附加层。

单位：m^2

定额编号			A7-56	A7-57	A7-58	A7-59
项目名称			沥青卷材(玛碲脂粘贴)			
			二毡三油		每增减一毡一油	
			平面	立面	平面	立面
名称		单位	消耗量			
人工	综合工日	工日	0.0793	0.1147	0.0354	0.051
材料	石油沥青油毡 350#	m^2	2.3976	2.3976	1.1649	1.1649
	石油沥青玛碲脂 6∶1∶2∶1	m^3	0.0051	0.0054	0.0016	0.0017
	冷底子油 30∶70	kg	0.4848	0.4848	—	—
	木柴	kg	2.277	2.409	0.660	0.704

工作内容：清理基层、刷基层处理剂、铺贴卷材及附加层。

单位：m^2

定额编号			A7-60	A7-61	A7-62	A7-63
项目名称			沥青卷材(APP 粘结剂)			
			二毡三油		每增减一毡一油	
			平面	立面	平面	立面
名称		单位	消耗量			
人工	综合工日	工日	0.0675	0.0969	0.0258	0.040
材料	石油沥青油毡 350#	m^2	2.3976	2.3976	1.1649	1.1649
	高强 APP 基底处理剂	kg	0.253	0.268	—	—
	粘结剂　高强 APP B 型	kg	1.360	1.442	0.456	0.482

工作内容：清理基层、涂刷冷底子油、熬制玛碲脂、铺贴玻璃纤维布及附加层。　　单位：m²

定额编号			A7-64	A7-65	A7-66	A7-67
项目名称			玻璃纤维布(玛碲脂粘贴)			
			二布三油		每增减一布一油	
			平面	立面	平面	立面
名称		单位	消耗量			
人工	综合工日	工日	0.095	0.142	0.0425	0.063
材料	玻璃纤维布 1.8	m²	2.403	2.403	1.1677	1.1677
	冷底子油 30∶70	kg	0.4848	0.4848	—	—
	石油沥青玛碲脂	m³	0.0051	0.0054	0.0016	0.0017
	木柴	kg	2.277	2.409	0.660	0.704

工作内容：清理基层、涂刷冷底子油、熬制沥青、铺贴玻璃纤维布及附加层。　　单位：m²

定额编号			A7-68	A7-69	A7-70	A7-71
项目名称			玻璃纤维布(沥青粘贴)			
			二布三油		每增减一布一油	
			平面	立面	平面	立面
名称		单位	消耗量			
人工	综合工日	工日	0.095	0.142	0.0425	0.063
材料	玻璃纤维布 1.8	m²	2.403	2.403	1.1677	1.1677
	冷底子油 30∶70	kg	0.4848	0.4848	—	—
	石油沥青 30#	kg	4.897	5.247	1.5158	1.6324
	木柴	kg	2.013	2.145	0.572	0.616

工作内容：清理基层、涂刷基层处理剂、铺贴玻璃布及附加层。　　单位：m²

定额编号			A7-72	A7-73
项目名称			玻璃纤维布(APP粘结剂)	
			二布三涂	
			平面	立面
名称		单位	消耗量	
人工	综合工日	工日	0.0698	0.1044
材料	玻璃纤维布 1.8	m²	2.403	2.403
	高强 APP 基底处理剂	kg	0.253	0.268
	粘结剂　高强 APP　B 型	kg	3.060	3.244

工作内容：清理基层、涂刷基层处理剂、防水薄弱处涂聚氨酯涂膜加强，铺贴卷材、接缝处贴卷材条加强、收头。

单位：m²

定额编号			A7-74	A7-75
项目名称			氯化聚乙烯—橡胶共混卷材	
			平面	立面
名称		单位	消耗量	
人工	综合工日	工日	0.1934	0.2499

续表

单位：m^2

定额编号			A7-74	A7-75
项目名称			氯化聚乙烯—橡胶共混卷材	
			平面	立面
名称		单位	消耗量	
人工	综合工日	工日	0.1934	0.2499
材料	氯化聚乙烯橡胶共混卷材	m^2	1.2453	1.2453
	聚氨酯甲料	kg	0.0542	0.0542
	聚氨酯乙料	kg	0.0813	0.0813
	氯丁冷胶	kg	0.202	0.202
	粘结剂 BX-12	kg	0.4545	0.4545
	BX-12 乙组分 880 mL	瓶	0.3228	0.3228
	CSPE 嵌缝油膏 330 mL	支	0.2983	0.2983
	二甲苯	kg	0.270	0.270
	乙酸乙酯	kg	0.0505	0.0505
	钢压条 $\phi 6$	kg	0.040	0.040
	铁钉	kg	0.0023	0.0023
	107 胶素水泥浆	m^3	0.0001	0.0001

工作内容：清理基层、涂刷基层处理剂、防水薄弱处涂聚氨酯涂膜加强，铺贴卷材、接缝处贴卷材条加强、收头。

单位：m^2

定额编号			A7-76	A7-77	A7-78	A7-79
项目名称			三元乙丙橡胶卷材		再生橡胶卷材	
			冷贴满铺			
			平面	立面	平面	立面
名称		单位	消耗量			
人工	综合工日	工日	0.1934	0.2499	0.1934	0.2499
材料	三元乙丙橡胶卷材	m^2	1.2417	1.2417	—	—
	再生橡胶卷材	m^2	—	—	1.2417	1.2417
	聚氨酯甲料	kg	0.0997	0.0997	0.0997	0.0997
	聚氨酯乙料	kg	0.2177	0.2177	0.2177	0.2177
	粘结剂　丁基	kg	0.176	0.176	—	—
	CSPE 嵌缝油膏 330 mL	支	0.2983	0.2983	0.2983	0.2983
	二甲苯	kg	0.270	0.270	0.270	0.270
	乙酸乙酯	kg	0.0505	0.0505	0.0505	0.0505
	铁钉	kg	0.0023	0.0023	0.0023	0.0023
	钢压条 $\phi 6$	kg	0.040	0.040	0.040	0.040
	107 胶素水泥浆	m^3	0.0001	0.0001	0.0001	0.0001
	粘结剂　氯丁胶	kg	—	—	0.6393	0.6393

2. 涂膜防水

工作内容：清理基层、刷涂料。

单位：m^2

定额编号			A7-80	A7-81	A7-82	A7-83
项目名称			刷苯乙烯涂料二遍		刷冷底子油	
			平面	立面	第一遍	第二遍
名称		单位	消耗量			
人工	综合工日	工日	0.0221	0.0221	0.0156	0.0133
材料	苯乙烯涂料	kg	0.505	0.520	—	—
	冷底子油 30∶70	kg	—	—	0.4848	—
	冷底子油 50∶50	kg	—	—	—	0.3636
	木柴	kg	—	—	0.165	0.209

工作内容：1. 塑料油膏：配制涂刷冷底子油、熬制油膏，涂刷油膏；

2. 氯偏共聚乳液：成品涂刷；

3. 聚氨酯：涂刷底胶及附加层，刷聚氨酯两遍并撒砂保护层（或刚性连接层）。　　单位：m^2

定额编号			A7-84	A7-85	A7-86
项目名称			塑料油膏	氯偏共聚乳液	聚氨酯
			涂刷厚度遍数		
			二遍	三遍	二遍
名称		单位	消耗量		
人工	综合工日	工日	0.0202	0.0152	0.0626
材料	塑料油膏	kg	5.8512	—	—
	氯偏共聚乳液	kg	—	0.210	—
	磷酸三钠溶液 10%	kg	—	0.0059	—
	聚乙烯醇溶液	kg	—	0.0095	—
	二甲苯	kg	—	—	0.1296
	绿豆砂	m^3	—	—	0.0031
	聚氨酯甲料	kg	—	—	1.0764
	聚氨酯乙料	kg	—	—	1.6841
	木柴	kg	1.8216	—	—

工作内容：清理基层、配制、刷冷底子油一遍，熬制、涂刷石油沥青。　　单位：m^2

定额编号			A7-87	A7-88	A7-89
项目名称			刷石油沥青一遍		
			平面	立面	
				混凝土抹灰面	砖墙面
名称		单位	消耗量		
人工	综合工日	工日	0.0176	0.0212	0.0238
材料	冷底子油 30∶70	kg	0.4848	0.4848	0.4848
	石油沥青 30#	kg	1.8656	1.9822	2.2154
	木柴	kg	0.869	0.913	1.006

工作内容：熬制、涂刷石油沥青。　　单位：m^2

定额编号			A7-90	A7-91	A7-92
项目名称			每增加石油沥青一遍		
			平面	立面	
				混凝土抹灰面	砖墙面
名称		单位	消耗量		
人工	综合工日	工日	0.0062	0.0081	0.0095
材料	石油沥青 30#	kg	1.4443	1.6324	1.8656
	木柴	kg	0.572	0.616	0.616

工作内容：清理基层、涂刷冷底子油一遍，熬制、涂刷石油沥青玛碲脂。

单位：m^2

定额编号			A7-93	A7-94	A7-95
项目名称			刷石油沥青玛碲脂一遍		
			平面	立面	
				混凝土抹灰面	砖墙面
名称		单位	消耗量		
人工	综合工日	工日	0.0176	0.0215	0.0241
材料	冷底子油 30∶70	kg	0.4848	0.4848	0.4848
	石油沥青玛碲脂	m^3	0.0018	0.0025	0.0028
	木柴	kg	0.913	1.221	1.303

工作内容：熬制、涂刷石油沥青玛碲脂。

单位：m^2

定额编号			A7-96	A7-97	A7-98
项目名称			每增加石油沥青玛碲脂一遍		
			平面	立面	
				混凝土抹灰面	砖墙面
名称		单位	消耗量		
人工	综合工日	工日	0.0062	0.0081	0.0095
材料	石油沥青玛碲脂	m^3	0.0015	0.0016	0.0018
	木柴	kg	0.616	0.660	0.748

工作内容：清理基层、调制砂浆、抹灰养护。

单位：m^2

定额编号			A7-99	A7-100	A7-101	A7-102
项目名称			防水砂浆			
			平面	立面	五层做法	
					平面	立面
名称		单位	消耗量			
人工	综合工日	工日	0.084	0.129	0.161	0.209
材料	水泥砂浆 1∶2	m^3	0.0202	0.0204	0.0101	0.0102
	防水粉	kg	0.5676	0.5733	—	—
	素水泥浆	m^3	—	—	0.0061	0.0061
	水	m^3	0.038	0.038	0.038	0.038
机械	灰浆搅拌机 200 L	台班	0.0034	0.0034	0.0027	0.0027

工作内容：清理基层、调配涂料、铺贴布（聚酯布或玻璃布）及附加层刷涂料（最后两遍掺水泥作保护层）。

单位：m^2

定额编号			A7-103	A7-104	A7-105	A7-106
项目名称			水乳型			
			普通乳化沥青涂料		水性石棉质沥青	
			二布三涂		一布二涂	
			平面	立面	平面	立面
名称		单位	消耗量			
人工	综合工日	工日	0.091	0.150	0.068	0.107
材料	聚酯布 100 g/m^2	m^2	2.430	2.430	—	—
	普通乳化沥青（水乳型）	kg	2.600	2.600	—	—
	水性石棉质沥青（水乳型）	kg	—	—	8.320	8.320
	玻璃纤维布 1.8	m^2	—	—	1.249	1.249
	水泥 32.5	kg	0.1377	0.1377	0.612	0.612

工作内容：清理基层、调配涂料、铺贴聚酯布及附加层，刷涂料（最后两遍掺水泥作保护层）。　　单位：m^2

定额编号			A7-107	A7-108	A7-109	A7-110
项目名称			水乳型			
			再生胶沥青聚酯布			
			二布三涂		每增减一布一涂	
			平面	立面	平面	立面
名称		单位	消耗量			
人工	综合工日	工日	0.091	0.150	0.036	0.043
材料	聚酯布 100 g/m^2	m^2	2.430	2.430	1.181	1.181
	再生胶沥青（水乳型）	kg	2.600	2.600	1.040	1.040
	水泥 32.5	kg	0.1377	0.1377	—	—

工作内容：清理基层、调配涂料、铺贴聚酯布及附加层，刷涂料（最后两遍掺水泥作保护层）。　　单位：m^2

定额编号			A7-111	A7-112	A7-113	A7-114
项目名称			水乳型			
			阴离子合成胶乳化沥青聚酯布			
			一布二涂		每增一布一涂	
			平面	立面	平面	立面
名称		单位	消耗量			
人工	综合工日	工日	0.068	0.1071	0.0364	0.0433
材料	聚酯布 100 g/m^2	m^2	1.249	1.249	1.181	1.181
	阴离子合成胶乳化沥青	kg	2.080	2.080	1.560	1.560
	水泥 32.5	kg	0.153	0.153	—	—

注：若阳离子合成胶乳化沥青材料可以换算，其他不变。

工作内容：清理基层、调配涂料、铺贴聚酯布及附加层，刷涂料（最后两遍掺水泥作保护层）。　　单位：m^2

定额编号			A7-115	A7-116	A7-117	A7-118
项目名称			溶剂型			
			再生胶沥青聚酯布			
			二布三涂		每增一布一涂	
			平面	立面	平面	立面
名称		单位	消耗量			
人工	综合工日	工日	0.091	0.150	0.0364	0.0433
材料	聚酯布 100 g/m^2	m^2	2.430	2.430	1.181	1.181
	再生胶沥青（溶剂型）	kg	3.120	3.120	1.560	1.560
	水泥 32.5	kg	0.204	0.204	—	—

工作内容：清理基层、调配涂料、铺贴玻璃纤维布及附加层，刷涂料。　　单位：m²

定额编号			A7-119	A7-120	A7-121	A7-122
项目名称			纳米防水涂料			
			二布三涂		每增减一布一涂	
			平面	立面	平面	立面
名称		单位	消耗量			
人工	综合工日	工日	0.0912	0.150	0.0361	0.0426
材料	玻璃纤维布	m²	2.314	2.314	1.123	1.123
	纳米 9501 涂料	kg	2.400	2.500	0.750	0.750
	纳米 9502 涂料	kg	0.100	0.100	—	—

工作内容：清理基层，裁、铺贴玻璃纤维布，涂刷氰凝。　　单位：m²

定额编号			A7-123	A7-124	A7-125
项目名称			氰凝防水涂料		
			地下室墙、板、屋面		
			二涂	每增(减)一涂	每增一布
名称		单位	消耗量		
人工	综合工日	工日	0.0498	0.0185	0.017
材料	氰凝	kg	0.623	0.283	—
	玻璃纤维布	m²	—	—	1.123
	二甲苯	kg	0.051	0.024	—

三、变形缝、止水带

1. 填　缝

工作内容：熬制沥青、玛碲脂、浸木丝板、油浸麻丝填缝、玛碲脂灌缝。　　单位：m

定额编号			A7-126	A7-127	A7-128	A7-129
项目名称			油浸麻丝		油浸木丝板	玛碲脂
			平面	立面		
名称		单位	消耗量			
人工	综合工日	工日	0.0742	0.1109	0.0563	0.062
材料	麻丝	kg	0.550	0.550	—	—
	石油沥青 30#	kg	2.040	2.040	1.280	—
	木丝板 25	m²	—	—	0.1553	—
	石油沥青玛碲脂	m³	—	—	—	0.0048
	木柴	kg	0.990	0.990	0.460	1.980

注：玛碲脂变形缝断面以 30×150 mm 计算，设计不同，材料按比例换算，人工不变。

工作内容：1. 调制石灰麻刀、嵌缝、缝上贴二毡三油一层；

2. 熬制油膏、沥青、拌和沥青砂浆、清理缝道、嵌缝。　　单位：m

定额编号			A7-130	A7-131	A7-132	A7-133
项目名称			石灰麻刀		建筑油膏	沥青砂浆
			平面	立面		
名称		单位	消耗量			
人工	综合工日	工日	0.0692	0.076	0.055	0.0654
材料	生石灰	kg	1.800	1.800	—	—
	石油沥青 30#	kg	0.650	0.650	—	—
	石油沥青油毡 350#	m^2	0.170	0.170	—	—
	麻刀	kg	1.080	1.080	—	—
	沥青砂浆 1：2：6	m^3	—	—	—	0.0048
	建筑油膏	kg	—	—	0.8777	—
	木柴	kg	0.240	0.240	0.270	1.980

注：建筑油膏变形缝断面以 30×20 计算，沥青砂浆断面 30×150 计，如设计不同材料按比例换算人工不变。

工作内容：清理缝道、水泥砂浆勾缝、垫牛皮纸、胶泥灌缝。　　单位：m

定额编号			A7-134
项目名称			聚氯乙烯胶泥
名称		单位	消耗量
人工	综合工日	工日	0.075
材料	聚氯乙烯胶泥	kg	0.833
	牛皮纸	m^2	0.532
	水泥砂浆 1：2	m^3	0.0006

注：聚氯乙烯胶泥变形缝断面 30×20 计算，如设计不同，材料按比例换算，其他不变。

2. 盖　缝

工作内容：1. 平面板加工、板缝一侧涂胶粘合；立面埋木砖钉木盖板；

2. 平面(屋面)埋木砖、钉木条、木条上钉铁皮；立面埋木砖、木砖上钉铁皮。　　单位：m

定额编号			A7-135	A7-136	A7-137	A7-138
项目名称			木盖板		铁皮盖板	
			平面	立面	平面	立面
名称		单位	消耗量			
人工	综合工日	工日	0.0548	0.0727	0.1332	0.078
材料	杉木成材	m^3	0.0052	0.0053	0.0068	0.0026
	粘结剂 XY508	kg	0.0152	—	—	—
	铁钉	kg	—	0.007	0.021	0.007
	防腐油	kg	—	0.050	0.1117	0.0454
	镀锌铁皮 24#	m^2	—	—	0.602	0.265
	焊锡	kg	—	—	0.019	0.0082
	其他材料费占材料费	%	—	—	1.000	1.000

3. 止水带

工作内容：1. 钢板、紫铜板止水带：钢、(紫铜)板剪裁、焊接成型、铺设。

2. 橡胶、塑料止水带制作、接头、安装。

单位：m

定额编号			A7-139	A7-140	A7-141	A7-142
项目名称			钢板	紫铜板	预埋式止水带	
			止水带		橡胶	塑料
名称		单位	消耗量			
人工	综合工日	工日	0.2643	0.2643	0.110	0.110
材料	橡胶止水带	m	—	—	1.050	—
	塑料止水带	m	—	—	—	1.050
	E44 环氧树脂	kg	—	—	0.0304	0.0304
	乙二胺	kg	—	—	0.0024	0.0024
	丙酮	kg	—	—	0.0304	0.0304
	甲苯	kg	—	—	0.024	0.024
	型钢	t	0.0115	—	—	—
	电焊条	kg	0.143	—	—	—
	紫铜板 2 厚	kg	—	8.109	—	—
	铜焊条	kg	—	0.143	—	—
机械	剪板机 20×2500	台班	0.0011	0.0011	—	—
	交流弧焊机 32 kVA	台班	0.007	0.007	—	—

注：钢板止水带按 3×450 紫铜板止水带按 2×450 计算，设计宽、厚度不同时，按设计用量加 6%损耗调整含量，其他不变。橡胶、塑料止水带规格不同，含量不变。

工作内容：1. 氯丁橡胶片止水带：用乙酸乙酯洗缝、隔纸、用氯丁胶粘剂、贴氯丁橡胶片、涂胶铺砂；

2. 涂刷一布二涂氯丁胶贴玻璃纤维布止水带：清理基层、刷底胶、缝上粘贴 350 mm 宽一布二涂氯丁胶贴玻璃纤维布、在缝中间贴 150 mm 宽一布二涂氯丁胶玻璃布、止水带干后，表面涂胶并粘粒砂。

单位：m

定额编号			A7-143	A7-144	A7-145
项目名称			氯丁橡胶片	涂刷式一布二涂氯丁胶	
				贴玻璃纤维布止水带	
			止水带	湿基层	干基层
名称		单位	消耗量		
人工	综合工日	工日	0.0358	0.050	0.050
材料	氯丁橡胶片 2 厚	m^2	0.3182	—	—
	乙酸乙酯	kg	0.230	0.1531	0.1531
	氯丁橡胶浆液	kg	0.6058	1.169	1.360
	三异氰酸酯	kg	0.091	0.1754	0.204
	水泥 32.5	kg	0.091	0.070	0.030
	牛皮纸	m^2	0.059	—	—
	绿豆砂	m^3	0.0016	0.0018	0.0018
	铜焊条	kg	—	—	—
	玻璃纤维布	m^2	—	0.952	0.952
	600 号环氧树脂	kg	—	0.144	—
	300 号低分子聚酰胺	kg	—	0.0288	—

四、屋面排水

1. 铸铁管排水

工作内容：铸铁水落管：包括切管、埋管卡、安水管、合灰、捻口；铸铁雨水口：就位、安装。

定额编号			A7-146	A7-147	A7-148	A7-149
项目名称			铸铁水落管(直径 mm)		铸铁雨水口(带罩)	
			ϕ100	ϕ150	ϕ100	ϕ150
			m		个	
名称		单位	消耗量			
人工	综合工日	工日	0.225	0.250	0.215	0.215
材料	铸铁排水管 ϕ100	m	1.047	—	—	—
	铸铁排水管 ϕ150	m	—	1.047	—	—
	铸铁雨水口 100 带罩	套	—	—	1.010	—
	铸铁雨水口 150 带罩	套	—	—	—	1.010
	膨胀螺栓 6×22	套	1.050	—	—	—
	螺栓 M3×20	套	2.100	—	—	—
	水泥 32.5	kg	1.163	1.320	—	—
	石棉绒	kg	0.174	0.236	—	—
	麻丝	kg	0.018	0.025	—	—
	石油沥青 30#	kg	0.070	0.095	—	—
	镀锌铁丝 20#	kg	0.082	0.082	—	—
	铁件	kg	0.144	0.778	—	—
	砂	m^3	0.002	0.002	—	—
	水	m^3	0.104	0.132	—	—
	石油沥青玛碲脂	m^3	—	—	0.001	0.0012
	石油沥青油毡 350#	m^2	—	—	0.242	0.293

工作内容：铸铁水斗、弯头、落水口就位、安装，铁皮截料、制作、安装。

定额编号			A7-150	A7-151	A7-152	A7-153
项目名称			铸铁水斗		铸铁弯头落水口(含篦子板)	铁皮排水天沟泛水
			落水口直径(mm)			
			ϕ100	ϕ150		
			个			m^2
名称		单位	消耗量			
人工	综合工日	工日	0.214	0.214	0.214	0.088
材料	铸铁水斗 ϕ100	个	1.010	—	—	—
	铸铁水斗 ϕ150	个	—	1.010	—	—
	铁件	kg	1.083	1.177	0.242	—
	铸铁弯头(出墙落水口)	个	—	—	1.010	—
	杉木成材	m^3	—	—	0.0036	—
	防腐油	kg	—	—	0.040	—
	石油沥青玛碲脂	m^3	—	—	0.007	—
	镀锌铁皮 26#	m^2	—	—	—	1.054
	铁钉	kg	—	—	—	0.030
	焊锡	kg	—	—	—	0.0208
	盐酸	kg	—	—	—	0.0044
	木炭	kg	—	—	—	0.0924

2. 玻璃钢管排水

工作内容：1. 屋面排水系统：埋设管卡箍、截管、涂胶、接口；

2. 屋面阳台雨水管系统：埋设管卡箍、截管、涂胶、安三通、伸缩节、管子等。 单位：m

定额编号			A7-154	A7-155	A7-156	A7-157
项目名称			玻璃钢排水管(直径 mm)			
			屋面排水管系统		屋面、阳台雨水管系统	
			ϕ110	ϕ160	ϕ110	ϕ160
名称		单位	消耗量			
人工	综合工日	工日	0.046	0.051	0.046	0.051
材料	玻璃钢排水管 ϕ110×1500	m	1.052	—	0.1016	—
	玻璃钢排水管 ϕ160×1500	m	—	1.061	—	0.1015
	排水管检查口 ϕ110	个	0.101	—	0.101	—
	排水管检查口 ϕ160	个	—	0.101	—	0.101
	排水管伸缩节 ϕ110	个	0.111	—	0.111	—
	排水管伸缩节 ϕ160	个	—	0.111	—	0.111
	排水管连接件 110×115	个	—	—	0.0361	—
	排水管连接件 160×135	个	—	—	—	0.0361
	密封胶	kg	0.012	0.020	0.028	0.048
	卡箍膨胀螺栓 110	套	0.714	—	0.714	—
	卡箍膨胀螺栓 160	套	—	0.714	—	0.510
	玻璃钢三通 ϕ110×50	个	—	—	0.0361	—
	玻璃钢三通 ϕ160×50	个	—	—	—	0.0361

工作内容：1. 水斗：细石混凝土填缝、涂胶、接口；

2. 弯头及短管：涂胶、接口。 单位：个

定额编号			A7-158	A7-159	A7-160	A7-161
项目名称			玻璃钢排水部件(直径 mm)			
			水斗(带罩)		弯头 90°	短管
			ϕ110	ϕ160	ϕ50	
名称		单位	消耗量			
人工	综合工日	工日	0.061	0.064	0.030	0.030
材料	玻璃钢水斗 ϕ110 带罩	个	1.010	—	—	—
	玻璃钢水斗 ϕ160 带罩	个	—	1.010	—	—
	密封胶	kg	0.031	0.050	0.010	0.010
	细石混凝土 C20	m^3	0.003	0.005	—	—
	玻璃钢弯头 90°ϕ50	个	—	—	1.010	—
	玻璃钢短管 ϕ50	m	—	—	—	1.010

3. PVC管排水

工作内容：切管、粘接管道、管件、安装、固定等工序。

定额编号			A7-162	A7-163	A7-164	A7-165
项目名称			PVC水落管(直径mm)		PVC水斗(直径mm)	
			φ75	φ110	φ75	φ110
			m		个	
名称		单位	消耗量			
人工	综合工日	工日	0.046	0.046	0.038	0.038
材料	PVC水落管φ75	m	1.045	—	—	—
	PVC水落管φ110	m	—	1.052	—	—
	PVC检查口φ75	个	0.101	—	—	—
	PVC检查口φ110	个	—	0.101	—	—
	PVC伸缩节φ75	个	1.110	—	—	—
	PVC伸缩节φ110	个	—	1.110	—	—
	PVC水斗φ75	个	—	—	1.010	—
	PVC水斗φ110	个	—	—	—	1.010
	卡箍膨胀螺栓75	套	0.714	—	—	—
	卡箍膨胀螺栓110	套	—	0.714	—	—
	密封胶	kg	0.010	0.012	0.017	0.031
	铁钉	kg	—	—	0.020	0.020

工作内容：切管、粘接管道、管件、安装、固定等工序。　　单位：套

定额编号			A7-166
项目名称			阳台PVC落水(直径mm)
			连通水落管
			φ50
名称		单位	消耗量
人工	综合工日	工日	0.209
材料	PVCφ50×400短管	个	1.010
	PVC90°弯头	个	1.010
	PVC三通φ110	个	1.010
	密封胶	kg	0.010

二十一、山东省建筑安装市政园林绿化工程价目表

（2006年定额防水工程部分）

关于印发《山东省建筑安装市政园林绿化工程价目表》的通知

（鲁标定字[2006]4号）

各市标准定额站（造价管理处、办）、各有关单位：

为加强对工程造价的动态管理，适应建设工程计价的需要，我们以《山东省建筑工程消耗量定额》、《山东省安装工程消耗量定额》、《山东省市政工程消耗量定额》和《山东省园林绿化工程消耗量定额》为基础，组织编制了《山东省建筑工程价目表》、《山东省安装工程价目表》、《山东省市政工程价目表》和《山东省园林绿化工程价目表》（以下简称“本价目表”），现予以印发，并就有关问题通知如下：

一、本价目表自2006年4月1日起施行。2006年4月1日前已签定合同的工程，可仍按原合同及有关规定执行。

二、原省工程建设标准定额站鲁标定字[2003]5号、6号和[2002]12号文件发布的《山东省建筑工程价目表》、《山东省安装工程价目表》和《山东省市政工程价目表》同时停止使用。

三、本价目表由山东省工程建设标准定额站负责管理、解释。

在执行过程中，有何问题和意见，请及时反映给山东省工程建设标准定额站。

山东省工程建设标准定额站

二〇〇六年二月二十日

第六章　屋面、防水、保温及防腐工程

定额编号	项目名称	单位	省定额价			
			基价	人工费	材料费	机械费
一、屋面						
（一）黏土瓦、水泥屋面						
6-1-1	黏土瓦　屋面板上或椽子挂瓦条上铺设	10 m²	91.15	19.04	72.11	
6-1-2	黏土瓦　钢、砼檩条上铺钉苇箔三层铺泥挂瓦	10 m²	194.89	53.20	141.69	
6-1-3	黏土瓦　砼板上浆贴	10 m²	127.15	17.92	107.41	1.82
6-1-4	水泥瓦　屋面板上或椽子挂瓦条上铺设	10 m²	68.11	19.04	49.07	
（二）石棉瓦屋面						
6-1-5	小波石棉瓦　木檩上	10 m²	192.14	14.00	178.14	
6-1-6	小波石棉瓦　钢檩上	10 m²	235.55	21.00	214.55	
6-1-7	小波石棉瓦　砼檩上	10 m²	249.03	21.00	228.03	
6-1-8	大波石棉瓦　木檩上	10 m²	175.40	12.04	163.36	
6-1-9	大波石棉瓦　钢檩上	10 m²	225.34	19.32	206.02	
6-1-10	大波石棉瓦　砼檩上	10 m²	243.35	19.32	224.03	
（三）西班牙、英红瓦、三曲瓦屋面						
6-1-11	西班牙瓦　两坡以内	10 m²	1261.92	75.88	1183.69	2.35
6-1-12	西班牙瓦　四坡以内	10 m²	1278.16	92.12	1183.69	2.35
6-1-13	西班牙瓦　正斜脊	10 m	535.31	66.08	468.06	1.17
6-1-14	英红瓦　两坡以内	10 m²	1204.10	75.88	1125.87	2.35
6-1-15	英红瓦　四坡以内	10 m²	1220.34	92.12	1125.87	2.35
6-1-16	英红瓦　正斜脊	10 m	330.30	66.08	263.05	1.17
6-1-17	三曲瓦(波开面砖)平铺	10 m²	725.06	119.00	603.59	2.47
（四）琉璃瓦屋面						
6-1-18	琉璃瓦　钢筋砼亭面上	10 m²	826.07	291.20	532.52	2.35
6-1-19	琉璃瓦　钢筋砼斜面上	10 m²	717.75	232.68	482.72	2.35
6-1-20	琉璃瓦　檐口线	10 m	233.63	122.64	109.82	1.17
6-1-21	琉璃瓦　脊瓦	10 m	204.91	152.88	50.86	1.17
（五）波纹瓦屋面						
6-1-22	琉璃钢波纹瓦　钢檩上	10 m²	275.72	16.52	259.20	
6-1-23	琉璃钢波纹瓦　木檩上	10 m²	208.36	10.92	197.44	
6-1-24	塑料波纹瓦　钢檩上	10 m²	540.81	21.56	519.19	0.06
6-1-25	塑料波纹瓦　木檩上	10 m²	530.70	17.08	513.56	0.06
（六）镀锌铁皮瓦屋面						
6-1-26	镀锌瓦垄铁皮　木檩上	10 m²	537.51	4.76	532.75	
6-1-27	镀锌瓦垄铁皮　钢檩上	10 m²	535.80	5.88	529.92	

续表

定额编号	项目名称	单位	省定额价			
			基价	人工费	材料费	机械费
（七）彩钢压型板屋面						
6-1-28	安装于S/C型轻型钢檩条上　彩钢波纹瓦	10 m^2	1446.01	38.64	1334.21	73.16
6-1-29	安装于S/C型轻型钢檩条上　彩钢夹心板	10 m^2	2731.87	38.64	2620.07	73.16
二、防水						
（一）刚性防水						
6-2-1	细石砼　厚40 mm	10 m^2	160.62	52.36	107.83	0.43
6-2-2	细石砼　每增减10 mm	10 m^2	21.98	4.20	17.73	0.05
6-2-3	水泥砂浆二次抹压　厚20 mm	10 m^2	123.29	43.68	77.73	1.88
6-2-4	水泥砂浆二次抹压　每增减10 mm	10 m^2	23.67	0.28	22.63	0.76
6-2-5	防水砂浆20 mm厚	10 m^2	89.58	30.24	57.29	2.05
6-2-6	掺无机盐铝防水剂　素水砂浆	10 m^2	11.62	5.32	6.30	
6-2-7	掺无机盐铝防水剂　防水砂浆20 mm厚	10 m^2	100.01	29.40	68.56	2.05
6-2-8	拒水粉　水泥砂浆保护层25 mm厚	10 m^2	250.15	85.12	162.51	2.52
6-2-9	拒水粉　砼保护层40 mm厚	10 m^2	272.68	89.88	182.37	0.43
6-2-10	防水砂浆　平面	10 m^2	81.20	25.76	53.44	2.00
6-2-11	防水砂浆　立面	10 m^2	94.64	39.20	53.44	2.00
6-2-12	防水砂浆　五层做法　平面	10 m^2	96.02	48.72	45.72	1.58
6-2-13	防水砂浆　五层做法　立面	10 m^2	110.78	63.28	45.92	1.58
（二）卷材防水						
6-2-14	沥青油毡　二毡三油　平面	10 m^2	201.23	22.12	179.11	
6-2-15	沥青油毡　二毡三油　立面	10 m^2	217.81	31.92	185.89	
6-2-16	沥青油毡　每增减一毡一油　平面	10 m^2	67.06	10.36	56.70	
6-2-17	沥青油毡　每增减一毡一油　立面	10 m^2	73.38	14.28	59.10	
6-2-18	玛碲脂油毡　二毡三油　平面	10 m^2	188.50	22.12	166.38	
6-2-19	玛碲脂油毡　二毡三油　立面	10 m^2	203.83	32.20	171.63	
6-2-20	玛碲脂油毡　每增减一毡一油　平面	10 m^2	63.61	10.36	53.25	
6-2-21	玛碲脂油毡　每增减一毡一油　立面	10 m^2	69.00	14.00	55.00	
6-2-22	沥青玻璃纤维布　二布三油　平面	10 m^2	248.30	26.60	221.70	
6-2-23	沥青玻璃纤维布　二布三油　立面	10 m^2	268.24	39.76	228.48	
6-2-24	沥青玻璃纤维布　每增减一布一油　平面	10 m^2	89.71	12.32	77.39	
6-2-25	沥青玻璃纤维布　每增减一布一油　立面	10 m^2	97.44	17.64	79.80	
6-2-26	玛碲脂玻璃纤维布　二布三油　平面	10 m^2	235.57	26.60	208.97	
6-2-27	玛碲脂玻璃纤维布　二布三油　立面	10 m^2	254.26	40.04	214.22	
6-2-28	玛碲脂玻璃纤维布　每增减一布一油　平面	10 m^2	86.26	12.32	73.94	
6-2-29	玛碲脂玻璃纤维布　每增减一布一油　立面	10 m^2	93.33	17.64	75.69	

续表

定额编号	项目名称	单位	省定额价			
			基价	人工费	材料费	机械费
6-2-30	SBS 改性沥青卷材(满铺)一层　平面	10 m^2	393.57	11.20	382.37	
6-2-31	SBS 改性沥青卷材(满铺)一层　立面	10 m^2	396.65	14.28	382.37	
6-2-32	SBS 改性沥青卷材(满铺)二层　平面	10 m^2	708.63	17.08	691.55	
6-2-33	SBS 改性沥青卷材(满铺)二层　立面	10 m^2	713.39	21.84	691.55	
6-2-34	高强 APP 改性沥青卷材一层　平面	10 m^2	332.48	11.20	321.28	
6-2-35	高强 APP 改性沥青卷材一层　立面	10 m^2	335.56	14.28	321.28	
6-2-36	高强 APP 改性沥青卷材二层　平面	10 m^2	591.56	17.08	574.48	
6-2-37	高强 APP 改性沥青卷材二层　立面	10 m^2	596.32	21.84	574.48	
(三)高分子卷材防水						
6-2-38	氯化聚乙烯-橡胶共混卷材　平面	10 m^2	846.07	54.04	792.03	
6-2-39	氯化聚乙烯-橡胶共混卷材　立面	10 m^2	862.03	70.00	792.03	
6-2-40	三元乙丙橡胶卷材　冷贴满铺　平面	10 m^2	710.89	54.04	656.85	
6-2-41	三元乙丙橡胶卷材　冷贴满铺　立面	10 m^2	726.85	70.00	656.85	
6-2-42	再生橡胶卷材　冷贴满铺　平面	10 m^2	536.61	54.04	482.57	
6-2-43	再生橡胶卷材　冷贴满铺　立面	10 m^2	552.57	70.00	482.57	
6-2-44	PVC 橡胶卷材　平面	10 m^2	540.95	20.44	520.51	
6-2-45	PVC 橡胶卷材　立面	10 m^2	546.83	26.32	520.51	
6-2-46	水乳型普通乳化沥青涂料　二布三涂　平面	10 m^2	178.37	21.84	156.53	
6-2-47	水乳型普通乳化沥青涂料　二布三涂　立面	10 m^2	193.49	36.96	156.53	
6-2-48	水乳型水性石棉质沥青　一布二涂　平面	10 m^2	431.70	15.96	415.74	
6-2-49	水乳型水性石棉质沥青　一布二涂　立面	10 m^2	441.50	25.76	415.74	
6-2-50	水乳型再生胶沥青聚酯布　二布三涂　平面	10 m^2	219.97	21.84	198.13	
6-2-51	水乳型再生胶沥青聚酯布　二布三涂　立面	10 m^2	235.09	36.96	198.13	
6-2-52	水乳型再生胶沥青聚酯布　每增一布一涂　平面	10 m^2	97.44	10.08	87.36	
6-2-53	水乳型再生胶沥青聚酯布　每增一布一涂　立面	10 m^2	98.56	11.20	87.36	
6-2-54	水乳型合成胶沥青聚酯布　一布二涂　平面	10 m^2	182.40	15.96	166.44	
6-2-55	水乳型合成胶沥青聚酯布　一布二涂　立面	10 m^2	192.20	25.76	166.44	
6-2-56	水乳型合成胶沥青聚酯布　每增一布一涂　平面	10 m^2	144.24	10.08	134.16	
6-2-57	水乳型合成胶沥青聚酯布　每增一布一涂　立面	10 m^2	145.36	11.20	134.16	
6-2-58	溶剂型再生胶沥青聚酯布　二布三涂　平面	10 m^2	249.77	21.84	227.93	
6-2-59	溶剂型再生胶沥青聚酯布　二布三涂　立面	10 m^2	264.89	36.96	227.93	
6-2-60	溶剂型再生胶沥青聚酯布　每增一布一涂　平面	10 m^2	122.40	10.08	112.32	
6-2-61	溶剂型再生胶沥青聚酯布　每增一布一涂　立面	10 m^2	123.52	11.20	112.32	
(四)涂膜防水						
6-2-62	冷底子油　第一遍	10 m^2	29.80	4.48	25.32	
6-2-63	冷底子油　第二遍	10 m^2	19.87	3.64	16.23	

续表

定额编号	项目名称	单位	省定额价			
			基价	人工费	材料费	机械费
6-2-64	苯乙烯涂料二遍　平面	10 m^2	27.93	6.16	21.77	
6-2-65	苯乙烯涂料二遍　立面	10 m^2	28.57	6.16	22.41	
6-2-66	石油沥青玛碲脂 3 mm 厚	10 m^2	88.88	8.40	80.48	
6-2-67	塑料油膏二遍	10 m^2	200.89	6.72	194.17	
6-2-68	塑料油膏嵌缝　空心板	10 m	48.75	9.24	39.51	
6-2-69	塑料油膏嵌缝　大型屋面板	10 m	60.65	9.24	51.41	
6-2-70	氯偏共聚乳胶三遍	10 m^2	20.21	7.00	13.21	
6-2-71	聚氨酯二遍	10 m^2	596.74	11.48	585.26	
6-2-72	石油沥青一遍　平面	10 m^2	67.43	3.64	63.79	
6-2-73	石油沥青一遍　砼抹灰面立面	10 m^2	70.95	4.76	66.19	
6-2-74	石油沥青一遍　砖墙立面	10 m^2	76.60	5.60	71.00	
6-2-75	石油沥青每增加一遍　平面	10 m^2	32.13	1.96	30.17	
6-2-76	石油沥青每增加一遍　砼抹灰面立面	10 m^2	36.18	2.52	33.66	
6-2-77	石油沥青每增加一遍　砖墙立面	10 m^2	41.27	2.80	38.47	
6-2-78	石油沥青玛碲脂一遍　平面	10 m^2	60.27	3.64	56.63	
6-2-79	石油沥青玛碲脂一遍　砼抹灰面立面	10 m^2	73.65	4.76	68.89	
6-2-80	石油沥青玛碲脂一遍　砖墙立面	10 m^2	79.54	5.60	73.94	
6-2-81	石油沥青玛碲脂每增加一遍　平面	10 m^2	28.02	1.96	26.06	
6-2-82	石油沥青玛碲脂每增加一遍　砼抹灰面立面	10 m^2	30.33	2.52	27.81	
6-2-83	石油沥青玛碲脂每增加一遍　砖墙立面	10 m^2	34.11	2.80	31.31	
6-2-84	聚合物水泥复合涂料三遍　平面	10 m^2	221.89	6.44	215.45	
6-2-85	聚合物水泥复合涂料三遍　立面	10 m^2	223.57	8.12	215.45	
6-2-86	聚合物水泥复合涂料每增一遍　平面	10 m^2	94.85	2.52	92.33	
6-2-87	聚合物水泥复合涂料每增一遍　立面	10 m^2	95.41	3.08	92.33	
6-2-88	聚合物复合改性沥青涂料一遍　平面	10 m^2	238.00	3.64	234.36	
6-2-89	聚合物复合改性沥青涂料每增一遍　立面	10 m^2	205.63	2.52	203.11	
	三、保　　温					
	(一)砼板上保温					
6-3-1	沥青铺贴　聚苯乙烯泡沫板	10 m^3	10570.75	1307.04	9263.71	
6-3-2	沥青铺贴　软木	10 m^3	8525.80	1024.24	7501.56	
6-3-3	沥青铺贴　加气砼块	10 m^3	2839.55	504.84	2334.71	
6-3-4	沥青珍珠岩块	10 m^3	3963.48	157.08	3806.40	
6-3-5	憎水珍珠岩块	10 m^3	4190.03	425.60	3764.43	
6-3-6	水泥蛭石块	10 m^3	3412.28	157.08	3255.20	
6-3-7	加气砼块	10 m^3	867.44	101.36	766.08	
6-3-8	泡沫砼块	10 m^3	1422.16	137.76	1284.40	

续表

定额编号	项目名称	单位	省定额价			
			基价	人工费	材料费	机械费
6-3-9	沥青矿渣棉毡	10 m^3	5588.09	130.48	5457.61	
6-3-10	沥青玻璃棉毡	10 m^3	6799.74	130.48	6669.26	
6-3-11	珍珠岩粉	10 m^3	986.19	101.36	884.83	
6-3-12	蛭石粉	10 m^3	900.08	101.36	798.72	
6-3-13	聚氨酯发泡　厚 40 mm	10 m^2	487.69	3.64	482.30	1.75
6-3-14	聚氨酯发泡　每增厚 10 mm	10 m^2	122.17	1.12	120.58	0.47
6-3-15	现浇水泥珍珠岩	10 m^3	1525.42	201.32	1324.10	
6-3-16	现浇水泥蛭石	10 m^3	1496.93	201.32	1295.61	
6-3-17	现浇陶粒砼	10 m^3	2514.33	269.64	2244.69	
6-3-18	干铺炉渣	10 m^3	494.19	78.12	416.07	
6-3-19	石灰炉(矿)渣	10 m^3	660.84	203.28	457.56	
6-3-20	水泥石灰炉(矿)渣	10 m^3	1033.13	203.28	829.85	
6-3-21	炉(矿)渣砼	10 m^3	1583.60	186.20	1397.40	
(二)砼板架空隔热						
6-3-22	架空隔热层　方形砖　带式支撑	10 m^2	331.13	36.96	342.94	1.23
6-3-23	架空隔热层　方形砖　点式支撑	10 m^2	358.79	36.96	321.13	0.70
6-3-24	架空隔热层　预制砼板　点式支撑	10 m^2	170.49	27.44	142.35	0.70
(三)顶棚保温						
6-3-25	砼板下沥青铺贴　聚苯乙烯泡沫板	10 m^3	10778.61	1678.60	9100.01	
6-3-26	砼板下沥青铺贴　软木	10 m^3	9224.82	1506.40	7718.42	
6-3-27	顶棚上铺装　聚苯乙烯泡沫板	10 m^3	6298.54	616.00	5682.54	
6-3-28	顶棚上铺装　矿渣棉	10 m^3	2812.25	896.00	1916.25	
(四)立面保温						
6-3-29	沥青贴聚苯乙烯泡沫板带木框架独立墙柱体	10 m^3	9606.05	1593.76	8012.29	
6-3-30	沥青贴聚苯乙烯泡沫板　附墙铺贴	10 m^3	9884.62	1540.28	8344.34	
6-3-31	沥青贴软木　带木框架独立墙柱体	10 m^3	8514.22	1218.00	7296.22	
6-3-32	沥青贴软木　附墙铺贴	10 m^3	7985.22	1064.56	6920.66	
6-3-33	SB保温板	10 m^3	12111.00	789.32	11271.20	50.48
6-3-34	沥青矿渣棉	10 m^3	4203.25	418.32	3784.93	
6-3-35	沥青玻璃棉	10 m^3	8046.21	434.28	7611.93	
6-3-36	矿棉渣	10 m^3	2728.25	812.00	1916.25	
四、排　　水						
(一)镀锌铁皮排水						
6-4-1	镀锌铁皮排水　水落管	10 m	124.77	15.12	109.65	
6-4-2	镀锌铁皮排水　檐沟	10 m	139.30	13.44	125.86	
6-4-3	镀锌铁皮排水　天沟、泛水	10 m	313.24	26.04	287.20	

续表

定额编号	项目名称	单位	省定额价			
			基价	人工费	材料费	机械费
6-4-4	镀锌铁皮排水　水斗	10 个	226.04	64.12	161.92	
6-4-5	镀锌铁皮排水　下水口	10 个	211.73	28.28	183.45	
	（二）石棉水泥管、塑料管排水					
6-4-6	石棉水泥管排水　水落管 ϕ100	10 m	133.77	19.32	114.45	
6-4-7	石棉水泥管排水　檐沟	10 m	74.61	16.24	58.37	
6-4-8	石棉水泥管排水　水斗	10 个	540.10	19.32	520.78	
6-4-9	塑料管排水　水落管 ϕ100	10 m	175.02	14.00	161.02	
6-4-10	塑料管排水　水斗	10 个	104.75	14.00	90.75	
	（三）玻璃钢管排水					
6-4-11	单屋面排水管系统　ϕ110	10 m	602.62	80.92	521.70	
6-4-12	单屋面排水管系统　ϕ160	10 m	1001.30	89.88	911.42	
6-4-13	屋面阳台雨水管系统 ϕ110	10 m	669.61	83.44	586.17	
6-4-14	屋面阳台雨水管系统 ϕ160	10 m	1058.54	89.88	968.66	
6-4-15	排水部件　水斗(带罩) ϕ110	10 个	306.34	84.28	222.06	
6-4-16	排水部件　水斗(带罩) ϕ160	10 个	439.57	87.92	351.65	
6-4-17	排水部件　弯头 90° ϕ50	10 个	137.22	36.68	100.54	
6-4-18	排水部件　短管 ϕ50	10 个	139.34	36.68	102.66	
	（四）铸铁管排水					
6-4-19	铸铁管排水　水落管	10 m	812.71	78.96	733.75	
6-4-20	铸铁管排水　雨水口	10 个	453.47	90.44	363.03	
6-4-21	铸铁管排水　落水头	10 个	565.66	75.04	490.62	
6-4-22	弯头落水口(含箅子板)	10 个	560.95	100.24	460.71	
	（五）镀锌钢管排水					
6-4-23	镀锌钢管排水　ϕ100	10 m	830.14	85.40	668.38	76.36
6-4-24	镀锌钢管排水　ϕ150	10 m	1344.77	115.64	1127.42	101.71
	五、变形缝与止水带					
6-5-1	油浸麻丝　平面	10 m	125.80	21.00	104.80	
6-5-2	油浸麻丝　立面	10 m	136.16	31.36	104.80	
6-5-3	沥青玛碲脂	10 m	101.42	18.76	82.66	
6-5-4	建筑油膏	10 m	45.15	15.68	29.47	
6-5-5	聚氯乙烯胶泥	10 m	58.90	21.28	37.62	
6-5-6	沥青砂浆	10 m	56.35	15.68	40.67	
6-5-7	石灰麻刀　平面	10 m	42.58	19.60	22.98	
6-5-8	石灰麻刀　立面	10 m	45.10	22.12	22.98	
6-5-9	油浸木丝板	10 m	60.28	16.52	43.76	
6-5-10	木板盖板　平面	10 m	93.63	10.92	82.71	

续表

定额编号	项目名称	单位	省定额价			
			基价	人工费	材料费	机械费
6-5-11	木板盖板　立面	10 m	177.85	34.16	143.69	
6-5-12	镀锌铁皮盖板　平面	10 m	421.33	37.52	383.81	
6-5-13	镀锌铁皮盖板　立面	10 m	273.36	36.68	236.68	
6-5-14	氯丁橡胶片止水带	10 m	1567.19	10.08	1557.11	
6-5-15	氯丁胶贴玻璃纤维布止水片　湿基层	10 m	197.76	12.60	185.16	
6-5-16	氯丁胶贴玻璃纤维布止水片　干基层	10 m	166.20	12.60	153.60	
6-5-17	紫铜板止水带	10 m	3231.66	73.92	3148.28	9.46
6-5-18	铜板止水带	10 m	588.22	64.40	514.36	9.46
6-5-19	橡胶止水带	10 m	523.33	30.80	492.53	
6-5-20	塑料止水带	10 m	487.95	30.80	457.15	
	六、耐酸防腐					
	(一) 整体面层					
6-6-1	沥青砂浆　厚 30 mm	10 m^2	528.98	52.64	476.34	
6-6-2	沥青砼　厚 60 mm	10 m^2	849.53	65.24	781.01	3.28
6-6-3	沥青胶泥　厚 8 mm	10 m^2	237.15	70.00	167.15	
6-6-4	碎石灌沥青　厚 100 mm	10 m^2	1342.92	78.40	1264.52	
6-6-5	环氧砂浆　厚 5 mm	10 m^2	1142.85	117.60	1025.25	
6-6-6	环氧稀胶泥　厚 2 mm	10 m^2	750.75	98.00	652.75	
6-6-7	钢屑砂浆　厚 20 mm	10 m^2	267.83	57.40	210.43	
6-6-8	钢屑砂浆　零星抹灰	10 m^2	280.80	60.20	220.60	
6-6-9	酸化处理	10 m^2	22.12	18.48	3.64	
6-6-10	环氧玻璃钢　底漆每层	10 m^2	73.44	14.84	54.18	4.42
6-6-11	环氧玻璃钢　刮腻子每层	10 m^2	34.94	9.24	18.63	7.07
6-6-12	环氧玻璃钢　贴布每层	10 m^2	234.67	123.20	89.37	22.10
6-6-13	环氧玻璃钢　面漆每层	10 m^2	62.43	9.52	48.49	4.42
6-6-14	沥青胶泥油毡　二毡三油	10 m^2	256.75	31.08	225.67	
6-6-15	沥青胶泥玻璃布　一布一油	10 m^2	166.81	15.12	151.69	
6-6-16	软聚氯乙烯板地面	10 m^2	849.37	185.64	657.54	6.19
	(二) 块料面层					
6-6-17	沥青胶泥平面铺砌　瓷砖 65 mm 厚	10 m^2	1524.08	316.40	1198.84	8.84
6-6-18	沥青胶泥平面铺砌　瓷板 20 mm 厚	10 m^2	1198.19	324.80	864.55	8.84
6-6-19	沥青胶泥平面铺砌　铸石板 30 mm 厚	10 m^2	2521.25	338.80	2173.61	8.84
6-6-20	沥青胶泥平面铺砌　花岗岩板 60 mm 厚	10 m^2	1875.29	296.80	1569.65	8.84
6-6-21	沥青胶泥平面铺砌　沥青浸渍砖 115 mm 厚	10 m^2	1894.54	631.12	1254.58	8.84
6-6-22	沥青胶泥平面铺砌　沥青浸渍砖 53 mm 厚	10 m^2	1134.80	485.80	640.16	8.84

续表

定额编号	项目名称	单位	省定额价			
			基价	人工费	材料费	机械费
6-6-23	树脂胶泥勾缝、沥青胶泥铺砌　瓷砖 65 mm 厚	10 m^2	1916.31	313.60	1602.71	
6-6-24	树脂胶泥勾缝、沥青胶泥铺砌　瓷板 20 mm 厚	10 m^2	1417.18	327.60	1089.58	
6-6-25	树脂胶泥勾缝、沥青胶泥铺砌铸石板 30 mm 厚	10 m^2	2708.82	341.60	2367.22	
6-6-26	沥青胶泥池槽铺砌　瓷砖 65 mm 厚	10 m^2	1628.54	389.20	1239.34	
6-6-27	沥青胶泥池槽铺砌　瓷板 20 mm 厚	10 m^2	1288.38	408.80	879.58	
6-6-28	沥青胶泥池槽铺砌　铸石板 30 mm 厚	10 m^2	2628.35	425.60	2202.75	
	（三）耐酸防腐涂料					
6-6-29	过氯乙烯漆三遍　砼面	10 m^2	158.71	12.04	102.38	44.29
6-6-30	过氯乙烯漆三遍　抹灰面	10 m^2	144.96	11.20	92.96	40.80
6-6-31	聚氨酯漆四遍　砼面	10 m^2	217.91	69.72	148.19	
6-6-32	聚氨酯漆四遍　抹灰面	10 m^2	194.17	65.80	128.37	
6-6-33	酚醛树脂漆三遍　砼面	10 m^2	261.73	52.64	89.78	119.31
6-6-34	酚醛树脂漆三遍　抹灰面	10 m^2	246.24	49.28	77.65	119.31
6-6-35	沥青漆砼面、抹灰面面漆一遍	10 m^2	156.31	78.40	38.14	39.77
6-6-36	沥青漆砼面、抹灰面面漆增一遍	10 m^2	81.30	33.60	7.93	39.77
6-6-37	木材面刷防腐油	10 m^2	45.99	41.16	4.83	
6-6-38	清洗钢筋砼顶棚	10 m^2	18.16	15.96	2.20	

二十二、山东省建设工程概算定额

（2009 年定额防水工程部分）

关于发布《山东省建设工程概算定额》的通知

（鲁建标字[2009]32 号）

各市建委（建设局）、发展改革委、财政局，各有关单位：

为了加强政府宏观调控，合理确定和有效控制建设项目投资，规范工程建设全过程的工程造价管理，满足建设工程设计概算的编制需要，我们组织编制了 2010 年《山东省建设工程概算定额》（包括：《山东省建筑工程概算定额》、《山东省安装工程概算定额》、《山东省市政工程概算定额》和《山东省建设工程概算费用编制规定》四个分册），现予发布，从 2010 年 3 月 1 日起执行。执行中如有问题，请及时反映。

山东省住房和城乡建设厅
山东省发展和改革委员会
山 东 省 财 政 厅
二〇〇九年十一月二十三日

第六章　屋面、防水、保温工程

说　明

一、本章包括屋面、防水、保温、排水、变形缝与止水带、耐酸防腐等内容。

二、设计屋面材料规格与定额不同时，可以换算，其他不变。

三、屋面檩条，定额按 1～1.2 m 间距编制，设计与定额不同时，檩条数量可以换算，其他不变。

四、定额防水项目不分室内、室外、防水部位，使用时按设计做法套用相应定额。

五、保温层种类和保温材料配合比，设计与定额不同时可以换算，其他不变。

六、块料面层定额按平面铺砌编制，铺砌立面时，相应定额人工乘以 1.3，块料乘以 1.02，其他不变。

工程量计算规则

一、屋面

各种屋面，均按设计轴线尺寸的水平投影面积乘以屋面坡度系数，以“m^2”计算。不扣除房上烟囱、风帽底座、小气窗、脊瓦等所占面积。

二、防水

1. 屋面防水，按设计轴线尺寸的水平投影面积乘以坡度系数，以“m^2”计算。不扣除房上烟囱、风帽底座、风道和屋面小气窗等所占面积。屋面的女儿墙、伸缩缝和天窗等处的弯起部分，按设计轴线尺寸并入屋面工程量内计算。设计无规定的，伸缩缝、女儿墙的弯起部分按250 mm计算，天窗的弯起部分按500 mm计算。

2. 地面防水，按设计轴线内包尺寸，以“m^2”计算，扣除凸出地面的构筑物，设备基础等所占面积，不扣除柱、垛、间壁墙、烟囱以及单个面积在0.3 m^2以内的孔洞所占面积，平面与立面交接处，上卷高度在500 mm以内时按展开面积并入平面工程量计算。超过500 mm时，按立面防水层计算。

3. 墙面防水层，不分内墙、外墙，均按设计轴线长度乘以高度，以“m^2”计算。

三、保温

1. 屋面保温层，按设计轴线尺寸以“m^3”计算。不扣除房上烟囱、风帽底座、风道和屋面小气窗等所占面积。聚氨酯发泡保温及满粘、干铺聚氨酯泡沫保温，按设计轴线面积以“m^2”计算。

2. 楼地面保温层，按设计轴线内包面积以“m^2”计算，扣除凸出地面的构筑物、设备基础等所占面积，不扣除柱、垛、间壁墙等所占面积。

3. 外墙保温层，按设计外墙轴线长度乘以设计高度，以“m^2”计算，扣除门窗洞口所占面积。

4. 顶棚保温层，按设计轴线内包面积，以“m^2”计算。

四、排水

水落管钢管排水，按设计图示尺寸，以“m”计算。

五、变形缝与止水带

变形缝与止水带，按设计图示尺寸，以“m”计算。

六、耐酸防腐

耐酸防腐，按设计图示尺寸，以“m^2”计算。

一、屋　面

(一)瓦　屋　面

工作内容：制作安装檩条、檩条托(或垫木)、檩条上钉屋面板、铺瓦、安脊瓦、檐口梢头坐灰等全部工作内容。

单位：10 m²

定　额　编　号				GJ-6-1	GJ-6-2	GJ-6-3	GJ-6-4
项　　目				粘土瓦屋面屋面板上 SBS 卷材挂瓦条上铺设			粘土瓦屋面混凝土板上浆贴
				方木檩条	钢檩条	混凝土檩条	
基　价(元)				1489.96	974.05	1081.04	264.66
其中	人　工　费　(元)			161.48	129.36	133.32	49.28
	材　料　费　(元)			1328.48	836.55	924.93	211.00
	机　械　费　(元)			—	8.14	22.79	4.38
名　称		单位	单价	数　量			
人工	综合工日	工日	44.00	3.670	2.940	3.030	1.120
材料	模板材	m³	1650.00	0.032	0.001	—	—
	方木	m³	1650.32	0.375	0.078	0.078	—
	板方材(挂瓦条)	m³	1250.00	0.039	0.039	0.039	—
	SBS 防水卷材	m²	22.42	19.184	19.184	19.184	—
	水泥砂浆 1：2.5	m³	198.85	0.019	0.019	0.019	—
	粘土脊瓦	块	1.15	4.963	4.963	4.963	4.963
	粘土平瓦	千块	440.00	0.318	0.318	0.318	0.318
	电焊条 E4303ϕ3.2	kg	7.83	—	0.325	0.429	—
	混凝土檩条(成品)	m³	500.00	—	—	0.280	—
	水泥砂浆 1：3	m³	178.60	—	—	—	0.366
	其他材料费	元	1.00	28.550	75.370	24.590	—
机械	机械费	元	1.00	—	8.140	22.790	4.380

工作内容：铺瓦，修界瓦边，绑铁丝及钉固，清扫瓦面等全部工作内容。

单位：10 m²

定　额　编　号				GJ-6-5	GJ-6-6	GJ-6-7
项　　目				西班牙瓦屋面	英红瓦屋面	三曲瓦(波形面砖)平铺
基　价(元)				2352.19	2060.39	804.75
其中	人　工　费　(元)			236.72	236.72	189.64
	材　料　费　(元)			2109.67	1817.87	611.66
	机　械　费　(元)			5.80	5.80	3.45
名　称		单位	单价	数　量		
人工	综合工日	工日	44.00	5.380	5.380	4.310
材料	M2.5 混浆	m³	120.98	0.537	—	—
	西班牙瓦无釉 310×310	块	7.20	275.236	—	—
	水	m³	4.27	0.577	0.577	0.020
	西班牙脊瓦	块	7.00	3.626	—	—
	西班牙 S 盾瓦 250×90×10	块	4.60	4.018	—	—
	水泥砂浆 1：2	m³	208.74	—	0.449	—
	英红主瓦 420×332	块	8.90	—	190.531	—
	英红脊瓦	块	8.70	—	2.983	—
	水泥砂浆 1：3	m³	178.60	—	—	0.112
	混合砂浆 1：0.2：2	m³	199.84	—	—	0.141
	素水泥浆	m³	376.78	—	—	0.010
	三曲瓦(波形面砖)无釉 150×150×9	块	1.20	—	—	465.980
	其他材料费	元	1.00	16.680	—	0.450
机械	机械费	元	1.00	5.800	5.800	3.450

（二）彩钢瓦压型板屋面

工作内容：制作安装铁件，吊装屋面板，钻孔，对位，安装防水堵头，屋脊板，涂填缝膏等全部工作内容。

单位：10 m^2

定额编号				GJ-6-8	GJ-6-9
项目				安装于 S/C 型轻钢檩条上	
				彩钢波纹瓦	彩钢夹心板
基价(元)				1572.55	2834.21
其中	人工费（元）			68.20	68.20
	材料费（元）			1414.32	2675.98
	机械费（元）			90.03	90.03
	名称	单位	单价	数量	
人工	综合工日	工日	44.00	1.550	1.550
材料	S 形轻钢檩条	t	4165.00	0.098	0.098
	彩钢压型板	m^2	61.00	13.243	—
	彩钢瓦脊	m	26.00	0.479	0.479
	方木	m^3	1650.32	0.006	0.006
	模板材	m^3	1650.00	0.001	0.001
	彩钢夹芯板 δ100	m^2	156.27	—	13.243
	其他材料费	元	1.00	174.320	174.320
机械	机械费	元	1.00	90.030	90.030

二、防　　水

（一）卷材防水

工作内容：刷素水泥浆、清理基层、刷基底处理剂、铺贴卷材及附加层、收头钉压条等全部工作内容。

单位：10 m^2

定额编号				GJ-6-10	GJ-6-11	GJ-6-12	GJ-6-13
项目				SBS 改性沥青卷材			
				一层		二层	
				平面	立面	平面	立面
基价(元)				457.57	366.97	753.86	652.89
其中	人工费（元）			50.60	21.56	59.84	33.00
	材料费（元）			403.79	345.41	690.84	619.89
	机械费（元）			3.18	—	3.18	—
	名称	单位	单价	数量			
人工	综合工日	工日	44.00	1.150	0.490	1.360	0.750
材料	水泥砂浆 1∶3	m^3	178.60	0.237	—	0.237	—
	水	m^3	4.27	0.056	—	0.056	—
	SBS 防水卷材	m^2	22.42	12.479	11.933	23.913	22.866
	其他材料费	元	1.00	81.440	77.870	112.140	107.230
机械	机械费	元	1.00	3.180	—	3.180	—

单位:10 m^2

定额编号				GJ-6-14	GJ-6-15	GJ-6-16	GJ-6-17
项目				高强 APP 改性沥青卷材			
				一层		二层	
				平面	立面	平面	立面
基价(元)				403.93	339.04	654.88	599.38
其中	人工费(元)			49.28	21.56	58.08	33.00
	材料费(元)			351.47	317.48	593.62	566.38
	机械费(元)			3.18	—	3.18	—
	名称	单位	单价	数量			
人工	综合工日	工日	44.00	1.120	0.490	1.320	0.750
材料	APP 改性沥青防水卷材	m^2	20.08	11.610	11.933	22.247	22.866
	水泥砂浆 1∶3	m^3	178.60	0.237	—	0.237	—
	水	m^3	4.27	0.056	—	0.056	—
	其他材料费	元	1.00	75.770	77.870	104.330	107.230
机械	机械费	元	1.00	3.180	—	3.180	—

工作内容:1. PVC 橡胶卷材:清理基层,铺防水层等全部操作过程。

2. 聚氨酯:涂刷底胶及附加层,刷聚氨酯二道。

单位:10 m^2

定额编号				GJ-6-18	GJ-6-19	GJ-6-20	GJ-6-21
项目				PVC 橡胶卷材		聚氨酯二遍	聚氨酯防水每增减一遍
				平面	立面		
基价(元)				603.87	548.55	573.30	210.45
其中	人工费(元)			62.92	39.60	17.16	4.84
	材料费(元)			537.77	508.95	556.14	205.61
	机械费(元)			3.18	—	—	—
	名称	单位	单价	数量			
人工	综合工日	工日	44.00	1.430	0.900	0.390	0.110
材料	FL-15 胶粘剂	kg	17.66	10.949	11.253	—	—
	PVC 橡胶卷材	m^2	28.12	10.734	11.032	—	—
	水泥砂浆 1∶3	m^3	178.60	0.237	—	—	—
	水	m^3	4.27	0.056	—	—	—
	二甲苯	kg	6.98	—	—	1.191	0.595
	聚氨酯甲乙料	kg	21.00	—	—	26.087	—
	聚氨酯甲料	kg	20.90	—	—	—	3.856
	聚氨酯乙料	kg	20.90	—	—	—	5.783
机械	机械费	元	1.00	3.180	—	—	—

三、保　　温

(一)屋面保温

工作内容:铺砌保温层、刷素水泥浆、清理基层、摊铺浇捣混凝土、找平养护等全部工作内容。单位:10 m³

定　额　编　号				GJ-6-22	GJ-6-23	GJ-6-24	GJ-6-25
项　目				憎水珍珠岩块	现浇水泥珍珠岩	现浇陶粒混凝土	屋面水泥发泡保温层
基　价(元)				4882.09	2370.19	3307.54	834.99
其中	人　工　费　(元)			974.16	635.80	738.76	352.00
	材　料　费　(元)			3881.30	1707.76	2542.15	456.03
	机　械　费　(元)			26.63	26.63	26.63	26.96
名　称		单位	单价	数　量			
人工	综合工日	工日	44.00	22.140	14.450	16.790	8.000
材料	水泥砂浆 1∶3	m³	178.60	1.953	1.953	1.953	1.953
	素水泥浆	m³	376.78	0.097	0.097	0.097	0.097
	水	m³	4.27	0.580	7.300	3.710	0.885
	SG-791 胶砂浆	m³	318.42	3.794	—	—	—
	珍珠岩块 500×500×100	m³	225.00	10.080	—	—	—
	水泥珍珠岩 1∶10	m³	129.33	—	9.984	—	—
	水泥 32.5 MPa	t	250.00	—	—	1.056	0.252
	陶粒	m³	148.00	—	—	12.538	—
	发泡剂	kg	16.60	—	—	—	0.235
	其他材料费	元	1.00	17.380	—	21.330	—
机械	机械费	元	1.00	26.630	26.630	26.630	26.960

工作内容:基层处理、刷界面剂、调制发泡材料、喷防潮底漆、板材切割、铺砌等全部工作内容。

单位:10 m²

定　额　编　号				GJ-6-26	GJ-6-27	GJ-6-28	GJ-6-29
项　目				聚氨酯发泡保温层		干铺聚氨酯泡沫板	聚合物砂浆满粘聚氨酯泡沫板
				厚 30 mm	每增厚 10 mm		
基　价(元)				1169.47	115.14	1148.00	1304.48
其中	人　工　费　(元)			347.16	1.76	345.40	354.20
	材　料　费　(元)			793.13	112.91	776.57	923.65
	机　械　费　(元)			29.18	0.47	26.63	26.63
名　称		单位	单价	数　量			
人工	综合工日	工日	44.00	7.890	0.040	7.850	8.050
材料	水泥砂浆 1∶3	m³	178.60	1.953	—	1.953	1.953
	素水泥浆	m³	376.78	0.097	—	0.097	0.097
	水	m³	4.27	0.580	—	0.580	0.608
	乳液界面剂	kg	3.00	14.554	—	—	—
	PU 防潮底涂	kg	20.00	1.358	—	—	—
	多元醇料	kg	16.70	8.567	2.856	—	—
	异氰酸酯	kg	22.05	8.567	2.856	—	—
	丙酮	kg	8.57	—	0.004	—	—
	聚氨酯泡沫板 δ100	m²	39.70	—	—	9.792	9.792
	聚合物砂浆粉	kg	2.86	—	—	—	51.383
	其他材料费	元	1.00	2.510	2.210	—	—
机械	机械费	元	1.00	29.180	0.470	26.630	26.630

（二）楼地面保温

工作内容：1. 清理基层，板材切割，弹线，铺贴，平整等。

2. 清理基层，调制发泡材料，摊铺，找平，养护等。

单位：10 m^2

定额编号				GJ-6-30	GJ-6-31	GJ-6-32
项目				楼地面干铺聚氨酯泡沫板	楼地面水泥发泡保温层	
					60 mm 厚	保温层厚度增加 5 mm
基价(元)				402.38	88.76	7.48
其中	人工费（元）			13.64	20.24	1.76
	材料费（元）			388.74	68.20	5.68
	机械费（元）			—	0.32	0.04
	名称	单位	单价	数量		
人工	综合工日	工日	44.00	0.310	0.460	0.040
材料	聚氨酯泡沫板 δ100	m^2	39.70	9.792	—	—
	水泥 32.5 MPa	t	250.00	—	0.252	0.021
	发泡剂	kg	16.60	—	0.235	0.019
	水	m^3	4.27	—	0.305	0.026
机械	机械费	元	1.00	—	0.320	0.040

（三）外墙面保温

工作内容：1. 清理基层，板材切割，弹线，钻眼，铺砌，平整等。

2. 清理基层，板材切割，调运胶粘剂，弹线，钻眼，固定板材等。

3. 清理基层，板材切割，刷界面砂浆，调运粘结层材料，弹线，抹粘结层，粘贴板材等。

单位：10 m^2

定额编号				GJ-6-33	GJ-6-34	GJ-6-35	GJ-6-36
项目				干挂剂塑板	胶粘剂粘贴挤塑板	聚合物砂浆粘贴挤塑板	胶粉聚苯颗粒粘贴挤塑板
基价(元)				406.40	531.82	583.24	543.31
其中	人工费（元）			39.16	50.60	51.92	59.84
	材料费（元）			365.76	479.74	529.84	479.60
	机械费（元）			1.48	1.48	1.48	3.87
	名称	单位	单价	数量			
人工	综合工日	工日	44.00	0.890	1.150	1.180	1.360
材料	挤塑板	m^2	29.25	10.608	10.608	10.608	10.608
	保温板胶粘剂	kg	2.90	—	39.301	—	—
	聚合物砂浆粉	kg	2.86	—	—	57.324	—
	水	m^3	4.27	—	—	0.031	0.053
	普通硅酸盐水泥 32.5 MPa	kg	0.25	—	—	—	8.160
	黄砂(过筛中砂)	m^3	63.60	—	—	—	0.008
	乳液界面剂	kg	3.00	—	—	—	15.463
	聚苯乙烯颗粒	kg	2.20	—	—	—	2.409
	胶料粉	kg	2.20	—	—	—	26.989
	其他材料费	元	1.00	55.480	55.480	55.480	55.480
机械	机械费	元	1.00	1.480	1.480	1.480	3.870

工作内容：1. 清理基层，刷界面砂浆，喷防潮底漆，配料，分层喷涂，养护等。

2. 调运保温层材料，分层抹平，压实，切割聚苯板，安放，绑扎，固定等。　　单位：10 m²

定额编号				GJ-6-37	GJ-6-38	GJ-6-39	GJ-6-40
项目				外墙面聚氨酯发泡保温层 30 mm 厚	外墙面胶粉聚苯颗粒保温层		现浇混凝土外墙居中 CL 两面网聚苯板
					30 mm 厚	每增减 5 mm	
基价(元)				459.60	261.52	32.15	1440.18
其中	人工费(元)			26.40	77.88	9.68	59.84
	材料费(元)			430.50	178.76	21.64	1380.16
	机械费(元)			2.70	4.88	0.83	0.18
名称		单位	单价	数量			
人工	综合工日	工日	44.00	0.600	1.770	0.220	1.360
材料	普通硅酸盐水泥 32.5 MPa	kg	0.25	8.160	8.160	—	—
	黄砂(过筛中砂)	m³	63.60	0.008	0.008	—	—
	乳液界面剂	kg	3.00	15.463	15.463	—	—
	PU 防潮底涂	kg	20.00	1.443	—	—	—
	多元醇料	kg	16.70	9.102	—	—	—
	异氰酸酯	kg	22.05	9.102	—	—	—
	聚苯乙烯颗粒	kg	2.20	—	4.821	0.804	—
	胶料粉	kg	2.20	—	53.978	8.996	—
	水	m³	4.27	—	0.108	0.018	—
	CL 两面网聚苯板 δ120	m²	130.10	—	—	—	10.608
	其他材料费	元	1.00	—	—	—	0.060
机械	机械费	元	1.00	2.700	4.880	0.830	0.180

（四）顶棚保温

工作内容：清理基层、板材切割、铺砌、固定板材等全部工作内容。　　单位：10 m²

定额编号				GJ-6-41	GJ-6-42	GJ-6-43
项目				顶棚干挂聚氨酯泡沫板	胶粘剂粘贴聚氨酯泡沫板	聚合物砂浆粘贴聚氨酯泡沫板
基价(元)				290.66	443.67	497.27
其中	人工费(元)			36.96	73.04	75.24
	材料费(元)			252.31	369.24	420.64
	机械费(元)			1.39	1.39	1.39
名称		单位	单价	数量		
人工	综合工日	工日	44.00	0.840	1.660	1.710
材料	聚氨酯泡沫板	m²	19.85	10.080	10.080	10.080
	保温板胶粘剂	kg	2.90	—	40.320	—
	聚合物砂浆粉	kg	2.86	—	—	58.808
	水	m³	4.27	—	—	0.032
	其他材料费	元	1.00	52.220	52.220	52.220
机械	机械费	元	1.00	1.390	1.390	1.390

四、排　　水

工作内容：埋设管夹、成品水落管、排水零件安装等全部工作内容。　　单位：10 m

定额编号				GJ-6-44	GJ-6-45
项目				塑料管排水 ϕ100	镀锌钢管排水 ϕ100
基价(元)				239.20	897.28
其中	人工费（元）			32.56	134.20
	材料费（元）			206.64	686.39
	机械费（元）			—	76.69
	名称	单位	单价	数量	
人工	综合工日	工日	44.00	0.740	3.050
材料	塑料水落管 ϕ100	m	13.16	10.500	—
	塑料管卡子 ϕ100	个	2.70	6.700	—
	铁件	kg	5.47	3.644	1.440
	塑料落水斗	个	6.30	0.592	—
	石油沥青玛碲脂	m^3	1541.34	0.004	—
	方木	m^3	1650.32	0.002	—
	铸铁雨水弯头	个	29.36	0.586	—
	普通硅酸盐水泥 32.5 MPa	kg	0.25	—	7.752
	90°镀锌弯头 DN100	个	20.96	—	1.000
	镀锌焊接钢管 DN100	m	60.07	—	10.200
	黄砂(过筛中砂)	m^3	63.60	—	0.021
	水	m^3	4.27	—	0.294
	其他材料费	元	1.00	0.040	40.310
机械	机械费	元	1.00	—	76.690

五、变形缝与止水带

工作内容：调制沥青、制作盖板、钉铺盖板、钢板剪裁焊接等全部工作内容。　　单位：10 m

定额编号				GJ-6-46	GJ-6-47	GJ-6-48	GJ-6-49
项目				沥青玛碲脂伸缩缝	镀锌铁皮盖板		钢板止水带
					平面	立面	
基价(元)				113.67	474.74	297.37	474.70
其中	人工费（元）			29.48	58.96	57.64	101.20
	材料费（元）			84.19	415.78	239.73	364.02
	机械费（元）			—	—	—	9.48
	名称	单位	单价	数量			
人工	综合工日	工日	44.00	0.670	1.340	1.310	2.300
材料	石油沥青玛蹄脂	m^3	1541.34	0.048	—	—	—
	镀锌铁皮 26#	m^2	34.00	—	6.195	5.250	—
	方木	m^3	1650.32	—	0.115	0.030	—
	型钢	t	3700.00	—	—	—	0.094
	其他材料费	元	1.00	10.210	15.360	11.720	16.220
机械	机械费	元	1.00	—	—	—	9.480

工作内容：止水带制作接头、铺设、木砖加工、铺设、装订盖板等全部工作内容。　　单位：10 m

定额编号				GJ-6-50	GJ-6-51	GJ-6-52
项目				橡胶止水带	伸缩缝盖板	
					不锈钢平面	不锈钢立面
基价(元)				540.95	115.58	121.51
其中	人工费（元）			48.40	58.96	60.28
	材料费（元）			492.55	56.62	61.23
	机械费（元）			—	—	—
	名称	单位	单价	数量		
人工	综合工日	工日	44.00	1.100	1.340	1.370
材料	丙酮	kg	8.57	0.304	—	—
	环氧树脂胶粘剂	kg	31.00	0.304	—	—
	甲苯	kg	3.34	0.240	—	—
	乙二胺	kg	21.00	0.024	—	—
	橡胶止水带	m	45.64	10.500	—	—
	方木	m^3	1650.32	—	0.025	0.030
	盐酸	kg	0.88	—	0.086	0.074
	其他材料费	元	1.00	—	15.290	11.660

六、耐酸防腐

（一）整体面层

工作内容：清理基层、摊铺、压实等全部工作内容。　　单位：10 m^2

定额编号				GJ-6-53	GJ-6-54	GJ-6-55	GJ-6-56
项目				沥青砂浆厚 30 mm	环氧稀胶泥厚 2 mm	钢屑砂浆厚 20 mm	环氧玻璃钢
基价(元)				567.19	785.17	300.99	483.13
其中	人工费（元）			82.72	154.00	90.20	246.40
	材料费（元）			484.47	631.17	210.79	198.49
	机械费（元）			—	—	—	38.24
	名称	单位	单价	数量			
人工	综合工日	工日	44.00	1.880	3.500	2.050	5.600
材料	耐酸沥青砂浆 1.3∶2.6∶7.4	m^3	1070.79	0.303	—	—	—
	耐酸沥青胶泥 1∶1∶0.05	m^3	1867.44	0.020	—	—	—
	冷底子油 30∶70	kg	5.25	4.800	—	—	—
	环氧稀胶泥	m^3	27178.27	—	0.021	—	—
	环氧树脂底料 1∶0.07∶0.15	m^3	53963.10	—	0.001	—	—
	素水泥浆	m^3	376.78	—	—	0.010	—
	铁屑砂浆 1∶0.3∶1.5	m^3	1007.13	—	—	0.202	—
	水	m^3	4.27	—	—	0.840	—
	石英粉	kg	0.28	—	—	—	1.400
	乙二胺	kg	21.00	—	—	—	0.319
	环氧树脂	kg	33.33	—	—	—	4.545
	丙酮	kg	8.57	—	—	—	2.078
	玻璃丝布	m^2	1.14	—	—	—	11.500
	其他材料费	元	1.00	97.470	6.460	—	9.00
机械	机械费	元	1.00	—	—	—	38.240

（二）块料面层

工作内容：清理基层、调制胶泥、铺砌、养护等全部工作内容。 单位：10 m²

定额编号				GJ-6-57	GJ-6-58
项目				沥青胶泥铺砌	
				铸石板 30 mm	花岗石板 60 mm
基价（元）				2717.85	2048.69
其中	人工费（元）			532.40	466.40
	材料费（元）			2176.56	1573.40
	机械费（元）			8.89	8.89
	名称	单位	单价	数量	
人工	综合工日	工日	44.00	12.100	10.600
材料	耐酸沥青胶泥 1∶1∶0.05	m^3	1867.44	0.072	—
	冷底子油 30∶70	kg	5.25	8.400	—
	铸石板 180×110×30	m^2	203.76	9.721	—
	水	m^3	4.27	0.500	0.600
	耐酸沥青砂浆 1.3∶2.6∶7.4	m^3	1070.79	—	0.155
	花岗石板 500×400×60	m^2	140.00	—	9.700
	其他材料费	元	1.00	15.120	46.870
机械	机械费	元	1.00	8.890	8.890

（三）耐酸防腐涂料

工作内容：清理基层、调制胶泥、铺砌、养护等全部工作内容。 单位：10 m²

定额编号				GJ-6-59
项目				沥青混凝土面、抹灰面面漆一遍
基价（元）				204.96
其中	人工费（元）			123.20
	材料费（元）			41.75
	机械费（元）			40.01
	名称	单位	单价	数量
人工	综合工日	工日	44.00	2.800
材料	石油沥青 30#	kg	3.00	2.200
	沥青漆	kg	8.81	1.900
	其他材料费	元	1.00	18.410
机械	机械费	元	1.00	40.010

二十三、山东省建筑工程消耗量定额

（2008年定额防水工程部分）

关于发布《山东省建筑工程消耗量定额》补充册（二）的通知

（鲁建标字[2008]32号）

各市建委（建设局）、各有关单位：

为加强工程造价管理，合理确定工程价格，满足节能工程计价需要，结合本省实际，我厅组织编制了《山东省建筑工程消耗量定额》补充册（二）（以下简称"定额"），现予以发布，并就有关问题通知如下：

一、本定额自2008年12月1日起施行。

二、本定额的使用按省建设厅鲁建发[2002]41号《山东省建筑工程施工发包与承包计价管理办法》的规定执行。

三、本定额作为《山东省建筑工程消耗量定额》的补充册，主要包括建筑节能保温工程等。

四、本定额由山东省工程建设标准定额站负责管理、解释。

在执行过程中，有任何问题和意见，请及时反映给山东省工程建设标准定额站。

山东省建设厅

二〇〇八年十一月十三日

第六章　屋面、防水、保温及防腐工程

三、保　　温

（一）混凝土板上保温

工作内容：清理基层，板材切割，弹线、铺砌、平整等。　　单位：10 m^2

定额编号			6-3-40	6-3-41	6-3-42
项目			干铺保温板		
			干铺聚苯板	干铺挤塑板	干铺聚氨酯泡沫板
名称		单位	数量		
人工	综合工日	工日	0.320	0.320	0.320
材料	聚苯乙烯泡沫板 δ100	m^2	10.200	—	—
	挤塑板 δ100	m^2	—	10.200	—
	聚氨酯泡沫板 δ100	m^2	—	—	10.200

工作内容：清理基层，板材切割，调运砂浆，弹线、铺贴、固定等。　　单位：10 m^2

定额编号			6-3-43	6-3-44	6-3-45
项目			聚合物砂浆粘贴保温板		
			满粘聚苯板	满粘挤塑板	满粘聚氨酯泡沫板
名称		单位	数量		
人工	综合工日	工日	0.530	0.530	0.530
材料	聚苯乙烯泡沫板 δ100	m^2	10.200	—	—
	挤塑板 δ100	m^2	—	10.200	—
	聚氨酯泡沫板 δ100	m^2	—	—	10.200
	聚合物砂浆粉	kg	53.524	53.524	53.524
	水	m^3	0.029	0.029	0.029

工作内容：1. 清理基层，刷界面砂浆，喷防潮底漆，配料、分层喷涂、养护等。

2. 清理基层，调制发泡砂浆，摊铺、找平、养护等。　　单位：10 m^2

定额编号			6-3-46	6-3-47	6-3-48
项目			聚氨酯发泡保温	水泥发泡保温	
			厚 30 mm	厚 60 mm	厚度每增减 5 mm
名称		单位	数量		
人工	综合工日	工日	0.360	0.480	0.040
材料	普通硅酸盐水泥 32.5 MPa	t	0.008	0.263	0.022
	黄砂(过筛中砂)	m^3	0.008	—	—
	乳液界面剂	kg	15.160	—	—
	PU 防潮底涂	kg	1.415	—	—
	多元醇料	kg	8.924	—	—
	异氰酸酯	kg	8.924	—	—
	发泡剂	kg	—	0.245	0.020
	水	m^3	—	0.318	0.027
机械	聚氨酯发泡机	台班	0.022	—	—
	电动空气压缩机 1m^3/min	台班	0.012	—	—
	SL-15 水泥发泡机	台班	—	0.008	0.001

(二)顶棚保温

工作内容:清理基层,板材切割,弹线、钻眼、铺砌、平整等　　　　单位:10 m^2

定额编号			6-3-49	6-3-50	6-3-51
项目			干挂保温板		
			干挂聚苯板	干挂挤塑板	干挂聚氨酯泡沫板
名称		单位	数量		
人工	综合工日	工日	0.870	0.870	0.870
材料	聚苯乙烯泡沫板	m^2	10.500	—	—
	挤塑板	m^2	—	10.500	—
	聚氨酯泡沫板	m^2	—	—	10.500
	塑料保温螺栓	套	63.800	63.800	63.800
	合金钻头	个	0.296	0.296	0.296
机械	手提冲击钻	台班	0.148	0.148	0.148

工作内容:清理基层,板材切割,调运粘结剂,弹线、钻眼、固定板材等。　　　　单位:10 m^2

定额编号			6-3-52	6-3-53	6-3-54
项目			粘结剂粘贴保温板		
			满粘聚苯板	满粘挤塑板	满粘聚氨酯泡沫板
名称		单位	数量		
人工	综合工日	工日	1.730	1.730	1.730
材料	聚苯乙烯泡沫板	m^2	10.500	—	—
	挤塑板	m^2	—	10.500	—
	聚氨酯泡沫板	m^2	—	—	10.500
	保温板粘结剂	kg	42.000	42.000	42.000
	塑料保温螺栓	套	63.800	63.800	63.800
	合金钻头	个	0.296	0.296	0.296
机械	手提冲击钻	台班	0.148	0.148	0.148

工作内容:清理基层,板材切割,调运砂浆,弹线、钻眼、固定板材等。　　　　单位:10 m^2

定额编号			6-3-55	6-3-56	6-3-57
项目			聚合物砂浆粘贴保温板		
			满粘聚苯板	满粘挤塑板	满粘聚氨酯泡沫板
名称		单位	数量		
人工	综合工日	工日	1.780	1.780	1.780
材料	聚苯乙烯泡沫板	m^2	10.500	—	—
	挤塑板	m^2	—	10.500	—
	聚氨酯泡沫板	m^2	—	—	10.500
	聚合物砂浆粉	kg	61.258	61.258	61.258
	水	m^3	0.033	0.033	0.033
	塑料保温螺栓	套	63.800	63.800	63.800
	合金钻头	个	0.296	0.296	0.296
机械	手提冲击钻	台班	0.148	0.148	0.148

(三)立面保温

工作内容:清理基层,板材切割,弹线、钻眼、铺砌、平整等。　　单位:10 m^2

定额编号			6-3-58	6-3-59
项目			干挂保温板	
			干挂聚苯板	干挂挤塑板
名称		单位	数量	
人工	综合工日	工日	0.870	0.870
材料	聚苯乙烯泡沫板	m^2	10.400	—
	挤塑板	m^2	—	10.400
	塑料保温螺栓	套	63.800	63.800
	合金钻头	个	0.296	0.296
机械	手提冲击钻	台班	0.148	0.148

工作内容:清理基层,板材切割,调运粘结剂,弹线,钻眼,固定板材等。　　单位:10 m^2

定额编号			6-3-60	6-3-61	6-3-62	6-3-63
项目			粘结剂粘贴保温板			
			粘贴聚苯板		粘贴挤塑板	
			粘结剂满粘	粘结剂点粘	粘结剂满粘	粘结剂点粘
名称		单位	数量			
人工	综合工日	工日	1.130	0.970	1.130	0.970
材料	聚苯乙烯泡沫板	m^2	10.400	10.400	—	—
	挤塑板	m^2	—	—	10.400	10.400
	保温板粘结剂	kg	38.530	23.120	38.530	23.120
	塑料保温螺栓	套	63.800	63.800	63.800	63.800
	合金钻头	个	0.296	0.296	0.296	0.296
机械	手提冲击钻	台班	0.148	0.148	0.148	0.148

工作内容:清理基层,板材切割,调运砂浆,弹线、钻眼、固定板材等。　　单位:10 m^2

定额编号			6-3-64	6-3-65	6-3-66	6-3-67
项目			聚合物砂浆粘贴保温板			
			粘贴聚苯板		粘贴挤塑板	
			聚合物砂浆满粘	聚合物砂浆点粘	聚合物砂浆满粘	聚合物砂浆点粘
名称		单位	数量			
人工	综合工日	工日	1.160	1.100	1.160	1.100
材料	聚苯乙烯泡沫板	m^2	10.400	10.400	—	
	挤塑板	m^2	—	—	10.400	10.400
	聚合物砂浆粉	kg	56.200	33.720	56.200	33.720
	水	m^3	0.030	0.020	0.030	0.020
	塑料保温螺栓	套	63.800	63.800	63.800	63.800
	合金钻头	个	0.296	0.296	0.296	0.296
机械	手提冲击钻	台班	0.148	0.148	0.148	0.148

工作内容：清理基层，板材切割，刷界面砂浆，调运粘结层材料，弹线、抹粘结层、粘贴板材等。单位：10 m²

定额编号			6-3-68	6-3-69
项目			胶粉聚苯颗粒粘贴保温板	
			粘贴聚苯板	粘贴挤塑板
名称		单位	数量	
人工	综合工日	工日	1.330	1.330
材料	聚苯乙烯泡沫板	m²	10.400	—
	挤塑板	m²	—	10.400
	普通硅酸盐水泥 32.5 MPa	kg	8.000	8.000
	黄砂(过筛中砂)	m³	0.008	0.008
	乳液界面剂	kg	15.160	15.160
	聚苯乙烯颗粒	kg	2.362	2.362
	胶料粉	kg	26.460	26.460
	水	m³	0.052	0.052
	塑料保温螺栓	套	63.800	63.800
	合金钻头	个	0.296	0.296
机械	灰浆搅拌机 200 L	台班	0.029	0.029
	手提冲击钻	台班	0.148	0.148

工作内容：1. 清理基层，刷界面砂浆，喷防潮底漆，配料、分层喷涂、养护等。

2. 清理基层，刷界面砂浆，调运保温层材料，分层抹平、压实等。 单位：10 m²

定额编号			6-3-70	6-3-71	6-3-72
项目			聚氨酯发泡保温	胶粉聚苯颗粒保温	
			厚 30 mm		厚度每增减 5 mm
名称		单位	数量		
人工	综合工日	工日	0.585	1.735	0.220
材料	普通硅酸盐水泥 32.5 MPa	kg	8.000	8.000	—
	黄砂(过筛中砂)	m³	0.008	0.008	—
	乳液界面剂	kg	15.160	15.160	—
	PU 防潮底涂	kg	1.415	—	—
	多元醇料	kg	8.924	—	—
	异氰酸酯	kg	8.924	—	—
	聚苯乙烯颗粒	kg	—	4.726	0.788
	胶料粉	kg	—	52.920	8.820
	水	m³	—	0.106	0.018
机械	聚氨酯发泡机	台班	0.022	—	—
	电动空气压缩机 1 m³/min	台班	0.012	—	—
	灰浆搅拌机 200 L	台班	—	0.059	0.010

工作内容:切割聚苯板,安放、绑扎、固定等。　　　　单位:10 m²

定　额　编　号			6-3-73	6-3-74	6-3-75
项　目			现浇混凝土外墙		
			外模无网裁口聚苯板	外模 SD 有网聚苯板	居中 CL 两面网聚苯板
名　称		单位	数　量		
人工	综合工日	工日	0.990	0.840	1.330
材料	聚苯乙烯泡沫板	m^2	10.400	—	—
	SD 有网聚苯板 $\delta 50$	m^2	—	10.400	—
	CL 两面网聚苯板 $\delta 120$	m^2	—	—	10.400
	钢筋 $\phi 6.5$	kg	—	3.582	7.163
	镀锌铁丝 22#	kg	—	0.006	0.012
机械	钢筋切断机 $\phi 40$	台班	—	0.001	0.002
	电动切割机	台班	0.004	0.004	0.004

四、排　水

工作内容:留堵洞眼,切割管材,安放、塞缝等。　　　　单位:10 个

定　额　编　号			6-4-26	6-4-27
项　目			阳台泄水管	
			塑料管	镀锌钢管
名　称		单位	数　量	
人工	综合工日	工日	0.650	0.800
材料	硬塑料管 $\phi 32$	m	3.150	—
	镀锌焊接钢管 DN32	m	—	3.060
	密封胶	kg	0.100	0.100
机械	管子切断机 $\phi 60$	台班	—	0.012

二十四、浙江省建设工程计价依据

(2010年定额防水工程部分)

关于颁发浙江省建设工程计价依据(2010版)的通知

(建建发[2010]224号)

各市建委(建设局、建管局)、发改委、财政局:

为了进一步贯彻执行国家标准《建设工程工程量清单计价规范》(GB 50500—2008),适应建设市场发展需要,合理确定和有效控制工程造价,根据省建设厅、省发改委、省财政厅联合印发的《关于组织修订〈浙江省建设工程计价依据(2003版)〉的通知》(建建发[2009]165号)要求,由省建设工程造价管理总站负责组织编制的《浙江省建设工程计价规则(2010版)、《浙江省建筑工程预算定额》(2010版)、《浙江省安装工程预算定额》(2010版)、《浙江省市政工程预算定额》(2010版)、《浙江省园林绿化及仿古建筑工程预算定额》(2010版)、《浙江省建设工程施工费用定额》(2010版)、《浙江省施工机械台班费用定额》(2010版)、《浙江省建筑安装材料基期价格》(2010版)[以下简称"计价依据(2010版)"]已通过审定,现予颁发。有关事项通知如下:

一、计价依据(2010版)是指导设计概算、施工图预算、投标报价的编制以及工程合同价约定、竣工结算办理、工程计价纠纷调解处理、工程造价鉴定等的依据。全部使用国有资金或国有资金投资为主的工程建设项目,编制招标控制价应执行计价依据(2010版)。

二、计价依据(2010版)自2011年1月1日起施行。《浙江省建设工程计价规则》(2003版)、《浙江省建筑工程预算定额》(2003版)、《浙江省安装工程预算定额》(2003版)、《浙江省市政工程预算定额》(2003版)、《浙江省园林绿化及仿古建筑工程预算定额》(2003版)、《浙江省建设工程施工取费定额》(2003版)、《浙江省施工机械台班费用参考单价》(2003版)、《浙江省建筑安装材料统一分类编码及2003年基期价格》同时停止使用。

凡2010年12月31日前签订工程发承包合同的项目,或者虽然工程合同在2011年1月1日以后签订,但工程招投标的开标在2010年12月31日前完成的项目,除工程合同或招标文件有特别约定外,仍按2003版"计价依据"规定执行。

三、各级建设工程造价管理机构在计价依据(2010版)贯彻实施中要加强管理,有效地开展监督检查工作,确保计价依据(2010版)的正确执行。计价依据(2010版)由省建设工程造价管理总站负责解释与管理。

浙江省住房和城乡建设厅
浙江省发展和改革委员会
浙　江　省　财　政　厅
二〇一〇年九月十三日

总说明

一、《浙江省建筑工程预算定额》(2010版)(以下简称本定额)是根据省建设厅、省发改委、省财政厅《关于组织修订<浙江省建设工程计价依据(2003版)>的通知》(建建发[2009]165号)、国家标准《建设工程工程量清单计价规范》(GB 50500—2008)及有关规定,在《全国统一建筑工程基础定额》(GJD-101-95)、《全国统一建筑装饰装修工程消耗量定额》(GYD-901-2002)和《浙江省建筑工程预算定额》(2003版)、《浙江省建筑工程节能预算定额》的基础上,结合本省实际情况编制的。

二、本定额是指导设计概算、施工图预算、投标报价的编制以及工程合同价约定、竣工结算办理、工程计价纠纷调解处理、工程造价鉴定等的依据。全部使用国有资金或国有资金投资为主的工程建设项目,编制招标控制价应执行本定额。

三、本定额适用于本省区域内的工业与民用建筑的新建、扩建、改建工程。不适用于修建和其他专业工程,也不适用于国防、科研等有特殊要求的工程及实行产品出厂价格的各类建筑构配件。

四、本定额是按现行的建筑工程及施工验收规范、质量评定标准和安全操作规程,根据合理的施工组织和正常的施工条件编制的,是本省境内完成规定计量单位建筑分项工程量所需的人工、材料、机械台班消耗量标准,反映本省社会平均消耗量水平。

五、本定额的工作内容扼要地说明了主要工序,次要工序虽未一一列出,但定额均已考虑。

六、本定额未包括的项目,可按本省其他相应工程计价定额计算,如仍缺项的,应编制地区性补充定额或一次性补充定额,并按规定履行申报手续。

七、有关定额人工的说明和规定。

1. 本定额的人工消耗量是以现行《全国建筑安装工程统一劳动定额》为基础,并结合本省实际情况编制的,已考虑了各项目施工操作的直接用工、其他用工(材料超运距、工种搭接、安全和质量检查以及临时停水、停电等)及人工幅度差。每工日按八小时工作制计算。

2. 本定额日工资单价按三类划分:土石方工程按一类日工资单价40元计算;木结构工程,金属结构工程,楼地面工程,墙柱面工程,天棚工程,门窗工程,油漆、涂料、裱糊工程按三类日工资单价50元计算;保温隔热、耐酸防腐工程及其他工程中根据子目性质不同分别按二类日工资单价43元和三类日工资单价50元计算;其余工程均按二类日工资单价43元计算。

八、有关建筑材料、成品及半成品的说明和规定。

1. 本定额中的材料是按合格品考虑的。材料名称、规格及取定价格详见附录四。

2. 本定额材料、成品、半成品取定价格包括市场供应价、运杂费、运输损耗费和采购保管费。

3. 材料、成品及半成品的定额消耗量均包括场内运输损耗和施工操作损耗,损耗率详见附录三。

4. 材料、成品及半成品从工地仓库、现场堆放地点或现场加工地点至操作地点的场内水平运输已包括在相应定额内，垂直运输另按第十七章垂直运输工程计算。

5. 本定额中的冷拔钢丝、高强钢丝、钢丝束、钢绞线均按成品价格考虑。

6. 本定额中除了特殊说明外，大理石和花岗岩均按工程成品板考虑，定额消耗量中仅包括了场内运输、施工及零星切割的损耗。

7. 本定额中配合比原材料用量应按配合比相应定额分析计算，其中并列有两种水泥强度标准的配合比定额，设计无特殊要求时，均按较低强度标准的水泥配合比计算。

8. 本定额中各类砌体所使用的砂浆均为普通现拌砂浆，若实际使用预拌（干混或湿拌）砂浆，按以下方法调整定额：

(1) 使用干混砂浆的，除将现拌砂浆单价换算为干混砂浆外，另按相应定额中每立方米砂浆扣除人工 0.2 工日，灰浆搅拌机台班数量乘以系数 0.6；

(2) 使用湿拌砂浆的，除将现拌砂浆单价换算为湿拌砂浆外，另按相应定额中每立方米砂浆扣除人工 0.45 工日，并扣除灰浆搅拌机台班数量。

9. 凡定额未列商品混凝土的子目采用商品混凝土浇捣时，按现拌混凝土定额执行，应扣除相应定额中的搅拌机台班数量，同时振捣器台班数量乘以系数 0.8；另按相应定额中每立方米混凝土含量扣除人工：泵送时 0.65 工日、非泵送时 0.52 工日。

混凝土构件浇捣、制作定额未包括添加剂，发生时，按设计要求另行计算。

10. 定额中的黄砂，用于垫层的为毛砂；用于混凝土及砂浆配合比的为净砂，其过筛人工及筛耗已包括在材料价格内，用于混凝土中的碎石，材料价格内考虑了一定比例的冲洗费用和损耗。

11. 本定额中淋化每立方米石灰膏，按统货生石灰 750 kg 考虑编制。

12. 本定额木种分类规定如下：

一类、二类：红松、水桐木、樟子松、白松（云杉、冷杉）、杉木、杨木、柳木、椴木。

三类、四类：青松、黄花松、秋子木、马尾松、东北榆木、柏木、苦楝木、梓木、黄菠萝、椿木、楠木、柚木、樟木、榉木、橡木、核桃木、樱桃木。

13. 本定额周转材料按摊销量编制，且已包括回库维修耗量及相关费用。

14. 现浇混凝土工程的承重支模架、钢结构或空间网架结构安装使用的满堂承重架以及其他施工用承重架，高度超过 8 m、跨度超过 18 m、施工总荷载大于 10 kN/m^2 或集中线荷载大于 15 kN/m 时，应按施工组织设计提供的施工技术方案另行计算，不再执行相应增加层定额。

15. 本定额项目中次要的零星材料未一一列出，已包括在其他材料费内。

九、有关建筑机械台班定额的说明和规定。

1. 本定额的机械台班是按现行《全国建筑安装工程统一劳动定额》及本省实际情况编制的，台班价格按《浙江省施工机械台班费用定额》(2010 版)计算，每一台班按八小时工作制计算，并考虑了其他直接生产使用的机械幅度差。

2. 本定额中建筑机械的类型、规格是按正常施工、合理配置，并结合本省施工企业机械配备情况综合考虑的。未列出的零星机械已包括在其他机械费内。

3. 本定额未包括大型机械场外运输及安、拆费用，发生时应根据施工设计选用的实际机械种类及规格，按附录二及机械台班费用定额有关规定计算。

十、本定额按建筑面积计算的脚手架、垂直运输费等是按一个整体工程考虑的，如遇结构与装饰分别发包，则应根据工程具体情况确定划分比例。

十一、洞库照明费以地下室面积，以及外围开窗面积小于室内平面面积2.5%的库房、暗室等的面积之和为基数，按每平方米15元计算(其中人工0.25工日)。

十二、本定额的垂直运输按不同檐高的建筑物和构筑物单独编制，应根据具体工程内容按垂直运输章节定额执行。

十三、本定额除定额注明高度的以外，均按建筑物檐高20 m以内编制，檐高在20 m以上的工程，其降效应增加的人工、机械及有关费用按建筑物超高施工增加费定额执行。

十四、定额中的建筑物檐高是指设计室外地坪至建筑物檐口底的高度，突出主体建筑物屋顶的电梯机房、楼梯间、有围护结构的水箱间、瞭望塔等不计高度。

十五、除《建筑工程建筑面积计算规范》(GB/T 50353—2005)外，定额中凡注明“××以内”或“××以下”者，均包括××本身在内；注明“××以外”或“××以上”者，则不包括××本身在内。

定额中遇有两个或两个以上系数时，按连乘法计算。

十六、本定额由浙江省建设工程造价管理总站负责解释与管理。

第七章　屋面及防水工程

说　　明

一、刚性屋面：

1. 细石混凝土防水层定额，已综合考虑了檐口滴水线加厚和伸缩缝翻边加高的工料，但伸缩缝应另列项目计算。细石混凝土内的钢筋，按第四章相应定额另行计算。

2. 水泥砂浆保护层定额已综合了预留伸缩缝的工料，掺防水剂时材料费另加。

二、瓦屋面：

1. 本定额瓦规格按以下考虑：彩色水泥瓦420×330(mm)、彩色水泥天沟瓦及脊瓦420×220(mm)、小青瓦200×180～200(mm)、粘土平瓦380～400×240(mm)、粘土脊瓦460×200(mm)、石棉水泥瓦及玻璃钢瓦1800×720(mm)；如设计规格不同，瓦的数量按比例调整，其余不变。

2. 瓦的搭接按常规尺寸编制，除小青瓦按2/3长度搭接，搭接不同可调整瓦的数量，其余瓦的搭接尺寸均按常规工艺要求综合考虑。

3. 瓦屋面定额未包括木基层，发生时另按第五章相应定额执行；定额未包括抹瓦出线，发生时按实际延长米计算，套水泥砂浆泛水定额。

三、覆土屋面的挡土构件及人行道板等，发生时按其他章节相应定额执行。

四、屋面金属面板泛水未包括基层做水泥砂浆，发生时另按水泥砂浆泛水计算。

五、防水防潮工程由刚性防水防潮、柔性防水两部分组成。

1. 防水卷材的接缝、收头、冷底子油、胶粘剂等工料已计入定额内，不另行计算。设计有金属压条时，另行计算。

2. 防水定额中的涂刷厚度(除注明外)已综合取定。

3. 冷底子油定额适用于单独刷冷底子油。

六、设计采用的卷材及涂膜防水材料品种与定额取定不同时，材料及价格按实调整换算，其余不变。

七、本章定额不包括找平层，发生时按相应定额执行。

八、变形缝适用于伸缩缝、沉降缝、抗震缝。

工程量计算规则

一、屋面、防水、防潮的工程量计算，均不扣除房上烟囱、风帽底座、通风道、屋面小气窗、屋脊、斜沟、伸缩缝、屋面检查洞及 0.3 m^2 以内孔洞所占面积，除另有规定外洞口翻边也不加。

二、屋面：

1. 刚性屋面按设计图示面积计算，细石混凝土防水层的滴水线、伸缩缝翻边加厚加高不另计；屋面检查洞盖另列项目计算。

2. 瓦屋面按设计图示以斜面积计算，挑出基层的尺寸，按设计规定计算，如设计无规定时，彩色水泥瓦、粘土平瓦按水平尺寸加 70 mm、小青瓦按水平尺寸加 50 mm 计算。多彩油毡瓦工程量计算规则同屋面防水定额。

3. 覆土屋面按实铺面积乘以设计厚度计算。

4. 屋面金属板排水、泛水按延长米乘以展开宽度计算，其他泛水按延长米计算。

三、防水防潮：

1. 卷材和涂膜防水按露面实铺面积计算。天沟、挑檐按展开面积计算并入相应防水工程量。伸缩缝、女儿墙和天窗处的弯起部分，按图示尺寸计算，如设计无规定时，伸缩缝、女儿墙的弯起部分按 250 mm、天窗的弯起部分按 500 mm 计算，并入相应防水工程量。卷材防水附加层，按图示尺寸展开计算，并入相应防水工程量。

2. 涂膜屋面的油膏嵌缝、塑料油膏玻璃布盖缝按延长米计算。

3. 平面防水、防潮层，按主墙间净面积计算，应扣除凸出地面的构筑物、设备基础等所占的面积，不扣除柱、垛、间壁墙、附墙烟囱及每个面积在 0.3 m^2 以内的孔洞所占面积。

4. 立面防水、防潮层，按实铺面积计算，应扣除每个面积在 0.3 m^2 以上的孔洞面积，孔侧展开面积并入计算。

5. 平面与立面连接处高度在 500 mm 以内的立面面积应并入平面防水项目计算。立面高度在 500 mm 以上，其立面部分均按立面防水项目计算。

6. 防水砂浆防潮层按图示面积计算。

四、变形缝以延长米计算，断面或展开尺寸与定额不同时，材料用量按比例换算。

一、屋　　面

1. 刚性屋面

工作内容：1. 清理基层，做分格缝、滴水线，混凝土搅拌、浇捣，随捣随抹光及养护。

2. 清理基层，做砂浆找平（或做砖墩），安装预制混凝土板、勾缝。

3. 清理基层，做分格缝，调抹砂浆，养护。

4. 清理基层，砾石铺平。

单位：100 m²

定额编号				7-1	7-2	7-3	7-4	7-5	7-6
项目				细石混凝土防水层		预制混凝土板保护层安装		水泥砂浆保护层	砾石保护层
				厚 4 cm	每增减 1 cm	实铺	架空		
基价（元）				1922	284	1301	1013	1071	360
其中	人工费（元）			528.90	60.20	765.40	516.00	399.00	133.30
	材料费（元）			1327.96	211.44	510.08	490.96	651.42	226.72
	机械费（元）			65.53	12.69	25.19	5.86	19.91	—
名称		单位	单价（元）	消耗量					
人工	二类人工	工日	43.00	12.300	1.400	17.800	12.000	9.300	3.100
材料	混凝土实心砖　240×115×53	千块	310.00	—	—	—	1.224	—	—
	木模板	m³	1200.00	0.060	—	—	—	—	—
	杉板枋材	m³	1450.00	—	—	—	—	0.020	—
	现浇现拌混凝土 C20(16)	m³	208.32	4.560	1.015	—	—	—	—
	混合砂浆　M5.0	m³	181.66	—	—	—	0.340	—	—
	水泥砂浆　1:1	m³	262.93	0.510	—	—	—	—	—
	水泥砂浆　1:2	m³	228.22	—	—	—	—	2.020	—
	水泥砂浆　1:3	m³	195.13	—	—	2.600	0.250	—	—
	卵石	t	37.35	—	—	—	—	—	5.890
	草袋	m²	5.29	24.000	—	—	—	24.000	—
	水	m³	2.95	14.600	—	0.930	0.330	11.680	2.280
	其他材料费	元	1.00	1.900	—	—	—	—	—
机械	灰浆搅拌机 200L	台班	58.57	0.090	—	0.430	0.100	0.340	—
	混凝土搅拌机 500L	台班	123.45	0.380	0.080	—	—	—	—
	混凝土振捣器 平板式 BL11	台班	17.56	0.760	0.160	—	—	—	—

注：1. 预制混凝土薄板的制作、运输另行计算。

2. 水泥砂浆厚度以 2 cm 为准，砾石厚度以 4 cm 为准，厚度不同，材料按比例换算。

工作内容：1. 清理基层，抹纸筋灰或灰砂浆隔离层。

2. 制作、安装。

单位：100 m^2

定额编号				7-7	7-8	7-9	7-10
项目				隔离层		屋面检查洞	
						普通盖	保温盖
				纸筋灰	石灰砂浆	10 个	
基价(元)				304	419	1166	2063
其中	人工费(元)			159.10	236.50	184.90	335.40
	材料费(元)			140.75	172.44	981.40	1727.88
	机械费(元)			4.10	9.96	—	—
	名称	单位	单价(元)	消耗量			
人工	二类人工	工日	43.00	3.700	5.500	4.300	7.800
材料	纸筋灰浆	m^3	347.46	0.400	—	—	—
	石灰砂浆 1:4	m^3	168.98	—	1.010	—	—
	杉板枋材	m^3	1450.00	—	—	0.482	0.674
	镀锌薄钢板 δ0.5	m^2	21.50	—	—	9.900	19.180
	聚苯乙烯泡沫板	m^3	500.00	—	—	—	0.220
	五夹板	m^2	14.30	—	—	—	9.200
	六角带帽螺栓 M8×120	套	0.34	—	—	80.800	80.800
	成品链条 L900	根	0.81	—	—	10.100	10.100
	水	m^3	2.95	0.600	0.600	—	—
	其他材料费	元	1.00	—	—	34.000	61.000
机械	灰浆搅拌机 200L	台班	58.57	0.070	0.170	—	—

注：屋面检查洞盖油漆另行计算。

2. 瓦 屋 面

工作内容：1. 铺瓦、割瓦，钢钉固定。

2. 预埋铁钉、铁丝，做水泥砂浆条，铺瓦、割瓦，钢钉固定。

3. 钻孔、固定角钢，铺瓦、割瓦，铜丝固定。

4. 座浆、铺天沟瓦或脊瓦，清理面层。

单位：100 m^2

定额编号				7-11	7-12	7-13	7-14
项目				彩色水泥瓦			
				屋面基层			屋脊
				杉木条	砂浆条	角钢条	100 m
基价(元)				3052	3415	6847	1043
其中	人工费(元)			318.20	546.10	666.50	270.90
	材料费(元)			2734.12	2864.20	5970.92	738.81
	机械费(元)			—	4.69	209.39	32.80
	名称	单位	单价(元)	消耗量			
人工	二类人工	工日	43.00	7.400	12.700	15.500	6.300
材料	彩色水泥瓦 420×330	千张	2420.00	1.113	1.113	1.113	—
	彩色水泥脊瓦 420×220	千张	1815.00	—	—	—	0.306
	水泥砂浆 1:3	m^3	195.13	—	—	—	0.940
	水泥砂浆 1:2	m^3	228.22	—	0.380	—	—
	角钢	t	3650.00	—	—	0.455	—

续表　　　　　　　　　　　　　　　　　单位：100 m^2

定额编号				7-11	7-12	7-13	7-14
项目				彩色水泥瓦			
				屋面基层			屋脊
				杉木条	砂浆条	角钢条	100 m
基价(元)				3052	3415	6847	1043
其中	人工费(元)			318.20	546.10	666.50	270.90
	材料费(元)			2734.12	2864.20	5970.92	738.81
	机械费(元)			—	4.69	209.39	32.80
名称		单位	单价(元)	消耗量			
人工	二类人工	工日	43.00	7.400	12.700	15.500	6.300
材料	水泥钉	kg	7.30	5.570	9.510	—	—
	镀锌铁丝 8#	kg	4.80	—	3.040	—	—
	铜丝	kg	89.28	—	—	13.070	—
	金属膨胀螺栓　M6×60	套	0.64	—	—	558.000	—
	电焊条 E43 系列	kg	5.40	—	—	12.870	—
	氧气	m^3	5.89	—	—	1.720	—
	乙炔气	m^3	17.90	—	—	0.730	—
机械	灰浆搅拌机 200L	台班	58.57	—	0.080	—	0.560
	台式钻床 ϕ16	台班	5.75	—	—	1.380	—
	交流弧焊机 32 kV·A	台班	90.34	—	—	2.230	—

注：1. 水泥瓦屋面设有收口线时，每 100 延长米收口线，另计收口瓦 0.342 千张、扣除水泥瓦 0.342 千张。
2. 角钢条基层，若角钢设计不同时，用量换算，其余不变；刷防腐漆另按相应定额执行。
3. 屋面斜沟设有沟瓦时，每 100 延长米增加沟瓦 0.32 千张，其余不变。
4. 水泥瓦屋脊的锥脊、封头等配件，安装费已计入定额中，材料费应按实际块数加损耗另计。

工作内容：1. 铺小青瓦或(粘土平瓦)，割瓦，铺斜沟。
2. 调抹石灰黄泥浆，铺小青瓦(或粘土平瓦)，割瓦，清理面层。
3. 调抹水泥砂浆，铺粘土脊瓦，清理面层。　　　　单位：100 m^2

定额编号				7-15	7-16	7-17	7-18	7-19
项目				小青瓦		粘土平瓦		
				屋面基层				屋脊
				椽子上	灰泥浆	杉木条	灰泥浆	100 m
基价(元)				4772	5988	1545	2373	1004
其中	人工费(元)			391.30	731.00	176.30	331.10	227.90
	材料费(元)			4380.94	5192.86	1368.99	1993.07	754.91
	机械费(元)			—	64.43	—	49.20	21.09
名称		单位	单价(元)	消耗量				
人工	二类人工	工日	43.00	9.100	17.000	4.100	7.700	5.300
材料	小青瓦　200×180～200	千张	317.00	13.820	13.820	—	—	—
	粘土平瓦　380～400×240	千张	861.00	—	—	1.590	1.590	—
	粘土脊瓦　460×200	千张	935.00	—	—	—	—	0.256
	混合砂浆　1∶1∶4	m^3	236.49	—	—	—	—	2.180
	石灰黄泥浆　1∶3	m^3	123.58	—	6.570	—	5.050	—
机械	灰浆搅拌机 200L	台班	58.57	—	1.100	—	0.840	0.360

注：小青瓦屋面每米斜沟另增加小青瓦 14.6 张，其余用量不变。

工作内容:1. 铺、钉石棉水泥瓦(或玻璃钢瓦),安脊瓦。

2. 下料、安装卡普隆板,压条固定、注胶。

3. 清理基层,刷冷底子油二遍,裁、铺多彩油毡瓦,固定。　　单位:100 m²

定额编号				7-20	7-21	7-22	7-23
项目				石棉水泥瓦	玻璃钢瓦	卡普隆板	多彩油毡瓦
基价(元)				2528	2287	5875	5262
其中	人工费(元)			292.40	275.20	219.30	305.30
	材料费(元)			2235.85	2012.11	5655.91	4956.96
	机械费(元)			—	—	—	—
名称		单位	单价(元)	消耗量			
人工	二类人工	工日	43.00	6.800	6.400	5.100	7.100
材料	石棉水泥瓦　小波　1800×720×8	张	16.93	99.000	—	—	—
	石棉水泥脊瓦　780×(180×2)×8	张	7.34	12.000	12.000	—	—
	玻璃钢瓦　小波　1800×720	张	14.67	—	99.000	—	—
	多彩油毡瓦	m²	41.69	—	—	—	104.000
	镀锌螺勾带垫　ϕ6×600	个	1.70	175.000	175.000	—	—
	镀锌扁钩　3×12×300	个	0.75	226.000	226.000	—	—
	玻璃卡普隆板	m²	45.14	—	—	105.000	—
	铝合金压条　30×1.2	m	5.60	—	—	105.600	—
	铝拉铆钉　M4×30	百个	1.10	—	—	3.230	—
	硅酮耐候胶　中性　310 mL	支	12.60	—	—	25.500	—
	冷底子油	kg	6.66	—	—	—	84.000
	水泥钉	kg	7.30	—	—	—	6.180
	木柴	kg	0.45	—	—	—	37.000
	其他材料费	元	1.00	4.700	4.700	—	—

3. 覆土屋面

工作内容:1. 清理基层,掺料,覆土。

2. 清理基层,铺料、裁剪、接缝。

3. 清理基层,铺料、压实。　　单位:10 m³

定额编号				7-24	7-25	7-26	7-27	7-28	7-29
项目				耕作土种植层			玻璃布过滤层	排(蓄)水层	
				不掺料	掺粗砂	掺珍珠岩	100 m²	砂石	陶粒
基价(元)				333	513	901	250	1038	3928
其中	人工费(元)			112.23	131.58	193.50	42.57	212.85	170.28
	材料费(元)			220.86	380.93	707.99	207.68	773.20	3746.80
	机械费(元)			—	—	—	—	52.15	11.41
名称		单位	单价(元)	消耗量					
人工	二类人工	工日	43.00	2.610	3.060	4.500	0.990	4.950	3.960
材料	种植土	m³	20.50	10.500	6.060	6.350	—	—	—
	黄砂(毛砂)综合	t	40.00	—	6.270	—	—	4.690	—
	碎石 综合	t	49.00	—	—	—	—	11.650	—
	陶粒	m³	340.00	—	—	—	—	—	11.020

续表　　　　单位：10 m³

定额编号				7-24	7-25	7-26	7-27	7-28	7-29
项目				耕作土种植层			玻璃布过滤层	排(蓄)水层	
				不掺料	掺粗砂	掺珍珠岩	100 m³	砂石	陶粒
名称		单位	单价(元)	消耗量					
人工	二类人工	工日	43.00	2.610	3.060	4.500	0.990	4.950	3.960
材料	膨胀珍珠岩粉	m³	111.00	—	—	5.150	—	—	—
	玻璃纤维布	m²	1.84	—	—	—	112.000	—	—
	水	m³	2.95	1.900	2.000	2.090	—	5.000	—
	其他材料费	元	1.00	—	—	—	1.600	—	—
机械	混凝土搅拌机 500L	台班	123.45	—	—	—	—	0.330	—
	混凝土振捣器 平板式 BL11	台班	17.56	—	—	—	—	0.650	0.650

4. 屋面排水

工作内容：1. 清理基层，安装金属面板。

2. 金属板制作、安装。

单位：100 m²

定额编号				7-30	7-31	7-32	7-33	7-34
项目				铝板	不锈钢板	镀锌钢板		
				泛水			沿沟、水管	水斗
								10 只
基价(元)				10841	16491	2885	3912	254
其中	人工费(元)			481.60	524.60	438.60	1212.60	116.10
	材料费(元)			10350.44	15956.98	2446.56	2699.73	138.13
	机械费(元)			8.96	8.96	—	—	—
名称		单位	单价(元)	消耗量				
人工	二类人工	工日	43.00	11.200	12.200	10.200	28.200	2.700
材料	铝板 1200×300×1	m²	95.78	107.000	—	—	—	—
	不锈钢板 1.0	m²	151.00	—	105.000	—	—	—
	镀锌薄钢板 δ0.5	m²	21.50	—	—	105.400	105.800	4.000
	水泥钉	kg	7.30	3.000	3.000	3.000	0.380	0.100
	预埋铁件	kg	5.81	—	—	—	49.150	—
	玻璃胶	支	11.00	7.280	7.280	—	—	—
	焊锡	kg	67.72	—	—	2.080	1.800	0.700
	其他材料费	元	1.00	—	—	17.700	14.800	4.000
机械	咬口机	台班	16.90	0.530	0.530	—	—	—

工作内容：1. 清理基层，调制砂浆，做泛水。

2. 清理基层，调制砂浆，座浆、铺小青瓦（或粘土平瓦）。　单位：100 m^2

定额编号				7-35	7-36	7-37
项目				水泥砂浆泛水	小青瓦泛水	粘土平瓦泛水
基价（元）				495	1266	1713
其中	人工费（元）			245.10	559.00	614.90
	材料费（元）			234.16	686.39	1057.44
	机械费（元）			15.81	21.09	40.41
名称		单位	单价（元）	消耗量		
人工	二类人工	工日	43.00	5.700	13.000	14.300
材料	小青瓦　200×180～200	千张	317.00	—	1.140	—
	粘土平瓦　380～400×240	千张	861.00	—	—	0.513
	水泥砂浆　1∶3	m^3	195.13	1.200	1.600	3.090
	其他材料费	元	1.00	—	12.800	12.800
机械	灰浆搅拌机 200L	台班	58.57	0.270	0.360	0.690

二、防水、防潮

1. 刚性防水、防潮

工作内容：1. 清理基层，调制砂浆，抹砂浆。

2. 清理基层，水冲洗基层表面，调制涂料，刷涂料。　单位：100 m^2

定额编号				7-38	7-39	7-40	7-41	7-42
项目				防水砂浆防潮层			水泥基渗透结晶型防水涂料	
				平面	立面	砖基础上	二遍	每增减一遍
基价（元）				1021	1229	687	2465	822
其中	人工费（元）			361.20	541.80	—	300.14	100.19
	材料费（元）			640.21	666.75	666.75	2164.68	721.56
	机械费（元）			19.91	20.50	20.50	—	—
名称		单位	单价（元）	消耗量				
人工	二类人工	工日	43.00	8.400	12.600	—	6.980	2.330
材料	水泥砂浆　1∶2	m^3	228.22	2.020	2.110	2.110	—	—
	水泥基渗透结晶防水涂料	kg	16.00	—	—	—	126.000	42.000
	防水剂	kg	3.00	56.000	58.000	58.000	—	—
	水	m^3	2.95	3.800	3.800	3.800	50.400	16.800
机械	灰浆搅拌机 200L	台班	58.57	0.340	0.350	0.350	—	—

注：砖基防水砂浆防潮层人工已包括在墙基砌筑定额中。

2. 柔性防水

(1) 卷材防水

工作内容:清理基层,熬制沥青玛碲脂,调制冷底子油,铺贴卷材,收头,清理。 单位:100 m²

定额编号				7-43	7-44	7-45	7-46	7-47
项目				石油沥青玛碲脂卷材				干铺油毡一层
				二毡三油		每增减一毡一油		
				平面	立面	平面	立面	
基价(元)				2733	2918	835	907	292
其中	人工费(元)			274.77	359.91	104.49	143.19	50.31
	材料费(元)			2458.25	2558.58	730.19	764.20	242.00
	机械费(元)			—	—	—	—	—
名称		单位	单价(元)	消耗量				
人工	二类人工	工日	43.00	6.390	8.370	2.430	3.330	1.170
材料	石油沥青	kg	—	(536.000)	(578.000)	(161.000)	(171.000)	—
	石油沥青玛碲脂	m³	2955.92	0.510	0.540	0.150	0.160	—
	石油沥青油毡 350 g	m²	2.20	229.000	230.000	114.000	115.000	110.000
	冷底子油	kg	6.66	48.000	48.000	—	—	—
	木柴	kg	0.45	265.000	286.000	80.000	85.000	—
	其他材料费	元	1.00	8.000	8.000	—	—	—

工作内容:清理基层,熬制沥青玛碲脂,调制冷底子油,铺贴玻璃纤维布,收头,清理。 单位:100 m²

定额编号				7-48	7-49	7-50	7-51	7-52
项目				玛碲脂玻璃纤维布				干铺玻璃纤维布一层
				二布三油		每增减一布一油		
				平面	立面	平面	立面	
基价(元)				2670	2916	810	898	253
其中	人工费(元)			307.02	456.88	127.93	182.75	50.31
	材料费(元)			2363.34	2459.22	681.79	715.44	202.40
	机械费(元)			—	—	—	—	—
名称		单位	单价(元)	消耗量				
人工	二类人工	工日	43.00	7.140	10.625	2.975	4.250	1.170
材料	玻璃纤维布	m²	1.84	221.000	221.000	110.000	111.000	110.000
	石油沥青玛碲脂	m³	2955.92	0.510	0.540	0.150	0.160	—
	冷底子油	kg	6.66	48.000	48.000	—	—	—
	木柴	kg	0.45	270.000	286.000	80.000	85.000	—
	石油沥青	kg	—	(546.000)	(578.000)	(161.000)	(171.000)	—
	其他材料费	元	1.00	8.000	8.000	—	—	—

工作内容：清理基层，调制胶粘剂，胶粘铺贴防水卷材（胶粘剂或胶接带搭接缝），收头，清理。 单位：100 m^2

定额编号				7-53	7-54	7-55	7-56
项目				冷粘法防水卷材			
				氯化聚乙烯橡胶共混卷材		三元乙丙丁基橡胶卷材	
				平面	立面	平面	立面
基价（元）				3319	3426	5273	5387
其中	人工费（元）			269.18	376.68	286.38	400.76
	材料费（元）			3049.36	3049.46	4986.17	4986.27
	机械费（元）			—	—	—	—
名称		单位	单价（元）	消耗量			
人工	二类人工	工日	43.00	6.260	8.760	6.660	9.320
材料	氯丁胶乳沥青防水涂料	kg	3.20	16.510	16.510	—	—
	氯化聚乙烯橡胶共混防水卷材	m^2	24.80	112.000	112.000	—	—
	氯丁胶粘结剂	kg	13.38	16.280	16.280	—	—
	三元乙丙丁基橡胶卷材	m^2	28.57	—	—	112.000	112.000
	三元乙丙卷材搭接带	m	12.98	—	—	115.140	115.140
	三元乙丙粘接剂	kg	17.82	—	—	16.280	16.280
	其他材料费	元	1.00	1.100	1.200	1.700	1.800

注：冷粘法防水卷材如设计胶粘剂采用满铺的，人工乘以系数1.09、粘接剂增加37 kg/100 m^2。603防水卷材套用7-53或7-54定额，卷材及粘结剂单价换算。

工作内容：1. 清理基层，刷底胶，用火焰加热器熔化，铺贴卷材，收头，清理。
2. 清理基层，调制胶粘剂、热空气焊枪焊接接缝，胶粘铺贴卷材，收头，清理。
3. 清理基层，用热空气焊枪焊接接缝，铺贴卷材，收头，清理。 单位：100 m^2

定额编号				7-57	7-58	7-59	7-60
项目				热熔法防水卷材		热风焊接法防水卷材	
				改性沥青		土工膜	PSS铝合金
				平面	立面		
基价（元）				3357	3523	2765	7752
其中	人工费（元）			290.25	406.35	184.04	215.00
	材料费（元）			3067.08	3117.08	2580.55	7537.34
	机械费（元）			—	—	—	—
名称		单位	单价（元）	消耗量			
人工	二类人工	工日	43.00	6.750	9.450	4.280	5.000
材料	改性沥青卷材	m^2	25.00	113.000	115.000	—	—
	沥青嵌缝防水油膏	kg	3.00	55.450	55.450	—	—
	液化气	kg	3.08	23.450	23.450	—	—
	土工膜	m^2	25.00	—	—	103.000	—
	铝合金防水卷材PSS	m^2	67.41	—	—	—	103.000
	焊丝 $\phi 3.2$	kg	5.59	—	—	—	8.500
	焊剂	kg	2.50	—	—	—	1.500
	粘合剂	kg	22.77	—	—	—	20.650
	防水密封胶	支	2.85	—	—	—	15.000
	水泥钉	kg	7.30	—	—	—	0.060
	聚乙烯薄膜	m^2	0.35	—	—	—	12.500
	电	kW·h	0.85	—	—	6.500	20.000
	其他材料费	元	1.00	3.500	3.500	—	8.000

注：PSS铝合金防水卷材采用SBS胶带粘接时，扣除粘接剂，增SBS胶带103 m^2。

工作内容：1. 清理基层，刷底胶(冷底子油一遍)，滚压排气铺贴卷材，搭接缝压实，收头，清理。

2. 清理基层，调制砂浆，抹砂浆，铺贴卷材，搭接缝压实，收头，清理，养护。 单位：100 m²

定额编号				7-61	7-62	7-63	7-64
项目				干铺法防水卷材		湿铺法防水卷材	
				自粘卷材			
				平面	立面	平面	立面
基价(元)				3668	3801	3482	3628
其中	人工费(元)			267.03	373.67	297.99	417.10
	材料费(元)			3400.68	3427.68	3183.56	3210.56
	机械费(元)			—	—	—	—
名称		单位	单价(元)	消耗量			
人工	二类人工	工日	43.00	6.210	8.690	6.930	9.700
材料	自粘型防水卷材	m²	27.00	114.000	115.000	114.000	115.000
	107胶纯水泥浆	m³	497.85	—	—	0.206	0.206
	冷底子油	kg	6.66	48.000	48.000	—	—
	其他材料费	元	1.00	3.000	3.000	3.000	3.000

(2) 涂膜防水

工作内容：清理基层，调制冷底子油，刷涂料。 单位：100 m²

定额编号				7-65	7-66	7-67	7-68
项目				刷冷底子油		氯偏共聚乳液	铝基反光隔热涂料
				一遍	每增一遍	三遍	涂刷一遍
基价(元)				386	269	123	164
其中	人工费(元)			60.20	47.30	68.80	47.30
	材料费(元)			326.15	222.13	53.84	117.11
	机械费(元)			—	—	—	—
名称		单位	单价(元)	消耗量			
人工	二类人工	工日	43.00	1.400	1.100	1.600	1.100
材料	石油沥青	kg	3.72	15.000	19.000	—	—
	汽油(综合)	kg	7.10	37.000	20.000	—	—
	氯偏共聚乳液	kg	2.01	—	—	21.000	—
	磷酸三钠	kg	2.00	—	—	0.590	—
	聚乙烯醇	kg	11.00	—	—	0.950	—
	铝基反光隔热涂料	kg	9.25	—	—	—	12.660
	木柴	kg	0.45	17.000	21.000	—	—

工作内容：清理基层，熬制沥青，刷冷底子油一道，刷沥青。　　　　单位：100 m²

<table>
<tr><td colspan="4">定　额　编　号</td><td>7-69</td><td>7-70</td><td>7-71</td><td>7-72</td><td>7-73</td><td>7-74</td></tr>
<tr><td colspan="4" rowspan="3">项　目</td><td colspan="3">刷热沥青一道</td><td colspan="3">每增加热沥青一道</td></tr>
<tr><td rowspan="2">平面</td><td colspan="2">立面</td><td rowspan="2">平面</td><td colspan="2">立面</td></tr>
<tr><td>混凝土、抹灰面</td><td>砖墙面</td><td>混凝土、抹灰面</td><td>砖墙面</td></tr>
<tr><td colspan="4">基　价(元)</td><td>1131</td><td>1183</td><td>1301</td><td>621</td><td>673</td><td>760</td></tr>
<tr><td rowspan="3">其中</td><td colspan="3">人　工　费(元)</td><td>86.00</td><td>94.60</td><td>103.20</td><td>25.80</td><td>30.10</td><td>34.40</td></tr>
<tr><td colspan="3">材　料　费(元)</td><td>1045.11</td><td>1088.28</td><td>1197.99</td><td>595.47</td><td>642.81</td><td>725.43</td></tr>
<tr><td colspan="3">机　械　费(元)</td><td>—</td><td>—</td><td>—</td><td>—</td><td>—</td><td>—</td></tr>
<tr><td colspan="2">名　称</td><td>单位</td><td>单价(元)</td><td colspan="6">消　耗　量</td></tr>
<tr><td>人工</td><td>二类人工</td><td>工日</td><td>43.00</td><td>2.000</td><td>2.200</td><td>2.400</td><td>0.600</td><td>0.700</td><td>0.800</td></tr>
<tr><td rowspan="4">材料</td><td>石油沥青</td><td>kg</td><td>3.72</td><td>184.000</td><td>195.000</td><td>216.000</td><td>151.000</td><td>163.000</td><td>184.000</td></tr>
<tr><td>石油沥青玛碲脂</td><td>m³</td><td>—</td><td>(0.172)</td><td>(0.182)</td><td>(0.202)</td><td>(0.141)</td><td>(0.152)</td><td>(0.172)</td></tr>
<tr><td>冷底子油</td><td>kg</td><td>6.66</td><td>48.000</td><td>48.000</td><td>52.000</td><td>—</td><td>—</td><td>—</td></tr>
<tr><td>木柴</td><td>kg</td><td>0.45</td><td>91.000</td><td>96.000</td><td>107.000</td><td>75.000</td><td>81.000</td><td>91.000</td></tr>
</table>

工作内容：清理基层，调制涂料，涂刷面层。　　　　单位：100 m²

<table>
<tr><td colspan="4">定　额　编　号</td><td>7-75</td><td>7-76</td><td>7-77</td><td>7-78</td></tr>
<tr><td colspan="4" rowspan="4">项　目</td><td colspan="4">水乳型防水涂料</td></tr>
<tr><td colspan="4">JS</td></tr>
<tr><td colspan="2">厚 1.5 以内</td><td colspan="2">厚 2.0 以内</td></tr>
<tr><td>平面</td><td>立面</td><td>平面</td><td>立面</td></tr>
<tr><td colspan="4">基　价(元)</td><td>2586</td><td>2786</td><td>3441</td><td>3705</td></tr>
<tr><td rowspan="3">其中</td><td colspan="3">人　工　费(元)</td><td>202.10</td><td>282.94</td><td>266.60</td><td>373.24</td></tr>
<tr><td colspan="3">材　料　费(元)</td><td>2384.20</td><td>2502.70</td><td>3174.20</td><td>3332.20</td></tr>
<tr><td colspan="3">机　械　费(元)</td><td>—</td><td>—</td><td>—</td><td>—</td></tr>
<tr><td colspan="2">名　称</td><td>单位</td><td>单价(元)</td><td colspan="4">消　耗　量</td></tr>
<tr><td>人工</td><td>二类人工</td><td>工日</td><td>43.00</td><td>4.700</td><td>6.580</td><td>6.200</td><td>8.680</td></tr>
<tr><td rowspan="2">材料</td><td>防水涂料 JS</td><td>kg</td><td>7.90</td><td>300.000</td><td>315.000</td><td>400.000</td><td>420.000</td></tr>
<tr><td>其他材料费</td><td>元</td><td>1.00</td><td>14.200</td><td>14.200</td><td>14.200</td><td>14.200</td></tr>
</table>

注：JS 防水涂料设计厚度超过 2.0 mm 时，按 2.0 mm 厚度套用定额，其主材按比例换算，其余不变。

工作内容：清理基层，调制涂料，涂刷面层。　　　　单位：100 m^2

定额编号				7-79	7-80	7-81	7-82
项目				溶剂型防水涂料			
				聚氨酯			
				厚1.5		厚2.0	
				平面	立面	平面	立面
基价(元)				2631	2838	3494	3758
其中	人工费(元)			202.10	282.94	266.60	373.24
	材料费(元)			2429.20	2555.20	3227.20	3384.70
	机械费(元)			—	—	—	—
名称		单位	单价(元)	消耗量			
人工	二类人工	工日	43.00	4.700	6.580	6.200	8.680
材料	非焦油聚胺酯防水涂料	kg	10.50	230.000	242.000	306.000	321.000
	其他材料费	元	1.00	14.200	14.200	14.200	14.200

注：聚氨酯防水涂料设计厚度超过2.0 mm时，按2.0 mm厚度套用定额，其主材按比例换算，其余不变。

三、变 形 缝

1. 嵌　　缝

工作内容：清理缝道，熬制沥青玛碲脂、油膏，浸木丝板、木板，调制砂浆，填缝。　　　　单位：100 m

定额编号				7-83	7-84	7-85	7-86	7-87	7-88
项目				油浸木丝板	沥青木板	沥青	玛碲脂	沥青砂浆	建筑油膏
				缝断面(mm^2)					
				25×150	20×150	30×150			30×20
基价(元)				840	928	2148	1545	1087	478
其中	人工费(元)			167.70	167.70	73.10	81.70	301.00	159.10
	材料费(元)			672.68	760.10	2075.07	1463.22	786.05	319.35
	机械费(元)			—	—	—	—	—	—
名称		单位	单价(元)	消耗量					
人工	二类人工	工日	43.00	3.900	3.900	1.700	1.900	7.000	3.700
材料	石油沥青砂浆　1∶2∶7	m^3	1483.81	—	—	—	—	0.460	—
	石油沥青玛碲脂	m^3	2955.92	—	—	—	0.460	—	—
	石油沥青	kg	3.72	128.000	75.000	526.000	—	—	—
	建筑油膏	kg	3.50	—	—	—	—	—	87.770
	水泥木丝板 $\delta 25$	m^2	10.80	15.530	—	—	—	—	—
	杉板枋材	m^3	1450.00	—	0.320	—	—	—	—
	木柴	kg	0.45	64.000	38.000	263.000	230.000	230.000	27.000

工作内容:同前。　　单位:100 m^2

定额编号				7-89	7-90	7-91	7-92
项目				油浸麻丝		石灰麻刀	
				缝断面 30×150(mm^2)			
				平面	立面	平面	立面
基价(元)				1402	1537	721	754
其中	人工费(元)			274.13	409.36	255.85	288.75
	材料费(元)			1127.63	1127.63	464.83	464.83
	机械费(元)			—	—	—	—
名称		单位	单价(元)	消耗量			
人工	二类人工	工日	43.00	6.375	9.520	5.950	6.715
材料	石油沥青油毡　350 g	m^2	2.20	—	—	17.000	17.000
	石油沥青	kg	3.72	204.000	204.000	65.000	65.000
	麻丝	kg	5.87	55.000	55.000	—	—
	生石灰	kg	0.23	—	—	180.000	180.000
	麻刀	kg	1.20	—	—	108.000	108.000
	木柴	kg	0.45	102.000	102.000	32.500	32.500

工作内容:同前。　　单位:100 m

定额编号				7-93	7-94	7-95	7-96
项目				聚氨酯密封膏	聚氯乙烯胶泥	塑料油膏嵌缝	
				缝断面(mm^2)		空心板	大型屋面板
				20×10	30×20		
基价(元)				1135	664	435	530
其中	人工费(元)			274.13	219.30	120.62	120.62
	材料费(元)			861.20	445.13	314.36	408.97
	机械费(元)			—	—	—	—
名称		单位	单价(元)	消耗量			
人工	二类人工	工日	43.00	6.375	5.100	2.805	2.805
材料	聚氨酯涂料	kg	12.00	41.350	—	—	—
	焦油聚氨酯接缝密封膏 QJC-851	kg	5.60	60.000	—	—	—
	无纺涤纶布 130 宽	m	0.76	30.000	—	—	—
	聚氯乙烯胶泥	kg	4.80	—	79.500	—	—
	聚氯乙烯冷底子油	kg	4.00	—	6.000	—	—
	塑料油膏	kg	2.50	—	—	119.070	154.910
	木柴	kg	0.45	—	82.500	37.070	48.220
	其他材料费	元	1.00	6.200	2.400	—	—

注:塑料油膏嵌缝取定纵缝断面,空心板 7.5 cm^2、大型屋面板 9 cm^2。

2. 盖　　缝

工作内容：1. 木板盖缝：木砖、木条制作，浸油，预埋，制作和装钉木盖板。

2. 金属板盖缝：木砖、木条制作，浸油，预埋，钉木条，木条上钉铁皮，刷油。

3. 玻璃纤维布盖缝：清理基层，油膏加热，满涂油膏，铺贴玻璃纤维布。　　单位：100 m

定额编号				7-97	7-98	7-99	7-100	7-101	7-102
项目				木板盖缝（缝断面 mm^2）		金属板盖缝		玻璃纤维布盖缝	
				30×150					
				平面	立面	平面	立面	一布二油	每增减一布一油
基价（元）				1057	1438	3130	1187	1073	455
其中	人工费（元）			167.70	339.70	602.00	331.10	90.30	51.60
	材料费（元）			889.67	1098.13	2527.79	856.18	982.61	403.32
	机械费（元）			—	—	—	—	—	—
名称		单位	单价（元）	消耗量					
人工	二类人工	工日	43.00	3.900	7.900	14.000	7.700	2.100	1.200
材料	镀锌薄钢板 δ0.5	m^2	21.50	—	—	62.250	26.380	—	—
	杉板枋材	m^3	1450.00	0.597	0.597	0.468	—	—	—
	杉木砖	m^3	1450.00	—	0.152	0.146	0.152	—	—
	圆钉	kg	4.36	—	0.790	2.100	0.790	—	—
	防腐油	kg	1.60	—	5.400	6.760	3.400	—	—
	胶粘剂 XY518	kg	15.80	1.520	—	—	—	—	—
	焊锡	kg	67.72	—	—	4.060	0.820	—	—
	玻璃纤维布	m^2	1.84	—	—	—	—	30.300	30.300
	塑料油膏	kg	2.50	—	—	—	—	351.070	131.650
	木柴	kg	0.45	—	—	—	—	109.300	40.990
	其他材料费	元	1.00	—	—	4.200	4.200	—	—

注：1. 金属板盖缝是按镀锌薄钢板编制，展开宽为：平面 590 mm；立面 250 mm。实际使用材料或规格不同时，材料换算。

2. 玻璃纤维布盖缝定额子目只适用于单独伸缩缝上盖缝。

3. 止　水　带

工作内容：剪裁、制作，成型，安装　　　　单位：100 m

定额编号				7-103	7-104	7-105	7-106
项目				紫铜板	钢板	预埋式止水带	
						橡胶	塑料
基价(元)				58946	6340	4295	3035
其中	人工费(元)			964.92	840.65	394.74	394.74
	材料费(元)			57900.92	5419.78	3900.66	2640.66
	机械费(元)			79.75	79.75	—	—
名称		单位	单价(元)	消耗量			
人工	二类人工	工日	43.00	22.440	19.550	9.180	9.180
材料	紫铜板 δ2	kg	70.80	810.900	—	—	—
	薄钢板 δ3	t	4400.00	—	1.123	—	—
	橡胶止水带	m	36.00	—	—	105.000	—
	塑料止水带	m	24.00	—	—	—	105.000
	圆钢(综合)	t	3850.00	—	0.030	—	—
	预埋铁件	kg	5.81	—	20.000	—	—
	铜焊条	kg	34.21	14.300	—	—	—
	电焊条 E43 系列	kg	5.40	—	28.000	—	—
	环氧树脂	kg	29.00	—	—	3.040	3.040
	乙二胺	kg	17.35	—	—	0.240	0.240
	丙酮	kg	6.73	—	—	3.040	3.040
	甲苯	kg	3.28	—	—	2.400	2.400
	氧气	m^3	5.89	—	6.000	—	—
	乙炔气	m^3	17.90	—	2.600	—	—
	其他材料费	元	1.00	—	13.800	—	—
机械	剪板机 20×2500	台班	150.13	0.110	0.110	—	—
	交流弧焊机 32 kV·A	台班	90.34	0.700	0.700	—	—

注：紫铜板止水带、钢板止水带展开宽度为 450 mm，设计规格尺寸不同，紫铜板、钢板材料用量换算，其余不变。

二十五、江西省二〇〇四年工程定额

（2004 年定额防水工程部分）

关于颁发江西省二〇〇四年工程定额的通知

赣建价[2004]号

省直各有关部门，各设区市建设局，南昌市建委：

为了贯彻国家标准《建设工程工程量清单计价规范》（GB 50500—2003），根据建设部《关于贯彻执行〈建设工程工程量清单计价规范〉若干问题的通知》（建办标[2003]48 号）、《关于印发〈建筑安装工程费用项目组成〉的通知》（建标[2003]206 号）、《关于发布（全国统一建筑装饰装修工程消耗量定额）的通知》（建标[2001]271 号）等文件的要求，我厅组织编制了《江西省建筑工程消耗量定额及统一基价表》、《江西省装饰装修工程消耗量定额及统一基价表》、《江西省安装工程消耗量定额及单位估价表》、《江西省建筑安装工程费用定额》（四部定额简称为江西省二〇〇四年工程定额），并已经审定通过，现予颁发，自 2005 年元月 1 日起全省执行。

凡在 2005 年元月 1 日以后新开工的工程均按《江西省二〇〇四年工程定额》执行；凡 2005 年元月 1 日以前完工工程和 2005 年元月 1 日以后续建工程仍按原定额执行。已经办理工程结算的不再重算。

本定额由江西省建设工程造价管理站负责管理、解释。

江西省建设厅

二〇〇四年十月二十二日

第七章　屋面及防水工程

说　　明

一、水泥瓦、粘土瓦、英红彩瓦、石棉瓦、玻璃钢波形瓦等，其规格与定额不同时，瓦材数量可以换算，其他不变。

二、防水工程适用于基础、墙身、楼地面、构筑物的防水、防潮工程。

三、卷材屋面、防水卷材的附加层，接缝、收头、找平层的嵌缝、冷底子油已计入定额内。若设计附加层用量与定额含量不同时，可按实调整附加层及粘结材料用量，其他材料及人工不变。子目附注中注明的附加层卷材未包括损耗，其损耗率为1%，粘结材料包括损耗。

四、三元乙丙丁基橡胶卷材屋面防水，按相应三元乙丙橡胶卷材屋面防水项目计算。

五、涂膜防水项目中的“二布三涂”，其“三涂”是指涂料构成防水层数并非指涂刷遍数。

六、变形缝填缝：建筑油膏、聚氯乙烯胶泥断面取定 3 cm×2 cm；油浸木丝板取定为 2.5 cm×15 cm；紫铜板止水带系 2 mm 厚，展开宽 45 cm；氯丁橡胶宽 30 cm，涂刷式氯丁胶贴玻璃止水片宽 35 cm。其余均为 15 cm×3 cm。如设计断面不同时，用料可以换算，人工不变。

七、屋面砂浆找平层、面层按《装饰定额》楼地面相应项目计算。

工程量计算规则

一、瓦屋面、金属压型板(包括挑檐部分)均按图示尺寸的水平投影面积乘以屋面坡度系数以平方米计算。不扣除房上烟囱、风帽底座、屋面小气窗和斜沟等所占面积。屋面小气窗的出檐与屋面重叠部分亦不增加，但天窗出檐部分重叠的面积并入相应屋面工程量内。

二、卷材屋面工程量按图示尺寸的水平投影面积乘以规定的坡度系数以平方米计算，不扣除房上烟囱、风帽底座、风道、斜沟等所占面积，屋面的女儿墙、伸缩缝、天窗等处的弯起部分及天窗出檐与屋面重叠部分，按图示尺寸并入屋面工程量内计算。如图纸元规定时，伸缩缝、女儿墙的弯起部分可以按 250 mm 计算，天窗弯起部分可按 500 mm 计算。

三、涂膜屋面的工程量计算同卷材屋面。涂膜屋面的油膏嵌缝、玻璃布盖缝、屋面分格缝，以延长米计算。

四、屋面排水工程量按以下规定计算：

1. 铁皮排水按图示尺寸以展开面积计算，如图没有注明尺寸，可按下表计算。咬口和搭接等已计入定额项目中，不另计算。

2. 铸铁、PVC 水落管区别不同直径按图示尺寸以延长米计算，雨水口、水斗、弯头以个计算，PVC 阳台排水管以组计算。

铁皮排水单体零件折算表

名称		单位	水落管(M)	檐沟(M)	水斗(个)	漏斗(个)	下水口(个)		
铁皮排水	水落管、檐沟、水斗、漏斗、下水口	m^2	0.32	0.30	0.40	0.16	0.45		
	天沟、斜沟、天窗窗台泛水、天窗侧面泛水、烟囱泛水、通气管泛水、滴水檐头泛水、滴水	m^2	天沟(m)	斜沟天窗窗台泛水(m)	烟囱泛水(m)	通气管泛水(m)	滴水檐头泛水(m)	天窗侧面泛水(m)	滴水(m)
			1.30	0.50	0.80	0.22	0.24	0.70	0.11

五、防水工程工程量按以下规定计算：

1. 建筑物地面防水、防潮层，按主墙间净空面积计算，扣除凸出地面的构筑物、设备基础等所占的面积，不扣除柱、垛、间壁墙、烟囱及 0.3 m^2 以内孔洞所占面积。与墙面连接处高度在 500 mm 以内者按展开面积计算，并入平面工程量内，超过 500 mm 时，按立面防水层计算。

2. 建筑物墙基防水、防潮层，外墙长度按中心线、内墙按净长乘以宽度以平方米计算。

3. 构筑物及建筑物地下室防水层，按实铺面积计算，但不扣除 0.3 m^2 以内的孔洞面积。平面与立面交接处的防水层，其上卷高度超过 500 mm 时，按立面防水层计算。

4. 变形缝按延长米计算。

六、屋面检查孔以块计算。

屋面坡度系数表

坡度 $B(A=1)$	坡度 $B/2A$	坡度角度(α)	延尺系数 $C(A=1)$	偶延尺系数 $D(A=1)$
1	1/2	45°	1.4142	1.7321
0.75	—	36°52′	1.2500	1.6008
0.70	—	35°	1.2207	1.5779
0.666	1/3	33°40′	1.2015	1.5620
0.65	—	33°01′	1.1926	1.5564
0.60	—	30°58′	1.1662	1.5362
0.577	—	30°	1.1547	1.5270
0.55	—	28°49′	1.1413	1.5170
0.50	1/4	26°34′	1.1180	1.5000
0.45	—	24°14′	1.0966	1.4839
0.40	1/5	21°48′	1.0770	1.4697
0.35	—	19°17′	1.0594	1.4569
0.3	—	16°42′	1.0440	1.4457
0.25	—	14°02′	1.0308	1.4362
0.2	1/10	11°19′	1.0198	1.4283
0.15	—	8°32′	1.0112	1.4221
0.125	—	7°8′	1.0078	1.4191
0.10	1/20	5°42′	1.0050	1.4177
0.083	—	4°45′	1.0035	1.4166
0.066	1/30	3°49′	1.0022	1.4157

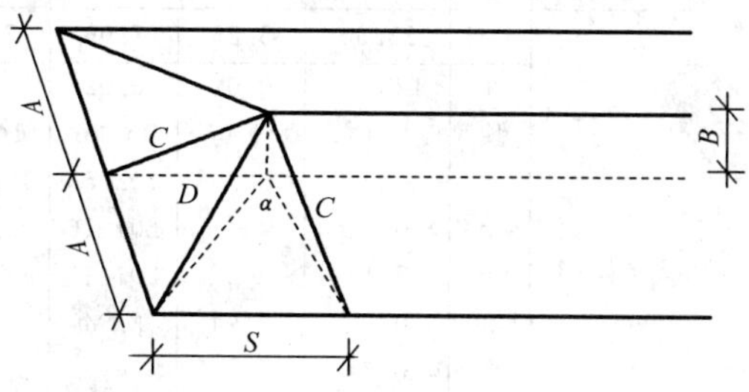

注：1. 两坡排水屋面面积为屋面水平投影面积乘以延尺系数 C；

2. 四坡排水屋面斜脊长度＝$A\times D$(当 $S=A$ 时)；

3. 沿山墙泛水长度＝$A\times C$。

一、瓦 屋 面

工作内容：1. 铺瓦。

2. 调制砂浆、安脊瓦、檐口梢头坐灰。

单位：100 m²

定额编号				A7-1	A7-2
项目				水泥瓦	粘土瓦
				屋面板上或椽子挂瓦条上铺设	
基价(元)				2137.32	740.93
其中	人工费(元)			167.32	167.32
	材料费(元)			1970.00	573.61
	机械费(元)			—	—
名称		单位	单价(元)	数量	
人工	综合工日	工日	23.50	7.12	7.12
材料	水泥砂浆 1∶2.5	m^3	184.03	0.11	0.11
	水泥脊瓦	块	1.13	28.46	—
	水泥瓦 385×235	千块	1128.00	1.70	—
	粘土脊瓦	块	0.36	—	28.46
	粘土瓦 380×240	千块	325.22	—	1.67

注：水泥瓦或粘土瓦如果穿铁丝钉铁钉，每100m檐瓦增加2.2工日，20#铁丝0.7 kg，铁钉0.49 kg。

工作内容：檩条上铺钉石棉瓦、安脊瓦。

单位：100 m²

定额编号				A7-3	A7-4	A7-5	A7-6	A7-7	A7-8
项目				小波石棉瓦屋面			大波石棉瓦屋面		
				木檩上	钢檩上	混凝土檩上	木檩上	钢檩上	混凝土檩上
基价(元)				2107.98	2648.41	2783.19	2198.28	2930.56	2837.86
其中	人工费(元)			123.38	187.06	187.06	107.40	170.85	170.85
	材料费(元)			1984.60	2461.35	2596.13	2090.88	2759.71	2667.01
	机械费(元)			—	—	—	—	—	—
名称		单位	单价(元)	数量					
人工	综合工日	工日	23.50	5.25	7.96	7.96	4.57	7.27	7.27
材料	麻刀石灰浆	m^3	128.38	0.02	0.02	0.02	0.03	0.03	0.03
	小波石棉脊瓦 850×360	块	5.13	14.66	14.66	14.66	—	—	—
	小波石棉瓦 1820×720	块	17.94	102.55	102.55	102.55	—	—	—
	镀锌扁钢钩 3×12×300	个	0.54	—	201.16	—	—	105.33	—
	镀锌螺栓钩 6×600	个	2.15	—	201.16	—	—	315.98	—
	油灰	kg	0.92	2.94	2.94	2.94	2.94	2.94	2.94
	镀锌扁钢钩 3×12×400	个	0.74	—	—	201.16	—	—	105.33
	镀锌螺栓钩 6×800	个	2.62	—	—	201.16	—	—	—
	大波石棉脊瓦 850×460	块	6.15	—	—	—	14.66	14.66	14.66
	大波石棉瓦 2800×994	块	35.88	—	—	—	53.70	53.70	53.70
	镀锌螺钉带垫	个	0.16	402.33	—	—	421.30	—	—
	镀锌螺栓 6×800	个	1.79	—	—	—	—	—	315.98

工作内容：1. 切割、铺瓦。

2. 调运砂浆、安装脊瓦（件）钻孔固定封檐瓦、色浆密缝。

定额编号				A7-9	A7-10	A7-11
项目				英红彩瓦屋面		
				铺瓦	脊瓦	封檐瓦
				10 m^2	10 m	
基价（元）				732.21	371.10	484.88
其中	人工费（元）			18.57	14.81	20.92
	材料费（元）			713.45	355.41	463.22
	机械费（元）			0.19	0.88	0.74
名称		单位	单价（元）	数量		
人工	综合工日	工日	23.50	0.79	0.63	0.89
材料	水泥砂浆 1∶2.5	m^3	184.03	0.018	0.097	0.081
	小方	m^3	838.00	—	—	0.001
	英红彩瓦 420×332 mm	百块	674.50	1.05	—	—
	英红脊瓦 420×247 mm	块	9.99	—	29.94	—
	圆脊封（T-D）	块	20.30	—	0.24	—
	双向圆脊（L-D）	块	48.48	—	0.24	—
	双向圆脊（M-D）	块	48.48	—	0.24	—
	圆脊斜封（S-D）	块	20.30	—	0.48	—
	檐口瓦	块	13.63	—	—	30.78
	檐口封	块	13.63	—	—	1.56
	颜料（氧化铁红）	kg	3.00	—	0.19	0.06
	铁钉	kg	3.80	—	—	0.17
	合金钢钻头	个	15.00	—	—	0.39
	合金钢切割锯片	片	38.20	0.05	—	—
	水	m^3	2.00	0.002	—	—
机械	灰浆搅拌机 200L	台班	46.55	0.004	0.019	0.016

工作内容：1. 铁皮的截料、制作、铺设、咬口，固定铁皮带和折合缝。

2. 瓦垄铁皮的钻孔、稳固、上螺丝及安装脊瓦等。

定额编号				A7-12	A7-13	A7-14
项目				瓦垄铁皮屋面		彩色金属波形
				木檩上	钢檩上	瓦屋面
				100 m^2		10 m^2
基价（元）				3844.74	3899.05	435.57
其中	人工费（元）			40.66	50.53	16.69
	材料费（元）			3804.08	3848.52	418.88
	机械费（元）			—	—	—
名称		单位	单价（元）	数量		
人工	综合工日	工日	23.50	1.73	2.15	0.71
材料	镀锌铁皮 26#	m^2	20.63	4.13	4.13	—
	镀锌瓦垄铁皮 26#	m^2	29.00	125.99	125.99	—
	堵头	m	0.95	—	—	1.65
	彩色金属波纹瓦（0.35×830×L）	m^2	32.14	—	—	11.10
	彩色金属脊瓦 1000×500 mm	节	19.36	—	—	1.24
	镀锌螺栓钩 6×600	个	2.15	—	—	17.00
	镀锌铁钉（带垫）	个	0.16	404.00	—	—
	铁钉	kg	3.80	0.14	0.14	—
	镀锌螺丝（带勾）	个	0.27	—	404.00	—

工作内容：1. 铺瓦、钻孔、固定、安脊瓦。

2. 锯铺玻璃钢瓦、石棉瓦、安屋脊。

3. 场内运输、选料、弹线、配板、切割、支座固定、彩板槽铝、角铝安装、打胶、堵头、收口防腐。

单位：10 m²

定额编号				A7-15	A7-16	A7-17	A7-18
项目				玻璃钢波形瓦屋面	彩钢夹芯板屋面(板厚)		
				钢檩上	50 mm	75 mm	100 mm
基价(元)				292.23	1532.57	1652.44	1771.87
其中	人工费(元)			16.69	76.14	76.14	76.14
	材料费(元)			275.54	1456.43	1576.30	1695.73
	机械费(元)			—	—	—	—
	名称	单位	单价(元)	数量			
人工	综合工日	工日	23.50	0.71	3.24	3.24	3.24
材料	玻璃钢波形瓦 1800×750×0.64 mm	块	21.82	9.23	—	—	—
	玻璃钢脊瓦	块	12.18	0.63	—	—	—
	镀锌扁钢钩 3×12×400	个	0.74	23.00	—	—	—
	镀锌螺栓钩 6×600	个	2.15	23.00	—	—	—
	彩钢夹芯板 50 mm	m²	120.00	—	10.40	—	—
	彩钢夹芯板 75 mm	m²	130.00	—	—	10.40	—
	彩钢夹芯板 100 mm	m²	140.00	—	—	—	10.40
	工字铝	m	6.66	—	8.42	8.42	8.42
	固定卡子 50 mm	只	2.50	—	4.40	—	—
	固定卡子 75 mm	只	2.80	—	—	4.40	—
	固定卡子 100 mm	只	3.00	—	—	—	4.40
	彩钢内外扣槽	m	10.00	—	8.42	8.42	8.42
	轴芯铝铆钉 ϕ4	百个	4.50	—	1.27	1.27	1.27
	角铝	m	3.90	—	0.25	0.25	0.25
	槽铝 50 mm	m	8.67	—	3.36	—	—
	槽铝 75 mm	m	13.00	—	—	3.36	—
	槽铝 100 mm	m	17.33	—	—	—	3.36
	橡胶密封条	m	1.23	—	17.33	17.33	17.33

工作内容：构件变形修理、临时加固、吊装、就位、找正、螺栓固定。

单位：100 m²

定额编号				A7-19	A7-20	A7-21
项目				金属压型板屋面(檩距 m 内)		
				7.50	6.00	4.20
基价(元)				8711.71	8799.28	8974.40
其中	人工费(元)			402.32	424.88	470.00
	材料费(元)			8184.31	8249.32	8379.32
	机械费(元)			125.08	125.08	125.08
	名称	单位	单价(元)	数量		
人工	综合工日	工日	23.50	17.12	18.08	20.00
材料	沿口包角板 0.8 mm	m²	50.60	1.11	1.11	1.11
	屋脊板 2 mm	m²	70.00	4.34	4.34	4.34
	屋脊挡雨板 WD-3	块	3.00	59.31	59.31	59.31
	屋脊堵头板 WD-2	块	3.50	59.31	59.31	59.31
	压型屋面板 W-550	m²	57.20	116.52	116.52	116.52
	檐口堵头板 WD-1	块	3.50	59.31	59.31	59.31
	橡胶密封条	m	1.23	16.43	16.43	16.43

续表　　　　　　　　　　　　　　　　　单位：100 m²

定额编号				A7-19	A7-20	A7-21
项目				金属压型板屋面（檩距 m 内）		
				7.50	6.00	4.20
名称		单位	单价（元）	数量		
人工	综合工日	工日	23.50	17.12	18.08	20.00
材料	电焊条	kg	3.86	4.03	5.18	7.48
	密封膏	kg	3.90	20.00	20.00	20.00
	单面固定螺栓　ML-850R	个	0.78	86.46	111.14	160.52
	单面连接螺栓　R-8	个	0.78	143.42	143.42	143.42
	黑铁丝　8-12#	kg	2.35	3.00	3.00	3.00
	拉铆钉　LD-1	个	1.24	30.30	30.30	30.30
	普通螺栓　M8	个	0.39	177.78	177.78	177.78
	端部固定架　WG-3	个	3.00	1.18	1.52	2.19
	中间固定架　WG-2	个	3.30	42.63	54.81	79.16
	其他材料费	元	1.00	15.04	15.16	15.39
机械	交流电焊机 30 kVA	台班	100.93	1.10	1.10	1.10
	机械费	元	1.00	14.06	14.06	14.06

二、屋面防水、排水

1. 卷材屋面

（1）油毡屋面

工作内容：熬制沥青玛碲脂、配置冷底子油、刷冷底子油、贴附加层、铺贴卷材收头。　　　单位：100 m²

定额编号				A7-22	A7-23	A7-24	A7-25	A7-26
项目				石油沥青玛碲脂卷材屋面				
				一毡二油	三毡四油	三毡四油一砂	每增减一毡一油	干铺油毡一层
基价（元）				1468.76	2758.78	2967.04	648.32	352.79
其中	人工费（元）			82.02	179.78	208.68	48.88	31.96
	材料费（元）			1386.74	2579.00	2785.36	599.14	320.83
	机械费（元）			—	—	—	—	—
名称		单位	单价（元）	数量				
人工	综合工日	工日	23.50	3.49	7.65	8.88	2.08	1.36
材料	钢筋 ϕ10 以内	kg	3.01	5.22	5.22	5.22	—	—
	木柴	kg	0.27	205.70	309.64	365.42	64.24	—
	粒砂	m³	48.00	—	—	0.52	—	—
	石油沥青玛碲脂	m³	1741.80	0.46	0.76	0.84	0.15	—
	石油沥青油毡　350#	m²	2.82	124.17	351.71	351.71	113.77	113.77
	冷底子油　30∶70	kg	3.33	48.96	48.96	48.96	—	—
	铁钉	kg	3.80	0.28	0.28	0.28	—	—

注：附加层用量为 10.3 m²。附加层石油沥青玛碲脂用量 0.001 484 m³/m² 卷材。

（2）高分子卷材屋面

工作内容：1. 清理基层、找平层分格缝嵌油膏、防水薄弱处铺贴附加层。

2. 刷底胶、铺贴卷材、接缝嵌油膏、做收头。　　单位：100 m^2

定额编号				A7-27	A7-28	A7-29	A7-30
项目				三元乙丙橡胶卷材冷贴（硫化）			
				满铺	空铺	点铺	条铺
基价（元）				4905.03	4547.61	4608.81	4658.31
其中	人工费（元）			179.54	151.34	179.54	179.54
	材料费（元）			4725.49	4396.27	4429.27	4478.77
	机械费（元）			—	—	—	—
名称		单位	单价（元）	数量			
人工	综合工日	工日	23.50	7.64	6.44	7.64	7.64
材料	107胶素水泥浆	m^3	517.86	0.01	0.01	0.01	0.01
	钢筋 ϕ10以内	kg	3.01	4.38	4.38	4.38	4.38
	CSPE嵌缝油膏　330 mL	支	4.48	50.28	50.28	50.28	50.28
	三元乙丙橡胶卷材（硫化）　2 mm	m^2	26.65	125.13	127.43	127.43	127.43
	丁基粘结剂	kg	12.46	9.56	11.85	11.85	11.85
	二甲苯	kg	4.92	27.00	27.00	27.00	27.00
	聚氨脂甲料	kg	10.00	4.55	4.55	4.55	4.55
	聚氨脂乙料	kg	14.00	13.63	13.63	13.63	13.63
	乙酸乙酯	kg	12.30	5.05	5.05	5.05	5.05
	粘结剂CX-404	kg	12.89	46.23	13.72	16.28	20.12
	铁钉	kg	3.80	0.23	0.23	0.23	0.23

注：1. 附加层用量为14.435 m^2。附加层粘结剂CX-404用量为0.404 kg/m^2卷材。

2. 卷材如为非硫化型，则材料单价换算，其他不变。

工作内容：同前。　　单位：100 m^2

定额编号				A7-31	A7-32	A7-33	A7-34
项目				再生橡胶卷材冷贴			
				满铺	空铺	点铺	条铺
基价（元）				1721.29	1440.29	1485.30	1510.47
其中	人工费（元）			179.54	151.34	179.54	179.54
	材料费（元）			1541.75	1288.95	1305.76	1330.93
	机械费（元）			—	—	—	—
名称		单位	单价（元）	数量			
人工	综合工日	工日	23.50	7.64	6.44	7.64	7.64
材料	107胶素水泥浆	m^3	517.86	0.01	0.01	0.01	0.01
	钢筋 ϕ10以内	kg	3.01	4.38	4.38	4.38	4.38
	CSPE嵌缝油膏　300 mL	支	4.07	50.28	50.28	50.28	50.28
	二甲苯	kg	4.92	27.00	27.00	27.00	27.00
	聚氨脂甲料	kg	10.00	4.55	4.55	4.55	4.55
	聚氨脂乙料	kg	14.00	13.63	13.63	13.63	13.63
	氯丁胶粘合剂	kg	8.20	55.78	23.99	26.04	29.11
	乙酸乙酯	kg	12.30	5.05	5.05	5.05	5.05
	再生橡胶卷材	m^2	3.43	125.13	127.43	127.43	127.43
	铁钉	kg	3.80	0.23	0.23	0.23	0.23

注：附加层用量为14.435 m^2，附加层氨丁胶粘合剂为0.404 kg/m^2卷材。

工作内容:同前。　　　　单位:100 m^2

定额编号				A7-35	A7-36	A7-37	A7-38
项目				氯丁橡胶卷材冷贴			
				满铺	空铺	点铺	条铺
基价(元)				3280.42	3236.94	3270.36	3278.22
其中	人工费(元)			179.54	151.34	179.54	179.54
	材料费(元)			3100.88	3085.60	3090.82	3098.68
	机械费(元)			—	—	—	—
名称		单位	单价(元)	数量			
人工	综合工日	工日	23.50	7.64	6.44	7.64	7.64
材料	107胶素水泥浆	m^3	517.86	0.01	0.01	0.01	0.01
	钢筋 ϕ10以内	kg	3.01	4.38	4.38	4.38	4.38
	CSPE嵌缝油膏　330 mL	支	4.48	50.28	50.28	50.28	50.28
	氯丁橡胶卷材	m^2	18.97	125.13	127.43	127.43	127.43
	CY409液	kg	12.32	9.55	11.85	11.85	11.85
	二甲苯	kg	4.92	27.00	27.00	27.00	27.00
	氯丁胶沥青胶液	kg	2.56	66.43	32.35	34.39	37.46
	乙酸乙酯	kg	12.30	5.05	5.05	5.05	5.05
	铁钉	kg	3.80	0.23	0.23	0.23	0.23

注:附加层用量为14.435 m^2,附加层氯丁胶沥青胶液为0.404 kg/m^2卷材。

工作内容:同前。　　　　单位:100 m^2

定额编号				A7-39	A7-40	A7-41	A7-42
项目				氯化聚乙烯-橡胶共混卷材冷贴			
				满铺	空铺	点铺	条铺
基价(元)				2743.21	2428.81	2477.18	2507.30
其中	人工费(元)			179.54	151.34	179.54	179.54
	材料费(元)			2563.67	2277.47	2297.64	2327.76
	机械费(元)			—	—	—	—
名称		单位	单价(元)	数量			
人工	综合工日	工日	23.50	7.64	6.44	7.64	7.64
材料	107胶素水泥浆	m^3	517.86	0.01	0.01	0.01	0.01
	钢筋 ϕ10以内	kg	3.01	4.38	4.38	4.38	4.38
	CSPE嵌缝油膏　330 mL	支	4.48	50.28	50.28	50.28	50.28
	BX-12乙组分　880 mL	瓶	7.08	11.94	14.81	14.81	14.81
	BX-12粘结剂	kg	8.73	52.01	13.66	15.97	19.42
	二甲苯	kg	4.92	27.00	27.00	27.00	27.00
	氯丁胶乳	kg	2.56	18.18	18.18	18.18	18.18
	氯化聚乙烯-橡胶共混卷材	m^2	12.30	125.13	127.43	127.43	127.43
	乙酸乙酯	kg	12.30	5.05	5.05	5.05	5.05
	铁钉	kg	3.80	0.23	0.23	0.23	0.23

注:附加层用量为14.435 m^2,附加层BX-12粘结剂为0.4545 kg/m^2卷材。

工作内容：同前。　　　　　　　　　　　　　　　　　　　　　　　　单位：100 m^2

定　额　编　号				A7-43	A7-44	A7-45	A7-46
项　目				氯磺化聚乙烯卷材冷贴			
				满铺	空铺	点铺	条铺
基　价(元)				2668.39	2300.66	2372.04	2397.71
其中	人　工　费(元)			179.54	151.34	179.54	179.54
	材　料　费(元)			2488.85	2149.32	2192.50	2218.17
	机　械　费(元)			—	—	—	—
名　称		单位	单价(元)	数　量			
人工	综合工日	工日	23.50	7.64	6.44	7.64	7.64
材料	107 胶素水泥浆	m^3	517.86	0.01	0.01	0.01	0.01
	钢筋 ϕ10 以内	kg	3.01	4.38	4.38	4.38	4.38
	CSPE 嵌缝油膏　330 mL	支	4.48	50.28	50.28	50.28	50.28
	氯磺化聚乙烯卷材	m^2	9.85	125.13	127.43	127.43	127.43
	CX-401 胶	kg	8.50	10.51	10.51	13.03	12.21
	CX-404 胶	kg	8.50	57.79	15.18	17.74	21.58
	二甲苯	kg	4.92	27.00	27.00	27.00	27.00
	聚氨脂甲料	kg	10.00	4.55	4.55	4.55	4.55
	聚氨脂乙料	kg	14.00	13.63	13.63	13.63	13.63
	乙酸乙酯	kg	12.30	5.05	5.05	5.05	5.05
	铁钉	kg	3.80	0.23	0.23	0.23	0.23

注：附加层用量为 14.435 m^2。附加层 CX-404 胶用量为 0.505 kg/m^2 卷材。

工作内容：1. 防水柔毡：清扫基层、熔化粘胶、涂刷粘胶、铺贴柔毡、收头铺撒白石子保护层。

2. 聚氯乙烯卷材铝合金压条：清理基层、铺卷材、钉压条、射钉上嵌密封膏收头。单位：100 m^2

定　额　编　号				A7-47	A7-48	A7-49
项　目				防水柔毡		聚氯乙烯防水卷材
				热贴满铺		铝合金压条
				二胶一毡一砂	每增一胶一毡	空铺
基　价(元)				2114.54	969.03	4063.67
其中	人　工　费(元)			153.22	79.20	2077.40
	材　料　费(元)			1961.32	889.83	1986.27
	机　械　费(元)			—	—	—
名　称		单位	单价(元)	数　量		
人工	综合工日	工日	23.50	6.52	3.37	88.40
材料	107 胶素水泥浆	m^3	517.86	0.01	—	—
	钢筋 ϕ10 以内	kg	3.01	4.38	—	—
	铝合金压条　3×30	m	4.69	—	—	105.00
	木柴	kg	0.27	219.82	90.20	—
	白石子	kg	0.15	772.50	—	—
	CSPE 嵌缝油膏　330mL	支	4.48	50.28	—	—
	PVC 防水卷材　3 mm	m^2	8.36	—	—	130.00
	防水柔毡	m^2	4.95	126.15	110.15	—
	密封膏	kg	3.90	—	—	13.00
	303 胶	kg	7.69	—	—	45.00
	二甲苯	kg	4.92	25.25	—	—
	乙酸乙酯	kg	12.30	5.05	—	—
	粘胶	kg	1.00	730.82	320.24	—
	射钉	百个	1.00	—	—	5.27
	铁钉	kg	3.80	0.23	—	—
	其他材料费	元	1.00	—	—	5.00

注：防水柔毡二胶一毡一砂附加层含量为 14.435 m^2，附加层粘胶 2.926 kg/m^2 卷材。

工作内容：找平层嵌缝、防水薄弱处铺贴附加层。用掺胶水泥浆贴卷材，聚氨酯胶接缝搭节。

单位：100 m²

定额编号				A7-50
项目				聚乙烯丙纶复合卷材
				冷贴满铺
基价(元)				1493.71
其中	人工费(元)			137.48
	材料费(元)			1356.23
	机械费(元)			—
名称		单位	单价(元)	数量
人工	综合工日	工日	23.50	5.85
材料	素水泥浆	m³	496.66	0.17
	聚乙烯丙纶双面复合防水卷材 SBC	m²	7.75	124.80
	107 胶	kg	1.06	13.02
	聚氨脂甲料	kg	10.00	7.37
	聚氨脂乙料	kg	14.00	11.07
	乙酸乙酯	kg	12.30	5.05

注：附加层用量为 14.435 m²，附加层 107 胶水泥浆 0.00152 m³/m² 卷材。

工作内容：清理基层、刷基底处理剂、铺贴卷材附加层、收头顶压条、撒砂保护层。 单位：100 m²

定额编号				A7-51	A7-52	A7-53	A7-54
项目				SBS 卷材		APP 卷材	
				二层	每增减一层	层数二层	每增减一层
基价(元)				5980.43	2793.91	5999.28	2803.92
其中	人工费(元)			178.60	37.60	178.60	37.60
	材料费(元)			5801.83	2756.31	5820.68	2766.32
	机械费(元)			—	—	—	—
名称		单位	单价(元)	数量			
人工	综合工日	工日	23.50	7.60	1.60	7.60	1.60
材料	107 胶素水泥浆	m³	517.86	0.01	—	0.01	—
	3 mm 厚聚酯胎 SBS 卷材	m²	19.48	235.68	125.13	—	—
	3 mm 厚聚酯胎 APP 卷材	m²	19.56	—	—	235.68	125.13
	APP 粘结剂 B 型	kg	6.93	136.00	46.00	136.00	46.00
	高强 APP 基底处理剂	kg	6.82	25.30	—	25.30	—
	粒砂	m³	48.00	0.80	—	0.80	—
	钢钉	kg	11.28	2.80	—	2.80	—
	钢压条	kg	3.96	5.20	—	5.20	—

注：1. 附加层用量为 14.435 m²。附加层 APP 粘结剂用量为 0.41 kg/m² 卷材。

2. 卷材厚度不同材料单价换算，其他不变。

工作内容：清理基层、刷基底处理剂、铺贴卷材附加层、收头顶压条、撒砂保护层。 单位：100 m²

定额编号				A7-55
项目				PVC卷材（胶泥3 mm）
基价（元）				2583.72
其中	人工费（元）			124.55
	材料费（元）			2459.17
	机械费（元）			—
名称		单位	单价（元）	数量
人工	综合工日	工日	23.50	5.30
材料	冷底子油 30：70	kg	3.33	48.00
	PVC胶泥	kg	2.00	600.10
	107胶素水泥浆	m³	517.86	0.01
	木柴	kg	0.27	35.80
	PVC卷材 3 mm	m²	8.36	123.70
	钢钉	kg	11.28	0.30
	钢压条	kg	3.96	5.20
	煤	kg	0.24	71.60
	其他材料费	元	1.00	9.00

注：1. 粘结层厚度不同，粘结剂用量比例调整，其他不变。

2. 附加层用量13.15 m²，附加层PVC胶泥用量4.95 kg/m²卷材。

2. 涂膜屋面

工作内容：1. 屋面满涂油膏：油膏加热，屋面满涂油膏。

2. 板嵌缝：油膏加热，板缝嵌油膏。

定额编号				A7-56	A7-57	A7-58	A7-59
项目				屋面满涂	APP冷胶	塑料油膏	
				塑料油膏	贴无纺布	嵌缝	
				4 mm	二布三涂	空心板	大型屋面板
				100 m²	10 m²	100 m	
基价（元）				1234.00	417.06	320.84	392.42
其中	人工费（元）			73.09	17.63	84.60	85.07
	材料费（元）			1160.91	399.43	236.24	307.35
	机械费（元）			—	—	—	—
名称		单位	单价（元）	数量			
人工	综合工日	工日	23.50	3.11	0.75	3.60	3.62
材料	木柴	kg	0.27	182.16	—	37.07	48.22
	塑料油膏	kg	1.90	585.12	—	119.07	154.91
	高强APP-841冷胶涂料	kg	11.34	—	30.60	—	—
	高强APP基底处理剂	kg	6.82	—	2.53	—	—
	化纤无纺布	m²	1.50	—	23.45	—	—

注：嵌缝取定纵缝断面：空心板7.5 cm²，大型屋面板9 cm²，如果断面。

不同于定额取定断面，以纵断面比例调整人工、材料数量。

工作内容：塑料油膏玻璃纤维布：包括刷冷底子油，找平层分格缝嵌油膏，贴防水附加层，铺贴玻璃纤维布，表面撒粒砂保护层。屋面分格缝：支座处铺油毡一层，清理缝、熬制油膏、油膏灌缝；沿缝上做二毡三油一砂。

单位：100 m^2

定额编号				A7-60	A7-61	A7-62
项目				塑料油膏玻璃纤维布		屋面分格缝
				一布二油	每增一布一油	100 m
基价（元）				2059.64	924.52	2545.79
其中	人工费（元）			88.13	55.46	252.86
	材料费（元）			1971.51	869.06	2292.93
	机械费（元）			—	—	—
名称		单位	单价（元）	数量		
人工	综合工日	工日	23.50	3.75	2.36	10.76
材料	冷底子油　30∶70	kg	3.33	—	—	38.85
	木柴	kg	0.27	271.56	101.15	218.11
	粒砂	m^3	48.00	—	—	0.41
	石油沥青玛碲脂	m^3	1741.80	—	—	0.49
	石油沥青油毡　350#	m^2	2.82	—	—	232.10
	塑料油膏	kg	1.90	872.26	324.94	303.68
	玻璃纤维布　1.8 mm	m^2	2.00	120.45	112.18	—

注：塑料油膏玻璃纤维布一布二油附加层用量为 8.19 m^2，附加层塑料油膏用量为 3.066 kg/m^2 卷材。

工作内容：熬制油膏，缝灌油膏，缝上铺贴玻璃纤维布。涂刷聚氨酯底胶，刷聚氨酯防水层二遍，并撒石碴做保护层（或与钢性块料层的连接层）。

单位：100 m

定额编号				A7-63	A7-64	A7-65
项目				塑料油膏贴玻璃布盖缝		聚氨脂涂膜防水屋面
				一布二油	每增一布一油	100 m^2
基价（元）				810.02	353.54	3577.95
其中	人工费（元）			52.88	31.73	130.19
	材料费（元）			757.14	321.81	3447.76
	机械费（元）			—	—	—
名称		单位	单价（元）	数量		
人工	综合工日	工日	23.50	2.25	1.35	5.54
材料	木柴	kg	0.27	109.30	40.99	—
	石碴	m^3	53.81	—	—	0.31
	塑料油膏	kg	1.90	351.07	131.65	—
	二甲苯	kg	4.92	—	—	12.96
	聚氨脂甲料	kg	10.00	—	—	105.55
	聚氨脂乙料	kg	14.00	—	—	165.13
	玻璃纤维布　1.8 mm	m^2	2.00	30.30	30.30	—

注：聚氨脂如果掺缓凝剂，应增加磷酸 0.3 kg，如果掺促凝剂，应增加二月桂酸二丁基锡 0.25 kg。

工作内容：清理基层、调配砂浆、铺抹砂浆养护、筛铺镇水粉、铺隔离纸。　　单位：100 m²

定额编号				A7-66	A7-67	A7-68	A7-69	A7-70
项目				掺无机盐铝防水剂		防水砂浆	镇水粉隔离层	
				素水泥浆	防水砂浆 2 cm	厚 2 cm	厚 10 mm	每增厚 1 mm
基价(元)				164.47	1339.60	820.00	2994.47	222.40
其中	人工费(元)			48.65	265.55	272.37	470.47	37.60
	材料费(元)			115.82	1057.76	531.34	2524.00	184.80
	机械费(元)			—	16.29	16.29	—	—
名称		单位	单价(元)	数量				
人工	综合工日	工日	23.50	2.07	11.30	11.59	20.02	1.60
材料	水泥砂浆　1∶2	m^3	203.66	—	2.02	2.02	—	—
	素水泥浆	m^3	496.66	0.10	0.10	0.10	—	—
	防水粉	kg	1.06	—	—	66.30	—	—
	无机盐铝防水剂	kg	4.50	14.70	132.60	—	—	—
	隔离纸	m^2	5.20	—	—	—	130.00	—
	镇水粉	kg	3.08	—	—	—	600.00	60.00
机械	灰浆搅拌机 200L	台班	46.55	—	0.35	0.35	—	—

工作内容：涂刷底胶；做一布一涂附加层于防水薄弱处；冷胶贴聚酯布防水层；最表层撒细砂保护层。

单位：100 m²

定额编号				A7-71	A7-72
项目				氯丁冷胶	
				二布三涂	每增一布一涂
基价(元)				3355.47	1058.59
其中	人工费(元)			238.76	120.32
	材料费(元)			3116.71	938.27
	机械费(元)			—	—
名称		单位	单价(元)	数量	
人工	综合工日	工日	23.50	10.16	5.12
材料	细砂	m^3	19.48	0.31	—
	聚脂布　100 g/m²	m^2	3.70	236.36	110.89
	氯丁冷胶	kg	6.15	363.60	85.85

注：氯丁冷胶二布三涂附加层用量为 14.435 m²，附加层氯丁冷胶用量为 0.8585 kg/m² 卷材。

3. 屋面排水

工作内容：铁皮截料、制作安装。　　　　单位：100 m²

定额编号				A7-73	A7-74
项目				铁皮排水	
				水落管、檐沟	天沟、泛水
基价(元)				3173.19	2526.46
其中	人工费(元)			692.31	250.04
	材料费(元)			2480.88	2276.42
	机械费(元)			—	—
名称		单位	单价(元)	数量	
人工	综合工日	工日	23.50	29.46	10.64
材料	镀锌铁皮　26#	m²	20.63	105.80	105.40
	木炭	kg	1.13	7.69	9.24
	焊锡	kg	38.44	1.80	2.08
	盐酸	kg	0.51	0.38	0.44
	铁钉	kg	3.80	0.38	3.00
	铁件	kg	4.45	49.15	—

工作内容：1. 铸铁水落管：包括切管、埋管卡、安水管、合灰捻口。

2. 铸铁雨水口：就位、安装。

定额编号				A7-75	A7-76	A7-77	A7-78
项目				铸铁落水管		铸铁雨水口	
				直径 100 mm	直径 150 mm	直径 100 mm	直径 150 mm
				10 m		10 个	
基价(元)				909.08	1410.63	439.59	511.17
其中	人工费(元)			66.27	73.32	75.91	78.96
	材料费(元)			842.81	1337.31	363.68	432.21
	机械费(元)			—	—	—	—
名称		单位	单价(元)	数量			
人工	综合工日	工日	23.50	2.82	3.12	3.23	3.36
材料	镀锌铁丝　8#	kg	2.96	0.82	0.82	—	—
	水泥	kg	0.33	11.63	13.20	—	—
	中(粗)砂	m³	19.48	0.02	0.02	—	—
	石棉绒	kg	2.84	1.74	2.36	—	—
	石油沥青玛碲脂	m³	1741.80	—	—	0.01	0.01
	石油沥青油毡　350#	m²	2.82	—	—	2.42	2.93
	石油沥青　30#	kg	1.53	0.70	0.95	—	—
	螺栓　M3×20	套	0.08	21.00	—	—	—
	膨胀螺栓　M6	套	1.00	10.50	—	—	—
	铁件	kg	4.45	1.44	7.78	—	—
	铸铁雨水口 100 带罩	套	32.42	—	—	10.47	—
	铸铁雨水口 150 带罩	套	40.25	—	—	—	10.10
	铸铁排水管　100×1500	m	66.00	10.47	—	—	—
	铸铁排水管　150×1500	m	105.60	—	10.10	—	—
	铸铁三通　100×50	个	32.50	3.61	—	—	—
	铸铁三通　150×50	个	60.00	—	3.61	—	—
	麻丝	kg	6.22	0.18	0.25	—	—
	水	m³	2.00	10.4	1.32	—	—

工作内容：就位、安装。 单位：10 个

定额编号				A7-79	A7-80	A7-81
项目				铸铁水斗(或称接水口)		铸铁弯头(含箅子板)
				落水口直径 100 mm	落水口直径 150 mm	
基价(元)				428.01	551.41	619.54
其中	人工费(元)			62.98	66.04	84.13
	材料费(元)			365.03	485.37	535.41
	机械费(元)			—	—	—
	名称	单位	单价(元)	数量		
人工	综合工日	工日	23.50	2.68	2.81	3.58
材料	铁件	kg	4.45	10.83	11.77	2.42
	铸铁水斗(接水口) 100	个	31.37	10.10	—	—
	铸铁水斗(接水口) 150	个	42.87	—	10.10	—
	松木板方材	m^3	642.00	—	—	0.036
	防腐油	kg	2.12	—	—	0.40
	石油沥青玛碲脂	m^3	1741.80	—	—	0.07
	铸铁弯头(出水口) 100	个	37.50	—	—	10.10

工作内容：1. 单屋面排水管系统：埋设管卡箍、截管、涂胶、接口。

2. 屋面阳台雨水管系统：埋设管卡箍、截管、涂胶、安三通、伸缩节、管等。

定额编号				A7-82	A7-83	A7-84	A7-85
项目				PVC 水落管		PVC 水斗	
				10 m		10 只	
				ϕ110	ϕ160	ϕ110	ϕ160
基价(元)				254.46	404.72	226.66	330.97
其中	人工费(元)			67.92	75.44	70.74	73.79
	材料费(元)			186.54	329.28	155.92	257.18
	机械费(元)			—	—	—	—
	名称	单位	单价(元)	数量			
人工	综合工日	工日	23.50	2.89	3.21	3.01	3.14
材料	PVC 管材 ϕ110	m	14.40	10.20	—	—	—
	PVC 管材 ϕ160	m	24.43	—	10.20	—	—
	PVC 水斗 ϕ110	只	12.86	—	—	10.20	—
	PVC 水斗 ϕ160	只	20.93	—	—	—	10.20
	PVC 伸缩节 ϕ110	只	10.59	2.55	—	—	—
	PVC 伸缩节 ϕ160	只	22.67	—	2.55	—	—
	PVC 管卡 ϕ110	付	2.30	5.10	—	10.20	—
	PVC 管卡 ϕ160	付	4.10	—	5.10	—	10.20
	胶水	kg	7.19	0.13	0.19	0.18	0.26

工作内容:同前。　　　　　　　　　　　　　　　　　　　　　　　　　单位:组

定额编号				A7-86	A7-87
项目				PVC 阳台排水管	
				单阳台	双阳台
基价(元)				27.99	41.23
其中	人工费(元)			11.28	17.39
	材料费(元)			16.71	23.84
	机械费(元)			—	—
	名称	单位	单价(元)	数量	
人工	综合工日	工日	23.50	0.48	0.74
材料	PVC 管材 ϕ50	m	5.62	0.43	0.86
	PVCϕ50 mm90°弯头(带地漏)	套	5.25	1.00	2.00
	PVC 异径三通 ϕ110×50	只	6.67	1.00	—
	PVC 四通 ϕ110×50	只	4.63	—	1.00
	胶水	kg	7.19	0.33	0.54

三、墙(地)面防水、防潮

1. 防水砂浆

工作内容:清理基层、调制砂浆、抹水泥砂浆。　　　　　　　　　　　　单位:100 m^2

定额编号				A7-88	A7-89	A7-90	A7-91
项目				防水砂浆		防水砂浆(五层做法)	
				平面	立面	平面	立面
基价(元)				729.85	849.70	968.75	1102.38
其中	人工费(元)			232.65	352.50	439.92	571.52
	材料费(元)			481.37	481.37	516.26	518.29
	机械费(元)			15.83	15.83	12.57	12.57
	名称	单位	单价(元)	数量			
人工	综合工日	工日	23.50	9.90	15.00	18.72	24.32
材料	水泥砂浆 1∶2	m^3	203.66	2.04	2.04	1.01	1.02
	素水泥浆	m^3	496.66	—	—	0.61	0.61
	防水粉	kg	1.06	55.00	55.00	—	—
	水	m^3	2.00	3.80	3.80	3.80	3.80
机械	灰浆搅拌机 200L	台班	46.55	0.34	0.34	0.27	0.27

注:单独刷素水泥每 100 m^2 增加刷素水泥浆 0.1 m^3,人工 2.02 工日。

2. 卷材防水

工作内容：配制涂刷冷底子油、熬制玛碲脂，防水薄弱处贴附加层，铺贴玛碲脂卷材。　　单位：100 m^2

定额编号				A7-92	A7-93	A7-94	A7-95
项目				玛碲脂卷材			
				二毡三油		每增减一毡一油	
				平面	立面	平面	立面
基价(元)				1992.75	2139.27	719.95	774.05
其中	人工费(元)			205.39	296.10	94.94	130.43
	材料费(元)			1787.36	1843.17	625.01	643.62
	机械费(元)			—	—	—	—
名称		单位	单价(元)	数量			
人工	综合工日	工日	23.50	8.74	12.60	4.04	5.55
材料	木柴	kg	0.27	227.70	240.90	66.00	70.40
	石油沥青玛碲脂	m^3	1741.80	0.51	0.54	0.16	0.17
	石油沥青油毡　350#	m^2	2.82	239.76	239.76	116.49	116.49
	冷底子油　30∶70	kg	3.33	48.48	48.48	—	—

注：玛碲脂卷材二毡三油附加层用量为 6.71 m^2，附加层石油沥青玛碲脂用量平面为 0.00159m^3/m^2 卷材，立面为 0.0017 m^3/m^2 卷材。

工作内容：配制涂刷冷底子油，熬沥青，防水薄弱处贴附加层，铺贴沥青卷材。　　单位：100 m^2

定额编号				A7-96	A7-97	A7-98	A7-99
项目				沥青卷材			
				二毡三油		每增减一毡一油	
				平面	立面	平面	立面
基价(元)				1831.77	1973.46	664.69	716.15
其中	人工费(元)			190.59	275.19	88.83	121.26
	材料费(元)			1641.18	1698.27	575.86	594.89
	机械费(元)			—	—	—	—
名称		单位	单价(元)	数量			
人工	综合工日	工日	23.50	8.11	11.71	3.78	5.16
材料	石油沥青油毡　350#	m^2	2.82	239.76	239.76	116.49	116.49
	石油沥青　30#	kg	1.53	489.72	524.70	151.58	163.24
	冷底子油　30∶70	kg	3.33	48.48	48.48	—	—
	木柴	kg	0.27	201.30	214.50	57.20	61.60

注：沥青卷材二毡三油附加层用量为 6.71 m^2，附加层石油沥青用量平面为 1.516 kg/m^2 卷材，立面为 1.632 kg/m^2 卷材。

工作内容：1. 基层清理，配制、涂刷冷底子油；熬制玛碲脂，防水薄弱处贴附加层。

2. 铺贴玛碲脂玻璃纤维布。

单位：100 m²

定额编号				A7-100	A7-101	A7-102	A7-103
项目				玛碲脂玻璃纤维布			
				二布三油		每增减一布一油	
				平面	立面	平面	立面
基价(元)				1859.06	2035.43	644.17	710.49
其中	人工费(元)			247.22	367.78	114.68	162.39
	材料费(元)			1611.84	1667.65	529.49	548.10
	机械费(元)			—	—	—	—
	名称	单位	单价(元)	数量			
人工	综合工日	工日	23.50	10.52	15.65	4.88	6.91
材料	木柴	kg	0.27	227.70	240.90	66.00	70.40
	石油沥青玛碲脂	m³	1741.80	0.51	0.54	0.16	0.17
	冷底子油 30：70	kg	3.33	48.48	48.48	—	—
	玻璃纤维布 1.8 mm	m²	2.00	250.30	250.30	116.49	116.49

注：玛碲脂玻璃纤维布二布三油附加层用量 6.71 m²，附加层石油沥青玛碲脂用量平面为 0.00159 m³/m² 卷材，立面为 0.0017 m³/m² 卷材。

工作内容：1. 基层清理，配制、涂刷冷底子油；熬制沥青，防水薄弱处贴附加层。

2. 铺贴沥青玻璃布卷材。

单位：100 m²

定额编号				A7-104	A7-105	A7-106	A7-107
项目				沥青玻璃布卷材			
				二布三油		每增减一布一油	
				平面	立面	平面	立面
基价(元)				1712.65	1890.06	605.80	671.83
其中	人工费(元)			246.99	367.31	114.92	161.92
	材料费(元)			1465.66	1522.75	490.88	509.91
	机械费(元)			—	—	—	—
	名称	单位	单价(元)	数量			
人工	综合工日	工日	23.50	10.51	15.63	4.89	6.89
材料	木柴	kg	0.27	201.30	214.50	57.20	61.60
	冷底子油 30：70	kg	3.33	48.48	48.48	—	—
	石油沥青 30#	kg	1.53	489.72	524.70	151.58	163.24
	玻璃纤维布	m²	2.00	250.30	250.30	121.76	121.76

注：沥青玻璃布卷材二布三油附加层用量为 6.71 m²，附加层石油沥青用量平面为 1.516 kg/m² 卷材，立面为 1.63 kg/m² 卷材。

工作内容：1. 涂刷基层处理剂，防水薄弱处铺贴附加层。

2. 铺贴卷材，卷材接缝贴卷材条加强，收头。　　　　单位：100 m^2

定额编号				A7-108	A7-109
项目				氯化聚乙烯-橡胶共混卷材防水	
				平面	立面
基价（元）				3233.09	3377.38
其中	人工费（元）			493.97	638.26
	材料费（元）			2739.12	2739.12
	机械费（元）			—	—
名称		单位	单价（元）	数量	
人工	综合工日	工日	23.50	21.02	27.16
材料	107 胶素水泥浆	m^3	517.86	0.01	0.01
	钢筋 $\phi10$ 以内	kg	3.01	4.38	4.38
	CSPE 嵌缝油膏　330 mL	支	4.48	29.83	29.83
	BX-12 乙组分　880 mL	瓶	7.08	32.28	32.28
	BX-12 粘结剂	kg	8.73	48.50	48.50
	二甲苯	kg	4.92	27.00	27.00
	氯丁冷胶	kg	6.15	20.20	20.20
	氯化聚乙烯-橡胶共混卷材	m^2	12.30	131.31	131.31
	乙酸乙酯	kg	12.30	5.05	5.05
	铁钉	kg	3.80	0.23	0.23

注：附加层用量为 6.71 m^2，附加层 BX-12 粘结剂用量 0.4545 kg/m^2 卷材。

工作内容：同前。　　　　单位：100 m^2

定额编号				A7-110	A7-111	A7-112	A7-113
项目				三元乙丙橡胶卷材（硫化）		再生橡胶卷材	
				冷贴满铺			
				平面	立面	平面	立面
基价（元）				5352.90	5497.19	2050.71	2195.00
其中	人工费（元）			493.97	638.26	493.97	638.26
	材料费（元）			4858.93	4858.93	1556.74	1556.74
	机械费（元）			—	—	—	—
名称		单位	单价（元）	数量			
人工	综合工日	工日	23.50	21.02	27.61	21.02	27.16
材料	107 胶素水泥浆	m^3	517.86	0.01	0.01	0.01	0.01
	钢筋 $\phi10$ 以内	kg	3.01	4.38	4.38	4.38	4.38
	CSPE 嵌缝油膏　330 mL	支	4.48	29.83	29.83	29.83	29.83
	三元乙丙橡胶卷材（硫化）　2 mm	m^2	26.65	131.31	131.31	—	—
	丁基粘结剂	kg	12.46	17.60	17.60	—	—
	二甲苯	kg	4.92	27.00	27.00	27.00	27.00
	聚氨脂甲料	kg	10.00	4.55	4.55	4.55	4.55
	聚氨脂乙料	kg	14.00	13.63	13.63	13.63	13.63
	氯丁胶粘合剂	kg	8.20	—	—	66.67	66.67
	乙酸乙酯	kg	12.30	5.05	5.05	5.05	5.05
	铁钉	kg	3.80	0.23	0.23	0.23	0.23
	粘结剂 C×－404	kg	12.89	43.14	43.14	—	—
	再生橡胶卷材	m^2	3.43	—	—	124.17	124.17

注：1. 三元乙丙橡胶卷材附加层用量为 6.71 m^2，附加层 CX-404 粘结剂 0.404 kg/m^2 卷材。

2. 再生橡胶卷材附加层用量为 6.71 m^2，附加层氯丁胶粘结剂 0.404 kg/m^2 卷材。

3. 涂膜防水

工作内容：同前。 单位：100 m²

定额编号				A7-114	A7-115	A7-116
项目				氰凝防水涂料地下室墙、板、屋面		
				二涂	每增(减)一涂	每增一布
基价(元)				1175.24	509.31	277.55
其中	人工费(元)			122.20	30.55	49.35
	材料费(元)			1053.04	478.76	228.20
	机械费(元)			—	—	—
名称		单位	单价(元)	数量		
人工	综合工日	工日	23.50	5.20	1.30	2.10
材料	二甲苯	kg	4.92	5.10	2.40	—
	氰凝涂料	kg	16.50	62.30	28.30	—
	玻璃纤维布 1.8 mm	m²	2.00	—	—	114.10

工作内容：清理基层，刷涂料。 单位：100 m²

定额编号				A7-117	A7-118	A7-119	A7-120
项目				苯乙烯涂料二遍		刷冷底子油	
				平面	立面	第一遍	第二遍
基价(元)				250.97	256.80	206.09	142.98
其中	人工费(元)			54.52	54.52	40.19	34.08
	材料费(元)			196.45	202.28	165.90	108.90
	机械费(元)			—	—	—	—
名称		单位	单价(元)	数量			
人工	综合工日	工日	23.50	2.32	2.32	1.71	1.45
材料	苯乙烯涂料	kg	3.89	50.50	52.00	—	—
	木柴	kg	0.27	—	—	16.50	20.90
	冷底子油 30∶70	kg	3.33	—	—	48.48	—
	冷底子油 50∶50	kg	2.84	—	—	—	36.36

工作内容：1. 焦油玛碲脂、塑料油膏：配制涂刷冷底子油，熬制玛碲脂或油膏，涂刷油膏或玛碲脂。

2. 氯-偏共聚乳液，成品涂刷。

3. 聚氨脂：涂刷底胶及附加层，刷聚氨脂两道，并盖石碴保护层。 单位：100 m^2

定额编号				A7-121	A7-122	A7-123	A7-124
项目				焦油玛碲脂	塑料油膏	氯偏共聚乳胶	聚氨脂
				涂刷厚 3 mm	涂刷二遍	涂刷三遍	涂刷二遍
基价(元)				855.74	1214.96	190.38	3684.72
其中	人工费(元)			90.24	54.05	41.60	170.14
	材料费(元)			765.50	1160.91	148.78	3514.58
	机械费(元)			—	—	—	—
	名称	单位	单价(元)	数量			
人工	综合工日	工日	23.50	3.84	2.30	1.77	7.24
材料	木柴	kg	0.27	148.50	182.16	—	—
	塑料油膏	kg	1.90	—	585.12	—	—
	焦油玛碲脂	m^3	1762.38	0.32	—	—	—
	冷底子油 30∶70	kg	3.33	48.48	—	—	—
	聚乙烯醇溶液 10%	kg	1.23	—	—	0.95	—
	磷酸三钠溶液 10%	kg	1.03	—	—	0.59	—
	氯偏共聚乳液	kg	7.00	—	—	21.00	—
	石碴	m^3	53.81	—	—	—	0.31
	二甲苯	kg	4.92	—	—	—	12.96
	聚氨脂甲料	kg	10.00	—	—	—	107.64
	聚氨脂乙料	kg	14.00	—	—	—	168.41

注：聚氨酯如果掺缓凝剂，应增加磷酸 0.3 kg，如果掺促凝剂应增加二月桂酸二丁基锡 0.25 kg。

工作内容：熬制石油沥青，配制冷底子油，刷冷底子油一遍，涂刷沥青。 单位：100 m^2

定额编号				A7-125	A7-126	A7-127
项目				石油沥青		
				一遍		
				平面	混凝土抹灰面立面	砖墙立面
基价(元)				518.05	546.95	592.42
其中	人工费(元)			47.71	57.58	64.86
	材料费(元)			470.34	489.37	527.56
	机械费(元)			—	—	—
	名称	单位	单价(元)	数量		
人工	综合工日	工日	23.50	2.03	2.45	2.76
材料	木柴	kg	0.27	86.90	91.30	100.60
	冷底子油 30∶70	kg	3.33	48.48	48.48	48.48
	石油沥青 30#	kg	1.53	186.56	198.22	221.54

工作内容：熬制沥青，刷沥青一遍。

单位：100 m²

定额编号				A7-128	A7-129	A7-130
项目				石油沥青		
				每增加一遍		
				平面	混凝土抹灰立面	砖墙立面
基价(元)				253.34	288.95	328.39
其中	人工费(元)			16.92	22.56	26.32
	材料费(元)			236.42	266.39	302.07
	机械费(元)			—	—	—
名称		单位	单价(元)	数量		
人工	综合工日	工日	23.50	0.72	0.96	1.12
材料	木柴	kg	0.27	57.20	61.60	61.60
	石油沥青 30#	kg	1.53	144.43	163.24	186.56

工作内容：1. 配制涂刷冷底子油一遍，熬制石油沥青玛碲脂。

2. 涂刷石油沥青玛碲脂一遍。

单位：100 m²

定额编号				A7-131	A7-132	A7-133
项目				石油沥青玛碲脂		
				一遍		
				平面	混凝土抹灰面立面	砖墙立面
基价(元)				544.73	688.38	750.28
其中	人工费(元)			45.12	58.52	65.80
	材料费(元)			499.61	629.86	684.48
	机械费(元)			—	—	—
名称		单位	单价(元)	数量		
人工	综合工日	工日	23.50	1.92	2.49	2.80
材料	木柴	kg	0.27	91.30	122.10	130.90
	石油沥青玛碲脂	m³	1741.80	0.18	0.25	0.28
	冷底子油 30:70	kg	3.33	48.48	48.48	48.48

工作内容：熬制石油沥青玛碲脂，涂刷石油沥青玛碲脂一遍。

单位：100 m²

定额编号				A7-134	A7-135	A7-136
项目				石油沥青玛碲脂		
				每增加一遍		
				平面	混凝土抹灰面立面	砖墙立面
基价(元)				295.53	319.07	359.81
其中	人工费(元)			17.63	22.56	26.09
	材料费(元)			277.90	296.51	333.72
	机械费(元)			—	—	—
名称		单位	单价(元)	数量		
人工	综合工日	工日	23.50	0.75	0.96	1.11
材料	木柴	kg	0.27	61.60	66.00	74.80
	石油沥青玛碲脂	m³	1741.80	0.15	0.16	0.18

工作内容:1. 清理基层,调配涂料,铺贴附加层。

2. 贴布(聚酯布或玻璃纤维布),刷涂料(最后两遍掺水泥作保护层)。 单位:100 m^2

定额编号				A7-137	A7-138	A7-139	A7-140
项目				水乳型普通乳化沥青涂料		水乳型水性石棉质沥青	
				二布三涂		一布二涂	
				平面	立面	平面	立面
基价(元)				1284.33	1449.53	2587.24	2694.16
其中	人工费(元)			245.34	410.55	187.30	294.22
	材料费(元)			1038.99	1038.98	2399.94	2399.94
	机械费(元)			—	—	—	—
名称		单位	单价(元)	数量			
人工	综合工日	工日	23.50	10.44	17.47	7.97	12.52
材料	水泥	kg	0.33	13.77	13.73	61.20	61.20
	聚脂布 100 g/m^2	m^2	3.70	243.04	243.04	—	—
	普通乳化沥青(水乳型)	kg	0.52	260.00	260.00	—	—
	水性石棉质沥青(水乳型)	kg	2.56	—	—	832.00	832.00
	网格玻璃纤维布	m^2	2.00	—	—	124.91	124.91

注:1. 水乳型普通乳化沥青涂料附加层用量为 6.71 m^2,附加层普通乳化沥青(水乳型)1.56 kg/m^2 卷材。

2. 水乳型水性石棉质沥青附加层用量为 6.71 m^2,附加层水性石棉质沥青(水乳型)6.24 kg/m^2 卷材。

工作内容:1. 清理基层,调配涂料,贴附加层。

2. 刷涂料(最后两遍掺水泥作保护层),贴聚酯布。 单位:100 m^2

定额编号				A7-141	A7-142	A7-143	A7-144
项目				水乳型再生胶沥青聚脂布			
				二布三涂		每增一布一涂	
				平面	立面	平面	立面
基价(元)				1497.53	1662.74	675.85	692.77
其中	人工费(元)			245.34	410.55	99.41	116.33
	材料费(元)			1252.19	1252.19	576.44	576.44
	机械费(元)			—	—	—	—
名称		单位	单价(元)	数量			
人工	综合工日	工日	23.50	10.44	17.47	4.23	4.95
材料	水泥	kg	0.33	13.77	13.77	—	—
	聚脂布 100 g/m^2	m^2	3.70	243.04	243.04	118.13	118.13
	再生胶沥青(水乳型)	kg	1.34	260.00	260.00	104.00	104.00

注:水乳型再生胶沥青聚脂布二布三涂附加层用量 6.71 m^2。附加层再生胶沥青(水乳型)1.56 kg/m^2 卷材。

工作内容:同前。　　　　　单位:100 m^2

定额编号				A7-145	A7-146	A7-147	A7-148
项目				水乳型阴离子合成胶乳化沥青聚脂布			
				一布二涂		每增一布一涂	
				平面	立面	平面	立面
基价(元)				879.16	986.08	704.97	721.89
其中	人工费(元)			187.30	294.22	99.41	116.33
	材料费(元)			691.86	691.86	605.56	605.56
	机械费(元)			—	—	—	—
名称		单位	单价(元)	数量			
人工	综合工日	工日	23.50	7.97	12.52	4.23	4.95
材料	水泥	kg	0.33	15.30	15.30	—	—
	聚脂布 100 g/m^2	m^2	3.70	124.91	124.91	118.13	118.13
	阴离子合成胶乳化沥青(水乳型)	kg	1.08	208.00	208.00	156.00	156.00

注:水乳型阴离子合成胶乳化沥青聚脂布一布二涂附加层用量为 6.71 m^2,附加层阴离子合成胶乳化沥青(水乳型)1.56 kg/m^2 卷材。

工作内容:同前。　　　　　单位:100 m^2

定额编号				A7-149	A7-150	A7-151	A7-152
项目				水乳型阳离子氯丁胶乳化沥青聚脂布			
				一布二涂		每增一布一涂	
				平面	立面	平面	立面
基价(元)				1779.80	1886.72	1380.45	1397.37
其中	人工费(元)			187.30	294.22	99.41	116.33
	材料费(元)			1592.50	1592.50	1281.04	1281.04
	机械费(元)			—	—	—	—
名称		单位	单价(元)	数量			
人工	综合工日	工日	23.50	7.97	12.52	4.23	4.95
材料	水泥	kg	0.33	15.30	15.30	—	—
	聚脂布 100 g/m^2	m^2	3.70	124.91	124.91	118.13	118.13
	阳离子氯丁胶乳化沥青(水乳型)	kg	5.41	208.00	208.00	156.00	156.00

注:水乳型阳离子氯丁胶乳化沥青聚脂布一布二涂附加层用量为 6.71 m^2。附加层再生胶沥青(溶剂型)1.56 kg/m^2 卷材。

工作内容:同前。　　　　　单位:100 m^2

定额编号		A7-153	A7-154	A7-155	A7-156
项目		溶剂型再生胶沥青聚酯布			
		二布三涂		每增一布一涂	
		平面	立面	平面	立面
基价(元)		1747.24	1912.45	834.45	851.37
其中	人工费(元)	245.34	410.55	99.41	116.33
	材料费(元)	1501.90	1501.90	735.04	735.04
	机械费(元)	—	—	—	—

单位:100 m^2

定额编号				A7-153	A7-154	A7-155	A7-156
项目				溶剂型再生胶沥青聚酯布			
				二布三涂		每增一布一涂	
				平面	立面	平面	立面
名称		单位	单价(元)	数量			
人工	综合工日	工日	23.50	10.44	17.47	4.23	4.95
材料	水泥	kg	0.33	20.40	20.40	—	—
	聚脂布 100 g/m^2	m^2	3.70	243.04	243.04	118.13	118.13
	再生胶沥青(溶剂型)	kg	1.91	312.00	312.00	156.00	156.00

注:溶剂型再生胶沥青聚酯布二布三涂附加层用量为6.71 m^2。附加层再生胶沥青(溶剂型)1.56 kg/m^2 卷材。

四、变形缝

1. 填缝

工作内容:1. 油浸麻丝:熬制沥青,调配沥青麻丝、填塞沥青麻丝。
2. 油浸木丝板:熬沥青,浸木丝板,油浸麻丝嵌缝。
3. 玛碲脂:熬玛碲脂,玛碲脂灌缝。

单位:100 m

定额编号				A7-157	A7-158	A7-159	A7-160
项目				油浸麻丝		油浸木丝板	玛碲脂
				平面	立面		
基价(元)				892.18	985.94	498.63	1059.66
其中	人工费(元)			192.00	285.76	149.93	170.14
	材料费(元)			700.18	700.18	348.70	889.52
	机械费(元)			—	—	—	—
名称		单位	单价(元)	数量			
人工	综合工日	工日	23.50	8.17	12.16	6.38	7.24
材料	木柴	kg	0.27	99.00	99.00	61.60	198.00
	木丝板	m^2	5.38	—	—	15.30	—
	石油沥青玛碲脂	m^3	1741.80	—	—	—	0.48
	石油沥青 30#	kg	1.53	216.24	216.24	163.24	—
	麻丝	kg	6.22	55.08	55.08	—	—

工作内容：1. 石灰麻刀：调制石灰麻刀，石灰麻刀嵌缝，缝上贴二毡二油条一层。

2. 建筑油膏、沥青砂浆：熬制油膏、沥青，拌和沥青砂浆，沥青砂浆或建筑油膏嵌缝。

单位：100 m

定额编号				A7-161	A7-162	A7-163	A7-164
项目				石灰麻刀		建筑油膏	沥青砂浆
				平面	立面		
基价(元)				631.18	656.09	574.04	551.70
其中	人工费(元)			177.43	202.34	141.94	168.03
	材料费(元)			453.75	453.75	432.10	383.67
	机械费(元)			—	—	—	—
名称		单位	单价(元)	数量			
人工	综合工日	工日	23.50	7.55	8.61	6.04	7.15
材料	沥青砂浆	m^3	687.93	—	—	—	0.48
	木柴	kg	0.27	24.00	24.00	27.00	198.00
	生石灰	kg	0.16	180.00	180.00	—	—
	建筑油膏	kg	4.84	—	—	87.77	—
	石油沥青油毡 350#	m^2	2.82	17.00	17.00	—	—
	石油沥青 30#	kg	1.53	65.00	65.00	—	—
	麻刀	kg	2.51	108.00	108.00	—	—

工作内容：1. 贴氯丁橡胶片：清理用乙酸乙酯洗缝，隔纸，用氯丁胶粘剂贴氯丁橡片，最后在氯丁橡胶片上涂胶铺砂。

2. 紫铜板止水带：铜板剪裁、焊接成型，铺设。

3. 聚氯乙烯胶泥：清缝、水泥砂浆勾缝，垫牛皮纸，熬灌聚氯乙烯胶泥。　　单位：100 m

定额编号				A7-165	A7-166	A7-167
项目				氯丁橡胶片	预埋式紫铜板	聚氯乙烯胶泥
				止水带	止水片	
基价(元)				1273.68	21063.30	385.98
其中	人工费(元)			84.13	621.11	177.66
	材料费(元)			1189.55	20351.26	208.32
	机械费(元)			—	90.93	—
名称		单位	单价(元)	数量		
人工	综合工日	工日	23.50	3.58	26.43	7.56
材料	水泥	kg	0.33	9.09	—	—
	粒砂	m^3	48.00	0.16	—	—
	氯丁橡胶浆	kg	5.64	60.58	—	—
	氯丁橡胶片 2 mm	m^2	12.44	31.82	—	—
	三异氰酸酯	kg	16.97	9.09	—	—
	乙酸乙酯	kg	12.30	23.00	—	—
	牛皮纸	m^2	0.71	5.91	—	53.23
	水泥砂浆 1:2	m^3	203.66	—	—	0.06
	铜焊条	kg	28.19	—	14.30	—
	紫铜板 2 mm	kg	24.60	—	810.90	—
	聚氯乙烯胶泥	kg	1.90	—	—	83.32
机械	剪板机 20×2500	台班	184.40	—	0.11	—
	交流电焊机 30 kVA	台班	100.93	—	0.70	—

工作内容：1. 清理基层，刷底胶，缝上粘贴 350 mm 宽一布二涂氯丁胶贴玻璃纤维布。

2. 在缝中心贴 150 mm 宽一布二涂氯丁胶玻璃布。

3. 止水片干后，表面涂胶并粘粒砂。

单位：100 m

定额编号				A7-168	A7-169
项目				涂刷式一布二涂氯丁胶贴玻璃纤维布止水片	
				湿基层	干基层
基价(元)				1859.27	1616.14
其中	人工费(元)			114.68	114.68
	材料费(元)			1744.59	1501.46
	机械费(元)			—	—
名称		单位	单价(元)	数量	
人工	综合工日	工日	23.50	4.88	4.88
材料	水泥	kg	0.33	7.00	3.00
	粒砂	m^3	48.00	0.18	0.18
	300 号低分子聚酰胺	kg	28.70	2.88	—
	600 号环氧树脂	kg	21.85	14.42	—
	氯丁橡胶浆液	kg	5.64	116.94	135.98
	三异氰酸酯	kg	16.97	17.54	20.40
	乙酸乙酯	kg	12.30	15.31	15.31
	玻璃纤维布	m^2	2.00	95.20	95.20

工作内容：止水带制作，接头及安装。

单位：100 m

定额编号				A7-170	A7-171
项目				预埋式止水带	
				橡胶	塑料
基价(元)				2841.42	2255.52
其中	人工费(元)			258.50	258.50
	材料费(元)			2582.92	1997.02
	机械费(元)			—	—
名称		单位	单价(元)	数量	
人工	综合工日	工日	23.50	11.00	11.00
材料	塑料止水带	m	18.00	—	105.00
	橡胶止水带	m	23.58	105.00	—
	E44 环氧树脂	kg	21.85	3.04	3.04
	丙酮	kg	7.69	3.04	3.04
	甲苯	kg	4.92	2.40	2.40
	乙二胺	kg	22.55	0.24	0.24

2. 盖　　缝

工作内容:镀锌铁皮加工,盖缝板安装。　　单位:100 m

定额编号				A7-172	A7-173
项目				外墙变形缝	
				镀锌铁皮厚 0.45	
				缝宽 50 mm 以内	缝宽 100 mm 以内
基价(元)				829.97	954.94
其中	人工费(元)			198.81	208.68
	材料费(元)			631.16	746.26
	机械费(元)			—	—
名称		单位	单价(元)	数量	
人工	综合工日	工日	23.50	8.46	8.88
材料	镀锌薄钢板 δ0.45	m^2	21.32	24.89	30.00
	防锈漆	kg	8.25	2.37	2.86
	油漆溶剂油	kg	2.63	0.12	0.15
	膨胀螺丝 5×50	百个	10.20	6.80	6.80
	其他材料费	元	1.00	11.28	13.31

工作内容:铝板加工,盖缝板安装。　　单位:100 m

定额编号				A7-174	A7-175
项目				外墙变形缝	
				铝板 1.5 厚	
				缝宽 50 mm 以内	缝宽 100 mm 以内
基价(元)				1864.25	2207.09
其中	人工费(元)			168.97	177.43
	材料费(元)			1695.28	2029.66
	机械费(元)			—	—
名称		单位	单价(元)	数量	
人工	综合工日	工日	23.50	7.19	7.55
材料	铝板	kg	15.20	106.40	128.25
	膨胀螺丝 5×50	百个	10.20	6.80	6.80
	其他材料费	元	1.00	8.64	10.90

工作内容:不锈钢板加工,盖缝板安装。　　单位:100 m

定额编号		A7-176	A7-177
项目		外墙变形缝	
		不锈钢板 1.0 厚	
		缝宽 50 mm 以内	缝宽 100 mm 以内
基价(元)		3366.10	3369.43
其中	人工费(元)	168.97	168.97
	材料费(元)	3197.13	3200.46
	机械费(元)	—	—

续表 单位:100 m

定额编号				A7-176	A7-177
名称		单位	单价(元)	数量	
人工	综合工日	工日	23.50	7.19	7.19
材料	不锈钢板 1 mm	m^2	125.00	24.89	24.89
	膨胀螺丝 5×50	百个	10.20	6.80	6.80
	其他材料费	元	1.00	16.52	19.85

工作内容:板材加工,钉木盖板。 单位:100 m

定额编号				A7-178
项目				内墙变形缝
				木板 20 厚
				缝宽 100 mm 以内
基价(元)				827.54
其中	人工费(元)			229.13
	材料费(元)			598.41
	机械费(元)			—
名称		单位	单价(元)	数量
人工	综合工日	工日	23.50	9.75
材料	杉板方材	m^3	838.00	0.676
	木螺丝 M4×65	10 个	0.19	84.00
	其他材料费	元	1.00	15.96

工作内容:镀锌铁皮、铝板、不锈钢板加工,盖缝板安装。 单位:100 m

定额编号				A7-179	A7-180	A7-181
项目				内墙变形缝		
				镀锌铁皮 0.45 厚	铝板 1.5 厚	不锈钢板 1.0 厚
				缝宽 100 mm 以内		
基价(元)				1106.24	2575.46	4791.30
其中	人工费(元)			208.68	177.43	177.43
	材料费(元)			897.56	2398.03	4613.87
	机械费(元)			—	—	—
名称		单位	单价(元)	数量		
人工	综合工日	工日	23.50	8.88	7.55	7.55
材料	镀锌薄钢板 δ0.45	m^2	21.32	36.72	—	—
	铝板	kg	15.20	—	156.98	—
	不锈钢板 1 mm	m^2	125.00	—	—	36.72
	防锈漆	kg	8.25	3.50	—	—
	油漆溶剂油	kg	2.63	0.18	—	—
	膨胀螺丝 5×50	百个	10.20	6.80	—	—
	其他材料费	元	1.00	15.98	11.93	23.87

工作内容：木板加工，盖缝板安装。　　　　单位：100 m

定额编号				A7-182
项目				顶棚变形缝 木板 20 厚 100 mm 内
基价(元)				850.57
其中	人工费(元)			252.16
	材料费(元)			598.41
	机械费(元)			—
名称		单位	单价(元)	数量
人工	综合工日	工日	23.50	10.73
材料	杉板方材	m^3	838.00	0.676
	木螺丝　M4×65	10 个	0.19	84.00
	其他材料费	元	1.00	15.96

工作内容：镀锌铁皮、铝板、不锈钢板加工，盖缝板安装。　　　　单位：100 m

定额编号				A7-183	A7-184	A7-185
项目				顶棚变形缝		
				镀锌铁皮 0.45 厚	铝板 1.5 厚	不锈钢板 1.0 厚
				缝宽 100 mm 以内		
基价(元)				1127.16	2663.03	4878.86
其中	人工费(元)			229.60	195.29	195.29
	材料费(元)			897.56	2467.74	4683.57
	机械费(元)			—	—	—
名称		单位	单价(元)	数量		
人工	综合工日	工日	23.50	9.77	8.31	8.31
材料	镀锌薄钢板　δ0.45	m^2	21.32	36.72	—	—
	铝板	kg	15.20	—	156.98	—
	不锈钢板　1 mm	m^2	125.00	—	—	36.72
	防锈漆	kg	8.25	3.50	—	—
	油漆溶剂油	kg	2.63	0.18	—	—
	膨胀螺丝　5×50	百个	10.20	6.80	6.80	6.80
	其他材料费	元	1.00	15.98	12.28	24.21

工作内容：铝板、胶合板加工，安装盖缝板。　　　　单位：100 m

定额编号				A7-186	A7-187
项目				吊顶变形缝	
				缝宽 250 mm 内	
基价(元)				2438.35	185.04
其中	人工费(元)			106.93	73.09
	材料费(元)			2331.42	111.95
	机械费(元)			—	—
名称		单位	单价(元)	数量	
人工	综合工日	工日	23.50	4.55	3.11
材料	铝板	kg	15.20	152.62	—
	胶合板　5 mm	m^2	9.32	—	10.50
	射钉	百个	1.00	—	10.00
	其他材料费	元	1.00	11.60	4.09

工作内容：钢板、铝板、塑料硬板加工，预埋铁件，盖缝板安装。 单位：100 m

<table>
<tr><td colspan="4">定　额　编　号</td><td>A7-188</td><td>A7-189</td><td>A7-190</td></tr>
<tr><td colspan="4" rowspan="3">项　　目</td><td colspan="3">楼面变形缝</td></tr>
<tr><td>钢板 5 厚</td><td>铝板 3 厚</td><td>塑料硬板 5 厚</td></tr>
<tr><td colspan="3">缝宽 150 mm 内</td></tr>
<tr><td colspan="4">基　价(元)</td><td>5699.27</td><td>4686.26</td><td>3150.56</td></tr>
<tr><td rowspan="3">其中</td><td colspan="3">人　工　费(元)</td><td>277.54</td><td>277.54</td><td>277.54</td></tr>
<tr><td colspan="3">材　料　费(元)</td><td>5421.73</td><td>4408.72</td><td>2873.02</td></tr>
<tr><td colspan="3">机　械　费(元)</td><td>—</td><td>—</td><td>—</td></tr>
<tr><td colspan="2">名　称</td><td>单位</td><td>单价(元)</td><td colspan="3">数　量</td></tr>
<tr><td>人工</td><td>综合工日</td><td>工日</td><td>23.50</td><td>11.81</td><td>11.81</td><td>11.81</td></tr>
<tr><td rowspan="8">材料</td><td>花纹钢板　δ5～8</td><td>t</td><td>4081.57</td><td>0.977</td><td>0.008</td><td>0.001</td></tr>
<tr><td>铝板</td><td>kg</td><td>15.20</td><td>—</td><td>194.85</td><td>—</td></tr>
<tr><td>硬塑料板　δ5</td><td>m²</td><td>64.16</td><td>—</td><td>—</td><td>22.79</td></tr>
<tr><td>防锈漆</td><td>kg</td><td>8.25</td><td>2.17</td><td>—</td><td>—</td></tr>
<tr><td>油漆溶剂油</td><td>kg</td><td>2.63</td><td>0.11</td><td>—</td><td>—</td></tr>
<tr><td>镀锌薄钢板　δ0.45</td><td>m²</td><td>21.32</td><td>38.76</td><td>38.76</td><td>38.76</td></tr>
<tr><td>膨胀螺栓(镀锌连母)　φ8×80</td><td>百套</td><td>83.52</td><td>6.80</td><td>6.80</td><td>6.80</td></tr>
<tr><td>其他材料费</td><td>元</td><td>1.00</td><td>21.55</td><td>20.05</td><td>12.43</td></tr>
</table>

工作内容：同上。 单位：100 m

<table>
<tr><td colspan="4">定　额　编　号</td><td>A7-191</td><td>A7-192</td><td>A7-193</td><td>A7-194</td></tr>
<tr><td colspan="4" rowspan="3">项　　目</td><td colspan="3">屋面变形缝</td><td>屋面检查孔</td></tr>
<tr><td>镀锌铁皮 0.45 厚</td><td>铝板 0.8 厚</td><td>不锈钢板 1 厚</td><td rowspan="2">10 块</td></tr>
<tr><td colspan="3">缝宽 100 mm 内</td></tr>
<tr><td colspan="4">基　价(元)</td><td>1683.43</td><td>2134.05</td><td>5054.57</td><td>592.89</td></tr>
<tr><td rowspan="3">其中</td><td colspan="3">人　工　费(元)</td><td>504.78</td><td>504.78</td><td>504.78</td><td>123.38</td></tr>
<tr><td colspan="3">材　料　费(元)</td><td>1178.65</td><td>1629.27</td><td>4549.79</td><td>469.51</td></tr>
<tr><td colspan="3">机　械　费(元)</td><td>—</td><td>—</td><td>—</td><td>—</td></tr>
<tr><td colspan="2">名　称</td><td>单位</td><td>单价(元)</td><td colspan="4">数　量</td></tr>
<tr><td>人工</td><td>综合工日</td><td>工日</td><td>23.50</td><td>21.48</td><td>21.48</td><td>21.48</td><td>5.25</td></tr>
<tr><td rowspan="19">材料</td><td>水泥砂浆　1∶2.5</td><td>m³</td><td>184.03</td><td>1.248</td><td>1.248</td><td>—</td><td>—</td></tr>
<tr><td>镀锌薄钢板　δ0.45</td><td>m²</td><td>21.32</td><td>36.21</td><td>—</td><td>—</td><td>—</td></tr>
<tr><td>铝板</td><td>kg</td><td>15.20</td><td>—</td><td>82.56</td><td>—</td><td>—</td></tr>
<tr><td>不锈钢板　1 mm</td><td>m²</td><td>125.00</td><td>—</td><td>—</td><td>36.21</td><td>—</td></tr>
<tr><td>水泥　32.5</td><td>kg</td><td>0.33</td><td>0.632</td><td>0.632</td><td>—</td><td>—</td></tr>
<tr><td>中砂</td><td>m³</td><td>19.48</td><td>1.087</td><td>1.087</td><td>—</td><td>—</td></tr>
<tr><td>碎石　10 mm</td><td>m³</td><td>80.50</td><td>1.415</td><td>1.415</td><td>—</td><td>—</td></tr>
<tr><td>防锈漆</td><td>kg</td><td>8.25</td><td>3.45</td><td>—</td><td>—</td><td>—</td></tr>
<tr><td>油漆溶剂油</td><td>kg</td><td>2.63</td><td>0.18</td><td>—</td><td>—</td><td>0.08</td></tr>
<tr><td>水</td><td>m³</td><td>2.00</td><td>0.345</td><td>0.345</td><td>—</td><td>—</td></tr>
<tr><td>其他材料费</td><td>元</td><td>1.00</td><td>12.07</td><td>8.71</td><td>23.54</td><td>1.91</td></tr>
<tr><td>镀锌铁皮　26#</td><td>m²</td><td>20.63</td><td>—</td><td>—</td><td>—</td><td>11.13</td></tr>
<tr><td>杉板方材</td><td>m³</td><td>838.00</td><td>—</td><td>—</td><td>—</td><td>0.242</td></tr>
<tr><td>醇酸锌黄底漆</td><td>kg</td><td>8.92</td><td>—</td><td>—</td><td>—</td><td>1.16</td></tr>
<tr><td>调和漆</td><td>kg</td><td>6.75</td><td>—</td><td>—</td><td>—</td><td>1.42</td></tr>
<tr><td>磷化底漆</td><td>kg</td><td>11.28</td><td>—</td><td>—</td><td>—</td><td>0.93</td></tr>
<tr><td>醇酸稀释剂</td><td>kg</td><td>10.05</td><td>—</td><td>—</td><td>—</td><td>0.14</td></tr>
<tr><td>丁醇</td><td>kg</td><td>11.07</td><td>—</td><td>—</td><td>—</td><td>0.03</td></tr>
<tr><td>酒精</td><td>kg</td><td>3.28</td><td>—</td><td>—</td><td>—</td><td>0.08</td></tr>
<tr><td></td><td>铁钉</td><td>kg</td><td>3.80</td><td>—</td><td>—</td><td>—</td><td>0.67</td></tr>
</table>

二十六、福建省建筑工程预算定额

（2002年定额防水工程部分）

关于颁发《福建省建筑工程预算定额》（2002版）的通知

（闽建设[2002]107号）

为了适应我省建设工程造价改革的需要，规范建筑工程计价行为，由福建省建设工程造价管理总部组织编制的《福建省建筑工程预算定额》（2002版）（以下简称本定额）经会同省计委研究，现予颁发，自2002年10月1日起施行。原福建省建设委员会颁发的《福建省建筑工程综合预算定额》（1998年）（闽建综[1998]83号）同时停止使用。

本定额是我省完成规定计量单位建筑分项工程所需的人工、材料、施工机械台班消耗量标准；是编制建筑工程施工图预算、招标标底和确定工程造价的依据；是编制建筑工程设计概算、投资估算、企业定额和投标报价的基础。本定额适用于我省行政区域范围内的新建、扩建和改建的工业与民用建筑工程，以及建筑物地下室的人防工程。

本定额由福建省建设工程造价管理总站负责管理和解释。

福建省建设厅
2002年8月15日

第一节　总　说　明

一、《福建省建筑工程预算定额》（2002版）（以下简称本定额），依据建设部颁发的《全国统一建筑工程基础定额》（GJD—101—95）和《全国统一建筑工程预算工程量计算规则》（GJD_{GZ}—101—95），并结合福建省实际情况编制。

二、本定额是福建省完成规定计量单位建筑分项工程所需的人工、材料、机械台班消耗量标准；是编制建筑工程施工图预算、招标标底和确定建筑工程造价的依据；是编制建筑工程设计概算、投资估算、企业定额和投标报价的基础。

三、本定额适用于福建省行政区域内新建、扩建和改建的工业与民用建筑工程，以及建筑物地下室的人防工程。

四、本定额是按照正常的施工条件，目前多数企业具备的机械装备程度，施工中常用的施工方法、施工工艺和劳动组织，以及合理工期和合格工程进行编制的，反映了社会平均消耗水平。

五、本定额是依据国家和省有关现行产品标准、设计规范、施工及验收规范、技术操作规程、质量评定标准和安全操作规程编制的，并参考了有代表性的工程设计、施工资料和其他资料。

六、本定额的人工消耗量：人工不分工种、技术等级，以综合工日表示。内容包括基本用工、超运距用工、辅助用工以及人工幅度差。

七、本定额的材料消耗量：

1. 材料消耗量包括主要材料、辅助材料和零星材料等，已计入了相应的施工场内运输及施工操作损耗。

2. 混凝土、砌筑砂浆等半成品配合比是按现行规范、检验评定标准及有关规定计算的。

3. 混凝土的养护均按自然养护考虑。

4. 周转性材料已按规定的周转次数摊销计入定额内。

5. 木材的出材率按综合出材率考虑：松、杉原木为66%，硬原木为50%。

6. 用量少、占材料费比重小的材料合并为其他材料费，以“元”表示。

7. 施工工具用具性消耗材料，未列出定额消耗量，在其他直接费的工具用具使用费中考虑。

八、本定额的施工机械台班消耗量：

1. 机械台班消耗量是按正常合理的机械配备和机械施工工效编制的，包括了机械幅度差。

2. 挖掘机械、打桩机械、吊装机械、运输机械（包括推土机、铲运机及构件运输机械等）综合考虑了各种机械容量和配合辅助机械。

3. 随工作班组配合的中小型机械台班消耗量已列入相应定额项目内。

4. 未列出消耗量的施工机械台班合并为其他机械费，以“元”表示。

九、本定额除另有说明外均已包括材料、半成品、成品从工地仓库、现场集中堆放地点或现场加工地点至操作安装地点的场内水平运输费，以及周转性材料在同一城区内的场外运输费。本定额已包括檐高 3.6 m 以内的材料垂直运输费用，檐高 3.6 m 以上的材料垂直运输费用按第十二章有关规定另行计算。

十、本定额是按建筑物 6 层、檐高 20 m 以内编制的，当建筑物超过 6 层或檐高超过 20 m时，按第十三章有关规定另行计算建筑物超高施工增加费。建筑物的檐高，是指设计室外地坪至檐口滴水的高度；突出屋面的水箱间、楼梯间、电梯房、女儿墙等不能计算层数或檐高。

十一、本定额的木材断面或厚度均按毛料考虑，如设计图纸注明木材断面或厚度为净料时，应增加刨光损耗，其中：板、方材一面刨光增加 3 mm，两面刨光增加 5 mm，圆木表面刨光每立方米材料增加 0.05 m^3。本定额的板、方材规格详见表 1。

表1　板、方材规格表

项　目	按宽、厚尺寸比例分类	按板材厚度、方板宽、厚乘积分类				
板　材	宽≥3 倍厚度	名　称	薄　板	中　板	厚　板	特厚板
		厚度(mm)	≤18	19～35	36～65	≥66
方　材	宽<3 倍厚度	名　称	小　方	中　方	大　方	特大方
		宽×厚(cm^2)	≤54	55～100	101～225	≥226

十二、本定额取定的混凝土、砂浆等半成品与设计的有下列不同时，按本定额附录一调整：

1. 混凝土、砂浆等半成品的类型不同；

2. 混凝土的塌落度、强度等级或其采用的水混强度等级、粗骨料种类及粒径不同；

3. 砌筑砂浆的强度等级或其采用的水泥强度等级不同；

4. 抹灰砂浆的体积比不同。

十三、综合单价包括完成规定计量单位建筑分项工程所需的人工费、材料费、机械费、综合费、风险费、利润、劳动保险费、规费和税金。本定额的综合基价未包括风险费。

1. 人工费：按定额人工消耗量乘以人工单价计算。综合基价中的人工单价为30元/工日。

2. 材料费：按定额材料消耗量乘以材料单价计算。综合基价中的材料单价，以2002年上半年福州市建筑工程材料价格为基础综合取定；混凝土砂浆配合比采用以下强度等级水泥配制：

(1) C25以下混凝土采用强度等级为32.5的水泥配制，C25以上的混凝土采用强度等级为42.5的水泥配制；

(2) M10以下砌筑砂浆采用强度等级为32.5的水泥配制，M10以上砌筑砂浆采用强度等级为42.5的水泥配制；

(3) 抹灰砂浆均采用强度等级为32.5的水泥配制。

3. 机械费：按定额施工机械台班消耗量乘以台班单价计算。综合基价中的机械台班单价，按2002年第二季度福建省施工机械台班单价取定。

4. 综合费：由其他直接费、临时设施费、现场管理费、企业管理费和财务费用组成。综合费以人工费、机械费之和为基数，区分工程类别和按分项工程所在章的取费标准计算。综合基价中有区分工程类别的，综合费按二类计算。

5. 风险费：是指合同价款采用固定价格方式时，根据合同价款所包含的风险范围计取的费用。风险费以人工费、材料费、机械费、综合费之和为基数乘以风险费率计算，风险费率由甲乙双方协商确定。综合基价未包括风险费。

6. 利润：是指按规定可计人工程造价的利润，不区分工程类别，以人工费、材料费、机械费、综合费之和为基数计算。综合基价中的利润率按7%计算。

7. 劳动保险费：是指按规定施工企业应为职工支付的养老保险、工伤保险、失业保险、生育保险费用。施工企业应按规定取得劳动保险费核定卡后，按施工企业签定合同时所核定的劳动保险费取费类别，以人工费为基数乘以相应的取费标准计算。综合基价中的劳动保险费按乙类B计算。

第二节　屋　　面

一、卷材屋面

(一) 石油沥青防水卷材屋面

工作内容：清扫基层，熬制沥青玛碲脂，配制冷底子油，刷冷底子油，贴附加层，铺贴卷材收头。

单位：m^2

定额编号		7-21	7-22	7-23
项目		石油沥青防水卷材		
		二毡三油	二毡三油一砂	每增一毡一油
基价（元）		27.27	30.53	8.36
其中	人工费（元）	1.53	1.89	0.57
	材料费（元）	22.40	24.83	6.73
	机械费（元）	—	—	—

续表 单位：m²

定额编号				7-21	7-22	7-23
项目				石油沥青防水卷材		
				二毡三油	二毡三油一砂	每增一毡一油
其中	综合费（元）			0.49	0.60	0.18
	利润（元）			1.71	1.91	0.52
	劳动保险费（元）			0.20	0.25	0.07
	规费（元）			0.03	0.03	0.01
	税金（元）			0.91	1.02	0.28
	名称	单位	单价(元)	数量		
人工	综合人工	工日	30.00	0.05100	0.06300	0.01900
材料	冷底子油 30∶70	kg	2.99	0.49000	0.49000	—
	石油沥青玛碲脂	m³	2084.84	0.00610	0.00690	0.00150
	圆钢筋	kg	2.36	0.05200	0.05200	—
	铁钉	kg	4.28	0.00280	0.00280	—
	粒砂(绿豆砂)	m³	91.80	—	0.00520	—
	油毡 350#	m²	2.87	2.38000	2.38000	1.14000
	木柴	kg	0.51	2.45000	3.01000	0.64000

（二）合成高分子卷材屋面

工作内容：1. 清理基层，找平层分格缝嵌油膏，防水薄弱处刷膜附加层。

2. 刷底胶，铺贴卷材，接嵌缝油膏，做收头。

3. 涂刷着色剂保护层二遍。

单位：m²

定额编号				7-24	7-25	7-26	7-27
项目				硫化型合成高分子卷材冷贴(三元乙丙卷材)			
				满铺	空铺	点铺	条铺
基价（元）				53.66	45.34	45.93	46.53
其中	人工费（元）			2.76	2.76	2.76	2.43
	材料费（元）			44.44	36.94	37.47	38.48
	机械费（元）			—	—	—	—
	综合费（元）			0.88	0.88	0.88	0.78
	利润（元）			3.37	2.84	2.88	2.92
	劳动保险费（元）			0.36	0.36	0.36	0.32
	规费（元）			0.06	0.05	0.05	0.05
	税金（元）			1.79	1.51	1.53	1.55
	名称	单位	单价(元)	数量			
人工	综合人工	工日	30.00	0.09200	0.09200	0.09200	0.08100
材料	107 胶素水泥浆	m³	494.40	0.00010	0.00010	0.00010	0.00010
	三元乙丙橡胶卷材	m²	16.32	1.11000	1.13000	1.13000	1.13000

续表

单位：m^2

定额编号				7-24	7-25	7-26	7-27
项目				硫化型合成高分子卷材冷贴(三元乙丙卷材)			
				满铺	空铺	点铺	条铺
名称		单位	单价(元)	数量			
材料	圆钢筋	kg	2.36	0.04400	0.04400	0.04400	0.04400
	铁钉	kg	4.28	0.00230	0.00230	0.00230	0.00230
	聚氨酯甲料	kg	14.28	0.16000	0.16000	0.16000	0.16000
	聚氨酯乙料	kg	14.55	0.31000	0.31000	0.31000	0.31000
	银色着色剂	kg	9.53	0.20000	0.20000	0.20000	0.20000
	丁基黏结剂	kg	12.14	0.09600	0.12000	0.12000	0.12000
	CX-404 胶黏结剂	kg	25.30	0.40000	0.07900	0.10000	0.14000
	乙酸乙酯	kg	21.64	0.05100	0.05100	0.05100	0.05100
	二甲苯	kg	5.87	0.27000	0.27000	0.27000	0.27000
	CSPE 嵌缝油膏 330 mL	支	6.97	0.50000	0.50000	0.50000	0.50000

工作内容：1. 清理基层，找平层分格缝嵌油膏，防水薄弱处刷膜附加层。

2. 刷底胶，铺贴卷材，接嵌缝油膏，做收头。

3. 涂刷着色剂保护层二遍。

单位：m^2

定额编号				7-28	7-29	7-30	7-31
项目				硫化型合成高分子卷材冷贴(氯丁橡胶卷材)			
				满铺	空铺	点铺	条铺
基价(元)				41.03	40.85	40.75	40.17
其中	人工费(元)			2.76	2.76	2.76	2.43
	材料费(元)			33.04	32.89	32.80	32.74
	机械费(元)			—	—	—	—
	综合费(元)			0.88	0.88	0.88	0.78
	利润(元)			2.57	2.56	2.55	2.52
	劳动保险费(元)			0.36	0.36	0.36	0.32
	规费(元)			0.05	0.04	0.04	0.04
	税金(元)			1.37	1.36	1.36	1.34
名称		单位	单价(元)	数量			
人工	综合人工	工日	30.00	0.09200	0.09200	0.09200	0.08100
材料	107 胶素水泥浆	m^3	494.40	0.00010	0.00010	0.00010	0.00010
	圆钢筋	kg	2.36	0.04400	0.04400	0.04400	0.04400
	铁钉	kg	4.28	0.00230	0.00230	0.00230	0.00230
	聚氨酯甲料	kg	14.28	0.12000	0.12000	0.12000	0.12000
	聚氨酯乙料	kg	14.55	0.18000	0.18000	0.18000	0.18000
	银色着色剂	kg	9.53	0.20000	0.20000	0.20000	0.20000
	CX-409 液	kg	17.95	0.09600	0.12000	0.12000	0.12000
	乙酸乙酯	kg	21.64	0.05100	0.05100	0.05100	0.05100
	二甲苯	kg	5.87	0.27000	0.27000	0.27000	0.27000

续表 单位：m^2

定额编号			7-28	7-29	7-30	7-31
项目			硫化型合成高分子卷材冷贴（氯丁橡胶卷材）			
			满铺	空铺	点铺	条铺
名称	单位	单价(元)	数量			
材料 CSPE 嵌缝油膏 330 mL	支	6.97	0.05000	0.50000	0.50000	0.50000
氯丁橡胶卷材	m^2	15.21	1.11000	1.13000	1.13000	1.13000
氯丁胶沥青胶液	kg	3.05	0.61000	0.32000	0.29000	0.27000

工作内容：1. 清理基层，找平层分格缝嵌油膏，防水薄弱处刷膜附加层。

2. 刷底胶，铺贴卷材，接嵌缝油膏，做收头。

3. 涂刷着色剂保护层二遍。

单位：m^2

定额编号				7-32	7-33	7-34	7-35
项目				非硫化型合成高分子卷材冷贴（氯化聚乙烯橡胶共混卷材）			
				满铺	空铺	点铺	条铺
基价（元）				56.98	55.03	54.71	53.99
其中	人工费（元）			2.76	2.76	2.76	2.43
	材料费（元）			47.44	45.69	45.40	45.21
	机械费（元）			—	—	—	—
	综合费（元）			0.88	0.88	0.88	0.78
	利润（元）			3.58	3.45	3.43	3.39
	劳动保险费（元）			0.36	0.36	0.36	0.32
	规费（元）			0.06	0.06	0.06	0.06
	税金（元）			1.90	1.83	1.82	1.80
名称		单位	单价(元)	数量			
人工	综合人工	工日	30.00	0.09200	0.09200	0.09200	0.08100
材料	107 胶素水泥浆	m^3	494.40	0.00010	0.00010	0.00010	0.00010
	氯化聚乙烯橡胶共混卷材	m^2	24.35	1.11000	1.13000	0.13000	1.13000
	圆钢筋	kg	2.36	0.04400	0.04400	0.04400	0.04400
	铁钉	kg	4.28	0.00230	0.00230	0.00230	0.00230
	聚氨酯甲料	kg	14.28	0.12000	0.12000	0.12000	0.12000
	聚氨酯乙料	kg	14.55	0.18000	0.18000	0.18000	0.18000
	银色着色剂	kg	9.53	0.20000	0.20000	0.20000	0.20000
	BX-12 黏结剂	kg	8.01	0.45000	0.13000	0.09400	0.07100
	BX-12 乙组 1880 mL	瓶	10.71	0.12000	0.15000	0.15000	0.15000
	乙酸乙酯	kg	21.64	0.05100	0.05100	0.05100	0.05100
	二甲苯	kg	5.87	0.27000	0.27000	0.27000	0.27000
	CSPE 嵌缝油膏 330 mL	支	6.97	0.50000	0.50000	0.50000	0.50000
	氯丁胶黏结剂	kg	16.37	0.18000	0.18000	0.18000	0.18000

工作内容：1. 清理基层，找平层分格缝嵌油膏，防水薄弱处刷膜附加层。

2. 刷底胶，铺贴卷材，接嵌缝油膏，做收头。

3. 涂刷着色剂保护层三遍。

单位：m^2

定额编号				7-36	7-37	7-38	7-39
项目				非硫化型合成高分子卷材冷贴（氯磺化聚乙烯橡胶共混卷材）			
				满铺	空铺	点铺	条铺
基价（元）				49.00	39.01	38.06	36.61
其中	人工费（元）			2.76	2.76	2.76	2.43
	材料费（元）			40.25	31.23	30.37	29.53
	机械费（元）			—	—	—	—
	综合费（元）			0.88	0.88	0.88	0.78
	利润（元）			3.07	2.44	2.38	2.29
	劳动保险费（元）			0.36	0.36	0.36	0.32
	规费（元）			0.05	0.04	0.04	0.04
	税金（元）			1.63	1.30	1.27	1.22
名称		单位	单价(元)	数量			
人工	综合人工	工日	30.00	0.09200	0.09200	0.09200	0.08100
材料	107胶素水泥浆	m^3	494.40	0.00010	0.00010	0.00010	0.00010
	氯磺化聚乙烯卷材	m^2	9.57	1.11000	1.13000	1.13000	1.13000
	圆钢筋	kg	2.36	0.04400	0.04400	0.04400	0.04400
	铁钉	kg	4.28	0.00230	0.00230	0.00230	0.00230
	聚氨酯甲料	kg	14.28	0.16000	0.16000	0.16000	0.16000
	聚氨酯乙料	kg	14.55	0.31000	0.31000	0.31000	0.31000
	银色着色剂	kg	9.53	0.20000	0.20000	0.20000	0.20000
	CX-401胶黏结剂	kg	15.30	0.11000	0.12000	0.13000	0.11000
	CX-404胶黏结剂	kg	25.30	0.51000	0.14000	0.10000	0.07900
	乙酸乙酯	kg	21.64	0.05100	0.05100	0.05100	0.05100
	二甲苯	kg	5.87	0.27000	0.27000	0.27000	0.27000
	CSPE嵌缝油膏330 mL	支	6.97	0.50000	0.50000	0.50000	0.50000

工作内容：找平层嵌缝，刷聚氨酯涂膜附加层，用掺胶水泥浆贴卷材，聚氨酯胶接缝搭接。 单位：m^2

定额编号		7-40
项目		树酯型合成高分子卷材冷贴满铺(SBC120)
基价（元）		27.14
其中	人工费（元）	1.62
	材料费（元）	22.16
	机械费（元）	—
	综合费（元）	0.52
	利润（元）	1.70
	劳动保险费（元）	0.21
	规费（元）	0.03
	税金（元）	0.90

续表　　单位：m^2

定额编号				7-40
项目				树脂型合成高分子卷材冷贴满铺(SBC120)
名称		单位	单价(元)	数量
人工	综合人工	工日	30.00	0.05400
材料	素水泥浆	m^3	481.08	0.00150
	聚乙烯丙伦双面复合防水卷材 SBC	m^2	8.89	0.11000
	聚氨酯甲料	kg	14.28	0.19000
	聚氨酯乙料	kg	14.55	0.29000
	107 胶水	kg	1.11	0.11000
	乙酸乙酯	kg	21.64	0.05100
	CSPE 嵌缝油膏 330 mL	支	6.97	0.49000

（三）高聚物改性沥青防水卷材

工作内容：清理基层，找平层分格缝嵌油膏，防水薄弱处刷附加层，聚氨酯涂抹，贴卷材，卷材接缝，收头处嵌油膏。

单位：m^2

定额编号				7-41
项目				高聚物改性沥青防水卷材热熔满贴玻璃布胎
基价（元）				26.98
其中	人工费（元）			2.10
	材料费（元）			21.32
	机械费（元）			—
	综合费（元）			0.67
	利润（元）			1.69
	劳动保险费（元）			0.27
	规费（元）			0.03
	税金（元）			0.90
名称		单位	单价(元)	数量
人工	综合人工	工日	30.00	0.07000
材料	CSPE 嵌缝油膏 330 mL	支	6.97	0.49000
	改性沥青乳液	kg	2.55	0.30000
	石油液化气	瓶	43.86	0.02800
	3mm 厚 SBS 改性沥青玻璃布胎防水卷材(铝箔)	m^2	14.08	1.13000

二、屋面隔热层

工作内容：清扫底层，调制砂浆，砌垫，铺块料面层，勾缝，双层砖铺浆塞缝。　　单位：m^2

定额编号				7-42	7-43
项目				架空隔热层	
				混凝土板面层(500×500×30)	
				四角砖垫	梅花型砖垫
基价（元）				36.44	38.49
其中	人工费（元）			10.50	10.80
	材料费（元）			12.59	13.97
	机械费（元）			3.91	3.94
	综合费（元）			4.61	4.72
	利润（元）			2.21	2.34
	劳动保险费（元）			1.37	1.40
	规费（元）			0.04	0.04
	税金（元）			1.21	1.28
名称		单位	单价(元)	数量	
人工	综合人工	工日	30.00	0.35000	0.36000
材料	碎石混凝土 C20ϕ16(塌落度 30～50 mm)	m^3	181.61	0.02960	0.02960
	水泥砂浆 1∶2	m^3	198.63	0.00100	0.00100
	混合砂浆 M5	m^3	89.16	0.00240	0.00570
	混凝土地模碎石	m^2	35.90	0.00530	0.00530
	松板材	m^3	1263.42	0.00050	0.00050
	松方材	m^3	1240.74	0.00030	0.00030
	冷拔低碳钢筋 $\phi<5$ mm	kg	2.70	0.98000	0.98000
	圆钢筋	kg	2.36	0.50000	0.50000
	铁钉	kg	4.28	0.00300	0.00300
	红砖 240×115×53 MU10	块	0.18	6.60000	12.60000
	水	m^3	1.45	0.16000	0.16000
	其他材料费	元	1.00	0.35000	0.35000
机械	机动翻斗车　装载质量 1 t	台班	82.66	0.00180	0.00180
	皮带运输机(带长×带宽)15 m×0.5 m	台班	136.65	0.00100	0.00100
	电动滚筒式混凝土搅拌机　出料容量 400 L	台班	103.58	0.00100	0.00100
	灰浆搅拌机　拌筒容量 200L	台班	58.90	0.00060	0.00110
	平板式混凝土振捣器	台班	10.09	0.00190	0.00190
	运输机械(Ⅱ、Ⅲ类)	台班	280.49	0.00400	0.00400
	装卸机械(Ⅱ、Ⅲ类)	台班	359.48	0.00200	0.00200
	混凝土地模制作机械费	元	1.00	0.02000	0.02000
	模板制作机械费	元	1.00	0.02000	0.02000
	钢筋制作机械费	元	1.00	1.59000	1.59000

工作内容：清扫底层，调制砂浆，砌垫、选斗底砖，铺块料面层，勾缝，双层砖铺浆塞缝。 单位：m²

定额编号				7-44	7-45	7-46	7-47	7-48
项目				单层斗底砖面层		双层斗底砖面层		平铺隔热层
				四角砖垫	梅花型砖垫	四角砖垫	梅花型砖垫	双层斗底砖
基价（元）				25.76	34.09	45.06	54.76	41.94
其中	人工费（元）			7.80	10.50	12.60	15.30	12.30
	材料费（元）			11.90	15.44	22.12	26.90	19.56
	机械费（元）			0.08	0.14	0.29	0.35	0.42
	综合费（元）			2.52	3.40	4.12	5.01	4.07
	利润（元）			1.56	2.06	2.74	3.33	2.54
	劳动保险费（元）			1.01	1.37	1.64	1.99	1.60
	规费（元）			0.03	0.04	0.05	0.06	0.05
	税金（元）			0.86	1.14	1.50	1.82	1.40
名称		单位	单价(元)	数量				
人工	综合人工	工日	30.00	0.26000	0.35000	0.42000	0.51000	0.41000
材料	水泥砂浆 1∶2	m³	198.63	0.00130	0.00130	0.00130	0.00130	0.00130
	混合砂浆 M2.5	m³	81.53	0.00640	0.01260	0.03430	0.05560	0.04170
	斗底砖 290×290×20	块	0.71	11.20000	11.20000	22.40000	22.40000	22.40000
	红砖 240×115×53 MU10	块	0.18	17.30000	34.20000	17.30000	34.20000	—
	其他材料费	元	1.00	0.05000	0.05000	0.05000	0.05000	—
机械	灰浆搅拌机 拌筒容量 200 L	台班	58.90	0.00130	0.00230	0.00490	0.00590	0.00720

注：斗底砖规格不同时，斗底砖、红砖数量可以调整，其他不变。

第三节 防水、防潮层

一、卷材防水

工作内容：配制涂刷冷底子油，熬制玛碲脂，防水薄弱处贴附加层，铺贴防水卷材。 单位：m²

定额编号				7-49	7-50	7-51	7-52
项目				石油沥青防水卷材			
				二毡三油		每增一毡一油	
				平面	立面	平面	立面
基价（元）				26.56	28.81	9.53	10.46
其中	人工费（元）			2.67	3.60	1.11	1.53
	材料费（元）			20.12	20.81	7.00	7.23
	机械费（元）			—	—	—	—
	综合费（元）			0.85	1.15	0.36	0.49
	利润（元）			1.66	1.79	0.59	0.65
	劳动保险费（元）			0.35	0.47	0.14	0.20
	规费（元）			0.03	0.03	0.01	0.01
	税金（元）			0.88	0.96	0.32	0.35
名称		单位	单价(元)	数量			
人工	综合人工	工日	30.00	0.08900	0.12000	0.03700	0.05100
材料	冷底子油 30∶70	kg	2.99	0.48000	0.48000	—	—
	石油沥青玛碲脂	m³	2084.84	0.00510	0.00540	0.00160	0.00170
	木柴	kg	0.51	2.28000	2.41000	0.66000	0.70000
	油毡 350#	m²	2.87	2.40000	2.40000	1.16000	1.16000

工作内容：1. 涂刷基层处理剂，防水薄弱处涂聚氨酯涂膜加强。

2. 铺贴卷材，卷材接缝贴卷材条加强、收头。

单位：m^2

定额编号				7-53	7-54	7-55	7-56
项目				氯化聚乙烯橡胶共混卷材		三元乙丙橡胶卷材 冷贴满铺	
				平面	立面	平面	立面
基价（元）				58.77	61.66	44.55	47.43
其中	人工费（元）			5.70	7.50	5.70	7.50
	材料费（元）			44.83	44.83	31.99	31.99
	机械费（元）			—	—	—	—
	综合费（元）			1.82	2.40	1.82	2.40
	利润（元）			3.66	3.83	2.77	2.93
	劳动保险费（元）			0.74	0.98	0.74	0.98
	规费（元）			0.06	0.07	0.05	0.05
	税金（元）			1.96	2.05	1.48	1.58
名称		单位	单价(元)	数量			
人工	综合人工	工日	30.00	0.19000	0.25000	0.19000	0.25000
材料	107 胶素水泥浆	m^3	494.40	0.00010	0.00010	0.00010	0.00010
	氯化聚乙烯橡胶共混卷材	m^2	24.35	1.25000	1.25000	—	—
	三元乙丙橡胶卷材	m^2	16.32	—	—	1.24000	1.24000
	圆钢筋	kg	2.36	0.04400	0.04400	0.04400	0.04400
	铁钉	kg	4.28	0.00230	0.00230	0.00230	0.00230
	氯丁冷胶	kg	2.36	0.20000	0.20000	—	—
	丁基黏结剂	kg	12.14	—	—	0.18000	0.18000
	聚氨酯甲料	kg	14.28	0.05400	0.05400	0.10000	0.10000
	聚氨酯乙料	kg	14.55	0.08100	0.08100	0.22000	0.22000
	BX-12 黏结剂	kg	8.01	0.45000	0.45000	—	—
	BX-12 乙组分 880 mL	瓶	10.71	0.32000	0.32000	—	—
	乙酸乙酯	kg	21.64	0.05100	0.05100	0.05100	0.05100
	二甲苯	kg	5.87	0.27000	0.27000	0.27000	0.27000
	CSPE 嵌缝油膏 330 mL	支	6.97	0.30000	0.30000	0.30000	0.30000

二、涂料防水

工作内容：1. 涂刷底胶及附加层，刷聚氨酯两遍，并盖石渣保护层(或刚性连接层)。

2. 清理基层，调配涂料，贴布，刷涂料。

单位：m^2

定额编号		7-57	7-58	7-59
项目		反应固化型	挥发固化型	
		聚氨酯(mm 厚)	聚合物乳液	
		2	1.5	2
基价（元）		48.33	43.86	55.72
其中	人工费（元）	2.01	2.25	2.34
	材料费（元）	40.72	36.34	46.91
	机械费（元）	—	—	—
	综合费（元）	0.64	0.72	0.75
	利润（元）	3.04	2.75	3.50
	劳动保险费（元）	0.26	0.29	0.30
	规费（元）	0.05	0.05	0.06
	税金（元）	1.61	1.46	1.86

续表

单位：m^2

定额编号				7-57	7-58	7-59
项目				反应固化型	挥发固化型	
				聚氨酯(mm厚)	聚合物乳液	
				2	1.5	2
名称		单位	单价(元)	数量		
人工	综合人工	工日	30.00	0.06700	0.07500	0.07800
材料	聚合物乳液防水涂料	kg	10.46	—	3.03000	4.04000
	网络玻璃纤维布	m^2	4.10	—	1.11000	1.11000
	聚氨酯甲料	kg	14.28	1.08000	—	—
	聚氨酯乙料	kg	14.55	1.68000	—	—
	二甲苯	kg	5.87	0.13000	—	—
	石渣	m^3	29.07	0.00310	—	—
	其他材料费	元	1.00	—	0.10000	0.10000

注：聚氨酯如果掺缓凝剂，应增加磷酸 0.03 kg；如果掺促凝剂应增加二月桂酸二丁基锡 0.025 kg。

工作内容：清理基层，调配涂料，刷涂料。

单位：m^2

定额编号				7-60	7-61
项目				JS聚合物水泥基复合防水涂料(mm厚)	
				1.5	2
基价(元)				47.60	61.77
其中	人工费(元)			2.07	2.19
	材料费(元)			39.97	52.59
	机械费(元)			—	—
	综合费(元)			0.66	0.70
	利润(元)			2.99	3.88
	劳动保险费(元)			0.27	0.28
	规费(元)			0.05	0.07
	税金(元)			1.59	2.06
名称		单位	单价(元)	数量	
人工	综合人工	工日	30.00	0.06900	0.07300
材料	JS聚合物水泥基液料	kg	19.50	1.78000	2.34000
	JS聚合物水泥基粉料	kg	4.13	1.25000	1.66000
	其他材料费	元	1.00	0.10000	0.10000

三、嵌缝及封闭剂

工作内容：1. 油膏加热，板缝嵌油膏。

2. 清理基层，修补基层处理剂，喷防水涂料，面层保护。

定额编号				7-62	7-63	7-64
项目				塑料油膏嵌缝		混凝土封闭剂
				空心板	大型屋面板	
				m		m^2
基价（元）				3.91	4.62	31.53
其中	人工费（元）			0.99	0.99	2.10
	材料费（元）			2.10	2.74	22.39
	机械费（元）			—	—	2.31
	综合费（元）			0.32	0.32	1.41
	利润（元）			0.24	0.28	1.97
	劳动保险费（元）			0.13	0.13	0.27
	规费（元）			—	0.01	0.03
	税金（元）			0.13	0.15	1.05
名称		单位	单价（元）	数量		
人工	综合人工	工日	30.00	0.03300	0.03300	0.07000
材料	密封油膏（塑料油膏）	kg	1.61	1.19000	1.55000	—
	水泥 32.5 级	kg	0.32	—	—	0.61000
	混凝土封闭剂	kg	29.00	—	—	0.76000
	木柴	kg	0.51	0.37000	0.48000	—
	其他材料费	元	1.00	—	—	0.15000
机械	电动空气压缩机 排气量 $6m^3/min$	台班	230.79	—	—	0.01000

注：嵌缝取定纵缝断面：空心板 $7.5cm^2$，大型屋面板 $9.0cm^2$。如果断面不同于定额取定断面，以纵缝断面比例调整人工、材料数量。

二十七、福建省建筑工程消耗量定额

（2005 年定额防水工程部分）

关于颁发《福建省建筑工程消耗量定额》的通知

（闽建筑[2005]16 号）

各设区市建设局、省直有关单位：

为适应我省工程建设需要，合理确定建筑工程造价，由省建设工程造价管理总结组织编制的《福建省建筑工程消耗量定额》(FJYD-101-2005)，经会同省发改委、财政厅研究同意，现予颁发，自 2005 年 5 月 1 起施行。福建省建设厅颁发的《福建省建筑工程预算定额》(2002 版)(闽建筑[2002]107 号文)、(福建省仿古建筑及园林绿化工程预算定额)(2002 版)(闽建筑[2002]92 号文)仿古建筑定额部分同时停止执行。

本定额是我省完成规定计量单位建筑分项工程所需的人工、材料、施工机械台班消耗量标准；是编制建筑工程施工图预算、招标标底和确定建筑工程造价的依据；是编制建筑工程设计概算、投资估算的基础；是编制建筑工程企业定额、投标报价的参考。本定额适用于我省行政区域范围内新建、扩建、改建的工业与民用建筑、仿古建筑工程，以及建筑物地下室的人防工程。

本定额由福建省建设工程造价管理总站负责管理的解释。

福建省建设厅

二〇〇五年三月二十四日

说　　明

一、瓦、型材屋面、砖、瓦的设计规格与定额取定的不同时，可以调整。

1. 普通建筑瓦屋面：

(1) 瓦屋面定额按直接铺在椽条上考虑，瓦屋面未包括椽条、木基层封檐板及檐口天棚。

(2) 水泥瓦或粘土瓦如果穿铁丝、钉铁钉，每 1 m^2 檐瓦增加 0.022 工日、镀锌铁丝 20# 0.007 kg、铁钉 0.0049 kg。

2. 仿古建筑瓦屋面工程：

(1) 定额的屋脊、竖带、戗脊等按《营造法源》传统做法考虑，如需要做各种泥塑花卉、人物等，另行计算。

(2) 铺望砖：制作细望砖套用砖细工程的相应项目，望砖规格为 210×105×17。部分定额中已考虑油毡，如设计无油毡则扣除相应消耗量。

(3) 盖瓦本瓦屋面：青(红)本瓦搭接按一搭三计算，实际搭接不同时，本瓦数量可以调整。

(4) 盖瓦粘土瓦屋面：筒瓦屋面以不抹纸筋为准，如设计抹纸筋者，按纸筋粉筒瓦定额另计。走廊、平房筒瓦面，套用厅堂屋面定额。

(5) 筒瓦脊:屋脊中间塌花色人工、材料另行计算。

(6) 花砖脊:屋脊头另行计算。

(7) 围墙瓦顶:本瓦瓦顶,如用花边滴水者,套用相应定额;筒瓦瓦顶,如需抹面套用筒瓦纸筋抹面定额。

(8) 排水、沟头、花边、滴水:如用青(红)本瓦滴水换成斜沟滴水,数量不变。

3. 型材屋面定额中镀锌钢板的咬口和搭接的工料已包括在相应定额内。

二、屋面防水、墙、地面防水(防潮)

1. 墙地面防水、防潮定额适用于楼地面、墙基、墙身、构筑物、水地、水塔、室内厕所、浴室以及建筑物±0.00 以下的防水、防潮工程。屋面防水定额适用于屋面的防水工程。

2. 规范规定的卷材屋面和防水卷材的附加层、接缝收头找平层的嵌缝、冷底子油已计入相应定额内。设计的高分子卷材厚度与定额的不同时,可以调整。

3. 若屋面采用涂料防水,可套用墙、地面涂料防水定额。

4. 防水工程中砂浆找平层、面层的种类、厚度与定额不同时,可以调整。

工程量计算规则

一、瓦、型材屋面:

1. 普通建筑瓦屋面、型材屋面(包括挑檐部分)按设计图示尺寸以斜面积计算。不扣除房上烟囱、风帽底座、风道、小气窗、斜沟等所占面积,小气窗的出檐部分不增加面积。

2. 古建筑瓦屋面按设计图示尺寸以斜面积计算,屋脊、竖带、干塘、戗脊、斜沟、屋脊头等所占的面积不扣除。重檐的工程量应分别计算。飞檐隐蔽部分的望砖另行计算工程量。

3. 屋脊线按设计图示尺寸扣除屋脊头水平长度计算;斜沟、檐口滴水线、环包脊、围墙瓦顶、檐口沟头、花边、滴水、排山、泛水、钢丝网封沿板等按设计图示尺寸以延长米计算。云祥屋脊按设计图示尺寸以弧形长度计算。

4. 镶贴琉璃件、戗脊、各种屋脊头、宝顶等按设计图示数量计算。

二、屋面防水:

1. 屋面卷材防水按设计图示尺寸以面积计算。

(1) 斜屋顶(不包括平屋顶找坡)按斜面积计算,平屋顶按水平投影面积计算。

(2) 不扣除房上烟囱、风帽底座、风道、屋面小气窗和斜沟所占面积。

(3) 屋面的女儿墙、伸缩缝和天窗等处的弯起部分,并入屋面工程量内。

2. 屋面檐沟防水按设计图示尺寸展开面积计算。

三、墙、地面防水(防潮):

1. 卷材防水:按设计图示尺寸以面积计算。

2. 地面防水:按主墙间净空面积计算,扣除凸出地面的构筑物、设备基础等所占面积,不扣除间壁墙及单个 0.3 m^2 以内的柱、垛、烟囱和孔洞所占面积。

3. 墙基防水:外墙按中心线,内墙按净长乘以宽度计算。

4. 防水涂料:工程量计算同卷材防水。

5. 砂浆防水、防潮:工程量计算同卷材防水。

6. 变形缝:按设计图示尺寸以长度计算。

7.2　屋面防水

7.2.1　屋面卷材防水

工作内容：清理基层、找平层分格缝嵌油膏、防水薄弱处刷膜附加层；刷底胶、铺贴卷材、接嵌缝油膏、做收头；涂刷着色剂保护层 2 遍。

单位：m^2

定额编号			07165	07166	07167	07168
项目			硫化型合成高分子卷材冷贴			
			三元乙丙卷材		氯丁橡胶卷材	
			满铺	点铺	满铺	点铺
名称		单位	数量			
人工	综合人工	工日	0.0868	0.0868	0.0868	0.0868
材料	三元乙丙橡胶卷材	m^2	1.1100	1.1300	—	—
	氯丁橡胶卷材	m^2	—	—	1.1100	1.1300
	聚氨酯甲料	kg	0.1600	0.1600	0.1200	0.1200
	聚氨酯乙料	kg	0.3100	0.3100	0.1800	0.1800
	铁钉	kg	0.0023	0.0023	0.0023	0.0023
	CSPE 嵌缝油膏 330 mL	支	0.5000	0.5000	0.5000	0.5000
	圆钢筋	kg	0.0440	0.0440	0.0440	0.0440
	银色着色剂	kg	0.2000	0.2000	0.2000	0.2000
	二甲苯	kg	0.2700	0.2700	0.2700	0.2700
	乙酸乙酯	kg	0.0510	0.0510	0.0510	0.0510
	CX-409 液	kg	—	—	0.0960	0.1200
	氯丁胶沥青胶液	kg	—	—	0.6100	0.2900
	粘结剂 CX-404 胶	kg	0.4000	0.1000	—	—
	粘结剂 丁基	kg	0.0960	0.1200	—	—
	素水泥浆	m^3	0.0001	0.0001	0.0001	0.0001

工作内容：清理基层、找平层分格缝嵌油膏、防水薄弱处刷膜附加层；刷底胶、铺贴卷材、接嵌缝油膏、做收头；涂刷着色剂保护层 2 遍。

单位：m^2

定额编号			07169	07170
项目			非硫化型合成高分子卷材冷贴氯化聚乙烯-橡胶共混卷	
			满铺	点铺
名称		单位	数量	
人工	综合人工	工日	0.0840	0.0868
材料	氯化聚乙烯-橡胶共混卷材	m^2	1.1100	1.1300
	BX-12 乙组分　880 mL	瓶	0.1200	0.1500
	聚氨酯甲料	kg	0.1200	0.1200
	聚氨酯乙料	kg	0.1800	0.1800
	铁钉	kg	0.0023	0.0023
	CSPE 嵌缝油膏 330 mL	支	0.5000	0.5000
	圆钢筋	kg	0.0440	0.0440
	银色着色剂	kg	0.2000	0.2000
	二甲苯	kg	0.2700	0.2700
	乙酸乙酯	kg	0.0510	0.0510

续表 单位：m²

定　额　编　号			07169	07170
项　目			非硫化型合成高分子卷材冷贴氯化聚乙烯-橡胶共混卷	
			满铺	点铺
名　称		单位	数　量	
材料	粘结剂 BX-12	kg	0.4500	0.0940
	粘结剂 氯丁胶	kg	0.1800	0.1800
	素水泥浆	m³	0.0001	0.0001

工作内容：清理基层、找平层分格缝嵌油膏、防水薄弱处刷膜附加层，刷底胶、铺贴卷材、接嵌缝油膏、做收头，涂刷保护层。 单位：m²

定　额　编　号			07171	07172
项　目			非硫化型合成高分子卷材冷贴氯磺化聚乙烯-橡胶共混	
			满铺	点铺
名　称		单位	数　量	
人工	综合人工	工日	0.0868	0.0868
材料	氯磺化聚乙烯卷材	m²	1.1100	1.1300
	聚氨酯甲料	kg	0.1600	0.1600
	聚氨酯乙料	kg	0.3100	0.3100
	铁钉	kg	0.0023	0.0023
	CSPE 嵌缝油膏 330 mL	支	0.5000	0.5000
	圆钢筋	kg	0.0440	0.0440
	银色着色剂	kg	0.2000	0.2000
	二甲苯	kg	0.2700	0.2700
	乙酸乙酯	kg	0.0510	0.0510
	粘结剂 CX-401 胶	kg	0.1100	0.1300
	粘结剂 CX-404 胶	kg	0.5100	0.1000
	素水泥浆	m³	0.0001	0.0001

工作内容：清理基层、找平层嵌缝、刷附加层，贴卷材，接缝搭接。 单位：m²

定　额　编　号			07173	07174
项　目			树脂型合成高分子卷材冷贴满铺(SBC120)	高聚物改性沥青防水卷材热熔满贴玻璃布胎
名　称		单位	数　量	
人工	综合人工	工日	0.0507	0.0659
材料	聚乙烯丙伦双面复合防水卷材 SBC	m²	1.1100	—
	SBC 改性沥青玻璃布胎防水卷材(铝箔)3 mm 厚	m²	—	1.1300
	聚氨酯甲料	kg	0.1900	—
	聚氨酯乙料	kg	0.2900	—
	CSPE 嵌缝油膏 330 mL	支	0.4900	0.4900
	改性沥青乳液	kg	—	0.3000
	石油液化气	瓶	—	0.0280
	乙酸乙酯	kg	0.0510	—
	108 胶	kg	0.1100	—
	素水泥浆	m³	0.0015	—

7.2.2 屋面天沟、檐沟

工作内容：清理基层、调配砂浆、铺抹砂浆、压光及养护。　　单位：m^2

定额编号			07175
项目			檐沟防水砂浆
名称		单位	数量
人工	综合人工	工日	0.1850
材料	水泥砂浆 1∶2	m^3	0.0200
	素水泥浆	m^3	0.0010
	防水粉	kg	0.6600
	水	m^2	0.0380
机械	灰浆搅拌机 200 L	台班	0.0029

7.3 墙、地面防水、防潮

7.3.1 卷材防水

工作内容：基层处理，薄弱处涂膜加强；铺贴卷材，接缝、收口。　　单位：m^2

定额编号			07176	07177
项目			氯化聚乙烯橡胶共混卷材	三元乙丙橡胶卷材冷贴满铺
名称		单位	数量	
人工	综合人工	工日	0.1799	0.1799
材料	氯化聚乙烯-橡胶共混卷材	m^2	1.2500	—
	三元乙丙橡胶卷材	m^2	—	1.2400
	BX-12 乙组分 880 mL	瓶	0.3200	—
	聚氨酯甲料	kg	0.0540	0.1000
	聚氨酯乙料	kg	0.0810	0.2200
	铁钉	kg	0.0023	0.0023
	粘结剂 丁基	kg	—	0.1800
	CSPE 嵌缝油膏 330 mL	支	0.3000	0.3000
	圆钢筋	kg	0.0440	0.0440
	二甲苯	kg	0.2700	0.2700
	乙酸乙酯	kg	0.0510	0.0510
	粘结剂 BX-12	kg	0.4500	—
	氯丁冷胶	kg	0.2000	—
	素水泥浆	m^3	0.0001	0.0001

工作内容：基层处理，薄弱处涂膜加强；铺贴卷材，接缝、收口。　　单位：m²

定额编号			07178	07179
项目			SBC改性沥青防水卷材热熔满贴玻璃布胎	满铺CPE卷材防水
名称		单位	数量	
人工	综合人工	工日	0.0659	0.0754
材料	SBS玻璃布胎改性沥青卷材(铝箔)	m²	1.1300	—
	CPE卷材1.2厚	m²	—	1.2900
	聚氨酯甲料	kg	0.0800	—
	聚氨酯乙料	kg	0.1300	—
	改性沥青乳胶	kg	0.3000	—
	石油液化气	瓶	0.0280	—
	嵌缝油膏 CSPE 330 mL	支	0.5000	0.3000
	铁钉	kg	—	0.0020
	圆钢筋	kg	—	0.0400
	二甲苯	kg	—	0.3000
	乙酸乙酯	kg	—	0.0500
	粘结胶 CPE	kg	—	0.4000
	素水泥浆	m³	—	0.0001
机械	其他机械费	元	0.2380	0.2380

7.3.2 防水涂料

工作内容：清理基层、调配涂料、刷涂料。　　单位：m²

定额编号			07180	07181	07182	07183	07184	07185
项目			聚氨酯防水涂料			JS聚合物水泥基复合防水涂料		
			厚度(mm)					
			2	2.5	3	1.0	1.5	2
名称		单位	数量					
人工	综合人工	工日	0.0564	0.0848	0.1037	0.0623	0.0649	0.0685
材料	聚氨酯(防水涂料)	kg	2.7600	3.0800	3.6500	—	—	—
	聚酯无纺布	kg	0.0600	0.0600	0.0600	—	—	—
	丙酮	kg	0.0500	0.0500	0.0500	—	—	—
	二甲苯	kg	0.1300	0.1300	0.1300	—	—	—
	JS聚合物水泥基液料	kg	—	—	—	1.1900	1.7800	2.3400
	JS聚合物水泥基粉料	kg	—	—	—	0.8300	1.2500	1.6600
	其他材料费	元	1.0900	1.0900	1.0900	0.1000	0.1000	0.1000
机械	其他机械费	元	2.1675	2.1675	2.1675	0.1445	0.1445	0.1445

工作内容：清理基层、调配涂料、刷涂料。　　　　单位：m²

定额编号			07186	07187	07188	07189	07190
项目			H-991 彩色弹性防水涂料			B-1101 水性混凝土抗渗灵	
			厚度(mm)			三遍	五遍
			1.0	1.5	2.0		
名称		单位	数量				
人工	综合人工	工日	0.0690	0.9495	0.0733	0.1234	0.1518
材料	彩色弹性防水涂料 H-991	kg	1.6700	2.5000	3.5000	—	—
	网格纤维玻璃布	kg	1.1100	1.1100	1.1100	—	—
	水性混凝土抗渗灵 B-1101	kg	—	—	—	0.7000	0.8500
	水泥 32.5	kg	—	—	—	—	0.7000
	其他材料费	元	0.1000	0.1000	0.1000	0.1500	0.1500
机械	其他机械费	元	0.2380	0.2380	0.2380	1.9720	19720

7.3.3 砂浆防水(潮)

工作内容：调制、喷涂砂浆。　　　　单位：m²

定额编号			07191	07192	07193
项目			喷涂聚合物水泥砂浆(mm)		
			5	7	10
名称		单位	数量		
人工	综合人工	工日	0.1375	0.2040	0.2895
材料	氯丁乳胶 LB-7	kg	2.2000	3.1000	4.5000
	水泥砂浆 1∶2	m³	0.0051	0.0071	0.0101
	其他材料费	元	1.0000	1.0000	1.0000
机械	其他机械费	元	4.3350	4.3350	4.3350

7.3.4 变形缝

工作内容：清缝、熬制沥青、填缝、嵌缝。　　　　单位：m

定额编号			07194	07195	07196	07197	07198	07199
项目			油浸麻丝	油浸木丝板	石灰麻刀伸缩缝	聚氯乙烯胶泥填缝	建筑油膏嵌缝	沥青砂浆嵌缝
名称		单位	数量					
人工	综合人工	工日	0.0705	0.0555	0.0663	0.0722	0.0532	0.0627
材料	麻丝	kg	0.5500	—	—	—	—	—
	水泥木丝板 1830×610×25	m²	—	0.1500	—	—	—	—
	生石灰	kg	—	—	1.8000	—	—	—
	麻刀	kg	—	—	1.0800	—	—	—
	油毡 350 g	m²	—	—	0.1700	—	—	—
	聚氯乙烯胶泥	kg	—	—	—	0.8300	—	—
	水泥砂浆 1∶2	m³	—	—	—	0.0006	—	—
	牛皮纸	m²	—	—	—	0.5300	—	—
	建筑防水油膏	kg	—	—	—	—	0.8800	—
	沥青砂浆 1∶2∶7	m³	—	—	—	—	—	0.0048
	石油沥青 30#	kg	2.1600	1.6300	0.6500	—	—	—
	木柴	kg	0.9900	0.6200	0.2400	—	0.2700	1.9800

工作内容：埋木砖，木砖上钉铁皮。 单位：m

定额编号			07200	07201	07202	07203
项目			木板盖板		镀锌薄钢板盖板	
			平面	立面	平面	立面
名称		单位	数量			
人工	综合人工	工日	0.0371	0.1140	0.1235	0.1045
材料	粘结剂 XY508	kg	0.0150	—	—	—
	铁钉	kg	—	0.0180	0.0210	0.0070
	焊锡	kg	—	—	0.0410	0.0340
	木柴	kg	—	—	0.1800	0.1500
	镀锌薄钢板 δ0.55	m^2	—	—	0.6300	0.5300
	防腐油	kg	—	—	0.0680	0.0530
	盐酸 31%	kg	—	—	0.0086	0.0074
	松木锯材	m^3	0.0062	0.0109	0.0115	0.0030

工作内容：木砖加工及浸油、预埋。缝清理、填塞缝。装钉木或白铁皮盖板。抹制麻刀灰，贴油毡等。熬制沥青玛碲脂，油浸木丝板。 单位：m

定额编号			07204	07205
项目			伸缩缝外墙面镀锌薄钢板盖面（闽 85J101-5、7/3）	伸缩缝、沉降缝墙面木板盖面（闽 85J101-5、6/4、9、10/5）
名称		单位	数量	
人工	综合人工	工日	0.1988	0.0580
材料	镀锌薄钢板 δ0.45	m^2	0.2600	—
	杉木锯材	m^3	0.0024	0.0049
	铁钉	kg	0.0030	0.0030
	麻丝	kg	0.5500	—
	焊锡	kg	0.0082	—
	木柴	kg	0.5500	—
	防腐油	kg	0.0340	0.0500
	石油沥青 30#	kg	2.0400	—
	其他材料费	元	0.0100	—

工作内容：木砖加工及浸油、预埋。缝清理、填塞缝。装钉木或白铁皮盖板。抹制麻刀灰，贴油毡等。熬制沥青玛碲脂，油浸木丝板。 单位：m

定额编号			07206	07207
项目			伸缩缝、沉降缝内墙面镀锌薄钢板（闽 85J101-1、3/4、3、5、7/5、1、3/6）	伸缩缝外墙面沥青木丝板（闽 85J101-1、2、3、4/3）
名称		单位	数量	
人工	综合人工	工日	0.0741	0.0414
材料	镀锌薄钢板 δ0.45	m^2	0.2600	—
	水泥木丝板 1830×610×25	m^2	—	0.1600
	铁钉	kg	0.0030	—
	焊锡	kg	0.0082	—

续表 单位:m²

定额编号			07206	07207
项目			伸缩缝、沉降缝内墙面镀锌薄钢板(闽85J101-1、3/4,3、5、7/5,1、3/6)	伸缩缝外墙面沥青木丝板(闽85J101-1、2、3、4/3)
名称		单位	数量	
材料	杉木锯材	m^3	0.0024	0.0024
	防腐油	kg	0.0340	—
	木柴	kg	—	0.4400
	石油沥青30#	kg	—	1.2800
	其他材料费	元	0.0100	0.0100

工作内容:木砖加工浸油、预埋、缝清理、填沥青麻丝;铝板双面防锈漆,装钉金属网铝板、铝板正面调和漆。

单位:m

定额编号			07208	07209	07210	07211
项目			混水外墙伸缩缝铝板(闽85J101-6、8/3)	混水内墙伸缩缝铝板(闽85J101-2、4/4)	混水外墙沉降缝铝板(闽85J101-2、4/5)	混水外墙沉降缝铝板(闽85J101-6、8/5)
名称		单位	数量			
人工	综合人工	工日	0.2374	0.1330	0.1520	0.1425
材料	电化铝装饰板1厚	m^2	0.2100	0.2100	0.4700	0.4000
	铁钉	kg	0.0340	0.0340	0.0340	0.0340
	麻丝	kg	0.0550	—	—	—
	杉木锯材	m^3	0.0040	0.0040	0.0040	0.0040
	金属网	m^2	0.2500	0.2500	0.2500	0.2500
	醇酸锌黄底漆	kg	0.0420	0.0430	0.0940	0.0800
	调和漆	kg	0.0140	0.0050	0.0120	0.0120
	磷化底漆	kg	0.0330	0.0340	0.0750	0.0640
	醇酸漆稀释剂	kg	0.0050	0.0050	0.0110	0.0090
	防腐油	kg	0.0610	0.0610	0.0610	0.0610
	石油沥青30#	kg	0.2000	—	—	—
	油漆溶剂油200#	kg	0.0010	0.0010	0.0010	0.0010
	其他材料费	元	0.2200	0.1800	0.2800	0.2500

工作内容:木砖加工、浸油、预埋、铝板、铁皮防锈漆、装钉金属网(泡沫塑料板),铝板(胶合板)面板正面调和漆。

单位:m

定额编号			07212	07213
项目			防震缝(闽85J101-2、4/6)	防震缝(闽85J101-5、6/6)
			混水外墙铝板盖面	混水内墙木板盖面
名称		单位	数量	
人工	综合人工	工日	0.1425	0.1425
材料	铝合金板2 mm厚	m^2	0.2900	—
	杉木锯材	m^3	0.0040	0.0089
	铁钉	kg	0.0340	0.0340
	石膏粉	kg	—	0.0080
	橡胶管内模	m	—	0.0080

续表 单位：m

定额编号			07212	07213
项目			防震缝(闽 85J101-2、4/6)	防震缝(闽 85J101-5、6/6)
			混水外墙铝板盖面	混水内墙木板盖面
名称		单位	数量	
材料	镀锌薄钢板 δ0.45	m^2	—	0.3500
	泡沫塑料板 15 mm 厚	m^2	—	0.2000
	无光调和漆	kg	—	0.0380
	清油	kg	—	0.0030
	熟桐油	kg	—	0.0070
	醇酸锌黄底漆	kg	0.0580	0.0690
	调和漆	kg	0.0180	0.0340
	金属网	m^2	0.2500	—
	磷化底漆	kg	0.0460	—
	醇酸漆稀释剂	kg	0.0067	—
	防腐油	kg	0.0610	0.0610
	油漆溶剂油 200#	kg	0.0010	0.0130
	其他材料费	元	0.1400	0.4100

工作内容：木砖加工、浸油、预埋、铝板、铁皮防锈漆、装钉金属网(泡沫塑料板)，面板正面调和漆。

单位：m

定额编号			07214	07215
项目			防震缝(闽 85J101-1、2/7)	防震缝(闽 85J101-3、4/7)
			混水内墙铝合金面	混水内墙胶合板面
名称		单位	数量	
人工	综合人工	工日	0.1425	0.1520
材料	铝合金板 3 mm 厚	m^2	0.2800	—
	镀锌薄钢板 δ0.45	m^2	0.2300	—
	泡沫塑料板 15 mm 厚	m^2	0.2000	0.2000
	杉木锯材	m^3	0.0040	0.0040
	橡胶管内模	m	0.0050	0.0050
	铁钉	kg	0.0340	0.0340
	醇酸锌黄底漆	kg	0.0470	0.0470
	防腐油	kg	0.0610	0.0610
	胶合板 5 mm	m^2	—	0.2000
	石膏粉	kg	—	0.0030
	调和漆	kg	—	0.0110
	无光调和漆	kg	—	0.0130
	清油	kg	—	0.0010
	油漆溶剂油 200#	kg	—	0.0040
	熟桐油	kg	—	0.0020
	其他材料费	元	0.3200	0.3200

工作内容：起隔离板，清理基层，嵌缝，填缝。 单位：m

定额编号			07216	07217	07218	07219
项目			地面变形缝			
			(闽 97J09-2、7/57)	(闽 97J09-3/57)	(闽 97J09-4/57)	(闽 97J09-6/57)
名称		单位	数量			
人工	综合人工	工日	0.1479	0.0741	0.0396	0.1879
材料	水泥木丝板 1830×610×25	m^2	0.0800	—	0.0800	0.1600
	铁钉	kg	0.0100	—	0.0100	0.0190
	隔离剂	kg	0.0080	—	0.0080	0.0160
	木柴	kg	0.3290	—	0.3290	0.6620
	松木锯材	m^3	0.0013	—	0.0013	0.0026
	石油沥青 30#	kg	0.8640	—	0.8640	1.7390
	沥青胶泥	kg	1.2450	0.1490	—	0.0080
	其他材料费	元	0.6600	0.0800	—	0.6600
	水泥砂浆 1∶2	m^3	0.0009	0.0001	0.0000	0.0009
机械	其他机械费	元	0.0340	—	0.0340	0.0680

工作内容：清理基层，嵌缝，装盖板。 单位：m

定额编号			07220	07221	07222	07223	07224
项目			地面变形缝				
			(闽 97J09-1/58)	(闽 97J09-2/58)	(闽 97J09-3/58)	(闽 97J09-4/58)	(闽 97J09-5、6/58)
名称		单位	数量				
人工	综合人工	工日	0.0282	0.1584	0.2192	0.2049	0.3253
材料	水泥木丝板 1830×610×25	m^2	0.0800	0.0800	0.0800	0.0800	0.1600
	硬塑料板	m^2	0.1210	—	—	—	—
	红丹防锈漆	kg	0.0470	—	—	—	—
	聚醋酸乙烯乳液	kg	—	0.0020	—	—	—
	橡胶板 5 mm 厚	kg	—	0.1430	—	—	—
	铁钉	kg	—	0.0100	0.0100	—	0.0300
	电焊条	kg	—	0.1300	0.2270	—	—
	铁件	kg	—	3.8690	6.7370	—	—
	氯丁橡胶型胶结剂 202#	kg	—	0.0760	—	—	—
	隔离剂	kg	—	—	0.0080	—	0.0250
	木柴	kg	—	—	0.3290	—	0.6620
	预制水磨石板 500×500	m^2	—	—	—	0.1110	—
	聚氯乙烯胶泥	kg	—	—	—	0.6640	—
	白水泥	kg	—	—	—	0.0110	—
	圆钢筋	kg	—	—	—	0.0027	—
	普通混凝土 C15 碎石 40 mm 塌落度 30～50 m	m^3	—	—	—	—	0.0406
	油毡 350 g	m^2	—	—	—	—	0.5700
	沥青胶泥	kg	—	—	—	—	2.0750
	松木锯材	m^3	0.0013	0.0013	0.0013	0.0013	0.0033
	石油沥青 30#	kg	0.7440	0.8640	0.8640	0.8640	1.7390
	水泥砂浆 1∶2	m^3	0.0000	0.0000	0.0000	0.0004	0.0000
	水	m^3	—	—	—	0.0030	0.0190
	其他材料费	元	0.0500	0.2300	—	0.3500	—

续表 单位:m

定额编号			07220	07221	07222	07223	07224
项目			地面变形缝				
			(闽 97J09-1/58)	(闽 97J09-2/58)	(闽 97J09-3/58)	(闽 97J09-4/58)	(闽 97J09-5、6/58)
名称		单位	数量				
机械	直流弧焊机 32 kW	台班	—	—	0.0238	—	—
	电动滚筒式混凝土搅拌机 400 L	台班	—	—	—	—	0.0033
	其他机械费	元	—	0.0340	0.0340	0.1020	0.1870

工作内容:清理基层,麻丝嵌缝,铺水磨石预制板,聚乙烯胶泥嵌缝,铺钢板、硬橡胶板。 单位:m

定额编号			07225	07226	07227	07228
项目			楼面变形缝			
			(闽 97J09-1/59)	(闽 97J09-2/59)	(闽 97J09-3/59)	(闽 97J09-4/59)
名称		单位	数量			
人工	综合人工	工日	0.3202	0.4301	0.3702	0.3835
材料	预制水磨石板 500×500	m^2	0.1320	0.1010	—	—
	滑石粉	kg	—	—	0.0220	0.0130
	石膏粉	kg	—	—	0.0030	0.0020
	聚醋酸乙烯乳液	kg	—	—	0.0030	0.0020
	花纹硬橡胶板 20 mm 厚	m^2	—	—	0.1620	0.0950
	镀锌铁丝 22#	kg	0.0040	0.0040	—	0.0100
	膨胀螺栓 M8×80	套	—	2.1000	—	2.1000
	电焊条	kg	—	0.1820	0.1530	0.1820
	铁钉	kg	0.0100	0.0100	0.0100	—
	铁砂布 0～2#	张	0.1370	0.1420	0.1460	0.1470
	棉纱头	kg	0.0010	0.0010	0.0030	0.0020
	麻丝	kg	0.9170	0.9170	0.9170	0.9170
	焊锡	kg	0.0190	0.0200	0.0190	0.0200
	沥青胶泥	kg	0.6640	0.3320	—	—
	大白粉	kg	—	—	0.0020	0.0010
	化学浆糊	kg	—	—	0.0010	—
	氯丁橡胶型胶结剂 202#	kg	—	—	0.0870	0.0510
	水	m^3	0.0035	0.0027	—	—
	锯末	m^3	0.0010	0.0010	—	—
	冷拔低碳钢筋<ϕ5	t	0.0003	0.0003	—	—
	木柴	kg	1.7360	1.7390	1.7360	1.7390
	松木锯材	m^3	0.0055	0.0059	0.0053	0.0059
	镀锌薄钢板 δ0.55	m^2	0.2990	0.3100	0.2990	0.3100
	铁件	kg	—	5.4170	4.5410	5.4170
	调和漆	kg	0.0460	0.0470	0.0460	0.0470
	红丹防锈漆	kg	0.0700	0.0730	0.0700	0.0730
	防腐油	kg	0.0320	0.0330	0.0320	0.0330
	石油沥青 30#	kg	3.6010	3.6010	3.6010	3.6010
	油漆溶剂油 200#	kg	0.0120	0.0120	0.0120	0.0120
	催干剂	kg	0.0010	0.0010	0.0010	0.0010
	盐酸 31%	kg	0.0040	0.0040	0.0040	0.0040

续表 单位:m

定额编号			07225	07226	07227	07228
项目			楼面变形缝			
			(闽 97J09-1/59)	(闽 97J09-2/59)	(闽 97J09-3/59)	(闽 97J09-4/59)
名称		单位	数量			
材料	水泥砂浆 1∶2	m^3	0.0009	0.0007	0.0006	0.0004
	其他材料费	元	0.3500	0.1800	—	—
机械	灰浆搅拌机 200 L	台班	0.0008	—	—	—
	直流弧焊机 32 kW	台班	—	—	0.0162	0.0187
	其他机械费	元	0.0085	0.0085	0.0510	0.0340

工作内容：清理基层、嵌缝，钢板托条制作、安装，硬橡胶切割、安装。 单位:m

定额编号			07229	07230	07231
项目			楼面变形缝		
			(闽 97J09-1、3/60)	(闽 97J09-2、4/60、2、4/61)	(闽 97J09-1/61)
名称		单位	数量		
人工	综合人工	工日	0.3743	0.3847	0.4864
材料	镀锌薄钢板 δ0.55	m^2	0.3310	0.3420	0.3420
	滑石粉	kg	0.0080	0.0040	0.0080
	石膏粉	kg	0.0010	0.0010	0.0010
	聚醋酸乙烯乳液	kg	0.0010	—	0.0010
	大白粉	kg	0.0010	—	0.0010
	花纹硬橡胶板 20 mm 厚	m^2	0.0570	0.0280	0.0570
	膨胀螺栓 M8×80	套	4.2000	4.2000	4.2000
	铁钉	kg	0.0110	0.0110	0.0110
	铁砂布 0～2#	张	0.1540	0.1580	0.1540
	棉纱头	kg	0.0010	0.0010	0.0010
	麻丝	kg	0.7330	0.7330	0.7330
	电焊条	kg	0.1950	0.2160	0.3340
	焊锡	kg	0.0220	0.0220	0.0220
	木柴	kg	1.4140	1.4170	1.4170
	松木锯材	m^3	0.0059	0.0059	0.0059
	铁件	kg	5.7960	6.4310	9.9190
	调和漆	kg	0.0500	0.0520	0.0500
	红丹防锈漆	kg	0.0780	0.0800	0.0780
	防腐油	kg	0.0360	0.0370	0.0370
	石油沥青 30#	kg	2.8790	2.8790	2.8790
	油漆溶剂油 200#	kg	0.0130	0.0140	0.0130
	催干剂	kg	0.0010	0.0010	0.0010
	盐酸 31%	kg	0.0050	0.0050	0.0050
	氯丁橡胶型胶结剂 202#	kg	0.0310	0.0150	0.0310
	水泥砂浆 1∶2	m^3	0.0010	0.0005	0.0010
机械	直流弧焊机 32 kW	台班	0.0204	0.0221	0.0349
	其他机械费	元	0.0510	0.0510	0.0510

工作内容：清理基层，嵌缝，钢板托条制作、安装，硬橡胶板切割、安装。 单位：m

定额编号			07232	07233
项目			楼面变形缝	
			（闽 97J09-1/62）	（闽 97J09-2/62）
名称		单位	数量	
人工	综合人工	工日	0.8655	0.7743
材料	滑石粉	kg	0.0590	0.0300
	石膏粉	kg	0.0090	0.0040
	聚醋酸乙烯乳液	kg	0.0070	0.0040
	花纹硬橡胶板 25 mm 厚	m^2	0.4270	0.2190
	膨胀螺栓 M8×80	套	4.2000	2.1000
	铁钉	kg	0.0130	0.0130
	铁砂布 0～2#	张	0.2060	0.1940
	棉纱头	kg	0.0090	0.0040
	麻丝	kg	2.7500	2.7500
	电焊条	kg	0.3710	0.3160
	焊锡	kg	0.0260	0.0260
	大白粉	kg	0.0060	0.0030
	化学浆糊	kg	0.0010	0.0010
	木柴	kg	5.0630	5.0630
	松木锯材	m^3	0.0073	0.0073
	镀锌薄钢板 δ0.55	m^2	0.3960	0.3960
	铁件	kg	11.0210	9.3840
	调和漆	kg	0.0600	0.0600
	红丹防锈漆	kg	0.0930	0.0930
	防腐油	kg	0.0430	0.0430
	石油沥青 30#	kg	10.8000	10.8000
	油漆溶剂油 200#	kg	0.0160	0.0160
	催干剂	kg	0.0010	0.0010
	盐酸 31%	kg	0.0050	0.0050
	氯丁橡胶型胶结剂 202#	kg	0.2300	0.1170
	水泥砂浆 1：2	m^3	0.0016	0.0005
机械	直流弧焊机 32 kW	台班	0.0383	0.0332
	其他机械费	元	0.0680	0.0340

工作内容：清理基层，埋止水带，砂浆找平，胶泥嵌缝。 单位：m

定额编号			07234
项目			楼面变形缝
			（闽 97J09-4/63）
名称		单位	数量
人工	综合人工	工日	0.2176
材料	橡胶止水带 P04S 型	m	1.0500
	聚氯乙烯胶泥	kg	1.1060
	环氧树脂 E44	kg	0.0300
	丙酮	kg	0.0300
	甲苯	kg	0.0240
	乙二胺	kg	0.0020
	水泥砂浆 1：2	m^3	0.0029
	其他材料费	元	0.5900
机械	其他机械费	元	0.0340

工作内容：清理基层，嵌缝，钢板托条制作、安装。　　单位：m

定额编号			07235	07236	07237
项目			板底变形缝		
			（闽 97J09-5、6/69）	（闽 97J09-3、4/62）	（闽 97J09-1、2、3/63）
名称		单位	数量		
人工	综合人工	工日	0.2356	0.3591	0.1112
材料	镀锌薄钢板 δ0.55	m^2	0.2240	0.3910	0.3290
	铝合金板 2 mm 厚	m^2	0.0505	0.3390	—
	铝合金板 4 mm 厚	m^2	0.1818	—	—
	防火漆	kg	—	0.0500	—
	铁钉	kg	—	0.0026	0.0110
	焊锡	kg	—	0.0100	0.0210
	杉木锯材	m^3	—	0.0013	—
	圆头螺栓 $\phi6\times35$	个	—	4.2000	—
	熟桐油	kg	—	0.0070	—
	铁砂布 0～2#	张	—	—	0.1670
	木柴	kg	—	—	0.0940
	松木锯材	m^3	—	—	0.0059
	防腐油	kg	—	—	0.0350
	催干剂	kg	—	—	0.0010
	电焊条	kg	0.1180	0.1900	—
	铁件	kg	0.8330	1.9760	—
	螺栓 M6	个	4.2000	—	—
	调和漆	kg	0.0084	0.0100	0.0560
	红丹防锈漆	kg	0.0096	0.0840	0.0860
	无光调和漆	kg	0.0096	0.0120	—
	万能胶	kg	0.1500	0.1500	—
	岩棉板 40 mm 厚	m^2	0.0606	0.1460	—
	清油	kg	—	0.0050	—
	油漆溶剂油 200#	kg	0.0078	0.0280	0.0150
	盐酸 31%	kg	—	0.0010	0.0040
	其他材料费	元	0.1900	0.3000	—

工作内容：铺隔离层，预埋木条，防油渗胶泥嵌缝，填膨胀水泥砂浆。　　单位：m

定额编号			07238
项目			防油渗混凝土分隔缝
			（闽 97J09-6/64）
名称		单位	数量
人工	综合人工	工日	0.2128
材料	防油渗胶泥	kg	1.2450
	松木锯材	m^3	0.0014
	膨胀水泥砂浆	m^3	0.0005
	其他材料费	元	0.6600

工作内容：木砖加工及浸油、预埋，清理缝、填塞缝，装钉木或盖板，抹制麻刀灰，贴油毡，熬制沥青玛碲脂，油浸木丝板等。

单位：m

定额编号			07239	07240
项目			伸缩缝镀锌钢板盖板	
			内墙面	外墙面
名称		单位	数量	
人工	综合人工	工日	0.0760	0.1988
材料	镀锌薄钢板 δ0.45	m^2	0.2600	0.2600
	铁钉	kg	0.0030	0.0030
	麻丝	kg	—	0.6000
	焊锡	kg	0.0080	0.0080
	木柴	kg	—	0.6000
	杉木锯材	m^3	0.0024	0.0024
	防腐油	kg	0.0300	0.0300
	石油沥青 30#	kg	—	2.0000
	其他材料费	元	0.0100	0.0100

工作内容：氯丁橡胶片止水带：洗缝，隔纸，止水带安装。预埋式紫铜板止水片：铜板剪裁、焊接成型、铺设。

单位：m

定额编号			07241	07242
项目			氯丁橡胶片止水带	预埋式紫铜板止水片
名称		单位	数量	
人工	综合人工	工日	0.0342	0.2470
材料	氯丁橡胶片 2 mm 厚	m^2	0.3200	—
	氯丁橡胶浆	kg	0.6100	—
	水泥 32.5	kg	0.0910	—
	绿豆沙(粒砂)	m^3	0.0016	—
	牛皮纸	m^2	0.0590	—
	乙酸乙酯	kg	0.2300	—
	三异氰酸酯	kg	0.0910	—
	铜焊条	m	—	0.1400
	紫铜板 2 mm 厚	kg	—	8.1100
机械	剪板机 20×2500	台班	—	0.0009
	交流弧焊机 功率 30 kV·A	台班	—	0.0060

工作内容：清理基层、刷胶底，贴一布二涂氯丁胶粘贴玻璃纤维布。

单位：m

定额编号			07243	07244
项目			氯丁胶贴玻璃纤维布止水片	
			湿基层	干基层
名称		单位	数量	
人工	综合人工	工日	0.0466	0.0466
材料	网络玻璃纤维布	m^2	0.9500	0.9500
	绿豆砂(粒砂)	m^3	0.0018	0.0018
	氯丁橡胶浆	kg	1.1700	1.3600
	环氧树脂 600#	kg	0.1400	—

续表　　单位：m

定额编号			07243	07244
项目			氯丁胶贴玻璃纤维布止水片	
			湿基层	干基层
名称		单位	数量	
材料	乙酸乙酯	kg	0.1500	0.1500
	聚酰胺 300# 低分子	kg	0.0290	—
	三异氰酸酯	kg	0.1800	0.2000
	水泥 32.5	kg	0.0700	0.0300

工作内容：清理、涂胶、安装。　　单位：m

定额编号			07245	07246	07247	07248	07249
项目			预埋式止水带		女儿墙泛水		预埋式钢板
			橡胶	塑料	镀锌铁皮	铝合金	止水带
名称		单位	数量				
人工	综合人工	工日	0.1045	0.1045	0.0513	0.0513	0.2470
材料	橡胶止水带 P04S 型	m	1.0500	—	—	—	—
	塑料止水带	m	—	1.0500	—	—	—
	镀锌薄钢板 δ0.45	m^2	—	—	0.1580	—	—
	红丹防锈漆	kg	—	—	0.0330	—	—
	铝合金压条 30×3	m	—	—	—	1.0500	—
	钢板 δ3～4	kg	—	—	—	—	12.3640
	电焊条	kg	—	—	—	—	0.1400
	射钉	百个	—	—	0.0280	0.0280	—
	密封膏	支	—	—	0.0040	0.0040	—
	杉木锯材	m^3	—	—	0.0010	0.0010	—
	环氧树脂 E44	kg	0.0300	0.0300	—	—	—
	丙酮	kg	0.0300	0.0300	—	—	—
	甲苯	kg	0.0240	0.0240	—	—	—
	乙二胺	kg	0.0024	0.0024	—	—	—

工作内容：清理基层，固定止水带。　　单位：m

定额编号			07250	07251	07252
项目			施工缝止水带		
			(闽 97J101-1、2/6)	(闽 97J101-3、4/6)	(闽 97J101-1/7)
名称		单位	数量		
人工	综合人工	工日	0.0380	0.0380	0.0380
材料	氯丁橡胶止水带	kg	0.5000	0.5000	—
	密封油膏(塑料油膏)	kg	0.4400	—	—
	镀锌铁丝 18#	kg	—	0.0200	—
	遇水膨胀止水腻子条	m	—	—	1.1000
	水泥钉	百个	—	—	0.0300
	水泥砂浆 1∶2	m^3	—	—	0.0060

工作内容：清理基层，固定止水带。　　单位：m

定额编号			07253	07254
项目			施工缝止水带	
			（闽 97J101-2、3/7）	（闽 97J101-1、2/9）
名称		单位	数量	
人工	综合人工	工日	0.0380	0.1045
材料	氯丁橡胶止水带	kg	0.5500	—
	遇水膨胀止水腻子条	m	1.1000	—
	镀锌铁丝 22#	kg	0.0017	—
	水泥钉	百个	0.0300	—
	复合型带钢边橡胶止水带	kg	—	0.5500
	电焊条	kg	—	0.0500
	冷拔低碳钢筋<ϕ5	t	—	0.1600

工作内容：清理基层，固定止水带。　　单位：m

定额编号			07255	07256	07257
项目			变形缝止水带		
			（闽 97J101-1/10）	（闽 97J101-2/10）	（闽 97J101-1/11、2/11）
名称		单位	数量		
人工	综合人工	工日	0.1045	0.1045	0.2945
材料	橡胶止水带 P04S 型	m	1.1000	—	—
	密封油膏（塑料油膏）	kg	0.6600	0.8800	—
	氯丁橡胶止水带	kg	—	0.5000	0.5000
	遇水膨胀橡胶条 ϕ30	m	—	1.0000	1.1000
	浸乳化沥青木丝板 30～40	m	—	0.2000	—
	聚氯乙烯（塞缝用）	m^3	—	—	0.0075
	镀锌铁丝 18#	kg	—	—	0.0200
	圆钢筋	kg	1.3100	—	4.7100

工作内容：清理基层，固定止水带。　　单位：m

定额编号			07258	07259	07260
项目			变形缝止水带		
			（闽 97J101-1/12）	（闽 97J101-2/12）	（闽 97J101-3/12）
名称		单位	数量		
人工	综合人工	工日	0.2426	0.1001	0.3661
材料	塑料止水带	m	1.0200	2.0500	—
	氯丁橡胶止水带	kg	—	1.1100	1.1000
	镀锌铁丝 18#	kg	—	—	0.0300
	圆钢筋	kg	19.5400	19.5400	19.5400
	沥青木丝纤维板	m^2	0.3200	—	—
	密封油膏（塑料油膏）	kg	0.0002	—	—
	浸乳化沥青木丝板 30～40	m	—	0.3100	0.4200
	普通混凝土 C20 碎石 20 mm 塌落度 30～50 mm	m^3	0.7300	0.3000	0.1650
	水泥钉	百个	—	0.1320	—

工作内容：清理基层，固定止水带。　　单位：m

定额编号			07261	07262
项目			后浇缝止水带	
			(闽 97J101-1、2/15)	(闽 97J101-3/15，1/16)
名称		单位	数量	
人工	综合人工	工日	0.0855	0.8550
材料	遇水膨胀止水腻子条	m	2.0000	—
	橡胶止水带 P04S 型	m	—	2.0500
	水泥钉	百个	0.0670	—
	密封油膏(塑料油膏)	kg	—	0.5000
	杉木锯材	m^3	0.0013	0.0013

工作内容：清理基层，固定止水带。　　单位：m

定额编号			07263	07264
项目			后浇缝止水带	基础外墙后浇缝处理
			(闽 97J101-4/15)	(闽 97J101-1/17)
名称		单位	数量	
人工	综合人工	工日	0.1045	0.5225
材料	橡胶止水带 P04S 型	m	2.0500	—
	镀锌铁丝 18#	kg	1.2000	—
	密封油膏(塑料油膏)	kg	—	1.3200
	螺栓 M10×100	个	—	4.0000
	水泥砂浆 1∶2	m^3	—	0.0360
	素水泥浆	m^3	—	0.0018
	无机盐铝防水剂	kg	—	2.4000
	其他材料费	元	—	24.3900
机械	灰浆搅拌机 200 L	台班	—	0.0052

工作内容：清理缝隙，预埋木砖，嵌油膏，铺卷材，盖缝；安装预制块，粉刷砂浆，填缝。　　单位：m

定额编号			07265	07266
项目			屋面、檐沟、天沟、变形缝	高低层屋面变形缝
			(闽 93J01-1/11，4/14，1、2/15)	(闽 93J01-1、2、4/13)
名称		单位	数量	
人工	综合人工	工日	0.4040	0.3890
材料	镀锌薄钢板 δ0.45	m^2	0.9070	0.8820
	麻丝	kg	1.2210	0.3670
	油毡 350 g	m^2	1.1400	1.1630
	密封油膏(塑料油膏)	kg	—	0.8800
	红砖 240×115×53	块	—	1.6540
	木柴	kg	2.2000	0.6600
	松木锯材	m^3	0.0165	0.0198
	红丹防锈漆	kg	0.2380	0.2310
	防腐油	kg	0.0980	0.0950
	石油沥青 30#	kg	4.7950	1.4410
	水泥砂浆 1∶2	m^3	—	0.0020
	水	m^3	—	0.0008

工作内容：清理缝隙，预埋木砖，嵌油膏，铺卷材，盖缝；安装预制块，粉刷砂浆，填缝。 单位：m

定额编号			07267
项目			高低层屋面变形缝、抗震缝（闽 93J01-5/13,1/14）（碎石）
名称		单位	数量
人工	综合人工	工日	0.5977
材料	镀锌薄钢板 δ0.45	m^2	0.2390
	麻丝	kg	0.3900
	油毡 350 g	m^2	0.9120
	密封油膏（塑料油膏）	kg	0.8800
	水	m^3	0.1250
	木柴	kg	0.7100
	松木锯材	m^3	0.0093
	圆钢筋	kg	0.0010
	红丹防锈漆	kg	0.0630
	防腐油	kg	0.0260
	石油沥青 30#	kg	2.3050
	普通混凝土 C20 碎石 40 mm 塌落度 30～50 mm	m^3	0.0325
	水泥砂浆 1∶2	m^3	0.0066

工作内容：清理缝隙，预埋木砖，嵌油膏，铺卷材，盖缝；安装预制块，粉刷砂浆，填缝。 单位：m

定额编号			07268	07269	07270
项目			屋面变形缝		高低层屋面变形缝
			（闽 93J01-2/14）	（闽 93J01-3/14）	（闽 93J01-3、4/16）
名称		单位	数量		
人工	综合人工	工日	0.6384	1.3290	0.2242
材料	红砖 240×115×53	块	71.5200	143.0400	—
	镀锌薄钢板 δ0.45	m^2	0.2390	0.2390	0.1510
	圆钢筋	kg	—	0.0010	—
	射钉	百个	—	—	0.0300
	密封油膏（塑料油膏）	kg	—	—	2.6400
	麻丝	kg	0.7300	0.7300	—
	水	m^3	0.0470	0.2170	—
	木柴	kg	1.3200	1.3200	—
	石油沥青 30#	kg	2.8700	2.8700	—
	水泥砂浆 1∶2	m^3	0.0510	0.1020	—
	油毡 350 g	m^2	0.8550	0.8550	0.6840
	松木锯材	m^3	0.0046	0.0053	0.0008
	红丹防锈漆	kg	0.0630	0.0630	0.0390
	防腐油	kg	0.0260	0.0260	0.0160

工作内容：清理缝隙，嵌油膏，铺卷材。 单位：m

定额编号			07271	07272
项目			卷材屋面分格缝	架空隔热层屋面分格缝
			（闽 93J01-1、2/5,4/6）	（不上人）（闽 93J01-3/5）
名称		单位	数量	
人工	综合人工	工日	0.0380	0.1178
材料	油毡 350 g	m^2	0.2510	0.2510
	密封油膏（塑料油膏）	kg	0.5870	1.9070
	木柴	kg	0.1800	0.5850

工作内容：清理缝隙，嵌油膏，铺卷材。　　单位：m

定　额　编　号			07273	07274
项　目			预制大型屋面板屋脊、板间分格缝	屋面分格缝（上人）
			（闽 93J01-3、4、5/10）	（闽 93J01-1、2、3/6）
名　称		单位	数　量	
人工	综合人工	工日	0.0390	0.0741
材料	油毡 350 g	m^2	0.3420	0.2510
	密封油膏（塑料油膏）	kg	0.5870	1.1740
	木柴	kg	0.1800	0.3600

工作内容：预埋木砖，钉封口线，砌筑挡水线，抹灰，嵌油膏。　　单位：m

定　额　编　号			07275
项　目			女儿墙内天沟泛水
			（闽 93J01-1、2/10，2/11，3/13，1、2/16）
名　称		单位	数　量
人工	综合人工	工日	0.7068
材料	红砖 240×115×53	块	154.9430
	密封油膏（塑料油膏）	kg	0.4400
	水	m^3	0.0470
	杉木锯材	m^3	0.0029
	水泥砂浆 1∶2	m^3	0.0610
	其他材料费	元	0.0400

二十八、湖南省建筑工程预算定额

（2004年定额防水工程部分）

一、屋面涂膜防水

工作内容：整理基层，涂刮建筑胶防水涂料，铺设玻璃布等全部操作过程。　　　　单位：100 m²

定额编号					B-107	B-108
项目					屋面涂膜防水	
					一布三涂	每增加一布二涂
名称		代号	单位	单价	数量	
基价		—	元	—	1008.36	736.73
其中	人工费	—	元	—	134.75	89.83
	材料费	—	元	—	792.23	590.95
	机械费	—	元	—	81.38	55.95
综合人工			工日	19.70	6.84	4.56
材料	建筑胶防水涂料	—	kg	4.50	130	86
	玻璃布厚0.2 mm		m²	1.67	119	119
	其他材料费		元	—	8.50	0.22
机械	垂直运输机械		台班	254.30	0.32	0.22

二、聚合物防水砂浆

工作内容：清理基层，配料，涂膜附加层，凿槽嵌缝，涂膜防水层，收头、封口，墙面砂浆打底。

单位：100 m²

定额编号					B-109	B-110
项目					聚合物防水砂浆	
					卫（厕）生间（三遍）	外墙面（二遍）
名称		代号	单位	单价	数量	
基价		—	元	—	4031.28	2481.49
其中	人工费	—	元	—	316.58	308.11
	材料费	—	元	—	3612.98	2059.31
	机械费	—	元	—	101.72	114.05
综合人工			工日	19.70	16.07	15.64
RD聚乙烯丙纶复合卷材300 g			m²	17.00	33.30	—
R4聚合物防水砂浆（成品）			kg	7.00	425.00	248.00
水			m³	0.89	1.16	1.16
1∶3水泥砂浆			m³	162.01	—	1.74
其他材料费			元		70.84	40.38
砂浆搅拌机			台班	42.51	—	0.29
垂直运输机械			台班	254.30	0.40	0.40

注：采用R4聚合物防水砂浆粘贴外墙面砖者，按相应的黏结剂粘贴项目执行，用R4聚合物防水砂浆替代XT907黏合剂。

三、聚乙烯丙纶复合卷材

工作内容：清理基层，刷底胶及附加层，铺贴卷材，接缝搭口、收头、封口。　　　　　单位：平方米

定额编号					B-111	B-112
项目					聚乙烯丙纶复合卷材	
					卫(厕)生间	防水
名称		代号	单位	单价	数量	
基价		—	元	—	3141.25	4122.82
其中	人工费	—	元	—	343.17	222.41
	材料费	—	元	—	2747.22	3849.55
	机械费	—	元	—	50.86	50.86
综合人工			工日	19.70	17.42	11.29
RD聚乙烯丙纶复合卷材 300 g			m^2	17.00	119.00	—
RD聚乙烯丙纶复合卷材 500 g			m^2	26.50	—	124.17
水泥 42.5 级			kg	0.28	464.00	303.00
黏结专用胶			kg	1.46	46.0	40.74
水			m^3	0.89	1.16	1.16
R4 聚合物防水砂浆(成品)			kg	7.00	63.63	47.62
其他材料费			元		80.70	80.35
垂直运输机械			台班	254.30	0.20	0.20

注：1. 不同质量的RD聚乙烯丙纶复合卷材参考价为：600 g 的 28.50 元/m^2；400 g 的 18 元/m^2。

2. 地下室防水其墙面高度超过 500 mm，以及底板为有梁板者，其人工乘以 1.2 的系数。梁的侧面按展示面积计算并入相应的底板内。

3. 屋面做聚乙烯丙纶复合卷材者，按补充项目 B-058 执行，材质不同者，可以换算。

四、预注双浆液、预注单浆液

工作内容：液浆制作、运料、压浆、检查、堵孔。　　　　　单位：10 m^3

定额编号					B4-5	B4-6
项目			单位	单价(元)	预注双浆液	预注单浆液
基价			元		9511.33	7026.82
其中	人工费	代号	元		416.79	416.79
	材料费		元		7608.82	5124.31
	机械费		元		1485.72	1485.72
人工	合计		工日	15.61	26.70	26.70
材料	高压球阀	1221	个	499.56	0.06	0.06
	高压胶管 $\phi 50$	744	m	31.21	1.27	1.27
	高压胶管接头	765	个	1.96	0.13	0.13
	缓凝剂	1726	kg	15.76	125.46	125.46
	水泥 52.5 级	987	t	420.00	6.273	—
	水泥 42.5 级	1004	t	360.00	—	8.364
	水玻璃	1674	t	740.00	3.866	—
	水	1673	t	0.43	22.00	22.00
	其他材料费	1701	元	1.25	45.40	45.40
机械	400 L 砂浆搅拌机	2111	台班	34.65	2.67	2.67
	140 L/min 注浆泵	2308	台班	359.30	2.67	2.67
	其他机械费	2282	元	1.25	347.10	347.10

五、塑料防水板

工作内容：搭拆工作平台，切割锚杆头，材料运输，钻眼钉锚，铺设，焊接。　　　　单位：10 m^2

定额编号					B4-7	B4-8
项目			单位	单价（元）	塑料防水板（板厚 mm）	
					1.0	1.5
基价			元		273.27	348.85
其中	人工费	代号	元		6.71	6.71
	材料费		元		248.20	323.78
	机械费		元		18.36	18.36
人工	合计		工日	15.61	0.43	0.43
材料	锯材	349	m^3	1633.96	0.001	0.001
	工字钢	20	kg	5.66	6.77	6.77
	角钢	22	kg	3.46	8.30	8.30
	聚氯乙烯软板 $\delta=1$	724	kg	12.95	13.12	—
	聚氯乙烯软板 $\delta=1.5$	726	kg	12.48	—	19.67
	其他材料	1701	元	1.25	7.70	7.70
机械	交流电焊机 30 kVA	2186	元/台班	59.23	0.31	0.31

六、瓷质地砖

工作内容：清理基层，抹结合层砂浆，贴地砖，擦缝，清洁表面。　　　　单位：100 m^2

定额编号					B-053	
项目					瓷质地砖（周长大于 2400）	
名称		代号	单位	单价	数量	合价
基价		—	元	—	14010.61	
其中	人工费	—	元	—	459.01	
	材料费	—	元	—	13426.94	
	机械费	—	元	—	124.66	
综合人工			工日	19.70	23.30	459.01
材料	地面砖 800×800		m^2	125.00	102.00	12750.00
	水泥 107 胶 1∶0.075∶0.2		m^3	672.28	0.30	201.68
	水泥砂浆 1∶3		m^3	162.09	2.53	410.09
	素水泥浆		m^3	425.22	0.10	42.52
	白水泥		kg	0.53	10.00	5.30
	水		m^3	0.89	2.60	2.31
	其他材料		元		—	15.04
机械	灰浆搅拌机		台班	42.51	0.42	17.85
	垂直运输机械		台班	254.30	0.42	106.81

七、铝合金防水卷材

工作内容：运料、准备，卷材铺放、焊接，周边收口等工作。　　单位：100 m²

定额编号					B-054	
项目					PSS 铝合金防水卷材屋面	
名称		代号	单位	单价	数量	合价
基价		—	元	—	7981.83	
其中	人工费	—	元	—	163.90	
	材料费	—	元	—	7767.07	
	机械费	—	元	—	50.86	
综合人工			工日	19.70	8.32	163.90
材料	PSS 铝合金卷材(0.50 mm 厚)		m²	65.00	106.90	6948.50
	焊剂(专用)		kg	6.55	2.66	17.42
	玻璃胶(350 g/支)		支	16.80	4.00	67.20
	精锡焊丝		kg	51.00	11.45	583.95
	其他材料费		元	—	—	150.00
机械	垂直运输机械		台班	254.30	0.20	50.86

注：工程量计算按屋面卷材相应规定进行。

八、RG 防水涂料防水

工作内容：1. 清洗基层，配制防水涂料，涂刷，贴无纺布。

2. 卫生间包括 G 型聚合物砂浆底涂防水层。　　单位：100 m²

定额编号					B-055	B-056	B-057
项目					RG 防水涂料		
					屋面		卫生间
					一布六涂	二布七涂	
名称		代号	单位	单价	数量		
基价		—	元	—	3170.65	3571.42	3292.44
其中	人工费	—	元	—	203.70	244.48	316.58
	材料费	—	元	—	2916.09	3265.91	2874.14
	机械费	—	元	—	50.86	61.03	101.72
综合人工			工日	19.70	10.34	12.41	16.07
材料	RG 屋面料		kg	8.90	96.00	104.00	—
	RG 堵漏料		kg	8.90	—	—	239.00
	RG 乳液		kg	13.50	144.00	156.00	55.00
	30 g 无纺布		m²	0.98	119.00	238.00	—
	过筛细砂		m³	23.00	—	—	0.12
	水		m³	0.89	1.20	1.20	2.00
机械	垂直运输机械		台班	254.30	0.20	0.24	0.40

注：1. 一布六涂总厚度不小于 2 mm，二布七涂总厚度不小于 2.5 mm。

2. 本定额 X 布 X 涂，其“X 涂”指遍数。

3. ±0.000 以下防水参照屋面二布七涂项目执行。

九、聚乙烯丙纶复合卷材防水

工作内容：找平层嵌缝，刷聚氨酯涂膜附加层，用掺胶水泥浆贴卷材，聚氨酯胶接缝搭接。　单位：100 m^2

定额编号					B-058	
项目					聚乙烯丙纶复合卷材(KFS)屋面	
名称		代号	单位	单价	数量	合价
基价		—	元	—	3485.71	
其中	人工费	—	元	—	105.99	
	材料费	—	元	—	3328.86	
	机械费	—	元	—	50.86	
综合人工			工日	19.70	5.38	105.99
材料	聚乙烯丙纶复合卷材(KFS)		m^2	17.00	110.55	1879.35
	素水泥浆		m^3	425.22	0.15	63.78
	107胶		kg	1.46	11.38	16.61
	乙酸乙酯		kg	20.12	5.05	101.61
	CSPE嵌缝油膏(330 mL)		支	9.20	48.96	450.43
	聚氨酯甲料		kg	17.77	19.06	338.70
	聚氨酯乙料		kg	16.75	28.56	478.38
机械	垂直运输机械		台班	254.30	0.20	50.86

注：聚乙烯丙纶复合卷材是主材，允许单项调整材料价差。

十、保温隔热

工作内容：清扫基层，粉抹保温层，搅拌、粉抹混合保护层。　单位：100 m^2

定额编号					B-059	
项目					屋面海泡石保温隔热层	
名称		代号	单位	单价	数量	合价
基价		—	元	—	4891.07	
其中	人工费	—	元	—	202.32	
	材料费	—	元	—	4600.58	
	机械费	—	元	—	88.17	
综合人工			工日	19.70	10.27	202.32
材料	海泡石保温隔热材料		m^3	1600.00	2.84	4544.00
	水泥 42.5级		kg	0.28	190.00	53.20
	水		m^3	0.89	3.80	3.38
机械	砂浆搅拌机		台班	42.51	0.10	4.25
	垂直运输机械		台班	254.30	0.33	83.92

注：1. 海泡石保温隔热材料用量系指单位面积内干硬状态下的用量。

2. 本材料价格由长沙高新技术产业开发区新型保温材料厂提供，实际价格与本定额取定价不同者，允许调整。

十一、外墙面砖零星项目补充定额

工作内容：1. 清理修补基层表面，打底抹灰，砂浆找平。

2. 选料，抹结合层砂浆，贴面砖，擦缝，清洁表面。

单位：100 m^2

定额编号					B-060	B-061	B-062
项目					零星项目(砂浆粘贴)		
					面砖密缝	面砖灰缝	
						10 mm 内	20 mm 内
名称		代号	单位	单价	数量		
基价		—	元	—	4590.46	4531.46	4251.72
其中	人工费	—	元	—	1416.43	1720.40	1718.83
	材料费	—	元	—	3017.16	2652.92	2373.90
	机械费	—	元	—	156.87	158.14	158.99
综合人工			工日	19.70	71.90	87.33	87.25
材料	水泥砂浆 1∶3		m^3	162.09	1.85	1.85	1.85
	水泥砂浆 1∶1		m^3	244.11	—	0.18	0.31
	水泥胶浆 1∶0.075∶0.2		m^3	672.28	0.43	0.43	0.43
	素水泥浆		m^3	425.22	0.10	0.10	0.10
	XT907 胶		kg	12.10	17.70	14.65	12.33
	面砖 150×75		千块	210.97	10.24	8.48	7.14
	107 胶		kg	1.46	2.48	2.48	2.48
	棉纱头		kg	5.68	1.12	1.12	1.12
	水		m^3	0.89	1.36	1.39	1.41
机械	灰浆搅拌机 200 L		台班	42.51	0.40	0.43	0.45
	垂直运输机械		台班	254.30	0.55	0.55	0.55

十二、瓦、板屋面

工作内容：1. 调制砂浆、运瓦、盖瓦、盖脊、抹梢头。

2. 西班牙瓦：清理修补基层、打底抹灰，选料、镶贴面层，修嵌缝隙及调运砂浆，清洁表面。

单位：100 m^2

定额编号				10001	10002	10003	10004
项目				水泥瓦	黏土瓦	小青瓦	西班牙瓦(搭接式)
				屋面板上或椽子挂瓦条上铺设		椽子上铺设	
名称		单位	单价	数量			
基价		元		988.96	817.04	1326.78	6555.50
其中	人工费	元		132.98	132.98	235.61	1605.94
	材料费	元		789.01	624.72	1007.66	4835.07
	机械费	元		66.97	59.34	83.51	114.49

续表

单位：100 m²

定额编号				10001	10002	10003	10004
项目				水泥瓦	黏土瓦	小青瓦	西班牙瓦（搭接式）
				屋面板上或椽子挂瓦条上铺设		椽子上铺设	
名称		单位	单价	数		量	
综合人工		工日	19.70	6.75	6.75	11.96	81.52
材料	水泥脊瓦 460×190	千块	575.24	0.03	—	—	—
	水泥平瓦 385×235	千块	442.00	1.70	—	—	—
	黏土脊瓦	千块	342.17	—	0.03	—	—
	黏土瓦 380×240	千块	355.74	—	1.67	—	—
	黏土小青瓦 120×190	千块	62.52	—	—	15.35	—
	西班牙瓦 200×200	千块	1380.00	—	—	—	2.956
	水泥砂浆 1∶2.5	m³	185.05	0.11	0.11	—	2.88
	混合砂浆 1∶1∶4	m³	154.78	—	—	0.31	—
	水泥 107 胶	m³	672.28	—	—	—	0.20
	石料切割锯片	片	60.00	—	—	—	1.34
	棉纱头	kg	5.68	—	—	—	1.00
	水	m³	0.89	—	—	—	2.60
机械	灰浆搅拌机 200 L	台班	42.51	0.02	0.02	0.05	0.48
	垂直运输机械	台班	254.30	0.26	0.23	0.32	0.37

注：1. 水泥瓦或黏土瓦如果穿铁丝钉铁钉，每 100 m 檐口增加 2.2 工日，20# 铁丝 0.7 kg，铁钉 0.49 kg（合计 48.70 元）。

2. 西班牙瓦规格不同时可以换算，人工不变。

3. 西班牙瓦如采用拼接粘贴时，定额乘系数 0.9 计算。

工作内容：1. 清理基层，铺方陶，防水砂浆嵌缝，水泥砂浆盖缝。

2. 复合板隔热屋面，电热板加热接缝，净面。

3. 调制砂浆，铺板，嵌缝，净面。

单位：100 m²

定额编号				10014	10015	10016
项目				方陶复合屋面	复合板防水隔热屋面	
					隔热装饰板	陶瓷隔热装饰纹
名称		单位	单价	数	量	
基价		元		12670.27	6422.68	9482.68
其中	人工费	元		758.65	230.29	230.29
	材料费	元		11832.79	6131.36	9191.36
	机械费	元		78.83	61.03	61.03

续表 单位:100 m^2

定额编号				10014	10015	10016
项目				方陶复合屋面	复合板防水隔热屋面	
					隔热装饰板	陶瓷隔热装饰纹
名称		单位	单价	数量		
综合人工		工日	19.70	38.51	11.69	11.69
材料	方陶复合屋面板	m^2	108.00	102.36	—	—
	方陶复合屋面角板	m	12.00	40.00	—	—
	复合防水隔热装饰板	m^2	60.00	—	102.00	—
	陶瓷复合防水隔热装饰板	m^2	90.00	—	—	102.00
	水泥砂浆 1∶2.5	m^3	185.05	0.435	—	—
	塑料油膏	kg	1.06	237.00	—	—
	棉纱头	kg	5.68	—	2.00	2.00
	防水粉	kg	1.30	3.90	—	—
机械	垂直运输机械	台班	254.30	0.31	0.24	0.24

十三、卷材屋面

工作内容:1. 清理基层,找平层分格缝嵌油膏,防水薄弱处刷涂膜附加层。

2. 刷底胶,铺贴卷材,接缝嵌油膏、做收头。

3. 涂刷着色剂保护层三遍。 单位:100 m^2

定额编号				10025	10026	10027	10028
项目				三元乙丙橡胶卷材冷贴			
				满铺	空铺	点铺	条铺
名称		单位	单价	数量			
基价		元		6295.61	5613.07	5695.14	5785.45
其中	人工费	元		181.63	159.77	181.63	181.63
	材料费	元		6088.55	5427.87	5488.08	5578.39
	机械费	元		25.43	25.43	25.43	25.43
综合人工		工日	19.70	9.22	8.11	9.22	9.22
材料	三元乙丙橡胶卷材	m^2	28.70	110.55	112.85	112.85	112.85
	铁钉	kg	5.37	0.23	0.23	0.23	0.23
	圆钢Ⅰ级 ϕ10 以内	kg	2.67	4.38	4.38	4.38	4.38

续表　　单位：100 m²

定额编号				10025	10026	10027	10028
项目				三元乙丙橡胶卷材冷贴			
				满铺	空铺	点铺	条铺
名称		单位	单价	数量			
材料	银色着色剂	kg	18.42	20.20	20.20	20.20	20.20
	聚氨酯(甲料)	kg	17.77	16.21	16.21	16.21	16.21
	聚氨酯(乙料)	kg	16.75	31.13	31.13	31.13	31.13
	乙酸乙酯	kg	20.12	5.05	5.05	5.05	5.05
	二甲苯	kg	3.35	27.00	27.00	27.00	27.00
	CSPE 嵌缝油膏 330 mL	支	9.20	50.28	50.28	50.28	50.28
	丁基黏结剂	kg	12.46	9.56	11.85	11.85	11.85
	黏结剂 CX-404	kg	23.52	40.00	7.89	10.45	14.29
	107 胶浆素水泥	m³	672.28	0.01	0.01	0.01	0.01
机械	垂直运输机械	台班	254.30	0.10	0.10	0.10	0.10

工作内容：1. 防水柔毡，清扫基层，熔化黏胶，涂刷黏胶，铺贴柔毡，收头撒白石子保护层。

2. 聚氯乙烯卷材铝合金压条，清理基层，铺卷材，铺压条，射钉上嵌密封膏收头。

单位：100 m²

定额编号				10029	10030	10031	10032
项目				防水柔毡			聚氯乙烯防水卷材空铺
				热贴满铺			
				二胶一毡一砂	一胶一毡	每增一胶一毡	
名称		单位	单价	数量			
基价		元		3042.48	2367.17	1421.90	5572.94
其中	人工费	元		118.20	83.92	61.07	1741.48
	材料费	元		2786.96	2232.39	1309.97	3780.60
	机械费	元		137.32	50.86	50.86	50.86
综合人工		工日	19.70	6.00	4.26	3.10	88.40
材料	防水柔毡	m²	7.98	126.15	126.15	110.15	—
	PVC 防水卷材	m²	14.88	—	—	—	130.00
	射钉	百个	4.70	—	—	—	5.27
	铁钉	kg	5.37	0.23	0.23	—	—
	木柴	kg	0.34	219.82	129.62	90.20	—
	圆钢Ⅰ级 $\phi10$ 以内	kg	2.67	4.38	4.38	—	—
	白石子	kg	0.16	772.50	—	—	—
	铝合金压条 330 mm	m	6.70	—	—	—	105.00
	乙酸乙酯	kg	20.12	5.05	5.05	—	—
	二甲苯	kg	3.35	25.25	25.25	—	—

续表

单位:100 m²

定额编号				10029	10030	10031	10032
项目				防水柔毡			聚氯乙烯防水卷材空铺
				热贴满铺			
				二胶一毡一砂	一胶一毡	每增一胶一毡	
名称		单位	单价	数量			
材料	CSPE 嵌缝油膏 330 mL	支	9.20	50.28	50.28	—	—
	密封膏	支	14.74	—	—	—	13.00
	黏胶	kg	1.25	730.82	410.58	320.24	—
	303 胶	kg	16.78	—	—	—	45.00
	107 胶浆素水泥	m³	672.28	0.01	0.01	—	—
	其他材料费	元	1.00	—	—	—	171.21
机械	垂直运输机械	台班	254.30	0.54	0.20	0.20	0.20

工作内容:1. 热贴满铺:清理基层,找平层分格缝嵌油膏,防水薄弱部位贴附加层,熬底胶,铺贴卷材,涂胶撒铺白石子,接缝嵌油膏做收头。

2. 热熔满贴:清理基层,找平层分格缝嵌油膏,涂刷冷底子油,熔化卷材,铺贴附加层,防水层卷材,收缝收头。

单位:100 m²

定额编号				10033	10034	10035
项目				石油沥青改性卷材		
				热贴满铺		热熔满贴(单层)
				一胶一毡	二胶一毡一砂	
名称		单位	单价	数量		
基价		元		3320.89	4435.78	3170.75
其中	人工费	元		73.89	157.80	215.91
	材料费	元		3196.94	4140.66	2903.98
	机械费	元		50.86	137.32	50.86
综合人工		工日	19.70	3.71	8.01	10.96
材料	SBS 改性沥青卷材	m²	20.00	120.63	120.63	123.19
	SBS 油膏	kg	4.21	24.09	24.09	25.67
	SBS 黏胶	kg	2.67	180.06	471.52	16.81
	冷底子油 30:70	kg	2.77	48.96	48.96	48.96
	白石子	kg	0.16	—	822.00	—
	铁钉	kg	5.37	0.23	0.23	0.23
	汽油	kg	2.85	5.05	5.05	43.50
	107 胶浆素水泥	m³	672.28	0.01	0.01	0.01
	木柴	kg	0.34	95.45	195.45	23.31
	圆钢 $\phi 6$	kg	2.68	4.38	4.38	4.38
机械	垂直运输机械	台班	254.30	0.20	0.54	0.2

注:如采用 APP 高聚沥青卷材者,"SBS"聚酯胎改性沥青卷材、"SBS"油膏、"SBS"黏胶可用"APP"替换。

十四、涂膜屋面

工作内容：1. 屋面满涂油膏：油膏加热，屋面满涂油膏。

2. 板嵌缝：油膏加热，板缝嵌油膏。

定额编号				10036	10037	10038
项目				屋面满涂塑料油膏	塑料油膏嵌缝	
				厚 4 mm	空心板	大型屋面板
				100 m^2	100 m	
名称		单位	单价	数量		
基价		元		779.19	211.65	258.91
其中	人工费	元		56.34	65.21	65.60
	材料费	元		682.16	138.81	180.59
	机械费	元		40.69	7.63	12.72
综合人工		工日	19.70	2.86	3.31	3.33
材料	塑料油膏	kg	1.06	585.12	119.07	154.91
	木柴	kg	0.34	182.16	37.07	48.22
机械	垂直运输机械	台班	254.30	0.16	0.03	0.05

注：嵌缝取定纵缝断面：空心板 7.5 cm^2，大型屋面板 9 cm^2，设计断面与定额取定断面不同，以纵断面比例调整人工、材料数量。

工作内容：1. 塑料油膏玻璃纤维布：包括刷冷底子油，找平层分格缝嵌油膏，贴防水附加层，铺贴玻璃纤维布，表面撒粒砂保护层。

2. 屋面分格缝：支座处干铺油毡一层，清理缝，熬制油膏，油膏灌缝，沿缝上做二毡三油一砂。

定额编号				10039	10040	10041
项目				塑料油膏玻璃纤维布		屋面分格缝
				一布二油	每增加一布一油	
				100 m^2		100 m
名称		单位	单价	数量		
基价		元		1244.17	563.23	2434.02
其中	人工费	元		67.97	42.75	195.03
	材料费	元		1125.34	479.79	2175.41
	机械费	元		50.86	40.69	63.58
综合人工		工日	19.70	3.45	2.17	9.90
材料	玻璃纤维布 1.2 m	m^2	0.90	120.45	112.18	—
	石油沥青油毡 50 g	m^2	3.00	—	—	232.10
	塑料油膏	kg	1.06	872.26	324.94	303.68
	冷底子油 30：70	m^3	2.77	—	—	38.85
	石油沥青玛碲脂	m^3	1953.88	—	—	0.49
	粒砂	m^3	44.00	—	—	0.41
	木柴	kg	0.34	271.56	101.15	218.11
机械	垂直运输机械	台班	254.30	0.20	0.16	0.25

工作内容：1. 盖缝，熬制油膏，缝上贴玻璃纤维布。

2. 聚氨酯涂膜：涂刷聚氨酯底胶，刷聚氨酯防水层二遍，并撒石渣做保护层（或与刚性块料层的连接层）。

定额编号				10042	10043	10044
项目				塑料油膏贴玻璃布盖缝		聚氨酯涂膜防水屋面
				一布二油	每增加一布一油	
				100m		100 m^2
名称		单位	单价	数量		
基价		元		492.60	217.91	4926.23
其中	人工费	元		40.78	24.43	100.47
	材料费	元		436.56	180.76	4698.61
	机械费	元		15.26	12.72	127.15
综合人工		工日	19.70	2.07	1.24	5.10
材料	玻璃纤维布 1.8 mm	m^2	0.90	30.30	30.30	—
	聚氨酯甲料	kg	17.77	—	—	105.55
	聚氨酯乙料	kg	16.75	—	—	165.13
	二甲苯	kg	3.35	—	—	12.96
	塑料油膏	kg	1.06	351.07	131.65	—
	绿豆砂	m^3	44.00	—	—	0.31
	木柴	kg	0.34	109.30	40.99	—
机械	垂直运输机械	台班	254.30	0.06	0.05	0.50

注：聚氨酯如果掺缓凝剂，应增加磷酯 0.30 kg；如果掺促凝剂应增加二月桂酸二丁基锡 0.25 kg。

工作内容：清理基层，调制砂浆，铺抹砂浆养护，筛铺镇水粉，铺隔离纸。 单位：100 m^2

定额编号				10045	10046	10047
项目				掺无机铝盐防水剂		镇水粉隔离层
				素水泥浆	防水砂浆(2 cm)	
名称		单位	单价	数量		
基价		元		158.16	1428.83	2314.43
其中	人工费	元		38.02	207.24	367.21
	材料费	元		120.14	1145.68	1845.50
	机械费	元		0.00	75.91	101.72
综合人工		工日	19.70	1.93	10.52	18.64
材料	无机铝盐防水剂	kg	5.28	14.70	132.60	—
	素水泥浆	m^3	425.22	0.10	0.10	—
	隔热镇水粉	kg	3.00	—	—	600.00
	水泥砂浆 1∶2	m^3	199.52	—	2.02	—
	隔离纸	m^2	0.35	—	—	130.00
机械	灰浆搅拌机 200 L	台班	42.51	—	0.35	—
	垂直运输机械	台班	254.30	—	0.24	0.40

工作内容：1. 屋面清扫，冷胶调制，铺布、刷胶等全部操作过程。

2. 清扫底层，刷专用基料，刷一遍防水涂料后，贴玻璃纤维布加强，再刷防水涂料两遍。

3. 清缝，密封膏填实刮平。

定额编号				10048	10049	10050	10051
项目				JG—Ⅱ型冷胶加筋防水屋面			水性丙烯酸酯防水涂料一布三涂
				一布三胶	每增一布一胶	嵌缝	
				100 m²		100 m	100 m²
名称		单位	单价	数量			
基价		元		985.13	670.49	353.89	3788.46
其中	人工费	元		174.54	103.82	39.99	203.7
	材料费	元		759.73	525.98	301.18	3523.73
	机械费	元		50.86	40.69	12.72	61.03
综合人工		工日	19.70	8.86	5.27	2.03	10.34
材料	玻璃丝布(加衬)	m²	1.67	119.00	119.00	—	119.00
	玻璃纤维布	m²	1.67	—	—	30.30	—
	冷胶料JG—Ⅱ型	kg	1.87	300.00	175.00	134.00	—
	丙烯酸酯防水涂料	kg	12.5	—	—	—	210.00
	纯丙烯酸酯基料	kg	14.00	—	—	—	50.00
机械	垂直运输机械	台班	254.30	0.20	0.16	0.05	0.24

工作内容：1. 基层清理，配制、涂刷冷底子油，熬制玛碲脂防水薄弱处贴附加层。

2. 铺贴玛碲脂玻璃纤维布。　　单位：100 m²

定额编号				10075	10076	10077	10078
项目				玛碲脂玻璃纤维布			
				二布三油		每增减一布一油	
				平面	立面	平面	立面
名称		单位	单价	数量			
基价		元		1725.88	1881.97	541.07	598.95
其中	人工费	元		190.70	283.68	88.45	125.29
	材料费	元		1433.46	1496.57	439.90	460.94
	机械费	元		101.72	101.72	12.72	12.72
综合人工		工日	19.70	9.68	11.40	4.49	6.36
材料	玻璃纤维布 1.8 mm	m²	0.90	250.30	250.30	116.49	116.49
	冷底子油 30：70	kg	2.77	48.48	48.48	—	—
	石油沥青玛碲脂	m³	1953.88	0.51	0.54	0.16	0.17
	木柴	kg	0.34	227.70	240.90	66.00	70.40
机械	垂直运输机械	台班	254.30	0.40	0.40	0.05	0.05

工作内容：1. 涂刷基层处理剂，防水薄弱处涂聚氨酯涂膜加强。

2. 铺贴卷材，卷材接缝贴卷材条加强，收头。 单位：100 m²

定额编号				10079	10080
项目				三元丁橡胶卷材	
				冷贴满铺	
				平面	立面
名称		单位	单价	数量	
基价		元		4664.18	4775.48
其中	人工费	元		381.00	492.30
	材料费	元		4232.32	4232.32
	机械费	元		50.86	50.86
综合人工		工日	19.70	19.34	24.99
材料	三元丁橡胶卷材	m²	24.04	124.17	124.17
	聚氨酯甲料	kg	17.77	9.97	9.97
	聚氨酯乙料	kg	16.75	21.77	21.77
	圆钢Ⅰ级 ϕ10 以内	kg	2.67	4.38	4.38
	铁钉	kg	5.37	0.23	0.23
	乙酸乙酯	kg	20.12	5.05	5.05
	二甲苯	kg	3.35	27.00	27.00
	CSPE 嵌缝油膏 330 mL	支	9.20	29.83	29.83
	丁基黏结剂	kg	12.46	17.60	17.60
	107 胶浆素水泥	m³	672.28	0.01	0.01
机械	垂直运输机械	台班	254.30	0.20	0.20

工作内容：清理基层，刷涂料。 单位：100 m²

定额编号				10081	10082	10083	10084
项目				刷冷底子油		焦油玛碲脂	塑料油膏
				第一遍	第二遍	涂刷厚度或遍数	
						3 mm	二遍
名称		单位	单价	数量			
基价		元		170.83	124.94	556.21	723.92
其中	人工费	元		30.93	26.20	69.54	41.76
	材料费	元		139.90	98.74	486.67	682.16
	机械费	元		—	—	—	—
综合人工		工日	19.70	1.57	1.33	3.53	2.12
材料	冷底子油 30：70	kg	2.77	48.48	—	48.48	—
	冷底子油 50：50	kg	2.52	—	36.36	—	—
	焦油玛碲脂	m³	943.42	—	—	0.32	—
	塑料油膏	kg	1.06	—	—	—	585.12
	木柴	kg	0.34	16.5	20.90	148.50	182.16

工作内容：1. 聚氨酯：涂刷底胶及附加层，刷聚氨酯二遍，并盖石渣保护层(或刚性连接层)。

2. 石油沥青一遍：熬制石油沥青，配制冷底子油一遍，涂刷沥青。 单位：100 m²

定额编号				10085	10086	10087	10088
项目				聚氨酯	石油沥青一遍		
				涂刷遍数	平面	混凝土抹灰面立面	砖墙立面
				二遍			
名称		单位	单价	数量			
基价		元		4955.94	559.38	596.98	652.90
其中	人工费	元		131.20	36.84	44.33	50.04
	材料费	元		4789.14	43.65	522.13	567.26
	机械费	元		35.60	22.89	30.52	35.60
综合人工		工日	19.70	6.66	1.87	2.25	2.54
材料	聚氨酯甲料	kg	17.77	107.64	—	—	—
	聚氨酯乙料	kg	16.75	168.41	—	—	—
	石油沥青 30#	kg	1.80	—	186.56	198.22	221.14
	冷底子油 30：70	kg	2.77	—	48.48	48.48	48.48
	二甲苯	kg	3.35	12.96	—	—	—
	石渣 30 mm～70 mm	m³	39.00	0.31	—	—	—
	木柴	kg	0.34	—	86.90	91.30	100.60
机械	垂直运输机械	台班	254.30	0.14	0.09	0.12	0.14

注：聚氨酯如果掺缓凝剂，应增加磷酸 0.3 kg；如果掺促凝剂应增加二月桂酸二丁基锡 0.25 kg。

工作内容：1. 清理基层，调配涂料，铺贴附加层。

2. 贴布(聚酯布或玻璃纤维布)，刷涂料(最后两遍掺水泥做保护层)。 单位：100 m²

定额编号				10102	10103	10104	10105
项目				水乳型普通乳化沥青涂料		水乳型水性石棉质沥青	
				二布三涂		一布二涂	
				平面	立面	平面	立面
名称		单位	单价	数量			
基价		元		1207.46	1334.92	3276.61	3359.15
其中	人工费	元		189.12	316.58	144.40	226.94
	材料费	元		916.62	916.62	3071.18	3071.18
	机械费	元		101.72	101.72	61.03	61.03
综合人工		工日	19.70	9.60	16.07	7.33	11.52
材料	聚酯布 100 g/m²	m²	1.83	243.04	243.04	—	—
	乳化沥青	kg	1.80	260.00	260.00	—	—
	水性石棉质沥青(水乳型)	kg	3.42	—	—	832.00	832.00
	玻璃纤维布	m²	1.67	—	—	124.91	124.91
	水泥 42.5 级	kg	0.28	13.77	13.77	61.20	61.20
机械	垂直运输机械	台班	254.30	0.40	0.40	0.24	0.24

工作内容：1. 清理基层，调配涂料，贴附加层。

2. 刷涂料（最后两遍掺水泥作保护层），贴聚酯布。　　　　单位：100 m^2

定额编号				10106	10107	10108	10109
项目				水乳型再生胶沥青聚酯布			
				二布三涂		每增减一布一涂	
				平面	立面	平面	立面
名称		单位	单价	数量			
基价		元		1550.66	1678.12	630.01	643.02
其中	人工费	元		189.12	316.58	76.63	89.64
	材料费	元		1259.82	1259.82	540.66	540.66
	机械费	元		101.72	101.72	12.72	12.72
综合人工		工日	19.70	9.60	16.07	3.89	4.55
材料	聚酯布 100 kg/m^2	m^2	1.83	243.04	243.04	118.13	118.13
	再生胶沥青（水乳型）	kg	3.12	260.00	260.00	104.00	104.00
	水泥 42.5 级	kg	0.28	13.77	13.77	—	—
机械	垂直运输机械	台班	254.30	0.40	0.40	0.05	0.05

工作内容：1. 清理基层，调配涂料，贴附加层。

2. 刷涂料（最后两遍掺水泥作保护层），贴聚酯布。　　　　单位：100 m^2

定额编号				10110	10111	10112	10113
项目				溶剂型再生胶沥青聚酯布			
				二布三涂		每增减一布一涂	
				平面	立面	平面	立面
名称		单位	单价	数量			
基价		元		1767.79	1895.25	818.77	831.78
其中	人工费	元		189.12	316.58	76.63	89.64
	材料费	元		1476.95	1476.95	729.42	729.42
	机械费	元		101.72	101.72	12.72	12.72
综合人工		工日	19.70	9.60	16.07	3.89	4.55
材料	聚酯布 100 g/m^2	m^2	1.83	243.04	243.04	118.13	118.13
	再生胶沥青（溶剂型）	kg	3.29	312.00	312.00	156.00	156.00
	水泥 42.5 级	kg	0.28	20.40	20.40	—	—
机械	垂直运输机械	台班	254.30	0.40	0.40	0.05	0.05

十五、变形缝

工作内容：1. 油浸麻丝：熬制沥青，调配沥青麻丝，填塞沥青麻丝。

2. 油浸木丝：调沥青，浸木丝板，油浸木丝板嵌缝。

3. 玛碲脂：熬玛碲脂，玛碲脂灌缝。

单位：100m

定额编号				10114	10115	10116	10117
项目				油浸麻丝		油浸木丝板	玛碲脂
				平面	立面		
名称		单位	单价	数量			
基价		元		855.79	928.09	522.98	1136.38
其中	人工费	元		148.14	220.44	115.64	131.20
	材料费	元		707.65	707.65	407.34	1005.18
	机械费	元		—	—	—	—
综合人工		工日	19.70	7.52	11.19	5.87	6.66
材料	麻丝	kg	5.17	55.08	55.08	—	—
	石油沥青 30#	kg	1.80	216.24	216.24	163.24	—
	木丝板(水泥压)	m^2	6.05	—	—	15.30	—
	木柴	kg	0.34	99.00	99.00	61.60	198.00
	石油沥青玛碲脂	m^3	1953.88	—	—	—	—

工作内容：1. 石灰麻刀：调制石灰麻刀，石灰麻刀嵌缝，缝上贴二毡二油条一层。

2. 建筑油膏，沥青砂浆：熬制油膏、沥青，拌和沥青砂浆，沥青砂浆或建筑油膏嵌缝。

单位：100 m

定额编号				10118	10119	10120	10121
项目				石灰麻刀		建筑油膏	沥青砂浆
				平面	立面		
名称		单位	单价	数量			
基价		元		700.44	719.54	345.16	576.58
其中	人工费	元		136.92	156.02	109.53	129.63
	材料费	元		563.52	563.52	235.63	446.95
	机械费	元		—	—	—	—
综合人工		工日	19.70	6.95	7.92	5.56	6.58
材料	生石灰	kg	0.19	180.00	180.00	—	—
	麻刀	kg	3.27	108.00	108.00	—	—
	建筑油膏	kg	2.58	—	—	87.77	—
	普通沥青砂浆 1∶2∶6	m^3	790.90	—	—	—	0.48
	石油沥青 30#	kg	1.80	65.00	65.00	—	—
	石油沥青油毡 350 g	m^2	3.00	17.00	17.00	—	—
	木柴	kg	0.34	24.00	24.00	27.00	198.00

工作内容：1. 贴氯丁橡胶片：清理用乙酸乙酯洗缝，隔纸用氯丁胶黏剂贴氯丁橡胶片，最后在氯丁橡胶片上涂胶铺砂。

2. 紫铜板止水带：铜板剪裁，焊接成型、铺设。

3. 聚氯乙烯胶泥：清缝，水泥砂浆勾缝，垫牛皮纸，熬灌聚氯乙烯胶泥。 单位：100 m

定额编号				10122	10123	10124
项目				氯丁橡胶片止水带	预埋式紫铜板止水带	聚氯乙烯胶泥
名称		单位	单价	数量		
基价		元		1786.50	17276.73	1456.11
其中	人工费	元		70.53	520.67	148.93
	材料费	元		1715.97	16716.05	1307.18
	机械费	元		—	40.01	—
综合人工		工日	19.70	3.58	26.43	7.56
材料	氯丁橡胶片(2 mm 厚)	m^2	30.50	31.82	—	—
	铜焊条	kg	46.17	—	14.30	—
	紫铜板(2 mm 厚)	kg	19.80	—	810.90	—
	氯丁橡胶浆	kg	3.80	60.58	—	—
	三异氰酸酯	kg	4.37	9.09	—	—
	乙酸乙酯	kg	20.12	23.00	—	—
	聚氯乙烯胶泥	kg	15.20	—	—	83.32
	水泥砂浆 1∶2	m^3	199.52	—	—	0.06
	绿豆砂	m^3	44.00	0.16	—	—
	水泥 42.5 级	kg	0.28	9.09	—	—
	牛皮纸	m^2	0.54	5.91	—	53.23
机械	剪板机	台班	238.65	—	0.11	—
	交流电焊机 30 kVA	台班	68.78	—	0.20	—

工作内容：1. 清理基层，刷底胶，缝上贴 350 mm 宽一布二涂氯丁胶贴玻璃纤维布。

2. 在缝中心贴 150 mm 宽一布二涂氯丁胶贴玻璃布。

3. 止水片干后，表面涂胶并粘粒砂。

4. 止水带制作、接头及安装。 单位：100 m

定额编号				10125	10126	10127	10128
项目				涂刷式一布二涂氯丁胶贴玻璃纤维布		预埋式止水带	
				湿基层	干基层	橡胶	塑料
名称		单位	单价	数量			
基价		元		1543.00	1177.79	7623.73	1487.53
其中	人工费	元		96.14	96.14	216.70	216.70
	材料费	元		1446.86	1081.65	7407.03	1270.83
	机械费	元		—	—	—	—
综合人工		工日	19.70	4.88	4.88	11.00	11.00
材料	氯丁橡胶浆	kg	3.80	116.94	135.98	—	—

续表 单位:100 m

定额编号				10125	10126	10127	10128
项目				涂刷式一布二涂氯丁胶贴玻璃纤维布		预埋式止水带	
				湿基层	干基层	橡胶	塑料
	名称	单位	单价	数		量	
材料	橡胶止水带	m	69.30	—	—	105.00	—
	塑料止水带	m	10.86	—	—	—	105.00
	三异氰酸酯	kg	4.37	17.54	20.40	—	—
	环氧树脂 E44	kg	34.99	—	—	3.04	3.04
	丙酮	kg	4.14	—	—	3.04	3.04
	环氧树脂 600#	kg	27.72	14.42	—	—	—
	乙酸乙酯	kg	20.12	15.31	15.31	—	—
	甲苯	kg	3.42	—	—	2.40	2.40
	乙二胺	kg	14.00	—	—	0.24	0.24
	玻璃纤维布	m^2	1.67	95.20	95.20	—	—
	绿豆砂	m^3	44.00	0.18	0.18	—	—
	水泥 42.5 级	kg	0.28	7.00	3.00	—	—
	300# 低分子聚酰胺	kg	17.09	2.88	—	—	—

二十九、湖北省建筑工程消耗量定额及统一基价表

（2008年定额防水工程部分）

关于发布《湖北省建筑、安装、市政、土石方工程消耗量定额及统一基价表（单位估价表）》的通知

（鄂建文[2008]214号）

各市、州、省直管市、神农架林区建委（建设局），各有关建设、设计、施工、造价咨询等单位，省建设工程造价管理总站：

为适应建设工程造价改革的要求，满足我省工程量清单和定额计价的需要，指导建设工程招投标及工程预、结算工作，我厅组织编制了《湖北省建筑工程消耗量定额及统一基价表》、《湖北省安装工程消耗量定额及单位估价表》、《湖北省市政工程消耗量定额及统一基价表》、《湖北省土石方工程消耗量定额及统一基价表》（以下统称“本定额”）。现予发布，并就实施的有关规定通知如下：

一、本定额既是实行工程量清单计价办法时配套的消耗量定额，同时也是实行定额计价办法时的湖北省统一基价表（单位估价表）。

二、本定额的消耗量为社会平均消耗量。采用工程量清单计价时，是编制招标控制价的依据，并供投标人投标报价时参考；采用定额计价时，是编制招标控制价和工程预、结算的依据。

三、本定额中的人工消耗量按工程项目工作内容的需求分为普工、技工、高级技工。

四、本定额的统一基价表（单位估价表）是全省建筑、装饰装修、安装、市政、土石方工程计取费用的基数。统一基价表（单位估价表）中的人工、材料、机械台班价格均为定额取定价，其中人工价差按省建设行政主管部门发布的人工单价调整文件进行调整；定额中所有材料价格实行动态管理，实际价格高于或低于定额取定价格的，可按甲乙双方商定的价格或各地造价管理部门发布的市场信息价格结算正负价差；机械台班根据国家及省建设行政主管部门有关规定，调整机械台班单价中的人工费及燃料动力费，按价差处理。

五、本定额的统一基价表（单位估价表）中的机械是按2008年《湖北省施工机械台班费用定额》取定的。实际工程中，若大型机械采用租凭方式的（需承发包双方约定），租赁的大型机械按价差处理。计算公式：

机械费价差＝（甲乙双方商定的租赁价格或租赁机械市场信息价－定额中施工机械台班价）×租赁的大型机械总台班数×租赁机械调整系数

其中：租赁机械调整系数综合取定为0.43。

六、本定额与2008年《湖北省建筑安装工程费用定额》配套使用，各地不再进行编制和调整。

七、本定额自2009年1月1日起施行。2009年1月1日以后新开工的工程按本定额执行，2009年1月1日以前在建工程按原合同条款办理。执行过程中遇到的问题和意见，请及时与省建设工程造价管理总站联系。

湖北省建设厅

二○○八年九月二十二日

第六章　屋面及防水工程

说　明

一、屋面木基层（包括檩木、屋面板、椽板、顺水条、挂瓦条）的制作方法、木种分类、含水率的规定同第四章有关说明。

二、檩木木种如采用三、四类木种时，相应项目的人工、机械乘以系数1.35。

三、定额中所注明的木材断面或厚度及含量均以毛料为准，刨光损耗同第四章有关说明。

四、粘土瓦、小青瓦、石棉瓦、西班牙瓦规格与定额不同时，瓦材数量可以换算，其他不变。

五、改性沥青防水卷材屋面满铺（加强型）与普通改性沥青防水卷材屋面的区别在于卷材搭接缝处加贴120 mm宽卷材加强层。

六、防水工程适用于楼地面、墙基、墙身、构筑物、水池、水塔及室内厕所、浴室等防水，建筑物±0.00以下的防水、防潮工程按墙、地面防水工程相应项目计算。

七、三元乙丙丁基橡胶卷材屋面防水，按相应三元乙丙橡胶卷材屋面防水项目计算。

八、为便于中南标98ZJ001屋面、地下室防水设计做法与定额项目的表现形式相衔接，特明确以下几点：

1. 涂膜防水项目中，涂料经涂刷后，固化形成的一个涂层叫“一涂”。每个涂层厚度约0.3～0.5 mm，每个涂层的涂料刷（喷）遍数与涂层厚度有关。在相邻两个涂层之间铺贴一层胎体增强材料（如无纺布、玻纤丝布）叫“一布”。防水涂膜至少由两个以上的涂层组成，以薄涂多层为好。涂膜的涂层数应满足涂膜防水层总厚度的设计要求。

2. 聚氨酯属厚质涂料，能一次结成较厚涂层。A6—95、A6—197聚氨酯涂膜防水中，涂膜总厚度约2 mm。当设计厚度与定额不同时，材料按厚度比例调整，人工不变。

3. 改性沥青防水卷材（SBS、APP等）定额取定卷材厚度3 mm，氯化聚乙烯橡胶共混防水卷材定额取定卷材厚度1.2 mm，高分子再生橡胶卷材取定厚度1.5 mm。卷材的层数定额均按一层编制。设计卷材厚度不同时，卷材价格按价差处理。设计卷材层数为二层时（如二层3厚SBS或APP改性沥青防水卷材），不能按基价乘以2套用，应另编补充定额。

4. A6—226、A6—227阳离子氯丁胶乳化沥青（又称氯丁沥青）一布二涂总厚度约1 mm，A6—230、A6—231每增加一涂厚度约0.4 mm。如设计3厚氯丁沥青防水涂料（二布八涂），应套用“一布二涂”基础上，再套用“每增一布”加上“每增一涂”乘以6。

九、防水卷材的附加层、接缝、收头、找平层嵌缝、冷底子油等工、料均已计入定额内，不另计算。

十、本定额中沥青、玛碲脂均指石油沥青、石油沥青玛碲脂。

十一、变形缝填缝断面：建筑油膏聚氯乙烯胶泥断面取定 3 cm×2 cm，油浸木丝板取定为 2.5 cm×15 cm；紫铜板止水带系 2 mm 厚，展开宽 45 cm；氯丁橡胶宽 30 cm，涂刷式氯丁胶贴玻璃布止水片宽 35 cm，其余均为 15 cm×3 cm。如设计断面不同时，用料可以换算，人工不变。

十二、盖缝断面：木板盖缝断面为 20 cm×2.5 cm，如设计断面不同时，用料可以换算，人工不变。

十三、刚性屋面、屋面砂浆找平层、水泥砂浆或细石砼保护层均按装饰装修定额楼地面工程中相应子目计算。

十四、钢檩条和膜结构屋面的支柱（网架）制作、安装按第五章金属结构工程定额项目计算。

工程量计算规则

一、檩木按毛料尺寸体积以立方米计算，简支檩长度按设计规定计算。如设计无规定者，按屋架或山墙中距增加 200 mm；如两端出山墙，檩条长度算至博风板；连续檩条的长度按设计长度计算，其接头长度按全部连续檩木总体积的 5%计算。檩条托木已计入相应的檩木制作安装项目中，不另计算。

二、屋面木基层按屋面的斜面积计算，天窗挑檐重叠部分按设计规定计算，屋面烟囱及斜沟部分所占面积不扣除。

三、瓦屋面、金属压型板（包括挑檐部分）均按屋面的水平投影面积乘以屋面坡度系数以平方米计算。不扣除房上烟囱、风帽底座、风道、屋面小气窗、斜沟及 0.3 m^2 以内孔洞等所占面积，屋面小气窗的出檐部分亦不增加。屋面挑出墙外的尺寸，按设计规定计算，如设计无规定时，彩色水泥瓦按水平尺寸加 70 mm 计算。彩钢夹心板屋面按实铺面积以平方米计算，支架、铝槽、角铝等均已包含在定额内。

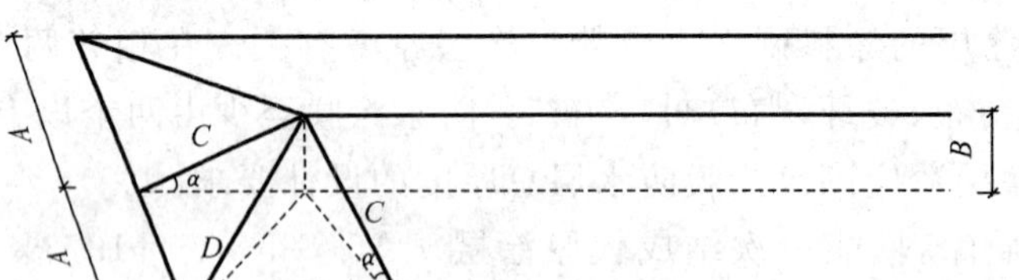

图 A.7-1 屋面坡度示意图

注：1. 两坡水、四坡水屋面面积均为其水平投影面积乘以延尺系数 C；

2. 四坡排水屋面斜脊长度 $=A\times D$（当 $S=A$ 时）；

3. 沿山墙泛水长度 $=A\times C$。

表 A6-1　屋面坡度系数表

坡度 (B(A=1)	坡度 B/2A	坡度 角度(α)	延尺系数 C(A=1)	隅延尺系数 D (S=A=1)
1	1/2	45°	1.4142	1.7321
0.75		36°52′	1.2500	1.6008
0.70		35°	1.2207	1.5779
0.666	1/3	33°40′	1.2015	1.5635
0.65		33°01′	1.1926	1.5564
0.60		30°58′	1.1662	1.5362
0.577		30°	1.1547	1.5274
0.55		28°49′	1.1413	1.5174
0.50	1/4	26°34′	1.1180	1.5000
0.45		24°14′	1.0966	1.4839
0.40	1/5	21°48′	1.0770	1.4697
0.35		19°17′	1.0594	1.4569
0.30		16°42′	1.0440	1.4457
0.25		14°02′	1.0308	1.4362
0.20	1/10	11°19′	1.0198	1.4283
0.15		8°32′	1.0112	1.4221
0.125		7°8′	1.0078	1.4197
0.100	1/20	5°42′	1.0050	1.4177
0.083		4°45′	1.0035	1.4166
0.066	1/30	3°49′	1.0022	1.4157

四、卷材屋面工程量按以下规定计算：

卷材屋面按图示尺寸的水平投影面积乘以规定的坡度系数(见表)以平方米计算。但不扣除房上烟囱、风帽底座、风道、屋面小气窗和斜沟所占的面积，屋面的女儿墙、伸缩缝和天窗等处的弯起部分，按图示尺寸并入屋面工程量计算，如图纸无规定时，伸缩缝、女儿墙的弯起部分可按 250 mm 计算，天窗弯起部分可按 500 mm 计算。

五、涂膜屋面的工程量同卷材屋面。涂膜屋面的油膏嵌缝、玻璃布盖缝、屋面分格缝，以延长米计算。

六、防水工程量按以下规定计算：

1. 建筑物地面防水、防潮层，按主墙间净空面积计算，扣除凸出地面构筑物、设备基础等所占的面积，不扣除柱、垛、间壁墙、烟囱及 0.3 m^2 以内孔洞所占面积。与墙面连接处高度在 500 mm 以内者按展开面积计算，并入平面工程量内，超过 500 mm 时，按立面防水层计算。

2. 建筑物墙基防水、防潮层，外墙长度按中心线，内墙按净长，乘以宽度以平方米计算。

3. 构筑物防水层及建筑物地下室防水层，按实铺面积计算，但不扣除 0.3 m^2 以内的孔洞面积。平面与立面交接处的防水层，其上卷高度超过 500 mm 时，按立面防水层计算。

4. 变形缝按延长米计算。

5. JC-103 嵌缝剂嵌缝以展开面积计算。

七、屋面排水工程量按以下规定计算：

1. 铁皮排水按图示尺寸以展开面积计算，如图纸没有注明尺寸时，可按折算表计算，咬口和搭接等已计入定额项目中，不另计算。

2. 铸铁、玻璃钢水落管区别不同直径按图示尺寸延长米计算，雨水口、水斗、弯头、短管以个计算。

3. 彩板屋脊、天沟、泛水、包角、山头按设计长度以延长米计算，堵头已包括在定额内。

4. 阳台 PVC 落水管按组计算。每组阳台出水口至水落管中以线斜长按 1 m 计算（内含两只 135°弯头，1 只异径三通）。

5. PVC 阳台排水管以组计算。

6. 屋面检修孔以块计算。

表 A6-2 铁皮排水单体零件折算表

名称		单位	水落管（米）	檐沟（米）	水斗（个）	漏斗（个）	下水口（个）		
铁皮排水	水落管、檐沟、水斗、漏斗、下水口	m²	0.32	0.30	0.40	0.16	0.45		
	天沟、斜沟、天窗窗台泛水、天窗侧面泛水、烟囱泛水、通气管泛水、滴水檐头泛水、滴水	m²	天沟（m）	斜沟天窗窗台泛水（m）	天窗侧面泛水（m）	烟囱泛水（m）	通气管泛水（m）	滴水檐头泛水（m）	滴水（m）
			1.30	0.50	0.70	0.80	0.22	0.24	0.11

一、屋面木基层

工作内容：1. 制作安装檩木、檩托木（或垫木）伸入墙内部分及垫木刷防腐油。

2. 屋面板制作。

3. 檩木上钉屋面板。

4. 檩木上钉椽板。

单位：见表

定额编号				A6-1	A6-2	A6-3	A6-4
项目				檩木制作安装		屋面板制作	
				方檩木	圆檩木	平口	错口
						1.5 cm 厚	
				m³		100 m²	
基价（元）				2296.13	1716.88	2908.20	3284.57
其中	人工费（元）			145.02	135.90	51.06	168.24
	材料费（元）			2151.11	1580.98	2818.80	3051.00
	机械费（元）			—	—	38.34	65.33
名称		单位	单价（元）	数量			
人工	普工	工日	42.00	1.270	1.190	0.450	1.480
	技工	工日	48.00	1.910	1.790	0.670	2.210
材料	圆木	m³	1300.00	—	1.050	—	—
	一等木枋 50～100 cm²	m³	1800.00	0.072	0.072	—	—
	一等中枋 55～100 cm²	m³	1800.00	1.103	0.033	—	—
	二等板材<18	m³	1800.00	—	—	1.566	1.695
	零星材料	元	1.00	36.110	26.980	—	—
机械	木工圆锯机 ϕ500	台班	24.59	—	—	0.230	0.250
	木工平刨床 450	台班	20.43	—	—	1.600	1.730
	多面木工裁口机 400	台班	38.45	—	—	—	0.620

工作内容：同前　　单位：100 m²

定额编号				A6-5	A6-6	A6-7	A6-8
项目				屋面板制作		檩木上制安椽子和挂瓦条	
				平口	错口		
				1.5 cm厚		檩木斜中距	
				一面刨光		1.0 m以内	1.5 m以内
基价(元)				3450.62	3800.56	1828.12	2126.99
其中	人工费(元)			117.18	169.20	186.48	187.44
	材料费(元)			3195.00	3457.80	1641.64	1939.55
	机械费(元)			138.44	173.56	—	—
名称		单位	单价(元)	数量			
人工	普工	工日	42.00	1.030	1.480	1.640	1.640
	技工	工日	48.00	1.540	2.230	2.450	2.470
材料	一等小枋<54 cm²	m³	1800.00	—	—	0.876	1.049
	二等板材<18	m³	1800.00	1.775	1.921	—	—
	零星材料	元	1.00	—	—	64.840	51.350
机械	木工圆锯机 φ500	台班	24.59	0.230	0.250	—	—
	三面木工压刨床 400	台班	82.99	1.600	1.730	—	—
	多面木工裁口机 400	台班	38.45	—	0.620	—	—

工作内容：同前　　单位：100 m²

定额编号				A6-9	A6-10	A6-11
项目				制安屋面板油毡挂瓦条	檩木上制安	
					屋面板	稀铺屋面板
基价(元)				3663.05	2772.26	2898.76
其中	人工费(元)			253.98	198.84	185.58
	材料费(元)			3409.07	2573.42	2713.18
	机械费(元)			—	—	—
名称		单位	单价(元)	数量		
人工	普工	工日	42.00	2.230	1.740	1.630
	技工	工日	48.00	3.340	2.620	2.440
材料	二等板材<18	m³	1800.00	—	—	1.023
	一等小枋<54 cm²	m³	1800.00	0.224	—	0.224
	屋面板	m²	24.62	103.300	103.300	—
	板条 1000×30×8	百根	71.73	2.120	—	2.120
	石油沥青油毡 350#	m²	2.42	110.000	—	110.000
	零星材料	元	1.00	44.360	30.170	50.310

注：檩木上稀铺屋面板为檩木上铺钉三分之二屋面板，在稀铺屋面板上钉油毡、挂瓦条。

工作内容：同前 单位：100 m^2

定额编号				A6-12	A6-13
项目				檩木上制安 椽板	椽木及屋面板上制安竹席
基价(元)				1889.85	238.98
其中	人工费(元) 材料费(元) 机械费(元)			130.44 1759.41 —	39.66 199.32 —
名称		单位	单价(元)	数量	
人工	普工	工日	42.00	1.140	0.350
	技工	工日	48.00	1.720	0.520
材料	二等板材<18	m^3	1800.00	0.954	—
	竹席	m^2	1.69	—	110.000
	零星材料	元	1.00	42.210	13.420

二、屋面防水、排水

1. 瓦屋面

工作内容：1. 铺瓦；
2. 调制砂浆、安脊瓦、檐口梢头坐灰；
3. 檩条上铺钉玻璃钢瓦、钉石棉瓦、安脊瓦。 单位：100 m^2

定额编号				A6-14	A6-15
项目				粘土瓦 屋面板上或椽子挂瓦条上铺设	小青瓦 椽子上铺设
基价(元)				1570.20	977.50
其中	人工费(元) 材料费(元) 机械费(元)			307.80 1262.40 —	547.20 430.30 —
名称		单位	单价(元)	数量	
人工	普工	工日	42.00	2.700	4.800
	技工	工日	48.00	4.050	7.200
材料	粘土瓦 380×240	千块	712.71	1.670	—
	小青瓦	千块	24.33	—	15.350
	粘土脊瓦	块	1.66	28.460	—
	水泥砂浆 1:2.5	m^3	226.66	0.110	—
	水泥石灰砂浆 1:1:4	m^3	183.33	—	0.310

注：粘土瓦如果穿铁丝铁钉，每 100 m 檐瓦增加 2.2 工日、20# 铁丝 0.7 kg、铁钉 0.49 kg。

工作内容:同前　　单位:100 m²

定额编号				A6-16	A6-17	A6-18
项目				小波石棉瓦		
				木檩上铺设	钢檩上铺设	混凝土檩上铺设
基价(元)				1848.04	2632.65	2660.81
其中	人工费(元)			225.72	342.48	342.48
	材料费(元)			1622.32	2290.17	2318.33
	机械费(元)			—	—	—
名称		单位	单价(元)	数量		
人工	普工	工日	42.00	1.980	3.000	3.000
	技工	工日	48.00	2.970	4.510	4.510
材料	小波石棉脊瓦 850×360	块	4.41	14.660	14.660	14.660
	小波石棉脊瓦 1820×720	块	14.54	102.550	102.550	102.550
	石灰麻刀浆	m^3	113.77	0.020	0.020	0.020
	镀锌扁钢钩 3×12×300	个	0.48	—	201.160	—
	镀锌扁钢钩 3×12×400	个	0.62	—	—	201.160
	镀锌螺栓钩 6×600	个	3.14	—	201.160	—
	镀锌螺栓钩 6×800	个	3.14	—	—	201.160
	镀锌螺钉带垫	个	0.15	402.330	—	—
	零星材料	元	1.00	3.970	3.970	3.970

工作内容:同前　　单位:100 m²

定额编号				A6-19	A6-20	A6-21
项目				大波石棉瓦		
				木檩上铺设	钢檩上铺设	混凝土檩上铺设
基价(元)				2025.11	3120.93	3135.68
其中	人工费(元)			196.56	312.84	312.84
	材料费(元)			1828.55	2808.09	2822.84
	机械费(元)			—	—	—
名称		单位	单价(元)	数量		
人工	普工	工日	42.00	1.720	2.740	2.740
	技工	工日	48.00	2.590	4.120	4.120
材料	大波石棉脊瓦 850×460	块	5.63	14.660	14.660	14.660
	大波石棉脊瓦 2880×994	块	31.20	53.700	53.700	53.700
	石灰麻刀浆	m^3	113.77	0.030	0.030	0.030
	镀锌扁钢钩 3×12×300	个	0.48	—	105.330	—
	镀锌扁钢钩 3×12×400	个	0.62	—	—	105.330
	镀锌螺栓钩 6×600	个	3.14	—	315.980	—
	镀锌螺栓钩 6×800	个	3.14	—	—	315.980
	零星材料	元	1.00	67.160	3.970	3.970

工作内容:同前　　　　单位:100 m²

定额编号				A6-22
项目				玻璃棉瓦
				钢檩上铺设
基价(元)				2055.45
其中	人工费(元)			144.12
	材料费(元)			1911.33
	机械费(元)			—
名称		单位	单价(元)	数量
人工	普工	工日	42.00	1.260
	技工	工日	48.00	1.900
材料	玻璃钢瓦	m²	13.31	130.000
	镀锌薄钢板 δ0.552	m²	23.75	1.380
	圆钢 ϕ10	t	4200.00	0.013
	橡胶垫圈	个	0.05	434.000
	镀锌螺栓	套	0.78	31.000
	镀锌垫圈	个	0.06	434.000
	零星材料	元	1.00	21.730

工作内容:调制砂浆,在砼板上铺灰盖瓦安瓦筒,瓦脊、修齐中边线,清扫瓦面。　　　　单位:见表

定额编号				A6-23	A6-24	A6-25
项目				琉璃瓦屋面	琉璃檐口线	琉璃瓦脊
				100 m²	100 m	
基价(元)				17259.94	5249.95	3428.83
其中	人工费(元)			3004.14	1198.38	1494.30
	材料费(元)			14026.75	3987.30	1865.56
	机械费(元)			229.05	64.27	68.97
名称		单位	单价(元)	数量		
人工	普工	工日	42.00	26.350	10.510	13.110
	技工	工日	48.00	39.530	15.770	19.660
材料	琉璃瓦片 230×230	块	3.07	2960.000	—	—
	琉璃瓦筒 220×115	块	3.18	1200.000	—	—
	琉璃满面瓦筒(勾头)	块	8.05	—	220.000	—
	琉璃满面瓦(滴水)	块	8.05	—	250.000	—
	琉璃脊瓦 25×180	块	6.99	—	—	235.000
	红砖	块	0.23	—	—	200.000
	水泥砂浆 1:2	m³	252.56	2.220	0.440	—
	水泥石灰砂浆 1:1:4	m³	183.33	2.220	0.440	0.880
	水	m³	2.12	3.200	0.600	0.800
	零星材料	元	1.00	149.090	10.740	13.890
机械	其他机械费	元	1.00	229.050	64.270	68.970

工作内容:同前

单位:见表

定额编号				A6-26	A6-27
项目				PVC彩色波形板屋面	PVC彩色波形板屋脊
				100 m²	100 m
基价(元)				3252.09	1837.75
其中	人工费(元)			378.48	132.24
	材料费(元)			2873.61	1705.51
	机械费(元)			—	—
名称		单位	单价(元)	数量	
人工	普工	工日	42.00	3.320	1.160
	技工	工日	48.00	4.980	1.740
材料	PVC彩色波形板	m²	20.24	126.000	—
	PVC彩色屋脊	m	10.12	—	145.710
	零星材料	元	1.00	323.370	230.920

工作内容:1. 调制砂浆。

2. 铺瓦并修齐瓦边,绑铁线及钉固。

3. 清扫瓦面。

单位:见表

定额编号				A6-28	A6-29	A6-30
项目				西班牙瓦屋面		
				两坡以内	四坡以内	正、斜脊
				10 m²		10 m
基价(元)				1021.21	1042.63	541.81
其中	人工费(元)			119.94	141.36	86.16
	材料费(元)			894.62	894.62	453.80
	机械费(元)			6.65	6.65	1.85
名称		单位	单价(元)	数量		
人工	普工	工日	42.00	1.050	1.240	0.760
	技工	工日	48.00	1.580	1.860	1.130
材料	西班牙瓦 310×310×15	块	4.62	158.000	158.000	—
	西班牙脊瓦 285×180×15	块	9.41	—	—	37.000
	S盾瓦 250×180×15	百块	132.89	—	—	0.410
	水泥混合砂浆 M10	m³	164.83	0.220	0.220	0.090
	水泥砂浆 1∶2.5	m³	226.66	0.220	0.220	—
	水	m³	2.12	0.320	0.320	0.200
	零星材料	元	1.00	77.860	77.860	35.880
机械	灰浆搅拌机 200 L	台班	86.57	0.070	0.070	0.020
	其他机械费(占机械费)	%	—	9.770	9.770	7.040

注:铺盖脊瓦(包括斜脊及四坡水背顶瓦)及脊瓦各端头瓦的材料费,均已考虑在其他材料费内,山墙端及阴沟部位需要界瓦的工料费,也包括在子目内。

工作内容：构件变形修理、临时加固、吊装、就位、找正、螺栓固定。　　　　单位：100 m²

定额编号				A6-31	A6-32	A6-33
项目				金属压型板屋面		
				檩距（m 以内）		
				7.5	6.0	4.2
基价（元）				10036.19	10178.08	10461.76
其中	人工费（元）			780.66	824.46	912.00
	材料费（元）			9054.68	9152.77	9348.91
	机械费（元）			200.85	200.85	200.85
名称		单位	单价（元）	数量		
人工	普工	工日	42.00	6.850	7.230	8.000
	技工	工日	48.00	10.270	10.850	12.000
材料	压型屋面板 W-550	m²	62.24	116.520	116.520	116.520
	屋脊板 2	m²	49.49	4.340	4.340	4.340
	屋脊堵头板 WD-2	块	5.13	59.310	59.310	59.310
	屋脊挡雨板 WD-3	块	2.96	59.310	59.310	59.310
	沿口包角板 δ0.8	m²	23.97	1.110	1.110	1.110
	端部固定架 WG-3	个	3.11	1.180	1.520	2.190
	中间固定架 WG-2	个	4.79	42.630	54.810	79.160
	檐口堵头板 WD-1	块	5.58	59.310	59.310	59.310
	橡胶密封条	m	7.14	16.430	16.430	16.430
	螺栓 M8	个	0.26	177.780	177.780	177.780
	单面固定螺栓 ML-850R	个	1.28	86.460	111.140	160.520
	单面连接螺栓 R-8	个	0.92	143.420	143.420	143.420
	电焊条	kg	6.01	4.030	5.180	7.480
	零星材料	元	1.00	112.070	112.270	112.660
机械	交流弧焊机 30 kV·A	台班	159.08	1.100	1.100	1.100
	其他机械费（占机械费）	%	—	14.780	14.780	14.780

工作内容：1. 铺瓦、割瓦，钢钉固定。

2. 预埋铁钉、铁丝，做水泥砂浆条，铺瓦、割瓦、钢钉固定。

3. 钻孔、固定角钢，铺瓦、割瓦、铜丝固定。

4. 座浆、铺天沟瓦或脊瓦，清理面层。　　　　单位：见表

定额编号				A6-34	A6-35	A6-36	A6-37	A6-38
项目				彩色水泥瓦			彩色水泥瓦	多彩油毡瓦
				屋面基层				
				杉木条	砂浆条	角钢条	屋脊	
				100 m²			100 m	100 m²
基价（元）				2828.82	3220.99	5052.55	1029.29	4843.89
其中	人工费（元）			337.44	579.12	706.80	287.28	323.76
	材料费（元）			2491.38	2634.94	3886.14	693.53	4520.13
	机械费（元）			—	6.93	459.61	48.48	—
名称		单位	单价（元）	数量				
人工	普工	工日	42.00	2.960	5.080	6.200	2.520	2.840
	技工	工日	48.00	4.440	7.620	9.300	3.780	4.260

续表　　　　单位:见表

定额编号				A6-34	A6-35	A6-36	A6-37	A6-38
项目				彩色水泥瓦			彩色水泥瓦	多彩油毡瓦
				屋面基层				
				杉木条	砂浆条	角钢条	屋脊	
				100 m²			100 m	100 m²
名称		单位	单价(元)	数量				
材料	彩色水泥瓦 420×330	千张	2200.00	1.113	1.113	1.113	—	—
	彩色水泥脊瓦 420×220	千张	1650.00	—	—	—	0.306	—
	多彩油毡瓦	m²	37.90	—	—	—	—	104.000
	水泥砂浆 1∶3	m³	200.67	—	—	—	0.940	—
	水泥砂浆 1∶2	m³	252.56	—	0.380	—	—	—
	金属膨胀管 M6×60	套	0.84	—	—	558.000	—	—
	铜丝	kg	67.00	—	—	13.070	—	—
	角钢∠45×4	kg	4.20	—	—	0.455	—	—
	电焊条	kg	6.01	—	—	12.870	—	—
	钢钉	kg	7.68	5.570	9.510	—	—	6.180
	沥青冷底子油 3∶7	kg	6.15	—	—	—	—	84.000
	木柴	kg	0.40	—	—	—	—	37.000
	零星材料	元	1.00	—	17.330	13.870	—	—
机械	灰浆搅拌机 200 L	台班	86.57	—	0.080	—	0.560	—
	交流弧焊机 30 kV·A	台班	159.08	—	—	2.230	—	—
	台式钻床 ϕ16	台班	75.99	—	—	1.380	—	—

注:1. 水泥瓦屋面设有收口线时,每100延长米收口线,另计收口瓦0.342千张、扣除水泥瓦0.342千张。

2. 角钢条基层按L30×3考虑,若角钢规格不,用量按比例换算,其余不变;刷防腐漆另按相应定额执行。

3. 屋面斜沟设有沟瓦时,每100延长米增加沟瓦0.32千张,其余不变。

4. 水泥瓦屋脊的锥脊、封头等配件,安装费已计入定额中,材料费应按实际块数加损耗另计。

工作内容:1. 预埋铁件,钉杉木条。

2. 铺瓦、割瓦、钢钉固定。

3. 铺天沟瓦、脊瓦,多彩涂料勾缝。

4. 檐口挡篦安装,清理面层。

单位:100 m²

定额编号				A6-39	A6-40
项目				水泥瓦屋面(别墅)	多层水泥瓦屋面(住宅楼)
基价(元)				4471.99	4140.99
其中	人工费(元)			556.32	458.28
	材料费(元)			3909.98	3677.59
	机械费(元)			5.69	5.12
名称		单位	单价(元)	数量	
人工	普工	工日	42.00	4.880	4.020
	技工	工日	48.00	7.320	6.030
材料	彩色水泥瓦 420×330	千张	2200.00	1.024	1.000
	杉木条	m³	1800.00	0.445	0.445
	脊瓦	千块	3200.00	0.078	0.059
	沟瓦	千块	6500.00	0.035	0.026
	铁件	kg	5.50	6.730	6.730
	檐口挡篦	m	5.50	36.600	27.450
	多彩面涂料	kg	13.29	3.010	2.260
	零星材料	元	1.00	100.760	100.760
机械	手提砂轮切割机 ϕ150	台班	11.37	0.500	0.450

工作内容：浇水、弹线、调运砂浆、抹面。 单位：100 m²

定额编号				A6-41	A6-42	A6-43
项目				水泥砂浆粉挂瓦条		
				断面 20×30 mm		
				间距 315 mm	间距 345 mm	间距 356 mm
基价(元)				342.00	309.57	297.92
其中	人工费(元)			282.72	255.36	246.24
	材料费(元)			55.82	50.75	48.22
	机械费(元)			3.46	3.46	3.46
名称		单位	单价(元)	数量		
人工	普工	工日	42.00	2.480	2.240	2.160
	技工	工日	48.00	3.720	3.360	3.240
材料	水泥砂浆 1∶2	m^3	252.56	0.220	0.200	0.190
	水	m^3	2.12	0.120	0.110	0.110
机械	灰浆搅拌机 200 L	台班	86.57	0.040	0.040	0.040

注：斜板上水泥砂浆粉挂瓦条，设计断面、间距与定额不符按比例换算。

2. 卷材屋面

(1) 油毡屋面

工作内容：熬制沥青玛碲脂、配制冷底子油、贴附加层、铺贴卷材收头。 单位：100 m²

定额编号				A6-44	A6-45	A6-46
项目				石油沥青玛碲脂卷材屋面		
				一毡二油	二毡三油	二毡三油一砂
基价(元)				2686.14	3661.86	4160.73
其中	人工费(元)			146.40	233.46	285.48
	材料费(元)			2539.74	3428.40	3875.25
	机械费(元)			—	—	—
名称		单位	单价(元)	数量		
人工	普工	工日	42.00	1.280	2.050	2.500
	技工	工日	48.00	1.930	3.070	3.760
材料	石油沥青玛碲脂	m^3	3983.04	0.460	0.610	0.690
	石油沥青油毡 350#	m^2	2.42	124.170	237.940	237.940
	沥青冷底子油 3∶7	kg	6.15	48.960	48.960	48.960
	绿豆砂	m^3	203.65	—	—	0.520
	圆钢 ϕ10 以内	kg	4.20	5.220	5.220	5.220
	木柴	kg	0.40	205.700	245.400	301.180
	零星材料	元	1.00	1.940	1.940	1.940

工作内容：同前　　　　　　　　　　　　　　　　　　　　　　　　单位：100 m²

定额编号				A6-47	A6-48
项目				石油沥青玛碲脂卷材屋面	
				每增减一毡一油	干铺油毡一层
基价(元)				985.60	332.32
其中	人工费(元)			87.12	57.00
	材料费(元)			898.48	275.32
	机械费(元)			—	—
名称		单位	单价(元)	数量	
人工	普工	工日	42.00	0.760	0.500
	技工	工日	48.00	1.150	0.750
材料	石油沥青油毡 350#	m²	2.42	113.770	113.770
	石油沥青玛碲脂	m³	3983.04	0.150	—
	木柴	kg	0.40	64.240	—

工作内容：清扫底层、干燥、加热及刷粘结剂、铺贴防水卷材。　　　　　　　单位：100 m²

定额编号				A6-49	A6-50
项目				防水卷材屋面	
				焦油沥青	
				一卷一粘	一卷二粘
基价(元)				3188.88	4070.98
其中	人工费(元)			720.48	1080.72
	材料费(元)			2468.40	2990.26
	机械费(元)			—	—
名称		单位	单价(元)	数量	
人工	普工	工日	42.00	6.320	9.480
	技工	工日	48.00	9.480	14.220
材料	焦油沥青防水卷材	m²	12.80	112.000	112.000
	焦油沥青卷材粘结剂	kg	2.50	400.000	599.000
	木柴	kg	0.40	87.000	147.900

工作内容：1. 清理基层、刷基层处理剂、找平层分格缝嵌油膏，防水薄弱处刷聚安酯涂膜附加层；

2. 屋面贴改性沥青卷材、卷材搭接处及收头嵌沥青。　　　　　　　单位：100 m²

定额编号		A6-51	A6-52	A6-53	A6-54
项目		改性沥青防水卷材屋面			
		满铺	条铺	点铺	空铺
基价(元)		3932.23	3892.28	3889.26	3803.75
其中	人工费(元)	320.10	320.10	320.10	269.52
	材料费(元)	3612.13	3572.18	3569.16	3534.23
	机械费(元)	—	—	—	—

续表 单位:100 m²

定额编号				A6-51	A6-52	A6-53	A6-54
项目				改性沥青防水卷材屋面			
				满铺	条铺	点铺	空铺
名称		单位	单价(元)	数量			
人工	普工	工日	42.00	2.810	2.810	2.810	2.360
	技工	工日	48.00	4.210	4.210	4.210	3.550
材料	改性沥青卷材 δ3	m²	26.00	111.500	113.930	113.930	113.930
	聚氨酯甲料	kg	11.56	8.320	8.320	8.320	8.320
	聚氨酯乙料	kg	11.00	12.480	12.480	12.480	12.480
	改性沥青嵌缝油膏	kg	1.79	33.640	33.640	33.640	33.640
	改性沥青粘结剂	kg	2.50	55.750	21.970	20.760	14.260
	改性沥青乳胶	kg	4.00	30.000	30.000	30.000	30.000
	石油液化气	kg	6.67	24.000	21.200	21.200	18.400

工作内容:刷基层处理剂、找平层嵌缝、附加层刷聚安酯膜,贴卷材、卷材接缝收头处嵌油膏。单位:见表

定额编号				A6-55	A6-56
项目				改性沥青防水卷材屋面	
				热熔单层	分格缝上点粘 300 宽
				100 m²	100 m
基价(元)				5938.03	1015.72
其中	人工费(元)			320.10	94.38
	材料费(元)			5617.93	921.34
	机械费(元)			—	—
名称		单位	单价(元)	数量	
人工	普工	工日	42.00	2.810	0.830
	技工	工日	48.00	4.210	1.240
材料	改性沥青卷材 δ3	m²	26.00	—	33.630
	改性沥青卷材 铝泊	m²	45.00	111.500	—
	聚氨酯甲料	kg	11.56	8.320	—
	聚氨酯乙料	kg	11.00	12.480	—
	改性沥青乳胶	kg	4.00	30.000	—
	改性沥青粘结剂	kg	2.50	—	7.580
	改性沥青嵌缝油膏	kg	1.79	33.640	—
	石油液化气	kg	6.67	28.000	4.200

工作内容:1. 刷基层处理剂、防水薄弱处刷聚安酯涂膜附加层。

2. 粘贴卷材、卷材接缝处贴 120 宽加强并油膏收头。 单位:100 m²

定额编号		A6-57	A6-58
项目		改性沥青防水卷材屋面	
		满铺(加强型)	
		平面	立面
基价(元)		4769.17	5053.49
其中	人工费(元)	881.88	1139.52
	材料费(元)	3887.29	3913.97
	机械费(元)	—	—

续表

单位:100 m²

定额编号				A6-57	A6-58
项目				改性沥青防水卷材屋面	
				满铺(加强型)	
				平面	立面
名称		单位	单价(元)	数量	
人工	普工	工日	42.00	7.740	10.000
	技工	工日	48.00	11.600	14.990
材料	改性沥青卷材 δ3	m²	26.00	126.540	126.540
	改性乳化沥青	kg	5.00	30.000	30.000
	聚氨酯甲料	kg	11.56	5.420	5.420
	聚氨酯乙料	kg	11.00	8.130	8.130
	改性沥青粘结剂	kg	2.50	50.620	50.620
	改性沥青嵌缝油膏	kg	1.79	12.220	12.220
	石油液化气	kg	6.67	22.000	26.000

(2)高分子卷材屋面

工作内容:1. 清理基层、找平层分格缝嵌油膏、防水薄弱处刷聚安酯涂膜附加层。

2. 刷底胶、铺贴卷材、做收头。

3. 涂刷着色剂保护层二遍。

单位:100 m²

定额编号				A6-59	A6-60	A6-61	A6-62
项目				三元乙丙橡胶卷材屋面冷贴			
				满铺	空铺	点铺	条铺
基价(元)				5018.23	4316.19	4376.40	4416.14
其中	人工费(元)			420.42	420.42	420.42	369.84
	材料费(元)			4597.81	3895.77	3955.98	4046.30
	机械费(元)			—	—	—	—
名称		单位	单价(元)	数量			
人工	普工	工日	42.00	3.690	3.690	3.690	3.240
	技工	工日	48.00	5.530	5.530	5.530	4.870
材料	三元乙丙橡胶卷材	m²	16.68	110.550	112.850	112.850	112.850
	聚氨酯甲料	kg	11.56	16.210	16.210	16.210	16.210
	聚氨酯乙料	kg	11.00	31.130	31.130	31.130	31.130
	乙酸乙酯	kg	22.13	5.050	5.050	5.050	5.050
	二甲苯	kg	9.00	27.000	27.000	27.000	27.000
	CX-404 胶	kg	23.52	40.400	7.890	10.450	14.290
	丁基粘结剂	kg	10.58	9.560	11.850	11.850	11.850
	CSPE 嵌缝油膏 330 mL	支	8.53	50.280	50.280	50.280	50.280
	圆钢 ϕ10 以内	kg	4.20	4.380	4.380	4.380	4.380
	水泥 801 胶浆结合层 1∶0.01	m³	523.55	0.010	0.010	0.010	0.010
	银色着色剂	kg	18.01	20.200	20.200	20.200	20.200
	零星材料	元	1.00	1.590	1.590	1.590	1.590

工作内容：同前　　　　　　　　　　　　　　　　　　　　　　　　　　　　单位：100 m²

定额编号				A6-63	A6-64	A6-65	A6-66
项目				再生橡胶卷材屋面冷贴			
				满铺	空铺	点铺	条铺
基价(元)				4605.36	4106.75	4045.75	3954.43
其中	人工费(元)			420.42	420.42	420.42	369.84
	材料费(元)			4184.94	3686.33	3625.33	3584.59
	机械费(元)			—	—	—	—
名称		单位	单价(元)	数量			
人工	普工	工日	42.00	3.690	3.690	3.690	3.240
	技工	工日	48.00	5.530	5.530	5.530	4.870
材料	再生橡胶卷材	m²	13.62	110.550	112.850	112.850	112.850
	聚氨酯甲料	kg	11.56	16.210	16.210	16.210	16.210
	聚氨酯乙料	kg	11.00	31.130	31.130	31.130	31.130
	二甲苯	kg	9.00	25.250	25.250	25.250	25.250
	氯丁胶粘合剂	kg	19.87	49.950	23.280	20.210	18.160
	乙酸乙酯	kg	22.13	5.050	5.050	5.050	5.050
	CSPE 嵌缝油膏　330 mL	支	8.53	50.280	50.280	50.280	50.280
	水泥 801 胶浆结合层　1：0.01	m³	523.55	0.010	0.010	0.010	0.010
	圆钢 ϕ10 以内	kg	4.20	4.380	4.380	4.380	4.380
	银色着色剂	kg	18.01	20.200	20.200	20.200	20.200
	零星材料	元	1.00	1.590	1.590	1.590	1.590

工作内容：同前　　　　　　　　　　　　　　　　　　　　　　　　　　　　单位：100 m²

定额编号				A6-67	A6-68	A6-69	A6-70
项目				氯丁橡胶卷材屋面冷贴			
				满铺	空铺	点铺	条铺
基价(元)				4417.94	4418.16	4408.31	4351.18
其中	人工费(元)			420.42	420.42	420.42	369.84
	材料费(元)			3997.52	3997.74	3987.89	3981.34
	机械费(元)			—	—	—	—
名称		单位	单价(元)	数量			
人工	普工	工日	42.00	3.690	3.690	3.690	3.240
	技工	工日	48.00	5.530	5.530	5.530	4.870
材料	氯丁橡胶卷材	m²	18.97	110.550	112.850	112.850	112.850
	聚氨酯甲料	kg	11.56	11.660	11.660	11.660	11.660
	聚氨酯乙料	kg	11.00	17.500	17.500	17.500	17.500
	氯丁胶沥青胶液	kg	3.21	60.600	31.630	28.560	26.520
	二甲苯	kg	9.00	27.000	27.000	27.000	27.000
	CSPE 嵌缝油膏　330 mL	支	8.53	50.280	50.280	50.280	50.280
	银色着色剂	kg	18.01	20.200	20.200	20.200	20.200
	乙酸乙酯	kg	22.13	5.050	5.050	5.050	5.050
	水泥 801 胶浆结合层 1：0.01	m³	523.55	0.010	0.010	0.010	0.010
	圆钢 ϕ10 以内	kg	4.20	4.380	4.380	4.380	4.380
	CY409 液	kg	21.56	9.550	11.850	11.850	11.850
	零星材料	元	1.00	1.590	1.590	1.590	1.590

工作内容：同前　　　　　　　　　　　　　　　　　　　　　　　　　　　　单位：100 m^2

定额编号				A6-71	A6-72	A6-73	A6-74
项目				氯化聚乙烯橡胶共混卷材屋面冷贴			
				满铺	空铺	点铺	条铺
基价(元)				4291.06	3806.67	3748.13	3658.35
其中	人工费(元)			420.42	420.42	420.42	369.84
	材料费(元)			3870.64	3386.25	3327.71	3288.51
	机械费(元)			—	—	—	—
	名称	单位	单价(元)	数量			
人工	普工	工日	42.00	3.690	3.690	3.690	3.240
	技工	工日	48.00	5.530	5.530	5.530	4.870
材料	氯丁聚乙烯-橡胶共混卷材	m^2	12.30	110.550	112.850	112.850	112.850
	聚氨酯甲料	kg	11.56	11.660	11.660	11.660	11.660
	聚氨酯乙料	kg	11.00	17.500	17.500	17.500	17.500
	氯丁乳胶	kg	3.94	18.180	18.180	18.180	18.180
	乙酸乙酯	kg	22.13	5.050	5.050	5.050	5.050
	二甲苯	kg	9.00	27.000	27.000	27.000	27.000
	粘结剂 BX-12	瓶	16.97	45.450	12.860	9.410	7.100
	乙组份 BX-12 880 mL	瓶	14.07	11.940	14.810	14.810	14.810
	CSPE 嵌缝油膏 330 mL	支	8.53	50.280	50.280	50.280	50.280
	银色着色剂	kg	18.01	20.200	20.00	20.200	20.200
	圆钢 ϕ10 以内	kg	4.20	4.380	4.380	4.380	4.380
	水泥 801 胶浆结合层 1∶0.01	m^3	523.55	0.010	0.010	0.010	0.010
	零星材料	元	1.00	1.590	1.590	1.590	1.590

工作内容：同前　　　　　　　　　　　　　　　　　　　　　　　　　　　　单位：100 m^2

定额编号				A6-75	A6-76	A6-77	A6-78
项目				氯磺化聚乙烯卷材屋面冷贴			
				满铺	空铺	点铺	条铺
基价(元)				4593.81	3796.22	3721.06	3563.70
其中	人工费(元)			420.42	420.42	420.42	369.84
	材料费(元)			4173.39	3375.80	3300.64	3193.86
	机械费(元)			—	—	—	—
	名称	单位	单价(元)	数量			
人工	普工	工日	42.00	3.690	3.690	3.690	3.240
	技工	工日	48.00	5.530	5.530	5.530	4.870
材料	氯磺化聚乙烯卷材	m^2	9.85	110.550	112.850	112.850	112.850
	聚氨酯甲料	kg	11.56	16.210	16.210	16.210	16.210
	聚氨酯乙料	kg	11.00	31.130	31.130	31.130	31.130
	乙酸乙酯	kg	22.13	5.050	5.050	5.050	5.050
	CX-404 胶	kg	23.52	50.500	14.290	10.450	7.890
	CX-401 胶	kg	18.48	10.510	12.210	13.030	10.510
	二甲苯	kg	9.00	27.000	27.000	27.000	27.000
	CSPE 嵌缝油膏 330 mL	支	8.53	50.280	50.280	50.280	50.280
	银色着色剂	kg	18.01	20.200	20.200	20.200	20.200
	圆钢 ϕ10 以内	kg	4.20	4.380	4.380	4.380	4.380
	水泥 801 胶浆结合层 1∶0.01	m^3	523.55	0.010	0.010	0.010	0.010
	零星材料	元	1.00	1.590	1.590	1.590	1.590

工作内容：清扫基层、熔化粘胶、涂贴粘胶、铺贴柔毡、收头、铺撒白石子保护层。　　单位：100 m^2

定额编号				A6-79	A6-80
项目				防水柔毡屋面热贴满铺	
				二胶一毡一砂	每增一胶一毡
基价(元)				4479.05	2004.35
其中	人工费(元)			273.60	141.36
	材料费(元)			4205.45	1862.99
	机械费(元)			—	—
名称		单位	单价(元)	数量	
人工	普工	工日	42.00	2.400	1.240
	技工	工日	48.00	3.600	1.860
材料	防水柔毡	m^2	7.98	126.150	110.150
	二甲苯	kg	9.00	25.250	—
	乙酸乙酯	kg	22.13	5.050	—
	粘胶	kg	2.96	730.820	320.240
	CSPE 嵌缝油膏 330 mL	支	8.53	50.280	—
	圆钢 ϕ10 以内	kg	4.20	4.380	—
	水泥 801 胶浆结合层 1∶0.01	m^3	523.55	0.010	—
	白石子	kg	0.20	772.500	—
	木柴	kg	0.40	219.820	90.200
	零星材料	元	1.00	1.590	—

工作内容：1. 清理基层、铺卷材、钉压条、射钉、上铅密封油膏、收头。
2. 找平层嵌缝、刷聚氨脂膜附加层。
3. 用掺胶水泥浆贴卷材，聚氨脂胶接缝搭接。
4. 铺贴卷材，接缝贴加强层，收头。
5. 清扫底层，干燥、加热及刷粘结剂，铺贴玻璃丝布。　　单位：100 m^2

定额编号				A6-81	A6-82	A6-83
项目				聚氯乙烯防水卷材铝合金压条空铺	SBC120 复合卷材冷贴满铺	聚氨乙烯防水卷材屋面
基价(元)				7749.34	2284.21	3628.20
其中	人工费(元)			4031.04	245.34	775.20
	材料费(元)			3718.30	2038.87	2853.00
	机械费(元)			—	—	—
名称		单位	单价(元)	数量		
人工	普工	工日	42.00	35.360	2.150	6.800
	技工	工日	48.00	53.040	3.230	10.200
材料	水泥浆	m^3	481.95	—	0.150	—
	聚乙烯丙纶双面复合防水卷材 SBC	m^2	7.90	—	110.550	—
	聚氯乙烯(PVC)防水卷材	m^2	19.50	—	—	113.000
	PVC 防水卷材	m^2	15.38	130.000	—	—
	中碱玻璃丝布	m^2	2.04	—	—	10.000
	聚氨酯甲料	kg	11.56	—	19.040	—
	聚氨酯乙料	kg	11.00	—	28.560	—
	乙酸乙酯	kg	22.13	—	5.050	—
	铝合金压条 3×30	m	5.39	105.000	—	—
	PVC 粘结剂	kg	6.50	—	—	84.000
	801 胶	kg	2.60	—	11.380	—
	303 胶	kg	16.78	45.000	—	—
	CSPE 嵌缝油膏 330 mL	支	8.53	—	48.960	—
	零星材料	元	1.00	397.850	—	83.100

工作内容：清理基层、刷基础处理剂、铺贴卷材附加层、收头钉压条、撒砂保护层。 单位：100 m^2

定额编号				A6-84
项目				聚氯乙烯(PVC)防水卷材 (胶泥 3 mm)
基价(元)				7184.01
其中	人工费(元)			241.68
	材料费(元)			6942.33
	机械费(元)			—
名称		单位	单价(元)	数量
人工	普工	工日	42.00	2.120
	技工	工日	48.00	3.180
材料	冷底子油 3∶7	kg	6.15	48.000
	聚氯乙烯胶泥	kg	6.90	600.100
	聚氯乙烯(PVC)防水卷材	m^2	19.50	123.700
	水泥801胶浆结合层 1∶0.01	m^3	523.55	0.010
	木柴	kg	0.40	35.800
	钢压条	kg	4.80	5.200
	零星材料	元	1.00	49.970

注：1. 粘结层厚度不同，粘结剂用量比例调整，其他不变。

2. 附加层用量 13.15 m^2，附加层 PVC 胶泥用量 4.95 kg/m^2 卷材。

工作内容：1. 清理基层、找平层嵌缝、铺贴卷材附加层。

2. 用水泥浆贴卷材，接缝收头密封。 单位：100 m^2

定额编号				A6-85	A6-86
项目				DAL湿铺法双面 自粘防水卷材	PET湿铺法高分子 复合防水卷材
基价(元)				5404.51	3945.78
其中	人工费(元)			305.52	269.52
	材料费(元)			5098.99	3676.26
	机械费(元)			—	—
名称		单位	单价(元)	数量	
人工	普工	工日	42.00	2.680	2.360
	技工	工日	48.00	4.020	3.550
材料	防水卷材 LD-2 mmDAL	m^2	40.20	110.000	—
	复合防水卷材 LD-1.2 mmPET	m^2	28.50	—	110.000
	密封膏	kg	3.74	13.000	13.000
	水泥浆	m^3	481.95	0.800	0.800
	零星材料	元	1.00	242.810	107.080

3. 涂膜屋面

工作内容：油膏加热，屋面满涂油膏，板缝嵌油膏。　　单位：见表

定额编号				A6-87	A6-88	A6-89
项目				屋面满涂塑料油膏 4 mm	屋面塑料油膏嵌缝	
					空心板	大型屋面板
				$100\ m^2$	100 m	
基价(元)				975.66	322.96	375.63
其中	人工费(元)			130.44	150.96	151.86
	材料费(元)			845.22	172.00	223.77
	机械费(元)			—	—	—
名称		单位	单价(元)	数量		
人工	普工	工日	42.00	1.140	1.320	1.330
	技工	工日	48.00	1.720	1.990	2.000
材料	塑料油膏	kg	1.32	585.120	119.070	154.910
	木柴	kg	0.40	182.160	37.070	48.220

注：嵌缝取定纵缝断面：空心板 $7.5\ cm^2$，大型屋面板 $9\ cm^2$，如果断面不同于定额取定断面，以纵缝断面比例调整人工、材料数量。

工作内容：刷冷底子油，找平层分格嵌缝油膏，贴防水附加层，铺贴玻璃纤维布，表面撒粒砂保护层。支座处干铺油毡一层，清理缝、熬制油膏、嵌缝油膏；沿分格缝上做二毡三油一砂。　　单位：见表

定额编号				A6-90	A6-91	A6-92
项目				塑料油膏玻璃纤维布屋面		屋面分格缝
				一布二油	每增一布一油	
				$100\ m^2$		100 m
基价(元)				1651.00	785.95	3775.18
其中	人工费(元)			157.32	98.94	451.44
	材料费(元)			1493.68	687.01	3323.74
	机械费(元)			—	—	—
名称		单位	单价(元)	数量		
人工	普工	工日	42.00	1.380	0.870	3.960
	技工	工日	48.00	2.070	1.300	5.940
材料	玻璃纤维布 δ1.8	m^2	1.94	120.450	112.180	—
	石油沥青玛碲脂	m^3	3983.04	—	—	0.490
	石油沥青油毡 350#	m^2	2.42	—	—	232.100
	沥青冷底子油 3∶7	kg	6.15	—	—	38.850
	塑料油膏	kg	1.32	872.260	324.940	303.680
	绿豆砂	m^3	203.65	—	—	0.410
	木柴	kg	0.40	271.560	101.150	218.110

工作内容：熬制油膏，缝上铺贴玻璃纤维布。涂刷聚氨脂底脂，刷聚氨脂防水层二遍，并撒石渣做砂保护层（或与刚性块料层的连接层）。

单位：见表

定额编号				A6-93	A6-94	A6-95
项目				塑料油膏贴玻璃布盖缝		聚氨酯涂膜
				一布二油	每增一布一油	防水屋面
				100 m		100 m²
基价(元)				660.29	305.48	3398.97
其中	人工费(元)			94.38	56.52	232.56
	材料费(元)			565.91	248.96	3166.41
	机械费(元)			—	—	—
名称		单位	单价(元)	数量		
人工	普工	工日	42.00	0.830	0.500	2.040
	技工	工日	48.00	1.240	0.740	3.060
材料	玻璃纤维布 δ1.8	m²	1.94	30.300	30.300	—
	塑料油膏	kg	1.32	351.070	131.650	—
	聚氨酯甲料	kg	11.56	—	—	105.550
	聚氨酯乙料	kg	11.00	—	—	165.130
	二甲苯	kg	9.00	—	—	12.960
	石碴	m³	42.51	—	—	0.310
	木柴	kg	0.40	109.300	40.990	—

注：聚氨脂如果掺缓凝剂，应增加磷酸 0.3 kg；如果掺促凝剂应增加二月桂酸二丁基锡 0.25 kg。

工作内容：1.清理基层、调配砂浆、铺抹砂浆养护、筛铺镇水粉、铺隔离纸。

2.涂刷底胶：做一布一涂附加层于防水薄弱处；冷胶贴聚酯布防水层；最表层撒细砂保护层。

单位：100 m²

定额编号				A6-96	A6-97	A6-98
项目				掺无机铝盐防水剂		防水砂浆屋面
				素水泥浆屋面	防水砂浆屋面	2cm 厚
基价(元)				158.26	1267.27	1164.20
其中	人工费(元)			88.02	479.70	492.00
	材料费(元)			70.24	757.27	641.90
	机械费(元)			—	30.30	30.30
名称		单位	单价(元)	数量		
人工	普工	工日	42.00	0.770	4.210	4.320
	技工	工日	48.00	1.160	6.310	6.470
材料	无机铝盐防水剂	kg	1.50	14.700	132.600	—
	防水粉	kg	1.26	—	—	66.300
	水泥砂浆 1∶2	m³	252.56	—	2.020	2.020
	水泥浆	m³	481.95	0.100	0.100	0.100
机械	灰浆搅拌机 200 L	台班	86.57	—	0.350	0.350

工作内容：同前　　　　单位：100 m^2

定额编号				A6-99	A6-100	A6-101
项目				屋面镇水粉隔离层	氯丁冷胶	
					二布三涂	每增一布一涂
基价(元)				2657.56	2633.90	907.90
其中	人工费(元)			849.96	426.36	214.80
	材料费(元)			1807.60	2207.54	693.10
	机械费(元)			—	—	—
名称		单位	单价(元)	数量		
人工	普工	工日	42.00	7.460	3.740	1.880
	技工	工日	48.00	11.180	5.610	2.830
材料	聚脂布　100 g/m^2	m^2	3.20	—	236.360	110.890
	氯丁冷胶	kg	3.94	—	363.600	85.850
	镇水粉	kg	2.90	600.000	—	—
	隔离纸	m^2	0.52	130.000	—	—
	细砂	m^3	60.00	—	0.310	—

工作内容：1. 清理基层，调制 858，JS 防水涂料，涂刷面层。

2. 在卷材上刷一度铝基反光隔热涂料　　　　单位：100 m^2

定额编号				A6-102	A6-103	A6-104
项目				858 焦油聚氨酯防水层	JS 防水涂料	铝基反光隔热涂料
				$\delta=1.5$	$\delta=1.2$	涂刷一度
基价(元)				2317.48	2647.84	167.26
其中	人工费(元)			177.84	177.84	50.16
	材料费(元)			2139.64	2470.00	117.10
	机械费(元)			—	—	—
名称		单位	单价(元)	数量		
人工	普工	工日	42.00	1.560	1.560	0.440
	技工	工日	48.00	2.340	2.340	0.660
材料	铝基反光隔热涂料	kg	9.25	—	—	12.660
	防水涂料 JS	kg	12.31	—	200.000	—
	焦油聚氨脂防水涂料 858	kg	9.84	216.000	—	—
	零星材料	元	1.00	14.200	8.000	—

注：858 焦油聚氨酯防水层、JS 防水涂料厚度不同时，按比例换算。如伸缩缝上需加布铺贴，每 100 平方米需增无纺涤纶布(宽 130 mm)33 米，人工 0.6 工日。

4. 屋面排水、刚性屋面防水

工作内容：清理基层，抹纸筋灰或石灰砂浆隔离层。　　　　单位：100 m^2

定额编号				A6-105	A6-106
项目				隔离层	
				纸筋灰	石灰砂浆
基价(元)				223.56	363.08
其中	人工费(元)			168.72	250.80
	材料费(元)			48.78	97.56
	机械费(元)			6.06	14.72
名称		单位	单价(元)	数量	
人工	普工	工日	42.00	1.480	2.200
	技工	工日	48.00	2.220	3.300
材料	石灰纸筋浆	m^3	118.76	0.400	—
	石灰砂浆 1∶4	m^3	95.33	—	1.010
	水	m^3	2.12	0.600	0.600
机械	灰浆搅拌机 200 L	台班	86.57	0.070	0.170

工作内容：1. 清理基层，掺料、覆土。
2. 清理基层，铺料、裁剪、接缝。
3. 清理基层，铺料、压实。　　　　单位：10 m^3

定额编号				A6-107	A6-108	A6-109
项目				耕作土种植层		
				不掺料	掺粗料	掺珍珠岩
基价(元)				416.83	697.40	723.98
其中	人工费(元)			132.24	155.04	228.00
	材料费(元)			284.59	542.36	495.98
	机械费(元)			—	—	—
名称		单位	单价(元)	数量		
人工	普工	工日	42.00	1.160	1.360	2.000
	技工	工日	48.00	1.740	2.040	3.000
材料	粘土	m^3	26.72	10.500	6.060	6.350
	膨胀珍珠岩粉	m^3	62.50	—	—	5.150
	粗砂	m^3	60.00	—	6.270	—
	水	m^3	2.12	1.900	2.000	2.090

工作内容：同前　　单位：见表

定额编号				A6-110	A6-111	A6-112
项目				过滤层		排(蓄)水层
				玻璃布	砂石	陶粒
				100 m^2	10 m^3	
基价(元)				269.04	1264.60	4066.90
其中	人工费(元)			50.16	250.80	200.64
	材料费(元)			218.88	956.05	3857.00
	机械费(元)			—	57.75	9.26
名称		单位	单价(元)	数量		
人工	普工	工日	42.00	0.440	2.200	1.760
	技工	工日	48.00	0.660	3.300	2.640
材料	陶粒	m^3	350.00	—	—	11.020
	粗砂	m^3	60.00	—	4.690	—
	碎石 15	m^3	57.00	—	11.650	—
	玻璃纤维布	m^2	1.94	112.000	—	—
	水	m^3	2.12	—	5.000	—
	零星材料	元	1.00	1.600	—	—
机械	滚筒式混凝土搅拌机 500 L	台班	146.93	—	0.330	—
	混凝土震捣器　平板式	台班	14.25	—	0.650	0.650

工作内容：屋面防水层撒砂保护层。　　单位：100 m^2

定额编号				A6-113	A6-114	A6-115	A6-116
项目				屋面撒石英砂保护层		屋面撒蛭石粉保护层	
				$\delta=20$	每增减 10 mm	$\delta=10$	每增减 5 mm
基价(元)				1510.41	755.23	127.68	63.85
其中	人工费(元)			47.40	23.70	23.70	11.88
	材料费(元)			1463.01	731.53	103.98	51.97
	机械费(元)			—	—	—	—
名称		单位	单价(元)	数量			
人工	普工	工日	42.00	0.420	0.210	0.210	0.100
	技工	工日	48.00	0.620	0.310	0.310	0.160
材料	蛭石	m^3	98.59	—	—	1.040	0.520
	石英砂	kg	0.39	3744.000	1872.000	—	—
	零星材料	元	1.00	2.850	1.450	1.450	0.700

工作内容：1.铁皮截料、制作安装。

2.切管、埋管卡、安水管、合灰捻口；就位、安装。 单位：见表

定额编号				A6-117	A6-118	A6-119	A6-120
项目				屋面铁皮排水			铸铁落水管
				水落管檐沟	天沟泛水	ϕ100 mm	ϕ150 mm
				100 m^2		10 m	
基价(元)				4249.01	3171.69	573.21	932.86
其中	人工费(元)			1313.76	474.72	128.58	142.26
	材料费(元)			2935.25	2696.97	444.63	790.60
	机械费(元)			—	—	—	—
名称		单位	单价(元)	数量			
人工	普工	工日	42.00	11.520	4.160	1.130	1.250
	技工	工日	48.00	17.290	6.250	1.690	1.870
材料	镀锌薄钢板 δ0.552	m^2	23.75	105.800	105.400	—	—
	铸铁排水管 ϕ100×1500	m	28.52	—	—	10.470	—
	铸铁排水管 ϕ150×1500	m	51.83	—	—	—	10.470
	铸铁三通 ϕ100×50	个	30.81	—	—	3.610	—
	铸铁三通 ϕ150×50	个	50.06	—	—	—	3.610
	铁件	kg	5.50	49.150	—	1.440	7.780
	水泥 32.5	kg	0.32	—	—	11.630	13.200
	中(粗)砂	m^3	60.00	—	—	0.020	0.020
	石油沥青 30#	kg	4.00	—	—	0.700	0.950
	膨胀螺栓 M6×22	套	0.47	—	—	10.500	—
	水	m^3	2.12	—	—	1.040	1.320
	木柴	kg	0.40	7.690	9.240	—	—
	螺栓 M3×20	套	0.08	—	—	21.000	—
	零星材料	元	1.00	149.100	190.020	10.340	12.410

工作内容：切管、埋管卡、安水管、合灰捻口；就位、安装。 单位：10 个

定额编号				A6-121	A6-122	A6-123
项目				直管式铸铁雨水口		铸铁水斗(接水口)
				ϕ100 mm	ϕ150 mm	ϕ100 mm
基价(元)				562.55	752.43	481.35
其中	人工费(元)			147.30	153.24	122.22
	材料费(元)			415.25	599.19	359.13
	机械费(元)			—	—	—
名称		单位	单价(元)	数量		
人工	普工	工日	42.00	1.290	1.340	1.070
	技工	工日	48.00	1.940	2.020	1.610
材料	带罩铸铁雨水口 ϕ100	套	36.59	10.100	—	—
	带罩铸铁雨水口 ϕ150	套	54.68	—	10.100	—
	铸铁水斗(接水口)ϕ100	个	29.66	—	—	10.100
	石油沥青油毡 350#	m^2	2.42	2.420	2.930	—
	石油沥青玛碲脂	m^3	3983.04	0.010	0.010	—
	铁件	kg	5.50	—	—	10.830

工作内容：同前　　　　单位：10 个

定额编号				A6-124	A6-125
项目				铸铁水斗(接水口)	弯管式铸铁雨水口
				ϕ150 mm	含蓖子板
基价(元)				745.16	811.25
其中	人工费(元)			128.16	163.26
	材料费(元)			617.00	647.99
	机械费(元)			—	—
名称		单位	单价(元)	数量	
人工	普工	工日	42.00	1.120	1.430
	技工	工日	48.00	1.690	2.150
材料	铸铁弯头(出水口)ϕ100	个	29.66	—	10.100
	铸铁水斗(接水口)ϕ150	个	54.68	10.100	—
	施工用二等板枋材 55～100 cm^2	m^3	1550.00	—	0.036
	石油沥青玛碲脂	m^3	3983.04	—	0.070
	铁件	kg	5.50	11.770	2.420
	零星材料	元	1.00	—	0.500

工作内容：埋设管卡箍、截管、涂胶、接口、安三通、伸缩节管、细石混凝土填缝等。　　　　单位：10 m

定额编号				A6-126	A6-127	A6-128	A6-129
项目				单屋面玻璃钢排水管		屋面、阳台玻璃钢雨水管	
				ϕ110 mm	ϕ160 mm	ϕ110 mm	ϕ160 mm
基价(元)				486.35	643.19	649.10	828.90
其中	人工费(元)			131.76	146.40	131.76	146.40
	材料费(元)			354.59	496.79	517.34	682.50
	机械费(元)			—	—	—	—
名称		单位	单价(元)	数量			
人工	普工	工日	42.00	1.160	1.280	1.160	1.280
	技工	工日	48.00	1.730	1.930	1.730	1.930
材料	玻璃钢排水管 ϕ110×1500	m	25.50	10.540	—	10.180	—
	玻璃钢排水管 ϕ160×1500	m	35.50	—	10.610	—	10.150
	玻璃钢三通 ϕ110×50	个	24.20	—	—	3.610	—
	玻璃钢三通 ϕ160×50	个	32.00	—	—	—	3.610
	排水管检查口 ϕ110	个	16.04	1.110	—	1.110	—
	排水管检查口 ϕ160	个	31.35	—	1.110	—	1.110
	排水管连接件 ϕ110×115	个	22.56	—	—	3.610	—
	排水管连接件 ϕ160×135	个	27.54	—	—	—	3.610
	排水管伸缩结 ϕ110	个	9.04	1.010	—	1.010	—
	排水管伸缩结 ϕ160	个	17.00	—	1.010	—	1.010
	卡箍膨胀螺栓 M110	套	7.92	7.140	—	7.140	—
	卡箍膨胀螺栓 M160	套	9.00	—	7.140	—	5.100
	零星材料	元	1.00	2.340	3.900	5.460	9.360

工作内容：同前　　　　单位：10 个

定额编号				A6-130	A6-131	A6-132	A6-133
项目				玻璃钢排水			
				雨水斗(带罩)		弯头	排水短管
				ϕ110 mm	ϕ160 mm	ϕ50 mm	
基价(元)				273.60	295.43	107.36	104.94
其中	人工费(元)			137.28	143.16	59.76	59.76
	材料费(元)			136.32	152.27	47.60	45.18
	机械费(元)			—	—	—	—
名称		单位	单价(元)	数量			
人工	普工	工日	42.00	1.200	1.260	0.520	0.520
	技工	工日	48.00	1.810	1.880	0.790	0.790
材料	现浇混凝土 C20 碎石 15	m^3	197.97	0.030	0.050	—	—
	带罩玻璃钢雨水斗 ϕ110	个	12.31	10.100	—	—	—
	带罩玻璃钢雨水斗 ϕ160	个	13.13	—	10.100	—	—
	玻璃钢弯头 ϕ50	个	4.52	—	—	10.100	—
	玻璃钢短管 ϕ50	个	4.28	—	—	—	10.100
	零星材料	元	1.00	6.050	9.760	1.950	1.950

工作内容：切管、埋管卡、安水管、粘接等全部操作过程。　　　　单位：10 m

定额编号				A6-134	A6-135
项目				塑料(PVC)落水管	
				ϕ100 mm	ϕ150 mm
基价(元)				456.82	739.26
其中	人工费(元)			98.94	127.68
	材料费(元)			357.88	611.58
	机械费(元)			—	—
名称		单位	单价(元)	数量	
人工	普工	工日	42.00	0.870	1.120
	技工	工日	48.00	1.300	1.680
材料	硬聚氯乙烯塑料三通 ϕ100	个	15.61	3.610	—
	硬聚氯乙烯塑料三通 ϕ150	个	38.93	—	3.610
	PVC 塑料落水管 ϕ100×3×4000	m	24.28	10.500	—
	PVC 塑料落水管 ϕ150×4×4000	m	40.09	—	10.500
	硬聚氯乙烯塑粘剂	kg	24.65	1.240	1.360
	膨胀螺栓 M16×200	套	2.61	4.320	4.320
	电	度	0.72	2.240	2.860
	零星材料	元	1.00	3.130	3.240

工作内容：同前　　　　　　　　　　　　　　　　　　　　　　　　单位：10 个

定额编号				A6-136	A6-137
项目				塑料雨水口方形(接口直径)	
				ϕ100 mm	ϕ150 mm
基价(元)				368.83	489.02
其中	人工费(元)			147.30	153.24
	材料费(元)			221.53	335.78
	机械费(元)			—	—
名称		单位	单价(元)	数量	
人工	普工	工日	42.00	1.290	1.340
	技工	工日	48.00	1.940	2.020
材料	硬聚氯乙烯塑料雨水口 ϕ100	个	17.41	10.100	—
	硬聚氯乙烯塑料雨水口 ϕ150	个	28.60	—	10.100
	石油沥青玛碲脂	m^3	3983.04	0.010	0.010
	石油沥青油毡 350#	m^2	2.42	2.420	2.930

工作内容：同前　　　　　　　　　　　　　　　　　　　　　　　　单位：10 个

定额编号				A6-138	A6-139	A6-140	A6-141
项目				塑料水斗方形(接口直径)		塑料弯头	
				ϕ100 mm	ϕ150 mm	ϕ100 mm	ϕ150 mm
基价(元)				361.67	761.93	274.34	494.05
其中	人工费(元)			122.22	128.16	163.26	177.84
	材料费(元)			239.45	633.77	111.08	316.21
	机械费(元)			—	—	—	—
名称		单位	单价(元)	数量			
人工	普工	工日	42.00	1.070	1.120	1.430	1.560
	技工	工日	48.00	1.610	1.690	2.150	2.340
材料	硬聚氯乙烯塑料水斗 ϕ100	个	17.81	10.100	—	—	—
	硬聚氯乙烯塑料水斗 ϕ150	个	56.34	—	10.100	—	—
	硬聚氯乙烯塑料弯头 ϕ100	个	9.68	—	—	10.100	—
	硬聚氯乙烯塑料弯头 ϕ150	个	29.99	—	—	—	10.100
	铁件	kg	5.50	10.830	11.770	2.420	2.420

工作内容：1. 清理基层，安装金属面板。

2. 金属板制作、安装。

单位：见表

定额编号				A6-142	A6-143	A6-144	A6-145	A6-146
项目				铝板	不锈钢板	镀锌钢板		
				泛水			沿沟、水管	水斗
				100 m²				10 只
基价(元)				7114.54	18032.49	5223.43	6286.41	356.61
其中	人工费(元)			510.72	556.32	465.12	1285.92	123.12
	材料费(元)			6549.58	17421.93	4758.31	5000.49	233.49
	机械费(元)			54.24	54.24	—	—	—
名称		单位	单价(元)	数量				
人工	普工	工日	42.00	4.480	4.880	4.080	11.280	1.080
	技工	工日	48.00	6.720	7.320	6.120	16.920	1.620
材料	铝板 1	m²	60.05	107.000	—	—	—	—
	不锈钢板 δ1.0	m²	164.74	—	105.000	—	—	—
	镀锌薄钢板 δ1	m²	43.18	—	—	105.400	105.800	4.000
	铁件	kg	5.50	—	—	—	49.150	—
	玻璃胶 310 g	支	13.90	7.280	7.280	—	—	—
	焊锡	kg	80.00	—	—	2.080	1.800	0.700
	零星材料	元	1.00	23.040	23.040	40.740	17.720	4.770
机械	咬口机 1.5	台班	102.34	0.530	0.530	—	—	—

工作内容：切(配)管，埋管卡、安水管粘接等全部操作过程。

单位：见表

定额编号				A6-147	A6-148	A6-149	A6-150
项目				PVC 落水管	PVC 弯头	塑料雨水口方形	塑料水斗方形
						接口直径	
				ϕ75 mm			
				10 m	10 个		
基价(元)				249.98	211.38	536.43	300.18
其中	人工费(元)			70.20	148.68	141.36	116.28
	材料费(元)			179.78	62.70	395.07	183.90
	机械费(元)			—	—	—	—
名称		单位	单价(元)	数量			
人工	普工	工日	42.00	0.620	1.300	1.240	1.020
	技工	工日	48.00	0.920	1.960	1.860	1.530
材料	硬聚氯乙烯塑料雨水口 ϕ100	个	17.41	—	—	10.100	—
	硬聚氯乙烯塑料三通 ϕ75	个	7.16	3.610	—	—	—
	PVC 塑料落水管 ϕ75	m	11.66	10.500	—	—	—
	硬聚氯乙烯塑料弯头 ϕ75	个	4.89	—	10.100	—	—
	硬聚氯乙烯塑料水斗 ϕ75	个	15.00	—	—	—	10.100
	石油沥青玛碲脂	m³	3983.04	—	—	0.010	—
	硬聚氯乙烯塑粘剂	kg	24.65	0.680	—	—	—
	膨胀螺栓 M16×200	套	2.61	4.320	—	—	—
	铁件	kg	5.50	—	2.420	—	5.890
	电	度	0.72	1.430	—	—	—
	石油沥青油毡 350#	m²	2.42	—	—	1.470	—
	硬聚氯乙烯塑料雨水口 ϕ75	个	17.41	—	—	10.100	—
	零星材料	元	1.00	2.430	—	—	—

工作内容：切(配)管，埋管卡、安水管、合灰捻口；就位、安装。　　　　单位：见表

定额编号				A6-151	A6-152
项目				不锈钢落水管	不锈钢水斗(接口直径)
				ϕ100 mm	
				10 m	10 个
基价(元)				1839.98	751.79
其中	人工费(元)			98.94	122.22
	材料费(元)			1741.04	629.57
	机械费(元)			—	—
名称		单位	单价(元)	数量	
人工	普工	工日	42.00	0.870	1.070
	技工	工日	48.00	1.300	1.610
材料	不锈钢落水管 ϕ100	m	168.39	10.300	—
	不锈钢连接件	个	0.60	0.080	—
	水泥 32.5	kg	0.32	13.000	11.000
	不锈钢水斗 ϕ100	个	61.58	—	10.100
	零星材料	元	1.00	2.420	4.090

工作内容：屋面阳台雨水管系统：埋设管卡箍、截管、涂胶、安三通、伸缩节、管等。　　　　单位：10组

定额编号				A6-153	A6-154
项目				PVC 阳台排水管	
				单阳台	双阳台
基价(元)				479.90	735.14
其中	人工费(元)			164.16	253.08
	材料费(元)			315.74	482.06
	机械费(元)			—	—
名称		单位	单价(元)	数量	
人工	普工	工日	42.00	1.440	2.220
	技工	工日	48.00	2.160	3.330
材料	PVC 弯头　带地漏 ϕ50　90 度	套	11.36	10.000	20.000
	PVC 管材　ϕ50	m	6.71	4.300	8.600
	PVC 异径三通　ϕ100×50	只	10.89	10.000	—
	PVC 四通　ϕ110×50	只	9.18	—	10.000
	零星材料	元	1.00	64.380	105.350

工作内容：切(配)管、埋管卡、安水管等全部操作过程。 单位：10 组

定额编号				A6-155	A6-156
项目				阳台 PVC 落水管 $\phi50$	
				斜长在	
				1000 mm	每增减 100 mm
基价(元)				315.34	6.71
其中	人工费(元)			162.78	—
	材料费(元)			152.56	6.71
	机械费(元)			—	—
名称		单位	单价(元)	数量	
人工	普工	工日	42.00	1.430	—
	技工	工日	48.00	2.140	—
材料	PVC 塑料落水管 $\phi50$	m	6.71	9.180	1.000
	硬聚氯乙烯塑料三通 $\phi50$	个	3.18	10.200	—
	硬聚氯乙烯塑料弯头 $\phi50$	m	2.12	20.400	—
	硬聚氯乙烯塑粘剂	kg	24.65	0.620	—

注：每组阳台出水口至落水管中心线斜长按 1 m 长(内含两个弯头，一个三通)计算，设计长度不同应增减，弯头不变。规格不同应调整。

工作内容：裁料、接口、套管、安装、固定等全部工序。 单位：10 m

定额编号				A6-157
项目				玻璃钢檐沟
基价(元)				443.77
其中	人工费(元)			60.18
	材料费(元)			383.59
	机械费(元)			—
名称		单位	单价(元)	数量
人工	普工	工日	42.00	0.530
	技工	工日	48.00	0.790
材料	玻璃钢檐沟 30×25×3	m	35.00	10.500
	铁件	kg	5.50	2.800
	零星材料	元	1.00	0.690

工作内容：1. 混凝土搅拌、水平运输、垂直运输、捣固、养护。
2. 清理基层、调制砂浆、找平、抹面、清落地灰。 单位：10 m

定额编号				A6-158
项目				混凝土泛水角
基价(元)				173.56
其中	人工费(元)			37.65
	材料费(元)			131.65
	机械费(元)			4.26
名称		单位	单价(元)	数量
人工	普工	工日	42.00	0.325
	技工	工日	48.00	0.500
材料	抗渗混凝土 C25 碎石 20 P8	m^3	243.11	0.490
	水泥浆	m^3	481.95	0.011
	防水砂浆 1∶2	m^3	321.69	0.022
	水	m^3	2.12	0.068
机械	滚筒式混凝土搅拌机 500 L	台班	146.93	0.029

三、墙、地面防水(防潮)

1. 卷材防水

(1) 油毡卷材防水

工作内容：1. 基层清理、配制、刷冷底子油；熬制玛碲脂或沥青，防水薄弱处贴附加层。

2. 铺贴玛碲脂卷材、玛碲脂玻璃纤维布或沥青玻璃布卷材。　　单位：100 m²

定额编号				A6-159	A6-160	A6-161	A6-162
项目				玛碲脂卷材防水			
				二毡三油		每增一毡一油	
				平面	立面	平面	立面
基价(元)				3404.65	3653.86	1115.21	1220.22
其中	人工费(元)			404.04	528.48	169.62	233.04
	材料费(元)			3000.61	3125.38	945.59	987.18
	机械费(元)			—	—	—	—
名称		单位	单价(元)	数量			
人工	普工	工日	42.00	3.540	4.640	1.490	2.040
	技工	工日	48.00	5.320	6.950	2.230	3.070
材料	石油沥青油毡 350#	m²	2.42	239.760	239.760	116.490	116.490
	石油沥青玛碲脂	m³	3983.04	0.510	0.540	0.160	0.170
	沥青冷底子油 3∶7	kg	6.15	48.480	48.480	—	—
	木柴	kg	0.40	227.700	240.900	66.000	70.400

工作内容：同前　　单位：100 m²

定额编号				A6-163	A6-164	A6-165	A6-166
项目				玛碲脂玻璃纤维布防水			
				二布三油		每增一布一油	
				平面	立面	平面	立面
基价(元)				3347.39	3687.38	1094.40	1221.31
其中	人工费(元)			441.42	656.64	204.72	290.04
	材料费(元)			2905.97	3030.74	889.68	931.27
	机械费(元)			—	—	—	—
名称		单位	单价(元)	数量			
人工	普工	工日	42.00	3.870	5.760	1.800	2.540
	技工	工日	48.00	5.810	8.640	2.690	3.820
材料	玻璃纤维布 δ1.8	m²	1.94	250.300	250.300	116.490	116.490
	石油沥青玛碲脂	m³	3983.04	0.510	0.540	0.160	0.170
	沥青冷底子油 3∶7	kg	6.15	48.480	48.480	—	—
	木柴	kg	0.40	227.700	240.900	66.000	70.400

工作内容：同前　　　　　　　　　　　　　　　　　　　　　　　　　　　单位：100 m²

定　额　编　号				A6-167	A6-168	A6-169	A6-170
项　　目				沥青玻璃纤维布卷材防水			
				二布三油		每增一布一油	
				平面	立面	平面	立面
基　价(元)				3263.68	3623.88	1070.61	1202.89
其中	人　工　费(元)			440.94	655.74	205.20	289.08
	材　料　费(元)			2822.94	2968.14	865.41	913.81
	机　械　费(元)			—	—	—	—
	名　　称	单位	单价(元)	数　量			
人工	普工	工日	42.00	3.870	5.750	1.800	2.540
	技工	工日	48.00	5.800	8.630	2.700	3.800
材料	玻璃纤维布	m²	1.94	250.300	250.300	121.760	121.760
	沥青冷底子油 3：7	kg	6.15	48.480	48.480	—	—
	石油沥青 30#	kg	4.00	489.720	524.700	151.580	163.240
	木柴	kg	0.40	201.300	214.500	57.200	61.600

工作内容：1. 清理基层，滚铺，排气滚压，搭接处加热压实，清理。

2. 清理基层，铺贴卷材，焊接周边收口。　　　　　　　　　　　　　　单位：100 m²

定　额　编　号				A6-171	A6-172
项　　目				自粘性防水卷材	PSS 铝合金防水卷材
基　价(元)				2378.22	7695.64
其中	人　工　费(元)			95.76	228.00
	材　料　费(元)			2282.46	7467.64
	机　械　费(元)			—	—
	名　　称	单位	单价(元)	数　量	
人工	普工	工日	42.00	0.840	2.000
	技工	工日	48.00	1.260	3.000
材料	自粘性防水卷材	m²	18.02	126.300	—
	铝合金防水卷材 PSS	m²	67.41	—	103.000
	塑料薄膜	m²	1.72	—	12.500
	石油液化气	kg	6.67	0.530	—
	粘接剂	kg	18.00	—	20.650
	防水密封胶 75 g/支	kg	2.77	—	15.000
	电	度	0.72	—	20.000
	零星材料	元	1.00	3.000	75.260

注：PSS 铝合金防水卷材采用 SBS 胶带粘接时，扣除粘接剂，增 SBS 胶带 103 平方米。

工作内容：清理基层、铺防潮层。　　　　单位：100 m²

定额编号				A6-173	A6-174	A6-175
项目				防潮层		
				炉渣	沥青防潮层	防潮纸
基价(元)				451.77	653.65	115.56
其中	人工费(元)			41.52	116.28	29.16
	材料费(元)			410.25	537.37	86.40
	机械费(元)			—	—	—
名称		单位	单价(元)	数量		
人工	普工	工日	42.00	0.360	1.020	0.260
	技工	工日	48.00	0.550	1.530	0.380
材料	石灰炉渣 1∶3	m^3	89.06	3.510	—	—
	沥青冷底子油 3∶7	kg	6.15	—	85.000	—
	泡沫防潮纸	m^2	0.80	—	—	108.000
	枋材	m^3	1550.00	0.063	—	—
	木柴	kg	0.40	—	37.400	—

工作内容：清理基层、涂刷基底处理剂、铺贴无纺布及附加层。　　　　单位：100 m²

定额编号				A6-176
项目				APP 冷胶贴无纺布
				二布三涂
基价(元)				5463.80
其中	人工费(元)			342.00
	材料费(元)			5121.80
	机械费(元)			—
名称		单位	单价(元)	数量
人工	普工	工日	42.00	3.000
	技工	工日	48.00	4.500
材料	高强 APP-841 冷胶涂料	kg	11.34	306.000
	高强 APP 基底处理剂	kg	5.04	25.300
	化纤无纺布	m^2	6.50	234.500

工作内容：清理基层、涂刷基底处理剂，铺贴玻璃布及附加层。　　　　单位：100 m²

定额编号				A6-177	A6-178
项目				玻璃纤维布(APP 粘接剂)	
				二布三涂	
				平面	立面
基价(元)				2450.57	2715.03
其中	人工费(元)			314.64	478.80
	材料费(元)			2135.93	2236.23
	机械费(元)			—	—
名称		单位	单价(元)	数量	
人工	普工	工日	42.00	2.760	4.200
	技工	工日	48.00	4.140	6.300
材料	玻璃纤维布 δ1.8	m^2	1.94	240.300	240.300
	高强 APP 粘结剂 B 型	kg	5.04	306.000	324.400
	高强 APP 基底处理剂	kg	5.04	25.300	26.800

工作内容：1. 清理基层，调运胶合料，裁铺玻璃纤维布（毡）。

2. 刮（刷）胶、面胶。

单位：100 m²

定额编号				A6-179	A6-180
项目				氯丁橡胶防水（溶剂型）	
				一布三胶	二布六胶
基价（元）				909.68	1730.83
其中	人工费（元）			196.08	414.96
	材料费（元）			713.60	1315.87
	机械费（元）			—	—
名称		单位	单价（元）	数量	
人工	普工	工日	42.00	1.720	3.640
	技工	工日	48.00	2.580	5.460
材料	氯丁橡胶防水涂料	kg	3.04	159.000	282.000
	玻璃纤维布 δ1.8	m²	1.94	112.600	225.200
	零星材料	元	1.00	11.800	21.700

工作内容：1. 清理基层，调运胶合料，裁铺玻璃纤维布（毡）。

2. 刮（刷）胶、面胶。

3. 聚氯乙烯胶泥；清理基层、加热熬制聚氯乙烯胶泥、涂刷胶泥、裁铺丝布。

单位：100 m²

定额编号				A6-181	A6-182	A6-183
项目				氯丁橡胶防水（溶剂型）	聚氯乙烯胶泥	
				每增一布三胶	一毡二胶附贴层	二布三油 4.5 mm 厚
基价（元）				469.31	1142.53	4978.18
其中	人工费（元）			104.88	273.60	469.68
	材料费（元）			364.43	868.93	4496.50
	机械费（元）			—	—	12.00
名称		单位	单价（元）	数量		
人工	普工	工日	42.00	0.920	2.400	4.120
	技工	工日	48.00	1.380	3.600	6.180
材料	玻璃纤维布 δ1.8	m²	1.94	112.600	—	234.500
	氯丁橡胶防水涂料	kg	3.04	44.600	114.600	—
	2# 合成纤维加筋毡	m²	4.75	—	107.400	—
	聚氯乙烯胶泥	kg	6.90	—	—	583.300
	木柴	kg	0.40	—	—	42.000
	零星材料	元	1.00	10.400	10.400	—
机械	其他机械费	元	1.00	—	—	12.000

注：聚氯乙烯胶泥粘贴设计厚度与定额不符胶泥用量可以调整，其他不变。

(2) 高分子卷材防水

工作内容：1. 涂刷基层处理剂、防水薄弱处涂聚氨酯涂膜加强。

2. 铺贴卷材，卷材接缝贴卷材条加强，收头。

单位：100 m^2

定额编号				A6-184	A6-185
项目				氯化聚乙烯-橡胶共混卷材	
				平面	立面
基价(元)				4505.17	4762.81
其中	人工费(元)			881.88	1139.52
	材料费(元)			3623.29	3623.29
	机械费(元)			—	—
	名称	单位	单价(元)	数量	
人工	普工	工日	42.00	7.740	10.000
	技工	工日	48.00	11.600	14.990
材料	氯丁聚乙烯-橡胶共混卷材	m^2	12.30	124.530	124.530
	聚氨酯甲料	kg	11.56	5.420	5.420
	聚氨酯乙料	kg	11.00	8.130	8.130
	二甲苯	kg	9.00	27.000	27.000
	氯丁冷胶	kg	3.94	20.200	20.200
	水泥 801 胶浆结合层 1∶0.01	m^3	523.55	0.010	0.010
	圆钢 δ10 以内	kg	4.20	4.380	4.380
	乙组份 BX-12 880 mL	瓶	14.07	32.280	32.280
	粘结剂 BX-12	瓶	16.97	45.450	45.450
	CSPE 嵌缝油膏 330 mL	支	8.53	29.830	29.830
	乙酸乙酯	kg	22.13	5.050	5.050
	零星材料	元	1.00	1.590	1.590

工作内容：1. 涂刷基层处理剂、防水薄弱处涂聚氨酯涂膜加强。

2. 铺贴卷材，卷材接缝贴卷材条加强，收头。

3. 清扫底层、干燥、加热及刷粘结剂，铺贴玻璃丝布。

单位：100 m^2

定额编号				A6-186	A6-187	A6-188	A6-189
项目				三元乙丙橡胶卷材		再生橡胶卷材	
				平面	立面	平面	立面
基价(元)				5078.60	5336.24	4832.52	5090.16
其中	人工费(元)			881.88	1139.52	881.88	1139.52
	材料费(元)			4196.72	4196.72	3950.64	3950.64
	机械费(元)			—	—	—	—
	名称	单位	单价(元)	数量			
人工	普工	工日	42.00	7.740	10.000	7.740	10.000
	技工	工日	48.00	11.600	14.990	11.600	14.990
材料	三元乙丙橡胶卷材	m^2	16.68	124.170	124.170	—	—
	再生橡胶卷材	m^2	13.62	—	—	124.170	124.170
	聚氨酯甲料	kg	11.56	9.970	9.970	9.970	9.970
	聚氨酯乙料	kg	11.00	21.770	21.770	21.770	21.770
	氯丁胶粘合剂	kg	19.87	—	—	63.930	63.930
	丁基粘结剂	kg	10.58	17.600	17.600	—	—
	乙酸乙酯	kg	22.13	5.050	5.050	5.050	5.050
	CX-404 胶	kg	23.52	40.400	40.400	—	—
	二甲苯	kg	9.00	27.000	27.000	27.000	27.000
	CSPE 嵌缝油膏 330 mL	支	8.53	29.830	29.830	29.830	29.830
	圆钢 ϕ10 以内	kg	4.20	4.380	4.380	4.380	4.380
	水泥 801 胶浆结合层 1∶0.01	m^3	523.53	0.010	0.010	0.010	0.010
	零星材料	元	1.00	1.590	1.590	1.590	1.590

2. 涂膜防水

工作内容:1. 清理基层、刷涂料。

2. 配制涂刷冷底子油,熬制涂刷玛碲脂或油膏。　　　单位:100 m²

定额编号				A6-190	A6-191	A6-192	A6-193
项目				苯乙烯涂料防水		刷冷底子油	
				平面	立面	第一遍	第二遍
				二遍			
基价(元)				251.29	255.76	376.14	267.36
其中	人工费(元)			100.80	100.80	71.58	60.66
	材料费(元)			150.49	154.96	304.56	206.70
	机械费(元)			—	—	—	—
名称		单位	单价(元)	数量			
人工	普工	工日	42.00	0.880	0.880	0.630	0.530
	技工	工日	48.00	1.330	1.330	0.940	0.800
材料	苯乙烯涂料	kg	2.98	50.500	52.000	—	—
	沥青冷底子油 3∶7	kg	6.15	—	—	48.480	—
	沥青冷底子油 5∶5	kg	5.46	—	—	—	36.360
	木柴	kg	0.40	—	—	16.500	20.900

工作内容:配制涂刷冷底子油,熬制涂刷玛碲脂或油膏。　　　单位:100 m²

定额编号				A6-194	A6-195
项目				焦油玛碲脂 3 mm 厚	塑料油膏二遍
基价(元)				1784.69	941.88
其中	人工费(元)			152.76	96.66
	材料费(元)			1631.93	845.22
	机械费(元)			—	—
名称		单位	单价(元)	数量	
人工	普工	工日	42.00	1.340	0.850
	技工	工日	48.00	2.010	1.270
材料	焦油玛碲脂	m³	3983.04	0.320	—
	塑料油膏	kg	1.32	—	585.120
	沥青冷底子油 3∶7	kg	6.15	48.480	—
	木柴	kg	0.40	148.500	182.160

工作内容:1. 氯偏共聚乳液、成品涂刷。

2. 涂刷底胶及附加层,刷聚氨酯两遍,并盖石渣保护层(或刚性连接层)。　　　单位:100 m²

定额编号				A6-196	A6-197
项目				氯偏共聚乳胶三遍	聚氨脂二遍
基价(元)				248.65	3530.37
其中	人工费(元)			74.34	303.72
	材料费(元)			174.31	3226.65
	机械费(元)			—	—
名称		单位	单价(元)	数量	
人工	普工	工日	42.00	0.650	2.660
	技工	工日	48.00	0.980	4.000

续表 单位:100 m²

定额编号				A6-196	A6-197
项目				氯偏共聚乳胶三遍	聚氨脂二遍
名称		单位	单价(元)	数量	
材料	石碴	m^3	42.51	—	0.310
	二甲苯	kg	9.00	—	12.960
	聚氨酯甲料	kg	11.56	—	107.640
	聚氨酯乙料	kg	11.00	—	168.410
	磷酸三钠溶液 10%	kg	2.83	0.590	—
	聚乙烯醇溶液 10%	kg	11.52	0.950	—
	氯偏共聚乳液	kg	7.70	21.000	—

注:聚氨酯如果掺缓凝剂,应增加磷酸 0.3 kg。如掺促凝剂,应增加二月桂酸二丁基锡 0.25 kg。

工作内容:熬制石油沥青,配制涂刷冷底子油一遍,刷涂沥青。 单位:100 m²

定额编号				A6-198	A6-199	A6-200
项目				石油沥青防水一遍		
				平面	砼抹灰面立面	砖墙抹灰立面
基价(元)				1164.22	1229.96	1340.16
其中	人工费(元)			85.26	102.60	115.80
	材料费(元)			1078.96	1127.36	1224.36
	机械费(元)			—	—	—
名称		单位	单价(元)	数量		
人工	普工	工日	42.00	0.750	0.900	1.020
	技工	工日	48.00	1.120	1.350	1.520
材料	沥青冷底子油 3:7	kg	6.15	48.480	48.480	48.480
	石油沥青 30#	kg	4.00	186.560	198.220	221.540
	木柴	kg	0.40	86.900	91.300	100.600

工作内容:同前 单位:100 m²

定额编号				A6-201	A6-202	A6-203
项目				每增加石油沥青一遍		
				平面	砼抹灰立面	砖墙抹灰立面
基价(元)				630.72	717.74	817.86
其中	人工费(元)			30.12	40.14	46.98
	材料费(元)			600.60	677.60	770.88
	机械费(元)			—	—	—
名称		单位	单价(元)	数量		
人工	普工	工日	42.00	0.260	0.350	0.410
	技工	工日	48.00	0.400	0.530	0.620
材料	石油沥青 30#	kg	4.00	144.430	163.240	186.560
	木柴	kg	0.40	57.200	61.600	61.600

工作内容:配制涂刷冷底子油一遍,熬制涂刷石油沥青玛碲脂。 单位:100 m^2

定额编号				A6-204	A6-205	A6-206
项目				刷石油沥青玛碲脂一遍		
				平面	砼抹灰立面	砖墙抹灰立面
基价(元)				1132.13	1446.96	1583.23
其中	人工费(元)			80.70	104.40	117.66
	材料费(元)			1051.43	1342.56	1465.57
	机械费(元)			—	—	—
名称		单位	单价(元)	数量		
人工	普工	工日	42.00	0.710	0.920	1.030
	技工	工日	48.00	1.060	1.370	1.550
材料	石油沥青玛碲脂	m^3	3983.04	0.180	0.250	0.280
	沥青冷底子油 3∶7	kg	6.15	48.480	48.480	48.480
	木柴	kg	0.40	91.300	122.100	130.900

工作内容:同前 单位:100 m^2

定额编号				A6-207	A6-208	A6-209
项目				每增加石油沥青玛碲脂一遍		
				平面	砼抹灰立面	砖墙抹灰立面
基价(元)				653.54	703.83	793.37
其中	人工费(元)			31.44	40.14	46.50
	材料费(元)			622.10	663.69	746.87
	机械费(元)			—	—	—
名称		单位	单价(元)	数量		
人工	普工	工日	42.00	0.280	0.350	0.410
	技工	工日	48.00	0.410	0.530	0.610
材料	石油沥青玛碲脂	m^3	3983.04	0.150	0.160	0.180
	木柴	kg	0.40	61.600	66.000	74.800

工作内容:清理基层、调制砂浆、抹水泥砂浆。 单位:100 m^2

定额编号				A6-210	A6-211	A6-212	A6-213
项目				防水砂浆		防水砂浆(五层做法)	
				平面	立面	平面	立面
基价(元)				1043.81	1259.99	1375.32	1615.39
其中	人工费(元)			420.42	636.60	794.82	1032.36
	材料费(元)			593.96	593.96	557.13	559.66
	机械费(元)			29.43	29.43	23.37	23.37
名称		单位	单价(元)	数量			
人工	普工	工日	42.00	3.690	5.580	6.970	9.060
	技工	工日	48.00	5.530	8.380	10.460	13.580
材料	水泥砂浆 1∶2	m^3	252.56	2.040	2.040	1.010	1.020
	水泥浆	m^3	481.95	—	—	0.610	0.610
	防水粉	kg	1.26	56.100	56.100	—	—
	水	m^3	2.12	3.800	3.800	3.800	3.800
机械	灰浆搅拌机 200 L	台班	86.57	0.340	0.340	0.270	0.270

工作内容：1. 清理基层、调配涂料，铺贴附加层。

2. 贴布（聚酯布或玻璃纤维布），刷涂料（最后两遍掺水泥作保护层）。　　单位：100 m²

定额编号				A6-214	A6-215	A6-216	A6-217
项目				普通乳化沥青涂料		水性石棉质沥青	
				二布三涂		一布二涂	
				平面	立面	平面	立面
基价（元）				2259.89	2554.91	3441.61	3632.65
其中	人工费（元）			437.76	732.78	334.26	525.30
	材料费（元）			1822.13	1822.13	3107.35	3107.35
	机械费（元）			—	—	—	—
名称		单位	单价（元）	数量			
人工	普工	工日	42.00	3.840	6.430	2.930	4.610
	技工	工日	48.00	5.760	9.640	4.400	6.910
材料	普通乳化沥青水乳型	kg	4.00	260.000	260.000	—	—
	水性石棉质沥青水乳型	kg	3.42	—	—	832.000	832.000
	水泥 32.5	kg	0.32	13.770	13.770	61.200	61.200
	网格玻璃纤维布	m²	1.94	—	—	124.910	124.910
	聚脂布 100 g/m²	m²	3.20	243.040	243.040	—	—

工作内容：1. 清理基层、调配涂料，铺贴附加层。

2. 刷涂料（最后两遍掺水泥作保护层），贴聚酯布。　　单位：100 m²

定额编号				A6-218	A6-219	A6-220	A6-221
项目				水乳型再生胶沥青聚脂布			
				二布三涂		每增一布一涂	
				平面	立面	平面	立面
基价（元）				2031.09	2326.11	879.86	909.98
其中	人工费（元）			437.76	732.78	177.36	207.48
	材料费（元）			1593.33	1593.33	702.50	702.50
	机械费（元）			—	—	—	—
名称		单位	单价（元）	数量			
人工	普工	工日	42.00	3.840	6.430	1.560	1.820
	技工	工日	48.00	5.760	9.640	2.330	2.730
材料	水乳型再生胶沥青	kg	3.12	260.000	260.000	104.000	104.000
	聚脂布 100 g/m²	m²	3.20	243.040	243.040	118.130	118.130
	水泥 32.5	kg	0.32	13.770	13.770	—	—

工作内容：同前　　单位：100 m²

定额编号		A6-222	A6-223	A6-224	A6-225
项目		阴离子合成胶乳化沥青聚脂布			
		一布二涂		每增一布一涂	
		平面	立面	平面	立面
基价（元）		1599.99	1791.03	1201.22	1231.34
其中	人工费（元）	334.26	525.30	177.36	207.48
	材料费（元）	1265.73	1265.73	1023.86	1023.86
	机械费（元）	—	—	—	—

续表 单位:100 m²

定额编号			A6-222	A6-223	A6-224	A6-225
项目			阴离子合成胶乳化沥青聚脂布			
			一布二涂		每增一布一涂	
			平面	立面	平面	立面
名称	单位	单价(元)	数量			
人工 普工	工日	42.00	2.930	4.610	1.560	1.820
人工 技工	工日	48.00	4.400	6.910	2.330	2.730
材料 聚脂布 100 g/m²	m²	3.20	124.910	124.910	118.130	118.130
材料 阴离子合成胶乳沥青水乳型	kg	4.14	208.000	208.000	156.000	156.000
材料 水泥 32.5	kg	0.32	15.300	15.300	—	—

工作内容:同前 单位:100 m²

定额编号			A6-226	A6-227	A6-228
项目			阳离子氯丁胶乳化沥青聚脂布		
			一布二涂		每增一布
			平面	立面	平面
基价(元)			1610.39	1801.43	503.90
其中 人工费(元)			334.26	525.30	125.88
其中 材料费(元)			1276.13	1276.13	378.02
其中 机械费(元)			—	—	—
名称	单位	单价(元)	数量		
人工 普工	工日	42.00	2.930	4.610	1.100
人工 技工	工日	48.00	4.400	6.910	1.660
材料 聚脂布 100 g/m²	m²	3.20	124.910	124.910	118.130
材料 阳离子氯丁胶乳沥青水乳型	kg	4.19	208.000	208.000	—
材料 水泥 32.5	kg	0.32	15.300	15.300	—

工作内容:同前 单位:100 m²

定额编号			A6-229	A6-230	A6-231
项目			阳离子氯丁胶乳化沥青聚脂布		
			每增一布	每增一涂	
			立面	平面	立面
基价(元)			525.32	705.18	713.82
其中 人工费(元)			147.30	51.54	60.18
其中 材料费(元)			378.02	653.64	653.64
其中 机械费(元)			—	—	—
名称	单位	单价(元)	数量		
人工 普工	工日	42.00	1.290	0.450	0.530
人工 技工	工日	48.00	1.940	0.680	0.790
材料 聚脂布 100 g/m²	m²	3.20	118.130	—	—
材料 阳离子氯丁胶乳沥青水乳型	kg	4.19	—	156.000	156.000

工作内容:同前　　　　单位:100 m²

定　额　编　号				A6-232	A6-233	A6-234	A6-235
项　目				溶剂型再生胶沥青聚酯布			
				二布三涂		每增一布一涂	
				平面	立面	平面	立面
基　价(元)				2248.50	2543.52	1068.62	1098.74
其中	人　工　费(元)			437.76	732.78	177.36	207.48
	材　料　费(元)			1810.74	1810.74	891.26	891.26
	机　械　费(元)			—	—	—	—
名　称		单位	单价(元)	数　量			
人工	普工	工日	42.00	3.840	6.430	1.560	1.820
	技工	工日	48.00	5.760	9.640	2.330	2.730
材料	水泥 32.5	kg	0.32	20.400	20.400	—	—
	聚脂布 100 g/m²	m²	3.20	243.040	243.040	118.130	118.130
	溶剂型再生胶沥青	kg	3.29	312.000	312.000	156.000	156.000

工作内容:裁、铺玻璃纤维布,涂刷各遍氰凝。　　　　单位:100 m²

定　额　编　号				A6-236	A6-237	A6-238
项　目				氰凝防水涂料		
				地下室墙、板、屋面		
				二涂	每增(减)一涂	每增一布
基　价(元)				1116.00	460.92	312.55
其中	人　工　费(元)			223.44	54.72	91.20
	材　料　费(元)			892.56	406.20	221.35
	机　械　费(元)			—	—	—
名　称		单位	单价(元)	数　量		
人工	普工	工日	42.00	1.960	0.480	0.800
	技工	工日	48.00	2.940	0.720	1.200
材料	氰凝	kg	13.59	62.300	28.300	—
	玻璃纤维布 δ1.8	m²	1.94	—	—	114.100
	二甲苯	kg	9.00	5.100	2.400	—

工作内容:1. 清理基层、调制、涂刷防水层。

2. 在防水薄弱处做涂布附加层,贴布防水层。　　　　单位:100 m²

定　额　编　号				A6-239	A6-240	A6-241
项　目				聚合物水泥	丙烯酸	水泥基渗透结晶
				防水涂料		防水材料
				一布四涂	一布三涂	二～三遍
基　价(元)				3878.28	2546.28	3804.80
其中	人　工　费(元)			332.88	287.28	136.80
	材　料　费(元)			3545.40	2259.00	3630.00
	机　械　费(元)			—	—	38.00
名　称		单位	单价(元)	数　量		
人工	普工	工日	42.00	2.920	2.520	1.200
	技工	工日	48.00	4.380	3.780	1.800

续表

单位:100 m²

定额编号				A6-239	A6-240	A6-241
项目				聚合物水泥	丙烯酸	水泥基渗透结晶
				防水涂料		防水材料
				一布四涂	一布三涂	二～三遍
名称		单位	单价(元)	数量		
材料	聚合物水泥防水涂料JS-Ⅱ型	kg	10.45	300.000	—	—
	丙烯酸防水涂料	kg	12.65	—	120.000	—
	水泥基渗透结晶防水涂料	kg	33.00	—	—	110.000
	耐碱玻纤布	m^2	3.60	114.000	—	—
	无纺布 25 g/m^2	m^2	6.50	—	114.000	—
机械	其他机械费	元	1.00	—	—	38.000

工作内容:同前

单位:100 m²

定额编号				A6-242	A6-243
项目				刷聚氨脂防水涂料	
				三涂	一布三涂
基价(元)				1423.60	1925.20
其中	人工费(元)			273.60	364.80
	材料费(元)			1150.00	1560.40
	机械费(元)			—	—
名称		单位	单价(元)	数量	
人工	普工	工日	42.00	2.400	3.200
	技工	工日	48.00	3.600	4.800
材料	聚氨脂防水涂料特种	kg	23.00	50.000	50.000
	耐碱玻纤布	m^2	3.60	—	114.000

工作内容:同前

单位:100 m²

定额编号				A6-244	A6-245
项目				刷聚氨脂防水涂料	
				三涂	二涂
				2 mm	1.5 mm
基价(元)				2719.20	2028.00
其中	人工费(元)			319.20	228.00
	材料费(元)			2400.00	1800.00
	机械费(元)			—	—
名称		单位	单价(元)	数量	
人工	普工	工日	42.00	2.800	2.000
	技工	工日	48.00	4.200	3.000
材料	聚氨脂防水涂料	kg	10.00	240.000	180.000

工作内容：1. 清理基层、涂刷基层处剂。

2. 调配防水涂料，涂刷三遍。　　　　单位：100 m²

定额编号				A6-246	A6-247
项目				盾之优单组份聚氨脂防水涂膜	水泥基渗透结晶防水涂膜
				厚 2 mm	厚 1 mm
基价(元)				8301.54	3705.75
其中	人工费(元)			232.56	136.80
	材料费(元)			8068.98	3568.95
	机械费(元)			—	—
名称		单位	单价(元)	数量	
人工	普工	工日	42.00	2.040	1.200
	技工	工日	48.00	3.060	1.800
材料	防水、防腐涂料 LD-单组份	kg	33.00	235.000	—
	防水涂料 LD-渗透结晶	kg	33.00	—	105.000
	专用粉料	kg	4.20	18.800	—
	其他材料费(占材料费)	%	—	3.000	3.000

四、变 形 缝

1. 填 缝

工作内容：1. 熬制沥青，调配清麻丝、填塞沥青麻丝。

2. 调制石灰麻刀，石灰麻刀嵌缝，缝上贴二毡二油一层。　　　　单位：100 m

定额编号				A6-248	A6-249	A6-250	A6-251
项目				油浸麻丝		石灰麻刀	
				平面	立面	平面	立面
基价(元)				1771.82	1939.16	799.74	843.96
其中	人工费(元)			342.90	510.24	316.92	361.14
	材料费(元)			1428.92	1428.92	482.82	482.82
	机械费(元)			—	—	—	—
名称		单位	单价(元)	数量			
人工	普工	工日	42.00	3.010	4.480	2.780	3.170
	技工	工日	48.00	4.510	6.710	4.170	4.750
材料	麻丝	kg	9.52	55.080	55.080	—	—
	石油沥青油毡 350#	m²	2.42	—	—	17.000	17.000
	石油沥青 30#	kg	4.00	216.240	216.240	65.000	65.000
	生石灰	kg	0.17	—	—	180.000	180.000
	麻刀	kg	1.31	—	—	108.000	108.000
	木柴	kg	0.40	99.000	99.000	24.000	24.000

工作内容：1. 熬沥青，浸木丝板，油浸木丝板嵌缝。

2. 熬玛碲脂，玛碲脂灌缝。

3. 熬制油膏、沥青，拌合沥青砂浆，沥青砂浆或建筑油膏嵌缝。 单位：100 m

定额编号				A6-252	A6-253	A6-254	A6-255
项目				油浸木丝板	玛碲脂	建筑油膏	沥青砂浆
基价（元）				1093.06	2294.78	314.45	931.04
其中	人工费（元）			267.66	303.72	253.56	300.06
	材料费（元）			825.40	1991.06	60.89	630.98
	机械费（元）			—	—	—	—
名称		单位	单价（元）	数量			
人工	普工	工日	42.00	2.350	2.660	2.220	2.630
	技工	工日	48.00	3.520	4.000	3.340	3.950
材料	建筑油膏	kg	0.57	—	—	87.880	—
	沥青滑石粉砂浆 1∶2∶7	m^3	1149.54	—	—	—	0.480
	石油沥青 30#	kg	4.00	163.240	—	—	—
	石油沥青玛碲脂	m^3	3983.04	—	0.480	—	—
	木丝板 25×610×1830	m^2	9.66	15.300	—	—	—
	木柴	kg	0.40	61.600	198.000	27.000	198.000

工作内容：清理缝道，熬制沥青，浸木板，嵌缝。 单位：100 m

定额编号				A6-256	A6-257
项目				沥青木板	聚氨酯密封膏
				缝断面（mm^2）	
				20×150	20×10
基价（元）				965.79	1294.78
其中	人工费（元）			177.84	342.00
	材料费（元）			787.95	952.78
	机械费（元）			—	—
名称		单位	单价（元）	数量	
人工	普工	工日	42.00	1.560	3.000
	技工	工日	48.00	2.340	4.500
材料	石油沥青	kg	3.69	75.000	—
	枋木	m^3	1550.00	0.320	—
	聚氨酯涂料	kg	9.76	—	41.350
	焦油聚氨脂接缝密封 QJC-851	kg	5.60	—	60.000
	无纺涤纶布 130	m	6.90	—	30.000
	木柴	kg	0.40	38.000	—
	零星材料	元	1.00	—	6.200

2. 塑料油膏嵌缝

工作内容：清扫底层、熬油、涂油、嵌缝。　　　　　单位：100 m^2

定额编号				A6-258	A6-259	A6-260	A6-261
项目				塑料油膏嵌缝（cm^2 以内）			
				6	9	12	14
基价（元）				305.61	366.64	429.39	646.16
其中	人工费（元）			180.12	180.12	180.12	380.28
	材料费（元）			125.49	186.52	249.27	265.88
	机械费（元）			—	—	—	—
名称		单位	单价（元）	数量			
人工	普工	工日	42.00	1.580	1.580	1.580	3.340
	技工	工日	48.00	2.370	2.370	2.370	5.000
材料	塑料油膏	kg	1.32	84.000	125.000	167.000	84.000
	煤焦油	kg	1.26	—	—	—	33.120
	麻丝	kg	9.52	—	—	—	9.770
	木柴	kg	0.40	34.000	50.000	67.000	47.330
	零星材料	元	1.00	1.010	1.520	2.030	1.320

工作内容：同前　　　　　单位：见表

定额编号				A6-262	A6-263	A6-264
项目				塑料油膏嵌缝（cm^2 以内）		管道缝油膏处理
				16	20	个
				100 m		
基价（元）				731.37	901.84	29.56
其中	人工费（元）			430.44	530.76	22.80
	材料费（元）			300.93	371.08	6.76
	机械费（元）			—	—	—
名称		单位	单价（元）	数量		
人工	普工	工日	42.00	3.780	4.660	0.200
	技工	工日	48.00	5.660	6.980	0.300
材料	塑料油膏	kg	1.32	84.000	84.000	2.500
	玻璃丝布	m^2	1.94	—	—	1.500
	煤焦油	kg	1.26	41.400	57.960	—
	麻丝	kg	9.52	12.210	17.100	—
	木柴	kg	0.40	50.660	57.330	1.000
	零星材料	元	1.00	1.380	1.440	0.150

工作内容：1. 用乙酸乙酯洗缝、隔纸、用氯丁胶粘剂贴氯丁橡胶片、在片上涂胶铺砂。

2. 铜板剪裁、焊接成型、铺设。

3. 清缝、水泥砂浆勾缝、垫牛皮纸、熬灌聚氯乙烯胶泥。　　　　　单位：100 m

定额编号		A6-265	A6-266	A6-267
项目		氯丁橡胶片止水带	预埋式紫铜板止水带	聚氯乙烯胶泥
基价（元）		1380.70	56962.00	963.57
其中	人工费（元）	163.26	1205.22	344.76
	材料费（元）	1217.44	55617.30	618.81
	机械费（元）	—	139.48	—

续表

单位:100 m

定额编号				A6-265	A6-266	A6-267
项目				氯丁橡胶片止水带	预埋式紫铜板止水带	聚氯乙烯胶泥
名称		单位	单价(元)	数量		
人工	普工	工日	42.00	1.430	10.570	3.020
	技工	工日	48.00	2.150	15.860	4.540
材料	氯丁橡胶浆	kg	3.80	60.580	—	—
	紫铜板 δ2	kg	67.00	—	810.900	—
	聚氯乙烯胶泥	kg	6.90	—	—	83.320
	水泥砂浆 1∶2	m^3	252.56	—	—	0.060
	水泥 32.5	kg	0.32	9.090	—	—
	绿豆砂	m^3	203.65	0.160	—	—
	氯丁橡胶片 δ2	m^2	12.44	31.820	—	—
	三异氰酸酯	kg	4.81	9.090	—	—
	乙酸乙酯	kg	22.13	23.000	—	—
	铜焊条	kg	90.00	—	14.300	—
	零星材料	元	1.00	3.190	—	28.740
机械	剪板机 20×2500	台班	255.70	—	0.110	—
	交流弧焊机 30 kVA	台班	159.08	—	0.700	—

工作内容:1. 清理基层、刷底胶、缝上粘贴 350 mm 宽一布二涂氯丁胶粘玻璃纤维布。

2. 在缝中心贴 150 mm 宽一布二涂氯丁胶玻璃纤维布。

3. 止水片干后,表面涂胶并粘砂粒。止水带制作、接头及安装。

单位:100 m

定额编号				A6-268	A6-269	A6-270	A6-271
项目				一布二涂氯丁胶贴	玻璃纤维布止水带	预埋式止水带	
				湿基层	干基层	橡胶	塑料
基价(元)				1929.92	1388.98	4551.71	2781.41
其中	人工费(元)			222.54	222.54	501.60	501.60
	材料费(元)			1707.38	1166.44	4050.11	2279.81
	机械费(元)			—	—	—	—
名称		单位	单价(元)	数量			
人工	普工	工日	42.00	1.950	1.950	4.400	4.400
	技工	工日	48.00	2.930	2.930	6.600	6.600
材料	氯丁橡胶浆液	kg	3.73	116.940	135.980	—	—
	玻璃布	m^2	1.94	95.200	95.200	—	—
	橡胶止水带	m	36.88	—	—	105.000	—
	塑料止水带	m	20.02	—	—	—	105.000
	水泥 32.5	kg	0.32	7.000	3.000	—	—
	绿豆砂	m^3	203.65	0.180	0.180	—	—
	300 号低分子聚酰胺	kg	17.09	2.880	—	—	—
	600 号环氧树脂	kg	39.89	14.420	—	—	—
	环氧树脂 E44	kg	39.89	—	—	3.040	3.040
	丙酮	kg	10.00	—	—	3.040	3.040
	甲苯	kg	9.00	—	—	2.400	2.400
	三异氰酸酯	kg	4.81	17.540	20.400	—	—
	乙二胺	kg	18.52	—	—	0.240	0.240
	乙酸乙酯	kg	22.13	15.310	15.310	—	—

工作内容：剪裁、制作、成型、安装。　　　　单位：100 m

定额编号				A6-272
项目				钢板止水带
基价(元)				7270.47
其中	人工费(元)			1048.80
	材料费(元)			6082.19
	机械费(元)			139.48
名称		单位	单价(元)	数量
人工	普工	工日	42.00	9.200
	技工	工日	48.00	13.800
材料	钢板 δ3	kg	5.00	1123.000
	圆钢 ϕ10 以内	kg	4.20	30.000
	预埋铁件	kg	5.50	20.000
	电焊条	kg	6.01	28.000
	零星材料	元	1.00	62.910
机械	交流弧焊机 30 kVA	台班	159.08	0.700
	剪板机 20×2500	台班	255.70	0.110

注：钢板止水带展开宽度为 450 mm，设计规格尺寸不同，钢板材料可以换算，其余不变。

工作内容：调制砂浆、清理底层、嵌缝、找平　　　　单位：100 m^2

定额编号				A6-273
项目				JC-103 嵌缝剂嵌缝
基价(元)				2732.41
其中	人工费(元)			1862.28
	材料费(元)			802.61
	机械费(元)			67.52
名称		单位	单价(元)	数量
人工	普工	工日	42.00	16.340
	技工	工日	48.00	24.500
材料	JC-103	kg	3.26	229.400
	水泥	kg	0.32	162.000
	水	m^3	2.12	1.380
机械	灰浆搅拌机 200 L	台班	86.57	0.780

工作内容：清理缝道、嵌缝。　　　　单位：100 m

定额编号				A6-274	A6-275	A6-276
项目				硅酮	丙烯酸脂	
				建筑密封胶位移能力		
				±12.5%		±7.5%
基价(元)				4941.72	2930.72	2771.72
其中	人工费(元)			54.72	54.72	54.72
	材料费(元)			4887.00	2876.00	2717.00
	机械费(元)			—	—	—
名称		单位	单价(元)	数量		
人工	普工	工日	42.00	0.480	0.480	0.480
	技工	工日	48.00	0.720	0.720	0.720

续表 单位:100 m

定额编号				A6-274	A6-275	A6-276
项目				硅酮	丙烯酸脂	
				建筑密封胶位移能力		
				±12.5%		±7.5%
名称		单位	单价(元)	数量		
材料	硅酮建筑密封胶位移能力±12.5%	kg	54.30	90.000	—	—
	丙烯酸脂建筑密封胶(高)	kg	34.00	—	84.000	—
	丙烯酸脂建筑密封胶(中)	kg	29.00	—	—	93.000
	零星材料	元	1.00	—	20.000	20.000

注：变形缝以 30×20 mm 计算，如设计不同，材料按比例调整，其他不变。

3. 盖 缝

工作内容：1. 平面板材加工，板缝一侧涂胶粘合；立面埋木砖、钉木盖板。

2. 平面(屋面)埋木砖、钉木条，木条上钉铁皮；立面埋木砖、木砖上钉铁皮。 单位:100 m

定额编号				A6-277	A6-278	A6-279	A6-280
项目				木板盖板		铁皮盖板	
				平面	立面	平面	立面
基价(元)				1297.93	2524.97	4544.97	2596.24
其中	人工费(元)			177.36	555.84	612.42	482.46
	材料费(元)			1120.57	1969.13	3932.55	2113.78
	机械费(元)			—	—	—	—
名称		单位	单价(元)	数量			
人工	普工	工日	42.00	1.560	4.880	5.370	4.230
	技工	工日	48.00	2.330	7.310	8.060	6.350
材料	工程用二等板枋材 55～100 cm^2	m^3	1800.00	—	0.432	0.150	0.301
	一等板枋材	m^3	1800.00	0.612	0.655	0.999	—
	镀锌薄钢板 δ0.552	m^2	23.75	—	—	62.540	53.000
	粘合剂 XY508	kg	12.48	1.520	—	—	—
	焊锡	kg	80.00	—	—	4.060	3.440
	零星材料	元	1.00	—	12.530	54.230	38.030

工作内容：铝板加工，盖缝板安装。 单位:100 m

定额编号				A6-281	A6-282
项目				外墙变形缝(缝宽 mm 以内)	
				铝板 δ=1.5	
				50	100
基价(元)				2933.90	3421.06
其中	人工费(元)			327.84	344.28
	材料费(元)			2606.06	3076.78
	机械费(元)			—	—
名称		单位	单价(元)	数量	
人工	普工	工日	42.00	2.880	3.020
	技工	工日	48.00	4.310	4.530
材料	铝板	kg	21.44	106.400	128.250
	膨胀螺丝 M5×50	百个	46.50	6.800	6.800
	零星材料	元	1.00	8.640	10.900

工作内容：不锈钢板加工，盖缝板安装。 单位：100 m

定额编号				A6-283	A6-284
项目				外墙变形缝（缝宽 mm 以内）	
				不锈钢板 δ=1.0	
				50	100
基价（元）				4760.94	5622.53
其中	人工费（元）			327.84	344.28
	材料费（元）			4433.10	5278.25
	机械费（元）			—	—
名称		单位	单价（元）	数量	
人工	普工	工日	42.00	2.880	3.020
	技工	工日	48.00	4.310	4.530
材料	不锈钢板 δ1.0	m^2	164.74	24.890	30.000
	膨胀螺丝 M5×50	百个	46.50	6.800	6.800
	零星材料	元	1.00	16.520	19.850

工作内容：铝板、不锈钢板加工，盖缝板安装。 单位：100 m

定额编号				A6-285	A6-286
项目				内墙变形缝（缝宽 mm 以内）	
				铝板 δ=1.5	不锈钢板 δ=1.0
				100	
基价（元）				3721.86	6417.40
其中	人工费（元）			344.28	344.28
	材料费（元）			3377.58	6073.12
	机械费（元）			—	—
名称		单位	单价（元）	数量	
人工	普工	工日	42.00	3.020	3.020
	技工	工日	48.00	4.530	4.530
材料	铝板	kg	21.44	156.980	—
	不锈钢板 δ1.0	m^2	164.74	—	36.720
	零星材料	元	1.00	11.930	23.870

工作内容：铝板、不锈钢板加工，盖缝板安装。 单位：100 m

定额编号				A6-287	A6-288
项目				顶棚变形缝（缝宽 mm 以内）	
				铝板 δ=1.5	不锈钢板 δ=1.0
				100	
基价（元）				4073.09	6768.62
其中	人工费（元）			378.96	378.96
	材料费（元）			3694.13	6389.66
	机械费（元）			—	—
名称		单位	单价（元）	数量	
人工	普工	工日	42.00	3.320	3.320
	技工	工日	48.00	4.990	4.990

续表　　单位:100 m

定额编号				A6-287	A6-288
项目				顶棚变形缝(缝宽 mm 以内)	
				铝板 δ=1.5	不锈钢板 δ=1.0
				100	
名称		单位	单价(元)	数量	
材料	铝板	kg	21.44	156.980	—
	不锈钢板 δ1.0	m^2	164.74	—	36.720
	膨胀螺丝 M5×50	百个	46.50	6.800	6.800
	零星材料	元	1.00	12.280	24.210

工作内容:铝板、胶合板加工,盖缝板安装。　　单位:100 m

定额编号				A6-289	A6-290
项目				吊顶变形缝(缝宽 mm 以内)	
				铝板	胶合板
				250	
基价(元)				3491.25	609.86
其中	人工费(元)			207.48	141.84
	材料费(元)			3283.77	468.02
	机械费(元)			—	—
名称		单位	单价(元)	数量	
人工	普工	工日	42.00	1.820	1.240
	技工	工日	48.00	2.730	1.870
材料	铝板	kg	21.44	152.620	—
	胶合板 δ5	m^2	13.07	—	10.500
	射钉	百个	32.67	—	10.000
	零星材料	元	1.00	11.600	4.090

工作内容:钢板、铝板、塑料硬板加工,预埋铁件,盖缝板安装。　　单位:100 m

定额编号				A6-291	A6-292	A6-293
项目				楼面变形缝(缝宽 mm 以内)		
				钢板 δ=5	铝板 δ=3	塑料硬板 δ=5
				150		
基价(元)				6310.76	6096.50	2830.60
其中	人工费(元)			538.56	538.56	538.56
	材料费(元)			5772.20	5557.94	2292.04
	机械费(元)			—	—	—
名称		单位	单价(元)	数量		
人工	普工	工日	42.00	4.720	4.720	4.720
	技工	工日	48.00	7.090	7.090	7.090
材料	镀锌薄钢板 δ0.45	m^2	19.43	38.760	38.760	38.760
	花纹钢板 δ5	t	4500.00	0.977	0.008	0.001
	铝板	kg	21.44	—	194.850	—
	硬塑料板 δ5	m^2	41.72	—	—	22.790
	膨胀螺栓(镀锌螺母)M8×80	百套	84.00	6.800	6.800	6.800
	防锈漆	kg	13.42	2.170	—	—
	零星材料	元	1.00	22.270	20.050	12.430

工作内容：铝板、不锈钢板加工，盖缝板安装，砂浆抹面。　　单位：100 m

定　额　编　号				A6-294	A6-295
项　目				屋面变形缝(缝宽 mm 以内)	
				铝板 δ=0.8	不锈钢板 δ=1
				100	
基　价(元)				3390.01	6968.28
其中	人　工　费(元)			979.50	979.50
	材　料　费(元)			2410.51	5988.78
	机　械　费(元)			—	—
名　称		单位	单价(元)	数　量	
人工	普工	工日	42.00	8.590	8.590
	技工	工日	48.00	12.890	12.890
材料	铝板	kg	21.44	82.560	—
	不锈钢板 δ1.0	m^2	164.74	—	36.210
	水泥砂浆 1∶2.5	m^3	226.66	1.248	—
	水泥 32.5	kg	0.32	632.000	—
	中(粗)砂	m^3	60.00	1.087	—
	碎石 15	m^3	57.00	1.415	—
	水	m^3	2.12	0.345	—
	零星材料	元	1.00	8.710	23.540

工作内容：盖板制作、安装。　　单位：10 块

定　额　编　号				A6-296
项　目				屋面检查孔盖板
				1000 mm×1000 mm
基　价(元)				994.06
其中	人　工　费(元)			239.40
	材　料　费(元)			754.66
	机　械　费(元)			—
名　称		单位	单价(元)	数　量
人工	普工	工日	42.00	2.100
	技工	工日	48.00	3.150
材料	杉木枋材	m^3	1800.00	0.242
	镀锌薄钢板 δ0.552	m^2	23.75	11.130
	醇酸锌簧底漆	kg	12.79	1.160
	调和漆	kg	10.76	1.420
	磷化底漆	kg	15.96	0.930
	零星材料	元	1.00	9.770

五、彩钢板楼面、屋面

1. 彩板楼面、屋面

工作内容：场内运输、选料、弹线、配板、切割；支座固定、彩板、槽铝、角铝安装、打胶、堵头、收口防腐。

单位：10 m²

定额编号				A6-297	A6-298	A6-299
项目				彩钢夹心板屋面		
				板厚(mm)		
				50	75	100
基价(元)				2047.28	2158.78	2269.72
其中	人工费(元)			73.86	73.86	73.86
	材料费(元)			1973.42	2084.90	2195.86
	机械费(元)			—	—	—
名称		单位	单价(元)	数量		
人工	普工	工日	42.00	0.650	0.650	0.650
	技工	工日	48.00	0.970	0.970	0.970
材料	彩钢夹芯板 50	m²	157.64	10.400	—	—
	彩钢夹芯板 75	m²	167.88	—	10.400	—
	彩钢夹芯板 100	m²	178.12	—	—	10.400
	工字铝	m	6.45	8.420	8.420	8.420
	槽铝 50	m	10.00	3.360	—	—
	槽铝 75	m	11.00	—	3.360	—
	槽铝 100	m	12.00	—	—	3.360
	角铝	m	2.55	0.250	0.250	0.250
	橡皮密封条 20×4	m	7.14	17.330	17.330	17.330
	固定卡子 100	只	3.71	—	—	4.400
	固定卡子 75	只	3.46	—	4.400	—
	固定卡子 50	只	3.09	4.400	—	—
	彩色内外扣槽	m	6.67	8.420	8.420	8.420
	玻璃胶	支	13.90	3.030	3.030	3.030
	零星材料	元	1.00	9.800	9.800	9.800

工作内容：场内运输、弹线、裁料、拼装、安装。

单位：10 m²

定额编号				A6-300	A6-301
项目				彩钢屋面板	
				穿透式	暗扣式
基价(元)				550.08	602.69
其中	人工费(元)			100.32	102.60
	材料费(元)			449.76	500.09
	机械费(元)			—	—
名称		单位	单价(元)	数量	
人工	普工	工日	42.00	0.880	0.900
	技工	工日	48.00	1.320	1.350

续表 单位:10 m²

定额编号				A6-300	A6-301
项目				彩钢屋面板	
				穿透式	暗扣式
名称		单位	单价(元)	数量	
材料	穿透式彩钢板 δ0.5	m²	41.05	10.400	—
	暗扣式彩钢板 δ0.5	m²	45.43	—	10.400
	固定支板	只	0.84	—	13.700
	连接支板	只	0.66	10.200	—
	彩钢堵头	m	12.00	1.130	1.130
	玻璃胶	支	13.90	0.110	0.110
	零星材料	元	1.00	1.020	1.020

工作内容:同前 单位:10 m

定额编号				A6-302	A6-303	A6-304
项目				单层彩钢板屋面		
				屋脊	泛水、包墙转角、山头	
				展开宽 600 mm	展开宽 500 mm	每增减 100 m
基价(元)				345.19	440.82	31.94
其中	人工费(元)			27.36	214.32	—
	材料费(元)			317.83	226.50	31.94
	机械费(元)			—	—	—
名称		单位	单价(元)	数量		
人工	普工	工日	42.00	0.240	1.880	—
	技工	工日	48.00	0.360	2.820	—
材料	彩钢板 δ0.5	m²	30.71	6.240	5.200	1.040
	彩钢堵头	m	12.00	4.200	—	—
	玻璃胶	支	13.90	3.640	3.640	—
	密封带 3×20	m	0.42	42.000	—	—
	自攻螺钉	百个	3.69	0.700	1.500	—
	铝拉铆钉	百个	7.12	0.700	1.500	—

注:1. 彩钢复合面板与底板间采用保温时,执行相应章节定额。

2. 屋脊展开宽与定额不同时,彩钢板按比例调整,其他不变。

工作内容:同前 单位:见表

定额编号				A6-305	A6-306	A6-307
项目				彩钢屋面板单层底板	采光瓦	压型钢板楼板
				10 m²		
基价(元)				762.57	532.18	956.42
其中	人工费(元)			118.56	104.88	168.72
	材料费(元)			644.01	427.30	787.70
	机械费(元)			—	—	—
名称		单位	单价(元)	数量		
人工	普工	工日	42.00	1.040	0.920	1.480
	技工	工日	48.00	1.560	1.380	2.220

续表　　　　　　　　　　　　　　　　　　　　　　单位:见表

定　额　编　号				A6-305	A6-306	A6-307
项　目				彩钢屋面板单层底板	采光瓦	压型钢板楼板
				10 m²		
名　称		单位	单价(元)	数　量		
材料	压型彩钢板 δ0.5	m²	51.00	10.400	—	—
	采光瓦 1.2	m²	41.04	—	10.400	—
	压型钢楼板 δ0.8	m²	75.74	—	—	10.400
	塑料堵头	只	0.56	—	0.867	—
	Z形支撑	m	21.00	5.100	—	—
	零星材料	元	1.00	6.510	—	—

注：1. 彩钢复合面板与底板间采用保温时，执行相应章节定额。

2. 屋脊展开宽与定额不同时，彩钢板按比例调整，其他不变。

2. 钢　天　沟

工作内容：放样、划线、裁料、平整、拼装、焊接、成品校正、除锈刷防锈漆。　　　　　　单位:见表

定　额　编　号				A6-308	A6-309	A6-310
项　目				钢天沟	不锈钢天沟	单层彩钢板
				t	10 m	
基　价(元)				7526.10	1385.42	598.10
其中	人　工　费(元)			1409.04	31.92	31.92
	材　料　费(元)			5509.23	1260.10	515.73
	机　械　费(元)			607.83	93.40	50.45
名　称		单位	单价(元)	数　量		
人工	普工	工日	42.00	12.360	0.280	0.280
	技工	工日	48.00	18.540	0.420	0.420
材料	型钢	kg	4.20	140.000	—	—
	钢板	kg	4.80	920.000	—	—
	彩钢板 δ0.8	m²	46.76	—	—	7.130
	不锈钢板 δ1.0	m²	164.74	—	7.190	—
	槽型彩钢条 δ2	m	7.60	—	—	16.300
	彩钢堵头	m	12.00	17.820	4.200	4.200
	玻璃胶	支	13.90	0.800	0.200	0.210
	防锈漆	kg	13.42	6.780	—	—
	电焊条	kg	6.01	20.000	—	—
	零星材料	元	1.00	69.080	22.440	5.130
机械	剪板机 40×3100	台班	720.66	0.110	0.070	0.070
	交流弧焊机 30 kVA	台班	159.08	3.200	0.270	—
	其他机械费	元	1.00	19.500	—	—

注：1. 不锈钢天沟、单层彩钢板天沟展开宽度为 600 mm，若实际天沟展开宽度与额定不同时，板材按比例调整，其他不变。

2. 天沟支架制安套用相应钢结构定额。

三十、广东省建设工程计价依据

（2010 年定额防水工程部分）

印发《广东省建设工程计价依据》的通知

（粤建市[2010]15 号）

广州市城乡建设委、各地级以上市住房城乡建设局，各有关单位：

根据国家标准《建设工程工程量清单计价规范》（GB 50500—2008）、《建筑工程施工发包与承包计价管理办法》（建设部令第 107 号）、《广东省建设工程造价管理规定》（广东省政府令第 40 号）等有关规定，我厅组织制定了《广东省建设工程计价依据》（以下简称本计价依据），本计价依据包括《广东省建设工程计价通则》、《广东省建筑与装饰工程综合定额》、《广东省安装工程综合定额》、《广东省市政工程综合定额》和《广东省园林绿化工程综合定额》。现印发给你们，自 2010 年 4 月 1 日起施行。

2006 年《广东省建筑工程计价办法》和《广东省建筑工程综合定额》（粤建价字[2005]145 号）、2006 年《广东省装饰装修工程计价办法》和《广东省装饰装修工程综合定额》（粤建价字[2005]146 号）、2006 年《广东省安装工程计价办法》和《广东省安装工程综合定额》（粤建价字[2005]147 号）、2006 年《广东省市政工程计价办法》和《广东省市政工程综合定额》（粤建价字[2005]148 号）、2006 年《广东省园林建筑绿化工程计价办法》和《广东省园林建筑绿化工程综合定额》（粤建价字[2005]149 号）同时停止执行。

本计价依据是工程计价的标准；是编审设计概算、招标控制价、施工图预算、工程计量与价款支付、工程价款调整、竣工结算，调解工程造价纠纷，鉴定工程造价的依据。

凡在 2010 年 4 月 1 日起经招标管理机构批准招标或非招标未签定合同的工程，均执行国家标准《建设工程工程量清单计价规范》（GB 50500—2008）和本计价依据计价。2010 年 4 月 1 日前已发出招标文件或已签定合同的工程，有约定的按其约定计价，没有约定的则不得调整。

各单位在执行过程中遇到的问题，请及时反映。本计价依据的印发、勘误、解释、补充、修改、应用软件管理等工作由广东省建设工程造价管理总站负责。

广东省住房和城乡建设厅

二〇一〇年二月二十六日

A.7 屋面及防水工程

章 说 明

一、瓦、型材屋面工程

1. 瓦片规格，如设计不同时，可以换算，其他不变。

2. 琉璃瓦铺在预制混凝土桷条上时，扣除子目内 1∶2 水泥砂浆，人工消耗量乘以系数 1.30，其他不变。

3. 西班牙瓦、琉璃瓦、小青瓦屋面子目不包括瓦脊、檐口线等，西班牙瓦脊、琉璃瓦瓦脊和檐口线等另行计算。瓦面上如设计要求安装勾头(捲尾)或博古(宝顶)等时，另按个计算。

4. 琉璃瓦面如使用琉璃盾瓦者，每 10 m 长的脊瓦长度，每一面增计盾瓦 50 块，其他不变。

5. 波纹瓦屋面、镀锌铁皮屋面定额子目内只包括瓦脊，但未包括檩条在内，套算时按实际使用的檩条另套算有关相应子目。

6. 西班牙瓦的端头瓦材料费另行计算。山墙端及阴沟部位需要界瓦的工料费也包括在子目内。

7. 亭面铺瓦坡度超过 45°时，人工消耗量乘以系数 1.30，镀锌铁丝消耗量乘以系数 2.00，其他不变。

8. 普通瓦围墙顶子目不包括扫水泥浆或乌烟灰水。

9. 小青瓦如铺在多角亭面上，套小青瓦四方亭子目，人工消耗量乘以系数 1.20。

10. 彩钢屋面板，彩钢板宽按 750 mm 考虑，檩条间距按 1 m 至 1.2 m 综合考虑，如设计与定额不同时，板材可以换算、檩条用量可以调整，其他不变。

11. 聚碳酸酯(PC)中空板(阳光板)屋面未包括骨架费用，发生时按金属结构工程的相应子目进行计算。

12. 刚性防水中防水砂浆的五层做法刷第一道、第三道、第五道水泥浆厚度为 1 mm，刷第二道 1∶2 水泥砂浆厚度为 1.5 cm，刷第四道 1∶2 水泥砂浆厚度为 1 cm。

二、屋面防水

1. 卷材屋面的接缝、收头、找平层嵌缝、冷底子油等人工材料已计入子目内，不另计算。

2. 本章中的高分子卷材在子目中已标注厚度。如设计厚度不同时，面层材料可以调整，其他不变。

3. 本章中的“一布二涂”或“二布三涂”项目，其“二涂”，“三涂”是指涂料构成防水层数并非指涂刷遍数。

4. 细石混凝土刚性防水和水泥砂浆二次抹压防水子目中未包括分格缝填缝工料。

5. 细石混凝土防水层如使用钢筋网者，钢筋制安另按钢筋混凝土工程相应子目。

6. 分格缝如发生材料代换，其中胶泥、冷底子油可以换算，其他不变。

三、屋面排水

屋面铸铁雨水管排水定额子目包括管卡、检查口、透气帽、雨水漏斗、伸缩节、H 型管、消能装置、存水弯、止水环的安装，但透气帽、雨水漏斗、伸缩节、H 型管、消能装置、存水弯、止水环的价格应另行计算。

四、防水(防潮)工程

1. 防水(防潮)工程适用于楼地面、墙基、墙身、构筑物水池、水塔及室内厕所、浴室等防水,建筑物±0.00以下的防水、防潮工程按防水(防潮)工程相应项目计算。

2. 防水卷材的接缝、收头、冷底子油等人工材料已计入子目内,不另计算。

五、变形缝

1. 变形缝填缝及止水带:建筑物变形缝是按建筑油膏、聚氯乙烯胶泥断面取定30 mm×20 mm;油浸木丝板取定为25 mm×150 mm;紫铜板止水带为2 mm厚、展开宽450 mm;钢板止水带为3.5~4 mm厚、展开宽250 mm;其余均为30 mm×150 mm考虑的。如设计断面不同时,用料可以换算,其他不变。

2. 变形缝盖缝子目中已注有面层材料厚度的,如设计厚度不同时面层材料可以换算,其他不变。

六、本章定额子目中不包括申报沥青的防火费用和环保费用。

工程量计算规则

7.1 瓦、型材屋面工程

1. 瓦、型材屋面工程量,除另有规定外,按设计图示尺寸以斜面积计算。亦可按屋面水平投影面积乘以屋面坡度系数以面积计算。不扣除房上烟囱、风帽底座、风道、小气窗、斜沟等所占面积,小气窗的出檐部分不增加面积。

屋面坡度系数表

坡度 $B(A=1)$	坡度 $B/2A$	坡度 角度(α)	延尺系数 C ($A=1$)	隅延尺系数 D ($A=1$)
1	1/2	45°	1.4142	1.7321
0.75		36°52′	1.2500	1.6008
0.70		35°	1.2207	1.5779
0.666	1/3	33°40′	1.2015	1.5620
0.65		33°01′	1.1926	1.5564
0.60		30°58′	1.1662	1.5362
0.577		30°	1.1547	1.5270
0.55		28°49′	1.1413	1.5170
0.50	1/4	26°34′	1.1180	1.5000
0.45		24°14′	1.0966	1.4839
0.40	1/5	21°48′	1.07740	1.4697
0.35		19°17′	1.0594	1.4569
0.30		16°42′	1.0440	1.4457
0.25		14°02′	1.0308	0.4362
0.20	1/10	11°19′	1.0198	1.4283
0.15		8°32′	1.0112	1.4221
0.125		7°8′	1.0078	1.4191
0.100	1/20	5°42′	1.0050	1.4177
0.083		4°45′	1.0035	1.4166
0.066	1/30	3°49′	1.0022	1.4157

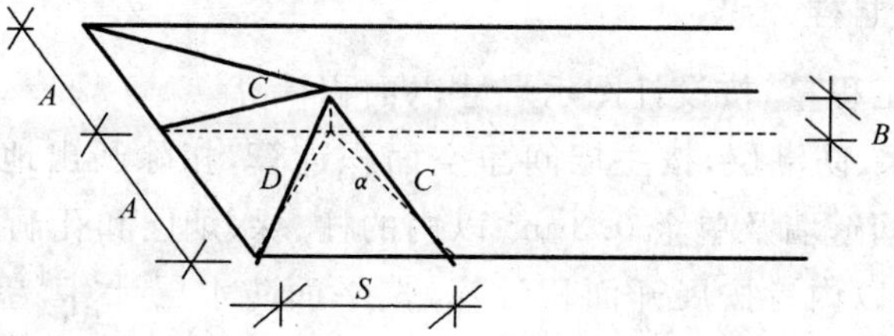

注：1. 两坡排水屋面面积＝$S_{平}$×C；

2. 四坡排水屋面斜脊长度＝A×D(当 S＝A 时)；

3. 沿山墙泛水长度＝A×C。

上式中 $S_{平}$ 为屋面水平投影面积，A 为四坡屋面 1/2 边长，B 为脊高，C 为延尺系数，D 为隅尺系数。

2. 聚碳酸酯(PC)中空板(阳光板)屋面工程量，按设计图示尺寸以展开面积计算。

3. 西班牙瓦脊、小青瓦脊、琉璃瓦脊、檐口线工程量，按图示尺寸以长度计算。

4. 围墙瓦顶工程量，按设计图示尺寸以长度计算(围墙瓦顶不包括出砖线)。

5. 琉璃宝顶、琉璃挠角(卷尾)、正吻、套兽工程量，按设计图示数量以座计算。

7.2 屋面防水工程

1. 屋面卷材防水、涂膜防水工程量，按设计图示尺寸以面积计算，不扣除房上烟囱、风帽底座、风道、屋面小气窗和斜沟所占的面积。屋面的女儿墙、伸缩缝和天窗等处的弯起部分按设计图示尺寸并入屋面工程量内；如图纸无规定时，伸缩缝、女儿墙的弯起部分可按 250 mm 计算，天窗弯起部分可按 500 mm 计算。

1) 平屋顶按水平投影面积计算；

2) 斜屋顶(不包括平屋顶找坡)按斜面积计算，亦可按水平投影面积乘以屋面坡度系数以面积计算。

2. 屋面刚性防水工程量，按设计图示尺寸以面积计算，不扣除房上烟囱、风帽底座、风道等所占的面积及小于 0.3 m^2 以内孔洞等所占面积。

3. 天沟工程量，按设计图示尺寸以展开面积计算。

4. 分格缝工程量，按设计图示尺寸以长度计算。

7.3 屋面排水工程

1. 铁皮排水工程量，按设计图示尺寸以展开面积计算，如图纸没有注明尺寸时，按铁皮排水单体零件折算表计算。咬口和搭接等不另计算。

铁皮排水单体零件折算表

名称		单位	落水管(m)	檐沟(m)	水斗(个)	漏斗(个)	下水口(个)		
铁皮排水	落水管、檐沟、水斗、漏斗、下水口	m^2	0.32	0.30	0.40	0.16	0.45		
	天沟、斜沟、天窗窗台泛水、天窗侧面泛水、烟囱泛水、通气管泛水、滴水檐头泛水、滴水	m^2	天沟(m)	斜沟天窗窗台泛水(m)	天窗侧面泛水(m)	烟囱泛水(m)	通气管泛水(m)	滴水檐头泛水(m)	滴水(m)
			1.30	0.50	0.70	0.80	0.22	0.24	0.11

2. 铸铁落水管、PVC 雨水管工程量，按设计图示尺寸以长度计算。如设计未标注尺寸的，按檐口至设计室外散水上表面垂直距离计算。雨水口、水斗、弯头等管件所占长度不扣除。

7.4 其他防水(潮)工程

7.4.1 其他防水(潮)工程量,按设计图示尺寸以面积计算。

1. 建筑物地面防水、防潮层,按主墙间净空面积计算,扣除凸出地面的构筑物、设备基础等所占的面积,不扣除间壁墙及单个 0.3 m^2 以内的柱、垛、烟囱和孔洞所占面积。与墙面连接处上卷高度在 500 mm 以内者按展开面积计算,按平面防水层计算,超过 500 mm 时,按立面防水层计算。

2. 墙基防水、防潮层,按设计图示尺寸以面积计算。外墙按外墙中心线长度乘以宽度计算,内墙按内墙净长乘以宽度计算。

3. 构筑物及建筑物地下室防水层,按设计图示尺寸以面积计算,但不扣除 0.3 m^2 以内的孔洞所占面积。平面与立面交接处的防水层,其上卷高度超过 500 mm 时,按立面防水层计算。

7.5 变形缝

填缝、止水带、盖缝按设计图示尺寸以长度计算。

A.7.1 瓦、型材屋面

A.7.1.1 瓦屋面

1. 土瓦屋面

工作内容:砂浆(制作)运输,铺瓦、安装瓦筒、瓦脊、座灰、抹脚、辘筒。 单位:100 m^2

定额编号				A7-1	A7-2	A7-3	A7-4
子目名称				铺于木檀条木桷板土瓦屋面			
				单层瓦		双层瓦单层筒	
				抹脚瓦	辘筒瓦	面辘筒搭七留三	
				搭七留三		底平铺	底搭三留七
基价(元)		一类		3194.37	3390.62	4223.87	4404.47
		二类		3174.75	3368.01	4194.77	4375.37
		三类		3155.13	3345.39	4165.66	4346.26
		四类		3135.51	3322.78	4136.55	4317.15
其中	人工费(元)			1085.54	1251.03	1610.33	1610.33
	材料费(元)			1951.86	1958.69	2380.69	2561.29
	机械费(元)			—	—	—	—
	管理费(元)	一类		156.97	180.90	232.85	232.85
		二类		137.35	158.29	203.75	203.75
		三类		117.73	135.67	174.64	174.64
		四类		98.11	113.06	145.53	145.53
编码	名称	单位	单价(元)	消耗量			
0001001	综合工日	工日	51.00	21.285	24.530	31.575	31.575
0417001	粘土瓦筒	千块	110.00	3.677	3.677	3.677	3.677
0417011	粘土瓦 200×230	千块	200.00	7.501	7.501	9.591	10.488
0233001	稻草	kg	0.46	25.000	25.000	28.000	28.000
3115001	水	m^3	2.80	1.070	1.400	1.490	1.490
8001526	含量:石灰砂浆 1:2.5(制作)	m^3	—	[0.700]	—	—	—
8001456	含量:水泥石灰砂浆 M10(制作)	m^3	—	—	[0.070]	[0.070]	[0.070]
8001531	含量:石灰砂浆 1:3(制作)	m^3	—	—	[1.330]	[1.330]	[1.330]
8001546	含量:水泥石灰砂浆 1:2:8(制作)	m^3	—	[1.430]	[1.430]	[1.620]	[1.620]
9946131	其他材料费	元	1.00	32.70	38.60	40.96	42.17

2. 西班牙瓦屋面

工作内容：砂浆(制作)运输，铺瓦、并修界瓦边，绑铁线及钉固，清扫瓦面。 单位：见表

定额编号				A7-5	A7-6	A7-7
子目名称				西班牙瓦屋面		
				屋面落水		正斜脊
				两坡以内	四坡以内	
				10 m²		10 m
基价(元)		一类		222.24	248.51	274.77
		二类		220.06	245.92	273.16
		三类		217.89	243.33	271.54
		四类		215.71	240.74	269.92
其中	人工费(元)			120.31	143.26	89.51
	材料费(元)			84.53	84.53	172.32
	机械费(元)			—	—	—
	管理费(元)	一类		17.40	20.72	12.94
		二类		15.22	18.13	11.33
		三类		13.05	15.54	9.71
		四类		10.87	12.95	8.09
编码	名称	单位	单价(元)	消耗量		
0001001	综合工日	工日	51.00	2.359	2.809	1.755
0103041	镀锌低碳钢丝 ϕ1.2～1.6	kg	4.76	1.440	1.440	1.440
0351101	扣钉	kg	4.68	0.090	0.090	0.090
2811001	S盾瓦 250×90×10	百块	272.00	—	—	0.400
2811011	西班牙瓦 310×310×15	千块	431.20	0.156	0.156	—
2811021	西班牙瓦脊 285×180×15	千块	548.00	—	—	0.036
3115001	水	m^3	2.80	0.320	0.320	0.200
8001421	含量:水泥石灰砂浆 M2.5(制作)	m^3	—	[0.220]	[0.220]	[0.090]
8001431	含量:水泥砂浆 1∶2.5(制作)	m^3	—	[0.220]	[0.220]	—
9946131	其他材料费	元	1.00	9.09	9.09	35.96

3. 琉璃瓦屋面

工作内容：砂浆(制作)运输，在钢筋混凝土上铺灰、盖瓦、安装瓦筒、瓦脊、修齐瓦口边线，清扫瓦面。

单位：见表

定额编号			A7-8	A7-9	A7-10
子目名称			琉璃瓦屋面		
			铺于钢筋混凝土上		檐口线
			亭面	斜屋面	
			10 m²		10 m
基价(元)		一类	2435.99	2046.48	839.25
		二类	2428.46	2040.40	836.21
		三类	2420.92	2034.31	833.18
		四类	2413.39	2028.23	830.15
其中	人工费(元)		416.82	336.50	167.74
	材料费(元)		1958.90	1661.32	647.25
	机械费(元)		—	—	—
	管理费(元)	一类	60.27	48.66	24.26
		二类	52.74	42.58	21.22
		三类	45.20	36.49	18.19
		四类	37.67	30.41	15.16

续表　　　　　单位:见表

定额编号				A7-8	A7-9	A7-10
子目名称				琉璃瓦屋面		
				铺于钢筋混凝土上		檐口线
				亭面	斜屋面	
				10 m²		10 m
编码	名称	单位	单价(元)	消耗量		
0001001	综合工日	工日	51.00	8.173	6.598	3.289
0103051	镀锌低碳钢丝 ϕ1.5～2.5	kg	4.88	1.440	1.440	—
2803011	琉璃瓦片	块	2.24	620.190	525.386	—
2803031	琉璃瓦筒(综合)	块	2.20	251.429	212.914	—
2803091	琉璃满面片	块	8.52	—	—	49.286
2803111	琉璃满面筒	块	5.20	—	—	43.371
3115001	水	m³	2.80	0.320	0.320	0.030
8001436	含量:水泥石灰砂浆 M5.0(制作)	m³	—	[0.220]	[0.220]	[0.040]
8001426	含量:水泥砂浆 1∶2(制作)	m³	—	[0.220]	[0.220]	[0.040]
9946131	其他材料费	元	1.00	8.61	8.13	1.72

工作内容:砂浆(制作)运输,在钢筋砼上铺灰、盖瓦、安装瓦筒、瓦脊、瓦口边线修齐,清扫瓦面。

单位:10 m

定额编号				A7-11	A7-12	A7-13
子目名称				琉璃瓦正脊		
				大三星脊	12 寸脊	18 寸脊
基价(元)			一类	560.62	1985.27	3447.14
			二类	556.91	1980.42	3441.81
			三类	553.19	1975.56	3436.47
			四类	549.48	1970.71	3431.14
其中	人工费(元)			205.48	268.46	295.19
	材料费(元)			325.43	1677.99	3109.27
	机械费(元)			—	—	—
	管理费(元)		一类	29.71	38.82	42.68
			二类	26.00	33.97	37.35
			三类	22.28	29.11	32.01
			四类	18.57	24.26	26.68
编码	名称	单位	单价(元)	消耗量		
0001001	综合工日	工日	51.00	4.029	5.264	5.788
0413001	标准砖 240×115×53	千块	270.00	0.040	0.203	0.372
2803001	琉璃瓦脊 230×180×140(大三星)	块	6.72	46.329	—	—
2803131	琉璃正脊 333×160×300(12″)	块	51.52	—	30.932	—
2803141	琉璃正脊 400×230×455(18″)	块	115.04	—	—	25.757
3115001	水	m³	2.80	0.040	—	—
8001436	含量:水泥石灰砂浆 M5.0(制作)	m³	—	[0.090]	[0.099]	[0.169]
8001431	含量:水泥砂浆 1∶2.5(制作)	m³	—	[0.107]	[0.079]	[0.107]
9946131	其他材料费	元	1.00	3.19	29.56	45.75

工作内容：砂浆(制作)运输，在钢筋砼上铺灰、盖瓦、安装瓦筒、瓦脊、瓦口边线修齐，清扫瓦面。

单位：10 m

定额编号				A7-14	A7-15
子目名称				琉璃瓦脊	
				正斜脊	
				12 寸脊	18 寸脊
基价(元)		一类		2028.24	3486.60
		二类		2022.74	3480.54
		三类		2017.24	3474.48
		四类		2011.74	3468.41
其中	人工费(元)			304.22	335.43
	材料费(元)			1680.03	3102.67
	机械费(元)			—	—
	管理费(元)	一类		43.99	48.50
		二类		38.49	42.44
		三类		32.99	36.38
		四类		27.49	30.31
编码	名称	单位	单价(元)	消耗量	
0001001	综合工日	工日	51.00	5.965	6.577
0413001	标准砖 240×115×53	千块	270.00	0.084	0.152
2803131	琉璃正脊 333×160×300(12″)	块	51.52	30.392	—
2803141	琉璃正脊 400×230×455(18″)	块	115.04	—	25.757
8001436	含量：水泥石灰砂浆 M5.0(制作)	m^3	—	[0.003]	[0.006]
8001431	含量：水泥砂浆 1∶2.5(制作)	m^3	—	[0.004]	[0.006]
9946131	其他材料费	元	1.00	91.56	98.54

工作内容：砂浆(制作)运输，在钢筋砼上铺灰、盖瓦、安装瓦筒、瓦脊、瓦口边线修齐，清扫瓦面。

单位：10 m

定额编号				A7-16	A7-17	A7-18	A7-19
子目名称				琉璃瓦脊			
				斜脊		半边脊	
				12 寸脊	18 寸脊	12 寸脊	18 寸脊
基价(元)		一类		2019.34	3492.47	1693.51	2739.64
		二类		2014.07	3486.09	1688.03	2734.67
		三类		2008.81	3479.72	1682.54	2729.70
		四类		2003.54	3473.34	1677.05	2724.73
其中	人工费(元)			291.26	352.67	303.55	274.89
	材料费(元)			1685.96	3088.80	1346.07	2425.00
	机械费(元)			—	—	—	—
	管理费(元)	一类		45.12	51.00	43.89	39.75
		二类		36.85	44.62	38.41	34.78
		三类		31.59	38.25	32.92	29.81
		四类		26.32	31.87	27.43	24.84
编码	名称	单位	单价(元)	消耗量			
0001001	综合工日	工日	51.00	5.711	6.915	5.952	5.390

续表 单位:10 m

定额编号				A7-16	A7-17	A7-18	A7-19
子目名称				琉璃瓦脊			
				斜脊		半边脊	
				12 寸脊	18 寸脊	12 寸脊	18 寸脊
编码	名称	单位	单价(元)	消耗量			
0413001	标准砖 240×115×53	千块	270.00	0.203	0.297	0.186	0.152
2803071	琉璃半边光脊 333×80×305(12″)	块	40.32	—	—	30.932	—
2803081	琉璃半边光脊 400×140×455(18″)	块	89.44	—	—	—	26.121
2803131	琉璃正脊 333×160×300(12″)	块	51.52	30.932	—	—	—
2803141	琉璃正脊 400×230×455(18″)	块	115.04	—	25.757	—	—
8001436	含量:水泥石灰砂浆 M5.0(制作)	m^3	—	[0.099]	[0.154]	[0.084]	[0.069]
8001431	含量:水泥砂浆 1:2.5(制作)	m^3	—	[0.079]	[0.095]	[0.054]	[0.050]
9946131	其他材料费	元	1.00	37.53	45.53	48.67	47.70

工作内容:砂浆(制作)运输,铺灰、安装、清理、抹净。 单位:座

定额编号				A7-20	A7-21	A7-22	A7-23
子目名称				琉璃正吻		琉璃宝顶	
				博古吻	龙吻	高 1000 以内	高 1000 以外
				高 700 以内	高 1200 以内		
基价(元)		一类		526.64	2703.75	1113.54	2479.45
		二类		525.77	2702.43	1106.56	2468.31
		三类		524.90	2701.10	1099.77	2457.16
		四类		524.04	2699.78	1092.88	2446.02
其中	人工费(元)			47.99	73.24	380.97	616.44
	材料费(元)			471.71	2619.92	677.48	1773.87
	机械费(元)			—	—	—	—
	管理费(元)	一类		6.94	10.59	55.09	89.14
		二类		6.07	9.27	48.20	78.00
		三类		5.20	7.94	41.32	66.85
		四类		4.34	6.62	34.43	55.71
编码	名称	单位	单价(元)	消耗量			
0001001	综合工日	工日	51.00	0.941	1.436	7.470	12.087
8001426	含量:水泥砂浆 1:2(制作)	m^3	—	—	—	[0.018]	[0.058]
8001431	含量:水泥砂浆 1:2.5(制作)	m^3	—	[0.008]	[0.012]	—	—
8001436	含量:水泥石灰砂浆 M5.0(制作)	m^3	—	[0.007]	[0.013]	—	—
0359001	铁件(综合)	kg	5.81	2.960	5.640	10.890	19.370
0413001	标准砖 240×115×53	千块	270.00	0.170	0.330	—	—
2803151	琉璃珠宝 ϕ300×900	座	545.60	—	—	1.000	—
2803161	琉璃珠宝 ϕ550×1580	座	1375.44	—	—	—	1.000
2803171	琉璃博古吻 670×260×570(14″)	座	408.48	1.000	—	—	—
2803181	琉璃龙吻 890×210×1080(16″)	座	2497.60	—	1.000	—	—
8021232	C25 混凝土 10 石(配合比)	m^3	211.23	—	—	0.323	1.350
9946131	其他材料费	元	1.00	0.13	0.46	0.38	0.73

工作内容：铺灰、安装、清理。 单位：座

定额编号				A7-24	A7-25
子目名称				挠角	套兽
基价(元)		一类		129.56	114.11
		二类		128.88	113.43
		三类		128.21	112.76
		四类		127.54	112.09
其中	人工费(元)			37.18	37.18
	材料费(元)			87.00	71.55
	机械费(元)			—	—
	管理费(元)	一类		5.38	5.38
		二类		4.70	4.70
		三类		4.03	4.03
		四类		3.36	3.36
编码	名称	单位	单价(元)	消耗量	
0001001	综合工日	工日	51.00	0.729	0.729
0359001	铁件(综合)	kg	5.81	6.220	3.680
2803101	琉璃挠角 510×140×480(普通形)	座	50.24	1.000	—
2805001	琉璃套兽 230×220×270	座	50.00	—	1.000
9946131	其他材料费	元	1.00	0.62	0.17

4. 小青瓦屋面

工作内容：砂浆(制作)运输、铺瓦、檐口梢口坐灰。 单位：100 m²

定额编号				A7-26	A7-27	A7-28
子目名称				小青瓦屋面		小青瓦
				搭七留三		四方亭
				有底瓦	无底瓦	
基价(元)		一类		4984.24	2630.79	5885.03
		二类		4953.68	2611.29	5851.24
		三类		4923.11	2591.79	5817.44
		四类		4892.55	2572.29	5783.65
其中	人工费(元)			1680.40	1072.68	1856.91
	材料费(元)			3048.69	1395.95	3745.02
	机械费(元)			10.63	6.16	12.75
	管理费(元)	一类		244.52	156.00	270.35
		二类		213.96	136.50	236.56
		三类		183.39	117.00	202.76
		四类		152.83	97.50	168.97
编码	名称	单位	单价(元)	消耗量		
0001001	综合工日	工日	51.00	32.949	21.033	36.410
8001531	含量：石灰砂浆 1∶3(制作)	m^3	—	[1.969]	[1.110]	[2.450]
0417041	小青瓦盖瓦 160×160×11	千块	150.00	9.276	9.276	13.240
0417051	小青瓦底瓦 200×200×13	千块	230.00	7.176	—	7.180
8003091	纸筋石灰砂浆(配合比) 1∶0.5∶0.5	m^3	177.16	0.003	0.003	0.030
9946131	其他材料费	元	1.00	6.28	4.02	102.31
9905691	灰浆搅拌机 拌筒容量 200(L)	台班	70.86	0.150	0.087	0.180

工作内容：砂浆制作、运输、上瓦、叠瓦、扣脊瓦。　　单位：10 m

定额编号				A7-29	A7-30
子目名称				小青瓦叠脊	
				五层	每增减一层
基价(元)		一类		87.81	32.81
		二类		87.39	32.48
		三类		86.97	32.16
		四类		86.54	31.83
其中	人工费(元)			7.80	15.15
	材料费(元)			61.04	12.23
	机械费(元)			15.59	2.83
	管理费(元)	一类		3.38	2.60
		二类		2.96	2.27
		三类		2.54	1.95
		四类		2.11	1.62
编码	名称	单位	单价(元)	消耗量	
0001001	综合工日	工日	51.00	0.153	0.297
0417051	小青瓦底瓦 200×200×13	千块	230.00	0.246	0.049
8003091	纸筋石灰砂浆(配合比) 1∶0.5∶0.5	m^3	177.16	0.021	0.004
9946131	其他材料费	元	1.00	0.74	0.25
9905691	灰浆搅拌机 拌筒容量 200(L)	台班	70.86	0.220	0.040

5. 围墙顶

工作内容：砂浆(制作)运输、铺瓦、安装瓦筒、瓦脊、座灰、抹脚、镳筒。　　单位：10 m

定额编号				A7-31	A7-32
子目名称				普通瓦围墙顶	
				镳筒瓦	
				双落水	单落水
基价(元)		一类		773.58	516.12
		二类		764.08	509.81
		三类		754.57	503.50
		四类		745.07	497.19
其中	人工费(元)			525.81	349.20
	材料费(元)			171.74	116.43
	机械费(元)			—	—
	管理费(元)	一类		76.03	50.49
		二类		66.53	44.18
		三类		57.02	37.87
		四类		47.52	31.56
编码	名称	单位	单价(元)	消耗量	
0001001	综合工日	工日	51.00	10.310	6.847
0413001	标准砖 240×115×53	千块	270.00	0.158	0.158
0417001	粘土瓦筒	千块	110.00	0.305	0.185
0417011	粘土瓦 200×230	千块	200.00	0.471	0.262
3115001	水	m^3	2.80	0.450	0.350
8001436	含量:水泥石灰砂浆 M5.0(制作)	m^3	—	[0.289]	[0.287]
8001531	含量:石灰砂浆 1∶3(制作)	m^3	—	[0.096]	[0.055]
8001541	含量:水泥石灰砂浆 1∶1∶6(制作)	m^3	—	[0.103]	[0.059]
9946131	其他材料费	元	1.00	0.07	0.04

工作内容：砂浆(制作)运输、挂线、找平、选瓦、铺瓦、铺底灰、垫筒底灰盖瓦、抹筒口，清扫瓦面。

单位：10 m

定额编号				A7-33	A7-34	A7-35	A7-36
子目名称				琉璃瓦围墙顶			琉璃卷棚围墙顶
				双落水		单落水	
				三级线	二级线		
基价(元)			一类	2878.70	2629.94	1909.38	2047.49
			二类	2864.75	2615.97	1900.52	2036.20
			三类	2850.80	2602.00	1891.65	2024.90
			四类	2836.86	2588.03	1882.79	2013.60
其中	人工费(元)			771.73	772.80	490.47	625.06
	材料费(元)			1995.38	1745.39	1347.99	1332.05
	机械费(元)			—	—	—	—
	管理费(元)		一类	111.59	111.75	70.92	90.38
			二类	97.64	97.78	62.06	79.09
			三类	83.69	83.81	53.19	67.79
			四类	69.75	69.84	44.33	56.49
编码	名称	单位	单价(元)	消耗量			
0001001	综合工日	工日	51.00	15.132	15.153	9.617	12.256
0413001	标准砖 240×115×53	千块	270.00	0.198	0.158	0.158	0.116
2803011	琉璃瓦片	块	2.24	319.371	212.914	212.914	97.586
2803021	琉璃满面瓦片	块	4.20	97.586	97.586	49.286	97.586
2803031	琉璃瓦筒(综合)	块	2.20	97.586	97.586	97.586	—
2803041	琉璃满面瓦筒	块	3.98	97.586	97.586	49.286	97.586
2803051	琉璃卷棚瓦筒 350×108×60	块	3.00	—	—	—	46.329
2803061	琉璃卷棚瓦 280×215×12.5	块	3.00	—	—	—	46.329
2803121	琉璃小三星	块	4.44	46.575	46.575	46.575	—
3115001	水	m^3	2.80	0.510	0.450	0.360	0.450
8001426	含量:水泥砂浆 1∶2(制作)	m^3	—	[0.178]	[0.155]	[0.089]	[0.155]
8001436	含量:水泥石灰砂浆 M5.0(制作)	m^3	—	[0.495]	[0.443]	[0.377]	[0.443]
9946131	其他材料费	元	1.00	5.37	4.81	2.76	4.65

工作内容：砂浆(制作)运输，铺瓦、檐口梢口坐灰。

单位：100 m^2

定额编号				A7-37	A7-38	A7-39	A7-40
子目名称				小青瓦围墙顶			
				双落水		单落水	
				有底瓦	无底瓦	有底瓦	无底瓦
				搭七留三			
基价(元)			一类	512.16	416.95	278.26	228.19
			二类	508.27	413.63	275.95	226.23
			三类	504.37	410.32	273.65	224.27
			四类	500.47	407.00	271.34	222.30
其中	人工费(元)			214.66	182.48	127.14	108.32
	材料费(元)			265.41	207.03	132.33	103.81
	机械费(元)			0.92	0.92	0.35	0.35
	管理费(元)		一类	31.17	26.52	18.44	15.71
			二类	27.28	23.20	16.13	13.75
			三类	23.38	19.89	13.83	11.79
			四类	19.48	16.57	11.52	9.82
编码	名称	单位	单价(元)	消耗量			
0001001	综合工日	工日	51.00	4.209	3.578	2.493	2.124
8001531	含量:石灰砂浆 1∶3(制作)	m^3	—	[0.175]	[0.147]	[0.092]	[0.016]

续表 单位:100 m²

定额编号				A7-37	A7-38	A7-39	A7-40
子目名称				小青瓦围墙顶			
				双落水		单落水	
				有底瓦	无底瓦	有底瓦	无底瓦
				搭七留三			
编码	名称	单位	单价(元)	消耗量			
0417041	小青瓦盖瓦 160×160×11	千块	150.00	1.297	1.297	0.649	0.649
0417051	小青瓦底瓦 200×200×13	千块	230.00	0.248	—	0.124	—
8003091	纸筋石灰砂浆(配合比) 1∶0.5∶0.5	m^3	177.16	0.056	0.056	0.022	0.022
9946131	其他材料费	元	1.00	3.90	2.56	2.56	2.56
9905691	灰浆搅拌机拌筒容量 200(L)	台班	70.86	0.013	0.013	0.005	0.005

A.7.1.2 型材屋面

1. 彩钢板屋面

工作内容:1. 截料,吊装檩条。

2. 制作安装铁件。

3. 吊装屋面板,钻孔,对位,安装防水堵头,屋脊板,涂填缝膏。 单位:100 m²

定额编号				A7-41	A7-42
子目名称				彩钢板屋面	
				安装于 S/C 型轻型钢檩条上	
				彩钢波纹瓦	彩钢夹心板
基价(元)		一类		12327.64	21568.42
		二类		12303.73	21544.51
		三类		12279.83	21520.61
		四类		12255.92	21496.70
其中	人工费(元)			533.36	533.36
	材料费(元)			10813.68	20054.46
	机械费(元)			789.34	789.34
	管理费(元)	一类		191.26	191.26
		二类		167.35	167.35
		三类		143.45	143.45
		四类		119.54	119.54
编码	名称	单位	单价(元)	消耗量	
0001001	综合工日	工日	51.00	10.458	10.458
0129501	彩钢夹芯板 100	m^2	116.00	—	130.730
0301041	铝拉铆钉(综合)	十个	1.22	70.000	70.000
0305865	六角螺栓带螺母 屋面板专用	十套	1.18	42.000	42.000
0341001	低碳钢焊条(综合)	kg	4.90	8.060	8.060
0359001	铁件(综合)	kg	5.81	9.710	9.710
0417071	彩钢脊瓦	m	42.24	4.730	4.730
0417081	彩钢板波纹瓦	m^2	45.58	130.730	—
1516011	塑料管堵(综合)	个	2.50	8.670	8.670
3001151	钢板檩条 S型 100×200	t	4520.00	0.966	0.966
9946131	其他材料费	元	1.00	36.35	71.12
9909251	汽车式起重机 提升质量 5(t)	台班	436.58	1.600	1.600
9925011	交流电焊机 容量 30(kV·A)	台班	82.56	1.100	1.100

2. 波纹瓦屋面

工作内容：砂浆(制作)运输、在木或钢檩条上铺瓦，钻孔，安装瓦脊。　　　　单位：100 m²

定额编号				A7-43	A7-44	A7-45	A7-46
子目名称				波纹瓦屋面			
				玻璃钢波纹瓦		塑料波纹瓦	
				铺于钢檩	铺于木檩	铺于钢檩	铺于木檩
基价(元)		一类		3131.87	3008.32	1649.41	1525.86
		二类		3127.15	3004.75	1644.69	1522.29
		三类		3122.44	3001.18	1639.98	1518.72
		四类		3117.73	2997.61	1635.27	1515.15
其中	人工费(元)			260.76	197.42	260.76	197.42
	材料费(元)			2833.40	2782.35	1350.94	1299.89
	机械费(元)			—	—	—	—
	管理费(元)	一类		37.71	28.55	37.71	28.55
		二类		32.99	24.98	32.99	24.98
		三类		28.28	21.41	28.28	21.41
		四类		23.57	17.84	23.57	17.84
编码	名称	单位	单价(元)	消耗量			
0001001	综合工日	工日	51.00	5.113	3.871	5.113	3.871
0219111	塑料瓦脊	m	5.07	—	—	12.000	12.000
0219131	塑料波纹瓦	m²	7.61	—	—	134.100	134.100
0303421	瓦楞螺钉 M8×40	十个	5.43	—	40.200	—	40.200
0351131	镀锌瓦楞钩	十个	6.70	40.200	—	40.200	—
0417021	玻璃钢波纹瓦(综合)	m²	18.00	134.100	134.100	—	—
0417031	玻璃钢脊瓦	m	12.50	12.000	12.000	—	—
3115001	水	m³	2.80	0.010	0.010	0.010	0.010
8001466	含量:水泥砂浆 M5.0(制作)	m³	—	[0.030]	[0.030]	[0.030]	[0.030]
9946131	其他材料费	元	1.00	0.23	0.23	0.23	0.23

3. 镀锌薄钢板屋面

工作内容：在木或钢檩条上铺瓦，钻孔，安装瓦脊。　　　　单位：100 m²

定额编号			A7-47	A7-48
子目名称			镀锌薄钢板屋面	
			铺于木檩	铺于钢檩
基价(元)		一类	3468.67	3537.37
		二类	3467.50	3535.93
		三类	3466.33	3534.48
		四类	3465.16	3533.04
其中	人工费(元)		64.72	79.87
	材料费(元)		3394.59	3445.95
	机械费(元)		—	—
	管理费(元)	一类	9.36	11.55
		二类	8.19	10.11
		三类	7.02	8.66
		四类	5.85	7.22

续表

单位：100 m²

定额编号				A7-47	A7-48
子目名称				镀锌薄钢板屋面	
				铺于木檩	铺于钢檩
编码	名称	单位	单价(元)	消耗量	
0001001	综合工日	工日	51.00	1.269	1.566
0129371	镀锌薄钢板 0.75	m²	30.71	4.300	4.300
0303421	瓦楞螺钉 M8×40	十个	5.43	40.400	—
0351131	镀锌瓦楞钩	十个	6.70	—	40.400
0417061	镀锌薄钢板波纹瓦 2000×920	m²	23.93	127.000	127.000
9946131	其他材料费	元	1.00	4.06	4.11

4. 聚碳酸酯PC中空板(阳光板)屋面

工作内容：下料、安装板、压条固定、注胶。

单位：100 m²

定额编号				A7-49	A7-50
子目名称				聚碳酸酯PC(阳光板)屋面	
				安装在铝结构上	安装在钢檩上
基价(元)			一类	67017.70	67065.25
			二类	67013.47	67061.02
			三类	67009.24	67056.79
			四类	67005.01	67052.56
其中	人工费(元)			234.09	234.09
	材料费(元)			66749.76	66797.31
	机械费(元)			—	—
	管理费(元)		一类	33.85	33.85
			二类	29.62	29.62
			三类	25.39	25.39
			四类	21.16	21.16
编码	名称	单位	单价(元)	消耗量	
0001001	综合工日	工日	51.00	4.590	4.590
0301061	铝拉铆钉 M4×30	十个	0.11	32.300	—
0305725	镀锌六角螺栓带螺母 M12×40	十套	5.50	—	9.290
0909001	聚碳酸酯(PC)板	m²	630.00	103.000	103.000
1003171	铝合金压条 30×1.2	m	9.20	105.600	105.600
1241151	耐候胶	L	75.90	11.656	11.656

5. 多彩油毡瓦屋面

工作内容：清理基层，刷冷底子油二遍，裁、铺多彩油毡瓦，固定。

单位：100 m²

定额编号		A7-51
子目名称		多彩油毡瓦屋面
基价(元)	一类	4759.34
	二类	4753.45
	三类	4747.56
	四类	4741.67

续表　　　　　　　　　　　　　　　　单位:100 m²

定额编号				A7-51
子目名称				多彩油毡瓦屋面
其中	人工费(元)			325.89
	材料费(元)			4386.33
	机械费(元)			—
	管理费(元)	一类		47.12
		二类		41.23
		三类		35.34
		四类		29.45
编码	名称	单位	单价(元)	消耗量
0001001	综合工日	工日	51.00	6.390
0351051	水泥钉	kg	12.02	6.180
0417091	多彩油毡瓦	m²	38.00	104.000
0525001	木柴	kg	0.65	37.000
1159181	冷底子油	kg	4.00	84.000

A.7.2 屋面防水工程

A.7.2.1 屋面卷材防水

1. 屋面油毡卷材防水

工作内容:熬制沥青玛碲脂,配制冷底子油,刷冷底子油,铺贴卷材,收头。　　　　单位:100 m²

定额编号				A7-52	A7-53	A7-54
子目名称				屋面石油沥青玛碲脂卷材防水		
				一毡二油	二毡三油	二毡三油一砂
基价(元)		一类		2116.72	2894.69	3243.72
		二类		2114.57	2891.20	3239.44
		三类		2112.42	2887.72	3235.16
		四类		2110.27	2884.23	3230.87
其中	人工费(元)			118.88	192.78	236.84
	材料费(元)			1980.65	2674.03	2972.63
	机械费(元)			—	—	—
	管理费(元)	一类		17.19	27.88	34.25
		二类		15.04	24.39	29.97
		三类		12.89	20.91	25.69
		四类		10.74	17.42	21.40
编码	名称	单位	单价(元)	消耗量		
0001001	综合工日	工日	51.00	2.331	3.780	4.644
0351011	圆钉 30～45	kg	5.63	0.280	0.280	0.280
0403161	鱼眼砂	m³	76.50	—	—	0.520
0525001	木柴	kg	0.65	205.700	245.400	301.180
1157021	石油沥青油毡 350 g	m²	2.20	124.170	237.940	237.940
8015441	石油沥青玛碲脂(配合比)	m³	2774.00	0.460	0.610	0.690
8015471	石油沥青汽油冷底子油(配合比) 30∶70	100 kg	596.92	0.490	0.490	0.490
9946131	其他材料费	元	1.00	3.67	4.85	5.49

工作内容：熬制沥青玛碲脂，配制冷底子油，刷冷底子油，铺贴卷材，收头。　　单位：100 m^2

定额编号				A7-55	A7-56
子目名称				屋面石油沥青玛碲脂卷材防水	
				每增减一毡一油	干铺油毡一层
基价(元)		一类		793.94	349.46
		二类		792.60	348.59
		三类		791.26	347.72
		四类		789.93	346.85
其中	人工费(元)			73.90	48.20
	材料费(元)			709.35	294.29
	机械费(元)			—	—
	管理费(元)	一类		10.69	6.97
		二类		9.35	6.10
		三类		8.01	5.23
		四类		6.68	4.36
编码	名称	单位	单价(元)	消耗量	
0001001	综合工日	工日	51.00	1.449	0.945
0525001	木柴	kg	0.65	64.240	—
1157021	石油沥青油毡 350 g	m^2	2.20	113.770	133.770
8015441	石油沥青玛碲脂(配合比)	m^3	2774.00	0.150	—
9946131	其他材料费	元	1.00	1.20	—

2. 高分子卷材屋面

工作内容：1. 清理基层、刷基层处理剂，防水薄弱处刷聚氨酯涂膜，加热改性沥青。

2. 屋面贴改性沥青卷材，卷材搭接处及收头嵌油膏。　　单位：100 m^2

定额编号				A7-57	A7-58	A7-59	A7-60
子目名称				屋面改性沥青防水卷材			
				满铺	条铺	点铺	空铺
				1.2 mm厚			
基价(元)		一类		3684.47	3661.01	3658.29	3586.60
		二类		3679.57	3656.11	3653.39	3582.47
		三类		3674.68	3651.22	3648.50	3578.35
		四类		3669.78	3646.32	3643.60	3574.23
其中	人工费(元)			270.81	270.81	270.81	228.12
	材料费(元)			3374.50	3351.04	3348.32	3325.49
	机械费(元)			—	—	—	—
	管理费(元)	一类		39.16	39.16	39.16	32.99
		二类		34.26	34.26	34.26	28.86
		三类		29.37	29.37	29.37	24.74
		四类		24.47	24.47	24.47	20.62
编码	名称	单位	单价(元)	消耗量			
0001001	综合工日	工日	51.00	5.310	5.310	5.310	4.473
1103601	聚氨酯甲料	kg	8.11	8.320	8.320	8.320	8.320
1103611	聚氨酯乙料	kg	20.27	12.480	12.480	12.480	12.480
1157091	改性沥青卷材	m^2	25.00	111.500	113.930	113.930	113.930

续表　　　　　　　　　　　　　　　　　　　　　单位：100 m^2

定额编号				A7-57	A7-58	A7-59	A7-60
子目名称				屋面改性沥青防水卷材			
				满铺	条铺	点铺	空铺
				1.2 mm厚			
编码	名称	单位	单价(元)	消耗量			
1237091	液化石油气	kg	2.93	24.000	21.200	21.200	18.400
1241291	改性沥青粘结剂	kg	2.25	55.750	21.970	20.760	14.260
1241351	改性沥青乳胶	kg	2.36	30.000	30.000	30.000	30.000

工作内容：1. 清理基层，防水薄弱处刷聚氨酯涂膜。

2. 刷底胶，铺贴卷材，接缝嵌油膏，做收头。

3. 涂刷着色剂保护层二遍。　　　　　　　　　　　单位：100 m^2

定额编号				A7-61	A7-62	A7-63	A7-64
子目名称				屋面冷贴三元乙丙橡胶卷材			
				冷贴			
				满铺	空铺	点铺	条铺
				1.2 mm厚			
基价(元)			一类	5964.95	5072.58	5150.20	5217.25
			二类	5958.58	5066.21	5143.83	5211.66
			三类	5952.22	5059.85	5137.47	5206.08
			四类	5945.86	5053.49	5131.11	5200.50
其中	人工费(元)			352.05	352.05	352.05	308.91
	材料费(元)			5561.99	4669.62	4747.24	4863.67
	机械费(元)			—	—	—	—
	管理费(元)		一类	50.91	50.91	50.91	44.67
			二类	44.54	44.54	44.54	39.08
			三类	38.18	38.18	38.18	33.50
			四类	31.82	31.82	31.82	27.92
编码	名称	单位	单价(元)	消耗量			
0001001	综合工日	工日	51.00	6.903	6.903	6.903	6.057
0351011	圆钉 30～45	kg	5.63	0.230	0.230	0.230	0.230
0401013	复合普通硅酸盐水泥 P.C 32.5	t	317.07	0.060	0.060	0.060	0.060
1103601	聚氨酯甲料	kg	8.11	16.210	16.210	16.210	16.210
1103611	聚氨酯乙料	kg	20.27	31.130	31.130	31.130	31.130
1141111	乙酸乙脂	kg	9.00	5.050	5.050	5.050	5.050
1157131	三元乙丙橡胶卷材	m^2	29.00	110.550	112.850	112.850	112.850
1231061	甲苯	kg	3.28	27.000	27.000	27.000	27.000
1233161	银色着色剂	kg	5.05	20.200	20.200	20.200	20.200
1241221	粘结剂 CX-404	kg	30.32	40.400	7.890	10.450	14.290
1241251	丁基粘结剂	kg	11.63	9.560	11.850	11.850	11.850
3115001	水	m^3	2.80	0.400	0.400	0.400	0.400

工作内容：1. 清理基层，防水薄弱处刷聚氨酯涂膜。
2. 刷底胶，铺贴卷材，接缝嵌油膏，做收头。
3. 涂刷着色剂保护层二遍。

单位：100 m²

定额编号				A7-65	A7-66	A7-67	A7-68
子目名称				屋面冷贴再生橡胶卷材			
				冷贴			
				满铺	空铺	点铺	条铺
				1.5 mm 厚			
基价(元)		一类		4628.13	4324.18	4283.11	4212.32
		二类		4621.76	4317.81	4276.74	4206.73
		三类		4615.40	4311.45	4270.38	4201.15
		四类		4609.04	4305.09	4264.02	4195.57
其中	人工费(元)			352.05	352.05	352.05	308.91
	材料费(元)			4225.17	3921.22	3880.15	3858.74
	机械费(元)			—	—	—	—
	管理费(元)	一类		50.91	50.91	50.91	44.67
		二类		44.54	44.54	44.54	39.08
		三类		38.18	38.18	38.18	33.50
		四类		31.82	31.82	31.82	27.92
编码	名称	单位	单价(元)	消耗量			
0001001	综合工日	工日	51.00	6.903	6.903	6.903	6.057
0351011	圆钉 30～45	kg	5.63	0.230	0.230	0.230	0.230
0401013	复合普通硅酸盐水泥 P.C 32.5	t	317.07	0.060	0.060	0.060	0.060
1103601	聚氨酯甲料	kg	8.11	16.210	16.210	16.210	16.210
1103611	聚氨酯乙料	kg	20.27	31.130	31.130	31.130	31.130
1141111	乙酸乙脂	kg	9.00	5.050	5.050	5.050	5.050
1157141	再生橡胶卷材	m²	23.00	110.550	112.850	112.850	112.850
1231061	甲苯	kg	3.28	25.250	25.250	25.250	25.250
1233161	银色着色剂	kg	5.05	20.200	20.200	20.200	20.200
1241261	氯丁胶粘结剂	kg	13.38	49.950	23.280	20.210	18.610
3115001	水	m³	2.80	0.400	0.400	0.400	0.400

工作内容：1. 清理基层，防水薄弱处刷聚氨酯涂膜。
2. 刷底胶，铺贴卷材，接缝嵌油膏，做收头。
3. 涂刷着色剂保护层二遍。

单位：100 m²

定额编号		A7-69	A7-70	A7-71	A7-72
子目名称		屋面冷贴氯丁橡胶卷材			
		冷贴			
		满铺	空铺	点铺	条铺
		1.2 mm 厚			
基价(元)	一类	4248.20	4204.77	4190.96	4132.40
	二类	4241.83	4198.40	4184.59	4126.81
	三类	4235.47	4192.04	4178.23	4121.23
	四类	4229.11	4185.68	4171.87	4115.65

续表

单位:100 m²

定额编号				A7-69	A7-70	A7-71	A7-72
子目名称				屋面冷贴氯丁橡胶卷材			
				冷贴			
				满铺	空铺	点铺	条铺
				1.2 mm厚			
其中	人工费(元)			352.05	352.05	352.05	308.91
	材料费(元)			3845.24	3801.81	3788.00	3778.82
	机械费(元)			—	—	—	—
	管理费(元)	一类		50.91	50.91	50.91	44.67
		二类		44.54	44.54	44.54	39.08
		三类		38.18	38.18	38.18	33.50
		四类		31.82	31.82	31.82	27.92
编码	名称	单位	单价(元)	消耗量			
0001001	综合工日	工日	51.00	6.903	6.903	6.903	6.057
0351011	圆钉 30～45	kg	5.63	0.230	0.230	0.230	0.230
0401013	复合普通硅酸盐水泥 P.C 32.5	t	317.07	0.060	0.060	0.060	0.060
1103601	聚氨酯甲料	kg	8.11	11.660	11.660	11.660	11.660
1103611	聚氨酯乙料	kg	20.27	17.500	17.500	17.500	17.500
1141111	乙酸乙脂	kg	9.00	5.050	5.050	5.050	5.050
1157121	氯丁橡胶防水卷材	m²	24.80	110.550	112.850	112.850	112.850
1159161	CY409 液	kg	13.00	9.550	11.850	11.850	11.850
1159171	氯丁胶沥青胶液	kg	4.50	60.600	31.630	28.560	26.520
1231061	甲苯	kg	3.28	27.000	27.000	27.000	27.000
1233161	银色着色剂	kg	5.05	20.200	20.200	20.200	20.200
3115001	水	m³	2.80	0.400	0.400	0.400	0.400

工作内容：1. 清理基层,防水薄弱处刷聚氨酯涂膜。

2. 刷底胶,铺贴卷材,接缝嵌油膏,做收头。

3. 涂刷着色剂保护层二遍。

单位:100 m²

定额编号			A7-73	A7-74	A7-75	A7-76
子目名称			屋面冷贴氯化聚乙烯-橡胶共混卷材			
			冷贴			
			满铺	空铺	点铺	条铺
			1.2 mm厚			
基价(元)		一类	3846.95	3159.16	3080.61	2978.63
		二类	3840.58	3152.79	3074.24	2973.04
		三类	3834.22	3146.43	3067.88	2967.46
		四类	3827.86	3140.07	3061.52	2961.88
其中	人工费(元)		352.05	352.05	352.05	308.91
	材料费(元)		3443.99	2756.20	2677.65	2625.05
	机械费(元)		—	—	—	—
	管理费(元)	一类	50.91	50.91	50.91	44.67
		二类	44.54	44.54	44.54	39.08
		三类	38.18	38.18	38.18	33.50
		四类	31.82	31.82	31.82	27.92

续表 单位:100 m^2

定额编号				A7-73	A7-74	A7-75	A7-76
子目名称				屋面冷贴氯化聚乙烯-橡胶共混卷材			
				冷贴			
				满铺	空铺	点铺	条铺
				1.2 mm 厚			
编码	名称	单位	单价(元)	消耗量			
0001001	综合工日	工日	51.00	6.903	6.903	6.903	6.057
0351011	圆钉 30～45	kg	5.63	0.230	0.230	0.230	0.230
0401013	复合普通硅酸盐水泥 P.C 32.5	t	317.07	0.060	0.060	0.060	0.060
1103601	聚氨酯甲料	kg	8.11	11.660	11.660	11.660	11.660
1103611	聚氨酯乙料	kg	20.27	17.500	17.500	17.500	17.500
1103621	BX-12 乙组份 880 mL/瓶	瓶	9.30	11.940	14.810	14.810	14.810
1141111	乙酸乙脂	kg	9.00	5.050	5.050	5.050	5.050
1157081	氯化聚乙烯橡胶卷材 1.2	m^2	12.00	110.550	112.850	112.850	112.850
1231061	甲苯	kg	3.28	27.000	27.000	27.000	27.000
1233161	银色着色剂	kg	5.05	20.200	20.200	20.200	20.200
1241301	粘合剂	kg	22.77	45.450	12.860	9.410	7.100
1241321	氯丁胶乳	kg	14.56	18.180	18.180	18.180	18.180
3115001	水	m^3	2.80	0.400	0.400	0.400	0.400

工作内容：1. 清理基层,防水薄弱处刷聚氨酯涂膜。

2. 刷底胶,铺贴卷材,接缝嵌油膏,做收头。

3. 涂刷着色剂保护层二遍。

单位:100 m^2

定额编号				A7-77	A7-78	A7-79	A7-80
子目名称				屋面冷贴氯磺化聚乙烯卷材			
				冷贴			
				满铺	空铺	点铺	条铺
				1.2 mm 厚			
基价(元)			一类	4879.13	3843.32	3739.09	3574.62
			二类	4872.76	3836.95	3732.72	3569.03
			三类	4866.40	3830.59	3726.36	3563.45
			四类	4860.04	3824.23	3720.00	3557.87
其中	人工费(元)			352.05	352.05	352.05	308.91
	材料费(元)			4476.17	3440.36	3336.13	3221.04
	机械费(元)			—	—	—	—
	管理费(元)		一类	50.91	50.91	50.91	44.67
			二类	44.54	44.54	44.54	39.08
			三类	38.18	38.18	38.18	33.50
			四类	31.82	31.82	31.82	27.92
编码	名称	单位	单价(元)	消耗量			
0001001	综合工日	工日	51.00	6.903	6.903	6.903	6.057
0351011	圆钉 30～45	kg	5.63	0.230	0.230	0.230	0.230
0401013	复合普通硅酸盐水泥 P.C 32.5	t	317.07	0.060	0.060	0.060	0.060

续表

单位:100 m²

定额编号				A7-77	A7-78	A7-79	A7-80
子目名称				屋面冷贴氯磺化聚乙烯卷材			
				冷贴			
				满铺	空铺	点铺	条铺
				1.2 mm厚			
编码	名称	单位	单价(元)	消耗量			
1103601	聚氨酯甲料	kg	8.11	16.210	16.210	16.210	16.210
1103611	聚氨酯乙料	kg	20.27	31.130	31.130	31.130	31.130
1141111	乙酸乙酯	kg	9.00	5.050	5.050	5.050	5.050
1157101	氯磺化聚乙烯卷材	m²	16.00	110.550	112.850	112.850	112.850
1231061	甲苯	kg	3.28	27.000	27.000	27.000	27.000
1233161	银色着色剂	kg	5.05	20.200	20.200	20.200	20.200
1241061	CX-401胶	kg	14.87	10.510	12.210	13.030	10.510
1241221	粘结剂CX-404	kg	30.32	50.500	14.290	10.450	7.890
3115001	水	m³	2.80	0.400	0.400	0.400	0.400

工作内容:清理基层、铺贴卷材、收头、钉压条、射钉上嵌密封膏收头。

单位:100 m²

定额编号				A7-81	A7-82	A7-83
子目名称				屋面聚氯乙烯卷材防水		
				灰(绿)色PVC		
				1.2 mm厚	1.5 mm厚	2.0 mm厚
基价(元)		一类		2190.46	2503.03	2752.09
		二类		2185.48	2497.05	2746.11
		三类		2180.51	2491.08	2740.14
		四类		2175.53	2485.11	2734.17
其中	人工费(元)			275.40	330.48	330.48
	材料费(元)			1875.24	2124.76	2373.82
	机械费(元)			—	—	—
	管理费(元)	一类		39.82	47.79	47.79
		二类		34.84	41.81	41.81
		三类		29.87	35.84	35.84
		四类		24.89	29.87	29.87
编码	名称	单位	单价(元)	消耗量		
0001001	综合工日	工日	51.00	5.400	6.480	6.480
0303021	自攻螺钉M3×10	十个	0.23	10.000	12.000	12.000
1003151	铝合金压条(综合)	m	2.14	60.000	60.000	60.000
1157051	聚氯乙烯灰色PVC卷材1.2	m²	14.00	124.530	—	—
1157061	聚氯乙烯灰色PVC卷材1.5	m²	16.00	—	124.530	—
1157071	聚氯乙烯灰色PVC卷材2.0	m²	18.00	—	—	124.530
3115001	水	m³	2.80	0.400	0.400	0.400

工作内容：1. 改性沥青防水卷材：改性沥青加热，基层刷处理剂，刷聚氨酯涂膜，贴卷材，卷材接缝收头处嵌油膏。

2. 满铺防水柔毡：清扫基层、熔化粘胶、铺贴柔毡、收头、铺撒白石子保护层。　　单位：见表

定额编号				A7-84	A7-85	A7-86	A7-87
子目名称				屋面改性沥青防水卷材		屋面满铺防水柔毡	
				热熔	点粘 300 宽	热贴、满铺	
				单层	分格缝	二胶一毡一砂	每增一胶一毡
				100 m²	100 m	100 m²	
基价(元)		一类		5912.25	961.53	5801.95	3348.74
		二类		5907.35	960.09	5797.83	3346.58
		三类		5902.46	958.64	5793.72	3344.42
		四类		5897.56	957.20	5789.60	3342.27
其中	人工费(元)			270.81	79.87	227.66	119.34
	材料费(元)			5602.28	870.11	5541.37	3212.14
	机械费(元)			—	—	—	—
	管理费(元)	一类		39.16	11.55	32.92	17.26
		二类		34.26	10.11	28.80	15.10
		三类		29.37	8.66	24.69	12.94
		四类		24.47	7.22	20.57	10.79
编码	名称	单位	单价(元)	消耗量			
0001001	综合工日	工日	51.00	5.310	1.566	4.464	2.340
0351011	圆钉 30～45	kg	5.63	—	—	0.230	—
0401013	复合普通硅酸盐水泥 P.C 32.5	t	317.07	—	—	0.060	—
0405001	白石子	t	235.00	—	—	0.770	—
0525001	木柴	kg	0.65	—	—	219.820	90.200
1103601	聚氨酯甲料	kg	8.11	8.320	—	—	—
1103611	聚氨酯乙料	kg	20.27	12.480	—	—	—
1141111	乙酸乙脂	kg	9.00	—	—	5.050	—
1157091	改性沥青卷材	m²	25.00	—	33.630	—	—
1157111	改性沥青卷材 铝箔	m²	46.00	111.500	—	—	—
1157151	防水柔毡	m²	17.00	—	—	126.150	110.150
1159101	防水柔毡配套粘胶	kg	4.00	—	—	730.820	320.240
1231061	甲苯	kg	3.28	—	—	25.250	—
1237091	液化石油气	kg	2.93	28.000	4.200	—	—
1241291	改性沥青粘结剂	kg	2.25	—	7.580	—	—
1241351	改性沥青乳胶	kg	2.36	30.000	—	—	—
3115001	水	m³	2.80	—	—	0.400	—

工作内容：1. 刷聚氨酯涂膜，用掺胶水泥浆贴卷材，聚氨酯胶接缝搭接。

2. 清理基层、滚铺、排气滚压、搭接处加热压实、清理、铺贴卷材、焊接周边收口。

单位：100 m²

定额编号		A7-88	A7-89
子目名称		屋面满铺 SBC120 复合卷材	屋面自粘型防水卷材
		冷贴	
		满铺	
		1.2 mm 厚	
基价(元)	一类	3990.21	3841.94
	二类	3986.46	3836.41
	三类	3982.71	3830.87
	四类	3978.96	3825.34

续表

单位:100 m^2

定额编号				A7-88	A7-89
子目名称				屋面满铺 SBC120 复合卷材 冷贴 满铺 1.2 mm 厚	屋面自粘型防水卷材
其中	人工费(元)			207.47	306.15
	材料费(元)			3752.74	3491.52
	机械费(元)			—	—
	管理费(元)	一类		30.00	44.27
		二类		26.25	38.74
		三类		22.50	33.20
		四类		18.75	27.67
编码	名称	单位	单价(元)	消耗量	
0001001	综合工日	工日	51.00	4.068	6.003
0401013	复合普通硅酸盐水泥 P.C 32.5	t	317.07	0.230	—
1103601	聚氨酯甲料	kg	8.11	19.040	—
1103611	聚氨酯乙料	kg	20.27	28.560	—
1141111	乙酸乙脂	kg	9.00	5.050	—
1157161	聚乙烯丙纶双面复合防水卷材 SBC	m^2	26.00	110.550	—
1157191	自粘型防水卷材	m^3	27.00	—	126.300
1237091	液化石油气	kg	2.93	—	27.790
1241011	108 胶	kg	2.33	11.380	—
3115001	水	m^3	2.80	0.080	—

A.7.2.2 屋面涂膜防水

工作内容:1. 屋面满涂油膏:油膏加热,屋面满涂油膏。

2. 板嵌缝:油膏加热,板缝嵌油膏。

单位:见表

定额编号				A7-90	A7-91	A7-92
子目名称				屋面满涂塑料油膏	塑料油膏嵌缝	
				4 mm 厚	屋面空心板	大型屋面板
				100 m^2	100 m	
基价(元)		一类		1707.29	467.82	565.20
		二类		1705.30	465.51	562.88
		三类		1703.31	463.21	560.57
		四类		1701.32	460.90	558.25
其中	人工费(元)			110.16	127.60	128.06
	材料费(元)			1581.20	321.77	418.62
	机械费(元)			—	—	—
	管理费(元)	一类		15.93	18.45	18.52
		二类		13.94	16.14	16.20
		三类		11.95	13.84	13.89
		四类		9.96	11.53	11.57
编码	名称	单位	单价(元)	消耗量		
0001001	综合工日	工日	51.00	2.160	2.502	2.511
0525001	木柴	kg	0.65	182.160	37.070	48.220
1159041	塑料油膏	kg	2.50	585.120	119.070	154.910

注:嵌缝取定纵缝断面:空心板 7.5 cm^2,大型屋面板 9 cm^2。如断面不同时,可按纵缝断面比例调整人工,其他不变。

工作内容：油膏加热，铺贴玻璃纤维布。　　单位：见表

定额编号				A7-93	A7-94	A7-95	A7-96
子目名称				屋面塑料油膏玻璃纤维布		塑料油膏贴玻璃布盖缝	
				一布二油	每增一布一油	一布二油	每增一布一油
				100 m²		100 m	
基价(元)			一类	3039.50	1467.84	1173.46	543.73
			二类	3037.09	1466.32	1172.02	542.84
			三类	3034.69	1464.80	1170.57	542.01
			四类	3032.28	1463.28	1169.13	541.14
其中	人工费(元)			133.11	84.00	79.87	47.74
	材料费(元)			2887.14	1371.69	1082.04	489.09
	机械费(元)			—	—	—	—
	管理费(元)		一类	19.25	12.15	11.55	6.90
			二类	16.84	10.63	10.11	6.04
			三类	14.44	9.11	8.66	5.18
			四类	12.03	7.59	7.22	4.31
编码	名称	单位	单价(元)	消耗量			
0001001	综合工日	工日	51.00	2.610	1.647	1.566	0.936
0525001	木柴	kg	0.65	271.560	101.150	109.300	40.990
1159041	塑料油膏	kg	2.50	872.260	324.940	351.070	131.650
1355121	玻璃纤维布 1.8	m²	4.40	120.450	112.180	30.300	30.300

工作内容：屋面分格缝：支座处干铺油毡一层，清理缝，油膏加热，油膏灌缝，沿缝上做二毡三油一砂。

单位：100 m

定额编号				A7-97
子目名称				屋面分格缝
基价(元)			一类	3258.02
			二类	3251.12
			三类	3244.22
			四类	3237.31
其中	人工费(元)			381.89
	材料费(元)			2820.91
	机械费(元)			—
	管理费(元)		一类	55.22
			二类	48.32
			三类	41.42
			四类	34.51
编码	名称	单位	单价(元)	消耗量
0001001	综合工日	工日	51.00	7.488
0403021	中砂	m³	49.98	0.410
0525001	木柴	kg	0.65	218.110
1157021	石油沥青油毡 350 g	m²	2.20	232.100
1159041	塑料油膏	kg	2.50	303.680
8015441	石油沥青玛碲脂(配合比)	m³	2774.00	0.490
8015471	石油沥青汽油冷底子油(配合比) 30∶70	100 kg	596.92	0.043
9946131	其他材料费	元	1.00	3.90

工作内容：1. 涂刷聚氨酯底胶，刷聚氨酯防水层两遍，撒石粉。

2. 氯丁冷胶：涂刷底胶，做一布一涂于防水薄弱处，冷胶贴聚酯布防水层，最表层撒细砂保护层。

单位：100 m^2

定额编号					A7-98	A7-99	A7-100	A7-101
子目名称					屋面聚氨酯涂膜防水		屋面氯丁冷胶	
					2 mm 厚	每增减 1 mm	二布三涂	每增一布一涂
基价(元)			一类		4470.57	1786.99	6800.36	2033.54
			二类		4467.02	1785.57	6793.85	2030.41
			三类		4463.47	1784.15	6787.34	2027.29
			四类		4459.91	1782.73	6780.82	2024.16
其中	人工费(元)				196.45	78.49	360.32	173.04
	材料费(元)				4245.71	1697.15	6387.94	1835.48
	机械费(元)				—	—	—	—
	管理费(元)		一类		28.41	11.35	52.10	25.02
			二类		24.86	9.93	45.59	21.89
			三类		21.31	8.51	39.08	18.77
			四类		17.75	7.09	32.56	15.64
编码	名称	单位	单价(元)		消耗量			
0001001	综合工日	工日	51.00		3.852	1.539	7.065	3.393
0403011	细砂	m^3	44.88		—	—	0.310	—
1103601	聚氨酯甲料	kg	8.11		105.550	42.220	—	—
1103611	聚氨酯乙料	kg	20.27		165.130	66.050	—	—
1143001	石粉	kg	0.03		0.310	—	—	—
1157001	聚酯布 100 g/m^2	m^2	6.00		—	—	236.360	110.890
1231061	甲苯	kg	3.28		12.960	4.850	—	—
1241361	氯丁冷胶	kg	13.63		—	—	363.600	85.850

注：1. 聚氨酯 2 mm 厚，如果掺缓凝剂，应分别增加磷酸 0.30 kg；如果掺促凝剂应增加二月桂酸二丁基锡 0.25 kg。

2. 聚氨酯增减 1 mm，如果掺缓凝剂，应分别增加磷酸 0.12 kg；如果掺促凝剂应增加二月桂酸二丁基锡 0.1 kg。

工作内容：清理基层、调制、涂刷防水层。

单位：100 m^2

定额编号				A7-102	A7-103	A7-104	A7-105
子目名称				屋面聚合物水泥(JS)防水涂料		屋面水泥基渗透结晶型涂料	
				涂膜 2 mm 厚	每增减 1 mm	涂膜 1 mm 厚	每增减 0.1 mm
基价(元)			一类	2853.44	1311.40	3017.04	302.28
			二类	2849.06	1310.96	3012.66	301.85
			三类	2844.68	1310.52	3008.28	301.41
			四类	2840.30	1310.08	3003.90	300.97
其中	人工费(元)			242.35	24.33	242.35	24.23
	材料费(元)			2576.05	1283.55	2739.65	274.55
	机械费(元)			—	—	—	—
	管理费(元)		一类	35.04	3.52	35.04	3.50
			二类	30.66	3.08	30.66	3.07
			三类	26.28	2.64	26.28	2.63
			四类	21.90	2.20	21.90	2.19
编码	名称	单位	单价(元)	消耗量			
0001001	综合工日	工日	51.00	4.752	0.477	4.752	0.475
1103121	聚合物水泥防水涂料(JS-Ⅱ)	kg	9.50	270.000	135.000	—	—
1103131	水泥基渗透结晶防水涂料	kg	18.00	—	—	150.000	15.000
9946131	其他材料费	元	1.00	11.05	1.05	39.65	4.55

A.7.2.3 屋面刚性防水

工作内容：1. 清理基层，砂浆（制作）运输。

2. 纵横扫水泥浆，铺混凝土或砂浆，压实、抹光、做分格缝。

单位：100 m^2

定额编号				A7-106	A7-107	A7-108	A7-109
子目名称				细石混凝土刚性防水		水泥砂浆二次抹压防水	
				厚 3.5 cm	每增减 1 cm	厚 2.5 cm	每增减 1 cm
基价（元）		一类		872.66	178.72	649.11	183.46
		二类		861.37	176.12	641.03	180.92
		三类		850.08	173.51	632.95	178.39
		四类		838.79	170.91	624.87	175.85
其中	人工费（元）			624.55	144.13	447.12	140.30
	材料费（元）			157.80	13.75	137.34	22.87
	机械费（元）			—	—	—	—
	管理费（元）	一类		90.31	20.84	64.65	20.29
		二类		79.02	18.24	56.57	17.75
		三类		67.73	15.63	48.49	15.22
		四类		56.44	13.03	40.41	12.68
编码	名称	单位	单价（元）	消耗量			
0001001	综合工日	工日	51.00	12.246	2.826	8.767	2.751
0401013	复合普通硅酸盐水泥 P.C 32.5	t	317.07	0.140	—	0.170	—
0503051	松杂板枋材	m^3	1313.52	0.060	0.010	0.040	0.010
3115001	水	m^3	2.80	9.670	0.200	1.160	0.300
8021379	含量：混凝土（制作）	m^3	—	[3.570]	[1.020]	—	—
8001561	含量：水泥砂浆 1：1（制作）	m^3	—	[0.510]	—	—	—
8001426	含量：水泥砂浆 1：2（制作）	m^3	—	—	—	[2.530]	[1.010]
9946131	其他材料费	元	1.00	7.53	0.05	27.65	8.89

工作内容：1. 清理基层、砂浆（制作）运输、灌缝膏。

2. 纵横扫水泥浆，铺灌砂浆，压实，抹光。

单位：100 m

定额编号				A7-110	A7-111	A7-112
子目名称				屋面刚性防水层填分格缝		
				细石混凝土面	水泥砂浆面	不分种类
				3.5 cm 厚	2.5 cm 厚	每增减 1 cm
基价（元）		一类		442.10	476.18	125.38
		二类		438.20	472.42	124.49
		三类		434.31	468.66	123.61
		四类		430.42	464.90	122.72
其中	人工费（元）			215.32	207.93	49.11
	材料费（元）			195.64	238.18	69.17
	机械费（元）			—	—	—
	管理费（元）	一类		31.14	30.07	7.10
		二类		27.24	26.31	6.21
		三类		23.35	22.55	5.33
		四类		19.46	18.79	4.44
编码	名称	单位	单价（元）	消耗量		
0001001	综合工日	工日	51.00	4.222	4.077	0.963
0525001	木柴	kg	0.65	29.100	36.410	10.910

续表 单位:100 m

定额编号				A7-110	A7-111	A7-112
子目名称				屋面刚性防水层填分格缝		
				细石混凝土面	水泥砂浆面	不分种类
				3.5 cm厚	2.5 cm厚	每增减1 cm
编码	名称	单位	单价(元)	消耗量		
1143011	滑石粉	kg	1.00	28.810	29.850	9.240
1155001	石油沥青 #10	kg	2.30	43.650	54.720	16.940
1155011	石油沥青 #30	kg	2.80	1.450	1.770	0.320
1201021	汽油(综合)	kg	6.58	3.530	4.320	0.790
1205001	机油(综合)	kg	3.37	3.970	4.980	1.540
1301311	石棉泥	t	673.20	0.008	0.010	0.003
3115001	水	m^3	2.80	0.010	—	—
8001426	含量:水泥砂浆 1:2(制作)	m^3	—	[0.030]	—	—
9946131	其他材料费	元	1.00	1.44	1.91	0.57

工作内容：清理基层、调制砂浆、铺抹砂浆、养护，筛铺镇水粉，铺隔离纸。 单位:100 m^2

定额编号				A7-113	A7-114
子目名称				屋面防水砂浆	屋面镇水粉隔离层
				2 cm厚	1 cm厚
基价(元)		一类		477.17	2087.73
		二类		470.20	2074.73
		三类		463.24	2061.74
		四类		456.28	2048.75
其中	人工费(元)			385.25	718.79
	材料费(元)			36.21	1265.00
	机械费(元)			—	—
	管理费(元)	一类		55.71	103.94
		二类		48.74	90.94
		三类		41.78	77.95
		四类		34.82	64.96
编码	名称	单位	单价(元)	消耗量	
0001001	综合工日	工日	51.00	7.554	14.094
0401013	复合普通硅酸盐水泥 P.C 32.5	t	317.07	0.060	—
1143141	镇水粉	kg	2.00	—	600.000
3109001	隔离纸	m^2	0.50	—	130.000
3115001	水	m^3	2.80	0.400	—
8001501	含量:水泥防水砂浆 1:2(制作)	m^3	—	[2.020]	—
9946131	其他材料费	元	1.00	16.07	—

A.7.3 屋面排水工程

A.7.3.1 铁皮排水

工作内容：铁皮截料，制作安装。 单位:100 m^2

定额编号		A7-115	A7-116
子目名称		铁皮排水	
		落水管、檐沟	天沟、泛水
基价(元)	一类	4919.29	3839.16
	二类	4899.21	3831.90
	三类	4879.13	3824.64
	四类	4859.06	3817.38

续表　　单位:100 m²

定额编号				A7-115	A7-116
子目名称				铁皮排水	
				落水管、檐沟	天沟、泛水
其中	人工费(元)			1110.78	401.63
	材料费(元)			3647.89	3379.45
	机械费(元)			—	—
	管理费(元)	一类		160.62	58.08
		二类		140.54	50.82
		三类		120.46	43.56
		四类		100.39	36.30
编码	名称	单位	单价(元)	消耗量	
0001001	综合工日	工日	51.00	21.780	7.875
0129371	镀锌薄钢板 0.75	m²	30.71	105.800	105.400
0345051	粗焊锡	kg	54.20	1.800	2.080
0351021	圆钉 50～75	kg	4.36	0.380	3.000
0359001	铁件(综合)	kg	5.81	49.150	—
1230041	盐酸	kg	1.01	0.380	0.440
3115081	木炭	kg	1.77	7.690	9.240

A.7.3.2 铸铁雨水管

工作内容：切管、裁管卡、管道及管件安装、调制接口材料、接口养护、灌水试验。　　单位:100 m

定额编号				A7-117	A7-118	A7-119
子目名称				铸铁雨水管		
				DN100	DN150	DN200
基价(元)		一类		11429.23	18352.43	28323.12
		二类		11414.29	18334.83	28300.62
		三类		11399.36	18317.22	28278.12
		四类		11384.43	18299.62	28255.63
其中	人工费(元)			826.20	959.31	1230.12
	材料费(元)			10483.56	17237.77	26898.49
	机械费(元)			—	14.53	14.53
	管理费(元)	一类		119.47	140.82	179.98
		二类		104.53	123.22	157.48
		三类		89.60	105.61	134.98
		四类		74.67	88.01	112.49
编码	名称	单位	单价(元)	消耗量		
0001001	综合工日	工日	51.00	16.200	18.810	24.120
0103061	镀锌低碳钢丝 ϕ2.8～4.0	kg	5.11	0.800	0.800	0.800
0227001	棉纱	kg	11.02	0.100	0.100	0.200
0229091	油麻丝	kg	7.63	14.100	20.900	25.900
0357031	镀锌低碳钢丝 ϕ2.5～4.0	kg	5.30	3.100	3.600	0.100
0401013	复合普通硅酸盐水泥 P.C 32.5	t	317.07	0.048	0.147	0.016
0401021	复合普通硅酸盐水泥 P.O 42.5	t	352.77	0.072	0.104	0.141
0403021	中砂	m³	49.98	0.130	0.370	0.010
1237001	氧气	m³	5.89	4.900	6.700	11.600
1237061	乙炔气	kg	8.82	2.000	2.800	4.800
1537041	镀锌钢管卡子 DN100	个	5.90	28.600	—	—

续表

单位:100 m

定额编号				A7-117	A7-118	A7-119
子目名称				铸铁雨水管		
				DN100	DN150	DN200
编码	名称	单位	单价(元)	消耗量		
1537051	镀锌钢管卡子 DN150	个	9.20	—	31.400	—
1537116	镀锌钢管卡子 DN200	个	11.96	—	—	7.000
3113261	白布	kg	3.20	3.500	4.000	4.800
3115001	水	m^3	2.80	1.000	3.000	5.000
1409121	承插铸铁雨水管 DN100	m	100.78	100.000	—	—
1409131	承插铸铁雨水管 DN150	m	165.78	—	100.000	—
1409141	承插铸铁雨水管 DN200	m	264.15	—	—	100.000
9943416	试压泵　压力 30(MPa)	台班	72.66	—	0.200	0.200

工作内容：切管、裁管卡、管道及管件安装、调制接口材料、接口养护、灌水试验。

单位:100 m

定额编号				A7-120	A7-121
子目名称				铸铁雨水管	
				DN250	DN300
基价(元)		一类		37583.02	52498.95
		二类		37554.88	52461.36
		三类		37526.74	52423.76
		四类		37498.60	52386.16
其中	人工费(元)			1542.24	2065.50
	材料费(元)			35801.14	50118.15
	机械费(元)			14.53	14.53
	管理费(元)	一类		225.11	300.77
		二类		196.97	263.18
		三类		168.83	225.58
		四类		140.69	187.98
编码	名称	单位	单价(元)	消耗量	
0001001	综合工日	工日	51.00	30.240	40.500
0103061	镀锌低碳钢丝 ϕ2.8～4.0	kg	5.11	0.800	0.800
0227001	棉纱	kg	11.02	0.200	0.300
0229091	油麻丝	kg	7.63	36.200	39.200
0357031	镀锌低碳钢丝 ϕ2.5～4.0	kg	5.30	0.200	0.200
0401013	复合普通硅酸盐水泥 P.C　32.5	t	317.07	0.016	0.016
0401021	复合普通硅酸盐水泥 P.O　42.5	t	352.77	0.183	0.196
0403021	中砂	m^3	49.98	0.010	0.010
1237001	氧气	m^3	5.89	13.900	15.300
1237061	乙炔气	kg	8.82	5.800	6.400
1537121	镀锌钢管卡子 DN250	个	14.95	0.700	—
1537126	镀锌钢管卡子 DN300	个	16.74	—	0.700
3113261	白布	kg	3.20	5.300	5.500
3115001	水	m^3	2.80	5.000	10.000
1409151	承插铸铁雨水管 DN250	m	352.73	100.000	—
1409161	承插铸铁雨水管 DN300	m	495.32	—	100.000
9943416	试压泵　压力 30(MPa)	台班	72.66	0.200	0.200

A.7.3.3 塑料雨水管

工作内容：切管、调制、对口、粘接、管道、管件及管卡安装、灌水试验。 单位：100 m

定额编号				A7-122	A7-123	A7-124	A7-125
子目名称				塑料雨水管			
				DN75	DN100	DN150	DN200
基价(元)		一类		1919.83	3588.95	5986.42	9966.34
		二类		1915.85	3584.22	5980.29	9958.37
		三类		1911.86	3579.49	5974.15	9950.41
		四类		1907.88	3574.76	5968.01	9942.44
其中	人工费(元)			220.32	261.63	339.66	440.64
	材料费(元)			1667.65	3289.49	5597.65	9461.98
	机械费(元)			—	—	—	—
	管理费(元)	一类		31.86	37.83	49.11	63.72
		二类		27.88	33.10	42.98	55.75
		三类		23.89	28.37	36.84	47.79
		四类		19.91	23.64	30.70	39.82
编码	名称	单位	单价(元)	消耗量			
0001001	综合工日	工日	51.00	4.320	5.130	6.660	8.640
0113041	扁钢(综合)	kg	4.02	7.600	16.000	11.300	16.000
0305113	六角螺栓带螺母 M6～12×12～50	十套	1.34	5.400	7.000	5.800	5.800
0307201	膨胀螺栓 M12×200	十个	14.40	3.160	—	—	—
0307211	膨胀螺栓 M16×200	十个	25.60	—	4.320	—	—
0307221	膨胀螺栓 M18×200	十个	31.76	—	—	3.000	4.000
1241301	粘合剂	kg	22.77	1.800	3.700	4.100	6.100
1431511	塑料雨水管 DN75	m	14.85	100.000	—	—	—
1431521	塑料雨水管 DN100	m	29.41	—	100.000	—	—
1431531	塑料雨水管 DN150	m	52.73	—	—	100.000	—
1431541	塑料雨水管 DN200	m	90.05	—	—	—	100.00
9946131	其他材料费	元	1.00	58.37	79.95	82.81	118.95

注：子目内已含管件安装费用，管件按实际数量另计。

A.7.4 其他防水(潮)工程

A.7.4.1 卷材防水

1. 油毡卷材防水

工作内容：配制涂刷冷底子油，熬制玛碲脂；防水薄弱处处理；铺贴玛碲脂卷材。 单位：100 m²

定额编号		A7-126	A7-127	A7-128	A7-129
子目名称		玛碲脂卷材			
		二毡三油		每增减一毡一油	
		平面	立面	平面	立面
基价(元)	一类	2777.64	2989.99	908.73	1000.35
	二类	2771.47	2981.92	906.14	996.79
	三类	2765.30	2973.84	903.54	993.23
	四类	2759.12	2965.77	900.94	989.68

续表

单位:100 m^2

定额编号				A7-126	A7-127	A7-128	A7-129
子目名称				玛碲脂卷材			
				二毡三油		每增减一毡一油	
				平面	立面	平面	立面
其中	人工费(元)			341.50	446.61	143.67	196.91
	材料费(元)			2386.76	2478.80	744.29	774.97
	机械费(元)			—	—	—	—
	管理费(元)	一类		49.38	64.58	20.77	28.47
		二类		43.21	56.51	18.18	24.91
		三类		37.04	48.43	15.58	21.35
		四类		30.86	40.36	12.98	17.80
编码	名称	单位	单价(元)	消耗量			
0001001	综合工日	工日	51.00	6.696	8.757	2.817	3.861
0525001	木柴	kg	0.65	227.700	240.900	66.000	70.400
1157021	石油沥青油毡 350 g	m^2	2.20	239.760	239.760	116.490	116.490
8015441	石油沥青玛碲脂(配合比)	m^2	2774.00	0.510	0.540	0.160	0.170
8015471	石油沥青汽油冷底子油(配合比)30∶70	100 kg	596.92	0.490	0.490	—	—
9946131	其他材料费	元	1.00	4.06	4.29	1.27	1.35

工作内容:1. 基层清理,配制、涂刷冷底子油;熬制玛碲脂,防水薄弱处处理。

2. 铺贴玛碲脂玻璃纤维布。

单位:100 m^2

定额编号				A7-130	A7-131	A7-132	A7-133
子目名称				玛碲脂玻璃纤维布			
				二布三油		每增减一布一油	
				平面	立面	平面	立面
基价(元)		一类		3387.74	3688.38	1198.63	1311.80
		二类		3381.00	3678.34	1195.50	1307.37
		三类		3374.25	3668.30	1192.38	1302.94
		四类		3367.51	3658.26	1189.25	1298.51
其中	人工费(元)			373.17	555.39	173.04	245.11
	材料费(元)			2960.61	3052.68	1000.57	1031.25
	机械费(元)			—	—	—	—
	管理费(元)	一类		53.96	80.31	25.02	35.44
		二类		47.22	70.27	21.89	31.01
		三类		40.47	60.23	18.77	26.58
		四类		33.73	50.19	15.64	22.15
编码	名称	单位	单价(元)	消耗量			
0001001	综合工日	工日	51.00	7.317	10.890	3.393	4.806
0525001	木柴	kg	0.65	227.700	240.960	66.000	70.400
1355121	玻璃纤维布 1.8	m^2	4.40	250.300	250.300	116.490	116.490
8015441	石油沥青玛碲脂(配合比)	m^3	2774.00	0.510	0.540	0.160	0.170
8015471	石油沥青汽油冷底子油(配合比)30∶70	100 kg	596.92	0.490	0.490	—	—
9946131	其他材料费	元	1.00	4.06	4.29	1.27	1.35

工作内容：1. 基层清理，配制、涂刷冷底子油；熬制沥青，防水薄弱处处理。

2. 铺贴沥青玻璃布卷材。

单位：100 m²

定额编号				A7-134	A7-135	A7-136	A7-137
子目名称				沥青玻璃布卷材			
				二布三油		每增减一布一油	
				平面	立面	平面	立面
基价(元)			一类	3323.00	3637.05	1195.94	1312.36
			二类	3316.26	3627.02	1192.80	1307.95
			三类	3309.51	3617.00	1189.67	1303.53
			四类	3302.77	3606.98	1186.53	1299.12
其中	人工费(元)			373.17	554.47	173.50	244.19
	材料费(元)			2895.87	3002.40	997.35	1032.86
	机械费(元)			—	—	—	—
	管理费(元)		一类	53.96	80.18	25.09	35.31
			二类	47.22	70.15	21.95	30.90
			三类	40.47	60.13	18.82	26.48
			四类	33.73	50.11	15.68	22.07
编码	名称	单位	单价(元)	消耗量			
0001001	综合工日	工日	51.00	7.317	10.872	3.402	4.788
0525001	木柴	kg	0.65	201.300	214.500	57.200	61.600
1155011	石油沥青＃30	kg	2.80	489.720	524.700	151.580	163.240
1355121	玻璃纤维布 1.8	m²	4.40	250.300	250.300	121.760	121.760
8015471	石油沥青汽油冷底子油(配合比)30∶70	100 kg	596.92	0.490	0.490	—	—

2. 高分子卷材防水

工作内容：1. 涂刷基层处理剂，防水薄弱处刷聚氨酯涂膜。

2. 铺贴卷材，卷材接缝贴卷材条加强，收头。

单位：100 m²

定额编号				A7-138	A7-139	A7-140	A7-141
子目名称				氯化聚乙烯—橡胶共混卷材		三元乙丙橡胶卷材冷贴满铺	
				平面	立面	平面	立面
				1.2 mm厚			
基价(元)			一类	4281.96	4531.51	5332.20	5581.75
			二类	4268.55	4514.16	5318.79	5564.40
			三类	4255.14	4496.82	5305.38	5547.06
			四类	4241.73	4479.47	5291.97	5529.71
其中	人工费(元)			741.74	959.77	741.74	959.77
	材料费(元)			3432.96	3432.96	4483.20	4483.20
	机械费(元)			—	—	—	—
	管理费(元)		一类	107.26	138.78	107.26	138.78
			二类	93.85	121.43	93.85	121.43
			三类	80.44	104.09	80.44	104.09
			四类	67.03	86.74	67.03	86.74
编码	名称	单位	单价(元)	消耗量			
0001001	综合工日	工日	51.00	14.544	18.819	14.544	18.819
0351011	圆钉 30～45	kg	5.63	0.230	0.230	0.230	0.230

续表

单位:100 m²

定额编号				A7-138	A7-139	A7-140	A7-141
子目名称				氯化聚乙烯—橡胶共混卷材		三元乙丙橡胶卷材冷贴满铺	
				平面	立面	平面	立面
				1.2 mm厚			
编码	名称	单位	单价(元)	消耗量			
0401013	复合普通硅酸盐水泥 P.C 32.5	t	317.07	0.060	0.060	0.060	0.060
1103601	聚氨酯甲料	kg	8.11	5.420	5.420	9.970	9.970
1103611	聚氨酯乙料	kg	20.27	8.130	8.130	21.770	21.770
1103621	BX-12 乙组份 880 mL/瓶	瓶	9.30	28.406	28.406	—	—
1141111	乙酸乙酯	kg	9.00	5.050	5.050	5.050	5.050
1157081	氯化聚乙烯橡胶卷材 1.2	m²	12.00	124.530	124.530	—	—
1157131	三元乙丙橡胶卷材	m²	29.00	—	—	124.170	124.170
1231061	甲苯	kg	3.28	27.000	27.000	27.000	27.000
1241301	粘合剂	kg	22.77	45.450	45.450	—	—
1231251	丁基粘结剂	kg	11.63	—	—	17.600	17.600
1241361	氯丁冷胶	kg	13.63	20.200	20.200	—	—
3115001	水	m³	2.80	0.400	0.400	0.400	0.400

工作内容:1. 涂刷基层处理剂,防水薄弱处刷聚氨酯涂膜。
2. 铺贴卷材,卷材接缝贴卷材条加强,收头。

单位:100 m²

定额编号				A7-142	A7-143	A7-144	A7-145
子目名称				再生橡胶卷材冷贴满铺		改性沥青卷材满铺	
				平面	立面	平面	立面
				1.5 mm厚		1.2 mm厚	
基价(元)			一类	5237.88	5487.43	4499.82	4761.08
			二类	5224.47	5470.08	4486.34	4743.67
			三类	5211.06	5452.74	4472.87	4726.26
			四类	5197.65	5435.39	4459.40	4708.84
其中	人工费(元)			741.74	959.77	745.42	963.44
	材料费(元)			4388.88	4388.88	3646.61	3658.33
	机械费(元)			—	—	—	—
	管理费(元)		一类	107.26	138.78	107.79	139.31
			二类	93.85	121.43	93.31	121.90
			三类	80.44	104.09	80.84	104.49
			四类	67.03	86.74	67.37	87.07
编码	名称	单位	单价(元)	消耗量			
0001001	综合工日	工日	51.00	14.544	18.819	14.616	18.891
0351011	圆钉 30~45	kg	5.63	0.230	0.230	—	—
0401013	复合普通硅酸盐水泥 P.C 32.5	t	317.07	0.060	0.060	—	—
1103601	聚氨酯甲料	kg	8.11	9.970	9.970	5.420	5.420
1103611	聚氨酯乙料	kg	20.27	21.770	21.770	8.130	8.130
1141111	乙酸乙脂	kg	9.00	5.050	5.050	—	—
1155061	改性乳化沥青	kg	3.20	—	—	30.000	30.000
1157091	改性沥青卷材	m²	25.00	—	—	126.540	126.540
1157141	再生橡胶卷材	m²	23.00	124.170	124.170	—	—
1231061	甲苯	kg	3.28	27.000	27.000	—	—
1237091	液化石油气	kg	2.93	—	—	22.000	26.000
1241261	氯丁胶粘结剂	kg	13.38	63.930	63.930	—	—
1241291	改性沥青粘结剂	kg	2.25	—	—	50.620	50.620
3115001	水	m³	2.80	0.400	0.400	—	—

A.7.4.2 涂膜防水

工作内容：清理基层，调制冷底子油，刷涂料。　　单位：100 m²

定额编号				A7-146	A7-147	A7-148	A7-149
子目名称				苯乙烯涂料二遍		刷冷底子油	
				平面	立面	第一遍	第二遍
基价(元)		一类		754.21	773.71	372.57	281.09
		二类		752.67	772.17	371.48	280.17
		三类		751.13	770.63	370.38	279.25
		四类		749.59	769.09	369.29	278.32
其中	人工费(元)			85.37	85.37	60.59	50.95
	材料费(元)			656.50	676.00	303.22	222.77
	机械费(元)			—	—	—	—
	管理费(元)	一类		12.34	12.34	8.76	7.37
		二类		10.80	10.80	7.67	6.45
		三类		9.26	9.26	6.57	5.53
		四类		7.72	7.72	5.48	4.60
编码	名称	单位	单价(元)	消耗量			
0001001	综合工日	工日	51.00	1.674	1.674	1.188	0.999
0525001	木柴	kg	0.65	—	—	16.500	12.122
1003221	苯乙烯涂料	kg	13.00	50.500	52.000	—	—
8015471	石油沥青汽油冷底子油(配合比)30∶70	100 kg	596.92	—	—	0.490	0.360

工作内容：1. 塑料油膏：油膏加热、涂刷油膏。

2. 氯偏共聚乳液：成品涂刷。

3. 聚氨酯：涂刷底胶、刷聚氨酯两遍、盖石粉保护层、刷聚氨酯涂层。　　单位：100 m²

定额编号				A7-150	A7-151	A7-152	A7-153
子目名称				塑料油膏二遍	氯偏共聚乳液三遍	聚氨酯二遍	聚氨酯
						2 mm 厚	每增减 1 mm
基价(元)		一类		1675.24	205.40	4623.36	1818.89
		二类		1673.76	204.27	4618.71	1817.03
		三类		1672.27	203.13	4614.07	1815.17
		四类		1670.79	201.99	4609.42	1813.31
其中	人工费(元)			82.16	62.88	257.04	102.82
	材料费(元)			1581.20	133.43	4329.15	1701.20
	机械费(元)			—	—	—	—
	管理费(元)	一类		11.88	9.09	37.17	14.87
		二类		10.40	7.96	32.52	13.01
		三类		8.91	6.82	27.88	11.15
		四类		7.43	5.68	23.23	9.29
编码	名称	单位	单价(元)	消耗量			
0001001	综合工日	工日	51.00	1.611	1.233	5.040	2.016
0525001	木柴	kg	0.65	182.160	—	—	—
1141151	聚乙烯醇	kg	11.00	—	0.950	—	—
1103601	聚氨酯甲料	kg	8.11	—	—	107.640	42.720
1103611	聚氨酯乙料	kg	20.27	—	—	168.410	66.050
1143001	石粉	kg	0.03	—	—	0.310	—
1143261	氯偏共聚乳胶液	kg	5.80	—	21.000	—	—

续表　　单位:100 m²

定额编号				A7-150	A7-151	A7-152	A7-153
子目名称				塑料油膏二遍	氯偏共聚乳液三遍	聚氨酯二遍	聚氨酯
						2 mm 厚	每增减 1 mm
编码	名称	单位	单价(元)	消耗量			
1159041	塑料油膏	kg	2.50	585.120	—	—	—
1230211	磷酸三钠	kg	2.00	—	0.590	—	—
1231061	甲苯	kg	3.28	—	—	12.960	4.850

注:1. 聚氨酯 2 mm 厚,如果掺缓凝剂,应分别增加磷酸 0.30 kg;如果掺促凝剂应增加二月桂酸二丁基锡 0.25 kg。

2. 聚氨酯增减 1 mm,如果掺缓凝剂,应分别增加磷酸 0.12 kg;如果掺促凝剂应增加二月桂酸二丁基锡 0.1 kg。

3. 如立面涂刷聚氨酯,人工增加 25%,其他不变。

工作内容:熬制石油沥青,配制冷底子油,刷冷底子油一遍,涂刷沥青。　　单位:100 m²

定额编号				A7-154	A7-155	A7-156
子目名称				石油沥青一遍		
				平面	混凝土、抹灰面立面	砖墙立面
基价(元)		一类		954.35	1006.14	1090.10
		二类		953.04	1004.58	1088.33
		三类		951.72	1003.01	1086.56
		四类		950.41	1001.44	1084.80
其中	人工费(元)			72.52	86.75	97.77
	材料费(元)			871.34	906.85	978.19
	机械费(元)			—	—	—
	管理费(元)	一类		10.49	12.54	14.14
		二类		9.18	10.98	12.37
		三类		7.86	9.41	10.60
		四类		6.55	7.84	8.84
编码	名称	单位	单价(元)	消耗量		
0001001	综合工日	工日	51.00	1.422	1.701	1.917
0525001	木柴	kg	0.65	86.900	91.300	100.600
1155011	石油沥青#30	kg	2.80	186.560	198.220	221.540
8015471	石油沥青汽油冷底子油(配合比)30:70	100 kg	596.92	0.490	0.490	0.490

工作内容:熬制沥青,刷沥青一遍。　　单位:100 m²

定额编号				A7-157	A7-158	A7-159
子目名称				每增加石油沥青一遍		
				平面	混凝土、抹灰面立面	砖墙立面
基价(元)		一类		471.00	535.99	607.59
		二类		470.53	535.38	606.87
		三类		470.07	534.76	606.16
		四类		469.60	534.15	605.45
其中	人工费(元)			25.70	33.97	39.47
	材料费(元)			441.58	497.11	562.41
	机械费(元)			—	—	—
	管理费(元)	一类		3.72	4.91	5.71
		二类		3.25	4.30	4.99
		三类		2.79	3.68	4.28
		四类		2.32	3.07	3.57

续表

单位：100 m²

定额编号				A7-157	A7-158	A7-159
子目名称				每增加石油沥青一遍		
				平面	混凝土、抹灰面立面	砖墙立面
编码	名称	单位	单价(元)	消耗量		
0001001	综合工日	工日	51.00	0.504	0.666	0.774
0525001	木柴	kg	0.65	57.200	61.600	61.600
1155011	石油沥青＃30	kg	2.80	144.430	163.240	186.560

工作内容：配制、涂刷冷底子油一遍，熬制石油沥青玛碲脂、涂刷石油沥青玛碲脂。

单位：100 m²

定额编号				A7-160	A7-161	A7-162
子目名称				刷石油沥青玛碲脂一遍		
				平面	混凝土、抹灰面立面	砖墙立面
基价(元)		一类		930.87	1168.21	1270.00
		二类		929.63	1166.62	1268.20
		三类		928.40	1165.03	1266.41
		四类		927.16	1163.43	1264.62
其中	人工费(元)			68.39	88.13	99.14
	材料费(元)			852.59	1067.34	1156.52
	机械费(元)			—	—	—
	管理费(元)	一类		9.89	12.74	14.34
		二类		8.65	11.15	12.54
		三类		7.42	9.56	10.75
		四类		6.18	7.96	8.96
编码	名称	单位	单价(元)	消耗量		
0001001	综合工日	工日	51.00	1.341	1.728	1.944
0525001	木柴	kg	0.65	91.300	122.100	130.900
8015441	石油沥青玛碲脂(配合比)	m³	2774.00	0.180	0.250	0.280
8015471	石油沥青汽油冷底子油(配合比)30：70	100 kg	596.92	0.490	0.490	0.490
9946131	其他材料费	元	1.00	1.43	1.99	2.22

工作内容：熬制石油沥青玛碲脂；涂刷石油沥青玛碲脂一遍。

单位：100 m²

定额编号		A7-163	A7-164	A7-165
子目名称		每增加一遍石油沥青玛碲脂		
		平面	混凝土、抹灰面立面	砖墙立面
基价(元)	一类	487.81	526.89	594.55
	二类	487.33	526.28	593.83
	三类	486.85	525.66	593.12
	四类	486.37	525.05	592.41

续表 单位:100 m²

定额编号				A7-163	A7-164	A7-165
子目名称				每增加一遍石油沥青玛碲脂		
				平面	混凝土、抹灰面立面	砖墙立面
其中	人工费(元)			26.62	33.97	39.47
	材料费(元)			457.34	488.01	549.37
	机械费(元)			—	—	—
	管理费(元)	一类		3.85	4.91	5.71
		二类		3.37	4.30	4.99
		三类		2.89	3.68	4.28
		四类		2.41	3.07	3.57
编码	名称	单位	单价(元)	消耗量		
0001001	综合工日	工日	51.00	0.522	0.666	0.774
0525001	木柴	kg	0.65	61.600	66.000	74.800
8015441	石油沥青玛碲脂(配合比)	m³	2774.00	0.150	0.160	0.180
9946131	其他材料费	元	1.00	1.20	1.27	1.43

工作内容:1. 清理基层,调配涂料。

2. 贴布(聚酯布或玻璃纤维布)、刷涂料(最后两遍掺水泥作保护层)。 单位:100 m²

定额编号				A7-166	A7-167	A7-168	A7-169
子目名称				水乳型普通乳化沥青涂料		水乳型水性石棉质沥青	
				二布三涂		一布二涂	
				平面	立面	平面	立面
基价(元)		一类		3056.12	3341.93	3388.06	3573.51
		二类		3049.44	3330.73	3382.96	3565.48
		三类		3042.75	3319.53	3377.85	3557.45
		四类		3036.06	3308.33	3372.75	3549.41
其中	人工费(元)			369.95	619.65	282.29	444.31
	材料费(元)			2632.68	2632.68	3064.95	3064.95
	机械费(元)			—	—	—	—
	管理费(元)	一类		53.49	89.60	40.82	64.25
		二类		46.81	78.40	35.72	56.22
		三类		40.12	67.20	30.61	48.19
		四类		33.43	56.00	25.51	40.15
编码	名称	单位	单价(元)	消耗量			
0001001	综合工日	工日	51.00	7.254	12.150	5.535	8.712
0401013	复合普通硅酸盐水泥 P.C 32.5	t	317.07	0.014	0.014	0.061	0.061
1155031	乳化沥青	kg	4.50	260.000	260.000	—	—
1155071	水性石棉质沥青(水乳型)	kg	3.00	—	—	832.000	832.000
1157001	聚酯布 100 g/m²	m²	6.00	243.040	243.040	—	—
1307151	玻璃纤维网格布	m²	4.40	—	—	124.910	124.910

工作内容：1. 清理基层，调配涂料。

2. 刷涂料(最后两遍掺水泥作保护层)、铺贴聚酯布。　　　　单位:100 m²

定额编号				A7-170	A7-171	A7-172	A7-173
子目名称				水乳型再生胶沥青聚酯布			
				二布三涂		每增一布一涂	
				平面	立面	平面	立面
基价(元)		一类		2666.12	2951.93	1192.57	1221.47
		二类		2659.44	2940.73	1189.86	1218.30
		三类		2652.75	2929.53	1187.15	1215.14
		四类		2646.06	2918.33	1184.43	1211.97
其中	人工费(元)			369.95	619.65	150.09	175.34
	材料费(元)			2242.68	2242.68	1020.78	1020.78
	机械费(元)			—	—	—	—
	管理费(元)	一类		53.49	89.60	21.70	25.35
		二类		46.81	78.40	18.99	22.18
		三类		40.12	67.20	16.28	19.02
		四类		33.43	56.00	13.56	15.85
编码	名称	单位	单价(元)	消耗量			
0001001	综合工日	工日	51.00	7.254	12.150	2.943	3.438
0401013	复合普通硅酸盐水泥　P.C　32.5	t	317.07	0.014	0.014	—	—
1155101	再生胶沥青(水乳型)	kg	3.00	260.000	260.000	104.000	104.000
1157001	聚酯布 100 g/m²	m²	6.00	243.040	243.040	118.130	118.130

工作内容：1. 清理基层，调配涂料。

2. 刷涂料(最后两遍掺水泥作保护层)、铺贴聚酯布。　　　　单位:100 m²

定额编号				A7-174	A7-175	A7-176	A7-177
子目名称				水乳型阴离子合成胶乳化沥青聚酯布			
				一布二涂		每增一布一涂	
				平面	立面	平面	立面
基价(元)		一类		1846.93	2032.38	1457.77	1486.67
		二类		1841.83	2024.35	1455.06	1483.50
		三类		1836.72	2016.32	1452.35	1480.34
		四类		1831.62	2008.28	1449.63	1477.17
其中	人工费(元)			282.29	444.31	150.09	175.34
	材料费(元)			1523.82	1523.82	1285.98	1285.98
	机械费(元)			—	—	—	—
	管理费(元)	一类		40.82	64.25	21.70	25.35
		二类		35.72	56.22	18.99	22.18
		三类		30.61	48.19	16.28	19.02
		四类		25.51	40.15	13.56	15.85
编码	名称	单位	单价(元)	消耗量			
0001001	综合工日	工日	51.00	5.535	8.712	2.943	3.438
0401013	复合普通硅酸盐水泥 P.C　32.5	t	317.07	0.015	0.015	—	—
1155091	阴离子合成胶乳化沥青	kg	3.70	208.000	208.000	156.000	156.000
1157001	聚酯布 100 g/m²	m²	6.00	124.910	124.910	118.130	118.130

工作内容：1. 清理基层，调配涂料。

2. 刷涂料(最后两遍掺水泥作保护层)、铺贴聚酯布。 单位:100 m²

定额编号				A7-178	A7-179	A7-180	A7-181
子目名称				水乳型阳离子氯丁胶乳化沥青聚酯布			
				一布二涂		每增一布一涂	
				平面	立面	平面	立面
基价(元)			一类	1846.93	2032.38	1457.77	1486.67
			二类	1841.83	2024.35	1455.06	1483.50
			三类	1836.72	2016.32	1452.35	1480.34
			四类	1831.62	2008.28	1449.63	1477.17
其中	人工费(元)			282.29	444.31	150.09	175.34
	材料费(元)			1523.82	1523.82	1285.98	1285.98
	机械费(元)			—	—	—	—
	管理费(元)		一类	40.82	64.25	21.70	25.35
			二类	35.72	56.22	18.99	22.18
			三类	30.61	48.19	16.28	19.02
			四类	25.51	40.15	13.56	15.85
编码	名称	单位	单价(元)	消耗量			
0001001	综合工日	工日	51.00	5.535	8.712	2.943	3.438
0401013	复合普通硅酸盐水泥 P.C 32.5	t	317.07	0.015	0.015	—	—
1155081	阳离子氯丁胶乳化沥青(水乳型)	kg	3.70	208.000	208.000	156.000	156.000
1157001	聚酯布 100 g/m²	m²	6.00	124.910	124.910	118.130	118.130

工作内容：1. 清理基层，调配涂料。

2. 刷涂料(最后两遍掺水泥作保护层)、铺贴聚酯布。 单位:100 m²

定额编号				A7-182	A7-183	A7-184	A7-185
子目名称				溶剂型再生胶沥青聚酯布			
				二布三涂		每增一布一涂	
				平面	立面	平面	立面
基价(元)			一类	2824.02	3109.83	1348.57	1377.47
			二类	2817.34	3098.63	1345.86	1374.30
			三类	2810.65	3087.43	1343.15	1371.14
			四类	2803.96	3076.23	1340.43	1367.97
其中	人工费(元)			369.95	619.65	150.09	175.34
	材料费(元)			2400.58	2400.58	1176.78	1176.78
	机械费(元)			—	—	—	—
	管理费(元)		一类	53.49	89.60	21.70	25.35
			二类	46.81	78.40	18.99	22.18
			三类	40.12	67.20	16.28	19.02
			四类	33.43	56.00	13.56	15.85
编码	名称	单位	单价(元)	消耗量			
0001001	综合工日	工日	51.00	7.254	12.150	2.943	3.438
0401013	复合普通硅酸盐水泥 P.C 32.5	t	317.07	0.020	0.020	—	—
1155101	再生胶沥青(水乳型)	kg	3.00	312.000	312.000	156.000	156.000
1157001	聚酯布 100 g/m²	m²	6.00	243.040	243.040	118.130	118.130

工作内容：清理基层、调配涂料、涂刷防水层、水性渗透型无机混凝土防水材料喷涂。　　单位：100 m²

定额编号				A7-186	A7-187	A7-188	A7-189
子目名称				水泥基渗透结晶型涂料		水性渗透型无机防水剂	
				涂膜 1 mm 厚	每增减 0.1 mm	平面	立面
基价(元)		一类		3103.04	310.91	975.08	1031.39
		二类		3097.30	310.34	972.71	1028.79
		三类		3091.56	309.77	970.34	1026.18
		四类		3085.82	309.19	967.97	1023.57
其中	人工费(元)			317.48	31.77	131.12	144.28
	材料费(元)			2739.65	274.55	825.00	866.25
	机械费(元)			—	—	—	—
	管理费(元)	一类		45.91	4.59	18.96	20.86
		二类		40.17	4.02	16.59	18.26
		三类		34.43	3.45	14.22	15.65
		四类		28.69	2.87	11.85	13.04
编码	名称	单位	单价(元)	消耗量			
0001001	综合工日	工日	51.00	6.225	0.623	2.571	2.829
1103131	水泥基渗透结晶防水涂料	kg	18.00	150.000	15.000	—	—
1103681	水性渗透型无机防水涂料	kg	25.00	—	—	33.000	34.650
9946131	其他材料费	元	1.00	39.65	4.55	—	—

A.7.4.3 刚性防水

工作内容：清理基层、砂浆(制作)运输，扫水泥浆、铺设防水砂浆，表面抹光。　　单位：100 m²

定额编号				A7-190	A7-191	A7-192	A7-193
子目名称				防水砂浆			
				五层做法		普通	
				平面	立面	平面	立面
基价(元)		一类		1225.60	1593.13	481.24	736.81
		二类		1207.10	1568.83	474.07	725.60
		三类		1188.61	1544.53	466.89	714.39
		四类		1170.11	1520.23	459.72	703.18
其中	人工费(元)			1023.21	1344.31	396.98	620.26
	材料费(元)			54.43	54.43	26.86	26.86
	机械费(元)			—	—	—	—
	管理费(元)	一类		147.96	194.39	57.40	89.69
		二类		129.46	170.09	50.23	78.48
		三类		110.97	145.79	43.05	67.27
		四类		92.47	121.49	35.88	56.06
编码	名称	单位	单价(元)	消耗量			
0001001	综合工日	工日	51.00	20.063	26.359	7.784	12.162
0401013	复合普通硅酸盐水泥 P.C32.5	t	317.07	0.109	0.109	—	—
115001	水	m³	2.80	4.200	4.200	3.800	3.800
001501	含量:水泥防水砂浆 1:2(制作)	m³	—	[1.020]	[1.020]	[2.040]	[2.040]
946131	其他材料费	元	1.00	8.11	8.11	16.22	16.22

A.7.5 变形缝

A.7.5.1 填缝

工作内容：1. 油浸麻丝：熬制沥青，调制沥青麻丝，填塞沥青麻丝。

2. 油浸木丝板：熬沥青，浸木丝板，油浸木丝板嵌缝。

3. 玛碲脂：熬玛碲脂，玛碲脂灌缝。

单位：100 m

定额编号					A7-194	A7-195	A7-196	A7-197
子目名称					油浸麻丝		油浸木丝板	玛碲脂
					平面	立面		
基价(元)			一类		1422.12	1583.93	1093.25	1758.25
			二类		1416.87	1576.13	1089.15	1753.60
			三类		1411.63	1568.33	1085.05	1748.96
			四类		1406.39	1560.53	1080.95	1744.31
其中	人工费(元)				290.09	431.46	226.75	257.04
	材料费(元)				1090.08	1090.08	833.71	1464.04
	机械费(元)				—	—	—	—
	管理费(元)		一类		41.95	62.39	32.79	37.17
			二类		36.70	54.59	28.69	32.52
			三类		31.46	46.79	24.59	27.88
			四类		26.22	38.99	20.49	23.23
编码	名称		单位	单价(元)	消耗量			
0001001	综合工日		工日	51.00	5.688	8.460	4.446	5.040
0229091	油麻丝		kg	7.63	55.080	55.080	—	—
0513011	微粒板 16		m^2	22.00	—	—	15.300	—
0525001	木柴		kg	0.65	99.000	99.000	61.600	198.000
1155011	石油沥青＃30		kg	2.80	216.240	216.240	163.240	—
8015441	石油沥青玛碲脂(配合比)		m^3	2774.00	—	—	—	0.480
9946131	其他材料费		元	1.00	—	—	—	3.82

工作内容：1. 石灰麻刀：调制石灰麻刀，石灰麻刀嵌缝，缝上贴二毡二油条一层。

2. 建筑油膏、沥青砂浆：油膏加热、熬制沥青，拌和沥青砂浆，沥青砂浆或建筑油膏嵌缝。

单位：100 m

定额编号			A7-198	A7-199	A7-200	A7-201
子目名称			石灰麻刀		建筑油膏	沥青砂浆
			平面	立面		
基价(元)		一类	1176.90	1219.97	570.10	995.40
		二类	1172.06	1214.45	566.22	990.82
		三类	1167.21	1208.92	562.35	986.24
		四类	1162.37	1203.40	558.47	981.66
其中	人工费(元)		268.06	305.69	214.35	253.37
	材料费(元)		870.08	870.08	324.75	705.39
	机械费(元)		—	—	—	—
	管理费(元)	一类	38.76	44.20	31.00	36.64
		二类	33.92	38.68	27.12	32.06
		三类	29.07	33.15	23.25	27.48
		四类	24.23	27.63	19.37	22.90

续表 单位:100 m

定额编号				A7-198	A7-199	A7-200	A7-201
子目名称				石灰麻刀		建筑油膏	沥青砂浆
				平面	立面		
编码	名称	单位	单价(元)	消耗量			
001001	综合工日	工日	51.00	5.256	5.994	4.203	4.968
229111	幼麻筋(麻刀)	kg	5.88	108.000	108.000	—	—
409021	生灰石	kg	0.22	0.180	0.180	—	—
525001	木柴	kg	0.65	24.000	24.000	27.000	198.000
55011	石油沥青#30	kg	2.80	65.000	65.000	—	—
57021	石油沥青油毡 350 g	m^2	2.20	17.000	17.000	—	—
59031	建筑油膏	kg	3.50	—	—	87.770	—
07351	石油沥青耐酸砂浆(配合比)1:2:7	m^3	1193.47	—	—	—	0.480
46131	其他材料费	元	1.00	—	—	—	3.82

工作内容:乳化沥青浸木丝板,乳化沥青木丝板嵌缝。 单位:100 m

定额编号				A7-202	A7-203
子目名称				乳化沥青木丝板	
				平面	立面
基价(元)		一类		1682.32	1858.39
		二类		1677.48	1852.87
		三类		1672.63	1847.34
		四类		1667.79	1841.82
其中	人工费(元)			268.06	305.69
	材料费(元)			1375.50	1508.50
	机械费(元)			—	—
	管理费(元)	一类		38.76	44.20
		二类		33.92	38.68
		三类		29.07	33.15
		四类		24.23	27.63
编码	名称	单位	单价(元)	消耗量	
0001001	综合工日	工日	51.00	5.256	5.994
0519001	木丝板 25×610×1830	m^2	31.00	34.000	38.000
1155031	乳化沥青	kg	4.50	70.000	72.000
9946131	其他材料费	元	1.00	6.50	6.50

A.7.5.2 止水带

工作内容:1. 紫铜板止水带:铜板剪载,焊接成型,铺设。

2. 聚氯乙烯胶泥:清缝,水泥砂浆(制作)运输、勾缝,垫牛皮纸,熬灌聚氯乙烯胶泥。

单位:100 m

定额编号		A7-204	A7-205
子目名称		紫铜板止水带	聚氯乙烯胶泥
基价(元)	一类	38348.03	567.84
	二类	38328.22	562.57
	三类	38308.40	557.30
	四类	38288.59	552.03

续表 单位:100 m

定额编号				A7-204	A7-205
子目名称				紫铜板止水带	聚氯乙烯胶泥
其中	人工费(元)			1018.98	291.47
	材料费(元)			37093.23	234.22
	机械费(元)			77.30	—
	管理费(元)		一类	158.52	42.15
			二类	138.71	36.88
			三类	118.89	31.61
			四类	99.08	26.34
编码	名称	单位	单价(元)	消耗量	
0001001	综合工日	工日	51.00	19.980	5.715
0137031	紫铜板 2	kg	45.14	810.900	—
0341131	铜焊条(综合)	kg	34.21	14.300	—
3109101	牛皮纸	m^2	0.53	—	53.230
8015271	氯乙烯耐酸胶泥	m^3	2928.16	—	0.070
8001426	含量:水泥砂浆 1:2(制作)	m^3	—	—	[0.060]
9946131	其他材料费	元	1.00	—	1.04
9919071	剪板机 厚度×宽度 20×2500(mm)	台班	177.30	0.110	—
9925011	交流电焊机 容量 30(kV·A)	台班	82.56	0.700	—

工作内容:1. 钢板止水带:钢板剪载,焊接成型,铺设。

2. 橡胶、塑料预埋式止水带:止水带制作,接头及安装。

单位:100 m

定额编号				A7-206	A7-207	A7-208
子目名称				钢板止水带	预埋式止水带	
					橡胶	塑料
基价(元)			一类	4996.17	4386.11	3126.11
			二类	4978.74	4378.44	3118.44
			三类	4961.32	4370.78	3110.78
			四类	4943.89	4363.11	3103.11
其中	人工费(元)			886.79	424.12	424.12
	材料费(元)			3892.67	3900.66	2640.66
	机械费(元)			77.30	—	—
	管理费(元)		一类	139.41	61.33	61.33
			二类	121.98	53.66	53.66
			三类	104.56	46.00	46.00
			四类	87.13	38.33	38.33
编码	名称	单位	单价(元)	消耗量		
0001001	综合工日	工日	51.00	17.388	8.316	8.316
0129071	热轧薄钢板 3.5~4	t	4018.80	0.940	—	—
0341001	低碳钢焊条(综合)	kg	4.90	20.720	—	—
1141071	环氧树脂(综合)	kg	29.00	—	3.040	3.040
1161001	塑料止水带	m	24.00	—	—	105.000
1161021	橡胶止水带	m	36.00	—	105.000	—
1231061	甲苯	kg	3.28	—	2.400	2.400
1231111	乙二胺	kg	17.35	—	0.240	0.240
1231121	丙酮	kg	6.73	—	3.040	3.040
9946131	其他材料费	元	1.00	13.47	—	—
9919071	剪板机 厚度×宽度 20×2500(mm)	台班	177.30	0.110	—	—
9925011	交流电焊机 容量 30(kV·A)	台班	82.56	0.700	—	—

A.7.5.3 盖缝

工作内容：镀锌薄钢板加工，盖缝板安装　　　　单位：100 m

定额编号				A7-209	A7-210
子目名称				外墙变形缝	
				镀锌薄钢板 0.75 厚	
				缝宽 50 mm 以内	缝宽 100 mm 以内
基价(元)		一类		1404.13	1930.47
		二类		1396.76	1922.74
		三类		1389.39	1915.00
		四类		1382.03	1907.27
其中	人工费(元)			407.59	427.79
	材料费(元)			937.60	1440.82
	机械费(元)			—	—
	管理费(元)	一类		58.94	61.86
		二类		51.57	54.13
		三类		44.20	46.39
		四类		36.84	38.66
编码	名称	单位	单价(元)	消耗量	
001001	综合工日	工日	51.00	7.992	8.388
07111	膨胀螺栓 M5×50	十个	1.52	68.000	68.000
03141	防锈漆	kg	10.28	2.460	3.970
29371	镀锌薄钢板 0.75	m^2	30.71	25.864	41.659
46131	其他材料费	元	1.00	14.66	17.30

工作内容：铝板、不锈钢板加工，盖缝板安装　　　　单位：100 m

定额编号				A7-211	A7-212	A7-213	A7-214
子目名称				外墙变形缝			
				铝板 1.5 mm 厚		不锈钢板 1.0 mm 厚	
				缝宽 50 mm 以内	缝宽 100 mm 以内	缝宽 50 mm 以内	缝宽 100 mm 以内
基价(元)		一类		3564.48	5452.09	3956.24	6077.97
		二类		3558.22	5445.51	3949.98	6071.39
		三类		3551.95	5438.93	3943.71	6064.81
		四类		3545.69	5432.36	3937.45	6058.24
其中	人工费(元)			346.55	363.99	346.55	363.99
	材料费(元)			3167.82	5035.47	3559.58	5661.35
	机械费(元)			—	—	—	—
	管理费(元)	一类		50.11	52.63	50.11	52.63
		二类		43.85	46.05	43.85	46.05
		三类		37.58	39.47	37.58	39.47
		四类		31.32	32.90	31.32	32.90
编码	名称	单位	单价(元)	消耗量			
0001001	综合工日	工日	51.00	6.795	7.137	6.795	7.137
0129541	不锈钢装饰板 1	m^2	132.80	—	—	25.864	41.658
0145081	铝板 1.5	m^2	111.84	27.300	43.973	—	—
0307111	膨胀螺栓 M5×50	十个	1.52	68.000	68.000	68.000	68.000
9946131	其他材料费	元	1.00	11.23	14.17	21.48	25.80

工作内容：板材、镀锌铁皮、铝板、不锈钢板加工，盖缝板安装。　　　　单位:100 m

定额编号				A7-215	A7-216	A7-217	A7-218
子目名称				内墙变形缝			
				木板 20 mm 厚	镀锌薄钢板 0.75 mm 厚	铝板 1.5 mm 厚	不锈钢板 1 mm 厚
				缝宽 100 mm 以内			
基价(元)		一类		1804.23	1778.70	4767.05	5324.07
		二类		1795.74	1770.97	4760.47	5317.49
		三类		1787.24	1763.23	4753.89	5310.91
		四类		1778.75	1755.60	4747.32	5304.34
其中	人工费(元)			470.02	427.79	363.99	363.99
	材料费(元)			1266.25	1289.05	4350.43	4907.45
	机械费(元)			—	—	—	—
	管理费(元)	一类		67.96	61.86	52.63	52.63
		二类		59.47	54.13	46.05	46.05
		三类		50.97	46.39	39.47	39.47
		四类		42.48	38.66	32.90	32.90
编码	名称	单位	单价(元)	消耗量			
0001001	综合工日	工日	51.00	9.216	8.388	7.137	7.137
0129371	镀锌薄钢板 0.75	m^2	30.71	—	36.720	—	—
0129541	不锈钢装饰板 1	m^2	132.80	—	—	—	36.720
0145081	铝板 1.5	m^2	111.84	—	—	38.760	—
0303371	木螺钉 M4×65	十个	0.54	84.000	—	—	—
0307111	膨胀螺栓 M5×50	十个	1.52	—	68.000	—	—
0503121	杉木板	m^3	1775.36	0.676	—	—	—
1103141	防锈漆	kg	10.28	—	3.500	—	—
1141191	松节油	kg	7.00	—	0.180	—	—
9946131	其他材料费	元	1.00	20.75	20.77	15.51	31.03

工作内容：板材、镀锌铁皮、铝板、不锈钢板加工，盖缝板安装。　　　　单位:100 m

定额编号				A7-219	A7-220	A7-221	A7-222
子目名称				顶棚变形缝			
				木板 20 厚	镀锌薄钢板 0.75 厚	铝板 1.5 厚	不锈钢 板 1.0 厚
				100 mm 内	缝宽 100 mm 以内		
基价(元)		一类		1858.34	1828.08	4809.53	5366.54
		二类		1848.99	1819.56	4802.29	5359.30
		三类		1839.64	1811.05	4795.05	5352.06
		四类		1830.29	1802.54	4787.80	5344.81
其中	人工费(元)			517.29	470.93	400.71	400.71
	材料费(元)			1266.25	1289.05	4350.88	4907.89
	机械费(元)			—	—	—	—
	管理费(元)	一类		74.80	68.10	57.94	57.94
		二类		65.45	59.58	50.70	50.70
		三类		56.10	51.07	43.46	43.46
		四类		46.75	42.56	36.21	36.21
编码	名称	单位	单价(元)	消耗量			
0001001	综合工日	工日	51.00	10.143	9.234	7.857	7.857

续表　　单位:100 m

定额编号				A7-219	A7-220	A7-221	A7-222
子目名称				顶棚变形缝			
				木板 20 厚	镀锌薄钢板 0.75 厚	铝板 1.5 厚	不锈钢板 1.0 厚
				100 mm 内	缝宽 100 mm 以内		
编码	名称	单位	单价(元)	消耗量			
0129371	镀锌薄钢板 0.75	m^2	30.71	—	36.720	—	—
0129541	不锈钢装饰板 1	m^2	132.80	—	—	—	36.720
0145081	铝板 1.5	m^2	111.84	—	—	38.760	—
0303371	木螺钉 M4×65	十个	0.54	84.000	—	—	—
0307111	膨胀螺栓 M5×50	十个	1.52	—	68.000	—	—
0503121	杉木板	m^3	1775.36	0.676	—	—	—
1103141	防锈漆	kg	10.28	—	3.500	—	—
1141191	松节油	kg	7.00	—	0.180	—	—
9946131	其他材料费	元	1.00	20.75	20.77	15.96	31.47

工作内容：铝板、胶合板加工，安装盖缝板。　　单位:100 m

定额编号				A7-223	A7-224
子目名称				吊顶变形缝	
				铝板 1.5 厚	胶合板 5 厚
				缝宽 250 mm 内	
基价(元)			一类	4480.79	320.39
			二类	4476.82	317.68
			三类	4472.85	314.97
			四类	4468.89	312.25
其中	人工费(元)			219.40	150.09
	材料费(元)			4229.66	148.60
	机械费(元)			—	—
	管理费(元)		一类	31.73	21.70
			二类	27.76	18.99
			三类	23.79	16.28
			四类	19.83	13.56
编码	名称	单位	单价(元)	消耗量	
0001001	综合工日	工日	51.00	4.302	2.943
0145081	铝板 1.5	m^2	111.84	37.684	—
0351031	射钉	十个	0.05	—	100.000
0505071	胶合板 2440×1220×5	m^2	13.17	—	10.500
9946131	其他材料费	元	1.00	15.08	5.32

工作内容：钢板、铝板、塑料硬板加工，预埋铁件，盖缝板安装。　　单位:100 m

定额编号		A7-225	A7-226	A7-227
子目名称		地面变形缝		
		钢板 5 厚	铝板 3 厚	聚氯乙烯板 5 厚
		缝宽 50 mm 内		
基价(元)	一类	4046.88	3719.21	2771.71
	二类	4037.52	3709.85	2762.35
	三类	4028.16	3700.49	2752.99
	四类	4018.80	3691.13	2743.63

续表 单位:100 m

定 额 编 号				A7-225	A7-226	A7-227
子 目 名 称				地面变形缝		
				钢板 5 厚	铝板 3 厚	聚氯乙烯板 5 厚
				缝宽 50 mm 内		
其中	人 工 费(元)			517.75	517.75	517.75
	材 料 费(元)			3454.26	3126.59	2179.09
	机 械 费(元)			—	—	—
	管 理 费(元)	一类		74.87	74.87	74.87
		二类		65.51	65.51	65.51
		三类		56.15	56.15	56.15
		四类		46.79	46.79	46.79
编码	名 称	单位	单价(元)	消 耗 量		
0001001	综合工日	工日	51.00	10.152	10.152	10.152
0121041	热轧不等边角钢	t	4263.60	0.302	0.302	0.302
0129471	花纹钢板 5～8	t	4176.90	0.458	—	—
0211031	聚氯乙烯板 5	m^2	56.22	—	—	11.660
0359001	铁件(综合)	kg	5.81	0.010	—	—
1103141	防锈漆	kg	10.28	1.170	—	—
1141191	松节油	kg	7.00	0.060	—	—
0145091	铝板 3	kg	16.03	—	99.690	—
1733011	橡胶垫片 25	m	1.10	204.000	204.000	204.000
9946131	其他材料费	元	1.00	16.73	16.55	11.56

工作内容：钢板、铝板、塑料硬板加工，预埋铁件，盖缝板安装。 单位:100 m

定 额 编 号				A7-228	A7-229	A7-230
子 目 名 称				楼面变形缝		
				钢板 5 厚	铝板 3 厚	聚氯乙烯板 5 厚
				缝宽 150 mm 内		
基 价(元)		一类		6184.59	5227.64	3356.21
		二类		6174.30	5217.35	3345.92
		三类		6164.02	5207.07	3335.64
		四类		6153.73	5196.78	3325.35
其中	人 工 费(元)			569.16	569.16	569.16
	材 料 费(元)			5533.13	4576.18	2704.75
	机 械 费(元)			—	—	—
	管 理 费(元)	一类		82.30	82.30	82.30
		二类		72.01	72.01	72.01
		三类		61.73	61.73	61.73
		四类		51.44	51.44	51.44
编码	名 称	单位	单价(元)	消 耗 量		
0001001	综合工日	工日	51.00	11.160	11.160	11.160
0129371	镀锌薄钢板 0.75	m^2	30.71	38.760	38.760	38.760
0129471	花纹钢板 5～8	t	4176.90	0.977	0.008	0.001
0145091	铝板 3	kg	16.03	—	194.850	—
0211031	聚氯乙烯板 5	m^2	56.22	—	—	22.790
0307151	膨胀螺栓 M6×80 镀锌连母	十个	3.13	68.000	68.000	68.000
1103141	防锈漆	kg	10.28	2.170	—	—
1141191	松节油	kg	7.00	0.110	—	—
9946131	其他材料费	元	1.00	26.07	16.16	16.16

工作内容：预制混凝土盖板制安，镀锌薄钢板、铝板、不锈钢板加工、盖缝板安装、砂浆(制作)运输、砂浆抹面。

单位：100 m

定额编号				A7-231	A7-232	A7-233
子目名称				屋面变形缝		
				镀锌薄钢板 0.75 厚	铝板 0.8 厚	不锈钢板 1 厚
				缝宽 100 mm 内		
基价(元)		一类		2674.95	2774.34	5993.41
		二类		2656.58	2755.97	5974.70
		三类		2638.21	2737.60	5955.99
		四类		2619.85	2719.24	5937.28
其中	人工费(元)			1016.18	1016.18	1035.05
	材料费(元)			1511.83	1611.22	4808.69
	机械费(元)			—	—	—
	管理费(元)	一类		146.94	146.94	149.67
		二类		128.57	128.57	130.96
		三类		110.20	110.20	112.25
		四类		91.84	91.84	93.54
编码	名称	单位	单价(元)	消耗量		
0001001	综合工日	工日	51.00	19.925	19.925	20.295
0129371	镀锌薄钢板 0.75	m^2	30.71	36.210	—	—
0129541	不锈钢装饰板 1	m^2	132.80	—	—	36.210
0145111	铝板 0.8	kg	15.30	—	82.560	—
0401013	复合普通硅酸盐水泥 P.C 32.5	t	317.07	0.632	0.632	—
0403021	中砂	m^3	49.98	1.087	1.087	—
3115001	水	m^3	2.80	0.345	0.345	—
0405041	碎石 10	m^3	65.28	1.415	1.415	—
1103141	防锈漆	kg	10.28	3.450	—	—
1205001	机油(综合)	kg	3.37	0.180	—	—
8001431	含量：水泥砂浆 1：2.5(制作)	m^3	—	[1.248]	[1.248]	—
9946131	其他材料费	元	1.00	15.69	—	—

三十一、广西壮族自治区建筑装饰装修工程消耗量定额

（2006年定额防水工程部分）

关于颁布2005年《广西壮族自治区建筑工程消耗量定额》的通知

（桂建管[2006]53号）

各有关单位：

为了配合国家标准《建设工程工程量清单计价规范》(GB 50500—2003)的贯彻执行，根据1998年《全国统一建筑工程基础定额广西壮族自治区单位估价表》、《全国统一建筑工程基础定额》(GJD—101—95)等，结合我区的实际情况，由自治区建设厅、发改委、财政厅组织编制的2005年《广西壮族自治区建筑工程消耗量定额》(以下简称本定额)通过审定，现予颁布，并就实施的有关事项通知如下：

一、本定额适用于工程量清单计价法和工料单价计价法。本定额是编制设计概算、施工图预算、招标标底、竣工结算、调解处理工程造价纠纷、鉴定工程造价的依据，是衡量投标报价合理性的基础。

二、本定额于2006年7月1日起在本自治区行政区域范围内施行。1998年《全国统一建筑工程基础定额广西壮族自治区单位估价表》(包括其补充定额)同时停止执行。

2006年7月1日以后经招标管理机构批准招标或非招标未签订合同的工程，均按本定额执行。2006年7月1日以前已发出招标文件或已签订合同的工程则不作改变。

三、本定额与2005年《广西壮族自治区建筑装饰装修安装园林绿化工程费用定额》和2005年《广西壮族自治区建筑装饰装修工程人工材料配合比机械台班参考价》配套执行。

四、全区必须统一执行本定额，各地不再编制当地的定额和单位估价表。

各单位在贯彻执行过程中遇到的问题，请及时向有关部门反映。本定额的解释、补充、修改等由广西壮族自治区建设工程造价管理总站负责。

广西壮族自治区建设厅
广西壮族自治区发展和改革委员会
广西壮族自治区财政厅
二〇〇六年六月九日

A.7 屋面及防水工程

说　　明

1. 各种瓦屋面的瓦规格与定额不同时，瓦的数量可以换算，但人工、其他材料及机械台班数量不变。

2. 琉璃瓦定额以盖 1/3 露 2/3 计算，设计不同时可以换算。

3. 防水工程也适用于楼地面、墙基、墙身、构筑物、水池、水塔及室内厕所、浴室等防水，建筑物±0.00 以下的防水、防潮工程按防水工程相应子目计算。

4. 本章中的“一布二涂”或“二布三涂”项目，其“二涂”“三涂”是指涂料构成防水层数并非指涂刷遍数；每一层“涂层”刷二遍至数遍不等；在相邻两个涂层之间铺贴一层胎体增强材料(如无纺布、玻纤丝布)叫“一布”。

5. 细石混凝土防水层如使用钢筋网者，钢筋制作安装按 A.4 混凝土及钢筋混凝土工程相应定额子目计算。

6. 聚氯乙烯防水卷材铝合金压条空铺、聚氯乙烯卷材屋面，如设计的铝合金压条用量与子目中的用量不同时，可以调整，其他不变。

7. 本定额中沥青、玛碲脂均指石油沥青、石油沥青玛碲脂。

8. 变形缝填缝：建筑油膏聚氯乙烯胶泥断面取定 30 mm×20 mm；油浸木丝板取定为 25 mm×150 mm；紫铜板止水带系 2 mm 厚，展开宽 450 mm；钢板止水带为 3.5～4 mm 厚，展开宽 250 mm；氯丁橡胶宽 300 mm，涂刷式氯丁胶贴玻璃止水片宽 350 mm。其余均为 30 mm×150 mm。如设计断面不同时，用料可以换算，其他不变。

9. 盖缝：盖缝面层材料用量如设计与定额规定不同时，可以换算，其他不变。

10. 屋面砂浆找平层、面层按《广西壮族自治区装饰装修工程消耗量定额》B.1 楼地面工程相应定额子目计算。

工程量计算规则

1. 屋面工程

(1) 瓦屋面、型材屋面(彩钢板、波纹瓦)按下图所示的尺寸的水平投影面积乘以屋面坡度系数(如表 A.7-1)，以平方米计算。不扣除房上烟囱、风帽底座、风道、屋面小气窗、斜沟等所占面积，屋面小气窗的出檐部分亦不增加。

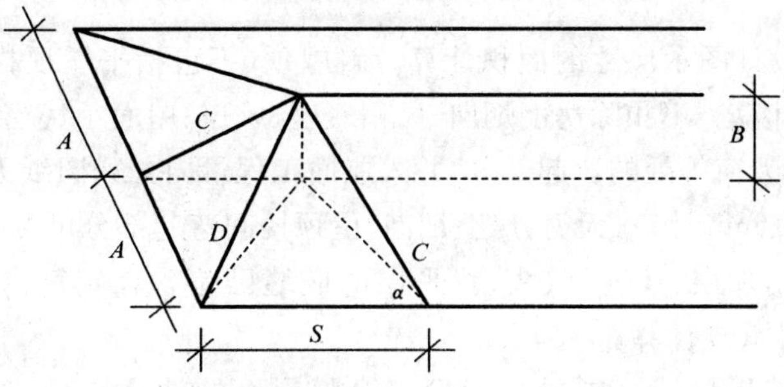

注：1. 两坡排长屋面面积为屋面水平投影面积乘以延尺系数 C。

2. 四坡排水屋面斜脊长度 $=A\times D$(当 $S=A$ 时)。

3. 沿山墙泛水长度 $=A\times C$。

表 A.7-1　屋面坡度系数表

坡度 $B(A=1)$	坡度($B/2A$)	坡度角度(α)	延尺系数 $C(A=1)$	隅延尺系数 $D(A=1)$
1.000	1/2	45°	1.4142	1.7321
0.750		36°52′	1.2500	1.6008
0.700		35°	1.2207	1.5779
0.666	1/3	33°40′	1.2015	1.5620
0.650		33°01′	1.1926	1.5564
0.600		30°58′	1.1662	1.5362
0.577		30°	1.1547	1.5270
0.550		28°49′	1.1413	1.5170
0.500	1/4	26°34′	1.1180	1.5000
0.450		24°14′	1.0966	1.4839
0.400	1/5	21°48′	1.0770	1.4697
0.350		19°17′	1.0594	1.4569
0.300		16°42′	1.0440	1.4457
0.250		14°02′	1.0308	1.4362
0.200	1/10	11°19′	1.0198	1.4283
0.150		8°32′	1.0112	1.4221
0.125		7°8′	1.0078	1.4191
0.100	1/20	5°42′	1.0050	1.4177
0.083		4°45′	1.0030	1.4166
0.066	1/30	3°49′	1.0022	1.4157

(2) 铁皮屋面有滴水线时，应另加 70 mm 的宽度计算。

(3) 铁皮屋面檐口处用的丁字铁未包括在定额内，加设计需要时，可按实计算，但人工不另增加。

(4) 瓦脊按图示尺寸以延长米计算；围墙顶的琉璃瓦分单、双坡按图示尺寸以延长米计算。

2. 屋面防水工程

(1) 卷材屋面按设计图示尺寸的面积计算。斜屋顶(不包括平屋顶找坡)按斜面积计算,平屋顶按水平投影面积计算。不扣除房上烟囱、风帽底座、风道、屋面小气窗和斜沟所占的面积,屋面的女儿墙、伸缩缝和天窗等处的弯起部分,并入屋面工程量内。如图纸无规定时,伸缩缝,女儿墙的弯起部分可按 250 mm 计算,天窗、房上烟囱、屋顶楼间弯起部分可按 500 mm 计算。

(2) 卷材屋面的附加层、接缝、收头、找平层的嵌缝已包含在定额内,不另计算;定额中如已含冷底子油的,不得重复计算。

(3) 涂膜屋面的工程量计算同卷材屋面。涂膜屋面的油膏嵌缝、玻璃布盖缝、屋面分格缝,长度按延长来计算。

(4) 屋面刚性防水按设计图示尺寸以平方米计算,不扣除房上烟囱、风帽底座及小于 $0.3\ m^2$ 以内孔洞等所占面积。

3. 屋面排水工程

(1) 铁皮排水按设计图示尺寸以展开面积计算,如图纸没有注明尺寸时,可按表 A.7-2 计算。咬口和搭接等已含在定额项目中,不另计算。

(2) 屋面排水管区别不同直径按设计图示尺寸以延长米计算,如设计未标注尺寸,以檐口至设计室外散水上表面垂直距离计算。雨水口、水斗、弯头等管件所占长度不扣除。管件按个计算。

表 A.7-2 铁皮排水单体零件折算表

<table>
<tr><th colspan="2">名称</th><th>单位</th><th>水落管
(m)</th><th>檐沟
(m)</th><th>水斗
(个)</th><th>漏斗
(个)</th><th>下水口
(个)</th><th></th><th></th></tr>
<tr><td rowspan="3">铁皮排水</td><td>水落管、檐沟、水斗、漏斗、下水口</td><td>m^2</td><td>0.32</td><td>0.30</td><td>0.40</td><td>0.16</td><td>0.45</td><td></td><td></td></tr>
<tr><td rowspan="2">天沟、斜沟、天窗窗台泛水、天窗侧面泛水、烟囱泛水、通气管泛水、滴水檐头泛水、滴水</td><td rowspan="2">m^2</td><td>天沟
(m)</td><td>斜沟天窗窗台泛水
(m)</td><td>天窗侧面泛水
(m)</td><td>烟囱泛水
(m)</td><td>通气管泛水
(m)</td><td>滴水檐头泛水
(m)</td><td>滴水
(m)</td></tr>
<tr><td>1.30</td><td>0.50</td><td>0.70</td><td>0.80</td><td>0.22</td><td>0.24</td><td>0.11</td></tr>
</table>

4. 防水工程

(1) 防水工程按设计图示尺寸以平方米计算。

(2) 建筑物地面防水、防潮层,按主墙间净空面积计算,扣除凸出地面的构筑物、设备基础等所占的面积,不扣除间壁墙及单个 $0.3\ m^2$ 以内的柱、垛、烟囱和孔洞所占面积。与墙面连接处上卷高度在 500 mm 以内者按展开面积计算,并入平面工程量内,超过 500 mm 时,按立面防水层计算。

(3) 建筑物墙基防水、防潮层:外墙长度按中心线,内墙按净长乘以宽度以平方米计算。

(4) 构筑物及建筑物地下室防水层,按设计图示尺寸以平方米计算,但不扣除 $0.3\ m^2$ 以内的孔洞面积。平面与立面交接处的防水层,其上卷高度超过 500 mm 时,按立面防水层计算。

(5) 防水卷材的附加层、接缝、收头和"油毡卷材防水"的冷底子油等人工材料均已计入定额内，不另计算。

（6）各种变形缝按设计图示以延长米计算。

A.7.1 瓦、型材屋面

A.7.1.1 瓦屋面

工作内容：1. 铺瓦。

2. 调制砂浆、安脊瓦、檐口梢头坐灰。　　单位：100 m²

定额编号				01070001	01070002	01070003
项目				水泥瓦	粘土瓦	小青瓦椽子上铺设
				屋面板上或椽子挂瓦条上铺设		
参考基价（元）				1844.02	1643.22	4965.77
编码	名称	单位	单价（元）	数量		
R0102001	建筑综合工日（二类）	工日	26.00	6.75	6.75	12.00
P020004	水泥砂浆 1∶2.5	m³	191.64	0.110	0.110	—
P020019	混合砂浆 1∶1∶4	m³	157.31	—	—	0.310
C0204001	水泥瓦 385×235	千块	950.00	1.700	—	—
C0204101	水泥脊瓦（综合）	块	1.14	28.460	—	—
C3004001	粘土瓦 380×240	千块	848.70	—	1.670	—
C3004101	粘土脊瓦	块	1.03	—	28.460	—
C3001001	小青瓦	千块	300.00	—	—	15.350

附注：水泥瓦或粘土瓦如果穿铁丝钉铁钉，每 100 m 檐瓦增加 2.2 工日、20# 铁丝 0.7 kg、铁钉 0.40 kg。

工作内容：钉瓦桷皮、铺瓦镳筒、瓦脊、瓦翼等全部操作过程。　　单位：100 m²

定额编号				01070004	01070005	01070006
项目				单层瓦		双层瓦镳筒面层
				搭七留三		
				拔　脚	镳　筒	底层搭七留三
参考基价（元）				8208.78	8362.96	9654.67
编码	名称	单位	单价（元）	数量		
R0102001	建筑综合工日（二类）	工日	26.00	19.76	23.12	25.44
P020009	石灰砂浆 1∶2.5	m³	103.78	2.220	2.720	2.980
P010018	水泥砂浆细砂 M10	m³	143.38	—	0.060	0.060
C3002001	土瓦片 220×230	千块	600.00	6.998	6.998	8.992
C3003001	土筒瓦	千块	700.00	3.574	3.574	3.574
C0301002	一等杉木板材	m³	900.00	0.756	0.756	0.756
C1728001	铁钉（综合）	kg	3.20	7.900	7.900	7.900
C1560001	防腐油	kg	1.10	2.800	2.800	2.800
C1812901	稻草	kg	0.13	31.020	43.810	43.810
C0410401	红土粉	kg	0.89	19.800	19.800	25.000
C1850101	其他材料费占材料费	%	—	0.191	0.190	0.173
J06010601	灰浆搅拌机[拌筒容量 200 L]	台班	51.31	0.37	0.46	0.51

工作内容：檩条上铺钉石棉瓦、安脊瓦。　　单位：100 m²

定额编号				01070007	01070008	01070009
项目				小波石棉瓦		
				木檩上	钢檩上	混凝土檩上
参考基价（元）				1825.30	2237.86	2358.55
编码	名称	单位	单价(元)	数量		
R0102001	建筑综合工日(二类)	工日	26.00	4.95	7.51	7.51
P020041	麻刀石灰浆	m³	179.19	0.020	0.020	0.020
C1212001	小波石棉瓦 1820×720×8	块	15.30	102.550	102.550	102.550
C1213001	小波石棉脊瓦 850×360×8	块	7.00	14.660	14.660	14.660
C1572101	油灰	kg	1.80	2.940	2.940	2.940
C1721201	镀锌螺钉带垫	个	0.04	402.330	—	—
C1710401	镀锌螺栓钩 6×600	个	0.60	—	201.160	—
C1710301	镀锌扁钢钩 3×12×300	个	1.20	—	201.160	—
C1710402	镀锌螺栓钩 6×800	个	0.80	—	—	201.160
C1710302	镀锌扁钢钩 3×12×400	个	1.60	—	—	201.160

工作内容：同前。　　单位：100 m²

定额编号				01070010	01070011	01070012
项目				大波石棉瓦		
				木檩上	钢檩上	混凝土檩上
参考基价（元）				1726.71	2092.15	2197.47
编码	名称	单位	单价(元)	数量		
R0102001	建筑综合工日(二类)	工日	26.00	4.31	6.86	6.86
P020041	麻刀石灰浆	m³	179.19	0.030	0.030	0.030
C1212301	大波石棉瓦 2800×994×8	块	27.59	53.700	53.700	53.700
C1213002	大波石棉脊瓦 850×460×8	块	7.20	14.660	14.660	14.660
C1572101	油灰	kg	1.80	2.940	2.940	2.940
C1721201	镀锌螺钉带垫	个	0.04	421.300	—	—
C1710401	镀锌螺栓钩 6×600	个	0.60	—	315.980	—
C1710301	镀锌扁钢钩 3×12×300	个	1.20	—	105.330	—
C1710402	镀锌螺栓钩 6×800	个	0.80	—	—	315.980
C1710302	镀锌扁钢钩 3×12×400	个	1.60	—	—	105.330

工作内容：1. 调制砂浆。

2. 在木或钢檩条上铺瓦，钻孔，安装瓦脊。　　单位：100 m^2

定额编号				01070013	01070014
项目				屋面铺波纹瓦	
				塑料波纹瓦	
				铺于钢檩	铺于木檩
参考基价（元）				1165.43	1286.66
编码	名称	单位	单价(元)	数量	
R0102001	建筑综合工日(二类)	工日	26.00	6.23	4.72
P010020	水泥砂浆中砂 M5	m^3	110.43	0.030	0.030
C1319001	塑料波纹瓦(中波)	m^2	6.95	128.000	128.000
C1320001	塑料瓦脊	m	4.63	12.000	12.000
C1720702	瓦楞螺丝 ϕ8×40	百个	53.55	—	4.020
C1710201	镀锌瓦钩	百个	13.50	4.020	—
C1801001	水	m^3	1.97	0.010	0.010
C1850101	其他材料费占材料费	%	—	0.015	0.015
J06010601	灰浆搅拌机[拌筒容量 200 L]	台班	51.31	0.01	—
J13010101	其他机械费用占机械费	%	—	4.65	—

附注：玻璃钢波纹瓦按塑料波纹瓦子目换算波纹瓦、瓦脊，其他不变。

工作内容：调制砂浆，运送砂浆、瓦，挂线、铺砂浆盖瓦、胡须瓦口。　　单位：见表

定额编号				01070015	01070016	01070017	01070018
项目				混凝土屋面上盖琉璃瓦			
				底盖 1/3 露 2/3	盖檐口瓦	盖正脊	盖斜脊
				100 m^2	100 m		
参考基价（元）				10752.40	3500.30	4828.82	3950.44
编码	名称	单位	单价(元)	数量			
R0102001	建筑综合工日(二类)	工日	26.00	90.20	35.50	57.00	45.00
P020005	水泥砂浆 1∶3	m^3	167.70	2.150	0.390	0.400	0.290
P020019	混合砂浆 1∶1∶4	m^3	157.32	2.610	0.520	0.400	0.430
C3010001	琉璃瓦片 225×215	块	1.21	2800.000	—	—	—
C3010401	琉璃光筒 192×108	块	1.87	2250.000	—	—	—
C3010901	琉璃花片 245×215	块	2.00	—	430.000	—	—
C3010601	琉璃勾头 265×110	块	3.72	—	420.000	—	—
C3010201	琉璃脊瓦(8″光脊)	块	2.86	—	—	460.000	—
C0401001	标准砖 240×115×53	千块	210.00	—	—	0.400	—
C0101006	圆钢 ϕ10 以内(综合)	t	2966.88	—	—	0.195	—
C3022001	盾形瓦	块	1.40	—	—	880.000	880.000
C3010101	琉璃脊瓦(小三星)	块	3.10	—	—	—	460.000
J06010601	灰浆搅拌机[拌筒容量 200 L]	台班	51.31	0.79	0.15	0.13	0.12

工作内容：调制砂浆，运送砂浆、瓦，挂线、铺砂浆盖瓦、胡须瓦门。　　单位：100 m

定额编号				01070019	01070020
项目				琉璃瓦围墙顶	
				双坡	单坡
				坡长 38 cm	
参考基价（元）				11868.02	5959.61
编码	名称	单位	单价（元）	数量	
R0102001	建筑综合工日（二类）	工日	26.00	75.30	37.70
P020005	水泥砂浆 1∶3	m^3	167.70	1.700	0.900
P020019	混合砂浆 1∶1∶4	m^3	157.31	2.280	1.140
C3010401	琉璃光筒 192×108	块	1.87	970.000	490.000
C3010001	琉璃瓦片 225×215	块	1.21	1470.000	740.000
C3010901	琉璃花片 245×215	块	2.00	960.000	480.000
C3010601	琉璃勾头 265×110	块	3.72	1000.000	500.000
J06010601	灰浆搅拌机[拌筒容量 200 L]	台班	51.31	0.66	0.34

工作内容：调制砂浆，运送砂浆及瓦，挂线、铺砂浆盖瓦。　　单位：见表

定额编号				01070021	01070022	01070023	01070024
项目				在混凝土板面盖日本瓦			
				盖屋面	盖正脊	盖檐口瓦	盖边脊
				100 m^2	100 m		
参考基价（元）				8902.99	6602.33	2291.84	2315.24
编码	名称	单位	单价（元）	数量			
R0102001	建筑综合工日（二类）	工日	26.00	73.80	45.50	9.60	9.60
P020005	水泥砂浆 1∶3	m^3	167.70	2.020	—	0.630	0.630
P020019	混合砂浆 1∶1∶4	m^3	157.31	2.530	2.030	0.790	0.790
C3008001	J1 日本瓦 310×310×15	块	4.00	1540.000	—	—	—
C3008006	J 盾日本瓦 260×75×15	块	4.00	—	847.200	—	—
C3008008	J54 日本瓦 285×180×15	块	4.00	—	423.600	—	—
C3008002	J5 日本瓦 310×310×15	块	4.50	—	—	400.000	—
C3008003	J8 日本瓦 305×270×15	块	4.50	—	—	—	388.000
C3008007	J15 日本瓦 295×265×15	块	4.30	—	—	—	18.000
C1728001	铁钉（综合）	kg	3.20	15.300	—	—	—
J06010601	灰浆搅拌机[拌筒容量 200 L]	台班	51.31	0.75	0.33	0.24	0.24

工作内容：1. 调制砂浆。

2. 铺瓦，并修界瓦边，绑铁线及钉固。

3. 清扫瓦面。

单位：见表

定额编号				01070025	01070026	01070027	01070028
项目				西班牙瓦屋面			
				屋面落水		正斜脊	边脊瓦
				两坡以内	四坡以内		
				100 m²		100 m	
参考基价（元）				9753.16	10050.89	3894.82	1667.52
编码	名称	单位	单价(元)	数量			
R0102001	建筑综合工日(二类)	工日	26.00	63.14	74.42	35.70	9.60
P020019	混合砂浆 1：1：4	m³	157.32	2.750	2.750	0.900	0.900
P020005	水泥砂浆 1：3	m³	167.70	2.200	2.200	—	—
C3007001	S1 西班牙瓦 310×310×15	块	4.50	1421.000	1315.000	—	—
C3007002	S2 西班牙瓦 300×245×15	块	2.72	265.000	442.000	—	—
C3007003	S3 西班牙瓦 310×190×15	块	2.94	—	—	—	199.000
C3007004	S4 西班牙瓦 310×290×15	块	2.94	—	—	—	199.000
C3007101	S5 西班牙脊瓦 285×180×15	块	5.59	—	—	370.000	—
C3022201	S 盾瓦 250×90×15	块	1.33	—	—	410.000	—
C1735003	镀锌铁丝 12#	kg	5.33	14.400	14.400	6.670	3.400
C1729101	扣钉	kg	3.74	0.900	0.900	0.420	0.210
C1801001	水	m³	1.97	3.200	3.200	0.200	0.200
C1850101	其他材料费占材料费	%	—	0.833	0.833	5.952	5.952
J06010601	灰浆搅拌机[拌筒容量 200 L]	台班	51.31	0.81	0.81	0.15	0.15

附注：铺盖脊瓦(包括斜脊及四坡水背顶瓦)及脊瓦各端头瓦的材料，均已考虑在其他材料内；山墙端及阴沟部位需要界瓦的工料，也包括在子目内。

工作内容：调制砂浆、运送砂浆及瓦、挂线、铺砂浆盖瓦。

单位：见表

定额编号				01070029	01070030	01070031
项目				在混凝土板面盖英式瓦		
				盖屋面	盖正、斜脊	盖边脊
				100 m²	100 m	
参考基价（元）				5195.45	3309.17	1122.88
编码	名称	单位	单价(元)	数量		
R0102001	建筑综合工日(二类)	工日	26.00	55.35	28.56	8.64
P020005	水泥砂浆 1：3	m³	167.70	2.020	—	0.630
P020019	混合砂浆 1：1：4	m³	157.31	2.530	2.030	0.790
C3006001	英式瓦 420×332	块	2.72	1078.000	—	—
C3040101	圆脊斜封 363×225	块	1.33	—	12.420	—
C3040201	圆脊斜头 345×250	块	3.45	—	6.210	—
C3040001	圆脊 330×210	块	5.80	—	378.000	—
C3021001	檐口瓦 420×214(260)	块	2.00	—	—	310.000
C3021002	檐口封 345×112(147)	块	2.00	—	—	18.000
C1728001	铁钉(综合)	kg	3.20	15.300	—	—
J06010601	灰浆搅拌机[拌筒容量 200 L]	台班	51.31	0.75	0.33	0.24

工作内容：调制砂浆、运送砂浆，铺瓦。　　单位：见表

定额编号				01070032	01070033	01070034
项目				波纹瓦屋面		
				波纹瓦 200×200	滴水瓦 200×140×7	脊瓦 200×140×9.5
				100 m^2	100 m	
参考基价（元）				5900.22	1274.46	1932.36
编码	名称	单位	单价(元)	数量		
R0102001	建筑综合工日(二类)	工日	26.00	62.73	20.48	18.90
P020003	水泥砂浆 1∶2	m^3	207.03	2.530	0.360	0.900
C3005001	波纹装饰瓦 200×200×10	块	1.20	2867.000	—	—
C3005101	波纹脊瓦 200×140×9.5	块	2.20	—	—	497.000
C3005201	波纹脊瓦收口 200×140×9.5	块	2.50	—	—	21.000
C3027001	滴水瓦 200×140×7	块	1.20	—	520.000	—
C1540001	108 胶	kg	1.80	157.500	22.430	56.130
J06010601	灰浆搅拌机[拌筒容量 200 L]	台班	51.31	0.42	0.06	0.15

A.7.1.2　型材屋面

工作内容：场内运输、弹线、截料、拼装、安装。　　单位：100 m^2

定额编号				01070035	01070036	01070037
项目				彩钢夹芯屋面板	彩钢屋面板	
				板厚 100 mm	穿透式	暗扣式
参考基价（元）				16624.00	5199.45	5748.57
编码	名称	单位	单价(元)	数量		
R0102001	建筑综合工日(二类)	工日	26.00	18.46	12.70	12.98
C0150101	彩钢夹芯板 δ100(成品)	m^2	120.00	116.520	—	—
C0707002	工字铝 75 mm	m	5.80	84.200	—	—
C0706002	槽铝 100 mm	m	11.50	33.600	—	—
C0723202	角铝∠25.4×1	kg	3.50	2.500	—	—
C0153101	固定卡子	只	1.30	44.000	—	—
C0153201	彩钢内外扣槽	m	6.50	84.200	—	—
C1359103	橡胶密封条 20×4	m	1.85	173.300	—	—
C1359104	密封带 3×20 m	mm	0.40	5.800	5.800	5.800
C1728603	铝拉铆钉 ϕ5×40 mm	百个	9.00	12.700	—	—
C0154202	穿透式彩钢板 0.5 mm	m^2	40.50	—	116.520	—
C0154203	暗扣式彩钢板 0.5 mm	m^2	45.00	—	—	116.520
C0151202	连接支板	只	0.50	—	102.000	—
C0151203	固定支板	只	0.50	—	—	137.000
C0154401	彩钢堵头	m	6.00	—	11.300	11.300
C1722000	自攻螺钉(丝)	百个	10.00	1.400	2.100	2.100
C1541005	玻璃胶 350 g	支	7.34	30.300	1.100	1.100

工作内容：场内运输、弹线、排板、截料、拼装、安装。　　单位：见表

定额编号				01070038	01070039	01070040
项目				彩钢屋面板 单层底板	单层彩钢屋面板	
					屋脊	泛水、包墙转角、山头
					展开宽 600 mm	展开宽 500 mm
				100 m^2	100 m	
参考基价（元）				6241.58	2879.38	3360.18
编码	名称	单位	单价(元)	数量		
R0101001	建筑综合工日(二类)	工日	26.00	15.00	6.00	47.00
C0154204	压型彩钢板 0.5 mm	m^2	40.50	116.520	—	—
C0154205	彩钢板 0.5 mm	m^2	30.50	—	62.400	52.000
C0118707	Z形支撑	m	20.00	51.000	—	—
C1728603	铝拉铆钉 $\phi5\times40$ mm	百个	9.00	5.800	7.000	15.000
C1722000	自攻螺钉(丝)	百个	10.00	5.800	7.000	15.000
C1359104	密封带 3×20 mm	m	0.40	5.800	420.000	—
C1541005	玻璃胶 350 g	支	7.34	—	36.400	36.400
C0154401	彩钢堵头	m	6.00	—	42.000	—

附注：1. 彩钢复合板面板与底板间采用保温时，执行相应章节定额。

2. 屋脊、泛水、包墙转角、山头展开宽与定额不同时，彩钢板按比例调整，其他不变。

工作内容：1. 铺钉屋面板及油毡。

2. 剪接、铺钉平铁皮、安置屋脊。

3. 剪接、铺钉瓦垄铁皮、安置屋脊。　　单位：100 m^2

定额编号				01070041	01070042	01070043
项目				瓦垄铁皮屋面		
				铺在		
				板上	木檩上	钢檩上
参考基价（元）				4882.66	4557.03	4403.84
编码	名称	单位	单价(元)	数量		
R0102001	建筑综合工日(二类)	工日	26.00	7.94	7.94	6.09
C0133003	镀锌铁皮 26# 0.45 mm厚	m^2	22.18	5.300	5.300	5.300
C0303402	杉木板条 1000×38×7.5	m^3	559.18	0.051	—	—
C1728001	铁钉(综合)	kg	3.20	10.100	5.700	0.120
C1407101	石油沥青油毡 350#	m^2	2.55	111.000	—	—
C1501006	酚醛调和漆(各种颜色)	kg	10.77	15.640	15.640	15.640
C1501303	酚醛防锈漆(各种颜色)	kg	6.98	13.030	13.030	13.030
C1560301	清油	kg	9.80	4.800	4.800	4.800
C1560101	光油	kg	9.60	2.440	2.440	2.440
C1530808	油漆溶剂油	kg	5.50	2.660	2.660	2.660
C0134102	镀锌垄瓦铁皮 26#	m^2	29.80	126.500	126.500	126.500
C1728401	镀锌铁钉带垫	个	0.21	459.000	459.000	—
C1721001	镀锌螺丝	百个	2.00	—	—	4.590
C1850101	其他材料费占材料费	%	—	0.090	0.097	0.099

附注：在板上铺铁皮屋面定额已包括屋面板安装；屋面板制作应按相应定额计算。

A.7.2 屋面防水

A.7.2.1 屋面卷材防水

A.7.2.1.1 油毡屋面

工作内容：熬制沥青玛碲脂、配制冷底子油、刷冷底子油、贴附加层、铺贴卷材收头。 单位：100 m^2

定额编号				01070044	01070045	01070046
项目				石油沥青玛碲脂卷材屋面		
				一毡二油	二毡三油	二毡三油一砂
参考基价（元）				1600.69	2250.93	2476.98
编码	名称	单位	单价(元)	数量		
R0102001	建筑综合工日(二类)	工日	26.00	3.21	5.12	6.26
P030054	石油沥青玛碲脂	m^3	1977.12	0.460	0.610	0.690
P030059	冷底子油 30：70	100 kg	415.10	0.490	0.490	0.490
C1407101	石油沥青油毡 350#	m^2	2.55	124.170	237.940	237.940
C0321401	木柴	kg	0.35	205.700	245.400	301.180
C1728001	铁钉(综合)	kg	3.20	0.280	0.280	0.280
C0101006	圆钢 ϕ10 以内(综合)	t	2966.88	0.005	0.005	0.005
C0404201	绿豆砂	m^3	36.00	—	—	0.520

工作内容：同前。 单位：100 m^2

定额编号				01070047	01070048
项目				石油沥青玛碲脂卷材屋面	
				每增减一毡一油	干铺油毡一层
参考基价（元）				658.83	322.61
编码	名称	单位	单价(元)	数量	
R0102001	建筑综合工日(二类)	工日	26.00	1.91	1.25
P030054	石油沥青玛碲脂	m^3	1977.12	0.150	—
C1407101	石油沥青油毡 350#	m^2	2.55	113.770	113.770
C0321401	木柴	kg	0.35	64.240	—

A.7.2.1.2 高分子卷材屋面

工作内容：1. 清理基层、找平层分格嵌缝油膏、防水薄弱处刷涂膜附加层。

2. 刷底胶、铺贴卷材、接缝嵌油膏、做收头。

3. 涂刷着色剂保护层二遍。

单位：100 m^2

定额编号				01070049	01070050	01070051	01070052
项目				三元乙丙橡胶卷材冷贴			
				满铺	空铺	点铺	条铺
参考基价（元）				4675.67	4526.13	4544.56	4543.35
编码	名称	单位	单价(元)	数量			
R0102001	建筑综合工日(二类)	工日	26.00	9.22	9.22	9.22	8.11
P030081	108胶素水泥浆	m^3	480.76	0.010	0.010	0.010	0.010
C1408504	三元乙丙橡胶卷材	m^2	26.00	110.550	112.850	112.850	112.850
C1530604	粘结剂CX404	kg	7.20	40.400	7.890	10.450	14.290
C1728001	铁钉(综合)	kg	3.20	0.230	0.230	0.230	0.230
C0101006	圆钢ϕ10以内(综合)	t	2966.88	0.004	0.004	0.004	0.004
C1410302	CSPE嵌缝油膏330 mL	支	5.00	50.280	50.280	50.280	50.280
C1531001	银色着色剂	kg	5.80	20.200	20.200	20.200	20.200
C1570302	二甲苯	kg	7.00	27.000	27.000	27.000	27.000
C1551201	乙酸乙酯	kg	6.72	5.050	5.050	5.050	5.050
C1530610	丁基粘结剂	kg	10.80	9.560	11.850	11.850	11.850
C1522006	聚氨酯甲料	kg	11.80	16.210	16.210	16.210	16.210
C1522007	聚氨酯乙料	kg	11.80	31.130	31.130	31.130	31.130

附注：三元乙丙丁基橡胶卷材屋面防水，执行相应三元乙丙橡胶卷材屋面防水子目。

工作内容：同前。

单位：100 m^2

定额编号				01070053	01070054
项目				再生橡胶卷材冷贴	
				满铺	空铺
参考基价（元）				2893.63	2571.98
编码	名称	单位	单价(元)	数量	
R0102001	建筑综合工日(二类)	工日	26.00	9.22	9.22
P030081	108胶素水泥浆	m^3	480.76	0.010	0.010
C1728001	铁钉(综合)	kg	3.20	0.230	0.230
C0101006	圆钢ϕ10以内(综合)	t	2966.88	0.004	0.004
C1531001	银色着色剂	kg	5.80	20.200	20.200
C1570302	二甲苯	kg	7.00	25.250	25.250
C1551201	乙酸乙酯	kg	6.72	5.050	5.050
C1522006	聚氨酯甲料	kg	11.80	16.210	16.210
C1522007	聚氨酯乙料	kg	11.80	31.130	31.130
C1408505	再生橡胶卷材	m^2	8.00	110.550	112.850
C1530608	氯丁胶粘合剂	kg	12.75	49.950	23.280
C1410301	CSPE嵌缝油膏300 mL	支	4.55	50.280	50.280

工作内容：1. 清理基层、找平层分格缝嵌油膏、防水薄弱处刷涂膜附加层。

2. 刷底胶、铺贴卷材、接缝嵌油膏、做收头。

3. 涂刷着色剂保护二遍。

单位：100 m^2

定额编号				01070055	01070056
项目				再生橡胶卷材冷贴	
				点铺	条铺
参考基价（元）				2532.84	2477.84
编码	名称	单位	单价(元)	数量	
R0102001	建筑综合工日(二类)	工日	26.00	9.22	8.11
P030081	108胶素水泥浆	m^3	480.76	0.010	0.010
C1408505	再生橡胶卷材	m^2	8.00	112.850	112.850
C1530608	氯丁胶粘合剂	kg	12.75	20.210	18.160
C1728001	铁钉(综合)	kg	3.20	0.230	0.230
C0101006	圆钢 ϕ10以内(综合)	t	2966.88	0.004	0.004
C1410301	CSPE嵌缝油膏300 mL	支	4.55	50.280	50.280
C1531001	银色着色剂	kg	5.80	20.200	20.200
C1570302	二甲苯	kg	7.00	25.250	25.250
C1551201	乙酸乙酯	kg	6.72	5.050	5.050
C1522006	聚氨酯甲料	kg	11.80	16.210	16.210
C1522007	聚氨酯乙料	kg	11.80	31.130	31.130

工作内容：同前。

单位：100 m^2

定额编号				01070057	01070058	01070059	01070060
项目				氯丁橡胶卷材冷贴			
				满铺	空铺	点铺	条铺
参考基价（元）				4477.73	4142.08	4099.86	4042.93
编码	名称	单位	单价(元)	数量			
R0102001	建筑综合工日(二类)	工日	26.00	9.22	9.22	9.22	8.11
P030081	108胶素水泥浆	m^3	480.76	0.010	0.010	0.010	0.010
C1728001	铁钉(综合)	kg	3.20	0.230	0.230	0.230	0.230
C0101006	圆钢 ϕ10以内(综合)	t	2966.88	0.004	0.004	0.004	0.004
C1531001	银色着色剂	kg	5.80	20.200	20.200	20.200	20.200
C1570302	二甲苯	kg	7.00	27.000	27.000	27.000	27.000
C1551201	乙酸乙酯	kg	6.72	5.050	5.050	5.050	5.050
C1522006	聚氨酯甲料	kg	11.80	11.660	11.660	11.660	11.660
C1522007	聚氨酯乙料	kg	11.80	17.500	17.500	17.500	17.500
C1408503	氯丁橡胶卷材	m^2	21.68	110.550	112.850	112.850	112.850
C1405701	氯丁胶沥青胶液	kg	13.76	60.600	31.630	28.560	26.520
C1540009	CY409胶	kg	5.70	9.550	11.850	11.850	11.850
C1410302	CSPE嵌缝油膏330 mL	支	5.00	50.280	50.280	50.280	50.280

工作内容：1. 清理基层、找平层分格缝嵌油膏、防水薄弱处刷涂膜附加层。

2. 刷底胶、铺贴卷材、接缝嵌油膏、做收头。

3. 涂刷着色剂保护层二遍。

单位：100 m^2

定额编号				01070061	01070062	01070063	01070064
项目				氯化聚乙烯—橡胶共混卷材冷贴			
				满铺	空铺	点铺	条铺
参考基价（元）				5221.80	4889.22	4844.37	4785.48
编码	名称	单位	单价(元)	数量			
R0102001	建筑综合工日(二类)	工日	26.00	9.22	9.22	9.22	8.11
P030081	108胶素水泥浆	m^3	480.76	0.010	0.010	0.010	0.010
C1408501	氯化聚乙烯—橡胶共混卷材	m^2	28.00	110.550	112.850	112.850	112.850
C1543001	氯丁胶乳	kg	12.75	18.180	18.180	18.180	18.180
C1530603	BX-12粘结剂	kg	13.00	45.450	12.860	9.410	7.100
C1573011	BX-12乙组分880 mL	瓶	9.30	11.940	14.810	14.810	14.810
C1728001	铁钉(综合)	kg	3.20	0.230	0.230	0.230	0.230
C0101006	圆钢ϕ10以内(综合)	t	2966.88	0.004	0.004	0.004	0.004
C1410302	CSPE嵌缝油膏330 mL	支	5.00	50.280	50.280	50.280	50.280
C1531001	银色着色剂	kg	5.80	20.200	20.200	20.200	20.200
C1570302	二甲苯	kg	7.00	27.000	27.000	27.000	27.000
C1551201	乙酸乙酯	kg	6.72	5.050	5.050	5.050	5.050
C1522006	聚氨酯甲料	kg	11.80	11.660	11.660	11.660	11.660
C1522007	聚氨酯乙料	kg	11.80	17.500	17.500	17.500	17.500

工作内容：1. 清理基层、找平层分格缝嵌油膏、防水薄弱处刷涂膜附加层。

2. 刷底胶、铺贴卷材、接缝嵌油膏、做收头。

3. 涂刷着色剂保护层二遍。

单位：100 m^2

定额编号				01070065	01070066	01070067	01070068
项目				氯磺化聚乙烯卷材冷贴			
				满铺	空铺	点铺	条铺
参考基价（元）				4595.13	4409.93	4390.22	4319.69
编码	名称	单位	单价(元)	数量			
R0102001	建筑综合工日(二类)	工日	26.00	9.22	9.22	9.22	8.11
P030081	108胶素水泥浆	m^3	480.76	0.010	0.010	0.010	0.010
C1408502	氯磺化聚乙烯卷材	m^2	24.70	110.550	112.850	112.850	112.850
C1540008	CX-404胶	kg	7.12	50.500	14.290	10.450	7.890
C1540007	CX-401胶	kg	9.30	10.510	12.210	13.030	10.510
C1728001	铁钉(综合)	kg	3.20	0.230	0.230	0.230	0.230
C0101006	圆钢ϕ10以内(综合)	t	2966.88	0.004	0.004	0.004	0.004
C1410302	CSPE嵌缝油膏330 mL	支	5.00	50.280	50.280	50.280	50.280
C1531001	银色着色剂	kg	5.80	20.200	20.200	20.200	20.200
C1570302	二甲苯	kg	7.00	27.000	27.000	27.000	27.000
C1551201	乙酸乙酯	kg	6.72	5.050	5.050	5.050	5.050
C1522006	聚氨酯甲料	kg	11.80	16.210	16.210	16.210	16.210
C1522007	聚氨酯乙料	kg	11.80	31.130	31.130	31.130	31.130

工作内容：1. 防水油毡：清扫基层、熔化粘胶、涂刷粘胶、铺贴柔毡、收头铺撒白石子。

2. 聚氯乙烯卷材组合金压条：清理基层、铺卷材、钉压条、射钉上嵌密封膏收头。

单位：100 m^2

定额编号				01070069	01070070	01070071
项目				防水柔毡热贴满铺		聚氯乙烯防水卷材铝合金压条空铺
				二胶一毡一砂	每增一胶一毡	
参考基价（元）				3770.44	1556.93	5145.89
编码	名称	单位	单价(元)	数量		
R0102001	建筑综合工日(二类)	工日	26.00	6.00	3.10	8.84
P030081	108胶素水泥浆	m^3	480.76	0.010	—	—
C1407201	防水柔毡	m^2	2.65	126.150	110.150	—
C1542001	粘胶	kg	3.60	730.820	320.240	—
C0633201	石米	t	120.00	0.773	—	—
C0321401	木柴	kg	0.35	219.820	90.200	—
C1728001	铁钉(综合)	kg	3.20	0.230	—	—
C0101006	圆钢ϕ10以内(综合)	t	2966.88	0.004	—	—
C1410302	CSPE嵌缝油膏330 mL	支	5.00	50.280	—	—
C1570302	二甲苯	kg	7.00	25.250	—	—
C1551201	乙酸乙酯	kg	6.72	5.050	—	—
C1408201	PVC防水卷材	m^2	19.00	—	—	130.000
C0714102	铝合金压条3×30	m	5.10	—	—	105.000
C1540004	303胶	kg	30.20	—	—	45.000
C1729000	射钉	百个	46.00	—	—	5.270
C1410201	密封油膏	kg	6.59	—	—	13.000
C1850101	其他材料费占材料费	%	—	—	—	4.762

工作内容：铺贴卷材，收头。

单位：100 m^2

定额编号				01070072	01070073	01070074
项目				聚氯乙烯卷材屋面		
				灰(绿)色PVC		
				1.2厚	1.5厚	2.0厚
参考基价（元）				4370.57	4780.48	5154.07
编码	名称	单位	单价(元)	数量		
R0102001	建筑综合工日(二类)	工日	26.00	6.57	7.89	7.89
C0714101	铝合金压条	m	3.40	60.000	60.000	60.000
C1408301	聚氯乙烯灰色PVC卷材δ1.2	m^2	32.00	124.530	—	—
C1408302	聚氯乙烯灰色PVC卷材δ1.5	m^2	35.00	—	124.530	—
C1408303	聚氯乙烯灰色PVC卷材δ2.0	m^2	38.00	—	—	124.530
C1722000	自攻螺钉(丝)	百个	10.00	1.000	1.200	1.200
C1801001	水	m	1.97	0.400	0.400	0.400

工作内容：找平层嵌缝、刷聚氯酯涂膜附加层、用掺胶水泥贴卷材、聚氨脂胶接缝搭接。　　单位：100 m^2

定额编号				01070075
项目				SBC120复合卷材冷贴满铺
参考基价（元）				3775.85
编码	名称	单位	单价（元）	数量
R0102001	建筑综合工日（二类）	工日	26.00	5.38
P020029	素水泥浆	m^3	443.99	0.150
C1408401	聚乙烯丙纶双面复合防水卷材 SBC	m^2	24.50	110.550
C1540001	108 胶	kg	1.80	11.380
C1551201	乙酸乙酯	kg	6.72	5.050
C1410302	CSPE 嵌缝油膏 330 mL	支	5.00	48.960
C1522006	聚氨酯甲料	kg	11.80	19.040
C1522007	聚氨酯乙料	kg	11.80	28.560

工作内容：1. 清理基层、刷基层处理剂、找平层分格缝嵌油膏，防水薄弱处刷聚安酯涂膜附加层。

2. 屋面贴改性沥青卷材、卷材搭接处及收头嵌沥青。　　单位：100 m^2

定额编号				01070076	01070077	01070078	01070079
项目				改性沥青防水卷材屋面			
				一层			
				满铺	条铺	点铺	空铺
参考基价（元）				2970.22	3009.21	3009.21	2968.31
编码	名称	单位	单价（元）	数量			
R0102001	建筑综合工日（二类）	工日	26.00	7.02	7.02	7.02	5.91
C1408001	改性沥青卷材	m^2	21.00	111.500	113.930	113.930	113.930
C1522006	聚氨酯甲料	kg	11.80	8.320	8.320	8.320	8.320
C1522007	聚氨酯乙料	kg	11.80	12.480	12.480	12.480	12.480
C1410401	改性沥青嵌缝油膏	kg	2.90	33.640	33.640	33.640	33.640
C1573004	煤气（液化石油气）	kg	4.30	24.000	21.200	21.200	18.400

工作内容：贴改性沥青卷材、卷材搭接处及收头嵌沥青。　　单位：100 m^2

定额编号				01070080	01070081	01070082	01070083
项目				改性沥青防水卷材屋面			
				每增一层			
				满铺	条铺	点铺	空铺
参考基价（元）				2574.65	2613.64	2613.64	2572.74
编码	名称	单位	单价（元）	数量			
R0102001	建筑综合工日（二类）	工日	26.00	4.90	4.90	4.90	3.79
C1408001	改性沥青卷材	m^2	21.00	111.500	113.930	113.930	113.930
C1410401	改性沥青嵌缝油膏	kg	2.90	0.880	0.880	0.880	0.880
C1573004	煤气（液化石油气）	kg	4.30	24.000	21.200	21.200	18.400

工作内容：刷基层处理剂、找平层嵌缝、附加层刷聚安酯膜，贴卷材、卷材接缝收头处油嵌膏。　　单位：100 m

定额编号				01070084
项目				改性沥青 卷材屋面 分格缝上点粘 300 宽
参考基价（元）				795.32
编码	名称	单位	单价(元)	数量
R0102001	建筑综合工日(二类)	工日	26.00	2.07
C1408001	改性沥青卷材	m^2	21.00	33.630
C1412001	改性沥青粘结剂	kg	2.27	7.580
C1573004	煤气(液化石油气)	kg	4.30	4.200

A.7.2.2　屋面涂膜防水

工作内容：1. 屋面满涂油膏：油膏加热、屋面满涂油膏。

2. 板嵌缝：油膏加热、板缝嵌油膏。　　单位：见表

定额编号				01070085	01070086	01070087
项目				屋面满涂塑料油膏 4 mm	塑料油膏嵌缝	
					空心板	大型屋面板
				100 m^2	100 m	
参考基价（元）				869.52	247.87	297.09
编码	名称	单位	单价(元)	数量		
R0102001	建筑综合工日(二类)	工日	26.00	2.86	3.31	3.33
C1340001	塑料油膏	kg	1.25	585.120	119.070	154.910
C0321401	木柴	kg	0.35	182.160	37.070	48.220

附注：嵌缝取定纵缝断面，空心板 7.5 cm^2，大型屋面板 9 cm^2，如果断面不同于定额取定断面，以纵缝断面比例调整人工，材料数量。

工作内容：1. 塑料油膏玻璃纤维布：找平层分格缝嵌油膏、贴防水附加层，铺贴玻璃纤维布。

2. 屋面分格缝：支座处干铺油毡一层、清理缝、熬制油膏、油膏灌缝、沿缝上做二毡三油一砂。

单位：见表

定额编号				01070088	01070089	01070090
项目				塑料油膏玻璃纤维布		屋面分格缝
				一布二油	每增一布一油	
				100 m^2		100 m
参考基价（元）				1479.84	688.70	2450.63
编码	名称	单位	单价(元)	数量		
R0102001	建筑综合工日(二类)	工日	26.00	3.45	2.17	9.90
P030054	石油沥青玛碲脂	m^3	1977.12	—	—	0.490
P030059	冷底子油 30∶70	100 kg	415.10	—	—	0.390
C1240101	玻璃纤维布 1.8 mm 厚	m^2	1.70	120.450	112.180	—
C1340001	塑料油膏	kg	1.25	872.260	324.940	303.680
C0321401	木柴	kg	0.35	271.560	101.150	218.110
C1407101	石油沥青油毡 350#	m^2	2.55	—	—	232.100
C0404201	绿豆砂	m^3	36.00	—	—	0.410

附注：玻璃纤维布如用玛碲脂铺贴，按本章卷材防水工程相应项目的平面子目套用。

工作内容：熬制油膏、灌缝油膏、缝上铺贴玻璃纤维布、涂刷聚氨酯底胶、刷聚氨酯防水层二遍、并撒石碴保护层(或与刚性块料层做连接层)。

单位：100 m

定额编号				01070091	01070092
项目				塑料油膏贴玻璃布盖缝	
				一布二油	每增一布一油
参考基价（元）				582.42	262.66
编码	名称	单位	单价(元)	数量	
R0102001	建筑综合工日(二类)	工日	26.00	2.07	1.24
C1240101	玻璃纤维布 1.8 mm 厚	m^2	1.70	30.300	30.300
C1340001	塑料油膏	kg	1.25	351.070	131.650
C0321401	木柴	kg	0.35	109.300	40.990

附注：聚氨酯如果掺缓凝剂，应增加磷酸 0.30 kg；如果掺促凝剂应增加二月桂酸二丁基锡 0.75 kg。

工作内容：刷聚氨酯涂层。

单位：100 m^2

定额编号				01070093	01070094
项目				聚氨酯涂膜防水屋面	
				2 mm 厚	每增减 1 mm
参考基价（元）				3426.02	1360.42
编码	名称	单位	单价(元)	数量	
R0102001	建筑综合工日(二类)	工日	26.00	5.10	1.88
C1570302	二甲苯	kg	7.00	12.960	4.850
C0408101	石渣	m^3	28.00	0.310	—
C1522006	聚氨酯甲料	kg	11.80	105.550	42.220
C1522007	聚氨酯乙料	kg	11.80	165.130	66.050

附注：聚氨酯如果掺缓凝剂，应增加磷酸 0.12 kg；如果掺促凝剂应增加二月桂酸二丁基锡 0.1 kg。

工作内容：涂刷底胶、做一布一涂附加层于防水薄弱处、冷胶贴聚酯布防水层、最表层撒细砂保护层。

单位：100 m^2

定额编号				01070095	01070096
项目				氯丁冷胶	
				二布三涂	每增一布一涂
参考基价（元）				5315.92	1416.65
编码	名称	单位	单价(元)	数量	
R0101001	建筑综合工日(二类)	工日	26.00	9.35	4.71
C1384001	聚脂布 100 g/m^2	m^2	1.80	236.360	110.890
C1543002	氯丁冷胶	kg	12.75	363.600	85.850
C0404001	细砂	m^3	37.00	0.310	—

工作内容：1. 清理基层，调配涂料。

2. 刷涂料（最后两遍掺水泥作保护层）、贴聚酯布。　　　　单位：100 m^2

定额编号				01070097	01070098
项目				水乳型阳离子氯丁胶乳化沥青聚酯布	
				一布二涂	每增一布一涂
参考基价（元）				1028.40	801.27
编码	名称	单位	单价（元）	数量	
R0102001	建筑综合工日（二类）	工日	26.00	8.06	4.28
C1384001	聚脂布 100 g/m^2	m^2	1.80	118.130	118.130
C1405501	阳离子氯丁胶乳沥青（水乳）	kg	3.06	196.770	156.000
C0201001	水泥 32.5 MPa	t	292.00	0.014	—

A.7.2.3 屋面刚性防水

工作内容：1. 清理基层、调配砂浆、铺抹砂浆、养护。

2. 筛铺镇水粉、铺隔离纸　　　　单位：100 m^2

定额编号				01070099	01070100	01070101	01070102
项目				掺无机盐铝防水剂		防水砂浆 2 cm 厚	镇水粉隔离层
				素水泥浆	防水砂浆 2 cm 厚		
参考基价（元）				148.68	1242.05	933.48	3509.84
编码	名称	单位	单价（元）	数量			
R0102001	建筑综合工日（二类）	工日	26.00	1.93	10.52	10.79	18.64
P020029	素水泥浆	m^3	443.99	0.100	0.100	0.100	—
P020003	水泥砂浆 1∶2	m^3	207.03	—	2.020	2.020	—
C1530204	无机铝盐防水剂	kg	3.68	14.700	132.600	—	—
C1572003	防水粉	kg	2.60	—	—	66.300	—
C1572010	镇水粉	kg	2.00	—	—	—	600.000
C1805201	隔离纸	m^2	14.04	—	—	—	130.000
J06010601	灰浆搅拌机[拌筒容量 200 L]	台班	51.31	—	0.35	0.35	—

工作内容：1. 清理基层、涂刷粘结层。

2. 调铺砂浆、搅捣及养护混凝土。　　　　单位：100 m^2

定额编号				01070103	01070104
项目				混凝土防水层（无筋）	
				4 cm	每增减 0.5 cm
参考基价（元）				1067.24	98.85
编码	名称	单位	单价（元）	数量	
R0102001	建筑综合工日（二类）	工日	26.00	13.03	1.13
P020029	素水泥浆	m^3	443.99	0.100	—
P020003	水泥砂浆 1∶2	m^3	207.03	0.350	—
P050007	砾石 GD20 中砂水泥 32.5C20	m^3	134.62	4.040	0.510
C1801001	水	m^3	1.97	13.950	—
C1850101	其他材料费占材料费	%	—	4.406	—
J06010601	灰浆搅拌机[拌筒容量 200 L]	台班	51.31	0.06	—
J06090101	平板式振捣器	台班	13.43	0.51	0.06

A.7.2.4 屋面排水管

工作内容：铁皮截料、制作安装。 单位：100 m²

定额编号				01070105
项目				铁皮排水
				水落管、檐沟
参考基价（元）				3381.35
编码	名称	单位	单价(元)	数量
R0102001	建筑综合工日(二类)	工日	26.00	28.81
C0133003	镀锌铁皮 26# 0.45 mm 厚	m^2	22.18	105.800
C0132001	铁件(综合)	kg	5.02	49.150
C1728001	铁钉(综合)	kg	3.20	0.380
C1739301	焊锡	kg	16.50	1.800
C1571103	盐酸 31%	kg	0.80	0.380
C0321301	木炭	kg	1.00	7.690

工作内容：1. 铸铁水落管：包括切管、埋管卡、安水管、合灰捻口。

2. 铸铁雨水口：就位、安装。 单位：见表

定额编号				01070106	01070107	01070108	01070109
项目				屋面排水			
				铸铁落水管		铸铁雨水口	
				直径(mm)			
				100	150	100	150
				10 m		10 个	
参考基价（元）				687.92	857.83	406.07	430.51
编码	名称	单位	单价(元)	数量			
R0102001	建筑综合工日(二类)	工日	26.00	2.82	3.12	3.23	3.36
P030054	石油沥青玛碲脂	m^3	1977.12	—	—	0.100	0.100
C1001001	铸铁排水管 ϕ100×1500	m	49.80	10.470	—	—	—
C1714002	膨胀螺栓 M6×22	套	0.25	10.500	—	—	—
C1711004	螺栓 M3	套	0.02	21.000	—	—	—
C0201001	水泥 32.5 MPa	t	292.00	0.012	0.013	—	—
C0404000	砂(综合)	m^3	39.00	0.020	0.020	—	—
C1735000	镀锌铁丝(综合)	kg	3.36	0.820	0.820	—	—
C1406002	石油沥青 60～100#	kg	2.30	0.700	0.950	—	—
C1811201	麻丝	kg	3.60	0.180	0.250	—	—
C1210001	石棉	kg	1.32	1.740	2.360	—	—
C0132001	铁件(综合)	kg	5.02	1.440	7.780	—	—
C1801001	水	m^3	1.97	1.040	1.320	—	—
C1001101	铸铁三通 100×50	个	19.19	3.610	—	—	—
C1001003	铸铁排水管 ϕ150×1500	m	60.00	—	10.100	—	—
C1001102	铸铁三通 150×50	个	32.00	—	3.610	—	—
C1001301	铸铁雨水口 100 带罩	个	11.29	—	—	10.470	—
C1407101	石油沥青油毡 350#	m^2	2.55	—	—	2.420	2.930
C1001302	铸铁雨水口 150 带罩	个	13.66	—	—	—	10.100

工作内容：就位、安装。 单位：10 个

定额编号				01070110	01070111	01070112
项目				铸铁水斗（接水口）落水口直径(mm)		铸铁弯头（含箅子板）
				100	150	
参考基价（元）				318.57	596.14	433.29
编码	名称	单位	单价(元)	数量		
R0102001	建筑综合工日(二类)	工日	26.00	2.68	2.81	3.58
P030054	石油沥青玛碲脂	m^3	1977.12	—	—	0.070
C1001402	铸铁水斗(接水口)100	个	19.26	10.100	—	—
C0132001	铁件(综合)	kg	5.02	10.830	11.770	2.420
C1001401	铸铁水斗(接水口)150	个	45.94	—	10.100	—
C1001201	铸铁弯头	100 个	16.24	—	—	10.100
C0305001	周转板枋材	m^3	700.00	—	—	0.036
C1560001	防腐油	kg	1.10	—	—	0.400

工作内容：切管，调制、熔化接口材料，对口，粘接，管道、管件及管卡安装。 单位：100 延长米

定额编号				01070113	01070114	01070115
项目				屋面 PVC 排水管		
				直径		
				ϕ75	ϕ110	ϕ160
参考基价（元）				1740.20	2715.57	4668.21
编码	名称	单位	单价(元)	数量		
R0102001	建筑综合工日(二类)	工日	26.00	19.14	21.34	30.08
C1011211	PVC 塑料管 ϕ75	m	11.25	96.300	—	—
C1011212	PVC 塑料管 ϕ110	m	19.50	—	96.300	—
C1011213	PVC 塑料管 ϕ160	m	37.50	—	—	96.300
C1711001	螺栓	kg	8.00	1.080	1.400	1.160
C0104001	扁钢(综合)	t	2713.50	0.008	0.016	0.011
C1714007	膨胀螺栓 M8×80	套	0.65	32.000	43.000	30.000
C1541017	密封胶	kg	13.58	6.100	12.400	13.600
C1808101	棉纱头	kg	6.00	3.000	4.000	4.000
C1807201	砂布(铁)	张	0.31	7.000	9.000	9.000
C1850101	其他材料费占材料费	%	—	0.406	0.238	0.123

附注：PVC 排水管子目内已含管件安装费用，管件按实际数量另计。

工作内容：切管，调制、熔化接口材料，对口，粘接，管件及管卡安装。 单位：10 个

定额编号				01070116	01070117
项目				PVC 塑料水斗	阳台出水管
参考基价（元）				766.30	21.25
编码	名称	单位	单价(元)	数量	
R0102001	建筑综合工日(二类)	工日	26.00	0.57	0.36
C1011210	PVC 塑料管 ϕ32	m	4.65	—	2.500
C1013501	塑料圆接头	个	9.54	10.200	—
C1013402	PVC 塑料水斗	个	20.70	10.200	—
C1013201	塑料双弯管	个	23.90	10.200	—
C1013101	塑料直角水落管	个	16.68	10.200	—
C0132001	铁件(综合)	kg	5.02	5.800	—
C1850101	其他材料费占材料费	%	—	—	2.200

A.7.2.5 屋面天沟

工作内容：铁皮截料、制作安装。　　　　　　　　　　　　　　　　　　　单位：100 m^2

定额编号				01070118
项目				屋面铁皮天沟、泛水
参考基价（元）				2661.94
编码	名称	单位	单价（元）	数量
R0102001	建筑综合工日（二类）	工日	26.00	10.41
C0133003	镀锌铁皮 26# 0.45 mm 厚	m^2	22.18	105.400
C1728001	铁钉（综合）	kg	3.20	3.000
C1739301	焊锡	kg	16.50	2.080
C1571103	盐酸 31%	kg	0.80	0.440
C0321301	木炭	kg	1.00	9.240

工作内容：放样、划线、截料、平整、拼装、焊接、成品校正、除锈刷防锈漆。　　　　单位：见表

定额编号				01070119	01070120	01070121
项目				屋面钢	屋面不锈钢	屋面单层彩钢板
				天沟		
				t	10 m	
参考基价（元）				5521.15	1304.37	572.01
编码	名称	单位	单价（元）	数量		
R0102001	建筑综合工日（二类）	工日	26.00	35.54	0.81	0.81
C0110001	型钢（综合）	t	3300.00	0.140	—	—
C0112000	钢板（综合）	t	3602.00	0.920	—	—
C0170005	不锈钢板 1 mm	m^2	142.00	—	7.190	—
C0154201	彩钢板 0.8 mm	m^2	46.76	—	—	7.130
C0154301	槽形彩钢条 2 mm	m	8.00	—	—	16.300
C0154401	彩钢堵头	m	6.00	17.820	4.200	4.200
C1722004	自攻螺钉（丝）30 mm	百个	12.00	—	—	1.390
C1739001	电焊条	kg	7.71	20.000	—	—
C1755001	不锈钢电焊条 3.2～4	kg	49.50	—	3.300	—
C1738201	乙炔气	m^3	7.07	2.600	—	—
C1738301	氧气	m^3	3.35	6.000	—	—
C1541004	玻璃胶 310 g	支	6.50	0.800	0.200	0.210
C1501304	红丹防锈漆	kg	8.90	6.780	—	—
C1530808	油漆溶剂油	kg	5.50	0.700	—	—
C1850101	其他材料费占材料费	%	—	0.461	—	—
J07040109	剪板机[厚度×宽度 40×3100 mm]	台班	627.25	0.11	0.07	0.07
J09010103	交流电弧焊机[容量 32 kVA]	台班	105.83	3.20	0.27	—
J13010101	其他机械费用占机械费	%	—	6.26	—	—

附注：1. 不锈钢天沟、单层彩钢板天沟展开宽度为 600 mm，若实际天沟展开与定额不同时，板材按比例调整，其他不变。

2. 天沟支架制安套用相应钢结构定额。

A.7.3　墙和地面防水、防潮

A.7.3.1　卷材防水

A.7.3.1.1　油毡卷材防水

工作内容：配制涂刷冷底子油、熬制玛碲脂、防水薄弱处贴附加层、铺贴玛碲脂卷材。　　单位：100 m^2

定额编号				01070122	01070123	01070124	01070125
项目				玛碲脂卷材防水			
				二毡三油		每增减一毡一油	
				平面	立面	平面	立面
参考基价（元）				2129.02	2263.94	733.21	790.66
编码	名称	单位	单价(元)	数量			
R0102001	建筑综合工日(二类)	工日	26.00	8.86	11.59	3.72	5.11
P030054	石油沥青玛碲脂	m^3	1977.12	0.510	0.540	0.160	0.170
P030059	冷底子油 30∶70	100 kg	415.10	0.480	0.480	—	—
C1407101	石油沥青油毡 350#	m^2	2.55	239.760	239.760	116.490	116.490
C0321401	木柴	kg	0.35	227.700	240.900	66.000	70.400

工作内容：1. 清理基层、配制、涂刷冷底子油、熬制玛碲脂、防水薄弱处贴附加层。

2. 铺贴玛碲脂玻璃纤维布。　　单位：100 m^2

定额编号				01070126	01070127	01070128	01070129
项目				玛碲脂玻璃纤维布防水			
				二布三油		每增减一布一油	
				平面	立面	平面	立面
参考基价（元）				1964.46	2151.12	654.21	724.14
编码	名称	单位	单价(元)	数量			
R0102001	建筑综合工日(二类)	工日	26.00	9.68	14.40	4.49	6.36
P030054	石油沥青玛碲脂	m^3	1977.12	0.510	0.540	0.160	0.170
P030059	冷底子油 30∶70	100 kg	415.10	0.480	0.480	—	—
C1240101	玻璃纤维布 1.8 mm 厚	m^2	1.70	250.300	250.300	116.490	116.490
C0321401	木柴	kg	0.35	227.700	240.900	66.000	70.400

工作内容：1. 清理基层、配制、涂刷冷底子油、熬制沥青、防水薄弱处贴附加层。

2. 铺贴沥青玻璃布卷材。　　单位：100 m^2

定额编号				01070130	01070131	01070132	01070133
项目				沥青玻璃布卷材防水			
				二布三油		每增减一布一油	
				平面	立面	平面	立面
参考基价（元）				2073.00	2280.52	692.65	768.84
编码	名称	单位	单价(元)	数量			
R0102001	建筑综合工日(二类)	工日	26.00	9.67	14.38	4.50	6.34
P030059	冷底子油 30∶70	100 kg	415.10	0.480	0.480	—	—
C1240101	玻璃纤维布 1.8 mm 厚	m^2	1.70	250.300	250.300	121.760	121.760
C1406002	石油沥青 60～100#	kg	2.30	489.720	524.700	151.580	163.240
C0321401	木柴	kg	0.35	201.300	214.500	57.200	61.600

A.7.3.1.2 高分子卷材防水

工作内容：1. 涂刷基层处理剂、防水薄弱处涂聚氨酯涂膜加强。

2. 铺贴卷材，卷材接缝贴卷材条加强，收头。

单位：100 m^2

定额编号				01070134	01070135
项目				氯化聚乙烯—橡胶共混卷材防水	
				平面	立面
参考基价（元）				5687.67	5834.57
编码	名称	单位	单价（元）	数量	
R0102001	建筑综合工日（二类）	工日	26.00	19.34	24.99
P030081	108 胶素水泥浆	m^3	480.76	0.910	0.010
C1408501	氯化聚乙烯—橡胶共混卷材	m^2	28.00	124.530	124.530
C1543002	氯丁冷胶	kg	12.75	20.200	20.200
C1530603	BX-12 粘结剂	kg	13.00	45.450	45.450
C1573011	BX-12 乙组分 880 mL	瓶	9.30	32.280	32.280
C1410302	CSPE 嵌缝油膏 330 mL	支	5.00	29.830	29.830
C1570302	二甲苯	kg	7.00	27.000	27.000
C1551201	乙酸乙酯	kg	6.72	5.050	5.050
C1728001	铁钉（综合）	kg	3.20	0.230	0.230
C0101006	圆钢 ϕ10 以内（综合）	t	2966.88	0.004	0.004
C1522006	聚氨酯甲料	kg	11.80	5.420	5.420
C1522007	聚氨酯乙料	kg	11.80	8.130	8.130

工作内容：1. 涂刷基层处理剂、防水薄弱处涂聚氨酯涂膜加强。

2. 铺贴卷材，卷材接缝贴卷材条加强，收头。

单位：100 m^2

定额编号				01070136	01070137	01070138	01070139
项目				三元乙丙橡胶卷材防水		再生橡胶卷材防水	
				冷贴满铺			
				平面	立面	平面	立面
参考基价（元）				4685.37	4832.27	3075.34	3222.24
编码	名称	单位	单价（元）	数量			
R0102001	建筑综合工日（二类）	工日	26.00	19.34	24.99	19.34	24.99
P030081	108 胶素水泥浆	m^3	480.76	0.010	0.010	0.010	0.010
C1410302	CSPE 嵌缝油膏 330 mL	支	5.00	29.830	29.830	29.830	29.830
C1570302	二甲苯	kg	7.00	27.000	27.000	27.000	27.000
C1551201	乙酸乙酯	kg	6.72	5.050	5.050	5.050	5.050
C1728001	铁钉（综合）	kg	3.20	0.230	0.230	0.230	0.230
C0101006	圆钢 ϕ10 以内（综合）	t	2966.88	0.004	0.004	0.004	0.004
C1522006	聚氨酯甲料	kg	11.80	9.970	9.970	9.970	9.970
C1522007	聚氨酯乙料	kg	11.80	21.770	21.770	21.770	21.770
C1408504	三元乙丙橡胶卷材	m^2	26.00	124.170	124.170	—	—
C1530610	丁基粘结剂	kg	10.80	17.600	17.600	—	—
C1408505	再生橡胶卷材	m^2	8.00	—	—	124.170	124.170
C1530608	氯丁胶粘合剂	kg	12.75	—	—	63.930	63.930

工作内容：1. 涂刷基层处理剂，防水薄弱处刷聚氨酯涂膜。

2. 铺贴卷材，卷材接缝贴 120 mm 宽度加强层，收头。

单位：100 m²

定额编号				01070140	01070141
项目				改性沥青卷材满铺防水	
				平面	立面
参考基价（元）				3567.28	3719.68
编码	名称	单位	单价(元)	数量	
R0102001	建筑综合工日(二类)	工日	26.00	17.79	22.99
C1408001	改性沥青卷材	m²	21.00	126.540	126.540
C1412001	改性沥青粘结剂	kg	2.27	50.620	50.620
C1405601	改性乳化沥青	kg	2.60	30.000	30.000
C1522006	聚氨酯甲料	kg	11.80	5.420	5.420
C1522007	聚氨酯乙料	kg	11.80	8.130	8.130
C1573004	煤气(液化石油气)	kg	4.30	22.000	26.000

A.7.3.2 涂膜防水

工作内容：清理基层、刷涂料。

单位：100 m²

定额编号				01070142	01070143	01070144	01070145
项目				苯乙烯涂料二遍防水		刷冷底子油防水	
				平面	立面	第一遍	第二遍
参考基价（元）				337.74	346.06	245.84	173.48
编码	名称	单位	单价(元)	数量			
R0102001	建筑综合工日(二类)	工日	26.00	2.21	2.21	1.57	1.33
P030059	冷底子油 30：70	100 kg	415.10	—	—	0.480	—
P030060	冷底子油 50：50	100 kg	365.50	—	—	—	0.360
C1521501	苯乙烯涂料	kg	5.55	50.500	52.000	—	—
C0321401	木柴	kg	0.35	—	—	16.500	20.900

工作内容：1. 焦油玛碲脂、塑料油膏：配制涂刷冷底子油，熬制玛碲脂或油膏。

2. 氯偏共聚乳液，成品涂刷。

单位：100 m²

定额编号				01070146	01070147	01070148
项目				焦油玛碲脂防水	塑料油膏防水	氯偏共聚乳胶防水
				涂刷厚度遍数		
				3 mm	二遍	三遍
参考基价（元）				817.05	850.28	220.83
编码	名称	单位	单价(元)	数量		
R0102001	建筑综合工日(二类)	工日	26.00	3.53	2.12	1.63
P030059	冷底子油 30：70	100 kg	415.10	0.480	—	—
C1550801	焦油玛碲脂	m³	1481.40	0.320	—	—
C0321401	木柴	kg	0.35	148.500	182.160	—
C1340001	塑料油膏	kg	1.25	—	585.120	—
C1543005	氯偏共聚乳液	kg	8.30	—	—	21.000
C1571010	磷酸三钠溶液 10%	kg	2.10	—	—	0.590
C1570002	聚乙烯醇溶液 10%	kg	3.06	—	—	0.950

工作内容：1. 聚氨酯：涂刷底胶及附加层，刷聚氨酯两道，并盖石碴保护层(或刚性连接层)。

2. 刷聚氨酯涂层。

单位：100 m^2

定额编号				01070149	01070150
项目				聚氨脂防水二遍	聚氨脂防水
				2 mm 厚	每增减 1 mm
参考基价（元）				3529.95	1381.14
编码	名称	单位	单价(元)	数量	
R0102001	建筑综合工日(二类)	工日	26.00	6.66	2.45
C1570302	二甲苯	kg	7.00	12.960	4.850
C0408101	石渣	m^3	28.00	0.310	—
C1522006	聚氨酯甲料	kg	11.80	107.640	42.720
C1522007	聚氨酯乙料	kg	11.80	168.410	66.050

附注：1. 聚氨酯如果掺缓凝剂，应增加磷酸 0.30 kg；如果掺促凝剂应增加二月桂酸二丁基锡 0.25 kg。

2. 如立面涂刷聚氨酯，人工增加 25%，其他不变。

工作内容：熬制石油沥青，配制冷底子油，刷冷底子油一遍、涂刷沥青。

单位：100 m^2

定额编号				01070151	01070152	01070153
项目				石油沥青防水一遍		
				平面	混凝土抹灰面立面	砖墙立面
参考基价（元）				707.37	745.61	810.04
编码	名称	单位	单价(元)	数量		
R0102001	建筑综合工日(二类)	工日	26.00	1.87	2.25	2.54
P030059	冷底子油 30∶70	100 kg	415.10	0.480	0.480	0.480
C1406002	石油沥青 60～100#	kg	2.30	186.560	198.220	221.540
C0321401	木柴	kg	0.35	86.900	91.330	100.600

工作内容：熬制沥青、刷沥青一遍。

单位：100 m^2

定额编号				01070154	01070155	01070156
项目				每增加石油沥青一遍		
				平面	混凝土抹灰面立面	砖墙立面
参考基价（元）				369.37	419.89	477.43
编码	名称	单位	单价(元)	数量		
R0102001	建筑综合工日(二类)	工日	26.00	0.66	0.88	1.03
C1406002	石油沥青 60～100#	kg	2.30	144.430	163.240	186.560
C0321401	木柴	kg	0.35	57.200	61.600	61.600

工作内容：1. 配制涂刷冷底子油一遍，熬制石油沥青玛碲脂。

2. 涂刷石油沥青玛碲脂一遍。

单位：100 m^2

定额编号				01070157	01070158	01070159
项目				刷石油沥青玛碲脂防水一遍		
				平面	混凝土抹灰面立面	砖墙立面
参考基价（元）				633.10	795.80	865.74
编码	名称	单位	单价（元）	数量		
R0102001	建筑综合工日（二类）	工日	26.00	1.77	2.29	2.58
P030054	石油沥青玛碲脂	m^3	1977.12	0.180	0.250	0.280
P030059	冷底子油 30：70	100 kg	415.10	0.480	0.480	0.480
C0321401	木柴	kg	0.35	91.300	122.100	130.900

工作内容：熬制石油沥青玛踏脂，涂刷石油沥青玛碲脂一遍。

单位：100 m^2

定额编号				01070160	01070161	01070162
项目				每增加一遍石油沥青玛碲脂		
				平面	混凝土抹灰面立面	砖墙立面
参考基价（元）				336.07	362.32	408.58
编码	名称	单位	单价（元）	数量		
R0102001	建筑综合工日（二类）	工日	26.00	0.69	0.88	1.02
P030054	石油沥青玛碲脂	m^3	1977.12	0.150	0.160	0.180
C0321401	木柴	kg	0.35	61.600	66.000	74.800

工作内容：1. 清理基层，调配涂料，铺贴附加层。

2. 贴布（聚酯布或玻璃纤维布）、刷涂料（最后两遍掺水泥作保护层）。

单位：100 m^2

定额编号				01070163	01070164	01070165	01070166
项目				水乳型普通乳化沥青涂料		水乳型水性石棉质沥青涂料	
				二布三涂		一布二涂	
				平面	立面	平面	立面
参考基价（元）				1039.56	1207.78	3305.48	3414.42
编码	名称	单位	单价（元）	数量			
R0102001	建筑综合工日（二类）	工日	26.00	9.60	16.07	7.33	11.52
C1384001	聚脂布 100 g/m^2	m^2	1.80	243.040	243.040	—	—
C1405101	普通乳化沥青（水乳型）	kg	1.34	260.000	260.000	—	—
C0201001	水泥 32.5 MPa	t	292.00	0.014	0.014	0.061	0.061
C1240201	网格玻璃纤维布	m^2	3.48	—	—	124.910	124.910
C1405301	水性石棉质沥青（水乳型）	kg	3.20	—	—	832.000	832.000

工作内容：1. 清理基层，调配涂料，贴附加层。

2. 刷涂料(最后两遍掺水泥作保护层)、贴聚酯布。　　单位：100 m²

定额编号				01070167	01070168	01070169	01070170
项目				水乳型再生胶沥青聚酯布防水			
				二布三涂		每增一布二涂	
				平面	立面	平面	立面
参考基价(元)				1341.16	1509.38	573.77	590.93
编码	名称	单位	单价(元)	数量			
R0102001	建筑综合工日(二类)	工日	26.00	9.60	16.07	3.89	4.55
C1384001	聚脂布 100 g/m²	m²	1.80	243.040	243.040	118.130	118.130
C1405201	再生胶沥青(水乳型)	kg	2.50	260.000	260.000	104.000	104.000
C0201001	水泥 32.5 MPa	t	292.00	0.014	0.014	—	—

工作内容：1. 清理基层，调配涂料，贴附加层。

2. 刷涂料(最后两遍掺水泥作保护层)、贴聚酯布。　　单位：100 m²

定额编号				01070171	01070172	01070173	01070174
项目				水乳型阴离子合成胶乳化沥青聚酯布防水			
				一布二涂		每增一布一涂	
				平面	立面	平面	立面
参考基价(元)				960.60	1069.54	719.37	736.53
编码	名称	单位	单价(元)	数量			
R0102001	建筑综合工日(二类)	工日	26.00	7.33	11.52	3.89	4.55
C1384001	聚脂布 100 g/m²	m²	1.80	124.910	124.910	118.130	118.130
C1405401	阴离子合成胶乳沥青(水乳)	kg	2.60	208.000	208.000	156.000	156.000
C0201001	水泥 32.5 MPa	t	292.00	0.015	0.015	—	—

工作内容：同前。　　单位：100 m²

定额编号				01070175	01070176	01070177	01070178
项目				水乳型阳离子氯丁胶乳化沥青聚酯布防水			
				一布二涂		每增一布一涂	
				平面	立面	平面	立面
参考基价(元)				1056.28	1165.22	791.13	808.29
编码	名称	单位	单价(元)	数量			
R0102001	建筑综合工日(二类)	工日	26.00	7.33	11.52	3.89	4.55
C1384001	聚脂布 100 g/m²	m²	1.80	124.910	124.910	118.130	118.130
C1405501	阳离子氯丁胶乳沥青(水乳)	kg	3.06	208.000	208.000	156.000	156.000
C0201001	水泥 32.5 MPa	t	292.00	0.015	0.015	—	—

工作内容：同前。 单位：100 m^2

定　额　编　号				01070179	01070180	01070181	01070182
项　目				溶剂型再生胶沥青聚酯布防水			
				二布三涂		每增一布一涂	
				平面	立面	平面	立面
参 考 基 价 （元）				1472.91	1641.13	703.77	720.93
编　码	名　称	单位	单价(元)	数		量	
R0102001	建筑综合工日(二类)	工日	26.00	9.60	16.07	3.89	4.55
C1384001	聚脂布 100 g/m^2	m^2	1.80	243.040	243.040	118.130	118.130
C1405202	再生胶沥青(溶剂型)	kg	2.50	312.000	312.000	156.000	156.000
C0201001	水泥 32.5 MPa	t	292.00	0.020	0.020	—	—

A.7.3.3　砂浆防水

工作内容：清理基层、调制砂浆，抹水泥砂浆。 单位：100 m^2

定　额　编　号				01070183	01070184	01070185	01070186
项　目				防水砂浆防水			
				20 mm 厚		25 mm 厚	
				平面	立面	平面	立面
参 考 基 价 （元）				830.00	953.24	979.53	1102.77
编　码	名　称	单位	单价(元)	数		量	
R0102001	建筑综合工日(二类)	工日	26.00	9.22	13.96	9.22	13.96
P020003	水泥砂浆 1∶2	m^3	207.03	2.040	2.040	2.550	2.550
C1572003	防水粉	kg	2.60	55.000	55.000	70.130	70.130
C1801001	水	m^3	1.97	3.800	3.800	3.800	3.800
J06010601	灰浆搅拌机[拌筒容量 200 L]	台班	51.31	0.34	0.34	0.43	0.43

工作内容：1. 清理基层、调制砂浆，抹水泥砂浆。

2. 筛砂、炒砂、加灰、喷浆及养护。 单位：100 m^2

定　额　编　号				01070187	01070188	01070189
项　目				五层做法防水		压力水泥喷浆井壁
				平　面	立　面	
参 考 基 价 （元）				996.27	1134.21	3053.54
编　码	名　称	单位	单价(元)	数		量
R0102001	建筑综合工日(二类)	工日	26.00	17.43	22.64	41.60
P020003	水泥砂浆 1∶2	m^3	207.03	1.212	1.224	—
P020029	素水泥浆	m^3	443.99	0.610	0.610	—
C1572003	防水粉	kg	2.60	—	—	133.000
C1801001	水	m^3	1.97	3.800	3.800	14.000
C0201001	水泥 32.5 MPa	t	292.00	—	—	4.420
C0404000	砂(综合)	m^3	39.00	—	—	5.700
J06010601	灰浆搅拌机[拌筒容量 200 L]	台班	51.31	0.27	0.27	—
J10020104	电动空气压缩机[排气量 3 m^3/min]	台班	142.51	—	—	0.50
J12330101	喷射机[HP2V-5]	台班	28.72	—	—	0.50

A.7.3.4 变形缝

A.7.3.4.1 填缝

工作内容：1. 油浸麻丝：熬制沥青，调配沥青麻丝、填塞沥青麻丝。

2. 油浸木丝板：熬沥青，浸木丝板，油浸木丝板嵌缝。

3. 玛碲脂：熬玛碲脂，玛碲脂灌缝。

单位：100 m

定额编号				01070190	01070191	01070192	01070193
项目				油浸麻丝填缝		油浸木丝板	玛碲脂
				平面	立面	填缝	
参考基价（元）				925.81	1021.23	977.82	1191.48
编码	名称	单位	单价(元)	数量			
R0102001	建筑综合工日(二类)	工日	26.00	7.52	11.19	5.87	6.66
P030054	石油沥青玛碲脂	m^3	1977.12	—	—	—	0.480
C1406002	石油沥青 60～100#	kg	2.30	216.240	216.240	163.240	—
C1811201	麻丝	kg	3.60	55.080	55.080	—	—
C0321401	木柴	kg	0.35	99.000	99.000	61.000	198.000
C0330801	木丝板	m^2	28.00	—	—	15.300	—

工作内容：1. 石灰麻刀：调制石灰麻刀，石灰麻刀嵌缝、缝上贴二毡二油条一层。

2. 建筑油膏、沥青砂浆：熬制油膏、沥青、拌和沥青砂浆，沥青砂浆或建筑油膏嵌缝。

单位：100 m

定额编号				01070194	01070195	01070196	01070197
项目				石灰麻刀填缝		建筑油膏	沥青砂浆
				平面	立面	填缝	
参考基价（元）				763.55	788.77	312.00	588.85
编码	名称	单位	单价(元)	数量			
R0102001	建筑综合工日(二类)	工日	26.00	6.95	7.92	5.56	6.58
P030002	普通沥青砂浆 1∶2∶6	m^3	725.97	—	—	—	0.480
C1407101	石油沥青油毡 350#	m^2	2.55	17.000	17.000	—	—
C0403001	生石灰	kg	0.20	180.000	180.000	—	—
C1811301	麻刀	kg	3.20	108.000	108.000	—	—
C0321401	木柴	kg	0.35	24.000	24.000	27.000	198.000
C1406002	石油沥青 60～100#	kg	2.30	65.000	65.000	—	—
C1410101	建筑油膏	kg	1.80	—	—	87.770	—

A.7.3.4.2 止水带

工作内容：1. 贴氯丁橡胶片：清理用乙酸乙酯洗缝、隔纸、用氯丁胶粘剂贴氯丁橡胶片，最后在氯丁橡胶片上涂胶铺砂。

2. 紫铜板止水带：铜板剪裁，焊接成型，铺设。

3. 聚氯乙烯胶泥：清缝、水泥砂浆勾缝、垫牛皮纸，熬灌聚氯乙烯胶泥。

单位：100 m

定额编号				01070198	01070199	01070200
项目				氯丁橡胶片	预埋式紫铜板	聚氯乙烯胶泥
				止水带		
参考基价（元）				1692.27	37814.15	379.68
编码	名称	单位	单价(元)	数量		
R0102001	建筑综合工日(二类)	工日	26.00	3.58	26.43	7.56
P030080	聚氯乙烯胶泥	m^3	1908.98	—	—	0.064
P020003	水泥砂浆 1∶2	m^3	207.03	—	—	0.060
C1357001	氯丁橡胶片 $\phi2$ mm	m^2	16.22	31.820	—	—
C1551201	乙酸乙酯	kg	6.72	23.000	—	—
C1543003	氯丁橡胶浆	kg	12.75	60.580	—	—
C1551301	三异氰酸酯	kg	15.66	9.090	—	—
C0201001	水泥 32.5 MPa	t	292.00	0.009	—	—
C1805401	牛皮纸	张	0.91	5.910	—	53.320
C0404201	绿豆砂	m^3	36.00	0.160	—	—
C0162101	紫铜板 2 mm 厚	kg	45.00	—	810.900	—
C1739801	铜焊条	kg	38.00	—	14.300	—
J07040106	剪板机[厚度×宽度 20×2500 mm]	台班	212.12	—	0.11	—
J09010102	交流电弧焊机[容量 30 kVA]	台班	99.62	—	0.70	—

工作内容：1. 清理基层、刷底胶，缝上粘贴 350 mm 宽一布二涂氯丁胶贴玻璃纤维布。

2. 在缝中心贴 150 mm 宽一布二涂氯丁胶玻璃布。

3. 止水片干后，表面涂胶并粘粒砂。

单位：100 m

定额编号				01070201	01070202
项目				涂刷式一布二涂氯丁胶贴玻璃纤维布止水带	
				湿基层	干基层
参考基价（元）				3214.64	2621.62
编码	名称	单位	单价(元)	数量	
R0102001	建筑综合工日(二类)	工日	26.00	4.88	4.88
C1551201	乙酸乙酯	kg	6.72	15.310	15.310
C0404201	绿豆砂	m^3	36.00	0.180	0.180
C1240100	玻璃纤维布	m^2	3.48	95.200	95.200
C1543004	氯丁橡胶浆液	kg	12.75	116.940	135.980
C1551301	三异氰酸酯	kg	15.66	17.540	20.400
C0201001	水泥 32.5 MPa	t	292.00	0.007	0.003
C1550002	600# 环氧树脂	kg	54.00	14.420	—
C1570101	300# 低分子聚酰胺	kg	34.97	2.880	—

工作内容：1. 橡胶、塑料预埋式止水带：止水带制作，接头及安装。

2. 钢板止水带：钢板剪裁，焊接成型，铺设。　　单位：100 m

定额编号				01070203	01070204	01070205
项目				预埋式止水带		钢板止水带
				橡胶	塑料	
参考基价（元）				2353.67	2274.92	4390.60
编码	名称	单位	单价(元)	数量		
R0102001	建筑综合工日(二类)	工日	26.00	11.00	11.00	21.16
C1358001	橡胶止水带	m	18.45	105.000	—	—
C1550003	E44 环氧树脂	kg	26.40	3.040	3.040	—
C1570407	乙二胺	kg	25.00	0.240	0.240	—
C1570401	丙酮	kg	9.00	3.040	3.040	—
C1570301	甲苯	kg	7.00	2.400	2.400	—
C1338001	塑料止水带	m	17.70	—	105.000	—
C0112028	薄钢板 0.5～4 mm	t	3801.33	—	—	0.940
C1739001	电焊条	kg	7.71	—	—	20.720
C1850101	其他材料费占材料费	%	—	—	—	0.385
J07040106	剪板机[厚度×宽度 20×2500 mm]	台班	212.12	—	—	0.11
J09010102	交流电弧焊机[容量 30 kVA]	台班	99.62	—	—	0.70

A.7.3.4.3 盖缝

工作内容：1. 木板盖面：平面板材加工，板缝一侧涂胶粘合；立面，埋木砖，钉木盖板。

2. 铁皮盖面：平面(屋面)埋木砖，钉木条，木条上钉铁皮；立面埋木砖，木砖上钉铁皮。　单位：100 m

定额编号				01070206	01070207	01070208	01070209
项目				木板盖板		铁皮盖板	
				平面	立面	平面	立面
参考基价（元）				647.22	1244.59	3293.24	2182.36
编码	名称	单位	单价(元)	数量			
R0102001	建筑综合工日(二类)	工日	26.00	3.89	12.19	13.43	10.58
C0301001	一等杉木板枋材(综合)	m^3	860.00	0.612	0.655	0.999	—
C1530605	粘结剂 XY508	kg	13.00	1.520	—	—	—
C0302001	二等杉木板枋材(综合)	m^3	830.00	—	0.432	0.150	0.301
C1728001	铁钉(综合)	kg	3.20	—	1.810	2.100	0.700
C0133002	镀锌铁皮 24# 0.55 mm 厚	m^2	29.75	—	—	62.540	53.000
C1739301	焊锡	kg	16.50	—	—	4.060	3.440
C1560001	防腐油	kg	1.10	—	—	6.760	5.310
C1571103	盐酸 31%	kg	0.80	—	—	0.860	0.740
C0321301	木炭	kg	1.00	—	—	18.020	15.270

附注：木板盖缝断面为 25 mm×200 mm。

工作内容：制作、安装钢板。　　单位：100 m

定额编号				01070210
项目				钢板盖缝
参考基价（元）				6499.24
编码	名称	单位	单价(元)	数量
R0102001	建筑综合工日(二类)	工日	26.00	11.92
C0112029	中厚钢板 4.1～20 mm	t	3547.75	1.664
C1738301	氧气	m^3	3.35	43.300
C1738201	乙炔气	m^3	7.07	18.830
C1406002	石油沥青 60～100#	kg	2.30	3.340

工作内容：铝板、不锈钢板加工，盖缝板安装。 单位：100 m

定额编号				01070211	01070212	01070213	01070214
项目				外墙变形缝盖缝			
				铝板 1.5 厚		不锈钢板 1.0 厚	
				缝宽(mm 以内)			
				50	100	50	100
参考基价(元)				2530.53	3003.13	3836.67	4576.25
编码	名称	单位	单价(元)	数量			
R0102001	建筑综合工日(二类)	工日	26.00	8.27	8.68	8.27	8.68
C0730000	铝板(综合)	kg	21.00	106.400	128.250	—	—
C1714001	膨胀螺丝 M5×50	百个	10.20	6.800	6.800	6.800	6.800
C0170005	不锈钢板 1 mm	m^2	142.00	—	—	24.890	30.000
C1850101	其他材料费占材料费	%	—	0.510	0.537	0.497	0.49

工作内容：同前。 单位：100 m

定额编号				01070215	01070216	01070217	01070218
项目				内墙变形缝盖缝		顶棚变形缝盖缝	
				铝板	不锈钢板	铝板	不锈钢板
				1.5 厚	1 厚	1.5 厚	1.0 厚
				缝宽 100 mm 以内			
参考基价(元)				3538.64	5465.89	3631.26	5558.42
编码	名称	单位	单价(元)	数量			
R0102001	建筑综合工日(二类)	工日	26.00	8.68	8.68	9.56	9.56
C0730000	铝板(综合)	kg	21.00	156.980	—	156.980	—
C0170005	不锈钢板 1 mm	m^2	142.00	—	36.720	—	36.720
C1714001	膨胀螺丝 M5×50	百个	10.20	—	—	6.800	6.800
C1850101	其他材料费占材料费	%	—	0.497	0.498	0.498	0.497

工作内容：1. 楼面变形缝：铝板、塑料硬板加工，预埋铁件，盖缝板安装。

2. 屋面变形缝：预制混凝土盖板制安，铝板、不锈钢板加工，盖缝板安装，砂浆抹面。 单位：100 m

定额编号				01070219	01070220	01070221	01070222
项目				楼面变形缝盖缝		屋面变形缝盖缝	
				铝板	塑料硬板	铝板	不锈钢板
				3 厚	5 厚	0.8 厚	1 厚
				缝宽 150 mm 内		缝宽 100 mm 内	
参考基价(元)				5709.18	2135.29	2914.83	5809.63
编码	名称	单位	单价(元)	数量			
R0102001	建筑综合工日(二类)	工日	26.00	13.58	13.58	24.70	24.70
P020004	水泥砂浆 1∶2.5	m^3	191.64	—	—	1.248	—
C0112101	钢纹板 4～8	t	3564.00	0.008	0.001	—	—
C0730000	铝板(综合)	kg	21.00	194.850	—	82.560	—
C1310001	塑料板	m^2	24.60	—	22.790	—	—
C0112202	镀锌钢板 0.45 mm	t	5600.00	0.137	0.137	—	—
C1714007	膨胀螺栓 M8×80	套	0.65	680.000	680.000	—	—
C0170005	不锈钢板 1 mm	m^2	142.00	—	—	—	36.210
C0201001	水泥 32.5 MPa	t	292.00	—	—	0.632	—
C0404002	中砂	m^3	39.00	—	—	1.087	—
C0405101	碎石 5～10 mm	m^3	43.00	—	—	1.415	—
C1801001	水	m^3	1.97	—	—	0.345	—
C1850101	其他材料费占材料费	%	—	0.498	0.497	0.497	0.498

三十二、贵州省建筑工程计价定额

（2004年定额防水工程部分）

关于发布《贵州省建筑工程计价定额》(2004版)、《贵州省装饰装修工程计价定额》(2004版)、《贵州省安装工程计价定额》(2004版)、《贵州省市政工程计价定额》(2004版)、《贵州省园林绿化及仿古建筑工程计价定额》(2004版)的通知

（黔建办通[2005]36号）

各市(州、地)建设局(城管局、园林绿化局)、发改委、财政局、审计局、物价局,各有关单位:

为适应我省建筑市场发展的需要,按照《建设工程工程量清单计价规范》(GB 50500—2003)和建设部,财政部《关于印发〈建筑安装工程费用项目组成〉的通知》(建标[2003]206号)要求,省建设厅、省发改委、省财政厅、省审计厅、省物价局共同组成了贵州省工程计价定额编制领导小组,审查通过了由贵州省建设工程造价管理总站编制的《贵州省建筑工程计价定额》(2004版)、《贵州省装饰装修工程计价定额》(2004版)、《贵州省安装工程计价定额》(2004版)、《贵州省市政工程计价定额》(2004版)及《贵州省园林绿化及仿古建筑工程计价定额》(2004版)(以下简称新计价依据),现予发布,自2005年4月1日起施行。2005年4月1日以后新开工的工程不再执行《1998年贵州省建筑工程预算定额》、《全国统一定装工程预算定额1995年贵州常用定额项目及基价》、《1995年贵州省安装工程费用定额》、《市政工程预算定额贵阳地区估价表》、《贵阳地区一九九二年市政工程间接费用定额》。

新计价依据适用于工程量清单计介及定额计价,其消耗量是完成规定计量单位分项工程合格产品所需的社会平均消耗量。新计价依据是编制投资估算、设计概算、施工图预算、招标标底、工程量清单控制价、工程结算、调解处理工程造价纠纷、鉴定及控制工程造价的依据,是衡量投标报价合理性的基础,并供施工企业投标报价参考。为切实抓好新计价依据的实施工作,特提出如下规定,请一并贯彻落实:

一、2005年4月1日前已发出招标文件或已签订施工合同的单位工程,其计价办法可继续按招标文件规定或合同约定执行。

二、凡全部使用国有资金或国有资金控股的大中型建设工程,自新计价依据发布施行之日起必须严格按照《建设工程工程量清单计价规范》(GB 50500—2003)的要求实施工程量清单计价。

三、对新计价依据中的人工、材料、机械台班价格及有关费率实行动态管理,材料市场信息价由全省各级造价管理机构采集,经贵州省建设工程造价管理总站综合、整理后发布。

四、新计价依据中的人工单价、材料预算价格、机械台班单价及费用标准为2004年贵阳地区基期价。除贵阳地区外,各市、州、地可根据当地实际情况进行测算,并将其测算结果及调

整意见报贵州省建设工程造价管理总站核准后执行。

新计价依据发布后，各市、州、地建设行政主管部门以及建设工程造价管理机构要加强对工程造价的监督、管理，新计价依据执行中遇到的问题应及时以书面形式向贵州省建设工程造价管理总站反映。

新计价依据由贵州省建设工程造价管理总站负责解释。

贵州省建设厅

贵州省发展和改革委员会

贵州省财政厅

贵州省审计厅

贵州省物价局

二〇〇五年一月二十日

A.7 屋面及防水工程

说　明

一、屋面木基层(包括檩木、屋面板、椽板、挂瓦条)的制作方法、材种取定、材料含水率的规定同 A.5 章有关说明。

二、水泥瓦、粘土瓦、小青瓦、石棉瓦、琉璃瓦、玻璃钢瓦、镀锌铁皮波纹瓦规格与定额不同时，瓦材数量可以换算，其他不变。

三、防水工程适用于楼地面、墙基、墙身、构筑物、水池、水塔及室内厕所、浴室等防水，建筑物±0.00 以下的防水、防潮工程按防水工程相应项目计算。

四、卷材屋面及防水卷材的附加层、接缝、收头、找平层的嵌缝、冷底子油或底胶剂已计入定额内，不另行算。

五、卷材防水项目中如设计要求的卷材与定额不同时，可根据卷材的类别(沥青防水卷材、高聚物改性沥青防水卷材、合成高分子防水卷材)按相应项目换算，人工费不变。

六、涂膜防水项目中如设计要求的涂膜材料不同时，可根据涂料的类别(沥青基防水涂料、高聚物改性沥青防水涂料、合成高分子防水涂料)按相应项目换算，人工费不变。

七、涂膜防水中“二布三涂”或“一布二涂”项目，其涂数是指涂料构成防水层数并非指涂刷遍数。

八、变形缝填缝

建筑油膏、聚氯乙烯胶泥断面取定为 30 mm×20 mm；油浸木丝板取定为 25 mm×150 mm；紫铜板止水带为 2 mm 厚，展开宽 450 mm；钢板止水带 1.5 mm 厚，400 mm 宽；氯丁橡胶宽 300 mm；其余均为 150 mm×30 mm。如设计断面不同时，用料可以换算，其他不变。

九、盖缝

木板盖缝断面为 200 mm×25 mm，如设计断面不同时，用料可以换算，人工不变。

十、屋面排水管(水落管)零配件已综合在排水管(水落管)项目内，不另计算。

十一、铁皮排水项目中的铁皮咬口、卷边、搭接等已计入定额项目内，不另计算。

工程量计算规则

一、檩木工程量计算

檩木按竣工木料以立方米计算。简支檩长度按设计规定计算，如设计无规定时，按屋架或山墙中距增加 200 mm 计算。如两端出山，檩条长度算至博风板；连续檩条的长度按设计长度计算，其接头长度按全部连续檩木总长度的 5%计算。檩条托木已计入相应的檩木制作安装项目中，不另计算。

二、屋面木基层工程量计算

屋面木基层，按屋面的斜面积计算。天窗挑檐重叠部分按设计规定计算，屋面烟囱及斜沟部分所占面积不扣除。

三、瓦屋面、型材屋面工程量计算

瓦屋面、型材屋面（包括挑檐部分）按设计图示尺寸以斜面积计算。也可按屋面的水平投影面积乘以屋面坡度系数以平方米计算。不扣除房上烟囱、风帽底座、风道、屋面小气窗、斜沟等所占面积，屋面小气窗的出檐部分不增加面积。

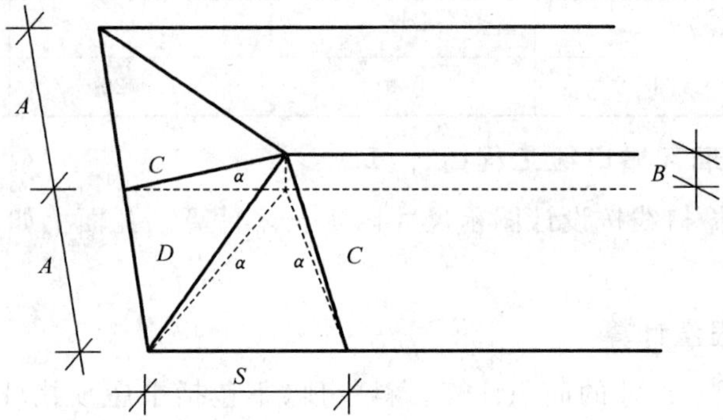

注：1. 两坡排水屋面面积为屋面水平投影面积乘以延尺系数 C；

2. 四坡排水屋面斜脊长度 $=A\times D$（当 $S=A$ 时）；

3. 沿山墙泛水长度 $=A\times C$。

（C：延尺系数；D：隅延尺系数）

表 7-1　屋面坡度系数表

坡度 $B(A=1)$	坡度 $B/2A$	坡度 角度（α）	延尺系数 C （$A=1$）	隅延尺系数 D （$A=1$）
1	1/2	45°	1.4142	1.7321
0.75		36°52′	1.2500	1.6008
0.7		35°	1.2207	1.5779
0.666	1/3	33°40′	1.2015	1.5620
0.65		33°01′	1.1926	1.5564
0.6		30°58′	1.1662	1.5362

续表

坡度 $B(A=1)$	坡度 $B/2A$	坡度 角度(α)	延尺系数 C ($A=1$)	隅延尺系数 D ($A=1$)
0.577		30°	1.1547	1.5270
0.55		28°49′	1.1413	1.5170
0.5	1/4	26°34′	1.1180	1.5000
0.45		24°14′	1.0966	1.4839
0.4	1/5	21°48′	1.0770	1.4697
0.35		19°17′	1.0594	1.4569
0.3		16°42′	1.0440	1.4457
0.25		14°02′	1.0308	1.4362
0.2	1/10	11°19′	1.0198	1.4283
0.15		8°32′	1.0112	1.4221
0.125		7°8′	1.0078	1.4191
0.100	1/20	5°42′	1.0050	1.4177
0.083		4°45′	1.0035	1.4166
0.066	1/30	3°49′	1.0022	1.4157

四、琉璃瓦脊、琉璃瓦檐口线工程量计算

琉璃瓦脊、琉璃瓦檐口线按设计图示尺寸以延长米计算。瓦面上如设计要求安装饰件时，另行计算。

五、卷材屋面工程量计算

卷材屋面按设计图示尺寸的面积计算。斜屋顶(不包括平屋顶找坡)按斜面积计算，平屋顶按水平投影面积计算。也可按屋面的水平投影面积乘以规定的坡度系数以平方米计算。不扣除房上烟囱、风帽底座、风道、屋面小气窗、斜沟等所占面积，屋面的女儿墙、伸缩缝和天窗等处的弯起部分，按图示尺寸并入屋面工程量内。如图纸无规定时，伸缩缝、女儿墙的弯起部分可按 250 mm 计算，天窗弯起部分可按 500 mm 计算。

六、涂膜屋面工程量计算

涂膜屋面的工程量计算同卷材屋面。涂膜屋面的油膏嵌缝、玻璃布盖缝、屋面分格缝，以延长米计算。

七、屋面刚性防水

屋面刚性防水按设计图示尺寸以面积计算，不扣除房上烟囱、风帽底座、0.3 m^2 以内孔洞等所占面积。

八、屋面排水工程量计算

1. 铁皮排水按图示尺寸以展开面积计算(咬口和搭接工料已包括在定额内不另计算)。如图纸无大样者可按附加表折算。

铁皮排水单体零件面积折算表

名称	水落管	檐沟	水斗	漏斗	下水口	天沟	斜沟天窗窗台泛水	天窗侧面泛水	烟囱泛水	通气管泛水	滴水檐头泛水	滴水
单位	m		个			m						
折算面积 m^2	0.32	0.30	0.40	0.16	0.45	1.30	0.50	0.70	0.80	0.22	0.24	0.11

2. 水落管的长度，以水斗的下口管至设计室外地坪上表面和垂直距离计算。

九、防水工程工程量计算

1. 建筑物地面防水、防潮层，按主墙间净空面积计算，扣除凸出地面的构筑物、设备基础等所占的面积，不扣除柱、垛、间壁墙、烟囱及 0.3 m^2 以内孔洞所占面积。与墙面连接处高度在 500 mm 以内者按展开面积计算，并入平面工程量内，超过 500 mm 时，按立面防水层计算。

2. 墙基防水、防潮层，外墙长度按中心线，内墙按净长乘以宽度以平方米计算。

3. 构筑物及建筑物地下室防水层，按设计图示尺寸以平方米计算，但不扣除 0.3 m^2 以内的孔洞面积。平面与立面交接处的防水层，其上卷高度超过 500 mm 时，按立面防水层计算。

4. 变形缝按设计图示以延长米计算。

A.7 屋面及防水工程

A.7.1 瓦、型材屋面

A.7.1.1 屋面木基层

工作内容：1. 制作安装檩条、檩托木（或垫木），伸入墙内部分及垫木刷防腐油。

2. 檩条上钉椽板。

单位：100 m^2

	编码	名称	单位	单价（元）	A7-1	A7-2	A7-3	A7-4
定额编号					A7-1	A7-2	A7-3	A7-4
项目					檩木		檩木上钉椽子挂瓦条	
					方木	圆木	檩木斜中距	
					（m^3）		1.5 m 内	1.0 m 内
直接工程费（元）					116.80	102.89	147.00	157.03
其中		人工费（元）			82.68	77.48	106.86	106.34
		材料费（元）			34.12	25.41	40.14	50.69
		机械使用费（元）			—	—	—	—
	编码	名称	单位	单价（元）	消耗量			
人工	11000002	综合工日	工日	26.00	3.180	2.980	4.110	4.090
材料	15000178	普通杉锯材	m^3	—	(1.175)	(0.105)	—	—
	15000177	杉原木	m^3	—	—	(1.050)	—	—
	15000179	普通松杂锯材	m^3	—	—	—	(1.049)	(0.876)
	12000185	防腐油	kg	2.50	3.890	2.850	—	—
	12000535	铁钉	kg	5.41	4.510	3.380	7.420	9.370

工作内容：屋面板制板。 单位：100 m²

定额编号					A7-5	A7-6	A7-7	A7-8
项目					屋面板制作			
					平口	错口	平口	错口
					1.5 cm 厚		1.5 cm 厚一面刨光	
直接工程费(元)					71.46	158.98	176.30	232.10
其中	人工费(元)				29.12	95.94	66.82	96.46
	材料费(元)				—	—	—	—
	机械使用费(元)				42.34	63.04	109.48	135.64
	编码	名称	单位	单价(元)	消耗量			
人工	11000002	综合工日	工日	26.00	1.120	3.690	2.570	3.710
材料	15000178	普通杉锯材	m^3	—	(1.566)	(1.695)	(1.879)	(1.921)
机械	13000094	木工平刨床 刨削宽度:450 mm	台班	23.89	1.600	1.730	—	—
	13000098	木工压刨床 宽度:三面 400 mm	台班	65.85	—	—	1.600	1.730
	13000099	木工圆锯机 直径:500 mm	台班	17.91	0.230	0.250	0.230	0.250
	13000104	木工裁口机 宽度:多面 400 mm	台班	27.80	—	0.620	—	0.620

工作内容：1. 檩条上钉屋面板。

2. 檩条上钉椽板。 单位：100 m²

定额编号					A7-9	A7-10	A7-11
项目					钉屋面板油毡挂瓦条	檩木上钉	
						屋面板	椽板
直接工程费(元)					443.87	136.95	107.36
其中	人工费(元)				144.82	113.36	74.36
	材料费(元)				299.05	23.59	33.00
	机械使用费(元)				—	—	—
	编码	名称	单位	单价(元)	消耗量		
人工	11000002	综合工日	工日	26.00	5.570	4.360	2.860
材料	15000179	普通松杂锯材	m^3	—	(0.224)	—	(0.954)
	15000556	屋面板	m^2	—	(103.300)	(103.300)	—
	12000424	石油沥青油毡 350＃	m^2	1.91	110.000	—	—
	12000535	铁钉	kg	5.41	6.410	4.360	6.100
	12000792	板条 1 000×30×8 mm	百根	25.60	2.120	—	—

A.7.1.2 瓦屋面

工作内容：1. 铺瓦。

2. 调制砂浆，安脊瓦、檐口梢头坐灰。

单位：100 m^2

定额编号					A7-12	A7-13	A7-14
项目					屋面板上或椽子挂瓦条上铺设		椽子上铺设
					水泥瓦	粘土瓦	小青瓦
直接工程费(元)					194.09	194.09	352.75
其中	人工费(元)				175.50	175.50	312.00
	材料费(元)				18.59	18.59	40.75
	机械使用费(元)				—	—	—
	编码	名称	单位	单价(元)	消耗量		
人工	11000002	综合工日	工日	26.00	6.750	6.750	12.000
材料	15000376	水泥瓦 385×235	千块	—	(1.700)	—	—
	15000372	水泥脊瓦	块	—	(28.460)	—	—
	15000378	粘土瓦 380×240	千块	—	—	(1.670)	—
	15000373	粘土脊瓦	块	—	—	(28.460)	—
	15000377	小青瓦	千块	—	—	—	(15.350)
	12000010	水泥砂浆 1∶2.5	m^3	168.99	0.110	0.110	—
	12000025	水泥石灰砂浆 1∶1∶4	m^3	131.44	—	—	0.310

工作内容：运瓦、铺瓦。

单位：100 m^2

定额编号					A7-15	A7-16	A7-17
项目					中波石棉水泥瓦		
					木檩上	钢檩上	混凝土檩上
直接工程费(元)					144.90	798.77	819.41
其中	人工费(元)				128.70	195.26	195.26
	材料费(元)				16.20	603.51	624.15
	机械使用费(元)				—	—	—
	编码	名称	单位	单价(元)	消耗量		
人工	11000002	综合工日	工日	26.00	4.950	7.510	7.510
材料	15000374	中波石棉脊瓦 780×(230×2)×6	块	—	(16.110)	(16.110)	(16.110)
	15000375	中波石棉瓦 1800×745×6	块	—	(95.659)	(95.659)	(95.659)
	12000748	麻刀石灰浆	m^3	133.73	0.020	0.020	0.020
	12000076	镀锌扁钢钢钩 3×12×300 mm	个	0.40	—	187.640	—
	12000077	镀锌扁钢钢钩 3×12×400 mm	个	0.51	—	—	187.640
	12000268	油灰	kg	0.77	2.940	2.940	2.940
	12000555	镀锌螺栓钩 6×600 mm	个	2.79	—	187.640	—
	12000556	镀锌螺栓钩 6×800 mm	个	2.79	—	—	187.640
	12000581	镀锌带垫螺钉	个	0.03	375.280	—	—

工作内容：运瓦、铺瓦。 单位：100 m²

定额编号					A7-18	A7-19	A7-20
项目					大波石棉瓦		
					木檩上	钢檩上	混凝土檩上
直接工程费(元)					128.67	940.00	949.47
其中	人工费(元)				112.06	178.36	178.36
	材料费(元)				16.61	761.64	771.11
	机械使用费(元)				—	—	—
	编码	名称	单位	单价(元)	消耗量		
人工	11000002	综合工日	工日	26.00	4.310	6.860	6.860
材料	15000473	大波石棉脊瓦 850×460	块	—	(16.110)	(16.110)	(16.110)
	15000474	大波石棉瓦 2800×994	块	—	(43.908)	(43.908)	(43.908)
	12000748	麻刀石灰浆	m³	133.73	0.030	0.030	0.030
	12000076	镀锌扁钢钢钩 3×12×300 mm	个	0.40	—	86.130	—
	12000077	镀锌扁钢钢钩 3×12×400 mm	个	0.51	—	—	86.130
	12000268	油灰	kg	0.77	2.940	2.940	2.940
	12000555	镀锌螺栓钩 6×600 mm	个	2.79	—	258.390	—
	12000556	镀锌螺栓钩 6×800 mm	个	2.79	—	—	258.390
	12000581	镀锌带垫螺钉	个	0.03	344.520	—	—

工作内容：运瓦、铺瓦、钉瓦。 单位：100 m²

定额编号					A7-21
项目					彩色压型钢板波形瓦
直接工程费(元)					1767.68
其中	人工费(元)				353.60
	材料费(元)				1414.08
	机械使用费(元)				—
	编码	名称	单位	单价(元)	消耗量
人工	11000002	综合工日	工日	26.00	13.600
材料	15000101	彩色压型钢板波形瓦	m²	—	(103.000)
	15000372	水泥脊瓦	块	—	(13.400)
	12000073	冷弯钢板挂瓦条 2 mm	m	5.40	245.200
	12000830	其他材料费	元	1.00	90.000

工作内容：1. 调制砂浆。

2. 在钢筋混凝土上铺灰、盖瓦、安装瓦筒、瓦脊、修齐瓦口边线。

3. 清扫瓦面。

单位：100 m^2

定额编号					A7-22	A7-23	A7-24
项目					琉璃瓦屋面 在混凝土屋面上	琉璃瓦檐口线 (10 m)	琉璃瓦瓦脊 (10 m)
直接工程费(元)					3126.06	127.73	180.02
其中	人工费(元)				2311.40	113.88	141.96
	材料费(元)				774.18	13.03	37.24
	机械使用费(元)				40.48	0.82	0.82
	编码	名称	单位	单价(元)	消耗量		
人工	11000002	综合工日	工日	26.00	88.900	4.380	5.460
材料	15000370	琉璃瓦片(九样)	块	—	(4630.000)	—	—
	15000371	琉璃瓦筒(九样)	块	—	(2320.000)	—	—
	15000367	琉璃满面片	块	—	—	(50.000)	—
	15000368	琉璃满面筒	块	—	—	(44.000)	—
	15000369	琉璃瓦脊	块	—	—	—	(47.000)
	12000009	水泥砂浆 1：2	m^3	183.61	2.200	0.040	0.090
	12000029	水泥混合砂浆 M5(P.O)32.5	m^3	107.88	2.200	0.040	0.090
	12000163	机制砖 240×115×53 mm	千块	210.00	—	—	0.040
	12000476	一般用途镀锌低碳钢丝 14#	kg	4.78	14.400	—	—
	02000089	水	m^3	2.00	3.200	0.030	0.040
	12000830	其他材料费	元	1.00	57.669	1.311	2.521
机械	13000069	灰浆搅拌机 拌筒容量：200 L	台班	54.70	0.740	0.015	0.015

工作内容：1. 钢檩上铺玻璃钢瓦、钉牢、安装脊瓦。

2. 在木或钢檩条上铺瓦、钻孔、安装脊瓦。

单位：100 m^2

定额编号					A7-25	A7-26	A7-27
项目					玻璃钢瓦屋面	镀锌铁皮波纹瓦屋面	
						木檩上	钢檩上
直接工程费(元)					147.01	222.34	273.58
其中	人工费(元)				132.60	43.68	54.08
	材料费(元)				14.41	178.66	219.50
	机械使用费(元)				—	—	—
	编码	名称	单位	单价(元)	消耗量		
人工	11000002	综合工日	工日	26.00	5.100	1.680	2.080
材料	15000248	玻璃钢瓦 1800×740×10	块	—	(96.390)	—	—
	15000249	玻璃钢脊瓦	块	—	(16.110)	—	—
	15000284	镀锌铁皮 0.45 mm	m^2	—	—	(4.300)	(4.300)
	15000287	镀锌铁皮波纹瓦 2000×900×0.5	m^2	—	—	(127.000)	(127.000)
	12000268	油灰	kg	0.77	2.900	—	—
	12000499	镀锌瓦楞钩	百个	53.55	—	—	4.040
	12000581	镀锌带垫螺钉	个	0.03	406.000	—	—
	12000593	瓦楞螺丝 8×40	百个	43.45	—	4.040	—
	12000830	其他材料费	元	1.00	—	3.120	3.160

A.7.1.3 型材屋面

工作内容:1. 吊装屋面板、钻孔、对位、安装防水堵头、屋脊板、涂填嵌缝等。

2. 构件检查修理、临时加固、吊装、就位、找正、螺栓固定。

3. 支架制作安装、阳光板安装、密封条、嵌缝等。 单位:100 m²

定额编号					A7-28	A7-29	A7-30
项目					彩色压型板屋面		阳光板屋面
					钢板	夹心板(芯板 50 mm)	
直接工程费(元)					726.50	1277.80	3053.94
其中	人工费(元)				357.50	601.25	1239.68
	材料费(元)				369.00	676.55	1814.26
	机械使用费(元)				—	—	—
	编码	名称	单位	单价(元)	消耗量		
人工	11000002	综合工日	工日	26.00	13.750	23.125	47.680
材料	15000080	彩色压型钢板	m²	—	(108.200)	—	—
	15000262	彩色夹心板	m²	—	—	(108.200)	—
	15000105	不锈钢方钢 50×50 mm	m	—	—	—	(147.800)
	15000564	阳光板	m²	—	—	—	(110.000)
	12000389	聚氨酯泡沫塑料	m³	700.00	0.001	0.001	—
	12000440	P 型橡胶条	m	1.50	—	—	301.300
	12000666	铝合金压条 3×30 mm	m	5.32	—	—	116.600
	12000754	密封胶	支	7.80	20.000	20.000	—
	12000756	密封胶条	m	1.50	—	—	330.000
	12000758	密封条	m	0.50	86.600	191.700	—
	12000830	其他材料费	元	1.00	169.000	424.000	247.000

A.7.2 屋面防水

A.7.2.1 屋面卷材防水

工作内容:熬制沥青玛碲脂、配制冷底子油、刷冷底子油、贴附加层、铺贴卷材收头。 单位:100 m²

定额编号					A7-31	A7-32	A7-33	A7-34
项目					石油沥青玛碲脂卷材屋面			
					二毡三油	二毡三油一砂	每增减一毡一油	干铺油毡一层
直接工程费(元)					1676.58	1902.94	378.84	32.50
其中	人工费(元)				133.12	162.76	49.66	32.50
	材料费(元)				1543.46	1740.18	329.18	—
	机械使用费(元)				—	—	—	—
	编码	名称	单位	单价(元)	消耗量			
人工	11000002	综合工日	工日	26.00	5.120	6.260	1.910	1.250
材料	15000563	石油沥青油毡 350#	m²	—	(237.940)	(237.940)	(113.770)	(113.770)
	12000057	钢筋≤ϕ10 mm	kg	3.00	5.220	5.220	—	—
	12000172	绿豆砂	m³	32.00	—	0.520	—	—
	12000221	冷底子油 30:70	kg	3.90	48.960	48.960	—	—
	12000423	石油沥青玛碲脂	m³	2104.60	0.610	0.690	0.150	—
	12000535	铁钉	kg	5.41	0.280	0.280	—	—
	12000809	木柴	kg	0.21	245.400	301.180	64.240	—

工作内容：1. 清理基层、刷基层处理剂、找平层分格缝嵌油膏、防水薄弱处刷聚氨酯涂膜附加层。

2. 屋面贴改性沥青卷材、卷材搭接处及收头嵌油膏。

单位：100 m²

定额编号					A7-35	A7-36	A7-37	A7-38	A7-39
项目					改性沥青防水卷材屋面				
					满铺	条铺	点铺	空铺	热熔单层
直接工程费(元)					906.54	758.00	754.06	682.27	713.12
其中	人工费(元)				182.52	182.52	182.52	153.66	182.52
	材料费(元)				724.02	575.48	571.54	528.61	530.60
	机械使用费(元)				—	—	—	—	—
	编码	名称	单位	单价(元)	消耗量				
人工	11000002	综合工日	工日	26.00	7.020	7.020	7.020	5.910	7.020
材料	15000594	改性沥青卷材(3 mm)	m²	—	(111.500)	(113.930)	(113.930)	(113.930)	—
	15000595	改性沥青卷材(铝箔)	m²	—	—	—	—	—	(111.500)
	12000289	改性沥青粘结剂	kg	3.90	55.750	21.970	20.960	14.260	—
	12000334	改性沥青乳胶	kg	1.90	30.000	30.000	30.000	30.000	30.000
	12000387	聚氨酯甲料	kg	8.13	8.320	8.320	8.320	8.320	8.320
	12000388	聚氨酯乙料	kg	8.77	12.480	12.480	12.480	12.480	12.480
	12000411	嵌缝油膏改性沥青	kg	3.82	33.640	33.640	33.640	33.640	33.640
	12000425	石油液化气	kg	6.00	24.000	21.200	21.200	18.400	28.000

工作内容：1. 清理基层、找平层分格缝嵌油膏、防水薄弱处刷涂膜附加层。

2. 刷底胶、铺贴卷材、接缝嵌油膏、做收头。

3. 涂刷着色剂保护层二遍。

单位：100 m²

定额编号					A7-40	A7-41	A7-42	A7-43
项目					再生橡胶卷材冷贴			
					满铺	空铺	点铺	条铺
直接工程费(元)					1950.96	1550.91	1504.86	1445.25
其中	人工费(元)				239.72	239.72	239.72	210.86
	材料费(元)				1711.24	1311.19	1265.14	1234.39
	机械使用费(元)				—	—	—	—
	编码	名称	单位	单价(元)	消耗量			
人工	11000002	综合工日	工日	26.00	9.220	9.220	9.220	8.110
材料	15000598	再生橡胶卷材	m²	—	(110.550)	(112.850)	(112.850)	(112.850)
	12000040	107 胶水泥浆	m³	243.40	0.010	0.010	0.010	0.010
	12000057	钢筋≤ϕ10 mm	kg	3.00	4.380	4.380	4.380	4.380
	12000277	乙酸乙酯	kg	16.03	5.050	5.050	5.050	5.050
	12000294	氯丁胶粘合剂	kg	15.00	49.950	23.280	20.210	18.160
	12000316	银色着色剂	kg	6.00	20.200	20.200	20.200	20.200
	02000080	二甲苯	kg	3.12	25.250	25.250	25.250	25.250
	12000387	聚氨酯甲料	kg	8.13	16.210	16.210	16.210	16.210
	12000388	聚氨酯乙料	kg	8.77	31.130	31.130	31.130	31.130
	12000409	嵌缝油膏 CSPE300 mL	支	5.16	50.280	50.280	50.280	50.280
	12000535	铁钉	kg	5.41	0.230	0.230	0.230	0.230

工作内容：1. 清理基层、找平层分格缝嵌油膏、防水薄弱处刷涂膜附加层。

2. 刷底胶、铺贴卷材、接缝嵌油膏、做收头。

3. 涂刷着色剂保护层二遍。

单位：100 m²

定额编号					A7-44	A7-45	A7-46	A7-47
项目					三元乙丙橡胶卷材冷贴			
					满铺	空铺	点铺	条铺
直接工程费(元)					2025.90	1499.42	1542.89	1579.23
其中	人工费(元)				239.72	239.72	239.72	210.86
	材料费(元)				1786.18	1259.70	1303.17	1368.37
	机械使用费(元)				—	—	—	—
	编码	名称	单位	单价(元)	消耗量			
人工	11000002	综合工日	工日	26.00	9.220	9.220	9.220	8.110
材料	15000597	三元乙丙橡胶卷材	m²	—	(110.550)	(112.850)	(112.850)	(112.850)
	12000040	107胶水泥浆	m³	243.40	0.010	0.010	0.010	0.010
	12000057	钢筋≤ϕ10 mm	kg	3.00	4.380	4.380	4.380	4.380
	12000277	乙酸乙酯	kg	16.03	5.050	5.050	5.050	5.050
	12000285	CY-404粘结剂	kg	16.98	40.400	7.890	10.450	14.290
	12000292	丁基粘结剂	kg	11.15	9.560	11.850	11.850	11.850
	12000316	银色着色剂	kg	6.00	20.200	20.200	20.200	20.200
	02000080	二甲苯	kg	3.12	27.000	27.000	27.000	27.000
	12000387	聚氨酯甲料	kg	8.13	16.210	16.210	16.210	16.210
	12000388	聚氨酯乙料	kg	8.77	31.130	31.130	31.130	31.130
	12000410	嵌缝油膏CSPE330 mL	支	5.68	50.280	50.280	50.280	50.280
	12000535	铁钉	kg	5.41	0.230	0.230	0.230	0.230

工作内容：1. 清理基层、找平层分格缝嵌油膏、防水薄弱处刷涂膜附加层。

2. 刷底胶、铺贴卷材、接缝嵌油膏、做收头。

3. 涂刷着色剂保护层二遍。

单位：100 m²

定额编号					A7-48	A7-49	A7-50	A7-51
项目					氯丁橡胶卷材冷贴			
					满铺	空铺	点铺	条铺
直接工程费(元)					2166.13	1761.94	1714.97	1654.90
其中	人工费(元)				239.72	239.72	239.72	210.86
	材料费(元)				1926.41	1522.22	1475.25	1444.04
	机械使用费(元)				—	—	—	—
	编码	名称	单位	单价(元)	消耗量			
人工	11000002	综合工日	工日	26.00	9.220	9.220	9.220	8.110
材料	15000599	氯丁橡胶卷材	m²	—	(110.550)	(112.850)	(112.850)	(112.850)
	12000040	107胶水泥浆	m³	243.40	0.010	0.010	0.010	0.010
	12000057	钢筋≤ϕ10 mm	kg	3.00	4.380	4.380	4.380	4.380
	12000277	乙酸乙酯	kg	16.03	5.050	5.050	5.050	5.050
	12000286	CY-409粘结剂	kg	16.98	9.550	11.850	11.850	11.850
	12000316	银色着色剂	kg	6.00	20.200	20.200	20.200	20.200
	02000080	二甲苯	kg	3.12	27.000	27.000	27.000	27.000
	12000387	聚氨酯甲料	kg	8.13	11.660	11.660	11.660	11.660
	12000388	聚氨酯乙料	kg	8.77	17.500	17.500	17.500	17.500
	12000404	氯丁胶沥青胶液	kg	15.30	60.600	31.630	28.560	26.520
	12000410	嵌缝油膏CSPE330 mL	支	5.68	50.280	50.280	50.280	50.280
	12000535	铁钉	kg	5.41	0.230	0.203	0.230	0.230

工作内容：1. 防水柔毡：清扫基层、熔化粘胶、铺贴柔毡、收头铺撒白石子保护层。

2. 聚氯乙烯卷材铝合金压条：清扫基层、铺卷材、钉压条、射钉上嵌密封膏收头。　单位：100 m²

定额编号					A7-52	A7-53	A7-54
项目					防水柔毡热贴满铺		聚氯乙烯防水卷材铝合金压条空铺
					二胶一毡一砂	每增一胶一毡	
直接工程费(元)					6803.80	2725.51	4017.36
其中	人工费(元)				156.00	80.60	2298.40
	材料费(元)				6647.80	2644.91	1718.96
	机械使用费(元)				—	—	—
	编码	名称	单位	单价(元)	消耗量		
人工	11000002	综合工日	工日	26.00	6.000	3.100	88.400
材料	15000299	防水柔毡	m²	—	(126.150)	(110.150)	—
	15000596	PVC防水卷材	m²	—	—	—	(130.000)
	12000040	107胶水泥浆	m³	243.40	0.010	—	—
	12000057	钢筋≤ϕ10 mm	kg	3.00	4.380	—	—
	02000028	白石子	kg	0.19	772.500	—	—
	12000277	乙酸乙酯	kg	16.03	5.050	—	—
	12000280	粘胶	kg	8.20	730.820	320.240	—
	02000080	二甲苯	kg	3.12	25.250	—	—
	12000362	303胶	kg	16.80	—	—	45.000
	12000410	嵌缝油膏CSPE330 mL	支	5.68	50.280	—	—
	12000535	铁钉	kg	5.41	0.230	—	—
	12000610	射钉	百个	15.76	—	—	5.270
	12000666	铝合金压条3×30 mm	m	5.32	—	—	105.000
	12000734	密封膏	支	5.00	—	—	13.000
	12000809	木柴	kg	0.21	219.820	90.200	—
	12000830	其他材料费	元	1.00	—	—	256.303

工作内容：1. 清理基层、找平层分格缝嵌油膏、防水薄弱处刷涂膜附加层。

2. 刷底胶、铺贴卷材、接缝嵌油膏、做收头。

3. 涂刷着色剂保护层二遍。　单位：100 m²

定额编号					A7-55	A7-56	A7-57	A7-58
项目					氯化聚乙烯—橡胶共混卷材冷贴			
					满铺	空铺	点铺	条铺
直接工程费(元)					2084.41	1659.72	1611.42	1550.22
其中	人工费(元)				239.72	239.72	239.72	210.86
	材料费(元)				1844.69	1420.00	1371.70	1339.36
	机械使用费(元)				—	—	—	—
	编码	名称	单位	单价(元)	消耗量			
人工	11000002	综合工日	工日	26.00	9.220	9.220	9.220	8.110
材料	15000601	氯化聚乙烯—橡胶共混卷材	m²	—	(110.550)	(112.850)	(112.850)	(112.850)
	12000040	107胶水泥浆	m³	243.40	0.010	0.010	0.010	0.010
	12000057	钢筋≤ϕ10 mm	kg	3.00	4.380	4.380	4.380	4.380
	12000277	乙酸乙酯	kg	16.03	5.050	5.050	5.050	5.050
	12000291	BX-12粘结剂	kg	14.00	45.450	12.860	9.410	7.100
	12000316	银色着色剂	kg	6.00	20.200	20.200	20.200	20.200
	12000351	BX-12乙组份880 mL	瓶	11.00	11.940	14.810	14.810	14.810
	02000080	二甲苯	kg	3.12	27.000	27.000	27.000	27.000
	12000387	聚氨酯甲料	kg	8.13	11.660	11.660	11.660	11.660
	12000388	聚氨酯乙料	kg	8.77	17.500	17.500	17.500	17.500
	12000397	氯丁胶乳	kg	13.20	18.180	18.180	18.180	18.180
	12000410	嵌缝油膏CSPE300 mL	支	5.68	50.280	50.280	50.280	50.280
	12000535	铁钉	kg	5.41	0.230	0.230	0.230	0.230

A.7.2.2 屋面涂膜防水

工作内容：1. 油膏加热、屋面满涂油膏。

2. 油膏加热、板缝嵌油膏。

单位：100 m

定额编号					A7-59	A7-60	A7-61
项目					屋面满涂塑料油膏 4 mm （100 m^2）	塑料油膏嵌缝	
						空心板	大型屋面板
直接工程费(元)					855.72	245.06	293.44
其中	人工费(元)				74.36	86.06	86.58
	材料费(元)				781.36	159.00	206.86
	机械使用费(元)				—	—	—
	编码	名称	单位	单价(元)	消耗量		
人工	11000002	综合工日	工日	26.00	2.860	3.310	3.330
材料	12000412	塑料油膏	kg	1.27	585.120	119.070	154.910
	12000809	木柴	kg	0.21	182.160	37.070	48.220

工作内容：1. 刷冷底子油、找平层分格缝嵌油膏、贴防水附加层、铺贴玻璃纤维布。

2. 涂刷聚氨酯底胶、刷聚氨酯防水层二遍、并撒石碴保护层(或与刚性块料层的连接层)。

单位：100 m^2

定额编号					A7-62	A7-63	A7-64
项目					塑料油膏玻璃纤维布		聚氨酯涂膜防水层面
					一布二油	每增一布一油	
直接工程费(元)					2278.32	1443.87	2489.27
其中	人工费(元)				89.70	56.42	132.60
	材料费(元)				2188.62	1387.45	2356.67
	机械使用费(元)				—	—	—
	编码	名称	单位	单价(元)	消耗量		
人工	11000002	综合工日	工日	26.00	3.450	2.170	5.100
材料	02000011	石砂(中)	m^3	32.00	—	—	0.310
	02000080	二甲苯	kg	3.12	—	—	12.960
	12000375	玻璃纤维布 1.8 mm	m^2	8.50	120.450	112.180	—
	12000387	聚氨酯甲料	kg	8.13	—	—	105.550
	12000388	聚氨酯乙料	kg	8.77	—	—	165.130
	12000412	塑料油膏	kg	1.27	872.260	324.940	—
	12000809	木柴	kg	0.21	271.560	101.50	—

A.7.2.3 屋面刚性防水

工作内容：1. 清理基层、调运砂浆。

2. 混凝土搅拌、捣固、砂浆抹面、压光、养护。

单位：100 m²

定额编号					A7-65	A7-66
项目					细石混凝土屋面	
					厚 4 cm	每增减 1 cm
直接工程费(元)					539.61	46.77
其中	人工费(元)				365.82	40.30
	材料费(元)				145.08	0.35
	机械使用费(元)				28.71	6.12
	编码	名称	单位	单价(元)	消耗量	
人工	11000002	综合工日	工日	26.00	14.070	1.550
材料	15000004	普通混凝土 C20(16 mm)	m³	—	(4.040)	(1.020)
	12000005	素水泥浆	m³	137.14	0.100	—
	12000007	水泥砂浆 1∶1	m³	230.56	0.510	—
	12000830	其他材料费	元	1.00	13.780	0.345
机械	13000069	灰浆搅拌机拌筒容量:200 L	台班	54.70	0.060	—
	13000071	双锥反转混凝土搅拌机 350 L	台班	81.49	0.250	0.060
	13000073	混凝土振捣器平板式	台班	12.34	0.410	0.100

A.7.2.4 屋面排水

工作内容：1. 切管、埋管卡、找正、安装水落管、合灰、堵口等。

2. 埋设管卡箍、截管、涂胶、接口。

单位：10 m

定额编号					A7-67	A7-68	A7-69	A7-70
项目					塑料水落管		玻璃钢排水管(直径 mm)	
							单屋面排水管系统	
					ϕ110	ϕ150	ϕ110	ϕ160
直接工程费(元)					103.75	120.70	105.49	119.87
其中	人工费(元)				68.12	73.84	75.14	83.46
	材料费(元)				35.63	46.86	30.35	36.41
	机械使用费(元)				—	—	—	—
	编码	名称	单位	单价(元)	消耗量			
人工	11000002	综合工日	工日	26.00	2.620	2.840	2.890	3.210
材料	15000532	塑料落水管 ϕ110	m	—	(10.470)	—	—	—
	15000534	塑料落水管配件(综合)ϕ110	套	—	(0.700)	—	—	—
	15000533	塑料落水管 ϕ150	m	—	—	(10.100)	—	—
	15000535	塑料落水管配件(综合)ϕ150	套	—	—	(0.700)	—	—
	15000244	玻璃钢排水管 110×1500	m	—	—	—	(10.540)	—
	15000246	玻璃钢排水管配件(综合)ϕ110	套	—	—	—	(0.700)	—
	15000245	玻璃钢排水管 160×1500	m	—	—	—	—	(10.610)
	15000247	玻璃钢排水管配件(综合)ϕ160	套	—	—	—	—	(0.700)
	12000160	水泥(P.O)42.5	t	350.00	0.010	0.010	—	—
	12000523	铁件	kg	4.50	4.540	6.220	—	—
	12000553	钢膨胀螺栓 M110 mm	套	4.25	—	—	7.140	—
	12000554	钢膨胀螺栓 M160 mm	套	5.10	—	—	—	7.140
	12000830	其他材料费	元	1.00	11.700	15.368	—	—

工作内容：制作安装水落管、檐沟、泛水、水斗管。 单位：100 m^2

定额编号					A7-71	A7-72
项目					铁皮排水水落管，水斗弯头.檐沟	铁皮排水.天沟.泛水
直接工程费(元)					887.29	381.95
其中	人工费(元)				579.80	268.06
	材料费(元)				307.49	113.89
	机械使用费(元)				—	—
	编码	名称	单位	单价(元)	消耗量	
人工	11000002	综合工日	工日	26.00	22.300	10.310
材料	15000285	镀锌铁皮 0.5 mm	m^2	—	(105.800)	(104.410)
	12000523	铁件	kg	4.50	49.150	—
	12000535	铁钉	kg	5.41	0.380	2.990
	12000723	焊锡	kg	40.34	1.800	2.080
	12000830	其他材料费	元	1.00	11.643	13.805

A.7.3 墙、地面防水

A.7.3.1 卷材防水

工作内容：配制涂刷冷底子油、熬制玛碲脂、防水薄弱处贴附加层、铺贴玛碲脂卷材。 单位：100 m^2

定额编号					A7-73	A7-74	A7-75	A7-76
项目					玛碲脂卷材			
					二毡三油		每增减一毡一油	
					平面	立面	平面	立面
直接工程费(元)					1540.60	1677.49	447.32	505.43
其中	人工费(元)				230.36	301.34	96.72	132.86
	材料费(元)				1310.24	1376.15	350.60	372.57
	机械使用费(元)				—	—	—	—
	编码	名称	单位	单价(元)	消耗量			
人工	11000002	综合工日	工日	26.00	8.860	11.590	3.720	5.110
材料	15000563	石油沥青油毡 350#	m^2	—	(239.760)	(239.760)	(116.490)	(116.490)
	12000221	冷底子油 30：70	kg	3.90	48.480	48.480	—	—
	12000423	石油沥青玛碲脂	m^3	2104.60	0.510	0.540	0.160	0.170
	12000809	木柴	kg	0.21	227.700	240.900	66.000	70.400

工作内容：1. 基层清理、配制涂刷冷底子油、熬制玛碲脂、防水薄弱处贴附加层。

2. 铺贴玛碲脂玻璃纤维布。

单位：100 m²

定额编号					A7-77	A7-78	A7-79	A7-80
项目					玛碲脂玻璃纤维布			
					二布三油		每增减一布一油	
					平面	立面	平面	立面
直接工程费(元)					1561.92	1750.55	467.34	537.93
其中	人工费(元)				251.68	374.40	116.74	165.36
	材料费(元)				1310.24	1376.15	350.60	372.57
	机械使用费(元)				—	—	—	—
	编码	名称	单位	单价(元)	消耗量			
人工	11000002	综合工日	工日	26.00	9.680	14.400	4.490	6.360
材料	15000251	玻璃纤维布 1.8 mm	m²	—	(250.300)	(250.300)	(116.490)	(116.490)
	12000221	冷底子油 30∶70	kg	3.90	48.480	48.480	—	—
	12000423	石油沥青玛碲脂	m³	2104.60	0.510	0.540	0.160	0.170
	12000809	木柴	kg	0.21	227.700	240.900	66.000	70.400

工作内容：1. 基层清理、配制涂刷冷底子油、熬制沥青、防水薄弱处贴附加层。

2. 铺贴沥青玻璃布卷材。

单位：100 m²

定额编号					A7-81	A7-82	A7-83	A7-84
项目					沥青玻璃布卷材			
					二布三油		每增减一布一油	
					平面	立面	平面	立面
直接工程费(元)					1413.23	1604.93	417.01	487.93
其中	人工费(元)				251.42	373.88	117.00	164.84
	材料费(元)				1161.81	1231.05	300.01	323.09
	机械使用费(元)				—	—	—	—
	编码	名称	单位	单价(元)	消耗量			
人工	11000002	综合工日	工日	26.00	9.670	14.380	4.500	6.340
材料	15000250	玻璃纤维布	m²	—	(250.300)	(250.300)	(121.760)	(121.760)
	12000221	冷底子油 30∶70	kg	3.90	48.480	48.480	—	—
	02000041	石油沥青 30#	kg	1.90	489.720	524.700	151.580	163.240
	12000809	木柴	kg	0.21	201.300	214.500	57.200	61.600

工作内容：1. 刷基层处理剂、防水薄弱处刷聚氨酯涂膜附加层。

2. 粘贴卷材、卷材贴缝贴120宽加强层并油膏收头。　　单位：100 m²

定额编号					A7-85	A7-86
项目					改性沥青卷材满铺	
					平面	立面
直接工程费(元)					1051.30	1222.20
其中	人工费(元)				502.84	649.74
	材料费(元)				548.46	572.46
	机械使用费(元)				—	—
	编码	名称	单位	单价(元)	消耗量	
人工	11000002	综合工日	工日	26.00	19.340	24.990
材料	15000594	改性沥青卷材(3 mm)	m²	—	(126.540)	(126.540)
	12000289	改性沥青粘结剂	kg	3.90	50.620	50.620
	12000334	改性沥青乳胶	kg	1.90	30.000	30.000
	12000387	聚氨酯甲料	kg	8.13	5.420	5.420
	12000388	聚氨酯乙料	kg	8.77	8.130	8.130
	12000411	嵌缝油膏　改性沥青	kg	3.82	12.220	12.220
	12000425	石油液化气	kg	6.00	22.000	26.000

工作内容：1. 刷基层处理剂、防水薄弱处刷聚氨酯涂膜附加层。

2. 粘贴卷材、卷材接缝贴卷材条加强、收头。　　单位：100 m²

定额编号					A7-87	A7-88	A7-89	A7-90
项目					三元乙丙橡胶卷材		再生橡胶卷材	
					冷贴满铺			
					平面	立面	平面	立面
直接工程费(元)					1322.50	1469.40	2085.21	2232.11
其中	人工费(元)				502.84	649.74	502.84	649.74
	材料费(元)				819.66	819.66	1582.37	1582.37
	机械使用费(元)				—	—	—	—
	编码	名称	单位	单价(元)	消耗量			
人工	11000002	综合工日	工日	26.00	19.340	24.900	19.340	24.990
材料	15000597	三元乙丙橡胶卷材	m²	—	(124.170)	(124.170)	—	—
	15000598	再生橡胶卷材	m²	—	—	—	(124.170)	(124.170)
	12000040	107胶水泥浆	m³	243.40	0.010	0.010	0.010	0.010
	12000057	钢筋≤ϕ10 mm	kg	3.00	4.380	4.380	4.380	4.380
	12000277	乙酸乙酯	kg	16.03	5.050	5.050	5.050	5.050
	12000292	丁基粘结剂	kg	11.15	17.600	17.600	—	—
	12000294	氯丁胶粘合剂	kg	15.00	—	—	63.930	63.930
	02000080	二甲苯	kg	3.12	27.000	27.000	27.000	27.000
	12000387	聚氨酯甲料	kg	8.13	9.970	9.970	9.970	9.970
	12000388	聚氨酯乙料	kg	8.77	21.770	21.770	21.770	21.770
	12000410	嵌缝油膏 CSPE330 mL	支	5.68	29.830	29.830	29.830	29.830
	12000535	铁钉	kg	5.41	0.230	0.230	0.230	0.230

工作内容：清理基层、分格缝嵌缝、刷基层处理剂、铺贴附加层、刷胶铺贴防水卷材、收头。 单位：100 m^2

定额编号					A7-91	A7-92	A7-93	A7-94
项目					氯化聚乙烯—橡胶共混卷材		氯丁橡胶防水卷材	
					平面	立面	平面	立面
直接工程费(元)					2331.90	2478.80	2052.92	2199.82
其中	人工费(元)				502.84	649.74	502.84	649.74
	材料费(元)				1829.06	1829.06	1550.08	1550.08
	机械使用费(元)				—	—	—	—
	编码	名称	单位	单价(元)	消耗量			
人工	11000002	综合工日	工日	26.00	19.340	24.990	19.340	24.990
材料	15000600	氯丁橡胶卷材 1.5 mm	m^2	—	—	—	(125.700)	(125.700)
	15000601	氯化聚乙烯—橡胶共混卷材	m^2	—	(124.530)	(124.530)	—	—
	12000040	107 胶水泥浆	m^3	243.40	0.010	0.010	0.010	0.010
	12000057	钢筋≤ϕ10 mm	kg	3.00	4.380	4.380	—	—
	12000277	乙酸乙酯	kg	16.03	5.050	5.050	5.050	5.050
	12000286	CY—409 粘结剂	kg	16.98	—	—	9.550	9.550
	12000291	BZ—12 粘结剂	kg	14.00	45.450	45.450	—	—
	12000351	BX—12 乙组份 880 mL	瓶	11.00	32.280	32.280	—	—
	02000080	二甲苯	kg	3.12	27.000	27.000	27.000	27.000
	12000387	聚氨酯甲料	kg	8.13	5.420	5.420	5.440	5.440
	12000388	聚氨酯乙料	kg	8.77	8.130	8.130	8.160	8.160
	12000398	氯丁冷胶	kg	18.36	20.200	20.200	—	—
	12000404	氯丁胶沥青胶液	kg	15.30	—	—	60.600	60.600
	12000410	嵌缝油膏 CSPE330 mL	支	5.68	29.830	29.830	31.000	31.000
	12000535	铁钉	kg	5.41	0.230	0.230	0.230	0.230

A.7.3.2 涂膜防水

工作内容：清理基层、刷涂料。

单位：100 m^2

定额编号					A7-95	A7-96	A7-97	A7-98
项目					苯乙烯涂料二遍		刷冷底子油	
					平面	立面	第一遍	第二遍
直接工程费(元)					241.79	247.26	233.36	161.14
其中	人工费(元)				57.46	57.46	40.82	34.58
	材料费(元)				184.33	189.80	192.54	126.56
	机械使用费(元)				—	—	—	—
	编码	名称	单位	单价(元)	消耗量			
人工	11000002	综合工日	工日	26.00	2.210	2.210	1.570	1.330
材料	12000221	冷底子油 30∶70	kg	3.90	—	—	48.480	—
	12000222	冷底子油 50∶50	kg	3.36	—	—	—	36.360
	12000307	苯乙烯涂料	kg	3.65	50.500	52.000	—	—
	12000809	木柴	kg	0.21	—	—	16.500	20.900

工作内容：1. 清理基层、刷涂料。

2. 熬制石油沥青、配制冷底子油、刷冷底子油一遍、涂刷沥青。

单位：100 m²

定额编号					A7-99	A7-100	A7-101	A7-102
项目					焦油玛蹄脂	塑料油膏	石油沥青一遍	
					涂刷厚度遍数		平面	立面
					3 mm	二遍		
直接工程费(元)					312.04	836.48	610.41	670.39
其中	人工费(元)				91.78	55.12	48.62	62.40
	材料费(元)				220.26	781.36	561.79	607.99
	机械使用费(元)				—	—	—	—
	编码	名称	单位	单价(元)	消耗量			
人工	11000002	综合工日	工日	26.00	3.530	2.120	1.870	2.400
材料	15000320	焦油玛碲脂	m^3	—	(0.320)	—	—	—
	12000221	冷底子油 30∶70	kg	3.90	48.480	—	48.480	48.480
	12000412	塑料油膏	kg	1.27	—	585.120	—	—
	02000041	石油沥青 30#	kg	1.90	—	—	186.560	209.880
	12000809	木柴	kg	0.21	148.500	182.160	86.900	95.950

工作内容：熬制沥青、刷沥青一遍。

单位：100 m²

定额编号					A7-103	A7-104
项目					每增加石油沥青一遍	
					平面	立面
直接工程费(元)					303.59	370.08
其中	人工费(元)				17.16	24.83
	材料费(元)				286.43	345.25
	机械使用费(元)				—	—
	编码	名称	单位	单价(元)	消耗量	
人工	11000002	综合工日	工日	26.00	0.660	0.955
材料	02000041	石油沥青 30#	kg	1.90	144.430	174.900
	12000809	木柴	kg	0.21	57.200	61.600

工作内容：1. 配制涂刷冷底子油一遍、熬制石油沥青玛碲脂。

2. 涂刷石油沥青玛碲脂一遍

单位：100 m²

定额编号					A7-105	A7-106	A7-107	A7-108
项目					刷石油沥青玛碲脂一遍		每增加一遍石油沥青玛碲脂	
					平面	立面	平面	立面
直接工程费(元)					633.09	836.67	346.57	397.27
其中	人工费(元)				46.02	63.31	17.94	24.70
	材料费(元)				587.07	773.36	328.63	372.57
	机械使用费(元)				—	—	—	—
	编码	名称	单位	单价(元)	消耗量			
人工	11000002	综合工日	工日	26.00	1.770	2.435	0.690	0.950
材料	12000221	冷底子油 30∶70	kg	3.90	48.480	48.480	—	—
	12000423	石油沥青玛碲脂	m^3	2104.60	0.180	0.265	0.150	0.170
	12000809	木柴	kg	0.21	91.300	126.500	61.600	70.400

工作内容：清理基层、涂刷附加层、分层涂刷涂料等。　　单位：100 m²

定额编号					A7-109	A7-110	A7-111	A7-112
项目					水乳型阳离子氯丁胶乳化沥青聚脂布			
					一布二涂		每增一布一涂	
					平面	立面	平面	立面
直接工程费(元)					887.63	996.57	683.17	700.33
其中	人工费(元)				190.58	299.52	101.14	118.30
	材料费(元)				697.05	697.05	582.03	582.03
	机械使用费(元)				—	—	—	—
	编码	名称	单位	单价(元)	消耗量			
人工	11000002	综合工日	工日	26.00	7.330	11.520	3.890	4.550
材料	02000001	水泥(P.O)32.5	kg	0.27	15.300	15.300	—	—
	12000395	聚脂布 100 g/m²	m²	2.55	124.910	124.910	118.130	118.130
	12000419	阳离子氯丁胶乳化沥青水乳型	kg	1.80	208.000	208.000	156.000	156.000

工作内容：清理修补基层、备料、刷油、铺贴、泛水收头处嵌油膏、做隔气层或防水层。　　单位：100 m²

定额编号					A7-113	A7-114	A7-115	A7-116
项目					溶剂型再生胶沥青聚脂布			
					二布三涂		每增一布一涂	
					平面	立面	平面	立面
直接工程费(元)					1779.66	1947.88	688.02	705.18
其中	人工费(元)				249.60	417.82	101.14	118.30
	材料费(元)				1530.06	1530.06	586.88	586.88
	机械使用费(元)				—	—	—	—
	编码	名称	单位	单价(元)	消耗量			
人工	11000002	综合工日	工日	26.00	9.600	16.070	3.890	4.550
材料	02000001	水泥(P.O)32.5	kg	0.27	20.400	20.400	—	—
	12000395	聚脂布 100 g/m²	m²	2.55	243.040	243.040	118.130	118.130
	12000418	再生胶沥青(溶剂型)	kg	2.90	312.000	312.000	98.500	98.500

工作内容：清理修补基层、备料、刷油、铺贴、泛水收头处嵌油膏、做隔气层或防水层。　　单位：100 m²

定额编号					A7-117	A7-118	A7-119	A7-120
项目					App 改性沥青涂料防水层			
					二布三涂		每增一布一涂	
					平面	立面	平面	立面
直接工程费(元)					2027.74	2195.96	695.50	712.66
其中	人工费(元)				249.60	417.82	101.14	118.30
	材料费(元)				1778.14	1778.14	594.36	594.36
	机械使用费(元)				—	—	—	—
	编码	名称	单位	单价(元)	消耗量			
人工	11000002	综合工日	工日	26.00	9.600	16.070	3.890	4.550
材料	12000277	乙酸乙酯	kg	16.03	5.050	5.050	2.020	2.020
	12000304	App 改性沥青涂料	kg	3.82	360.000	360.000	106.500	106.500
	02000080	二甲苯	kg	3.12	5.050	5.050	2.020	2.020
	12000374	玻璃纤维布	m²	1.26	243.040	243.040	118.130	118.130

工作内容：涂料配制、涂刷附加层、分层涂刷、防水涂料等。　　　　单位：100 m²

定额编号					A7-121	A7-122	A7-123	A7-124
项目					水乳型丙烯酸酯聚脂布			
					二布三涂		每增一布一涂	
					平面	立面	平面	立面
直接工程费(元)					5848.35	6016.57	1809.04	1826.20
其中	人工费(元)				249.60	417.82	101.14	118.30
	材料费(元)				5598.75	5598.75	1707.90	1707.90
	机械使用费(元)				—	—	—	—
	编码	名称	单位	单价(元)	消耗量			
人工	11000002	综合工日	工日	26.00	9.600	16.070	3.890	4.550
材料	12000192	水乳型丙烯酸酯防水涂料	kg	18.00	252.500	252.500	75.000	75.000
	12000194	聚氨酯防水涂料	kg	9.50	29.200	29.200	6.000	6.000
	12000387	聚氨酯甲料	kg	8.13	4.550	4.550	—	—
	12000388	聚氨酯乙料	kg	8.77	13.650	13.650	—	—
	12000395	聚脂布 100 g/m²	m²	2.55	243.000	243.000	118.000	118.000

工作内容：涂刷底胶附加层、刷聚氨酯二道、并盖石碴保护层（或刚性连接层）　　　　单位：100 m²

定额编号					A7-125
项目					聚氨酯 涂刷厚度遍数 二遍
直接工程费(元)					2573.41
其中	人工费(元)				173.16
	材料费(元)				2400.25
	机械使用费(元)				—
	编码	名称	单位	单价(元)	消耗量
人工	11000002	综合工日	工日	26.00	6.660
材料	12000166	石碴	m³	25.00	0.310
	02000080	二甲苯	kg	3.12	12.960
	12000387	聚氨酯甲料	kg	8.13	107.640
	12000388	聚氨酯乙料	kg	8.77	168.410

A.7.3.3 砂浆防水(潮)

工作内容:清理基层、调制砂浆、抹水泥砂浆。

单位:100 m^2

	定额编号				A7-126	A7-127	A7-128	A7-129
	项目				防水砂浆		掺无机盐铝防水剂	
					平面	立面	素水泥浆	防水砂浆 2 cm
	直接工程费(元)				695.48	818.72	166.79	1605.48
其中	人工费(元)				239.72	362.96	50.18	273.52
	材料费(元)				437.16	437.16	116.61	1312.81
	机械使用费(元)				18.60	18.60	—	19.15
	编码	名称	单位	单价(元)	消耗量			
人工	11000002	综合工日	工日	26.00	9.220	13.960	1.930	10.520
材料	12000005	素水泥浆	m^3	137.14	—	—	0.100	0.100
	12000009	水泥砂浆 1∶2	m^3	183.61	2.040	2.040	—	2.020
	12000195	无机盐铝防水剂	kg	7.00	—	—	14.700	132.600
	02000055	防水粉	kg	1.00	55.000	55.000	—	—
	02000089	水	m^3	2.00	3.800	3.800	—	—
机械	13000069	灰浆搅拌机拌筒容量:200 L	台班	54.70	0.340	0.340	—	0.350

A.7.3.4 变形缝

工作内容:1. 熬制沥青、调配沥青麻丝、填塞沥青麻丝。

2. 熬沥青、浸木丝板、油浸木丝板嵌缝。

3. 熬玛碲脂、玛碲脂灌缝。

单位:100 m

	定额编号				A7-130	A7-131	A7-132	A7-133
	项目				油浸麻丝		油浸木丝板	玛碲脂
					平面	立面		
	直接工程费(元)				1003.36	1098.78	628.71	1224.95
其中	人工费(元)				195.52	290.94	152.62	173.16
	材料费(元)				807.84	807.84	476.09	1051.79
	机械使用费(元)				—	—	—	—
	编码	名称	单位	单价(元)	消耗量			
人工	11000002	综合工日	工日	26.00	7.520	11.190	5.870	6.660
材料	12000148	木丝板	m^2	10.00	—	—	15.300	—
	02000041	石油沥青 30#	kg	1.90	216.240	216.240	163.240	—
	12000423	石油沥青玛碲脂	m^3	2104.60	—	—	—	0.480
	12000750	麻丝	kg	6.83	55.080	55.080	—	—
	12000809	木柴	kg	0.21	99.000	99.000	61.600	198.000

工作内容：1. 调制石灰麻刀、石灰麻刀嵌缝、缝上贴二毡三油层。

2. 熬制油膏、沥青、拌和沥青砂浆，沥青砂浆或建筑油膏嵌缝。

单位：100 m

定额编号					A7-134	A7-135	A7-136	A7-137
项目					石灰麻刀		建筑油膏	沥青砂浆
					平面	立面		
直接工程费(元)					481.03	506.25	321.38	593.61
其中	人工费(元)				180.70	205.92	144.56	171.08
	材料费(元)				300.33	300.33	176.82	422.53
	机械使用费(元)				—	—	—	—
	编码	名称	单位	单价(元)	消耗量			
人工	11000002	综合工日	工日	26.00	6.950	7.920	5.560	6.580
材料	12000048	普通沥青砂浆 1∶2∶6	m^3	793.64	—	—	—	0.480
	02000036	生石灰	kg	0.15	180.000	180.000	—	—
	12000414	建筑油膏	kg	1.95	—	—	87.770	—
	02000041	石油沥青 30#	kg	1.90	65.000	65.000	—	—
	12000424	石油沥青油毡 350#	m^2	1.91	17.000	17.000	—	—
	02000086	麻刀	kg	1.04	108.000	108.000	—	—
	12000809	木柴	kg	0.21	24.000	24.000	27.000	198.000

工作内容：清缝、水泥砂浆勾缝、垫牛皮纸、熬灌聚氯乙烯胶泥。

单位：100 m

定额编号					A7-138
项目					聚氯乙烯胶泥
直接工程费(元)					408.84
其中	人工费(元)				196.56
	材料费(元)				212.28
	机械使用费(元)				—
	编码	名称	单位	单价(元)	消耗量
人工	11000002	综合工日	工日	26.00	7.560
材料	12000009	水泥砂浆 1∶2	m^3	183.61	0.060
	12000053	聚氯乙烯胶泥	kg	2.16	83.320
	12000768	牛皮纸	m^2	0.40	53.230

工作内容：1. 屋面分格缝：支座处干铺油毡一层、清理缝、熬制油膏、油膏灌缝、沿缝上做二毡三油一砂。

2. 熬制油膏、缝灌油膏、缝上铺贴玻璃纤维布。

单位：100 m

定额编号				A7-139	A7-140	A7-141	A7-142
项目				屋面分格缝	塑料油膏贴玻璃布盖缝		屋面分格缝上点粘 300 宽改性沥青卷材
					一布二油	每增一布一油	
直接工程费(元)				2328.08	780.18	465.59	108.58
其中	人工费(元)			257.40	53.82	32.24	53.82
	材料费(元)			2070.68	726.36	433.35	54.76
	机械使用费(元)			—	—	—	—
	编码	名称	单位	单价(元)	消耗量			
人工	11000002	综合工日	工日	26.00	9.900	2.070	1.240	2.070
材料	15000594	改性沥青卷材(3 mm)	m²	—	—	—	—	(33.630)
	12000172	绿豆砂	m³	32.00	0.410	—	—	—
	12000221	冷底子油 30∶70	kg	3.90	38.850	—	—	—
	12000289	改性沥青粘结剂	kg	3.90	—	—	—	7.580
	12000375	玻璃纤维布 1.8 mm	m²	8.50	—	30.300	30.300	—
	12000412	塑料油膏	kg	1.27	303.680	351.070	131.650	—
	12000423	石油沥青玛碲脂	m³	2104.60	0.490	—	—	—
	12000424	石油沥青油毡 350＃	m²	1.91	232.100	—	—	—
	12000425	石油液化气	kg	6.00	—	—	—	4.200
	12000809	木柴	kg	0.21	218.110	109.300	40.990	—

工作内容：1. 清理用乙酸乙酯洗缝、隔纸、用氯丁胶粘结剂贴氯丁橡胶片、最后在氯丁橡胶片上涂胶铺砂。

2. 止水带制作、接头及安装。

单位：100 m

定额编号					A7-143	A7-144	A7-145	A7-146
项目					氯丁橡胶片止水带	预埋式紫铜板止水片	预埋式止水带	
							橡胶	塑料
直接工程费(元)					1219.29	1281.16	421.36	421.36
其中	人工费(元)				93.08	687.18	286.00	286.00
	材料费(元)				1126.21	500.50	135.36	135.36
	机械使用费(元)				—	93.48	—	—
	编码	名称	单位	单价(元)	消耗量			
人工	11000002	综合工日	工日	26.00	3.580	26.430	11.000	11.000
材料	15000420	氯丁橡胶片 2 mm	m²	—	(31.820)	—	—	—
	15000152	紫铜板 2 mm	kg	—	—	(810.900)	—	—
	15000558	橡胶止水带	m	—	—	—	(105.000)	—
	15000540	塑料止水带	m	—	—	—	—	(105.000)
	02000001	水泥(P.O)32.5	kg	0.27	9.090	—	—	—
	02000011	石砂(中)	m³	32.00	0.160	—	—	—
	02000083	乙二胺	kg	18.98	—	—	0.240	0.240
	12000277	乙酸乙酯	kg	16.03	23.000	—	—	—
	12000347	甲苯	kg	9.18	—	—	2.400	2.400
	02000081	丙酮	kg	8.28	—	—	3.040	3.040
	02000069	环氧树脂	kg	27.50	—	—	3.040	3.040
	12000400	氯丁橡胶浆	kg	10.90	60.580	—	—	—
	12000416	三异氰酸酯	kg	9.60	9.090	—	—	—
	12000456	铜焊条	kg	35.00	—	14.300	—	—
	12000768	牛皮纸	m²	0.40	5.910	—	—	—
机械	13000089	交流弧焊机容量:32 kVA	台班	102.65	—	0.700	—	—
	13000107	剪板机厚×宽:20×2500 mm	台班	196.55	—	0.110	—	—

工作内容：止水带制作、接头及安装。　　　　　　　　　　　　　　　　　　单位：100 m

定额编号					A7-147
项目					钢板止水带
直接工程费（元）					2005.24
其中	人工费（元）				541.58
	材料费（元）				56.26
	机械使用费（元）				1407.40
	编码	名称	单位	单价（元）	消耗量
人工	11000002	综合工日	工日	26.00	20.830
材料	15000068	钢板	kg	—	(495.000)
	12000452	电焊条（综合）	kg	5.41	10.400
机械	13000089	交流弧焊机容量：32 kVA	台班	102.65	13.500
	13000107	剪板机厚×宽：20×25000 mm	台班	196.55	0.110

工作内容：木板盖面：平面板材加工、板缝一侧涂胶粘合；立面埋木砖、钉木盖板。

铁皮盖面：平面（屋面）埋木砖、钉木条、木条上钉铁皮；立面埋木砖、木砖上钉铁皮。　单位：100 m

定额编号					A7-148	A7-149	A7-150	A7-151
项目					木板盖板		铁皮盖板	
					平面	立面	平面	立面
直接工程费（元）					125.46	326.73	1977.47	1648.08
其中	人工费（元）				101.14	316.94	349.18	275.08
	材料费（元）				24.32	9.79	1628.29	1373.00
	机械使用费（元）				—	—	—	—
	编码	名称	单位	单价（元）	消耗量			
人工	11000002	综合工日	工日	26.00	3.890	12.190	13.430	10.580
材料	15000178	普通杉锯材	m^3	—	(0.612)	(1.087)	(1.149)	(0.301)
	12000185	防腐油	kg	2.50	—	—	6.760	5.310
	12000295	粘合剂 Y508	kg	16.00	1.520	—	—	—
	12000330	盐酸	kg	0.68	—	—	0.860	0.740
	12000493	镀锌铁皮 24#	m^2	22.42	—	—	62.540	53.000
	12000535	铁钉	kg	5.41	—	1.810	2.100	0.700
	12000723	焊锡	kg	40.34	—	—	4.060	3.440
	12000808	木炭	kg	1.86	—	—	18.020	15.270

三十三、海南省建筑工程综合定额

（2005 年定额防水工程部分）

关于发布《海南省建筑工程综合定额》的通知

（琼建定[2005]81 号）

各有关单位：

根据《建设工程工程量清单计价规范》（GB 50500—2003）、《建筑工程施工发包与承包计价管理办法》（建设部令第 107 号）及有关规定，我厅组织有关人员编制了《海南省建筑工程综合定额》，经审查，现予发布，并将有关事项通知如下：

一、《海南省建筑工程综合定额》定于 2005 年 10 月 1 日起在全省范围内施行，2001 年印发的《海南省建筑工程预算定额》和《海南省建设工程费用定额》（建筑工程）同时停止执行。

二、《海南省建筑工程综合定额》是编审标底、设计概算、施工图预算、竣工结算、鉴定工程造价的依据，是合理确定和有效控制工程造价及衡量投标报价合理性的基础，也作为投标报价，加强企业内部管理和核算的参考。

三、各单位在执行过程中如遇到问题，请及时向海南省建设厅反映。《海南省建筑工程综合定额》的具体发行工作由海南省建设标准定额站负责。

海南省建设厅

二〇〇五年六月十四日

第七章　屋面及防水工程

7.1　说　明

7.1.1　琉璃瓦铺在预制混凝土桷条上时，扣除子目内 1∶2 水泥砂浆，人工费乘以系数 1.3，其他不变。

7.1.2　琉璃瓦面如使用琉璃盾瓦者，每 10 m 长的脊瓦长度，每一面增计盾瓦 50 块，其他不变。

7.1.3　彩钢板宽按 750 mm 考虑，如宽度不同时，板材可以换算，其他不变。

7.1.4　彩钢屋面板檩条间距按 1 m 至 1.2 m 综合考虑，如与子目中数量相差±10%以上时，可以调整檩条用量，其他不变。

7.1.5　防水卷材屋面的接缝、收头、找平层嵌缝、冷底子油等人工、材料已计入子目内，不另计算。

7.1.6　高分子卷材在子目中已标注厚度。如设计厚度不同时，材料用量可以调整，其他不变。

7.1.7　本章中的“一布二涂”或“二布三涂”项目，其“二涂”，“三涂”是指涂料构成防水层数并非指涂刷遍数。

7.1.8　细石混凝土刚性防水和水泥砂浆二次抹压防水子目中未包括分格缝填缝工料。

7.1.9　细石混凝土防水层如使用钢筋网者，钢筋制安按相应章节的子目另行计算执行。

7.1.10　分格缝隙如发生材料代换，其中胶泥、冷底子油可以换算，其他不变。

7.1.11　变形缝填缝及止水带，如设计断面不同时，用料可以换算，其他不变。

7.1.12　变形缝盖缝面层材料如设计与子目中标注厚度不同时材料用量可以换算，其他不变。

7.1.13　本章中特种面层的各种砂浆、胶泥、混凝土材料的种类、配合比及各种整体面层的厚度，如设计与定额不同时，材料用量可以换算，其他不变。

7.2　工程量计算规则

7.2.1　屋面工程

1. 瓦屋面、型材屋面（彩钢板、波纹瓦、镀锌铁皮）按设计图示尺寸以斜面积计算，亦可按屋面水平投影面积乘以屋面坡度系数以面积计算。不扣除房上烟囱、风帽底座、风道、小气窗、斜沟等所占面积，屋面小气窗的出檐部分亦不增加面积。铁皮屋面若在檐口处做滴水线时，应另加 7 cm 的展开宽度计算。

屋面坡度系数表

坡度 B(A=1)	坡度 B/2A	坡度 角度(α)	延尺系数 C (A=1)	隅延尺系数 D (A=1)
1	1/2	45°	1.4142	1.7321
0.75		36°52′	1.2500	1.6008
0.7		35°	1.2207	1.5779

续表

坡度 B(A=1)	坡度 B/2A	坡度 角度(α)	延尺系数 C (A=1)	隅延尺系数 D (A=1)
0.666	1/3	33°40′	1.2015	1.5620
0.65		33°01′	1.1926	1.5564
0.60		30°58′	1.1662	1.5362
0.577		30°	1.1547	1.5270
0.55		28°49′	1.1413	1.5170
0.50	1/4	26°34′	1.1180	1.5000
0.45		24°14′	1.0966	1.4839
0.40	1/5	21°48′	1.0770	1.4697
0.35		19°17′	1.0594	1.4559
0.30		16°42′	1.0440	1.4457
0.25		14°02′	1.0308	1.4362
0.20	1/10	11°19′	1.0198	1.4283
0.15		8°32′	1.0112	1.4221
0.125		7°8′	1.0078	1.4191
0.100	1/20	5°42′	1.0050	1.4177
0.083		4°45′	1.0035	1.4166
0.066	1/30	3°49′	1.0022	1.4157

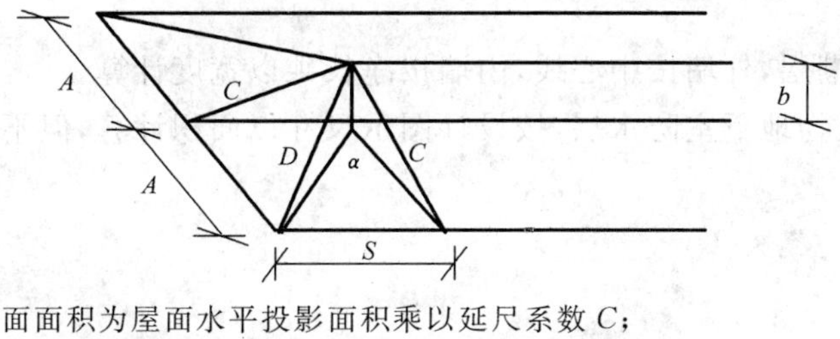

注：1. 两坡排水屋面面积为屋面水平投影面积乘以延尺系数 C；

2. 四坡排水屋面斜脊长度 $=A\times D$(当 $S=A$)；

3. 沿山墙泛水长度 $=A\times C$。

2. 西班牙瓦、琉璃瓦屋面按设计图示尺寸以斜面积计算；琉璃瓦脊、檐口线按图示尺寸以长度计算；瓦面上如设计要求安装勾头(卷尾)或博古(宝顶)等时，另按个计算。

7.2.2 防水工程

1. 柔性防水工程按设计图示尺寸以面积计算。平屋顶按水平投影面积计算。斜屋顶(不包括平屋顶找坡)按斜面积计算，亦可按水平投影面积乘以屋面坡度系数以面积计算；不扣除房上烟囱、风帽底座、风道、屋面小气窗和斜沟所占的面积，屋面的女儿墙、伸缩缝和天窗等处的弯起部分，并入屋面工程量内。如图纸无规定时，伸缩缝、女儿墙柔性弯起部分可按250 mm计算，天窗弯起部分可按 500 mm 计算。

2. 涂膜屋面的工程量计算同柔性屋面。涂膜屋面的油膏嵌缝、玻璃布盖缝、屋面分格缝，按长度计算。

3. 屋面刚性防水按设计图示尺寸以面积计算，不扣除房上烟囱、风帽底座及小于 0.3 m^2

以内孔洞等所占面积。

7.2.3 屋面排水工程

1. 铁皮排水按设计图示尺寸以展开面积计算，如图纸没有注明尺寸时，按铁皮排水单体零件折算计算。咬口和搭接不另计算。

铁皮排水单体零件折算表

<table>
<tr><th colspan="2">名　　称</th><th>单位</th><th>落水管
(m)</th><th>檐沟
(m)</th><th>水斗
(个)</th><th>漏斗
(个)</th><th>下水口
(个)</th><th></th><th></th></tr>
<tr><td rowspan="3">铁
皮
排
水</td><td>落水管、檐沟、水斗、漏斗、下水口</td><td>m^2</td><td>0.32</td><td>0.30</td><td>0.40</td><td>0.16</td><td>0.45</td><td></td><td></td></tr>
<tr><td rowspan="2">天沟、斜沟、天窗窗台泛水、天窗侧面泛水、烟囱泛水、通气管泛水、滴水檐口泛水、滴水</td><td rowspan="2">m^2</td><td>天沟(m)</td><td>斜沟天窗窗台泛水
(m)</td><td>天窗侧面泛水(m)</td><td>烟囱泛水
(m)</td><td>通气管泛水(m)</td><td>滴水檐头泛水(m)</td><td>滴水(m)</td></tr>
<tr><td>1.30</td><td>0.50</td><td>0.70</td><td>0.80</td><td>0.22</td><td>0.24</td><td>0.11</td></tr>
</table>

2. 铸铁落水管 PVC 排水管区别不同直径按设计图示尺寸以长度计算，如设计未标注尺寸，以檐口至设计室外散水上表面垂直距离计算。雨水口、水斗、弯头等管件所占长度不扣除。管件按个计算。

7.2.4 其他防水工程

1. 建筑物地面防水、防潮层，按主墙间净空面积计算，扣除凸出地面的构筑物、设备基础等所占的面积，不扣除间壁墙及单个 0.3 m^2 以内的柱、垛、烟囱和孔洞所占面积。与墙面连接处上卷高度的 500 mm 以内者按展开面积并入按平面防水层计算，超过 500 mm 时，按立面防水层计算。

2. 墙基防水、防潮层，外墙按中心线，内墙按净长乘以宽度计算。

3. 构筑物及建筑物地下室防水层，按设计图示尺寸以面积计算，但不扣除 0.3 m^2 以内的孔洞所占面积。

一、屋面工程

（一）土瓦屋面

工作内容：1. 调制砂浆。

2. 铺瓦、安装瓦筒、瓦脊、座灰、抹脚、辘筒。

3. 封檐板、博风板制作安装。

单位：100 m^2

定额编号				7-1	7-2	7-3	7-4
项目名称				铺于木檩条木桷板土瓦屋面			
				单层瓦		双层瓦单层筒	
				抹脚瓦	辘筒瓦	面辘筒搭七留三	
				搭七留三		底平铺	底搭三
综合单价（元）				3017.64	3231.82	3927.21	4177.33
其中	人工费（元）			765.75	864.17	1122.94	1122.94
	材料费（元）			1873.99	1939.35	2255.78	2505.90
	机械费（元）			22.97	27.19	29.77	29.77
	管理费（元）			236.62	267.41	345.81	345.81
	利润（元）			118.31	133.70	172.91	172.91
	名称	单位	单价（元）	数量			
人工	综合人工	工日	28.53	26.840	30.290	39.360	39.360
材料	石灰砂浆 1∶2.5	m^3	106.10	0.700	—	—	—
	石灰砂浆 1∶3	m^3	95.67	—	1.330	1.330	1.330
	水泥石灰砂浆 1∶1∶6	m^3	133.59	1.430	1.430	1.620	1.620
	水泥石灰砂浆 M10	m^3	158.06	—	0.070	0.070	0.070
	瓦片	千块	148.00	7.000	7.000	8.950	10.640
	瓦筒	千块	98.02	3.430	3.430	3.430	3.430
	杉木丁枋板材 10 以上	m^3	1050.00	0.120	0.120	0.120	0.120
	禾草	kg	0.52	25.000	25.000	28.000	28.000
	铁钉 30～45	kg	4.40	0.160	0.160	0.160	0.160
	水	m^3	2.68	1.070	1.400	1.490	1.490
	铁钉 50～75	kg	4.30	17.600	17.600	17.600	17.600
	其他材料费	元	—	18.230	18.670	19.310	19.310
机械	灰浆搅拌机 200 L	台班	60.72	0.350	0.410	0.450	0.450
	其他机械费	元	—	1.720	2.290	2.450	2.450

附注：定额内的土瓦规格按 220 * 230 mm 考虑，如实际规格不同，材料可换算，人工不变。

（二）西班牙瓦屋面

工作内容：1. 调制砂浆。

2. 铺瓦，并修界瓦边，绑铁线及钉固。

3. 清扫瓦面。

单位：见表

定额编号				7-5	7-6	7-7
项目				西班牙瓦屋面		
				两坡以内	四坡以内	正斜脊
				10 m^2		10 m
综合单价(元)				927.59	968.11	546.73
其中	人工费(元)			156.92	184.87	112.69
	材料费(元)			693.37	693.37	376.64
	机械费(元)			4.61	4.61	4.61
	管理费(元)			48.46	56.84	35.19
	利润(元)			24.23	28.42	17.60
名称		单位	单价(元)	数量		
人工	综合人工	工日	28.53	5.500	6.480	3.950
材料	水泥石灰砂浆 M2.5	m^3	128.83	0.220	0.220	0.090
	水泥砂浆 1∶2.5	m^3	192.79	0.220	0.220	—
	西班牙瓦 310＊310＊15	块	3.84	158.000	158.000	—
	西班牙瓦脊 285＊180＊15	块	5.80	—	—	37.000
	S盾瓦 250＊90＊10	百块	280.00	—	—	0.410
	镀锌铁丝 ϕ1.2	kg	5.34	1.440	1.440	1.440
	扣钉	kg	4.00	0.090	0.090	0.090
	水	m^3	2.68	0.320	0.320	0.200
	其他材料费	元	—	6.990	6.990	27.060
机械	灰浆搅拌机 200 L	台班	60.72	0.070	0.070	0.070
	其他机械费	元	—	0.360	0.360	0.360

附注：铺盖脊瓦（包括斜脊及四坡水背顶瓦）及瓦脊各端头瓦的材料费内，均已考虑在其他材料费内；山墙端及阴沟部位需要界瓦的工料费，也包括在子目内。

（三）琉璃瓦屋面

工作内容：1. 调制砂浆。

2. 在钢筋混凝土上铺灰，盖瓦，安装瓦筒，瓦脊，修齐瓦口边线。

3. 清扫瓦面。

单位：10 m^2

定额编号		7-8	7-9
项目		亭面铺琉璃瓦屋面	斜屋面铺琉璃瓦屋面
		铺于钢筋砼上	
综合单价(元)		1757.11	1554.42
其中	人工费(元)	281.31	227.38
	材料费(元)	1342.44	1217.94
	机械费(元)	4.67	4.67
	管理费(元)	85.79	69.62
	利润(元)	42.90	34.81

续表 单位:10 m²

定额编号				7-8	7-9
项目				亭面铺琉璃瓦屋面	斜屋面铺琉璃瓦屋面
				铺于钢筋砼上	
名称		单位	单价(元)	数量	
人工	综合人工	工日	28.53	9.860	7.970
材料	水泥石灰砂浆 M5	m^3	143.16	0.220	0.220
	水泥砂浆 1∶2	m^3	217.37	0.220	0.220
	琉璃瓦片	块	1.50	592.000	533.000
	琉璃瓦筒	块	1.50	240.000	216.000
	镀锌铁线 ϕ2.2	kg	5.08	1.440	1.440
	水	m^3	2.68	0.320	0.320
	其他材料费	元	—	6.950	6.950
机械	灰浆搅拌机 200 L	台班	60.72	0.070	0.070
	其他机械费	元	—	0.420	0.420

工作内容:同上 单位:10 m

定额编号				7-10	7-11
项目				琉璃瓦檐口线	琉璃瓦瓦脊
综合单价(元)				398.58	473.61
其中	人工费(元)			112.41	140.08
	材料费(元)			233.75	268.64
	机械费(元)			1.27	1.28
	管理费(元)			34.10	42.41
	利润(元)			17.05	21.20
名称		单位	单价(元)	数量	
人工	综合人工	工日	28.53	3.940	4.910
材料	水泥石灰砂浆 M5	m^3	143.16	0.040	0.090
	水泥砂浆 1∶2	m^3	217.37	0.040	—
	琉璃满面片	块	2.65	50.000	—
	琉璃满面筒	块	1.94	44.000	—
	红砖 240＊115＊53	千块	170.00	—	0.040
	琉璃大三星筒	块	5.24	—	47.000
	水	m^3	2.68	0.030	0.040
	其他材料费	元	—	1.390	2.570
机械	灰浆搅拌机 200 L	台班	60.72	0.020	0.020
	其他机械费	元	—	0.060	0.070

（四）彩钢板屋面

工作内容:1. 截料,吊装檩条。

2. 制作安装铁件。

3. 吊装屋面板,钻孔,对位,安装防水堵头,屋脊板,涂填缝膏。 单位:100 m²

定额编号		7-12	7-13
项目		彩钢波纹瓦屋面	彩钢夹心板屋面
		安装于S/C型轻型钢檩条上	
综合单价(元)		10294.35	21689.42
其中	人工费(元)	363.19	363.19
	材料费(元)	8580.07	19975.14
	机械费(元)	819.07	819.07
	管理费(元)	354.68	354.68
	利润(元)	177.34	177.34

续表　　单位:100 m²

定额编号				7-12	7-13
项目				彩钢波纹瓦屋面	彩钢夹心板屋面
				安装于S/C型轻型钢檩条上	
名称		单位	单价(元)	数量	
人工	综合人工	工日	28.53	12.730	12.730
材料	S型钢板檩条 100 * 200	t	3950.00	0.966	0.966
	塑料堵头	只	2.58	8.670	8.670
	低碳钢电焊条	kg	4.77	4.030	4.030
	彩钢波纹瓦	m²	33.17	130.730	—
	铁件	kg	3.80	9.710	9.710
	铝拉铆钉	百个	10.00	7.000	7.000
	固定螺丝(屋面板专用)	百个	10.37	4.200	4.200
	彩钢瓦脊	m	43.69	4.730	4.730
	彩钢夹心板 δ100	m²	120.12	—	130.730
	其他材料费	元	—	29.360	57.450
机械	汽车式起重机 5 t	台班	361.92	1.600	1.600
	交流弧焊机 32 kV·A	台班	146.02	1.100	1.100
	其他机械费	元	—	79.380	79.380

(五)波纹瓦屋面

工作内容:1. 调制砂浆。

2. 在木或钢檩条上铺瓦,钻孔,安装瓦脊。　　单位:100 m²

定额编号				7-14	7-15	7-16	7-17
项目				屋面铺玻璃钢波纹瓦		屋面铺塑料波纹瓦	
				铺于钢檩	铺于木檩	铺于钢檩	铺于木檩
综合单价(元)				2950.79	2819.14	1626.34	1494.64
其中	人工费(元)			177.74	134.66	177.74	134.66
	材料费(元)			2692.15	2623.81	1367.70	1299.36
	机械费(元)			0.63	0.05	0.63	0.02
	管理费(元)			53.51	40.41	53.51	40.40
	利润(元)			26.76	20.21	26.76	20.20
名称		单位	单价(元)	数量			
人工	综合人工	工日	28.53	6.230	4.720	6.230	4.720
材料	水泥砂浆 M5	m³	105.11	0.030	0.030	0.030	0.030
	玻璃钢波纹瓦(中波)	m²	16.97	134.100	134.100	—	—
	玻璃钢瓦脊	m	11.31	12.000	12.000	—	—
	镀锌瓦楞钩	百个	69.00	4.020	—	4.020	—
	瓦楞螺丝 ϕ8 * 40	百个	52.00	—	4.020	—	4.020
	塑料波纹瓦(中波)	m²	7.65	—	—	134.100	134.100
	塑料瓦脊	m	5.09	—	—	12.000	12.000
	水	m³	2.68	0.010	0.010	0.010	0.010
	其他材料费	元	—	0.190	0.190	0.190	0.190
机械	灰浆搅拌机 200 L	台班	60.72	0.010	—	0.010	—
	其他机械费	元	—	0.020	0.050	0.020	0.020

(六) 镀锌铁皮屋面

工作内容:在木或钢檩条上铺瓦,钻孔,安装瓦脊。　　　　单位:100 m²

定额编号				7-18	7-19
项目				镀锌铁皮屋面	
				铺于木檩	铺于钢檩
综合单价(元)				3809.36	3893.81
其中	人工费(元)			45.08	55.92
	材料费(元)			3744.00	3812.72
	机械费(元)			—	—
	管理费(元)			13.52	16.78
	利润(元)			6.76	8.39
名称		单位	单价(元)	数量	
人工	综合人工	工日	28.53	1.580	1.960
材料	镀锌薄钢板 δ0.45	m²	22.16	4.300	4.300
	镀锌铁皮波纹瓦 2000＊920＊0.5	m²	27.05	127.000	127.000
	瓦楞螺丝 φ8＊40	百个	52.00	4.040	—
	镀锌瓦楞钩	百个	69.00	—	4.040
	其他材料费	元	—	3.280	3.320

二、屋面柔性防水工程

(一) 卷材防水屋面

1. 油毡卷材屋面

工作内容:熬制沥青玛碲脂,配制冷底子油,刷冷底子油,铺贴卷材,收头。　　　　单位:100 m²

定额编号				7-20	7-21	7-22	7-23
项目				石油沥青玛碲脂卷材			
				一毡二油	二毡三油	二毡三油一砂	每增减一毡一油平面
				平面			
综合单价(元)				2032.73	2833.97	3148.64	786.34
其中	人工费(元)			90.44	167.19	178.60	54.49
	材料费(元)			1901.59	2591.54	2889.67	707.14
	机械费(元)			—	—	—	0.13
	管理费(元)			27.13	50.16	53.58	16.39
	利润(元)			13.57	25.08	26.79	8.19
名称		单位	单价(元)	数量			
人工	综合人工	工日	28.53	3.170	5.860	6.260	1.910
材料	石油沥青玛碲脂	m³	3042.76	0.460	0.610	0.690	0.150
	冷底子油石油沥青气油 0.3:0.7	kg	2.66	48.960	48.960	48.960	—
	油毛毡 350 g	m²	1.80	124.170	237.940	237.940	113.770
	铁钉 30～45	kg	4.40	0.280	0.280	0.280	—
	木柴	kg	0.70	205.700	245.400	301.180	64.240
	鱼眼砂	m³	29.14	—	—	0.520	—
	其他材料费	元	—	2.960	3.920	4.430	0.970
机械	其他机械费	元	—	—	—	—	0.130

工作内容：配制涂刷冷底子油，熬制玛碲脂；防水薄弱处处理；铺贴玛碲脂卷材。　　单位：100 m^2

定额编号				7-24	7-25	7-26
项目				石油沥青玛碲脂卷材干铺油毡一层平面	玛碲脂卷材 二毡三油 立面	玛碲脂卷材 每增减一毡一油 立面
综合单价(元)				256.50	2898.00	967.40
其中	人工费(元)			35.66	297.57	130.95
	材料费(元)			204.79	2465.89	777.32
	机械费(元)			—	0.44	0.14
	管理费(元)			10.70	89.40	39.33
	利润(元)			5.35	44.70	19.66
名称		单位	单价(元)	数量		
人工	综合人工	工日	28.53	1.250	10.430	4.590
材料	油毛毡 350 g	m^2	1.80	113.770	239.760	116.490
	石油沥青玛碲脂	m^3	3042.76	—	0.540	0.170
	冷底子油	kg	4.52	—	48.480	—
	木柴	kg	0.70	—	240.900	70.400
	其他材料费	元	—	—	3.470	1.090
机械	其他机械费	元	—	—	0.440	0.140

工作内容：1. 基层清理，配制、涂刷冷底子油；熬制玛碲脂，防水薄弱处处理。

2. 铺贴玛碲脂玻璃纤维布。　　单位：100 m^2

定额编号				7-27	7-28	7-29	7-30
项目				玛碲脂玻璃纤维布			
				二布三油		每增减一布一油	
				平面	立面	平面	立面
综合单价(元)				3164.28	3440.90	1147.55	1251.05
其中	人工费(元)			248.50	369.75	115.26	163.48
	材料费(元)			2803.36	2904.12	980.23	1013.80
	机械费(元)			0.41	0.44	0.13	0.14
	管理费(元)			74.67	111.06	34.62	49.09
	利润(元)			37.34	55.53	17.31	24.54
名称		单位	单价(元)	数量			
人工	综合人工	工日	28.53	8.710	12.960	4.040	5.730
材料	石油沥青玛碲脂	m^3	3042.76	0.510	0.540	0.160	0.170
	冷底子油石油沥青汽油 0.3：0.7	kg	2.66	48.960	48.960	—	—
	木柴	kg	0.70	227.700	240.960	66.000	70.400
	玻璃纤维布 δ1.8	m^2	3.83	250.300	250.300	116.490	116.490
	其他材料费	元	—	3.280	3.470	1.030	1.090
机械	其他机械费	元	—	0.410	0.440	0.130	0.140

（二）高分子卷材屋面

工作内容：1. 清理基层、刷基层处理剂，防水薄弱处刷聚氨酯涂膜，加热改性沥青。

2. 屋面贴改性沥青卷材，卷材搭接处及收头嵌油膏。

单位：100 m^2

定额编号				7-31	7-32	7-33	7-34
项目				改性沥青防水卷材			
				1.2 mm 厚			
				满铺	条铺	点铺	空铺
综合单价(元)				2037.95	2008.77	2007.20	1940.23
其中	人工费(元)			200.28	200.28	200.28	168.61
	材料费(元)			1747.55	1718.37	1716.80	1695.75
	机械费(元)			—	—	—	—
	管理费(元)			60.08	60.08	60.08	50.58
	利润(元)			30.04	30.04	30.04	25.29
名称		单位	单价(元)	数量			
人工	综合人工	工日	28.53	7.020	7.020	7.020	5.910
材料	改性沥青乳胶	kg	2.45	30.000	30.000	30.000	30.000
	改性沥青卷材	m^2	11.25	111.500	113.930	113.930	113.930
	改性沥青粘结剂	kg	1.30	55.750	21.970	20.760	14.260
	聚氨酯甲料	kg	11.50	8.320	8.320	8.320	8.320
	聚氨酯乙料	kg	11.50	12.480	12.480	12.480	12.480
	石油液化气	kg	4.50	24.000	21.200	21.200	18.400

工作内容：1. 涤刷基层处理剂，防水薄弱处涂聚胺脂膜加强。

2. 铺贴卷材，卷材接缝贴卷材条加强，收头。

单位：100 m^2

定额编号				7-35	7-36	7-37	7-38
项目				三元乙丙橡胶卷材冷贴满铺		氯化聚乙烯橡胶共混卷材	
				平面	立面	平面	立面
综合单价(元)				4999.29	5221.43	3170.50	3392.64
其中	人工费(元)			524.10	677.30	524.10	677.30
	材料费(元)			4239.34	4239.34	2410.55	2410.55
	机械费(元)			—	—	—	—
	管理费(元)			157.23	203.19	157.23	203.19
	利润(元)			78.62	101.60	78.62	101.60
名称		单位	单价(元)	数量			
人工	综合人工	工日	28.53	18.370	23.740	18.370	23.740
材料	素水泥浆	m^3	526.02	0.010	0.010	0.010	0.010
	CPSE 嵌缝油膏 300 mL	kg	2.50	29.830	29.830	29.830	29.830
	乙酸乙脂	kg	8.70	5.050	5.050	5.050	5.050
	丁基粘结剂	kg	6.70	17.600	17.600	—	—
	钢筋(综合)	kg	3.21	4.380	4.380	4.380	4.380
	二甲苯	kg	2.37	27.000	27.000	27.000	27.000
	三元乙丙橡胶卷材	m^2	28.61	124.170	124.170	—	—
	聚氨酯甲料	kg	11.50	9.970	9.970	5.420	5.420
	聚氨酯乙料	kg	11.50	21.770	21.770	8.130	8.130
	铁钉 30～45	kg	4.40	0.230	0.230	0.230	0.230
	水	m^3	2.68	0.400	0.400	0.400	0.400
	BX-12 乙组份 880 mL/瓶	瓶	7.65	—	—	77.730	77.730
	氯丁冷胶	kg	5.20	—	—	20.200	20.200
	氯化聚乙稀橡胶卷材	m^2	10.85	—	—	124.530	124.530

工作内容：1. 涂刷基层处理剂，防水薄弱处刷聚氨酯涂膜。

2. 铺贴卷材，卷材接缝贴卷材条加强，收头。

单位：100 m^2

定额编号				7-39	7-40
项目				再生橡胶卷材冷贴满铺	
				平面	立面
				1.5 mm 厚	
综合单价(元)				2355.13	2578.59
其中	人工费(元)			524.10	677.30
	材料费(元)			1595.18	1596.50
	机械费(元)			—	—
	管理费(元)			157.23	203.19
	利润(元)			78.62	101.60
名称		单位	单价(元)	数量	
人工	综合人工	工日	28.53	18.370	23.740
材料	107 胶	kg	1.30	0.010	0.010
	二甲苯	kg	2.37	27.000	27.000
	聚氨酯甲料	kg	11.50	9.970	9.970
	聚氨酯乙料	kg	11.50	21.770	21.770
	氯丁胶粘合剂	kg	11.30	63.930	63.930
	CPSE 嵌缝油膏 300 mL	kg	2.50	29.300	29.830
	乙酸乙脂	kg	8.70	5.050	5.050
	钢筋(综合)	kg	3.21	4.380	4.380
	铁钉 30～45	kg	4.40	0.230	0.230
	水	m^3	2.68	0.400	0.400
	再生橡胶卷材	m^2	2.50	124.170	124.170

工作内容：铺贴卷材，收头。

单位：100 m^2

定额编号				7-41	7-42	7-43
项目				聚氯乙烯卷材屋面		
				灰(绿)色 PVC		
				1.2 厚	1.5 厚	2.0 厚
综合单价(元)				2878.92	3565.76	3916.94
其中	人工费(元)			183.16	220.25	220.25
	材料费(元)			2613.34	3246.39	3597.57
	机械费(元)			—	—	—
	管理费(元)			54.95	66.08	66.08
	利润(元)			27.47	33.04	33.04
名称		单位	单价(元)	数量		
人工	综合人工	工日	28.53	6.420	7.720	7.720
材料	铝合金压条	m	1.41	60.000	60.000	60.000
	聚氯乙烯灰色 PVC 卷材 δ1.2	m^2	20.28	124.530	—	—
	自攻螺丝 3＊10	百个	2.20	1.000	1.200	1.200
	水	m^3	2.68	0.400	0.400	0.400
	聚氯乙烯灰色 PVC 卷材 δ1.5	m^2	25.36	—	124.530	—
	聚氯乙烯灰色 PVC 卷材 δ2.0	m^2	28.18	—	—	124.530

工作内容：改性沥青加热，基层刷处理剂，刷聚氨酯涂膜，贴卷材，卷材接缝收头处嵌油膏。　单位：见表

定额编号				7-44	7-45
项目				改性沥青防水卷材屋面热熔单层	屋面分格缝上点粘300宽改性沥青卷材
				100 m²	100 m
综合单价(元)				6222.76	484.45
其中	人工费(元)			180.31	53.35
	材料费(元)			5961.31	407.09
	机械费(元)			—	—
	管理费(元)			54.09	16.01
	利润(元)			27.05	8.00
名称		单位	单价(元)	数量	
人工	综合人工	工日	28.53	6.320	1.870
材料	改性沥青乳胶	kg	2.45	30.000	—
	改性沥青卷材(铝箔)	m²	48.45	111.500	—
	改性沥青嵌缝油膏	kg	3.58	33.640	—
	聚氨酯甲料	kg	11.50	8.320	—
	聚氨酯乙料	kg	11.50	12.480	—
	石油液化气	kg	4.50	28.000	4.200
	改性沥青卷材	m²	11.25	—	33.630
	改性沥青粘结剂	kg	1.30	—	7.580

工作内容：同上　单位：100 m²

定额编号				7-46	7-47
项目				改性沥青卷材满铺	
				(防水)平面	(防水)立面
综合单价(元)				7382.73	7634.45
其中	人工费(元)			551.77	712.96
	材料费(元)			6582.66	6600.66
	机械费(元)			—	—
	管理费(元)			165.53	213.89
	利润(元)			82.77	106.94
名称		单位	单价(元)	数量	
人工	综合人工	工日	28.53	19.340	24.990
材料	改性沥青粘结剂	kg	1.30	50.620	50.620
	改性乳化沥青	kg	3.70	30.000	30.000
	改性沥青卷材(铝箔)	m²	48.45	126.540	126.540
	改性沥青嵌缝油膏	kg	1.65	12.220	12.220
	聚氨酯甲料	kg	11.50	5.420	5.420
	聚氨酯乙料	kg	11.50	8.130	8.130
	石油液化气	kg	4.50	22.000	26.000

工作内容：清扫基层，熔化粘胶，铺贴柔毡，收头，铺撒白石米保护层。　　单位：100 m^2

定额编号				7-48	7-49
项目				防水柔毡热贴满铺	
				二胶一毡一砂	每增一胶一毡
综合单价(元)				5156.84	2913.22
其中	人工费(元)			154.06	79.60
	材料费(元)			4933.45	2797.80
	机械费(元)			—	—
	管理费(元)			46.22	23.88
	利润(元)			23.11	11.94
名称		单位	单价(元)	数量	
人工	综合人工	工日	28.53	5.400	2.790
材料	107 胶	kg	1.30	0.010	—
	CPSE 嵌缝油膏 330 mL	kg	2.50	50.280	—
	钢筋(综合)	kg	3.21	4.380	—
	白石米	t	222.75	0.770	—
	防水柔毡	m^2	15.00	126.150	110.150
	防水柔毡配套粘胶	kg	3.38	730.820	320.240
	二甲苯	kg	2.37	25.250	—
	木柴	kg	0.70	219.820	90.200
	水	m^3	2.68	0.400	—
	铁钉 30～45	kg	4.40	0.230	—
	乙酸乙脂	kg	8.70	5.050	—

工作内容：1. 聚氯乙烯卷材铝合金压条：清理基层，铺卷材，钉压条，射钉上嵌密封膏收头。

2. SBC120 复合卷材冷贴|满铺：刷聚氯酯涂膜，用掺脱水泥浆贴卷材，聚氨酯胶接缝搭接。

单位：100 m^2

定额编号				7-50	7-51
项目				聚氯乙烯防水卷材铝合金压条	SBC120 复合卷材冷贴
				空铺 1.2 mm 厚	满铺 1.2 mm 厚
综合单价(元)				5778.49	2953.56
其中	人工费(元)			2269.85	138.09
	材料费(元)			2487.20	2753.33
	机械费(元)			—	—
	管理费(元)			680.96	41.43
	利润(元)			340.48	20.71
名称		单位	单价(元)	数量	
人工	综合人工	工日	28.53	79.560	4.840
材料	铝合金压条	m	1.41	105.000	—
	密封膏	kg	9.30	13.000	—
	射钉	百个	49.00	5.270	—
	PVC 防水卷材	m^2	8.40	130.000	—
	303 胶	kg	16.20	45.000	—
	其他材料费	元	—	139.020	—
	素水泥浆	m^3	526.02	—	0.150
	107 胶	kg	1.30	—	11.380
	聚氨酯甲料	kg	11.50	—	19.040
	聚氨酯乙料	kg	11.50	—	28.560
	乙酸乙脂	kg	8.70	—	5.050
	CPSE 嵌缝油膏 330 mL	kg	2.50	—	48.960
	水	m^3	2.68	—	0.080
	聚乙烯丙纶双面复合防水卷材 SB	m^2	17.60	—	110.550

（三）涂膜屋面

工作内容：1. 屋面满涂油膏：油膏加热，屋面满涂油膏。

2. 板嵌缝：油膏加热，板缝嵌油膏。　　　　单位：见表

定额编号				7-52	7-53	7-54
项目				屋面满涂塑料油膏 4 mm	塑料油膏嵌缝	
					空心板	大型屋面板
				100 m²	100 m	
综合单价(元)				1755.14	458.81	560.63
其中	人工费(元)			73.32	85.02	85.59
	材料费(元)			1648.82	335.53	436.52
	机械费(元)			—	—	—
	管理费(元)			22.00	25.51	25.68
	利润(元)			11.00	12.75	12.84
名称		单位	单价(元)	数量		
人工	综合人工	工日	28.53	2.570	2.980	3.000
材料	塑料油膏	kg	2.60	585.120	119.070	154.910
	木柴	kg	0.70	182.160	37.070	48.220

附注：嵌缝取定纵缝断面：空心板 7.5 cm²，大型屋面板 9 cm²。如断面不同时，可按比例调整人工，其他不变。

工作内容：油膏加热，铺贴玻璃纤维布。　　　　单位：见表

定额编号				7-55	7-56	7-57	7-58
项目				塑料油膏玻璃纤维布		塑料油膏贴玻璃布盖缝	
				一布二油	每增一布一油	一布二油	每增一布一油
				100 m²		100 m	
综合单价(元)				3047.95	1425.96	1182.29	533.36
其中	人工费(元)			88.73	55.63	53.07	31.95
	材料费(元)			2919.29	1345.30	1105.34	487.03
	机械费(元)			—	—	—	—
	管理费(元)			26.62	16.69	15.92	9.59
	利润(元)			13.31	8.34	7.96	4.79
名称		单位	单价(元)	数量			
人工	综合人工	工日	28.53	3.110	1.950	1.860	1.120
材料	塑料油膏	kg	2.60	872.260	324.940	351.070	131.650
	木柴	kg	0.70	271.560	101.150	109.300	40.990
	玻璃纤维布 δ 1.8	m²	3.83	120.450	112.180	30.300	30.300

工作内容:1. 屋面分格缝:支座处干铺油毡一层,清理缝,油膏加热,油膏灌缝,沿缝上做二毡三油一砂。

2. 聚氨酯涂膜防水屋面:涂刷聚氨酯底胶,刷聚氨酯防水层两遍,撒石粉。 单位:见表

定额编号				7-59	7-60	7-61
项目				屋面分格缝	聚氨酯涂膜防水屋面 2 mm 厚	聚氨酯涂膜防水屋面每增减 1 mm
				100 m	100 m^2	
综合单价(元)				3351.18	3345.11	1332.30
其中	人工费(元)			254.20	130.95	52.21
	材料费(元)			2982.01	3155.23	1256.60
	机械费(元)			0.40	—	—
	管理费(元)			76.38	39.29	15.66
	利润(元)			38.19	19.64	7.83
名称		单位	单价(元)	数量		
人工	综合人工	工日	28.53	8.910	4.590	1.830
材料	石油沥青玛碲脂	m^3	3042.76	0.490	—	—
	冷底子油石油沥青汽油 0.3∶0.7	kg	2.66	39.000	—	—
	油毛毡 350 g	m^2	1.80	232.100	—	—
	塑料油膏	kg	2.60	303.680	—	—
	木柴	kg	0.70	218.110	—	—
	粒砂	m^3	58.89	0.410	—	—
	石粉	m^3	37.74	—	0.310	—
	二甲苯	kg	2.37	—	12.960	4.850
	聚氨酯甲料	kg	11.50	—	105.550	42.220
	聚氨酯乙料	kg	11.50	—	165.130	66.050
	其他材料费	元	—	3.150	—	—
机械	其他机械费	元	—	0.400	—	—

附注:1. 聚氨酯如果掺缓凝剂,应增加磷酸 0.30 kg;如果掺促凝剂应增加二月桂酸二丁基锡 0.25 kg。

2. 7-61 子目聚氨酯如果掺缓凝剂,应增加磷酸 0.12 kg;如果掺促凝剂应增加二月桂酸二丁基锡 0.1 kg。

工作内容:1. 清理基层,找平分格缝嵌油膏,防水薄弱处刷膜附加层。

2. 刷底胶,铺贴卷材;接缝嵌油膏,做收头。

3. 涂刷着色剂保护层二遍。 单位:100 m^2

定额编号		7-62	7-63	7-64	7-65
项目		氯丁橡胶卷材冷贴			
		满铺	条铺	点铺	空铺
综合单价(元)		4563.83	4348.50	4317.18	4296.37
其中	人工费(元)	236.80	236.80	236.80	236.80
	材料费(元)	4220.47	4005.14	3973.82	3953.01
	机械费(元)	—	—	—	—
	管理费(元)	71.04	71.04	71.04	71.04
	利润(元)	35.52	35.52	35.52	35.52

续表

单位:100 m²

定额编号				7-62	7-63	7-64	7-65
项目				氯丁橡胶卷材冷贴			
				满铺	条铺	点铺	空铺
名称		单位	单价(元)	数量			
人工	综合人工	工日	28.53	8.300	8.300	8.300	8.300
材料	素水泥浆	m^3	526.02	0.010	0.010	0.010	0.010
	氯丁橡胶卷材	m^2	23.85	110.550	112.850	112.850	112.850
	CTSE嵌缝油膏	kg	1.85	50.280	50.280	50.280	50.280
	CY409液	kg	11.00	9.550	11.850	11.850	11.850
	氯丁胶沥青胶液	kg	10.20	60.600	31.630	28.560	26.520
	乙酸乙脂	kg	8.70	5.050	5.050	5.050	5.050
	银色着色剂	kg	15.00	20.200	20.200	20.200	20.200
	钢筋(综合)	kg	3.21	4.380	4.380	4.380	4.380
	二甲苯	kg	2.37	27.000	27.000	27.000	27.000
	聚氨酯甲料	kg	11.50	11.660	11.660	11.660	11.660
	聚氨酯乙料	kg	11.50	17.500	17.500	17.500	17.500
	铁钉30～45	kg	4.40	0.230	0.230	0.230	0.230
	水	m^3	2.68	0.400	0.400	0.400	0.400

工作内容:氯丁冷胶:涂刷底胶,做一布一涂于防水薄弱处,冷胶贴聚酯布防水层,最表层撒细砂保护层。

单位:100 m²

定额编号				7-66	7-67
项目				氯丁冷胶	
				二布三涂	每增一布一涂
综合单价(元)				2742.84	855.11
其中	人工费(元)			240.22	121.25
	材料费(元)			2394.52	679.29
	机械费(元)			—	—
	管理费(元)			72.07	36.38
	利润(元)			36.03	18.19
名称		单位	单价(元)	数量	
人工	综合人工	工日	28.53	8.420	4.250
材料	细砂	m^3	24.00	0.310	—
	聚酯布100 g/m²	m^2	2.10	236.360	110.890
	氯丁冷胶	kg	5.20	363.600	85.850

（四）屋面刚性防水

工作内容：1. 清理基层，调制砂浆。

2. 纵横扫水泥浆，铺混凝土或砂浆，压实，抹光，做分格缝。

单位：100 m^2

定额编号				7-68	7-69	7-70	7-71
项目				细石混凝土刚性防水层		水泥砂浆二次抹压防水层	
				厚 3.5 cm	每增减 1 cm	厚 2.5 cm	每增减 1 cm
综合单价(元)				1831.59	366.53	1464.12	428.49
其中	人工费(元)			535.51	85.30	431.37	91.30
	材料费(元)			1049.23	242.84	807.48	283.48
	机械费(元)			4.05	—	21.48	8.71
	管理费(元)			161.87	25.59	135.86	30.00
	利润(元)			80.93	12.80	67.93	15.00
名称		单位	单价(元)	数量			
人工	综合人工	工日	28.53	18.770	2.990	15.120	3.200
材料	C20 混凝土 10 石	m^3	183.10	3.570	1.020	—	—
	水泥砂浆 1∶1	m^3	304.20	0.510	—	—	—
	水泥砂浆 1∶2	m^3	217.37	—	—	2.550	1.020
	石棉泥	kg	0.53	6.350	2.460	7.960	2.460
	松杂木枋材(周转材、综合)	m^3	545.00	0.060	0.010	0.040	0.010
	素水泥浆	m^3	526.02	0.080	—	0.070	—
	滑石粉	kg	0.43	19.050	7.390	23.880	7.390
	石油沥青 10＃	kg	2.30	34.920	13.550	43.780	13.550
	石油沥青 30＃	kg	2.40	1.160	0.260	1.420	0.260
	汽油 90＃	kg	6.00	2.820	0.630	3.460	0.630
	轻质机油	kg	3.16	3.180	1.230	3.980	1.230
	木柴	kg	0.70	23.280	8.730	29.130	7.730
	水	m^3	2.68	8.400	0.200	1.160	0.300
	其他材料费	元	—	5.210	0.040	19.140	6.160
机械	灰浆搅拌机 200 L	台班	60.72	0.060	—	0.320	0.130
	其他机械费	元	—	0.410	—	2.050	0.820

工作内容：1. 清理基层，调制砂浆、灌缝膏。

2. 纵横扫水泥浆，铺灌砂浆，压实，抹光。

单位：100 m

定额编号		7-72	7-73	7-74
项目		刚性防水层填分格缝		
		水泥砂浆面 厚 2.5 cm	细石混凝土面 厚 3.5 cm	不分种类 每增减 1 cm
综合单价(元)		444.44	428.87	121.42
其中	人工费(元)	138.37	143.79	32.81
	材料费(元)	243.80	220.37	73.85
	机械费(元)	—	—	—
	管理费(元)	41.51	43.14	9.84
	利润(元)	20.76	21.57	4.92

续表 单位:100 m

定额编号				7-72	7-73	7-74
项目				刚性防水层填分格缝		
				水泥砂浆面 厚2.5 cm	细石混凝土面 厚3.5 cm	不分种类 每增减1 cm
名称		单位	单价(元)	数量		
人工	综合人工	工日	28.53	4.850	5.040	1.150
材料	水泥砂浆 1:2	m^3	217.37	—	0.030	—
	杂木丁枋板材 10 以上	m^3	545.00	0.050	0.070	0.020
	滑石粉	kg	0.43	29.850	28.810	9.240
	石棉泥	kg	0.53	9.950	7.940	3.080
	石棉泥	t	527.85	—	—	—
	石油沥青 10#	kg	2.30	54.720	43.650	16.940
	石油沥青 30#	kg	2.40	1.770	1.450	0.320
	轻质机油	kg	3.16	4.980	3.970	1.540
	汽油 90#	kg	6.00	4.320	3.530	0.790
	木柴	kg	0.70	36.410	29.100	10.910
	水	m^3	2.68	—	0.010	—
	其他材料费	元	—	1.190	1.110	0.370

工作内容:钢筋网制作、安装。 单位:100 m^2

定额编号				7-75	7-76	7-77
项目				屋面刚性防水层加钢筋网(钢筋规格 ϕ4 cm)		
				间距(cm)		
				10 * 10	15 * 15	20 * 20
综合单价(元)				1158.59	769.10	571.70
其中	人工费(元)			214.83	143.51	106.99
	材料费(元)			829.60	549.34	407.85
	机械费(元)			12.06	8.05	6.01
	管理费(元)			68.07	45.47	33.90
	利润(元)			34.03	22.73	16.95
名称		单位	单价(元)	数量		
人工	综合人工	工日	28.53	7.530	5.030	3.750
材料	圆钢 ϕ4	t	3120.00	0.259	0.173	0.129
	镀锌铁丝 ϕ0.7	kg	5.77	3.730	1.660	0.930
机械	钢筋切断机 40 mm	台班	45.50	0.265	0.177	0.132

工作内容:1. 清理基层,调制砂浆、灌缝膏。

2. 纵横扫水泥浆,铺灌砂浆,压实,抹光。

单位:100 m²

定额编号				7-78
项目				掺无机铝盐防水剂防水砂浆厚 2 cm
综合单价(元)				1246.29
其中	人工费(元)			285.01
	材料费(元)			799.95
	机械费(元)			22.81
	管理费(元)			92.35
	利润(元)			46.17
名称		单位	单价(元)	数量
人工	综合人工	工日	28.53	9.990
材料	水泥防水砂浆 1:2	m^3	274.40	2.020
	素水泥浆	m^3	526.02	0.100
	水	m^3	2.68	0.400
	无机铝盐防水剂	kg	1.35	132.600
	其他材料费	元	—	12.980
机械	灰浆搅拌机 200 L	台班	60.72	0.350
	其他机械费	元	—	1.560

工作内容:1. 清理基层。

2. 调制砂浆。

3. 扫水泥浆,铺设防水砂浆。

4. 表面抹光。

单位:100 m²

定额编号				7-79	7-80	7-81	7-82
项目				五层防水砂浆		普通防水砂浆	
				平面	立面	平面	立面
综合单价(元)				1327.52	1532.30	977.76	1163.93
其中	人工费(元)			472.46	613.68	249.92	378.31
	材料费(元)			617.49	617.49	583.06	583.06
	机械费(元)			17.22	17.22	22.29	22.29
	管理费(元)			146.90	189.27	81.66	120.18
	利润(元)			73.45	94.64	40.83	60.09
名称		单位	单价(元)	数量			
人工	综合人工	工日	28.53	16.560	21.510	8.760	13.260
材料	水泥防水砂浆 1:2	m^3	274.40	1.020	1.020	2.040	2.040
	素水砂浆	m^3	526.02	0.610	0.610	—	—
	水	m^3	2.68	3.800	3.800	3.800	3.800
	其他材料费	元	—	6.550	6.550	13.100	13.100
机械	灰浆搅拌机 200 L	台班	60.72	0.270	0.270	0.340	0.340
	其他机械费	元	—	0.830	0.830	1.650	1.650

三、屋面排水工程

工作内容:铁皮截料,制作安装。　　　　单位:100 m^2

定额编号				7-83	7-84
项目				铁皮落水管、檐沟	铁皮天沟、泛水
综合单价(元)				3674.15	2817.16
其中	人工费(元)			739.78	268.18
	材料费(元)			2601.47	2428.30
	机械费(元)			—	—
	管理费(元)			221.93	80.45
	利润(元)			110.97	40.23
名称		单位	单价(元)	数量	
人工	综合人工	工日	28.53	25.930	9.400
材料	镀锌薄钢板 δ0.45	m^2	22.16	105.800	—
	粗焊锡	kg	31.45	1.800	2.080
	盐酸	kg	1.04	0.380	0.440
	铁件	kg	3.80	49.150	—
	铁钉 50～75	kg	4.30	0.380	3.000
	木炭	kg	1.50	7.690	9.240
	镀锌薄钢板 0.5	m^2	22.16	—	105.400

工作内容:切管,埋管卡,安水管,调灰抹封口。　　　　单位:见表

定额编号				7-85	7-86	7-87	7-88
项目				铸铁落水管		铸铁弯头	
				ϕ100	ϕ150	ϕ100	ϕ150
				10 m		10 个	
综合单价(元)				547.32	943.86	635.01	1029.93
其中	人工费(元)			80.45	89.01	102.14	107.27
	材料费(元)			430.64	814.77	486.83	874.29
	机械费(元)			0.02	0.02	0.05	0.07
	管理费(元)			24.14	26.71	30.66	32.20
	利润(元)			12.07	13.35	15.33	16.10
名称		单位	单价(元)	数量			
人工	综合人工	工日	28.53	2.820	3.120	3.580	3.760
材料	水泥砂浆 1∶2	m^3	217.37	0.020	0.020	—	—
	石油沥青 30#	kg	2.40	0.700	0.950	—	—
	铁件	kg	3.80	1.440	7.780	2.420	2.660
	镀锌铁丝 ϕ2.8	kg	4.96	0.820	0.820	—	—
	镀锌螺栓	百个	5.60	0.210	0.210	—	—
	膨胀螺栓(镀锌连母)ϕ8 * 80	百套	52.61	0.105	0.105	—	—
	铸铁管 ϕ100 * 1830	m	28.85	10.470	—	—	—
	铸件三通 ϕ100	个	27.09	3.610	—	—	—
	铸件三通 ϕ150	个	60.95	—	3.610	—	—
	铸铁管 ϕ150 * 1830	m	53.11	—	10.100	—	—

续表

单位:见表

定额编号				7-85	7-86	7-87	7-88
项目				铸铁落水管		铸铁弯头	
				ϕ100	ϕ150	ϕ100	ϕ150
				10 m		10 个	
名称		单位	单价(元)	数量			
材料	油麻丝	kg	7.00	0.180	0.250	—	—
	石油沥青玛碲脂	m^3	3042.76	—	—	0.070	0.090
	松杂木枋材(周转材、综合)	m^3	545.00	—	—	0.040	0.050
	石棉绒	kg	2.59	1.740	2.360	—	—
	防腐油	kg	6.73	—	—	0.400	0.500
	铸铁弯头 ϕ100	个	23.73	—	—	10.100	—
	铸铁弯头 ϕ150	个	55.36	—	—	—	10.100
	水	m^3	2.68	0.980	1.260	—	—
	其他材料费	元	—	0.130	0.130	0.480	0.580
机械	其他机械费	元	—	0.020	0.020	0.050	0.070

工作内容:就位,安装,封口。

单位:10 个

定额编号				7-89	7-90	7-91	7-92
项目				铸铁雨水口		铸铁水斗	
				ϕ100	ϕ150	ϕ100	ϕ150
综合单价(元)				819.13	928.04	528.15	639.72
其中	人工费(元)			92.15	95.86	76.46	80.17
	材料费(元)			685.40	788.93	417.28	523.47
	机械费(元)			0.08	0.08	—	—
	管理费(元)			27.67	28.78	22.94	24.05
	利润(元)			13.83	14.39	11.47	12.03
名称		单位	单价(元)	数量			
人工	综合人工	工日	28.53	3.230	3.360	2.680	2.810
材料	石油沥青玛碲脂	m^3	3042.76	0.100	0.100	—	—
	油毛毡 350 g	m^2	1.80	2.420	2.930	—	—
	铸铁雨水口 ϕ100	个	37.24	10.100	—	—	—
	铸铁雨水口 ϕ150	个	47.40	—	10.100	—	—
	铁件	kg	3.80	—	—	10.830	11.770
	铸铁水斗 ϕ100	个	37.24	—	—	10.100	—
	铸铁水斗 ϕ150	个	47.40	—	—	—	10.100
	其他材料费	元	—	0.640	0.640	—	—
机械	其他机械费	元	—	0.080	0.080	—	—

工作内容：切管，调制、熔化接口材料，对口，粘接，管道、管件及管卡安装。　　单位：100 m²

定额编号				7-93	7-94	7-95
项目				PVC 排水管		
				$\phi75$	$\phi100$	$\phi150$
综合单价(元)				1914.63	2946.79	4832.43
其中	人工费(元)			451.06	502.98	708.97
	材料费(元)			1260.59	2217.47	3804.42
	机械费(元)			—	—	—
	管理费(元)			135.32	150.89	212.69
	利润(元)			67.66	75.45	106.35
名称		单位	单价(元)	数量		
人工	综合人工	工日	28.53	15.810	17.630	24.850
材料	扁钢(综合)	t	3541.00	0.008	0.016	0.011
	密封胶	kg	9.30	6.100	12.400	13.600
	螺栓(综合)	kg	6.00	1.080	1.400	1.160
	膨胀螺栓(镀锌连母)$\phi8*80$	百套	52.61	0.320	0.430	0.300
	PVC 塑料管 $\phi75$	m	9.60	100.000	—	—
	PVC 塑料管 $\phi100$	m	16.94	—	100.000	—
	PVC 塑料管 $\phi150$	m	32.75	—	—	100.000
	PVC 塑料管伸缩节 $\phi75$	个	4.00	35.000	—	—
	PVC 塑料管伸缩节 $\phi100$	个	7.00	—	35.000	35.000
	白棉纱	kg	12.00	3.000	4.000	4.000
	铁纱布 0～2#	张	1.00	7.000	9.000	9.000
	其他材料费	元	—	9.220	18.470	39.250

四、涂膜防水

工作内容：清理基层，调制冷底子油，刷涂料。　　单位：100 m²

定额编号				7-96	7-97	7-98	7-99
项目				苯乙烯涂料二遍		刷冷底子油	
				平面	立面	第一遍	第二遍
综合单价(元)				523.69	536.80	289.01	283.41
其中	人工费(元)			56.77	56.77	40.23	34.24
	材料费(元)			441.37	454.48	230.68	233.76
	机械费(元)			—	—	—	—
	管理费(元)			17.03	17.03	12.07	10.27
	利润(元)			8.52	8.52	6.03	5.14
名称		单位	单价(元)	数量			
人工	综合人工	工日	28.53	1.990	1.990	1.410	1.200
材料	苯乙烯涂料	kg	8.74	50.500	52.000	—	—
	冷底子油	kg	4.52	—	—	48.480	48.480
	木柴	kg	0.70	—	—	16.500	20.900

工作内容:1. 塑料油膏:油膏加热、涂刷油膏。

2. 氨偏共聚乳液:成品涂刷。

单位:100 m²

定额编号				7-100
项目				刷氯偏共聚乳胶三遍
综合单价(元)				192.67
其中	人工费(元)			42.22
	材料费(元)			131.45
	机械费(元)			—
	管理费(元)			12.67
	利润(元)			6.33
名称		单位	单价(元)	数量
人工	综合人工	工日	28.53	1.480
材料	氯偏共聚乳胶液	kg	5.50	21.000
	磷酸三钠	kg	1.91	0.590
	聚乙烯醇	kg	15.60	0.950

工作内容:熬制石油沥青,配制冷底子油,刷冷底子油一遍,涂刷沥青。

单位:100 m²

定额编号				7-101	7-102	7-103	7-104
项目				刷石油沥青一遍		每增加石油沥青一遍	
				平面	立面	平面	立面
综合单价(元)				803.43	915.98	412.32	528.93
其中	人工费(元)			50.78	65.33	17.69	26.25
	材料费(元)			729.80	821.25	386.67	490.86
	机械费(元)			—	—	—	—
	管理费(元)			15.23	19.60	5.31	7.88
	利润(元)			7.62	9.80	2.65	3.94
名称		单位	单价(元)	数量			
人工	综合人工	工日	28.53	1.780	2.290	0.620	0.920
材料	冷底子油	kg	4.52	48.480	48.480	—	—
	石油沥青 30#	kg	2.40	186.560	221.540	144.430	186.560
	木柴	kg	0.70	89.900	100.600	57.200	61.600

工作内容:1. 配制、涂刷冷底子油一遍,熬制石油沥青玛碲脂。

2. 涂刷石油沥青玛碲脂一遍。

单位:100 m²

定额编号		7-105	7-106
项目		刷石油沥青玛碲脂一遍	
		平面	立面
综合单价(元)		901.61	1260.84
其中	人工费(元)	47.93	66.19
	材料费(元)	831.90	1164.53
	机械费(元)	0.15	0.23
	管理费(元)	14.42	19.93
	利润(元)	7.21	9.96

续表 单位:100 m²

定额编号				7-105	7-106
项目				刷石油沥青玛碲脂一遍	
				平面	立面
名称		单位	单价(元)	数量	
人工	综合人工	工日	28.53	1.680	2.320
材料	石油沥青玛碲脂	m^3	3042.76	0.180	0.280
	冷底子油	kg	4.52	48.480	48.480
	木柴	kg	0.70	91.300	130.900
	其他材料费	元	—	1.160	1.800
机械	其他机械费	元	—	0.150	0.230

工作内容:熬制石油沥青玛碲脂,涂刷石油沥青玛碲脂一遍。 单位:100 m²

定额编号				7-107	7-108
项目				每增加一遍石油沥青玛碲脂	
				平面	立面
综合单价(元)				526.34	639.50
其中	人工费(元)			17.69	26.25
	材料费(元)			500.50	601.22
	机械费(元)			0.13	0.15
	管理费(元)			5.35	7.92
	利润(元)			2.67	3.96
名称		单位	单价(元)	数量	
人工	综合人工	工日	28.53	0.620	0.920
材料	石油沥青玛碲脂	m^3	3042.76	0.150	0.180
	木柴	kg	0.70	61.600	74.800
	其他材料费	元	—	0.970	1.160
机械	其他机械费	元	—	0.130	0.150

工作内容:1. 清理基层,调配涂料。

2. 贴布(聚酯布或玻璃纤维布)、刷涂料(最后两遍掺水泥作保护层)。 单位:100 m²

定额编号				7-109	7-110	7-111	7-112
项目				水乳型普通乳化沥青涂料		水乳型水性石棉质沥青	
				二布三涂		一布二涂	
				平面	立面	平面	立面
综合单价(元)				1717.66	1958.41	5473.34	5629.30
其中	人工费(元)			246.50	412.54	188.30	295.86
	材料费(元)			1360.23	1360.23	5200.30	5200.30
	机械费(元)			—	—	—	—
	管理费(元)			73.95	123.76	56.49	88.76
	利润(元)			36.98	61.88	28.25	44.38
名称		单位	单价(元)	数量			
人工	综合人工	工日	28.53	8.640	14.460	6.600	10.370
材料	32.5(R)水泥	t	345.83	0.014	0.014	0.061	0.061
	聚酯布 100 g/m²	m^2	2.10	243.040	243.040	—	—
	乳化沥青(水乳型)	kg	3.25	260.000	260.000	—	—
	网格玻璃纤维布	m^2	3.83	—	—	124.910	124.910
	水性石棉质沥青(水乳型)	kg	5.65	—	—	832.000	832.000

工作内容：1. 清理基层，调配涂料。

2. 刷涂料(最后两遍掺水泥作保护层)、铺贴聚酯布。

单位：100 m^2

定额编号				7-113	7-114	7-115	7-116
项目				水乳型再生胶沥青聚酯布			
				二布三涂		每增一布一涂	
				平面	立面	平面	立面
综合单价(元)				2341.66	2582.41	980.47	1005.28
其中	人工费(元)			246.50	412.54	99.86	116.97
	材料费(元)			1984.23	1984.23	835.67	835.67
	机械费(元)			—	—	—	—
	管理费(元)			73.95	123.76	29.96	35.09
	利润(元)			36.98	61.88	14.98	17.55
名称		单位	单价(元)	数量			
人工	综合人工	工日	28.53	8.640	14.460	3.500	4.100
材料	32.5(R)水泥	t	345.83	0.014	0.014	—	—
	聚酯布 100 g/m^2	m^2	2.10	243.040	243.040	118.130	118.130
	再生胶沥青(水乳型)	kg	5.65	260.000	260.000	104.000	104.000

工作内容：1. 清理基层，调配涂料。

2. 刷涂料(最后两遍掺水泥作保护层)、铺贴聚酯布。

单位：100 m^2

定额编号				7-117	7-118	7-119	7-120
项目				水乳型阴离子合成胶乳化沥青聚酯布			
				一布二涂		每增一布一涂	
				平面	立面	平面	立面
综合单价(元)				1243.58	1399.54	920.15	944.96
其中	人工费(元)			188.30	295.86	99.86	116.97
	材料费(元)			970.54	970.54	775.35	775.35
	机械费(元)			—	—	—	—
	管理费(元)			56.49	88.76	29.96	35.09
	利润(元)			28.25	44.38	14.98	17.55
名称		单位	单价(元)	数量			
人工	综合人工	工日	28.53	6.600	10.370	3.500	4.100
材料	32.5(R)水泥	t	345.83	0.015	0.015	—	—
	聚酯布 100 g/m^2	m^2	2.10	124.910	124.910	118.130	118.130
	阴离子合成胶乳化沥青	kg	3.38	208.000	208.000	156.000	156.000

工作内容：同上

单位：100 m^2

定额编号		7-121	7-122	7-123	7-124
项目		水乳型阳离子氯丁胶乳化沥青聚酯布			
		一布二涂		每增一布一涂	
		平面	立面	平面	立面
综合单价(元)		2662.14	2818.10	1984.07	2008.88
其中	人工费(元)	188.30	295.86	99.86	116.97
	材料费(元)	2389.10	2389.10	1839.27	1839.27
	机械费(元)	—	—	—	—
	管理费(元)	56.49	88.76	29.96	35.09
	利润(元)	28.25	44.38	14.98	17.55

续表　　　　单位:100 m^2

定额编号				7-121	7-122	7-123	7-124
项目				水乳型阳离子氯丁胶乳化沥青聚酯布			
				一布二涂		每增一布一涂	
				平面	立面	平面	立面
名称		单位	单价(元)	数量			
人工	综合人工	工日	28.53	6.600	10.370	3.500	4.100
材料	32.5(R)水泥	t	345.83	0.015	0.015	—	—
	聚酯布 100 g/m^2	m^2	2.10	124.910	124.910	118.130	118.130
	阳离子氯丁胶乳化沥青(水乳型)	kg	10.20	208.000	208.000	156.000	156.000

工作内容:同上　　　　单位:100 m^2

定额编号				7-125	7-126	7-127	7-128
项目				溶剂型再生胶沥青聚酯布			
				二布三涂		每增一布一涂	
				平面	立面	平面	立面
综合单价(元)				2637.53	2878.28	1274.27	1299.08
其中	人工费(元)			246.50	412.54	99.86	116.97
	材料费(元)			2280.10	2280.10	1129.47	1129.47
	机械费(元)			—	—	—	—
	管理费(元)			73.95	123.76	29.96	35.09
	利润(元)			36.98	61.88	14.98	17.55
名称		单位	单价(元)	数量			
人工	综合人工	工日	28.53	8.640	14.460	3.500	4.100
材料	32.5(R)水泥	t	345.83	0.020	0.020	—	—
	聚酯布 100 g/m^2	m^2	2.10	243.040	243.040	118.130	118.130
	再生胶沥青(水乳型)	kg	5.65	312.000	312.000	156.000	156.000

工作内容:1. 清理基层。

2. 刷涂料,铺贴附加层。　　　　单位:100 m^2

定额编号				7-129	7-130
项目				ESBS高分子防水涂料	
				屋面一布二涂(平面)	地下室(立面)
综合单价(元)				4015.93	2985.89
其中	人工费(元)			427.95	456.48
	材料费(元)			3395.40	2324.00
	机械费(元)			—	—
	管理费(元)			128.39	136.94
	利润(元)			64.19	68.47
名称		单位	单价(元)	数量	
人工	综合人工	工日	28.53	15.000	16.000
材料	ESBS高分子防水涂料(1F-1)	kg	22.00	150.000	—
	玻璃纤维布	m^2	0.90	106.000	—
	ESBS高分子防水涂料(1F-3)	kg	28.00	—	83.000

五、变 形 缝

(一)填 缝

工作内容:1. 油浸麻丝:熬制沥青,调制沥青麻丝,填塞沥青麻丝。

2. 油浸木丝板:熬沥青,浸木丝板,油浸木丝板嵌缝。

3. 玛碲脂:熬玛碲脂,玛碲脂灌缝。

单位:100 m

定额编号				7-131	7-132	7-133	7-134
项目				油浸麻丝填缝		油浸木丝板	玛碲脂
				平面	立面		
综合单价(元)				1269.21	1413.58	956.63	1864.63
其中	人工费(元)			203.70	303.27	158.91	180.59
	材料费(元)			973.84	973.84	726.21	1602.21
	机械费(元)			—	—	—	0.39
	管理费(元)			61.11	90.98	47.67	54.29
	利润(元)			30.56	45.49	23.84	27.15
名称		单位	单价(元)	数量			
人工	综合人工	工日	28.53	7.140	10.630	5.570	6.330
材料	石油沥青 30#	kg	2.40	216.240	216.240	163.240	—
	油麻丝	kg	7.00	55.080	55.080	—	—
	木柴	kg	0.70	99.000	99.000	61.600	198.000
	微粒板 δ16	m^2	19.04	—	—	15.300	—
	石油沥青玛碲脂	m^3	3042.76	—	—	—	0.480
	其他材料费	元	—	—	—	—	3.090
机械	其他机械费	元	—	—	—	—	0.390

工作内容:1. 石灰麻刀:调制石灰麻刀,石灰麻刀嵌缝,缝上贴二毡二油条一层。

2. 建筑油膏、沥青砂浆:油膏加热、熬制沥青,拌和沥青砂浆,沥青砂浆或建筑油膏嵌缝。

单位:100 m

定额编号				7-135	7-136	7-137	7-138
项目				石灰麻刀		建筑油膏变形缝 30＊20	沥青砂浆变形缝
				平面	立面		
综合单价(元)				1067.47	1105.53	447.98	840.06
其中	人工费(元)			188.30	214.55	150.64	178.31
	材料费(元)			794.43	794.43	229.55	580.94
	机械费(元)			—	—	—	0.39
	管理费(元)			56.49	64.37	45.19	53.61
	利润(元)			28.25	32.18	22.60	26.81
名称		单位	单价(元)	数量			
人工	综合人工	工日	28.53	6.600	7.520	5.280	6.250

续表 单位:100 m

定额编号				7-135	7-136	7-137	7-138
项目				石灰麻刀		建筑油膏变形缝 30＊20	沥青砂浆变形缝
				平面	立面		
名称		单位	单价(元)	数量			
材料	石灰	t	307.50	0.180	0.180	—	—
	油毛毡 350 g	m^2	1.80	17.000	17.000	—	—
	石油沥青 30＃	kg	2.40	65.000	65.000	—	—
	幼麻筋(麻刀)	kg	4.96	108.000	108.000	—	—
	木柴	kg	0.70	24.000	24.000	27.000	198.000
	建筑油膏	kg	2.40	—	—	87.770	—
	1∶2∶7 石油沥青砂浆	m^3	915.10	—	—	—	0.480
	其他材料费	元	—	—	—	—	3.090
机械	其他机械费	元	—	—	—	—	0.390

工作内容:乳化沥青浸木丝板,乳化沥青木丝板嵌缝。 单位:100 m

定额编号				7-139	7-140
项目				乳化沥青木丝板	
				25＊150	
				平面	立面
综合单价(元)				1376.91	1524.14
其中	人工费(元)			187.16	213.40
	材料费(元)			1105.53	1214.71
	机械费(元)			—	—
	管理费(元)			56.15	64.02
	利润(元)			28.07	32.01
名称		单位	单价(元)	数量	
人工	综合人工	工日	28.53	6.560	7.480
材料	木丝板 25＊610＊1830	m^2	25.67	34.000	38.000
	乳化沥青	kg	3.25	70.000	72.000
	其他材料费	元	—	5.250	5.250

(二)止水带

工作内容:1. 紫铜板止水带:铜板剪载,焊接成型,铺设。

2. 聚氨乙烯胶泥:清缝,水泥砂浆勾缝,垫牛皮纸,熬灌聚氨乙烯胶泥。 单位:100 m

定额编号		7-141	7-142
项目		紫铜板止水带(450 mm)	聚氯乙烯胶泥(30＊20)
综合单价(元)		27906.22	779.73
其中	人工费(元)	716.39	204.85
	材料费(元)	26683.29	482.54
	机械费(元)	127.01	0.11
	管理费(元)	253.02	61.49
	利润(元)	126.51	30.74

续表

单位:100 m

定额编号				7-141	7-142
项目				紫铜板止水带 (450 mm)	聚氯乙烯胶泥 (30＊20)
名称		单位	单价(元)	数量	
人工	综合人工	工日	28.53	25.110	7.180
材料	紫铜板(2 mm)	kg	32.50	810.900	—
	铜焊条	kg	23.01	14.300	—
	水泥砂浆 1∶2	m^3	217.37	—	0.060
	聚氯乙烯胶泥	m^3	6314.83	—	0.070
	牛皮纸	m^2	0.50	—	53.230
	其他材料费	元	—	—	0.840
机械	剪板机 20＊2500	台班	225.45	0.110	—
	交流弧焊机 32 kVA	台班	146.02	0.700	—
	其他机械费	元	—	—	0.110

工作内容:1. 钢板止水带:钢板剪载,焊接成型,铺设。

2. 橡胶、塑料预埋式止水带:止水带制作,接头及安装。

单位:100 m

定额编号				7-143	7-144	7-145
项目				钢板止水带 (250 mm)	预埋式止水带	
					橡胶	塑料
综合单价(元)				4940.86	2847.35	2395.85
其中	人工费(元)			623.38	310.69	310.69
	材料费(元)			3852.79	2396.85	1945.35
	机械费(元)			127.01	—	—
	管理费(元)			225.12	93.21	93.21
	利润(元)			112.56	46.60	46.60
名称		单位	单价(元)	数量		
人工	综合人工	工日	28.53	21.850	10.890	10.890
材料	热轧薄钢板 δ3.5～4	t	3982.00	0.940	—	—
	低碳钢电焊条	kg	4.77	20.720	—	—
	其他材料费	元	—	10.880	—	—
	橡胶止水带	m	22.00	—	105.000	—
	丙酮	kg	5.02	—	3.040	3.040
	环氧树脂	kg	20.50	—	3.040	3.040
	二甲苯	kg	2.37	—	2.400	2.400
	乙二胺	kg	14.91	—	0.240	0.240
	橡胶止水带	m	17.70	—	—	105.000
机械	剪板机 20＊2500	台班	225.45	0.110	—	—
	交流弧焊机 32 kVA	台班	146.02	0.700	—	—

（三）盖　　缝

工作内容：镀锌铁皮加工，盖缝板安装。　　　　单位：100 m

定额编号				7-146
项目				外墙变形缝 镀锌铁皮§0.45 缝宽 100 mm 以内
综合单价(元)				1208.60
其中	人工费(元)			291.58
	材料费(元)			785.81
	机械费(元)			—
	管理费(元)			87.47
	利润(元)			43.74
名称		单位	单价(元)	数量
人工	综合人工	工日	28.53	10.220
材料	镀锌薄钢板 δ0.45	m^2	22.16	30.000
	防锈漆	kg	10.96	2.860
	油漆溶剂油	kg	5.90	0.150
	膨胀螺丝 5＊50	百个	11.00	6.800
	其他材料费	元	—	13.980

附注：钢板宽度定额考虑 300 mm，设计不同时可以换算。

工作内容：铝板加工，盖缝板安装。　　　　单位：100 m

定额编号				7-147
项目				外墙变形缝 铝板 1.5 厚 缝宽 100 mm 以内
综合单价(元)				2882.90
其中	人工费(元)			248.21
	材料费(元)			2523.00
	机械费(元)			—
	管理费(元)			74.46
	利润(元)			37.23
名称		单位	单价(元)	数量
人工	综合人工	工日	28.53	8.700
材料	铝板 1.5 厚	kg	19.00	128.250
	膨胀螺丝 5＊50	百个	11.00	6.800
	其他材料费	元	—	11.450

附注：铝板宽度定额考虑 300 mm，设计不同时可以换算。

工作内容：不锈钢板加工，盖缝板安装。　　单位：100 m

定额编号				7-148
项目				外墙变形缝 不锈钢板 1.0 厚 缝宽 100 mm 以内
综合单价(元)				5007.44
其中	人工费(元)			248.21
	材料费(元)			4647.54
	机械费(元)			—
	管理费(元)			74.46
	利润(元)			37.23
名称		单位	单价(元)	数量
人工	综合人工	工日	28.53	8.700
材料	不锈钢板 $\delta=1$	m^2	151.73	30.000
	膨胀螺丝 5 * 50	百个	11.00	6.800
	其他材料费	元	—	20.840

附注：不锈钢板宽度定额考虑 300 mm，设计不同时可以换算。

工作内容：板材加工，钉木盖板。　　单位：100 m

定额编号				7-149
项目				内墙变形缝 木板 20 厚 缝宽 100 mm 以内
综合单价(元)				1299.44
其中	人工费(元)			328.38
	材料费(元)			823.29
	机械费(元)			—
	管理费(元)			98.51
	利润(元)			49.26
名称		单位	单价(元)	数量
人工	综合人工	工日	28.53	11.510
材料	杉木板材	m^3	1167.00	0.676
	木螺丝 M4 * 65	10 个	0.21	84.000
	其他材料费	元	—	16.760

工作内容：镀锌铁皮、铝板、不锈钢板加工，盖缝板安装。　　单位：100 m

定额编号		7-150	7-151	7-152
项目		内墙变形缝	顶棚变形缝	
		镀锌铁皮 § 0.45	铝板 1.5 厚	不锈钢板 1.0 厚
		缝宽 100 mm 以内		
综合单价(元)		1378.26	3363.76	5965.18
其中	人工费(元)	298.99	254.20	254.20
	材料费(元)	944.72	2995.17	5596.59
	机械费(元)	—	—	—
	管理费(元)	89.70	76.26	76.26
	利润(元)	44.85	38.13	38.13

续表 单位:100 m

定额编号				7-150	7-151	7-152
项目				内墙变形缝 镀锌铁皮 § 0.45	顶棚变形缝 铝板 1.5 厚	顶棚变形缝 不锈钢板 1.0 厚
				缝宽 100 mm 以内		
名称		单位	单价(元)	数量		
人工	综合人工	工日	28.53	10.480	8.910	8.910
材料	镀锌薄钢板 δ0.45	m^2	22.16	36.720	—	—
	防锈漆	kg	10.96	3.500	—	—
	油漆溶剂油	kg	5.90	0.180	—	—
	膨胀螺丝 5 * 50	百个	11.00	6.800	—	—
	其他材料费	元	—	16.780	12.550	25.060
	铝板 1.5 厚	kg	19.00	—	156.980	—
	不锈钢板 δ=1	m^2	151.73	—	—	36.720

工作内容:木板加工,盖缝板安装。 单位:100 m

定额编号				7-153
项目				顶棚变形缝木板 20 厚 缝宽 100 mm 以内
综合单价(元)				1347.02
其中	人工费(元)			361.19
	材料费(元)			823.29
	机械费(元)			—
	管理费(元)			108.36
	利润(元)			54.18
名称		单位	单价(元)	数量
人工	综合人工	工日	28.53	12.660
材料	杉木板材	m^3	1167.00	0.676
	木螺丝 M4 * 65	10 个	0.21	84.000
	其他材料费	元	—	16.760

工作内容:镀锌铁皮、铝板、不锈钢板加工,盖缝板安装。 单位:100 m

定额编号		7-154	7-155	7-156
项目		顶棚变形缝		
		镀锌铁皮 δ0.45	铝板 1.5 厚	不锈钢板 1.0 厚
		缝宽 100 mm 以内		
综合单价(元)		1421.70	3476.22	6077.57
其中	人工费(元)	328.95	279.88	279.88
	材料费(元)	944.72	3070.40	5671.75
	机械费(元)	—	—	—
	管理费(元)	98.69	83.96	83.96
	利润(元)	49.34	41.98	41.98

续表 单位:100 m

定额编号				7-154	7-155	7-156
项目				顶棚变形缝		
				镀锌铁皮 δ0.45	铝板 1.5 厚	不锈钢板 1.0 厚
				缝宽 100 mm 以内		
名称		单位	单价(元)	数量		
人工	综合人工	工日	28.53	11.530	9.810	9.810
材料	镀锌薄钢板 δ0.45	m^2	22.16	36.720	—	—
	防锈漆	kg	10.96	3.500	—	—
	油漆溶剂油	kg	5.90	0.180	—	—
	膨胀螺丝 5*50	百个	11.00	6.800	6.800	6.800
	铝板 1.5 厚	kg	19.00	—	156.980	—
	不锈钢板 δ=1	m^2	151.73	—	—	36.720
	其他材料费	元	—	16.780	12.980	25.420

工作内容:铝板、胶合板加工,安装盖缝板。 单位:100 m

定额编号				7-157	7-158
项目				吊顶变形缝	
				钢板	胶合板
				缝宽 250 mm 内	
综合单价(元)				3134.11	751.75
其中	人工费(元)			153.21	104.71
	材料费(元)			2911.96	599.92
	机械费(元)			—	—
	管理费(元)			49.96	31.41
	利润(元)			22.98	15.71
名称		单位	单价(元)	数量	
人工	综合人工	工日	28.53	5.370	3.670
材料	铝板 1.5 厚	kg	19.00	152.620	—
	胶合板 2440*1220*5	m^2	10.06	—	10.500
	射钉	百个	49.00	—	10.000
	其他材料费	元	—	12.180	4.290

工作内容:预制混凝土盖板制安,镀锌铁皮、铝板、不锈钢板加工,盖缝板安装,砂浆抹面。 单位:100 m

定额编号		7-159	7-160	7-161
项目		屋面变形缝		
		镀锌铁皮 0.45 厚	铝板 0.8 厚	不锈钢板 1.0 厚
		缝度 100 mm 以内		
综合单价(元)		2448.27	3172.10	6567.56
其中	人工费(元)	723.24	723.24	723.24
	材料费(元)	1399.57	2123.40	5518.86
	机械费(元)	—	—	—
	管理费(元)	216.97	216.97	216.97
	利润(元)	108.49	108.49	108.49

续表　　　　　　　　　　　　　　　　　　　　　　　　　　　　　　单位:100 m

定额编号				7-159	7-160	7-161
项目				屋面变形缝		
				镀锌铁皮 0.45 厚	铝板 0.8 厚	不锈钢板 1.0 厚
				缝度 100 mm 以内		
名称		单位	单价(元)	数量		
人工	综合人工	工日	28.53	25.350	25.350	25.350
材料	水泥砂浆 1∶2.5	m^3	192.79	1.248	1.248	—
	镀锌薄钢板 δ0.45	m^2	22.16	36.210	—	—
	32.5(R)水泥	t	345.83	0.632	0.632	—
	中砂	m^3	26.67	1.087	1.087	—
	碎石 10 mm	m^3	39.95	1.415	1.415	—
	水	m^3	2.68	0.345	0.345	—
	防锈漆	kg	10.96	3.450	—	—
	油漆溶剂油	kg	5.90	0.180	—	—
	铝板 1.5 厚	kg	19.00	—	82.560	—
	不锈钢板 δ=1	m^2	151.73	—	—	36.210
	其他材料费	元	—	12.670	9.150	24.720

工作内容:钢板、铝板、塑料硬板加工,预埋铁件,盖缝板安装。　　　　　　　　单位:100 m

定额编号				7-162	7-163	7-164
项目				楼面变形缝		
				钢板 5 厚	铝板 3 厚	塑料硬板 5 厚
				缝度 150 mm 内		
综合单价(元)				6285.76	5552.95	2935.86
其中	人工费(元)			397.71	397.71	397.71
	材料费(元)			5709.08	4976.27	2359.18
	机械费(元)			—	—	—
	管理费(元)			119.31	119.31	119.31
	利润(元)			59.66	59.66	59.66
名称		单位	单价(元)	数量		
人工	综合人工	工日	28.53	13.940	13.940	13.940
材料	花纹钢板 δ5～8	t	4550.00	0.977	0.008	0.001
	防锈漆	kg	10.96	2.170	—	—
	油漆溶剂油	kg	5.90	0.110	—	—
	镀锌薄钢板 δ0.45	m^2	22.16	38.760	38.760	38.760
	膨胀螺栓(镀锌连母)ϕ8 * 80	百套	52.61	6.800	6.800	6.800
	铝板 1.5 厚	kg	19.00	—	194.850	—
	硬塑料板 δ5	m^2	49.36	—	—	22.790
	其他材料费	元	—	22.630	21.050	13.050

工作内容：钢板、铝板、塑料硬板加工，预埋铁件，盖缝板安装。　　　　单位：100 m

定额编号				7-165	7-166	7-167
项目				地面变形缝（平面）		
				钢板 5 厚	铝板 3 厚	塑料硬板 5 厚
				缝宽 50 mm 内		
综合单价（元）				5215.19	5012.03	3689.62
其中	人工费（元）			361.48	361.48	361.48
	材料费（元）			4691.05	4487.89	3165.48
	机械费（元）			—	—	—
	管理费（元）			108.44	108.44	108.44
	利润（元）			54.22	54.22	54.22
名称		单位	单价（元）	数量		
人工	综合人工	工日	28.53	12.670	12.670	12.670
材料	花纹钢板 δ5～8	t	4550.00	0.458	—	—
	不等边角钢（综合）	t	3737.00	0.302	0.302	0.302
	橡皮垫片	m	7.12	204.000	204.000	204.000
	防锈漆	kg	10.96	1.170	—	—
	油漆溶剂油	kg	5.90	0.060	—	—
	铁件	kg	3.80	0.012	—	—
	铝板 1.5 厚	kg	19.00	—	99.690	—
	硬塑料板 δ5	m^2	49.36	—	—	11.660
	其他材料费	元	—	12.870	12.730	8.890

三十四、四川省建设工程工程量清单计价定额

（2009 年定额防水工程部分）

关于颁发《四川省建设工程工程量清单计价定额》的通知

（川建造价发[2008]453 号）

各市、州及各扩权试点县建设行政主管部门，各建设、设计、施工、咨询单位：

为适应建筑市场发展变化的需要，合理确定工程造价，维护工程建设各方的合法权益，按照国家标准《建设工程工程量清单计价规范》(GB 50500—2008)和《建筑安装工程费用项目组成》的规定，根据现行《全国统一建筑工程基础定额》(GJD-101-95)、《全国统一建筑装饰装修工程消耗量定额》(GYD-901-2002)、《全国统一安装工程基础定额》(GJD-208-2006)、《全国统一市政工程预算定额》(GYD-301～308-1999)、《全国统一施工机械台班费用编制规则》、2004 年《四川省建设工程工程量清单计价定额》，并结合我省实际，由省建设工程造价管理总站组织编制了 2009 年《四川省建设工程工程量清单计价定额》。经审定通过，现将新编制的 2009 年《四川省建设工程工程量清单计价定额》(以下简称本定额)予以颁发，从 2009 年 1 月 1 日起施行。现将有关事项通知如下：

一、本定额适用于四川省行政区域内的建设项目工程量清单计价。凡全部使用国有资金投资或国有资金投资为主的建设工程应执行本定额。

二、本定额是编审建设工程设计概算、施工图预算、招标控制价(标底)、竣工结算、调解处理工程造价纠纷，鉴定及控制工程造价的依据；是招标人组合综合单价，衡量投标报价合理性的基础；是投标人组合综合单价，确定投标报价的参考；是编制建设工程投资估算指标的基础。

三、本定额依据国家标准《建设工程工程量清单计价规范》(GB 50500—2008)和《四川省建设工程工程量清单计价管理办法》实施管理。各级建设行政主管部门以及建设工程造价管理机构，在本定额的贯彻实施中要加强对工程造价的管理，有效地开展监督检查工作，及时解决、处理存在的问题，以保证本定额的正确执行。

本定额由四川省建设工程造价管理总站负责解释。

四川省建设厅

二〇〇八年十一月十九日

A.G 屋面及防水工程

说　明

一、瓦、型材屋面

（一）“瓦屋面”项目适用于小青瓦、平瓦、筒瓦、石棉水泥瓦、彩色沥青瓦、镀锌铁皮屋面等。

（二）屋面砂浆找平层、保温层等项目，应按“B. A 楼地面工程”及“A. H 防腐、隔热、保温工程”相关项目计算。

（三）铺瓦及檐头附件，包括分中、号垄、排钉（或砌抹）瓦口、铺瓦、安瓦滴、安钉帽、窝角沟、安天沟附件、打点等全部操作过程。

（四）筑脊包括安脊桩、内衬和各种脊件。

（五）屋面单坡面积≤5 m^2 者按亭屋面项目计算；单坡面积＞5 m^2 者按屋面项目计算。

（六）屋面天沟、窝角沟有檐头附件者，按檐头附件项目计算。

（七）本分部小青瓦屋面的盖瓦和底瓦以及素筒瓦屋面的底瓦均按一搭三编制；琉璃瓦屋面的底瓦按压六露四编制。若设计与本分部项目不同时，可以换算。

（八）本分部按采用不同楞距和不同脊高使用不同规格瓦件（见附表 1）编制。若设计规定与本分部项目不同时，可以换算（瓦件损耗 5%、脊损耗为 4%）。

（九）锤灰泥塑中的“贴塑”即达到石作的浅浮雕效果；“立塑”即达到石作的高浮雕效果。

（十）滴水、瓦当勾头制作项目内已包括瓦当和滴水的粘结工料，不另计算。

（十一）预制混凝土瓦、脊、吻（兽）的运输按“A. D 混凝土工程”Ⅲ类构件运输项目执行。

（十二）垂脊、角（岔）脊按脊项目计算，人工乘以系数 1.2。

（十三）抱筒脊按砖胎灰塑脊项目计算，其工料乘以系数 1.2。

（十四）琉璃瓦过垄脊无论在混凝土板上铺还是在桷子上铺均执行本定额。

（十五）墙帽做脊按屋脊相应项目计算。云墙瓦顶按围墙瓦顶项目计算，人工乘以系数1.1。

（十六）玻璃钢瓦屋面铺在混凝土檩子上，按铺在钢檩上项目计算；阳光板屋面中铝结构、钢檩应按“A. F 金属工程”及“B. C 天棚工程”相关项目计算。

（十七）膜结构（也称索膜结构），是一种以膜布与支撑（柱、网架等）和拉结结构（拉杆、钢丝绳等）组成的屋盖、篷顶结构；常用于候车亭、收费站和地下通道出口等。

（十八）膜结构屋面适用于膜布屋面；膜结构中支撑和拉固膜布的钢柱、拉杆、金属网架、钢丝绳、锚固的锚头等已包括在项目内，不得另算；支撑柱的钢筋混凝土柱基、锚固的钢筋混凝土基础以及地脚螺栓等应按“A. D 混凝土工程”相关项目计算。

二、屋面、墙、地面防水

（一）适用于屋面、楼地面、墙基、墙身、地下室、构筑物、水池、水塔及室内厕所、浴室等平、立面防水。

（二）隔热镇水粉厚度为 8 mm，实际施工厚度不同时，镇水粉用量允许换算，其余不变。

（三）屋面防水刚性层项目内已包括刷素水泥浆用量。

（四）防水层、防潮层项目内包括搭接用量，未含附加层用量，发生时，按实计算。

（五）防水层、屋面刚性层的找平及嵌缝未包括在项目内，应另行计算。

（六）涂膜防水中的“二布三涂”或“一布二涂”，是指涂料构成防水层数，并非指涂刷遍数。每一层“涂层”刷二遍至数遍不等，每一层不论刷几遍，项目不作调整。

（七）铁皮排水项目。

1. 铁皮材料与项目不同时，可以换算，但其他材料和用工均不作调整。

2. 铁皮咬口、卷边、搭接的工料，均已包括在项目内。

（八）采用白铁皮弯头时，按铁皮水落管项目执行。

（九）塑料水落管项目，应按“C. H 安装工程”相关项目计算。

（十）安装塑料水斗、山墙出水口、吐水管等按个数套相应项目。

三、防潮层及变形缝

（一）防潮层说明同前防水层说明。

（二）变形缝适用于基础、墙面等部位，变形缝包括温度缝、沉降缝、抗震缝。

（三）建筑油膏、丙烯酸酯、非焦油聚氨酯变形缝断面按 30 mm×25 mm 计算，灌沥青、石油沥青玛碲脂变形缝断面按 30 mm×30 mm 计算，其余变形缝定额项目以断面 30 mm×150 mm计算；如设计变形缝断面或油膏断面与项目不同时，允许换算，但人工不变。

（四）止水带接头以环氧树脂为准，如采用其他材料粘接时，粘接剂可以换算，其他工料不变。

（五）止水带项目内已包括连接件、固定件，不得另行计算。

附表1　采用瓦件规格

瓦件名称	瓦　楞　距(mm)		
	≤250	≤230	≤200
小青瓦	200×210	180×190	160×170
素筒瓦	200×130	180×110	160×94
花边瓦	200×210	180×190	160×170
滴水瓦	200×210	180×190	160×170
勾头瓦	200×130	180×110	160×94
琉璃板瓦	200×200	185×185	160×160
琉璃筒瓦	200×130	180×110	165×94
琉璃滴水	165×182	165×182	130×155
琉璃勾头	185×130	180×110	170×95
罗锅瓦	200×130	180×110	160×90
续罗锅瓦	200×130	180×110	160×90
折腰瓦	200×210	180×190	160×170
续折腰瓦	200×210	180×190	160×170
正当勾	240×150	224×150	192×150
预制混凝土板瓦	200×210	180×190	160×170
预制混凝土筒瓦	200×130	180×110	160×94

工程量计算规则

一、瓦、型材屋面

（一）瓦屋面，按设计图示尺寸以斜面积计算。不扣除房上烟囱、风帽底座、风道、小气窗、斜沟等所占面积，小气窗的出檐部分也不增加面积；天窗出檐与屋面重叠部分的面积，应并入屋面工程量计算。

（二）GRC屋面、镀锌铁皮屋面、彩色沥青瓦等屋面，按实铺面积计算。

（三）仿古屋面铺望瓦、铺瓦工程量按屋面图示设计尺寸，以实铺面积计算；不扣除脊所占面积，过垄脊计算屋面工程量时，应扣除过垄脊所占面积，过垄脊面积以一匹折腰瓦弧长两边各加一匹续折腰瓦长度为过垄脊宽度乘过垄脊长度计算。

（四）屋脊（包括过垄脊）工程量以延长米计算，应扣除吻（兽）、中堆（宝顶）、垂脊头和爪角尖（爪角叶子）的底座所占长度。脊的做法、用料和脊本身高度不同时，应分别计算工程量。

（五）钉瓦钉、檐头附件的工程量，按延长米计算；硬山、悬山建筑算至博风外皮，爪角部分按外吊檐板外边线长度计算。

（六）披水梢垄按延长米计算，由沟头外皮算至正脊中心线。

（七）博脊长度算至挂尖外皮。

（八）脊、吻（兽）、中堆（宝顶）、垂脊头、爪叶子均按“个”计算。

（九）锤灰泥塑、脊（贴塑）按“m^2”计算。

（十）墙帽按墙中心线以“延长米”计算。

（十一）檐头抹扇形瓦头、火连圈的工程量，以“延长米”计算。

（十二）玻璃钢瓦屋面、金属压型钢板屋面、彩色涂层钢板屋面、阳光板屋面按实铺面积计算。

（十三）膜结构屋面，按设计图示尺寸以需要覆盖的水平面积计算。

二、屋面、地面防水

（一）屋面卷材、涂膜防水，按设计图示尺寸以面积计算。斜屋顶（不包括平屋顶找坡）按斜面积计算，平屋顶按水平投影面积计算；不扣除房上烟囱、风帽底座、风道、屋面小气窗和斜沟所占面积；屋面女儿墙、山墙、天窗、变形缝、天沟等处的弯起部分应按图示尺寸（如图纸无规定时，女儿墙和缝弯起高度可按 300 mm、天窗可按 500 mm）计算，并入屋面工程量内。

（二）地面防水，按设计图示尺寸以面积计算。扣除凸出地面的构筑物、设备基础等所占面积，不扣除间壁墙及单个≤0.3 m^2 的柱、垛、烟囱和孔洞所占面积。

（三）屋面刚性防水，按设计图示尺寸以面积计算。不扣除房上烟囱、风帽底座、风道等所占面积。

（四）屋面天沟、檐沟，按设计图示尺寸以面积计算。铁皮和卷材天沟按展开面积计算。

（五）石棉水泥水斗、塑料吐水管、铝板穿墙出水口、钢筋混凝土排水槽按“个”计算。

（六）保温屋面镀锌铁皮排气管、镀锌铁皮通风帽按个计算。

三、墙面防水、防潮

（一）墙面防水、防潮，按设计图示尺寸以面积计算。

（二）墙基防水，外墙按中心线，内墙按净长乘以宽度计算。

（三）变形缝，按设计图示以长度计算。

（四）变形缝如内外双面填缝者，工程量按双面计算。

A.G.1 瓦、型材屋面(编码:010701)

A.G.1.1 瓦屋面(编码:010701001)

工程内容:1. 调制砂浆、安脊或抹脊瓦。

2. 檩上铺钉石棉瓦、安脊瓦。

3. 铁皮截料、制作、固定铁皮带和折合缝、铺设咬口、瓦垄、铁皮钻孔、稳固上螺栓及安装脊瓦等。

单位:100 m²

定额编号				AG0001	AG0002	AG0003	AG0004	AG0005
项目		单位	单价(元)	小波石棉瓦			平铁皮	
				木檩上	钢檩上	混凝土檩上	单咬口	双咬口
综合单(基)价		元		1174.34	1476.74	1476.14	2899.44	3129.19
其中	人工费	元		196.25	310.75	310.75	174.50	192.00
	材料费	元		919.21	1072.76	1072.16	2672.59	2879.59
	机械费	元		—	—	—	—	—
	综合费	元		58.88	93.23	93.23	52.35	57.60
材料	石棉小波瓦 1820×720×6	匹	8.50	100.00	100.00	100.00	—	—
	石棉水泥脊瓦	匹	3.00	12.00	12.00	12.00	—	—
	镀锌螺钉　带垫	个	0.05	433.00	—	—	—	—
	石灰膏　加麻刀	m³	192.60	0.03	0.03	0.03	—	—
	镀锌扁钢钩 3×12×400	个	0.40	—	196.00	196.00	—	—
	镀锌瓦钩钉 ϕ6×600	个	0.40	—	237.00	237.00	—	—
	镀锌铁皮 24#	m²	23.00	—	—	—	116.00	125.00
	麻刀	kg		(0.60)	(0.60)	(0.60)	—	—
	石灰膏	m³		(0.03)	(0.03)	(0.03)	—	—
	水	m³	1.50	0.01	0.01	0.01	—	—
	其他材料费	元		5.75	7.75	7.15	4.59	4.59

工程内容:1. 铺望瓦、彩色沥青瓦等包括:选瓦、浸石灰水或刷粘接剂、颜色均匀;

2. 划边、场内运输、安装、铺瓦等全部操作过程。

单位:100 m²

定额编号				AG0006	AG0007	AG0008	AG0009	AG0010
项目		单位	单价(元)	瓦垄铁皮		GRC屋面防晒板	彩色沥青瓦防水层	
				木檩上	钢檩上		叠瓦	平瓦
综合单(基)价		元		3228.44	3293.54	3284.32	4027.99	3703.97
其中	人工费	元		79.00	98.00	172.55	367.50	356.25
	材料费	元		3125.74	3166.14	3060.00	3550.24	3240.84
	机械费	元		—	—	—	—	—
	综合费	元		23.70	29.40	51.77	110.25	106.88
材料	镀锌瓦垄铁皮 25#	m²	23.00	130.41	130.41	—	—	—
	镀锌螺钉　带垫	个	0.05	404.00	—	—	—	—
	镀锌铁皮 24#	m²	23.00	4.41	4.41	—	—	—
	镀锌螺丝　带钩	个	0.15	—	404.00	—	—	—
	GRC屋面防晒板 500×500	m²	30.00	—	—	102.00	—	—
	彩色沥青瓦(叠瓦)	m²	32.00	—	—	—	106.00	—
	彩色沥青瓦(平瓦)	m²	30.00	—	—	—	—	103.00
	改性沥青粘接剂	kg	1.80	—	—	—	48.00	45.00
	改性沥青嵌缝油膏	kg	1.30	—	—	—	10.80	10.80
	其他材料费	元		4.68	4.68	—	57.80	55.80

工程内容：运瓦、调运砂浆、搭拆软梯脚手架；铺底灰、扎楞、铺盖底瓦等全部操作过程。 单位：10 m²

定额编号		单位	单价（元）	AG0011	AG0012	AG0013
项目				椽子上铺望瓦（瓦楞距）		
				≤250 mm	≤230 mm	≤200 mm
综合单（基）价		元		197.74	201.50	206.51
其中	人工费	元		129.75	129.75	129.75
	材料费	元		29.06	32.82	37.83
	机械费	元		—	—	—
	综合费	元		38.93	38.93	38.93
材料	小青瓦　综合规格	百匹	9.00	2.04	2.45	3.00
	生石灰	kg	0.18	15.00	15.00	15.00
	骨胶	kg	7.30	0.50	0.50	0.50
	氧化铁黑	kg	2.00	1.95	1.95	1.95
	其他材料费	元		0.45	0.52	0.58

单位：10 m²

定额编号		单位	单价（元）	AG0014	AG0015	AG0016	AG0017	AG0018	AG0019
项目				混凝土板上铺小青瓦（瓦楞距）					
				≤250 mm	≤230 mm	≤200 mm	≤250 mm	≤230 mm	≤200 mm
				细砂			特细砂		
综合单（基）价		元		569.21	594.69	644.95	568.68	594.16	644.42
其中	人工费	元		232.65	244.90	255.65	232.65	244.90	255.65
	材料费	元		266.76	276.32	312.60	266.23	275.79	312.07
	机械费	元		—	—	—	—	—	—
	综合费	元		69.80	73.47	76.70	69.80	73.47	76.70
材料	小青瓦　综合规格	百匹	9.00	12.46	14.67	19.36	12.46	14.67	19.36
	切角小青瓦　综合规格	百匹	9.00	0.18	0.22	0.24	0.18	0.22	0.24
	水泥炉渣混凝土 1∶6	m³	152.80	0.78	0.71	0.67	0.78	0.71	0.67
	混合砂浆（细砂）1∶1∶6	m³	160.70	0.20	0.20	0.20	—	—	—
	混合砂浆（特细砂）1∶1∶6	m³	158.06	—	—	—	0.20	0.20	0.20
	水泥 32.5	kg		(242.10)	(224.25)	(214.05)	(242.10)	(224.25)	(214.05)
	炉渣	m³		(0.99)	(0.90)	(0.85)	(0.99)	(0.90)	(0.85)
	石灰膏	m³		(0.03)	(0.03)	(0.03)	(0.03)	(0.03)	(0.03)
	细砂	m³		(0.23)	(0.23)	(0.23)	—	—	—
	特细砂	m³		—	—	—	(0.24)	(0.24)	(0.24)
	水	m³	1.50	0.55	0.55	0.55	0.55	0.55	0.55
	其他材料费	元		0.85	0.85	0.85	0.85	0.85	0.85

单位：10 m²

定额编号		单位	单价（元）	AG0020	AG0021	AG0022
项目				椽子上铺小青瓦（瓦楞距）		
				≤250 mm	≤230 mm	≤200 mm
综合单（基）价		元		306.66	327.72	369.30
其中	人工费	元		148.00	148.00	148.00
	材料费	元		114.26	135.32	176.90
	机械费	元		—	—	—
	综合费	元		44.40	44.40	44.40
材料	小青瓦　综合规格	百匹	9.00	12.46	14.76	19.36
	切角小青瓦　综合规格	百匹	9.00	0.18	0.22	0.24
	其他材料费	元		0.50	0.50	0.50

单位:10 m²

定额编号				AG0023	AG0024	AG0025	AG0026	AG0027	AG0028
项目		单位	单价(元)	亭屋面椽子上铺小青瓦					
				单坡面积≤2 m²(瓦楞距)					
				≤250 mm	≤230 mm	≤200 mm	≤250 mm	≤230 mm	≤200 mm
				细砂			特细砂		
综合单(基)价		元		569.76	606.15	656.96	569.55	605.62	656.43
其中	人工费	元		247.25	260.35	271.60	247.25	260.35	271.60
	材料费	元		248.33	267.69	303.88	248.12	267.16	303.35
	机械费	元		—	—	—	—	—	—
	综合费	元		74.18	78.11	81.48	74.18	78.11	81.48
材料	小青瓦 综合规格	百匹	9.00	13.29	16.07	20.89	13.29	16.07	20.89
	切角小青瓦 综合规格	百匹	9.00	0.35	0.40	0.45	0.35	0.40	0.45
	水泥炉渣混凝土 1∶6	m³	152.80	0.60	0.56	0.51	0.60	0.56	0.51
	混合砂浆(细砂)1∶1∶6	m³	160.70	0.20	0.20	0.20	—	—	—
	混合砂浆(特细砂)1∶1∶6	m³	158.06	—	—	—	0.20	0.20	0.20
	水泥 32.5	kg		(196.20)	(186.00)	(173.25)	(196.20)	(186.00)	(173.25)
	炉渣	m³		(0.76)	(0.71)	(0.65)	(0.76)	(0.71)	(0.65)
	石灰膏	m³		(0.03)	(0.03)	(0.03)	(0.03)	(0.03)	(0.03)
	细砂	m³		(0.23)	(0.23)	(0.23)	—	—	—
	特细砂	m³		—	—	—	(0.24)	(0.24)	(0.24)
	水	m³	1.50	0.50	0.50	0.50	0.71	0.50	0.50
	其他材料费	元		1.00	1.00	1.00	1.00	1.00	1.00

单位:10 m²

定额编号				AG0029	AG0030	AG0031	AG0032	AG0033	AG0034
项目		单位	单价(元)	亭屋面椽子上铺小青瓦					
				单坡面积≤5 m²(瓦楞距)					
				≤250 mm	≤230 mm	≤200 mm	≤250 mm	≤230 mm	≤200 mm
				细砂			特细砂		
综合单(基)价		元		551.52	584.89	638.90	550.99	584.36	638.37
其中	人工费	元		238.70	250.10	262.70	238.70	250.10	262.70
	材料费	元		241.21	259.76	297.39	240.68	259.23	296.86
	机械费	元		—	—	—	—	—	—
	综合费	元		71.61	75.03	78.81	71.61	75.03	78.81
材料	小青瓦 综合规格	百匹	9.00	12.84	15.53	20.18	12.84	15.53	20.18
	切角小青瓦 综合规格	百匹	9.00	0.34	0.39	0.43	0.34	0.39	0.43
	水泥炉渣混凝土 1∶6	m³	152.80	0.58	0.54	0.51	0.58	0.54	0.51
	混合砂浆(细砂)1∶1∶6	m³	160.70	0.20	0.20	0.20	—	—	—
	混合砂浆(特细砂)1∶1∶6	m³	158.06	—	—	—	0.20	0.20	0.20
	水泥 32.5	kg		(191.10)	(180.90)	(173.25)	(191.10)	(180.90)	(173.25)
	炉渣	m³		(0.74)	(0.69)	(0.65)	(0.74)	(0.69)	(0.65)
	石灰膏	m³		(0.03)	(0.03)	(0.03)	(0.03)	(0.03)	(0.03)
	细砂	m³		(0.23)	(0.23)	(0.23)	—	—	—
	特细砂	m³		—	—	—	(0.24)	(0.24)	(0.24)
	水	m³	1.50	0.55	0.55	0.55	0.55	0.55	0.55
	其他材料费	元		1.00	1.00	1.00	1.00	1.00	1.00

单位:10 m^2

定额编号				AG0035	AG0036
项目		单位	单价(元)	小青瓦檐头抹灰	
				连环火连圈	扇形瓦头
综合单(基)价		元		113.46	131.66
其中	人工费	元		78.30	92.30
	材料费	元		11.67	11.67
	机械费	元		—	—
	综合费	元		23.49	27.69
材料	石灰膏　加麻刀	m^3	192.60	0.05	0.05
	石灰膏　加纸筋	m^3	159.20	0.01	0.01
	麻刀	kg		(1.00)	(1.00)
	石灰膏	m^3		(0.06)	(0.06)
	纸筋	kg		(0.38)	(0.38)
	水	m^3	1.50	0.30	0.30

单位:10 m^2

定额编号				AG0037	AG0038	AG0039	AG0040	AG0041	AG0042
项目		单位	单价(元)	小青瓦围墙瓦顶(宽度)					
				双落水 850 mm	单落水 560 mm	每增加 100 mm	双落水 850 mm	单落水 560 mm	每增加 100 mm
				细砂			特细砂		
综合单(基)价		元		309.55	189.41	25.32	309.26	189.20	25.30
其中	人工费	元		156.06	91.85	10.58	156.06	91.85	10.58
	材料费	元		106.67	70.00	11.57	106.38	69.79	11.55
	机械费	元		—	—	—	—	—	—
	综合费	元		46.82	27.56	3.17	46.82	27.56	3.17
材料	小青瓦　综合规格	百匹	9.00	9.70	6.39	1.14	9.70	6.39	1.14
	石灰膏砂浆(细砂)1∶3	m^3	96.40	0.11	0.08	0.01	—	—	—
	石灰膏砂浆(特细砂)1∶3	m^3	93.76	—	—	—	0.11	0.08	0.01
	石灰膏　加纸筋	m^3	159.20	0.04	0.02	—	0.04	0.02	—
	石灰膏	m^3		(0.08)	(0.05)	(0.01)	(0.08)	(0.05)	(0.01)
	纸筋	kg		(1.52)	(0.76)	—	(1.52)	(0.76)	—
	细砂	m^3		(0.13)	(0.09)	(0.01)	—	—	—
	特细砂	m^3		—	—	—	(0.13)	(0.09)	(0.01)
	水	m^3	1.50	0.20	0.20	0.10	0.20	0.20	0.10
	其他材料费	元		2.10	1.30	0.20	2.10	1.30	0.20

工程内容:运瓦、调运砂浆;扎楞制作、部分打眼、铺底灰、铺瓦嵌缝、抹面等全部操作过程。　单位:10 m^2

定额编号				AG0043	AG0044	AG0045	AG0046	AG0047	AG0048
项目		单位	单价(元)	混凝土板上铺素筒瓦(瓦楞距)					
				≤250 mm	≤230 mm	≤200 mm	≤250 mm	≤230 mm	≤200 mm
				细砂			特细砂		
综合单(基)价		元		715.58	777.03	960.27	715.03	776.53	959.71
其中	人工费	元		342.88	378.96	494.84	342.84	378.96	494.84
	材料费	元		269.84	284.38	316.98	269.34	283.88	316.42
	机械费	元		—	—	—	—	—	—
	综合费	元		102.86	113.69	148.45	102.85	113.69	148.45

续表　　单位:10 m²

定额编号				AG0043	AG0044	AG0045	AG0046	AG0047	AG0048
项目		单位	单价(元)	混凝土板上铺素筒瓦(瓦楞距)					
				≤250 mm	≤230 mm	≤200 mm	≤250 mm	≤230 mm	≤200 mm
				细砂			特细砂		
材料	素筒瓦　综合规格	百匹	30.00	2.00	2.49	2.97	2.00	2.49	2.97
	小青瓦　综合规格	百匹	9.00	6.23	7.38	9.68	6.23	7.38	9.68
	切角小青瓦　综合规格	百匹	9.00	0.09	0.11	0.12	0.09	0.11	0.12
	切角素筒瓦　综合规格	百匹	30.00	0.05	0.05	0.06	0.05	0.05	0.06
	水泥炉渣混凝土 1∶6	m³	152.80	0.78	0.71	0.67	0.78	0.71	0.67
	混合砂浆(细砂)1∶1∶6	m³	160.70	0.19	0.19	0.21	—	—	—
	混合砂浆(特细砂)1∶1∶6	m³	158.06	—	—	—	0.19	0.19	0.21
	水泥 32.5	kg		(239.94)	(222.09)	(216.21)	(239.94)	(222.09)	(216.21)
	炉渣	m³		(0.99)	(0.90)	(0.85)	(0.99)	(0.90)	(0.85)
	石灰膏	m³		(0.02)	(0.02)	(0.04)	(0.02)	(0.02)	(0.04)
	细砂	m³		(0.22)	(0.22)	(0.24)	—	—	—
	特细砂	m³		—	—	—	(0.23)	(0.23)	(0.24)
	水	m³	1.50	0.60	0.60	0.60	0.60	0.60	0.60
	其他材料费	元		0.85	0.85	0.85	0.85	0.85	0.85

单位:10 m²

定额编号				AG0049	AG0050	AG0051	AG0052	AG0053	AG0054
项目		单位	单价(元)	椽子上铺素筒瓦(瓦楞距)					
				≤250 mm	≤230 mm	≤200 mm	≤250 mm	≤230 mm	≤200 mm
				细砂			特细砂		
综合单(基)价		元		640.62	700.12	869.71	640.12	699.62	869.15
其中	人工费	元		308.72	340.96	445.16	308.72	340.96	445.16
	材料费	元		239.28	256.87	291.00	238.78	256.37	290.44
	机械费	元		—	—	—	—	—	—
	综合费	元		92.62	102.29	133.55	92.62	102.29	133.55
材料	素筒瓦　综合规格	百匹	30.00	2.00	2.49	2.97	2.00	2.49	2.97
	小青瓦　综合规格	百匹	9.00	6.23	7.38	9.68	6.23	7.38	9.68
	切角小青瓦　综合规格	百匹	9.00	0.09	0.11	0.12	0.09	0.11	0.12
	切角素筒瓦　综合规格	百匹	30.00	0.05	0.05	0.06	0.05	0.05	0.06
	水泥炉渣混凝土 1∶6	m³	152.80	0.58	0.53	0.50	0.58	0.53	0.50
	混合砂浆(细砂)1∶1∶6	m³	160.70	0.19	0.19	0.21	—	—	—
	混合砂浆(特细砂)1∶1∶6	m³	158.06	—	—	—	0.19	0.19	0.21
	水泥 32.5	kg		(188.94)	(176.19)	(172.86)	(188.94)	(176.19)	(172.86)
	炉渣	m³		(0.74)	(0.67)	(0.64)	(0.74)	(0.67)	(0.64)
	石灰膏	m³		(0.02)	(0.02)	(0.04)	(0.02)	(0.02)	(0.04)
	细砂	m³		(0.22)	(0.22)	(0.24)	—	—	—
	特细砂	m³		—	—	—	(0.23)	(0.23)	(0.24)
	水	m³	1.50	0.60	0.60	0.60	0.60	0.60	0.60
	其他材料费	元		0.85	0.85	0.85	0.85	0.85	0.85

单位：10 m²

定额编号				AG0055	AG0056	AG0057	AG0058	AG0059	AG0060
项目		单位	单价（元）	混凝土亭屋面板铺素筒瓦					
				单坡面积≤2 m²（瓦楞距）					
				≤250 mm	≤230 mm	≤200 mm	≤250 mm	≤230 mm	≤200 mm
				细砂			特细砂		
综合单（基）价		元		960.49	1012.82	1080.92	959.91	1012.24	1080.26
其中	人工费	元		494.44	521.16	543.72	494.44	521.16	543.72
	材料费	元		317.72	335.31	374.08	317.14	334.73	373.42
	机械费	元		—	—	—	—	—	—
	综合费	元		148.33	156.35	163.12	148.33	156.35	163.12
材料	素筒瓦　综合规格	百匹	30.00	2.36	2.94	3.50	2.36	2.94	3.50
	小青瓦　综合规格	百匹	9.00	7.35	8.71	11.42	7.35	8.71	11.42
	切角小青瓦　综合规格	百匹	9.00	0.11	0.13	0.14	0.11	0.13	0.14
	切角素筒瓦　综合规格	百匹	30.00	0.06	0.06	0.07	0.06	0.06	0.07
	水泥炉渣混凝土 1∶6	m³	152.80	0.92	0.84	0.79	0.92	0.84	0.79
	混合砂浆（细砂）1∶1∶6	m³	160.70	0.22	0.22	0.25	—	—	—
	混合砂浆（特细砂）1∶1∶6	m³	158.06	—	—	—	0.22	0.22	0.25
	水泥 32.5	kg		(282.12)	(261.72)	(255.45)	(282.12)	(261.72)	(255.45)
	炉渣	m³		(1.17)	(1.07)	(1.00)	(1.17)	(1.07)	(1.00)
	石灰膏	m³		(0.04)	(0.04)	(0.04)	(0.04)	(0.04)	(0.04)
	细砂	m³		(0.26)	(0.26)	(0.29)	—	—	—
	特细砂	m³		—	—	—	(0.26)	(0.26)	(0.30)
	水	m³	1.50	0.70	0.70	0.70	0.70	0.70	0.70
	其他材料费	元		1.00	1.00	1.00	1.00	1.00	1.00

单位：10 m²

定额编号				AG0061	AG0062	AG0063	AG0064	AG0065	AG0066
项目		单位	单价（元）	混凝土亭屋面板铺素筒瓦					
				单坡面积≤5 m²（瓦楞距）					
				≤250 mm	≤230 mm	≤200 mm	≤250 mm	≤230 mm	≤200 mm
				细砂			特细砂		
综合单（基）价		元		929.26	979.50	1041.09	928.68	978.92	1040.45
其中	人工费	元		477.52	503.44	525.32	477.52	503.44	525.32
	材料费	元		308.48	325.03	358.17	307.90	324.45	357.53
	机械费	元		—	—	—	—	—	—
	综合费	元		143.26	151.03	157.60	143.26	151.03	157.60
材料	素筒瓦　综合规格	百匹	30.00	2.28	2.84	3.29	2.28	2.84	3.29
	小青瓦　综合规格	百匹	9.00	7.10	8.41	11.04	7.10	8.41	11.04
	切角小青瓦　综合规格	百匹	9.00	0.11	0.13	0.14	0.11	0.13	0.14
	切角素筒瓦　综合规格	百匹	30.00	0.06	0.06	0.07	0.06	0.06	0.07
	水泥炉渣混凝土 1∶6	m³	152.80	0.89	0.81	0.76	0.89	0.81	0.76
	混合砂浆（细砂）1∶1∶6	m³	160.70	0.22	0.22	0.24	—	—	—
	混合砂浆（特细砂）1∶1∶6	m³	158.06	—	—	—	0.22	0.22	0.24
	水泥 32.5	kg		(274.47)	(254.07)	(245.64)	(274.47)	(254.07)	(245.64)
	炉渣	m³		(1.13)	(1.03)	(0.97)	(1.13)	(1.03)	(0.97)
	石灰膏	m³		(0.04)	(0.04)	(0.04)	(0.04)	(0.04)	(0.04)
	细砂	m³		(0.26)	(0.26)	(0.28)	—	—	—
	特细砂	m³		—	—	—	(0.26)	(0.26)	(0.28)
	水	m³	1.50	0.70	0.70	0.70	0.70	0.70	0.70
	其他材料费	元		1.00	1.00	1.00	1.00	1.00	1.00

单位:10 m²

定额编号				AG0067	AG0068	AG0069	AG0070	AG0071	AG0072
项目		单位	单价(元)	亭屋面椭子上铺素筒瓦					
				单坡面积≤2 m²(瓦楞距)					
				≤250 mm	≤230 mm	≤200 mm	≤250 mm	≤230 mm	≤200 mm
				细砂			特细砂		
综合单(基)价		元		825.93	880.53	949.72	825.38	879.98	949.09
其中	人工费	元		445.16	468.92	488.80	445.16	468.92	488.80
	材料费	元		247.22	270.93	314.28	246.67	270.38	313.65
	机械费	元		—	—	—	—	—	—
	综合费	元		133.55	140.68	146.46	133.55	140.68	146.64
材料	素筒瓦　综合规格	百匹	30.00	2.36	2.94	3.50	2.36	2.94	3.50
	小青瓦　综合规格	百匹	9.00	7.35	8.71	11.42	7.35	8.71	11.42
	切角小青瓦　综合规格	百匹	9.00	0.11	0.13	0.14	0.11	0.13	0.14
	切角素筒瓦　综合规格	百匹	30.00	0.06	0.06	0.07	0.06	0.06	0.07
	水泥炉渣混凝土 1∶6	m³	152.80	0.46	0.42	0.40	0.46	0.42	0.40
	混合砂浆(细砂)1∶1∶6	m³	160.70	0.22	0.22	0.25	—	—	—
	混合砂浆(特细砂)1∶1∶6	m³	158.06	—	—	—	0.22	0.22	0.25
	水泥 32.5	kg		(164.82)	(154.62)	(156.00)	(164.82)	(154.62)	(156.00)
	炉渣	m³		(0.58)	(0.53)	(0.51)	(0.58)	(0.53)	(0.51)
	石灰膏	m³		(0.04)	(0.04)	(0.04)	(0.04)	(0.04)	(0.04)
	细砂	m³		(0.26)	(0.26)	(0.29)	—	—	—
	特细砂	m³		—	—	—	(0.26)	(0.26)	(0.30)
	水	m³	1.50	0.56	0.56	0.56	0.58	0.58	0.58
	其他材料费	元		1.00	1.00	1.00	1.00	1.00	1.00

单位:10 m²

定额编号				AG0073	AG0074	AG0075	AG0076	AG0077	AG0078
项目		单位	单价(元)	亭屋面椭子上铺素筒瓦					
				单坡面积≤5 m²(瓦楞距)					
				≤250 mm	≤230 mm	≤200 mm	≤250 mm	≤230 mm	≤200 mm
				细砂			特细砂		
综合单(基)价		元		799.70	852.73	913.80	799.12	852.15	913.16
其中	人工费	元		429.72	453.08	472.68	429.72	453.08	472.68
	材料费	元		241.06	263.73	299.32	240.48	263.15	298.68
	机械费	元		—	—	—	—	—	—
	综合费	元		128.92	135.92	141.80	128.92	135.92	141.80
材料	素筒瓦　综合规格	百匹	30.00	2.28	2.84	3.27	2.28	2.84	3.27
	小青瓦　综合规格	百匹	9.00	7.10	8.41	11.04	7.10	8.41	11.04
	切角小青瓦　综合规格	百匹	9.00	0.11	0.13	0.14	0.11	0.13	0.14
	切角素筒瓦　综合规格	百匹	30.00	0.06	0.06	0.07	0.06	0.06	0.07
	水泥炉渣混凝土 1∶6	m³	152.80	0.45	0.41	0.38	0.45	0.41	0.38
	混合砂浆(细砂)1∶1∶6	m³	160.70	0.22	0.22	0.24	—	—	—
	混合砂浆(特细砂)1∶1∶6	m³	158.06	—	—	—	0.22	0.22	0.24
	水泥 32.5	kg		(162.27)	(152.07)	(148.74)	(162.27)	(152.07)	(148.74)
	炉渣	m³		(0.57)	(0.52)	(0.48)	(0.57)	(0.52)	(0.48)
	石灰膏	m³		(0.04)	(0.04)	(0.04)	(0.04)	(0.04)	(0.04)
	细砂	m³		(0.26)	(0.26)	(0.28)	—	—	—
	特细砂	m³		—	—	—	(0.26)	(0.26)	(0.28)
	水	m³	1.50	0.57	0.58	0.58	0.57	0.58	0.58
	其他材料费	元		1.00	1.00	1.00	1.00	1.00	1.00

单位:10 m²

定额编号		单位	单价(元)	AG0079	AG0080	AG0081	AG0082	AG0083	AG0084
项目				细石混凝土(裹)仿筒瓦					
				中砂			特细砂		
				C20	C25	C30	C20	C25	C30
综合单(基)价		元		162.48	164.77	167.56	163.42	165.85	168.86
其中	人工费	元		96.28	96.28	96.28	96.28	96.28	96.28
	材料费	元		37.32	39.61	42.40	38.26	40.69	43.70
	机械费	元		—	—	—	—	—	—
	综合费	元		28.88	28.88	28.88	28.88	28.88	28.88
材料	二等锯材	m³	1400.00	0.01	0.01	0.01	0.01	0.01	0.01
	混凝土(中砂)C20	m³	204.24	0.10	—	—	—	—	—
	混凝土(中砂)C25	m³	227.12	—	0.10	—	—	—	—
	混凝土(中砂)C30	m³	254.96	—	—	0.10	—	—	—
	混凝土(特细砂)C20	m³	213.58	—	—	—	0.10	—	—
	混凝土(特细砂)C25	m³	237.88	—	—	—	—	0.10	—
	混凝土(特细砂)C30	m³	267.96	—	—	—	—	—	0.10
	水泥 32.5	kg		(37.10)	(43.30)	—	(40.10)	(46.80)	—
	水泥 42.5	kg		—	—	(40.00)	—	—	(43.20)
	中砂	m³		(0.05)	(0.04)	(0.05)	—	—	—
	特细砂	m³		—	—	—	(0.04)	(0.03)	(0.04)
	砾石 5～10 mm	m³		(0.08)	(0.08)	(0.08)	(0.09)	(0.09)	(0.09)
	水	m³	1.50	0.50	0.50	0.50	0.50	0.50	0.50
	其他材料费	元		2.15	2.15	2.15	2.15	2.15	2.15

单位:10 m²

定额编号		单位	单价(元)	AG0085	AG0086	AG0087	AG0088	AG0089	AG0090
项目				素瓦檐头附件					
				花边瓦(瓦楞距)					
				≤250 mm	≤230 mm	≤200 mm	≤250 mm	≤230 mm	≤200 mm
				细砂			特细砂		
综合单(基)价		元		97.76	98.63	101.37	97.23	98.13	100.89
其中	人工费	元		29.00	29.00	29.00	29.00	29.00	29.00
	材料费	元		60.06	60.93	63.67	59.53	60.43	63.19
	机械费	元		—	—	—	—	—	—
	综合费	元		8.70	8.70	8.70	8.70	8.70	8.70
材料	素花边瓦	百匹	62.00	0.42	0.46	0.53	0.42	0.46	0.53
	混合砂浆(细砂)1∶1∶6	m³	160.70	0.20	0.19	0.18	—	—	—
	混合砂浆(特细砂)1∶1∶6	m³	158.06	—	—	—	0.20	0.19	0.18
	松烟	kg	1.50	0.30	0.30	0.30	0.30	0.30	0.30
	骨胶	kg	7.30	0.10	0.10	0.10	0.10	0.10	0.10
	水泥 32.5	kg		(43.20)	(41.04)	(38.88)	(43.20)	(41.04)	(38.88)
	石灰膏	m³		(0.03)	(0.02)	(0.03)	(0.03)	(0.02)	(0.03)
	细砂	m³		(0.23)	(0.22)	(0.21)	—	—	—
	特细砂	m³		—	—	—	(0.24)	(0.23)	(0.21)
	水	m³	1.50	0.20	0.20	0.20	0.20	0.20	0.20
	其他材料费	元		0.40	0.40	0.40	0.40	0.40	0.40

单位:10 m²

定额编号				AG0091	AG0092	AG0093	AG0094	AG0095	AG0096
项目		单位	单价(元)	素瓦檐头附件					
				素沟滴瓦(瓦楞距)					
				≤250 mm	≤230 mm	≤200 mm	≤250 mm	≤230 mm	≤200 mm
				细砂			特细砂		
综合单(基)价		元		257.21	259.19	266.27	256.60	258.66	265.82
其中	人工费	元		108.24	108.24	108.24	108.24	108.24	108.24
	材料费	元		116.50	118.48	125.56	115.89	117.95	125.11
	机械费	元		—	—	—	—	—	—
	综合费	元		32.47	32.47	32.47	32.47	32.47	32.47
材料	素滴水瓦	百匹	75.00	0.42	0.46	0.53	0.42	0.46	0.53
	素钉帽	10只	2.00	4.20	4.60	5.30	4.20	4.60	5.30
	素勾头瓦	百匹	75.00	0.42	0.46	0.53	0.42	0.46	0.53
	素钉帽桩钉	kg	1.80	3.10	3.10	3.10	3.10	3.10	3.10
	混合砂浆(细砂)1∶1∶6	m^3	160.70	0.23	0.20	0.17	—	—	—
	混合砂浆(特细砂)1∶1∶6	m^3	158.06	—	—	—	0.23	0.20	0.17
	松烟	kg	1.50	0.30	0.30	0.30	0.30	0.30	0.30
	骨胶	kg	7.30	0.10	0.10	0.10	0.10	0.10	0.10
	水泥 32.5	kg		(49.68)	(43.20)	(36.72)	(49.68)	(43.20)	(36.72)
	石灰膏	m^3		(0.04)	(0.03)	(0.03)	(0.04)	(0.03)	(0.03)
	细砂	m^3		(0.27)	(0.23)	(0.20)	—	—	—
	特细砂	m^3		—	—	—	(0.27)	(0.24)	(0.19)
	水	m^3	1.50	0.25	0.25	0.25	0.25	0.25	0.25
	其他材料费	元		1.00	1.00	1.00	1.00	1.00	1.00

单位:10 m²

定额编号				AG0097	AG0098	AG0099	AG0100	AG0101	AG0102
项目		单位	单价(元)	星星瓦钉素瓦钉					
				(瓦楞距)					
				≤250 mm	≤230 mm	≤200 mm	≤250 mm	≤230 mm	≤200 mm
				细砂			特细砂		
综合单(基)价		元		66.05	66.33	67.73	66.02	66.30	67.70
其中	人工费	元		37.60	37.20	37.20	37.60	37.20	37.20
	材料费	元		17.17	17.97	19.37	17.14	17.94	19.34
	机械费	元		—	—	—	—	—	—
	综合费	元		11.28	11.16	11.16	11.28	11.16	11.16
材料	素钉帽	10只	2.00	4.20	4.60	5.30	4.20	4.60	5.30
	素钉帽桩钉	kg	1.80	3.10	3.10	3.10	3.10	3.10	3.10
	混合砂浆(细砂)1∶1∶6	m^3	160.70	0.01	0.01	0.01	—	—	—
	混合砂浆(特细砂)1∶1∶6	m^3	158.06	—	—	—	0.01	0.01	0.01
	松烟	kg	1.50	0.30	0.30	0.30	0.30	0.30	0.30
	骨胶	kg	7.30	0.10	0.10	0.10	0.10	0.10	0.10
	水泥 32.5	kg		(2.16)	(2.16)	(2.16)	(2.16)	(2.16)	(2.16)
	石灰膏	m^3		(0.01)	(0.01)	(0.01)	(0.01)	(0.01)	(0.01)
	细砂	m^3		(0.01)	(0.01)	(0.01)	—	—	—
	特细砂	m^3		—	—	—	(0.01)	(0.01)	(0.01)
	水	m^3	1.50	0.20	0.20	0.20	0.20	0.20	0.20
	其他材料费	元		0.10	0.10	0.10	0.10	0.10	0.10

单位:10 m^2

定额编号		单位	单价(元)	AG0103	AG0104	AG0105	AG0106	AG0107	AG0108
项目				素筒瓦围墙顶(宽度)					
				双落水 850 mm	单落水 560 mm	每增加 100 mm	双落水 850 mm	单落水 560 mm	每增加 100 mm
				细砂			特细砂		
综合单(基)价		元		676.79	429.85	52.52	676.00	429.32	52.50
其中	人工费	元		309.80	212.44	30.48	309.80	212.44	30.48
	材料费	元		274.05	153.68	12.90	273.26	153.15	12.88
	机械费	元		—	—	—	—	—	—
	综合费	元		92.94	63.73	9.14	92.94	63.73	9.14
材料	素筒瓦 综合规格	百匹	30.00	1.94	1.11	0.23	1.94	1.11	0.23
	小青瓦 综合规格	百匹	9.00	4.31	2.84	0.51	4.31	2.84	0.51
	石灰膏砂浆(细砂)1∶3	m^3	96.40	0.30	0.20	0.01	—	—	—
	石灰膏砂浆(特细砂)1∶3	m^3	93.76	—	—	—	0.30	0.20	0.01
	素滴水瓦	百匹	75.00	0.94	0.47	—	0.94	0.47	—
	素勾头瓦	百匹	75.00	0.94	0.47	—	0.94	0.47	—
	石灰膏 加纸筋	m^3	159.20	0.01	0.01	—	0.01	0.01	—
	石灰膏	m^3		(0.11)	(0.08)	(0.01)	(0.11)	(0.08)	(0.01)
	纸筋	kg		(0.38)	(0.38)	—	(0.38)	(0.38)	—
	细砂	m^3		(0.35)	(0.23)	(0.01)	—	—	—
	特细砂	m^3		—	—	—	(0.35)	(0.24)	(0.01)
	水	m^3	1.50	0.30	0.30	0.10	0.30	0.30	0.10
	其他材料费	元		5.10	3.00	0.30	5.10	3.00	0.30

单位:10 m^2

定额编号		单位	单价(元)	AG0109	AG0110	AG0111	AG0112	AG0113	AG0114
项目				钢筋混凝土屋面板上铺预制混凝土瓦					
				(瓦楞距)					
				≤250 mm	≤230 mm	≤200 mm	≤250 mm	≤230 mm	≤200 mm
				细砂			特细砂		
综合单(基)价		元		779.59	814.36	857.29	779.06	813.83	856.76
其中	人工费	元		423.40	446.36	465.16	423.40	446.36	465.16
	材料费	元		229.17	234.09	252.58	228.64	233.56	252.05
	机械费	元		—	—	—	—	—	—
	综合费	元		127.02	133.91	139.55	127.02	133.91	139.55
材料	预制板瓦	百匹	12.00	4.15	4.92	6.45	4.15	4.92	6.45
	预制筒瓦	百匹	13.00	2.00	2.49	2.97	2.00	2.49	2.97
	水泥炉渣混凝土 1∶6	m^3	152.80	0.78	0.71	0.67	0.78	0.71	0.67
	混合砂浆(细砂)1∶1∶6	m^3	160.70	0.20	0.20	0.20	—	—	—
	混合砂浆(特细砂)1∶1∶6	m^3	158.06	—	—	—	0.20	0.20	0.20
	水泥 32.5	kg		(242.10)	(224.25)	(214.05)	(242.10)	(224.25)	(214.05)
	石灰膏	m^3		(0.03)	(0.03)	(0.03)	(0.03)	(0.03)	(0.03)
	炉渣	m^3		(0.99)	(0.90)	(0.85)	(0.99)	(0.90)	(0.85)
	细砂	m^3		(0.23)	(0.23)	(0.23)	—	—	—
	特细砂	m^3		—	—	—	(0.24)	(0.24)	(0.24)
	水	m^3	1.50	0.80	0.80	0.80	0.80	0.80	0.80
	其他材料费	元		0.85	0.85	0.85	0.85	0.85	0.85

单位:10 m²

定额编号				AG0115	AG0116	AG0117	AG0118	AG0119	AG0120
项目		单位	单价(元)	预制混凝土勾滴檐头附件					
				(瓦楞距)					
				≤250 mm	≤230 mm	≤200 mm	≤250 mm	≤230 mm	≤200 mm
				细砂			特细砂		
综合单(基)价		元		250.17	245.66	245.81	249.53	245.13	245.33
其中	人工费	元		141.00	141.00	141.00	141.00	141.00	141.00
	材料费	元		66.87	62.36	62.51	66.23	61.83	62.03
	机械费	元		—	—	—	—	—	—
	综合费	元		42.30	42.30	42.30	42.30	42.30	42.30
材料	预制滴水瓦	百匹	14.00	0.42	0.46	0.53	0.42	0.46	0.53
	预制勾头瓦	百匹	14.00	0.42	0.46	0.53	0.42	0.46	0.53
	素钉帽	10只	2.00	4.20	4.60	5.30	4.20	4.60	5.30
	素钉帽桩钉	kg	1.80	3.10	3.10	3.10	3.10	3.10	3.10
	混合砂浆(细砂)1∶1∶6	m^3	160.70	0.24	0.20	0.18	—	—	—
	混合砂浆(特细砂)1∶1∶6	m^3	158.06	—	—	—	0.24	0.20	0.18
	松烟	kg	1.50	0.30	0.30	0.30	0.30	0.30	0.30
	骨胶	kg	7.30	0.10	0.10	0.10	0.10	0.10	0.10
	水泥 32.5	kg		(51.84)	(43.20)	(38.88)	(51.84)	(43.20)	(38.88)
	石灰膏	m^3		(0.04)	(0.03)	(0.03)	(0.04)	(0.03)	(0.03)
	细砂	m^3		(0.28)	(0.23)	(0.21)	—	—	—
	特细砂	m^3		—	—	—	(0.28)	(0.24)	(0.21)
	水	m^3	1.50	0.25	0.25	0.25	0.25	0.25	0.25
	其他材料费	元		1.00	1.00	1.00	1.00	1.00	1.00

单位:10 m²

定额编号				AG0121	AG0122	AG0123	AG0124
项目		单位	单价(元)	红陶瓦屋面			
				钢筋混凝土屋面上铺		挂瓦条上铺	
				中砂	特细砂	中砂	特细砂
综合单(基)价		元		1809.97	1805.60	1668.82	1667.84
其中	人工费	元		380.70	380.70	380.70	380.70
	材料费	元		1315.06	1310.69	1173.91	1172.93
	机械费	元		—	—	—	—
	综合费	元		114.21	114.21	114.21	114.21
材料	二等锯材	m^3	1400.00	—	—	0.04	0.04
	红陶筒瓦	百匹	200.00	2.45	2.45	2.45	2.45
	红陶底瓦	百匹	160.00	2.45	2.45	2.45	2.45
	红陶脊瓦	百匹	720.00	0.28	0.28	0.28	0.28
	水泥砂浆(中砂)1∶2	m^3	289.92	0.68	—	—	—
	混合砂浆(中砂)1∶1∶6	m^3	163.22	0.19	—	0.19	—
	水泥砂浆(特细砂)1∶2	m^3	284.94	—	0.68	—	—
	混合砂浆(特细砂)1∶1∶6	m^3	158.06	—	0.19	—	0.19
	水泥 32.5	kg		(449.04)	(449.04)	(41.04)	(41.04)
	石灰膏	m^3		(0.02)	(0.02)	(0.02)	(0.02)
	中砂	m^3		(0.93)	—	(0.22)	—
	特细砂	m^3		—	(0.96)	—	(0.23)
	水	m^3	1.50	0.90	0.90	0.90	0.90
	其他材料费	元		1.95	1.95	1.95	1.95

单位:10 m^2

定额编号				AG0125	AG0126	AG0127	AG0128
项目		单位	单价(元)	红陶鱼鳞瓦屋面			
				混凝土屋面板上铺		挂瓦条上铺	
				中砂	特细砂	中砂	特细砂
综合单(基)价		元		2463.90	2458.46	2343.25	2341.70
其中	人工费	元		456.84	456.84	494.91	494.91
	材料费	元		1870.01	1864.57	1699.87	1698.32
	机械费	元		—	—	—	—
	综合费	元		137.05	137.05	148.47	148.47
材料	二等锯材	m^3	1400.00	—	—	0.04	0.04
	红陶牛舌瓦	百匹	250.00	5.56	5.56	5.56	5.56
	红陶脊瓦	百匹	720.00	0.28	0.28	0.28	0.28
	水泥砂浆(中砂)1∶2	m^3	289.92	0.78	—	—	—
	混合砂浆(中砂)1∶1∶6	m^3	163.22	0.30	—	0.30	—
	混合砂浆(特细砂)1∶1∶6	m^3	158.06	—	0.30	—	0.30
	水泥砂浆(特细砂)1∶2	m^3	284.94	—	0.78	—	—
	水泥 32.5	kg		(532.80)	(532.80)	(64.80)	(64.80)
	石灰膏	m^3		(0.05)	(0.05)	(0.05)	(0.05)
	中砂	m^3		(1.15)	—	(0.34)	—
	特细砂	m^3		—	(1.18)	—	(0.35)
	水	m^3	1.50	0.90	0.90	0.90	0.90
	其他材料费	元		1.95	1.95	1.95	1.95

工程内容:调运砂浆、抹面、刷黑等全部操作过程。

单位:10 m

定额编号				AG0129	AG0130	AG0131	AG0132	AG0133	AG0134
项目		单位	单价(元)	小青瓦脊					
				游脊	实叠脊(脊高)		游脊	实叠脊(脊高)	
					≤300 mm	>300 mm		≤300 mm	>300 mm
综合单(基)价		元		448.32	507.69	679.46	447.93	507.35	678.98
其中	人工费	元		243.63	264.38	348.98	243.63	264.38	348.98
	材料费	元		131.60	164.00	225.79	131.21	163.66	225.31
	机械费	元		—	—	—	—	—	—
	综合费	元		73.09	79.31	104.69	73.09	79.31	104.69
材料	小青瓦　综合规格	百匹	9.00	3.94	13.89	19.44	3.94	13.89	19.44
	标准砖	千匹	200.00	0.13	—	—	0.13	—	—
	青灰浆	m^3	205.81	0.14	—	—	0.14	—	—
	混合砂浆(细砂)M2.5	m^3	128.70	0.06	—	—	—	—	—
	混合砂浆(细砂)1∶1∶6	m^3	160.70	0.15	0.13	0.18	—	—	—
	混合砂浆(特细砂)M2.5	m^3	128.86	—	—	—	0.06	—	—
	混合砂浆(特细砂)1∶1∶6	m^3	158.06	—	—	—	0.15	0.13	0.18
	氧化铁黑	kg	2.00	4.00	4.00	4.00	4.00	4.00	4.00
	水泥 32.5	kg		(39.60)	(28.08)	(38.88)	(40.98)	(28.08)	(38.88)
	石灰膏	m^3		(0.09)	(0.02)	(0.03)	(0.09)	(0.02)	(0.03)
	青灰	kg		(189.00)	—	—	(189.00)	—	—
	细砂	m^3		(0.24)	(0.15)	(0.21)	—	—	—
	特细砂	m^3		—	—	—	(0.25)	(0.15)	(0.21)
	水	m^3	1.50	0.40	0.40	0.40	0.40	0.40	0.40
	其他材料费	元		0.90	9.50	13.30	0.90	9.50	13.30

单位:10 m

定额编号				AG0135	AG0136
项目		单位	单价(元)	小青瓦空花脊(脊高)	
				≤300 mm	>300 mm
综合单(基)价		元		459.94	563.37
其中	人工费	元		266.49	317.25
	材料费	元		113.50	150.94
	机械费	元		—	—
	综合费	元		79.95	95.18
材料	小青瓦　综合规格	百匹	9.00	8.33	11.60
	青灰浆	m^3	205.81	0.10	0.12
	氧化铁黑	kg	2.00	4.00	4.00
	青灰	kg		(135.00)	(162.00)
	石灰膏	m^3		(0.03)	(0.04)
	水	m^3	1.50	0.30	0.36
	其他材料费	元		9.50	13.30

单位:10 m

定额编号				AG0137	AG0138	AG0139	AG0140	AG0141	AG0142
项目		单位	单价(元)	素筒瓦过垄脊(瓦楞距)					
				≤250 mm	≤230 mm	≤200 mm	≤250 mm	≤230 mm	≤200 mm
				细砂			特细砂		
综合单(基)价		元		787.19	867.23	976.97	786.71	866.78	976.55
其中	人工费	元		249.60	296.10	342.60	249.60	296.10	342.60
	材料费	元		462.71	482.30	531.59	462.23	481.85	531.17
	机械费	元		—	—	—	—	—	—
	综合费	元		74.88	88.83	102.78	74.88	88.83	102.78
材料	素罗锅瓦	百匹	200.00	0.42	0.46	0.53	0.42	0.46	0.53
	素续罗锅瓦	百匹	200.00	0.84	0.92	1.06	0.84	0.92	1.06
	素折么瓦	百匹	200.00	0.42	0.46	0.53	0.42	0.46	0.53
	小青瓦　综合规格	百匹	9.00	1.68	1.84	2.12	1.68	1.84	2.12
	水泥炉渣混凝土 1∶6	m^3	152.80	0.53	0.45	0.40	0.53	0.45	0.40
	混合砂浆(细砂)1∶1∶6	m^3	160.70	0.18	0.17	0.16	—	—	—
	混合砂浆(特细砂)1∶1∶6	m^3	158.06	—	—	—	0.18	0.17	0.16
	水泥 32.5	kg		(174.03)	(151.47)	(136.56)	(174.03)	(151.47)	(136.56)
	炉渣	m^3		(0.67)	(0.57)	(0.51)	(0.67)	(0.57)	(0.51)
	石灰膏	m^3		(0.03)	(0.03)	(0.03)	(0.03)	(0.03)	(0.03)
	细砂	m^3		(0.21)	(0.20)	(0.19)	—	—	—
	特细砂	m^3		—	—	—	(0.21)	(0.19)	(0.19)
	水	m^3	1.50	0.55	0.54	0.55	0.55	0.54	0.55
	其他材料费	元		0.85	0.85	0.85	0.85	0.85	0.85

单位:10 m

定额编号				AG0143	AG0144	AG0145	AG0146	AG0147	AG0148
项目		单位	单价(元)	烧制脊安砌(脊高)					
				≤600 mm	≤1000 mm	>1000 mm	≤600 mm	≤1000 mm	>1000 mm
				细砂			特细砂		
综合单(基)价		元		921.82	1050.30	1225.77	921.09	1049.59	1225.08
其中	人工费	元		314.24	346.41	415.89	314.24	346.41	415.89
	材料费	元		513.31	599.97	685.11	512.58	599.26	684.42
	机械费	元		—	—	—	—	—	—
	综合费	元		94.27	103.92	124.77	94.27	103.92	124.77
材料	素正脊筒　综合规格	m	20.00	10.40	10.40	10.40	10.40	10.40	10.40
	素正当沟	百块	40.00	0.96	0.96	0.96	0.96	0.96	0.96
	小青瓦　综合规格	百匹	9.00	1.00	1.00	1.00	1.00	1.00	1.00
	标准砖	千匹	200.00	0.28	0.28	0.28	0.28	0.28	0.28
	混合砂浆(细砂)1∶1∶6	m^3	160.70	0.30	0.30	0.30	—	—	—
	混合砂浆(细砂)M5	m^3	142.00	0.16	0.20	0.24	—	—	—
	水泥炉渣混凝土1∶6	m^3	152.80	0.75	1.28	1.80	0.75	1.28	1.80
	混合砂浆(特细砂)1∶1∶6	m^3	158.06	—	—	—	0.30	0.30	0.30
	混合砂浆(特细砂)M5	m^3	142.56	—	—	—	0.16	0.20	0.24
	锤灰　细砂	m^3	711.73	0.02	0.02	0.02	—	—	—
	锤灰　特细砂	m^3	710.23	—	—	—	0.02	0.02	0.02
	氧化铁黑	kg		(1.70)	(1.70)	(1.70)	(1.70)	(1.70)	(1.70)
	水泥32.5	kg		(292.69)	(435.00)	(574.76)	(293.97)	(436.60)	(576.68)
	石灰膏	m^3		(0.08)	(0.09)	(0.09)	(0.08)	(0.09)	(0.09)
	炉渣	m^3		(0.95)	(1.63)	(2.29)	(0.95)	(1.63)	(2.29)
	801胶水	kg		(0.77)	(0.77)	(0.77)	(0.77)	(0.77)	(0.77)
	细砂	m^3		(0.56)	(0.60)	(0.65)	—	—	—
	特细砂	m^3		—	—	—	(0.56)	(0.61)	(0.65)
	棉花	kg		(0.38)	(0.38)	(0.38)	(0.38)	(0.38)	(0.38)
	水	m^3	1.50	0.70	0.70	0.70	0.70	0.70	0.70
	其他材料费	元		1.10	1.10	1.10	1.10	1.10	1.10

单位:10 m

定额编号				AG0149	AG0150	AG0151	AG0152	AG0153	AG0154
项目		单位	单价(元)	砖胎灰塑脊(脊高)					
				≤500 mm	≤800 mm	≤1200 mm	≤500 mm	≤800 mm	≤1200 mm
				细砂			特细砂		
综合单(基)价		元		1103.55	2242.32	3441.19	1102.47	2240.75	3438.78
其中	人工费	元		659.88	1438.20	2159.44	659.88	1438.20	2159.44
	材料费	元		245.71	372.66	633.92	244.63	371.09	631.51
	机械费	元		—	—	—	—	—	—
	综合费	元		197.96	431.46	647.83	197.96	431.46	647.83
材料	素筒瓦　综合规格	百匹	30.00	0.53	0.53	0.53	0.53	0.53	0.53
	标准砖	千匹	200.00	0.39	0.58	1.01	0.39	0.58	1.01
	混合砂浆(细砂)M5	m^3	142.00	0.15	0.22	0.39	—	—	—
	混合砂浆(细砂)1∶1∶6	m^3	160.70	0.42	0.61	0.96	—	—	—
	混合砂浆(特细砂)1∶1∶6	m^3	158.06	—	—	—	0.42	0.61	0.96
	混合砂浆(特细砂)M5	m^3	142.56	—	—	—	0.15	0.22	0.39
	锤灰　细砂	m^3	711.73	0.04	0.05	0.07	—	—	—
	锤灰　特细砂	m^3	710.23	—	—	—	0.04	0.05	0.07
	预埋铁件	kg	5.00	6.70	14.97	31.10	6.70	14.97	31.10
	氧化铁黑	kg		(3.40)	(4.25)	(5.95)	(3.40)	(4.25)	(5.95)
	水泥32.5	kg		(133.57)	(191.14)	(305.17)	(134.77)	(192.90)	(308.29)
	石灰膏	m^3		(0.10)	(0.15)	(0.24)	(0.10)	(0.15)	(0.24)
	801胶水	kg		(1.54)	(1.93)	(2.70)	(1.54)	(1.93)	(2.70)
	细砂	m^3		(0.69)	(1.01)	(1.61)	—	—	—
	特细砂	m^3		—	—	—	(0.71)	(1.02)	(1.65)
	棉花	kg		(0.76)	(0.95)	(1.33)	(0.76)	(0.95)	(1.33)
	水	m^3	1.50	0.70	0.70	0.70	0.70	0.70	0.70

工程内容：1. 木模制作、安装、清理、刷润滑油、回库维修。

2. 冲洗石子、混凝土搅拌、浇捣养护等全部过程。

单位：10 m

定额编号				AG0155	AG0156	AG0157	AG0158	AG0159	AG0160
项目		单位	单价(元)	钢筋混凝土预制屋脊制作(脊高)					
				≤400 mm					
				C20	C25	C30	C20	C25	C30
				中砂			特细砂		
综合单(基)价		元		463.45	469.63	477.15	465.57	472.13	480.25
其中	人工费	元		203.04	203.04	203.04	203.04	203.04	203.04
	材料费	元		169.60	175.78	183.30	171.72	178.28	186.40
	机械费	元		23.00	23.00	23.00	23.00	23.00	23.00
	综合费	元		67.81	67.81	67.81	67.81	67.81	67.81
材料	二等锯材	m^3	1400.00	0.06	0.06	0.06	0.06	0.06	0.06
	混凝土(中砂)C20	m^3	204.24	0.27	—	—	—	—	—
	混凝土(中砂)C25	m^3	227.12	—	0.27	—	—	—	—
	混凝土(中砂)C30	m^3	254.96	—	—	0.27	—	—	—
	混凝土(特细砂)C20	m^3	213.58	—	—	—	0.27	—	—
	混凝土(特细砂)C25	m^3	237.88	—	—	—	—	0.27	—
	混凝土(特细砂)C30	m^3	267.96	—	—	—	—	—	0.27
	水泥砂浆(中砂)1∶2	m^3	289.92	0.08	0.08	0.08	—	—	—
	水泥砂浆(特细砂)1∶2	m^3	284.94	—	—	—	0.08	0.08	0.08
	水泥 32.5	kg		(148.17)	(164.91)	(48.00)	(156.27)	(174.36)	(48.00)
	水泥 42.5	kg		—	—	(108.00)	—	—	(116.64)
	中砂	m^3		(0.21)	(0.20)	(0.21)	—	—	—
	特细砂	m^3		—	—	—	(0.20)	(0.18)	(0.19)
	砾石 5～10 mm	m^3		(0.22)	(0.22)	(0.22)	(0.25)	(0.25)	(0.24)
	水	m^3	1.50	0.51	0.51	0.51	0.50	0.50	0.50
	其他材料费	元		6.50	6.50	6.50	6.50	6.50	6.50

单位：10 m

定额编号				AG0161	AG0162	AG0163	AG0164	AG0165	AG0166
项目		单位	单价(元)	钢筋混凝土预制屋脊制作(脊高)					
				≤600 mm					
				C20	C25	C30	C20	C25	C30
				中砂			特细砂		
综合单(基)价		元		637.84	647.68	659.65	641.19	651.64	664.57
其中	人工费	元		270.72	270.72	270.72	270.72	270.72	270.72
	材料费	元		245.08	254.92	266.89	248.43	258.88	271.81
	机械费	元		31.40	31.40	31.40	31.40	31.40	31.40
	综合费	元		90.64	90.64	90.64	90.64	90.64	90.64
材料	二等锯材	m^3	1400.00	0.08	0.08	0.08	0.08	0.08	0.08
	混凝土(中砂)C20	m^3	204.24	0.43	—	—	—	—	—
	混凝土(中砂)C25	m^3	227.12	—	0.43	—	—	—	—
	混凝土(中砂)C30	m^3	254.96	—	—	0.43	—	—	—
	混凝土(特细砂)C20	m^3	213.58	—	—	—	0.43	—	—
	混凝土(特细砂)C25	m^3	237.88	—	—	—	—	0.43	—
	混凝土(特细砂)C30	m^3	267.96	—	—	—	—	—	0.43
	水泥砂浆(中砂)1∶2	m^3	289.92	0.13	0.13	0.13	—	—	—
	水泥砂浆(特细砂)1∶2	m^3	284.94	—	—	—	0.13	0.13	0.13
	水泥 32.5	kg		(237.53)	(264.19)	(78.00)	(250.43)	(279.24)	(78.00)
	水泥 42.5	kg		—	—	(172.00)	—	—	(185.76)
	中砂	m^3		(0.35)	(0.32)	(0.34)	—	—	—
	特细砂	m^3		—	—	—	(0.31)	(0.29)	(0.29)
	砾石 5～10 mm	m^3		(0.35)	(0.35)	(0.35)	(0.40)	(0.39)	(0.39)
	水	m^3	1.50	0.51	0.51	0.51	0.50	0.50	0.50
	其他材料费	元		6.80	6.80	6.80	6.80	6.80	6.80

单位:10 m

定额编号				AG0167	AG0168	AG0169	AG0170	AG0171	AG0172
项目		单位	单价(元)	钢筋混凝土预制屋脊制作(脊高)					
				≤800 mm					
				C20	C25	C30	C20	C25	C30
				中砂			特细砂		
综合单(基)价		元		807.65	820.92	837.07	812.22	826.31	843.76
其中	人工费	元		338.40	338.40	338.40	338.40	338.40	338.40
	材料费	元		315.59	328.86	345.01	320.16	334.25	351.70
	机械费	元		40.11	40.11	40.11	40.11	40.11	40.11
	综合费	元		113.55	113.55	113.55	113.55	113.55	113.55
材料	二等锯材	m^3	1400.00	0.10	0.10	0.10	0.10	0.10	0.10
	混凝土(中砂)C20	m^3	204.24	0.58	—	—	—	—	—
	混凝土(中砂)C25	m^3	227.12	—	0.58	—	—	—	—
	混凝土(中砂)C30	m^3	254.96	—	—	0.58	—	—	—
	混凝土(特细砂)C20	m^3	213.58	—	—	—	0.58	—	—
	混凝土(特细砂)C25	m^3	237.88	—	—	—	—	0.58	—
	混凝土(特细砂)C30	m^3	267.96	—	—	—	—	—	0.58
	水泥砂浆(中砂)1∶2	m^3	289.92	0.17	0.17	0.17	—	—	—
	水泥砂浆(特细砂)1∶2	m^3	284.94	—	—	—	0.17	0.17	0.17
	水泥 32.5	kg		(317.18)	(353.14)	(102.00)	(334.58)	(373.44)	(102.00)
	水泥 42.5	kg		—	—	(232.00)	—	—	(250.56)
	中砂	m^3		(0.46)	(0.44)	(0.45)	—	—	—
	特细砂	m^3		—	—	—	(0.41)	(0.38)	(0.40)
	砾石 5～10 mm	m^3		(0.48)	(0.48)	(0.47)	(0.53)	(0.53)	(0.52)
	水	m^3	1.50	0.56	0.56	0.56	0.56	0.56	0.56
	其他材料费	元		7.00	7.00	7.00	7.00	7.00	7.00

单位:10 m

定额编号				AG0173	AG0174	AG0175	AG0176	AG0177	AG0178
项目		单位	单价(元)	钢筋混凝土预制屋脊制作(脊高)					
				≤1000 mm					
				C20	C25	C30	C20	C25	C30
				中砂			特细砂		
综合单(基)价		元		984.49	1001.42	1022.02	990.28	1008.26	1030.52
其中	人工费	元		406.08	406.08	406.08	406.08	406.08	406.08
	材料费	元		391.20	408.13	428.73	396.99	414.97	437.23
	机械费	元		50.30	50.30	50.30	50.30	50.30	50.30
	综合费	元		136.91	136.91	136.91	136.91	136.91	136.91
材料	二等锯材	m^3	1400.00	0.12	0.12	0.12	0.12	0.12	0.12
	混凝土(中砂)C20	m^3	204.24	0.74	—	—	—	—	—
	混凝土(中砂)C25	m^3	227.12	—	0.74	—	—	—	—
	混凝土(中砂)C30	m^3	254.96	—	—	0.74	—	—	—
	混凝土(特细砂)C20	m^3	213.58	—	—	—	0.74	—	—
	混凝土(特细砂)C25	m^3	237.88	—	—	—	—	0.74	—
	混凝土(特细砂)C30	m^3	267.96	—	—	—	—	—	0.74
	水泥砂浆(中砂)1∶2	m^3	289.92	0.22	0.22	0.22	—	—	—
	水泥砂浆(特细砂)1∶2	m^3	284.94	—	—	—	0.22	0.22	0.22
	水泥 32.5	kg		(406.54)	(452.42)	(132.00)	(428.74)	(478.32)	(132.00)
	水泥 42.5	kg		—	—	(296.00)	—	—	(319.68)
	中砂	m^3		(0.59)	(0.56)	(0.58)	—	—	—
	特细砂	m^3		—	—	—	(0.53)	(0.49)	(0.51)
	砾石 5～10 mm	m^3		(0.61)	(0.61)	(0.60)	(0.68)	(0.67)	(0.67)
	水	m^3	1.50	0.82	0.82	0.82	0.80	0.80	0.80
	其他材料费	元		7.05	7.05	7.05	7.05	7.05	7.05

单位:10 m

	定额编号			AG0179	AG0180	AG0181	AG0182	AG0183	AG0184
	项目	单位	单价(元)	钢筋混凝土预制屋脊制作(脊高)					
				>1000 mm					
				C20	C25	C30	C20	C25	C30
				中砂			特细砂		
	综合单(基)价	元		1290.56	1317.10	1349.39	1299.65	1327.84	1362.73
其中	人工费	元		507.60	507.60	507.60	507.60	507.60	507.60
	材料费	元		542.77	569.31	601.60	551.86	580.05	614.94
	机械费	元		67.62	67.62	67.62	67.62	67.62	67.62
	综合费	元		172.57	172.57	172.57	172.57	172.57	172.57
材料	二等锯材	m^3	1400.00	0.14	0.14	0.14	0.14	0.14	0.14
	混凝土(中砂)C20	m^3	204.24	1.16	—	—	—	—	—
	混凝土(中砂)C25	m^3	227.12	—	1.16	—	—	—	—
	混凝土(中砂)C30	m^3	254.96	—	—	1.16	—	—	—
	混凝土(特细砂)C20	m^3	213.58	—	—	—	1.16	—	—
	混凝土(特细砂)C25	m^3	237.88	—	—	—	—	1.16	—
	混凝土(特细砂)C30	m^3	267.96	—	—	—	—	—	1.16
	水泥砂浆(中砂)1∶2	m^3	289.92	0.35	0.35	0.35	—	—	—
	水泥砂浆(特细砂)1∶2	m^3	284.94	—	—	—	0.35	0.35	0.35
	水泥 32.5	kg		(640.36)	(712.28)	(210.00)	(675.16)	(752.88)	(210.00)
	水泥 42.5	kg		—	—	(464.00)	—	—	(501.12)
	中砂	m^3		(0.92)	(0.87)	(0.91)	—	—	—
	特细砂	m^3		—	—	—	(0.82)	(0.76)	(0.81)
	砾石 5～10 mm	m^3		(0.95)	(0.95)	(0.94)	(1.07)	(1.06)	(1.04)
	水	m^3	1.50	0.82	0.82	0.82	0.82	0.82	0.82
	其他材料费	元		7.15	7.15	7.15	7.15	7.15	7.15

单位:10 m

	定额编号			AG0185	AG0186	AG0187	AG0188	AG0189	AG0190
	项目	单位	单价(元)	钢筋混凝土预制屋脊安砌(脊高)					
				≤600 mm	≤1000 mm	>1000 mm	≤600 mm	≤1000 mm	>1000 mm
				细砂			特细砂		
	综合单(基)价	元		1006.80	1155.12	1396.86	1006.08	1154.41	1396.17
其中	人工费	元		380.84	409.44	491.48	380.84	409.44	491.48
	材料费	元		511.71	622.85	757.94	510.99	622.14	757.25
	机械费	元		—	—	—	—	—	—
	综合费	元		114.25	122.83	147.44	114.25	122.83	147.44
材料	铁脊桩	kg	3.70	54.00	61.00	74.50	54.00	61.00	74.50
	素正当沟	百块	40.00	0.96	0.96	0.96	0.96	0.96	0.96
	小青瓦　综合规格	百匹	9.00	1.00	1.00	1.00	1.00	1.00	1.00
	标准砖	千匹	200.00	0.28	0.28	0.28	0.28	0.28	0.28
	混合砂浆(细砂)1∶1∶6	m^3	160.70	0.30	0.30	0.30	—	—	—
	混合砂浆(细砂)M5	m^3	142.00	0.17	0.20	0.24	—	—	—
	水泥炉渣混凝土 1∶6	m^3	152.80	0.75	1.28	1.80	0.75	1.28	1.80
	混合砂浆(特细砂)1∶1∶6	m^3	158.06	—	—	—	0.30	0.30	0.30
	混合砂浆(特细砂)M5	m^3	142.56	—	—	—	0.17	0.20	0.24
	锤灰　细砂	m^3	711.73	0.02	0.02	0.02	—	—	—
	锤灰　特细砂	m^3	710.23	—	—	—	0.02	0.02	0.02
	氧化铁黑	kg		(1.70)	(1.70)	(1.70)	(1.70)	(1.70)	(1.70)
	水泥 32.5	kg		(294.48)	(435.00)	(574.76)	(295.84)	(436.60)	(576.68)
	炉渣	m^3		(0.95)	(1.63)	(2.29)	(0.95)	(1.63)	(2.29)
	石灰膏	m^3		(0.08)	(0.09)	(0.09)	(0.08)	(0.09)	(0.09)
	801 胶水	kg		(0.77)	(0.77)	(0.77)	(0.77)	(0.77)	(0.77)
	细砂	m^3		(0.57)	(0.60)	(0.65)	—	—	—
	特细砂	m^3		—	—	—	(0.57)	(0.61)	(0.65)
	棉花	kg		(0.38)	(0.38)	(0.38)	(0.38)	(0.38)	(0.38)
	水	m^3	1.50	0.95	0.95	0.95	0.95	0.95	0.95
	其他材料费	元		5.90	5.90	5.90	5.90	5.90	5.90

工程内容：调运砂浆、安装木桩、运砖、钢筋制安、锤灰泥塑涂色等全部操作过程。 单位：10 件

定额编号				AG0191	AG0192	AG0193	AG0194
项目		单位	单价（元）	锤灰泥塑垂脊头花板			
				立塑（高度）			
				≤500 mm	>500 mm	≤500 mm	>500 mm
				细砂		特细砂	
综合单（基）价		元		2435.59	4876.98	2435.16	4876.13
其中	人工费	元		1827.36	3675.87	1827.36	3675.87
	材料费	元		60.02	98.35	59.59	97.50
	机械费	元		—	—	—	—
	综合费	元		548.21	1102.76	548.21	1102.76
材料	混合砂浆（细砂）1∶1∶6	m^3	160.70	0.14	0.29	—	—
	混合砂浆（特细砂）1∶1∶6	m^3	158.06	—	—	0.14	0.29
	锤灰 细砂	m^3	711.73	0.04	0.06	—	—
	锤灰 特细砂	m^3	710.23	—	—	0.04	0.06
	氧化铁黑	kg		(3.40)	(5.10)	(3.40)	(5.10)
	水泥 32.5	kg		(46.24)	(86.64)	(46.24)	(86.64)
	石灰膏	m^3		(0.03)	(0.07)	(0.03)	(0.07)
	801 胶水	kg		(1.54)	(2.32)	(1.54)	(2.32)
	细砂	m^3		(0.19)	(0.39)	—	—
	特细砂	m^3		—	—	(0.20)	(0.39)
	棉花	kg		(0.76)	(1.14)	(0.76)	(1.14)
	水	m^3	1.50	0.30	0.30	0.30	0.30
	其他材料费	元		8.60	8.60	8.60	8.60

单位：10 件

定额编号				AG0195	AG0196	AG0197	AG0198
项目		单位	单价（元）	锤灰泥塑垂脊头花板			
				贴塑（面积）			
				≤0.5 m^2	>0.5 m^2	≤0.5 m^2	>0.5 m^2
				细砂		特细砂	
综合单（基）价		元		1752.97	3482.43	1752.54	3481.58
其中	人工费	元		1279.13	2558.15	1279.13	2558.15
	材料费	元		90.10	156.83	89.67	155.98
	机械费	元		—	—	—	—
	综合费	元		383.74	767.45	383.74	767.45
材料	贴塑面料	m^2	10.00	3.00	5.00	3.00	5.00
	混合砂浆（细砂）1∶1∶6	m^3	160.70	0.14	0.29	—	—
	混合砂浆（特细砂）1∶1∶6	m^3	158.06	—	—	0.14	0.29
	锤灰 细砂	m^3	711.73	0.04	0.06	—	—
	锤灰 特细砂	m^3	710.23	—	—	0.04	0.06
	氧化铁黑	kg		(3.40)	(5.10)	(3.40)	(5.10)
	水泥 32.5	kg		(46.24)	(86.64)	(46.24)	(86.64)
	石灰膏	m^3		(0.03)	(0.07)	(0.03)	(0.07)
	801 胶水	kg		(1.54)	(2.32)	(1.54)	(2.32)
	细砂	m^3		(0.19)	(0.39)	—	—
	特细砂	m^3		—	—	(0.20)	(0.39)
	棉花	kg		(0.76)	(1.14)	(0.76)	(1.14)
	水	m^3	1.50	0.35	0.35	0.35	0.35
	其他材料费	元		8.60	17.00	8.60	17.00

单位：m^2

定额编号				AG0199	AG0200
项目		单位	单价(元)	锤灰泥塑脊	
				贴塑	
				细砂	特细砂
综合单(基)价		元		489.87	489.74
其中	人工费	元		355.32	355.32
	材料费	元		27.95	27.82
	机械费	元		—	—
	综合费	元		106.60	106.60
材料	贴塑面料	m^2	10.00	0.75	0.75
	混合砂浆(细砂)1∶1∶6	m^3	160.70	0.04	—
	混合砂浆(特细砂)1∶1∶6	m^3	158.06	—	0.04
	锤灰　细砂	m^3	711.73	0.01	—
	锤灰　特细砂	m^3	710.23	—	0.01
	氧化铁黑	kg		(0.85)	(0.85)
	水泥 32.5	kg		(12.64)	(12.64)
	石灰膏	m^3		(0.01)	(0.01)
	801 胶水	kg		(0.39)	(0.39)
	细砂	m^3		(0.06)	—
	特细砂	m^3		—	(0.06)
	棉花	kg		(0.19)	(0.19)
	水	m^3	1.50	0.20	0.20
	其他材料费	元		6.60	6.60

单位：10 件

定额编号				AG0201	AG0202	AG0203	AG0204
项目		单位	单价(元)	锤灰泥塑吻(兽)			
				(吻高)			
				≤800 mm	>800 mm	≤800 mm	>800 mm
				细砂		特细砂	
综合单(基)价		元		3908.54	5605.32	3906.40	5602.85
其中	人工费	元		2436.48	3654.72	2436.48	3654.72
	材料费	元		741.12	854.18	738.98	851.71
	机械费	元		—	—	—	—
	综合费	元		730.94	1096.42	730.94	1096.42
材料	钢筋　综合	t	3800.00	0.02	0.02	0.02	0.02
	圆木桩	m^3	1100.00	0.05	0.06	0.05	0.06
	标准砖	千匹	200.00	0.21	0.21	0.21	0.21
	混合砂浆(细砂)M5	m^3	142.00	0.10	0.10	—	—
	混合砂浆(特细砂)M5	m^3	142.56	—	—	0.10	0.10
	混合砂浆(氧化铁黑加纸筋　细砂)1∶1∶2	m^3	335.53	1.37	1.57	—	—
	混合砂浆(氧化铁黑加纸筋特细砂)1∶1∶2	m^3	334.03	—	—	1.37	1.57
	锤灰　细砂	m^3	711.73	0.09	0.12	—	—
	锤灰　特细砂	m^3	710.23	—	—	0.09	0.12
	氧化铁黑	kg		(65.88)	(76.93)	(65.88)	(76.93)
	水泥 32.5	kg		(601.90)	(693.90)	(602.70)	(694.70)
	石灰膏	m^3		(0.50)	(0.58)	(0.50)	(0.58)
	纸筋	kg		(22.74)	(26.06)	(22.74)	(26.06)
	801 胶水	kg		(3.47)	(4.63)	(3.47)	(4.63)
	细砂	m^3		(1.26)	(1.43)	—	—
	特细砂	m^3		—	—	(1.29)	(1.48)
	棉花	kg		(1.71)	(2.28)	(1.71)	(2.28)
	稻草	kg	0.50	52.00	79.00	52.00	79.00
	水	m^3	1.50	1.50	1.50	1.50	1.50
	其他材料费	元		1.93	2.04	1.93	2.04

单位:10 件

定额编号				AG0205	AG0206	AG0207	AG0208
项目		单位	单价(元)	锤灰泥塑崩堆(高度)			
				人物	走兽	人物	走兽
				≤500 mm			
				细砂		特细砂	
综合单(基)价		元		3341.01	2634.83	3339.48	2632.46
其中	人工费	元		2413.67	1827.36	2413.67	1827.36
	材料费	元		203.24	259.26	201.71	256.89
	机械费	元		—	—	—	—
	综合费	元		724.10	548.21	724.10	548.21
材料	钢筋 综合	t	3800.00	0.01	0.01	0.01	0.01
	圆木桩	m^3	1100.00	0.02	0.02	0.02	0.02
	小青瓦 综合规格	百匹	9.00	0.80	0.80	0.80	0.80
	标准砖	千匹	200.00	0.08	0.08	0.08	0.08
	混合砂浆(细砂)M5	m^3	142.00	0.02	0.02	—	—
	混合砂浆(细砂)1:1:6	m^3	160.70	0.57	0.89	—	—
	混合砂浆(特细砂)M5	m^3	142.56	—	—	0.02	0.02
	混合砂浆(特细砂)1:1:6	m^3	158.06	—	—	0.57	0.89
	锤灰 细砂	m^3	711.73	0.02	0.02	—	—
	锤灰 特细砂	m^3	710.23	—	—	0.02	0.02
	氧化铁黑	kg		(1.70)	(1.70)	(1.70)	(1.70)
	水泥 32.5	kg		(134.70)	(203.82)	(134.86)	(203.98)
	石灰膏	m^3		(0.11)	(0.16)	(0.11)	(0.16)
	801 胶水	kg		(0.77)	(0.77)	(0.77)	(0.77)
	棉花	kg		(0.38)	(0.38)	(0.38)	(0.38)
	细砂	m^3		(0.70)	(1.07)	—	—
	特细砂	m^3		—	—	(0.71)	(1.09)
	稻草	kg	0.50	13.00	20.00	13.00	20.00
	水	m^3	1.50	0.80	0.80	0.80	0.80
	其他材料费	元		3.67	4.77	3.67	4.77

单位:10 件

定额编号				AG0209	AG0210	AG0211	AG0212
项目		单位	单价(元)	锤灰泥塑崩堆(高度)			
				人物	走兽	人物	走兽
				>500 mm			
				细砂		特细砂	
综合单(基)价		元		4321.52	3558.87	4318.83	3555.78
其中	人工费	元		3045.60	2436.48	3045.60	2436.48
	材料费	元		362.24	391.45	359.55	388.36
	机械费	元		—	—	—	—
	综合费	元		913.68	730.94	913.68	730.94
材料	钢筋 综合	t	3800.00	0.02	0.02	0.02	0.02
	圆木桩	m^3	1100.00	0.03	0.03	0.03	0.03
	小青瓦 综合规格	百匹	9.00	0.80	0.80	0.80	0.80
	标准砖	千匹	200.00	0.08	0.08	0.08	0.08
	混合砂浆(细砂)M5	m^3	142.00	0.02	0.02	—	—
	混合砂浆(细砂)1:1:6	m^3	160.70	0.99	1.14	—	—
	混合砂浆(特细砂)M5	m^3	142.56	—	—	0.02	0.02
	混合砂浆(特细砂)1:1:6	m^3	158.06	—	—	0.99	1.14
	锤灰 细砂	m^3	711.73	0.06	0.06	—	—
	锤灰 特细砂	m^3	710.23	—	—	0.06	0.06
	氧化铁黑	kg		(5.10)	(5.10)	(5.10)	(5.10)
	水泥 32.5	kg		(241.42)	(273.82)	(241.58)	(273.98)
	石灰膏	m^3		(0.19)	(0.21)	(0.19)	(0.21)
	801 胶水	kg		(2.32)	(2.32)	(2.32)	(2.32)
	棉花	kg		(1.14)	(1.14)	(1.14)	(1.14)
	细砂	m^3		(1.22)	(1.39)	—	—
	特细砂	m^3		—	—	(1.24)	(1.42)
	稻草	kg	0.50	30.00	35.00	30.00	35.00
	水	m^3	1.50	0.85	0.85	0.85	0.85
	其他材料费	元		9.13	11.73	9.13	11.73

单位:10 件

定 额 编 号				AG0213	AG0214	AG0215
项 目		单位	单价(元)	锤灰泥塑爪叶子(长度)		
				≤1000 mm	≤1500 mm	≤2000 mm
				细 砂		
综合单(基)价		元		2331.84	3134.27	4231.44
其中	人 工 费	元		1518.57	1979.64	2576.52
	材 料 费	元		357.70	560.74	881.96
	机 械 费	元		—	—	—
	综 合 费	元		455.57	593.89	772.96
材料	钢筋 综合	t	3800.00	0.03	0.04	0.05
	混合砂浆(氧化铁黑加纸筋 细砂)1∶1∶2	m^3	335.53	0.54	1.01	1.79
	锤灰 细砂	m^3	711.73	0.03	0.04	0.07
	氧化铁黑	kg		(25.50)	(46.33)	(82.03)
	水泥 32.5	kg		(228.00)	(420.00)	(744.00)
	纸筋	kg		(8.96)	(16.77)	(29.71)
	石灰膏	m^3		(0.19)	(0.35)	(0.62)
	801 胶水	kg		(1.16)	(1.54)	(2.70)
	细砂	m^3		(0.44)	(0.82)	(1.45)
	棉花	kg		(0.57)	(0.76)	(1.33)
	水	m^3	1.50	0.90	0.90	0.90
	其他材料费	元		39.80	40.02	40.19

单位:10 件

定 额 编 号				AG0216	AG0217	AG0218
项 目		单位	单价(元)	锤灰泥塑爪叶子(长度)		
				≤1000 mm	≤1500 mm	≤2000 mm
				特 细 砂		
综合单(基)价		元		2330.99	3132.69	4228.65
其中	人 工 费	元		1518.57	1979.64	2576.52
	材 料 费	元		356.85	559.16	879.17
	机 械 费	元		—	—	—
	综 合 费	元		455.57	593.89	772.96
材料	钢筋 综合	t	3800.00	0.03	0.04	0.05
	混合砂浆(氧化铁黑加纸筋特细砂)1∶1∶2	m^3	334.03	0.54	1.01	1.79
	锤灰 特细砂	m^3	710.23	0.03	0.04	0.07
	氧化铁黑	kg		(25.50)	(46.33)	(82.03)
	水泥 32.5	kg		(228.00)	(420.00)	(744.00)
	石灰膏	m^3		(0.19)	(0.35)	(0.62)
	纸筋	kg		(8.96)	(16.77)	(29.71)
	801 胶水	kg		(1.16)	(1.54)	(2.70)
	特细砂	m^3		(0.45)	(0.84)	(1.49)
	棉花	kg		(0.57)	(0.76)	(1.33)
	水	m^3	1.50	0.90	0.90	0.90
	其他材料费	元		39.80	40.02	40.19

单位:10 件

定额编号				AG0219	AG0220	AG0221
项目		单位	单价(元)	锤灰泥塑中堆(高度)		
				≤1000 mm	≤1500 mm	≤2000 mm
				细砂		
综合单(基)价		元		5085.65	6676.73	8964.88
其中	人工费	元		3654.72	4750.74	6334.78
	材料费	元		334.51	500.77	729.67
	机械费	元		—	—	—
	综合费	元		1096.42	1425.22	1900.43
材料	钢筋 综合	t	3800.00	0.02	0.03	0.05
	圆木桩	m^3	1100.00	0.07	0.08	0.09
	标准砖	千匹	200.00	0.22	0.31	0.51
	混合砂浆(细砂)M5	m^3	142.00	0.13	0.14	0.23
	混合砂浆(氧化铁黑加纸筋 细砂)1∶1∶2	m^3	335.53	0.13	0.22	0.31
	锤灰 细砂	m^3	711.73	0.06	0.08	0.10
	氧化铁黑	kg		(10.63)	(16.15)	(21.68)
	水泥 32.5	kg		(99.27)	(145.06)	(205.17)
	石灰膏	m^3		(0.08)	(0.12)	(0.16)
	纸筋	kg		(2.16)	(3.65)	(5.15)
	801 胶水	kg		(2.32)	(3.09)	(3.86)
	棉花	kg		(1.14)	(1.52)	(1.90)
	细砂	m^3		(0.30)	(0.39)	(0.59)
	稻草	kg	0.50	41.00	119.00	170.00
	水	m^3	1.50	0.55	0.55	0.55
	其他材料费	元		11.40	25.80	45.00

单位:10 件

定额编号				AG0222	AG0223	AG0224
项目		单位	单价(元)	锤灰泥塑中堆(高度)		
				≤1000 mm	≤1500 mm	≤2000 mm
				特细砂		
综合单(基)价		元		5085.43	6676.36	8964.53
其中	人工费	元		3654.72	4750.74	6334.88
	材料费	元		334.29	500.40	729.19
	机械费	元		—	—	—
	综合费	元		1096.42	1425.22	1900.46
材料	钢筋 综合	t	3800.00	0.02	0.03	0.05
	圆木桩	m^3	1100.00	0.07	0.08	0.09
	标准砖	千匹	200.00	0.22	0.31	0.51
	混合砂浆(特细砂)M5	m^3	142.56	0.13	0.14	0.23
	混合砂浆(氧化铁黑加纸筋特细砂)1∶1∶2	m^3	334.03	0.13	0.22	0.31
	锤灰 特细砂	m^3	710.23	0.06	0.08	0.10
	氧化铁黑	kg		(10.63)	(16.15)	(21.68)
	水泥 32.5	kg		(100.31)	(146.18)	(207.01)
	石灰膏	m^3		(0.08)	(0.12)	(0.16)
	纸筋	kg		(2.16)	(3.65)	(5.15)
	801 胶水	kg		(2.32)	(3.09)	(3.86)
	棉花	kg		(1.14)	(1.52)	(1.90)
	特细砂	m^3		(0.30)	(0.41)	(0.60)
	稻草	kg	0.50	41.00	119.00	170.00
	水	m^3	1.50	0.55	0.55	0.55
	其他材料费	元		11.40	25.80	45.00

单位:10 件

定　额　编　号				AG0225	AG0226	AG0227	AG0228	AG0229	AG0230
项　目		单位	单价(元)	砖砌宝顶(包括座珠)(珠高)					
				≤600 mm	≤1000 mm	>1000 mm	≤600 mm	≤1000 mm	>1000 mm
				细　砂			特　细　砂		
综合单(基)价		元		8146.30	15554.49	33233.42	8144.46	15550.16	33225.36
其中	人　工　费	元		5436.00	10208.34	22104.77	5436.00	10208.34	22104.77
	材　料　费	元		1079.50	2283.65	4497.22	1077.66	2279.32	4489.16
	机　械　费	元		—	—	—	—	—	—
	综　合　费	元		1630.80	3062.50	6631.43	1630.80	3062.50	6631.43
材料	标准砖	千匹	200.00	3.32	7.02	13.97	3.32	7.02	13.97
	混合砂浆(细砂)1∶1∶6	m^3	160.70	0.90	2.10	3.97	—	—	—
	混合砂浆(细砂)M5	m^3	142.00	1.28	2.71	5.40	—	—	—
	混合砂浆(特细砂)M5	m^3	142.56	—	—	—	1.28	2.71	5.40
	混合砂浆(特细砂)1∶1∶6	m^3	158.06	—	—	—	0.90	2.10	3.97
	锤灰　细砂	m^3	711.73	0.12	0.21	0.40	—	—	—
	锤灰　特细砂	m^3	710.23	—	—	—	0.12	0.21	0.40
	氧化铁黑	kg		(10.20)	(17.85)	(34.00)	(10.20)	(17.85)	(34.00)
	水泥 32.5	kg		(471.52)	(1022.69)	(1984.12)	(481.76)	(1044.37)	(2027.32)
	石灰膏	m^3		(0.37)	(0.81)	(1.56)	(0.37)	(0.81)	(1.56)
	801 胶水	kg		(4.63)	(8.11)	(15.44)	(4.63)	(8.11)	(15.44)
	棉花	kg		(2.28)	(3.99)	(7.60)	(2.28)	(3.99)	(7.60)
	细砂	m^3		(2.61)	(5.74)	(11.18)	—	—	—
	特细砂	m^3		—	—	—	(2.67)	(5.85)	(11.38)
	水	m^3	1.50	2.10	4.90	8.80	2.10	4.90	8.80
	其他材料费	元		0.55	0.55	0.55	0.55	0.55	0.55

工程内容:1. 木模制作、安装、清理、刷润滑油、回库维修。

2. 冲洗石子、混凝土搅拌、浇捣、养护等全部过程。　　　　单位:10 件

定　额　编　号				AG0231	AG0232	AG0233	AG0234	AG0235	AG0236
项　目		单位	单价(元)	钢筋混凝土预制屋脊头吻(兽)制作(吻高)					
				900 mm					
				C20	C25	C30	C20	C25	C30
				中　砂			特　细　砂		
综合单(基)价		元		928.18	935.96	945.43	930.20	938.46	948.69
其中	人　工　费	元		409.44	409.44	409.44	409.44	409.44	409.44
	材　料　费	元		328.54	336.32	345.79	330.56	338.82	349.05
	机　械　费	元		51.82	51.82	51.82	51.82	51.82	51.82
	综　合　费	元		138.38	138.38	138.38	138.38	138.38	138.38
材料	二等锯材	m^3	1400.00	0.13	0.13	0.13	0.13	0.13	0.13
	混凝土(中砂)C20	m^3	204.24	0.34	—	—	—	—	—
	混凝土(中砂)C25	m^3	227.12	—	0.34	—	—	—	—
	混凝土(中砂)C30	m^3	254.96	—	—	0.34	—	—	—
	混凝土(特细砂)C20	m^3	213.58	—	—	—	0.34	—	—
	混凝土(特细砂)C25	m^3	237.88	—	—	—	—	0.34	—
	混凝土(特细砂)C30	m^3	267.96	—	—	—	—	—	0.34
	水泥砂浆(中砂)1∶2	m^3	289.92	0.23	0.23	0.23	—	—	—
	水泥砂浆(特细砂)1∶2	m^3	284.94	—	—	—	0.23	0.23	0.23
	水泥 32.5	kg		(264.14)	(285.22)	(138.00)	(274.34)	(297.12)	(138.00)
	水泥 42.5	kg		—	—	(136.00)	—	—	(146.88)
	中砂	m^3		(0.40)	(0.39)	(0.40)	—	—	—
	特细砂	m^3		—	—	—	(0.38)	(0.37)	(0.38)
	砾石 5～10 mm	m^3		(0.28)	(0.28)	(0.28)	(0.31)	(0.31)	(0.31)
	水	m^3	1.50	0.41	0.41	0.41	0.40	0.40	0.40
	其他材料费	元		9.80	9.80	9.80	9.80	9.80	9.80

单位:10 件

定额编号				AG0237	AG0238	AG0239	AG0240	AG0241	AG0242
项目		单位	单价(元)	钢筋混凝土预制屋脊头吻(兽)制作(吻高)					
				1200 mm					
				C20	C25	C30	C20	C25	C30
				中砂			特细砂		
综合单(基)价		元		1409.71	1424.90	1443.55	1413.59	1429.87	1450.02
其中	人工费	元		590.43	590.32	590.32	590.32	590.32	590.32
	材料费	元		529.95	545.28	563.93	533.97	550.25	570.40
	机械费	元		86.31	86.31	86.31	86.31	86.31	86.31
	综合费	元		203.02	202.99	202.99	202.99	202.99	202.99
材料	二等锯材	m^3	1400.00	0.18	0.18	0.18	0.18	0.18	0.18
	混凝土(中砂)C20	m^3	204.24	0.67	—	—	—	—	—
	混凝土(中砂)C25	m^3	227.12	—	0.67	—	—	—	—
	混凝土(中砂)C30	m^3	254.96	—	—	0.67	—	—	—
	混凝土(特细砂)C20	m^3	213.58	—	—	—	0.67	—	—
	混凝土(特细砂)C25	m^3	237.88	—	—	—	—	0.67	—
	混凝土(特细砂)C30	m^3	267.96	—	—	—	—	—	0.67
	水泥砂浆(中砂)1∶2	m^3	289.92	0.45	0.45	0.45	—	—	—
	水泥砂浆(特细砂)1∶2	m^3	284.94	—	—	—	0.45	0.45	0.45
	水泥 32.5	kg		(518.57)	(560.11)	(270.00)	(538.67)	(583.56)	(270.00)
	水泥 42.5	kg		—	—	(268.00)	—	—	(289.44)
	中砂	m^3		(0.79)	(0.77)	(0.79)	—	—	—
	特细砂	m^3		—	—	—	(0.73)	(0.71)	(0.73)
	砾石 5～10 mm	m^3		(0.55)	(0.55)	(0.54)	(0.62)	(0.61)	(0.60)
	水	m^3	1.50	0.50	0.50	0.50	0.50	0.50	0.50
	其他材料费	元		9.90	9.90	9.90	9.90	9.90	9.90

单位:10 件

定额编号				AG0243	AG0244	AG0245	AG0246	AG0247	AG0248
项目		单位	单价(元)	钢筋混凝土预制屋脊头吻(兽)制作(吻高)					
				1500 mm					
				C20	C25	C30	C20	C25	C30
				中砂			特细砂		
综合单(基)价		元		2426.93	2465.59	2512.64	2437.11	2478.18	2529.01
其中	人工费	元		935.04	935.04	935.04	935.04	935.04	935.04
	材料费	元		1061.23	1099.89	1146.94	1071.41	1112.48	1163.31
	机械费	元		115.50	115.50	115.50	115.50	115.50	115.50
	综合费	元		315.16	315.16	315.16	315.16	315.16	315.16
材料	二等锯材	m^3	1400.00	0.27	0.27	0.27	0.27	0.27	0.27
	混凝土(中砂)C20	m^3	204.24	1.69	—	—	—	—	—
	混凝土(中砂)C25	m^3	227.12	—	1.69	—	—	—	—
	混凝土(中砂)C30	m^3	254.96	—	—	1.69	—	—	—
	混凝土(特细砂)C20	m^3	213.58	—	—	—	1.69	—	—
	混凝土(特细砂)C25	m^3	237.88	—	—	—	—	1.69	—
	混凝土(特细砂)C30	m^3	267.96	—	—	—	—	—	1.69
	水泥砂浆(中砂)1∶2	m^3	289.92	1.12	1.12	1.12	—	—	—
	水泥砂浆(特细砂)1∶2	m^3	284.94	—	—	—	1.12	1.12	1.12
	水泥 32.5	kg		(1298.99)	(1403.77)	(672.00)	(1349.69)	(1462.92)	(672.00)
	水泥 42.5	kg		—	—	(676.00)	—	—	(730.08)
	中砂	m^3		(1.97)	(1.90)	(1.96)	—	—	—
	特细砂	m^3		—	—	—	(1.86)	(1.77)	(1.84)
	砾石 5～10 mm	m^3		(1.39)	(1.39)	(1.37)	(1.56)	(1.54)	(1.52)
	水	m^3	1.50	2.23	2.23	2.23	2.22	2.22	2.22
	其他材料费	元		10.00	10.00	10.00	10.00	10.00	10.00

单位：m³

定额编号		单位	单价（元）	AG0249	AG0250	AG0251	AG0252	AG0253	AG0254
项目				钢筋混凝土预制屋脊头吻(兽)制作					
				C20	C25	C30	C20	C25	C30
				中砂			特细砂		
综合单(基)价		元		1456.21	1474.05	1495.77	1462.25	1481.21	1504.67
其中	人工费	元		649.28	649.28	649.28	649.28	649.28	649.28
	材料费	元		508.95	526.79	548.51	514.99	533.95	557.41
	机械费	元		79.38	79.38	79.38	79.38	79.38	79.38
	综合费	元		218.60	218.60	218.60	218.60	218.60	218.60
材料	二等锯材	m³	1400.00	0.19	0.19	0.19	0.19	0.19	0.19
	混凝土(中砂)C20	m³	204.24	0.78	—	—	—	—	—
	混凝土(中砂)C25	m³	227.12	—	0.78	—	—	—	—
	混凝土(中砂)C30	m³	254.96	—	—	0.78	—	—	—
	混凝土(特细砂)C20	m³	213.58	—	—	—	0.78	—	—
	混凝土(特细砂)C25	m³	237.88	—	—	—	—	0.78	—
	混凝土(特细砂)C30	m³	267.96	—	—	—	—	—	0.78
	水泥砂浆(中砂)1：2	m³	289.92	0.25	0.25	0.25	—	—	—
	水泥砂浆(特细砂)1：2	m³	284.94	—	—	—	0.25	0.25	0.25
	水泥 32.5	kg		(439.38)	(487.74)	(150.00)	(462.78)	(515.04)	(150.00)
	水泥 42.5	kg		—	—	(312.00)	—	—	(336.96)
	中砂	m³		(0.63)	(0.60)	(0.62)	—	—	—
	特细砂	m³		—	—	—	(0.58)	(0.54)	(0.57)
	砾石 5～10 mm	m³		(0.64)	(0.64)	(0.63)	(0.72)	(0.71)	(0.69)
	水	m³	1.50	1.52	1.52	1.52	1.52	1.52	1.52
	其他材料费	元		8.88	8.88	8.88	8.88	8.88	8.88

单位：10 件

定额编号		单位	单价（元）	AG0255	AG0256	AG0257	AG0258	AG0259	AG0260
项目				钢筋混凝土预制屋脊头吻(兽)安砌(吻高)					
				≤1000 mm	≤1200 mm	≤1500 mm	≤1000 mm	≤1200 mm	≤1500 mm
				细砂			特细砂		
综合单(基)价		元		990.42	2197.72	4741.97	990.00	2197.15	4741.30
其中	人工费	元		639.63	1519.47	3422.97	639.63	1519.47	3422.97
	材料费	元		158.90	222.41	292.11	158.48	221.84	291.44
	机械费	元		—	—	—	—	—	—
	综合费	元		191.89	455.84	1026.89	191.89	455.84	1026.89
材料	小青瓦　综合规格	百匹	9.00	1.20	1.30	1.50	1.20	1.30	1.50
	标准砖	千匹	200.00	0.26	0.28	0.28	0.26	0.28	0.28
	混合砂浆(细砂)M5	m³	142.00	0.10	0.13	0.16	—	—	—
	混合砂浆(细砂)1：1：6	m³	160.70	0.18	0.24	0.29	—	—	—
	水泥炉渣混凝土 1：6	m³	152.80	0.31	0.60	0.96	0.31	0.60	0.96
	混合砂浆(特细砂)M5	m³	142.56	—	—	—	0.10	0.13	0.16
	混合砂浆(特细砂)1：1：6	m³	158.06	—	—	—	0.18	0.24	0.29
	氧化铁黑	kg	2.00	1.00	1.20	1.50	1.00	1.20	1.50
	水泥 32.5	kg		(135.83)	(228.11)	(336.08)	(136.63)	(229.15)	(337.36)
	石灰膏	m³		(0.04)	(0.06)	(0.07)	(0.04)	(0.06)	(0.07)
	炉渣	m³		(0.39)	(0.76)	(1.22)	(0.39)	(0.76)	(1.22)
	细砂	m³		(0.33)	(0.43)	(0.53)	—	—	—
	特细砂	m³		—	—	—	(0.33)	(0.43)	(0.53)
	水	m³	1.50	0.80	0.80	0.80	0.80	0.80	0.80
	其他材料费	元		2.40	2.40	2.40	2.40	2.40	2.40

单位:10 件

定额编号				AG0261	AG0262	AG0263	AG0264	AG0265	AG0266
项目		单位	单价（元）	烧制品吻(兽)安砌(吻高)					
				≤600 mm	≤1000 mm	>1000 mm	≤600 mm	≤1000 mm	>1000 mm
				细砂			特细砂		
综合单(基)价		元		3012.99	4465.43	7212.76	3012.57	4464.85	7212.06
其中	人工费	元		639.63	1519.47	3422.97	639.63	1519.47	3422.97
	材料费	元		2181.47	2490.12	2762.90	2181.05	2489.54	2762.20
	机械费	元		—	—	—	—	—	—
	综合费	元		191.89	455.84	1026.89	191.89	455.84	1026.89
材料	素正吻(兽)综合规格	个	200.00	10.20	10.20	10.20	10.20	10.20	10.20
	铁脊桩	kg	3.70	—	50.00	100.00	—	50.00	100.00
	吻(兽)桩锔子	kg	3.70	—	13.00	19.20	—	13.00	19.20
	小青瓦　综合规格	百匹	9.00	1.20	1.30	1.50	1.20	1.30	1.50
	标准砖	千匹	200.00	0.26	0.28	0.28	0.26	0.28	0.28
	混合砂浆(细砂)M5	m^3	142.00	0.10	0.11	0.11	—	—	—
	混合砂浆(细砂)1∶1∶6	m^3	160.70	0.18	0.24	0.29	—	—	—
	水泥炉渣混凝土 1∶6	m^3	152.80	0.21	0.60	0.96	0.21	0.60	0.96
	混合砂浆(特细砂)M5	m^3	142.56	—	—	—	0.10	0.11	0.11
	混合砂浆(特细砂)1∶1∶6	m^3	158.06	—	—	—	0.18	0.24	0.29
	水泥 32.5	kg		(110.33)	(224.53)	(327.13)	(111.13)	(225.41)	(328.01)
	石灰膏	m^3		(0.04)	(0.06)	(0.07)	(0.04)	(0.06)	(0.07)
	炉渣	m^3		(0.27)	(0.76)	(1.22)	(0.27)	(0.76)	(1.22)
	细砂	m^3		(0.33)	(0.41)	(0.47)	—	—	—
	特细砂	m^3		—	—	—	(0.33)	(0.41)	(0.47)
	水	m^3	1.50	0.70	0.70	0.70	0.70	0.70	0.70
	其他材料费	元		2.40	2.40	2.40	2.40	2.40	2.40

单位:10 件

定额编号				AG0267	AG0268	AG0269	AG0270
项目		单位	单价（元）	烧制合角吻安砌(吻高)			
				≤600 mm	>600 mm	≤600 mm	>600 mm
				细砂		特细砂	
综合单(基)价		元		2931.74	3169.69	2931.63	3169.51
其中	人工费	元		633.29	840.11	633.29	840.11
	材料费	元		2108.46	2077.55	2108.35	2077.37
	机械费	元		—	—	—	—
	综合费	元		189.99	252.03	189.99	252.03
材料	素合角吻(兽)综合规格	个	200.00	10.40	10.20	10.40	10.20
	小青瓦　综合规格	百匹	9.00	0.40	0.40	0.40	0.40
	标准砖	千匹	200.00	0.04	0.04	0.04	0.04
	混合砂浆(细砂)M5	m^3	142.00	0.05	0.08	—	—
	混合砂浆(细砂)1∶1∶6	m^3	160.70	0.05	0.08	—	—
	混合砂浆(特细砂)M5	m^3	142.56	—	—	0.05	0.08
	混合砂浆(特细砂)1∶1∶6	m^3	158.06	—	—	0.05	0.08
	松烟	kg	1.50	0.30	0.30	0.30	0.30
	骨胶	kg	7.30	0.10	0.10	0.10	0.10
	水泥 32.5	kg		(19.75)	(31.60)	(20.15)	(32.24)
	石灰膏	m^3		(0.02)	(0.01)	(0.02)	(0.01)
	细砂	m^3		(0.12)	(0.18)	—	—
	特细砂	m^3		—	—	(0.12)	(0.19)
	水	m^3	1.50	0.19	0.20	0.19	0.20
	其他材料费	元		0.25	0.25	0.25	0.25

工程内容：1. 运瓦、调运砂浆、扎楞部分打眼。

2. 铺底灰、铺瓦、嵌缝、涂色等全部操作过程。

单位：10 m^2

定额编号		单位	单价(元)	AG0271	AG0272	AG0273	AG0274	AG0275	AG0276
项目				钢筋混凝土屋面板铺琉璃瓦(瓦楞距)					
				≤250 mm	≤230 mm	≤200 mm	≤250 mm	≤230 mm	≤200 mm
				细砂			特细砂		
综合单(基)价		元		1088.99	1183.80	1367.19	1088.46	1183.19	1366.55
其中	人工费	元		368.78	376.92	393.84	368.78	376.92	393.84
	材料费	元		609.58	693.80	855.20	609.05	693.19	854.56
	机械费	元		—	—	—	—	—	—
	综合费	元		110.63	113.08	118.15	110.63	113.08	118.15
材料	琉璃板瓦	百匹	70.00	3.74	4.39	5.87	3.74	4.39	5.87
	琉璃筒瓦	百匹	80.00	2.26	2.80	3.56	2.26	2.80	3.56
	切角琉璃板瓦	百匹	70.00	0.09	0.11	0.12	0.09	0.11	0.12
	切角琉璃筒瓦	百匹	80.00	0.05	0.05	0.06	0.05	0.05	0.06
	水泥炉渣混凝土 1∶6	m^3	152.80	0.80	0.73	0.69	0.80	0.73	0.69
	混合砂浆(细砂)1∶1∶6	m^3	160.70	0.20	0.23	0.24	—	—	—
	混合砂浆(特细砂)1∶1∶6	m^3	158.06	—	—	—	0.20	0.23	0.24
	水泥 32.5	kg		(247.20)	(235.83)	(227.79)	(247.20)	(235.83)	(227.79)
	炉渣	m^3		(1.02)	(0.93)	(0.88)	(1.02)	(0.93)	(0.88)
	石灰膏	m^3		(0.03)	(0.04)	(0.04)	(0.03)	(0.04)	(0.04)
	细砂	m^3		(0.23)	(0.27)	(0.28)	—	—	—
	特细砂	m^3		—	—	—	(0.24)	(0.27)	(0.28)
	水	m^3	1.50	0.80	0.80	0.80	0.80	0.80	0.80
	其他材料费	元		1.10	1.10	1.10	1.10	1.10	1.10

单位：10 m^2

定额编号		单位	单价(元)	AG0277	AG0278	AG0279	AG0280	AG0281	AG0282
项目				椽子上铺琉璃瓦(瓦楞距)					
				≤250 mm	≤230 mm	≤200 mm	≤250 mm	≤230 mm	≤200 mm
				细砂			特细砂		
综合单(基)价		元		1025.55	1155.16	1472.10	1025.05	1154.66	1471.54
其中	人工费	元		347.31	383.58	500.81	347.31	383.58	500.81
	材料费	元		574.05	656.51	821.05	573.55	656.01	820.49
	机械费	元		—	—	—	—	—	—
	综合费	元		104.19	115.07	150.24	104.19	115.07	150.24
材料	琉璃板瓦	百匹	70.00	3.74	4.39	5.87	3.74	4.39	5.87
	琉璃筒瓦	百匹	80.00	2.26	2.80	3.56	2.26	2.80	3.56
	切角琉璃板瓦	百匹	70.00	0.09	0.11	0.12	0.09	0.11	0.12
	切角琉璃筒瓦	百匹	80.00	0.05	0.05	0.06	0.05	0.05	0.06
	水泥炉渣混凝土 1∶6	m^3	152.80	0.58	0.53	0.50	0.58	0.53	0.50
	混合砂浆(细砂)1∶1∶6	m^3	160.70	0.19	0.19	0.21	—	—	—
	混合砂浆(特细砂)1∶1∶6	m^3	158.06	—	—	—	0.19	0.19	0.21
	水泥 32.5	kg		(188.94)	(176.19)	(172.86)	(188.94)	(176.19)	(172.86)
	炉渣	m^3		(0.74)	(0.67)	(0.64)	(0.74)	(0.67)	(0.64)
	石灰膏	m^3		(0.02)	(0.02)	(0.04)	(0.02)	(0.02)	(0.04)
	细砂	m^3		(0.22)	(0.22)	(0.24)	—	—	—
	特细砂	m^3		—	—	—	(0.23)	(0.23)	(0.24)
	水	m^3	1.50	0.60	0.60	0.60	0.60	0.60	0.60
	其他材料费	元		1.10	1.10	1.10	1.10	1.10	1.10

单位:10 m²

定额编号				AG0283	AG0284	AG0285	AG0286	AG0287	AG0288
项目		单位	单价(元)	钢筋混凝土亭屋面板上铺琉璃瓦					
				单坡面积≤2 m²(瓦楞距)					
				≤250 mm	≤230 mm	≤200 mm	≤250 mm	≤230 mm	≤200 mm
				细砂			特细砂		
综合单(基)价		元		1429.71	1560.36	1768.24	1429.13	1559.75	1767.58
其中	人工费	元		556.25	586.31	611.69	556.25	586.31	611.69
	材料费	元		706.58	798.16	973.04	706.00	797.55	972.38
	机械费	元		—	—	—	—	—	—
	综合费	元		166.88	175.89	183.51	166.88	175.89	183.51
材料	琉璃板瓦	百匹	70.00	4.24	4.98	6.65	4.24	4.98	6.65
	琉璃筒瓦	百匹	80.00	2.50	3.13	3.91	2.50	3.13	3.91
	切角琉璃板瓦	百匹	70.00	0.21	0.21	0.21	0.21	0.21	0.21
	切角琉璃筒瓦	百匹	80.00	0.21	0.21	0.21	0.21	0.21	0.21
	水泥炉渣混凝土 1∶6	m³	152.80	0.92	0.84	0.79	0.92	0.84	0.79
	混合砂浆(细砂)1∶1∶6	m³	160.70	0.22	0.23	0.25	—	—	—
	混合砂浆(特细砂)1∶1∶6	m³	158.06	—	—	—	0.22	0.23	0.25
	水泥 32.5	kg		(282.12)	(263.88)	(255.45)	(282.12)	(263.88)	(255.45)
	炉渣	m³		(1.17)	(1.07)	(1.00)	(1.17)	(1.07)	(1.00)
	石灰膏	m³		(0.04)	(0.04)	(0.04)	(0.04)	(0.04)	(0.04)
	细砂	m³		(0.26)	(0.27)	(0.29)	—	—	—
	特细砂	m³		—	—	—	(0.26)	(0.27)	(0.30)
	水	m³	1.50	0.90	0.90	0.90	0.90	0.90	0.90
	其他材料费	元		1.00	1.00	1.00	1.00	1.00	1.00

单位:10 m²

定额编号				AG0289	AG0290	AG0291	AG0292	AG0293	AG0294
项目		单位	单价(元)	钢筋混凝土亭屋面板上铺琉璃瓦					
				单坡面积≤5 m²(瓦楞距)					
				≤250 mm	≤230 mm	≤200 mm	≤250 mm	≤230 mm	≤200 mm
				细砂			特细砂		
综合单(基)价		元		1395.96	1523.85	1727.04	1395.38	1523.27	1726.40
其中	人工费	元		537.21	566.37	590.99	537.21	566.37	590.99
	材料费	元		697.59	787.57	958.75	697.01	786.99	958.11
	机械费	元		—	—	—	—	—	—
	综合费	元		161.16	169.91	177.30	161.16	169.91	177.30
材料	琉璃板瓦	百匹	70.00	4.20	4.94	6.58	4.20	4.94	6.58
	琉璃筒瓦	百匹	80.00	2.48	3.11	3.87	2.48	3.11	3.87
	切角琉璃板瓦	百匹	70.00	0.21	0.21	0.21	0.21	0.21	0.21
	切角琉璃筒瓦	百匹	80.00	0.21	0.21	0.21	0.21	0.21	0.21
	水泥炉渣混凝土 1∶6	m³	152.80	0.89	0.81	0.76	0.89	0.81	0.76
	混合砂浆(细砂)1∶1∶6	m³	160.70	0.22	0.22	0.24	—	—	—
	混合砂浆(特细砂)1∶1∶6	m³	158.06	—	—	—	0.22	0.22	0.24
	水泥 32.5	kg		(274.47)	(254.07)	(245.64)	(274.47)	(254.07)	(245.64)
	炉渣	m³		(1.13)	(1.03)	(0.97)	(1.13)	(1.03)	(0.97)
	石灰膏	m³		(0.04)	(0.04)	(0.04)	(0.04)	(0.04)	(0.04)
	细砂	m³		(0.26)	(0.26)	(0.28)	—	—	—
	特细砂	m³		—	—	—	(0.26)	(0.26)	(0.28)
	水	m³	1.50	0.90	0.90	0.90	0.90	0.90	0.90
	其他材料费	元		1.00	1.00	1.00	1.00	1.00	1.00

单位：10 m²

定额编号				AG0295	AG0296	AG0297	AG0298	AG0299	AG0300
项目		单位	单价（元）	亭屋面桷子上铺琉璃瓦					
				单坡面积≤2 m²（瓦楞距）					
				≤250 mm	≤230 mm	≤200 mm	≤250 mm	≤230 mm	≤200 mm
				细砂			特细砂		
综合单(基)价		元		1286.74	1419.19	1627.72	1286.16	1418.58	1627.06
其中	人工费	元		500.81	527.54	549.90	500.81	527.54	549.90
	材料费	元		635.69	733.39	912.85	635.11	732.78	912.19
	机械费	元		—	—	—	—	—	—
	综合费	元		150.24	158.26	164.97	150.24	158.26	164.97
材料	琉璃板瓦	百匹	70.00	4.24	4.98	6.65	4.24	4.98	6.65
	琉璃筒瓦	百匹	80.00	2.50	3.13	3.91	2.50	3.13	3.91
	切角琉璃板瓦	百匹	70.00	0.21	0.21	0.21	0.21	0.21	0.21
	切角琉璃筒瓦	百匹	80.00	0.21	0.21	0.21	0.21	0.21	0.21
	水泥炉渣混凝土 1∶6	m³	152.80	0.46	0.42	0.40	0.46	0.42	0.40
	混合砂浆(细砂)1∶1∶6	m³	160.70	0.22	0.23	0.25	—	—	—
	混合砂浆(特细砂)1∶1∶6	m³	158.06	—	—	—	0.22	0.23	0.25
	水泥 32.5	kg		(164.82)	(156.78)	(156.00)	(164.82)	(156.78)	(156.00)
	炉渣	m³		(0.58)	(0.53)	(0.51)	(0.58)	(0.53)	(0.51)
	石灰膏	m³		(0.04)	(0.04)	(0.04)	(0.04)	(0.04)	(0.04)
	细砂	m³		(0.26)	(0.27)	(0.29)	—	—	—
	特细砂	m³		—	—	—	(0.26)	(0.27)	(0.30)
	水	m³	1.50	0.50	0.50	0.50	0.50	0.50	0.50
	其他材料费	元		1.00	1.00	1.00	1.00	1.00	1.00

单位：10 m²

定额编号				AG0301	AG0302	AG0303	AG0304	AG0305	AG0306
项目		单位	单价（元）	亭屋面桷子上铺琉璃瓦					
				单坡面积≤5 m²（瓦楞距）					
				≤250 mm	≤230 mm	≤200 mm	≤250 mm	≤230 mm	≤200 mm
				细砂			特细砂		
综合单(基)价		元		1258.22	1389.07	1591.38	1257.64	1388.49	1590.74
其中	人工费	元		483.44	510.17	531.77	483.44	510.17	531.77
	材料费	元		629.75	725.85	900.08	629.17	725.27	899.44
	机械费	元		—	—	—	—	—	—
	综合费	元		145.03	153.05	159.53	145.03	153.05	159.53
材料	琉璃板瓦	百匹	70.00	4.20	4.94	6.58	4.20	4.94	6.58
	琉璃筒瓦	百匹	80.00	2.48	3.11	3.87	2.48	3.11	3.87
	切角琉璃板瓦	百匹	70.00	0.21	0.21	0.21	0.21	0.21	0.21
	切角琉璃筒瓦	百匹	80.00	0.21	0.21	0.21	0.21	0.21	0.21
	水泥炉渣混凝土 1∶6	m³	152.80	0.45	0.41	0.38	0.45	0.41	0.38
	混合砂浆(细砂)1∶1∶6	m³	160.70	0.22	0.22	0.24	—	—	—
	混合砂浆(特细砂)1∶1∶6	m³	158.06	—	—	—	0.22	0.22	0.24
	水泥 32.5	kg		(162.27)	(152.07)	(148.74)	(162.27)	(152.07)	(148.74)
	炉渣	m³		(0.57)	(0.52)	(0.48)	(0.57)	(0.52)	(0.48)
	石灰膏	m³		(0.04)	(0.04)	(0.04)	(0.04)	(0.04)	(0.04)
	细砂	m³		(0.26)	(0.26)	(0.28)	—	—	—
	特细砂	m³		—	—	—	(0.26)	(0.26)	(0.28)
	水	m³	1.50	0.49	0.50	0.50	0.49	0.50	0.50
	其他材料费	元		1.00	1.00	1.00	1.00	1.00	1.00

定额编号				AG0307	AG0308	AG0309	AG0310	AG0311	AG0312
项目		单位	单价(元)	钢筋混凝土屋面板上铺				安砌琉璃西班牙瓦脊	
				琉璃波形瓦		琉璃西班牙瓦		细砂	特细砂
				细砂	特细砂	细砂	特细砂	10 m	
				10 m²					
综合单(基)价		元		827.94	827.10	1070.08	1069.15	536.83	536.57
其中	人工费	元		241.05	241.05	409.75	409.75	99.70	99.70
	材料费	元		514.57	513.73	537.40	536.47	407.22	406.96
	机械费	元		—	—	—	—	—	—
	综合费	元		72.32	72.32	122.93	122.93	29.91	29.91
材料	琉璃波形瓦	百匹	100.00	4.62	4.62	—	—	—	—
	琉璃西班牙瓦	百匹	300.00	—	—	1.60	1.60	—	—
	琉璃西班牙脊瓦	百匹	1000.00	—	—	—	—	0.39	0.39
	混合砂浆(细砂)1∶1∶6	m³	160.70	0.32	—	0.35	—	0.10	—
	混合砂浆(特细砂)1∶1∶6	m³	158.06	—	0.32	—	0.35	—	0.10
	水泥 32.5	kg		(69.12)	(69.12)	(75.60)	(75.60)	(21.60)	(21.60)
	石灰膏	m³		(0.06)	(0.06)	(0.06)	(0.06)	(0.02)	(0.02)
	细砂	m³		(0.37)	—	(0.41)	—	(0.12)	—
	特细砂	m³		—	(0.38)	—	(0.41)	—	(0.12)
	水	m³	1.50	0.40	0.40	0.40	0.40	0.40	0.40
	其他材料费	元		0.55	0.55	0.55	0.55	0.55	0.55

单位:10 m

定额编号				AG0313	AG0314	AG0315	AG0316	AG0317	AG0318
项目		单位	单价(元)	琉璃瓦檐头附件(瓦楞距)					
				细砂			特细砂		
				≤250 mm	≤230 mm	≤200 mm	≤250 mm	≤230 mm	≤200 mm
综合单(基)价		元		332.55	359.53	373.53	332.50	359.48	373.48
其中	人工费	元		152.25	166.85	166.85	152.25	166.85	166.85
	材料费	元		134.62	142.62	156.62	134.57	142.57	156.57
	机械费	元		—	—	—	—	—	—
	综合费	元		45.68	50.06	50.06	45.68	50.06	50.06
材料	琉璃滴水瓦	百匹	100.00	0.42	0.46	0.53	0.42	0.46	0.53
	琉璃勾头瓦	百匹	100.00	0.42	0.46	0.53	0.42	0.46	0.53
	切角琉璃滴水瓦	百匹	100.00	0.01	0.01	0.01	0.01	0.01	0.01
	切角琉璃勾头瓦	百匹	100.00	0.01	0.01	0.01	0.01	0.01	0.01
	水泥炉渣混凝土 1∶6	m³	152.80	0.29	0.29	0.29	0.29	0.29	0.29
	混合砂浆(细砂)1∶1∶6	m³	160.70	0.02	0.02	0.02	—	—	—
	混合砂浆(特细砂)1∶1∶6	m³	158.06	—	—	—	0.02	0.02	0.02
	水泥 32.5	kg		(78.27)	(78.27)	(78.27)	(78.27)	(78.27)	(78.27)
	炉渣	m³		(0.37)	(0.37)	(0.37)	(0.37)	(0.37)	(0.37)
	石灰膏	m³		(0.01)	(0.01)	(0.01)	(0.01)	(0.01)	(0.01)
	细砂	m³		(0.01)	(0.01)	(0.01)	—	—	—
	特细砂	m³		—	—	—	(0.02)	(0.02)	(0.02)
	水	m³	1.50	0.30	0.30	0.30	0.30	0.30	0.30
	其他材料费	元		0.65	0.65	0.65	0.65	0.65	0.65

单位:10 m

定额编号				AG0319	AG0320	AG0321	AG0322	AG0323	AG0324
项目		单位	单价(元)	星星瓦钉,安钉帽(瓦楞距)					
				细砂			特细砂		
				≤250 mm	≤230 mm	≤200 mm	≤250 mm	≤230 mm	≤200 mm
综合单(基)价		元		77.89	76.94	77.69	77.84	76.89	77.64
其中	人工费	元		46.50	45.15	44.65	46.50	45.15	44.65
	材料费	元		17.44	18.24	19.64	17.39	18.19	19.59
	机械费	元		—	—	—	—	—	—
	综合费	元		13.95	13.55	13.40	13.95	13.55	13.40
材料	钉帽桩钉	kg	1.80	3.10	3.10	3.10	3.10	3.10	3.10
	琉璃钉帽	10只	2.00	4.20	4.60	5.30	4.20	4.60	5.30
	混合砂浆(细砂)1∶1∶6	m^3	160.70	0.02	0.02	0.02	—	—	—
	混合砂浆(特细砂)1∶1∶6	m^3	158.06	—	—	—	0.02	0.02	0.02
	水泥 32.5	kg		(4.32)	(4.32)	(4.32)	(4.32)	(4.32)	(4.32)
	石灰膏	m^3		(0.01)	(0.01)	(0.01)	(0.01)	(0.01)	(0.01)
	细砂	m^3		(0.01)	(0.01)	(0.01)	—	—	—
	特细砂	m^3		—	—	—	(0.02)	(0.02)	(0.02)
	水	m^3	1.50	0.10	0.10	0.10	0.10	0.10	0.10
	其他材料费	元		0.10	0.10	0.10	0.10	0.10	0.10

单位:10 m

定额编号				AG0325	AG0326	AG0327	AG0328	AG0329	AG0330
项目		单位	单价(元)	琉璃瓦围墙瓦顶(宽度)					
				双流水	单流水	增减	双流水	单流水	增减
				850 mm	560 mm	100 mm	850 mm	560 mm	100 mm
				细砂			特细砂		
综合单(基)价		元		1110.91	699.79	98.79	1110.12	699.26	98.74
其中	人工费	元		317.65	218.08	31.56	317.65	218.08	31.56
	材料费	元		697.96	416.29	57.76	697.17	415.76	57.71
	机械费	元		—	—	—	—	—	—
	综合费	元		95.30	65.42	9.47	95.30	65.42	9.47
材料	琉璃板瓦	百匹	70.00	4.32	2.84	0.51	4.32	2.84	0.51
	琉璃筒瓦	百匹	80.00	1.94	1.11	0.23	1.94	1.11	0.23
	琉璃滴水瓦	百匹	100.00	0.94	0.47	—	0.94	0.47	—
	琉璃勾头瓦	百匹	100.00	0.94	0.47	—	0.94	0.47	—
	混合砂浆(细砂)1∶1∶6	m^3	160.70	0.30	0.20	0.02	—	—	—
	混合砂浆(特细砂)1∶1∶6	m^3	158.06	—	—	—	0.30	0.20	0.02
	水泥 32.5	kg		(64.80)	(43.20)	(4.32)	(64.80)	(43.20)	(4.32)
	石灰膏	m^3		(0.05)	(0.03)	(0.01)	(0.05)	(0.03)	(0.01)
	细砂	m^3		(0.35)	(0.23)	(0.01)	—	—	—
	特细砂	m^3		—	—	—	(0.35)	(0.24)	(0.02)
	水	m^3	1.50	0.30	0.30	0.10	0.30	0.30	0.10
	其他材料费	元		3.70	2.10	0.30	3.70	2.10	0.30

工程内容：调运砂浆、安运琉璃脊件及铁脊桩等全部操作过程。

单位：10 m

定额编号				AG0331	AG0332	AG0333	AG0334	AG0335	AG0336
项目		单位	单价（元）	琉璃瓦脊安砌（脊高）					
				≤400 mm	≤600 mm	>600 mm	≤400 mm	≤600 mm	>600 mm
				细砂			特细砂		
综合单(基)价		元		1330.72	1473.57	1577.65	1329.98	1472.73	1576.59
其中	人工费	元		274.88	287.64	301.20	274.88	287.64	301.20
	材料费	元		973.38	1099.64	1186.09	972.64	1098.80	1185.03
	机械费	元		—	—	—	—	—	—
	综合费	元		82.46	86.29	90.36	82.46	86.29	90.36
材料	琉璃脊	m	50.00	10.40	10.40	10.40	10.40	10.40	10.40
	琉璃正当勾	百匹	120.00	0.92	0.92	0.92	0.92	0.92	0.92
	铁脊桩	kg	3.70	54.00	74.00	81.50	54.00	74.00	81.50
	水泥炉渣混凝土 1∶6	m³	152.80	0.34	0.64	0.94	0.34	0.64	0.94
	混合砂浆(细砂)1∶1∶6	m³	160.70	0.28	0.32	0.40	—	—	—
	混合砂浆(特细砂)1∶1∶6	m³	158.06	—	—	—	0.28	0.32	0.40
	水泥 32.5	kg		(147.18)	(232.32)	(326.10)	(147.18)	(232.32)	(326.10)
	炉渣	m³		(0.43)	(0.81)	(1.19)	(0.43)	(0.81)	(1.19)
	石灰膏	m³		(0.05)	(0.06)	(0.07)	(0.05)	(0.06)	(0.07)
	细砂	m³		(0.33)	(0.37)	(0.46)	—	—	—
	特细砂	m³		—	—	—	(0.33)	(0.38)	(0.47)
	水	m³	1.50	0.75	0.75	0.75	0.75	0.75	0.75
	其他材料费	元		45.10	45.10	45.10	45.10	45.10	45.10

单位：10 m

定额编号				AG0337	AG0338	AG0339	AG0340	AG0341	AG0342
项目		单位	单价（元）	琉璃瓦过垄脊（瓦楞距）					
				≤250 mm	≤230 mm	≤200 mm	≤250 mm	≤230 mm	≤200 mm
				细砂			特细砂		
综合单(基)价		元		1347.98	1400.11	1515.97	1347.34	1399.61	1515.52
其中	人工费	元		358.68	358.68	358.68	358.68	358.68	358.68
	材料费	元		881.70	933.83	1049.69	881.06	933.33	1049.24
	机械费	元		—	—	—	—	—	—
	综合费	元		107.60	107.60	107.60	107.60	107.60	107.60
材料	琉璃罗锅瓦	百匹	250.00	0.42	0.46	0.53	0.42	0.46	0.53
	琉璃续罗锅瓦	百匹	250.00	0.84	0.92	1.06	0.84	0.92	1.06
	琉璃折么板瓦	百匹	260.00	0.42	0.46	0.53	0.42	0.46	0.53
	琉璃续折么板瓦	百匹	260.00	0.84	0.92	1.06	0.84	0.92	1.06
	琉璃板瓦	百匹	70.00	1.68	1.84	2.12	1.68	1.84	2.12
	水泥炉渣混凝土 1∶6	m³	152.80	0.53	0.45	0.40	0.53	0.45	0.40
	混合砂浆(细砂)1∶1∶6	m³	160.70	0.24	0.19	0.17	—	—	—
	混合砂浆(特细砂)1∶1∶6	m³	158.06	—	—	—	0.24	0.19	0.17
	水泥 32.5	kg		(186.99)	(155.79)	(138.72)	(186.99)	(155.79)	(138.72)
	炉渣	m³		(0.67)	(0.57)	(0.51)	(0.67)	(0.57)	(0.51)
	石灰膏	m³		(0.04)	(0.02)	(0.03)	(0.04)	(0.02)	(0.03)
	细砂	m³		(0.28)	(0.22)	(0.20)	—	—	—
	特细砂	m³		—	—	—	(0.28)	(0.23)	(0.19)
	水	m³	1.50	0.70	0.69	0.70	0.70	0.69	0.70
	其他材料费	元		0.90	0.90	0.90	0.90	0.90	0.90

工程内容：包括调运砂浆及安运琉璃吻(兽)件及安放吻(兽)桩锔子等全部操作过程。 单位：10件

定额编号		单位	单价(元)	AG0343	AG0344	AG0345	AG0346	AG0347	AG0348
项目				琉璃吻(兽)安砌(高度)					
				≤1000 mm	≤1500 mm	>1500 mm	≤1000 mm	≤1500 mm	>1500 mm
				细砂			特细砂		
综合单(基)价		元		2823.43	3489.06	5299.50	2823.12	3488.53	5298.44
其中	人工费	元		314.76	788.52	1966.08	314.76	788.52	1966.08
	材料费	元		2414.24	2463.98	2743.60	2413.93	2463.45	2742.54
	机械费	元		—	—	—	—	—	—
	综合费	元		94.43	236.56	589.82	94.43	236.56	589.82
材料	琉琉正吻(兽鳌鱼头、龙吻、鱼龙吻)	件	200.00	10.20	10.20	10.20	10.20	10.20	10.20
	琉璃斜当勾	百块	140.00	0.10	0.10	0.10	0.10	0.10	0.10
	琉璃正当勾	百匹	120.00	0.42	0.50	0.60	0.42	0.50	0.60
	吻(兽)桩锔子	kg	3.70	50.00	50.00	98.00	50.00	50.00	98.00
	琉璃压当条	百条	120.00	0.59	0.69	0.82	0.59	0.69	0.82
	群色条	百件	70.00	0.17	0.17	0.25	0.17	0.17	0.25
	水泥炉渣混凝土 1∶6	m^3	152.80	0.13	0.23	0.47	0.13	0.23	0.47
	混合砂浆(细砂)1∶1∶6	m^3	160.70	0.12	0.20	0.40	—	—	—
	混合砂浆(特细砂)1∶1∶6	m^3	158.06	—	—	—	0.12	0.20	0.40
	水泥 32.5	kg		(59.07)	(101.85)	(206.25)	(59.07)	(101.85)	(206.25)
	炉渣	m^3		(0.17)	(0.29)	(0.60)	(0.17)	(0.29)	(0.60)
	石灰膏	m^3		(0.02)	(0.03)	(0.07)	(0.02)	(0.03)	(0.07)
	细砂	m^3		(0.14)	(0.23)	(0.46)	—	—	—
	特细砂	m^3		—	—	—	(0.14)	(0.24)	(0.47)
	水	m^3	1.50	0.80	0.80	0.80	0.80	0.80	0.80
	其他材料费	元		1.80	1.80	1.80	1.80	1.80	1.80

单位：10件

定额编号		单位	单价(元)	AG0349	AG0350	AG0351	AG0352	AG0353	AG0354
项目				琉璃合角吻(兽)安砌(高度)					
				≤500 mm	≤700 mm	>700 mm	≤500 mm	≤700 mm	>700 mm
				细砂			特细砂		
综合单(基)价		元		1394.03	1665.61	1973.86	1393.77	1665.35	1973.49
其中	人工费	元		392.52	592.20	788.52	392.52	592.20	788.52
	材料费	元		883.75	895.75	948.78	883.49	895.49	948.41
	机械费	元		—	—	—	—	—	—
	综合费	元		117.76	177.66	236.56	117.76	177.66	236.56
材料	琉璃合角吻(兽)	块	80.00	10.20	10.20	10.20	10.20	10.20	10.20
	琉璃正当勾	百匹	120.00	0.14	0.19	0.32	0.14	0.19	0.32
	琉璃压当条	百条	120.00	0.14	0.19	0.32	0.14	0.19	0.32
	群色条	百件	70.00	—	—	0.22	—	—	0.22
	水泥炉渣混凝土 1∶6	m^3	152.80	0.10	0.10	0.10	0.10	0.10	0.10
	混合砂浆(细砂)1∶1∶6	m^3	160.70	0.10	0.10	0.14	—	—	—
	混合砂浆(特细砂)1∶1∶6	m^3	158.06	—	—	—	0.10	0.10	0.14
	水泥 32.5	kg		(47.10)	(47.10)	(55.74)	(47.10)	(47.10)	(55.74)
	炉渣	m^3		(0.13)	(0.13)	(0.13)	(0.13)	(0.13)	(0.13)
	石灰膏	m^3		(0.02)	(0.02)	(0.02)	(0.02)	(0.02)	(0.02)
	细砂	m^3		(0.12)	(0.12)	(0.16)	—	—	—
	特细砂	m^3		—	—	—	(0.12)	(0.12)	(0.17)
	水	m^3	1.50	0.40	0.40	0.40	0.40	0.40	0.40
	其他材料费	元		2.20	2.20	2.20	2.20	2.20	2.20

工程内容：调运砂浆，砌砖抹灰，安砌宝顶座、珠，嵌缝，涂色等全部操作过程。 单位：10 件

定额编号		单位	单价（元）	AG0355	AG0356	AG0357	AG0358	AG0359	AG0360
项目				琉璃宝顶底座安砌（宽度）					
				≤600 mm	≤1000 mm	>1000 mm	≤600 mm	≤1000 mm	>1000 mm
				细砂			特细砂		
综合单(基)价		元		3072.28	4336.91	6749.69	3071.81	4336.55	6749.55
其中	人工费	元		1573.56	2362.08	3935.64	1573.56	2362.08	3935.64
	材料费	元		1026.65	1266.21	1633.36	1026.18	1265.85	1633.22
	机械费	元		—	—	—	—	—	—
	综合费	元		472.07	708.62	1180.69	472.07	708.62	1180.69
材料	琉璃宝顶座	座	90.00	10.20	10.20	10.20	10.20	10.20	10.20
	标准砖	千匹	200.00	0.20	1.00	2.00	0.20	1.00	2.00
	水泥炉渣混凝土 1∶6	m^3	152.80	0.13	0.23	0.70	0.13	0.23	0.70
	混合砂浆(细砂)M5	m^3	142.00	0.10	0.50	1.10	—	—	—
	混合砂浆(细砂)1∶1∶6	m^3	160.70	0.20	0.24	0.29	—	—	—
	混合砂浆(特细砂)M5	m^3	142.56	—	—	—	0.10	0.50	1.10
	混合砂浆(特细砂)1∶1∶6	m^3	158.06	—	—	—	0.20	0.24	0.29
	水泥 32.5	kg		(94.25)	(199.99)	(438.04)	(95.05)	(203.99)	(446.84)
	炉渣	m^3		(0.17)	(0.29)	(0.89)	(0.17)	(0.29)	(0.89)
	石灰膏	m^3		(0.04)	(0.11)	(0.20)	(0.04)	(0.11)	(0.20)
	细砂	m^3		(0.35)	(0.86)	(1.62)	—	—	—
	特细砂	m^3		—	—	—	(0.36)	(0.87)	(1.64)
	水	m^3	1.50	0.50	0.90	1.60	0.50	0.90	1.60
	其他材料费	元		1.70	2.15	3.20	1.70	2.15	3.20

单位：10 套

定额编号		单位	单价（元）	AG0361	AG0362	AG0363	AG0364	AG0365	AG0366
项目				琉璃宝顶珠安砌（珠高）					
				≤600 mm	≤1000 mm	>1000 mm	≤600 mm	≤1000 mm	>1000 mm
				细砂			特细砂		
综合单(基)价		元		2928.98	4686.69	6009.27	2928.85	4686.63	6009.36
其中	人工费	元		788.52	1966.08	2754.60	788.52	1966.08	2754.60
	材料费	元		1903.90	2130.79	2428.29	1903.77	2130.73	2428.38
	机械费	元		—	—	—	—	—	—
	综合费	元		236.56	589.82	826.38	236.56	589.82	826.38
材料	琉璃宝顶珠	个	180.00	10.20	10.20	10.20	10.20	10.20	10.20
	标准砖	千匹	200.00	0.20	1.00	2.00	0.20	1.00	2.00
	混合砂浆(细砂)M5	m^3	142.00	0.10	0.50	1.10	—	—	—
	混合砂浆(细砂)1∶1∶6	m^3	160.70	0.07	0.13	0.20	—	—	—
	混合砂浆(特细砂)M5	m^3	142.56	—	—	—	0.10	0.50	1.10
	混合砂浆(特细砂)1∶1∶6	m^3	158.06	—	—	—	0.07	0.13	0.20
	水泥 32.5	kg		(33.02)	(117.58)	(240.10)	(33.82)	(121.58)	(248.90)
	石灰膏	m^3		(0.02)	(0.09)	(0.18)	(0.02)	(0.09)	(0.18)
	细砂	m^3		(0.20)	(0.73)	(1.51)	—	—	—
	特细砂	m^3		—	—	—	(0.20)	(0.74)	(1.54)
	水	m^3	1.50	0.50	0.80	1.20	0.50	0.80	1.20
	其他材料费	元		1.70	1.70	2.15	1.70	1.70	2.15

单位:10 件

定额编号				AG0367
项目		单位	单价(元)	钢筋混凝土预制屋脊头吻(兽)制作(吻高)
				900 mm
				C30
				中砂
综合单(基)价		元		1048.94
其中	人工费	元		409.44
	材料费	元		516.67
	机械费	元		—
	综合费	元		122.83
材料	二等锯材	m^3	1400.00	0.22
	混凝土(中砂)C30	m^3	254.96	0.34
	水泥砂浆(中砂)1∶2	m^3	289.92	0.23
	铁钉	kg	6.00	7.48
	水泥 32.5	kg		(138.00)
	水泥 42.5	kg		(136.00)
	中砂	m^3		(0.40)
	砾石 5～10 mm	m^3		(0.28)
	水	m^3	1.50	0.41
	其他材料费	元		9.80

A.G.1.2 型材屋面(编码:010701002)

工程内容:1. 钢结构上铺玻璃钢瓦、安装脊瓦;阳光板安在钢结构、铝结构上,钉牢。

2. 构件变形修理、临时加固、吊装、就位、找正、螺栓固定。

单位:100 m^2

定额编号				AG0368	AG0369	AG0370
项目		单位	单价(元)	金属压型板屋面		
				檩距		
				≤7.5 m	≤6.00 m	≤4.20 m
综合单(基)价		元		9926.55	10021.28	10210.26
其中	人工费	元		722.16	759.96	835.20
	材料费	元		8874.93	8920.52	9011.69
	机械费	元		86.78	86.78	86.78
	综合费	元		242.68	254.02	276.59
材料	压型屋面板 W-550	m^2	50.00	116.52	116.52	116.52
	中间固定架 WG-2	个	2.00	42.63	54.81	79.16
	端部固定架 WG-3	个	2.00	1.18	1.52	2.19
	单面固定螺栓 ML-850R	个	0.60	86.46	111.14	160.52
	单面连接螺栓 R-8	个	0.60	143.42	143.42	143.42
	普通螺栓 M8	个	0.60	177.78	177.78	177.78
	拉铆钉 LD-1	个	0.15	30.30	30.30	30.30
	檐口堵头板 WD-1	块	12.00	59.31	59.31	59.31
	屋脊堵头 WD-2	块	12.00	59.31	59.31	59.31
	屋脊挡雨板 WD-3	块	12.00	59.31	59.31	59.31
	屋脊板 2 mm	m^2	40.00	4.34	4.34	4.34
	沿口包角板 0.8 mm	m^2	40.00	1.11	1.11	1.11
	密封膏	支	12.00	20.00	20.00	20.00
	橡胶密封条	m	5.00	16.43	16.43	16.43
	镀锌铁丝 12#	kg	5.50	3.00	3.00	3.00
	其他材料费	元		20.35	26.10	37.60

单位:100 m²

定额编号				AG0371	AG0372	AG0373
项目		单位	单价(元)	彩色涂层钢板屋面		玻璃钢瓦屋面
				单层	夹芯板	铺在钢檩上
综合单(基)价		元		7464.01	18537.32	2244.63
其中	人工费	元		1114.05	1412.75	452.25
	材料费	元		5933.70	16618.70	1656.70
	机械费	元		63.11	63.11	—
	综合费	元		353.15	442.76	135.68
材料	彩色涂层钢板	m^2	50.00	106.85	—	—
	彩钢夹芯板	m^2	150.00	—	106.85	—
	玻璃钢瓦 1800×740×10	块	15.00	—	—	100.00
	彩板屋面型钢	kg	4.50	83.00	83.00	—
	聚苯乙烯泡沫塑料板	m^3	320.00	0.10	0.10	—
	防雨自攻螺栓	只	0.40	48.00	48.00	—
	不锈钢铆钉	个	0.10	337.00	337.00	—
	金属胀锚螺栓	个	0.40	12.79	12.79	—
	密封胶条	m	0.30	220.46	220.46	—
	乙丙橡胶垫圈	个	0.80	48.00	48.00	—
	红丹酚醛防锈漆	kg	7.00	0.73	0.73	—
	调和漆 白酯胶调和漆	kg	8.00	0.66	0.66	—
	玻璃钢脊瓦	块	5.00	—	—	13.70
	瓦楞螺钉 ϕ6×90(带垫)	百只	20.00	—	—	4.40
	其他材料费	元		12.75	12.75	0.20

单位:100 m²

定额编号				AG0374	AG0375
项目		单位	单价(元)	阳光板屋面	
				铺在铝结构上	铺在钢檩上
综合单(基)价		元		11000.76	8950.52
其中	人工费	元		1367.70	1519.28
	材料费	元		9222.75	6975.46
	机械费	元		—	—
	综合费	元		410.31	455.78
材料	阳光板	m^2	60.00	106.00	106.00
	一等锯材	m^3	1500.00	0.02	0.02
	玻璃胶	支	14.00	20.40	—
	耐热胶垫 2×38	m	15.00	169.81	—
	橡皮垫条 大	m	1.60	—	137.72
	橡皮垫片 250宽	m	2.10	—	45.91
	铁钩 5厚	kg	3.80	—	26.92
	熟桐油	kg	7.80	—	6.70
	防锈漆	kg	7.00	—	13.26
	螺栓 M12×40	kg	6.50	—	3.28

A.G.1.3 膜结构屋面(编码:010701003)

工程内容:1. 膜布热压胶接。

2. 支柱(网架)制作、安装。

3. 膜布安装。

4. 穿钢丝绳、锚头锚固。

5. 刷油漆。

单位:100 m²

定额编号				AG0376
项目		单位	单价(元)	膜结构屋面
综合单(基)价		元		46892.33
其中	人工费	元		4139.10
	材料费	元		39295.00
	机械费	元		1705.00
	综合费	元		1753.23
材料	加强型PVC膜布	m²	180.00	100.00
	复合不锈钢支撑、拉杆、法兰	t	15000.00	1.20
	包塑钢丝绳	kg	7.00	200.00
	其他材料费	元		1895.00

A.G.2 屋面、地面防水(编码:010702)

A.G.2.1 屋面、地面卷材防水(编码:010702001)

工程内容:1. 清理基层、泛水收头处嵌油膏。

2. 刷冷底子油,加热烤铺卷材、压实及做收头等。

单位:100 m²

定额编号				AG0377	AG0378	AG0379
项目		单位	单价(元)	塑性体(APP)改性沥青卷材防水层	弹性体(SBS)改性沥青卷材防水层	高聚物改性沥青卷材防水层
综合单(基)价		元		2895.57	3114.57	2630.26
其中	人工费	元		367.20	367.20	392.00
	材料费	元		2418.21	2637.21	2120.66
	机械费	元		—	—	—
	综合费	元		110.16	110.16	117.60
材料	塑性体(APP)改性沥青防水卷材 聚酯胎Ⅰ型3 mm	m²	18.00	113.00	—	—
	弹性体(SBS)改性沥青防水卷材 聚酯胎Ⅰ型3 mm	m²	20.00	—	113.00	—
	高聚物改性沥青防水卷材 聚脂胎3 mm	m²	17.00	—	—	113.00
	改性沥青嵌缝油膏	kg	1.30	10.70	10.70	10.17
	冷底子油30:70	kg	5.52	57.12	57.12	—
	改性沥青粘接剂	kg	1.80	—	—	75.80
	石油沥青30#	kg		(18.28)	(18.28)	—
	汽油	kg		(43.98)	(43.98)	—
	其他材料费	元		55.00	48.00	50.00

单位：100 m²

定额编号				AG0380	AG0381	AG0382
项目		单位	单价（元）	氯化聚乙烯（CPE）卷材防水层	三元乙丙橡胶卷材防水层	聚氯乙烯（PVC）卷材防水层
综合单（基）价		元		3287.13	3528.88	2921.13
其中	人工费	元		394.00	379.50	378.75
	材料费	元		2774.93	3035.53	2428.75
	机械费	元		—	—	—
	综合费	元		118.20	113.85	113.63
材料	氯化聚乙烯（CPE）防水卷材 非硫化型 1.2 mm	m^2	19.00	113.00	—	—
	三元乙丙橡胶防水卷材 非硫化型 1.2 mm	m^2	21.00	—	113.00	—
	聚氯乙烯（PVC）防水卷材 复合型 1.2 mm	m^2	20.00	—	—	113.00
	CSPE 嵌缝油膏 330 mL	支	1.00	29.83	29.83	29.83
	聚氨酯甲：乙（1：3）	kg	6.00	18.00	—	—
	粘接剂 404	kg	12.00	40.00	40.40	—
	聚氨酯甲：乙（1：1.5）	kg	5.00	—	21.50	—
	PVC 聚氯乙烯粘合剂	kg	1.00	—	—	65.80
	改性沥青粘接剂	kg	1.80	—	—	18.18
	其他材料费	元		10.10	40.40	40.40

单位：100 m²

定额编号				AG0383	AG0384	AG0385	AG0386
项目		单位	单价（元）	聚乙烯丙纶复合卷材防水层	氯丁橡胶卷材防水层	橡塑共混橡胶（三元乙丁）卷材防水层	丙烯酸脂卷材防水层
综合单（基）价		元		2644.95	2506.67	3203.59	3102.64
其中	人工费	元		376.90	382.50	384.35	376.85
	材料费	元		2154.98	2009.42	2703.93	2612.73
	机械费	元		—	—	—	—
	综合费	元		113.07	114.75	115.31	113.06
材料	聚乙烯丙纶复合防水卷材 1.2 mm	m^2	16.50	113.00	—	—	—
	氯丁橡胶卷材 1.2 mm	m^2	15.00	—	113.00	—	—
	橡塑共混橡胶（三元乙丁）防水卷材 非硫化型 1.2 mm	m^2	21.00	—	—	113.00	—
	丙烯酸酯防水卷材	m^2	20.00	—	—	—	113.00
	CSPE 嵌缝油膏 330 mL	支	1.00	29.83	29.83	29.83	29.83
	聚氨酯甲：乙（1：1.5）	kg	5.00	47.13	—	28.87	—
	氯丁胶乳沥青涂料	kg	3.00	—	72.88	—	—
	cr-409 液	kg	7.00	—	3.65	—	—
	BX-12 粘结剂	kg	3.00	—	—	45.45	—
	改性沥青粘接剂	kg	1.80	—	—	—	150.00
	其他材料费	元		25.00	40.40	20.40	52.90

单位:100 m²

定额编号				AG0387	AG0388
项目		单位	单价(元)	PE 高分子卷材防水层	EVA 高分子卷材防水层
综合单(基)价		元		3094.93	2816.53
其中	人工费	元		378.25	378.25
	材料费	元		2603.20	2324.80
	机械费	元		—	—
	综合费	元		113.48	113.48
材料	PE 高分子防水卷材 1.5 mm	m²	21.50	113.00	—
	EVA 高分子防水卷材 1.5 mm	m²	19.00	—	113.00
	CSPE 嵌缝油膏 330 mL	支	1.00	29.80	29.80
	PVC 聚氯乙烯粘合剂	kg	1.00	78.50	82.60
	其他材料费	元		65.40	65.40

单位:100 m²

定额编号				AG0389	AG0390	AG0391	AG0392
项目		单位	单价(元)	石油沥青油毡防水层(玻纤胎)			
				一毡二油(隔气层)	二毡三油	二毡三油一砂	每增减一毡一油
综合单(基)价		元		1709.67	2815.73	2932.97	841.81
其中	人工费	元		202.50	395.10	418.05	148.50
	材料费	元		1446.42	2302.10	2389.50	648.76
	机械费	元		—	—	—	—
	综合费	元		60.75	118.53	125.42	44.55
材料	沥青玻璃布油毡	m²	3.00	113.00	226.00	226.00	113.00
	石油沥青 10#	kg	2.00	360.00	540.00	563.00	118.00
	石油沥青 30#	kg	2.80	10.00	15.00	15.00	—
	石油沥青 60#	kg	3.20	42.00	63.00	67.00	18.00
	塑料油膏	kg	1.70	19.80	19.80	19.80	—
	汽油	kg	6.00	25.16	37.74	37.74	—
	绿豆砂	m³	55.00	—	—	0.52	—
	其他材料费	元		40.40	40.40	40.40	16.16

A. G. 2. 2 屋面、地面涂膜防水(编码:010702002)

工程内容:清理修补基层、备料、刷油、铺贴;做隔气层或防水层。 单位:100 m^2

定额编号				AG0393	AG0394	AG0395	AG0396	AG0397	AG0398
项目		单位	单价(元)	水乳型橡胶沥青涂料	水乳型氯丁橡胶沥青涂料	单组分聚氨酯	单组分聚氨酯每增减一遍	双组分聚氨酯	双组分聚氨酯每增减一遍
				一布二涂(隔气层)	涂膜厚 2 mm	涂膜厚 1.5 mm	涂膜厚 0.5 mm	涂膜厚 1.5 mm	涂膜厚 0.5 mm
综合单(基)价		元		1110.05	1468.02	2943.38	866.70	2710.79	840.90
其中	人工费	元		347.90	224.55	246.60	79.00	265.95	85.00
	材料费	元		657.78	1176.10	2622.80	764.00	2365.05	730.40
	机械费	元		—	—	—	—	—	—
	综合费	元		104.37	67.37	73.98	23.70	79.79	25.50
材料	水乳型橡胶沥青涂料	kg	5.00	105.45	234.65	—	—	—	—
	单组分聚氯酯防水涂料	kg	12.50	—	—	205.00	58.80	—	—
	双组分聚氨酯防水涂料	kg	10.50	—	—	—	—	219.50	66.80
	玻纤布	m^2	1.20	106.40	—	—	—	—	—
	稀释剂	kg	6.00	—	—	8.00	4.00	8.00	4.00
	其他材料费	元		2.85	2.85	12.30	5.00	12.30	5.00

单位:100 m^2

定额编号				AG0399	AG0400	AG0401	AG0402	AG0403
项目		单位	单价(元)	石油沥青玛碲脂	涂塑料油膏	塑料油膏防水层		氯偏共聚乳液
						一布二油	每增减一布一油	
				涂膜厚 3 mm	涂膜厚 4 mm	涂膜厚 5 mm	涂膜厚 2 mm	三遍
综合单(基)价		元		1405.40	1314.50	1802.65	797.33	234.72
其中	人工费	元		159.00	247.50	337.50	135.00	73.50
	材料费	元		1198.70	992.75	1363.90	621.83	139.17
	机械费	元		—	—	—	—	—
	综合费	元		47.70	74.25	101.25	40.50	22.05
材料	石油沥青玛碲脂 石油沥青 65% 滑石粉 35%	m^3	2809.10	0.32	—	—	—	—
	冷底子油 30:70	kg	5.52	48.93	—	—	—	—
	塑料油膏	kg	1.70	—	563.05	701.13	280.25	—
	玻纤布	m^2	1.20	—	—	106.40	106.40	—
	氯偏共聚乳液	kg	6.00	—	—	—	—	21.00
	磷酸三钠溶液 10%	kg	3.00	—	—	—	—	0.59
	聚乙烯醇溶液 10%	kg	12.00	—	—	—	—	0.95
	石油沥青 30#	kg		(316.46)	—	—	—	—
	滑石粉	kg		(161.92)	—	—	—	—
	汽油	kg		(37.68)	—	—	—	—
	其他材料费	元		29.70	35.56	44.30	17.72	—

单位:100 m^2

定额编号				AG0404	AG0405	AG0406	AG0407
项目		单位	单价(元)	氯丁胶乳沥青涂料防水层			
				二布三涂	每增减一布一涂	每增减一涂	混凝土、砂浆面
				涂膜厚 2 mm	涂膜厚 0.6 mm	涂膜厚 0.1 mm	涂刷三层
综合单(基)价		元		1736.32	554.85	113.80	555.94
其中	人工费	元		421.60	102.00	44.50	182.00
	材料费	元		1188.24	422.25	55.95	319.34
	机械费	元		—	—	—	—
	综合费	元		126.48	30.60	13.35	54.60
材料	氯丁胶乳沥青涂料	kg	3.00	298.50	93.80	18.50	96.50
	稀释剂	kg	6.00	5.05	2.02	—	4.50
	玻纤布	m^2	1.20	212.80	106.40	—	—
	其他材料费	元		7.08	1.05	0.45	2.84

单位:100 m^2

定额编号				AG0408	AG0409	AG0410
项目		单位	单价(元)	溶剂型再生橡胶沥青涂料防水层		
				二布三涂	每增减一布一涂	每增减一涂
				涂膜厚 2 mm	涂膜厚 0.6 mm	涂膜厚 0.1 mm
综合单(基)价		元		1774.52	603.54	116.40
其中	人工费	元		441.85	133.00	48.00
	材料费	元		1200.11	430.64	54.00
	机械费	元		—	—	—
	综合费	元		132.56	39.90	14.40
材料	溶剂型再生胶沥青	kg	3.00	296.40	93.58	18.00
	稀释剂	kg	6.00	5.05	2.02	—
	玻纤布	m^2	1.20	212.80	106.40	—
	其他材料费	元		25.25	10.10	—

单位:100 m^2

定额编号				AG0411	AG0412	AG0413
项目		单位	单价(元)	APP 改性沥青涂料防水层		
				二布三涂	每增减一布一涂	每增减一涂
				涂膜厚 2 mm	涂膜厚 0.6 mm	涂膜厚 0.1 mm
综合单(基)价		元		1996.29	673.95	129.23
其中	人工费	元		446.75	142.50	49.60
	材料费	元		1415.51	488.70	64.75
	机械费	元		—	—	—
	综合费	元		134.03	42.75	14.88
材料	APP 改性沥青涂料	kg	3.50	315.60	96.80	18.50
	稀释剂	kg	6.00	5.05	2.02	—
	玻纤布	m^2	1.20	212.80	106.40	—
	其他材料费	元		25.25	10.10	—

单位:100 m²

定额编号				AG0414	AG0415	AG0416
项目		单位	单价(元)	SBS改性沥青涂料防水层		
				二布三涂	每增减一布一涂	每增减一涂
				涂膜厚 2 mm	涂膜厚 0.6 mm	涂膜厚 0.1 mm
综合单(基)价		元		1970.39	668.70	129.23
其中	人工费	元		446.75	142.50	49.60
	材料费	元		1389.61	483.45	64.75
	机械费	元		—	—	—
	综合费	元		134.03	42.75	14.88
材料	SBS改性沥青涂料	kg	3.50	308.20	95.30	18.50
	稀释剂	kg	6.00	5.05	2.02	—
	玻纤布	m²	1.20	212.80	106.40	—
	其他材料费	元		25.25	10.10	—

单位:100 m²

定额编号				AG0417	AG0418	AG0419	AG0420
项目		单位	单价(元)	聚合物乳液(丙烯酸脂)涂膜防水层		聚合物水泥(JS)涂料防水层	
				涂膜厚 1 mm	每增减 0.1 mm	涂膜厚 1 mm	每增减 0.1 mm
综合单(基)价		元		1720.63	168.42	1629.20	163.94
其中	人工费	元		206.25	20.90	264.00	26.95
	材料费	元		1452.50	141.25	1286.00	128.90
	机械费	元		—	—	—	—
	综合费	元		61.88	6.27	79.20	8.09
材料	聚合物乳液(丙烯酸酯)防水涂料	kg	8.00	180.00	17.50	—	—
	聚合物水泥(JS)防水涂料 Ⅱ型	kg	7.00	—	—	182.50	18.30
	其他材料费	元		12.50	1.25	8.50	0.80

单位:100 m²

定额编号				AG0421	AG0422	AG0423	AG0424	AG0425
项目		单位	单价(元)	硅橡胶涂料防水层		硅橡胶涂膜防水层		涂膜防水层
				涂膜厚 1 mm	每增减 0.1 mm	涂膜厚 1 mm	每增减 0.1 mm	每增加一布
综合单(基)价		元		2156.20	214.35	2856.30	291.15	171.88
其中	人工费	元		249.00	27.00	270.00	31.00	34.00
	材料费	元		1832.50	179.25	2505.30	250.85	127.68
	机械费	元		—	—	—	—	—
	综合费	元		74.70	8.10	81.00	9.30	10.20
材料	硅橡胶防水涂料	kg	10.00	182.00	17.80	—	—	—
	硅橡胶防水涂膜	kg	16.00	—	—	155.80	15.60	—
	玻纤布	m²	1.20	—	—	—	—	106.40
	其他材料费	元		12.50	1.25	12.50	1.25	—

单位:100 m²

定额编号				AG0426	AG0427
项目		单位	单价(元)	水泥基渗透结晶型涂料防水层	
				涂膜厚 1 mm	每增减 0.1 mm
综合单(基)价		元		1948.05	195.45
其中	人工费	元		263.50	26.50
	材料费	元		1605.50	161.00
	机械费	元		—	—
	综合费	元		79.05	7.95
材料	水泥基渗透结晶型防水涂料 Ⅰ型	kg	10.50	150.00	15.00
	其他材料费	元		30.50	3.50

A.G.2.3 屋面刚性防水(编码:010702003)

工程内容:1. 清理底层、调运水泥浆、细石混凝土铺抹、浇捣、压实及泛水嵌油膏、做收头。

2. 刷水泥浆、钢筋制安。

单位:100 m²

定额编号				AG0428	AG0429	AG0430	AG0431	AG0432	AG0433
项目		单位	单价(元)	细石混凝土刚性层(中砂)			细石混凝土刚性层(特细砂)		
				无筋	有筋	每增减	无筋	有筋	每增减
				40 mm		5 mm	40 mm		5 mm
综合单(基)价		元		1876.46	2473.16	198.15	1914.31	2511.01	203.36
其中	人工费	元		567.49	662.89	58.66	567.49	662.89	58.66
	材料费	元		1078.25	1544.87	114.57	1116.10	1582.72	119.78
	机械费	元		23.78	24.73	3.25	23.78	24.73	3.25
	综合费	元		206.94	240.67	21.67	206.94	240.67	21.67
材料	圆钢≤ϕ10	t	3800.00	—	0.12	—	—	0.12	—
	二等锯材	m³	1400.00	0.06	0.06	—	0.06	0.06	—
	混凝土(中砂)C20	m³	204.24	4.06	4.06	0.56	—	—	—
	混凝土(特细砂)C20	m³	213.58	—	—	—	4.06	4.06	0.56
	水泥浆	m³	606.80	0.12	0.12	—	0.12	0.12	—
	建筑油膏	kg	1.30	19.80	19.80	—	19.80	19.80	—
	冷底子油 30∶70	kg	5.52	7.46	7.46	—	7.46	7.46	—
	石油沥青 30#	kg		(2.39)	(2.39)	—	(2.39)	(2.39)	—
	汽油	kg		(5.74)	(5.74)	—	(5.74)	(5.74)	—
	水泥 32.5	kg		(1688.30)	(1688.30)	(207.76)	(1810.10)	(1810.10)	(224.56)
	中砂	m³		(1.95)	(1.95)	(0.27)	—	—	—
	特细砂	m³		—	—	—	(1.58)	(1.58)	(0.22)
	砾石 5~10 mm	m³		(3.33)	(3.33)	(0.46)	(3.73)	(3.73)	(0.52)
	水	m³	1.50	8.80	8.80	0.13	8.75	8.75	0.12
	其他材料费	元		12.10	22.72	—	12.10	22.72	—

单位：100 m²

定　额　编　号				AG0434	AG0435	AG0436
项　目		单位	单价（元）	细石混凝土刚性层（商品混凝土）		
				无　筋	有　筋	每增减 5 mm
				40 mm		
综合单(基)价		元		2079.83	2695.48	248.10
其中	人　工　费	元		306.59	412.09	38.20
	材　料　费	元		1642.32	2108.94	193.64
	机　械　费	元		5.92	6.87	0.70
	综　合　费	元		125.00	167.58	15.56
材料	圆钢≤ϕ10	t	3800.00	—	0.12	—
	二等锯材	m³	1400.00	0.06	0.06	—
	商品混凝土 C20	m³	345.00	4.06	4.06	0.56
	水泥浆	m³	606.80	0.12	0.12	—
	冷底子油 30：70	kg	5.52	7.46	7.46	—
	建筑油膏	kg	1.30	19.80	19.80	—
	石油沥青 30#	kg		(2.39)	(2.39)	—
	汽油	kg		(5.74)	(5.74)	—
	水泥 32.5	kg		(182.04)	(182.04)	—
	水	m³	1.50	3.85	3.85	0.29
	其他材料费	元		12.10	22.72	—

工程内容：1. 取土、运土、铺滤水孔、平整。

2. 屋面防水层撒砂保护层。

单位：100 m²

定　额　编　号				AG0437	AG0438	AG0439	AG0440	AG0441	AG0442
项　目		单位	单价（元）	屋面覆土		屋面撒石英砂保护层		屋面撒蛭石粉保护层	
				厚 100 mm	每增减 10 mm	厚 20 mm	每增减 10 mm	厚 10 mm	每增减 5 mm
综合单(基)价		元		476.42	51.62	981.62	490.84	147.64	73.57
其中	人　工　费	元		255.36	28.67	32.90	16.45	16.45	8.05
	材　料　费	元		144.45	14.35	938.85	469.45	126.25	63.10
	机　械　费	元		—	—	—	—	—	—
	综　合　费	元		76.61	8.60	9.87	4.94	4.94	2.42
材料	普通土	m³	12.00	10.50	1.05	—	—	—	—
	砾石 5～40 mm	m³	30.00	0.14	0.01	—	—	—	—
	棕垫	kg	5.00	2.85	0.29	0.57	0.29	0.29	0.14
	石英砂	kg	0.25	—	—	3744.00	1872.00	—	—
	蛭石	m³	120.00	—	—	—	—	1.04	0.52

A. G. 2. 4 屋面排水管(编码:010702004)

工程内容:1. 制作、安装水落管、水斗等。

2. 安装石棉水泥水落管及水斗等。

定额编号				AG0443	AG0444	AG0445
项目		单位	单价(元)	铁皮排水	石棉水泥排水	
				水落管	水斗	水落管
				100 m²	10 个	10 m
综合单(基)价		元		4144.32	276.09	163.44
其中	人工费	元		1057.20	31.00	31.00
	材料费	元		2769.96	235.79	123.14
	机械费	元		—	—	—
	综合费	元		317.16	9.30	9.30
材料	镀锌铁皮 24#	m²	23.00	109.00	—	—
	石棉水泥水斗	个	4.50	—	10.20	—
	石棉水泥水落管 ϕ100	m	9.00	—	—	10.41
	石棉水泥直角水落管	个	4.00	—	10.20	—
	石棉水泥双弯管 45°	个	5.00	—	10.20	—
	石棉水泥圆接头	个	2.50	—	10.20	—
	石棉水泥管管箍	个	2.00	—	20.40	6.12
	加工铁件	kg	4.50	49.15	5.77	3.18
	焊锡	kg	20.00	1.80	—	—
	其他材料费	元		5.78	5.82	2.90

工程内容:1. 单屋面排水管系统:埋设管卡箍、截管、涂胶、接合口。

2. 屋面阳台雨水管系统:埋设管卡箍、截管、涂胶、安三通、伸缩节、管等。　单位:10 m

定额编号				AG0446	AG0447	AG0448	AG0449
项目		单位	单价(元)	玻璃钢排水管			
				单屋面排水管		屋面阳台雨水管系统	
				ϕ110	ϕ160	ϕ110	ϕ160
综合单(基)价		元		381.16	458.85	403.92	471.81
其中	人工费	元		130.00	144.50	134.00	144.50
	材料费	元		212.16	271.00	229.72	283.96
	机械费	元		—	—	—	—
	综合费	元		39.00	43.35	40.20	43.35
材料	玻璃钢排水管 110×1500	m	18.00	10.54	—	10.18	—
	卡箍膨胀螺栓 110	套	2.00	7.14	—	7.14	—
	排水管检查口 110	个	1.50	1.11	—	1.11	—
	排水管伸缩节 110	个	5.00	1.01	—	1.01	—
	密封胶	kg	12.00	0.12	0.20	0.28	0.48
	玻璃钢排水管 160×1500	m	23.00	—	10.61	—	10.15
	卡箍膨胀螺栓 160	套	2.50	—	7.14	—	5.10
	排水管检查口 160	个	1.50	—	1.11	—	1.11
	排水管伸缩节 160	个	5.00	—	1.01	—	1.01
	排水管连接件 110×50	个	2.00	—	—	3.16	—
	玻璃钢三通 110×50	个	5.00	—	—	3.16	—
	排水管连接件 160×50	个	2.00	—	—	—	3.16
	玻璃钢三通 160×50	个	6.00	—	—	—	3.16

单位:10 个

定额编号				AG0450	AG0451	AG0452	AG0453
项目		单位	单价(元)	玻璃钢排水部件			
				雨水口(带罩)	雨水斗(带罩)	弯头 90	短管
				ϕ110	ϕ160	ϕ50	
综合单(基)价		元		281.53	336.66	373.23	272.23
其中	人工费	元		121.95	127.35	53.10	53.10
	材料费	元		122.99	171.10	304.20	203.20
	机械费	元		—	—	—	—
	综合费	元		36.59	38.21	15.93	15.93
材料	玻璃钢雨水口 110 带罩	个	11.00	10.10	—	—	—
	密封胶	kg	12.00	0.31	0.50	0.10	0.10
	玻璃钢雨水口 160 带罩	个	15.00	—	10.10	—	—
	玻璃钢弯头 50	个	30.00	—	—	10.10	—
	玻璃钢短管 50	个	20.00	—	—	—	10.10
	水泥豆石浆 1∶2.5	m^3	271.52	0.03	0.05	—	—
	水泥 32.5	kg		(16.98)	(28.30)	—	—
	豆石 5～10 mm	m^3		(0.03)	(0.05)	—	—
	其他材料费	元		0.02	0.02	—	—

工程内容:1. 划线、埋设管卡、安装弯管、水斗、落水口等全部操作过程。

2. 细石混凝土填缝、涂胶、安出水口、排水槽。

3. 切管、埋设吐水管等全部操作过程。

单位:10 个

定额编号				AG0454	AG0455	AG0456	AG0457
项目		单位	单价(元)	塑料山墙出水口(带水斗)		塑料落水口(带罩)	
				ϕ110	ϕ160	ϕ110	ϕ160
综合单(基)价		元		640.32	711.52	273.65	324.95
其中	人工费	元		148.40	148.40	130.50	130.50
	材料费	元		447.40	518.60	104.00	155.30
	机械费	元		—	—	—	—
	综合费	元		44.52	44.52	39.15	39.15
材料	塑料山墙出水口 ϕ110	套	18.00	10.10	—	—	—
	塑料山墙出水口 ϕ160	套	20.00	—	10.10	—	—
	塑料落水口 ϕ110 带罩	套	10.00	—	—	10.10	—
	塑料落水口 ϕ160 带罩	套	15.00	—	—	—	10.10
	塑料弯管	个	9.00	10.10	10.10	—	—
	塑料水斗 ϕ110	个	15.00	10.10	—	—	—
	塑料水斗 ϕ160	个	20.00	—	10.10	—	—
	排水管连接件 160×50	个	2.00	10.10	10.10	—	—
	其他材料费	元		3.00	3.50	3.00	3.80

工程内容：固定、嵌缝、安装排气管、通风帽等全部操作过程。 单位：10个

定额编号				AG0458	AG0459	AG0460	AG0461	AG0462	AG0463
项目		单位	单价（元）	铝板山墙出水口	钢筋混凝土排水槽	吐水管		镀锌铁皮排气管	镀锌铁皮通风帽
						塑料管	钢管	$\phi 50$	
综合单(基)价		元		1133.48	446.85	72.18	114.84	510.07	288.19
其中	人工费	元		159.00	60.80	23.40	40.05	169.60	169.60
	材料费	元		926.78	367.81	41.76	62.77	289.59	67.71
	机械费	元		—	—	—	—	—	—
	综合费	元		47.70	18.24	7.02	12.02	50.88	50.88
材料	铝板山墙出水口	个	35.00	10.10	—	—	—	—	—
	钢板篦子板	块	50.00	10.10	—	—	—	—	—
	螺栓(综合)	kg	6.50	3.01	—	—	—	—	—
	建筑油膏	kg	1.30	8.24	—	—	—	—	—
	钢筋混凝土排水槽	个	35.00	—	10.10	—	—	—	—
	塑料管 $\phi 50$	m	5.00	—	—	5.05	—	—	—
	焊接钢管 Dg50	m	9.00	—	—	—	5.05	—	—
	镀锌铁皮 24#	m^2	23.00	—	—	—	—	10.10	—
	镀锌铁皮通风帽	个	5.70	—	—	—	—	—	10.10
	石油沥青 60#	kg	3.20	—	—	0.25	0.25	—	—
	油漆溶剂油 200#	kg	3.50	—	—	—	0.01	—	—
	防锈漆	kg	7.00	—	—	—	0.11	0.25	0.10
	油麻丝	kg	10.00	—	—	0.14	0.14	—	—
	加工铁件	kg	4.50	—	—	—	—	4.71	—
	铁卡箍	kg	6.00	—	—	—	—	3.99	—
	调和漆　白酯胶调和漆	kg	8.00	—	—	—	—	0.20	0.08
	其他材料费	元		38.00	14.30	14.30	14.30	8.80	8.80

单位：10个

定额编号				AG0464	AG0465	AG0466	AG0467
项目		单位	单价（元）	屋面排气管			
				塑料		钢管	
				上人屋面	非上人屋面	上人屋面	非上人屋面
综合单(基)价		元		188.28	122.63	272.97	147.14
其中	人工费	元		72.60	72.60	72.60	72.60
	材料费	元		93.90	28.25	178.59	52.76
	机械费	元		—	—	—	—
	综合费	元		21.78	21.78	21.78	21.78
材料	塑料管 $\phi 50$	m	5.00	18.18	5.05	—	—
	焊接钢管 Dg50	m	9.00	—	—	18.18	5.05
	铁件	kg	4.50	—	—	1.32	0.66
	防锈漆	kg	7.00	—	—	0.45	0.10
	调和漆　白酯胶调和漆	kg	8.00	—	—	0.36	0.08
	其他材料费	元		3.00	3.00	3.00	3.00

A. G. 2. 5　屋面天沟、檐沟(编码:010702005)

工程内容:制作安装铁皮、石棉水泥檐沟、天沟泛水等全部操作过程。　　单位:见表

定额编号				AG0468	AG0469	AG0470
项目		单位	单价(元)	铁皮排水		石棉水泥排水
				檐沟	天沟泛水	檐沟
				100 m²		10 m
综合单(基)价		元		4016.98	3109.14	111.04
其中	人工费	元		1012.50	468.00	26.00
	材料费	元		2700.73	2500.74	77.24
	机械费	元		—	—	—
	综合费	元		303.75	140.40	7.80
材料	加工铁件	kg	4.50	49.10	—	5.45
	焊锡	kg	20.00	1.80	2.08	—
	镀锌铁皮 24#	m²	23.00	106.00	106.00	—
	石棉水泥檐沟　带嘴	个	5.50	—	—	1.00
	石棉水泥檐沟　无嘴	个	4.50	—	—	10.34
	其他材料费	元		5.78	21.14	0.68

A. G. 3　墙面防水、防潮(编码:010703)

A. G. 3. 1　墙面卷材防水(编码:010703001)

工程内容:1. 清理基层、泛水收头处嵌油膏。

2. 刷冷底子油,加热烤铺卷材、压实及做收头等。　　单位:100 m²

定额编号				AG0471	AG0472	AG0473
项目		单位	单价(元)	塑性体(APP)改性沥青卷材防水层	弹性体(SBS)改性沥青卷材防水层	高聚物改性沥青卷材防水层
综合单(基)价		元		2943.28	3162.28	2681.22
其中	人工费	元		403.90	403.90	431.20
	材料费	元		2418.21	2637.21	2120.66
	机械费	元		—	—	—
	综合费	元		121.17	121.17	129.36
材料	塑性体(APP)改性沥青防水卷材 聚酯胎Ⅰ型 3 mm	m²	18.00	113.00	—	—
	弹性体(SBS)改性沥青防水卷材 聚酯胎Ⅰ型 3 mm	m²	20.00	—	113.00	—
	高聚物改性沥青防水卷材　聚酯胎 3 mm	m²	17.00	—	—	113.00
	改性沥青嵌缝油膏	kg	1.30	10.70	10.70	10.17
	冷底子油 30∶70	kg	5.52	57.12	57.12	—
	改性沥青粘接剂	kg	1.80	—	—	75.80
	石油沥青　30#	kg		(18.28)	(18.28)	—
	汽油	kg		(43.98)	(43.98)	—
	其他材料费	元		55.00	48.00	50.00

单位：100 m^2

定额编号				AG0474	AG0475	AG0476
项目		单位	单价（元）	氯化聚乙烯（CPE）卷材防水层	三元乙丙橡胶卷材防水层	聚氯乙烯（PVC）卷材防水层
综合单（基）价		元		3338.35	3578.22	2970.33
其中	人工费	元		433.40	417.45	416.60
	材料费	元		2774.93	3035.53	2428.75
	机械费	元		—	—	—
	综合费	元		130.02	125.24	124.98
材料	氯化聚乙烯（CPE）防水卷材 非硫化型 1.2 mm	m^2	19.00	113.00	—	—
	三元乙丙橡胶防水卷材 非硫化型 1.2 mm	m^2	21.00	—	113.00	—
	聚氯乙烯（PVC）防水卷材 复合型 1.2 mm	m^2	20.00	—	—	113.00
	CSPE 嵌缝油膏 330 mL	支	1.00	29.83	29.83	29.83
	聚氨酯甲：乙（1：3）	kg	6.00	18.00	—	—
	粘接剂 404	kg	12.00	40.00	40.40	—
	聚氯酯甲：乙（1：1.5）	kg	5.00	—	21.50	—
	PVC 聚氯乙烯粘合剂	kg	1.00	—	—	65.80
	改性沥青粘接剂	kg	1.80	—	—	18.18
	其他材料费	元		10.10	40.40	40.40

单位：100 m^2

定额编号				AG0477	AG0478	AG0479	AG0480
项目		单位	单价（元）	聚乙烯丙纶复合卷材防水层	氯丁橡胶卷材防水层	橡塑共混橡胶（三元乙丁）卷材防水层	丙烯酸酯卷材防水层
综合单（基）价		元		2693.96	2556.40	3253.51	3151.65
其中	人工费	元		414.60	420.75	422.75	414.55
	材料费	元		2154.98	2009.42	2703.93	2612.73
	机械费	元		—	—	—	—
	综合费	元		124.38	126.23	126.83	124.37
材料	聚乙烯丙纶复合防水卷材 1.2 mm	m^2	16.50	113.00	—	—	—
	氯丁橡胶卷材 1.2 mm	m^2	15.00	—	113.00	—	—
	橡塑共混橡胶（三元乙丁）防水卷材 非硫化型 1.2 mm	m^2	21.00	—	—	113.00	—
	丙烯酸酯防水卷材	m^2	20.00	—	—	—	113.00
	CSPE 嵌缝油膏 330 mL	支	1.00	29.83	29.83	29.83	29.83
	聚氨酯甲：乙（1：1.5）	kg	5.00	47.13	—	28.87	—
	氯丁胶乳沥青涂料	kg	3.00	—	72.88	—	—
	cr-409 液	kg	7.00	—	3.65	—	—
	BX-12 粘结剂	kg	3.00	—	—	45.45	—
	改性沥青粘接剂	kg	1.80	—	—	—	150.00
	其他材料费	元		25.00	40.40	20.40	52.90

单位:100 m^2

定额编号				AG0481	AG0482
项目		单位	单价(元)	PE高分子卷材防水层	EVA高分子卷材防水层
综合单(基)价		元		3144.13	2865.73
其中	人工费	元		416.10	416.10
	材料费	元		2603.20	2324.80
	机械费	元		—	—
	综合费	元		124.83	124.83
材料	PE高分子防水卷材 1.5 mm	m^2	21.50	113.00	—
	EVA高分子防水卷材 1.5 mm	m^2	19.00	—	113.00
	CSPE嵌缝油膏 330 mL	支	1.00	29.80	29.80
	PVC聚氯乙烯粘合剂	kg	1.00	78.50	82.60
	其他材料费	元		65.40	65.40

单位:100 m^2

定额编号				AG0483	AG0484	AG0485	AG0486
项目		单位	单价(元)	石油沥青油毡防水层(玻纤胎)			
				一毡二油(隔气层)	二毡三油	二毡三油一砂	每增减一毡一油
综合单(基)价		元		1736.32	2867.08	2987.31	861.31
其中	人工费	元		223.00	434.60	459.85	163.50
	材料费	元		1446.42	2302.10	2389.50	648.76
	机械费	元		—	—	—	—
	综合费	元		66.90	130.38	137.96	49.05
材料	沥青玻璃布油毡	m^2	3.00	113.00	226.00	226.00	113.00
	石油沥青10#	kg	2.00	360.00	540.00	563.00	118.00
	石油沥青30#	kg	2.80	10.00	15.00	15.00	—
	石油沥青60#	kg	3.20	42.00	63.00	67.00	18.00
	塑料油膏	kg	1.70	19.80	19.80	19.80	—
	汽油	kg	6.00	25.16	37.74	37.74	—
	绿豆砂	m^3	55.00	—	—	0.52	—
	其他材料费	元		40.40	40.40	40.40	16.16

A.G.3.2 墙面涂膜防水(编码:010703002)

工程内容:清理修补基层、备料、刷油、铺贴;做隔气层或防水层。 单位:100 m²

定额编号		单位	单价(元)	AG0487	AG0488	AG0489	AG0490	AG0491	AG0492
项目				水乳型橡胶沥青涂料	水乳型氯丁橡胶沥青涂料	单组分聚氨酯	单组分聚氨酯每增减一遍	双组分聚氨酯	双组分聚氨酯每增减一遍
				一布二涂(隔气层)	涂膜厚2 mm	涂膜厚1.5 mm	涂膜厚0.5 mm	涂膜厚1.5 mm	涂膜厚0.5 mm
综合单(基)价		元		1155.29	1497.14	2975.43	876.97	2745.30	851.95
其中	人工费	元		382.70	246.95	271.25	86.90	292.50	93.50
	材料费	元		657.78	1176.10	2622.80	764.00	2365.05	730.40
	机械费	元		—	—	—	—	—	—
	综合费	元		114.81	74.09	81.38	26.07	87.75	28.05
材料	水乳型橡胶沥青涂料	kg	5.00	105.45	234.65	—	—	—	—
	单组分聚氨酯防水涂料	kg	12.50	—	—	205.00	58.80	—	—
	双组分聚氨酯防水涂料	kg	10.50	—	—	—	—	219.50	66.80
	玻纤布	m²	1.20	106.40	—	—	—	—	—
	稀释剂	kg	6.00	—	—	8.00	4.00	8.00	4.00
	其他材料费	元		2.85	2.85	12.30	5.00	12.30	5.00

单位:100 m²

定额编号		单位	单价(元)	AG0493	AG0494	AG0495	AG0496	AG0497
项目				石油沥青玛碲脂	涂塑料油膏	塑料油膏防水层 一布二油	塑料油膏防水层 每增减一布一油	氯偏共聚乳液
				涂膜厚3 mm	涂膜厚4 mm	厚5 mm	厚2 mm	三遍
综合单(基)价		元		1425.55	1347.00	1846.85	814.88	243.82
其中	人工费	元		174.50	272.50	371.50	148.50	80.50
	材料费	元		1198.70	992.75	1363.90	621.83	139.17
	机械费	元		—	—	—	—	—
	综合费	元		52.35	81.75	111.45	44.55	24.15
材料	石油沥青玛碲脂 石油沥青65% 滑石粉35%	m³	2809.10	0.32	—	—	—	—
	冷底子油 30:70	kg	5.52	48.93	—	—	—	—
	塑料油膏	kg	1.70	—	563.05	701.13	280.25	—
	玻纤布	m²	1.20	—	—	106.40	106.40	—
	氯偏共聚乳液	kg	6.00	—	—	—	—	21.00
	磷酸三钠溶液10%	kg	3.00	—	—	—	—	0.59
	聚乙烯醇溶液10%	kg	12.00	—	—	—	—	0.95
	石油沥青30#	kg		(316.46)	—	—	—	—
	滑石粉	kg		(161.92)	—	—	—	—
	汽油	kg		(37.68)	—	—	—	—
	其他材料费	元		29.70	35.56	44.30	17.72	—

单位:100 m²

定额编号				AG0498	AG0499	AG0500	AG0501
项目		单位	单价（元）	氯丁胶乳沥青涂料防水层			
				二布三涂	每增减一布一涂	每增减一涂	混凝土、砂浆面涂刷三层
				涂膜厚 2 mm	涂膜厚 0.6 mm	涂膜厚 0.1 mm	
综合单(基)价		元		1791.12	568.50	119.65	579.34
其中	人工费	元		463.75	112.50	49.00	200.00
	材料费	元		1188.24	422.25	55.95	319.34
	机械费	元		—	—	—	—
	综合费	元		139.13	33.75	14.70	60.00
材料	氯丁胶乳沥青涂料	kg	3.00	298.50	93.80	18.50	96.50
	稀释剂	kg	6.00	5.05	2.02	—	4.50
	玻纤布	m²	1.20	212.80	106.40	—	—
	其他材料费	元		7.08	1.05	0.45	2.84

单位:100 m²

定额编号				AG0502	AG0503	AG0504
项目		单位	单价（元）	溶剂型再生橡胶沥青涂料防水层		
				二布三涂	每增减一布一涂	每增减一涂
				涂膜厚 2 mm	涂膜厚 0.6 mm	涂膜厚 0.1 mm
综合单(基)价		元		1831.98	620.83	122.64
其中	人工费	元		486.05	146.30	52.80
	材料费	元		1200.11	430.64	54.00
	机械费	元		—	—	—
	综合费	元		145.82	43.89	15.84
材料	溶剂型再生胶沥青	kg	3.00	296.40	93.58	18.00
	稀释剂	kg	6.00	5.05	2.02	—
	玻纤布	m²	1.20	212.80	106.40	—
	其他材料费	元		25.25	10.10	—

单位:100 m²

定额编号				AG0505	AG0506	AG0507
项目		单位	单价（元）	APP 改性沥青涂料防水层		
				二布三涂	每增减一布一涂	每增减一涂
				涂膜厚 2 mm	涂膜厚 0.6 mm	涂膜厚 0.1 mm
综合单(基)价		元		2054.40	692.48	135.67
其中	人工费	元		491.45	156.75	54.55
	材料费	元		1415.51	488.70	64.75
	机械费	元		—	—	—
	综合费	元		147.44	47.03	16.37
材料	APP 改性沥青涂料	kg	3.50	315.60	96.80	18.50
	稀释剂	kg	6.00	5.05	2.02	—
	玻纤布	m²	1.20	212.80	106.40	—
	其他材料费	元		25.25	10.10	—

单位:100 m²

定额编号				AG0508	AG0509	AG0510
项目		单位	单价(元)	SBS改性沥青涂料防水层		
				二布三涂	每增减一布一涂	每增减一涂
				涂膜厚 2 mm	涂膜厚 0.6 mm	涂膜厚 0.1 mm
综合单(基)价		元		2028.50	687.23	135.67
其中	人工费	元		491.45	156.75	54.55
	材料费	元		1389.61	483.45	64.75
	机械费	元		—	—	—
	综合费	元		147.44	47.03	16.37
材料	SBS改性沥青涂料	kg	3.50	308.20	95.30	18.50
	稀释剂	kg	6.00	5.05	2.02	—
	玻纤布	m²	1.20	212.80	106.40	—
	其他材料费	元		25.25	10.10	—

单位:100 m²

定额编号				AG0511	AG0512	AG0513	AG0514
项目		单位	单价(元)	聚合物乳液(丙烯酸酯)涂膜防水层		聚合物水泥(JS)涂料防水层	
				涂膜厚 1 mm	每增减 0.1 mm	涂膜厚 1 mm	每增减 0.1 mm
综合单(基)价		元		1747.08	171.28	1663.52	167.51
其中	人工费	元		226.60	23.10	290.40	29.70
	材料费	元		1452.50	141.25	1286.00	128.90
	机械费	元		—	—	—	—
	综合费	元		67.98	6.93	87.12	8.91
材料	聚合物乳液(丙烯酸酯)防水涂料	kg	8.00	180.00	17.50	—	—
	聚合物水泥(JS)防水涂料 Ⅱ型	kg	7.00	—	—	182.50	18.30
	其他材料费	元		12.50	1.25	8.50	0.80

单位:100 m²

定额编号				AG05015	AG0516	AG0517	AG0518	AG0519
项目		单位	单价(元)	硅橡胶涂料防水层		硅橡胶涂膜防水层		涂膜防水层每增加一布
				涂膜厚 1 mm	每增减 0.1 mm	涂膜厚 1 mm	每增减 0.1 mm	
综合单(基)价		元		2188.05	217.60	2891.40	295.18	175.78
其中	人工费	元		273.50	29.50	297.00	34.10	37.00
	材料费	元		1832.50	179.25	2505.30	250.85	127.68
	机械费	元		—	—	—	—	—
	综合费	元		82.05	8.85	89.10	10.23	11.10
材料	硅橡胶防水涂料	kg	10.00	182.00	17.80	—	—	—
	硅橡胶防水涂膜	kg	16.00	—	—	155.80	15.60	—
	玻纤布	m²	1.20	—	—	—	—	106.40
	其他材料费	元		12.50	1.25	12.50	1.25	—

单位：100 m²

定额编号				AG0520	AG0521
项目		单位	单价（元）	水泥基渗透结晶型涂料防水层	
				涂膜厚 1 mm	每增减 0.1 mm
综合单(基)价		元		1982.31	198.90
其中	人工费	元		289.85	29.15
	材料费	元		1605.50	161.00
	机械费	元		—	—
	综合费	元		86.96	8.75
材料	水泥基渗透结晶型防水涂料Ⅰ型	kg	10.50	150.00	15.00
	其他材料费	元		30.50	3.50

A.G.3.3 砂浆防水、防潮（编码：010703003）

工程内容：清理底层、拌制素水泥浆、水泥砂浆、压实、抹平养护；掺无机铝盐及隔热镇水粉防水。 单位：100 m²

定额编号				AG0522	AG0523	AG0524
项目		单位	单价（元）	掺无机铝盐防水剂		
				素水泥浆	水泥砂浆（中砂）	水泥砂浆（特细砂）
综合单(基)价		元		158.13	1274.63	1264.57
其中	人工费	元		60.90	442.15	442.15
	材料费	元		78.96	690.89	680.83
	机械费	元		—	6.88	6.88
	综合费	元		18.27	134.71	134.71
材料	无机盐铝防水剂	kg	2.00	9.10	49.10	49.10
	水泥砂浆（中砂）1∶2	m³	289.92	—	2.02	—
	水泥砂浆（特细砂）1∶2	m³	284.94	—	—	2.02
	水泥浆	m³	606.80	0.10	0.01	0.01
	水泥 32.5	kg		(151.70)	(1227.17)	(1227.17)
	中砂	m³		—	(2.10)	—
	特细砂	m³		—	—	(2.16)
	水	m³	1.50	0.05	0.65	0.65

单位：100 m²

定额编号				AG0525	AG0526	AG0527	AG0528
项目		单位	单价（元）	隔热镇水粉防水（中砂）		隔热镇水粉防水（特细砂）	
				砂浆盖面	混凝土盖面	砂浆盖面	混凝土盖面
综合单(基)价		元		2688.01	3093.52	2677.95	3121.78
其中	人工费	元		523.20	792.80	523.20	792.80
	材料费	元		1996.60	2032.45	1986.54	2060.71
	机械费	元		8.65	23.41	8.65	23.41
	综合费	元		159.56	244.86	159.56	244.86
材料	隔热镇水粉	kg	3.00	463.50	463.50	463.50	463.50
	混凝土（中砂）C20	m³	204.24	—	3.03	—	—
	混凝土（特细砂）C20	m³	213.58	—	—	—	3.03
	水泥砂浆（中砂）1∶2	m³	289.92	2.02	—	—	—
	水泥砂浆（特细砂）1∶2	m³	284.94	—	—	2.02	—
	水泥豆石浆 1∶2.5	m³	271.52	—	0.05	—	0.05
	水泥浆	m³	606.80	0.01	0.01	0.01	0.01
	水泥 32.5	kg		(1227.17)	(1167.60)	(1227.17)	(1258.50)
	中砂	m³		(2.10)	(1.45)	—	—
	特细砂	m³		—	—	(2.16)	(1.18)
	豆石 5～10 mm	m³		—	(0.05)	—	(0.05)
	砾石 5～10 mm	m³		—	(2.48)	—	(2.79)
	水	m³	1.50	0.92	2.30	0.92	2.27
	其他材料费	元		13.01	—	13.01	—

工程内容：1. 清理底层、拌制水泥砂浆、压实、抹平养护。

2. 熬制沥青及配制冷底子油，刷冷底子油及铺贴卷材。

单位：100 m²

定额编号				AG0529	AG0530	AG0531	AG0532
项目		单位	单价（元）	防水砂浆（中砂）		防水砂浆（特细砂）	
				一层作法	五层作法	一层作法	五层作法
综合单(基)价		元		1198.94	1825.29	1188.64	1817.17
其中	人工费	元		409.57	714.42	409.57	714.42
	材料费	元		659.86	891.43	649.56	883.31
	机械费	元		5.11	3.93	5.11	3.93
	综合费	元		124.40	215.51	124.40	215.51
材料	防水粉(液)	kg	0.80	66.38	52.27	66.38	52.27
	水泥砂浆(中砂)1∶2	m³	289.92	2.07	1.63	—	—
	水泥砂浆(特细砂)1∶2	m³	284.94	—	—	2.07	1.63
	水泥浆	m³	606.80	—	0.61	—	0.61
	水泥 32.5	kg		(1242.00)	(1903.37)	(1242.00)	(1903.37)
	中砂	m³		(2.15)	(1.70)	—	—
	特细砂	m³		—	—	(2.21)	(1.74)
	水	m³	1.50	4.42	4.59	4.42	4.59

单位：100 m²

定额编号				AG0533	AG0534	AG0535	AG0536	AG0537	AG0538
项目		单位	单价（元）	刷聚苯乙烯涂料	刷冷底子油		干铺油毡（玻纤胎）	刷石油沥青	
				二遍	第一遍	第二遍		一遍	每增刷一遍
综合单(基)价		元		267.59	356.57	270.01	399.87	961.07	507.14
其中	人工费	元		128.00	73.55	57.20	62.05	99.45	27.70
	材料费	元		101.19	260.95	195.65	319.20	831.78	471.13
	机械费	元		—	—	—	—	—	—
	综合费	元		38.40	22.07	17.16	18.62	29.84	8.31
材料	聚苯乙烯涂料	kg	3.00	33.73	—	—	—	—	—
	冷底子油 30∶70	kg	5.52	—	45.60	34.20	—	46.86	—
	煤	kg	0.30	—	30.80	22.91	—	118.18	95.76
	沥青玻璃布油毡	m²	3.00	—	—	—	106.40	—	—
	石油沥青 30＃	kg	2.80	—	(14.59)	(10.94)	—	192.02	158.00
	汽油	kg		—	(35.11)	(26.33)	—	(36.08)	—
	石油沥青 30＃	kg		—	—	—	—	(15.00)	—

A. G. 3. 4 变形缝(编码:010703004)

工程内容:1. 清理变形缝。

2. 熬制沥青玛碲脂、麻刀灰。

3. 油浸麻丝、木丝板。

4. 填塞缝及贴油毡。

5. 止水带裁制、安装。

单位:10 m

定额编号				AG0539	AG0540	AG0541	AG0542	AG0543	AG0544
项目		单位	单价(元)	石灰麻刀	油浸麻丝	油浸木丝板	嵌木条	灌沥青	沥青砂浆
综合单(基)价		元		101.91	166.32	67.36	112.42	84.51	103.55
其中	人工费	元		29.00	39.45	15.70	21.05	8.30	28.20
	材料费	元		64.21	115.03	46.95	85.05	73.72	66.89
	机械费	元		—	—	—	—	—	—
	综合费	元		8.70	11.84	4.71	6.32	2.49	8.46
材料	二等锯材	m^3	1400.00	—	—	—	0.06	—	—
	沥青玻璃布油毡	m^2	3.00	1.71	—	—	—	—	—
	冷底子油 30∶70	kg	5.52	0.70	—	—	—	1.60	1.60
	普通沥青砂浆(中砂)1∶2∶7	m^3	913.62	—	—	—	—	—	0.05
	石油沥青 30#	kg	2.80	6.50	20.40	12.85	—	19.65	(12.86)
	生石灰	kg	0.18	18.00	—	—	—	—	—
	麻刀	kg	3.00	10.80	—	—	—	—	—
	麻丝	kg	10.00	—	5.50	—	—	—	—
	水泥木丝板	m^2	5.50	—	—	1.57	—	—	—
	石油沥青 30#	kg		(0.22)	—	—	—	(0.51)	(12.35)
	汽油	kg		(0.54)	—	—	—	(1.23)	(1.23)
	滑石粉	kg		—	—	—	—	—	(23.90)
	中砂	m^3		—	—	—	—	—	(0.06)
	其他材料费	元		1.38	2.91	2.33	1.05	9.87	12.38

单位:10 m

定额编号				AG0545	AG0546	AG0547	AG0548	AG0549
项目		单位	单价(元)	石油沥青玛碲脂	建筑油膏嵌缝	塑料油膏嵌缝 空心板、大型屋面板		
						7.5 cm^2	9.0 cm^2	12.0 cm^2
综合单(基)价		元		57.69	44.82	47.56	51.87	60.57
其中	人工费	元		8.30	17.10	15.00	15.00	15.50
	材料费	元		46.90	22.59	28.06	32.37	40.42
	机械费	元		—	—	—	—	—
	综合费	元		2.49	5.13	4.50	4.50	4.65
材料	石油沥青玛碲脂 石油沥青 65% 滑石粉 35%	m^3	2809.10	0.01	—	—	—	—
	冷底子油 30∶70	kg	5.52	1.60	—	—	—	—
	煤	kg	0.30	33.25	7.50	6.49	8.44	10.39
	建筑油膏	kg	1.30	—	15.20	—	—	—
	建筑焦油	kg	0.60	—	0.96	—	—	—
	塑料油膏	kg	1.70	—	—	15.36	17.55	21.94
	石油沥青 30#	kg		(9.91)	—	—	—	—
	滑石粉	kg		(5.06)	—	—	—	—
	汽油	kg		(1.23)	—	—	—	—

单位:10 m

定额编号				AG0550	AG0551	AG0552	AG0553
项目		单位	单价(元)	丙烯酸酯嵌缝	聚氨酯嵌缝(非焦油)	聚氨乙烯胶泥嵌缝	花纹硬橡胶板嵌缝
综合单(基)价		元		120.50	112.50	92.66	86.44
其中	人工费	元		15.00	15.00	30.60	40.50
	材料费	元		101.00	93.00	52.88	33.79
	机械费	元		—	—	—	—
	综合费	元		4.50	4.50	9.18	12.15
材料	丙烯酸弹性防水胶	kg	8.00	12.00	—	—	—
	非焦油型聚氨酯	kg	8.00	—	11.00	—	—
	聚氨乙烯胶泥	kg	6.00	—	—	8.33	—
	橡胶板 1～3 mm 厚	m^2	20.00	—	—	—	1.47
	环氧树脂	kg	19.00	—	—	—	0.15
	丙酮	kg	6.00	—	—	—	0.15
	其他材料费	元		5.00	5.00	2.90	0.64

单位:10 m

定额编号				AG0554	AG0555	AG0556	AG0557
项目		单位	单价(元)	橡胶止水带	塑料止水带	氯丁橡胶片止水带	钢板止水带
综合单(基)价		元		291.79	207.79	285.82	541.56
其中	人工费	元		45.50	45.50	40.00	69.50
	材料费	元		232.64	148.64	233.82	445.15
	机械费	元		—	—	—	4.66
	综合费	元		13.65	13.65	12.00	22.25
材料	橡胶止水带	m	20.00	10.50	—	—	—
	塑料止水带	m	12.00	—	10.50	—	—
	氯丁橡胶片 2 mm	m	15.00	—	—	10.50	—
	钢板 综合	t	5000.00	—	—	—	0.08
	环氧树脂	kg	19.00	0.30	0.30	—	—
	丙酮	kg	6.00	0.30	0.30	—	—
	加工铁件	kg	4.50	3.08	3.08	3.08	—
	氯丁橡胶浆	kg	7.00	—	—	6.06	—
	三异氰酸酯	kg	8.00	—	—	0.91	—
	乙二胺	kg	16.00	0.02	0.02	—	—
	其他材料费	元		0.96	0.96	12.76	45.15

单位:10 m

定额编号				AG0558	AG0559	AG0560	AG0561
项目		单位	单价(元)	预埋式紫铜片止水带	涂刷式一布二涂氯丁胶贴玻璃纤维布止水带		橡胶遇水膨胀止水条
					湿基层	干基层	
综合单(基)价		元		2013.22	170.24	160.21	172.80
其中	人工费	元		96.10	22.00	22.00	46.00
	材料费	元		1882.23	141.64	131.61	113.00
	机械费	元		4.66	—	—	—
	综合费	元		30.23	6.60	6.60	13.80
材料	紫铜板 2 mm	kg	23.00	81.09	—	—	—
	氯丁橡胶浆	kg	7.00	—	11.69	13.60	—
	橡胶遇水膨胀止水条	m	10.00	—	—	—	10.50
	铜焊条	kg	12.00	1.43	—	—	—
	三异氰酸酯	kg	8.00	—	1.75	2.04	—
	环氧树脂	kg	19.00	—	1.04	—	—
	低分子聚酰胺	kg	20.00	—	0.29	—	—
	玻纤布	m^2	1.20	—	9.52	9.52	—
	其他材料费	元		—	8.83	8.67	8.00

单位:10 m

定额编号				AG0562	AG0563	AG0564	AG0565
项目		单位	单价(元)	木板盖面	铁皮盖面	铝合金板盖面	钢板盖面
综合单(基)价		元		253.13	266.85	459.60	581.24
其中	人工费	元		25.50	45.00	47.50	49.50
	材料费	元		219.98	208.35	397.85	510.83
	机械费	元		—	—	—	4.66
	综合费	元		7.65	13.50	14.25	16.25
材料	二等锯材	m^3	1400.00	0.155	0.05	0.03	—
	镀锌铁皮 24#	m^2	23.00	—	4.26	—	—
	铝合金板 1 mm	kg	22.00	—	—	14.34	—
	钢板 δ5 mm	t	5000.00	—	—	—	0.095
	木砖	m^3	1100.00	—	—	—	0.02
	建筑油膏	kg	1.30	—	—	—	10.35
	其他材料费	元		2.98	40.37	40.37	0.37

三十五、云南省建筑工程造价计价依据

（2003年定额防水工程部分）

关于发布施行云南省2003版建设工程造价计价依据的通知

（云建标[2003]668号）

省直各委、办、厅、局，各地、州、市建设局，各有关设计、施工、金融、中介咨询、建设单位，驻滇各有关单位及部队：

为适应云南省建筑市场发展需要，更好地贯彻实施国家标准《建设工程工程量清单计价规范》（GB 50500—2003）和《云南省建设工程造价管理条例》，进一步推动工程造价工作市场化进程，规范建设工程承发包计价行为，维护建设工程承发包双方的合法权益，省建设厅组织编制的“云南省2003版建设工程造价计介依据”（以下简称新版计价依据）及其电子版定额，经审查同意，现予发布，自2003年11月1日起在全省行政区域内施行。

新版计价依据包括：《云南省建设工程造价计价规则》、《云南省建设工程工程量清单细目指南》、《云南省建设工程措施项目计价办法》、《云南省施工机械台班费用计价办法》、《云南省建筑工程消耗量定额》、《云南省建筑装饰装修工程消耗量定额》、《云南省安装工程消耗量定额》、《云南省市政工程消耗量定额》、《云南省园林绿化工程消耗量定额》、《云南省房屋修缮工程消耗量定额》10个部分的内容。根据《云南省建设工程造价管理条例》和建设部的有关规定，新版计价依据发布施行后，除国家有关部、委、办、局发布的现行电力、水利、公路、人防、化工、铁路等专业工程定额外，其他工程计价依据在本省行政区域内一律废止。

新版计价依据是编制工程量清单和工程栏标价的标准，也是编制投资估算、设计概算、施工图预算、工程结算、竣工决算，进行工程造价纠纷技术鉴定和行政调解以及施工企业投标报价的依据和基础。凡2003年11月1日前已发出招标文件或已签订施工合同的工程，其计价办法可继续按招标文件规定或合同约定执行。

各地、各部门在新版计价依据的执行过程中，有何意见和建议请及时向省建设厅标准定额处反映。新版计价依据的印发、勘误、解释、补充、修改等工作由省建设厅标准定额处具体负责。

云南省建设厅

二〇〇三年十月十三日

第九部分　屋面及防水工程

说　　明

一、水泥瓦、粘土瓦、小青瓦、石棉瓦规格与定额不同时，瓦材数量可以换算，其他不变。

瓦材每 100 m² 耗用量按下式计算(或换算):100÷(瓦有效长度×瓦有效宽度)×(1+损耗率)。

二、高分子卷材、再生橡胶卷材厚度按 1.5 mm 取定,其他均为 1.2 mm。

三、防水工程适用于楼地面、墙基、墙身、构筑物、水池、水塔及室内厕所、浴室等防水,建筑物±0.00以下的防水;防潮工程按防水工程相应项目计算。

四、三元乙丙丁基橡胶卷材屋面防水,按相应三元乙丙橡胶卷材屋面防水项目计算。

五、氯丁冷胶"二布三涂"项目,其中的"三涂"是指涂料构成防水层数并非指涂刷遍数;每一层"涂层"刷二遍至数遍不等。

六、本分部定额中沥青、玛碲脂均指石油沥青、石油沥青玛碲脂。

七、变形缝填缝:建筑油膏聚氯乙烯胶泥断面取定 3 cm×2 cm;油浸木丝板取定为 2.5 cm×15 cm;紫铜板止水带取定为 2 mm 厚,展开宽 45 cm;氯丁橡胶宽 30 cm,涂刷式氯丁胶贴玻璃止水片宽 35 cm,其余均为 15 cm×3 cm。如设计断面不同时,用料可以换算,人工不变。

八、盖缝:木板盖缝断面取定为 20 cm×2.5 cm,如设计断面不同时,用料可以换算,人工不变。

九、屋面砂浆找平层、面层按楼地面相应定额项目计算。

工程量计算规则

一、瓦屋面、金属压型板(包括挑檐部分)均按(图 9-1)中尺寸的水平投影面积乘以屋面坡度系数(见表 9-1),以平方米计算。不扣除房上烟囱、风帽底座、风道、屋面小气窗、斜沟等所占面积,屋面小气窗的出檐部分亦不增加。

二、卷材屋面:工程量按以下规定计算:

1. 卷材屋面按图示尺寸的水平投影面积乘以规定的坡度系数(见表 9-1)以平方米计算。但不扣除房上烟囱、风帽底座、风道、屋面小气窗和斜沟所占的面积,屋面的女儿墙、伸缩缝和天窗等处的弯起部分,按图示尺寸并入屋面工程量计算。如图纸无规定时,伸缩缝、女儿墙的弯起部分可按 25 cm 计算,天窗弯起部分可按 50 cm 计算。

2. 卷材屋面的附加层、接缝、收头、找平层的嵌缝、冷底子油已计入定额内,不另计算。

三、涂膜屋面的工程量计算同卷材屋面。涂膜屋面的油膏嵌缝、玻璃布盖缝、屋面分格缝,以延长米计算。

四、屋面排水工程量按以下规定计算:

1. 铁皮排水按图示尺寸以展开面积计算,如图纸没有注明尺寸时,可按表 9-2 计算。咬口和搭接等已计入定额项目中,不另计算。

2. 铸铁、玻璃钢水落管区别不同直径按图示尺寸以延长米计算,雨水口、水斗、弯头、短管以个计算。

五、防水工程工程量按以下规定计算:

1. 建筑物地面防水、防潮层,按主墙间净空面积计算,扣除凸出地面的构筑物、设备基础等所占的面积,不扣除柱、垛、间壁墙、烟囱及 0.3 m² 以内孔洞所占面积。与墙面连接处高度在 50 cm 以内者按展开面积计算,并入平面工程量内,超过 50 cm 时,按立面防水层计算。

表 9-1 屋面坡度系数表

坡度 $B(L=1)$	高跨比 $H/2L$	坡度角度(α)	延尺系数 $C(L=1)$	隅延尺系数 $D(L=1)$
1	1/2	45°	1.4142	1.7321
0.75		36°52′	1.2500	1.6008
0.70		35°	1.2207	1.5779
0.666	1/3	33°40′	1.2015	1.5620
0.65		33°01′	1.1926	1.5564
0.60		35°58′	1.1662	1.5362
0.577		30°	1.1547	1.5270
0.55		28°49′	1.1413	1.5170
0.50	1/4	26°34′	1.1180	1.5000
0.45		24°14′	1.0966	1.4839
0.40	1/5	21°48′	1.0770	1.4697
0.35		19°17′	1.0594	1.4569
0.30		16°42′	1.0440	1.4457
0.25		14°02′	1.0308	1.4362
0.20	1/10	11°19′	1.0198	1.4283
0.15		8°32′	1.0112	1.4221
0.125		7°8′	1.0078	1.4191
0.100	1/20	5°42′	1.0050	1.4177
0.083		4°45′	1.0035	1.4166
0.066	1/30	3°49′	1.0022	1.4157

注：延尺系统 C：指两坡屋面坡度系数。隅延尺系数 D：指四坡屋面斜脊长度系数。

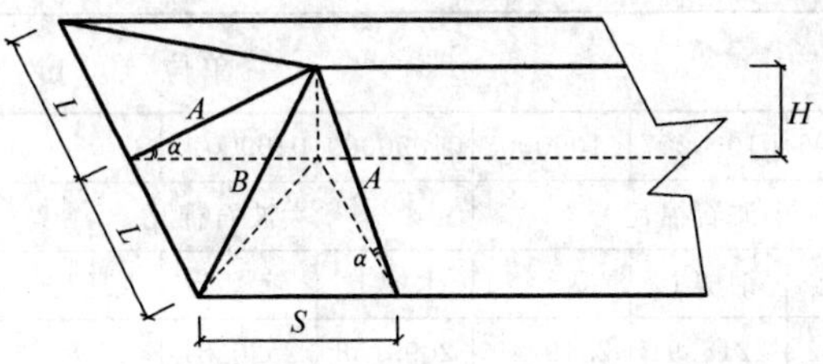

注：1. 斜坡排水屋面面积为屋面水平投影面积乘以延尺系数 C；

2. 沿山墙一个坡面泛水长度 $A=L\times C$；

3. 四坡排水屋面斜脊长度（当 $S=L$ 时）：$B=L\times D$。

图 9-1

表 9-2 铁皮排水单体零件折算表

名称	单位	水落管（m）	檐沟（m）	水斗（个）	漏斗（个）	下水口（个）	天沟（m）	斜沟开窗窗台泛水（m）	天窗侧面泛水（m）	烟囱泛水（m）	通气管泛水（m）	滴气管头泛水（m）	滴水（m）
铁皮排水	m^2	0.32	0.30	0.40	0.16	0.45	1.30	0.50	0.70	0.80	0.22	0.24	0.11

2. 建筑物墙基防水、防潮层，外墙按中心线长度、内墙按净长线长度乘以宽度以平方米计算。

3. 构筑物及建筑物地下室防水层，按实铺面积计算，不扣除 0.3 m^2 以内的孔洞面积。平面与立面交接处的防水层，高度在 50 cm 以内者按展开面积计算，并入平面工程量内；其上卷高度超过 50 cm 时，按立面防水层计算。

4. 防水卷材的附加层、接缝、收头、冷底子油等人工材料均已计入定额内，不另计算。

5. 变形缝按延长米计算。

一、屋面工程

1. 瓦屋面

工作内容：1. 铺瓦。

2. 调制砂浆、安脊瓦、檐口梢头坐灰。　　单位：100 m²

定额编号				01090001	01090002	01090003	01090004	01090005
项目				水泥瓦	粘土瓦	筒板瓦		陶瓷瓦
				屋面板上或椽子挂瓦条上铺设		椽子上铺设	混凝土屋面上铺设	
基价(元)				850.96	923.27	1846.50	2672.53	1824.19
其中	人工费(元)			167.06	167.06	297.00	712.31	712.31
	材料费(元)			683.90	756.21	1549.50	1960.22	1111.88
	机械费(元)			—	—	—	—	—
	名称	单位	单价(元)	数量				
人工	综合人工	工日	24.75	6.750	6.750	12.000	28.780	28.780
材料	水泥砂浆 1∶2.5	m³	186.69	0.110	0.110	—	2.200	1.800
	水泥脊瓦	块	0.61	28.460	—	—	—	—
	水泥瓦 385×235	千块	380.00	1.700	—	—	—	—
	粘土脊瓦 380×210×9	块	0.50	—	28.460	—	—	—
	粘土平瓦 400×250×10	千块	432.00	—	1.670	—	—	—
	混合砂浆 1∶1∶4	m³	163.36	—	—	0.310	0.310	—
	筒板瓦 板60%,筒40% 230×215～245	千块	220.00	—	—	6.813	6.813	—
	玻膜陶瓷瓦 314×314	千块	520.00	—	—	—	—	1.492

工作内容：石棉瓦，檩条上铺钉石棉瓦，安脊瓦。　　单位：100 m²

定额编号				01090006	01090007	01090008	01090009	01090010	01090011
项目				小波石棉瓦			大波石棉瓦		
				木檩上	钢檩上	混凝土檩上	木檩上	钢檩上	混凝土檩上
基价(元)				1890.02	2218.91	2319.49	2099.58	2520.81	2608.23
其中	人工费(元)			122.51	185.87	185.87	106.67	169.79	169.79
	材料费(元)			1767.51	2033.04	2133.62	1992.91	2351.02	2438.44
	机械费(元)			—	—	—	—	—	—
	名称	单位	单价(元)	数量					
人工	综合人工	工日	24.75	4.950	7.510	7.510	4.310	6.860	6.860
材料	石棉脊瓦 780×230×2×6	块	5.00	14.660	14.660	14.660	—	—	—
	小波石棉瓦 1820×745	块	16.00	102.550	102.550	102.550	—	—	—
	麻刀石灰砂浆	m³	146.49	0.020	0.020	0.020	0.030	0.030	0.030
	镀锌螺钉(带垫)	个	0.12	402.330	—	—	421.300	—	—
	油灰	kg	0.75	2.940	2.940	2.940	2.940	2.940	2.940
	镀锌扁钢钩 3×12×300	个	0.40	—	201.160	—	—	105.330	—
	镀锌螺栓钩 6×600	个	1.16	—	201.160	—	—	315.980	—
	镀锌扁钢钩 3×12×400	个	0.51	—	—	201.160	—	—	105.330
	镀锌螺栓钩 6×800	个	1.55	—	—	201.160	—	—	—
	大波石棉脊瓦 850×460	块	7.50	—	—	—	14.660	14.660	14.660
	大波石棉瓦 2800×994	块	34.00	—	—	—	53.700	53.700	53.700
	镀锌螺栓 6×800	个	1.40	—	—	—	—	—	315.980

2. 铁皮屋面

工作内容：1. 铁皮的截料、制作、固定铁皮带和折合缝、敷设、咬口。

2. 瓦楞铁皮的钻孔、稳固、上螺丝及安脊瓦等。 单位：100 m²

定额编号				01090012	01090013	01090014	01090015	01090016
项目				平铁皮		瓦楞铁皮屋面		
				单咬口	双咬口	木檩条	钢檩条	混凝土檩条
基价(元)				2529.25	2727.07	4153.81	4354.33	4190.83
其中	人工费(元)			94.59	103.95	42.82	53.46	48.26
	材料费(元)			2434.66	2623.12	4110.99	4300.87	4142.57
	机械费(元)			—	—	—	—	—
名称		单位	单价(元)	数量				
人工	综合人工	工日	24.75	3.822	4.200	1.730	2.160	1.950
材料	镀锌钢板26#(厚0.55 mm)	m²	20.94	116.000	125.000	4.410	4.410	4.410
	铁钉(圆钉)各种规格综合	kg	5.30	0.550	0.550	0.140	—	—
	镀锌螺钉(带垫)	个	0.12	—	—	404.000	—	—
	镀锌螺钉(带钩)7×90	个	0.59	—	—	—	404.000	—
	圆钉(综合)	kg	5.30	—	—	—	0.140	—
	镀锌波形铁皮瓦850×2000×0.55	m²	31.41	—	—	126.000	126.000	126.000
	石棉瓦钉 ϕ6×100	个	0.20	—	—	—	—	404.000
	其他材料费	元	1.00	2.700	2.700	11.760	11.760	11.760

工作内容：构件变形修理、临时加固、吊装、就位、找正、螺栓固定。 单位：100 m²

定额编号				01090017	01090018	01090019
项目				金属压型板屋面		
				(檩距以内)		
				7.5 m	6.0 m	4.2 m
基价(元)				9391.56	9495.84	9704.34
其中	人工费(元)			423.72	447.48	495.00
	材料费(元)			8846.12	8926.64	9087.62
	机械费(元)			121.72	121.72	121.72
名称		单位	单价(元)	数量		
人工	综合人工	工日	24.75	17.120	18.080	20.000
材料	屋脊板2 mm	m²	49.93	4.340	4.340	4.340
	压型屋面板W-550	m²	62.24	116.520	116.520	116.520
	沿口包角板0.8 mm	m²	23.97	1.110	1.110	1.110
	屋脊挡雨板WD-3	块	2.69	59.310	59.310	59.310
	屋脊堵头板WD-2	块	4.66	59.310	59.310	59.310
	檐口堵头板WD-1	块	5.58	59.310	59.310	59.310
	橡胶密封条2#	m	3.25	16.430	16.430	16.430

续表　　　　单位:100 m²

定额编号				01090017	01090018	01090019
项目				金属压型板屋面		
				（檩距以内）		
				7.5 m	6.0 m	4.2 m
名称		单位	单价(元)	数量		
材料	电焊条	kg	5.12	4.030	5.180	7.480
	密封膏	支	5.00	20.000	20.000	20.000
	单面固定螺栓 ML-850R	个	0.85	86.460	111.140	160.520
	单面连接螺栓 R-8	个	0.61	143.420	143.420	143.420
	铁丝 8#～12#	kg	4.51	3.000	3.000	3.000
	拉铆钉 LD-1	个	0.06	30.300	30.300	30.300
	普通螺栓 M8	个	0.21	177.780	177.780	177.780
	中间固定架 WG-2	个	3.99	42.630	54.810	79.160
	端部固定架 WG-3	个	2.59	1.180	1.520	2.190
	其他材料费	元	1.00	22.890	27.070	35.410
机械	交流弧焊机(容量 32 kV·A)	台班	98.94	1.100	1.100	1.100
	其他机械费	元	1.00	12.890	12.890	12.890

3. 屋面排水

工作内容：1. 铁皮截料、制安。

2. 包括切管、埋管卡、安水管、合灰捻口。　　　　单位:100 m²

定额编号				01090020	01090021
项目				铁皮排水	
				水落管、檐沟	天沟、泛水
基价(元)				3192.14	2550.64
其中	人工费(元)			713.05	257.65
	材料费(元)			2479.09	2292.99
	机械费(元)			—	—
名称		单位	单价(元)	数量	
人工	综合人工	工日	24.75	28.810	10.410
材料	镀锌铁皮 26#(厚 0.55 mm)	m²	20.94	105.800	105.400
	木炭	kg	1.58	7.690	9.240
	焊锡	kg	26.52	1.800	2.080
	盐酸	kg	0.58	0.380	0.440
	铁钉	kg	5.30	0.380	3.000
	铁件	kg	4.10	49.150	—

工作内容：1. 包括切管、埋管卡、安水管、合灰捻口。
2. 就位、安装。

单位：10 m

定额编号				01090022	01090023	01090024	01090025
项目				铸铁落水管		铸铁雨水口(10 个)	
				直径 100 mm	直径 150 mm	直径 100 mm	直径 150 mm
基价(元)				494.20	614.93	375.85	441.35
其中	人工费(元)			69.80	77.22	79.94	83.16
	材料费(元)			424.40	537.71	295.91	358.19
	机械费(元)			—	—	—	—
名称		单位	单价(元)	数量			
人工	综合人工	工日	24.75	2.820	3.120	3.230	3.360
材料	铸铁排水管 100×1500	m	30.00	10.470	—	—	—
	镀锌铁丝 8#	kg	4.18	0.820	0.820	—	—
	水泥 P.S42.5	t	334.00	0.012	0.013	—	—
	石棉绒	kg	3.20	1.740	2.360	—	—
	石油沥青 30#	kg	1.90	0.700	0.950	—	—
	螺栓 M3×20	套	0.06	21.000	—	—	—
	膨胀螺栓 M12	套	1.63	10.500	—	—	—
	铁件	kg	4.10	1.440	7.780	—	—
	铸铁三通 100×50	个	19.00	3.610	—	—	—
	麻丝	kg	6.20	0.180	0.250	—	—
	铸铁排水管 150×1500	m	38.00	—	10.100	—	—
	铸铁三通 150×50	个	28.00	—	3.610	—	—
	铸铁雨水口 100 带罩	套	26.00	—	—	10.470	—
	石油沥青油毡(350 g)	m^2	2.35	—	—	2.420	2.930
	石油沥青玛碲脂	m^3	1800.28	—	—	0.010	0.010
	铸铁雨水口 150 带罩	套	33.00	—	—	—	10.100
	其他材料费	元	1.00	1.980	2.260	—	—

工作内容：就位、安装。

单位：10 个

定额编号				01090026	01090027	01090028
项目				铸铁水斗		铸铁弯头
				落水口直径(mm)		(含箅子板)
				100	150	
基价(元)				373.33	451.11	492.41
其中	人工费(元)			66.33	69.55	88.61
	材料费(元)			307.00	381.56	403.80
	机械费(元)			—	—	—
名称		单位	单价(元)	数量		
人工	综合人工	工日	24.75	2.680	2.810	3.580
材料	铸铁水斗(接水口)100	个	26.00	10.100	—	—
	铁件	kg	4.10	10.830	11.770	2.420
	铸铁水斗(接水口)150	个	33.00	—	10.100	—
	铸铁弯头(出水口)100	个	23.00	—	—	10.100
	二等板枋材	m^3	960.00	—	—	0.036
	防腐油	kg	2.50	—	—	0.400
	石油沥青玛碲脂	m^3	1800.28	—	—	0.070

工作内容：1. 单屋面排水管系统：埋设管卡箍、截管、涂胶、接口。

2. 屋面阳台雨水管系统：埋设管卡箍、截管、涂胶、安三通、伸缩节、管等。 单位：10 m

定额编号				01090029	01090030	01090031	01090032
项目				塑料排水管			
				单屋面排水管系统直径		屋面阳台雨水管系统直径	
				ϕ110	ϕ160	ϕ110	ϕ160
基价(元)				342.42	589.90	386.76	705.70
其中	人工费(元)			71.53	79.45	71.53	79.45
	材料费(元)			270.89	510.45	315.23	626.25
	机械费(元)			—	—	—	—
	名称	单位	单价(元)	数量			
人工	综合人工	工日	24.75	2.890	3.210	2.890	3.210
材料	塑料排水管 ϕ110	m	19.30	10.540	—	10.180	—
	密封胶	kg	13.20	0.120	0.200	0.280	0.480
	卡箍膨胀螺栓 110	套	4.25	7.140	—	7.140	—
	排水管检查口 110	个	16.66	1.110	—	1.110	—
	排水管伸缩节 110	个	16.88	1.010	—	1.010	—
	塑料排水管 ϕ160	m	39.10	—	10.610	—	10.150
	卡箍膨胀螺栓 160	套	5.10	—	7.140	—	5.100
	排水管检查口 160	个	22.92	—	1.110	—	1.110
	排水管伸缩节 160	个	30.80	—	1.010	—	1.010
	塑料三通 110×50	个	9.56	—	—	3.160	—
	排水管连接件 ϕ110 直接	个	6.00	—	—	3.160	—
	塑料三通 160×50	个	30.46	—	—	—	3.160
	排水管连接件 ϕ160 直接	个	14.00	—	—	—	3.160

工作内容：1. 水斗：细石混凝土填缝、涂胶、接口。

2. 弯头及短管：涂胶、接口。 单位：10 个

定额编号				01090033	01090034	01090035
项目				塑料水斗直径		塑料弯头
				ϕ110	ϕ160	
基价(元)				366.33	446.05	215.54
其中	人工费(元)			74.50	77.72	32.42
	材料费(元)			291.83	368.33	183.12
	机械费(元)			—	—	—
	名称	单位	单价(元)	数量		
人工	综合人工	工日	24.75	3.0100	3.1400	1.3100
材料	塑料雨水斗 100 带罩	个	28.00	10.1000	—	—
	C20 现浇混凝土 碎石 40 细砂 P.S42.5	m^3	164.60	0.0300	0.0500	—
	密封胶	kg	13.20	0.3100	0.5000	0.1000
	塑料雨水斗 160 带罩	个	35.00	—	10.1000	—
	塑料弯头 110	个	18.00	—	—	10.1000

工作内容：1. 单屋面排水系统：埋设管卡箍、截管、涂胶、接口。

2. 屋面阳台雨水管系统：埋设管卡箍、截管、涂胶、安三通、伸缩节、管等。　　单位：10 m

定额编号				01090036	01090037	01090038	01090039
项目				玻璃钢排水管			
				单屋面排水管系统		屋面阳台雨水管系统	
				ϕ110	ϕ160	ϕ110	ϕ160
基价(元)				407.77	599.45	473.38	694.43
其中	人工费(元)			71.53	79.45	71.53	79.45
	材料费(元)			336.24	520.00	401.85	614.98
	机械费(元)			—	—	—	—
	名称	单位	单价(元)	数量			
人工	综合人工	工日	24.75	2.890	3.210	2.890	3.210
材料	玻璃钢排水管 110×1500	m	25.50	10.540	—	10.180	—
	密封胶	kg	13.20	0.120	0.200	0.280	0.480
	卡箍膨胀螺栓 110	套	4.25	7.140	—	7.140	—
	排水管检查口 110	个	16.66	1.110	—	1.110	—
	排水管伸缩节 110	个	16.88	1.010	—	1.010	—
	玻璃钢排水管 160×1500	m	40.00	—	10.610	—	10.150
	卡箍膨胀螺栓 160	套	5.10	—	7.140	—	5.100
	排水管检查口 160	个	22.92	—	1.110	—	1.110
	排水管伸缩节 160	个	30.80	—	1.010	—	1.010
	玻璃钢三通 110×50	个	17.00	—	—	3.160	—
	排水管连接件 ϕ110 直接	个	6.00	—	—	3.160	—
	玻璃钢三通 160×50	个	24.00	—	—	—	3.160
	排水管连接件 ϕ160 直接	个	14.00	—	—	—	3.160

工作内容：1. 水斗：细石混凝土填缝、涂胶、接口。

2. 弯头及短管：涂胶、接口。　　单位：10 个

定额编号				01090040	01090041	01090042	01090043
项目				玻璃钢排水部件			
				水斗(带罩)直径		弯头 90°	短管
				ϕ110	ϕ160	ϕ50	
基价(元)				285.53	385.45	82.22	276.14
其中	人工费(元)			74.50	77.72	32.42	32.42
	材料费(元)			211.03	307.73	49.80	243.72
	机械费(元)			—	—	—	—
	名称	单位	单价(元)	数量			
人工	综合人工	工日	24.75	3.010	3.140	1.310	1.310
材料	玻璃钢雨水斗 110 带罩	个	20.00	10.100	—	—	—
	C20 现浇混凝土 碎石 40 细砂 P.S42.5	m^3	164.60	0.030	0.050	—	—
	密封胶	kg	13.20	0.310	0.500	0.100	0.100
	玻璃钢雨水斗 160 带罩	个	29.00	—	10.100	—	—
	玻璃钢弯头 50	个	4.80	—	—	10.100	—
	玻璃钢短管 50	个	24.00	—	—	—	10.100

4. 卷材屋面

(1) 油毡卷材屋面

工作内容：熬制沥青玛碲脂、配制冷底子油、贴附加层、铺贴卷材收头、刷冷底子油。 单位：100 m²

定额编号				01090044	01090045	01090046	01090047	01090048
项目				石油沥青玛碲脂卷材屋面				
				一毡二油	二毡三油	二毡三油一毡	玛碲脂卷材每增减一毡一油	干铺油毡一层
基价(元)				1387.51	1979.73	2188.77	596.88	298.30
其中	人工费(元)			79.45	126.72	154.94	47.27	30.94
	材料费(元)			1308.06	1853.01	2033.83	549.61	267.36
	机械费(元)			—	—	—	—	—
名称		单位	单价(元)	数量				
人工	综合人工	工日	24.75	3.210	5.120	6.260	1.910	1.250
材料	石油沥青玛碲脂	m^3	1800.28	0.460	0.610	0.690	0.150	—
	石油沥青油毡(350 g)	m^2	2.35	124.170	237.940	237.940	113.770	113.770
	钢筋 ϕ10 以内	kg	2.57	5.220	5.220	5.220	—	—
	冷底子油 30∶70	kg	2.74	48.960	48.960	48.960	—	—
	铁钉	kg	5.30	0.280	0.280	0.280	—	—
	粒砂	m^3	50.40	—	—	0.520	—	—
	木柴	kg	0.19	205.700	245.400	301.180	64.240	—

(2) 高分子卷材屋面

工作内容：1. 清理基层、找平层分格缝嵌油膏、防水薄弱处刷涂膜附加层。

2. 刷底胶、铺贴卷材、接缝嵌油膏、做收头。

3. 涂刷着色剂保护层两遍。 单位：100 m²

定额编号				01090049	01090050	01090051	01090052
项目				三元乙丙橡胶卷材冷贴			
				满铺	空铺	点铺	条铺
基价(元)				4467.77	4120.62	4074.57	4016.34
其中	人工费(元)			228.20	228.20	228.20	200.72
	材料费(元)			4239.57	3892.42	3846.37	3815.62
	机械费(元)			—	—	—	—
名称		单位	单价(元)	数量			
人工	综合人工	工日	24.75	9.220	9.220	9.220	8.110
材料	三元乙丙橡胶卷材	m^2	23.00	110.550	112.850	112.850	112.850
	107 胶素水泥浆(面层，结合)	m^3	421.09	0.010	0.010	0.010	0.010
	钢筋 ϕ10 以内	kg	2.57	4.380	4.380	4.380	4.380
	银色着色剂	kg	6.00	20.200	20.200	20.200	20.200
	CSPE 嵌缝油膏 300 mL	支	4.80	50.280	50.280	50.280	50.280
	二甲苯	kg	5.71	25.250	25.250	25.250	25.250
	聚氨酯料	kg	8.13	47.340	47.340	47.340	47.340
	氯丁胶粘合剂	kg	15.00	49.950	23.280	20.210	18.160
	乙酸乙酯	kg	7.80	5.050	5.050	5.050	5.050
	铁钉	kg	5.30	0.230	0.230	0.230	0.230

工作内容：1. 清理基层、找平层分格缝嵌油膏、防水薄弱处刷涂膜附加层。

2. 刷底胶、铺贴卷材、接缝嵌油膏、做收头。

3. 涂刷着色剂保护层两遍。

单位：100 m^2

定额编号				01090053	01090054	01090055	01090056
项目				再生橡胶卷材冷贴			
				满铺	空铺	点铺	条铺
基价(元)				3804.47	3443.52	3397.47	3339.24
其中	人工费(元)			228.20	228.20	228.20	200.72
	材料费(元)			3576.27	3215.32	3169.27	3138.52
	机械费(元)			—	—	—	—
	名称	单位	单价(元)	数量			
人工	综合人工	工日	24.75	9.220	9.220	9.220	8.110
材料	再生橡胶卷材	m^2	17.00	110.550	112.850	112.850	112.850
	107胶素水泥浆(面层,结合)	m^3	421.09	0.010	0.010	0.010	0.010
	钢筋ϕ10以内	kg	2.57	4.380	4.380	4.380	4.380
	银色着色剂	kg	6.00	20.200	20.200	20.200	20.200
	CSPE嵌缝油膏330 mL	支	4.80	50.280	50.280	50.280	50.280
	二甲苯	kg	5.71	25.250	25.250	25.250	25.250
	聚氨酯料	kg	8.13	47.340	47.340	47.340	47.340
	氯丁胶粘合剂	kg	15.00	49.950	23.280	20.210	18.160
	乙酸乙酯	kg	7.80	5.050	5.050	5.050	5.050
	铁钉	kg	5.30	0.230	0.230	0.230	0.230

工作内容：1. 清理基层、找平层分格缝嵌油膏、防水薄弱处刷涂膜附加层。

2. 刷底胶、铺贴卷材、接缝嵌油膏、做收头。

3. 涂刷着色剂保护层两遍。

单位：100 m^2

定额编号				01090057	01090058	01090059	01090060
项目				氯丁橡胶卷材冷贴			
				满铺	空铺	点铺	条铺
基价(元)				4194.32	3810.88	3763.91	3705.22
其中	人工费(元)			228.20	228.20	228.20	200.72
	材料费(元)			3966.12	3582.68	3535.71	3504.50
	机械费(元)			—	—	—	—
	名称	单位	单价(元)	数量			
人工	综合人工	工日	24.75	9.220	9.220	9.220	8.110
材料	氯丁橡胶卷材	m^2	20.00	110.550	112.850	112.850	112.850
	107胶素水泥浆(面层,结合)	m^3	421.09	0.010	0.010	0.010	0.010
	钢筋ϕ10以内	kg	2.57	4.380	4.380	4.380	4.380
	银色着色剂	kg	6.00	20.200	20.200	20.200	20.200
	CSPE嵌缝油膏300 mL	支	4.02	50.280	50.280	50.280	50.280
	CY409液	kg	6.00	9.550	11.850	11.580	11.850
	二甲苯	kg	5.71	27.000	27.000	27.000	27.000
	聚氨酯料	kg	8.13	29.160	29.160	29.160	29.160
	氯丁胶沥青胶液	kg	15.30	60.600	31.630	28.560	26.520
	乙酸乙酯	kg	7.80	5.050	5.050	5.050	5.050
	铁钉	kg	5.30	0.230	0.230	0.230	0.230

工作内容：1. 清理基层、找平层分格缝嵌油膏、防水薄弱处刷涂膜附加层。

2. 刷底胶、铺贴卷材、接缝嵌油膏、做收头。

3. 涂刷着色剂保护层两遍。

单位：100 m²

定额编号				01090061	01090062	01090063	01090064
项目				氯化聚乙烯-橡胶共混卷材冷贴			
				满铺	空铺	点铺	条铺
基价(元)				4190.35	3810.28	3761.98	3702.16
其中	人工费(元)			228.20	228.20	228.20	200.72
	材料费(元)			3962.15	3582.08	3533.78	3501.44
	机械费(元)			—	—	—	—
	名称	单位	单价(元)	数量			
人工	综合人工	工日	24.75	9.220	9.220	9.220	8.110
材料	氯化聚乙烯-橡胶共混卷材	m^2	19.40	110.550	112.850	112.850	112.850
	107 胶素水泥浆(面层,结合)	m^3	421.09	0.010	0.010	0.010	0.010
	钢筋 ϕ10 以内	kg	2.57	4.380	4.380	4.380	4.380
	银色着色剂	kg	6.00	20.200	20.200	20.200	20.200
	CSPE 嵌缝油膏 330 mL	支	4.80	50.280	50.280	50.280	50.280
	BX-12 乙组份 880 mL	瓶	11.00	11.940	14.810	14.810	14.810
	BX-12 粘结剂	kg	14.00	45.450	12.860	9.410	7.100
	二甲苯	kg	5.71	27.000	27.000	27.000	27.000
	聚氨酯料	kg	8.13	29.160	29.160	29.160	29.160
	氯丁胶乳	kg	13.20	18.180	18.180	18.180	18.180
	乙酸乙酯	kg	7.80	5.050	5.050	5.050	5.050
	铁钉	kg	5.30	0.230	0.230	0.230	0.230

工作内容：1. 清理基层、找平层分格缝嵌油膏、防水薄弱处刷涂膜附加层。

2. 刷底胶、铺贴卷材、接缝嵌油膏、做收头。

3. 涂刷着色剂保护层两遍。

单位：100 m²

定额编号				01090065	01090066	01090067	01090068
项目				氯磺化聚乙烯卷材冷贴			
				满铺	空铺	点铺	条铺
基价(元)				4634.11	4094.64	4041.66	3932.86
其中	人工费(元)			228.20	228.20	228.20	200.72
	材料费(元)			4405.91	3866.44	3813.46	3732.14
	机械费(元)			—	—	—	—
	名称	单位	单价(元)	数量			
人工	综合人工	工日	24.75	9.220	9.220	9.220	8.110
材料	氯磺化聚乙烯卷材	m^2	22.00	110.550	112.850	112.850	112.850
	107 胶素水泥浆(面层,结合)	m^3	421.09	0.010	0.010	0.010	0.010
	钢筋 ϕ10 以内	kg	2.57	4.380	4.380	4.380	4.380
	银色着色剂	kg	6.00	20.200	20.200	20.200	20.200
	CSPE 嵌缝油膏 330 mL	支	4.80	50.280	50.280	50.280	50.280
	CX-401 胶	kg	15.00	10.510	12.210	13.030	10.510
	CX-404 胶	kg	17.00	50.500	14.290	140.450	7.890
	二甲苯	kg	5.71	27.000	27.000	27.000	27.000
	聚氨酯料	kg	8.13	47.340	47.340	47.340	47.340
	乙酸乙酯	kg	7.80	5.050	5.050	5.050	5.050
	铁钉	kg	5.30	0.230	0.230	0.230	0.230

工作内容：1. 防水柔毡：清扫基层、熔化粘胶、铺贴柔毡、收头铺撒白石子保护层。

2. 聚氯乙烯卷材铝合金压条：清理基层、铺卷材、钉压条、射钉上嵌密封膏收头。

3. SBC120 复合卷材：找平层嵌缝、刷聚氨酯涂膜附加层、用掺胶水泥贴卷材、聚氨酯胶接缝搭接。

单位：100 m²

定额编号				01090069	01090070	01090071	01090072
项目				防水柔毡热贴满铺		聚氯乙烯防水卷材铝合金压条空铺	SBC120 复合卷材冷贴满铺
				二胶一毡一砂	每增一胶一毡		
基价(元)				8923.11	4735.34	5013.94	3496.51
其中	人工费(元)			148.50	76.73	2187.90	133.16
	材料费(元)			8774.61	4658.61	2826.04	3363.35
	机械费(元)			—	—	—	—
名称		单位	单价(元)	数量			
人工	综合人工	工日	24.75	6.000	3.100	88.400	5.380
材料	防水柔毡	m²	18.00	126.150	110.150	—	—
	粘胶	kg	8.20	730.820	324.240	—	—
	107 胶素水泥浆(面层,结合)	m³	421.09	0.010	—	—	—
	钢筋 ϕ10 以内	kg	2.57	4.380	—	—	—
	木柴	kg	0.19	219.820	90.200	—	—
	绿豆砂	m³	50.40	0.552	—	—	—
	CSPE 嵌缝油膏 330 mL	支	4.80	50.280	—	—	48.960
	二甲苯	kg	5.71	25.250	—	—	—
	乙酸乙酯	kg	7.80	5.050	—	—	5.050
	铁钉	kg	5.30	0.230	—	—	—
	铝合金压条 3×30	m	2.48	—	—	105.000	—
	PVC 防水卷材	m²	10.50	—	—	130.00	—
	密封膏	支	5.00	—	—	13.000	—
	303 胶	kg	16.80	—	—	45.000	—
	射钉 RD625 8×62(含钉、弹)	百个	40.00	—	—	5.270	—
	聚乙烯丙纶双面复合防水卷材 SBC	m²	24.00	—	—	—	110.550
	素水泥浆	m³	264.42	—	—	—	0.150
	107 胶	kg	0.80	—	—	—	11.380
	聚氨酯料	kg	8.13	—	—	—	47.600
	其他材料费	元	1.00	—	—	168.840	—

5. 涂膜屋面

工作内容：1. 屋面满涂油膏：油膏加热、屋面满涂油膏。

2. 熟料油膏玻璃纤维布：包括刷冷底子油、找平层分格嵌缝油膏、贴防水附加层、贴玻璃纤维布表面撒粒砂保护层。

3. 板嵌缝：油膏加热、板缝嵌油膏。

单位：100 m^2

定额编号				01090073	01090074	01090075	01090076	01090077
项目				屋面满涂	塑料油膏玻璃纤维布		塑料油膏嵌缝(100 m)	
				塑料油膏 4 mm	一布二油	每增一布一油	空心板	大型屋面板
基价(元)				1392.66	3079.78	1741.33	350.92	432.38
其中	人工费(元)			70.79	85.39	53.71	81.92	82.42
	材料费(元)			1321.87	2994.39	1687.62	269.00	349.96
	机械费(元)			—	—	—	—	—
名称		单位	单价(元)	数量				
人工	综合人工	工日	24.75	2.860	3.450	2.170	3.310	3.330
材料	塑料油膏	kg	2.20	585.120	872.260	324.940	119.070	154.910
	木柴	kg	0.19	182.160	271.560	101.150	37.070	48.220
	玻璃纤维布 1.8 mm 厚	m^2	8.50	—	120.450	112.180	—	—

注：嵌缝取定纵缝断面：空心板 7.5 cm^2，大型屋面板 9 cm^2，如果断面不同于定额取定断面，以纵缝断面比例调整人工、材料数量。

工作内容：1. 屋面分格缝：支座处干铺油毡一层，清理缝、熬制油膏，油膏灌缝；沿缝上做二毡三油一砂。

2. 熬制油膏，缝灌油膏，缝上铺贴玻璃纤维布。

3. 涂刷聚氨酯底胶，涂刷聚氨酯防水层两遍，并撒石碴做保护层(或与刚性块料层的连接层)。

单位：100 m

定额编号				01090078	01090079	01090080	01090081
项目				屋面分格缝	塑料油膏贴玻璃布盖缝		聚氨酯涂膜防水屋面
					一布二油	每增一布一油	100 m^2
基价(元)				2509.25	1101.90	585.66	2410.78
其中	人工费(元)			245.03	51.23	30.69	126.23
	材料费(元)			2264.22	1050.67	554.97	2284.55
	机械费(元)			—	—	—	—
名称		单位	单价(元)	数量			
人工	综合人工	工日	24.75	9.900	2.070	1.240	5.100
材料	石油沥青油毡(350 g)	m^2	2.35	232.100	—	—	—
	塑料油膏	kg	2.20	303.680	351.070	131.650	—
	木柴	kg	0.19	218.110	109.300	40.990	—
	粒砂	m^3	50.40	0.410	—	—	—
	冷底子油 30：70	kg	2.74	38.850	—	—	—
	石油沥青玛碲脂	m^3	1800.28	0.490	—	—	—
	玻璃纤维布 1.8 mm 厚	m^2	8.50	—	30.300	30.300	—
	聚氨酯料	kg	8.13	—	—	—	270.680
	石碴	m^3	32.00	—	—	—	0.310
	二甲苯	kg	5.71	—	—	—	12.960

注：聚氨酯如果掺缓凝剂，应增加磷酸 0.30 kg；如果掺促凝剂应增加二月桂酸二丁基烯 0.25 kg。

工作内容：清理基层，调配砂浆，铺抹砂浆养护，筛铺镇水粉，铺隔离纸。 单位：100 m²

定额编号				01090082	01090083	01090084	01090085
项目				掺无机盐铝防水剂		防水砂浆	镇水粉
				素水泥浆	防水砂浆 2 cm	2 cm 厚	隔离层
基价(元)				177.11	1652.73	765.69	1776.34
其中	人工费(元)			47.77	260.37	267.05	461.34
	材料费(元)			129.34	1373.57	479.85	1315.00
	机械费(元)			—	18.79	18.79	—
名称		单位	单价(元)	数量			
人工	综合人工	工日	24.75	1.930	10.520	10.790	18.640
材料	素水泥浆	m³	264.42	0.100	0.100	0.100	—
	无机盐铝防水剂	kg	7.00	14.700	132.600	—	—
	水泥砂浆 1∶2	m³	207.39	—	2.020	2.020	—
	防水粉	kg	0.52	—	—	66.300	—
	隔离纸	m²	0.70	—	—	—	130.000
	镇水粉	kg	2.04	—	—	—	600.000
机械	灰浆搅拌机 200 L	台班	53.69	—	0.350	0.350	—

工作内容：涂刷底胶：做一布一涂附加层于防水薄弱处；冷胶贴聚酯布防水层，最表面撒细砂保护层。

单位：100 m²

定额编号				01090086	01090087
项目				氯丁冷胶	
				二布三涂	每增一布一涂
基价(元)				5652.87	1532.56
其中	人工费(元)			231.41	116.57
	材料费(元)			5421.46	1415.99
	机械费(元)			—	—
名称		单位	单价(元)	数量	
人工	综合人工	工日	24.75	9.350	4.710
材料	聚酯布 100 g/m²	m²	2.55	236.360	110.890
	氯丁冷胶	kg	13.20	363.600	85.850
	细砂	m³	62.00	0.310	—

二、防　　水

1. 卷材防水

(1) 油毡卷材防水

工作内容：清理基层、配制涂刷冷底子油，熬制玛碲脂，防水薄弱处贴附加层，铺贴玛碲脂卷材。 单位：100 m²

定额编号				01090088	01090089	01090090	01090091
项目				玛碲脂卷材			
				二毡三油		每增减一毡一油	
				平面	立面	平面	立面
基价(元)				1876.97	2001.04	666.41	719.65
其中	人工费(元)			219.29	286.85	92.07	126.47
	材料费(元)			1657.68	1714.19	574.34	593.18
	机械费(元)			—	—	—	—
名称		单位	单价(元)	数量			
人工	综合人工	工日	24.75	8.860	11.590	3.720	5.110
材料	石油沥青玛碲脂	m³	1800.28	0.510	0.540	0.160	0.170
	石油沥青油毡(350 g)	m²	2.35	239.760	239.760	116.490	116.490
	木柴	kg	0.19	227.700	240.900	66.000	70.400
	冷底子油 30∶70	kg	2.74	48.480	48.480	—	—

工作内容：1. 玛碲脂玻璃纤维布：基层清理，配制、刷冷底子油；熬制玛碲脂，防水薄弱处贴附加层铺贴玛碲脂玻璃纤维布。

2. 基层清理，配制、涂刷冷底子油；熬制沥青，防水薄弱处贴附加层，铺贴沥青玻璃布卷材。

单位：100 m^2

定额编号				01090092	01090093	01090094	01090095	01090096
项目				玛碲脂玻璃纤维布				KDB防水隔热
				二布三油		每增减一布一油		二布三涂
				平面	立面	平面	立面	
基价(元)				3461.37	3634.71	1401.88	1467.00	4414.10
其中	人工费(元)			239.58	356.40	111.13	157.41	445.50
	材料费(元)			3221.79	3278.31	1290.75	1309.59	3968.60
	机械费(元)			—	—	—	—	—
名称		单位	单价(元)	数量				
人工	综合人工	工日	24.75	9.680	14.400	4.490	6.360	18.000
材料	石油沥青玛碲脂	m^3	1800.28	0.510	0.540	0.160	0.170	—
	玻璃纤维布 1.8 mm 厚	m^2	8.50	250.300	250.300	116.490	116.490	—
	木柴	kg	0.19	227.700	240.900	66.000	70.400	—
	冷底子油 30：70	kg	2.74	48.480	48.480	—	—	—
	KDB-Ⅱ型防水涂料	kg	12.00	—	—	—	—	240.000
	KDB-Ⅲ型反光防尘涂料	kg	11.00	—	—	—	—	18.870
	中碱玻纤布	m^2	3.50	—	—	—	—	250.000
	其他材料费	元	1.00	—	—	—	—	6.030

工作内容：1. 基层清理，配制、涂刷冷底子油；熬制沥青，防水薄弱处贴附加层。

2. 铺贴沥青玻璃布卷材。

单位：100 m^2

定额编号				01090097	01090098	01090099	01090100
项目				沥青玻璃布卷材			
				二布三油		每增减一布一油	
				平面	立面	平面	立面
基价(元)				3468.43	3653.98	1445.21	1513.74
其中	人工费(元)			239.33	355.91	111.38	156.92
	材料费(元)			3229.10	3298.07	1333.83	1356.82
	机械费(元)			—	—	—	—
名称		单位	单价(元)	数量			
人工	综合人工	工日	24.75	9.670	14.380	4.500	6.340
材料	石油沥青 30#	kg	1.90	489.720	524.700	151.580	163.240
	玻璃纤维布 1.8 mm 厚	m^2	8.50	250.300	250.300	121.760	121.760
	木柴	kg	0.19	201.300	214.500	57.200	61.600
	冷底子油 30：70	kg	2.74	48.480	48.480	—	—

(2) 高分子卷材防水

工作内容：1. 涂刷基层处理剂，防水薄弱处涂聚氨酯涂膜加强。

2. 铺贴卷材，卷材接缝贴卷材条加强，收头。

单位：100 m²

定额编号				01090101	01090102	01090103	01090104
项目				氯化聚乙烯-橡胶共混卷材		三元乙丙橡胶卷材冷贴满铺	
				平面	立面	平面	立面
基价(元)				4616.16	4755.99	4157.26	4297.09
其中	人工费(元)			478.67	618.50	478.67	618.50
	材料费(元)			4137.49	4137.49	3678.59	3678.59
	机械费(元)			—	—	—	—
名称		单位	单价(元)	数量			
人工	综合人工	工日	24.75	19.340	24.990	19.340	24.990
材料	氯化聚乙烯-橡胶共混卷材	m²	19.40	124.530	124.530	—	—
	107 胶素水泥浆(面层，结合)	m³	421.09	0.010	0.010	0.010	0.010
	钢筋 ϕ10 以内	kg	2.57	4.380	4.380	4.380	4.380
	CSPE 嵌缝油膏 330 mL	支	4.80	29.830	29.830	29.830	29.830
	BX-12 乙组份 880 mL	瓶	11.00	32.280	32.280	—	—
	BX-12 粘结剂	kg	14.00	45.450	45.450	—	—
	二甲苯	kg	5.71	27.000	27.000	27.000	27.000
	聚氨酯料	kg	8.13	13.550	13.550	31.740	31.740
	氯丁冷胶	kg	13.20	20.200	20.200	—	—
	乙酸乙酯	kg	7.80	5.050	5.050	5.050	5.050
	铁钉	kg	5.30	0.230	0.230	0.230	0.230
	三元乙丙橡胶卷材	m²	23.00	—	—	124.170	124.170
	丁基粘结剂	kg	12.00	—	—	17.600	17.600

工作内容：1. 涂刷基层处理剂，防水薄弱处涂聚氨酯涂膜加强。

2. 铺贴卷材，卷材接缝贴卷材条加强，收头。

单位：100 m²

定额编号				01090105	01090106
项目				再生橡胶卷材冷贴满铺	
				平面	立面
基价(元)				4159.99	4299.82
其中	人工费(元)			478.67	618.50
	材料费(元)			3681.32	3681.32
	机械费(元)			—	—
名称		单位	单价(元)	数量	
人工	综合人工	工日	24.75	19.340	24.990
材料	再生橡胶卷材	m²	17.00	124.170	124.170
	107 胶素水泥浆(面层，结合)	m³	421.09	0.010	0.010
	钢筋 ϕ10 以内	kg	2.57	4.380	4.380
	CSPE 嵌缝油膏 330 mL	支	4.80	29.830	29.830
	二甲苯	kg	5.71	27.000	27.000
	聚氨酯料	kg	8.13	31.740	31.740
	氯丁胶粘合剂	kg	15.00	63.930	63.930
	乙酸乙酯	kg	7.80	5.050	5.050
	铁钉	kg	5.30	0.230	0.230

2. 涂膜防水

工作内容：清理基层、刷涂料。 单位：100 m^2

定额编号				01090107	01090108	01090109	01090110
项目				苯乙烯涂料二遍		刷冷底子油	
				平面	立面	第一遍	第二遍
基价(元)				239.03	244.50	174.83	136.52
其中	人工费(元)			54.70	54.70	38.86	32.92
	材料费(元)			184.33	189.80	135.97	103.60
	机械费(元)			—	—	—	—
名称		单位	单价(元)	数量			
人工	综合人工	工日	24.75	2.210	2.210	1.570	1.330
材料	苯乙烯涂料	kg	3.65	50.500	52.000	—	—
	冷底子油 30：70	kg	2.74	—	—	48.480	36.360
	木柴	kg	0.19	—	—	16.500	20.900

工作内容：1. 焦油玛碲脂、熟料油膏：配制涂刷冷底子油，熬制玛碲脂或油膏，涂刷油膏或油膏玛碲脂。

2. 氯偏共聚乳液，成品涂刷。

3. 聚氨酯：涂刷底胶及附加层，刷聚氨酯两遍，并盖石碴保护层(或刚性连接层)。 单位：100 m^2

定额编号				01090111	01090112	01090113	01090114
项目				焦油玛碲脂	塑料油膏	氯偏共聚乳液	聚氨酯
				涂刷厚度遍数			
				3 mm	二遍	三遍	二遍
基价(元)				545.06	1374.34	189.83	2493.05
其中	人工费(元)			87.37	52.47	40.34	164.84
	材料费(元)			457.69	1321.87	149.49	2328.21
	机械费(元)			—	—	—	—
名称		单位	单价(元)	数量			
人工	综合人工	工日	24.75	3.530	2.120	1.630	6.660
材料	冷底子油 30：70	kg	2.74	48.480	—	—	—
	木柴	kg	0.19	148.500	182.160	—	—
	焦油玛碲脂	m^3	927.00	0.320	—	—	—
	塑料油膏	kg	2.20	—	585.120	—	—
	氯偏共聚乳液	kg	6.90	—	—	21.000	—
	石碴	m^3	32.00	—	—	—	0.310
	二甲苯	kg	5.71	—	—	—	12.960
	聚氨酯料	kg	8.13	—	—	—	276.050
	其他材料费	元	1.00	—	—	4.590	—

注：聚氨酯如果掺缓凝剂，应增加磷酸 0.30 kg；如果掺促凝剂应增加二月桂酸二丁基烯 0.25 kg。

工作内容：熬制石油沥青，配制冷底子油，刷冷底子油一遍，涂刷沥青。 单位：100 m^2

定额编号				01090115	01090116	01090117	01090118	01090119	01090120
项目				石油沥青					
				一遍			每增加一遍		
				平面	混凝土抹灰立面	砖墙立面	平面	混凝土抹灰立面	砖墙立面
基价(元)				550.09	582.49	635.75	301.63	343.64	391.66
其中	人工费(元)			46.28	55.69	62.87	16.34	21.78	25.49
	材料费(元)			503.81	526.80	572.88	285.29	321.86	366.17
	机械费(元)			—	—	—	—	—	—
名称		单位	单价(元)	数量					
人工	综合人工	工日	24.75	1.870	2.250	2.540	0.660	0.880	1.030
材料	石油沥青 30#	kg	1.90	186.560	198.220	221.540	144.430	163.240	186.560
	木柴	kg	0.19	86.900	91.300	100.600	57.200	61.600	61.600
	冷底子油 30：70	kg	2.74	48.480	48.480	48.480	—	—	—

工作内容：1. 配制涂刷冷底子油一遍，熬制沥青，刷沥青一遍。

2. 熬制石油沥青玛碲脂，涂刷石油沥青玛碲脂一遍。 单位：100 m^2

定额编号				01090121	01090122	01090123	01090124	01090125	01090126
项目				石油沥青玛碲脂					
				一遍			每增加一遍		
				平面	混凝土抹灰立面	砖墙立面	平面	混凝土抹灰立面	砖墙立面
基价(元)				518.04	662.78	725.64	298.83	322.36	363.51
其中	人工费(元)			43.81	56.68	63.86	17.08	21.78	25.25
	材料费(元)			474.23	606.10	661.78	281.75	300.58	338.26
	机械费(元)			—	—	—	—	—	—
名称		单位	单价(元)	数量					
人工	综合人工	工日	24.75	1.770	2.290	2.580	0.690	0.880	1.020
材料	石油沥青玛碲脂	m^3	1800.28	0.180	0.250	0.280	0.150	0.160	0.180
	木柴	kg	0.19	91.300	122.100	130.900	61.600	66.000	74.800
	冷底子油 30：70	kg	2.74	48.480	48.480	48.480	—	—	—

工作内容：清理基层、调制砂浆，涂水泥砂浆。 单位：100 m^2

定额编号				01090127	01090128	01090129	01090130
项目				防水砂浆		防水砂浆五层做法	
				平面	立面	平面	立面
基价(元)				705.73	823.04	824.25	955.27
其中	人工费(元)			228.20	345.51	431.39	560.34
	材料费(元)			459.28	459.28	378.36	380.43
	机械费(元)			18.25	18.25	14.50	14.50
名称		单位	单价(元)	数量			
人工	综合人工	工日	24.75	9.220	13.960	17.430	22.640
材料	水泥砂浆 1：2	m^3	207.39	2.040	2.040	1.010	1.020
	防水粉	kg	0.52	55.000	55.000	—	—
	素水泥浆	m^3	264.42	—	—	0.610	0.610
	水	m^3	2.00	3.800	3.800	3.800	3.800
机械	灰浆搅拌机 200 L	台班	53.69	0.340	0.340	0.270	0.270

工作内容：1. 清理基层、调制涂料，铺贴附加层。

2. 贴布(聚酯布或玻璃纤维布)，刷涂料(最后两遍掺水泥作保护层)。　　单位：100 m²

定额编号				01090131	01090132	01090133	01090134
项目				水乳型普通乳化沥青涂料		水乳型水性石棉质沥青	
				二布三涂		一布二涂	
				平面	立面	平面	立面
基价(元)				1421.03	1581.16	3592.50	3696.20
其中	人工费(元)			237.60	397.73	181.42	285.12
	材料费(元)			1183.43	1183.43	3411.08	3411.08
	机械费(元)			—	—	—	—
名称		单位	单价(元)	数量			
人工	综合人工	工日	24.75	9.600	16.070	7.330	11.520
材料	聚酯布 100 g/m²	m²	2.55	243.040	243.040	—	—
	普通乳化沥青(水乳型)	kg	2.15	260.000	260.000	—	—
	水泥 P.S42.5	t	334.00	0.014	0.014	0.061	0.061
	水性石棉质沥青(水乳型)	kg	3.76	—	—	832.000	832.000
	网格玻璃纤维布	m²	2.10	—	—	124.910	124.910
	其他材料费	元	1.00	—	—	0.070	0.070

工作内容：1. 清理基层、调配涂料，铺贴附加层。

2. 刷涂料(最后两遍掺水泥作保护层)，贴布(聚酯布或玻璃纤维布)。　　单位：100 m²

定额编号				01090135	01090136	01090137	01090138
项目				水乳型再生胶沥青聚酯布			
				二布三涂		每增一布一涂	
				平面	立面	平面	立面
基价(元)				1603.03	1763.16	693.91	710.24
其中	人工费(元)			237.60	397.73	96.28	112.61
	材料费(元)			1365.43	1365.43	597.63	597.63
	机械费(元)			—	—	—	—
名称		单位	单价(元)	数量			
人工	综合人工	工日	24.75	9.600	16.070	3.890	4.550
材料	聚酯布 100 g/m²	m²	2.55	243.040	243.040	118.130	118.130
	再生胶沥青(水乳型)	kg	2.85	260.000	260.000	104.000	104.000
	水泥 P.S42.5	t	334.00	0.014	0.014	—	—

工作内容：1. 清理基层，调配涂料，铺贴附加层。

2. 刷涂料（最后两遍掺水泥作保护层），贴布（聚酯布或玻璃纤维布）。　　单位：100 m^2

定额编号				01090139	01090140	01090141	01090142
项目				水乳型阴离子合成胶乳化沥青聚酯布			
				一布二涂		每增一布一涂	
				平面	立面	平面	立面
基价（元）				868.95	972.65	579.51	595.84
其中	人工费（元）			181.42	285.12	96.28	112.61
	材料费（元）			687.53	687.53	483.23	483.23
	机械费（元）			—	—	—	—
名称		单位	单价（元）	数量			
人工	综合人工	工日	24.75	7.330	11.520	3.890	4.550
材料	聚酯布 100 g/m^2	m^2	2.55	124.910	124.910	118.130	118.130
	阴离子合成胶乳化沥青（水乳型）	kg	1.75	208.000	208.000	104.000	104.000
	水泥 P. S42.5	t	334.00	0.015	0.015	—	—

工作内容：1. 清理基层，调配涂料，铺贴附加层。

2. 刷涂料（最后两遍掺水泥作保护层），贴布（聚酯布或玻璃纤维布）。　　单位：100 m^2

定额编号				01090143	01090144	01090145	01090146
项目				水乳型阳离子氯丁胶乳化沥青聚酯布			
				一布二涂		每增一布一涂	
				平面	立面	平面	立面
基价（元）				879.35	983.05	584.71	601.04
其中	人工费（元）			181.42	285.12	96.28	112.61
	材料费（元）			697.93	697.93	488.43	488.43
	机械费（元）			—	—	—	—
名称		单位	单价（元）	数量			
人工	综合人工	工日	24.75	7.330	11.520	3.890	4.550
材料	聚酯布 100 g/m^2	m^2	2.55	124.910	124.910	118.130	118.130
	阳离子氯丁胶乳化沥青（水乳型）	kg	1.80	208.000	208.000	104.000	104.000
	水泥 P. S42.5	t	334.00	0.015	0.015	—	—

工作内容：1. 清理基层，调配涂料，铺贴附加层。

2. 刷涂料（最后两遍掺水泥作保护层），贴布（聚酯布或玻璃纤维布）。　　单位：100 m^2

定额编号				01090147	01090148	01090149	01090150
项目				溶剂型再生胶沥青聚酯布			
				二布三涂		每增一布一涂	
				平面	立面	平面	立面
基价（元）				1768.83	1928.96	699.11	715.44
其中	人工费（元）			237.60	397.73	96.28	112.61
	材料费（元）			1531.23	1531.23	602.83	602.83
	机械费（元）			—	—	—	—
名称		单位	单价（元）	数量			
人工	综合人工	工日	24.75	9.600	16.070	3.890	4.550
材料	聚酯布 100 g/m^2	m^2	2.55	243.040	243.040	118.130	118.130
	再生胶沥青（溶剂型）	kg	2.90	312.000	312.000	104.000	104.000
	水泥 P. S42.5	t	334.00	0.020	0.020	—	—

三、变形缝

1. 填　缝

工作内容：1. 油浸麻丝，熬制沥青，调配沥青麻丝，填塞沥青麻丝。

2. 油浸木丝板：熬制沥青，浸木丝板，油浸木丝板嵌缝。

3. 玛碲脂：熬制玛碲脂，玛碲脂灌缝。

单位：100 m

定额编号				01090151	01090152	01090153	01090154
项目				油浸麻丝		油浸木丝板	玛碲脂
				平面	立面		
基价(元)				957.28	1048.11	734.89	1066.59
其中	人工费(元)			186.12	276.95	145.28	164.84
	材料费(元)			771.16	771.16	589.61	901.75
	机械费(元)			—	—	—	—
名称		单位	单价(元)	数量			
人工	综合人工	工日	24.75	7.520	11.190	5.870	6.660
材料	石油沥青 30#	kg	1.90	216.240	216.240	163.240	—
	麻丝	kg	6.20	55.080	55.080	—	—
	木柴	kg	0.19	99.000	99.000	61.600	198.000
	木丝板	m^2	17.50	—	—	15.300	—
	石油沥青玛碲脂	m^3	1800.28	—	—	—	0.480

工作内容：1. 石灰麻丝：调制石灰麻刀，石灰麻刀嵌缝，缝上贴二毡二油条一层。

2. 建筑油膏、沥青砂浆：熬制油膏、沥青、拌合沥青砂浆，沥青砂浆或建筑油膏嵌缝。

单位：100 m

定额编号				01090155	01090156	01090157	01090158
项目				石灰麻刀		建筑油膏	沥青砂浆
				平面	立面		
基价(元)				615.42	639.43	313.89	555.52
其中	人工费(元)			172.01	196.02	137.61	162.86
	材料费(元)			443.41	443.41	176.28	392.66
	机械费(元)			—	—	—	—
名称		单位	单价(元)	数量			
人工	综合人工	工日	24.75	6.950	7.920	5.560	6.580
材料	生石灰	kg	0.15	180.000	180.000	—	—
	麻刀	kg	2.30	108.000	108.000	—	—
	木柴	kg	0.19	24.000	24.000	27.000	198.000
	石油沥青油毡(350 g)	m^2	2.35	17.000	17.000	—	—
	石油沥青 30#	kg	1.90	65.000	65.000	—	—
	建筑油膏	kg	1.95	—	—	87.770	—
	沥青砂浆	m^3	739.67	—	—	—	0.480

工作内容：1. 贴氯丁橡胶片：清理用乙酸乙酯洗缝，隔纸，贴氯丁橡胶片，最后在氯丁橡胶上涂胶铺砂。

2. 紫铜板止水带：铜板剪裁，焊接成型，铺设。

3. 钢板止水带：钢板剪裁，焊接成型，铺设。

单位：100 m

定额编号				01090159	01090160	01090161
项目				氯丁橡胶片止水带	预埋式紫铜板止水片	钢板止水带
基价(元)				2213.74	23859.29	3494.63
其中	人工费(元)			88.61	654.14	515.54
	材料费(元)			2125.13	23119.84	1627.35
	机械费(元)			—	85.31	1351.74
	名称	单位	单价(元)	数量		
人工	综合人工	工日	24.75	3.580	26.430	20.830
材料	氯丁橡胶浆	kg	18.90	60.580	—	—
	氯丁橡胶片 2 mm 厚	m^2	22.00	31.820	—	—
	水泥 P. S42.5	t	334.00	0.009	—	—
	粒砂	m^3	50.40	0.160	—	—
	三异氰酸酯	kg	9.60	9.090	—	—
	乙酸乙酯	kg	7.80	23.000	—	—
	牛皮纸	m^2	0.40	5.910	—	—
	紫铜板 2 mm 厚	kg	27.81	—	810.900	—
	铜焊条	kg	39.77	—	14.300	—
	电焊条	kg	5.12	—	—	10.400
	钢板(1.5 mm 厚,400 mm 宽)	kg	3.18	—	—	495.000
	其他材料费	元	1.00	0.030	—	—
机械	剪板机(厚度×宽度 20×2500 mm)	台班	145.92	—	0.110	0.110
	交流弧焊机(容量 32 kV·A)	台班	98.94	—	0.700	13.500

工作内容：1. 聚氯乙烯胶泥：清缝，水泥砂浆勾缝，垫牛皮纸，熬灌聚氯乙烯胶泥。

2. 清理基层，刷底胶，缝上粘贴 350 mm 宽一布二涂氯丁胶玻璃纤维布，在缝中心贴 150 mm 宽一布二涂氯丁胶玻璃布，止水片后，表面涂胶并粘粒砂。

3. 止水片制安及接头。

单位：100 m

定额编号				01090162	01090163	01090164	01090165	01090166
项目				聚氯乙烯胶泥	涂刷式一布二涂		预埋式止水带	
					氯丁胶贴玻璃纤维布止水片		橡胶	塑料
					湿基层	干基层		
基价(元)				570.79	3375.65	3348.77	5150.65	4452.40
其中	人工费(元)			187.11	120.78	120.78	272.25	272.25
	材料费(元)			383.68	3254.87	3227.99	4878.40	4180.15
	机械费(元)			—	—	—	—	—
	名称	单位	单价(元)	数量				
人工	综合人工	工日	24.75	7.560	4.880	4.880	11.000	11.000
材料	聚氯乙烯胶泥	kg	4.20	83.320	—	—	—	—
	水泥砂浆 1∶2	m^3	207.39	0.060	—	—	—	—
	牛皮纸	m^2	0.40	53.230	—	—	—	—
	氯丁橡胶浆液	kg	18.90	—	116.940	135.950	—	—
	玻璃纤维布	m^2	3.50	—	95.200	95.200	—	—
	水泥 P. S42.5	t	334.00	—	0.007	0.003	—	—
	粒砂	m^3	50.40	—	0.180	0.180	—	—

续表 单位：100 m

定额编号				01090162	01090163	01090164	01090165	01090166
项目				聚氯乙烯胶泥	涂刷式一布二涂		预埋式止水带	
					氯丁胶贴玻璃纤维布止水片		橡胶	塑料
					湿基层	干基层		
名称		单位	单价(元)	数量				
材料	300号低分子聚酰胺	kg	29.00	—	2.880	—	—	—
	600号环氧树脂	kg	22.80	—	14.420	—	—	—
	三异氰酸酯	kg	9.60	—	17.540	20.400	—	—
	乙酸乙酯	kg	7.80	—	15.310	15.310	—	—
	橡胶止水带	m	45.27	—	—	—	105.000	—
	塑料止水带	m	38.62	—	—	—	—	105.000
	E44环氧树脂	kg	27.50	—	—	—	3.040	3.040
	丙酮	kg	7.20	—	—	—	3.040	3.040
	甲苯	kg	5.39	—	—	—	2.400	2.400
	乙二胺	kg	27.60	—	—	—	0.240	0.240

2. 盖缝

工作内容：1. 木板盖面：平面板材加工，板缝一侧涂胶粘合；立面埋木砖，钉木盖板。

2. 铁皮盖面：平面(屋面)埋木砖，钉木条，木条上钉铁皮；立面埋木砖，木砖上钉铁皮。

单位：100 m

定额编号				01090167	01090168	01090169	01090170	01090171	01090172
项目				木板盖板		铁皮盖板		人孔盖板	
				平面	立面	平面	立面	木制	金属
								套	
基价(元)				708.12	1345.22	2597.64	2085.44	116.98	77.71
其中	人工费(元)			96.28	301.70	332.39	261.86	37.69	25.52
	材料费(元)			611.84	1043.52	2265.25	1823.58	79.29	52.19
	机械费(元)			—	—	—	—	—	—
名称		单位	单价(元)	数量					
人工	综合人工	工日	24.65	3.8900	12.1900	13.4300	10.5800	1.5230	1.0310
材料	粘合剂XY508	kg	16.00	1.5200	—	—	—	—	—
	一等板枋材	m^3	960.00	0.6120	1.0870	0.4650	0.3010	0.0310	—
	铁钉	kg	5.30	—	—	2.1000	0.7000	—	—
	镀锌铁皮24#	m^2	26.45	—	—	62.5400	53.0000	1.0700	0.8100
	木炭	kg	1.58	—	—	18.0200	15.2700	—	—
	焊锡	kg	26.52	—	—	4.060	3.440	—	—
	防腐油	kg	2.50	—	—	6.760	5.310	—	—
	盐酸	kg	0.58	—	—	0.860	0.740	—	—
	油毡350 g	m^2	2.35	—	—	—	—	0.800	—
	不等边角钢L32×20	t	3260.00	—	—	—	—	—	0.005
	防锈漆	kg	7.50	—	—	—	—	1.110	0.840
	C20现浇混凝土 碎石10 细砂 P.S42.5	m^3	172.91	—	—	—	—	0.030	0.030
	其他材料费	元	1.00	—	—	—	—	5.840	2.980

三十六、河南省建设工程工程量清单综合单价

（2008 年定额防水工程部分）

关于发布《河南省建设工程工程量清单综合单价》的通知

（豫建设标[2008]50 号）

各省辖市建委(建设局),各省辖市发展改革委,各有关单位：

为了进一步贯彻工程量清单计价的实施、满足工程量清单招投标的需要,逐步完善工程量清单计价规范体系,合理确定工程造价。结合我省实际情况,编制了《河南省建设工程工程量清单综合单价》,经审定通过,予以发布实施。现将有关问题通知如下：

一、《河南省建设工程工程量清单综合单价》自 2008 年 12 月 1 日起施行。原《河南省建筑和装饰工程综合基价(2002)》、《河南省安装工程单位综合基价(2003)》、《河南省市政工程单位综合基价(2002)》及其配套的计价办法、调整文件、综合解释同时停止执行。

凡 2008 年 12 月 1 日以前已进行招标或已签订合同的工程,仍按原来约定实行。

二、本综合单价适用于河南省行政区域内的建设项目工程量清单计价。凡全部使用国有资金投资或国有资金投资为主的建设工程应执行本综合单价。

三、本综合单价是编审投资估算指标、设计概算、施工图预算、工程招标标底价和拦标价、竣工结算、调解工程造价纠纷、鉴定及控制工程造价的依据;是招标人组合清单项目综合单价,衡量投标报价合理性的基础;是投标人组合清单项目综合单价,确定投标报价的参考。

四、本综合单价由河南省建筑工程标准定额站负责解释和管理,执行中出现的问题,请及时报告。

附件:《河南省建设工程工程量清单综合单价》A. 建筑工程,B. 装饰装修工程,C. 安装工程,D. 市政工程,E. 园林绿化工程

河南省建设厅

河南省发展和改革委员会

二〇〇八年八月三十一日

A.7 屋面及防水工程

说 明

一、本分部中,工程量清单项目工程内容与定额子目工作内容不一致的清单项目组合单价,应由不同分部(或本分部)和编码下的相关子目组成。

如:瓦屋面清单项目的组成子目为:檩条、椽子制作安装、基层铺设、铺防水层、安顺水条和挂瓦条、安瓦、刷防护材料等。

卷材防水、涂膜防水清单项目的组成子目为:基层处理和找平层、卷材防水或涂膜防水、涂膜防水嵌缝、铺保护层等。

二、本分部未包括屋面木基层(檩条、椽子制作安装、基层铺设、安顺水调和挂瓦条等)、屋面保温层,该内容分别列在A.5和A.8分部内。

三、屋面、楼地面和墙面找平层子目列入本分部。

四、各类防水卷材的附加层、接缝、收头、冷底子油、基层处理剂等工料均已计入相应子目内,不另计算。

五、各种瓦屋面中瓦的规格与本分部不同时,瓦材、挂瓦条数量可以换算,其他不得调整。琉璃瓦屋脊处的走兽、合角吻,根据实际情况另行处理。

六、卷材屋面中除干铺聚氯乙烯防水卷材、防水柔毡、SBC120复合卷材外,均包括刷冷底子油一道。如设计规定不刷冷底子油时,按本分部地面涂膜防水子目,减去刷冷底子油的工料数量。油毡收头的材料,已包括在其他材料费内,不另计算。

七、屋面防水如设计要求单独刷冷底子油或增加道数时,可执行本分部地面涂膜防水中的相应子目。

八、屋面上做块料防护面层时,执行装饰装修工程B.1分部中的相应子目。

九、小波玻璃钢瓦的厚度与定额子目不同时,综合单价不变,瓦材价差在材差中调整。

十、氯丁冷胶"二布三涂"项目,其"三涂"是指涂料构成防水层数并非指涂刷遍数;每一层"涂层"刷二遍至数遍不等。

十一、本分部中沥青、玛碲脂均指石油沥青、石油沥青玛碲脂。定额子目中玛碲脂的用量,仅适用于室外昼夜平均气温在+5℃以上的施工条件,低于上述气温时,另行处理。

十二、防水层表面刷丙烯酸涂料,执行B.5分部中的相应子目。

十三、卷材子目中卷材厚度与设计要求不符时,可按设计要求厚度进行换算。

十四、墙、地面卷材防水子目内附加层含量与设计要求不符时,可按设计要求调整。

十五、屋面、地面找平层和防水子目内未包括与墙交接处弯起面积的费用。实行工程量清单计价时,该费用可采用与平面面积的比例调增相应子目的单价。

十六、变形缝分别按单项做法和05YJ图集中的综合做法编制。变形缝子目中的断面如与设计断面不符时,材料可按比例调整,其他不变。

十七、通风道屋面出风口子目材料用量与设计要求不符时,可以按设计要求换算,其他不变。

工程量计算规则

一、瓦屋面、型材屋面(包括挑檐部分)均按设计图示尺寸以斜面积计算。不扣除房上烟囱、风帽底座、风道、小气窗、斜沟等所占面积,小气窗的出檐部分亦不增加面积。但天窗出檐部分重叠的面积应并入相应屋面工程量内计算。屋面斜面积可按屋面水平投影面积乘以下表中的坡度系数计算。

屋面坡度系数表

坡度 $B(A=1)$	坡度 $B/2A$	坡度 角度(α)	延尺系数 C ($A=1$)	隅延尺系数 D ($A=1$)
1.000	1/2	45°	1.4142	1.7321
0.750		36°52′	1.2500	1.6008
0.700		35°	1.2207	1.5779
0.666	1/3	33°40′	1.2015	1.5620
0.650		33°01′	1.1926	1.5564
0.600		30°58′	1.1662	1.5362
0.577		30°	1.1547	1.5270
0.550		28°49′	1.1413	1.5170
0.500	1/4	26°34′	1.1180	1.5000
0.450		24°14′	1.0966	1.4839
0.400	1/5	21°48′	1.0770	1.4697
0.350		19°17′	1.0594	1.4569
0.300		16°42′	1.0440	1.4457
0.250		14°02′	1.0308	0.4362
0.200	1/10	11°19′	1.0198	1.4283
0.150		8°32′	1.0112	1.4221
0.125		7°8′	1.0078	1.4191
0.100	1/20	5°42′	1.0050	1.4177
0.083		4°45′	1.0035	1.4166
0.066	1/30	3°49′	1.0022	1.4157

注：① 两坡排水屋面面积为屋面水平投影面积乘以延尺系数 C；

② 四坡排水屋面斜脊长度＝$A\times D$(当 $S=A$ 时)；

③ 沿山墙泛水长度＝$A\times C$。

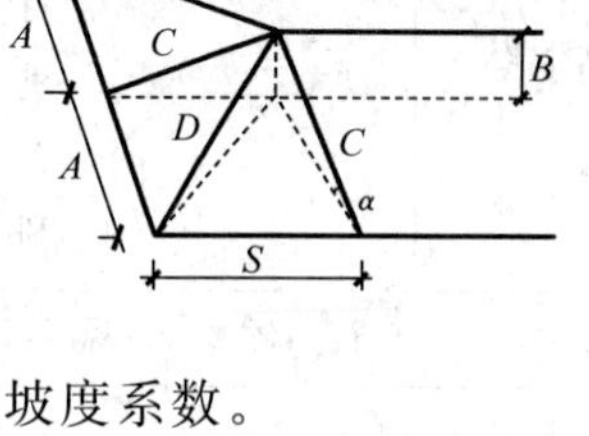

二、屋面卷材防水、屋面涂膜防水及找平层均按设计图示尺寸以面积计算：

1. 平屋顶按水平投影面积计算；斜屋顶(不包括平屋顶找坡)按斜面积计算，斜面积的计算方法为水平投影面积乘以上表中的相应坡度系数。

2. 不扣除房上烟囱、风帽底座、风道、屋面小气窗和斜沟所占的面积。

3. 屋面的女儿墙、伸缩缝和天窗等处的弯起部分，按图示尺寸计算并入屋面工程量内。如图纸无规定时，伸缩缝、女儿墙的弯起部分可按 250 mm 计算；天窗弯起部分可按 500 mm 计算。

4. 卷材屋面的附加层、接缝、收头、找平层的嵌缝、冷底子油已计入定额内，不另计算。

5. 涂膜屋面的油膏嵌缝、玻璃布盖缝、屋面分格缝，按设计图示尺寸另以长度计算。

三、屋面刚性防水按设计图示尺寸以面积计算，不扣除房上烟囱、风帽底座、风道等所占的面积。

四、屋面排水管分别按不同材质、不同直径按图示尺寸以长度计算，雨水口、水斗、弯头、短管以个计算。

五、屋面天沟、檐沟按设计图示尺寸以面积计算。铁皮和卷材天沟按展开面积计算。

六、琉璃瓦脊、瓦檐口线均按设计图示尺寸以长度计算。

七、楼地面防水、防潮层和找平层按设计图示主墙间的净空面积计算。扣除凸出地面构筑物、设备基础、室内铁道、地沟等所占面积，不扣除间壁墙和 0.3 m^2 以内的柱、垛、附墙烟囱及孔洞所占面积。门洞、空圈、暖气包槽、壁龛的开口部分不增加面积。与墙面连接处高度在 500 mm 以内者按展开面积计算，并入平面工程量内；超过 500 mm 时，按立面防水层计算。

八、墙面(墙基)防水、防潮层和找平层按设计图示外墙中心线、内墙净长线长度乘以高(宽)度以面积计算。

九、变形缝(伸缩缝)按设计图示尺寸以长度计算。外墙伸缩缝如内外双面填缝者，工程量按双面计算。

十、通风道屋面出风口按图示数量计算。

A.7.1 瓦、型材屋面(010701)

010701001 瓦屋面(m^2)

一、水泥、粘土、陶瓷瓦

工作内容：1. 铺水泥瓦、粘土瓦或陶瓷瓦(包括屋脊抹灰)。

2. 调制砂浆、安脊瓦或抹脊瓦。

单位：100 m^2

定额编号				7-1	7-2	7-3
项目				屋面板或椽子挂瓦条上铺设		椽子上铺设
				水泥瓦	粘土瓦	小青瓦
综合单价(元)				4621.95	1698.66	4013.88
其中	人工费(元)			176.73	176.73	445.48
	材料费(元)			4331.78	1408.49	3282.46
	机械费(元)			—	—	—
	管理费(元)			60.01	60.01	151.26
	利润(元)			53.43	53.43	134.68
名称		单位	单价(元)	数量		
综合工日		工日	43.00	(4.11)	(4.11)	(10.36)
定额工日		工日	43.00	4.110	4.110	10.360
石灰砂浆 1∶2.5		m^3	71.03	—	—	0.230
水泥砂浆 1∶2.5		m^3	218.62	0.090	0.090	—
粘土平瓦		千块	825.00	—	1.651	—
水泥平瓦 385×235		千块	2500.00	1.691	—	—
小青瓦 200×145		千块	220.00	—	—	14.846
粘土脊瓦		千块	955.00	—	0.028	—
水泥脊瓦		块	3.00	28.200	—	—

单位：100 m²

定　额　编　号				7-4	7-5	7-6	7-7
项　目				彩色水泥瓦			
				挂瓦条			屋脊(100 m)
				木条	砂浆条	角钢条	
综合单价(元)				4952.76	4885.72	7244.13	1454.68
其中	人　工　费(元)			286.38	491.49	599.85	270.90
	材　料　费(元)			4482.56	4071.60	6259.26	992.02
	机　械　费(元)			—	4.95	—	12.36
	管　理　费(元)			97.24	168.05	203.67	94.90
	利　　润(元)			86.58	149.63	181.35	84.50
名　称		单位	单价(元)	数　量			
综合工日		工日	43.00	(6.66)	(11.51)	(13.95)	(6.50)
定额工日		工日	43.00	6.660	11.430	13.950	6.300
水泥砂浆 1∶2		m^3	229.62	—	0.380	—	—
水泥砂浆 1∶3		m^3	195.94	—	—	—	0.940
彩色水泥瓦 420×330		千块	3500.00	1.113	1.113	1.113	—
彩色水泥脊瓦 420×220		千块	2640.00	—	—	—	0.306
板方木材 综合规格		m^3	1550.00	0.350	—	—	—
角钢(综合)		kg	3.18	—	—	582.000	—
钢钉(水泥钉)		kg	8.00	5.570	9.510	—	—
金属胀锚螺栓		套	1.00	—	—	458.000	—
镀锌铁丝 8#		kg	4.20	—	3.040	—	—
其他材料费		元	1.00	—	—	55.000	—
灰浆搅拌机 200 L		台班	61.82	—	0.080	—	0.200

注：彩色水泥瓦子目包括挂瓦条的制作安装，不包括挂瓦条刷防腐油，刷防腐油另执行有关子目。

单位：100 m²

定　额　编　号				7-8	7-9	7-10
项　目				混凝土板上铺设陶瓷波形装饰瓦	筒板瓦	
					露面 10 mm	露面 8 mm
综合单价(元)				8134.87	5631.60	6330.60
其中	人　工　费(元)			2136.24	778.30	885.80
	材　料　费(元)			4591.69	4284.89	4807.39
	机　械　费(元)			24.73	47.60	47.60
	管　理　费(元)			731.17	275.50	312.00
	利　　润(元)			651.04	245.31	277.81
名　称		单位	单价(元)	数　量		
综合工日		工日	43.00	(50.08)	(18.87)	(21.37)
定额工日		工日	43.00	49.680	18.100	20.600
水泥砂浆 1∶2		m^3	229.62	2.384	—	—
水泥石灰麻刀砂浆		m^3	159.98	—	4.620	4.620
麻刀石灰浆		m^3	119.42	—	0.210	0.210
陶瓷波型装饰瓦 150×150		千块	800.00	5.037	—	—
筒瓦(粘土) 200×120		千块	450.00	—	2.180	2.180

续表

单位:100 m²

定额编号			7-8	7-9	7-10
项目			混凝土板上铺设陶瓷波形装饰瓦	筒板瓦	
				露面 10 mm	露面 8 mm
名称	单位	单价(元)	数量		
水	m^3	4.05	0.220	—	—
板瓦(粘土) 220×250	千块	550.00	—	4.560	5.510
钩头瓦(粘土) 筒板瓦屋面用	千块	600.00	—	0.044	0.044
其他材料费	元	1.00	13.780	5.300	5.300
灰浆搅拌机 200 L	台班	61.82	0.400	0.770	0.770

二、石棉瓦

工作内容:檩上钉石棉瓦、安脊瓦。

单位:100 m²

定额编号			7-11	7-12	7-13
项目			小波石棉瓦		
			木檩上	钢檩上	混凝土檩上
综合单价(元)			1267.41	1928.49	2134.49
其中	人工费(元)		190.06	295.84	295.84
	材料费(元)		955.36	1442.76	1648.76
	机械费(元)		—	—	—
	管理费(元)		64.53	100.45	100.45
	利润(元)		57.46	89.44	89.44
名称	单位	单价(元)	数量		
综合工日	工日	43.00	(4.42)	(6.88)	(6.88)
定额工日	工日	43.00	4.420	6.880	6.880
麻刀石灰浆	m^3	119.42	0.030	0.030	0.030
小波石棉瓦 1800×720×6	块	8.00	99.000	99.000	99.000
石棉脊瓦 850×(200×2)×8	块	3.00	12.000	12.000	12.000
镀锌瓦楞钉 带垫	个	0.30	402.000	—	—
镀锌螺栓钩 $\phi6\times600$	个	2.00	—	206.000	—
镀锌螺栓钩 $\phi6\times800$	个	3.00	—	—	206.000
镀锌扁钢钩 −3×12×300	个	1.00	—	196.00	—
镀锌扁钢钩 −3×12×400	个	1.00	—	—	196.00
其他材料费	元	1.00	3.180	3.180	3.180

单位:100 m²

定额编号		7-14	7-15	7-16
项目		大波石棉瓦		
		木檩上	钢檩上	混凝土檩上
综合单价(元)		1405.71	1948.82	2048.82
其中	人工费(元)	183.61	284.23	284.23
	材料费(元)	1104.25	1482.15	1582.15
	机械费(元)	—	—	—
	管理费(元)	62.34	96.51	96.51
	利润(元)	55.51	85.93	85.93

续表 单位:100 m²

定额编号			7-14	7-15	7-16
项目			大波石棉瓦		
			木檩上	钢檩上	混凝土檩上
名称	单位	单价(元)	数量		
综合工日	工日	43.00	(4.27)	(6.61)	(6.61)
定额工日	工日	43.00	4.270	6.610	6.610
麻刀石灰浆	m^3	119.42	0.050	0.050	0.050
石棉瓦 大波 2800×994×18	块	20.00	47.000	47.000	47.000
石棉脊瓦 850×(200×2)×8	块	3.00	12.000	12.000	12.000
镀锌瓦楞钉 带垫	个	0.30	397.000	—	—
镀锌螺栓钩 ϕ6×600	个	2.00	—	100.000	—
镀锌螺栓钩 ϕ6×800	个	3.00	—	—	100.000
镀锌扁钢钩 −3×12×300	个	1.00	—	297.000	—
镀锌扁钢钩 −3×12×400	个	1.00	—	—	297.000
其他材料费	元	1.00	3.180	3.180	3.180

三、玻璃钢瓦

工作内容:钢檩上铺玻璃钢瓦、安脊瓦。 单位:100 m²

定额编号			7-17	7-18
项目			小波玻璃钢瓦铺在钢檩上	
			双坡	单坡或拱形
综合单价(元)			2660.32	2590.55
其中	人工费(元)		272.19	260.15
	材料费(元)		2213.42	2163.42
	机械费(元)		—	—
	管理费(元)		92.42	88.33
	利润(元)		82.29	78.65
名称	单位	单价(元)	数量	
综合工日	工日	43.00	(6.33)	(6.05)
定额工日	工日	43.00	6.330	6.050
小波玻璃钢瓦 1800×720	张	12.00	99.000	99.000
小波玻璃钢脊瓦 2000×400	张	10.00	5.000	—
镀锌螺栓钩 ϕ6×600	个	2.00	484.000	484.000
其他材料费	元	1.00	7.420	7.420

四、琉璃瓦

工作内容:调制砂浆,在混凝土板上铺灰抹瓦筒、盖瓦、安瓦脊、修齐瓦口边线、清扫瓦面。 单位:100 m²

定额编号		7-19	7-20
项目		琉璃瓦	
		铺在亭面上	铺在屋面上
综合单价(元)		33644.06	28144.81
其中	人工费(元)	4721.40	3822.70
	材料费(元)	25829.59	21805.88
	机械费(元)	43.27	43.27
	管理费(元)	1613.30	1308.16
	利润(元)	1436.50	1164.80

续表 单位:100 m²

定额编号			7-19	7-20
项目			琉璃瓦	
			铺在亭面上	铺在屋面上
名称	单位	单价(元)	数量	
综合工日	工日	43.00	(110.50)	(89.60)
定额工日	工日	43.00	109.800	88.900
混合砂浆 M5 砌筑砂浆	m³	153.39	2.220	2.220
水泥砂浆 1∶2	m³	229.62	2.220	2.220
琉璃板瓦	块	3.00	5890.000	4630.000
琉璃筒瓦	块	3.00	2400.000	2320.000
镀锌铁丝 14#	kg	5.00	14.400	14.400
其他材料费	元	1.00	37.310	33.600
灰浆搅拌机 200 L	台班	61.82	0.700	0.700

单位:100 m²

定额编号			7-21	7-22
项目			琉璃瓦檐	琉璃脊瓦
综合单价(元)			6104.83	6007.25
其中	人工费(元)		1883.40	2347.80
	材料费(元)		2994.67	2134.61
	机械费(元)		12.36	12.36
	管理费(元)		642.40	800.08
	利润(元)		572.00	712.40
名称	单位	单价(元)	数量	
综合工日	工日	43.00	(44.00)	(54.80)
定额工日	工日	43.00	43.800	54.600
混合砂浆 M5 砌筑砂浆	m³	153.39	0.440	0.880
水泥砂浆 1∶2	m³	229.62	0.440	—
琉璃滴水瓦 245×215	块	3.00	500.000	—
琉璃滴水瓦 255×111	块	3.00	440.000	—
琉璃脊瓦 225×180	块	4.00	—	470.000
机砖 240×115×53	千块	280.00	—	0.400
其他材料费	元	1.00	6.150	7.630
灰浆搅拌机 200 L	台班	61.82	0.200	0.200

五、PVC 波形板

工作内容：裁料、固定、铺设安装等。 单位:100 m²

定额编号		7-23	7-24
项目		PVC 彩色波形板	
		屋面	屋脊(100 m)
综合单价(元)		3578.60	2493.78
其中	人工费(元)	356.90	124.70
	材料费(元)	2992.62	2289.04
	机械费(元)	—	—
	管理费(元)	121.18	42.34
	利润(元)	107.90	37.70

续表　　单位:100 m²

定　额　编　号			7-23	7-24
项　　目			PVC彩色波形板	
			屋面	屋脊(100 m)
名　　称	单位	单价(元)	数　量	
综合工日	工日	43.00	(8.30)	(2.90)
定额工日	工日	43.00	8.300	2.900
PVC彩色波形板	m²	21.00	126.000	—
PVC彩色脊瓦	张	14.00	—	145.710
其他材料费	元	1.00	346.620	249.100

010701002 型材屋面(m²)

一、金属压型板

工作内容：场内运输、弹线、选料、切割、制作、拼装、安装等。　　单位:100 m²

定　额　编　号			7-25	7-26	7-27
项　　目			屋面金属压型板		
			檩距(m以内)		
			7.5	6.0	4.2
综合单价(元)			11146.71	11293.85	11588.06
其中	人　工　费(元)		736.16	777.44	860.00
	材　料　费(元)		9666.12	9745.48	9904.14
	机　械　费(元)		233.83	233.83	233.83
	管　理　费(元)		270.10	284.12	312.15
	利　　润(元)		240.50	252.98	277.94
名　　称	单位	单价(元)	数　量		
综合工日	工日	43.00	(18.50)	(19.46)	(21.38)
定额工日	工日	43.00	17.120	18.080	20.000
金属压型屋面板 W-550	m²	64.00	116.520	116.520	116.520
中间固定架(金属压型板屋面)WG-2	个	4.00	42.630	54.810	79.160
端部固定架 金属压型板屋面 WG-3	个	4.00	1.180	1.520	2.190
单面固定螺栓 金属压型板屋面 ML-850R	个	1.00	86.460	111.140	160.520
单面连接螺栓 金属压型板屋面 R-8	个	1.00	143.420	143.420	143.420
檐口堵头板 金属压型板屋面 WD-1	块	6.00	59.310	59.310	59.310
屋脊堵头板 金属压型板屋面 WD-2	块	6.00	59.310	59.310	59.310
屋脊挡雨板 金属压型板屋面 WD-3	块	4.00	59.310	59.310	59.310
屋脊板 金属压型板屋面 2 mm	m²	63.00	4.340	4.340	4.340
檐口包角板 金属压型板屋面 0.8 mm	m²	34.00	1.110	1.110	1.110
螺栓	个	0.50	177.780	177.780	177.780
镀锌铁丝 8#	kg	4.20	3.000	3.000	3.000
铝拉铆钉	百个	6.00	0.310	0.310	0.310
电焊条(综合)	kg	4.00	4.030	5.180	7.480
密封胶	支	18.00	20.000	20.000	20.000
密封胶条	m	3.00	16.430	16.430	16.430
其他材料费	元	1.00	14.840	14.840	14.840
交流弧焊机 32 kV·A	台班	117.53	1.100	1.100	1.100
平板拖车组 15 t	台班	734.91	0.070	0.070	0.070
轮胎式起重机 8 t	台班	468.00	0.070	0.070	0.070
其他机械费	元	1.00	20.340	20.340	20.340

二、轻质隔热彩钢夹芯板

工作内容：场内运输、弹线、选料、切割、制作、拼装、安装等。　　单位：100 m^2

定额编号				7-28	7-29	7-30	7-31
项目				屋面轻质隔热彩钢夹芯板			
				厚 40 mm	厚 50 mm	厚 75 mm	厚 100 mm
综合单价(元)				13734.62	15159.66	16529.99	18465.75
其中	人工费(元)			1391.05	1529.94	1683.02	1851.58
	材料费(元)			11450.71	12647.71	13766.71	15425.71
	机械费(元)			—	—	—	—
	管理费(元)			472.31	519.47	571.44	628.68
	利润(元)			420.55	462.54	508.82	559.78
名称		单位	单价(元)	数量			
综合工日		工日	43.00	(32.35)	(35.58)	(39.14)	(43.06)
定额工日		工日	43.00	32.350	35.580	39.140	43.060
轻质隔热彩钢夹芯板 厚 40		m^2	75.00	108.000	—	—	
轻质隔热彩钢夹芯板 厚 50		m^2	85.00	—	108.000	—	—
轻质隔热彩钢夹芯板 厚 75		m^2	95.00	—	—	108.000	—
轻质隔热彩钢夹芯板 厚 100		m^2	110.00	—	—	—	108.000
槽铝 安装彩钢夹芯板用 40 mm		m	7.00	39.000	—	—	—
槽铝 安装彩钢夹芯板用 50 mm		m	10.00	—	39.000	—	—
槽铝 安装彩钢夹芯板用 75 mm		m	11.00	—	—	39.000	—
槽铝 安装彩钢夹芯板用 100 mm		m	12.00	—	—	—	39.000
工字铝、阴阳角铝		m	22.00	89.000	89.000	89.000	89.000
彩钢扣板 安彩钢夹芯板用		m	8.00	89.000	89.000	89.000	89.000
玻璃胶 310 g		支	8.50	23.420	23.420	23.420	23.420
其他材料费		元	1.00	208.640	208.640	208.640	208.640

A.7.2 屋面防水(010702)

010702001 屋面卷材防水(m^2)

一、石油沥青卷材

工作内容：1. 清扫底层、刷冷底子油一遍。

2. 熬制沥青玛碲脂、铺贴卷材、撒砂。　　单位：100 m^2

定额编号		7-32	7-33	7-34	7-35
项目		屋面石油沥青卷材			
		一毡二油(隔气层)	二毡三油	二毡三油一砂	增减一毡一油
综合单价(元)		2394.75	3983.19	4810.87	1436.01
其中	人工费(元)	161.25	255.85	304.44	102.34
	材料费(元)	2130.00	3562.90	4310.80	1267.98
	机械费(元)	—	0.22	0.22	—
	管理费(元)	54.75	86.87	103.37	34.75
	利润(元)	48.75	77.35	92.04	30.94

续表　　单位:100 m^2

定额编号			7-32	7-33	7-34	7-35
项目			屋面石油沥青卷材			
			一毡二油（隔气层）	二毡三油	二毡三油一砂	增减一毡一油
名称	单位	单价(元)	数量			
综合工日	工日	43.00	(3.75)	(5.95)	(7.08)	(2.38)
定额工日	工日	43.00	3.750	5.950	7.080	2.380
冷底子油 50∶50	kg	5.21	48.000	49.000	49.000	—
石油沥青玛碲脂	m^3	4288.00	0.320	0.510	0.660	0.180
板方木材 综合规格	m^3	1550.00	—	0.028	0.028	—
石油沥青油毡	m^2	4.00	109.000	240.000	240.000	115.000
粒砂	m^3	135.60	—	—	0.550	—
木柴	kg	0.50	143.000	219.000	279.000	72.000
其他材料费	元	1.00	—	7.420	7.420	—
木工圆锯机 φ500	台班	22.17	—	0.010	0.010	—

二、高聚物改性沥青卷材

工作内容：清理基层、刷基层处理剂、防水薄弱处贴 2 mm 厚改性沥青卷材附加层、层面贴改性沥青卷材（热熔法接缝）、做收头。

单位:100 m^2

定额编号			7-36	7-37	7-38	7-39
项目			屋面高聚物改性沥青卷材（厚 3 mm 冷贴）			
			满铺	条铺	点铺	空铺
综合单价(元)			4447.06	4147.24	4135.14	3966.57
其中	人工费(元)		234.78	234.78	234.78	187.05
	材料费(元)		4061.58	3761.76	3749.66	3659.46
	机械费(元)		—	—	—	—
	管理费(元)		79.72	79.72	79.72	63.51
	利润(元)		70.98	70.98	70.98	56.55
名称	单位	单价(元)	数量			
综合工日	工日	43.00	(5.46)	(5.46)	(5.46)	(4.35)
定额工日	工日	43.00	5.460	5.460	5.460	4.350
高聚物改性沥青卷材 3 mm	m^2	26.00	111.500	113.930	113.930	113.930
高聚物改性沥青卷材 2 mm	m^2	20.00	11.000	11.000	11.000	11.000
改性沥青基层处理剂	kg	5.00	30.000	30.000	30.000	30.000
改性沥青基层粘结剂	kg	10.00	55.750	21.970	20.760	14.260
石油液化气	kg	9.00	24.000	21.200	21.200	18.400
其他材料费	元	1.00	19.080	19.080	19.080	19.080

注：高聚物改性沥青卷材采用热熔施工时，相应冷贴子目扣除改性沥青粘接剂，改性沥青处理剂用量调整为 40 kg，石油液化气用量调整为 48 kg，其他不变。

单位:100 m²

定额编号				7-40	7-41	7-42	7-43
项目				屋面高聚物改性沥青卷材(厚 4 mm 冷贴)			
				满铺	条铺	点铺	空铺
综合单价(元)				4754.06	4459.10	4447.00	4278.43
其中	人工费(元)			234.78	234.78	234.78	187.05
	材料费(元)			4368.58	4073.62	4061.52	3971.32
	机械费(元)			—	—	—	—
	管理费(元)			79.72	79.72	79.72	63.51
	利润(元)			70.98	70.98	70.98	56.55
名称		单位	单价(元)	数量			
综合工日		工日	43.00	(5.46)	(5.46)	(5.46)	(4.35)
定额工日		工日	43.00	5.460	5.460	5.460	4.350
高聚物改性沥青卷材 4 mm		m²	28.00	114.500	116.930	116.930	116.930
高聚物改性沥青卷材 2 mm		m²	20.00	11.000	11.000	11.000	11.000
改性沥青基层处理剂		kg	5.00	30.000	30.000	30.000	30.000
改性沥青基层粘结剂		kg	10.00	55.750	21.970	20.760	14.260
石油液化气		kg	9.00	24.000	21.200	21.200	18.400
其他材料费		元	1.00	19.080	19.080	19.080	19.080

三、氯化聚乙烯、聚氯乙烯卷材

工作内容：清理基层、找平层分格缝嵌油膏、防水薄弱处聚氨酯涂膜附加层、刷基层处理剂、刷底胶、铺贴卷材、接缝嵌油膏、做收头。

单位:100 m²

定额编号				7-44	7-45	7-46	7-47
项目				屋面氯化聚乙烯-橡胶共混卷材(厚 1.2 mm)			
				满铺	空铺	点铺	条铺
综合单价(元)				4810.87	4395.04	4428.55	4398.52
其中	人工费(元)			396.46	348.73	396.46	396.46
	材料费(元)			4159.94	3822.47	3777.62	3747.59
	机械费(元)			—	—	—	—
	管理费(元)			134.61	118.41	134.61	134.61
	利润(元)			119.86	105.43	119.86	119.86
名称		单位	单价(元)	数量			
综合工日		工日	43.00	(9.22)	(8.11)	(9.22)	(9.22)
定额工日		工日	43.00	9.220	8.110	9.220	9.220
氯化聚乙烯-橡胶共混卷材 1.2 mm		m²	25.00	110.550	112.850	112.850	112.850
氯丁胶乳		kg	3.00	18.180	18.180	18.180	18.180
粘结剂 BX-12		kg	13.00	45.450	12.860	9.410	7.100
粘结剂 BX-12 乙组份 880 mL		瓶	10.00	11.940	14.810	14.810	14.810
二甲苯		kg	5.30	27.000	27.000	27.000	27.000
乙酸乙酯		kg	7.00	5.050	5.050	5.050	5.050
聚氨酯涂料		kg	12.00	29.160	29.160	29.160	29.160
塑料油膏		kg	1.00	26.780	26.780	26.780	26.780
木柴		kg	0.50	8.340	8.340	8.340	8.340
其他材料费		元	1.00	72.080	72.080	72.080	72.080

工作内容：清理基层、铺卷材、钉压条、射钉上嵌密封膏收头。　　单位：100 m^2

定额编号				7-48	7-49
项目				屋面聚氯乙烯防水卷材	
				铝合金压条空铺	粘贴
综合单价(元)				10115.19	3410.56
其中	人工费(元)			3801.20	234.78
	材料费(元)			3874.15	3025.08
	机械费(元)			—	—
	管理费(元)			1290.64	79.72
	利润(元)			1149.20	70.98
名称		单位	单价(元)	数量	
综合工日		工日	43.00	(88.40)	(5.46)
定额工日		工日	43.00	88.400	5.460
聚氯乙烯防水卷材		m^2	17.00	130.000	122.500
铝合金压条 3×30		m	5.00	105.000	—
改性沥青基层处理剂		kg	5.00	—	30.000
改性沥青基层粘结剂		kg	10.00	—	55.750
胶 FN-303、88♯胶		kg	18.00	45.000	—
射钉		个	0.19	527.000	—
石油液化气		kg	9.00	—	24.000
密封膏 防水屋面密封用		kg	4.00	13.000	—
其他材料费		元	1.00	177.020	19.080

四、SBC120、三元乙丙卷材

工作内容：找平层分格缝嵌油膏、刷聚氨酯涂膜附加层，用掺胶水泥浆贴卷材、做收头。　　单位：100 m^2

定额编号				7-50
项目				屋面 SBC 复合卷材(300 g/m^2)
				冷贴满铺
综合单价(元)				2040.71
其中	人工费(元)			231.34
	材料费(元)			1660.88
	机械费(元)			—
	管理费(元)			78.55
	利润(元)			69.94
名称		单位	单价(元)	数量
综合工日		工日	43.00	(5.38)
定额工日		工日	43.00	5.380
素水泥浆		m^3	421.78	0.150
SBC120 复合防水卷材 300 g/m^2		m^2	11.00	110.550
聚氨酯涂料		kg	12.00	25.000
塑料油膏		kg	1.00	25.200
建筑胶		kg	2.00	11.380
木柴		kg	0.50	7.840
其他材料费		元	1.00	29.680

工作内容：清理基层、找平层分格缝嵌油膏、防水薄弱处刷聚氨酯涂膜附加层、刷基层处理剂、铺贴卷材、卷材接缝贴封口胶带、做收头。　　单位：100 m²

定额编号				7-51	7-52	7-53	7-54
项目				屋面三元乙丙橡胶卷材(厚 1.2 mm)			
				满铺	空铺	点铺	条铺
综合单价(元)				5619.14	5074.95	5199.39	5268.51
其中	人工费(元)			396.46	348.73	396.46	396.46
	材料费(元)			4968.21	4502.38	4548.46	4617.58
	机械费(元)			—	—	—	—
	管理费(元)			134.61	118.41	134.61	134.61
	利润(元)			119.86	105.43	119.86	119.86
名称		单位	单价(元)	数量			
综合工日		工日	43.00	(9.22)	(8.11)	(9.22)	(9.22)
定额工日		工日	43.00	9.220	8.110	9.220	9.220
三元乙丙橡胶卷材 1.2 mm		m²	27.00	110.550	112.850	112.850	112.850
胶粘剂 CX-404		kg	18.00	40.400	7.890	10.450	14.290
丁基粘结剂(接缝胶)		kg	25.00	9.560	11.850	11.850	11.850
二甲苯		kg	5.30	27.000	27.000	27.000	27.000
乙酸乙酯		kg	7.00	5.050	5.050	5.050	5.050
卷材封口胶带		kg	28.00	7.500	7.500	7.500	7.500
聚氨酯涂料		kg	12.00	47.340	47.340	47.340	47.340
塑料油膏		kg	1.00	26.780	26.780	26.780	26.780
木柴		kg	0.50	8.340	8.340	8.340	8.340
其他材料费		元	1.00	29.680	29.680	29.680	29.680

五、防水柔毡

工作内容：清扫基层、熔化粘胶、涂刷粘胶、铺贴柔毡、收头、刷胶、铺撒白石子保护层。　　单位：100 m²

定额编号				7-55	7-56
项目				屋面防水柔毡(热贴满铺)	
				二胶一毡一砂	每增一胶一毡
综合单价(元)				3501.26	2226.24
其中	人工费(元)			258.00	133.30
	材料费(元)			3077.66	2007.38
	机械费(元)			—	—
	管理费(元)			87.60	45.26
	利润(元)			78.00	40.30
名称		单位	单价(元)	数量	
综合工日		工日	43.00	(6.00)	(3.10)
定额工日		工日	43.00	6.000	3.100
防水柔毡 1.5 mm		m²	12.00	115.550	110.150
白石子 中八厘		kg	0.13	772.500	—
粘胶 粘贴防水柔毡用		kg	2.00	730.820	320.240
木柴		kg	0.50	219.820	90.200
其他材料费		元	1.00	19.080	—

六、其他

工作内容：清扫基层、刷着色剂二遍；钉铝合金压条、射钉上嵌密封膏收头。 单位：100 m²

定额编号				7-57	7-58	7-59
项目				屋面涂刷着色剂保护层二遍	卷材屋面钉铝合金压条(100 m)	屋面点粘油毡保护层
综合单价(元)				370.03	834.58	845.50
其中	人工费(元)			102.34	85.57	80.41
	材料费(元)			202.00	694.09	713.48
	机械费(元)			—	—	—
	管理费(元)			34.75	29.05	27.30
	利润(元)			30.94	25.87	24.31
名称		单位	单价(元)	数量		
综合工日		工日	43.00	(2.38)	(1.99)	(1.87)
定额工日		工日	43.00	2.380	1.990	1.870
银色着色剂 屋面保护层用		kg	10.00	20.200	—	—
铝合金压条 3×30		m	5.00	—	105.000	—
石油沥青 30#		kg	3.45	—	—	75.500
石油沥青油毡		m²	4.00	—	—	110.000
密封膏 防水屋面密封用		kg	4.00	—	13.000	—
射钉		个	0.19	—	527.000	—
木柴		kg	0.50	—	—	26.000
其他材料费		元	1.00	—	16.960	—

单位：100 m²

定额编号				7-60	7-61
项目				屋面隔离层(干铺)	
				无纺织聚酯纤维布	聚氯乙烯塑料薄膜
综合单价(元)				201.78	201.78
其中	人工费(元)			55.90	55.90
	材料费(元)			110.00	110.00
	机械费(元)			—	—
	管理费(元)			18.98	18.98
	利润(元)			16.90	16.90
名称		单位	单价(元)	数量	
综合工日		工日	43.00	(1.30)	(1.30)
定额工日		工日	43.00	1.300	1.300
无纺聚酯纤维布		m²	1.00	110.000	—
塑料薄膜 0.2 mm		m²	1.00	—	110.000

010702002 屋面涂膜防水(m^2)

一、聚氨酯涂料

工作内容：涂刷聚氨酯底胶、刷聚氨酯防水层二(三)遍、防水薄弱处增刷一遍聚氨酯涂膜、撒细砂做保护层

单位:100 m^2

定额编号				7-62	7-63	7-64
项目				屋面聚氨酯涂膜		
				二遍		三遍
				厚 1.0 mm	厚 1.5 mm	厚 2.0 mm
综合单价(元)				2611.66	3677.92	4847.96
其中	人工费(元)			219.30	219.30	275.20
	材料费(元)			2251.60	3317.86	4396.12
	机械费(元)			—	—	—
	管理费(元)			74.46	74.46	93.44
	利润(元)			66.30	66.30	83.20
名称		单位	单价(元)	数量		
综合工日		工日	43.00	(5.10)	(5.10)	(6.40)
定额工日		工日	43.00	5.100	5.100	6.400
聚氨酯涂料		kg	12.00	175.000	262.000	350.000
二甲苯		kg	5.30	8.400	12.600	16.800
丙酮		kg	8.50	10.000	10.000	10.000
细砂		m^3	30.00	0.100	0.100	0.100
其他材料费		元	1.00	19.080	19.080	19.080

二、氯丁橡胶沥青涂料

工作内容：清扫基层、涂刷底胶、做一布一涂附加层防水薄弱处，冷胶贴玻璃纤维布、撒砂、压实修整等。

单位:100 m^2

定额编号				7-65	7-66	7-67
项目				屋面氯丁沥青冷胶涂料		
				二布三涂	每增减一布	每增减一涂
综合单价(元)				4784.49	313.56	1063.24
其中	人工费(元)			402.05	55.90	123.41
	材料费(元)			4124.38	221.78	860.62
	机械费(元)			—	—	—
	管理费(元)			136.51	18.98	41.90
	利润(元)			121.55	16.90	37.31
名称		单位	单价(元)	数量		
综合工日		工日	43.00	(9.35)	(1.30)	(2.87)
定额工日		工日	43.00	9.350	1.300	2.870
氯丁橡胶沥青防水涂料		kg	10.00	363.600	—	85.850
玻璃纤维布 δ0.18		m^2	2.00	236.360	110.890	—
细砂		m^3	30.00	0.310	—	—
其他材料费		元	1.00	6.360	—	2.120

工作内容：涂料配置、涂刷底胶(基层处理)，附加层、分层涂刷防水涂料等。　　单位：100 m²

定额编号			7-68	7-69	7-70	7-71
项目			屋面氯丁橡胶改性沥青防水涂料			
			溶剂型		水乳型阳离子	
			3 mm	±0.1 mm	3 mm	±0.1 mm
综合单价(元)			3002.62	98.68	2999.44	98.58
其中	人工费(元)		296.70	9.46	296.70	9.46
	材料费(元)		2515.48	83.15	2512.30	83.05
	机械费(元)		—	—	—	—
	管理费(元)		100.74	3.21	100.74	3.21
	利润(元)		89.70	2.86	89.70	2.86
名称	单位	单价(元)	数量			
综合工日	工日	43.00	(6.90)	(0.22)	(6.90)	(0.22)
定额工日	工日	43.00	6.900	0.220	6.900	0.220
氯丁橡胶改性沥青溶剂型防水涂料	kg	6.00	328.300	12.100	—	—
氯丁橡胶改性沥青水乳型阳离子防水涂料	kg	6.00	—	—	328.300	12.100
聚氨酯涂料	kg	12.00	43.000	0.800	43.000	0.800
其他材料费	元	1.00	29.680	0.950	26.500	0.850

三、SBS 改性沥青涂料

工作内容：涂料配置、涂刷底胶(基层处理)，附加层、分层涂刷防水涂料等。　　单位：100 m²

定额编号			7-72	7-73	7-74	7-75
项目			屋面 SBS 改性沥青防水涂料			
			溶剂型		水乳型	
			厚 3 mm	±0.1 mm	厚 3 mm	±0.1 mm
综合单价(元)			3001.56	98.68	2341.78	74.38
其中	人工费(元)		296.70	9.46	296.70	9.46
	材料费(元)		2514.42	83.15	1854.64	58.85
	机械费(元)		—	—	—	—
	管理费(元)		100.74	3.21	100.74	3.21
	利润(元)		89.70	2.86	89.70	2.86
名称	单位	单价(元)	数量			
综合工日	工日	43.00	(6.90)	(0.22)	(6.90)	(0.22)
定额工日	工日	43.00	6.900	0.220	6.900	0.220
SBS 改性沥青溶剂型涂料	kg	6.00	328.300	12.100	—	—
SBS 改性沥青水乳型涂料	kg	4.00	—	—	328.300	12.100
聚氨酯涂料	kg	12.00	43.000	0.800	43.000	0.800
其他材料费	元	1.00	28.620	0.950	25.440	0.850

四、塑料油膏及其他

工作内容：1. 塑料油膏玻璃纤维布：刷冷底子油、找平层分格缝嵌油膏、贴防水附加层、铺贴玻璃纤维布。

2. 塑料油膏满涂：清理基层，油膏加热、满涂油膏。

3. 镇水粉隔离层：清理基层、筛铺填水粉、铺隔离纸。

单位：100 m²

定额编号				7-76	7-77
项目				屋面塑料油膏玻璃纤维布防水层	
				一布一油	每增一布一油
综合单价(元)				1770.60	753.08
其中	人工费(元)			148.35	93.31
	材料费(元)			1527.03	599.88
	机械费(元)			—	—
	管理费(元)			50.37	31.68
	利润(元)			44.85	28.21
名称		单位	单价(元)	数量	
综合工日		工日	43.00	(3.45)	(2.17)
定额工日		工日	43.00	3.450	2.170
冷底子油 30∶70		kg	5.68	48.960	—
玻璃纤维布 δ0.18		m²	2.00	120.450	112.180
塑料油膏		kg	1.00	872.260	324.940
木柴		kg	0.50	271.560	101.150

单位：100 m²

定额编号				7-78	7-79
项目				屋面板上满涂塑料油膏	屋面镇水粉隔离层
				厚 4 mm	厚 10 mm
综合单价(元)				895.41	3152.38
其中	人工费(元)			122.98	801.52
	材料费(元)			683.62	1836.40
	机械费(元)			9.87	—
	管理费(元)			41.76	272.14
	利润(元)			37.18	242.32
名称		单位	单价(元)	数量	
综合工日		工日	43.00	(2.86)	(18.64)
定额工日		工日	43.00	2.860	18.640
镇水粉		kg	3.00	—	600.000
塑料油膏		kg	1.00	585.120	—
隔离纸(牛皮纸)		m²	0.28	—	130.000
木柴		kg	0.50	182.160	—
其他材料费		元	1.00	7.420	—
其他机械费		元	1.00	9.870	—

工作内容：清理缝道、油膏加热、嵌油膏。

单位:100 m

定额编号				7-80	7-81
项目				屋面塑料油膏嵌缝	
				空心板	大型屋面板
综合单价(元)				375.28	418.73
其中	人工费(元)			142.33	143.19
	材料费(元)			139.73	181.14
	机械费(元)			1.86	2.49
	管理费(元)			48.33	48.62
	利润(元)			43.03	43.29
名称		单位	单价(元)	数量	
综合工日		工日	43.00	(3.31)	(3.33)
定额工日		工日	43.00	3.310	3.330
塑料油膏		kg	1.00	119.070	154.910
木柴		kg	0.50	37.070	48.220
其他材料费		元	1.00	2.120	2.120
其他机械费		元	1.00	1.860	2.490

单位:100 m

定额编号				7-82	7-83
项目				屋面建筑油膏嵌缝	屋面防水腻子嵌缝
综合单价(元)				961.56	665.54
其中	人工费(元)			313.04	167.70
	材料费(元)			443.95	390.20
	机械费(元)			3.64	—
	管理费(元)			106.29	56.94
	利润(元)			94.64	50.70
名称		单位	单价(元)	数量	
综合工日		工日	43.00	(7.28)	(3.90)
定额工日		工日	43.00	7.280	3.900
建筑胶油		kg	2.05	13.600	—
建筑油膏		kg	3.20	129.360	—
防水腻子		kg	3.00	—	129.360
其他材料费		元	1.00	2.120	2.120
其他机械费		元	1.00	3.640	—

单位:100 m

定额编号		7-84	7-85
项目		屋面塑料油膏贴玻璃布盖缝	
		一布 二油	每增一布一油
综合单价(元)		612.46	300.29
其中	人工费(元)	89.01	53.32
	材料费(元)	466.32	212.75
	机械费(元)	—	—
	管理费(元)	30.22	18.10
	利润(元)	26.91	16.12

续表 单位:100 m

定额编号			7-84	7-85
项目			屋面塑料油膏贴玻璃布盖缝	
			一布 二油	每增一布一油
名称	单位	单价(元)	数量	
综合工日	工日	43.00	(2.07)	(1.24)
定额工日	工日	43.00	2.070	1.240
塑料油膏	kg	1.00	351.070	131.650
玻璃纤维布(带)δ0.36	m^2	2.00	30.300	30.300
木柴	kg	0.50	109.300	40.990

010702003 屋面刚性防水(m^2)

工作内容:1. 砂浆防水:清理基层、调配砂浆、铺抹砂浆、养护。

2. 细石混凝土防水:清理基层、混凝土捣固、提浆压光、养护。 单位:100 m^2

定额编号			7-86	7-87	7-88
项目			屋面防水砂浆		屋面素水泥浆
			加防水粉	加无机盐	
			厚 20 mm		一道
综合单价(元)			1349.47	3358.02	478.84
其中	人工费(元)		463.97	452.36	82.99
	材料费(元)		556.40	2584.01	342.58
	机械费(元)		21.64	21.64	—
	管理费(元)		162.64	158.70	28.18
	利润(元)		144.82	141.31	25.09
名称	单位	单价(元)	数量		
综合工日	工日	43.00	(11.14)	(10.87)	(1.93)
定额工日	工日	43.00	10.790	10.520	1.930
水泥砂浆 1:2	m^3	229.62	2.020	2.020	—
素水泥浆	m^3	421.78	0.100	0.100	0.100
防水粉	kg	0.76	66.300	—	—
无机铝盐防水剂	kg	20.00	—	103.900	15.020
灰浆搅拌机 200 L	台班	61.82	0.350	0.350	—

单位:100 m^2

定额编号		7-89	7-90
项目		屋面细石防水混凝土	
		厚 40 mm	每增减 10 mm
综合单价(元)		1779.63	286.48
其中	人工费(元)	496.22	56.76
	材料费(元)	954.26	192.00
	机械费(元)	8.99	1.29
	管理费(元)	169.36	19.27
	利润(元)	150.80	17.16

续表 单位:100 m^2

定额编号			7-89	7-90
项目			屋面细石防水混凝土	
			厚 40 mm	每增减 10 mm
名称	单位	单价(元)	数量	
综合工日	工日	43.00	(11.60)	(1.32)
定额工日	工日	43.00	11.540	1.320
现浇碎石混凝土 粒径≤16(32.5 水泥)C20	m^3	186.09	4.040	1.010
水泥砂浆 1:1	m^3	264.66	0.510	—
素水泥浆	m^3	421.78	0.100	—
水	m^3	4.05	5.200	1.000
其他材料费	元	1.00	4.240	—
灰浆搅拌机 200 L	台班	61.82	0.060	—
混凝土振捣器 平板式	台班	12.89	0.410	0.100

010702004 屋面排水管(m/m^2)

一、镀锌铁皮管

工作内容:1. 制作安装水落管、檐沟、泛水、水斗等。

2. 安装成品水落管、水斗。

单位:10 m

定额编号				7-91	7-92	7-93
项目				镀锌铁皮排水		
				水落管	天沟泛水(10 m^2)	水斗(10 个)
综合单价(元)				170.47	410.97	348.28
其中	人工费(元)			36.12	51.17	113.95
	材料费(元)			111.17	326.96	161.19
	机械费(元)			—	—	—
	管理费(元)			12.26	17.37	38.69
	利润(元)			10.92	15.47	34.45
名称		单位	单价(元)	数量		
综合工日		工日	43.00	(0.84)	(1.19)	(2.65)
定额工日		工日	43.00	0.840	1.190	2.650
镀锌薄钢板 0.7 mm 24#		m^2	30.00	3.320	10.440	4.000
铁件		kg	5.20	1.540	—	—
圆钉 70 mm		kg	5.30	0.010	0.299	0.100
焊锡		kg	55.00	0.060	0.208	0.720
其他材料费		元	1.00	0.210	0.740	1.060

单位:10 m

定额编号		7-94	7-95
项目		镀锌铁皮排水	
		成品水落管安装	成品水斗安装(10 个)
综合单价(元)		228.29	367.05
其中	人工费(元)	23.22	68.80
	材料费(元)	190.17	254.09
	机械费(元)	—	—
	管理费(元)	7.88	23.36
	利润(元)	7.02	20.80

续表

单位:10 m

定　额　编　号			7-94	7-95
项　目			镀锌铁皮排水	
			成品水落管安装	成品水斗安装(10 个)
名　称	单位	单价(元)	数　量	
综合工日	工日	43.00	(0.54)	(1.60)
定额工日	工日	43.00	0.540	1.600
镀锌薄钢板水落管 成品	m	17.00	10.700	—
镀锌薄钢板水落斗 成品	个	25.00	—	10.100
铁件	kg	5.20	1.540	—
圆钉 70 mm	kg	5.30	0.010	0.100
其他材料费	元	1.00	0.210	1.060

二、铸铁管

工作内容：1. 铸铁水落管:切管、埋置管卡、找正、安装水管、合灰、捻口等。

2. 铸铁落水口及水斗:量尺、就位找平、找正、制加垫铁或埋置管卡铁(铸铁水斗)、紧螺栓等。

3. 钢板焊制弯头落水口:划线、截料、焊接、组装等。

单位:10 m

定　额　编　号				7-96	7-97
项　目				铸铁水落管	
				直径(mm)	
				ϕ100	ϕ150
综合单价(元)				660.85	729.34
其中	人　工　费(元)			150.93	165.55
	材　料　费(元)			413.04	457.53
	机　械　费(元)			—	—
	管　理　费(元)			51.25	56.21
	利　　润(元)			45.63	50.05
名　称		单位	单价(元)	数　量	
综合工日		工日	43.00	(3.51)	(3.85)
定额工日		工日	43.00	3.510	3.850
铸铁污水管 ϕ100		m	35.00	10.700	—
铸铁污水管 ϕ150		m	38.00	—	10.700
水泥 32.5		t	280.00	0.013	0.015
铁件		kg	5.20	5.670	7.730
石油沥青 30＃		kg	3.45	0.440	0.660
麻丝		kg	6.00	0.120	0.180
其他材料费		元	1.00	3.180	3.180

单位:10 个

定　额　编　号		7-98	7-99
项　目		弯头落水口	
		铸铁	钢板焊制
综合单价(元)		702.08	902.17
其中	人　工　费(元)	186.19	186.19
	材　料　费(元)	396.38	596.47
	机　械　费(元)	—	—
	管　理　费(元)	63.22	63.22
	利　　润(元)	56.29	56.29

续表

单位:10 个

定额编号			7-98	7-99
项目			弯头落水口	
			铸铁	钢板焊制
名称	单位	单价(元)	数量	
综合工日	工日	43.00	(4.33)	(4.33)
定额工日	工日	43.00	4.330	4.330
铸铁弯头 336×200	个	27.00	10.100	—
铸铁箅子板 460×280×10	个	11.00	10.100	—
钢板焊制水斗带箅	kg	3.00	—	194.630
铁件	kg	5.20	2.420	2.420

单位:10 个

定额编号				7-100	7-101	7-102	7-103
项目				铸铁落水口		铸铁水斗	
				直径(mm)			
				ϕ100	ϕ150	ϕ100	ϕ150
综合单价(元)				715.19	815.05	526.54	714.20
其中	人工费(元)			172.86	184.47	144.91	157.81
	材料费(元)			431.38	512.18	288.62	455.10
	机械费(元)			—	—	—	—
	管理费(元)			58.69	62.63	49.20	53.58
	利润(元)			52.26	55.77	43.81	47.71
名称		单位	单价(元)	数量			
综合工日		工日	43.00	(4.02)	(4.29)	(3.37)	(3.67)
定额工日		工日	43.00	4.020	4.290	3.370	3.670
铸铁落水口 ϕ100 长 300 mm		套	34.00	10.100	—	—	—
铸铁落水口 ϕ150 长 300 mm		套	42.00	—	10.100	—	—
铸铁水斗 ϕ100		个	23.00	—	—	10.100	—
铸铁水斗 ϕ150		个	39.00	—	—	—	10.100
铁件		kg	5.20	16.920	16.920	10.830	11.770

三、PVC、UPVC 管

工作内容：放样、划线、截料、起线装套管、埋卡箍、安水管、粘接、打蜡安卡钩、安装漏斗、吊正找平、搬移梯子等。

单位:10 m

定额编号		7-104	7-105	7-106
项目		PVC 水落管	UPVC 水落管	
		矩形(mm)	圆形(mm)	
		110×83	ϕ150	ϕ100
综合单价(元)		406.16	590.98	415.35
其中	人工费(元)	113.95	129.00	109.65
	材料费(元)	219.07	379.18	235.32
	机械费(元)	—	—	—
	管理费(元)	38.69	43.80	37.23
	利润(元)	34.45	39.00	33.15

续表 单位:10 m

定额编号			7-104	7-105	7-106
项目			PVC水落管	UPVC水落管	
			矩形(mm)	圆形(mm)	
			110×83	ϕ150	ϕ100
名称	单位	单价(元)	数量		
综合工日	工日	43.00	(2.65)	(3.00)	(2.55)
定额工日	工日	43.00	2.650	3.000	2.550
PVC矩形水落管 100×83	m	18.00	10.200	—	—
UPVC水落管 ϕ100	m	16.00	—	—	10.200
UPVC水落管 ϕ150	m	30.00	—	10.200	—
胀锚螺栓UPVC管卡箍	套	4.00	—	7.140	7.140
胀锚螺栓PVC管卡箍	套	3.00	8.050	—	—
PVC接头	个	2.00	3.540	—	—
UPVC管检查口	个	18.00	—	1.110	1.110
UPVC管伸缩节	个	16.00	—	1.010	1.010
其他材料费	元	1.00	4.240	8.480	7.420

单位:10个

定额编号			7-107	7-108	7-109	7-110
项目			PVC水斗	UPVC水斗		PVC落水口
			矩形(mm)	圆形(mm)		
			110×83	ϕ150	ϕ100	ϕ150
综合单价(元)			359.18	675.80	473.66	492.62
其中	人工费(元)		100.62	101.48	95.89	101.48
	材料费(元)		193.98	509.18	316.22	326.00
	机械费(元)		—	—	—	—
	管理费(元)		34.16	34.46	32.56	34.46
	利润(元)		30.42	30.68	28.99	30.68
名称	单位	单价(元)	数量			
综合工日	工日	43.00	(2.34)	(2.36)	(2.23)	(2.36)
定额工日	工日	43.00	2.340	2.360	2.230	2.360
PVC水落斗 100×83	个	10.00	10.100	—	—	—
UPVC水落斗 ϕ100	个	29.00	—	—	10.100	—
UPVC水落斗 ϕ150	个	48.00	—	10.100	—	—
PVC落水口 ϕ150	个	30.00	—	—	—	10.100
胀锚螺栓PVC管卡箍	套	3.00	10.100	—	—	—
铁件	kg	5.20	10.830	—	—	—
其他材料费	元	1.00	6.360	24.380	23.320	23.000

单位:10 个

定额编号			7-111	7-112	7-113	7-114
项目			PVC 落水口 圆形(mm) ϕ100	UPVC 弯头	UPVC 阳台短管	阳台雨篷出水口
综合单价(元)			381.44	233.89	375.29	147.38
其中	人工费(元)		95.89	56.33	56.33	34.40
	材料费(元)		224.00	141.40	282.80	90.90
	机械费(元)		—	—	—	—
	管理费(元)		32.56	19.13	19.13	11.68
	利润(元)		28.99	17.03	17.03	10.40
名称	单位	单价(元)	数量			
综合工日	工日	43.00	(2.23)	(1.31)	(1.31)	(0.80)
定额工日	工日	43.00	2.230	1.310	1.310	0.800
PVC 落水口 ϕ100	个	20.00	10.100	—	—	—
UPVC 弯头	个	14.00	—	10.100	—	—
UPVC 短管	个	28.00	—	—	10.100	—
阳台雨篷出水口短管	个	9.00	—	—	—	10.100
其他材料费	元	1.00	22.000	—	—	—

A.7.3 墙、地面防水、防潮(010703)

010703001 卷材防水(m^2)

一、石油沥青卷材

工作内容:1. 清理基层、熬制沥青(玛碲脂)、涂刷、铺贴卷材。

2. 配制和涂刷冷底子油、铺贴卷材。

单位:100 m^2

定额编号			7-115	7-116	7-117	7-118
项目			沥青玻璃布卷材防潮层			
			二布三油		每增减一布一油	
			平面	立面	平面	立面
综合单价(元)			4133.55	4736.74	1464.63	1657.54
其中	人工费(元)		369.80	648.87	131.15	218.01
	材料费(元)		3526.39	3671.39	1249.30	1299.60
	机械费(元)		—	—	—	—
	管理费(元)		125.56	220.31	44.53	74.02
	利润(元)		111.80	196.17	39.65	65.91
名称	单位	单价(元)	数量			
综合工日	工日	43.00	(8.60)	(15.09)	(3.05)	(5.07)
定额工日	工日	43.00	8.600	15.090	3.050	5.070
冷底子油 30:70	kg	5.68	48.000	48.000	—	—
沥青玻璃布油毡	m^2	5.00	239.800	239.800	116.500	116.500
石油沥青 30#	kg	3.45	565.000	605.000	184.000	198.000
木柴	kg	0.50	211.000	225.000	64.000	68.000

二、三元乙丙、SBC 卷材

工作内容：1. 三元乙丙：涂刷基层处理剂、防水薄弱处刷聚氨酯涂膜加强、铺贴卷材条加强、收头。

2. SBC 复合卷材：防水薄弱处刷聚氨酯涂膜加强、铺贴卷材、卷材接缝贴卷材条加强、收头。

单位：100 m^2

定额编号				7-119	7-120	7-121	7-122
项目				三元乙丙防水层（冷贴满铺）		SBC120 防水层（冷贴满铺）	
				厚 1.5 mm		400 g/m^2	
				平面	立面	平面	立面
综合单价（元）				6407.98	6604.25	2034.05	2075.71
其中	人工费（元）			396.46	516.00	254.56	279.93
	材料费（元）			5757.05	5757.05	1616.10	1616.10
	机械费（元）			—	—	—	—
	管理费（元）			134.61	175.20	86.43	95.05
	利润（元）			119.86	156.00	76.96	84.63
名称		单位	单价（元）	数量			
综合工日		工日	43.00	(9.22)	(12.00)	(5.92)	(6.51)
定额工日		工日	43.00	9.220	12.000	5.920	6.510
素水泥浆		m^3	421.78	—	—	0.160	0.160
三元乙丙橡胶防水卷材 1.5 mm		m^2	32.00	124.170	124.170	—	—
SBC120 复合防水卷材 400 g/m^2		m^2	10.00	—	—	120.550	120.550
聚氨酯涂料		kg	12.00	31.740	31.740	25.000	25.000
胶粘剂 CX-404		kg	18.00	40.400	40.400	—	—
丁基粘结剂（接缝胶）		kg	25.00	19.120	19.120	—	—
二甲苯		kg	5.30	27.000	27.000	—	—
建筑胶		kg	2.00	—	—	12.020	12.020
乙酸乙酯		kg	7.00	5.050	5.050	—	—
其他材料费		元	1.00	19.080	19.080	19.080	19.080

三、氯化聚乙烯卷材

工作内容：清理基层、刷基层处理剂、防水薄弱处聚氨酯涂膜附加层、铺贴卷材、接缝嵌油膏、做收头。

单位：100 m^2

定额编号		7-123	7-124
项目		氯化聚乙烯-橡胶共混卷材防水层	
		厚 1.5 mm	
		平面	立面
综合单价（元）		5399.71	5595.98
其中	人工费（元）	396.46	516.00
	材料费（元）	4748.78	4748.78
	机械费（元）	—	—
	管理费（元）	134.61	175.20
	利润（元）	119.86	156.00

续表　　　　　　　　　　　　　　　　　　　　　　　　单位：100 m²

定额编号			7-123	7-124
项目			氯化聚乙烯-橡胶共混卷材防水层	
			厚 1.5 mm	
			平面	立面
名称	单位	单价(元)	数量	
综合工日	工日	43.00	(9.22)	(12.00)
定额工日	工日	43.00	9.220	12.000
氯化聚乙烯-橡胶共混卷材 1.5 mm	m²	27.00	124.170	124.170
氢丁胶乳	kg	3.00	18.180	18.180
粘结剂 BX-12	kg	13.00	45.450	45.450
粘结剂 BX-12 乙组份 880 mL	瓶	10.00	11.940	11.940
二甲苯	kg	5.30	27.000	27.000
乙酸乙酯	kg	7.00	5.050	5.050
聚氨酯涂料	kg	12.00	29.160	29.160
塑料油膏	kg	1.00	26.780	26.780
木柴	kg	0.50	8.340	8.340
其他材料费	元	1.00	72.080	72.080

四、高聚物改性沥青卷材

工作内容：清理基层、刷基层处理剂、防水薄弱处贴 2 mm 改性沥青卷材附加层、粘贴卷材、卷材接缝贴 120 mm宽加强层、做收头。

单位：100 m²

定额编号			7-125	7-126	7-127	7-128
项目			高聚物改性沥青卷材防水层(冷贴)			
			厚 3 mm		厚 4 mm	
			平面	立面	平面	立面
综合单价(元)			4857.58	5260.00	5194.66	5597.08
其中	人工费(元)		369.80	590.39	369.80	590.39
	材料费(元)		4250.42	4290.66	4587.50	4627.74
	机械费(元)		—	—	—	—
	管理费(元)		125.56	200.46	125.56	200.46
	利润(元)		111.80	178.49	111.80	178.49
名称	单位	单价(元)	数量			
综合工日	工日	43.00	(8.60)	(13.73)	(8.60)	(13.73)
定额工日	工日	43.00	8.600	13.730	8.600	13.730
高聚物改性沥青卷材 2 mm	m²	20.00	8.800	8.800	8.800	8.800
高聚物改性沥青卷材 3 mm	m²	26.00	126.540	126.540	—	—
高聚物改性沥青卷材 4 mm	m²	28.00	—	—	129.540	129.540
改性沥青基层处理剂	kg	5.00	12.220	12.220	12.220	12.220
改性沥青基层粘结剂	kg	10.00	50.620	50.620	50.620	50.620
石油液化气	kg	9.00	22.000	26.000	22.000	26.000
其他材料费	元	1.00	19.080	23.320	19.080	23.320

注：高聚物改性沥青卷材采用热熔施工时，相应冷贴子目扣除改性沥粘接剂，改性沥青处理剂用量调整为 40 kg，石油液化气用量调整为 48 kg，基他不变。

五、其他

工作内容：1. 清理基层、熬制沥青(玛碲脂)、涂刷、点粘卷材。

2. 清理基层、干铺、钉卷材或其他。 单位:100 m²

定额编号				7-129	7-130	7-131	7-132
项目				油毡保护层	油毡防潮层		玻璃棉毡防潮层
				点粘	干铺		
					平面	立面	
综合单价(元)				845.50	531.78	589.79	778.61
其中	人工费(元)			80.41	55.90	95.46	143.62
	材料费(元)			713.48	440.00	433.06	542.81
	机械费(元)			—	—	—	—
	管理费(元)			27.30	18.98	32.41	48.76
	利润(元)			24.31	16.90	28.86	43.42
名称		单位	单价(元)	数量			
综合工日		工日	43.00	(1.87)	(1.30)	(2.22)	(3.34)
定额工日		工日	43.00	1.870	1.300	2.220	3.340
石油沥青油毡		m²	4.00	110.000	110.000	108.000	—
沥青玻璃布油毡		m²	5.00	—	—	—	108.000
圆钉 700 mm		kg	5.30	—	—	—	0.530
石油沥青 30#		kg	3.45	75.500	—	—	—
木柴		kg	0.50	26.000	—	—	—
其他材料费		元	1.00	—	—	1.060	—

单位:100 m²

定额编号				7-133	7-134
项目				聚苯乙烯泡沫板保护层	干铺聚氯乙烯塑料薄膜
				附墙铺贴	平面
综合单价(元)				2821.31	201.78
其中	人工费(元)			274.77	55.90
	材料费(元)			2370.18	110.00
	机械费(元)			—	—
	管理费(元)			93.29	18.98
	利润(元)			83.07	16.90
名称		单位	单价(元)	数量	
综合工日		工日	43.00	(6.39)	(1.30)
定额工日		工日	43.00	6.390	1.300
聚苯乙烯泡沫塑料板 50 mm		m²	23.00	102.000	—
聚醋酸乙烯乳胶(白乳胶)		kg	6.20	3.900	—
塑料薄膜 0.2 mm		m²	1.00	—	110.000

010703002 涂膜防水（m^2）

一、石油沥青

工作内容：清理基层、熬制沥青（玛碲脂）、配制冷底子油、涂刷冷底子油或沥青（玛碲脂）。 单位：100 m^2

定额编号				7-135	7-136	7-137	7-138
项目				刷冷底子油		刷石油沥青	
						平面	
				第一遍	第二遍	一遍	每增加一遍
综合单价（元）				388.86	278.96	1090.52	587.19
其中	人工费（元）			66.22	49.88	80.84	24.51
	材料费（元）			280.14	197.06	957.79	546.95
	机械费（元）			—	—	—	—
	管理费（元）			22.48	16.94	27.45	8.32
	利润（元）			20.02	15.08	24.44	7.41
名称		单位	单价（元）	数量			
综合工日		工日	43.00	(1.54)	(1.16)	(1.88)	(0.57)
定额工日		工日	43.00	1.540	1.160	1.880	0.570
冷底子油 30：70		kg	5.68	48.000	—	48.000	—
冷底子油 50：50		kg	5.21	—	36.000	—	—
石油沥青 30#		kg	3.45	—	—	187.000	151.000
木柴		kg	0.50	15.000	19.000	80.000	52.000

单位：100 m^2

定额编号				7-139	7-140	7-141	7-142
项目				刷石油沥青			
				混凝土抹灰面立面		砖墙面立面	
				一遍	每增加一遍	一遍	每增加一遍
综合单价（元）				1153.69	637.65	1276.99	734.13
其中	人工费（元）			92.88	28.81	102.77	34.40
	材料费（元）			1001.19	590.35	1108.26	677.65
	机械费（元）			—	—	—	—
	管理费（元）			31.54	9.78	34.89	11.68
	利润（元）			28.08	8.71	31.07	10.40
名称		单位	单价（元）	数量			
综合工日		工日	43.00	(2.16)	(0.67)	(2.39)	(0.80)
定额工日		工日	43.00	2.160	0.670	2.390	0.800
冷底子油 30：70		kg	5.68	48.000	—	52.000	—
石油沥青 30#		kg	3.45	199.000	163.000	222.000	187.000
木柴		kg	0.50	84.000	56.000	94.000	65.000

单位:100 m²

定额编号				7-143	7-144	7-145	7-146
项目				刷石油沥青玛碲脂			
				平面		混凝土抹灰面立面	
				一遍	每增加一遍	一遍	每增加一遍
综合单价(元)				1193.51	676.49	1253.23	733.94
其中	人工费(元)			86.00	26.66	95.03	31.39
	材料费(元)			1052.31	632.72	1097.20	682.40
	机械费(元)			—	—	—	—
	管理费(元)			29.20	9.05	32.27	10.66
	利润(元)			26.00	8.06	28.73	9.49
名称		单位	单价(元)	数量			
综合工日		工日	43.00	(2.00)	(0.62)	(2.21)	(0.73)
定额工日		工日	43.00	2.000	0.620	2.210	0.730
冷底子油 30∶70		kg	5.68	48.000	—	48.000	—
石油沥青玛碲脂		m^3	4288.80	0.172	0.141	0.182	0.152
木柴		kg	0.50	84.000	56.000	88.000	61.000

单位:100 m²

定额编号				7-147	7-148
项目				刷石油沥青玛碲脂	
				砖墙面立面	
				一遍	每增加一遍
综合单价(元)				1385.08	831.47
其中	人工费(元)			106.21	36.12
	材料费(元)			1210.70	772.17
	机械费(元)			—	—
	管理费(元)			36.06	12.26
	利润(元)			32.11	10.92
名称		单位	单价(元)	数量	
综合工日		工日	43.00	(2.47)	(0.84)
定额工日		工日	43.00	2.470	0.840
冷底子油 30∶70		kg	5.68	52.000	—
石油沥青玛碲脂		m^3	4288.80	0.202	0.172
木柴		kg	0.50	98.000	69.000

二、氯丁橡胶沥青涂料

工作内容：清扫基层、涂刷底胶、做一布一涂附加层防水薄弱处，冷胶贴玻璃纤维布、撒砂、压实修整等。

单位：100 m²

定额编号				7-149	7-150	7-151	7-152	7-153	7-154
项目				氯丁沥青冷胶涂料					
				平面			立面		
				二布三涂	增减一布	增减一涂	二布三涂	增减一布	增减一涂
综合单价(元)				4784.49	313.56	1063.24	4982.17	341.80	1124.02
其中	人工费(元)			402.05	55.90	123.41	522.45	73.10	160.43
	材料费(元)			4124.38	221.78	860.62	4124.38	221.78	860.62
	机械费(元)			—	—	—	—	—	—
	管理费(元)			136.51	18.98	41.90	177.39	24.82	54.47
	利润(元)			121.55	16.90	37.31	157.95	22.10	48.50
名称		单位	单价(元)	数量					
综合工日		工日	43.00	(9.35)	(1.30)	(2.87)	(12.15)	(1.70)	(3.73)
定额工日		工日	43.00	9.350	1.300	2.870	12.150	1.700	3.731
氯丁橡胶沥青防水涂料		kg	10.00	363.600	—	85.850	363.600	—	85.850
玻璃纤维布 δ0.18		m²	2.00	236.360	110.890	—	236.360	110.890	—
细砂		m³	30.00	0.310	—	—	0.310	—	—
其他材料费		元	1.00	6.360	—	2.120	6.360	—	2.120

三、聚氨酯涂料

工作内容：涂刷聚氨酯底胶、刷聚氨酯防水层二(三)遍、防水薄弱处增刷一遍聚氨酯涂膜、撒细砂做保护层。

单位：100 m²

定额编号				7-155	7-156	7-157	7-158
项目				聚氨酯涂膜二遍			
				厚 1 mm		厚 1.5 mm	
				平面	立面	平面	立面
综合单价(元)				2611.66	2726.04	3683.92	3798.30
其中	人工费(元)			219.30	286.38	219.30	286.38
	材料费(元)			2251.60	2255.84	3323.86	3328.10
	机械费(元)			—	—	—	—
	管理费(元)			74.46	97.24	74.46	97.24
	利润(元)			66.30	86.58	66.30	86.58
名称		单位	单价(元)	数量			
综合工日		工日	43.00	(5.10)	(6.66)	(5.10)	(6.66)
定额工日		工日	43.00	5.100	6.660	5.100	6.660
聚氨酯涂料		kg	12.00	175.000	175.000	262.500	262.500
二甲苯		kg	5.30	8.400	8.400	12.600	12.600
丙酮		kg	8.50	10.000	10.000	10.000	10.000
细砂		m³	30.00	0.100	0.100	0.100	0.100
其他材料费		元	1.00	19.080	23.320	19.080	23.320

单位:100 m²

定额编号				7-159	7-160
项目				聚氨酯涂膜三遍	
				厚 2 mm	
				平面	立面
综合单价(元)				4847.96	4990.58
其中	人工费(元)			275.20	359.48
	材料费(元)			4396.12	4400.36
	机械费(元)			—	—
	管理费(元)			93.44	122.06
	利润(元)			83.20	108.68
名称		单位	单价(元)	数量	
综合工日		工日	43.00	(6.40)	(8.36)
定额工日		工日	43.00	6.400	8.360
聚氨酯涂料		kg	12.00	350.000	350.000
二甲苯		kg	5.30	16.800	16.800
丙酮		kg	8.50	10.000	10.000
细砂		m^3	30.00	0.100	0.100
其他材料费		元	1.00	19.080	23.320

四、其他

工作内容：清理基层、配制涂料、涂刷涂料。

单位:100 m²

定额编号				7-161
项目				刷硅质封闭胶二遍
综合单价(元)				204.84
其中	人工费(元)			82.13
	材料费(元)			69.99
	机械费(元)			—
	管理费(元)			27.89
	利润(元)			24.83
名称		单位	单价(元)	数量
综合工日		工日	43.00	(1.91)
定额工日		工日	43.00	1.910
素水泥浆		m^3	421.78	0.100
硅质密实剂		kg	6.00	4.500
水		m^3	4.05	0.200

010703003 砂浆防水(潮)(m²)

工作内容：清理基层、调制砂浆、抹灰养护。

单位：100 m²

定额编号				7-162	7-163	7-164	7-165
项目				水泥防水砂浆			
				平面	立面	五层作法	
						平面	立面
综合单价(元)				1123.43	1430.56	1792.06	2104.29
其中	人工费(元)			353.03	525.89	646.29	835.06
	材料费(元)			521.44	543.88	713.06	715.36
	机械费(元)			15.46	16.07	12.36	12.36
	管理费(元)			123.52	182.35	222.36	286.45
	利润(元)			109.98	162.37	197.99	255.06
名称		单位	单价(元)	数量			
综合工日		工日	43.00	(8.46)	(12.49)	(15.23)	(19.62)
定额工日		工日	43.00	8.210	12.230	15.030	19.420
水泥砂浆 1∶2		m³	229.62	2.020	2.110	1.620	1.630
素水泥浆		m³	421.78	—	—	0.610	0.610
防水粉		kg	0.76	55.550	57.880	90.000	90.000
水		m³	4.05	3.800	3.800	3.800	3.800
灰浆搅拌机 200 L		台班	61.82	0.250	0.260	0.200	0.200

单位：100 m²

定额编号				7-166	7-167	7-168
项目				无机铝盐防水砂浆	氯丁胶泥防水素浆	氯丁胶泥防水砂浆
				平面		
综合单价(元)				3199.02	171.71	1406.35
其中	人工费(元)			359.48	49.45	353.03
	材料费(元)			2586.44	90.52	804.36
	机械费(元)			15.46	—	15.46
	管理费(元)			125.71	16.79	123.52
	利润(元)			111.93	14.95	109.98
名称		单位	单价(元)	数量		
综合工日		工日	43.00	(8.61)	(1.15)	(8.46)
定额工日		工日	43.00	8.360	1.150	8.210
水泥砂浆 1∶2		m³	229.62	2.020	—	—
无机铝盐防水剂		kg	20.00	103.900	—	—
氯丁胶泥水泥砂浆 1∶2.5∶0.35		m³	390.58	—	—	2.020
氯丁胶泥水泥素浆 1∶0.4		m³	888.23	—	0.101	—
素水泥浆		m³	421.78	0.100	—	—
水		m³	4.05	0.600	0.200	3.800
灰浆搅拌机 200 L		台班	61.82	0.250	—	0.250

010703004 变形缝(m)

一、单项变形缝

工作内容：1. 沥青麻丝：熬制沥青、缝清理，调配沥青麻丝、填塞沥青麻丝。

2. 聚苯乙烯板：缝清理，填塞聚苯乙烯板。

3. 沥青砂浆、玛碲脂：熬制沥青砂浆、玛碲脂，缝清理，嵌缝。

单位：100 m

定额编号			7-169	7-170	7-171	7-172
项目			沥青麻丝	聚苯乙烯板	沥青砂浆	沥青玛碲脂
			缝宽×高(mm)			
			50×150		30×150	
综合单价(元)			2430.11	623.00	1236.89	2187.40
其中	人工费(元)		400.33	165.12	290.25	75.25
	材料费(元)		1772.82	351.90	760.34	2063.85
	机械费(元)		—	—	—	—
	管理费(元)		135.93	56.06	98.55	25.55
	利润(元)		121.03	49.92	87.75	22.75
名称	单位	单价(元)	数量			
综合工日	工日	43.00	(9.31)	(3.84)	(6.75)	(1.75)
定额工日	工日	43.00	9.310	3.840	6.750	1.750
沥青砂浆 1∶2∶7	m^3	1411.60	—	—	0.460	—
石油沥青玛碲脂	m^3	4288.80	—	—	—	0.460
石油沥青 30#	kg	3.45	340.000	—	—	—
聚苯乙烯泡沫塑料板 50 mm	m^2	23.00	—	15.300	—	—
麻丝	kg	6.00	92.330	—	—	—
木柴	kg	0.50	91.670	—	222.000	182.000

工作内容：1. 油膏嵌缝：缝清理，调配油膏，油膏嵌缝。

2. 铁皮盖面：埋木砖，钉钢板网，固定铁皮，刷防锈漆。

单位：100 m

定额编号			7-173	7-174
项目			建筑油膏嵌缝	聚氨酯密封膏嵌缝
			缝宽×高(mm)	
			30×50	50×25
综合单价(元)			1268.33	5758.05
其中	人工费(元)		249.40	322.50
	材料费(元)		858.85	5228.55
	机械费(元)		—	—
	管理费(元)		84.68	109.50
	利润(元)		75.40	97.50
名称	单位	单价(元)	数量	
综合工日	工日	43.00	(5.80)	(7.50)
定额工日	工日	43.00	5.800	7.500
建筑油膏	kg	3.20	257.500	—
建筑胶油	kg	2.05	17.000	—
聚氨酯密封膏	kg	5.60	—	375.000
聚氨酯涂料	kg	12.00	—	258.440
无纺涤纶布 宽 130 mm	m	0.69	—	30.000
其他材料费	元	1.00	—	6.570

单位:100 m

定额编号				7-175	7-176
项目				铁皮盖面	
				平面	立面
综合单价(元)				4612.38	2423.63
其中	人工费(元)			922.35	540.51
	材料费(元)			3098.01	1536.19
	机械费(元)			—	—
	管理费(元)			313.17	183.52
	利润(元)			278.85	163.41
名称		单位	单价(元)	数量	
综合工日		工日	43.00	(21.45)	(12.57)
定额工日		工日	43.00	21.450	12.570
镀锌薄钢板 0.5 mm 26#		m^2	25.00	59.300	26.000
板方木材 综合规格		m^3	1550.00	0.693	0.247
钢板网 1 mm		m^2	9.20	—	25.200
圆钉 70 mm		kg	5.30	2.100	0.290
射钉		个	0.19	—	204.000
焊锡		kg	55.00	1.870	0.820
醇酸防锈漆 红丹		kg	14.00	27.320	11.970
油漆溶剂油		kg	3.50	1.420	0.630
防腐油		kg	1.30	11.100	3.400
其他材料费		元	1.00	25.500	11.900

工作内容:1. 钢板盖面:铁件预埋及盖板制作安装、刷防锈漆。

2. 铝合金板盖面:铁件预埋,盖板制作安装。

3. 木板盖面:木砖加工、浸油及预埋,盖板制作安装。

3. 钢板止水带:钢板焊接成型、铺设。

单位:100 m

定额编号				7-177	7-178	7-179
项目				钢板盖面	铝合金板盖面	木板盖面
				缝宽 50 mm		
综合单价(元)				6062.42	12696.41	1986.58
其中	人工费(元)			951.59	1190.24	365.93
	材料费(元)			4500.04	10742.20	1385.77
	机械费(元)			—	—	—
	管理费(元)			323.10	404.13	124.25
	利润(元)			287.69	359.84	110.63
名称		单位	单价(元)	数量		
综合工日		工日	43.00	(22.13)	(27.68)	(8.51)
定额工日		工日	43.00	22.130	27.680	8.510
铁件		kg	5.20	838.020	659.320	—
铝合金板 5 mm		m^2	341.00	—	21.200	—
板方木材 综合规格		m^3	1550.00	—	—	0.840
圆钉 70 mm		kg	5.30	—	—	0.300
调和漆		kg	13.00	—	—	4.740
醇酸防锈漆 红丹		kg	14.00	9.490	4.850	—
油漆溶剂油		kg	3.50	0.490	0.250	0.540
防腐油		kg	1.30	—	—	8.330
其他材料费		元	1.00	7.760	15.760	7.840

工作内容：1. 钢板止水带：钢板焊接成型、铺设。

2. 橡胶止水带：止水带裁制，接头及安装。　　单位：100 m

定　额　编　号				7-180	7-181
项　　目				止水带	
				钢板	橡胶
				300×3	200×30×10
综合单价(元)				4761.41	8199.67
其中	人　工　费(元)			645.00	451.93
	材　料　费(元)			3537.30	7457.66
	机　械　费(元)			137.51	—
	管　理　费(元)			233.60	153.45
	利　　润(元)			208.00	136.63
名　　称		单位	单价(元)	数　量	
综合工日		工日	43.00	(16.00)	(10.51)
定额工日		工日	43.00	15.000	10.510
钢板		t	4600.00	0.750	—
板方木材 综合规格		m^3	1550.00	0.040	—
橡胶止水带 200×10×30		m	70.00	—	105.000
环氧树脂 6101 型		kg	26.00	—	3.040
圆钉 70 mm		kg	5.30	1.000	—
电焊条(综合)		kg	4.00	5.000	—
其他材料费		元	1.00	—	28.620
直流弧焊机 32 kW		台班	127.51	1.000	—
其他机械费		元	1.00	10.000	—

工作内容：1. 氯丁橡胶片止水带：清理、用乙酸乙酯洗缝。隔纸，粘贴氯丁橡胶片，涂胶铺砂。

2. 紫铜板止水片：剪板、焊接、铺设。

3. 一布二涂止水片：清理、刷底胶，缝上粘贴 350 mm 宽一布二涂氯丁胶贴玻璃纤维布；在缝中心贴 150 mm 宽一布二涂氯丁胶玻璃布；干后在表面涂胶粘砂。　　单位：100 m

定　额　编　号				7-182	7-183
项　　目				止水带	止水片
				氯丁橡胶片	预埋式
					紫铜板
综合单价(元)				1444.11	63741.06
其中	人　工　费(元)			153.94	1136.49
	材　料　费(元)			1191.36	61747.00
	机　械　费(元)			—	105.75
	管　理　费(元)			52.27	397.70
	利　　润(元)			46.54	354.12
名　　称		单位	单价(元)	数　量	
综合工日		工日	43.00	(3.58)	(27.24)
定额工日		工日	43.00	3.580	26.430
橡胶板 2 mm		m^2	21.00	31.820	—
紫铜板 2 mm		kg	75.00	—	810.900
水泥 32.5		t	280.00	0.009	—

续表

单位:100 m

定 额 编 号			7-182	7-183
项 目			止水带	止水片
			氯丁橡胶片	预埋式
				紫铜板
名 称	单位	单价(元)	数 量	
铜焊条 铜 107 ϕ3.2	kg	65.00	—	14.300
粒砂	m^3	135.60	0.160	—
乙酸乙酯	kg	3.00	23.000	—
氯丁胶乳	kg	7.00	60.580	—
三异氰酸酯	kg	17.00	9.090	—
隔离纸(牛皮纸)	m^2	0.28	5.910	—
交流弧焊机 32 kV·A	台班	117.53	—	0.700
剪板机 20×2500	台班	213.47	—	0.110

单位:100 m

定 额 编 号			7-184
项 目			止水片
			涂刷式
			氯丁胶贴玻璃纤维布
综合单价(元)			1828.22
其中	人 工 费(元)		209.84
	材 料 费(元)		1483.69
	机 械 费(元)		—
	管 理 费(元)		71.25
	利 润(元)		63.44
名 称	单位	单价(元)	数 量
综合工日	工日	43.00	(4.88)
定额工日	工日	43.00	4.880
水泥 32.5	t	280.00	0.005
粒砂	m^3	135.60	0.180
玻璃纤维布(带)δ0.36	m^2	2.00	95.200
乙酸乙酯	kg	7.00	15.310
氯丁胶乳	kg	3.00	126.460
三异氰酸酯	kg	17.00	18.970
环氧树脂 6101 型	kg	26.00	14.420
聚酰胺 300 号低分子	kg	29.00	2.880

注：一布二涂玻璃纤维布止水片在干基层上施工时,应取消聚酰胺 300 号低分子材料。

三十七、陕西省建设工程工程量清单计价规则

（2004年定额防水工程部分）

说　　明

一、本章由屋面（分瓦屋面、金属压型板屋面、卷材屋面防水层、涂膜屋面防水层、屋面保温隔热找坡层、其他），地面、墙面防水（分卷材防水层、涂膜防水层）和天棚、墙面保温隔热（分天棚保温隔热层、外墙内保温层）三部分组成。

二、各种瓦屋面（9-1～9-18子目）实际用瓦规格与子目中规格不同时，瓦材数量可以换算，其他不变。

三、琉璃瓦挑檐（女儿墙）9-16子目，适用于陕02J02(2/6)节点构造或类似的建筑节点。琉璃瓦屋面9-17子目和檐口附件9-18子目不适用于屋面工程量＞300 m^2 的单项工程。

四、金属压型板屋面（和墙面）由于尚缺较标准化的定型板件和节点构造，到位安装多由生产、供应方组织进行，定额的编制条件不甚具备。9-19～9-22子目的适用范围已给出并分别标注于相应子目。不在适用范围的金属压型板屋面，招投标时建议采用市场价或加注说明。

五、本章卷材和涂膜屋面防水层、地面墙面防水层子目中均已综合考虑了规范要求增加的附加层及防水薄弱处的加强层工料。不同防水材料的屋面、地面、墙面所增加的附加层、加强层数量和材质不同，但都不再换算。除子目中注明者外，均已包括涂刷基层处理剂、卷材搭接用粘结剂以及屋面防水层中的收头等工料。

六、涂膜防水除SBS弹性沥青涂膜屋面防水层和地面、墙面防水层按×布×胶划分界定子目外，其他合成高分子涂膜均按涂膜膜层总厚度划分界定。设计要求涂膜厚度与子目设置厚度不相符时，可按两子目厚度差值比例增减调整人工工日数量和涂料用量。

七、卷材屋面防水层9-28～9-30子目系按通常满铺工艺施工，如设计要求按条点铺或空铺工艺施工时，应另行补充。

八、本章第一部分屋面设置子目均为单项子目，未综合例如嵌分隔缝、设隔离层、架空板隔热层、涂料或硬质保护层等，可按设计要求的铺设范围计算工程量。涉及本章而未设置子目的，例如各类找平层、刚性防水层、硬质保护层等，应按相关章有关部分的规定计算工程量。

九、屋面保温隔热层的子目，主要按陕02J01图集屋面保温隔热的设计要求设置。如工程设计采用其他保温隔热材料时，可按相近子目仅将保温隔热材料置换，所谓“相近”，主要指保温隔热材料的导热系数相近。

十、外墙内保温层的子目，主要按陕02J12-2外墙内保温构造图集的设计要求设置，子目中包括了清理基层、粘钉（粘贴）保温板材或分层粉抹保温浆料、粘玻纤网布加强、粉保护层、刮抹腻子以及图集中构造要求的钉固定件、填泡沫条、打密封膏等全部工料，但不包括上述外墙内保温构造图集中或对象工程设计中要求的水泥砂浆找平层。粉抹保温浆料性的子目已综合考虑了各类保温浆料的特性和带给粉抹操作的降效影响，综合考虑了在混凝土和砖面的基层因素。

工程量计算规则

1. 小波大波石棉瓦、玻纤增强聚酯波纹瓦、彩色水泥瓦及黏土平瓦屋面工程量，均按铺瓦部分水平投影面积乘该部分屋面坡度系数（见附表）以“m^2”计算。不扣除斜天沟、屋面小气窗和单个出屋面面积≤0.10 m^2 物件所占面积，但屋面小气窗的出檐部分亦不增加。

2. 琉璃瓦挑檐（女儿墙）檐口附件和屋面工程量，按铺瓦面积以“m^2”（檐口附件以延米）计算。配合琉璃屋面的各类脊、吻、沟、檐及附件，可按全国统一房屋修缮工程预算定额陕西省价目表（2001 年）古建分册（明清）第四章说明及第五节相关子目计算。

3. 彩钢压型板、彩钢压型夹心板屋面，均按铺设屋面板面积以“m^2”计算，不扣除单个出屋面面积≤0.10 m^2 所占面积。压型板屋面的檐沟及泛水板可按展开面积计算后并入。压型夹心板屋面的檐沟及泛水板已综合包含在子目中，不再计算工程量。

4. 卷材和涂膜屋面防水层均按设计图示要求铺设卷材和涂布涂膜部分水平投影面积乘屋面坡度系数（见附表），以“m^2”计算。不扣除单个出屋面面积≤0.10 m^2 所占面积。挑檐、女儿墙、檐沟、天沟、变形缝、天窗、出屋面房间及高低跨处等部位若采用相同材料的向上弯起部分，均按图示尺寸计算后并入屋面防水层工程量。如上述弯起部位详图中无具体尺寸时，可统按 0.3 m 计算。

5. 柔性屋面防水层下设找平层和刚性屋面防水层工程量，按设计要求和第八章楼地面工程量计算规则计算。设计要求设置分格缝并嵌填时，可按 9-59、9-60 子目增计嵌分格缝子目工程量。隔离层、保护层和架空板隔热层均按设计要求铺设范围计算各层工程量，不扣除单个面积≤0.10 m^2 物件所占面积。

6. 屋面保温隔热层和屋面找坡层工程量，均按设计图示铺设面积乘设计厚度（找坡层为平均厚度），以“m^3”物件计算，不扣除单个面积≤0.10 m^2 所占面积。如不同部位设计要求坡度、厚度、材质不同时，应分别计算。

7. 地面、墙面卷材和涂膜防水层，均按设计图示铺设卷材和涂布，涂膜面积以“m^2”计算，不扣除单个面积≤0.30 m^2 物件所占面积。地面防水层周边部位上卷高度按图示尺寸计算，无具体设计尺寸时可统按 0.30 m 计算。上卷高度≤0.50 m 时，工程量并入平面防水层；＞0.50 m者，按立面防水层子目计算。

8. 设计要求在地面、墙面卷材或涂膜防水层上加设保护层时，应按设计要求的加设范围和防水层计算规则计算保护层工程量，选套相关章的相应子目。

9. 天棚保温隔热层工程量，应按设计图示铺设或粉抹范围，以“m^3”（粉抹为“m^2”）计算，不扣除单个面积≤0.10 m^2 物件所占面积。保温粉刷石膏天棚工程量要区分不同厚度计算。有梁板天棚板区梁侧保温粉刷石膏并入天棚子目，沿墙梁侧保温粉刷石膏并入墙面子目。

10. 外墙内保温层工程量，应按设计图示粘铺或粉抹面积，区分不同厚度，以“m^2”计算。要扣除门窗和洞口面积，不扣除单个面积≤0.10 m^2 物件所占面积。

第九章　屋面防水及保温隔热工程

说　　明

本章均同2004年《陕西省建筑装饰工程消耗量定额》和《陕西省建设工程消耗量定额补充定额》第九章说明和工程量计算规则。

一、屋　　面

1. 瓦屋面

定额号	项目名称	单位	基价（元）	其中		
				人工费	材料费	机械费
9-1	小波石棉瓦铺在木檩上	100 m^2	1827.63	207.90	1619.73	
9-2	小波石棉瓦铺在钢檩上	100 m^2	2041.68	315.42	1726.26	
9-3	小波石棉瓦铺在混凝土檩上	100 m^2	2101.58	315.42	1786.16	
9-4	大波石棉瓦铺在木檩上	100 m^2	2807.24	186.90	2620.34	
9-5	大波石棉瓦铺在钢檩上	100 m^2	3001.64	294.00	2707.64	
9-6	大波石棉瓦铺在混凝土檩上	100 m^2	3068.80	294.00	2774.80	
9-7	玻纤增强聚酯波纹瓦铺在木檩上	100 m^2	2941.53	163.80	2777.73	
9-8	玻纤增强聚酯波纹瓦铺在钢檩上	100 m^2	3133.32	249.06	2884.26	
9-9	玻纤增强聚酯波纹瓦铺在混凝土檩上	100 m^2	3193.21	249.06	2944.15	
9-10	彩色水泥瓦铺在木挂瓦条上	100 m^2	1832.10	399.00	1433.10	
9-11	彩色水泥瓦铺在型钢挂瓦条上	100 m^2	3541.17	354.06	3124.50	62.61
9-12	彩色水泥瓦铺在钢筋挂瓦条上	100 m^2	2672.32	308.70	2292.16	71.46
9-13	粘土平瓦铺在木挂瓦条上	100 m^2	1813.18	399.00	1414.18	
9-14	粘土平瓦铺在型钢挂瓦条上	100 m^2	3522.24	354.06	3105.57	62.61
9-15	粘土平瓦铺在钢筋挂瓦条上	100 m^2	2653.39	308.70	2273.23	71.46
9-16	琉璃瓦挑檐(女儿墙)	100 m^2	23731.90	5902.26	17829.64	
9-17	琉璃瓦屋面	100 m^2	27941.18	4452.00	23489.18	
9-18	琉璃瓦檐口附件	100 m	7030.15	1596.00	5434.15	

2. 金属压型板屋面

定额号	项目名称	单位	基价（元）	其中		
				人工费	材料费	机械费
9-19	彩钢压型板(铺在钢檩上)檩距(7.5 m)以内	100 m^2	11767.99	719.04	10894.65	154.30
9-20	彩钢压型板(铺在钢檩上)檩距(6 m)以内	100 m^2	12005.24	759.36	11091.58	154.30
9-21	彩钢压型板(铺在钢檩上)檩距(4.2 m)以内	100 m^2	12477.44	840.00	11483.14	154.30
9-22	彩钢压型夹芯板	100 m^2	27785.32	911.40	26791.79	82.13

3. 卷材屋面防水层

定额号	项目名称	单位	基价(元)	其中		
				人工费	材料费	机械费
9-23	石油沥青玛碲脂卷材二毡三油	100 m^2	3373.41	215.04	3158.37	
9-24	石油沥青玛碲脂卷材二毡三油带砂层	100 m^2	3631.77	262.92	3368.85	
9-25	石油沥青玛碲脂卷材每增减一毡一油	100 m^2	963.03	80.22	882.81	
9-26	改性沥青卷材冷粘法	100 m^2	2286.78	165.48	2121.30	
9-27	改性沥青卷材热熔法	100 m^2	2394.01	191.52	2202.49	
9-28	聚氯乙烯丙纶双面复合卷材	100 m^2	1738.27	112.98	1625.29	
9-29	聚氯乙烯卷材	100 m^2	6385.16	142.38	6242.78	
9-30	氯化聚乙烯卷材(CPE)	100 m^2	3198.17	142.38	3055.79	
9-31	氯化聚乙烯～橡胶共混卷材,满铺	100 m^2	4124.47	142.38	3982.09	
9-32	氯化聚乙烯～橡胶共混卷材,条、点铺	100 m^2	3833.00	142.38	3690.62	
9-33	氯化聚乙烯～橡胶共混卷材,空铺	100 m^2	3731.79	96.18	3635.61	
9-34	三元乙丙丁基橡胶卷材,满铺	100 m^2	3856.63	142.38	3714.25	
9-35	三元乙丙丁基橡胶卷材,条、点铺	100 m^2	3527.32	142.38	3384.94	
9-36	三元乙丙丁基橡胶卷材,空铺	100 m^2	3428.74	96.18	3332.56	

4. 涂膜屋面防水层

定额号	项目名称	单位	基价(元)	其中		
				人工费	材料费	机械费
9-37	SBS 弹性沥青涂膜,二布五胶	100 m^2	1927.88	215.04	1712.84	
9-38	SBS 弹性沥青涂膜,三布七胶	100 m^2	2433.86	313.32	2120.54	
9-39	氯丁橡胶沥青涂膜,涂膜厚 2 mm	100 m^2	1058.91	138.60	920.31	
9-40	氯丁橡胶沥青涂膜,涂膜厚 3 mm	100 m^2	1620.92	217.14	1403.78	
9-41	硅橡胶涂膜,涂膜厚 1.2 mm	100 m^2	686.42	108.36	578.06	
9-42	硅橡胶涂膜,涂膜厚 1.5 mm	100 m^2	796.34	109.20	687.14	
9-43	非焦油聚氨酯涂膜,涂膜厚 1.5 mm	100 m^2	1116.23	137.34	978.89	
9-44	非焦油聚氨酯涂膜,涂膜厚 2 mm	100 m^2	1347.23	156.24	1190.99	
9-45	丙烯酸酯涂膜,涂膜厚 1.2 mm	100 m^2	1657.02	137.34	1519.68	
9-46	丙烯酸酯涂膜,涂膜厚 1.5 mm	100 m^2	1906.38	137.34	1769.04	

5. 屋面保温、隔热层、保温层

定额号	项目名称	单位	基价(元)	其中		
				人工费	材料费	机械费
9-47	水泥膨胀蛭石板	10 m^3	1477.58	125.58	1352.00	
9-48	憎水膨胀珍珠岩板	10 m^3	3924.16	221.76	3702.40	
9-49	沥青膨胀珍珠岩板	10 m^3	4507.44	139.44	4368.00	
9-50	粉煤灰加气混凝土块	10 m^3	2602.95	97.44	2505.51	
9-51	水泥聚苯板	10 m^3	1986.78	150.78	1836.00	
9-52	发泡聚苯板	10 m^3	4012.74	376.74	3636.00	
9-53	挤塑聚苯板	10 m^3	2445.90	627.90	1818.00	
9-54	现浇水泥膨胀蛭石	10 m^3	1244.13	301.98	942.15	
9-55	现浇水泥膨胀珍珠岩	10 m^3	3968.93	301.98	3666.95	
9-56	水泥炉渣找坡层(1∶6)	10 m^3	1468.98	301.98	1167.00	

6. 其　他

定额号	项　目　名　称	单位	基　价（元）	其　中		
				人工费	材料费	机械费
9-57	冷底子油一遍	100 m^2	365.26	65.94	299.32	
9-58	冷底子油增加一遍	100 m^2	254.98	55.86	199.12	
9-59	防水层下找平层，聚乙烯泡沫条嵌分格缝	100 m^2	216.51	19.74	196.77	
9-60	刚性防水层，聚氯乙烯油膏嵌分格缝	100 m^2	276.84	65.52	211.32	
9-61	隔离层干铺油毡	100 m^2	391.26	49.98	341.28	
9-62	隔离层抹纸筋灰	100 m^2	357.88	143.22	214.66	
9-63	防水层上浅色涂料保护层，聚氨酯铝粉着色剂	100 m^2	663.96	57.96	606.00	
9-64	防水层上浅色涂料保护层，苯丙乳液着色剂	100 m^2	259.96	57.96	202.00	
9-65	架空隔热层钢筋混凝土平板	100 m^2	4644.34	1229.76	3320.03	94.55
9-66	镀锌铁皮，水落管、水落斗、檐沟	10 m^2	668.58	120.96	547.62	
9-67	镀锌铁皮，天沟、泛水	10 m^2	560.39	43.68	516.71	
9-68	塑料制品水落管	10m	247.82	26.88	220.94	
9-69	塑料制品水落斗	10 个	137.88	117.60	20.28	
9-70	铸铁制品水落管	10m	808.55	152.88	655.67	
9-71	铸铁制品水落斗	10 套	753.05	147.00	606.05	
9-72	铸铁制品水落口(直式)	10 套	659.94	175.14	484.80	
9-73	铸铁制品水落口(横式)	10 套	686.93	188.58	498.35	

二、地面、墙面防水

1. 卷材防水层

定额号	项　目　名　称	单位	基　价（元）	其　中		
				人工费	材料费	机械费
9-74	石油沥青玛碲脂卷材二毡三油平面	100 m^2	3128.66	337.68	2790.98	
9-75	石油沥青玛碲脂卷材二毡三油立面	100 m^2	3389.03	486.78	2902.25	
9-76	石油沥青玛碲脂卷材每增减一毡一油平面	100 m^2	1053.88	150.78	903.10	
9-77	石油沥青玛碲脂卷材每增减一毡一油立面	100 m^2	1156.15	215.04	941.11	
9-78	改性沥青卷材冷粘法平面	100 m^2	2221.98	170.52	2051.46	
9-79	改性沥青卷材冷粘法立面	100 m^2	2385.73	332.64	2053.09	
9-80	改性沥青卷材热熔法平面	100 m^2	2327.10	197.82	2129.28	
9-81	改性沥青卷材热熔法立面	100 m^2	2522.01	392.28	2129.73	
9-82	聚乙烯丙纶双面复合卷材平面	100 m^2	1662.46	120.54	1541.92	
9-83	聚乙烯丙纶双面复合卷材立面	100 m^2	1889.90	262.08	1627.82	
9-84	氯化聚乙烯-橡胶共混卷材平面	100 m^2	4242.31	160.44	4081.87	
9-85	氯化聚乙烯-橡胶共混卷材立面	100 m^2	4437.20	343.98	4093.22	
9-86	三元乙丙丁基橡胶卷材平面	100 m^2	3807.06	160.44	3646.62	
9-87	三元乙丙丁基橡胶卷材立面	100 m^2	3998.62	343.98	3654.64	

2. 涂膜防水层

定额号	项　目　名　称	单位	基　价（元）	其　中		
				人工费	材料费	机械费
9-88	石油沥青一遍平面	100 m^2	972.79	78.54	894.25	
9-89	石油沥青一遍立面	100 m^2	1039.33	96.60	942.73	
9-90	石油沥青增加一遍平面	100 m^2	525.24	42.00	483.24	
9-91	石油沥青增加一遍立面	100 m^2	588.00	56.28	531.72	
9-92	石油沥青玛碲脂一遍平面	100 m^2	1007.38	78.96	928.42	
9-93	石油沥青玛碲脂一遍立面	100 m^2	1293.27	97.86	1195.41	

续表

定额号	项目名称	单位	基价（元）	其中		
				人工费	材料费	机械费
9-94	石油沥青玛碲脂增加一遍平面	100 m^2	559.52	42.42	517.10	
9-95	石油沥青玛碲脂增加一遍立面	100 m^2	622.17	56.28	565.89	
9-96	SBS弹性沥青涂膜二布五胶平面	100 m^2	1978.74	280.98	1697.76	
9-97	SBS弹性沥青涂膜二布五胶立面	100 m^2	2260.02	550.20	1709.82	
9-98	SBS弹性沥青涂膜每增减一布二胶平面	100 m^2	560.47	132.30	428.17	
9-99	SBS弹性沥青涂膜每增减一布二胶立面	100 m^2	716.02	285.60	430.42	
9-100	氯丁橡胶沥青涂膜，涂膜厚1.2 mm平面	100 m^2	886.78	178.50	708.28	
9-101	氯丁橡胶沥青涂膜，涂膜厚1.2 mm立面	100 m^2	1135.69	423.36	712.33	
9-102	氯丁橡胶沥青涂膜，涂膜厚1.5 mm平面	100 m^2	978.10	178.92	799.18	
9-103	氯丁橡胶沥青涂膜，涂膜厚1.5 mm立面	100 m^2	1227.91	423.78	804.13	
9-104	非焦油聚氨酯涂膜，涂膜厚1.2 mm平面	100 m^2	1036.26	178.50	857.76	
9-105	非焦油聚氨酯涂膜，涂膜厚1.2 mm立面	100 m^2	1286.65	423.36	863.29	
9-106	非焦油聚氨酯涂膜，涂膜厚1.5 mm平面	100 m^2	1142.73	178.92	963.81	
9-107	非焦油聚氨酯涂膜，涂膜厚1.5 mm立面	100 m^2	1394.17	423.78	970.39	
9-108	非焦油聚氨脂涂膜，涂膜厚2.0 mm平面	100 m^2	1377.93	202.02	1175.91	
9-109	非焦油聚氨脂涂膜，涂膜厚2.0 mm立面	100 m^2	1654.15	469.56	1184.59	
9-110	丙烯酸脂涂膜，涂膜厚1.2 mm平面	100 m^2	1683.52	178.92	1504.60	
9-111	丙烯酸脂涂膜，涂膜厚1.2 mm立面	100 m^2	1940.34	423.78	1516.56	
9-112	丙烯酸脂涂膜，涂膜厚1.5 mm平面	100 m^2	1933.30	179.34	1753.96	
9-113	丙烯酸脂涂膜，涂膜厚1.5 mm立面	100 m^2	2192.56	424.20	1768.36	

三、天棚、墙面保温隔热

1. 天棚保温隔热层

定额号	项目名称	单位	基价（元）	其中		
				人工费	材料费	机械费
9-114	天棚保温发泡聚苯板铺在金属天棚龙骨上	10 m^3	4180.62	508.62	3672.00	
9-115	天棚保温沥青矿棉毡铺在金属天棚龙骨上	10 m^3	3302.66	366.66	2936.00	
9-116	天棚保温保温粉刷石膏厚20 mm	100 m^2	2413.46	799.26	1586.55	27.65
9-117	天棚保温保温粉刷石膏每增减5 mm	100 m^2	524.57	100.80	416.68	7.09

2. 外墙内保温

定额号	项目名称	单位	基价（元）	其中		
				人工费	材料费	机械费
9-118	硬质挤塑聚苯乙烯泡沫板厚30 mm	100 m^2	13348.68	817.32	12513.64	17.72
9-119	ASA泡沫保温板厚50 mm	100 m^2	2871.85	487.20	2384.65	
9-120	胶结聚苯颗粒材料，ZL胶粉，厚40 mm	100 m^2	5335.00	1425.06	3851.81	58.13
9-121	胶结聚苯颗粒材料，ZL胶粉，每增减5 mm	100 m^2	548.08	100.80	440.19	7.09
9-122	胶结聚苯颗粒材料，LRES胶钙，厚30 mm	100 m^2	4910.05	1769.88	3081.33	58.84
9-123	胶结聚苯颗粒材料，LRES胶钙，每增减5 mm	100 m^2	572.88	100.80	464.99	7.09
9-124	复合保温隔热材料，FBT-Q(稀土)，厚20 mm	100 m^2	3928.82	698.46	3200.59	29.77
9-125	复合保温隔热材料，FBT-Q(稀土)，每增减5 mm	100 m^2	908.28	100.80	800.39	7.09
9-126	复合保温隔热材料，SAC复合硅盐酸，厚30 mm	100 m^2	4962.99	900.06	4018.98	43.95
9-127	复合保温隔热材料，SAC复合硅盐酸，每增减5 mm	100 m^2	780.28	100.80	672.39	7.09
9-128	保温粉刷石膏厚30 mm	100 m^2	3497.36	1110.48	2345.05	41.83
9-129	保温粉刷石膏每增减5 mm	100 m^2	522.77	100.80	414.88	7.09

四、补充定额

定额号	项 目 名 称	单位	基 价（元）	其 中		
				人工费	材料费	机械费
B9-1	改性沥青卷材防水层（基础筏板）冷粘法	100 m^2	2113.16	168.84	1944.32	
B9-2	改性沥青卷材防水层（基础筏板）热熔法	100 m^2	2214.48	196.14	2018.34	
B9-3	聚乙烯丙纶双面复合卷材防水层（基础筏板）	100 m^2	1485.84	119.28	1366.56	
B9-4	氯化聚乙烯-橡胶共混卷材防水层（基础筏板）	100 m^2	3892.86	157.50	3735.36	
B9-5	三元乙丙丁基橡胶卷材防水层（基础筏板）	100 m^2	3614.71	157.50	3457.21	
B9-6	楼地面隔热，沥青贴软木	10 m^3	16854.01	1536.36	15317.65	
B9-7	楼地面隔热，聚苯乙烯塑料板	10 m^3	10460.80	1960.56	8500.24	
B9-8	楼地面隔热，沥青铺加气混凝土块	10 m^3	5227.50	757.26	4470.24	
B9-9	外墙外保温层（板材），贴聚苯板	100 m^2	4063.79	1008.00	3055.79	
B9-10	外墙外保温层（板材），贴挤塑板	100 m^2	4328.16	1008.00	3320.16	
B9-11	外墙外保温层（板材），标准网格布抹面层，厚 3～5 mm	100 m^2	3425.13	840.00	2585.13	
B9-12	外墙外保温层（板材），两层网格布抹面层，厚 5～7 mm	100 m^2	5133.56	907.20	4226.36	
B9-13	外墙外保温层（板材），钢丝网抹面层，厚 5～7 mm	100 m^2	3350.99	945.00	2405.99	
B9-14	外墙外保温层（浆料），刷界面砂浆	100 m^2	517.86	118.86	399.00	
B9-15	外墙外保温层（浆料），胶粉聚苯颗粒，厚 30 mm	100 m^2	6560.80	957.60	5603.20	
B9-16	外墙外保温层（浆料），胶粉聚苯颗粒，每增减 5 mm	100 m^2	1074.57	136.92	937.65	
B9-17	外墙外保温层（浆料），标准网格布抹面层，厚 3～4 mm	100 m^2	3343.07	864.78	2478.29	
B9-18	外墙外保温层（浆料），两层网格布抹面层，厚 5～8 mm	100 m^2	5490.70	1260.00	4230.70	
B9-19	外墙外保温层（浆料），钢丝网抹面层，厚 5～8 mm	100 m^2	3675.87	1260.00	2415.87	

三十八、陕西省建筑装饰工程消耗量定额

（2004 年定额防水工程部分）

计算屋面工程量用屋面坡度系数表

条件：$A=B=1$ 之 C、E 值

坡度		夹角 θ	系数 C	系数 E	坡度		夹角 θ	系数 C	系数 E
H/A	$H:A$				H/A	$H:A$			
1.000	1∶1	45°	1.4142	1.7321	0.333	1∶3	18°26′	1.0541	1.4530
0.75		36°52′	1.2500	1.6008	0.300		16°42′	1.0440	1.4457
0.700		35°	1.2208	1.5780	0.250	1∶4	14°02′	1.0308	1.4361
0.667	1∶1.5	33°42′	1.2019	1.5635	0.200	1∶5	11°19′	1.0198	1.4283
0.650		33°01′	1.1927	1.5564	0.167	1∶6	9°28′	1.0138	1.4240
0.600		30°58′	1.1662	1.5362	0.150		8°32′	1.0112	1.4221
0.577		30°	1.1547	1.5275	0.125	1∶8	7°08′	1.0078	1.4197
0.550		28°49′	1.1413	1.5174	0.100	1∶10	5°42′	1.0050	1.4177
0.500	1∶2	26°34′	1.1180	1.5000	0.083	1∶12	4°45′	1.0035	1.4167
0.450		24°14′	1.0966	1.4841	0.067	1∶15	3°49′	1.0022	1.4158
0.400	1∶2.5	21°48′	1.0770	1.4697					
0.350		19°17′	1.0595	1.4569					

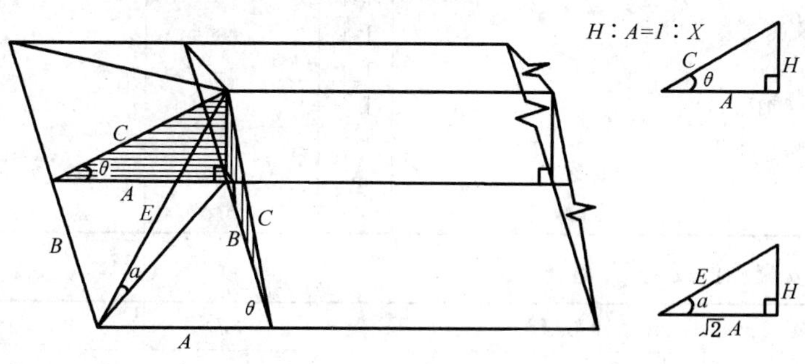

一、屋 面

1. 瓦屋面

工作内容：檩条上铺安石棉瓦、脊瓦。　　单位：100 m^2

<table>
<tr><td colspan="3">定 额 编 号</td><td>9-1</td><td>9-2</td><td>9-3</td></tr>
<tr><td colspan="3" rowspan="2">项 目</td><td colspan="3">小波石棉瓦</td></tr>
<tr><td>铺在木檩上</td><td>铺在钢檩上</td><td>铺在混凝土檩上</td></tr>
<tr><td colspan="2">名 称</td><td>单位</td><td colspan="3">数 量</td></tr>
<tr><td>人工</td><td>综合工日</td><td>工日</td><td>4.950</td><td>7.510</td><td>7.510</td></tr>
<tr><td rowspan="9">材料</td><td>小波石棉瓦 1820×720</td><td>块</td><td>102.550</td><td>102.550</td><td>102.550</td></tr>
<tr><td>石棉脊瓦 850×360</td><td>块</td><td>14.660</td><td>14.660</td><td>14.660</td></tr>
<tr><td>镀锌螺钉带垫</td><td>千个</td><td>0.402</td><td>—</td><td>—</td></tr>
<tr><td>镀锌螺栓钩 φ6×600</td><td>千个</td><td>—</td><td>0.201</td><td>—</td></tr>
<tr><td>镀锌螺栓钩 φ6×800</td><td>千个</td><td>—</td><td>—</td><td>0.201</td></tr>
<tr><td>镀锌扁钢钩－3×12×300</td><td>千个</td><td>—</td><td>0.201</td><td>—</td></tr>
<tr><td>镀锌扁钢钩－3×12×400</td><td>千个</td><td>—</td><td>—</td><td>0.201</td></tr>
<tr><td>麻刀石灰浆</td><td>m^3</td><td>0.016</td><td>0.016</td><td>0.016</td></tr>
<tr><td>油灰</td><td>kg</td><td>2.940</td><td>2.940</td><td>2.940</td></tr>
</table>

注：中波石棉瓦按 9-1～9-3 子目换算，除将小波石棉瓦用量 102.55 块换为中波石棉瓦(2400×745)用量 86.19 块外，其余不变。

工作内容：同前。　　单位：100 m^2

<table>
<tr><td colspan="3">定 额 编 号</td><td>9-4</td><td>9-5</td><td>9-6</td></tr>
<tr><td colspan="3" rowspan="2">项 目</td><td colspan="3">大波石棉瓦</td></tr>
<tr><td>铺在木檩上</td><td>铺在钢檩上</td><td>铺在混凝土檩上</td></tr>
<tr><td colspan="2">名 称</td><td>单位</td><td colspan="3">数 量</td></tr>
<tr><td>人工</td><td>综合工日</td><td>工日</td><td>4.450</td><td>7.000</td><td>7.000</td></tr>
<tr><td rowspan="9">材料</td><td>大波石棉瓦 2800×994</td><td>块</td><td>53.700</td><td>53.700</td><td>53.700</td></tr>
<tr><td>石棉脊瓦 850×460</td><td>块</td><td>14.600</td><td>14.600</td><td>14.600</td></tr>
<tr><td>镀锌螺钉带垫</td><td>千个</td><td>0.421</td><td>—</td><td>—</td></tr>
<tr><td>镀锌螺栓钩 φ6×600</td><td>千个</td><td>—</td><td>0.316</td><td>—</td></tr>
<tr><td>镀锌螺栓钩 φ6×800</td><td>千个</td><td>—</td><td>—</td><td>0.316</td></tr>
<tr><td>镀锌扁钢钩－3×12×300</td><td>千个</td><td>—</td><td>0.105</td><td>—</td></tr>
<tr><td>镀锌扁钢钩－3×12×400</td><td>千个</td><td>—</td><td>—</td><td>0.105</td></tr>
<tr><td>麻刀石灰浆</td><td>m^3</td><td>0.027</td><td>0.027</td><td>0.027</td></tr>
<tr><td>油灰</td><td>kg</td><td>2.940</td><td>2.940</td><td>2.940</td></tr>
</table>

工作内容：檩条上铺安聚酯波纹瓦、脊瓦。　　单位：100 m^2

<table>
<tr><td colspan="3">定 额 编 号</td><td>9-7</td><td>9-8</td><td>9-9</td></tr>
<tr><td colspan="3" rowspan="2">项 目</td><td colspan="3">玻纤增强聚酯波纹瓦</td></tr>
<tr><td>铺在木檩上</td><td>铺在钢檩上</td><td>铺在混凝土檩上</td></tr>
<tr><td colspan="2">名 称</td><td>单位</td><td colspan="3">数 量</td></tr>
<tr><td>人工</td><td>综合工日</td><td>工日</td><td>3.900</td><td>5.930</td><td>5.930</td></tr>
<tr><td>材料</td><td>波纤增强聚酯波纹瓦 1800×720</td><td>块</td><td>103.920</td><td>103.920</td><td>103.920</td></tr>
</table>

续表 单位：100 m^2

定额编号			9-7	9-8	9-9
项目			玻纤增强聚酯波纹瓦		
			铺在木檩上	铺在钢檩上	铺在混凝土檩上
名称		单位	数量		
材料	波纤增强聚酯脊瓦 850×360	块	14.660	14.660	14.660
	镀锌螺钉带垫	千个	0.402	—	—
	镀锌螺栓钩 ϕ6×600	千个	—	0.201	—
	镀锌螺栓钩 ϕ6×800	千个	—	—	0.201
	镀锌扁钢钩－3×12×300	千个	—	0.201	—
	镀锌扁钢钩－3×12×400	千个	—	—	0.201
	麻刀石灰浆	m^3	0.016	0.016	0.016
	密封油膏	kg	0.470	0.470	0.470
	油灰	kg	2.940	2.940	2.940

注：亦适用于R-PVC塑料波形瓦。

工作内容：制、安挂瓦条、顺水条，调制砂浆，铺、安水泥瓦、脊瓦。 单位：100 m^2

定额编号			9-10	9-11	9-12
项目			彩色水泥瓦		
			铺在木挂瓦条上	铺在型钢挂瓦条上	铺在钢筋挂瓦条上
名称		单位	数量		
人工	综合工日	工日	9.500	8.430	7.350
材料	彩色水泥瓦 385×235	千块	1.708	1.708	1.708
	彩色水泥脊瓦 455×195	块	28.460	28.460	28.460
	规格料(挂瓦条工程用)	m^3	0.385	—	—
	冷弯钢板型钢□30×10×2	t	—	0.185	—
	冷弯钢板型钢 ∟30×2	t	—	0.311	—
	圆钢筋(综合)	t	—	—	0.092
	螺纹钢筋(综合)	t	—	—	0.305
	镀锌钢丝 ϕ2	kg	1.460	1.460	—
	水泥砂浆 1∶2.5	m^3	0.113	0.113	0.113
机械	钢筋切断机 ϕ40 mm	台班	—	0.056	0.038
	点焊机(长臂)75 kV·A	台班	—	0.370	0.428

注：水泥瓦规格为420×330的用量为1.04千块，其他不变。

工作内容：同前。 单位：100 m^2

定额编号			9-13	9-14	9-15
项目			粘土平瓦		
			铺在木挂瓦条上	铺在型钢挂瓦条上	铺在钢筋挂瓦条上
名称		单位	数量		
人工	综合工日	工日	9.500	8.430	7.350
材料	黏土平瓦 380×240	千块	1.667	1.667	1.667
	黏土脊瓦 455×195	块	28.460	28.460	28.460
	规格料(挂瓦条工程用)	m^3	0.385	—	—
	冷弯钢板型钢□30×10×2	t	—	0.185	—

续表 单位：100 m^2

定额编号			9-13	9-14	9-15
项目			粘土平瓦		
			铺在木挂瓦条上	铺在型钢挂瓦条上	铺在钢筋挂瓦条上
名称		单位	数量		
材料	冷弯钢板型钢 ∟30×2	t	—	0.311	—
	圆钢筋(综合)	t	—	—	0.092
	螺纹钢筋(综合)	t	—	—	0.305
	镀锌钢丝 $\phi2$	kg	1.460	1.460	—
	水泥砂浆 1∶2.5	m^3	0.113	0.113	0.113
机械	钢筋切断机 $\phi40$ mm	台班	—	0.056	0.038
	点焊机(长臂)75 kV·A	台班	—	0.370	0.428

工作内容：调制灰浆并分层摊抹，埋设固定件，铺、安琉璃瓦件。 单位：见表

定额编号			9-16	9-17	9-18
项目			琉璃瓦		
			挑檐（女儿墙）	屋面	檐口附件
			100 m^2		100m
名称		单位	数量		
人工	综合工日	工日	140.530	106.000	38.000
材料	琉璃板瓦七样	块	1105.000	3867.000	—
	琉璃筒瓦七样	块	1105.000	1547.000	—
	琉璃滴水瓦七样	块	507.530	—	439.000
	琉璃勾头瓦七样	块	507.530	—	439.000
	圆钢筋(综合)	t	0.304	—	—
	铜丝	kg	13.550	—	—
	水泥砂浆 1∶2.5	m^3	5.998	—	—
	掺灰泥 5∶5	m^3	—	9.200	—
	大麻刀灰	m^3	—	0.800	0.400
	中麻刀灰	m^3	—	0.600	2.200
	小麻刀灰	m^3	—	0.200	—
	其他材料费	元	204.360	211.000	47.000

注：9-6 子目适用于陕 2002J02(3/6)节点构造或类似的建筑节点。琉璃屋面各类正脊和脊、正吻和各类合角吻、窝角沟及附件、排山披水檐及附件等，可按《全国统一房屋修缮工程预算定额·陕西省价目表》古建分册(明清上)第四章说明及第五节相关子目计算。

2. 金属压型板屋面

工作内容：构件变形修理、临时加固、吊装就位、找正固定，屋脊、檐口及山墙包角的制安等。

单位：100 m^2

定额编号			9-19	9-20	9-21
项目			彩钢压型板(铺在钢檩上)		
			檩距(m以内)		
			7.5	6.0	4.2
名称		单位	数量		
人工	综合工日	工日	17.120	18.080	20.000
材料	压型屋面板	m^2	116.520	116.520	116.520
	端部固定架	个	1.180	1.520	2.190
	中间固定架	个	42.630	54.810	79.160
	檐口堵头板	块	59.310	59.310	59.310
	屋脊堵头板	块	59.310	59.310	59.310
	屋脊挡水板	块	59.310	59.310	59.310
	屋脊包角板	m^2	5.450	5.450	5.450
	专用固定和连接螺栓	千套	0.230	0.255	0.304
	普通螺栓	千只	0.178	0.178	0.178
	铝拉铆钉	千只	0.030	0.030	0.030
	镀锌钢丝	kg	3.000	3.000	3.000
	电焊条(普通)	kg	4.030	5.180	7.480
	橡胶密封条	m	16.430	16.430	16.430
	丙烯酸密封膏	支	2.000	2.000	2.000
机械	交流弧焊机 32 kV·A	台班	1.100	1.100	1.100
	其他机械费(占机械费%)	%	14.780	14.780	14.780

注：仅适用于88J5金属压型板W-550型。

工作内容：同前。

单位：100 m^2

定额编号			9-22
项目			彩钢压型夹芯板
名称		单位	数量
人工	综合工日	工日	21.700
材料	压型夹芯板屋面	m^2	102.210
	彩钢板 0.6 mm	m^2	0.580
	彩钢板 0.7 mm	m^2	4.060
	钢板 2.5 mm	kg	83.000
	不锈钢压盖	千只	0.048
	不锈钢拉铆钉	千只	0.337
	膨胀螺栓	套	12.790
	自攻螺丝 U6.3	千只	0.048
	橡胶垫圈	千只	0.048
	电焊条(普通)	kg	2.550
	聚乙烯泡沫板	m^3	0.170
	橡胶密封条	m	220.460
	油漆材料费	元	20.020
机械	交流弧焊机 32 kV·A	台班	0.600
	其他机械费(占机械费%)	%	12.000

注：仅适用于88J5金属压型夹芯板TRDB型。

3. 卷材屋面防水层

工作内容：配制、涂刷冷底子油，熬制玛碲脂、铺贴附加层、粘贴卷材防水层并收头。　　单位：100 m^2

定额编号			9-23	9-24	9-25
项目			石油沥青玛碲脂卷材		
			二毡三油	二毡三油带砂层	每增减一毡一油
名称		单位	数量		
人工	综合工日	工日	5.120	6.260	1.910
材料	石油沥青卷材 350 g	m^2	237.940	237.940	113.770
	石油沥青玛碲脂	m^3	0.601	0.654	0.155
	冷底子油 30：70	kg	48.960	48.960	—
	绿豆砂	m^3	—	0.520	—
	聚合物水泥砂浆	m^3	0.026	0.026	—
	镀锌铁皮 0.55 mm	m^2	0.400	0.400	—
	水泥钢钉	kg	0.320	0.320	—
	木柴	kg	281.000	304.000	68.000

注：9-23、9-24 子目沥青玛碲脂卷材屋面防水层下找平层，如设计要求设置分格缝时，可增加 9-59 子目。

工作内容：涂刷基层处理剂、铺贴卷材附加层，铺贴改性沥青卷材防水层并收头。　　单位：100 m^2

定额编号			9-26	9-27
项目			改性沥青卷材	
			冷粘法	热熔法
名称		单位	数量	
人工	综合工日	工日	3.940	4.560
材料	改性沥青卷材	m^2	123.410	123.410
	氯丁胶乳沥青	kg	67.550	18.180
	二甲苯	kg	16.200	16.200
	乙酸乙酯	kg	5.050	5.050
	液化气	kg	—	26.470
	聚合物水泥砂浆	m^3	0.026	0.026
	镀锌铁皮 0.55 mm	m^2	0.400	0.400
	水泥钢钉	kg	0.320	0.320

注：此处改性沥青卷材专指石油沥青经高聚合物改性后涂盖于不同基胎上形成的塑性体或弹性体卷材，通常有 APP 改性沥青卷材、SBS 改性沥青卷材等。

工作内容：涂刷基层处理剂和附加层，铺贴卷材防水层并收头。　　单位：100 m^2

定额编号			9-28	9-29	9-30
项目			聚乙烯丙纶双面复合卷材	聚氯乙烯卷材	氯化聚乙烯卷材(CPE)
名称		单位	数量		
人工	综合工日	工日	2.690	3.390	3.390
材料	聚乙烯丙纶双面复合卷材	m^2	110.220	—	—
	聚氯乙烯卷材	m^2	—	110.220	—
	氯化聚乙烯卷材	m^2	—	—	110.220
	聚氨酯甲、乙料	kg	47.600	47.340	29.160
	聚氯乙烯粘结剂	kg	—	121.240	—

续表 单位:100 m²

定额编号			9-28	9-29	9-30
项目			聚乙烯丙纶双面复合卷材	聚氯乙烯卷材	氯化聚乙烯卷材(CPE)
名称		单位	数量		
材料	氯丁胶乳沥青	kg	—	—	18.180
	氯丁橡胶粘结剂	kg	—	—	66.130
	水泥 42.5	kg	232.100	—	—
	二甲苯	kg	—	16.200	16.200
	乙酸乙酯	kg	5.050	5.050	5.050
	建筑胶	kg	23.210	—	—
	聚合物水泥砂浆	m^3	0.026	0.026	0.026
	镀锌铁皮 0.55 mm	m^2	0.400	0.400	0.400
	水泥钢钉	kg	0.320	0.320	0.320
	水	m^3	0.080	—	—

注:9-28 子目不涂刷基层处理剂。

工作内容:同前。 单位:100 m²

定额编号			9-31	9-32	9-33
项目			氯化聚乙烯-橡胶共混卷材		
			满铺	条、点铺	空铺
名称		单位	数量		
人工	综合工日	工日	3.390	3.390	2.290
材料	氯化聚乙烯-橡胶共混卷材	m^2	110.220	112.790	112.790
	聚氨酯甲、乙料	kg	29.160	29.160	29.160
	氯丁胶乳沥青	kg	18.180	18.180	18.180
	粘结剂 BX-12	kg	45.450	11.480	7.100
	粘结剂 BX-12 乙组分(800 mL/瓶)	瓶	11.530	14.730	14.730
	二甲苯	kg	16.200	16.200	16.200
	乙酸乙酯	kg	5.050	5.050	5.050
	聚合物水泥砂浆	m^3	0.026	0.026	0.026
	镀锌铁皮 0.55 mm	m^2	0.400	0.400	0.400
	水泥钢钉	kg	0.320	0.320	0.320

工作内容:同前。 单位:100 m²

定额编号			9-34	9-35	9-36
项目			三元乙丙丁基橡胶卷材		
			满铺	条、点铺	空铺
名称		单位	数量		
人工	综合工日	工日	3.390	3.390	2.290
材料	三元乙丙丁基橡胶卷材	m^2	110.220	112.790	112.790
	聚氨酯甲、乙料	kg	47.340	47.340	47.340
	粘结剂 CX-404	kg	40.400	10.200	6.320
	丁基粘结剂	kg	9.220	11.790	11.790
	二甲苯	kg	16.200	16.200	16.200
	乙酸乙酯	kg	5.050	5.050	5.050
	聚合物水泥砂浆	m^3	0.026	0.026	0.026
	镀锌铁皮 0.55 mm	m^2	0.400	0.400	0.400
	水泥钢钉	kg	0.320	0.320	0.320

4. 涂膜屋面防水层

工作内容：涂刷基层处理剂、铺贴玻纤布附加层，粘贴玻纤布和涂布涂膜防水层并收头。　　单位：100 m²

定额编号			9-37	9-38	9-39	9-40
项目			SBS弹性沥青涂膜		氯丁橡胶沥青涂膜	
			二布五胶	三布七胶	涂膜厚	
					2 mm	3 mm
名称		单位	数量			
人工	综合工日	工日	5.120	7.460	3.300	5.170
材料	玻璃纤维布	m²	240.160	352.940	127.370	240.160
	弹性沥青防水冷胶料SBS	kg	270.680	321.180	—	—
	氯丁橡胶沥青胶乳	kg	—	—	242.400	363.600
	二甲苯	kg	16.200	16.200	16.200	16.200
	乙酸乙酯	kg	5.050	5.050	5.050	5.050
	聚合物水泥砂浆	m³	0.012	0.012	0.012	0.012

注：五胶、七胶系指涂料构成的防水层数（五层、七层），并非指涂刷遍数；每层（胶）防水层可因不同性质涂料、不同施工工艺、不同涂布部位等因素而涂刷遍数不同。本子目已作综合考虑，用工不再调整。

工作内容：同前。　　单位：100 m²

定额编号			9-41	9-42
项目			硅橡胶涂膜	
			涂膜厚 1.2 mm	涂膜厚 1.5 mm
名称		单位	数量	
人工	综合工日	工日	2.580	2.600
材料	玻璃纤维布	m²	14.580	14.580
	硅橡胶防水涂料	kg	148.070	184.430
	二甲苯	kg	16.200	16.200
	乙酸乙酯	kg	5.050	5.050
	聚合物水泥砂浆	m³	0.012	0.012

工作内容：同前。　　单位：100 m²

定额编号			9-43	9-44	9-45	9-46
项目			非焦油聚氨酯涂膜		丙烯酸酯涂膜	
			涂膜厚			
			1.5 mm	2 mm	1.2 mm	1.5 mm
名称		单位	数量			
人工	综合工日	工日	3.270	3.720	3.270	3.270
材料	玻璃纤维布	m²	127.370	127.370	127.370	127.370
	非焦油聚氨酯防水涂料	kg	189.880	250.480	—	—
	丙烯酸酯防水涂料	kg	—	—	187.460	226.240
	二甲苯	kg	16.200	16.200	16.200	16.200
	乙酸乙酯	kg	5.050	5.050	5.050	5.050
	聚合物水泥砂浆	m³	0.012	0.012	0.012	0.012

5. 屋面保温、隔热层、保温层

工作内容:清扫基层、平整铺设保温板块。 单位:10 m^3

定额编号			9-47	9-48	9-49	9-50
项目			水泥膨胀蛭石板	憎水膨胀珍珠岩板	沥青膨胀珍珠岩板	粉煤灰加气混凝土块
名称		单位	数量			
人工	综合工日	工日	2.990	5.280	3.320	2.320
材料	水泥膨胀蛭石板	m^3	10.400	—	—	—
	憎水膨胀珍珠岩板	m^3	—	10.400	—	—
	沥青膨胀珍珠岩板	m^3	—	—	10.400	—
	粉煤灰加气混凝土块	m^3	—	—	—	10.700

工作内容:同前。 单位:10 m^3

定额编号			9-51	9-52	9-53
项目			水泥聚苯板	发泡聚苯板	挤塑聚苯板
名称		单位	数量		
人工	综合工日	工日	3.590	8.970	14.950
材料	水泥聚苯板	m^3	10.200	—	—
	发泡聚苯板	m^3	—	10.100	—
	挤塑聚苯板	m^3	—	—	10.100

工作内容:清扫基层、调制保温浆料、找坡浇铺、拍实养护。 单位:10 m^3

定额编号			9-54	9-55	9-56
项目			现浇水泥		水泥炉渣找坡层(1:6)
			膨胀蛭石	膨胀珍珠岩	
名称		单位	数量		
人工	综合工日	工日	7.190	7.190	7.190
材料	水泥膨胀蛭石料	m^3	10.400	—	—
	水泥膨胀珍珠岩料	m^3	—	10.400	—
	水泥炉渣料	m^3	—	—	10.400
	水	m^3	7.000	7.000	7.000

6. 其 他

工作内容:清扫基层,配制、涂刷冷底子油。 单位:100 m^2

定额编号			9-57	9-58
项目			冷底子油	
			一遍	增加一遍
名称		单位	数量	
人工	综合工日	工日	1.570	1.330
材料	石油沥青 30#	kg	15.270	19.090
	汽油	kg	37.330	20.000
	木柴	kg	16.500	20.900

工作内容：清理基层，嵌填分格缝。　　单位：100 m²

定额编号			9-59	9-60
项目			嵌分格缝	
			防水层下找平层	刚性防水层
			聚乙烯泡沫条	聚氯乙烯油膏
名称		单位	数量	
人工	综合工日	工日	0.470	1.560
材料	聚酯无纺布	m^2	8.430	—
	氯丁胶乳	kg	0.360	—
	聚乙烯泡沫条 $\phi 20$	m	42.150	—
	塑料油膏	kg	—	46.960

工作内容：清理基层、干铺卷材或抹纸筋灰。　　单位：100 m²

定额编号			9-61	9-62
项目			隔离层	
			干铺油毡	抹纸筋灰
名称		单位	数量	
人工	综合工日	工日	1.190	3.410
材料	石油沥青卷材 350 g	m^2	113.760	—
	纸筋石灰浆	m^3	—	0.310

工作内容：清扫基层、涂刷着色剂。砖墩砌筑，架空平板制作、安装、灌缝。　　单位：100 m²

定额编号			9-63	9-64	9-65
项目			防水层上浅色涂料保护层		架空隔热层 钢筋混凝土 平板
			聚氨酯 铝粉着色剂	苯丙乳液 着色剂	
名称		单位	数量		
人工	综合工日	工日	1.380	1.380	29.280
材料	聚氨酯铝粉着色剂	kg	20.200	—	—
	苯丙乳液着色剂	kg	—	20.200	—
	圆钢筋(综合)	t	—	—	0.413
	方垫木	m^3	—	—	0.167
	水泥 42.5	kg	—	—	1720.000
	标准砖	千块	—	—	0.897
	净砂	m^3	—	—	2.250
	砾石	m^3	—	—	3.520
	石灰膏	kg	—	—	34.000
	镀锌铁丝 8#	kg	—	—	2.530
	镀锌铁丝 22#	kg	—	—	4.340
	砖地膜	m^2	—	—	19.100
	铁钉	kg	—	—	2.830
	水	m^3	—	—	5.830
	草袋子	片	—	—	0.830
	麻绳	kg	—	—	0.020

续表　　　　　　　　　　　　　　　　　　　单位:100 m²

定额编号			9-63	9-64	9-65
项目			防水层上浅色涂料保护层		架空隔热层
			聚氨酯 铝粉着色剂	苯丙乳液 着色剂	钢筋混凝土 平板
名称		单位	数量		
机械	载重汽车 4 t	台班	—	—	0.008
	机动翻斗车 1 t	台班	—	—	0.310
	双锥反转出料混凝土搅拌机 350 L	台班	—	—	0.239
	灰浆搅拌机 200 L	台班	—	—	0.194
	钢筋切断机 ϕ40 mm	台班	—	—	0.049
	钢筋弯曲机 ϕ40 mm	台班	—	—	0.130
	木工圆锯机 ϕ500 mm	台班	—	—	0.064
	木工压刨床(单面)600 mm	台班	—	—	0.064
	混凝土震捣器(插入式)	台班	—	—	0.450

工作内容:镀锌铁皮制作安装,塑料制品安装。　　　　　　　　　单位:见表

定额编号			9-66	9-67	9-68	9-69
项目			镀锌铁皮		塑料制品	
			水落管、 水落斗、 檐沟	天沟、 泛水	水落管	水落斗
			10 m²		10 m	10 个
名称		单位	数量			
人工	综合工日	工日	2.880	1.040	0.640	2.800
材料	镀锌铁皮 26#	m²	10.580	10.440	—	—
	塑料排水管 DN100	m	—	—	10.350	—
	塑料水落斗	个	—	—	—	10.100
	塑料管固定卡	个	—	—	9.350	21.000
	铁件	kg	4.920	—	—	—
	焊锡	kg	0.180	0.210	—	—
	盐酸	kg	0.040	0.040	—	—
	铁钉	kg	0.040	0.300	—	—
	木炭	kg	0.770	0.920	—	—
	木柴	kg	—	—	0.250	—
	焦碳	kg	—	—	1.500	—

注:除镀锌铁皮水落斗每个可按 0.4 m² 计算外,其他配件均按图示尺寸计算。

工作内容:铸铁制品安装。　　　　　　　　　　　　　　　　　单位:10 套

定额编号			9-70	9-71	9-72	9-73
项目			铸铁制品			
			水落管	水落斗	水落口	
			10 m		直式	横式
名称		单位	数量			
人工	综合工日	工日	3.640	3.500	4.170	4.490
材料	铸铁排水管 DN100	m	10.700	—	—	—
	铸铁水落斗	个	—	10.100	—	—
	铸铁水落口(直式)	套	—	—	10.100	—
	铸铁水落口(横式)	套	—	—	—	10.100
	铁件	kg	5.670	10.830	—	2.420

二、地面、墙面防水

1. 卷材防水层

工作内容：清理基层，配制、涂刷冷底子油，熬制玛碲脂、铺贴附加层、粘贴卷材防水层。　　单位：100 m²

定额编号			9-74	9-75	9-76	9-77
项目			石油沥青玛碲脂卷材			
			二毡三油		每增减一毡一油	
			平面	立面	平面	立面
名称		单位	数量			
人工	综合工日	工日	8.040	11.590	3.590	5.120
材料	石油沥青卷材 350 g	m²	239.780	239.780	116.500	116.500
	石油沥青玛碲脂	m³	0.509	0.541	0.159	0.170
	石油沥青 30#	kg	15.270	15.270	—	—
	汽油	kg	37.330	37.330	—	—
	木柴	kg	228.000	241.000	66.000	70.000

工作内容：涂刷基层处理剂、防水薄弱处贴卷材加强，冷粘(热熔)铺贴改性沥青卷材防水层。

单位：100 m²

定额编号			9-78	9-79	9-80	9-81
项目			改性沥青卷材			
			冷粘法		热熔法	
			平面	立面	平面	立面
名称		单位	数量			
人工	综合工日	工日	4.060	7.920	4.710	9.340
材料	改性沥青卷材	m²	120.130	120.130	120.130	120.130
	氯丁胶乳沥青	kg	66.240	66.890	18.180	18.360
	二甲苯	kg	16.200	16.200	16.200	16.200
	乙酸乙酯	kg	5.050	5.050	5.050	5.050
	液化气	kg	—	—	25.610	25.610

注：此处改性沥青卷材专指石油沥青经高聚合物改性后涂盖于不同基胎上形成的塑性体或弹性体卷材，通常有APP改性沥青卷材、SBS改性沥青卷材等。

工作内容：涂刷防水薄弱处加强层和卷材搭接用粘结剂，涂布基层加胶素水泥浆并粘贴高分子卷材防水层。

单位：100 m²

定额编号			9-82	9-83
项目			聚乙烯丙纶双面复合卷材	
			平面	立面
名称		单位	数量	
人工	综合工日	工日	2.870	6.240
材料	聚乙烯丙纶双面复合卷材	m²	112.790	112.790
	聚氨酯甲、乙料	kg	37.130	37.500
	水泥 42.5	kg	230.580	232.100
	乙酸乙酯	kg	5.050	5.050
	建筑胶	kg	23.060	34.820
	水	m³	0.080	0.080

工作内容：涂刷基层处理剂、防水薄弱处涂膜加强，粘贴高分子卷材防水层。　　单位：100 m^2

定额编号			9-84	9-85	9-86	9-87
项目			氯化聚乙烯-橡胶共混卷材		三元乙丙丁基橡胶卷材	
			平面	立面	平面	立面
名称		单位	数量			
人工	综合工日	工日	3.820	8.190	3.820	8.190
材料	氯化聚乙烯-橡胶共混卷材	m^2	112.790	112.790	—	—
	三元乙丙丁基橡胶卷材	m^2	—	—	112.790	112.790
	聚氨酯甲、乙料	kg	13.550	13.690	31.730	32.050
	氯丁胶乳	kg	18.180	18.360	—	—
	粘结剂 BX-12	kg	45.450	45.900	—	—
	粘结剂 BX-12 乙组分(800 mL/瓶)	瓶	14.740	14.880	—	—
	粘结剂 CX-404	kg	—	—	40.400	40.800
	丁基粘结剂	kg	—	—	11.790	11.790
	二甲苯	kg	16.200	16.200	16.200	16.200
	乙酸乙酯	kg	5.050	5.050	5.050	5.050

注：三元乙丙橡胶卷材、再生橡胶卷材，可按三元乙丙丁基橡胶卷材换算。

2. 涂膜防水层

工作内容：配制、涂刷冷底子油，熬制、涂刷沥青。　　单位：100 m^2

定额编号			9-88	9-89	9-90	9-91
项目			石油沥青			
			一遍		增加一遍	
			平面	立面	平面	立面
名称		单位	数量			
人工	综合工日	工日	1.870	2.300	1.000	1.340
材料	石油沥青 30#	kg	201.830	216.990	151.580	166.740
	汽油	kg	37.330	37.330	—	—
	木柴	kg	87.000	93.000	57.000	63.000

注：9-88、9-89 子目已含冷底子油一遍。

工作内容：配制、涂刷冷底子油，熬制、涂刷石油沥青玛碲脂。　　单位：100 m^2

定额编号			9-92	9-93	9-94	9-95
项目			石油沥青玛碲脂			
			一遍		增加一遍	
			平面	立面	平面	立面
名称		单位	数量			
人工	综合工日	工日	1.880	2.330	1.010	1.340
材料	石油沥青 10#	kg	162.180	232.460	133.350	145.960
	石油沥青 30#	kg	15.270	15.270	—	—
	石油沥青 60#	kg	26.460	37.330	21.760	23.810
	汽油	kg	37.330	37.330	—	—
	滑石粉	kg	45.360	65.020	37.300	40.800
	木柴	kg	96.000	123.000	65.000	71.000

注：9-92、9-93 子目已含冷底子油一遍。

工作内容：涂刷基层处理剂、防水薄弱处粘贴玻璃纤维布加强，粘贴玻纤布和涂布涂膜防水层。

单位：100 m²

定额编号			9-96	9-97	9-98	9-99
项目			SBS弹性沥青涂膜			
			二布五胶		每增减一布二胶	
			平面	立面	平面	立面
名称		单位	数量			
人工	综合工日	工日	6.690	13.100	3.150	6.800
材料	玻璃纤维布	m^2	232.350	232.350	112.790	112.790
	弹性沥青防水冷胶料SBS	kg	270.680	273.360	50.500	51.000
	二甲苯	kg	16.200	16.200	2.160	2.160
	乙酸乙酯	kg	5.050	5.050	2.020	2.020

注：详见9-37、9-38子目注脚。

工作内容：同前。

单位：100 m²

定额编号			9-100	9-101	9-102	9-103
项目			氯丁橡胶沥青涂膜			
			涂膜厚1.2 mm		涂膜厚1.5 mm	
			平面	立面	平面	立面
名称		单位	数量			
人工	综合工日	工日	4.250	10.080	4.260	10.090
材料	玻璃纤维布	m^2	119.560	119.560	119.560	119.560
	氯丁橡胶沥青胶乳	kg	163.620	165.240	199.980	201.960
	二甲苯	kg	16.200	16.200	16.200	16.200
	乙酸乙酯	kg	5.050	5.050	5.050	5.050

工作内容：同前。

单位：100 m²

定额编号			9-104	9-105	9-106	9-107
项目			非焦油聚氨酯涂膜			
			涂膜厚1.2 mm		涂膜厚1.5 mm	
			平面	立面	平面	立面
名称		单位	数量			
人工	综合工日	工日	4.250	10.080	4.260	10.090
材料	玻璃纤维布	m^2	119.560	119.560	119.560	119.560
	非焦油聚氨酯防水涂料	kg	159.580	161.160	189.880	191.760
	二甲苯	kg	16.200	16.200	16.200	16.200
	乙酸乙酯	kg	5.050	5.050	5.050	5.050

工作内容：同前。 单位：100 m²

定额编号			9-108	9-109
项目			非焦油聚氨酯涂膜	
			涂膜厚 2.0 mm	
			平面	立面
名称		单位	数量	
人工	综合工日	工日	4.810	11.180
材料	玻璃纤维布	m^2	119.560	119.560
	非焦油聚氨酯防水涂料	kg	250.480	252.960
	二甲苯	kg	16.200	16.200
	乙酸乙酯	kg	5.050	5.050

工作内容：同前。 单位：100 m²

定额编号			9-110	9-111	9-112	9-113
项目			丙烯酸酯涂膜			
			涂膜厚 1.2 mm		涂膜厚 1.5 mm	
			平面	立面	平面	立面
名称		单位	数量			
人工	综合工日	工日	4.260	10.090	4.270	10.100
材料	玻璃纤维布	m^2	119.560	119.560	119.560	119.560
	丙烯酸酯防水涂料	kg	187.460	189.320	226.240	228.480
	二甲苯	kg	16.200	16.200	16.200	16.200
	乙酸乙酯	kg	5.050	5.050	5.050	5.050

三、天棚、墙面保温隔热

1. 天棚保温隔热层

工作内容：清理基层，铺放保温隔热板(毡)。 单位：10 m³

定额编号			9-114	9-115
项目			铺在金属天棚龙骨上	
			发泡聚苯板	沥青矿棉毡
名称		单位	数量	
人工	综合工日	工日	12.110	8.730
材料	发泡聚苯板	m^3	10.200	—
	沥青矿棉毡	m^3	—	10.400
	塑料薄膜	m^2	—	272.000

工作内容：清理基层，配制保温粉刷石膏浆料并分层抹灰、找平，抹粉刷石膏面层。 单位：100 m²

定额编号			9-116	9-117
项目			保温粉刷石膏	
			厚 20 mm	每增减 5 mm
名称		单位	数量	
人工	综合工日	工日	19.030	2.400
材料	粉刷石膏	kg	1232.000	305.000
	珍珠岩粉	m^3	2.750	0.760
	水	m^3	1.520	0.290
机械	灰浆搅拌机 200 L	台班	0.390	0.100

2. 外墙内保温

工作内容：清理基层，粘钉（粘贴）保温板，粘玻纤布加强，粉保护层，刮抹腻子。　　单位：100 m²

定额编号			9-118	9-119
项目			硬质挤塑聚苯乙烯泡沫板	ASA 泡沫保温板
			厚 30 mm	厚 50 mm
名称		单位	数量	
人工	综合工日	工日	19.460	11.600
材料	挤塑聚苯乙烯泡沫板	m²	101.000	—
	泡沫保温板 ASA	m²	—	101.000
	粘结用石膏胶泥	m³	0.200	0.180
	粉刷石膏砂浆	m³	1.020	—
	耐水腻子	m³	0.310	0.310
	玻璃纤维布	m²	268.290	148.600
	固定件	套	448.800	—
	聚乙烯泡沫条	m	43.620	—
	聚苯泡沫板	m³	—	0.220
	密封膏	kg	5.370	—
	松厚板	m³	0.005	—
	水	m³	0.620	0.200
机械	灰浆搅拌机 200 L	台班	0.250	—

注：板厚不同可换算，人、材、机数量不变。

工作内容：清理基层，配制保温浆料并分层抹灰、找平，粉保护层，粘玻纤布加强，刮抹腻子。单位：100 m²

定额编号			9-120	9-121	9-122	9-123
项目			胶结聚苯颗粒材料			
			ZL 胶粉		LRES 胶钙	
			厚 40 mm	每增减 5 mm	厚 30 mm	每增减 5 mm
名称		单位	数量			
人工	综合工日	工日	33.930	2.400	42.140	2.400
材料	胶粉聚苯颗粒保温浆料 ZL	m³	4.400	0.550	—	—
	胶钙聚苯颗粒保温浆料 LRES	m³	—	—	3.340	0.560
	水泥抗裂砂浆	m³	0.410	—	—	—
	胶钙砂浆	m³	—	—	1.020	—
	耐水腻子	m³	0.310	—	0.310	—
	玻璃纤维布	m²	138.780	—	20.720	—
	松厚板	m³	0.005	—	0.005	—
	水	m³	0.960	0.050	0.880	0.050
机械	灰浆搅拌机 200 L	台班	0.820	0.100	0.830	0.100

工作内容：清理基层，配制保温浆料并分层抹灰、找平。 单位：100 m^2

定额编号			9-124	9-125	9-126	9-127
项目			复合保温隔热材料			
			FBT-Q(稀土)		SAC复合硅酸盐	
			厚20 mm	每增减5 mm	厚30 mm	每增减5 mm
名称		单位	数量			
人工	综合工日	工日	16.630	2.400	21.430	2.400
材料	稀土复合绝热材料	m^3	3.190	0.800	—	—
	保温浆料SAC	m^3	—	—	3.340	0.560
	松厚板	m^3	0.005	—	0.005	—
	水	m^3	0.760	0.100	0.860	0.100
机械	灰浆搅拌机200 L	台班	0.420	0.100	0.620	0.100

注：9-124、9-126子目不含外墙内保温面的水泥砂浆保护层或粉刷腻子。

工作内容：清理基层，配制保温粉刷石膏浆料，分层抹灰、找平，抹粉刷石膏面层。 单位：100 m^2

定额编号			9-128	9-129
项目			保温粉刷石膏	
			厚30 mm	每增减5 mm
名称		单位	数量	
人工	综合工日	工日	26.440	2.400
材料	粉刷石膏	kg	1731.000	302.000
	珍珠岩粉	m^3	4.240	0.760
	水	m^3	2.340	0.290
机械	灰浆搅拌机200 L	台班	0.590	0.100

三十九、甘肃省建筑工程定额地区基价

（2003 年定额防水工程部分）

第一节　工程量计算规则及说明

一、工程量计算规则

（一）防腐工程

1. 防腐面层工程量均按设计实铺面积以平方米计算，应扣除凸出地面的构筑物、设备基础及不作防腐面层部位所占的面积，砖垛等突出墙面部分，按展开面积计算，并入墙面防腐工程量内。

2. 踢脚板工程量按实铺长度乘高度以平方米计算，门洞所占面积应扣除，并相应增加侧壁展开面积。

3. 平面砌双层耐酸块料，按相应项目乘系数 2 计算。

4. 防腐卷材接缝、附加层、收头工料，已包括在定额中，不再另行计算。

5. 金属结构（不分结构形式和构件大小）的涂膜防腐，其质量换算面积，按 1 t 折合 58 m^2 计算。

（二）保温隔热工程

1. 保温隔热层工程量除岩棉板保温、石膏板保温，按不同厚度，以平方米计算外，其他均按实铺体积以立方米计算。

2. 保温隔热层的厚度按隔热材料（不包括胶结材料）净厚度计算。

3. 地坪隔热层工程量按围护结构墙体间净面积（不扣除柱、垛及单个面积在 0.30 m^2 以内孔洞所占面积）乘设计厚度以立方米计算。

4. 墙体隔热层工程量，外墙按隔热层中心线，内墙按隔热层净长乘图示高度及厚度以立方米计算。应扣除门窗洞口和管道穿墙洞口所占的体积。

5. 柱包隔热层工程量，按图示柱的隔热层中心线的展开长度乘以图示尺寸高度及厚度以立方米计算。

6. 池槽隔热层工程量按池槽保温隔热层的实体积以立方米计算。池壁按墙面定额项目计算，池底按地面定额项目计算。

7. 门洞口侧壁周围的隔热层工程量，按图示隔热层的实体积以立方米计算，并入墙面的保温隔热工程量内。

8. 梁头、连系梁等其他零星工程隔热工程量，均按图示隔热层的实体积以立方米计算，并入墙面的保温隔热工程量内。

9. 柱帽隔热层工程量，按图示隔热层的实体积以立方米计算，并入天棚保温隔热层工程量内。

10. 保温隔热砌体工程量，按实砌体积计算，独立墙体及混凝土板下铺贴隔热层，不扣除木框架及木龙骨的体积。

保温隔热砌体厚度按下表规定计算：

单位:mm

铺贴厚度 材料 \ 铺贴层数 \ 项目	独立墙体				附墙、柱子、吊顶				地坪			
	一层	二层	三层	四层	一层	二层	三层	四层	一层	二层	三层	四层
软木板 泡沫塑料板	50	104	158	212	54	108	162	216	55	110	165	220
珍珠岩板 稻壳板	—	—	—	—	54	108	162	216	—	—	—	—

（三）防水防潮工程

1. 防水防潮层工程量均按设计实铺面积以平方米计算。应扣除凸出地面的构筑物、设备基础等所占的面积，不扣除柱、垛、附墙烟囱及单个面积在 0.30 m^2 以内的孔洞所占面积。平面与立面连接处高在 50 cm 以内者按其展开面积计算，并入相应平面定额项目工程量内，超过 50 cm 时，按相应立面定额项目计算。

2. 防水卷材的附加层、接缝、收头、冷底子油等工料均已包括在定额项目内，不另计算。

（四）变形缝

1. 嵌缝工程量按不同材料的嵌缝体积以立方米计算。

2. 盖缝工程量按不同材料的盖缝定额项目计量单位分别计算。卷材、油毡、胶合板、铁皮、木板、橡胶板盖缝均按设计形式的展开面积以平方米计算。变形缝木压条、止水带以缝的中心线延长米计算。钢盖缝板按金属结构工程铁件安装项目计算。

二、调整系数

1. 各种胶泥、砂浆、混凝土配合比以及各种整体面层的厚度，如与设计不符时，可以换算。各种块料面层的结合层、胶结料厚度及灰缝宽度不得调整。

2. 耐酸胶泥、砂浆、混凝土的粉料，如与设计不同时，可以换算。

3. 花岗岩面层以六面剁斧的块料为准，结合层厚度为 15 mm，如板底为毛面时，其结合层胶结料用量可按设计厚度进行调整。

4. 本定额中的混凝土均未包括钢筋、模板的工料，实际发生时可按混凝土及钢筋混凝土工程中相应定额项目计算。

5. 整体面层踢脚板按整体面层相应定额项目计算，块料面层踢脚板按立面砌块料面层相应定额项目计算，其人工乘系数 1.20。

6. 保温层的保温材料配合比或标号与设计不同时，可以换算。

三、其他说明

1. 防腐工程中各种基层面喷涂过氯乙烯漆及金属结构面涂刷磷化底漆、金属结构面沥青漆按装饰工程中相应定额项目计算。

2. 钢屑砂浆整体面层不包括水泥砂浆找平层，如设计要求有找平层者，按楼地面工程相应项目另行计算。

3. 玻璃棉、矿渣棉填装袋前的工料，已包括在定额项目内。

4. 保温工程中矿渣混凝土、石灰矿渣、石灰炉渣、水泥石灰矿渣、水泥石灰炉渣平面保温，按楼地面工程中垫层相应定额项目计算。

第二节　防水防潮工程

一、普通卷材防水

工作内容：清理基层，配制涂刷冷底子油，熬制玛碲脂，铺贴油毡或玻璃丝布(包括附加层)。

单位：100 m^2

定额编号			8-625	8-626	8-627	8-628	8-629
项目		单位	干铺油毡	玛碲脂油毡			
				二毡三油		每增减一毡一油	
				平面	立面	平面	立面
人工	综合工日	工日	1.19	7.07	12.70	3.04	6.06
材料	石油沥青油毡 350g	m^2	110.00	239.76	239.76	116.49	116.49
	冷底子油 30∶70	kg	—	48.48	48.48	—	—
	石油沥青玛碲脂	m^3	—	0.51	0.54	0.16	0.17
机械	沥青熔化炉 XLL-0.5t	台班	—	0.59	0.62	0.18	0.19

工作内容：清理基层，配制涂刷冷底子油，熬制玛碲脂，铺贴油毡或玻璃丝布(包括附加层)。

单位：100 m^2

定额编号			8-630	8-631	8-632	8-633
项目		单位	玛碲脂玻璃丝布			
			二布三油		每增减一布一油	
			平面	立面	平面	立面
人工	综合工日	工日	9.00	16.19	3.87	7.90
材料	玻璃丝布 $\delta=0.2$	m^2	250.30	250.30	116.49	116.49
	冷底子油 30∶70	kg	48.48	48.48	—	—
	石油沥青玛碲脂	m^3	0.51	0.54	0.16	0.17
机械	沥青熔化炉 XLL-0.5t	台班	0.59	0.62	0.18	0.19

二、高分子卷材防水

工作内容：涂刷基层处理剂，防水薄弱处涂聚氨酯涂膜加强，铺贴卷材，卷材接缝贴卷材条加强，收头。

单位：100 m^2

定额编号			8-634	8-635
项目		单位	氯化聚乙烯橡胶共混卷材	
			平面	立面
人工	综合工日	工日	21.45	27.71
材料	氯化聚乙烯橡胶共混卷材	m^2	124.53	124.53
	氯丁冷胶	kg	20.20	20.20
	BX-12 黏结剂	kg	45.45	45.45
	BX-12 乙组分　880 mL	瓶	32.28	32.28
	CSPE 嵌缝油膏　330 mL	支	29.83	29.83
	二甲苯	kg	27.00	27.00
	乙酸乙酯	kg	5.05	5.05
	铁钉	kg	0.23	0.23
料	钢筋	t	0.005	0.005
	107 胶素水泥浆	m^3	0.01	0.01
	聚氨酯甲料	kg	5.42	5.42
	聚氨酯乙料	kg	8.13	8.13

工作内容：涂刷基层处理剂，防水薄弱处涂聚氨酯涂膜加强，铺贴卷材，卷材接缝贴卷材条加强，收头。

单位：100 m^2

定额编号			8-636	8-637	8-638	8-639
项目		单位	三元乙丙橡胶卷材		再生橡胶卷材	
			冷贴满铺			
			平面	立面	平面	立面
人工	综合工日	工日	21.45	27.71	21.45	27.71
材料	三元乙丙橡胶卷材	m^2	124.17	124.17	—	—
	再生橡胶卷材	m^2	—	—	124.17	124.17
	氯丁胶黏合剂	kg	—	—	63.93	63.93
	CSPE 嵌缝油膏 330 mL	支	29.83	29.83	29.83	29.83
	二甲苯	kg	27.00	27.00	27.00	27.00
	乙酸乙酯	kg	5.05	5.05	5.05	5.05
	铁钉	kg	0.23	0.23	0.23	0.23
	钢筋	t	0.005	0.005	0.005	0.005
	丁基粘结剂	kg	17.60	17.60	—	—
	聚氨酯甲料	kg	9.97	9.97	9.97	9.97
	聚氨酯乙料	kg	21.77	21.77	21.77	21.77
	107 胶素水泥浆	m^3	0.01	0.01	0.01	0.01

三、涂膜防水

工作内容：1. 清理基层，刷苯乙烯涂料。

2. 清理基层，配制涂刷冷底子油。

单位：100 m^2

定额编号			8-640	8-641	8-642	8-643
项目		单位	苯乙烯涂料二遍		冷底子油	
			平面	立面	第一遍	第二遍
人工	综合工日	工日	3.22	3.30	1.71	2.18
材料	苯乙烯涂料	kg	50.50	52.00	—	—
	冷底子油 30：70	kg	—	—	48.00	—
	冷底子油 50：50	kg	—	—	—	36.00
机械	沥青熔化炉 XLL-0.5t	台班	—	—	0.02	0.01

工作内容：清理基层，配制涂刷冷底子油，熬制涂刷沥青。

单位：100 m^2

定额编号			8-644	8-645	8-646	8-647	8-648	8-649
项目		单位	刷石油沥青					
			一遍			每增加一遍		
			平面	立面		平面	立面	
				混凝土抹灰面	砖墙面		混凝土抹灰面	砖墙面
人工	综合工日	工日	1.42	1.47	1.72	0.75	0.78	0.90
材料	冷底子油 30：70	kg	48.48	48.48	48.48	—	—	—
	石油沥青 30#	kg	186.56	198.22	221.54	144.43	163.24	186.56
机械	沥清熔化炉 XLL-0.5t	台班	0.20	0.21	0.24	0.16	0.18	0.20

工作内容：清理基层，配制涂刷冷底子油，熬制涂刷玛碲脂。

单位：100 m²

定额编号			8-650	8-651	8-652	8-653	8-654	8-655
项目		单位	刷石油沥青玛碲脂					
			一遍			每增一遍		
			平面	立面		平面	立面	
				混凝土抹灰面	砖墙面		混凝土抹灰面	砖墙面
人工	综合工日	工日	1.55	1.62	1.89	0.83	0.86	1.00
材料	冷底子油 30：70	kg	48.48	48.48	48.48	—	—	—
	石油沥青玛碲脂	m³	0.18	0.25	0.28	0.15	0.16	0.18
机械	沥青熔化炉 XLL-0.5t	台班	0.22	0.29	0.33	0.17	0.18	0.20

工作内容：1. 配制涂刷冷底子油，熬制涂刷玛碲脂。

2. 熬制涂刷油膏。

单位：100 m²

定额编号			8-656	8-657
项目		单位	焦油玛碲脂	塑料油膏
			涂刷厚度(mm)	涂刷遍数
			3	二遍
人工	综合工日	工日	3.53	2.12
材料	冷底子油(焦油) 30：70	kg	48.48	—
	焦油玛碲脂	m³	0.32	—
	塑料油膏	kg	—	585.12
	木柴	kg		182.16
机械	沥青熔化炉 XLL-0.5t	台班	0.37	—

工作内容：清理基层，调配涂料，铺贴布(包括附加层)，刷涂料(最后两遍掺水泥作保护层)。

单位：100 m²

定额编号			8-658	8-659	8-660	8-661
项目		单位	水乳型普通乳化沥青涂料二布三涂		水乳型水性石棉质沥青涂料一布二涂	
			平面	立面	平面	立面
人工	综合工日	工日	10.65	17.82	8.13	12.78
材料	水乳型普通乳化沥青涂料	kg	260.00	260.00	—	—
	水乳型水性石棉质沥青涂料	kg	—	—	832.00	832.00
	聚脂布 100g/m²	m²	243.04	243.04	—	—
	玻璃纤维布	m²	—	—	124.91	124.91
	水泥 42.5级	kg	13.77	13.77	61.20	61.20

工作内容：清理基层，调配涂料，铺贴布(包括附加层)，刷涂料(最后两遍掺水泥作保护层)。

单位：100 m²

定额编号			8-662	8-663	8-664	8-665	8-666	8-667	8-668	8-669
项目		单位	水乳型再生胶-沥青贴聚酯布				水乳型阴离子合成胶乳化沥青贴聚酯布			
			二布三涂		每增一布一涂		一布二涂		每增一布一涂	
			平面	立面	平面	立面	平面	立面	平面	立面
人工	综合工日	工日	10.65	17.82	4.31	5.05	8.13	12.78	4.31	5.05

续表

单位:100 m²

定额编号			8-662	8-663	8-664	8-665	8-666	8-667	8-668	8-669
项目		单位	水乳型再生胶-沥青贴聚酯布				水乳型阴离子合成胶乳化沥青贴聚酯布			
			二布三涂		每增一布一涂		一布二涂		每增一布一涂	
			平面	立面	平面	立面	平面	立面	平面	立面
材料	再生胶-沥青涂料(水乳型)	kg	260.00	260.00	104.00	104.00	—	—	—	—
	阴离子合成胶乳化沥青涂料(水乳型)	kg	—	—	—	—	208.00	208.00	156.00	156.00
	聚酯布 100 g/m²	m²	243.04	243.04	118.13	118.13	124.91	124.91	118.13	118.13
	水泥 42.5 级	kg	13.77	13.77	—	—	—	—	—	—
	滑石粉	kg	—	—	—	—	15.30	15.30	—	—

工作内容:清理基层,调配涂料,铺贴布(包括附加层),刷涂料(最后两遍掺水泥作保护层)。

单位:100 m²

定额编号			8-670	8-671	8-672	8-673	8-674	8-675	8-676	8-677
项目		单位	水乳型阴离子氯丁胶乳化沥青贴聚酯布				溶剂型 再生胶-沥青贴聚酯布			
			一布二涂		每增一布一涂		二布三涂		每增一布一涂	
			平面	立面	平面	立面	平面	立面	平面	立面
人工	综合工日	工日	8.13	12.78	4.31	5.05	10.65	17.82	4.31	5.05
材料	阳离子氯丁胶乳化沥青涂料(水乳型)	kg	208.00	208.00	156.00	156.00	—	—	—	—
	再生胶沥青涂料(溶剂型)	kg	—	—	—	—	312.00	312.00	156.00	156.00
	聚酯布 100g/m²	m²	124.91	124.91	118.13	118.13	243.04	243.04	118.13	118.13
	水泥 42.5 级	kg	15.30	15.30	—	—	20.40	20.40	—	—

四、砂浆抹面防水

工作内容:清理基层,制作砂浆,抹灰及养护。

单位:100 m²

定额编号			8-678	8-679	8-680	8-681
项目		单位	防水砂浆			
			平面	立面	五层做法	
					平面	立面
工人	综合工日	工日	9.45	13.78	17.82	22.47
材料	防水砂浆 1:2	m³	2.02	2.11	1.62	1.63
	素水泥浆	m³	—	—	0.61	0.61
	水	m³	3.80	3.80	3.80	3.80
	其他材料费	元	12.43	—	12.43	—
机械	灰浆搅拌机 200 L	台班	0.34	0.34	0.27	0.27

第三节　变　形　缝

工作内容：清理变形缝，调制石灰麻刀，配制沥青麻丝，嵌缝。　　　　单位：m^3

定额编号			8-682	8-683	8-684	8-685
项目		单位	石灰麻刀		油浸麻丝	
			平面	立面	平面	立面
人工	综合工日	工日	10.13	14.27	26.55	38.76
材料	石油沥青 30#	kg	—	—	458.00	458.00
	生石灰	kg	408.04	408.04	—	—
	麻丝	kg	—	—	123.00	123.00
	麻刀	kg	247.25	247.25	—	—
	水	m^3	0.51	0.51	—	—
机械	沥青熔化炉　XLL-0.5t	台班	—	—	0.46	0.46

工作内容：清理变形缝，调配熬制沥青，玛碲脂，砂浆，油浸木丝板，嵌缝。　　　　单位：m^3

定额编号			8-686	8-687	8-688	8-689
项目		单位	油膏	沥青玛碲脂	沥青砂浆	油浸木丝板
人工	综合工日	工日	88.56	5.63	22.55	16.27
材料	建筑油膏	kg	1804.55	—	—	—
	沥青玛碲脂	m^3	—	1.01	—	—
	沥青砂浆	m^3	—	—	1.01	—
	木丝板　25×610×18	m^2	—	—	—	41.40
	石油沥青 30#	kg	—	—	—	844.00
机械	沥青熔化炉 XLL-0.5t	台班	—	1.11	0.26	0.84

四十、甘肃省建设工程消耗量定额

（2004 年定额防水工程部分）

关于发布《甘肃省安装工程消耗量定额》等五套定额的通知

（甘建价[2004]127 号）

各市（州、地）建委（建设局、建设处），省级有关厅、局、总公司，有关建设、设计、施工单位、咨询单位：

为适应工程造价计价改革的需要，贯彻实施中华人民共和国国家标准《建设工程工程量清单计价规范》（GB 50500—2003），由我厅编制的《甘肃省安装工程消耗量定额》（DBJD 25-13-2004）、《甘肃省建筑工程消耗量定额》（DBJD 25-14-2004）、《甘肃省建筑装饰装修工程消耗量定额》（DBJD 25-15-2004）、《甘肃省建设工程混凝土砂浆材料消耗量定额》（DBJD 25-16-2004）及《甘肃省建设工程措施项目费定额》（建筑、建筑装饰装修、安装）（DBJD 25-24-2004）（以下统称为本定额）已编制完成，经审查，现予以发布。

本定额自 2004 年 7 月 1 日起施行，作为一般工业与民用新建、扩建和改建的建筑、安装及装饰装修工程进行工程量清单计价和定额计价的依据或参考。本定额发布后，原建设部建标（2000）60 号发布的《全国统一安装工程预算定额》、原甘肃省建设委员会甘建价（1996）250 号文发布的《甘肃省建筑工程预算定额》、甘建价（1995）372 号文发布的《甘肃省建设工程混凝土砂浆材料消耗预算定额》及其补充定额和相应的解释说明在我省停止执行。

各有关单位在执行过程中应注意积累资料，发现问题请及时函告甘肃省建设工程造价管理总站，以便补充完善。

本定额委托甘肃省建设工程造价管理总站解释。

甘肃省建设厅

二〇〇四年四月九日

第七章　屋 面 工 程

工程量计算规则及说明

一、工程量计算规则

1. 瓦屋面、铁皮屋面、波纹瓦屋面、琉璃瓦屋面、金属压型板屋面、玻璃钢瓦屋面、卷材屋面、涂膜屋面（包括挑檐部分）工程量按图示尺寸的水平投影面积乘以附表 1 屋面延尺系数以 m^2 计算，不扣除屋面上烟囱、风帽底坐、屋面小气窗、斜沟等所占面积，屋面小气窗出檐与屋面重叠部分的面积亦不增加。

2. 天窗出檐与屋面重叠部分的面积，并入相应屋面工程量内计算。瓦屋面出檐口的尺寸应按设计规定计算，如设计无规定时，除小青瓦按 5 cm 计算外，其他瓦应按 7 cm 计算。

3. 铁皮屋面檐口处用的丁字铁件定额中未包括，另按第五章金属结构工程中的铁件安装定额项目计算。

4. 卷材、涂膜屋面中的变形缝、女儿墙和天窗等弯起部分按设计规定计算，如设计无规定时，变形缝、女儿墙应按弯起 0.25 m 计算，天窗部分应按弯起 0.50 m 计算，并入相应屋面工程量内。

另外，涂膜屋面的油膏嵌缝、玻璃布盖缝、屋面分格缝以延长 m 计算。

5. 铁皮水落管、檐沟、泛水、水斗、水口等排水构件以图示尺寸按展开面积计算。如设计图无尺寸时，可按附表 2 铁皮排水单体零件工程量折算表计算。水落管的长度应按水斗下口以下的长度计算。

6. 铸铁、水落管应区别不同直径按图示尺寸以延长 m 计算。雨水口、水斗、弯头、短管所占位置不扣除，另按个计算。

7. 塑料落水管(PVC)应区别不同直径按图示尺寸以延长 m 计算。塑料雨水口(PVC)所占位置不扣除，应另按个计算。

8. 挑檐、檐口、雨篷、阳台等埋设的排水钢管按金属结构工程中的铁件安装定额项目计算。

二、调整系数

1. 小青瓦的规格与定额不同时，除瓦的数量可以换算外，其他工料不再调整。

2. 小青瓦屋面是按搭接三分之二计算的，搭接不同时，可调整瓦的数量，其他工料不再调整。

3. 波纹瓦屋面板是按 75 cm 宽度考虑的，如宽度不同时，屋面板主材可以换算，人工、机械及其他材料不变。

4. 琉璃瓦铺在预制混凝土桷条上时，扣除定额内 1∶2 水泥砂浆，人工费乘以 1.3，其他不变。

5. 琉璃瓦面如使用琉璃盾瓦者，每 10 m 长的脊瓦长度 ，每一面增计盾瓦 50 块，其他不变。

三、其他说明

1. 各种瓦屋面的脊瓦出线(抹捎头灰)的工料已包括在定额内不应另行计算。

2. 粘土瓦、水泥瓦屋面的屋脊以脊瓦作法为准 ，其他作法不再调整。

3. 卷材屋面的附加层、收头、接缝等工料均已包括在定额内，不再另外计算。

4. 卷材屋面均包括刷冷底子油一遍的工料，不应另计算。

5. 铁皮屋面及铁皮水落管、檐沟及泛水定额项目内均已包括铁皮咬口和搭接的工料，不再另外计算。

6. 本章中的“一布二涂”或“二布三涂”项目，其“二涂”、“三涂”是指涂料构成防水层的层数，不是指涂刷的遍数。

附表 1 屋面坡度系数表

坡度			延尺系数 C (A=1)	隅延尺系数 D (A=1)
$B(A=1)$	$B/2A$	角度 θ		
1.000	1/2	45°	1.4142	1.7320
0.750	—	36°52′	1.2500	1.6088
0.700	—	35°	1.2207	1.5780
0.660	1/3	33°40′	1.2015	1.5632
0.650	—	33°01′	1.1927	1.5564

续表

坡度			延尺系数 C (A=1)	隅延尺系数 D (A=1)
B(A=1)	B/2A	角度 θ		
0.600	—	30°58′	1.1662	1.5362
0.577	—	30°	1.1545	1.5274
0.550	—	28°49′	1.1413	1.5174
0.500	1/4	26°34′	1.1180	1.5000
0.450	—	24°14′	1.0966	1.4841
0.400	1/5	21°48′	1.0770	1.4697
0.350	—	19°47′	1.0595	1.4569
0.300	—	16°42′	1.0440	1.4457
0.250	1/8	14°02′	1.0308	1.4361
0.200	1/10	11°19′	1.0198	1.4283
0.150	—	8°32′	1.0112	1.4221
0.125	1/16	7°8′	1.0078	1.4197
0.100	1/20	5°42′	1.0050	1.4177
0.083	1/24	4°45′	1.0035	1.4166
0.066	1/30	3°49′	1.0022	1.4157

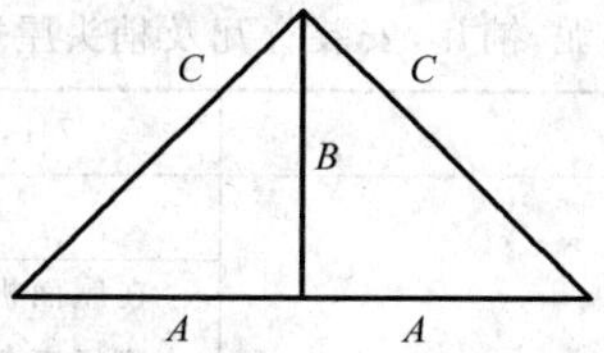

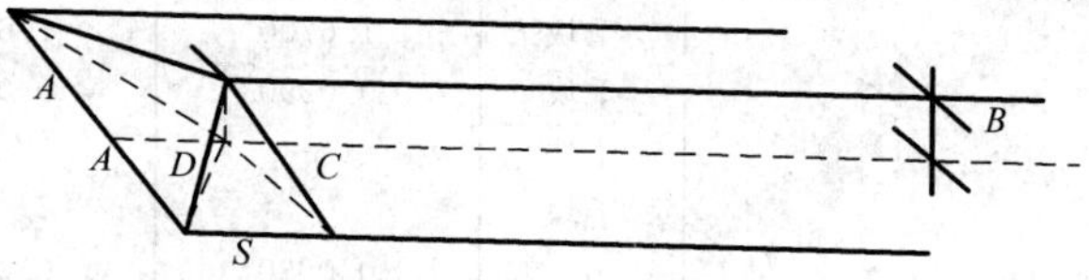

注：1. 两坡水屋面的实际面积为屋面水平投影面积乘延尺系数 C；

2. 四坡水屋面斜背长度=A×D(当 S=A 时)

3. 沿山墙泛水长度=A×C

附表 2　铁皮排水单体零件工程量折算表

名　　称	单位	铁皮排水(m^2)	
		带铁件部分	不带铁件部分
		水落管、檐沟、漏斗、水斗、下水口	天沟、斜沟、天窗台泛水、天窗侧面泛水、烟囱泛水、通气管泛水、滴水檐头
水落管	m	0.32	—
檐沟	m	0.30	—
水斗	个	0.40	—

续表

名称	单位	铁皮排水(m²)	
		带铁件部分	不带铁件部分
		水落管、檐沟、漏斗、水斗、下水口	天沟、斜沟、天窗台泛水、天窗侧面泛水、烟囱泛水、通气管泛水、滴水檐头
漏斗	个	0.16	—
下水口	个	0.45	—
天沟	m		1.30
斜沟、天窗窗台泛水	m		0.50
天窗侧面泛水	m		0.70
烟囱泛水	m		0.80
通气管泛水	m		0.22
滴水檐头	m		0.24
滴水	m		0.11

第一节　屋　　面

1. 瓦　屋　面

工作内容：制运草泥浆，砂浆，运瓦，抹草泥，铺瓦，安装脊瓦及梢头屋脊抹灰。　　　单位：100 m²

定额编号			7-1	7-2	7-3
项目			粘土瓦		水泥瓦
			在屋面板或椽子瓦条上铺设	在草泥上铺设	在屋面板或椽子挂瓦条上铺设
名称		单位	数量		
人工	综合工日	工日	6.2600	9.9000	6.2600
材料	粘土平瓦 380×240	千块	1.6700	1.6700	—
	粘土脊瓦 455×195	千块	0.0290	0.0290	—
	水泥瓦	千块	—	—	1.7100
	水泥脊瓦	千块	—	—	0.0300
	水泥砂浆 1∶2.5	m³	0.0930	0.0930	0.0930
	草泥浆	m³	—	5.1000	—

工作内容：制运草泥浆，砂浆，运瓦，抹草泥，铺瓦，安装脊瓦及梢头屋脊抹灰。　　　单位：100 m²

定额编号			7-4	7-5	7-6	7-7
项目			小青瓦(阴阳瓦)		小青瓦(仰瓦)	
			椽子上铺设(冷摊)	在草泥上铺设	椽子上铺设(冷摊)	在草泥上铺设
名称		单位	数量			
人工	综合工日	工日	12.1100	20.5300	11.5500	19.8200
材料	小青瓦 200×180-200 mm	千块	13.3900	13.3900	10.6500	10.6500
	草泥浆	m³	—	6.6300	—	5.1000
	石灰砂浆 1∶2.5	m³	0.2300	0.2300	0.1500	0.1500

工作内容：铺设，固定。

单位：m^2

定额编号			7-8	7-9	7-10
项目			小波石棉瓦		
			木檩上	钢檩上	混凝土檩上
名称		单位	数量		
人工	综合工日	工日	0.0460	0.0715	0.0715
材料	小波石棉瓦 1800×720×5 mm	张	1.0100	1.0100	1.0100
	小波石棉脊瓦 850×360×5 mm	张	0.1200	0.1200	0.1200
	镀锌瓦楞钉(带垫)	套	3.9000	—	—
	镀锌螺栓钩 ϕ6×600 mm	套	—	1.9400	—
	镀锌螺栓钩 ϕ8×800 mm	套	—	—	1.9400
	镀锌扁钢钩 —3×12×300 mm	个	—	1.9600	—
	镀锌扁钢钩 —3×12×400 mm	个	—	—	1.9600
	麻刀石灰浆	m^3	0.0003	0.0003	0.0003
	其他材料费	元	0.0600	0.0600	0.0600

工作内容：铺设，固定。

单位：m^2

定额编号			7-11	7-12	7-13
项目			中波石棉瓦		
			木檩上	钢檩上	混凝土檩上
名称		单位	数量		
人工	综合工日	工日	0.0460	0.0715	0.0715
材料	中波石棉瓦 2400×745×6 mm	张	0.7600	0.7600	0.7600
	中波石棉脊瓦 780×720×6 mm	张	0.1300	0.1300	0.1300
	镀锌瓦楞钉(带垫)	套	4.0700	—	—
	镀锌螺栓钩 ϕ6×600 mm	套	—	2.5000	—
	镀锌螺栓钩 ϕ8×800 mm	套	—	—	2.5000
	镀锌扁钢钩 —3×12×300 mm	个	—	1.5700	—
	镀锌扁钢钩 —3×12×400 mm	个	—	—	1.5700
	麻刀石灰浆	m^3	0.0004	0.0004	0.0004
	其他材料费	元	0.0600	0.0600	0.0600

工作内容：铺设，固定。

单位：m^2

定额编号			7-14	7-15	7-16
项目			大波石棉瓦		
			木檩上	钢檩上	混凝土檩上
名称		单位	数量		
人工	综合工日	工日	0.0443	0.0686	0.0686
材料	大波石棉瓦 2800×994×8 mm	块	0.4700	0.4700	0.4700
	大波石棉脊瓦 850×400×8 mm	张	0.1200	0.1200	0.1200
	镀锌瓦楞钉(带垫)	套	3.7700	—	—
	镀锌螺栓钩 ϕ6×600 mm	套	—	2.7700	—
	镀锌螺栓钩 ϕ8×800 mm	套	—	—	2.7700
	镀锌扁钢钩 —3×12×300 mm	个	—	1.0000	—
	镀锌扁钢钩 —3×12×400 mm	个	—	—	1.0000
	麻刀石灰浆	m^3	0.0004	0.0004	0.0004
	其他材料费	元	0.0600	0.0600	0.0600

2. 铁皮屋面

工作内容：铺设，固定。　　　　单位：m^2

定额编号			7-17	7-18	7-19	7-20
项目			平铁皮		瓦垄铁皮	
			单咬口	双咬口	木檩上	钢檩上
名称		单位	数量			
人工	综合工日	工日	0.0370	0.0406	0.0167	0.0372
材料	镀锌铁皮 26#	m^2	1.1600	1.2500	0.0441	0.0441
	镀锌瓦垄铁皮 26#	m^2	—	—	1.2600	1.2600
	铁钉	kg	0.0055	0.0055	0.0014	0.0014
	镀锌瓦楞钉（带垫）	套	—	—	4.0400	—
	镀锌螺栓瓦钩 $\phi8\times800$ mm	套	—	—	—	4.0400
	其他材料费	元	0.0700	0.0700	0.0200	0.0200

3. 波纹瓦屋面

工作内容：1. 调制砂浆。

2. 在木或钢檩条上铺瓦，钻孔，安装瓦脊。　　　　单位：m^2

定额编号			7-21	7-22
项目			塑料波纹瓦	
			铺于钢檩	铺于木檩
名称		单位	数量	
人工	综合工日	工日	0.0542	0.0410
材料	水泥砂浆 M5	m^3	0.0003	0.0003
	塑料波纹瓦（中波）	m^2	1.3410	1.3410
	塑料瓦脊	m	0.1200	0.1200
	瓦楞螺丝 $\phi8\times40$	百个	—	0.0402
	镀锌瓦楞钩	百个	0.0402	—
	水	m^3	0.0001	0.0001
机械	灰浆搅拌机 200 L	台班	0.0001	—

4. 琉璃瓦屋面

工作内容：1. 调制砂浆。

2. 在钢筋混凝土上铺灰，盖瓦，安装瓦筒、瓦脊，修齐瓦口边线。

3. 清扫瓦面。　　　　单位：见表

定额编号			7-23	7-24	7-25	7-26
项目			铺于钢筋混凝土上			
			亭面	斜屋面	檐口线	瓦脊
			m^2		m	
名称		单位	数量			
人工	综合工日	工日	0.8780	0.7110	0.3500	0.3930
材料	水泥石灰膏砂浆 M5	m^3	0.0220	0.0220	0.0040	0.0090
	水泥砂浆 1∶2	m^3	0.0220	0.0220	0.0040	—
	普通粘土砖 240×115×53	千块	—	—	—	0.0040

续表 单位:见表

定额编号			7-23	7-24	7-25	7-26
项目			铺于钢筋混凝土上			
			亭面	斜屋面	檐口线	瓦脊
			m^2		m	
名称		单位	数量			
材料	琉璃瓦片 293×205	块	59.2000	53.3000	—	—
	琉璃瓦筒 268×110×55(高)	块	24.0000	21.6000	—	—
	琉璃满面片 293×205	块	—	—	5.000	—
	琉璃满面筒 268×110×55(高)	块	—	—	4.4000	—
	琉璃大三星筒 480×200×200(高)	块	—	—	—	4.7000
	镀锌铁丝 22#	kg	0.1440	0.1440	—	—
	其他材料费	元	0.7300	0.6900	0.1400	0.2800
	水	m^3	0.0320	0.0320	0.0030	0.0040
机械	灰浆搅拌机 200 L	台班	0.0070	0.0070	0.0020	0.0020

5. W-550 压型板屋面

工作内容:构件整理,临时加固,吊装,就位,螺栓固定。 单位:m^2

定额编号			7-27	7-28	7-29
项目			檩条距离(m)		
			7.5 以内	6 以内	4.2 以内
名称		单位	数量		
人工	综合工日	工日	0.1712	0.1808	0.2000
材料	压型屋面板 W-550	m^2	1.1652	1.1652	1.1652
	中间固定架 WG-2	个	0.4263	0.5483	0.7916
	端部固定架 WG-3	个	0.0118	0.0152	0.0219
	单面固定螺栓 ML-850R	百个	0.0087	0.0111	0.0161
	单面连接螺栓 R-8	百个	0.0144	0.0144	0.0144
	螺栓 M8×40	套	1.7800	1.7800	1.7800
	檐口堵头板 WD-1	块	0.5931	0.5931	0.5931
	屋脊堵头板 WD-2	块	0.5931	0.5931	0.5931
	屋脊挡雨板 WD-3	块	0.5931	0.5931	0.5931
	屋脊板 2 mm	m^2	0.0434	0.0434	0.0434
	沿口包角板 0.8 mm	m^2	0.0111	0.0111	0.0111
	密封膏	kg	0.2000	0.2000	0.2000
	电焊条	kg	0.0403	0.0518	0.0748
	镀锌铁丝 8#	kg	0.0300	0.0300	0.0300
	铝拉铆钉	百个	0.0031	0.0031	0.0031
	橡胶密封条	m	0.1643	0.1643	0.1643
	其他材料费	元	0.1100	0.1100	0.1200
机械	交流电焊机 30 KVA	台班	0.0110	0.0110	0.0110

6. 玻璃钢瓦屋面

工作内容：铺设，固定。　　单位：m^2

定　额　编　号			7-30	7-31
项　目			玻璃钢瓦	
			木檩上	钢檩上
名　称		单位	数　量	
人工	综合工日	工日	0.0228	0.0486
材料	玻璃钢瓦 1800×720×15 mm	张	0.8500	0.8500
	玻璃钢脊瓦 1800×700×15 mm	张	0.0600	0.0600
	镀锌瓦楞钉(带垫)	套	4.0400	—
	镀锌螺栓瓦钩 ϕ8×800 mm	套	—	4.0400
	铁钉	kg	0.0015	0.0015
	其他材料费	元	0.0200	0.0200

第二节　卷　材　屋　面

1. 普通卷材屋面

工作内容：1. 清理底层，刷冷底子油一遍。

2. 熬制沥青玛碲脂，铺设卷材，撒砂。　　单位：100 m^2

定　额　编　号			7-32	7-33	7-34	7-35
项　目			一毡二油	二毡三油	二毡三油一砂	三毡四油一砂
名　称		单位	数　量			
人工	综合工日	工日	4.3200	6.7400	8.0500	10.2700
材料	石油沥青玛碲脂	kg	0.3200	0.5100	0.6300	0.8100
	冷底子油	kg	48.0000	48.0000	48.0000	48.0000
	石油沥青油毡 350 g	m^2	109.0000	240.0000	240.0000	357.0000
	板方材	m^3	—	0.0220	0.0220	0.0220
	粒砂	m^3	—	—	0.5500	0.5500
	其他材料费	元	—	20.4700	20.4700	20.4700
机械	木工圆锯机 ϕ500 mm	台班	—	0.0100	0.0100	0.0100
	沥青溶化炉 XLL-0.5 t	台班	0.3500	0.5500	0.6800	0.8600

2. 改性沥青卷材屋面

工作内容：1. 清理基层、刷基层处理剂，防水薄弱处刷聚氨酯涂膜，加热改性沥青。

2. 屋面贴改性沥青，卷材搭接处及收头嵌油膏。　　单位：m^2

定　额　编　号			7-36	7-37	7-38	7-39
项　目			改性沥青卷材(SBS-I)屋面			
			满铺		条铺	
			厚度(mm)			
			3	4	3	4
名　称		单位	数　量			
人工	综合工日	工日	0.0562	0.0562	0.0562	0.0562
材料	改性沥青乳胶	kg	0.3000	0.3000	0.3000	0.3000
	改性沥青卷材(SBS-I)3 mm 厚	m^2	1.1150	—	1.1393	—

续表 单位：m^2

定额编号			7-36	7-37	7-38	7-39
项目			改性沥青卷材(SBS-I)屋面			
			满铺		条铺	
			厚度(mm)			
			3	4	3	4
名称		单位	数量			
材料	改性沥青卷材(SBS-I)4 mm 厚	m^2	—	1.1150	—	1.1393
	改性沥青粘结剂	kg	0.5575	0.5575	0.2197	0.2197
	聚氨脂甲料	kg	0.0832	0.0832	0.0832	0.0832
	聚氨脂乙料	kg	0.1248	0.1248	0.1248	0.1248
	石油液化气	kg	0.2400	0.2400	0.2120	0.2120

工作内容：1. 清理基层、刷基层处理剂，防水薄弱处刷聚氨脂涂膜，加热改性沥青。

2. 屋面贴改性沥青，卷材搭接处及收头嵌油膏。

单位：m^2

定额编号			7-40	7-41	7-42	7-43
项目			改性沥青卷材(SBS-I)屋面			
			点铺		空铺	
			厚度(mm)			
			3	4	3	4
名称		单位	数量			
人工	综合工日	工日	0.0562	0.0562	0.0473	0.0473
材料	改性沥青乳胶	kg	0.3000	0.3000	0.3000	0.3000
	改性沥青卷材(SBS-I)3 mm 厚	m^2	1.1393	—	1.1393	—
	改性沥青卷材(SBS-I)4 mm 厚	m^2	—	1.1393	—	1.1393
	改性沥青粘结剂	kg	0.2076	0.2076	0.1426	0.1426
	聚氨脂甲料	kg	0.0832	0.0832	0.0832	0.0832
	聚氨脂乙料	kg	0.1248	0.1248	0.1248	0.1248
	石油液化气	kg	0.2120	0.2120	0.1840	0.1840

工作内容：1. 清理基层、刷基层处理剂，防水薄弱处刷聚氨脂涂膜，加热改性沥青。

2. 屋面贴改性沥青，卷材搭接处及收头嵌油膏。

单位：m^2

定额编号			7-44	7-45	7-46	7-47
项目			改性沥青卷材(APP-I)屋面			
			满铺		条铺	
			厚度(mm)			
			3	4	3	4
名称		单位	数量			
人工	综合工日	工日	0.0562	0.0562	0.0562	0.0562
材料	改性沥青乳胶	kg	0.3000	0.3000	0.3000	0.3000
	改性沥青卷材(APP-I)3 mm 厚	m^2	1.1150	—	1.1393	—
	改性沥青卷材(APP-I)4 mm 厚	m^2	—	1.1150	—	1.1393
	改性沥青粘结剂	kg	0.5575	0.5575	0.2197	0.2197
	聚氨脂甲料	kg	0.0832	0.0832	0.0832	0.0832
	聚氨脂乙料	kg	0.1248	0.1248	0.1248	0.1248
	石油液化气	kg	0.2400	0.2400	0.2120	0.2120

工作内容：1. 清理基层、刷基层处理剂，防水薄弱处刷聚氨脂涂膜，加热改性沥青。

2. 屋面贴改性沥青，卷材搭接处及收头嵌油膏。　　单位：m^2

定额编号			7-48	7-49	7-50	7-51
项目			改性沥青卷材(APP-I)屋面			
			点铺		空铺	
			厚度(mm)			
			3	4	3	4
名称		单位	数量			
人工	综合工日	工日	0.0562	0.0562	0.0473	0.0473
材料	改性沥青乳胶	kg	0.3000	0.3000	0.3000	0.3000
	改性沥青卷材(APP-I)3 mm 厚	m^2	1.1393	—	1.1393	—
	改性沥青卷材(APP-I)4 mm 厚	m^2	—	1.1393	—	1.1393
	改性沥青粘结剂	kg	0.2076	0.2076	0.1426	0.1426
	聚氨脂甲料	kg	0.0832	0.0832	0.0832	0.0832
	聚氨脂乙料	kg	0.1248	0.1248	0.1248	0.1248
	石油液化气	kg	0.2120	0.2120	0.1840	0.1840

工作内容：改性沥青加热，基层刷处理剂，刷聚氨酯涂膜，卷材接缝收头处嵌油膏。　　单位：见表

定额编号			7-52	7-53	7-54
项目			改性沥青卷材(SBS-I)屋面		
			改性沥青卷材屋面热熔单层	屋面分格缝上点粘 300 宽改性沥青卷材	
				m	
			m^2	厚度(mm)	
				3	14
名称		单位	数量		
人工	综合工日	工日	0.0562	0.0166	0.0166
材料	改性沥青乳胶	kg	0.3000	—	—
	改性沥青卷材(铝箔)	m^2	1.1150	—	—
	改性沥青卷材(SBS-I)3 mm 厚	m^2	—	0.3363	—
	改性沥青卷材(SBS-I)4 mm 厚	m^2	—	—	0.3363
	改性沥青粘结剂	kg	—	0.0758	0.0758
	聚氨脂甲料	kg	0.0832	—	—
	聚氨脂乙料	kg	0.1248	—	—
	石油液化气	kg	0.2800	0.0420	0.0420

工作内容：改性沥青加热，基层刷处理剂，刷聚氨酯涂膜，卷材接缝收头处嵌油膏。　　单位：见表

定额编号			7-55	7-56	7-57
项目			改性沥青卷材(APP-I)屋面		
			改性沥青卷材屋面热熔单层	屋面分格缝上点粘 300 宽改性沥青卷材	
				m	
			m^2	厚度(mm)	
				3	4
名称		单位	数量		
人工	综合工日	工日	0.0562	0.0166	0.0166
材料	改性沥青乳胶	kg	0.3000	—	—
	改性沥青卷材(铝箔)	m^2	1.1150	—	—

续表　　单位:见表

<table>
<tr><td colspan="3">定　额　编　号</td><td>7-55</td><td>7-56</td><td>7-57</td></tr>
<tr><td colspan="3" rowspan="5">项　目</td><td colspan="3">改性沥青卷材(APP-I)屋面</td></tr>
<tr><td rowspan="2">改性沥青卷材
屋面热熔单层</td><td colspan="2">屋面分格缝上点粘 300 宽
改性沥青卷材</td></tr>
<tr><td colspan="2">m</td></tr>
<tr><td rowspan="2">m²</td><td colspan="2">厚度(mm)</td></tr>
<tr><td>3</td><td>4</td></tr>
<tr><td colspan="2">名　称</td><td>单位</td><td colspan="3">数　量</td></tr>
<tr><td rowspan="6">材
料</td><td>改性沥青卷材(APP-I)3 mm 厚</td><td>m²</td><td>—</td><td>0.3363</td><td>—</td></tr>
<tr><td>改性沥青卷材(APP-I)4 mm 厚</td><td>m²</td><td>—</td><td>—</td><td>0.3363</td></tr>
<tr><td>改性沥青粘结剂</td><td>kg</td><td>—</td><td>0.0758</td><td>0.0758</td></tr>
<tr><td>聚氨脂甲料</td><td>kg</td><td>0.0832</td><td>—</td><td>—</td></tr>
<tr><td>聚氨脂乙料</td><td>kg</td><td>0.1248</td><td>—</td><td>—</td></tr>
<tr><td>石油液化气</td><td>kg</td><td>0.2800</td><td>0.0420</td><td>0.0420</td></tr>
</table>

3. 高分子卷材屋面

工作内容:1. 清理底层,找平层分格缝嵌油膏。

2. 刷底胶,铺贴卷材。

3. 涂刷着色剂保护层二遍。　　单位:m²

<table>
<tr><td colspan="3">定　额　编　号</td><td>7-58</td><td>7-59</td><td>7-60</td><td>7-61</td></tr>
<tr><td colspan="3" rowspan="2">项　目</td><td colspan="4">三元乙丙橡胶卷材冷贴</td></tr>
<tr><td>满粘</td><td>空铺</td><td>点粘</td><td>条粘</td></tr>
<tr><td colspan="2">名　称</td><td>单位</td><td colspan="4">数　量</td></tr>
<tr><td>人工</td><td>综合工日</td><td>工日</td><td>0.1022</td><td>0.1022</td><td>0.1022</td><td>0.0899</td></tr>
<tr><td rowspan="12">材
料</td><td>三元乙丙橡胶卷材</td><td>m²</td><td>1.1055</td><td>1.1285</td><td>1.1285</td><td>1.1285</td></tr>
<tr><td>粘结剂 CX-404</td><td>kg</td><td>0.4040</td><td>0.0789</td><td>0.1045</td><td>0.1429</td></tr>
<tr><td>铁钉</td><td>kg</td><td>0.0023</td><td>0.0023</td><td>0.0023</td><td>0.0023</td></tr>
<tr><td>钢筋</td><td>t</td><td>0.0001</td><td>0.0001</td><td>0.0001</td><td>0.0001</td></tr>
<tr><td>CSPE 嵌缝油膏 330 mL</td><td>支</td><td>0.5028</td><td>0.5028</td><td>0.5028</td><td>0.5028</td></tr>
<tr><td>银色着色剂</td><td>kg</td><td>0.2020</td><td>0.2020</td><td>0.2020</td><td>0.2020</td></tr>
<tr><td>二甲苯</td><td>kg</td><td>0.2700</td><td>0.2700</td><td>0.2700</td><td>0.2700</td></tr>
<tr><td>乙酸乙酯</td><td>kg</td><td>0.0505</td><td>0.0505</td><td>0.0505</td><td>0.0505</td></tr>
<tr><td>丁基粘结剂</td><td>kg</td><td>0.0478</td><td>0.1185</td><td>0.1185</td><td>0.1185</td></tr>
<tr><td>聚氨脂甲料</td><td>kg</td><td>0.1621</td><td>0.1621</td><td>0.1621</td><td>0.1621</td></tr>
<tr><td>聚氨脂乙料</td><td>kg</td><td>0.3113</td><td>0.3113</td><td>0.3113</td><td>0.3113</td></tr>
<tr><td>建筑胶素水泥浆</td><td>m³</td><td>0.0001</td><td>0.0001</td><td>0.0001</td><td>0.0001</td></tr>
</table>

工作内容：1. 清理基层，找平层分格缝嵌油膏。

2. 刷底胶，铺贴卷材。

3. 涂刷着色剂保护层二遍。

单位：m^2

定额编号			7-62	7-63	7-64	7-65
项目			再生橡胶卷材冷贴			
			满粘	空铺	点粘	条粘
名称		单位	数量			
人工	综合工日	工日	0.1022	0.1022	0.1022	0.0899
材料	再生橡胶卷材	m^2	1.1055	1.1285	1.1285	1.1285
	氯丁胶粘合剂	kg	0.4995	0.2328	0.2021	0.1816
	铁钉	kg	0.0023	0.0023	0.0023	0.0023
	钢筋	t	0.0001	0.0001	0.0001	0.0001
	CSPE嵌缝油膏 330 mL	支	0.5028	0.5028	0.5028	0.5028
	银色着色剂	kg	0.2020	0.2020	0.2020	0.2020
	二甲苯	kg	0.2525	0.2525	0.2525	0.2525
	乙酸乙酯	kg	0.0505	0.0505	0.0505	0.0505
	聚氨脂甲料	kg	0.1621	0.1621	0.1621	0.1621
	聚氨脂乙料	kg	0.3113	0.3113	0.3113	0.3113
	建筑胶素水泥浆	m^3	0.0001	0.0001	0.0001	0.0001

工作内容：1. 清理基层，找平层分格缝嵌油膏。

2. 刷底胶，铺贴卷材。

3. 涂刷着色剂保护层二遍。

单位：m^2

定额编号			7-66	7-67	7-68	7-69
项目			氯丁橡胶卷材冷贴			
			满铺	空铺	点粘	条粘
名称		单位	数量			
人工	综合工日	工日	0.1022	0.1022	0.1022	0.0899
材料	氯丁橡胶卷材	m^2	1.1055	1.1285	1.1285	1.1285
	氯丁胶沥青胶液	kg	0.6060	0.3163	0.2856	0.2652
	CY409液	kg	0.0955	0.1185	0.1185	0.2652
	铁钉	kg	0.0023	0.0023	0.0023	0.0023
	钢筋	t	0.0001	0.0001	0.0001	0.0001
	CSPE嵌缝油膏 330 mL	支	0.5028	0.5028	0.5028	0.5028
	银色着色剂	kg	0.2020	0.2020	0.2020	0.2020
	二甲苯	kg	0.2700	0.2700	0.2700	0.2700
	乙酸乙酯	kg	0.0505	0.0505	0.0505	0.0505
	聚氨脂甲料	kg	0.1166	0.1166	0.1166	0.1166
	聚氨脂乙料	kg	0.1750	0.1750	0.1750	0.1750
	建筑胶素水泥浆	m^3	0.0001	0.0001	0.0001	0.0001

工作内容：1. 清理基层，找平层分格缝嵌油膏。
2. 刷底胶，铺贴卷材。
3. 涂刷着色剂保护层二遍。

单位：m^2

定额编号			7-70	7-71	7-72	7-73
项目			氯化聚乙烯-橡胶共混卷材冷贴			
			满粘	空铺	点粘	条粘
名称		单位	数量			
人工	综合工日	工日	0.1022	0.1022	0.1022	0.0899
材料	氯化聚乙烯-橡胶共混卷材	m^2	1.1055	1.1285	1.1285	1.1285
	氯丁乳胶	kg	0.1818	0.1818	0.1818	0.1818
	BX-12 粘结剂	kg	0.4545	0.1286	0.0941	0.0710
	BX-12 乙组份 880 mL	瓶	0.1194	0.1481	0.1481	0.1481
	铁钉	kg	0.0023	0.0023	0.0023	0.0023
	钢筋	t	0.0001	0.0001	0.0001	0.0001
	CSPE 嵌缝油膏 330 mL	支	0.5028	0.5028	0.5028	0.5028
	银色着色剂	kg	0.2020	0.2020	0.2020	0.2020
	二甲苯	kg	0.2700	0.2700	0.2700	0.2700
	乙酸乙酯	kg	0.0505	0.0505	0.0505	0.0505
	聚氨脂甲料	kg	0.1166	0.1166	0.1166	0.1166
	聚氨脂乙料	kg	0.1750	0.1750	0.1750	0.1750
	建筑胶素水泥浆	m^3	0.0001	0.0001	0.0001	0.0001

工作内容：1. 清理基层，找平层分格缝嵌油膏。
2. 刷底胶，铺贴卷材。
3. 涂刷着色剂保护层二遍。

单位：m^2

定额编号			7-74	7-75	7-76	7-77
项目			氯磺化聚乙烯卷材冷贴			
			满铺	空铺	点粘	条粘
名称		单位	数量			
人工	综合工日	工日	0.1022	0.1022	0.1022	0.0899
材料	氯磺化聚乙烯卷材	m^2	1.1055	1.1285	1.1285	1.1285
	CX-404 胶	kg	0.5050	0.1429	0.1045	0.0789
	CX-401 胶	kg	0.1051	0.1221	0.1303	0.1051
	铁钉	kg	0.0023	0.0023	0.0023	0.0023
	钢筋	t	0.0001	0.0001	0.0001	0.0001
	CSPE 嵌缝油膏 330 mL	支	0.5028	0.5028	0.5028	0.5028
	银色着色剂	kg	0.2020	0.2020	0.2020	0.2020
	二甲苯	kg	0.2700	0.2700	0.2700	0.2700
	乙酸乙酯	kg	0.0505	0.0505	0.0505	0.0505
	聚氨脂甲料	kg	0.1621	0.1621	0.1621	0.1621
	聚氨脂乙料	kg	0.3113	0.3113	0.3113	0.3113
	建筑胶素水泥浆	m^3	0.0001	0.0001	0.0001	0.0001

工作内容:1. 清理基层,熔化粘胶,铺贴柔毡,撒砂。

2. 铺卷材,钉压条,嵌密封膏。

单位:m^2

定额编号			7-78	7-79	7-80
项目			防水柔毡热贴		聚氯乙烯
			满粘		防水卷材
			二胶一毡一砂	每增一胶一毡	空铺
名称		单位	数量		
人工	综合工日	工日	0.0665	0.0344	0.9804
材料	防水柔毡	m^2	1.2615	1.1015	—
	粘胶	kg	7.3082	3.2024	—
	白石子	kg	7.7250	—	—
	木柴	kg	2.1982	0.9020	—
	铁钉	kg	0.0023	—	—
	钢筋	t	0.0001	—	—
	CSPE 嵌缝油膏 330 mL	支	0.5028	—	—
	二甲苯	kg	0.2525	—	—
	乙酸乙酯	kg	0.0505	—	—
	PVC 防水卷材	m^2	—	—	1.3000
	铝合金压条 3×30 mm	m	—	—	1.0500
	303 胶	kg	—	—	0.4500
	射钉	百个	—	—	5.2700
	密封膏	kg	—	—	0.1300
	建筑胶素水泥浆	m^3	0.0001	—	—

4. 涂膜屋面

工作内容:涂刷底胶,冷胶贴聚脂布防水,撒砂。

单位:m^2

定额编号			7-81	7-82
项目			氯丁冷胶	
			二布三涂	每增减一布一涂
名称		单位	数量	
人工	综合工日	工日	0.1037	0.0462
材料	聚脂布 100 g/m^2	m^2	2.3636	1.1089
	氯丁冷胶	kg	3.6360	0.8585
	粒砂	m^3	0.0031	—

第三节 屋面排水

工作内容:制作及安装。

单位:m^2

定额编号			7-83	7-84
项目			铁皮水落管、檐沟、泛水及水斗	
			带铁件部分	不带铁件部分
名称		单位	数量	
人工	综合工日	工日	0.2938	0.1041
材料	镀锌铁皮 26#	m^2	1.0580	1.0540
	铁钉	kg	0.0038	0.0300

续表 单位：m^2

定额编号			7-83	7-84
项目			铁皮水落管、檐沟、泛水及水斗	
			带铁件部分	不带铁件部分
名称		单位	数量	
材料	焊锡	kg	0.0180	0.0208
	盐酸	kg	0.0038	0.0044
	木炭	kg	0.0769	0.0924
	型钢	t	0.0005	—
	圆钢	t	0.0001	—
	电焊条	kg	0.0570	—
	其他材料费	元	0.0500	—
机械	交流电焊机 40 KVA	台班	0.0064	—

工作内容：切管，埋管卡，安水管，调灰抹封口。 单位：个

定额编号			7-85	7-86
项目			铸铁弯头	
			$\phi100$	$\phi150$
名称		单位	数量	
人工	综合工日	工日	0.2860	0.3010
材料	石油沥青玛碲脂	kg	0.0070	0.0090
	松杂木枋板材	m^3	0.0040	0.0050
	防腐油	kg	0.0400	0.0500
	铁件	kg	0.2420	0.2660
	铸铁弯头 $\phi100$	个	1.0100	—
	铸铁弯头 $\phi150$	个	—	1.0100
	其他材料费	元	0.0400	0.0800

工作内容：1. 铸铁落水管：切管，埋管卡，安水管，合灰捻口。

2. 铸铁雨水口：安装固定及防水处理。 单位：见表

定额编号			7-87	7-88	7-89	7-90
项目			铸铁落水管		铸铁雨水口	
			直径(mm)			
			$\phi100$	$\phi150$	$\phi100$	$\phi150$
			m		个	
名称		单位	数量			
人工	综合工日	工日	0.2840	0.3210	0.3230	0.3360
材料	铸铁排水管 $\phi100\times1500$ mm	m	1.0470	—	—	—
	铸铁排水管 $\phi150\times1500$ mm	m	—	1.0100	—	—
	铸铁雨水口 $\phi100$ 带罩	套	—	—	1.0470	—
	铸铁雨水口 $\phi150$ 带罩	套	—	—	—	1.0100
	膨胀螺栓 M8×80	套	1.0500	—	—	—
	螺栓 M8×40	套	2.1000	—	—	—
	镀锌铁丝 8#	kg	0.0820	0.0820	—	—
	铸铁三通 100×50 mm	个	0.3610	—	—	—
	铸铁三通 150×50 mm	个	—	0.3610	—	—

续表　　单位:见表

定额编号		7-87	7-88	7-89	7-90
项目		铸铁落水管		铸铁雨水口	
		直径(mm)			
		ϕ100	ϕ150	ϕ100	ϕ150
		m		个	
名称	单位	数量			
材料 石油沥青	kg	0.0700	0.0950	—	—
石油沥青油毡 350 g	m^2	—	—	0.2420	0.2930
麻丝	kg	0.0180	0.0250	—	—
石棉绒	kg	0.1740	0.2360	—	—
玛碲脂	m^3	—	—	0.0010	0.0010
水泥砂浆 1:2	m^3	0.0100	0.0100	—	—
型钢	t	0.0002	0.0008	—	—
圆钢	t	0.0001	0.0001	—	—
电焊条	kg	0.0230	0.0930	—	—
其他材料费	元	0.0200	0.0800	—	—
机械 交流电焊机 40 KVA	台班	0.0030	0.0100	—	—

工作内容:1. 铸铁落水管:切管,埋管卡,安水管,合灰捻口。

2. 铸铁雨水口:安装固定及防水处理。　　单位:个

定额编号		7-91	7-92
项目		铸铁水斗	
		直径(mm)	
		ϕ100	ϕ150
名称	单位	数量	
人工 综合工日	工日	0.2810	0.2950
材料 铸铁水斗 ϕ100 mm	个	1.0100	—
铸铁水斗 ϕ150 mm	个	—	1.0100
型钢	t	0.0011	0.0012
圆钢	t	0.0001	0.0001
电焊条	kg	0.1280	0.1400
其他材料费	元	0.1100	0.1200
机械 交流电焊机 40 KVA	台班	0.0140	0.0160

工作内容:1. 塑料落水管:切管,埋管卡,安装落水管、粘结等。

2. 塑料雨水口:清理出口、安装雨水口、熬制玛碲脂、铺贴油毡。　　单位:见表

定额编号		7-93	7-94	7-95	7-96
项目		塑料落水管(PVC)		塑料雨水口(PVC)	
		直径(mm)		方形(mm)	
		100	150	100	150
		m		个	
名称	单位	数量			
人工 综合工日	工日	0.2170	0.2800	0.3320	0.3360
材料 塑料落水管(PVC)100×3×4000	m	1.0500	—	—	—
塑料落水管(PVC)150×4×4000	m	—	1.0500	—	—
硬聚氯乙烯塑料三通 100	个	0.3610	—	—	—

续表　　　　单位:见表

定额编号			7-93	7-94	7-95	7-96
项目			塑料落水管(PVC)		塑料雨水口(PVC)	
			直径(mm)		方形(mm)	
			100	150	100	150
			m		个	
名称		单位	数量			
材料	硬聚氯乙烯塑料三通 150	个	—	0.3610	—	—
	硬聚氯乙烯塑料雨水口 100	套	—	—	1.0100	—
	硬聚氯乙烯塑料雨水口 150	套	—	—	—	1.0100
	硬聚氯乙烯塑料粘结剂	kg	0.1240	0.1360	—	—
	膨胀螺栓 m12×110	套	0.4320	0.4320	—	—
	锯条	根	0.1947	0.2420	—	—
	石油沥青玛碲脂	kg	—	—	0.0010	0.0010
	石油沥青油毡 350 g	m^2	—	—	0.2420	0.2930
	其他材料费	元	0.0600	0.0600	—	—

第八章　保温及防水工程

工程量计算规则及说明

一、工程量计算规则

(一) 保温隔热工程

1. 保温隔热层工程量除岩棉板保温、石膏板保温,按不同厚度,以 m^2 计算外,其他均按实铺体积以 m^3 计算。

2. 保温隔热层的厚度按隔热材料(不包括胶结材料)净厚度计算。

3. 地坪隔热层工程量按围护结构墙体间净面积(不扣除柱、垛及单个面积在 0.30 m^2 以内孔洞所占面积)乘设计厚度以 m^3 计算。

4. 墙面隔热层工程量,外墙按隔热层中心线,内墙按隔热层净长乘图示高度及厚度以 m^3 计算。应扣除门窗洞口和管道穿墙洞口所占的体积。

5. 柱包隔热层工程量,按图示柱的隔热层中心线的展开长度乘以图示尺寸高度及厚度以 m^3 计算。

6. 池槽隔热层工程量按池槽保温隔热层的实体积以 m^3 计算。池壁按墙面定额项目计算,池底按地面定额项目计算。

7. 门洞口侧壁周围的隔热层工程量,按图示隔热层的实体积以 m^3 计算,并入墙面的保温隔热工程量内。

8. 梁头,连系梁等其他零星工程隔热工程量,均按图示隔热层的实体积以 m^3 计算,并入墙面的保温隔热工程量内。

9. 柱帽隔热层工程量,按图示隔热层的实体积以 m^3 计算,并入天棚保温隔热层工程量内。

10. 保温隔热砌体工程量,按实砌体积计算,独立墙体及混凝土板下铺贴隔热层,不扣除木框架及木龙骨的体积。

保温隔热砌体厚度按下表规定计算：　　　　单位：mm

项目 / 铺贴层数 / 铺贴厚度 / 材料	独立墙体				附墙、柱子、吊顶				地坪			
	一层	二层	三层	四层	一层	二层	三层	四层	一层	二层	三层	四层
软木板 泡沫塑料板	50	104	158	212	54	108	162	216	55	110	165	220
珍珠岩板 稻壳板	—	—	—	—	54	108	162	216	—	—	—	—

（二）防水防潮工程

1. 防水防潮层工程量均按设计实铺面积以 m^2 计算。应扣除凸出地面的构筑物，设备基础等所占的面积，不扣除柱、垛、附墙烟囱及单个面积在 0.30 m^2 以内的孔洞所占面积。平面与立面连接处高在 50 cm 以内者按其展开面积计算，并入相应平面定额项目工程量内，超过 50 cm 时，按相应立面定额项目计算。

2. 防水卷材的附加层、接缝、收头、冷底子油等工料均已包括在定额项目内，不另再计算。

（三）变形缝

1. 嵌缝工程量按不同材料的嵌缝体积以 m^3 计算。

2. 盖缝工程量按不同材料的盖缝定额项目计算量单位分别计算。卷材、油毡、胶合板、铁皮、木板、橡胶板盖缝均按设计形式的展开面积以 m^2 计算。变形缝木压条、止水带以缝的中心线延长 m 计算。钢盖缝板按第五章金属结构工程铁件安装项目计算。

二、其他说明

1. 玻璃棉，矿碴棉填装袋的工料，已包括在定额项目内。

2. 保温工程中矿渣混凝土、石灰矿渣、石灰炉渣、水泥石灰矿渣、水泥石灰炉渣、平面保温，按第九章楼地面工程中垫层相应定额项目计算。

3. 保温层的保温材料配合比与设计不同时，可以换算。

第一节　保温隔热工程

1. 平面保温

工作内容：清理基层，调制保温混合料及铺填。　　　　单位：m^3

定额编号			8-1	8-2	8-3	8-4	8-5
项目			加气混凝土		水泥蛭石块	干铺珍珠岩	干铺蛭石
			干铺	浆砌			
名称		单位	数量				
人工	综合工日	工日	0.3220	0.4840	0.5610	0.4410	0.4410
材料	加气混凝土块	m^3	1.0200	0.8980	—	—	—
	水泥砂浆 1∶3	m^3	—	0.1260	—	—	—
	水泥蛭石块	m^3	—	—	1.0400	—	—
	珍珠岩块	m^3	—	—	—	1.0400	—
	蛭石	m^3	—	—	—	—	1.0400
	水	m^3	—	0.0100	—	—	—

工作内容:清理基层,调制保温混合料及铺填。　　单位:m^3

定额编号			8-6	8-7	8-8
项目			水泥炉渣	水泥珍珠岩	水泥蛭石
名称		单位	数量		
人工	综合工日	工日	0.8290	0.8970	0.8970
材料	水泥炉渣	m^3	1.0100	—	—
	水泥珍珠岩	m^3	—	1.0200	—
	水泥蛭石	m^3	—	—	1.0200

工作内容:清理基层,铺设保温块料或棉毡等。　　单位:m^3

定额编号			8-9	8-10	8-11
项目			沥青玻璃棉毡	沥青矿渣棉毡	沥青珍珠岩板(块)
名称		单位	数量		
人工	综合工日	工日	0.4900	0.4900	0.5610
材料	沥青玻璃棉毡厚 30 mm	kg	107.4320	—	—
	沥青矿渣棉毡	kg	—	174.4000	—
	沥青珍珠岩板	m^3	—	—	1.0400
	灰板条	百根	2.1520	2.1520	—
	铁钉	kg	0.5270	0.5270	—

工作内容:清理基层,铺设保温块料。　　单位:m^2

定额编号			8-12	8-13	8-14
项目			干铺岩棉板		
			厚度(mm 以内)		
			30	50	60
名称		单位	数量		
人工	综合工日	工日	0.0218	0.0281	0.0337
材料	岩棉板 δ=30 mm	m^3	0.0312	—	—
	岩棉板 δ=50 mm	m^3	—	0.0520	—
	岩棉板 δ=60 mm	m^3	—	—	0.0624

工作内容:清理基层,铺设保温块料。　　单位:m^2

定额编号			8-15	8-16	8-17
项目			干铺岩棉板		
			厚度(mm 以内)		
			80	100	120
名称		单位	数量		
人工	综合工日	工日	0.0404	0.0533	0.0639
材料	岩棉板 δ=50 mm	m^3	—	0.1040	—
	岩棉板 δ=60 mm	m^3	—	—	0.1248
	岩棉板 δ=80 mm	m^3	0.0832	—	—

工作内容：制安木龙骨，制运沥青胶，铺贴保温层。

单位：m^3

定额编号			8-18	8-19
项目			沥青粘贴聚苯乙烯塑料板	沥青粘贴软木板
			混凝土板下天棚保温(带木龙骨)	
名称		单位	数量	
人工	综合工日	工日	7.1930	5.2120
材料	聚苯乙烯泡沫塑料板 1000×150×50 mm	m^3	0.8700	—
	软木板 1000×500×50 mm	m^3	—	0.8960
	石油沥青 30#	kg	94.4000	94.4000
	板方材	m^3	0.0780	0.0780
	型钢	t	0.0044	0.0044
	圆钢	t	0.0004	0.0004
	防腐油	kg	1.1110	1.1110
	石棉粉	kg	4.8020	—
	汽油	kg	47.2000	—
	电焊条	kg	0.5350	0.5350
	其他材料费	元	0.4500	0.4500
机械	沥青溶化炉 XLL-0.5 t	台班	0.0940	0.0940
	交流电焊机 40 KVA	台班	0.0600	0.0600
	其他机械费	元	0.0800	0.0800

工作内容：制运沥青胶，铺贴保温层。

单位：m^3

定额编号			8-20	8-21	8-22
项目			沥青贴软木	聚苯乙烯泡沫塑料板	沥青铺加气混凝土块
			楼地面		
名称		单位	数量		
人工	综合工日	工日	4.1510	5.2480	1.8850
材料	聚苯乙烯泡沫塑料板 1000×150×50 mm	m^3	—	0.9130	—
	软木板 1000×500×50 mm	m^3	0.9400	—	—
	石油沥青 30#	kg	116.5500	116.7000	61.1000
	石棉粉	kg	—	6.0000	—
	汽油	kg	—	58.3000	—
	加气混凝土砌块	m^3	—	—	1.0110
机械	沥青溶化炉 XLL-0.5 t	台班	0.1170	0.1170	0.0610

2. 立面保温

工作内容：木框架制安，制运沥青胶，铺贴隔热层。 单位：m^3

定额编号			8-23	8-24	8-25
项目			沥青粘贴软木		
			带木框架独立墙体	附墙铺贴	柱子
名称		单位	数量		
人工	综合工日	工日	4.4720	4.2560	4.8060
材料	软木板 1000×500×50 mm	m^3	0.8530	0.9610	0.9610
	石油沥青 30#	kg	55.6000	94.4000	94.4000
	板方材	m^3	0.1743	—	—
	防腐油	kg	2.5110	—	—
	竹钉 ϕ5×40 mm	百个	0.1260	0.1260	0.1260
机械	沥青溶化炉 XLL-0.5 t	台班	0.0560	0.0940	0.1000

工作内容：制运沥青胶，铺贴隔热层。 单位：m^3

定额编号			8-26	8-27	8-28	8-29
项目			沥青粘贴聚苯乙烯泡沫板			沥青粘贴稻壳板铺贴墙或柱子
			带木框架独立墙体	附墙铺贴	柱子	
名称		单位	数量			
人工	综合工日	工日	6.3920	6.0120	6.3420	6.2060
材料	聚苯乙烯泡沫板	m^2	0.8280	0.9330	0.9330	—
	石油沥青 30#	kg	55.6000	94.4000	94.4000	185.6000
	板方材	m^3	0.1743	—	—	0.0103
	石棉粉	kg	2.4420	4.8000	4.8000	—
	防腐油	kg	2.5110	—	—	—
	汽油	kg	23.9000	47.2000	47.2000	—
	稻壳	m^3	—	—	—	1.3380
	竹钉 ϕ5×40 mm	百个	0.1260	0.1260	0.1260	—
机械	沥青溶化炉 XLL-0.5 t	台班	0.0560	0.0940	0.0940	0.1860

工作内容：制运沥青胶，铺贴隔热层。 单位：m^3

定额编号			8-30	8-31	8-32	8-33
项目			沥青粘贴加气混凝土块		沥青粘贴沥青珍珠岩板	沥青粘贴水泥珍珠岩板
			独立墙体	附墙铺贴		
名称		单位	数量			
人工	综合工日	工日	1.9880	2.2150	4.1430	4.1430
材料	加气混凝土块	m^3	0.9880	0.9640	—	—
	沥青珍珠岩板 1×0.5×0.5 m	m^3	—	—	0.9520	—
	水泥珍珠岩板 1×0.5×0.05 m	m^3	—	—	—	0.9520
	石油沥青 30#	kg	36.1000	64.1000	99.1100	99.1100
	竹钉 ϕ5×40 mm	百个	—	—	0.1260	0.1260
机械	沥青溶化炉 XLL-0.5 t	台班	0.0360	0.0640	0.0990	0.1000

工作内容：1. 玻璃棉矿渣棉装袋、填装。

2. 石膏板铺砌，贴玻璃丝布，刮腻子。 单位：见表

<table>
<tr><td colspan="3">定 额 编 号</td><td>8-34</td><td>8-35</td><td>8-36</td><td>8-37</td></tr>
<tr><td colspan="3" rowspan="4">项 目</td><td>沥青
玻璃棉</td><td>沥青矿渣棉</td><td colspan="2">保温石膏板</td></tr>
<tr><td colspan="4">厚度(mm)</td></tr>
<tr><td colspan="2">100</td><td>40</td><td>50</td></tr>
<tr><td colspan="2">m^3</td><td colspan="2">m^2</td></tr>
<tr><td colspan="2">名 称</td><td>单位</td><td colspan="4">数 量</td></tr>
<tr><td>人工</td><td>综合工日</td><td>工日</td><td>1.5510</td><td>1.4940</td><td>0.3622</td><td>0.3622</td></tr>
<tr><td rowspan="14">材
料</td><td>沥青玻璃棉</td><td>kg</td><td>87.5000</td><td>—</td><td>—</td><td>—</td></tr>
<tr><td>沥青矿渣棉</td><td>kg</td><td>—</td><td>124.8000</td><td>—</td><td>—</td></tr>
<tr><td>保温石膏板 600×600×40 mm</td><td>m^2</td><td>—</td><td>—</td><td>1.0500</td><td>—</td></tr>
<tr><td>保温石膏板 600×600×50 mm</td><td>m^2</td><td>—</td><td>—</td><td>—</td><td>1.0500</td></tr>
<tr><td>塑料薄膜</td><td>kg</td><td>6.1590</td><td>6.1590</td><td>—</td><td>—</td></tr>
<tr><td>玻璃丝布 $\delta=0.2$ mm</td><td>m^2</td><td>—</td><td>—</td><td>1.4950</td><td>1.4950</td></tr>
<tr><td>石膏粘结剂(专用)</td><td>kg</td><td>—</td><td>—</td><td>2.3562</td><td>2.3562</td></tr>
<tr><td>建筑胶</td><td>kg</td><td>—</td><td>—</td><td>0.5513</td><td>0.5513</td></tr>
<tr><td>石膏粉</td><td>kg</td><td>—</td><td>—</td><td>0.1070</td><td>0.1070</td></tr>
<tr><td>大白粉</td><td>kg</td><td>—</td><td>—</td><td>0.0490</td><td>0.0490</td></tr>
<tr><td>羧甲基纤维素</td><td>kg</td><td>—</td><td>—</td><td>0.0070</td><td>0.0070</td></tr>
<tr><td>聚醋酸乙烯乳胶</td><td>kg</td><td>—</td><td>—</td><td>0.0085</td><td>0.0085</td></tr>
<tr><td>水</td><td>m^3</td><td>—</td><td>—</td><td>0.0030</td><td>0.0030</td></tr>
<tr><td>砂布</td><td>张</td><td>—</td><td>—</td><td>0.1500</td><td>0.1500</td></tr>
</table>

第二节 防水防潮工程

1. 普通卷材防水

工作内容：清理基层，配制涂刷冷底子油，熬制玛碲脂，铺贴油毡(包括附加层)。 单位：m^2

<table>
<tr><td colspan="3">定 额 编 号</td><td>8-38</td><td>8-39</td><td>8-40</td><td>8-41</td><td>8-42</td></tr>
<tr><td colspan="3" rowspan="3">项 目</td><td rowspan="3">干铺
油毡</td><td colspan="4">玛碲脂油毡</td></tr>
<tr><td colspan="2">二毡三油</td><td colspan="2">每增减一毡一油</td></tr>
<tr><td>平面</td><td>立面</td><td>平面</td><td>立面</td></tr>
<tr><td colspan="2">名 称</td><td>单位</td><td colspan="5">数 量</td></tr>
<tr><td>人工</td><td>综合工日</td><td>工日</td><td>0.0119</td><td>0.0707</td><td>0.1270</td><td>0.0304</td><td>0.0606</td></tr>
<tr><td rowspan="3">材
料</td><td>石油沥青油毡 350 g</td><td>m^2</td><td>1.1000</td><td>2.3976</td><td>2.3976</td><td>1.1649</td><td>1.1649</td></tr>
<tr><td>冷底子油 30∶70</td><td>kg</td><td>—</td><td>0.4848</td><td>0.4848</td><td>—</td><td>—</td></tr>
<tr><td>石油沥青玛碲脂</td><td>kg</td><td>—</td><td>0.0051</td><td>0.0054</td><td>0.0016</td><td>0.0017</td></tr>
<tr><td>机械</td><td>沥青溶化炉 XLL-0.5 t</td><td>台班</td><td>—</td><td>0.0059</td><td>0.0062</td><td>0.0018</td><td>0.0019</td></tr>
</table>

工作内容：清理基层，配制涂刷冷底子油，熬制玛碲脂，铺贴玻璃丝布（包括附加层）。 单位：m^2

定额编号			8-43	8-44	8-45	8-46
项目			玛碲脂玻璃丝布			
			二布三油		每增减一布一油	
			平面	立面	平面	立面
名称		单位	数量			
人工	综合工日	工日	0.0900	0.1619	0.0387	0.0790
材料	玻璃丝布 $\delta=0.2$ mm	m^2	2.5030	2.5030	1.1649	1.1649
	冷底子油 30∶70	kg	0.4848	0.4848	—	—
	石油沥青玛碲脂	kg	0.0051	0.0054	0.0016	0.0017
机械	沥青溶化炉 XLL-0.5 t	台班	0.0059	0.0062	0.0018	0.0019

2. 改性沥青卷材防水

工作内容：涂刷基层处理剂，防水薄弱处刷聚氨脂涂膜，铺贴卷材，卷材接缝贴 120 mm 宽度加强层，收头。

单位：m^2

定额编号			8-47	8-48	8-49	8-50
项目			改性沥青卷材（SBS-I）满铺			
			平面		立面	
			厚度（mm）			
			3	4	3	4
名称		单位	数量			
人工	综合工日	工日	0.1547	0.1547	0.1999	0.1999
材料	改性沥青卷材（SBS-I）3 mm 厚	m^2	1.2654	—	1.2654	—
	改性沥青卷材（SBS-I）4 mm 厚	m^2	—	1.2654	—	1.2654
	改性沥青粘结剂	kg	0.5062	0.5062	0.5062	0.5062
	改性乳化沥青	kg	0.3000	0.3000	0.3000	0.3000
	聚氨脂甲料	kg	0.0542	0.0542	0.0542	0.0542
	聚氨脂乙料	kg	0.0813	0.0813	0.0813	0.0813
	石油液化气	kg	0.2200	0.2200	0.2600	0.2600

工作内容：涂刷基层处理剂，防水薄弱处刷聚氨脂涂膜。铺贴卷材，卷材接缝贴卷材加强层，收头。

定额编号			8-51	8-52	8-53	8-54
项目			改性沥青卷材（APP-I）满铺			
			平面		立面	
			厚度（mm）			
			3	4	3	4
名称		单位	数量			
人工	综合工日	工日	0.1547	0.1547	0.1999	0.1999
材料	改性沥青卷材（APP-I）3 mm 厚	m^2	1.2654	—	1.2654	—
	改性沥青卷材（APP-I）4 mm 厚	m^2	—	1.2654	—	1.2654
	改性沥青粘结剂	kg	0.5062	0.5062	0.5062	0.5062
	改性乳化沥青	kg	0.3000	0.3000	0.3000	0.3000
	聚氨脂甲料	kg	0.0542	0.0542	0.0542	0.0542
	聚氨脂乙料	kg	0.0813	0.0813	0.0813	0.0813
	石油液化气	kg	0.2200	0.2200	0.2600	0.2600

3. 高分子卷材防水

工作内容:涂刷基层处理剂,防水薄弱处涂聚氨脂涂膜加强,铺贴卷材,卷材接缝贴卷材条及加强收头。

单位:m^2

定额编号			8-55	8-56
项目			氯化聚乙烯-橡胶共混卷材	
			平面	立面
名称		单位	数量	
人工	综合工日	工日	0.2145	0.2771
材料	氯化聚乙烯-橡胶共混卷材	m^2	1.2453	1.2453
	氯丁冷胶	kg	0.2020	0.2020
	BX-12 粘结剂	kg	0.4545	0.4545
	BX-12 乙组份 880 mL	瓶	0.3228	0.3228
	CSPE 嵌缝油膏 330 mL	支	0.2983	0.2983
	二甲苯	kg	0.2700	0.2700
	乙酸乙脂	kg	0.0505	0.0505
	铁钉	kg	0.0023	0.0023
	钢筋	t	0.0001	0.0001
	建筑胶素水泥浆	m^3	0.0001	0.0001
	聚氨脂甲料	kg	0.0542	0.0542
	聚氨脂乙料	kg	0.0813	0.0813

工作内容:涂刷基层处理剂,防水薄弱处涂聚氨脂涂膜加强,铺贴卷材,卷材接缝贴卷材条及加强收头。

单位:m^2

定额编号			8-57	8-58	8-59	8-60
项目			三元乙丙橡胶卷材		再生橡胶卷材	
			冷贴满铺			
			平面	立面	平面	立面
名称		单位	数量			
人工	综合工日	工日	0.2145	0.2771	0.2145	0.2771
材料	三元乙丙橡胶卷材	m^2	1.2417	1.2417	—	—
	再生橡胶卷材	m^2	—	—	1.2417	1.2417
	氯丁胶粘合剂	kg	—	—	0.6393	0.6393
	CSPE 嵌缝油膏 330 mL	支	0.2983	0.2983	0.2983	0.2983
	二甲苯	kg	0.2700	0.2700	0.2700	0.2700
	乙酸乙脂	kg	0.0505	0.0505	0.0505	0.0505
	铁钉	kg	0.0023	0.0023	0.0023	0.0023
	钢筋	t	0.0001	0.0001	0.0001	0.0001
	丁基粘结剂	kg	0.1760	0.1760	—	—
	聚氨脂甲料	kg	0.0997	0.0997	0.0997	0.0997
	聚氨脂乙料	kg	0.2177	0.2177	0.2177	0.2177
	建筑胶素水泥浆	m^3	0.0001	0.0001	0.0001	0.0001

4. 涂膜防水

工作内容：1. 清理基层，刷苯乙烯涂料。

2. 配制涂刷冷底子油。

单位：m^2

定额编号			8-61	8-62	8-63	8-64
项目			苯乙烯涂料二遍		冷底子油	
			平面	立面	第一遍	第二遍
名称		单位	数量			
人工	综合工日	工日	0.0322	0.0330	0.0157	0.0133
材料	苯乙烯涂料	kg	0.5050	0.5200	—	—
	冷底子油 30∶70	kg	—	—	0.4848	—
	冷底子油 50∶50	kg	—	—	—	0.3636
机械	沥青溶化炉 XLL-0.5 t	台班	—	—	0.0002	0.0001

工作内容：清理基层，配制涂刷冷底子油，熬制涂刷沥青。

单位：m^2

定额编号			8-65	8-66	8-67
项目			刷石油沥青		
			一遍		
			平面	立面	
				混凝土、抹灰	砖墙面
名称		单位	数量		
人工	综合工日	工日	0.0187	0.0225	0.0254
材料	冷底子油 30∶70	kg	0.4848	0.4848	0.4848
	石油沥青 30#	kg	1.8656	1.9822	2.2154
机械	沥青溶化炉 XLL-0.5 t	台班	0.0020	0.0021	0.0024

工作内容：清理基层，配制涂刷冷底子油，熬制涂刷沥青。

单位：m^2

定额编号			8-68	8-69	8-70
项目			刷石油沥青		
			每增加一遍		
			平面	立面	
				混凝土、抹灰面	砖墙面
名称		单位	数量		
人工	综合工日	工日	0.0075	0.0078	0.0090
材料	石油沥青 30#	kg	1.4443	1.6324	1.8656
机械	沥青溶化炉 XLL-0.5 t	台班	0.0016	0.0018	0.0020

工作内容：清理基层，配制涂刷冷底子油，熬制涂刷玛碲脂。　　单位：m^2

定额编号			8-71	8-72	8-73
项目			刷石油沥青玛碲脂		
			一遍		
			平面	立面	
				混凝土、抹灰面	砖墙面
名称		单位	数量		
人工	综合工日	工日	0.0155	0.0162	0.0189
材料	冷底子油 30：70	kg	0.4848	0.4848	0.4848
	石油沥青玛碲脂	kg	0.0018	0.0025	0.0028
机械	沥青溶化炉 XLL-0.5 t	台班	0.0022	0.0029	0.0033

工作内容：清理基层，配制涂刷冷底子油，熬制涂刷玛碲脂。　　单位：m^2

定额编号			8-74	8-75	8-76
项目			刷石油沥青玛碲脂		
			每增一遍		
			平面	立面	
				混凝土、抹灰	砖墙面
名称		单位	数量		
人工	综合工日	工日	0.0083	0.0086	0.0100
材料	石油沥青玛碲脂	kg	0.0015	0.0016	0.0018
机械	沥青溶化炉 XLL-0.5 t	台班	0.0017	0.0018	0.0020

工作内容：1. 配制涂刷冷底子油，熬制涂刷玛碲脂。

2. 熬制涂刷油膏。　　单位：m^2

定额编号			8-77	8-78
项目			焦油玛碲脂	塑料油膏
			涂刷厚度(mm)	涂刷遍数
			3	二遍
名称		单位	数量	
人工	综合工日	工日	0.0353	0.0212
材料	冷底子油(焦油)30：70	kg	0.4848	—
	焦油玛碲脂	m^3	0.0032	—
	塑料油膏	kg	—	5.8512
	木柴	kg	—	1.8216
机械	沥青溶化炉 XLL-0.5 t	台班	0.0037	—

工作内容:清理基层,调配涂料,铺贴布(包括附加层),刷涂料(最后两遍掺水泥作保护层)。　单位:m^2

定额编号			8-79	8-80	8-81	8-82
项目			水乳型普通乳化沥青涂料		水乳型水性石棉质沥青涂料	
			二布三涂		一布二涂	
			平面	立面	平面	立面
名称		单位	数量			
人工	综合工日	工日	0.1065	0.1782	0.0813	0.1278
材料	水乳型普通沥青涂料	kg	2.6000	2.6000	—	—
	水乳型水性石棉质沥青涂料	kg	—	—	8.3200	8.3200
	聚脂布 100 g/m^2	m^2	2.4304	2.4304	—	—
	玻璃纤维布油毡	m^2	—	—	1.2491	1.2491
	水泥 32.5	kg	0.1377	0.1377	0.6120	0.6120

工作内容:清理基层,调配涂料,铺贴布(包括附加层),刷涂料(最后两遍掺水泥作保护层)。　单位:m^2

定额编号			8-83	8-84	8-85	8-86
项目			水乳型再生胶-沥青贴聚脂布			
			二布三涂		每增一布一涂	
			平面	立面	平面	立面
名称		单位	数量			
人工	综合工日	工日	0.1065	0.1782	0.0431	0.0505
材料	再生橡胶-沥青涂料(水乳型)	kg	2.6000	2.6000	1.0400	1.0400
	聚脂布 100 g/m^2	m^2	2.4304	2.4304	1.1813	1.1813
	水泥 32.5	kg	0.1377	0.1377	—	—

工作内容:清理基层,调配涂料,铺贴布(包括附加层),刷涂料(最后两遍掺滑石粉作保护层)。　单位:m^2

定额编号			8-87	8-88	8-89	8-90
项目			水乳型阴离子合成胶乳化沥青贴聚脂布			
			一布二涂		每增一布一涂	
			平面	立面	平面	立面
名称		单位	数量			
人工	综合工日	工日	0.0813	0.1278	0.0431	0.0505
材料	阴离子合成胶乳化沥青涂料(水乳型)	kg	2.0800	2.0800	1.5600	1.5600
	聚脂布 100 g/m^2	m^2	1.2491	1.2491	1.1813	1.1813
	滑石粉	kg	0.1530	0.1530	—	—

工作内容：清理基层，调配涂料，铺贴布（包括附加层），刷涂料（最后两遍掺水泥作保护层）。　　单位：m^2

定额编号			8-91	8-92	8-93	8-94
项目			水乳型阳离子氯丁胶乳化沥青贴聚脂布			
			一布二涂		每增一布一涂	
			平面	立面	平面	立面
名称		单位	数量			
人工	综合工日	工日	0.0813	0.1278	0.0431	0.0505
材料	阴离子氯丁胶乳化沥青涂料(水乳型)	kg	2.0800	2.0800	1.5600	1.5600
	聚脂布 100 g/m^2	m^2	1.2491	1.2491	1.1813	1.1813
	水泥 32.5	kg	0.1530	0.1530	—	—

工作内容：清理基层，调配涂料，铺贴布（包括附加层），刷涂料（最后两遍掺水泥作保护层）。　　单位：m^2

定额编号			8-95	8-96	8-97	8-98
项目			溶剂型再生胶-沥青贴聚脂布			
			二布三涂		每增一布一涂	
			平面	立面	平面	立面
名称		单位	数量			
人工	综合工日	工日	0.1065	0.1782	0.0431	0.0505
材料	沥青涂料(溶剂型)	kg	3.1200	3.1200	1.5600	1.5600
	聚脂布 100 g/m^2	m^2	2.4304	2.4304	1.1813	1.1813
	水泥 32.5	kg	0.2040	0.2040	—	—

5. 砂浆抹面防水

工作内容：清理基层，制运砂浆，抹灰及养护。　　单位：m^2

定额编号			8-99	8-100	8-101	8-102
项目			防水砂浆			
			平面	立面	五层做法	
					平面	立面
名称		单位	数量			
人工	综合工日	工日	0.0945	0.1378	0.1782	0.2247
材料	防水砂浆 1∶2	m^3	0.0202	0.0211	0.0162	0.0163
	素水泥浆	m^3	—	—	0.0061	0.0061
	水	m^3	0.0380	0.0380	0.0380	0.0380
	其他材料费	元	0.1300	—	0.1300	—
机械	灰浆搅拌机 200 L	台班	0.0034	0.0034	0.0027	0.0027

第三节　变　形　缝

1. 嵌　　缝

工作内容：清理变形缝，调制石灰麻刀，配制沥青麻丝，嵌缝。　　　　单位：m^3

定额编号			8-103	8-104	8-105	8-106
项目			石灰麻刀		油浸麻丝	
			平面	立面	平面	立面
名称		单位	数量			
人工	综合工日	工日	10.1300	14.2700	26.5500	38.7600
材料	石油沥青 30#	kg	—	—	458.0000	458.0000
	生石灰	kg	408.0400	408.0400	—	—
	麻丝	kg	—	—	123.0000	123.0000
	麻刀	kg	247.2500	247.2500	—	—
	水	m^3	0.5100	0.5100	—	—
机械	沥青溶化炉 XLL-0.5 t	台班	—	—	0.4600	0.4600

工作内容：清理变形缝，调配熬制沥青，玛碲脂，砂浆，油浸木丝板，嵌缝。　　　　单位：m^3

定额编号			8-107	8-108	8-109	8-120
项目			油膏	沥青玛碲脂	沥青砂浆	油浸木丝板
名称		单位	数量			
人工	综合工日	工日	88.5600	5.6300	22.5500	16.2700
材料	建筑油膏	kg	1804.5500	—	—	—
	沥青玛碲脂	m^2	—	1.0100	—	—
	沥青砂浆	m^3	—	—	1.0100	—
	木丝板 25×610×18	m^2	—	—	—	41.4000
	石油沥青 30#	kg	—	—	—	844.0000
机械	沥青溶化炉 XLL-0.5 t	台班	—	1.1100	0.2600	0.8400

2. 盖　　缝

工作内容：调配粘结剂，裁割铺贴油毡。　　　　单位：m^2

定额编号			8-111	8-112	8-113
项目			三元乙丙卷材	玻璃丝布油毡(单层)	沥青油毡(单层)
名称		单位	数量		
人工	综合工日	工日	0.4872	0.4872	0.3663
材料	三元乙丙卷材	m^2	1.1000	—	—
	玻璃纤维油毡	m^2	—	1.1000	—
	石油沥青油毡 350 g	m^2	—	—	1.1000
	氯丁胶粘合剂	kg	0.0880	—	—
	石油沥青玛碲脂	kg	—	0.0007	0.0007
机械	沥青溶化炉 XLL-0.5 t	台班	—	0.0008	0.0008

工作内容：胶合板制定。 单位：m^2

定额编号			8-114	8-115
项目			胶合板盖面	
			平面	立面
名称		单位	数量	
人工	综合工日	工日	0.0517	0.0568
材料	胶合板 五合	m^2	1.1500	1.1500

工作内容：铁皮、木板、木砖制安木砖、木板刷防腐油。 单位：m^2

定额编号			8-116	8-117	8-118	8-119
项目			铁皮盖面		木板盖面	
			平面	立面	平面	立面
名称		单位	数量			
人工	综合工日	工日	0.3391	0.3815	0.1180	0.1376
材料	镀锌铁皮 26#	m^2	1.0600	1.0600	—	—
	板方材	m^3	0.0092	0.0092	0.0306	0.0306
	防腐油	kg	0.1632	0.1632	0.4532	0.4532
	木螺丝	百个	0.2000	0.2000	0.3267	0.3267
	焊锡	kg	0.0656	0.0656	—	—
	盐酸	kg	0.0147	0.0147	—	—
	木炭	kg	0.3100	0.3100	—	—

工作内容：橡胶板裁制，铺装；岩棉及泡沫塑料裁制及粘贴。 单位：见表

定额编号			8-120	8-121	8-122	8-123
项目			橡胶板盖面		岩棉保温	聚氨脂泡沫塑料保温
			普通橡胶板	花纹橡胶板		
			m^2		m^3	
名称		单位	数量			
人工	综合工日	工日	3.0000	3.0000	10.2200	6.9900
材料	岩棉	m^3	—	—	1.0500	—
	XY-401 胶	kg	—	—	16.2800	—
	普通橡胶板 厚 20 mm	m^2	1.0500	—	—	—
	花纹橡胶板 厚 20 mm	m^2	—	1.0500	—	—
	聚氨脂泡沫塑料	kg	—	—	—	158.1000
	乳胶(白乳胶)	kg	—	—	—	6.8400

工作内容：木压条制安，刷防腐油。 单位：m

定额编号			8-124	8-125	8-126	8-127
项目			变形缝木压条			
			压条规格(mm)			
			65×20	75×20	90×20	45×50
名称		单位	数量			
人工	综合工日	工日	0.0450	0.0451	0.0452	0.0453
材料	板方材	m^3	0.0027	0.0030	0.0034	0.0038
	木螺丝	百个	0.0210	0.0210	0.0210	0.0210
	防腐油	kg	0.0272	0.0272	0.0272	0.0594
	YJ-Ⅱ胶	kg	0.0269	0.0269	0.0269	—

工作内容：清理基层，刷胶，贴玻璃布，粘粒砂；止水带制作，接头及安装。

单位：m

定额编号			8-128	8-129	8-130	8-131
项目			预埋式止水带		涂刷式一布二涂氯丁胶贴玻璃布止水片	
			橡胶	塑料	湿基层	干基层
名称		单位	数量			
人工	综合工日	工日	0.1100	0.1100	0.0488	0.0488
材料	橡胶止水带	m	1.0500	—	—	—
	塑料止水带	m	—	1.0500	—	—
	环氧树脂(E44)	kg	0.0304	0.0304	—	—
	玻璃纤维布	m^2	—	—	0.9520	0.9520
	氯丁橡胶浆液	kg	—	—	1.1694	1.3598
	乙酸乙酯	kg	—	—	0.1531	0.1531
	乙二胺	kg	0.0024	0.0024	—	—
	丙酮	kg	0.0304	0.0304	—	—
	甲苯	kg	0.0240	0.0240	—	—
	粒砂	m^3	—	—	0.0018	0.0018
	三异氰酸脂	kg	—	—	0.1754	0.2040
	水泥 32.5	kg	—	—	0.0700	0.0300
	600 号环氧树脂	kg	—	—	0.1442	—
	低分子聚酰胺	kg	—	—	0.0288	—

工作内容：清理洗缝，隔纸，贴氯丁橡胶片，铺砂；铜板剪裁，焊接成型，铺设；清缝，勾缝，垫牛皮纸，熬灌聚氯乙烯胶泥。

单位：m

定额编号			8-132	8-133	8-134
项目			氯丁橡胶片止水带	预埋式紫铜板止水片	聚氯乙烯胶泥
名称		单位	数量		
人工	综合工日	工日	0.0358	0.2643	0.0756
材料	氯丁橡胶片 厚 2 mm	m^2	0.3182	—	—
	乙酸乙酯	kg	0.2300	—	—
	氯丁橡胶浆液	kg	0.6058	—	—
	三异氰酸脂	kg	0.0909	—	—
	水泥 32.5	kg	0.0909	—	—
	聚氯乙烯胶泥	kg	—	—	0.8332
	牛皮纸	m^2	0.0591	—	0.5323
	水泥砂浆 1∶2	m^3	—	—	0.0006
	紫铜板 厚 2 mm	kg	—	8.1090	—
	粒砂	m^3	0.0016	—	—
	铜焊条	kg	—	0.1400	—
机械	剪板机 20×2500 mm	台班	—	0.0011	—
	交流电焊机 30 KVA	台班	—	0.0070	—

四十一、宁夏回族自治区建设工程造价依据

（2008年定额防水工程部分）

说　　明

一、水泥瓦、粘土瓦、小青瓦、石棉瓦规格与定额不同时，面层数量可以换算，其他不变。

二、高分子卷材厚度，再生橡胶卷材按 1.5 mm，其他均按 1.2 mm 取定。

三、防水工程适用于楼地面、墙基、墙身、构筑物、水池、水塔及室内厕所、浴室等防水，建筑物±0.00 以下的防水、防潮工程按防水工程相应项目计算。

四、三元乙丙丁基橡胶卷材屋面防水，按相应三元乙丙橡胶卷材屋面防水项目计算。

五、氯丁冷胶“二布三涂”项目，其“三涂”是指涂料构成防水层数并非指涂刷遍数；每一层“涂层”刷二遍至数遍不等。

六、本定额中沥青、玛碲脂均指石油沥青、石油沥青玛碲脂。

七、变形缝填缝：建筑油膏聚乙烯胶泥断面取定 3 cm×2 cm；油浸木丝板取定为 2.5 cm×15 cm；紫铜板止水带系 2 mm 厚，展开宽 45 cm；氯丁橡胶宽 30 cm，涂刷式氯丁胶贴玻璃止水片宽 35 cm，其余均为 15 cm×3 cm。如设计断面不同时，用料可以换算，人工不变。

八、盖缝：木板盖缝断面为 20 cm×2.5 cm，如设计断面不同时，用料可以换算，人工不变。

九、屋面砂浆找平层，面层按楼地面相应定额项目计算。

工程量计算规则

一、瓦屋面、玻璃钢瓦屋面、金属压型板（包括挑檐部分）均按图示尺寸的水平投影面积乘以《屋面坡度系数》（见表），以平方米计算。不扣除房上烟囱、风道、风帽底座、屋面小气窗和斜沟等所占面积，屋面小气窗的出檐部分亦不增加。

二、琉璃瓦屋面：按设计图示尺寸的屋面斜面积，以平方米计算。

三、玻璃瓦脊定额中考虑用一般小三星做法，瓦脊、瓦檐口线的工程量以图示尺寸，按延长米计算，如采用大三星做法或瓦脊饰件可按实际进行换算。

四、卷材屋面工程量按以下规定计算。

1. 卷材屋面按图示尺寸的水平投影面积乘以规定的坡度系数以平方米计算。不扣除房上烟囱、风道、风帽底座、屋面小气窗和斜沟所占的面积。女儿墙、伸缩缝和天窗等处的弯起部分，按图示尺寸并入屋面工程量计算。如图纸无规定时，伸缩缝、女儿墙弯起部分高度按 250 mm计算，天窗弯起部分按 500 mm 计算，并入屋面工程量内。

2. 卷材屋面的附加层、接缝、收头、找平层的嵌缝、冷底子油已计入定额内，不另计算。

五、涂膜屋面的工程量计算同卷材屋面。涂膜屋面的油膏嵌缝、玻璃布盖缝、屋面分格缝以延长米计算。坡度小于 3°49′的屋面工程量按图示尺寸水平投影面积计算。

六、屋面排水工程量按以下规定计算。

1. 铁皮排水按图示尺寸以展开面积计算；如图纸未注明尺寸时，可按《铁皮排水单体零件

面积折算表》计算。

2. 铸铁、玻璃钢、PVC 塑料水落管区别不同直径按图示尺寸以延长米计算，雨水口、水斗、弯头、短管以个计算。

七、防水工程量按以下规定计算。

1. 建筑物地面防水、防潮层，按主墙间净空面积计算，扣除凸出地面的构筑物、设备基础等所占的面积，不扣除柱、垛、间壁墙、附墙烟囱及 0.3 m^2 以内孔洞所占的面积。与墙面连接处高度在 500 mm 以内者按展开面积计算，并入平面工程量内，超过 500 mm 时，按立面防水层计算。

2. 建筑物墙基防水、防潮层，外墙长度按中心线，内墙按净长乘以宽度以平方米计算。

3. 构筑物及建筑物地下室防水层，按实铺面积计算，不扣除 0.3 m^2 以内的孔洞面积。平面与立面交接处的防水层，其上卷高度超过 500 mm 时，按立面防水层计算。

4. 防水卷材的附加层、接缝、收头、冷底子油等工料均已包括定额内，不另计算。

5. 变形缝按延长米计算。

表 1　屋面坡度系数表

坡度 $B(A)=1$	坡度 $B/2A$	坡度角度(α)	延尺系 $C(A=1)$	隅延尺系数 $D(A=1)$
1.00	1/2	45°	1.4142	1.7321
0.75		36°2′	1.2500	1.6008
0.70		35°	1.2207	1.5779
0.666	1/3	33°40′	1.2015	1.5620
0.65		33°01′	1.1926	1.5564
0.60		30°58′	1.1662	1.5362
0.577		30°	1.1547	1.5270
0.55		28°49′	1.1413	1.5170
0.50	1/4	26°34′	1.1180	1.5000
0.45		24°14′	1.0966	1.4839
0.40	1/5	21°48′	1.0770	1.4697
0.35		19°17′	1.0594	1.4569
0.30		16°42′	1.0440	1.4457
0.25		14°02′	1.0308	1.4362
0.20	1/10	11°19′	1.0198	1.4283
0.15		8°32′	1.0112	1.4221
0.125		7°8′	1.0078	1.4191
0.100	1/20	5°42′	1.0050	1.4177
0.083		4°45′	1.0035	1.4166
0.066	1/30	3°49′	1.0022	1.4157

表 2　铁皮排水单体零件折算表

<table>
<tr><td colspan="2">名称</td><td>单位</td><td>水落管
(m)</td><td>檐沟
(m)</td><td>水斗
(个)</td><td>漏斗
(个)</td><td>下水口
(个)</td><td></td><td></td></tr>
<tr><td rowspan="3">铁皮排水</td><td>水落管、檐沟、水斗、漏斗、下水口</td><td>m^2</td><td>0.32</td><td>0.30</td><td>0.40</td><td>0.16</td><td>0.45</td><td></td><td></td></tr>
<tr><td rowspan="2">天沟、斜沟天窗窗台泛水、天窗侧面泛水、烟囱泛水、通囱泛水</td><td>m^2</td><td>天沟
(m)</td><td>斜沟天窗窗台泛水
(m)</td><td>天窗侧面泛水
(m)</td><td>烟囱泛水
(m)</td><td>通气管泛水
(m)</td><td>滴水檐头泛水
(m)</td><td>滴水
(m)</td></tr>
<tr><td></td><td>1.30</td><td>0.50</td><td>0.70</td><td>0.80</td><td>0.22</td><td>0.24</td><td>0.11</td></tr>
</table>

一、瓦、型材屋面(编码:010701)

1. 瓦屋面(编码:010701001)

工作内容:1. 铺瓦。

2. 调制砂浆、安脊瓦、檐口梢头坐灰。 单位:100 m^2

项目编码				001	002	003
				7-1	7-2	7-3
项目				水泥瓦	粘土瓦	小青瓦
				屋面板上或椽子挂瓦条上铺设		椽子上铺设
基价(元)				1330.19	1165.83	5148.43
其中	人工费(元)			229.50	229.50	408.00
	材料费(元)			1100.69	936.33	4740.43
	机械费(元)			—	—	—
名称		单位	单价	数量		
综合工日		工日	34.00	6.75	6.75	12.00
材料	水泥瓦 385×235	千块	614.72	1.70	—	—
	水泥砂浆 1∶2.5	m^3	211.17	0.11	0.11	—
	水泥脊瓦	块	1.14	28.46	—	—
	黏土瓦 380×240	千块	538.08	—	1.67	—
	黏土脊瓦	块	0.51	—	28.46	—
	小青瓦	千块	305.22	—	—	15.35
	混合砂浆 1∶1∶4	m^3	178.39	—	—	0.31

注:水泥瓦或黏土瓦如果穿铁丝钉铁钉,每 100 m 檐瓦增加 2.2 工日,20#铁丝 0.7 kg,铁钉 0.49 kg。

工作内容:1. 铺瓦。

2. 调制砂浆、安脊瓦、檐口梢头坐灰。 单位:100 m^2

项目编码				004	005	006
				7-4	7-5	7-6
项目				小波石棉瓦		
				木檩上	钢檩上	混凝土檩上
基价(元)				2313.47	2693.40	2763.81
其中	人工费(元)			168.30	255.34	255.34
	材料费(元)			2145.17	2438.06	2508.47
	机械费(元)			—	—	—
名称		单位	单价	数量		
综合工日		工日	34.00	4.95	7.51	7.51
材料	小波石棉瓦 1820×720	块	19.24	102.55	102.55	102.55
	麻刀石灰浆	m^3	185.35	0.02	0.02	0.02
	小波石棉脊瓦 850×360	块	8.74	14.66	14.66	14.66
	镀锌螺钉带垫	个	0.092	402.33	—	—
	油灰	kg	1.11	2.94	2.94	2.94
	镀锌螺栓钩 6×600	个	0.95	—	201.16	—
	镀锌扁钢钩 3×12×300	个	0.69	—	201.16	—
	镀锌螺栓钩 6×800	个	1.08	—	—	201.16
	镀锌扁钢钩 3×12×400	个	0.91	—	—	201.16

工作内容：1. 铺瓦。
2. 调制砂浆、安脊瓦、檐口梢头坐灰。

单位：100 m^2

项目编码				007	008	009
				7-7	7-8	7-9
项目				大波石棉瓦		
				木檩上	钢檩上	混凝土檩上
基价(元)				2782.28	3203.08	3267.33
其中	人工费(元)			146.54	233.24	233.24
	材料费(元)			2635.74	2969.84	3034.09
	机械费(元)			—	—	—
名称		单位	单价	数量		
综合工日		工日	34.00	4.31	6.86	6.86
材料	麻刀石灰浆	m^3	185.35	0.03	0.03	0.03
	油灰	kg	1.11	2.94	2.94	2.94
	镀锌螺钉带垫	个	0.092	421.30	—	—
	大波石棉瓦 2800×994	块	45.27	53.70	53.70	53.70
	大波石棉脊瓦 850×460	块	10.72	14.66	14.66	14.66
	镀锌螺栓钩 6×600	个	0.95	—	315.98	—
	镀锌扁钢钩 3×12×300	个	0.69	—	105.33	—
	镀锌螺栓钩 6×800	个	1.08	—	—	315.98
	镀锌扁钢钩 3×12×400	个	0.91	—	—	105.33

工作内容：挂瓦、梢头坐灰。

单位：100 m^2

项目编码				010	011
				7-10	7-11
项目				混凝土屋面板上挂彩瓦	彩色脊瓦
基价(元)				4611.01	2495.89
其中	人工费(元)			979.20	618.80
	材料费(元)			3581.81	1847.05
	机械费(元)			50.00	30.04
名称		单位	单价	数量	
综合工日		工日	34.00	28.80	18.20
材料	水泥砂浆 1∶3	m^3	187.58	1.10	—
	混合砂浆 1∶1∶4	m^3	178.39	2.20	0.90
	彩色脊瓦	块	6.00	—	279.70
	波形彩瓦(规格 420×330)	块	2.25	1000.00	—
	铜丝	kg	65.80	11.14	—
	其他材料费	元	1.00	—	8.30
机械	其他机械费	元	1.00	50.00	30.04

工作内容:挂瓦条、顺水条制作安装。 单位:100 m²

项目编码				012
				7-12
项目				混凝土屋面板上挂瓦条、顺水条
基价(元)				1829.08
其中	人工费(元)			552.50
	材料费(元)			1260.84
	机械费(元)			15.74
名称		单位	单价	数量
综合工日		工日	34.00	16.25
材料	钢钉	kg	5.64	7.66
	挂瓦条 40×20×500	m³	1973.49	0.247
	挂瓦条 30×30×345	m³	1973.49	0.37
机械	木工圆锯机 ϕ500 mm	台班	22.48	0.70

2. 型材屋面(编码:010701002)

工作内容:构件变形修理、临时加固、吊装、就位、找正、螺栓固定。 单位:100 m²

项目编码				001	002	003
				7-13 *	7-14 *	7-15 *
项目				金属压型板屋面檩距(m 以内)		
				7.50	6.00	4.20
基价(元)				20707.86	23966.71	30486.73
其中	人工费(元)			582.08	614.72	680.00
	材料费(元)			19967.14	23193.95	29648.69
	机械费(元)			158.04	158.04	158.04
名称		单位	单价	数量		
综合工日		工日	34.00	17.12	18.08	20.00
材料	压型屋面板 W-550	m²	57.04	116.52	116.52	116.52
	中间固定架 WG-2	个	10.91	42.63	54.81	79.16
	端部固定架 WG-3	个	6.08	1.18	1.52	2.19
	单面固定螺栓 ML-850R	百个	125.00	86.46	111.14	160.52
	单面连接螺栓 R-8	个	0.59	143.42	143.42	143.42
	普通螺栓 M8	个	0.20	177.78	177.78	177.78
	檐口堵头板 WD-1	块	8.76	59.31	59.31	59.31
	屋脊堵头板 WD-2	块	3.83	59.31	59.31	59.31
	屋脊挡雨板 WD-3	块	5.26	59.31	59.31	59.31
	屋脊板 2 mm	m²	81.92	4.34	4.34	4.34
	沿口包角板 0.8 mm	m²	33.21	1.11	1.11	1.11
	密封膏	支	14.75	20.00	20.00	20.00
	电焊条	kg	5.17	4.03	5.18	7.48
	铁丝 12#	kg	6.00	3.00	3.00	3.00
	拉铆钉 LD-1	个	0.05	30.30	30.30	30.30
	橡胶密封条	m	7.14	16.43	16.43	16.43
	其他材料费	元	1.00	17.75	18.06	18.67
机械	交流弧焊机 32 kVA	台班	132.68	1.10	1.10	1.10
	其他机械费	元	1.00	12.09	12.09	12.09

工作内容：1. 截料、吊装檩条。

2. 制作安装铁件。

3. 吊装屋面板、钻孔、对位、安装防水堵头、屋脊板、涂填缝膏。 单位：100 m^2

项目编码				004	005
				7-16 *	7-17 *
项目				彩钢板屋面	
				安装于S/C形轻型钢椽条上	
				彩钢波纹瓦	彩钢夹心板
基价(元)				8772.38	13991.01
其中	人工费(元)			716.38	716.38
	材料费(元)			7834.45	13053.08
	机械费(元)			221.55	221.55
名称		单位	单价	数量	
综合工日		工日	34.00	21.07	21.07
材料	其他材料费	元	1.00	27.96	54.71
	彩钢脊瓦	m	36.41	4.73	4.73
	彩钢堵头	只	0.85	8.67	8.67
	铝拉铆钉 $\phi5\times40$ mm	百个	43.00	7.00	7.00
	单面固定螺栓 ML-850R	百个	125.00	4.20	4.20
	S型钢板椽条 100×200	t	5316.28	0.486	0.486
	铁件	kg	5.67	9.71	9.71
	彩钢波纹瓦	m^2	39.02	106.00	—
	电焊条	kg	5.17	5.03	5.03
	彩钢夹芯板 100 mm	m^2	88.00	—	106.00
机械	交流弧焊机 32 kVA	台班	132.68	1.10	1.10
	其他机械费	元	1.00	75.60	75.60

工作内容：在木或钢檩条上铺瓦、钻孔、安装瓦脊；封檐板、搏风板制作、安装；钢檩上铺板、钉牢。

单位：100 m^2

项目编码				006	007	008
				7-18 *	7-19 *	7-20 *
项目				瓦垄铁屋面	镀锌铁皮屋面 瓦铺于木檩	镀锌铁皮屋面 瓦铺于钢檩
基价(元)				5165.02	3212.41	3264.54
其中	人工费(元)			107.78	45.56	56.44
	材料费(元)			4989.88	3166.85	3208.10
	机械费(元)			67.36	—	—
名称		单位	单价	数量		
综合工日		工日	34.00	3.17	1.34	1.66
材料	镀锌铁皮波纹瓦 2000×920×0.5	m^2	22.54	—	127.00	127.00
	铁钉带垫圈(木檩条)	个	0.25	527.00	—	—
	瓦垄镀锌铁皮	m^2	38.00	126.10	—	—
	镀锌瓦楞钩	百个	53.55	—	—	4.04
	瓦楞螺丝 $\phi8\times40$	百个	43.35	—	4.04	—
	油灰	kg	1.11	2.90	—	—
	镀锌铁皮 0.552 mm(26＃)	m^2	29.307	—	4.30	4.30
	其他材料费	元	1.00	63.11	3.12	3.16
机械	其他机械费	元	1.00	67.36	—	—

工作内容：在木或钢檩条上铺瓦、钻孔、安装瓦脊；封檐板、搏风板制作、安装；钢檩上铺板、钉牢。

单位：100 m²

<table>
<tr><td colspan="4" rowspan="2">项　目　编　码</td><td>009</td><td>010</td></tr>
<tr><td>7-21 *</td><td>7-22 *</td></tr>
<tr><td colspan="4" rowspan="3">项　　目</td><td colspan="2">屋面铺折板瓦</td></tr>
<tr><td colspan="2">玻璃钢折板瓦</td></tr>
<tr><td>铺于钢檩</td><td>铺于木檩</td></tr>
<tr><td colspan="4">基　价(元)</td><td>4022.06</td><td>3924.30</td></tr>
<tr><td rowspan="3">其
中</td><td colspan="3">人　工　费(元)</td><td>262.48</td><td>206.38</td></tr>
<tr><td colspan="3">材　料　费(元)</td><td>3758.92</td><td>3717.92</td></tr>
<tr><td colspan="3">机　械　费(元)</td><td>0.66</td><td>—</td></tr>
<tr><td colspan="2">名　称</td><td>单位</td><td>单价(元)</td><td colspan="2">数　量</td></tr>
<tr><td colspan="2">综合工日</td><td>工日</td><td>34.00</td><td>7.72</td><td>6.07</td></tr>
<tr><td rowspan="8">材
料</td><td>二等板方材</td><td>m³</td><td>1555.90</td><td>0.13</td><td>0.13</td></tr>
<tr><td>玻璃钢瓦脊</td><td>m</td><td>10.38</td><td>12.00</td><td>12.00</td></tr>
<tr><td>水泥砂浆 M5</td><td>m³</td><td>133.29</td><td>0.03</td><td>0.03</td></tr>
<tr><td>瓦楞螺丝 φ8×40</td><td>百个</td><td>43.35</td><td>—</td><td>4.02</td></tr>
<tr><td>镀锌瓦楞钩</td><td>百个</td><td>53.55</td><td>4.02</td><td>—</td></tr>
<tr><td>玻璃钢折板瓦</td><td>m²</td><td>23.95</td><td>134.10</td><td>134.10</td></tr>
<tr><td>铁钉 30-45</td><td>kg</td><td>6.61</td><td>0.16</td><td>0.16</td></tr>
<tr><td>水</td><td>m³</td><td>5.88</td><td>0.01</td><td>0.01</td></tr>
<tr><td>机械</td><td>灰浆搅拌机 200 L</td><td>台班</td><td>66.35</td><td>0.01</td><td>—</td></tr>
</table>

工作内容：在木或钢檩条上铺瓦、钻孔、安装瓦脊；封檐板、搏风板制作、安装；钢檩上铺板、钉牢。

单位：100 m²

<table>
<tr><td colspan="4" rowspan="2">项　目　编　码</td><td>011</td><td>012</td><td>013</td></tr>
<tr><td>7-23 *</td><td>7-24 *</td><td>7-25 *</td></tr>
<tr><td colspan="4" rowspan="3">项　　目</td><td colspan="3">屋面铺折板瓦</td></tr>
<tr><td colspan="2">塑料折板瓦</td><td rowspan="2">GRC 防晒板</td></tr>
<tr><td>铺于钢檩</td><td>铺于木檩</td></tr>
<tr><td colspan="4">基　价(元)</td><td>2844.05</td><td>2746.29</td><td>7305.58</td></tr>
<tr><td rowspan="3">其
中</td><td colspan="3">人　工　费(元)</td><td>262.48</td><td>206.38</td><td>165.58</td></tr>
<tr><td colspan="3">材　料　费(元)</td><td>2580.91</td><td>2539.91</td><td>7140.00</td></tr>
<tr><td colspan="3">机　械　费(元)</td><td>0.66</td><td>—</td><td>—</td></tr>
<tr><td colspan="2">名　称</td><td>单位</td><td>单价</td><td colspan="3">数　量</td></tr>
<tr><td colspan="2">综合工日</td><td>工日</td><td>34.00</td><td>7.72</td><td>6.07</td><td>4.87</td></tr>
<tr><td rowspan="9">材
料</td><td>塑料折板瓦</td><td>m²</td><td>15.68</td><td>134.10</td><td>134.10</td><td>—</td></tr>
<tr><td>塑料瓦脊</td><td>m</td><td>4.63</td><td>12.00</td><td>12.00</td><td>—</td></tr>
<tr><td>GRC 屋面防晒板</td><td>m²</td><td>70.00</td><td>—</td><td>—</td><td>102.00</td></tr>
<tr><td>水泥砂浆 M5</td><td>m³</td><td>133.29</td><td>0.03</td><td>0.03</td><td>—</td></tr>
<tr><td>二等板方材</td><td>m³</td><td>1555.90</td><td>0.13</td><td>0.13</td><td>—</td></tr>
<tr><td>瓦楞螺丝 φ8×40</td><td>百个</td><td>43.35</td><td>—</td><td>4.02</td><td>—</td></tr>
<tr><td>镀锌瓦楞钩</td><td>百个</td><td>53.55</td><td>4.02</td><td>—</td><td>—</td></tr>
<tr><td>铁钉 30-45</td><td>kg</td><td>6.61</td><td>0.16</td><td>0.16</td><td>—</td></tr>
<tr><td>水</td><td>m³</td><td>5.88</td><td>0.01</td><td>0.01</td><td>—</td></tr>
<tr><td>机械</td><td>灰浆搅拌机 200 L</td><td>台班</td><td>66.35</td><td>0.01</td><td>—</td><td>—</td></tr>
</table>

工作内容：支架制作安装、阳光板安装、密封条嵌缝等。　　　　单位：100 m^2

项目编码				014
				7-26＊
项目				阳光板屋面
基价(元)				19032.24
其中	人工费(元)			1235.22
	材料费(元)			17418.32
	机械费(元)			378.70
名称		单位	单价	数量
综合工日		工日	34.00	36.33
材料	阳光板	m^2	51.20	110.00
	橡胶密封条	m	7.14	330.00
	P型橡胶条	m	0.84	301.30
	不锈钢方钢 50×50	m	56.25	147.80
	铝合金压条	m	3.62	116.60
	其他材料费	元	1.00	441.19
机械	其他机械费	元	1.00	378.70

工作内容：檩木或钢檩上钉琉璃钢瓦等。　　　　单位：10 m^2

项目编码				015	016	017
				7-27	7-28	7-29
项目				琉璃瓦 砼亭面上	琉璃瓦 砼屋面上	琉璃瓦 砼檩条上
基价(元)				1599.66	1619.36	1871.72
其中	人工费(元)			373.32	302.26	392.70
	材料费(元)			1221.70	1312.46	1476.37
	机械费(元)			4.64	4.64	2.65
名称		单位	单价	数量		
综合工日		工日	34.00	10.98	8.89	11.55
材料	琉璃瓦边 178×26	块	1.30	598.00	—	—
	琉璃瓦片	块	1.45	240.00	463.00	598.00
	水泥砂浆 1∶2	m^3	230.14	0.22	0.22	—
	混合砂浆 M5	m^3	149.21	0.22	0.22	0.22
	镀锌铁丝 14	kg	6.15	1.44	1.44	1.44
	其他材料费	元	1.00	3.98	3.59	3.58
	琉璃瓦筒	块	2.35	—	232.00	240.00
机械	灰浆搅拌机 200 L	台班	66.35	0.07	0.07	0.04

工作内容：檩木或钢檩上钉琉璃钢瓦等。

项目编码				018	019	020	021
				7-30	7-31	7-32	7-33
项目				琉璃脊瓦	琉璃瓦檐	玻璃钢瓦	
						木檩上	钢檩上
				10 m		100 m²	
基价(元)				430.54	415.02	1799.45	1745.84
其中	人工费(元)			185.64	148.92	116.28	185.64
	材料费(元)			243.57	264.77	1683.17	1560.20
	机械费(元)			1.33	1.33	—	—
名称		单位	单价	数量			
综合工日		工日	34.00	5.46	4.38	3.42	5.46
材料	琉璃脊瓦	块	4.60	47.00	—	—	—
	红砖 240×115×53	千块	327.68	0.04	—	—	—
	混合砂浆 M5	m³	149.21	0.09	0.04	—	—
	其他材料费	元	1.00	0.83	0.66	1.13	1.13
	琉璃满面筒(花瓦)	块	2.47	—	50.00	—	—
	琉璃满面(勾头)	块	3.06	—	44.00	—	—
	铁钉 2″	kg	6.12	—	—	0.15	0.15
	玻璃钢瓦 1820×720×15	块	15.51	—	—	97.00	97.00
	玻璃钢脊瓦 800×700	块	8.31	—	—	6.00	6.00
	镀锌铁钉(带垫)	百个	28.75	—	—	4.41	—
	镀锌螺栓钩 6×600	个	0.95	—	—	—	4.02
机械	灰浆搅拌机 200 L	台班	66.35	0.02	0.02	—	—

工作内容：1. 调制砂浆及泥浆。

2. 屋面铺草泥压光。

3. 四周压砖及勾缝。

4. 在草泥层上铺 30 mm 泥座铺瓦。

5. 安铺脊瓦、铺瓦抹灰缝及清扫。

单位：100 m²

项目编码				022	023	024
				7-34	7-35	7-36
项目				草泥平屋面		草泥瓦屋面
				7 cm	每增加 1 cm	
基价(元)				878.82	129.29	1806.12
其中	人工费(元)			408.00	77.52	599.08
	材料费(元)			470.82	51.77	1207.04
	机械费(元)			—	—	—
名称		单位	单价	数量		
综合工日		工日	34.00	12.00	2.28	17.62
材料	红砖 240×115×53	千块	327.68	0.33	—	—
	黏土瓦 380×240	千块	538.08	—	—	1.62
	黏土脊瓦	块	0.51	—	—	30.00
	黏土	m³	28.56	7.85	1.12	6.73
	水泥砂浆 M2.5	m³	114.81	—	—	0.08
	麦草	kg	0.47	250.00	35.70	214.20
	水	m³	5.88	3.57	0.51	3.06

二、屋面防水(编码:010702)

1. 屋面卷材防水(编码:010702001)

(1) 油毡屋面

工作内容:熬制沥青玛碲脂、配制冷底子油、刷次冷底子油、贴附加层、铺贴卷材收头。　　单位:100 m²

项目编码				001	002	003
				7-37	7-38	7-39
项目				石油沥青玛碲脂卷材屋面一毡二油	石油沥青玛碲脂卷材屋面二毡三油	石油沥青玛碲脂卷材屋面每增减一毡一油
基价(元)				2802.93	3819.57	1053.17
其中	人工费(元)			124.44	198.22	100.98
	材料费(元)			2678.49	3621.35	952.19
	机械费(元)			—	—	—
名称		单位	单价	数量		
综合工日		工日	34.00	3.66	5.83	2.97
材料	石油沥青玛碲脂	m³	4213.20	0.46	0.61	0.15
	石油沥青油毡 350 g	m²	2.60	124.17	237.94	113.77
	冷底子油 30：70	百 kg	638.75	0.49	0.49	—
	木柴	kg	0.38	205.70	245.40	64.24
	铁钉	kg	4.88	0.28	0.28	—
	钢筋 ϕ10 以内	t	5009.08	0.005	0.005	—

工作内容:熬制沥青玛碲脂、配制冷底子油、刷次冷底子油、贴附加层、铺贴卷材收头。　　单位:100 m²

项目编码				004	005
				7-40	7-41
项目				干铺油毡一层	三毡四油一砂
基价(元)				338.30	5265.62
其中	人工费(元)			42.50	318.92
	材料费(元)			295.80	4946.70
	机械费(元)			—	—
名称		单位	单价	数量	
综合工日		工日	34.00	1.25	9.38
材料	石油沥青油毡 350 g	m²	2.60	113.77	351.71
	石油沥青玛碲脂	m³	4213.20	—	0.84
	冷底子油 30：70	百 kg	638.75	—	0.49
	木柴	kg	0.38	—	301.18
	铁钉	kg	4.88	—	0.28
	钢筋 ϕ10 以内	t	5009.08	—	0.005
	粒砂	m³	75.57	—	0.52

(2) 高分子卷材屋面

工作内容:1. 清理基层、找平层分格缝嵌油膏、防水薄弱处涂膜附加层。

2. 刷底胶、铺贴卷材、接缝嵌油膏、作收头。

3. 涂刷着色剂保护层二遍。　　单位:100 m²

项目编码				006 7-42	007 7-43	008 7-44	009 7-45
项目				三元乙丙橡胶卷材冷贴			
				满铺	空铺	点铺	条铺
基价(元)				6200.81	6033.80	6056.31	6052.32
其中	人工费(元)			313.48	313.48	313.48	275.74
	材料费(元)			5887.33	5720.32	5742.83	5776.58
	机械费(元)			—	—	—	—
名称		单位	单价	数量			
综合工日		工日	34.00	9.22	9.22	9.22	8.11
材料	三元乙丙橡胶卷材	m²	35.52	110.55	112.85	112.85	112.85
	粘结剂 CX-404	kg	8.79	40.40	7.89	10.45	14.29
	铁钉	kg	4.88	0.23	0.23	0.23	0.23
	钢筋 $\phi10$ 以内	t	5009.08	0.004	0.004	0.004	0.004
	CSPE 嵌缝油膏 330 mL	支	4.85	50.28	50.28	50.28	50.28
	107 胶素水泥浆	m³	894.91	0.01	0.01	0.01	0.01
	银色着色剂	kg	6.48	20.20	20.20	20.20	20.20
	二甲苯	kg	5.48	27.00	27.00	27.00	27.00
	乙酸乙酯	kg	17.50	5.05	5.05	5.05	5.05
	丁基粘结剂	kg	16.19	9.56	11.85	11.85	11.85
	聚氨酯甲料	kg	17.77	16.21	16.21	16.21	16.21
	聚氨酯乙料	kg	16.75	31.13	31.13	31.13	31.13

工作内容:1. 清理基层、找平层分格缝嵌油膏、防水薄弱处涂膜附加层。

2. 刷底胶、铺贴卷材、接缝嵌油膏、作收头。

3. 涂刷着色剂保护层二遍。　　单位:100 m²

项目编码				010 7-46	011 7-47	012 7-48	013 7-49
项目				再生橡胶卷材冷贴			
				满铺	空铺	点铺	条铺
基价(元)				4239.61	3954.09	3916.73	3854.04
其中	人工费(元)			313.48	313.48	313.48	275.74
	材料费(元)			3926.13	3640.61	3603.25	3578.30
	机械费(元)			—	—	—	—
名称		单位	单价	数量			
综合工日		工日	34.00	9.22	9.22	9.22	8.11
材料	再生橡胶卷材	m²	16.98	110.55	112.85	112.85	112.85
	氯丁胶粘合剂	kg	12.17	49.95	23.28	20.21	18.16
	铁钉	kg	4.88	0.23	0.23	0.23	0.23
	钢筋 $\phi10$ 以内	t	5009.08	0.004	0.004	0.004	0.004
	CSPE 嵌缝油膏 300 ml	支	4.85	50.28	50.28	50.28	50.28
	107 胶素水泥浆	m³	894.91	0.01	0.01	0.01	0.01
	银色着色剂	kg	6.48	20.20	20.20	20.20	20.20
	二甲苯	kg	5.48	25.25	25.25	25.25	25.25
	乙酸乙酯	kg	17.50	5.05	5.05	5.05	5.05
	聚氨酯甲料	kg	17.77	16.21	16.21	16.21	16.21
	聚氨酯乙料	kg	16.75	31.13	31.13	31.13	31.13

工作内容：1. 清理基层、找平层分格缝嵌油膏、防水薄弱处涂膜附加层。

2. 刷底胶、铺贴卷材、接缝嵌油膏、作收头。

3. 涂刷着色剂保护层二遍。

单位：100 m^2

项目编码				014	015	016	017
				7-50	7-51	7-52	7-53
项目				氯丁橡胶卷材冷贴			
				满铺	空铺	点铺	条铺
基价(元)				5132.42	5119.19	5107.49	5061.98
其中	人工费(元)			313.48	313.48	313.48	275.74
	材料费(元)			4818.94	4805.71	4794.01	4786.24
	机械费(元)			—	—	—	—
名称		单位	单价	数量			
综合工日		工日	34.00	9.22	9.22	9.22	8.11
材料	氯丁橡胶卷材	m^2	30.13	110.55	112.85	112.85	112.85
	氯丁胶沥青胶液	kg	3.81	60.60	31.63	28.56	26.52
	CY409 液	kg	12.11	9.55	11.85	11.85	11.85
	铁钉	kg	4.88	0.23	0.23	0.23	0.23
	钢筋 ϕ10 以内	t	5009.08	0.004	0.004	0.004	0.004
	CSPE 嵌缝油膏 300 mL	支	4.85	50.28	50.28	50.28	50.28
	107 胶素水泥浆	m^3	894.91	0.01	0.01	0.01	0.01
	银色着色剂	kg	6.48	20.20	20.20	20.20	20.20
	二甲苯	kg	5.48	27.00	27.00	27.00	27.00
	乙酸乙酯	kg	17.50	5.05	5.05	5.05	5.05
	聚氨酯甲料	kg	17.77	11.66	11.66	11.66	11.66
	聚氨酯乙料	kg	16.75	17.50	17.50	17.50	17.50

工作内容：1. 清理基层、找平层分格缝嵌油膏、防水薄弱处涂膜附加层。

2. 刷底胶、铺贴卷材、接缝嵌油膏、作收头。

3. 涂刷着色剂保护层二遍。

单位：100 m^2

项目编码				018	019	020	021
				7-54	7-55	7-56	7-57
项目				氯化聚乙烯-橡胶共混卷材冷贴			
				满铺	空铺	点铺	条铺
基价(元)				5584.40	5260.50	5215.24	5147.19
其中	人工费(元)			313.48	313.48	313.48	275.74
	材料费(元)			5270.92	4947.02	4901.76	4871.45
	机械费(元)			—	—	—	—
名称		单位	单价	数量			
综合工日		工日	34.00	9.22	9.22	9.22	8.11
材料	氯化聚乙烯-橡胶共混卷材	m^2	30.03	110.55	112.85	112.85	112.85
	氯丁胶乳	kg	3.81	18.18	18.18	18.18	18.18
	BX-12 粘结剂	kg	13.12	45.45	12.86	9.41	7.10
	BX-12 乙组份 880 mL	瓶	12.06	11.94	14.81	14.81	14.81
	铁钉	kg	4.88	0.23	0.23	0.23	0.23
	钢筋 ϕ10 以内	t	5009.08	0.004	0.004	0.004	0.004
	CSPE 嵌缝油膏 330 mL	支	4.85	50.28	50.28	50.28	50.28
	107 胶素水泥浆	m^3	894.91	0.01	0.01	0.01	0.01
	银色着色剂	kg	6.48	20.20	20.20	20.20	20.20
	二甲苯	kg	5.48	27.00	27.00	27.00	27.00
	乙酸乙酯	kg	17.50	5.05	5.05	5.05	5.05
	聚氨酯甲料	kg	17.77	11.66	11.66	11.66	11.66
	聚氨酯乙料	kg	16.75	17.50	17.50	17.50	17.50

工作内容：1. 清理基层、找平层分格缝嵌油膏、防水薄弱处涂膜附加层。

2. 刷底胶、铺贴卷材、接缝嵌油膏、作收头。

3. 涂刷着色剂保护层二遍。

单位：100 m^2

项目编码				022	023	024	025
				7-58	7-59	7-60	7-61
项目				氯磺化聚乙烯卷材冷贴			
				满铺	空铺	点铺	条铺
基价(元)				5717.84	5488.69	5467.89	5364.40
其中	人工费(元)			313.48	313.48	313.48	275.74
	材料费(元)			5404.36	5175.21	5154.41	5088.66
	机械费(元)			—	—	—	—
名称		单位	单价	数量			
综合工日		工日	34.00	9.22	9.22	9.22	8.11
材料	氯磺化聚乙烯卷材	m^2	30.03	110.55	112.85	112.85	112.85
	CX-404 胶	kg	9.03	50.50	14.29	10.45	7.89
	CX-401 胶	kg	16.92	10.51	12.21	13.03	10.51
	铁钉	kg	4.88	0.23	0.23	0.23	0.23
	钢筋 $\phi10$ 以内	t	5009.08	0.004	0.004	0.004	0.004
	CSPE 嵌缝油膏 330 mL	支	4.85	50.28	50.28	50.28	50.28
	107 胶素水泥浆	m^3	894.91	0.01	0.01	0.01	0.01
	银色着色剂	kg	6.48	20.20	20.20	20.20	20.20
	二甲苯	kg	5.48	27.00	27.00	27.00	27.00
	乙酸乙酯	kg	17.50	5.05	5.05	5.05	5.05
	聚氨酯甲料	kg	17.77	16.21	16.21	16.21	16.21
	聚氨酯乙料	kg	16.75	31.13	31.13	31.13	31.13

工作内容：1. 清理基层、刷基层处理剂、找平层分格缝嵌油膏，薄处刷聚氨酯涂膜附加层。

2. 屋面贴改性沥青卷材，卷材搭接处及收头嵌油膏。

单位：100 m^2

项目编码				026	027	028	029
				7-62	7-63	7-64	7-65
项目				改性沥青防水卷材屋面满铺	改性沥青防水卷材屋面条铺	改性沥青防水卷材屋面点铺	改性沥青防水卷材屋面空铺
基价(元)				2593.65	2525.01	2521.99	2452.60
其中	人工费(元)			238.68	238.68	238.68	200.94
	材料费(元)			2354.97	2286.33	2283.31	2251.66
	机械费(元)			—	—	—	—
名称		单位	单价	数量			
综合工日		工日	34.00	7.02	7.02	7.02	5.91
材料	聚氨酯甲料	kg	17.77	8.32	8.32	8.32	8.32
	聚氨酯乙料	kg	16.75	12.48	12.48	12.48	12.48
	改性沥青乳胶	kg	7.79	30.00	30.00	30.00	30.00
	改性沥青卷材(3 mm 厚)	m^2	12.85	111.50	113.93	113.93	113.93
	改性沥青粘结剂	kg	2.50	55.75	21.97	20.76	14.26
	改性沥青嵌缝油膏	kg	1.79	33.64	33.64	33.64	33.64
	液化气	kg	5.50	24.00	21.20	21.20	18.40

工作内容：热熔单层，基层刷处理剂、找平层嵌缝、附加层刷聚氨酯膜，贴卷材、卷材接缝处收头处嵌油膏。

项目编码				030	031
				7-66	7-67
项目				改性沥青防水卷材	
				屋面热熔单层	屋面分格缝上点贴 300 宽
				100 m^2	100 m
基价(元)				3719.49	544.58
其中	人工费(元)			238.68	70.38
	材料费(元)			3480.81	474.20
	机械费(元)			—	—
名称		单位	单价	数量	
综合工日		工日	34.00	7.02	2.07
材料	聚氨酯甲料	kg	17.77	8.32	—
	聚氨酯乙料	kg	16.75	12.48	—
	改性沥青嵌缝油膏	kg	1.79	33.64	—
	改性沥青卷材(铝箔)	m^2	24.00	111.50	—
	改性沥青乳胶	kg	7.79	30.00	—
	液化气	kg	5.50	28.00	4.20
	改性沥青卷材(3 mm 厚)	m^2	12.85	—	33.63
	改性沥青粘结剂	kg	2.50	—	7.58

工作内容：清扫基层、熔化粘胶、涂刷粘胶、铺贴柔毡、收头铺撒白石子保护层。 单位：100 m^2

项目编码				032	033
				7-68	7-69
项目				防水柔毡、热贴满铺二胶一毡一砂	防水柔毡、热贴满铺每增一胶一毡
基价(元)				13726.34	5832.05
其中	人工费(元)			204.00	105.40
	材料费(元)			13522.34	5726.65
	机械费(元)			—	—
名称		单位	单价	数量	
综合工日		工日	34.00	6.00	3.10
材料	防水柔毡	m^2	3.01	126.15	110.15
	粘胶	kg	16.74	730.82	320.24
	白石子	kg	0.42	772.50	—
	木柴	kg	0.38	219.82	90.20
	铁钉	kg	4.88	0.23	—
	钢筋 ϕ10 以内	t	5009.08	0.004	—
	CSPE 嵌缝油膏 330 mL	支	4.85	50.28	—
	107 胶素水泥浆	m^3	894.91	0.01	—
	二甲苯	kg	5.48	25.25	—
	乙酸乙酯	kg	17.50	5.05	—

工作内容：1. 聚氯乙烯卷材铝合金压条，清理基层、铺卷材、钉压条、射钉上嵌密封膏收头。

2. SBC120，用掺胶水泥浆贴卷材，聚氨酯胶接缝搭接。 单位：100 m^2

项目编码				034	035
				7-70	7-71
项目				聚氯乙烯防水卷材	SBC120 复合卷材
				铝合金压条空铺	冷贴满铺
基价(元)				6079.08	3963.42
其中	人工费(元)			3005.60	182.92
	材料费(元)			3073.48	3780.50
	机械费(元)			—	—
名称		单位	单价	数量	
综合工日		工日	34.00	88.40	5.38
材料	PVC 防水卷材	m^2	12.52	130.00	—
	铝合金压条 3×30	m	8.04	105.00	—
	303 胶	kg	6.11	45.00	—
	射钉	百个	20.16	5.27	—
	密封油膏	kg	3.74	13.00	—
	其他材料费	元	1.00	171.87	—
	聚乙烯丙纶双面复合卷材 SBC120(300 g/m^2)	m^2	20.50	—	119.90
	聚氨酯甲料	kg	17.77	—	19.04
	聚氨酯乙料	kg	16.75	—	28.56
	107 胶素水泥浆	m^3	894.91	—	0.15
	乙酸乙酯	kg	17.50	—	5.05
	107 胶	kg	4.02	—	11.38
	CSPE 嵌缝油膏 330 mL	支	4.85	—	48.96

工作内容：1. 清理基层、泛水收头处嵌油膏。

2. 刷冷底子油、加热烤铺卷材、压实及做收头等。

3. 刷粘结剂、铺卷材搭接处粘结密封。 单位：100 m^2

项目编码				036	037	038	039
				7-72	7-73	7-74	7-75
项目				SBS 防水卷材		APP 防水卷材	
				冷贴	热熔	冷贴	热熔
基价(元)				4762.25	4550.28	5247.28	4969.54
其中	人工费(元)			166.94	166.94	166.94	166.94
	材料费(元)			4595.31	4383.34	5080.34	4802.60
	机械费(元)			—	—	—	—
名称		单位	单价	数量			
综合工日		工日	34.00	4.91	4.91	4.91	4.91
材料	SBS 改性沥青防水卷材	m^2	35.65	119.90	119.90	—	—
	APP 改性沥青卷材	m^2	38.00	—	—	119.90	119.90
	阳离子氯丁胶乳化沥青	kg	5.17	41.00	—	—	—
	改性沥青嵌缝油膏	kg	1.79	—	—	10.70	—
	液化气	kg	5.50	—	—	5.00	25.00
	汽油	kg	6.70	4.50	4.50	—	4.50
	乙酸乙酯	kg	17.50	4.50	4.50	—	4.50
	APP 改性沥青涂料	kg	7.56	—	—	15.00	—
	冷底子油 30：70	百 kg	638.75	—	—	0.57	—

工作内容：刷胶结浆、敷设聚苯乙烯保温板、敷设网格布、锚固。 单位：m²

项目编码				040
				7-76
项目				聚乙烯丙纶复合防水卷材
				屋面防水
基价(元)				2791.94
其中	人工费(元)			161.50
	材料费(元)			2630.44
	机械费(元)			—
名称		单位	单价	数量
综合工日		工日	34.00	4.75
材料	STH 聚乙烯防水卷材 300 g/m²	m²	20.50	115.00
	水泥 32.5(普通)	t	287.74	0.25
	107 胶	kg	4.02	50.00

2. 屋面涂膜防水(编码:010702002)

工作内容：1. 屋面满涂油膏，油膏加热、屋面满涂油膏。

2. 板嵌缝，油膏加热、板缝嵌油膏。 单位：m²

项目编码				001	002	003
				7-77	7-78	7-79
项目				屋面满涂塑料油膏 4 mm	塑料油膏嵌缝	
					空心板	大型屋面板
				100 m²	100 m	
基价(元)				856.90	267.13	314.33
其中	人工费(元)			97.24	112.54	113.22
	材料费(元)			759.66	154.59	201.11
	机械费(元)			—	—	—
名称		单位	单价	数量		
综合工日		工日	34.00	2.86	3.31	3.33
材料	塑料油膏	kg	1.18	585.12	119.07	154.91
	木柴	kg	0.38	182.16	37.07	48.22

注：嵌缝取定纵缝断面：空心板 7.5 cm²，大型屋面板 9 cm²，如果断面不同于定额取定断面，以断面比例调整人工，材料数量。

工作内容：1. 塑料油膏玻璃纤维布，包括冷底子油、找平层分格缝嵌油膏、贴防水附加层，铺贴玻璃纤维布，表面撒粒砂保护层。

2. 屋面分格缝，支座处干铺油毡一层、清理缝、熬制油膏、油膏灌缝；沿缝上做二毡三油一砂。

单位：100 m^2

项目编码				004	005	006
				7-80	7-81	7-82
项目				塑料油膏玻璃纤维布		屋面分格缝
				一布二油	每增一布一油	100 m
基价(元)				1475.26	716.96	28292.17
其中	人工费(元)			138.04	104.38	336.60
	材料费(元)			1337.22	612.58	27955.57
	机械费(元)			—	—	—
名称		单位	单价	数量		
综合工日		工日	34.00	4.06	3.07	9.90
材料	玻璃纤维布 1.8 厚	m^2	1.70	120.45	112.18	—
	塑料油膏	kg	1.18	872.26	324.94	303.68
	木柴	kg	0.38	271.56	101.15	218.11
	石油沥青油毡 350 g	m^2	2.60	—	—	232.10
	石油沥青玛碲脂	m^3	4213.20	—	—	0.49
	冷底子油 30：70	百 kg	638.75	—	—	38.85
	粒砂	m^3	75.57	—	—	0.41

工作内容：熬制油膏、缝灌油膏，缝上铺贴玻璃纤维布。涂刷聚氨酯底胶，刷聚氨酯防水层二遍，并撒石碴做保护层(或与刚性块料层的连接层)。

单位：100 m

项目编码				007	008	009
				7-83	7-84	7-85
项目				塑料油膏贴玻璃布盖缝一布二油	塑料油膏贴玻璃布盖缝每增一布一油	聚氨酯涂膜防水屋面 100 m^2
基价(元)				577.68	264.60	4899.38
其中	人工费(元)			70.38	42.16	173.40
	材料费(元)			507.30	222.44	4725.98
	机械费(元)			—	—	—
名称		单位	单价	数量		
综合工日		工日	34.00	2.07	1.24	5.10
材料	玻璃纤维布 1.8 厚	m^2	1.70	30.30	30.30	—
	塑料油膏	kg	1.18	351.07	131.65	—
	木柴	kg	0.38	109.30	40.99	—
	二甲苯	kg	5.48	—	—	12.96
	石碴 3-7	m^3	43.25	—	—	0.31
	聚氨酯甲料	kg	17.77	—	—	105.55
	聚氨酯乙料	kg	16.75	—	—	165.13

工作内容：清理基层、调配砂浆、铺抹砂浆养护、筛铺镇水粉、铺隔离纸。

单位：100 m^2

项目编码				010	011	012	013
				7-86	7-87	7-88	7-89
项目				掺无机盐铝防水剂		防水砂浆	镇水粉
				素水泥浆	防水砂浆 2 cm	2 cm 厚	隔离层
基价(元)				198.66	1693.30	982.46	3090.76
其中	人工费(元)			65.62	357.68	366.86	633.76
	材料费(元)			133.04	1312.40	592.38	2457.00
	机械费(元)			—	23.22	23.22	—
名称		单位	单价	数量			
综合工日		工日	34.00	1.93	10.52	10.79	18.64
材料	素水泥浆	m^3	439.56	0.10	0.10	0.10	—
	无机盐铝防水剂	kg	6.06	14.70	132.60	—	—
	水泥砂浆 1∶2	m^3	230.14	—	2.02	2.02	—
	防水粉	kg	1.26	—	—	66.30	—
	镇水粉	kg	1.04	—	—	—	600.00
	隔离纸	m^2	14.10	—	—	—	130.00
机械	灰浆搅拌机 200 L	台班	66.35	—	0.35	0.35	—

工作内容：涂刷底胶：做一布一涂附加层于防水薄弱处；冷胶贴聚酯布防水层，最表层撒细砂保护层。

单位：100 m^2

项目编码				014	015
				7-90	7-91
项目				氯丁冷胶	
				二布三涂	每增一布一涂
基价(元)				5832.61	1567.01
其中	人工费(元)			317.90	160.14
	材料费(元)			5514.71	1406.87
	机械费(元)			—	—
名称		单位	单价	数量	
综合工日		工日	34.00	9.35	4.71
材料	聚酯布 100 g/m^2	m^2	1.98	236.36	110.89
	氯丁冷胶	kg	13.83	363.60	85.85
	细砂	m^3	58.49	0.31	—

工作内容：1. 清理基层，调制底层涂料；做女儿墙、雨水口、阴阳角等加强层。

2. 刷涂料层全部工艺操作过程。

单位：100 m^2

项目编码		016	017	018
		7-92	7-93	7-94
项目		阳离子氯丁胶沥青防水涂料（一布四涂）		
		平面	立面	地下室
基价(元)		1699.44	1719.46	1861.50
其中	人工费(元)	263.50	297.50	300.90
	材料费(元)	1435.94	1421.96	1560.60
	机械费(元)	—	—	—

续表 单位：100 m²

项目编号			016	017	018
			7-92	7-93	7-94
项目			阳离子氯丁胶沥青防水涂料（一布四涂）		
			平面	立面	地下室
名称	单位	单价	数量		
综合工日	工日	34.00	7.75	8.75	8.85
材料 阳离子氯丁胶乳化沥青	kg	5.17	215.00	221.00	238.00
材料 特制玻璃布	m^2	2.03	113.00	113.00	138.00
材料 蛭石粉末	kg	0.75	60.00	—	—
材料 其他材料费	元	1.00	50.00	50.00	50.00

工作内容：1. 清理基层，调制底层涂料；做女儿墙、雨水口、阴阳角等加强层。

2. 刷涂料层全部工艺操作过程。

单位：100 m²

项目编码			019	020	021
			7-95	7-96	7-97
项目			阳离子氯丁胶沥青防水涂料		
			每增加一布二涂		
			平面	立面	地下室
基价（元）			933.73	983.24	1008.64
其中 人工费（元）			151.30	185.30	181.90
其中 材料费（元）			782.43	797.94	826.74
其中 机械费（元）			—	—	—
名称	单位	单价	数量		
综合工日	工日	34.00	4.45	5.45	5.35
材料 阳离子氯丁胶乳化沥青	kg	5.17	107.00	110.00	114.00
材料 特制玻璃布	m^2	2.03	108.00	108.00	112.00
材料 其他材料费	元	1.00	10.00	10.00	10.00

工作内容：1. 清扫基层、干燥。

2. 加热粘接剂，铺贴聚氯乙烯卷材。

单位：100 m²

项目编码			022	023
			7-98	7-99
项目			聚氯乙烯防水卷材	
			一卷一粘	一卷二粘
基价（元）			4027.65	5560.65
其中 人工费（元）			221.00	374.00
其中 材料费（元）			3806.65	5186.65
其中 机械费（元）			—	—
名称	单位	单价	数量	
综合工日	工日	34.00	6.50	11.00
材料 PVC防水卷材	m^2	12.52	119.90	119.90
材料 塑料粘结剂	kg	7.66	250.00	400.00
材料 液化气	kg	5.50	71.00	113.00
材料 APP防水卷材3 mm厚	m^2	14.50	—	—

注：1. 一卷一粘整体2.5 mm厚，一卷二粘整体3.5 mm厚。

2. 当地下防水时，增加材料费10元/m^2。

3. 当24小时内最低气温在－9 ℃以下时，增加材料费6元/m^2。

4. 采用不同品种卷材时，允许换算。

工作内容：清理基层、备料、刷涂料、铺贴。　　单位：100 m^2

项目编码				024	025	026
				7-100	7-101	7-102
项目				APP 改性沥青涂料防水层		
				二布三涂	每增减一布一涂	每增减一涂
				涂膜厚 2 mm	涂膜厚 0.6 mm	涂膜厚 0.1 mm
基价(元)				3655.01	1185.44	159.32
其中	人工费(元)			436.56	143.48	11.90
	材料费(元)			3218.45	1041.96	147.42
	机械费(元)			—	—	—
名称		单位	单价	数量		
综合工日		工日	34.00	12.84	4.22	0.35
材料	玻璃纤维布 1.8 厚	m^2	1.70	224.00	112.00	—
	APP 改性沥青涂料	kg	7.56	360.00	106.50	19.50
	二甲苯	kg	5.48	5.05	2.02	—
	乙酸乙酯	kg	17.50	5.05	2.02	—

工作内容：清理基层、备料、刷涂料、铺贴。　　单位：100 m^2

项目编码				027	028	029
				7-103	7-104	7-105
项目				SBS 改性沥青涂料防水层		
				二布三涂	每增减一布一涂	每增减一涂
				涂膜厚 2 mm	涂膜厚 0.6 mm	涂膜厚 0.1 mm
基价(元)				3730.81	1203.76	157.68
其中	人工费(元)			436.56	143.48	11.90
	材料费(元)			3294.25	1060.28	145.78
	机械费(元)			—	—	—
名称		单位	单价	数量		
综合工日		工日	34.00	12.84	4.22	0.35
材料	玻璃纤维布 1.8 厚	m^2	1.70	224.00	112.00	—
	SBS 改性沥青涂料	kg	7.88	355.00	104.50	18.50
	二甲苯	kg	5.48	5.05	2.02	—
	乙酸乙酯	kg	17.50	5.05	2.02	—

3. 屋面排水(编码:010702004)

工作内容:铁皮排水,铁皮截料、制作安装。　　　　单位:100 m^2

项目编码				001	002
				7-106	7-107
项目				铁皮排水	
				水落管、檐沟	天沟、泛水
基价(元)				4470.24	3584.63
其中	人工费(元)			979.54	353.94
	材料费(元)			3490.70	3230.69
	机械费(元)			—	—
名称		单位	单价	数量	
综合工日		工日	34.00	28.81	10.41
材料	镀锌铁皮 0.552 mm(26#)	m^2	29.307	105.80	105.40
	铁件	kg	5.67	49.15	—
	铁钉	kg	4.88	0.38	3.00
	焊锡	kg	53.73	1.80	2.08
	盐酸	kg	1.25	0.38	0.44
	木炭	kg	1.60	7.69	9.24

工作内容:1. 铸铁水落管,包括切管、埋管卡、安水管、合灰捻口。

2. 铸铁雨水口,就位安装。

项目编码				003	004	005	006
				7-108	7-109	7-110	7-111
项目				铸铁落水管(10 m)		铸铁雨水口(10 个)	
				直径(mm)			
				100	150	100	150
基价(元)				829.69	1129.99	1268.65	983.10
其中	人工费(元)			95.88	106.08	109.82	114.24
	材料费(元)			733.81	1023.91	1158.83	868.86
	机械费(元)			—	—	—	—
名称		单位	单价	数量			
综合工日		工日	34.00	2.82	3.12	3.23	3.36
材料	铸铁排水管 100×1500	m	57.17	10.47	—	—	—
	膨胀螺栓 6×22	套	0.62	10.50	—	—	—
	螺栓 M3×20	套	0.16	21.00	—	—	—
	水泥 32.5(普通)	t	287.74	0.01163	0.0132	—	—
	净干砂	m^3	61.28	0.02	0.02	—	—
	镀锌铁丝	kg	6.25	0.82	0.82	—	—
	石油沥青 30#	kg	3.90	0.70	0.95	—	—
	麻丝	kg	5.29	0.18	0.25	—	—
	石棉绒	kg	2.98	1.74	2.36	—	—
	铁件	kg	5.67	1.44	7.78	—	—
	水	m^3	5.88	1.04	1.32	—	—
	铸铁三通 100×50	个	25.63	3.61	—	—	—
	铸铁排水管 150×1500	m	76.68	—	10.10	—	—
	铸铁三通 150×50	个	48.58	—	3.61	—	—
	铸铁雨水口 100 带罩	套	69.84	—	—	10.47	—
	石油沥青玛碲脂	m^3	4213.20	—	—	0.10	0.01
	石油沥青油毡 350 g	m^2	2.60	—	—	2.42	2.93
	铸铁雨水口 150 带罩	套	81.10	—	—	—	10.10

工作内容：就位、安装。 单位：10个

项目编码				007	008	009
				7-112	7-113	7-114
项目				铸铁水斗（或称接水口）		铸铁弯头出水口及水口
				落水口直径		
				100 mm	150 mm	
基价（元）				666.42	797.06	777.37
其中	人工费（元）			91.12	95.54	121.72
	材料费（元）			575.30	701.52	655.65
	机械费（元）			—	—	—
名称		单位	单价	数量		
综合工日		工日	34.00	2.68	2.81	3.58
材料	铸铁漏斗（接水口）100	个	50.88	10.10	—	—
	铸铁漏斗（接水口）150	个	62.85	—	10.10	—
	铸铁弯头（出水口）100	个	28.76	—	—	10.10
	铁件	kg	5.67	10.83	11.77	2.42
	二等板方材	m^3	1555.90	—	—	0.036
	石油沥青玛碲脂	m^3	4213.20	—	—	0.07
	防腐油	kg	1.31	—	—	0.40

工作内容：1. 单屋面排水管系统，埋设管卡箍、截管、涂胶、接口。

2. 屋面阳台雨水管系统，埋设管卡箍、截管、涂胶、安三通、伸缩节、管等。 单位：10 m

项目编码				010	011	012	013
				7-115	7-116	7-117	7-118
项目				玻璃钢排水管（直径 mm）			
				单屋面排水管系统		屋面阳台雨水管系统	
				ϕ110	ϕ160	ϕ110	ϕ160
基价（元）				485.92	670.73	544.13	738.92
其中	人工费（元）			98.26	109.14	98.26	109.14
	材料费（元）			387.66	561.59	445.87	629.78
	机械费（元）			—	—	—	—
名称		单位	单价	数量			
综合工日		工日	34.00	2.89	3.21	2.89	3.21
材料	玻璃钢排水管 110×1500	m	30.56	10.54	—	10.18	—
	卡箍膨胀螺栓 ϕ110	套	1.40	7.14	—	7.14	—
	排水管检查口 110	个	24.28	1.11	—	1.11	—
	排水管伸缩节 110	个	24.28	1.01	—	1.01	—
	密封胶	kg	34.10	0.12	0.20	0.28	0.48
	玻璃钢排水管 160×1500	m	44.30	—	10.61	—	10.15
	卡箍膨胀螺栓 ϕ160	套	1.40	—	7.14	—	5.10
	排水管检查口 160	个	35.26	—	1.11	—	1.11
	排水管伸缩节 160	个	35.26	—	1.01	—	1.01
	排水管连接件 110×135	个	9.46	—	—	3.61	—
	玻璃钢三通 110×50	个	8.20	—	—	3.61	—
	排水管连接件 160×135	个	12.14	—	—	—	3.61
	玻璃钢三通 160×50	个	10.54	—	—	—	3.61

工作内容：1. 水斗，细石混凝土填缝、涂胶接口。

2. 弯头及短管：涂胶、接口。　　　　单位：10 个

项目编码				014	015	016	017
				7-119	7-120	7-121	7-122
项目				玻璃钢排水部件			
				水斗(带罩)直径		弯头 90°	短管
				ϕ110	ϕ160	ϕ50	
基价(元)				332.22	442.97	150.16	303.99
其中	人工费(元)			102.34	106.76	44.54	44.54
	材料费(元)			229.88	336.21	105.62	259.45
	机械费(元)			—	—	—	—
名称		单位	单价	数量			
综合工日		工日	34.00	3.01	3.14	1.31	1.31
材料	玻璃钢雨水斗 110 带罩	个	21.09	10.10	—	—	—
	密封胶	kg	34.10	0.31	0.50	0.10	0.10
	低流动性混凝土 C20-15	m^3	209.93	0.03	0.05	—	—
	玻璃钢雨水斗 160 带罩	个	30.56	—	10.10	—	—
	玻璃钢弯头 50	个	10.12	—	—	10.10	—
	玻璃钢短管 50	个	25.35	—	—	—	10.10

工作内容：截料、接口、套管、安装、固定等全部工序。

项目编码				018	019	020	021
				7-123	7-124	7-125	7-126
项目				(pvc)塑料水落管		(pvc)塑料水斗	
				ϕ110	ϕ160	ϕ110	ϕ160
				10 m		10 个	
基价(元)				404.26	725.96	429.45	1008.68
其中	人工费(元)			98.26	109.14	98.26	109.14
	材料费(元)			306.00	616.82	331.19	899.54
	机械费(元)			—	—	—	—
名称		单位	单价	数量			
综合工日		工日	34.00	2.89	3.21	2.89	3.21
材料	密封胶	kg	34.10	0.10	0.12	0.17	0.31
	卡箍膨胀螺栓 ϕ110	套	1.40	7.14	—	—	—
	PVC 检查口 ϕ110	个	16.24	1.01	—	—	—
	PVC 伸缩节 ϕ110	个	16.81	1.11	—	—	—
	PVC 水管 ϕ110	个	24.48	10.52	—	—	—
	卡箍膨胀螺栓 ϕ160	套	1.40	—	7.14	—	—
	PVC 检查口 ϕ160	个	33.23	—	1.01	—	—
	PVC 伸缩节 ϕ160	个	31.50	—	1.11	—	—
	PVC 水管 ϕ160	个	51.12	—	10.45	—	—
	铁钉	kg	4.88	—	—	0.20	0.20
	PVC 水斗 ϕ110	个	32.12	—	—	10.10	—
	PVC 水斗 ϕ160	个	87.92	—	—	—	10.10

工作内容：1. 清理基层、配制、涂刷冷底子油、熬制玛碲脂、防水薄弱处贴附加层。

2. 铺贴玛碲脂玻璃纤维布。

单位：100 m^2

项目编码				005	006	007	008
				7-134	7-135	7-136	7-137
项目				玛碲脂玻璃纤维布			
				二布三油		每增减一布一油	
				平面	立面	平面	立面
基价(元)				3296.49	3588.38	1049.88	1157.26
其中	人工费(元)			329.12	489.60	152.66	216.24
	材料费(元)			2967.37	3098.78	897.22	941.02
	机械费(元)			—	—	—	—
名称		单位	单价	数量			
综合工日		工日	34.00	9.68	14.40	4.49	6.36
材料	石油沥青玛碲脂	m^3	4213.20	0.51	0.54	0.16	0.17
	冷底子油 30∶70	百 kg	638.75	0.48	0.48	—	—
	玻璃纤维布 1.8 厚	m^2	1.70	250.30	250.30	116.49	116.49
	木柴	kg	0.38	227.70	240.90	66.00	70.40

工作内容：1. 清理基层、配制、涂刷冷底子油、熬制玛碲脂、防水薄弱处贴附加层。

2. 铺贴沥青玻璃布卷材。

单位：100 m^2

项目编码				009	010	011	012
				7-138	7-139	7-140	7-141
项目				沥青玻璃布卷材			
				二布三油		每增减一布一油	
				平面	立面	平面	立面
基价(元)				3047.29	3348.87	972.89	1082.60
其中	人工费(元)			328.78	488.92	153.00	215.56
	材料费(元)			2718.51	2859.95	819.89	867.04
	机械费(元)			—	—	—	—
名称		单位	单价	数量			
综合工日		工日	34.00	9.67	14.38	4.50	6.34
材料	玻璃纤维布 1.8 厚	m^2	1.70	250.30	250.30	121.76	121.76
	石油沥青 30#	kg	3.90	489.72	524.70	151.58	163.24
	冷底子油 30∶70	百 kg	638.75	0.48	0.48	—	—
	木柴	kg	0.38	201.30	214.50	57.20	61.60

(2) 高分子卷材防水

工作内容:1. 涂刷基层处理剂,防水薄弱处涂聚氨酯涂膜加强。

2. 铺贴卷材,卷材接缝贴卷材条加强、收头。　　单位:100 m²

项目编码				013	014	015
				7-142	7-143	7-144
项目				氯化聚乙烯-橡胶共混卷材		SBC120 复合卷材冷贴(地下室)
				平面	立面	
基价(元)				6305.79	6497.89	3773.24
其中	人工费(元)			657.56	849.66	374.00
	材料费(元)			5648.23	5648.23	3399.24
	机械费(元)			—	—	—
名称		单位	单价	数量		
综合工日		工日	34.00	19.34	24.99	11.00
材料	氯化聚乙烯-橡胶共混卷材	m²	30.03	124.53	124.53	—
	氯丁冷胶	kg	13.83	20.20	20.20	—
	BX-12 粘结剂	kg	13.12	45.45	45.45	—
	BX-12 乙组份 880 mL	瓶	12.06	32.28	32.28	—
	CSPE 嵌缝油膏 330 mL	支	4.85	29.83	29.83	—
	二甲苯	kg	5.48	27.00	27.00	—
	乙酸乙酯	kg	17.50	5.05	5.05	—
	铁钉	kg	4.88	0.23	0.23	—
	钢筋 ϕ10 以内	t	5009.08	0.004	0.004	—
	107 胶素水泥浆	m³	894.91	0.01	0.01	0.15
	聚氨酯甲料	kg	17.77	5.42	5.42	—
	聚氨酯乙料	kg	16.75	8.13	8.13	—
	JYM110 型聚氨脂接缝胶	kg	25.00	—	—	25.00
	SBC120 双面复合卷材 400 g/m²	m²	22.00	—	—	120.00

注:7-145 子目不包括附加层及盖条。

工作内容:1. 涂刷基层处理剂,防水薄弱处涂聚氨酯涂膜加强。

2. 铺贴卷材,卷材接缝贴卷材条加强、收头。　　单位:100 m²

项目编码				016	017	018	019
				7-145	7-146	7-147	7-148
项目				三元乙丙橡胶卷材		再生橡胶卷材	
				冷贴满铺			
				平面	立面	平面	立面
基价(元)				6305.97	6498.07	4496.95	4689.05
其中	人工费(元)			657.56	849.66	657.56	849.66
	材料费(元)			5648.41	5648.41	3839.39	3839.39
	机械费(元)			—	—	—	—
名称		单位	单价	数量			
综合工日		工日	34.00	19.34	24.99	19.34	24.99
材料	三元乙丙橡胶卷材	m²	35.52	124.17	124.17	—	—
	CSPE 嵌缝油膏 330 mL	支	4.85	29.83	29.83	29.83	29.83
	二甲苯	kg	5.48	27.00	27.00	27.00	27.00
	乙酸乙酯	kg	17.50	5.05	5.05	5.05	5.05
	铁钉	kg	4.88	0.23	0.23	0.23	0.23
	钢筋 ϕ10 以内	t	5009.08	0.004	0.004	0.004	0.004
	107 胶素水泥浆	m³	894.91	0.01	0.01	0.01	0.01
	丁基粘结剂	kg	16.19	17.60	17.60	—	—
	聚氨酯甲料	kg	17.77	9.97	9.97	9.97	9.97
	聚氨酯乙料	kg	16.75	21.77	21.77	21.77	21.77
	再生橡胶卷材	m²	16.98	—	—	124.17	124.17
	氯丁胶粘合剂	kg	12.17	—	—	63.93	63.93

工作内容：1. 刷基层处理剂、防水薄弱处刷聚氨酯涂膜附加层。

2. 粘贴卷材，卷材接缝贴120宽加强层并油膏收头。

单位：100 m^2

项目编码				020	021
				7-149	7-150
项目				改性沥青卷材满铺(防水)	
				平面	立面
基价(元)				3019.21	3233.31
其中	人工费(元)			657.56	849.66
	材料费(元)			2361.65	2383.65
	机械费(元)			—	—
名称		单位	单价	数量	
综合工日		工日	34.00	19.34	24.99
材料	聚氨酯甲料	kg	17.77	5.42	5.42
	聚氨酯乙料	kg	16.75	8.13	8.13
	改性沥青乳胶	kg	7.79	30.00	30.00
	改性沥青卷材(3 mm厚)	m^2	12.85	126.54	126.54
	改性沥青粘结剂	kg	2.50	50.62	50.62
	改性沥青嵌缝油膏	kg	1.79	12.22	12.22
	液化气	kg	5.50	22.00	26.00

工作内容：刷胶结浆、敷设聚苯乙烯保温板、敷设网格布、锚固。

单位：m^2

项目编码				022
				7-151
项目				聚乙烯丙纶复合防水卷材
				地下防水
基价(元)				3792.94
其中	人工费(元)			170.00
	材料费(元)			3622.94
	机械费(元)			—
名称		单位	单价	数量
综合工日		工日	34.00	5.00
材料	STH聚乙烯防水卷材400 g/m^2	m^2	22.50	120.00
	水泥32.5(普通)	t	287.74	0.25
	107胶	kg	4.02	50.00
	JYM110型聚氨脂接缝胶	kg	25.00	26.00

2. 涂膜防水(编码:010703002)

工作内容:清理基层、刷涂料。　　　　单位:100 m²

项目编码				001	002	003	004
				7-152	7-153	7-154	7-155
项目				苯乙烯涂料二遍		刷冷底子油	
				平面	立面	第一遍	第二遍
基价(元)				354.91	363.22	366.25	259.53
其中	人工费(元)			75.14	75.14	53.38	45.22
	材料费(元)			279.77	288.08	312.87	214.31
	机械费(元)			—	—	—	—
名称		单位	单价	数量			
综合工日		工日	34.00	2.21	2.21	1.57	1.33
材料	苯乙烯涂料	kg	5.54	50.50	52.00	—	—
	冷底子油 30∶70	百 kg	638.75	—	—	0.48	—
	冷底子油 50∶50	百 kg	573.25	—	—	—	0.36
	木柴	kg	0.38	—	—	16.50	20.90

工作内容:1. 焦油玛碲脂、塑料油膏,配制涂刷冷底子油、熬制玛碲脂或油膏、涂刷油膏或玛碲脂。
　　　　2. 氯偏共聚乳液,成品涂刷。　　　　单位:100 m²

项目编码				005	006	007
				7-156	7-157	7-158
项目				焦油玛碲脂	塑料油膏	氯偏共聚乳胶
				涂刷厚度遍数		
				3 mm	二遍	三遍
基价(元)				734.65	831.74	142.97
其中	人工费(元)			120.02	72.08	55.42
	材料费(元)			614.63	759.66	87.55
	机械费(元)			—	—	—
名称		单位	单价	数量		
综合工日		工日	34.00	3.53	2.12	1.63
材料	冷底子油 30∶70	百 kg	638.75	0.48	—	—
	焦油玛碲脂	m^3	786.24	0.32	—	—
	木柴	kg	0.38	148.50	182.16	—
	塑料油膏	kg	1.18	—	585.12	—
	氯偏共聚乳液	kg	3.93	—	—	21.00
	磷酸三钠溶液 10%	kg	2.61	—	—	0.59
	聚乙烯醇溶液 10%	kg	3.66	—	—	0.95

工作内容：涂刷底胶及附加层，刷聚氨酯两道，并盖石碴保护层（或刚性连接层）。　　单位：100 m²

<table>
<tr><td colspan="4" rowspan="2">项　目　编　码</td><td>008</td><td>009</td></tr>
<tr><td>7-159</td><td>7-160</td></tr>
<tr><td colspan="4" rowspan="3">项　　目</td><td colspan="2">聚氨酯涂膜</td></tr>
<tr><td colspan="2">涂刷厚度</td></tr>
<tr><td>1.6 mm</td><td>每增减 0.1 mm</td></tr>
<tr><td colspan="4">基　价(元)</td><td>5044.50</td><td>281.19</td></tr>
<tr><td rowspan="3">其中</td><td colspan="3">人　工　费(元)</td><td>226.44</td><td>9.86</td></tr>
<tr><td colspan="3">材　料　费(元)</td><td>4818.06</td><td>271.33</td></tr>
<tr><td colspan="3">机　械　费(元)</td><td>—</td><td>—</td></tr>
<tr><td colspan="2">名　称</td><td>单位</td><td>单价</td><td colspan="2">数　　量</td></tr>
<tr><td colspan="2">综合工日</td><td>工日</td><td>34.00</td><td>6.66</td><td>0.29</td></tr>
<tr><td rowspan="4">材料</td><td>二甲苯</td><td>kg</td><td>5.48</td><td>12.96</td><td>—</td></tr>
<tr><td>石碴 3-7</td><td>m³</td><td>43.25</td><td>0.31</td><td>—</td></tr>
<tr><td>聚氨酯甲料</td><td>kg</td><td>17.77</td><td>107.64</td><td>6.39</td></tr>
<tr><td>聚氨酯乙料</td><td>kg</td><td>16.75</td><td>168.41</td><td>9.42</td></tr>
</table>

注：聚氨酯如掺缓凝剂，应增加磷酸 0.3 kg；如掺促凝剂，应增加二月桂酸二丁基锡 0.25 kg。

工作内容：熬制石油沥青，配制冷底子油，刷冷底子油一遍，涂刷沥青。　　单位：100 m²

<table>
<tr><td colspan="4" rowspan="2">项　目　编　码</td><td>010</td><td>011</td><td>012</td></tr>
<tr><td>7-161</td><td>7-162</td><td>7-163</td></tr>
<tr><td colspan="4" rowspan="2">项　　目</td><td colspan="3">石油沥青一遍</td></tr>
<tr><td>平面</td><td>混凝土
抹灰面立面</td><td>砖墙立面</td></tr>
<tr><td colspan="4">基　价(元)</td><td>1130.78</td><td>1190.85</td><td>1295.20</td></tr>
<tr><td rowspan="3">其中</td><td colspan="3">人　工　费(元)</td><td>63.58</td><td>76.50</td><td>86.36</td></tr>
<tr><td colspan="3">材　料　费(元)</td><td>1067.20</td><td>1114.35</td><td>1208.84</td></tr>
<tr><td colspan="3">机　械　费(元)</td><td>—</td><td>—</td><td>—</td></tr>
<tr><td colspan="2">名　称</td><td>单位</td><td>单价</td><td colspan="3">数　　量</td></tr>
<tr><td colspan="2">综合工日</td><td>工日</td><td>34.00</td><td>1.87</td><td>2.25</td><td>2.54</td></tr>
<tr><td rowspan="3">材料</td><td>冷底子油 30∶70</td><td>百 kg</td><td>638.75</td><td>0.48</td><td>0.48</td><td>0.48</td></tr>
<tr><td>石油沥青 30#</td><td>kg</td><td>3.90</td><td>186.56</td><td>198.22</td><td>221.54</td></tr>
<tr><td>木柴</td><td>kg</td><td>0.38</td><td>86.90</td><td>91.30</td><td>100.60</td></tr>
</table>

工作内容：熬制沥青，刷沥青一遍。　　单位：100 m²

<table>
<tr><td colspan="4" rowspan="2">项　目　编　码</td><td>013</td><td>014</td><td>015</td></tr>
<tr><td>7-164</td><td>7-165</td><td>7-166</td></tr>
<tr><td colspan="4" rowspan="2">项　　目</td><td colspan="3">每增加石油沥青一遍</td></tr>
<tr><td>平面</td><td>混凝土
抹灰面立面</td><td>砖墙立面</td></tr>
<tr><td colspan="4">基　价(元)</td><td>607.46</td><td>689.97</td><td>786.01</td></tr>
<tr><td rowspan="3">其中</td><td colspan="3">人　工　费(元)</td><td>22.44</td><td>29.92</td><td>35.02</td></tr>
<tr><td colspan="3">材　料　费(元)</td><td>585.02</td><td>660.05</td><td>750.99</td></tr>
<tr><td colspan="3">机　械　费(元)</td><td>—</td><td>—</td><td>—</td></tr>
<tr><td colspan="2">名　称</td><td>单位</td><td>单价</td><td colspan="3">数　　量</td></tr>
<tr><td colspan="2">综合工日</td><td>工日</td><td>34.00</td><td>0.66</td><td>0.88</td><td>1.03</td></tr>
<tr><td rowspan="2">材料</td><td>石油沥青 30#</td><td>kg</td><td>3.90</td><td>144.43</td><td>163.24</td><td>186.56</td></tr>
<tr><td>木柴</td><td>kg</td><td>0.38</td><td>57.20</td><td>61.60</td><td>61.60</td></tr>
</table>

工作内容：1. 配制涂刷冷底子油一遍，熬制石油沥青玛碲脂。

2. 涂刷石油沥青玛碲脂一遍。

单位：100 m^2

项目编码				016	017	018
				7-167	7-168	7-169
项目				刷石油沥青玛碲脂一遍		
				平面	混凝土抹灰面立面	砖墙立面
基价(元)				1159.85	1484.16	1623.76
其中	人工费(元)			60.18	77.86	87.72
	材料费(元)			1099.67	1406.30	1536.04
	机械费(元)			—	—	—
名称		单位	单价	数量		
综合工日		工日	34.00	1.77	2.29	2.58
材料	石油沥青玛碲脂	m^3	4213.20	0.18	0.25	0.28
	冷底子油 30：70	百 kg	638.75	0.48	0.48	0.48
	木柴	kg	0.38	91.30	122.10	130.90

工作内容：熬制石油沥青玛碲脂，涂刷石油沥青玛碲脂一遍。

单位：100 m^2

项目编码				019	020	021
				7-170	7-171	7-172
项目				每增加一遍石油沥青玛碲脂		
				平面	混凝土抹灰面立面	砖墙立面
基价(元)				678.85	729.11	821.48
其中	人工费(元)			23.46	29.92	34.68
	材料费(元)			655.39	699.19	786.80
	机械费(元)			—	—	—
名称		单位	单价	数量		
综合工日		工日	34.00	0.69	0.88	1.02
材料	石油沥青玛碲脂	m^3	4213.20	0.15	0.16	0.18
	木柴	kg	0.38	61.60	66.00	74.80

工作内容：1. 清理基层、调配涂料、铺贴附加层。

2. 贴布、刷涂料。

单位：100 m^2

项目编码				022	023	024	025
				7-173	7-174	7-175	7-176
项目				水乳型			
				普通乳化沥青涂料		水性石棉质沥青	
				二布三涂		一布二涂	
				平面	立面	平面	立面
基价(元)				1763.25	1983.23	1910.24	2052.70
其中	人工费(元)			326.40	546.38	249.22	391.68
	材料费(元)			1436.85	1436.85	1661.02	1661.02
	机械费(元)			—	—	—	—
名称		单位	单价	数量			
综合工日		工日	34.00	9.60	16.07	7.33	11.52
材料	水泥 32.5(普通)	t	287.74	0.014	0.014	0.061	0.061
	聚酯布 100 g/m^2	m^2	1.98	243.04	243.04	—	—
	普通乳化沥青(水乳型)	kg	3.66	260.00	260.00	—	—
	网格玻璃纤维布	m^2	2.50	—	—	124.91	124.91
	水性石棉质沥青(水乳型)	kg	1.60	—	—	832.00	832.00

工作内容：1. 清理基层、调配涂料、贴附加层。

2. 刷涂料(最后两遍掺水泥作保护层)、贴聚酯布。

单位：100 m^2

项目编码				034	035	036	037
				7-185	7-186	7-187	7-188
项目				水乳型阳离子氯丁胶乳化沥青			
				一布二涂		每增一布一涂	
				平面	立面	平面	立面
基价(元)				1576.22	1718.68	1172.68	1195.12
其中	人工费(元)			249.22	391.68	132.26	154.70
	材料费(元)			1327.00	1327.00	1040.42	1040.42
	机械费(元)			—	—	—	—
名称		单位	单价	数量			
综合工日		工日	34.00	7.33	11.52	3.89	4.55
材料	水泥 32.5(普通)	t	287.74	0.015	0.015	—	—
	聚酯布 100 g/m^2	m^2	1.98	124.91	124.91	118.13	118.13
	阳离子氯丁胶乳化沥青	kg	5.17	208.00	208.00	156.00	156.00

工作内容：1. 清理基层、调配涂料、贴附加层。

2. 刷涂料(最后两遍掺水泥作保护层)、贴聚酯布。　　单位：100 m^2

项目编码				038	039	040	041
				7-189	7-190	7-191	7-192
项目				溶剂型再生胶沥青聚酯布			
				二布三涂		每增一布一涂	
				平面	立面	平面	立面
基价(元)				1902.25	2122.23	910.60	933.04
其中	人工费(元)			326.40	546.38	132.26	154.70
	材料费(元)			1575.85	1575.85	778.34	778.34
	机械费(元)			—	—	—	—
名称		单位	单价	数量			
综合工日		工日	34.00	9.60	16.07	3.89	4.55
材料	水泥 32.5(普通)	t	287.74	0.02	0.02	—	—
	聚酯布 100 g/m^2	m^2	1.98	243.04	243.04	118.13	118.13
	再生胶沥青(溶剂型)	kg	3.49	312.00	312.00	156.00	156.00

工作内容：清理基础、配制拌合、涂料。　　单位：100 m^2

项目编码				042	043	044
				7-193	7-194	7-195
项目				聚合物水泥防水涂料		
				JS-Ⅱ型防水	JS-Ⅰ型防水	JS-Ⅱ型防水
				卫生间	屋面	地下室
				1.2 mm 涂三遍	1.5 mm 一布四涂	1.5 mm 涂四遍
基价(元)				3400.30	5457.60	4144.05
其中	人工费(元)			168.30	217.60	217.60
	材料费(元)			3232.00	5240.00	3926.45
	机械费(元)			—	—	—
名称		单位	单价	数量		
综合工日		工日	34.00	4.95	6.40	6.40
材料	JS-Ⅰ型防水涂料	kg	13.40	—	360.00	—
	JS-Ⅱ型防水涂料	kg	11.20	280.00	—	344.29
	聚脂布	m^2	3.20	30.00	130.00	22.00

3. 防水砂浆(编码:010703003)

工作内容:清理基层,调制砂浆,抹水泥砂浆。 单位:100 m²

项目编码				001	002	003	004
				7-196	7-197	7-198	7-199
项目				防水砂浆			
				平面	立面	五层做法	
						平面	立面
基价(元)				897.17	1058.33	1133.44	1312.88
其中	人工费(元)			313.48	474.64	592.62	769.76
	材料费(元)			561.13	561.13	522.91	525.21
	机械费(元)			22.56	22.56	17.91	17.91
名称		单位	单价	数量			
综合工日		工日	34.00	9.22	13.96	17.43	22.64
材料	水泥砂浆 1∶2	m^3	230.14	2.04	2.04	1.01	1.02
	防水粉	kg	1.26	55.00	55.00	—	—
	水	m^3	5.88	3.80	3.80	3.80	3.80
	素水泥浆	m^3	439.56	—	—	0.61	0.61
机械	灰浆搅拌机 200 L	台班	66.35	0.34	0.34	0.27	0.27

4. 变形缝(编码:010703004)

(1) 填 缝

工作内容:1. 油浸麻丝,熬制沥青、调制沥青麻丝、填塞沥青麻丝。

2. 油浸木丝板:熬制沥青、浸木丝板、油浸木丝板嵌缝。

3. 玛碲脂:熬制玛碲脂、玛碲脂灌缝。 单位:100 m

项目编码				001	002	003
				7-200	7-201	7-202
项目				油浸麻丝		油浸木丝板
				平面	立面	
基价(元)				1428.01	1552.79	1007.43
其中	人工费(元)			255.68	380.46	199.58
	材料费(元)			1172.33	1172.33	807.85
	机械费(元)			—	—	—
名称		单位	单价	数量		
综合工日		工日	34.00	7.52	11.19	5.87
材料	石油沥青 30#	kg	3.90	216.24	216.24	163.24
	麻丝	kg	5.29	55.08	55.08	—
	木柴	kg	0.38	99.00	99.00	61.60
	木丝板	m^2	9.66	—	—	15.30

工作内容：1. 油浸麻丝，熬制沥青、调制沥青麻丝、填塞沥青麻丝。

2. 油浸木丝板：熬制沥青、浸木丝板、油浸木丝板嵌缝。

3. 玛碲脂：熬制玛碲脂、玛碲脂灌缝。

单位：100 m

项目编码				004	005
				7-203	7-204
项目				玛碲脂	沥青
基价(元)				2324.02	921.08
其中	人工费(元)			226.44	40.12
	材料费(元)			2097.58	880.96
	机械费(元)			—	—
名称		单位	单价	数量	
综合工日		工日	34.00	6.66	1.18
材料	石油沥青玛碲脂	m^3	4213.20	0.48	—
	石油沥青 30#	kg	3.90	—	216.24
	木柴	kg	0.38	198.00	99.00

工作内容：调制石灰麻刀嵌缝、缝上贴二毡二油条一层。

单位：100 m

项目编码				006	007
				7-205	7-206
项目				石灰麻刀	
				平面	立面
基价(元)				919.68	952.66
其中	人工费(元)			236.30	269.28
	材料费(元)			683.38	683.38
	机械费(元)			—	—
名称		单位	单价	数量	
综合工日		工日	34.00	6.95	7.92
材料	石油沥青油毡 350 g	m^2	2.60	17.00	17.00
	石油沥青 30#	kg	3.90	65.00	65.00
	生石灰	kg	0.13	180.00	180.00
	麻刀	kg	3.27	108.00	108.00
	木柴	kg	0.38	24.00	24.00

工作内容：熬制油膏、沥青、拌和沥青砂浆、沥青砂浆或建筑油膏嵌缝。

单位：100 m

项目编码				008	009	010
				7-207	7-208	7-209
项目				建筑油膏		沥青砂浆
				平面	立面	
基价(元)				504.27	560.03	973.27
其中	人工费(元)			133.28	189.04	223.72
	材料费(元)			370.99	370.99	749.55
	机械费(元)			—	—	—
名称		单位	单价	数量		
综合工日		工日	34.00	3.92	5.56	6.58
材料	建筑油膏	kg	4.11	87.77	87.77	—
	普通沥青砂浆 1∶2∶6	m^3	1404.82	—	—	0.48
	木柴	kg	0.38	27.00	27.00	198.00

（2）止水带

工作内容：1. 贴氯丁橡胶片，清理乙酸乙酯洗缝、隔纸用氯丁粘剂贴氯丁橡胶片、最后在氯丁橡胶片上涂胶铺砂。

2. 聚氯乙烯胶泥，清缝、水泥砂浆勾缝、垫牛皮纸、熬灌聚氯乙烯胶泥。　　单位：100 m

项目编码				011	012
				7-210	7-211
项目				氯丁橡胶片止水带	聚氯乙烯胶泥
基价(元)				1779.84	1562.86
其中	人工费(元)			121.72	257.04
	材料费(元)			1658.12	1305.82
	机械费(元)			—	—
名称		单位	单价	数量	
综合工日		工日	34.00	3.58	7.56
材料	水泥 32.5(普通)	t	287.74	0.009	—
	氯丁橡胶片 2 mm 厚	m^2	30.51	31.82	—
	乙酸乙酯	kg	17.50	23.00	—
	氯丁橡胶浆	kg	3.81	60.58	—
	三异氰酸酯	kg	4.37	9.09	—
	牛皮纸	m^2	0.48	5.91	53.23
	砂粒	m^3	55.18	0.16	—
	聚氯乙烯胶泥	kg	15.20	—	83.32
	水泥砂浆 1∶2	m^3	230.14	—	0.06

工作内容：1. 清理基层、刷底胶、缝上粘贴 350 mm 宽一布二涂氯丁胶贴玻璃纤维布。

2. 在缝中心贴 150 mm 宽一布二涂氯丁胶玻璃布。

3. 止水片干后，表面涂胶度粘料砂。

4. 止水带制作、接头及安装。　　单位：100 m

项目编码				013	014	015	016
				7-212	7-213	7-214	7-215
项目				涂刷式一布二涂氯丁胶贴玻璃纤维布止水片		预埋式止水带	
				湿基层	干基层	橡胶	塑料
基价(元)				1609.56	1193.71	1871.69	1653.29
其中	人工费(元)			165.92	165.92	374.00	374.00
	材料费(元)			1443.64	1027.79	1497.69	1279.29
	机械费(元)			—	—	—	—
名称		单位	单价	数量			
综合工日		工日	34.00	4.88	4.88	11.00	11.00
材料	乙酸乙酯	kg	17.50	15.31	15.31	—	—
	砂粒	m^3	55.18	0.18	0.18	—	—
	玻璃纤维布 0.14 mm	m^2	1.49	95.20	95.20	—	—
	氯丁橡胶浆液	kg	3.81	116.94	135.98	—	—
	三异氰酸酯	kg	4.37	17.54	20.40	—	—
	水泥 32.5(普通)	t	287.74	0.007	0.003	—	—
	600 环氧树脂	kg	21.83	14.42	—	—	—
	300 低分子聚酰胺	kg	64.22	2.88	—	—	—
	橡胶止水带	m	13.12	—	—	105.00	—
	E44 环氧树脂	kg	22.98	—	—	3.04	3.04
	乙二胺	kg	22.00	—	—	0.24	0.24
	丙酮	kg	12.00	—	—	3.04	3.04
	甲苯	kg	3.53	—	—	2.40	2.40
	塑料止水带	m	11.04	—	—	—	105.00

工作内容：1. 熬制沥青玛碲脂、缝清理。

2. 调制沥青砂浆、填塞缝。

单位：100 m

项目编码				017	018	019	020
				7-216	7-217	7-218	7-219
项目				聚氯乙烯泡沫塑料	五合板	氯丁橡胶片	岩棉板
基价(元)				744.73	1749.89	1109.26	1678.22
其中	人工费(元)			302.94	180.20	94.52	302.94
	材料费(元)			441.79	1569.69	1014.74	1375.28
	机械费(元)			—	—	—	—
名称		单位	单价	数量			
综合工日		工日	34.00	8.91	5.30	2.78	8.91
材料	聚氯乙烯泡沫塑料	m^3	300.00	0.63	—	—	—
	石油沥青玛碲脂	m^3	4213.20	0.06	—	—	—
	胶合板五夹	m^2	8.93	—	14.30	—	—
	二等中方	m^3	1555.90	—	0.20	—	—
	一等中板	m^3	1655.81	—	0.34	—	—
	YJ-Ⅲ粘结剂	kg	16.50	—	34.00	—	—
	铁钉	kg	4.88	—	1.40	—	—
	氯丁橡胶片 2 mm 厚	m^2	30.51	—	—	29.60	—
	氯丁胶沥青胶液	kg	3.81	—	—	4.50	—
	二甲苯	kg	5.48	—	—	0.81	—
	氯丁胶粘合剂	kg	12.17	—	—	7.40	—
	岩棉板	m^3	365.57	—	—	—	0.60
	XY401 胶	kg	15.27	—	—	—	75.70

工作内容：止水带裁制、接头及安装。

单位：100 m

项目编码				021	022
				7-220	7-221
项目				钢板	橡胶板
基价(元)				6619.29	2857.39
其中	人工费(元)			904.40	411.40
	材料费(元)			5714.89	2445.99
	机械费(元)			—	—
名称		单位	单价	数量	
综合工日		工日	34.00	26.60	12.10
材料	射钉	百个	20.16	0.95	—
	橡胶板 3 mm	m^2	41.70	—	57.92
	钢板 3	t	5546.00	1.027	—
	粘胶	kg	16.74	—	1.80
	其他材料费	元	1.00	—	0.60

注：钢板止水带宽为 430 mm，可按设计规格尺寸换算用量，其他不变。

（3）盖　缝

工作内容：1. 木板盖面：平面板材加工，板缝一侧涂胶粘合；立面、埋木砖、钉木盖板。

2. 铁皮盖面：平面(屋面)埋木砖、钉木条、木条上钉铁皮；立面埋木砖、木砖上钉铁皮

单位：100 m

项目编码				023	024	025	026
				7-222	7-223	7-224	7-225
项目				木板盖板		铁皮盖板	
				平面	立面	平面	立面
基价(元)				1171.06	2309.39	5157.09	3298.83
其中	人工费(元)			132.26	266.90	347.14	359.72
	材料费(元)			1038.80	2042.49	4809.95	2939.11
	机械费(元)			—	—	—	—
名称		单位	单价	数量			
综合工日		工日	34.00	3.89	7.85	10.21	10.58
材料	一等板方材	m^3	1655.81	0.612	0.655	0.999	—
	粘合剂 XY508	kg	16.74	1.52	—	—	—
	二等板方材	m^3	1555.90	—	0.61	0.15	0.301
	铁钉	kg	4.88	—	1.81	2.10	0.70
	镀锌铁皮 0.7 mm(24#)	m^2	42.457	—	—	62.54	53.00
	焊锡	kg	53.73	—	—	4.06	3.44
	防腐油	kg	1.31	—	—	6.76	5.31
	盐酸	kg	1.25	—	—	0.86	0.74
	木炭	kg	1.60	—	—	18.02	15.27

四、厨房卫生间变压式共用排风道安装（编码：010704）

厨房卫生间变压式共用排风道安装（编码：010704001）

工作内容：1. 定位、弹线、管道安装、固定、补洞。

2. 定位、焊接、安装等全部操作过程。

项目编码				001	002	003
				7-239	7-240	7-241
项目				变压式共用排风道		排风道
				多层	高层	风帽
				10 m		10 个
基价(元)				348.94	626.51	1426.26
其中	人工费(元)			40.80	51.00	170.00
	材料费(元)			306.14	507.17	990.90
	机械费(元)			2.00	68.34	265.36
名称		单位	单价	数量		
综合工日		工日	34.00	1.20	1.50	5.00
材料	变压式公用排风道(多层)	m	28.00	10.20	—	—
	变压式公用排风道(高层)	m	46.00	—	10.20	—
	107 胶	kg	4.02	2.00	2.50	—
	水泥 32.5(普通)	t	287.74	0.015	0.018	—
	排风道风帽	个	86.00	—	—	10.00
	麻刀	kg	3.27	2.50	2.80	—
	电焊条	kg	5.17	—	0.50	20.00
	垫铁	kg	5.50	—	2.00	5.00
机械	交流弧焊机 32 kVA	台班	132.68	—	0.50	2.00
	其他机械费	元	1.00	2.00	2.00	—

四十二、青海省建设工程消耗量定额基价

（2004年定额防水工程部分）

关于发布《青海省建设工程消耗量定额基价》的通知

（青建工[2004]229号）

西宁市、海东地区、各自治州建设局，各有关单位，工程造价咨询机构：

根据《青海省建设工程消耗量定额》（青建工[2004]34号）（简称《消耗量定额》），我厅委托省建设工程造价管理总站编制了《青海省建设工程消耗量定额基价》（简称《定额基价》），现予以发布，从2005年1月1日起在全省范围内执行。

《定额基价》（包括建筑、装饰装修、安装、市政、园林绿化工程）是按2004年西宁地区预算人工费单价、定额材料价格及机械台班费用单价计算的，省内各地区应按消耗量定额规定系数进行调整。

《定额基价》与《消耗量定额》配套使用，是我省建设工程工程量清单计价的依据，也是按传统工料单价法计价的工程确定工程造价的依据。

《定额基价》由青海省建设工程造价管理总站负责解释和管理。

青海省建设厅

二〇〇四年十月二十六日

说　　明

一、《青海省建设工程消耗量定额基价—建筑工程》（简称定额基价），是根据青建工[2004]34号文发布的《青海省建设工程消耗量定额—建筑工程》（简称建筑工程消耗量定额）、青建工[2004]178号文发布的青海省建设工程预算人工费日工资标准25.48元，二〇〇四年建设工程定额材料价格和《青海省施工机械台班费用单价》（青建工[2004]228号）计算的。

二、定额基价上加（　）者，该基价为不完全价格，应按未计价材料的定额耗用量和实际价格调整为完全价格后方能使用。

三、定额基价中人工费没有考虑2000米以上高原地区人工效率降低因素，机械费亦未考虑2000米以上高原地区机械效率降低因素，在使用时应根据工程所在地的不同，分别乘以《青海省建设工程消耗量定额—建筑工程》总说明“十三”规定的人工、机械调整系数。

四、定额基价作为计算管理费、利润的基础，在实际工程计价时若人工单价、定额材料价格、机械台班单价与市场人工、材料、机械台班价格发生差价时，按工程造价管理部门发布的差价调整办法计算。

五、定额基价与建筑工程消耗量定额配套使用，是建筑工程工程量清单计价的依据，亦是传统工料单价法计价的建筑工程确定工程造价的依据，适用于青海省境内工业与民用建筑的新建、扩建、改建项目的基础工程、结构工程。

六、定额基价在使用过程中发现存在的问题，请及时函告青海省建设工程造价管理总站。

第七章 屋面及防水工程

定额编号	定 额 名 称	计量单位	基 价	人工费	材料费	机械费
7-1	水泥瓦 屋面板上或椽子挂瓦条上铺设	100 m^2	1440.91	171.99	1268.92	0.00
7-2	彩色水泥瓦 木挂瓦条	100 m^2	1589.45	180.14	1394.05	15.26
7-3	彩色水泥瓦 钢挂瓦条	100 m^2	4722.76	960.09	3683.74	78.93
7-4	彩色水泥瓦 混合砂浆卧铺	100 m^2	1946.14	688.98	1234.03	23.13
7-5	彩色水泥瓦 钢筋挂瓦条	100 m^2	2477.29	946.58	1488.12	42.59
7-6	瓦屋面 油毡瓦	100 m^2	3034.31	145.49	2850.95	37.87
7-7	瓦屋面 彩色压型钢板波形瓦	100 m^2	5805.36	679.55	5049.85	75.96
7-8	瓦屋面 波纹装饰瓦	100 m^2	4881.65	699.94	4121.30	60.41
7-9	瓦屋面 琉璃型轻质波形瓦	100 m^2	2223.29	1602.69	595.84	24.76
7-10	粘土瓦 屋面板上或椽子上挂瓦条上铺设	100 m^2	4167.56	305.76	3861.80	0.00
7-11	小青瓦 椽子上铺设	100 m^2	2334.27	285.38	2048.89	0.00
7-12	小青瓦屋面 竹帘上抹草泥铺瓦	100 m^2	856.29	171.99	684.30	0.00
7-13	粘土瓦屋面 竹帘上抹草泥	100 m^2	1079.03	191.35	887.68	0.00
7-14	粘土瓦屋面 屋面板上抹草泥	100 m^2	1061.64	191.35	870.29	0.00
7-15	粘土瓦屋面 屋面板上铺油毡挂瓦条	100 m^2	788.34	119.50	668.84	0.00
7-16	小波石棉瓦 木檩上	100 m^2	2149.47	126.13	2023.34	0.00
7-17	小波石棉瓦 砼檩上	100 m^2	2480.23	191.35	2288.88	0.00
7-18	小波石棉瓦 钢檩上	100 m^2	2528.50	191.35	2337.15	0.00
7-19	大波石棉瓦 木檩上	100 m^2	2734.06	109.82	2624.24	0.00
7-20	大波石棉瓦 钢檩上	100 m^2	3077.10	174.79	2902.31	0.00
7-21	大波石棉瓦 砼檩上	100 m^2	3114.96	174.79	2940.17	0.00
7-22	玻璃钢瓦屋面 木檩条上	100 m^2	2121.46	129.95	1991.51	0.00
7-23	玻璃钢瓦屋面 砼檩上(钢檩上)	100 m^2	2267.80	165.62	2102.18	0.00
7-24	硫璃瓦屋面 砼亭面上	100 m^2	1923.57	279.77	1643.80	0.00
7-25	硫璃瓦屋面 砼屋面上	100 m^2	1633.01	226.52	1406.49	0.00
7-26	硫璃瓦屋面 砼桷条上	100 m^2	1885.03	294.29	1590.74	0.00
7-27	琉璃瓦檐	10 m	363.89	111.60	252.29	0.00
7-28	琉璃瓦脊	10 m	602.79	111.60	491.19	0.00
7-29	瓦垄铁屋面	100 m^2	3659.55	80.77	3531.70	47.08
7-30	屋面铺折板瓦 玻璃钢折板瓦 铺于钢檩	100 m^2	2904.37	196.71	2707.14	0.52
7-31	屋面铺折板瓦 玻璃钢折板瓦 铺于木檩	100 m^2	2643.39	154.66	2488.73	0.00
7-32	屋面铺折板瓦 塑料折板瓦 铺于钢檩	100 m^2	1699.40	196.71	1502.17	0.52

续表

定额编号	定 额 名 称	计量单位	基 价	人工费	材料费	机械费
7-33	屋面铺折板瓦 塑料折板瓦 铺于木檩	100 m^2	1438.43	154.66	1283.77	0.00
7-34	瓦屋面 GRC 防晒板	100 m^2	2790.37	124.09	2666.28	0.00
7-35	彩色压型板屋面 钢板	100 m^2	12158.29	415.07	11346.28	396.94
7-36	彩色压型板屋面 夹心板	100 m^2	5333.72	719.56	4521.02	93.14
7-37	阳光板屋面	100 m^2	71424.12	1949.98	68045.23	1428.91
7-38	金属压型板屋面 檩距 7.5 m 以内	100 m^2	7986.31	436.22	7438.88	111.21
7-39	金属压型板屋面 檩距 6.0 m 以内	100 m^2	8154.12	460.68	7582.19	111.25
7-40	金属压型板屋面 檩距 4.2 m 以内	100 m^2	8489.05	509.60	7868.57	111.08
7-41	石油沥青玛碲脂卷材屋面 一毡二油	100 m^2	1474.12	81.79	1392.33	0.00
7-42	石油沥青玛碲脂卷材屋画 二毡二油	100 m^2	2100.43	130.46	1969.97	0.00
7-43	石油沥青玛碲脂卷材屋面 二毡三油-砂	100 m^2	2311.64	159.50	2152.14	0.00
7-44	石油沥青玛碲脂卷材屋面 玛蹄脂卷材每增减一毡一油	100 m^2	635.88	48.67	587.21	0.00
7-45	石油沥青玛碲卷材屋面 干铺油毡层	100 m^2	333.34	31.85	301.49	0.00
7-46	APP 改性沥青 卷材防水层	100 m^2	2098.30	244.61	1853.69	0.00
7-47	高聚物改性沥青 卷材防水层	100 m^2	2689.87	335.83	2354.04	0.00
7-48	SBS 改性沥青油毡 2 厚 冷贴法	100 m^2	1798.32	148.29	1650.03	0.00
7-49	SBS 改性沥青油毡 3 厚 热溶法	100 m^2	2026.08	148.29	1877.79	0.00
7-50	SBS 改性沥青油毡 4 厚 热溶法	100 m^2	2544.73	148.29	2396.44	0.00
7-51	三元乙丙橡胶卷材冷贴 满铺	100 m^2	4338.49	234.93	4103.56	0.00
7-52	三元乙丙橡胶卷材冷贴 空铺	100 m^2	4079.74	234.93	3844.81	0.00
7-53	三元乙丙橡胶卷材冷贴 点铺	100 m^2	4105.04	234.93	3870.11	0.00
7-54	三元乙丙橡胶卷材冷贴 条铺	100 m^2	4114.69	206.64	3908.05	0.00
7-55	再生橡胶卷材冷贴 满铺	100 m^2	3827.46	234.93	3592.53	0.00
7-56	再生橡胶卷材冷贴 空铺	100 m^2	3415.70	234.93	3180.77	0.00
7-57	再生橡胶卷材冷贴 点铺	100 m^2	3364.89	234.93	3129.96	0.00
7-58	再生橡胶卷材冷贴 条铺	100 m^2	3302.67	206.64	3096.03	0.00
7-59	氯丁橡胶卷材冷贴 满铺	100 m^2	4130.35	234.93	3895.42	0.00
7-60	氯丁橡胶卷材冷贴 空铺	100 m^2	3711.04	234.93	3476.11	0.00
7-61	氯丁橡胶卷材冷贴 点铺	100 m^2	3660.23	234.93	3425.30	0.00
7-62	氯丁橡胶卷材冷贴 条铺	100 m^2	3598.18	206.64	3391.54	0.00
7-63	氯化聚乙烯-橡胶共混卷材冷贴 满铺	100 m^2	4826.64	234.93	4591.71	0.00
7-64	氯化聚乙烯-橡胶共混卷材冷贴 空铺	100 m^2	4436.61	234.93	4201.68	0.00
7-65	氯化聚乙烯-橡胶共混卷材冷贴 点铺	100 m^2	4386.62	234.93	4151.69	0.00
7-66	氯化聚乙烯-橡胶共混卷材冷贴 条铺	100 m^2	4324.86	206.64	4118.22	0.00
7-67	氯磺化聚乙烯卷材冷贴 满铺	100 m^2	3730.90	234.93	3495.97	0.00
7-68	氯磺化聚乙烯卷材冷贴 空铺	100 m^2	3425.02	234.93	3190.09	0.00

续表

定额编号	定 额 名 称	计量单位	基 价	人工费	材料费	机械费
7-69	氯磺化聚乙烯卷材冷贴 点铺	100 m^2	3396.78	234.93	3161.85	0.00
7-70	氯磺化聚乙烯卷材冷贴 条铺	100 m^2	3313.38	206.64	3106.74	0.00
7-71	防水柔毡 热贴满铺 二胶一毡一砂	1.00 m^2	3339.87	152.88	3186.99	0.00
7-72	防水柔毡 热贴满铺 每增一胶一毡	100 m^2	1626.01	78.99	1547.02	0.00
7-73	聚氯乙烯防水卷材 铝合金压条 空铺	100 m^2	5181.47	2252.43	2929.04	0.00
7-74	SBC120 复合卷材冷贴 满铺	100 m^2	2309.21	137.08	2172.13	0.00
7-75	屋面满涂塑料油膏 4 mm	100 m^2	1015.74	72.87	942.87	0.00
7-76	塑料油膏嵌缝 空心板	100 m	276.21	84.34	191.87	0.00
7-77	塑料油膏嵌缝 大型屋面板	100 m	334.47	84.85	249.62	0.00
7-78	塑料油膏玻璃纤维布 一布二油	100 m^2	1675.37	87.91	1587.46	0.00
7-79	塑料油膏玻璃纤维布 每增一布一油	100 m^2	748.29	55.29	693.00	0.00
7-80	屋面分格缝	100 m	2404.95	252.25	2152.70	0.00
7-81	塑料油膏贴玻璃布盖缝 一布二油	100 m	664.21	52.74	611.47	0.00
7-82	塑料油膏贴玻璃布盖缝 每增一布一油	100 m	289.50	31.60	257.90	0.00
7-83	聚氨酯涂膜防水屋面	100 m^2	3856.57	129.95	3726.62	0.00
7-84	掺无机盐铝防水剂 素水泥浆	100 m^2	187.38	49.18	138.20	0.00
7-85	掺无机盐铝防水剂 防水砂浆 2 cm	100 m^2	1611.84	268.05	1325.58	18.21
7-86	防水砂浆 2 cm 厚	100 m^2	874.84	274.93	581.70	18.21
7-87	镇水粉隔离层	100 m^2	2988.95	474.95	2514.00	0.00
7-88	氯丁冷胶 二布三涂	100 m^2	5350.83	238.24	5112.59	0.00
7-89	氯丁冷胶 每增一布一涂	100 m^2	1457.45	120.01	1337.44	0.00
7-90	APP 改性沥青涂料防水层 二布三涂 涂膜厚 2 mm	100 m^2	2202.91	327.16	1875.75	0.00
7-91	APP 改性沥青涂料防水层 每增减一布一涂 涂膜厚 0.6 mm	100 m^2	737.90	107.53	630.37	0.00
7-92	APP 改性沥青涂料防水层 每增减一涂 涂膜厚 0.1 mm	100 m^2	88.87	8.92	79.95	0.00
7-93	SBS 改性沥青涂料防水层 二布三涂 涂膜厚 2 mm	100 m^2	1969.41	327.16	1642.25	0.00
7-94	SBS 改性沥青涂料防水层 每增减一布一涂 涂膜厚 0.6 mm	100 m^2	667.00	107.53	559.47	0.00
7-95	SBS 改性沥青涂料防水层 每增减一涂 涂膜厚 0.1 mm	100 m^2	73.67	8.92	64.75	0.00
7-96	刚性防水层 细石砼 40 mm	100 m^2	1164.75	359.75	765.13	39.84
7-97	屋面刚性防水 细石砼 每增减 5 mm	100 m^2	131.03	35.93	90.12	4.98
7-98	铸铁落水管 直径 100 mm	10 m	784.34	71.85	712.49	0.00
7-99	铸铁落水管 直径 150 mm	10 m	1186.61	79.50	1107.11	0.00
7-100	铸铁雨水口 直径 100 mm	10 个	175.82	82.30	93.52	0.00

续表

定额编号	定额名称	计量单位	基价	人工费	材料费	机械费
7-101	铸铁雨水口　直径 150 mm	10 个	217.41	85.61	131.80	0.00
7-102	铸铁水斗(接水口)落水口直径 100 mm	10 个	188.07	68.29	119.78	0.00
7-103	铸铁水斗(接水口)落水口直径 150 mm	10 个	231.93	71.60	160.33	0.00
7-104	屋面排水管　铸铁弯头	10 个	402.12	91.22	310.90	0.00
7-105	玻璃钢排水管　单屋面排水管系统　ϕ110	10 m	456.84	73.64	383.20	0.00
7-106	玻璃钢排水管　单屋面排水管系统　ϕ160	10 m	629.60	81.79	547.81	0.00
7-107	玻璃钢排水管　屋面阳台雨水管系统　ϕ110	10 m	499.59	73.64	425.95	0.00
7-108	玻璃钢排水管　屋面阳台雨水管系统　ϕ160	10 m	677.72	81.79	595.93	0.00
7-109	玻璃钢排水部件　水斗(带罩)直径　ϕ110	10 个	296.39	76.69	219.70	0.00
7-110	玻璃钢排水部件　水斗(带罩)直径　ϕ160	10 个	399.34	80.01	319.33	0.00
7-111	玻璃钢排水部件　弯头 90°　ϕ50	10 个	136.93	33.38	103.55	0.00
7-112	玻璃钢排水部件　短管　ϕ50	10 个	284.89	33.38	251.51	0.00
7-113	(PVC)塑料水落管　直径 75 mm	10 m	192.95	58.86	134.09	0.00
7-114	(PVC)塑料水落管　直径 110 mm	10 m	311.00	58.86	252.14	0.00
7-115	(PVC)塑料水斗　直径 75 mm	10 个	164.82	53.76	111.06	0.00
7-116	(PVC)塑料水斗　直径 110 mm	10 个	354.03	53.76	300.27	0.00
7-117	(PVC)塑料管　阳台雨水管(直径 50 mm)三通规格(直径 110 mm)	10 套	430.61	53.25	377.36	0.00
7-118	(UPVC)全塑管　阳台雨水管(直径 50 mm)三通规格(直径 110 mm)	10 套	430.61	53.25	377.36	0.00
7-119	铁皮排水　水落管、檐沟	100 m^2	3559.18	734.08	2825.10	0.00
7-120	铁皮排水　天沟、泛水	100 m^2	2887.16	265.25	2621.91	0.00
7-121	天沟　彩色夹心板	100 m^2	5332.15	461.19	4797.43	73.53
7-122	天沟　彩色钢板	100 m^2	11773.83	430.61	11138.96	204.26
7-123	檐沟　彩色夹心板	100 m^2	5159.52	334.30	4753.47	71.75
7-124	檐沟　彩色钢板	100 m^2	11594.38	303.98	11090.08	200.32
7-125	檐沟　玻璃钢	100 m^2	3131.20	298.37	2774.86	57.97
7-126	隔离层　1：6 水泥膨胀珍珠岩 20 厚	100 m^2	517.32	174.03	321.68	21.61
7-127	隔离层　麻刀灰 30 厚	100 m^2	246.46	164.60	56.76	25.10
7-128	隔离层　纸筋灰 30 厚	100 m^2	243.28	164.60	53.80	24.88
7-129	玛碲脂卷材　二毡二油　平面	100 m^2	2000.54	225.75	1774.79	0.00
7-130	玛碲脂卷材　二毡三油　立面	100 m^2	2127.38	295.31	1832.07	0.00
7-131	玛碲脂卷材　每增减一毡一油　平面	100 m^2	707.28	94.79	612.49	0.00
7-132	玛碲脂卷材　每增减一毡一油　立面	100 m^2	761.78	130.20	631.58	0.00
7-133	玛碲脂玻璃纤维布　二布三油　平面	100 m^2	1764.03	246.65	1517.38	0.00
7-134	玛碲脂玻璃纤维布　二布三油　立面	100 m^2	1941.57	366.91	1574.66	0.00
7-135	玛碲脂玻璃纤维布　每增减一布一油　平面	100 m^2	594.10	114.41	479.69	0.00

续表

定额编号	定　额　名　称	计量单位	基　价	人工费	材料费	机械费
7-136	玛碲脂玻璃纤维布　每增减一布一油　立面	100 m^2	660.83	162.05	498.78	0.00
7-137	沥青玻璃布卷材　二布三油　平面	100 m^2	1626.26	246.39	1379.87	0.00
7-138	沥青玻璃布卷材　二布三油　立面	100 m^2	1805.64	366.40	1439.24	0.00
7-139	沥青玻璃布卷材　每增减一布一油　平面	100 m^2	555.77	114.66	441.11	0.00
7-140	沥青玻璃布卷材　每增减一布一油　立面	100 m^2	622.44	161.54	460.90	0.00
7-141	氯化聚乙烯-橡胶共混卷材　平面	100 m^2	5099.27	492.78	4606.49	0.00
7-142	氯化聚乙烯-橡胶共混卷材　立面	100 m^2	5243.24	636.75	4606.49	0.00
7-143	三元乙丙橡胶卷材　冷贴满铺　平面	100 m^2	4009.19	492.78	3516.41	0.00
7-144	三元乙丙橡胶卷材　冷贴满铺　立面	100 m^2	4153.16	636.75	3516.41	0.0
7-145	再生橡胶卷材　冷贴满铺　平面	100 m^2	3973.65	492.78	3480.87	0.00
7-146	再生橡胶卷材　冷贴满铺　立面	100 m^2	4117.62	636.75	3480.87	0.00
7-147	苯乙烯涂料二遍　平面	100 m^2	364.36	56.31	308.05	0.00
7-148	苯乙烯涂料二遍　立面	100 m^2	373.51	56.31	317.20	0.00
7-149	刷冷底子油　第一遍	100 m^2	210.78	40.00	170.78	0.00
7-150	刷冷底子油　第二遍	100 m^2	147.12	33.89	113.23	0.00
7-151	焦油玛碲脂　涂刷厚度遍数 3 mm	100 m^2	589.95	89.94	500.01	0.00
7-152	塑料油膏　涂刷厚度遍数　二遍	100 m^2	996.89	54.02	942.87	0.00
7-153	氯偏共聚　乳胶　涂刷厚度遍数　三遍	100 m^2	128.41	41.53	86.88	0.00
7-154	聚氨脂防水涂膜　涂膜厚 1.6	100 m^2	2617.79	104.72	2513.07	0.00
7-155	聚氨脂防水涂膜　涂膜厚 1.6 刷着色剂	100 m^2	3283.13	139.63	3143.50	0.00
7-156	聚氨脂防水涂膜　每增减 0.1 厚	100 m^2	187.18	7.39	179.79	0.00
7-157	石油沥青一遍　平面	100 m^2	535.06	47.65	487.41	0.00
7-158	石油沥青一遍　砼抹　灰面立面	100 m^2	564.53	57.33	507.20	0.00
7-159	石油沥青一遍　砖墙立面	100 m^2	611.69	64.72	546.97	0.00
7-160	涂膜防水　每增加石油沥青一遍　平面	100 m^2	262.99	16.82	246.17	0.00
7-161	涂膜防水　每增加石油沥青一遍　砼抹　灰面立面	100 m^2	299.47	22.42	277.05	0.00
7-162	涂膜防水　每增加石油沥青一遍　砖墙立面	100 m^2	339.43	26.24	313.19	0.00
7-163	刷石油沥青玛碲脂一遍　平面	100 m^2	557.86	45.10	512.76	0.00
7-164	刷石油沥青玛碲脂一遍　砼抹灰面立面	100 m^2	704.77	58.35	646.42	0.00
7-165	刷石油沥青玛碲脂一遍　砖墙立面	100 m^2	767.72	65.74	701.98	0.00
7-166	涂膜防水　每增加一遍石油沥青玛蹄脂　平面	100 m^2	302.27	17.58	284.69	0.00
7-167	涂膜防水　每增加一遍石油沥青玛蹄脂　砼抹　灰面　立面	100 m^2	326.21	22.42	303.79	0.00
7-168	涂膜防水　每增加一遍石油沥青玛蹄脂　砖墙立面	100 m^2	367.97	25.99	341.98	0.00
7-169	水乳型普通乳化沥青涂料　二布三涂　平面	100 m^2	1172.54	244.61	927.93	0.00
7-170	水乳型普通乳化沥青涂料　二布三涂　立面	100 m^2	1337.38	409.46	927.92	0.00

续表

定额编号	定 额 名 称	计量单位	基 价	人工费	材料费	机械费
7-171	水乳型水性石棉质沥青一布二涂 平面	100 m^2	1377.34	186.77	1190.57	0.00
7-172	水乳型水性石棉质沥青一布二涂 立面	100 m^2	1484.10	293.53	1190.57	0.00
7-173	水乳型再生胶沥青聚脂布 二布三涂 平面	100 m^2	1333.74	244.61	1089.13	0.00
7-174	水乳型再生胶沥青聚脂布 二布三涂 立面	100 m^2	1498.59	409.46	1089.13	0.00
7-175	水乳型再生胶沥青聚脂布 每增一布一涂 平面	100 m^2	583.78	99.12	484.66	0.00
7-176	水乳型再生胶沥青聚脂布 每增一布一涂 立面	100 m^2	600.59	115.93	484.66	0.00
7-177	水乳型阴离子合成胶乳化沥青聚脂布 一布二涂 平面	100 m^2	932.15	186.77	745.38	0.00
7-178	水乳型阴离子合成胶乳化沥青聚脂布 一布二涂 立面	100 m^2	1038.91	293.53	745.38	0.00
7-179	水乳型阴离子合成胶乳化沥青聚脂布 每增一布一涂 平面	100 m^2	713.78	99.12	614.66	0.00
7-180	水乳型阴离子合成胶乳化沥青聚脂布 每增一布一涂 立面	100 m^2	730.59	115.93	614.66	0.00
7-181	水乳型阳离子氯丁胶乳化沥青聚脂布 一布二涂 平面	100 m^2	1337.75	186.77	1150.98	0.00
7-182	水乳型阳离子氯丁胶乳化沥青聚脂布 一布二涂 立面	100 m^2	1444.51	293.53	1150.98	0.00
7-183	水乳型阳离子氯丁胶乳化沥青聚脂布 每增一布一涂 平面	100 m^2	1017.98	99.12	918.86	0.00
7-184	水乳型阳离子氯丁胶乳化沥青聚脂布 每增一布一涂 立面	100 m^2	1034.79	115.93	918.86	0.00
7-185	水乳型橡胶沥青 二布三涂 一砂涂膜厚1.6	100 m^2	4751.96	312.13	4439.83	0.00
7-186	水乳型橡胶沥青 二布三涂 涂膜厚1.6	100 m^2	4471.80	291.75	4180.05	0.00
7-187	水乳型橡胶沥青 每增减一布一涂 涂膜厚0.4	100 m^2	1174.18	102.94	1071.24	0.00
7-188	溶剂型再生胶沥青聚酯布 二布三涂 平面	100 m^2	1625.05	244.61	1380.44	0.00
7-189	溶剂型再生胶沥青聚酯布 二布三涂 立面	100 m^2	1789.90	409.46	1380.44	0.00
7-190	溶剂型再生胶沥青聚酯布 每增一布一涂 平面	100 m^2	777.74	99.12	678.62	0.00
7-191	溶剂型再生胶沥青聚酯布 每增一布一涂 立面	100 m^2	794.55	115.93	678.62	0.00
7-192	防水砂浆 平面	100 m^2	786.54	234.93	533.92	17.69
7-193	防水砂浆 立面	100 m^2	907.31	355.70	533.92	17.69
7-194	防水砂浆 五层做法 平面	100 m^2	1010.84	444.12	552.67	14.05
7-195	防水砂浆 五层做法 立面	100 m^2	1145.97	576.87	555.05	14.05
7-196	填缝 油浸麻丝 平面	100 m	1108.48	191.61	916.97	0.00
7-197	填缝 油浸麻处 立面	100 m	1201.99	285.12	916.87	0.00
7-198	填缝 油浸木丝板	100 m	853.79	149.57	704.22	0.00

续表

定额编号	定 额 名 称	计量单位	基 价	人工费	材料费	机械费
7-199	填缝 玛蹄脂	100 m	1081.06	169.70	911.36	0.00
7-200	填缝 石灰麻刀 平面	100 m	518.73	177.09	341.64	0.00
7-201	填缝 石灰麻刀 立面	100 m	543.44	201.80	341.64	0.00
7-202	填缝 建筑油膏	100 m	300.53	141.67	158.86	0.00
7-203	填缝 沥青砂浆	100 m	591.93	167.66	424.27	0.00
7-204	氯丁橡胶片止水带	100 m	1835.20	91.22	1743.98	0.00
7-205	预埋式紫铜板止水片	100 m	26000.94	673.44	25242.34	85.16
7-206	聚氯乙烯胶泥止水带	100 m	468.59	192.63	275.96	0.00
7-207	涂刷式一布二涂氯丁胶粘 玻璃纤维布止水片 湿基层	100 m	2836.70	124.34	2712.36	0.00
7-208	涂刷式一布二涂氯丁胶粘 玻璃纤维布止水片 干基层	100 m	2672.09	124.34	2547.75	0.00
7-209	预埋式止水带 橡胶	100 m	1798.95	280.28	1518.67	0.00
7-210	预埋式止水带 塑料	100 m	2459.40	280.28	2179.12	0.00
7-211	钢板止水带	100 m	4518.42	693.31	3685.74	139.37
7-212	木板盖板 平面	100m	1232.61	101.41	1131.20	0.00
7-213	木板盖板 立面	100m	2101.45	310.60	1790.85	0.00
7-214	铁皮盖板 平面	100m	4451.81	342.20	4109.61	0.00
7-215	铁皮盖板 立面	100m	2452.59	269.58	2183.01	0.00
7-216	钢板盖面 地面 缝宽 50 mm 以内	100 m	4008.03	419.40	3463.03	125.60
7-217	钢板盖面 地面 缝宽 100 mm 以内	100 m	20500.16	633.94	19248.85	617.37
7-218	钢板盖面 地面 缝宽 100 mm 以上	100 m	28504.94	836.76	26811.57	856.61
7-219	花纹硬橡胶板 地面 缝宽 50 mm 以内	100 m	4210.55	448.19	3629.95	132.41
7-220	花纹硬橡胶板 地面 缝宽 100 mm 以内	100 m	8091.12	697.90	7144.76	248.46
7-221	花纹硬橡胶板 地面 缝宽 100 mm 以外	100 m	13382.79	788.10	12189.05	405.64
7-222	贴硬橡胶板 地面 缝宽 100 mm 以内	100 m	6481.40	665.79	5618.04	197.57
7-223	贴硬橡胶板 地面 缝宽 100 mm 以外	100 m	11223.51	753.44	10133.28	356.79
7-224	胶合板面 顶棚 缝宽 100 mm 以内	100 m	2431.41	661.72	1698.78	70.91
7-225	胶合板面 顶棚 缝宽 100 mm 以外	100 m	3286.07	696.62	2492.52	96.93
7-226	胶合板面 内墙 缝宽 100 mm 以内	100 m	2447.39	677.00	1698.78	71.61
7-227	胶合板面 内墙 缝宽 100 mm 以外	100 m	3299.58	710.13	2492.52	96.93
7-228	铝合金盖面 顶棚 缝宽 100 mm 以内	100 m	4640.81	724.91	3809.30	106.60
7-229	铝合金盖面 顶棚 缝宽 100 mm 以外	100 m	6171.33	799.82	5219.33	152.18
7-230	铝合金盖面 内墙 缝宽(mm)100 以内	100 m	4666.29	750.39	3809.30	106.60
7-231	铝合金盖面 内墙 缝宽(mm)100 以外	100 m	6181.52	810.01	5219.33	152.18
7-232	屋面检修孔	10 个	1422.33	438.26	984.07	0.00

四十三、青海省建设工程消耗量定额

（2004年定额防水工程部分）

关于发布《青海省建设工程消耗量定额》的通知

（青建工[2004]34号）

西宁市、海东地区、各自治州建设局，省有关部门，人民银行及各专业银行，驻青部队，各勘察设计、施工、监理、建设、工程造价咨询单位：

为贯彻执行中华人民共和国国家标准《建设工程工程量清单计价规范》(GB 50500—2003自2003年7月1日起施行)，根据《青海省贯彻‘建设工程工程量清单计价规范’推行工程量清单计价工作的实施意见》和建设部《关于贯彻执行‘建设工程工程量清单计价规范’若干问题的通知》[建标(2003)48号]的要求，我厅委托省建设工程造价管理总站，结合我省工程建设实际情况编制的《青海省建设工程消耗量定额》(包括建筑、装饰装修、安装、市政、园林绿化工程，以下简称消耗量定额)，业已完成。经审查。现予以批准并发布，自发布之日起在全省范围内执行。

本“消耗量定额”是规范我省工程量清单计价的指导性依据，由青海省建设工程造价管理总站负责解释和管理。

青海省建设厅

二〇〇四年三月一日

总　说　明

《青海省建筑工程消耗量定额》(以下简称本定额)包括第一章土、石方工程，第二章桩与地基基础工程，第三章砌筑工程，第四章混凝土及钢筋混凝土工程，第五章厂库房大门、特种门、木结构工程，第六章金属结构工程，第七章屋面及防水工程，第八章防腐、隔热、保温工程，第九章其他工程。

一、本定额的编制依据

1.《全国统一建筑工程基础定额青海省单位估价表》(1999年)；

2. 外省《建筑工程预算定额》；

3.《建设工程工程量清单计价规范》(附录A)GB 50500—2003；

4. 国家现行有关建筑工程的设计、施工、质量、安全操作规程、规范与标准。

二、本定额是我省建筑工程完成规定计量单位分项工程人工、材料、施工机械台班消耗量标准；是统一全省建筑工程量计算规则、项目划分计量单位的依据；是编审建筑工程标底、设计概算、施工图预算、竣工结算，调解处理工程造价纠纷、鉴定工程造价的依据；是合理确定和有效控制工程造价和衡量投标报价合理性的基础，也作为投标报价、企业内部核算、编制企业定额的参数。

三、本定额适用于青海省境内工业与民用建筑的新建、扩建、改建项目的基础工程、结构工程。

四、本定额是按照合理的施工组织设计，正常的施工条件和合理的工期编制的。

五、人工消耗量计算

1. 定额中人工工日一律以“综合工日”表示，不分工种、技术等级。内容包括基本用工、定额规定距离内的材料场内运输用工、辅助用工、人工幅度差。机械土方、桩基础、构件运输及安装等工程的人工工日数，是随机械产量计算的。

2. 定额人工中未考虑高原地区人工效率降低因素。

六、材料消耗量的确定

1. 本定额中材料消耗量，包括主要材料、辅助材料、零星材料，凡能计量的材料、成品、半成品均按品种、规格逐一列出数量，并已计入相应损耗。其内容和范围包括：从工地仓库、现场集中堆放地点或现场加工地点至操作或安装地点的运输损耗、施工操作损耗、施工现场堆放损耗。对个别消耗量较小的零星材料，以其他材料费表示。“其他材料费”以该项目材料费之和的百分比表示。定额中所用的材料，均为合格品质。

2. 施工措施性消耗部分，周转材料按不同施工方法、不同材质分别列出一次性使用量或摊销量。

3. 施工工具性消耗，未列入本定额。

4. 混凝土、砌筑、抹灰砂浆及各种胶泥等，均按半成品消耗量列入定额。

5. 定额中混凝土及钢筋混凝土预制构件制作，均以自然养护考虑的，采用蒸汽养护时，按实际发生另行计算。

七、机械台班消耗量的计算

1. 施工机械台班消耗量是按常用机械类型、规格确定的。

2. 机械土石方、打桩、构件运输及安装等工程，都分别列出机械名称、规格型号和工作物对象，按单机或主机及与之配合的辅助机械，分别以台班消耗量表示。

3. 中小型机械一般随工人班组配备、其台班消耗量已列入相应定额中。

4. 机械原值在2000元以内、使用年限在2年以内的、不构成固定资产的低值易耗的小型机械，未列入定额。

5. 定额中未考虑高原地区机械效率降低因素。

6. 定额中规定需要计算机械停滞台班的机械是：①挖土机械，②水平运输机械，⑧起重机械（包括履带吊、塔吊、汽车吊、轮胎吊），④打桩机械，⑤动力机械，⑥地下工程机械。

机械停滞2小时以内者，不计停滞台班，停滞超过2小时按0.5个台班计算，停滞超过4小时按一个台班计算。

7. 定额中已考虑了以下停滞因素：①施工组织设计中已考虑的停滞；②法定假日的停滞；③机械故障造成的停滞；④自然气候影响造成的停滞；⑤由于施工单位自身原因造成的停滞；⑥机械幅度差已包括的内容。除以上六条因素所造成的机械停滞外，可以计算停滞台班。

机械停滞台班按机械使用台班的44%计算。

八、定额项目中混凝土、砂浆强度等级与设计要求不同时，允许调整。

九、本定额中已包括施工用水、用电，现场施工用水用电由施工单位负担。工程施工用水用电，由建设单位在现场自装水、电表、交施工单位保管使用，施工单位按表计量，作为发承包双方结算的依据；如无条件装表计量，由建设单位提供的水、电，发承包双方约定其结算方法。

十、本定额均按建筑物室外地坪设计标高到檐口高度 20 米以内编制。

十一、本定额中的工作内容已说明了主要的施工工序，次要工序虽未说明，但均已包括在内。

十二、本定额中注有"×××以内"或"×××以下"者均包括×××本身；"×××以外"或"×××以上"者，则不包括×××本身。

十三、省各地区使用本定额计算人工费、机械费消耗量时乘以下表系数。

各地人工、机械台班消耗量调整参考系数表

地区		人工系数	机械系数
		建筑工程	
西宁市	市区	1.09	1.25
	大通	1.14	1.35
	湟中	1.14	1.35
	湟源	1.14	1.35
海东	平安	1.10	1.26
	乐都	1.10	1.28
	民和	1.00	1.01
	互助	1.10	1.26
	化隆	1.18	1.36
	循化	1.01	1.03
海北	门源	1.33	1.35
	海晏	1.33	1.35
	祁连	1.37	1.39
	刚察	1.44	1.40
海西	德令哈	1.34	1.41
	乌兰	1.34	1.43
	都兰	1.41	1.46
	天峻	1.49	1.86
	大柴旦	1.53	1.51
	冷湖	1.50	1.81
	茫崖	1.55	1.59
	格尔木	1.46	1.39

续表

地区		人工系数	机械系数
		建筑工程	
海南	共和	1.28	1.41
	龙羊	1.28	1.41
	贵德	1.10	1.35
	贵南	1.47	1.50
	同德	1.50	1.53
	兴海	1.47	1.50
黄南	同仁	1.23	1.40
	尖扎	1.19	1.33
	泽库	1.52	1.55
	河南	1.52	1.54
玉树	玉树	1.70	1.51
	称多	1.70	1.95
	囊谦	1.70	1.78
	杂多	1.81	1.65
	治多	1.81	1.64
	曲玛莱	1.82	1.99
果洛	玛沁	1.67	1.80
	甘德	1.75	1.91
	达日	1.69	1.75
	久治	1.61	1.68
	班玛	1.61	1.65
	玛多	1.78	1.73

注：1. 西宁市区指在城中、城东、城西、城北、城南等辖区内的工程项目。

2. 表中系数内已包括高原地区人工和机械效率降低系数。

3. 表中系数适用于建筑工程。

4. 计算公式：地区人工消耗量＝定额人工消耗量×地区人工调整系数

地区机械台班消耗量＝定额机械台班消耗量×地区机械调整系数

十四、高原地区人工、机械效率降低参考系数表

项目	海拔高程(M)				
	2000～2500	2500～3000	3000～3500	3500～4000	4000～4500
人工	1.09	1.14	1.19	1.24	1.29
机械	1.25	1.35	1.45	1.55	1.65

注：4500 m以上地区，由当地建设行政主管部门自行决定，并报省建设厅备案。

十五、本说明未尽事宜，详见各章说明。

第七章 屋面及防水工程

说 明

一、瓦屋面瓦材的材质、规格与定额不同时，可以换算，其他不变。

二、定额中高分子卷材厚度：再生橡胶卷材 1.5 mm，氯化聚乙稀 2.5 mm，其他 1.2 mm，设计与定额不同时，可以换算。

三、防水工程适用于楼地面、墙基、墙身、构筑物、水池、水塔及室内厕所、浴室等防水，也适用于±0.00 以下的防水、防潮工程。

四、三元乙丙丁基橡胶卷材屋面防水，按相应的三元乙丙橡胶卷材屋面防水项目计算。

五、氯丁冷胶“二布三涂”项目，其“三涂”是指涂料构成防水层数，并非指涂刷遍数；每一层“涂层”涂刷二遍至数遍不等。

六、本定额中沥青、玛碲脂均指石油沥青、石油沥青玛碲脂。

七、变形缝填缝：建筑油膏、聚氯乙烯胶泥断面取定 30×20 mm；沥青砂浆取定 20×20 mm；油浸木丝板取定为 25×150 mm；紫铜板止水片厚 2 mm，展开宽度 450 mm；氯丁橡胶宽 300 mm；涂刷式氯丁胶贴玻璃止水片宽 350 mm；其余均为 150×30 mm。如设计断面不同时，用料可以换算，人工不变。

八、盖缝：木板盖缝断面为 200×25 mm，如设计断面不同时，用料可以换算，人工不变。如采用铝合金、胶合板、花纹橡胶板、钢板等按相应定额套用。

九、屋面砂浆找平层，干铺炉渣按建筑装饰、装修消耗量定额楼地面工程相应项目计算。

十、SBS 防水卷材的厚度按 2 mm、3 mm、4 mm 编入，其胎体材料为玻璃纤维布。实际施工中如厚度、胎体与定额不同时，均按定额计算。

工程量计算规则

一、瓦屋面、金属压型板(包括挑檐部分)、彩色水泥瓦、彩色压型板、阳光板均按图示尺寸的水平投影面积乘以屋面坡度系数(见表 7-1)以 m^2 计算。不扣除房上烟囱、风道、风帽底座、屋面小气窗和斜沟等所占面积，屋面小气窗的出檐部分亦不增加。

二、琉璃瓦屋面：按设计图示尺寸的屋面斜面积，以 m^2 计算。

三、琉璃瓦脊定额中考虑用一般小三星做法，瓦脊、瓦檐口线的工程量按图示尺寸以延长米计算。如采用大三星做法或瓦脊饰件可按实际进行换算。

四、卷材屋面工程量按以下规定计算：

1. 卷材屋面按图示尺寸的水平投影面积乘以规定的坡度系数以 m^2 计算。不扣除房上烟囱、风道、风帽底座、屋面小气窗和斜沟所占的面积。女儿墙、伸缩缝和天窗等处的弯起部分，按图示尺寸并入屋面工程量。如图纸无规定时，伸缩缝、女儿墙弯起部分高度按 250 mm 计算，天窗弯起部分按 500 mm 计算，并入屋面工程量内。

2. 卷材屋面的附加层、接缝、收头、找平层的嵌缝、冷底子油已计入定额内，不另计算。

五、涂膜屋面的工程量计算同卷材屋面。涂膜屋面的油膏嵌缝、玻璃布盖缝、屋面分格缝以延长米计算。坡度小于3°49′的屋面工程量按图示尺寸水平投影面积计算。

六、屋面排水工程量按以下规定计算：

1. 铁皮排水按图示尺寸以展开面积计算；如图纸未注明尺寸时，可按表7-2计算；咬口和搭接等已包括在定额项目内，不另计算。

2. 铸铁、玻璃钢、PVC塑料水落管区别不同直径按图示尺寸以延长米计算，雨水口、水斗、弯头、短管以个计算。

七、防水工程量按以下规定计算：

1. 建筑物地面防水、防潮层，按主墙间净空面积计算，扣除凸出地面的构筑物、设备基础等所占的面积，不扣除柱、垛、间壁墙、附墙烟囱及0.3 m^2以内孔洞所占的面积。与墙面连接处高度在500 mm以内者按展开面积计算，并入平面工程量内，超过500 mm时，按立面防水层计算。

2. 建筑物墙基防水、防潮层工程量，外墙长度按中心线、内墙按净长乘以宽度以m^2计算。

3. 构筑物及建筑物地下室防水层，按实铺面积计算，不扣除0.3 m^2以内的孔洞面积。平面与立面交接处的防水层，其上卷高度超过500 mm时，按立面防水层计算。

4. 防水卷材的附加层、接缝、收头、冷底子油等工料均已包括在定额内，不另计算。

5. 变形缝按延长米计算。

表7-1　屋面坡度系数表

坡度			延尺系数 $C(A=1)$	隔延尺系数 $D(A=1)$
$B(A=1)$	$B/2A$	角度(α)		
1	1/2	45°	1.4142	1.7321
0.750		36°52′	1.2500	1.6008
0.700		35°	1.2207	1.5779
0.666	1/3	33°40′	1.2015	1.5620
0.650		33°01′	1.1926	1.5564
0.600		33°58′	1.1662	1.5362
0.577		30°	1.1547	1.5270
0.550		28°49′	1.1413	1.5170
0.500	1/4	26°34′	1.1180	1.5000
0.450		24°14′	1.0966	1.4839
0.400	1/5	21°48′	1.0770	1.4697
0.350		19°17′	1.0594	1.4569
0.300		16°42′	1.0440	1.4457
0.250		14°02′	1.0308	1.4362
0.200	1/10	11°19′	1.0198	1.4283
0.150		8°32′	1.0112	1.4221
0.125		7°8′	1.0078	1.4191
0.100	1/20	5°42′	1.0050	1.4177
0.083		4°45′	1.0035	1.4166
0.066	1/30	3°49′	1.0022	1.4157

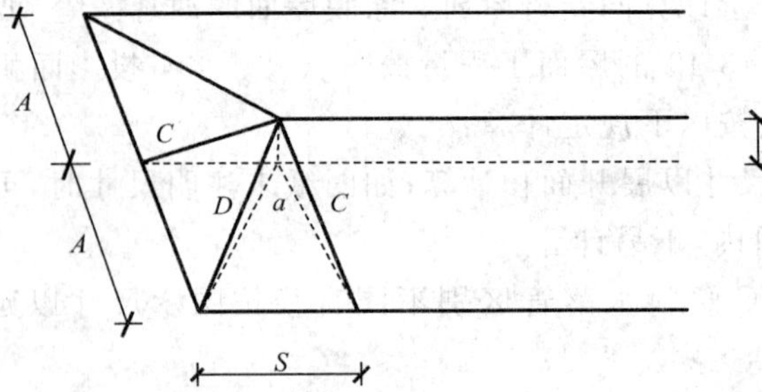

注：1. 两坡排水屋面面积为屋面水平投影面积乘以延尺系数 C；

2. 四坡排水屋面斜脊长度 $=A\times D$(当 $S=A$ 时)；

3. 沿山墙泛水长度 $=A\times C$。

表 7-2　铁皮排水单位零件面积折算表

名称		单位	水落管(m)	檐沟(m)	水斗(个)	漏斗(个)	下水口(个)		
铁皮排水	水落管、檐沟、水斗、漏斗、下水口	m^2	0.32	0.30	0.40	0.16	0.45		
	天沟、斜沟、天窗窗台泛水、天窗侧面泛水、烟囱泛水、通气管泛水、滴水檐头泛水、滴水	m^2	天沟(m)	斜沟天窗窗台泛水(m)	天窗侧面泛水(m)	烟囱泛水(m)	通气管泛水(m)	滴水檐头泛水(m)	滴水(m)
			1.30	0.50	0.70	0.80	0.22	0.24	0.11

第一节　瓦、型材屋面

1. 瓦屋面

工作内容：1. 铺瓦；调制砂浆、安脊瓦、檐口梢头坐灰；檩条上铺钉石棉瓦、安脊瓦；草泥抹面、屋檐砌砖。

2. 挂瓦条上挂瓦及砂浆卧铺瓦：选瓦、打瓦、挂铺瓦、安脊瓦，挂瓦条、顺水条的制作安装，调制砂浆、檐口固定抹泛水及清扫。

3. 檩条及屋面板上钉瓦：选瓦、运瓦、成孔、钉挂瓦。

单位：100 m^2

定额编号			7-1	7-2	7-3	7-4	7-5
项目			水泥瓦	彩色水泥瓦			
			屋面板上或椽子挂瓦条上铺设	木挂瓦条	钢挂瓦条	混合砂浆卧铺	钢筋挂瓦条
名称		单位	数量				
人工	综合工日	工日	6.750	7.070	37.680	27.040	37.150
材料	水泥脊瓦	块	28.460	—	—	—	—
	水泥瓦 400×235	千块	1.700	—	—	—	—
	彩色水泥瓦	m^2	—	103.00	103.00	103.00	103.00
	彩色瓦脊	块	—	29.000	29.000	29.000	29.000
	水泥砂浆 1∶2.5	m^3	0.110	—	—	—	—
	冷弯钢板挂瓦条 2 mm 厚	m	—	—	358.400	—	—
	冷弯钢板顺水条 2 mm 厚	m	—	—	107.500	—	—
	钢筋 ϕ10 以内	kg	—	—	—	—	103.500
	其他材料费	%	—	28.989	3.662	14.183	5.860
机械	其他机械费(占材料费)	%	—	1.412	2.221	2.140	3.030

注：水泥瓦如果穿铁丝钉铁钉，每 100 m 檐瓦增加 2.2 工日、20# 铁丝 0.7 kg、铁钉 0.49 kg。

工作内容：同前。

单位：100 m^2

定额编号			7-6	7-7	7-8	7-9
项目			瓦屋面			
			油毡瓦	彩色压型钢板波形瓦	波纹装饰瓦	琉璃型轻质波形瓦
名称		单位	数量			
人工	综合工日	工日	5.710	26.670	27.470	62.900
材料	油毡瓦	m^2	237.700	—	—	—
	彩色压型钢板波形瓦	m^2	—	103.00	—	—
	波纹装饰瓦	m^2	—	—	103.000	—
	琉璃型轻质波形瓦	块	—	—	—	102.600
	水泥脊瓦	块	29.00	13.400	29.000	14.700
	粘接胶	kg	40.800	—	—	—
	冷弯钢板挂瓦条 2 mm 厚	m	—	245.200	—	—
	油灰	kg	—	—	—	2.900
	镀锌螺钉 带垫	个	—	—	—	402.300
	其他材料费	%	2.845	2.250	19.040	4.240
机械	其他机械费(占材料费)	%	1.366	1.538	1.745	4.331

工作内容：铺瓦；铺设；调制砂浆、安脊瓦或抹脊背；檐口梢头坐灰；檩条上铺钉石棉瓦、安脊瓦；草泥抹面、屋檐砌砖。

单位：100 m^2

定额编号			7-10	7-11	7-12	7-13	7-14	7-15
项目			小青瓦屋面		粘土瓦屋面			
			椽子上铺设	竹帘上抹草泥铺瓦	屋面板上或椽子挂瓦条上铺设	竹帘上抹草泥	屋面板上抹草泥	屋面板上铺油毡挂瓦条
名称		单位	数量					
人工	综合工日	工日	12.000	11.200	6.750	7.510	7.510	4.690
材料	粘土脊瓦	块	—	—	28.460	28.000	28.000	28.000
	粘土瓦 380×240	千块	—	—	1.670	1.651	1.651	1.651
	混合砂浆 1∶1∶4	m^3	0.310	—	—	—	—	—
	小青瓦 200×145	千块	15.350	7.140	—	—	—	—
	水泥砂浆 1∶2.5	m^3	—	—	0.110	—	—	—
	混砂	m^3	—	0.080	—	0.080	0.080	—
	麦草	kg	—	191.000	—	179.000	167.000	—
	生石灰	kg	—	16.700	—	16.700	16.700	—
	水	m^3	—	2.200	—	2.200	2.200	—
	普通粘土砖	千块	—	0.198	—	—	—	—
	粘土	m^3	—	6.860	—	6.290	5.720	—
	水泥砂浆 M5.0	m^3	—	—	—	0.030	0.030	0.080
	铁钉	kg	—	—	—	0.590	0.590	0.590
	镀锌铁丝 20#	kg	—	—	—	0.710	0.710	0.710

注：粘上瓦如果穿铁丝钉铁钉，每 100 m 檐瓦增加 2.2 工日，20# 铁丝 0.7 kg，铁钉 0.49 kg。

工作内容：檩条上铺钉石棉瓦、安脊瓦。　　　　单位：100 m^2

定额编号			7-16	7-17	7-18	7-19	7-20	7-21
项目			小波石棉瓦			大波石棉瓦		
			木檩上	混凝上檩上	钢檩上	木檩上	钢檩上	混凝土檩上
名称		单位	数量					
人工	综合工日	工日	4.950	7.510	7.510	4.310	6.860	6.860
材料	小波石棉脊瓦 850×360	块	14.660	14.660	14.660	—	—	—
	小波石棉瓦 1820×720	块	102.550	102.550	102.550	—	—	—
	大波石棉脊瓦 850×460	块	—	—	—	14.660	14.660	14.660
	大波石棉瓦 2800×994	块	—	—	—	53.700	53.700	53.700
	麻刀石灰浆	m^3	0.020	0.020	0.020	0.030	0.030	—
	石灰麻刀砂浆 1∶3	m^3	—	—	—	—	—	0.030
	镀锌螺钉　带垫	个	402.330	—	—	421.300	—	—
	油灰	kg	2.940	2.940	2.940	2.940	2.940	2.940
	镀锌扁钢钩 3×12×300	个	—	201.160	—	—	105.330	—
	镀锌螺栓钩	个	—	201.160	201.160	—	315.980	—
	镀锌扁钢钩 3×12×400	个	—	—	201.160	—	—	105.330
	镀锌螺栓	个	—	—	—	—	—	315.980

工作内容：铺钉玻璃钢瓦、钻孔、稳固、上螺丝及安装石棉脊瓦。　　　　单位：100 m^2

定额编号			7-22	7-23
项目			玻璃钢瓦屋面	
			木檩条上	混凝土檩上(钢檩上)
名称		单位	数量	
人工	综合工日	工日	5.100	6.500
材料	石棉脊瓦 850×460	块	12.000	12.000
	玻璃钢瓦 1800×720	张	99.000	99.000
	镀锌螺栓钩	个	—	175.000
	镀锌扁钢钩 3×12×300	个	—	12.000
	镀锌螺钉　带垫	个	402.330	—
	其他材料费	%	0.148	0.148

工作内容：调运砂浆；在钢筋混凝土板上铺灰、盖瓦、抹瓦筒、安脊瓦、修齐瓦口线；清扫瓦面。

单位：见表

定额编号			7-24	7-25	7-26	7-27	7-28
项目			琉璃瓦屋面			琉璃瓦檐	琉璃瓦脊
			100 m^2				
			混凝土亭面上	混凝土屋面上	混凝土桷条上	10 m	
名称		单位	数量				
人工	综合工日	工日	10.980	8.890	11.550	4.380	4.380
材料	琉璃板瓦	块	589.000	463.000	589.000	—	—
	琉璃筒瓦	块	240.000	232.000	240.000	—	—
	琉璃满面筒瓦(花瓦)245×215	块	—	—	—	50.000	—
	琉璃满面筒瓦(勾头)	块	—	—	—	44.000	—
	琉璃脊瓦 225×140	块	—	—	—	—	47.000
	水泥砂浆 1∶2	m^2	0.220	0.220	—	0.040	0.090
	水泥砂浆 1∶3	m^3	—	—	—	—	—
	混合砂浆 M5.0	m^3	0.220	0.220	0.220	0.040	—
	普通粘土砖	千块	—	—	—	—	0.040
	镀锌铁丝 14#	kg	1.440	1.440	1.440	—	—
	其他材料费	%	0.411	0.435	0.383	0.446	0.446

工作内容：在木或钢檩条上铺瓦、钻孔、安装瓦脊；封檐板、搏风板制作、安装；钢檩上铺板、钉牢。

单位：100 m²

定额编号			7-29	7-30	7-31	7-32	7-33	7-34
项目			瓦垄铁屋面	屋面铺折板瓦				GPC防晒板
				玻璃钢折板瓦		塑料折板瓦		
				铺于钢檩	铺于木檩	铺于钢檩	铺于木檩	
名称		单位	数量					
人工	综合工日	工日	3.170	7.720	6.070	7.720	6.070	4.870
材料	瓦垄镀锌铁皮	m^2	126.100	—	—	—	—	—
	塑料折板瓦	m^2	—	—	—	134.100	134.100	—
	塑料瓦脊	m	—	—	—	12.000	12.000	—
	玻璃钢折板瓦	m^2	—	134.100	134.100	—	—	—
	玻璃钢瓦脊	m	—	12.000	12.000	—	—	—
	GRC屋面防晒板	m^2	—	—	—	—	—	102.000
	铁钉带垫圈(木檩条)	个	527.000	—	—	—	—	—
	水泥砂浆M5.0	m^3	—	0.030	0.030	0.030	0.030	—
	二等板方材	m^3	—	0.130	0.130	0.130	0.130	—
	瓦楞螺丝	百个	—	—	4.020	—	4.020	—
	镀锌瓦楞钩	百个	—	4.020	—	4.020	—	—
	铁钉30-45	kg	—	0.160	0.160	0.160	0.160	—
	油灰	kg	2.900	—	—	—	—	—
	水	m^3	—	0.010	0.010	0.010	0.010	—
	其他材料费	%	1.281	—	—	—	—	—
机械	灰浆搅拌机	台班	—	0.010	—	0.010	—	—
	其他机械费(占材料费)	%	1.350	—	—	—	—	—

2. 型材屋面

工作内容：1. 压型钢板及夹心板屋面：构件检查修理、加固、屋面板吊装就位、找正、螺栓固定、屋面板、封檐板、包角板、泛水板等配件制作安装、安装封条等。

2. 阳光板屋面：支架制作安装、阳光板安装、密封条嵌缝等。

单位：100 m²

定额编号			7-35	7-36	7-37
项目			彩色压型板屋面		阳光板屋面
			钢板	夹心板	
名称		单位	数量		
人工	综合工日	工日	16.290	28.240	76.530
材料	彩色压型钢板	m^2	108.200	—	—
	彩色夹心板	m^2	—	108.200	—
	阳光板	m^2	—	—	110.000
	聚氨酯泡沫塑料	m^3	0.100	0.100	—
	密封条	m	86.600	191.700	330.000
	玻璃胶	支	20.000	20.000	—
	P型橡胶条	m	—	—	301.300
	不锈钢方钢50×50	m	—	—	147.800
	铝合金压条	m	—	—	116.600
	其他材料费	%	5.534	4.851	2.574
机械	其他机械费(占材料费)	%	3.692	2.160	2.154

工作内容：构件变形修理、临时加固、吊装、就位、找正、螺栓固定　　　　　　　　单位：100 m^2

定额编号			7-38	7-39	7-40
项目			金属压型板屋面		
			檩距(m以内)		
			7.5	6.0	4.2
名称		单位	数量		
人工	综合工日	工日	17.120	18.080	20.000
材料	屋脊板 2 mm	m^2	4.340	4.340	4.340
	屋脊挡雨板 WD-3	块	59.310	59.310	59.310
	屋脊堵头板 WD-2	块	59.310	59.310	59.310
	压型屋面板 W-550	m^2	116.520	116.520	116.520
	檐口堵头板 WD-1	块	59.310	59.310	59.310
	沿口包角板 0.8 mm	m^2	1.110	1.110	1.110
	橡胶密封条	m	16.430	16.430	16.430
	电焊条	kg	4.030	5.180	7.480
	密封膏 330 mL	支	20.000	20.000	20.000
	单面固定螺栓	个	86.460	111.140	160.520
	单面连接螺栓	个	143.420	143.420	143.420
	黑铁丝 8-12#	kg	3.000	3.000	3.000
	拉铆钉 LD-1	个	30.300	30.300	30.300
	普通螺栓	套	177.780	177.780	177.780
	端部固定架 WG-3	个	1.180	1.520	2.190
	中间固定架 WG-2	个	42.630	54.810	79.160
	其他材料费	%	0.200	0.200	0.196
机械	交流电焊机 30 kVA	台班	1.100	1.100	1.100
	其他机械费(占材料费)	%	0.135	0.133	0.126

第二节　屋面防水

1. 屋面卷材防水

工作内容：熬制沥青玛蹄脂、配制冷底子油、刷冷底子油、贴附加层、铺贴卷材收头。　　单位：100 m^2

定额编号			7-41	7-42	7-43	7-44	7-45
项目			石油沥青玛碲脂卷材屋面				
			一毡二油	二毡二油	二毡三油一砂	玛碲脂卷材每增减一毡一油	干铺油毡层
名称		单位	数量				
人工	综合工日	工日	3.210	5.120	6.260	1.910	1.250
	石油沥青玛碲脂 2：8	m^3	0.460	0.610	0.690	0.150	—
	钢筋 ϕ10 以内	kg	5.220	5.220	5.220	—	—
	石油沥青油毡 350 g	m^2	124.170	237.940	237.940	113.770	113.770
	冷底子油 30：70	kg	48.960	48.960	48.960	—	—
	铁钉	kg	0.280	0.280	0.280	—	—
	绿豆砂	m^3	—	—	0.520	—	—
	木柴	kg	205.700	245.400	301.180	64.240	—

工作内容：1. 清理基层、泛水收头处嵌油膏。

2. 刷冷底子油、加热烤铺卷材、压实及做收头等。

3. 刷粘结剂、铺卷材、卷材搭接处粘结密封。 单位：100 m²

定额编号			7-46	7-47	7-48	7-49	7-50
项目			APP 改性沥青卷材防水层	高聚物改性沥青卷材防水层	SBS 改性沥青油毡		
					2 厚	3 厚	4 厚
					冷贴法	热溶法	
名称		单位	数量				
人工	综合工日	工日	9.600	13.180	5.820	5.820	5.820
材料	APP 改性沥青卷材	m²	110.000	—	—	—	—
	APP 改性沥青涂料	kg	15.000	—	—	—	—
	高聚物改性沥青卷材	m²	—	110.000	—	—	—
	SBS 油毡 2 厚	m²	—	—	115.000	—	—
	SBS 油毡 3 厚	m²	—	—	—	115.000	—
	SBS 油毡 4 厚	m²	—	—	—	—	115.000
	改性沥青嵌泥油膏	kg	10.700	10.170	—	—	—
	改性乳化沥青	kg	—	30.000	—	—	—
	阳离子氯丁胶乳沥青(水乳型)	kg	—	—	41.000	—	—
	非焦油型聚氨酯	kg	—	20.200	—	—	—
	改性沥青粘接剂	kg	—	55.750	—	—	—
	汽油	kg	—	—	4.500	4.500	4.500
	乙酸乙酯	kg	—	—	4.500	4.500	4.500
	液化气	kg	5.000	5.000	—	24.620	24.620
	冷底子油 30∶70	kg	57.120	—	—	—	—

工作内容：清理基层、找平层分格缝嵌油膏、防水薄弱处刷涂膜附加层；

刷底胶、铺贴卷材、接缝嵌油膏、做收头；涂刷着色剂保护层二遍。 单位：100 m²

定额编号			7-51	7-52	7-53	7-54	7-55	7-56
项目			三元乙丙橡胶卷材冷贴				再生橡胶卷材冷贴	
			满铺	空铺	点铺	条铺	满铺	空铺
名称		单位	数量					
人工	综合工日	工日	9.220	9.220	9.220	8.110	9.220	9.220
材料	三元乙丙橡胶卷材 $\delta=1.0$ mm	m²	110.550	112.850	112.850	112.850	—	—
	再生橡胶卷材	m²	—	—	—	—	110.550	112.850
	107 胶素水泥浆	m³	0.010	0.010	0.010	0.010	0.010	0.010
	钢筋 ϕ10 以内	kg	4.380	4.380	4.380	4.380	4.380	4.380
	银色着色剂	kg	20.200	20.200	20.200	20.200	20.200	20.200
	CSPE 嵌缝油膏 330 mL	支	50.280	50.280	50.280	50.280	50.280	50.280
	丁基粘结剂	kg	9.560	11.850	11.850	11.850	—	—
	二甲苯	kg	27.000	27.000	27.000	27.000	25.250	25.250
	聚氨酯甲料	kg	16.210	16.210	16.210	16.210	16.210	16.210
	聚氨酯乙料	kg	31.130	31.130	31.130	31.130	31.130	31.130
	乙酸乙酯	kg	5.050	5.050	5.050	5.050	5.050	5.050
	CX-404 胶	kg	40.400	7.890	10.450	14.290	—	—
	氯丁胶粘合剂	kg	—	—	—	—	49.950	23.280
	铁钉	kg	0.230	0.230	0.230	0.230	0.230	0.230

工作内容：同前。

单位：100 m²

定额编号			7-57	7-58	7-59	7-60	7-61	7-62
项目			再生橡胶卷材冷贴		氯丁橡胶卷材冷贴			
			点铺	条铺	满铺	空铺	点铺	条铺
名称		单位	数量					
人工	综合工日	工日	9.220	8.110	9.220	9.220	9.220	8.110
材料	再生橡胶卷材	m^2	112.850	112.850	—	—	—	—
	氯丁橡胶卷材	m^2	—	—	110.550	112.850	112.850	112.850
	107 胶素水泥浆	m^3	0.010	0.010	0.010	0.010	0.010	0.010
	钢筋 ϕ10 以内	kg	4.380	4.380	4.380	4.380	4.380	4.380
	银色着色剂	kg	20.200	20.200	20.200	20.200	20.200	20.200
	CSPE 嵌缝油膏 330 mL	支	50.280	50.280	50.280	50.280	50.280	50.280
	二甲苯	kg	25.250	25.250	27.000	27.000	27.000	27.000
	聚氨酯甲料	kg	16.210	16.210	11.660	11.660	11.660	11.660
	聚氨酯乙料	kg	31.130	31.130	17.500	17.500	17.500	17.500
	乙酸乙酯	kg	5.050	5.050	5.050	5.050	5.050	5.050
	氯丁胶粘合剂	kg	20.210	18.160	—	—	—	—
	CY409 液	kg	—	—	9.550	11.850	11.850	11.850
	氯丁胶沥青胶液	kg	—	—	60.600	31.630	28.560	26.520
	铁钉	kg	0.230	0.230	0.230	0.230	0.230	0.230

工作内容：同前

单位：100 m²

定额编号			7-63	7-64	7-65	7-66
项目			氯化聚乙烯-橡胶共混卷材冷贴			
			满 铺	空 铺	点 铺	条 铺
名称		单位	数量			
人工	综合工日	工日	9.220	9.220	9.220	8.110
材料	氯化聚乙烯-橡胶共混卷材	m^2	110.550	112.850	112.850	112.850
	107 胶素水泥浆	m^3	0.010	0.010	0.010	0.010
	钢筋 ϕ10 以内	kg	4.380	4.380	4.380	4.380
	银色着色剂	kg	20.200	20.200	20.200	20.200
	CSPE 嵌缝油膏 330 mL	支	50.280	50.280	50.280	50.280
	二甲苯	kg	27.000	27.000	27.000	27.000
	聚氨酯甲料	kg	11.660	11.660	11.660	11.660
	聚氨酯乙料	kg	17.500	17.500	17.500	17.500
	乙酸乙酯	kg	5.050	5.050	5.050	5.050
	BX-12 乙组份 880 mL	瓶	11.940	14.810	14.810	14.810
	BX-12 粘结剂	kg	45.450	12.860	9.410	7.100
	氯丁橡胶浆	kg	18.180	18.180	18.180	18.180
	铁钉	kg	0.230	0.230	0.230	0.230

工作内容：同前　　　　　　　　　　　　　　　　　　　　　　　　　　　　　　　　　　　　　单位：100 m^2

定　额　编　号			7-67	7-68	7-69	7-70
项　目			氯磺化聚乙烯卷材冷贴			
			满　铺	空　铺	点　铺	条　铺
名　称		单　位	数		量	
人工	综合工日	工日	9.220	9.220	9.220	8.110
材料	氯磺化聚乙烯卷材	m^2	110.550	112.850	112.850	112.850
	107 胶素水泥浆	m^3	0.010	0.010	0.010	0.010
	钢筋 ϕ10 以内	kg	4.380	4.380	4.380	4.380
	银色着色剂	kg	20.200	20.200	20.200	20.200
	CSPE 嵌缝油膏 330 mL	支	50.280	50.280	50.280	50.280
	二甲苯	kg	27.000	27.000	27.000	27.000
	聚氨酯甲料	kg	16.210	16.210	16.210	16.210
	聚氨酯乙料	kg	31.130	31.130	31.130	31.130
	乙酸乙酯	kg	5.050	5.050	5.050	5.050
	CX-404 胶	kg	50.500	14.290	10.450	7.890
	CX-401 胶	kg	10.510	12.210	13.030	10.510
	铁钉	kg	0.230	0.230	0.230	0.230

工作内容：防水柔毡：清扫基层、熔化粘胶、涂刷粘胶、铺贴柔毡、收头铺撒白石子保护层；聚氯乙烯卷材铝合金压条：清理基层、铺卷材、钉压条、射钉上嵌密封膏收头；SBC120 复合卷材冷贴满铺：找平层嵌缝、刷聚氨酯涂膜附加层；用掺胶水泥浆贴卷材，聚氨酯胶接缝搭接。　　　单位：100 m^2

定　额　编　号			7-71	7-72	7-73	7-74
项　目			防水柔毡		聚氨乙烯防水卷材	SBC120 复合卷材冷贴满铺
			热贴满铺		铝合金压条	
			二胶一毡一砂	每增一胶一毡	空　铺	
名　称		单　位	数		量	
人工	综合工日	工日	6.000	3.100	88.400	5.380
材料	防水柔毡 10×1 m，δ=1.2 mm	m^2	126.150	110.150	—	—
	PVC 防水卷材 δ=1.2 mm	m^2	—	—	130.000	—
	聚乙烯丙纶双面复合防水卷材 SBC	m^2	—	—	—	110.550
	107 胶素水泥浆	m^3	0.010	—	—	—
	素水泥浆	m^3	—	—	—	0.150
	钢筋 ϕ10 以内	kg	4.380	—	—	—
	CSPE 嵌缝油膏 330 mL	支	50.280	—	—	48.960
	二甲苯	kg	25.250	—	—	—
	聚氨酯甲料	kg	—	—	—	19.040
	聚氨酯乙料	kg	—	—	—	28.560
	乙酸乙酯	kg	5.050	—	—	5.050
	铁钉	kg	0.230	—	—	—
	白石子	kg	772.500	—	—	—
	铝合金压条 3×30	m	—	—	105.000	—
	密封膏 330 mL	支	—	—	13.000	—
	粘胶	kg	730.820	324.240	—	—
	303 胶	kg	—	—	45.000	—
	107 胶	kg	—	—	—	11.380
	射钉	百个	—	—	5.270	—
	木柴	kg	219.820	90.200	—	—
	其他材料费	%	—	—	5.000	—

2. 屋面涂膜防水

工作内容：屋面满涂油膏：油膏加热，屋面满涂油膏；板嵌缝：油膏加热，板缝嵌油膏。 单位：见表

定额编号			7-75	7-76	7-77
项目			屋面满涂塑料油膏	塑料油膏嵌缝	
			4 mm	空心板	大型屋面板
			100 m²	100m	
名称		单位	数量		
人工	综合工日	工日	2.860	3.310	3.330
材料	塑料油膏	kg	585.120	119.070	154.910
	木柴	kg	182.160	37.070	48.220

注：嵌缝取定纵缝断面：空心板 7.5 cm²，大型层面板 9 cm²，如果断面不同于定额取定断面，以纵缝断面比例调整人工、材料数量。

工作内容：塑料油膏玻璃纤维布：包括刷冷底子油，找平层分格缝嵌油膏，贴防水附加层，铺贴玻璃纤维布，表面撒粒砂保护层；屋面分格缝：支座处铺油毡一层，清理缝、熬制油膏、油膏灌缝；沿缝上做二毡三油一砂。 单位：见表

定额编号			7-78	7-79	7-80
项目			塑料油膏玻璃纤维布		屋面分格缝
			一布二油	每增一布一油	
			100 m²		100 m
名称		单位	数量		
人工	综合工日	工日	3.450	2.170	9.900
材料	石油沥青玛碲脂 2∶8	m³	—	—	0.490
	石油沥青油毡 350 g	m²	—	—	232.100
	冷底子油 30∶70	kg	—	—	38.850
	塑料油膏	kg	872.260	324.940	303.680
	玻璃纤维布	m²	120.450	112.180	—
	绿豆砂	m³	—	—	0.410
	木柴	kg	271.560	101.150	218.110

工作内容：1. 熬制油膏，缝灌油膏，缝上铺贴玻璃纤维布。涂刷聚氨酯底胶，刷聚氨酯防水层二遍并撒石碴做保护层(或与刚性块料层的连接层)。

2. 清理基层、调配砂浆、铺抹砂浆养护、筛铺镇水粉、铺隔离纸。 单位：见表

定额编号			7-81	7-82	7-83	7-84	7-85
项目			塑料油膏贴玻璃布盖缝		聚氨酯涂膜防水屋面	掺无机盐铝防水剂	
			一布二油	每增一布一油		素水泥浆	防水砂浆 2 cm
			100 m		100 m²		
名称		单位	数量				
人工	综合工日	工日	2.070	1.240	5.100	1.930	10.520
材料	玻璃纤维布	m²	30.300	30.300	—	—	—
	塑料油膏	kg	351.070	131.650	—	—	—
	二甲苯	kg	—	—	12.960	—	—

续表

定额编号			7-81	7-82	7-83	7-84	7-85
项目			塑料油膏贴玻璃布盖缝		聚氨酯涂膜防水屋面	掺无机盐铝防水剂	
			一布二油	每增一布一油		素水泥浆	防水砂浆 2 cm
			100 m		100 m²		
名称		单位	数量				
人工	综合工日	工日	2.070	1.240	5.100	1.930	10.520
材料	聚氨酯甲料	kg	—	—	105.550	—	—
	聚氨酯乙料	kg	—	—	165.130	—	—
	无机盐铝防水剂	kg	—	—	—	14.700	132.600
	素水泥浆	m³	—	—	—	0.100	0.100
	水泥砂浆 1∶2	m³	—	—	—	—	2.020
	绿豆砂	m³	—	—	0.310	—	—
	木柴	kg	109.300	40.990	—	—	—
机械	灰浆搅拌机 200 L	台班	—	—	—	—	0.350

注：聚氨酯如果掺缓凝剂，增加磷酸 0.3 kg；如果掺促凝剂，增加二月桂酸二丁基锡 0.25 kg。

工作内容：清理基层、调配砂浆、铺抹砂浆养护、筛铺镇水粉、铺隔离纸；涂刷底胶、做一布一涂附加层于防水薄弱处、冷胶贴聚酯布防水层、最表层撒细砂保护层。

单位：100 m²

定额编号			7-86	7-87	7-88	7-89
项目			防水砂浆 2 cm 厚	镇水粉隔离层	氯丁冷胶	
					二布三涂	每增一布一涂
名称		单位	数量			
人工	综合工日	工日	10.790	18.640	9.350	4.710
材料	聚酯布 100 g/m²	m²	—	—	236.360	110.890
	水泥砂浆 1∶2	m³	2.020	—	—	—
	素水泥浆	m³	0.100	—	—	—
	防水粉	kg	66.300	—	—	—
	隔离纸	m²	—	130.000	—	—
	镇水粉	kg	—	600.000	—	—
	氯丁冷胶	kg	—	—	363.600	85.850
	净砂	m³	—	—	0.310	—
机械	灰浆搅拌机 200 L	台班	0.350	—	—	—

工作内容：清理基层、备料、刷涂料、铺贴。

单位：100 m²

定额编号			7-90	7-91	7-92
项目			APP 改性沥青涂料防水层		
			二布三涂	每增减一布一涂	每增减一涂
			涂膜厚 2 mm	涂膜厚 0.6 mm	涂膜厚 0.1 mm
名称		单位	数量		
人工	综合工日	工日	12.840	4.220	0.350
材料	玻璃纤维布	m²	224.000	112.000	—
	APP 改性沥青涂料	kg	360.000	106.500	19.500
	二甲苯	kg	5.050	2.020	—
	乙酸乙酯	kg	5.050	2.020	—

工作内容：同前。　　　　　　　　　　　　　　　　　　　　　　　　　　　单位：100 m^2

定额编号			7-93	7-94	7-95
项目			SBS改性沥青涂料防水层		
			二布三涂	每增减一布一涂	每增减一涂
			涂膜厚2 mm	涂膜厚0.6 mm	涂膜厚0.1 mm
名称		单位	数量		
人工	综合工日	工日	12.840	4.220	0.350
材料	玻璃纤维布	m^2	224.000	112.000	—
	SBS改性沥青涂料	kg	355.000	104.500	18.500
	二甲苯	kg	5.050	2.020	—
	乙酸乙酯	kg	5.050	2.020	—

3. 屋面刚性防水

工作内容：1. 清理基层、混凝土搅拌、混凝土浇注、振实、养护、嵌缝等。

2. 调运砂浆、找平、压实、刷素水泥浆。　　　　　　　　　　　　　　　单位：100 m^2

定额编号			7-96	7-97
项目			刚性防水层	细石混凝土
			细石砼40 mm	每增减5 mm
名称		单位	数量	
人工	综合工日	工日	14.120	1.410
材料	C20半干硬性砼　砾石10 mm,水泥32.5	m^3	4.040	0.510
	素水泥浆	m^3	0.100	—
	水	m^3	0.660	—
机械	混凝土搅拌机400 L	台班	0.400	0.050
	混凝土震捣器　平板式	台班	0.320	0.040

4. 屋面排水管

工作内容：铸铁水落管：包括切管、埋管卡、安水管、和灰捻口；铸铁雨水口、铸铁水斗：就位、安装。

单位：见表

定额编号			7-98	7-99	7-100	7-101	7-102	7-103	7-104
项目			铸铁落水管		铸铁雨水口		铸铁水斗(接水口)		铸铁弯头
			直径(mm)				落水口直径(mm)		
			100	150	100	150	100	150	
			10 m		10个				
名称		单位	数量						
人工	综合工日	工日	2.820	3.120	3.230	3.360	2.680	2.810	3.580
材料	铸铁排水管100×1500	m	10.470	—	—	—	—	—	—
	铸铁排水管150×1500	m	—	10.100	—	—	—	—	—
	铸铁雨水口100带罩	套	—	—	10.470	—	—	—	—
	铸铁雨水口150带罩	套	—	—	—	10.100	—	—	—
	铸铁水斗(接水口)100	个	—	—	—	—	10.100	—	—

续表

定额编号			7-98	7-99	7-100	7-101	7-102	7-103	7-104
项目			铸铁落水管		铸铁雨水口		铸铁水斗(接水口)		铸铁弯头
			直径(mm)				落水口直径(mm)		
			100	150	100	150	100	150	
			10 m		10 个				
名称		单位	数量						
人工	综合工日	工日	2.820	3.120	3.230	3.360	2.680	2.810	3.580
材料	铸铁水斗(接水口)150	个	—	—	—	—	—	10.100	—
	铸铁弯头(出水口)100	个	—	—	—	—	—	—	10.100
	铁件	kg	1.440	7.780	—	—	10.830	11.770	2.420
	镀锌铁丝 8#	kg	0.820	0.820	—	—	—	—	—
	水泥 32.5	kg	11.630	13.200	—	—	—	—	—
	净砂	m^3	0.020	0.020	—	—	—	—	—
	石棉绒	kg	1.740	2.360	—	—	—	—	—
	石油沥青 10#	kg	0.700	0.950	—	—	—	—	—
	螺栓 M3×20	套	21.000	—	—	—	—	—	—
	膨胀螺栓	套	10.500	—	—	—	—	—	—
	铸铁三通 100×50	个	3.610	—	—	—	—	—	—
	铸铁三通 150×50	个	—	3.610	—	—	—	—	—
	石油沥青玛碲脂 2∶8	m^3	—	—	0.010	0.010	—	—	0.070
	石油沥青油毡 350 g	m^2	—	—	2.420	2.930	—	—	—
	模板板方材	m^3	—	—	—	—	—	—	0.036
	防腐油	kg	—	—	—	—	—	—	0.400
	麻丝	kg	0.180	0.250	—	—	—	—	—
	水	m^3	1.040	1.320	—	—	—	—	—

工作内容：单屋面排水管系统：埋设管卡箍、截管、涂胶、接口。

屋面阳台雨水系统：埋设管卡箍、截管、涂胶、安三通、伸缩节、管等。　　单位：10 m

定额编号			7-105	7-106	7-107	7-108
项目			玻璃钢排水管(直径 mm)			
			单屋面排水管系统		屋面阳台雨水管系统	
			ϕ110	ϕ160	ϕ110	ϕ160
名称		单位	数量			
人工	综合工日	工日	2.890	3.210	2.890	3.210
材料	玻璃钢排水管 110×1500	m	10.540	—	10.180	—
	玻璃钢排水管 160×1500	m	—	10.610	—	10.150
	排水管检查口 110	个	1.110	—	1.110	—
	排水管检查口 160	个	—	1.110	—	1.110
	排水管伸缩节 110	个	1.010	—	1.010	—
	排水管伸缩节 160	个	—	1.010	—	1.010
	玻璃钢三通 110×50	个	—	—	3.160	—
	玻璃钢三通 160×50	个	—	—	—	3.160
	排水管连接件 110×115	个	—	—	3.160	—
	排水管连接件 160×135	个	—	—	—	3.160
	卡箍膨胀螺栓	套	7.140	7.140	7.140	5.100
	密封胶	kg	0.120	0.200	0.280	0.480

工作内容：水斗：细石混凝土填缝、涂胶、接口。弯头及短管：涂胶、接口。　　单位：10 个

定额编号			7-109	7-110	7-111	7-112
项目			玻璃钢排水部件			
			水斗(带罩)直径		弯头 90°	短管
			ϕ110	ϕ160	ϕ50	
名称		单位	数量			
人工	综合工日	工日	3.010	3.140	1.310	1.310
材料	玻璃钢雨水斗 110 带罩	个	10.100	—	—	—
	玻璃钢雨水斗 160 带罩	个	—	10.100	—	—
	玻璃钢弯头 50	个	—	—	10.100	—
	玻璃钢短管 50	个	—	—	—	10.100
	C20 半干硬性砼　砾石 10 mm，水泥 32.5	m^3	0.030	0.050	—	—
	密封胶	kg	0.310	0.500	0.100	0.100

工作内容：截料、接口、套管、安装、固定等全部工序。　　单位：见表

定额编号			7-113	7-114	7-115	7-116
项目			(PVC)塑料水落管		(PVC)塑料水斗	
			直径 75 mm	直径 110 mm	直径 75 mm	直径 110 mm
			10 m		10 个	
名称		单位	数量			
人工	综合工日	工日	2.310	2.310	2.110	2.110
材料	PVC 水管 ϕ75	m	10.450	—	—	—
	PVC 水管 ϕ110	m	—	10.520	—	—
	PVC 水斗 ϕ75	个	—	—	10.100	—
	PVC 水 ϕ110	个	—	—	—	10.100
	PVC 检查口 ϕ75	个	1.010	—	—	—
	PVC 检查口 ϕ110	个	—	1.010	—	—
	PVC 伸缩节 ϕ75	个	1.110	—	—	—
	PVC 伸缩节 ϕ110	个	—	1.110	—	—
	密封胶	kg	0.100	0.120	0.170	0.310
	卡箍膨胀螺栓	套	7.140	7.140	—	—
	铁钉	kg	—	—	0.200	0.200

工作内容：截料、涂膜、安三通、固定、安地漏等全部工序。　　单位：10 套

定额编号			7-117	7-118
项目			(PVC)塑料管	(UPVC)全塑管
			阳台雨水管(直径 50 mm)	
			三通规格(直径 110 mm)	
名称		单位	数量	
人工	综合工日	工日	2.090	2.090
材料	PVC 水管 $\phi50\times400$	个	10.100	—
	PVC 三通 ϕ110	个	10.100	—
	阳台地漏	个	10.100	10.100
	UPVC 全塑水短管 $\phi50\times400$	个	—	10.100
	UPVC 全塑三通 ϕ110	个	—	10.100
	密封胶	kg	0.100	0.100

5. 天沟、檐沟

工作内容：铁皮截料、制作安装；天沟、檐沟的制作、安装；支架制作、安装。　　　　单位：100 m²

定额编号			7-119	7-120	7-121	7-122	7-123	7-124	7-125
项目			铁皮排水		天沟		檐沟		
			水落管、檐沟	天沟、泛水	彩色夹心板	彩色钢板	彩色夹心板	彩色钢板	玻璃钢
	名称	单位	数量						
人工	综合工日	工日	28.810	10.410	18.100	16.900	13.120	11.930	11.710
材料	镀锌铁皮 26#	m²	105.800	105.400	—	—	—	—	—
	彩色夹心板	m²	—	—	103.000	—	103.000	—	—
	彩色压型钢板	m²	—	—	—	103.000	—	103.000	—
	玻璃钢檐沟	m²	—	—	—	—	—	—	103.000
	铁件	kg	49.150	—	—	—	—	—	—
	焊锡	kg	1.800	2.080	—	—	—	—	—
	盐酸	kg	0.380	0.440	—	—	—	—	—
	铁钉	kg	0.380	3.000	—	—	—	—	—
	螺栓	个	—	—	168.400	168.400	168.400	168.400	168.400
	密封条	m	—	—	168.400	168.400	84.200	84.200	84.200
	金属支架	kg	—	—	197.900	197.900	197.900	197.900	197.900
	木炭	kg	7.690	9.240	—	—	—	—	—
	其他材料费	%	—	—	1.649	2.196	1.624	2.142	1.998
机械	其他机械费(占材料费)	%	—	—	1.558	1.874	1.534	1.845	2.131

6. 隔 离 层

工作内容：基层清理、灰浆调制、抹隔离层等。　　　　单位：100 m²

定额编号			7-126	7-127	7-128
项目			1∶6 水泥膨胀珍珠岩 20 厚	麻刀灰 30 厚	纸筋灰 30 厚
	名称	单位	数量		
人工	综合工日	工日	6.830	6.460	6.460
材料	水泥 32.5	kg	336.000	—	—
	膨胀珍珠岩	m²	2.300	—	—
	麻刀	kg	—	3.600	—
	纸筋	kg	—	—	2.600
	石灰	kg	—	363.600	363.600
	其他材料费	%	1.955	7.692	8.108
机械	其他机械费(占材料费)	%	6.849	47.619	50.000

第三节　墙、地面防水防潮

1. 卷 材 防 水

(1) 油毡卷材

工作内容：配制涂刷冷底子油、熬制玛碲脂，防水薄弱处贴附加层，铺贴玛碲脂卷材。　　单位：100 m^2

定额编号			7-129	7-130	7-131	7-132
项目			玛碲脂卷材			
			二毡三油		每增减一毡一油	
			平面	立面	平面	立面
名称		单位	数量			
人工	综合工日	工日	8.860	11.590	3.720	5.110
材料	石油沥青玛碲脂 2∶8	m^3	0.510	0.540	0.160	0.170
	石油沥青油毡 350 g	m^2	239.760	239.760	116.490	116.490
	冷底子油 30∶70	kg	48.480	48.480	—	—
	木柴	kg	227.700	240.900	66.000	70.400

工作内容：基层清理、配制、涂刷冷底子油；熬制玛碲脂、防水薄弱处贴附加层；

铺贴玛碲脂玻璃纤维布。　　单位：100 m^2

定额编号			7-133	7-134	7-135	7-136
项目			玛碲脂玻璃纤维布			
			二布三油		每增减一布一油	
			平面	立面	平面	立面
名称		单位	数量			
人工	综合工日	工日	9.680	14.400	4.490	6.360
材料	石油沥青玛碲脂 2∶8	m^3	0.510	0.540	0.160	0.170
	玻璃纤维布	m^2	250.300	250.300	116.490	116.490
	冷底子油 30∶70	kg	48.480	48.480	—	—
	木柴	kg	227.700	240.900	66.000	70.400

工作内容：基层清理，配制、涂刷冷底子油；熬制沥青、防水薄弱处贴附加层；

铺贴沥青玻璃布卷材。　　单位：100 m^2

定额编号			7-137	7-138	7-139	7-140
项目			沥青玻璃布卷材			
			二布三油		每增减一布一油	
			平面	立面	平面	立面
名称		单位	数量			
人工	综合工日	工日	9.670	14.380	4.500	6.340
材料	玻璃纤维布	m^2	250.300	250.300	121.760	121.760
	石油沥青 10#	kg	489.720	524.700	151.580	163.240
	冷底子油 30∶70	kg	48.480	48.480	—	—
	木柴	kg	201.300	214.500	57.200	61.600

(2) 高分子卷材防水

工作内容：涂刷基层处理剂，防水薄弱处涂聚氨酯涂膜加强；铺贴卷材，卷材接缝贴卷材条加强，收头。

单位：100 m^2

定额编号			7-141	7-142	7-143	7-144	7-145	7-146
项目			氯化聚乙烯-橡胶共混卷材		三元乙丙橡胶卷材		再生橡胶卷材	
					冷贴满铺			
			平面	立面	平面	立面	平面	立面
名称		单位	数量					
人工	综合工日	工日	19.340	24.990	19.340	24.990	19.340	24.990
材料	氯化聚乙烯-橡胶共混卷材	m^2	124.530	124.530	—	—	—	—
	三元乙丙橡胶卷材 $\delta=1.0$ mm	m^2	—	—	124.170	124.170	—	—
	再生橡胶卷材	m^2	—	—	—	—	124.170	124.170
	氯丁冷胶	kg	20.200	20.200	—	—	—	—
	107 胶素水泥浆	m^3	0.010	0.010	0.010	0.010	0.010	0.010
	钢筋 ϕ10 以内	kg	4.380	4.380	4.380	4.380	4.380	4.380
	CSPE 嵌缝油膏 330 mL	支	29.830	29.830	29.830	29.830	29.830	29.830
	BX-12 乙组份 880 mL	瓶	32.280	32.280	—	—	—	—
	二甲苯	kg	27.000	27.000	27.000	27.000	27.000	27.000
	聚氨酯甲料	kg	5.420	5.420	9.970	9.970	9.970	9.970
	聚氨酯乙料	kg	8.130	8.130	21.770	21.770	21.770	21.770
	乙酸乙酯	kg	5.050	5.050	5.050	5.050	5.050	5.050
	BX-12 粘结剂	kg	45.450	45.450	—	—	—	—
	丁基粘结剂	kg	—	—	17.600	17.600	—	—
	氯丁胶粘合剂	kg	—	—	—	—	63.930	63.930
	铁钉	kg	0.230	0.230	0.230	0.230	0.230	0.230

2. 涂膜防水

工作内容：清理基层、刷涂料。

单位：100 m^2

定额编号			7-147	7-148	7-149	7-150
项目			苯乙烯涂料二遍		刷冷底子油	
			平面	立面	第一遍	第二遍
名称		单位	数量			
人工	综合工日	工日	2.210	2.210	1.570	1.330
材料	苯乙烯涂料	kg	50.500	52.000	—	—
	冷底子油 30∶70	kg	—	—	48.480	—
	冷底子油 50∶50	kg	—	—	—	36.360
	木柴	kg	—	—	16.500	20.900

工作内容：焦油玛碲脂、塑料油膏：配制涂刷冷底子油，熬制玛碲脂或油膏，涂刷油膏或玛碲脂；氯偏共聚乳液：成品涂刷；聚氨脂：涂刷底胶及附加层，刷聚氨酯两道，并盖石碴保护层（或刚性连接层）。

单位：100 m^2

定额编号			7-151	7-152	7-153	7-154	7-155	7-156
项目			焦油玛碲脂	塑料油膏	氯偏共聚乳胶	聚氨脂防水涂膜		
			涂刷厚度遍数			涂膜厚1.6	涂膜厚1.6刷着色剂	每增减0.1厚
			3 mm	二遍	三遍			
名称		单位	数量					
人工	综合工日	工日	3.530	2.120	1.630	4.110	5.480	0.290
材料	冷底子油 30：70	kg	48.480	—	—	—	—	—
	焦油玛碲脂 2：8	m^3	0.320	—	—	—	—	—
	塑料油膏	kg	—	585.120	—	—	—	—
	聚乙烯醇溶液 10%	kg	—	—	0.950	—	—	—
	磷酸三钠溶液 10%	kg	—	—	0.590	—	—	—
	氯偏共聚乳液	kg	—	—	21.000	—	—	—
	乙酸乙酯	kg	—	—	—	3.800	3.800	—
	聚氨酯	kg	—	—	—	172.000	172.000	13.000
	二甲苯	kg	—	—	—	11.900	11.900	—
	聚氨酯银粉	kg	—	—	—	—	20.200	—
	木柴	kg	148.500	182.160	—	—	—	—
	其他材料费	%	—	—	—	2.840	2.540	—

工作内容：1. 熬制石油沥青，配制冷底子油，刷冷底子油一遍，涂刷沥青。

2. 增刷沥青一遍。

单位：100 m^2

定额编号			7-157	7-158	7-159	7-160	7-161	7-162
项目			石油沥青一遍			每增加石油沥青一遍		
			平面	混凝土抹灰面立面	砖墙立面	平面	混凝土抹灰面立面	砖墙立面
名称		单位	数量					
人工	综合工日	工日	1.870	2.250	2.540	0.660	0.880	1.030
材料	石油沥青 10#	kg	186.560	198.220	221.540	144.430	163.240	186.560
	冷底子油 30：70	kg	48.480	48.480	48.480	—	—	—
	木柴	kg	86.900	91.300	100.600	57.200	61.600	61.600

工作内容：1. 配制涂刷冷底子油一遍，熬制石油沥青玛碲脂；涂刷石油沥青玛碲脂一遍。

2. 增刷一遍。

单位：100 m^2

定额编号			7-163	7-164	7-165	7-166	7-167	7-168
项目			刷石油沥青玛碲脂一遍			每增加一遍石油沥青玛碲脂		
			平面	混凝土抹灰面立面	砖墙立面	平面	混凝土抹灰面立面	砖墙立面
名称		单位	数量					
人工	综合工日	工日	1.770	2.290	2.580	0.690	0.880	1.020
材料	石油沥青玛碲脂 2：8	m^3	0.180	0.250	0.280	0.150	0.160	0.180
	冷底子油 30：70	kg	48.480	48.480	48.480	—	—	—
	木柴	kg	91.300	122.100	130.900	61.600	66.000	74.800

工作内容：清理基层，调配涂料，铺贴附加层；贴布（聚酯布或玻璃纤维布），刷涂料（最后两遍掺水泥作保护层）。

单位：100 m²

定额编号			7-169	7-170	7-171	7-172
项目			水乳型普通乳化沥青涂料二布三涂		水乳型水性石棉质沥青一布二涂	
			平面	立面	平面	立面
名称		单位	数量			
人工	综合工日	工日	9.600	16.070	7.330	11.520
材料	普通乳化沥青（水乳型）	kg	260.00	260.00	—	—
	水性石棉质沥青（水乳型）	kg	—	—	832.000	832.000
	聚酯布 100 g/m²	m²	243.040	243.040	—	—
	玻璃纤维布	m²	—	—	124.910	124.910
	水泥 32.5	kg	13.770	13.730	61.200	61.200

工作内容：清理基层，调配涂料，贴附加层；刷涂料（最后两遍掺水泥作保护层），贴聚酯布。

单位：100 m²

定额编号			7-173	7-174	7-175	7-176
项目			水乳型再生胶沥青聚脂布			
			二布三涂		每增一布一涂	
			平面	立面	平面	立面
名称		单位	数量			
人工	综合工日	工日	9.600	16.070	3.890	4.550
材料	再生胶沥青（水乳型）	kg	260.000	260.000	104.000	104.000
	聚酯布 100 g/m²	m²	243.040	243.040	118.130	118.130
	水泥 32.5	kg	13.770	13.770	—	—

工作内容：同前。

单位：100 m²

定额编号			7-177	7-178	7-179	7-180
项目			水乳型阴离子合成胶乳化沥青聚脂布			
			一布二涂		每增一布一涂	
			平面	立面	平面	立面
名称		单位	数量			
人工	综合工日	工日	7.330	11.520	3.890	4.550
材料	阴离子合成胶乳沥青（水乳型）	kg	208.000	208.000	156.000	156.000
	聚酯布 100 g/m²	m²	124.910	124.910	118.130	118.130
	水泥 32.5	kg	15.300	15.300	—	—

工作内容：同前。　　　　　　　　　　　　　　　　　　　　　　　　　　　　　　单位：100 m²

定额编号			7-181	7-182	7-183	7-184	7-185	7-186	7-187
项目			水乳型阳离子氯丁胶乳化沥青聚酯布				水乳型橡胶沥青		
			一布二涂		每增一布一涂		二布三涂一砂涂膜厚1.6	二布三涂涂膜厚1.6	每增减一布一涂涂膜厚0.4
			平面	立面	平面	立面			
名称		单位	数量						
人工	综合工日	工日	7.330	11.520	3.890	4.550	12.250	11.450	4.040
材料	阳离子氯丁胶乳沥青（水乳型）	kg	208.000	208.000	156.000	156.000	—	—	—
	JG-2冷胶料	kg	—	—	—	—	311.000	291.000	68.000
	聚酯布100 g/m²	m²	124.910	124.910	118.130	118.130	—	—	—
	玻璃丝布	m²	—	—	—	—	226.000	226.000	113.000
	水泥32.5	kg	15.300	15.300	—	—	—	—	
	乙酸乙酯	kg	—	—	—	—	5.050	5.050	2.020
	净砂	m³	—	—	—	—	0.200	—	—
	汽油	kg	—	—	—	—	5.050	5.050	2.020
	其他材料费	%	—	—	—	—	2.230	2.340	—

工作内容：同前。　　　　　　　　　　　　　　　　　　　　　　　　　　　　　　单位：100 m²

定额编号			7-188	7-189	7-190	7-191
项目			溶剂型再生胶沥青聚酯布			
			二布三涂		每增一布一涂	
			平面	立面	平面	立面
名称		单位	数量			
人工	综合工日	工日	9.600	16.070	3.890	4.550
材料	再生胶沥青（溶剂型）	kg	312.00	312.00	156.000	156.000
	聚酯布100 g/m²	m²	243.040	243.040	118.130	118.130
	水泥32.5	kg	20.400	20.400	—	—

3. 防水砂浆

工作内容：清理基层，调配砂浆，抹水泥砂浆。　　　　　　　　　　　　　　　单位：100 m²

定额编号			7-192	7-193	7-194	7-195
项目			防水砂浆			
			平面	立面	五层做法	
					平面	立面
名称		单位	数量			
人工	综合工日	工日	9.220	13.960	17.430	22.640
材料	水泥砂浆1∶2	m³	2.040	2.040	1.010	1.020
	防水粉	kg	55.000	55.000	—	—
	素水泥浆	m³	—	—	0.610	0.610
	水	m³	3.800	3.800	3.800	3.800
机械	灰浆搅拌机200 L	台班	0.340	0.340	0.270	0.270

4. 变 形 缝

(1) 填缝

工作内容：油浸麻丝：熬制沥青，调配沥青麻丝、填塞沥青麻丝；油浸木丝板：熬沥青，浸木丝板，油浸木丝板嵌缝；

玛碲脂：熬玛碲脂、玛碲脂灌缝。

单位：100 m

定额编号			7-196	7-197	7-198	7-199
项目			油浸麻丝		油浸木丝板	玛碲脂
			平面	立面		
名称		单位	数量			
人工	综合工日	工日	7.520	11.190	5.870	6.660
材料	石油沥青 10#	kg	216.240	216.240	163.240	—
	石油沥青玛碲脂 2∶8	m^3	—	—	—	0.480
	木丝板	m^2	—	—	15.300	—
	麻丝	kg	55.080	55.080	—	—
	木柴	kg	99.000	99.000	61.600	198.000

工作内容：石灰麻刀：调制石灰麻刀，石灰麻刀嵌缝，缝上贴二毡二油条一层；

建筑油膏、沥青砂浆：熬制油膏、沥青、拌和沥青砂浆、沥青砂浆或建筑油膏嵌缝。

单位：100 m

定额编号			7-200	7-201	7-202	7-203
项目			石灰麻刀		建筑油膏	沥青砂浆
			平面	立面		
名称		单位	数量			
人工	综合工日	工日	6.950	7.920	5.560	6.580
材料	石油沥青 10#	kg	65.000	65.000	—	—
	石油沥青油毡 350 g	m^2	17.000	17.000	—	—
	建筑油膏	kg	—	—	87.770	—
	普通沥青砂浆 1∶2∶6	m^3	—	—	—	0.480
	生石灰	kg	108.000	108.000	—	—
	麻刀	kg	108.000	108.000	—	—
	木柴	kg	24.000	24.000	27.000	198.000

(2) 止水带

工作内容：贴氯丁橡胶片：清理用乙酸乙酯洗缝，隔纸，用氯丁胶粘剂贴氯丁橡胶片，在氯丁橡胶片上涂胶铺砂；

紫铜板止水带：铜板剪裁、焊接成型，铺设；

聚氯乙烯胶泥：清缝、水泥砂浆勾缝，垫牛皮纸，熬灌聚氯乙烯胶泥。

单位：100 m

定额编号			7-204	7-205	7-206
项目			氯丁橡胶片止水带	预埋式紫铜板止水片	聚氯乙烯胶泥
名称		单位	数量		
人工	综合工日	工日	3.580	26.430	7.560
材料	氯丁橡胶片 2 mm 厚	m^2	31.820	—	—
	氯丁橡胶浆	kg	60.580	—	—
	三异氰酸酯	kg	9.090	—	—
	乙酸乙酯	kg	23.000	—	—

续表

定　额　编　号			7-204	7-205	7-206
项　目			氯丁橡胶片止水带	预埋式紫铜板止水片	聚氯乙烯胶泥
名　称		单位	数　量		
人工	综合工日	工日	3.580	26.430	7.560
材料	紫铜板 2 mm 厚	kg	—	810.900	—
	铜焊条	kg	—	14.300	—
	聚氯乙烯胶泥	kg	—	—	83.320
	水泥砂浆 1∶2	m^3	—	—	0.060
	水泥 32.5	kg	9.090	—	—
	绿豆砂	m^3	0.160	—	—
	牛皮纸	m^2	5.910	—	53.230
机械	剪板机 20 mm×2500 mm	台班	—	0.110	—
	交流电焊机 30 kVA	台班	—	0.700	—

工作内容：清理基层，刷底胶，缝上粘贴 350 mm 宽一布二涂氯丁胶贴玻璃纤维布；在缝中心贴 150 mm 宽一布二涂氯丁胶玻璃；

止卡水片干后，表面涂胶并粘粒砂；止水带制作、安装、接头等。　　单位：100 m

定　额　编　号			7-207	7-208	7-209	7-210	7-211
项　目			涂刷式一布二涂氯丁胶粘玻璃纤维布止水片		预埋式止水带		钢板止水带
			湿基层	干基层	橡胶	塑料	
名　称		单位	数　量				
人工	综合工日	工日	4.880	4.880	11.000	11.000	27.210
材料	氯丁橡胶浆	kg	116.940	135.980	—	—	—
	300 号低分子聚酰胺	kg	2.880	—	—	—	—
	600 号环氧树脂 6101#	kg	14.420	—	—	—	—
	橡胶止水带	m	—	—	105.000	—	—
	塑料止水带	m	—	—	—	105.000	—
	普通钢板 $\delta=2$ mm	m^2	—	—	—	—	51.600
	三异氰酸酯	kg	17.540	20.400	—	—	—
	乙酸乙酯	kg	15.310	15.310	—	—	—
	玻璃纤维布	m^2	95.200	95.200	—	—	—
	水泥 32.5	kg	7.000	3.000	—	—	—
	环氧树脂	kg	—	—	3.040	3.040	—
	丙酮	kg	—	—	3.040	3.040	—
	甲苯	kg	—	—	2.400	2.400	—
	乙二胺	kg	—	—	0.240	0.240	—
	电焊条	kg	—	—	—	—	14.300
	绿豆砂	m^3	0.180	0.180	—	—	—
	其他材料费	%	—	—	—	—	1.634
机械	其他机械费(占材料费)	%	—	—	—	—	3.843

(3) 盖缝

工作内容：木板盖面：平面板材加工，板缝一侧涂胶粘合；立面，埋木砖，钉木盖板；

铁皮盖面：平面(屋面)埋木砖、钉木条，木条上钉铁皮；立面埋木砖，木砖上钉铁皮。

单位：100 m

定额编号			7-212	7-213	7-214	7-215
项目			木板盖板		铁皮盖板	
			平面	立面	平面	立面
	名称	单位	数量			
人工	综合工日	工日	3.980	12.190	13.430	10.580
材料	一等板方材	m^3	0.612	0.655	0.999	—
	镀锌铁皮 24#	m^2	—	—	62.540	53.000
	模板板方材	m^3	—	0.432	0.150	0.301
	XY508 胶	kg	1.520	—	—	—
	木炭	kg	—	—	18.020	15.270
	焊锡	kg	—	—	4.060	3.440
	防腐油	kg	—	—	6.760	5.310
	盐酸	kg	—	—	0.860	0.740
	铁钉	kg	—	1.810	2.100	0.700

工作内容：填缝、灌缝、剔洞、埋铁件、镀锌铁皮制作安装、盖缝等。 单位：100 m

定额编号			7-216	7-217	7-218	7-219	7-220	7-221
项目			钢板盖面			花纹硬橡胶板		
			地面					
			缝宽(mm)					
			50 以内	100 以内	100 以上	50 以内	100 以内	100 以外
	名称	单位	数量					
人工	综合工日	工日	16.460	24.880	32.840	17.590	27.390	30.930
材料	镀锌铁皮	m^2	10.600	26.500	47.700	14.800	36.000	67.800
	防锈漆	kg	3.500	6.900	13.200	—	9.900	18.700
	油漆溶剂油	kg	0.900	1.800	3.500	—	2.600	5.000
	钴干料	kg	0.100	0.100	0.300	—	0.200	0.400
	普通钢板 $\delta=2.6\sim3.2$	kg	655.100	3811.000	5257.000	—	—	—
	钢筋 $\phi10$ 以内	kg	—	58.400	58.400	—	—	—
	花纹硬橡胶板	m^2	—	—	—	9.200	36.700	67.300
	预埋铁件	kg	—	—	—	683.700	1213.100	2014.800
	其他材料费	%	0.721	0.583	0.597	0.615	0.734	0.724
机械	其他机械费(占材料费)	%	3.653	3.226	3.214	3.670	3.503	3.352

工作内容：同前　　　　　　　　　　　　　　　　　　　　　　　　　　　　单位：100 m

定额编号			7-222	7-223	7-224	7-225	7-226	7-227
项目			贴硬橡胶板		胶合板面			
			地面		顶棚		内墙	
			缝宽(mm)					
			100以内	100以外	100以内	100以外	100以内	100以外
名称			单位	数量				
人工	综合工日		工日	26.130	29.570	25.970	27.340	26.570	27.870
材料	硬橡胶板	m^2	30.600	61.200	—	—	—	—
	胶合板　五夹	m^2	—	—	14.400	24.700	14.400	24.700
	预埋铁件	kg	689.000	1329.200	—	—	—	—
	401胶	kg	14.200	28.400	15.800	27.700	15.800	27.700
	石油沥青10#	kg	204.000	204.000	—	—	—	—
	一等板方材	m^3	—	—	0.200	0.200	0.200	0.200
	镀锌铁皮	m^2	21.200	42.400	25.100	41.700	25.100	41.700
	岩棉	m^3	—	—	0.300	0.500	0.300	0.500
	防锈漆	kg	—	—	6.900	11.500	6.900	11.500
	油漆溶剂油	kg	—	—	1.800	3.100	1.800	3.100
	钴干料	kg	—	—	0.100	0.200	0.100	0.200
	麻丝	kg	55.000	55.000	—	—	—	—
	其他材料费	%	0.804	0.674	11.854	7.717	11.854	7.717
机械	其他机械费(占材料费)	%	3.545	3.346	4.669	4.189	4.715	4.189

工作内容：填缝、灌缝、剔洞、埋铁件、镀锌铁皮、铝合金装饰板制作安装、盖缝等。

孔壁制作全过程；木盖板制作、包铁皮及安装；水泥砂浆及二毡三油泛水等。　　　单位：100 m

定额编号			7-228	7-229	7-230	7-231	7-232
项目			铝合金盖面				屋面检修孔
			顶棚		内墙		
			缝宽(mm)				
			100以内	100以外	100以内	100以外	10个
名称		单位	数量				
人工	综合工日	工日	28.450	31.390	29.450	31.790	17.200
材料	铝合金装饰板	m^2	23.100	33.600	23.100	33.600	—
	一等板方材	m^3	0.400	0.400	0.400	0.400	—
	镀锌铁皮26#	m^2	21.200	42.400	21.200	42.400	1.040
	岩棉	m^3	0.600	1.300	0.600	1.300	—
	401胶	kg	12.700	18.500	12.700	18.500	—
	防锈漆	kg	5.500	11.700	5.500	11.700	—
	油漆溶剂油	kg	1.500	3.100	1.500	3.100	—
	钴干料	kg	0.100	0.200	0.100	0.200	—
	钢筋 ϕ10以内	t	—	—	—	—	0.029
	钢筋 ϕ10以上	t	—	—	—	—	0.014
	二等板方材	m^3	—	—	—	—	0.241
	水泥32.5	kg	—	—	—	—	310.000
	净砂	m^3	—	—	—	—	0.868
	碎石20 mm	m^3	—	—	—	—	0.695
	镀锌铁丝20#	kg	—	—	—	—	0.466
	石油沥青10#	kg	—	—	—	—	65.760
	石油沥青油毡350 g	m^2	—	—	—	—	27.840
	汽油	kg	—	—	—	—	4.435
	电焊条	kg	—	—	—	—	0.031
	铁钉	kg	—	—	—	—	3.069
	其他材料费	%	26.679	17.537	26.679	17.537	2.000
机械	其他机械费(占材料费)	%	3.545	3.427	3.545	3.427	—

四十四、新疆维吾尔自治区建筑工程预算定额 2010 年乌鲁木齐地区单位估价表

（2010 年定额防水工程部分）

关于发布《新疆维吾尔自治区建筑工程、全国统一安装及装饰装修工程（消耗量）预算定额 2010 年乌鲁木齐地区单位估价表》的通知

（新建造[2010]4 号）

伊犁哈萨克自治州建设局发展和改革委员会，各地、州、市建设局（建委）、发展和改革委员会，自治区各厅、局、委、办、兵团建设局，新疆军区后勤部，武警新疆总队，中央驻疆总队、中央驻疆各单位，自治区各有关设计、施工单位：

为贯彻实施《建设工程工程量清单计价规范》（GB 50500—2008），合理确定和有效控制工程造价，结合乌鲁木齐地区实际，自治区工程造价管理总站组织编制了《新疆维吾尔自治区建筑工程、全国统一安装及装饰装修工程（消耗量）预算定额 2010 年乌鲁木齐地区单位估价表》（以下简称本估价表）。经审查，现批准发布，并就有关事项通知如下：

一、本估价表自 2010 年 10 月 1 日起执行。原 2004 年发布的《全国统一建筑工程基础定额、新疆维吾尔自治区补充预算定额乌鲁木齐地区单位估价汇总表》和《全国统一安装工程预算定额乌鲁木齐地区单位估价汇总表》以及相配套的补充定额估价表和文件同时停止使用。

二、本估价表在乌鲁木齐地区范围内执行，各地、州、市工程造价管理机构可参照本估价表，结合本地实际编制当地的单位估价表并报送自治区工程造价管理总站备案。

三、本估价表执行之日前，凡已完成招投标的工程项目，仍按原约定执行；已办理竣工结算的工程项目不作调整。

四、本估价表是编制建筑、装饰及安装装修工程概算、预算、结算、编制控制价（标底）及投标报价的参考依据。

五、本估价表由自治区工程造价管理总站负责解释。

新疆维吾尔自治区住房和城乡建设厅

新疆维吾尔自治区发展和改革委员会

二〇一〇年九月十日

第七章　屋面及防水工程

第一节　屋　　面

序号	定额编号	项　目　名　称	单位	基价	人工费	材料费	机械费
3805	7-1	水泥瓦 屋面板上或椽子挂瓦条上铺设	100 m^2	2021.53	308.81	1712.72	
3806	7-2	黏土瓦 屋面板上或椽子挂瓦条上铺设	100 m^2	1487.42	308.81	1178.61	
3807	7-3	小青瓦 椽子上铺设	100 m^2	5349.48	548.73	4800.75	
3808	7-4	小波石棉瓦 木檩上	100 m^2	792.20	226.33	565.87	
3809	7-5	小波石棉瓦 钢檩上	100 m^2	1265.20	343.48	921.72	
3810	7-6	小波石棉瓦 混凝土檩上	100 m^2	1389.11	343.48	1045.63	
3811	7-7	大波石棉瓦 木檩上	100 m^2	1861.82	197.28	1664.54	
3812	7-8	大波石棉瓦 钢檩上	100 m^2	2285.69	313.49	1972.20	
3813	7-9	大波石棉瓦 混凝土檩上	100 m^2	2523.94	313.49	2210.45	
3814	7-10	玻璃钢瓦 木檩上	100 m^2	1801.31	226.80	1574.51	
3815	7-11	玻璃钢瓦 钢檩上	100 m^2	2267.38	343.48	1923.90	
3816	7-12	玻璃钢瓦 混凝土檩上	100 m^2	2389.05	343.48	2045.57	
3817	7-13	塑料瓦木檩上	100 m^2	495.52	226.80	268.72	
3818	7-14	塑料瓦钢檩上	100 m^2	968.06	343.48	624.58	
3819	7-15	塑料瓦混凝土檩上	100 m^2	1091.97	343.48	748.49	
3820	7-16	镀锌钢板瓦木檩上	100 m^2	7379.92	1386.12	2618.44	3375.36
3821	7-17	铝合金板瓦木檩上	100 m^2	12942.04	1386.12	8180.56	3375.36
3822	7-18	瓦檐口草泥座浆	100 m	754.04	341.61	412.43	
3823	7-19	草泥屋面草泥浆 120 mm 苇束 ϕ100	100 m^2	2554.38	1779.74	774.64	
3824	7-20	草泥座浆瓦草泥浆 60 mm 苇束 ϕ100	100 m^2	3273.69	1468.12	1805.57	
3825	7-21	草泥面层每增减 10 mm	100 m^2	55.97	28.12	27.85	
3826	7-22	草泥底层每增减 10 mm	100 m^2	48.88	24.37	24.51	
3827	7-23	苇束每增减 10 mm	100 m^2	29.89	7.50	22.39	
3828	7-24	金属压型板屋面 檩距 7.50 m 以内	100 m^2	7481.49	783.03	6557.94	140.52
3829	7-25	金属压型板屋面 檩距 6.00 m 以内	100 m^2	7665.72	826.61	6698.59	140.52
3830	7-26	金属压型板屋面 檩距 4.20 m 以内	100 m^2	8035.13	914.71	6979.90	140.52
3831	7-27	石油沥青玛碲脂卷材屋面 一毡二油	100 m^2	1390.11	146.67	1243.44	
3832	7-28	石油沥青玛碲脂卷材屋面 二毡三油	100 m^2	1925.80	234.30	1691.50	
3833	7-29	石油沥青玛碲脂卷材屋面 二毡三油一砂	100 m^2	2150.70	293.34	1857.36	
3834	7-30	石油沥青玛碲脂卷材屋面 玛碲脂卷材每增减一毡一油	100 m^2	542.78	87.16	455.62	
3835	7-31	石油沥青玛碲脂卷材屋面 干铺油毡一层	100 m^2	267.87	57.17	210.70	
3836	7-32	三元乙丙橡胶卷材冷贴 满铺	100 m^2	4991.82	421.74	4570.08	
3837	7-33	三元乙丙橡胶卷材冷贴 空铺	100 m^2	4837.91	421.74	4416.17	
3838	7-34	三元乙丙橡胶卷材冷贴 点铺	100 m^2	4856.88	421.74	4435.14	
3839	7-35	三元乙丙橡胶卷材冷贴 条铺	100 m^2	4834.25	370.66	4463.59	
3840	7-36	再生橡胶卷材冷贴 满铺	100 m^2	3157.83	421.74	2736.09	
3841	7-37	再生橡胶卷材冷贴 空铺	100 m^2	2826.83	421.74	2405.09	
3842	7-38	再生橡胶卷材冷贴 点铺	100 m^2	2786.55	421.74	2364.81	
3843	7-39	再生橡胶卷材冷贴 条铺	100 m^2	2708.57	370.66	2337.91	
3844	7-40	氯丁橡胶卷材冷贴 满铺	100 m^2	4788.05	421.74	4366.31	
3845	7-41	氯丁橡胶卷材冷贴 空铺	100 m^2	4442.64	421.74	4020.90	
3846	7-42	氯丁橡胶卷材冷贴 点铺	100 m^2	4399.17	421.74	3977.43	
3847	7-43	氯丁橡胶卷材冷贴 条铺	100 m^2	4319.21	370.66	3948.55	

续表

序号	定额编号	项目名称	单位	基价	人工费	材料费	机械费
3848	7-44	氯化聚乙烯-橡胶共混卷材冷贴 满铺	100 m^2	5553.80	421.74	5132.06	
3849	7-45	氯化聚乙烯-橡胶共混卷材冷贴 空铺	100 m^2	5211.56	421.74	4789.82	
3850	7-46	氯化聚乙烯-橡胶共混卷材冷贴 点铺	100 m^2	5165.40	421.74	4743.66	
3851	7-47	氯化聚乙烯-橡胶共混卷材冷贴 条铺	100 m^2	5083.42	370.66	4712.76	
3852	7-48	氯磺化聚乙烯卷材冷贴 满铺	100 m^2	4866.58	421.74	4444.84	
3853	7-49	氯磺化聚乙烯卷材冷贴 空铺	100 m^2	4665.47	421.74	4243.73	
3854	7-50	氯磺化聚乙烯卷材冷贴 点铺	100 m^2	4641.24	421.74	4219.50	
3855	7-51	氯磺化聚乙烯卷材冷贴 条铺	100 m^2	4558.22	370.66	4187.56	
3856	7-52	防水柔毡 热贴满铺 二胶一毡一砂	100 m^2	4090.98	274.60	3816.38	
3857	7-53	防水柔毡 热贴满铺 每增一胶一毡	100 m^2	1656.64	141.99	1514.65	
3858	7-54	聚氯乙烯防水卷材铝合金压条 空铺	100 m^2	8923.34	4042.61	4880.73	
3859	7-55	SBC120 复合卷材冷贴满铺	100 m^2	3992.38	246.02	3746.36	
3860	7-56	APP 卷材热贴满铺	100 m^2	3378.22	264.29	3113.93	
3861	7-57	热贴满铺每增加一层 APP 卷材	100 m^2	2556.12	103.09	2453.03	
3862	7-58	SBS 卷材热贴满铺	100 m^2	3330.06	264.29	3065.77	
3863	7-59	热贴满铺每增加一层 SBS 卷材	100 m^2	2510.43	103.09	2407.34	
3864	7-60	屋面满涂塑料油膏 4 mm	100 m^2	939.31	130.74	808.57	
3865	7-61	塑料油膏嵌缝 空心板	100 m	315.90	151.36	164.54	
3866	7-62	塑料油膏嵌缝大型屋面板	100 m	366.37	152.30	214.07	
3867	7-63	塑料油膏玻璃纤维布一布二油	100 m^2	1573.95	157.92	1416.03	
3868	7-64	塑料油膏玻璃纤维布每增一布一油	100 m^2	744.57	99.34	645.23	
3869	7-65	屋面分格缝	100 m	2288.59	452.67	1835.92	
3870	7-66	塑料油膏贴玻璃布盖缝一布二油	100 m	632.80	94.66	538.14	
3871	7-67	塑料油膏贴玻璃布盖缝每增一布一油	100 m	291.62	56.70	234.92	
3872	7-68	聚氨酯涂膜防水屋面	100 m^2	3622.52	233.36	3389.16	
3873	7-69	掺无机盐铝防水剂 素水泥浆	100 m^2	199.53	88.10	111.43	
3874	7-70	掺无机盐铝防水剂 防水砂浆 2 cm	100 m^2	1610.79	481.25	1106.63	22.91
3875	7-71	防水砂浆 2 cm 厚	100 m^2	1264.10	493.44	747.75	22.91
3876	7-72	镇水粉隔离层	100 m^2	3963.15	852.38	3110.77	
3877	7-73	氯丁冷胶二布三涂	100 m^2	5654.06	427.36	5226.70	
3878	7-74	氯丁冷胶每增一布一涂	100 m^2	1547.37	215.56	1331.81	
3879	7-75	平铁皮单咬口	100 m^2	2235.16	173.85	2061.31	
3880	7-76	平铁皮双咬口	100 m^2	2412.11	191.19	2220.92	
3881	7-77	瓦垄铁皮木檩上	100 m^2	2408.31	95.13	2313.18	
3882	7-78	瓦垄铁皮钢檩上	100 m^2	2581.95	144.33	2437.62	
3883	7-79	铁皮排水 水落管、檐沟	100 m^2	3548.06	1355.70	2144.49	47.87
3884	7-80	铁皮排水 天沟、泛水	100 m^2	2421.47	487.81	1933.66	
3885	7-81	铸铁落水管 直径 100 mm	10 m	816.72	170.70	644.62	1.40
3886	7-82	铸铁落水管 直径 150 mm	10 m	1014.57	192.56	814.43	7.58
3887	7-83	铸铁雨水口 直径 100 mm	10 个	288.63	147.61	141.02	
3888	7-84	铸铁雨水口 直径 150 mm	10 个	315.98	153.70	162.28	
3889	7-85	铸铁水斗(或称接水口)落水口直径 100 mm	10 个	390.23	131.14	248.54	10.55
3890	7-86	铸铁水斗(或称接水口)落水口直径 150 mm	10 个	678.74	137.49	529.79	11.46
3891	7-87	铸铁弯头(含箅子板)	10 个	314.80	165.41	147.03	2.36
3892	7-88	玻璃钢排水管 单屋面排水管系统 ϕ110	10 m	425.43	132.15	293.28	
3893	7-89	玻璃钢排水管 单屋面排水管系统中 ϕ160	10 m	390.81	146.67	244.14	
3894	7-90	玻璃钢排水管 屋面阳台雨水管系统 ϕ110	10 m	612.54	132.15	480.39	
3895	7-91	玻璃钢排水管 屋面阳台雨水管系统 ϕ160	10 m	619.07	146.67	472.40	
3896	7-92	玻璃钢排水部件 水斗(带罩)直径 ϕ110	10 个	296.44	137.77	158.67	

续表

序号	定额编号	项　目　名　称	单位	基价	人工费	材料费	机械费
3897	7-93	玻璃钢排水部件 水斗(带罩)直径 ϕ160	10 个	319.96	143.39	176.57	
3898	7-94	玻璃钢排水部件 弯头 90°ϕ50	10 个	114.28	59.98	54.30	
3899	7-95	玻璃钢排水部件 短管 ϕ50	10 个	116.35	59.98	56.37	
3900	7-96	石棉水泥排水 水落管	10 m	107.45	40.41	63.95	3.09
3901	7-97	石棉水泥排水 檐沟	10 m	107.27	36.08	65.88	5.31
3902	7-98	石棉水泥排水 水斗	10 个	263.29	42.41	215.27	5.61
3903	7-99	铁皮流水槽	10 个	89.31	18.28	71.03	
3904	7-100	木制流水槽	10 个	152.24	63.26	88.98	
3905	7-101	屋面上人检查孔	个	253.61	112.61	139.03	1.97
3906	7-102	排(集)气罩	10 m^2	483.70	211.33	268.20	4.17
3907	7-103	铁皮排气筒 保温	10 m^2	1624.70	874.58	734.81	15.31
3908	7-104	铁皮排气筒 不保温	10 m^2	327.02	110.81	212.75	3.46
3909	7-105	查盖形风帽	个	323.51	143.70	175.64	4.17

第二节　防　　水

序号	定额编号	项　目　名　称	单位	基价	人工费	材料费	机械费
3910	7-106	玛碲脂卷材 二毡三油 平面	100 m^2	1943.14	425.96	1517.18	
3911	7-107	玛碲脂卷材 二毡三油 立面	100 m^2	2123.44	557.17	1566.27	
3912	7-108	玛碲脂卷材 每增减一毡一油 平面	100 m^2	655.22	179.01	476.21	
3913	7-109	玛碲脂卷材 每增减一毡一油 立面	100 m^2	738.13	245.55	492.58	
3914	7-110	玛碲脂玻璃纤维布 二布三油 平面	100 m^2	1976.24	465.32	1510.92	
3915	7-111	玛碲脂玻璃纤维布 二布三油 立面	100 m^2	2252.13	692.12	1560.01	
3916	7-112	玛碲脂玻璃纤维布 每增减一布一油 平面	100 m^2	680.23	216.02	464.21	
3917	7-113	玛碲脂玻璃纤维布 每增减一布一油 立面	100 m^2	786.58	306.00	480.58	
3918	7-114	沥青玻璃布卷材 二布三油 平面	100 m^2	2324.34	453.14	1871.20	
3919	7-115	沥青玻璃布卷材 二布三油 立面	100 m^2	2614.69	691.19	1923.50	
3920	7-116	沥青玻璃布卷材 每增减一布一油 平面	100 m^2	879.16	216.49	662.67	
3921	7-117	沥青玻璃布卷材 每增减一布一油 立面	100 m^2	984.69	304.59	680.10	
3922	7-118	氯化聚乙烯-橡胶共混卷材 平面	100 m^2	6246.98	906.27	5340.71	
3923	7-119	氯化聚乙烯-橡胶共混卷材 立面	100 m^2	6511.74	1171.03	5340.71	
3924	7-120	三元乙丙橡胶卷材冷贴满铺 平面	100 m^2	5238.96	929.70	4309.26	
3925	7-121	三元乙丙橡胶卷材冷贴满铺 立面	100 m^2	5510.75	1201.49	4309.26	
3926	7-122	再生橡胶卷材冷贴满铺平面	100 m^2	3582.05	929.70	2652.35	
3927	7-123	再生橡胶卷材冷贴满铺立面	100 m^2	3853.84	1201.49	2652.35	
3928	7-124	苯乙烯涂料二遍 平面	100 m^2	394.83	106.37	288.46	
3929	7-125	苯乙烯涂料二遍 立面	100 m^2	403.39	106.37	297.02	
3930	7-126	刷 30：70 冷底子油 第一遍	100 m^2	318.07	75.44	242.63	
3931	7-126	刷 50：50 冷底子油 第一遍	100 m^2	270.27	75.44	194.83	
3932	7-127	刷 30：70 冷底子油 第二遍	100 m^2	248.33	63.73	184.60	
3933	7-127	刷 50：50 冷底子油 第二遍	100 m^2	212.48	63.73	148.75	
3934	7-128	焦油玛碲脂 涂刷厚度 3 mm	100 m^2	933.21	169.63	763.58	
3935	7-129	塑料油膏 涂刷遍数 二遍	100 m^2	910.72	102.15	808.57	
3936	7-130	氯偏共聚乳液 涂刷遍数 三遍	100 m^2	261.91	78.26	183.65	
3937	7-131	聚氨脂 涂刷遍数 二遍	100 m^2	3774.42	320.05	3454.37	
3938	7-132	石油沥青 一遍 平面	100 m^2	611.55	89.97	521.58	
3939	7-133	石油沥青 一遍 混凝土抹灰面立面	100 m^2	647.27	108.25	539.02	
3940	7-134	石油沥青 一遍 砖墙立面	100 m^2	696.34	122.30	574.04	

续表

序号	定额编号	项 目 名 称	单位	基价	人工费	材料费	机械费
3941	7-135	石油沥青 每增加一遍 平面	100 m^2	248.65	31.86	216.79	
3942	7-136	石油沥青 每增加一遍 混凝土抹灰立面	100 m^2	286.25	42.17	244.08	
3943	7-137	石油沥青 每增加一遍 砖墙立面	100 m^2	325.91	49.67	276.24	
3944	7-138	石油沥青玛碲脂 一遍 平面	100 m^2	621.12	85.29	535.83	
3945	7-139	石油沥青玛碲脂 一遍 混凝土抹灰面立面	100 m^2	760.50	110.12	650.38	
3946	7-140	石油沥青玛碲脂 一遍 砖墙立面	100 m^2	822.30	124.18	698.12	
3947	7-141	石油沥青玛碲脂 每增加一遍 平面	100 m^2	277.38	33.27	244.11	
3948	7-142	石油沥青玛碲脂 每增加一遍 混凝土抹灰面立面	100 m^2	302.64	42.17	260.47	
3949	7-143	石油沥青玛碲脂 每增加一遍 砖墙立面	100 m^2	342.40	49.20	293.20	
3950	7-144	防水砂浆 平面	100 m^2	1152.55	443.30	686.99	22.26
3951	7-145	防水砂浆 立面	100 m^2	1380.29	671.04	686.99	22.26
3952	7-146	防水砂浆 五层做法 平面	100 m^2	1484.02	837.86	628.48	17.68
3953	7-147	防水砂浆 五层做法 立面	100 m^2	1737.43	1088.56	631.19	17.68
3954	7-148	水乳型普通乳化沥青涂料 二布三涂 平面	100 m^2	1275.37	461.57	813.80	
3955	7-149	水乳型普通乳化沥青涂料 二布三涂 立面	100 m^2	1586.51	772.72	813.79	
3956	7-150	水乳型水性石棉质沥青 一布二涂 平面	100 m^2	3561.48	352.39	3209.09	
3957	7-151	水乳型水性石棉质沥青 一布二涂 立面	100 m^2	3762.98	553.89	3209.09	
3958	7-152	水乳型再生胶沥青聚酯布 二布三涂 平面	100 m^2	1585.81	461.57	1124.24	
3959	7-153	水乳型再生胶沥青聚酯布 二布三涂 立面	100 m^2	1896.96	772.72	1124.24	
3960	7-154	水乳型再生胶沥青聚酯布 每增一布一涂 平面	100 m^2	673.34	186.97	486.37	
3961	7-155	水乳型再生胶沥青聚酯布 每增一布一涂 立面	100 m^2	705.21	218.84	486.37	
3962	7-156	水乳型阴离子合成胶乳化沥青聚酯布 一布二涂 平面	100 m^2	1146.05	352.39	793.66	
3963	7-157	水乳型阴离子合成胶乳化沥青聚酯布 一布二涂 立面	100 m^2	1347.55	553.89	793.66	
3964	7-158	水乳型阴离子合成胶乳化沥青聚酯布 每增一布一涂 平面	100 m^2	823.20	186.97	636.23	
3965	7-159	水乳型阴离子合成胶乳化沥青聚酯布 每增一布一涂 立面	100 m^2	855.07	218.84	636.23	
3966	7-160	水乳型阳离子氯丁胶乳化沥青聚酯布 一布二涂 平面	100 m^2	1244.44	352.39	892.05	
3967	7-161	水乳型阳离子氯丁胶乳化沥青聚酯布 一布二涂 立面	100 m^2	1445.94	553.89	892.05	
3968	7-162	水乳型阳离子氯丁胶乳化沥青聚酯布 每增一布一涂 平面	100 m^2	896.99	186.97	710.02	
3969	7-163	水乳型阳离子氯丁胶乳化沥青聚酯布 每增一布一涂 立面	100 m^2	928.86	218.84	710.02	
3970	7-164	溶剂型再生胶沥青聚酯布 二布三涂 平面	100 m^2	1722.09	461.57	1260.52	
3971	7-165	溶剂型再生胶沥青聚酯布 二布三涂 立面	100 m^2	2033.24	772.72	1260.52	
3972	7-166	溶剂型再生胶沥青聚酯布 每增一布一涂 平面	100 m^2	807.13	186.97	620.16	
3973	7-167	溶剂型再生胶沥青聚酯布 每增一布一涂 立面	100 m^2	839.00	218.84	620.16	

第三节 变 形 缝

序号	定额编号	项目名称	单位	基价	人工费	材料费	机械费
3974	7-168	屋面变形缝 油浸麻丝 平面	100 m	872.52	340.20	532.32	
3975	7-169	屋面变形缝 油浸麻丝 立面	100 m	1038.41	506.09	532.32	
3976	7-170	屋面变形缝 油浸木丝板	100 m	599.74	265.70	334.04	
3977	7-171	屋面变形缝 玛碲脂	100 m	1082.73	301.31	781.42	
3978	7-172	屋面变形缝 石灰麻刀 平面	100 m	844.20	314.43	529.77	
3979	7-173	屋面变形缝 石灰麻刀 立面	100 m	887.78	358.01	529.77	
3980	7-174	屋面变形缝 建筑油膏	100 m	422.51	251.64	170.87	
3981	7-175	屋面变形缝 沥青砂浆	100 m	666.64	297.56	369.08	
3982	7-176	屋面变形缝 泡沫塑料填缝	100 m	324.05	194.94	129.11	
3983	7-177	屋面变形缝 氯丁橡胶片止水带	100 m	2150.87	505.15	1645.72	
3984	7-178	屋面变形缝 预埋式紫铜板止水片	100 m	39324.51	1195.40	38030.03	99.08
3985	7-179	屋面变形缝 聚氯乙烯胶泥	100 m	544.53	342.08	202.45	
3986	7-180	屋面变形缝 涂刷式一布二涂氯丁胶贴玻璃纤维布止水片 湿基层	100 m	3402.05	220.71	3181.34	
3987	7-181	屋面变形缝 涂刷式一布二涂氯丁胶贴玻璃纤维布止水片干基层	100 m	2791.49	220.71	2570.78	
3988	7-182	屋面变形缝 预埋式止水带 橡胶	100 m	3652.50	497.65	3154.85	
3989	7-183	屋面变形缝 预埋式止水带 塑料	100 m	2462.01	497.65	1964.36	
3990	7-184	屋面变形缝 木板盖板 平面	100 m	700.74	182.29	518.45	
3991	7-185	屋面变形缝 木板盖板 立面	100 m	1441.76	551.07	890.69	
3992	7-186	屋面变形缝 铁皮盖板 平面	100 m	3394.78	607.31	2787.47	
3993	7-187	屋面变形缝 铁皮盖板 立面	100 m	2289.42	478.44	1810.98	
3994	7-188	屋面变形缝 钢板盖缝	100 m	4641.39	1244.13	3397.26	
3995	7-189	屋面变形缝 橡胶板盖缝	100 m	4709.43	829.42	3880.01	

建筑工程消耗量定额(实体项目)

第七章 屋面及防水工程

说 明

一、本定额瓦规格,设计要求与定额不同时,除瓦材数量可以换算外,其他工料均不调整。

二、高分子卷材厚度,再生橡胶卷材按 1.5 mm,其他均按 1.2 mm 取定。

三、本定额 APP、SBS 防水卷材屋面,包括了刷冷底子油一遍,油毡的收头材料也已包括在定额含量中,应该发生的辅助材料均以零星材料费以“元”表示。

四、本定额中的防水工程适用于楼面、墙基、墙身、构筑物、水池、水塔及室内厕所、浴室等防水,建筑物±0.00 以下的防水、防潮工程按防水工程相应项目计算。

五、三亓乙丙丁基橡胶卷材屋面防水,按相应三亓乙丙橡胶卷材屋面防水项目计算。

六、氯丁冷胶“二布三涂”项目,其“三涂”是指涂料构成防水层数并非指涂刷遍数;每一层“涂层”刷二遍至数遍不等。

七、变形缝填缝：建筑油膏聚氯乙稀胶泥断面取定 3 cm×2 cm；油浸木丝板取定为 2.5 cm×15 cm；紫铜板止水带系 2 mm 厚，展开宽 45 cm；氯丁橡胶宽 30 cm，涂刷式氯丁胶贴玻璃止水片宽 35 cm，其余均为 15 cm×3 cm。如设计断面不同时，用料可以换算，人工不变。

八、盖缝：木板盖缝断面为 20 cm×2.5 cm，如设计断面不同时，用料可以换算，人工不变。

九、本定额钢板盖缝、橡胶板盖缝项目，设计断面与定额不同时，用料可以换算，人工不变。

十、屋面砂浆找平层，面层按本定额第九章一般楼地面工程中的相应项目计算。

工程量计算规则

一、瓦屋面，金属压型板（包括挑檐部分）

均按（图 7.1）中尺寸的水平投影面积乘以屋面坡度系数（见表 7.1），以平方米计算，不扣除房上烟囱、风帽底座、风道、屋面小气窗、斜沟等所占面积，屋面小气窗的出檐部分亦不增加。

表 7.1　屋面坡度系数表

坡度 $B(A=1)$	坡度 $B/2A$	坡度 角度(α)	延尺系数 $C(A=1)$	隅延尺系数 $D(A=1)$
1	1/2	45°	1.4142	1.7321
0.750		36°52′	1.2500	1.6008
0.700		35°	1.2207	1.5779
0.666	1/3	33°40′	1.2015	1.5620
0.650		33°01′	1.1926	1.5564
0.600		30°58′	1.1662	1.5362
0.577		30°	1.1547	1.5270
0.550		28°49′	1.1413	1.5170
0.500	1/4	26°34′	1.1180	1.5000
0.450		24°14′	1.0966	1.4839
0.400	1/5	21°48′	1.0770	1.4697
0.350		19°17′	1.0594	1.4569
0.300		16°42′	1.0440	1.4457
0.250		14°02′	1.0308	0.4362
0.200	1/10	11°19′	1.0198	1.4283
0.150		8°32′	1.0112	1.4221
0.125		7°08′	1.0078	1.4191
0.100	1/20	5°42′	1.0050	1.4177
0.083		4°45′	1.0035	1.4166
0.066	1/30	3°49′	1.0022	1.4157

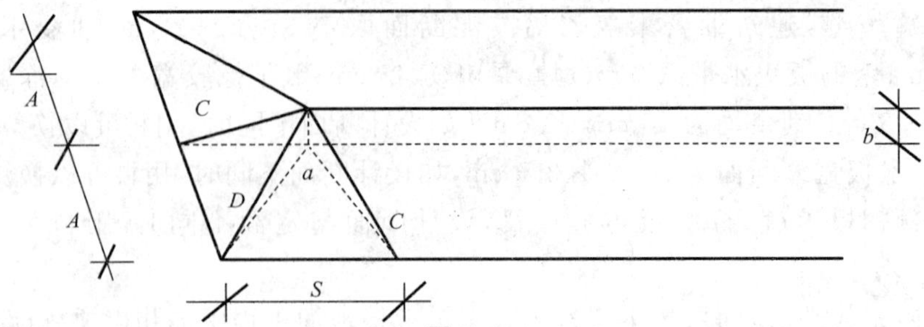

图 7.1

注：1. 两坡排水屋面面积为屋面水平投影面积乘以延尺系数 c；

2. 四坡排水屋面斜脊长度＝$A\times D$(当 $S=A$ 时)；

3. 沿山墙泛水长度＝$A\times C$。

二、卷材屋面，工程量按以下规定计算

1. 卷材屋面：按图示尺寸的水平投影面积乘以规定的坡度系数(见表 7.1)以平方米计算。但不扣除房上烟囱、风帽底座、风道、屋面小气窗和斜沟所占的面积，屋面的女儿墙、伸缩缝和天窗等处的弯起部分，按图示尺寸并入屋面工程量计算。如图纸无规定时，伸缩缝、女儿墙的弯起部分可按 250 mm 计算，天窗弯起部分可按 500 mm 计算。

2. 卷材屋面的附加层、接缝、收头、找平层的嵌缝、冷底子油：已计入定额内，如实际做法超出定额的，人工不变、材料可做调整。

三、涂膜屋面的工程量

计算同卷材屋面，涂膜屋面的油膏嵌缝、玻璃布盖缝、屋面分格缝，以延长米计算。

四、屋面排水工程量按以下规定计算

1. 铁皮排水：按图示尺寸以展开面积计算，如图纸没有注明尺寸时，可按表 7.2 计算，咬口和搭接等已计入定额项目中，如实际做法超出定额的，人工不变、材料可做调整。

2. 铸铁、玻璃钢水落管：区别不同直径按图示尺寸以延长米计算，雨水口、水斗、弯头、短管以个计算。

表 7.2 铁皮排水单体零件折算表

<table>
<tr><td colspan="2">名　　称</td><td>单位</td><td>水落管
(m)</td><td>檐沟
(m)</td><td>水斗
(个)</td><td>漏斗
(个)</td><td>下水口
(个)</td><td></td><td></td></tr>
<tr><td rowspan="3">铁
皮
排
水</td><td>水落管、檐沟水斗、漏斗、下水口</td><td>m^2</td><td>0.32</td><td>0.30</td><td>0.40</td><td>0.16</td><td>0.45</td><td></td><td></td></tr>
<tr><td rowspan="2">天沟、斜沟、天窗窗台泛水、天窗侧面泛水、烟囱泛水、通气管泛水、滴水檐头泛水、滴水</td><td rowspan="2">m^2</td><td>天沟
(m)</td><td>斜沟天窗窗台泛水
(m)</td><td>天窗侧面泛水
(m)</td><td>烟囱泛水
(m)</td><td>通气管泛水
(m)</td><td>滴水檐头泛水(m)</td><td>滴水
(m)</td></tr>
<tr><td>1.30</td><td>0.50</td><td>0.70</td><td>0.80</td><td>0.22</td><td>0.24</td><td>0.11</td></tr>
</table>

五、防水工程工程量按以下规定计算

1. 建筑物地面防水、防潮层：按主墙间净空面积计算，扣除凸出地面的构筑物、设备基础等所占的面积，不扣除柱、垛、间壁墙、烟囱及 0.3 m^2 以内孔洞所占面积。与墙面连接处高度在 500 mm 以内者按展开面积计算，并入平面工程量内，超过 500 mm 时，按立面防水层计算。

2. 建筑物墙基防水、防潮层：外墙长度按中心线，内墙按净长乘以宽度以平方米计算。

3. 构筑物及建筑物地下室防水层：按实铺面积计算，但不扣除 0.3 m^2 以内的孔洞面积。平面与立面交接处的防水层，其上卷高度超过 500 mm 时，按立面防水层计算。

4. 防水卷材的附加层、接缝、收头、冷底子油等:人工材料已计入定额内,如实际做法超出定额的,人工不变、材料可做调整。

5. 变形缝:按延长米计算。

一、屋　　面

1. 瓦　屋　面

工作内容:1. 铺瓦。

2. 调制砂浆、安脊瓦、檐口梢头坐灰。　　单位:100 m²

定额编号			7-1	7-2	7-3
项目			水泥瓦	黏土瓦	小青瓦
			屋面板上或椽子挂瓦条上铺设		椽子上铺设
名称		单位	数量		
人工	综合工日	工日	6.590	6.590	11.710
材料	水泥砂浆 1∶2.5	m^3	0.110	0.110	—
	混合砂浆 1∶1∶4	m^3	—	—	0.310
	水泥脊瓦	块	28.460	—	—
	水泥瓦 385×235	千块	1.700	—	—
	小青瓦	千块	—	—	15.350
	黏土脊瓦	块	—	28.460	—
	黏土瓦 380×240	千块	—	1.670	—

注:水泥瓦或黏土瓦如果穿铁丝钉铁钉,每 100 m 檐瓦增加 2.2 工日,20#铁丝 0.7 kg,铁钉 0.49 kg。

工作内容:檩条上铺钉石棉瓦、安脊瓦。　　单位:100 m²

定额编号			7-4	7-5	7-6
项目			小波石棉瓦		
			木檩上	钢檩上	混凝土檩上
名称		单位	数量		
人工	综合工日	工日	4.830	7.330	7.330
材料	麻刀石灰浆	m^3	0.020	0.020	0.020
	小波石棉脊瓦 850×360	块	14.660	14.660	14.660
	小波石棉瓦 1820×720	块	102.550	102.550	102.550
	镀锌扁钢钩 3×12×300	个	—	201.160	—
	镀锌扁钢钩 3×12×400	个	—	—	201.160
	镀锌螺钉 带垫	个	402.330	—	—
	镀锌螺栓钩 6×600	个	—	201.160	—
	镀锌螺栓钩 6×800	个	—	—	201.160
	油灰	kg	2.940	2.940	2.940

工作内容:檩条上铺钉石棉瓦、安脊瓦。　　单位:100 m²

定额编号			7-7	7-8	7-9
项目			大波石棉瓦		
			木檩上	钢檩上	混凝土檩上
名称		单位	数量		
人工	综合工日	工日	4.210	6.690	6.690
材料	麻刀石灰浆	m^3	0.030	0.030	0.030
	大波石棉脊瓦 850×460	块	14.660	14.660	14.660

续表 单位:100 m²

定额编号			7-7	7-8	7-9
项目			大波石棉瓦		
			木檩上	钢檩上	混凝土檩上
名称		单位	数量		
材料	大波石棉瓦 2800×994	块	53.700	53.700	53.700
	镀锌扁钢钩 3×12×300	个	—	105.330	—
	镀锌扁钢钩 3×12×400	个	—	—	105.330
	镀锌螺钉 带垫	个	421.300	—	—
	镀锌螺栓 M6×800	个	—	—	315.980
	镀锌螺栓钩 6×600	个	—	315.980	—
	油灰	kg	2.940	2.940	2.940

工作内容:檩条上铺钉玻璃钢瓦、安脊瓦。 单位:100 m²

定额编号			7-10	7-11	7-12
项目			玻璃钢瓦		
			木檩上	钢檩上	混凝土檩上
名称		单位	数量		
人工	综合工日	工日	4.840	7.330	7.330
材料	麻刀石灰浆	m³	0.016	0.016	0.016
	镀锌扁钢钩 3×12×300	个	—	197.510	—
	镀锌扁钢钩 3×12×400	个	—	—	197.510
	镀锌螺钉 带垫	个	395.030	—	—
	镀锌螺栓钩 6×600	个	—	197.510	—
	镀锌螺栓钩 6×800	个	—	—	197.510
	玻璃钢脊瓦 850×360	块	14.660	14.660	14.660
	玻璃钢瓦 1800×740	块	100.690	100.690	100.690
	油灰	kg	2.940	2.940	2.940

工作内容:檩条上铺钉塑料瓦、安脊瓦。 单位:100 m²

定额编号			7-13	7-14	7-15
项目			塑料瓦		
			木檩上	钢檩上	混凝土檩上
名称		单位	数量		
人工	综合工日	工日	4.840	7.330	7.330
材料	麻刀石灰浆	m³	0.016	0.016	0.016
	镀锌扁钢钩 3×12×300	个	—	201.160	—
	镀锌扁钢钩 3×12×400	个	—	—	201.160
	镀锌螺钉 带垫	个	402.330	—	—
	镀锌螺栓钩 6×600	个	—	201.160	—
	镀锌螺栓钩 6×800	个	—	—	201.160
	塑料脊瓦 850×360	块	14.660	14.660	14.660
	塑料瓦 1820×720	块	102.550	102.550	102.550
	油灰	kg	2.940	2.940	2.940

工作内容：金属瓦制作、安装、就位、找正螺栓固定、刷防腐涂料。　　单位：100 m²

定额编号			7-16	7-17
项目			金属瓦(木檩上)	
			镀锌钢板	铝合金板
名称		单位	数量	
人工	综合工日	工日	29.580	29.580
材料	镀锌铁皮 0.4 mm	m^2	114.470	—
	镀锌铁皮脊瓦 0.44 mm	m^2	17.710	—
	铝板网	m^2	3.920	3.920
	铝合金板 δ0.6-0.8	m^2	—	114.470
	铝合金板脊瓦 0.6-0.8	m^2	—	17.710
	防腐涂料	kg	39.660	39.660
	镀锌钢板支脚 δ=1.5	个	4.130	—
	镀锌螺栓	套	453.000	—
	铝合金板支脚 δ=1.5	个	—	4.130
	铝螺栓带垫 M4×16	套	—	453.000
	木螺丝	百个	9.070	9.070
机械	钢板校平机 30×2600	台班	0.700	0.700
	剪板机 40×3100	台班	2.800	2.800
	摇臂钻床 ϕ50 mm	台班	1.630	1.630

工作内容：1. 清理底层。

2. 拌合草泥及扎苇束。

3. 铺设瓦檐口。

4. 安置脊瓦。　　单位：100 m

定额编号			7-18	7-19	7-20	7-21	7-22	7-23
项目			瓦檐口	草泥屋面	草泥座浆瓦	草泥屋面	草泥底层	苇束
			草泥座浆 100 延长米	草泥浆 120 mm 苇束 ϕ100	草泥浆 60 mm 苇束 ϕ100	每增减 10 mm		
名称		单位	数量					
人工	综合工日	工日	7.290	37.980	31.330	0.600	0.520	0.160
材料	水泥砂浆 1∶3	m^3	—	—	0.030	—	—	—
	草泥浆 屋面用	m^3	2.370	12.200	7.000	—	—	—
	镀锌铁丝 18#	kg	—	12.800	12.800	—	—	1.570
	板方材	m^3	—	0.291	0.325	—	—	—
	生石灰	kg	—	—	—	11.440	6.570	—
	黏土	m^3	—	—	—	1.330	1.330	—
	黏土脊瓦	块	—	—	23.000	—	—	—
	黏土瓦 380×240	千块	0.515	—	1.650	—	—	—
	麦草	kg	—	—	—	41.600	26.000	—
	水	m^3	—	—	—	0.800	0.800	—
	苇束	kg	—	1625.000	1625.000	—	—	162.500

工作内容：构件变形修理、临时加固、吊装、就位、找正、螺栓固定。　　单位：100 m²

定额编号			7-24	7-25	7-26
项目			金属压型板屋面		
			檩距(m以内)		
			7.500	6.000	4.200
名称		单位	数量		
人工	综合工日	工日	16.710	17.640	19.520
材料	沿口包角板 0.8 mm	m²	1.110	1.110	1.110
	屋脊板 2 mm	m²	4.340	4.340	4.340
	屋脊挡雨板 WD-3	块	59.310	59.310	59.310
	屋脊堵头板 WD-2	块	59.310	59.310	59.310
	压型屋面板 W-550	m²	116.520	116.520	116.520
	檐口堵头板 WD-1	块	59.310	59.310	59.310
	橡胶密封条	m	16.430	16.430	16.430
	电焊条	kg	4.030	5.180	7.480
	密封膏	支	20.000	20.000	20.000
	单面固定螺栓 ML-850R	个	86.460	111.140	160.520
	单面连接螺栓 R-8	个	143.420	143.420	143.420
	黑铁丝 8-12#	kg	3.000	3.000	3.000
	拉铆钉 LD-1	个	30.300	30.300	30.300
	普通螺栓 M8	个	177.780	177.780	177.780
	端部固定架 WG-3	个	1.180	1.520	2.190
	中间固定架 WG-2	个	42.630	54.810	79.160
	其他材料费占材料费	%	0.200	0.200	0.200
机械	交流电焊机 32 kVA	台班	1.100	1.100	1.100
	其他机械费占机械费	%	14.780	14.780	14.780

2. 卷材屋面

(1) 油毡屋面

工作内容：熬制沥青玛碲脂，配制冷底子油、刷冷底子油，贴附加层、铺贴卷材收头。　　单位：100 m²

定额编号			7-27	7-28	7-29	7-30	7-31
项目			石油沥青玛碲脂卷材屋面				
			一毡二油	二毡三油	二毡三油一砂	玛碲脂卷材每增减一毡一油	干铺油毡一层
名称		单位	数量				
人工	综合工日	工日	3.130	5.000	6.260	1.860	1.220
材料	冷底子油 30：70	kg	48.960	48.960	48.960	—	—
	沥青玛碲脂	m³	0.460	0.610	0.690	0.150	—
	低碳热轧盘条(高线)HPB235 ϕ10 以内	kg	5.220	5.220	5.220	—	—
	木柴	kg	205.700	245.400	301.180	64.240	—
	砂粒	m³	—	—	0.520	—	—
	石油沥青油毡 350#	m²	124.170	237.940	237.940	113.770	113.770
	铁钉	kg	0.280	0.280	0.280	—	—

(2) 高分子卷材屋面

工作内容:1. 清理基层、找平层分格缝嵌油膏、防水薄弱处刷涂膜附加层。

2. 刷底胶、铺贴卷材、接缝嵌油膏、做收头。

3. 涂刷着色剂保护层二遍。

单位:100 m²

定额编号			7-32	7-33	7-34	7-35
项目			三元乙丙橡胶卷材冷贴			
			满铺	空铺	点铺	条铺
名称		单位	数量			
人工	综合工日	工日	9.000	9.000	9.000	7.910
材料	108胶素水泥浆	m^3	0.010	0.010	0.010	0.010
	低碳热轧盘条(高线)HPB235 ϕ10以内	kg	4.380	4.380	4.380	4.380
	银色着色剂	kg	20.200	20.200	20.200	20.200
	CSPE嵌缝油膏 330 mL	支	50.280	50.280	50.280	50.280
	三元乙丙橡胶卷材	m^2	110.550	112.850	112.850	112.850
	CX-404胶	kg	40.400	7.890	10.450	14.290
	丁基黏结剂	kg	9.560	11.850	11.850	11.850
	二甲苯	kg	27.000	27.000	27.000	27.000
	聚氨酯甲料	kg	16.210	16.210	16.210	16.210
	聚氨酯乙料	kg	31.130	31.130	31.130	31.130
	乙酸乙酯	kg	5.050	5.050	5.050	5.050
	铁钉	kg	0.230	0.230	0.230	0.230

工作内容:1. 清理基层、找平层分格缝嵌油膏、防水薄弱处刷涂膜附加层。

2. 刷底胶、铺贴卷材、接缝嵌油膏、做收头。

3. 涂刷着色剂保护层二遍。

单位:100 m²

定额编号			7-36	7-37	7-38	7-39
项目			再生橡胶卷材冷贴			
			满铺	空铺	点铺	条铺
名称		单位	数量			
人工	综合工日	工日	9.000	9.000	9.000	7.910
材料	108胶素水泥浆	m^3	0.010	0.010	0.010	0.010
	低碳热轧盘条(高线)HPB235 ϕ10以内	kg	4.380	4.380	4.380	4.380
	银色着色剂	kg	20.200	20.200	20.200	20.200
	CSPE嵌缝油膏 300 mL	支	50.280	50.280	50.280	50.280
	二甲苯	kg	25.250	25.250	25.250	25.250
	聚氨酯甲料	kg	16.210	16.210	16.210	16.210
	聚氨酯乙料	kg	31.130	31.130	31.130	31.130
	氯丁胶黏合剂	kg	49.950	23.280	20.210	18.160
	乙酸乙酯	kg	5.050	5.050	5.050	5.050
	再生橡胶卷材	m^2	110.550	112.850	112.850	112.850
	铁钉	kg	0.230	0.230	0.230	0.230

工作内容：1. 清理基层、找平层分格缝嵌油膏、防水薄弱处刷涂膜附加层。

2. 刷底胶、铺贴卷材、接缝嵌油膏、做收头。

3. 涂刷着色剂保护层二遍。

单位：100 m^2

定额编号			7-40	7-41	7-42	7-43
项目			氯丁橡胶卷材冷贴			
			满铺	空铺	点铺	条铺
名称		单位	数量			
人工	综合工日	工日	9.000	9.000	9.000	7.910
材料	108 胶素水泥浆	m^3	0.010	0.010	0.010	0.010
	低碳热轧盘条(高线)HPB235 ϕ10 以内	kg	4.380	4.380	4.380	4.380
	银色着色剂	kg	20.200	20.200	20.200	20.200
	CSPE 嵌缝油膏 330 mL	支	50.280	50.280	50.280	50.280
	氯丁橡胶卷材	m^2	110.550	112.850	112.850	112.850
	CY409 液	kg	9.550	11.850	11.850	11.850
	二甲苯	kg	27.000	27.000	27.000	27.000
	聚氨酯甲料	kg	11.660	11.660	11.660	11.660
	聚氨酯乙料	kg	17.500	17.500	17.500	17.500
	氯丁胶沥青胶液	kg	60.600	31.630	28.560	26.520
	乙酸乙酯	kg	5.050	5.050	5.050	5.050
	铁钉	kg	0.230	0.230	0.230	0.230

工作内容：1. 清理基层、找平层分格缝嵌油膏、防水薄弱处刷涂膜附加层。

2. 刷底胶、铺贴卷材、接缝嵌油膏、做收头。

3. 涂刷着色剂保护层二遍。

单位：100 m^2

定额编号			7-44	7-45	7-46	7-47
项目			氯化聚乙烯-橡胶共混卷材冷贴			
			满铺	空铺	点铺	条铺
名称		单位	数量			
人工	综合工日	工日	9.000	9.000	9.000	7.910
材料	108 胶素水泥浆	m^3	0.010	0.010	0.010	0.010
	低碳热轧盘条(高线)HPB235 ϕ10 以内	kg	4.380	4.380	4.380	4.380
	银色着色剂	kg	20.200	20.200	20.200	20.200
	CSPE 嵌缝油膏 330 mL	支	50.280	50.280	50.280	50.280
	BX-12 乙组份 880 mL	瓶	11.940	14.810	14.810	14.810
	BX-12 黏结剂	kg	45.450	12.860	9.410	7.100
	二甲苯	kg	27.000	27.000	27.000	27.000
	聚氨酯甲料	kg	11.660	11.660	11.660	11.660
	聚氨酯乙料	kg	17.500	17.500	17.500	17.500
	氯丁胶乳	kg	18.180	18.180	18.180	18.180
	氯化聚乙烯-橡胶共混卷材	m^2	110.550	112.850	112.850	112.850
	乙酸乙酯	kg	5.050	5.050	5.050	5.050
	铁钉	kg	0.230	0.230	0.230	0.230

工作内容：1. 清理基层、找平层分格缝嵌油膏、防水薄弱处刷涂膜附加层。

2. 刷底胶、铺贴卷材、接缝嵌油膏、做收头。

3. 涂刷着色剂保护层二遍。　　单位：100 m^2

定额编号			7-48	7-49	7-50	7-51
项目			氯磺化聚乙烯卷材冷贴			
			满铺	空铺	点铺	条铺
名称		单位	数量			
人工	综合工日	工日	9.000	9.000	9.000	7.910
材料	108 胶素水泥浆	m^3	0.010	0.010	0.010	0.010
	低碳热轧盘条(高线)HPB235 ϕ10 以内	kg	4.380	4.380	4.380	4.380
	银色着色剂	kg	20.200	20.200	20.200	20.200
	CSPE 嵌缝油膏 330 mL	支	50.280	50.280	50.280	50.280
	氯磺化聚乙烯卷材	m^2	110.550	112.850	112.850	112.850
	CX-401 胶	kg	10.510	12.210	13.030	10.510
	CX-404 胶	kg	50.500	14.290	10.450	7.890
	二甲苯	kg	27.000	27.000	27.000	27.000
	聚氨酯甲料	kg	16.210	16.210	16.210	16.210
	聚氨酯乙料	kg	31.130	31.130	31.130	31.130
	乙酸乙酯	kg	5.050	5.050	5.050	5.050
	铁钉	kg	0.230	0.230	0.230	0.230

工作内容：防水柔毡：清扫基层、熔化粘胶、涂刷粘胶、铺贴柔毡、收头铺撒白石子保护层。　　单位：100 m^2

定额编号			7-52	7-53
项目			防水柔毡	
			热贴满铺	
			二胶一毡一砂	每增一胶一毡
名称		单位	数量	
人工	综合工日	工日	5.860	3.030
材料	108 胶素水泥浆	m^3	0.010	—
	低碳热轧盘条(高线)HPB235 ϕ10 以内	kg	4.380	—
	木柴	kg	219.820	90.200
	白石子	kg	772.500	—
	CSPE 嵌缝油膏 330 mL	支	50.280	—
	防水柔毡	m^2	126.150	110.150
	二甲苯	kg	25.250	—
	乙酸乙酯	kg	5.050	—
	黏胶	kg	730.820	320.240
	铁钉	kg	0.230	—

工作内容：1. 聚氯乙烯卷材铝合金压条：清理基层、铺卷材、钉压条、射钉上嵌密封膏收头。

2. 找平层嵌缝、刷聚氨酯涂膜附加层。用掺胶水泥浆贴卷材、聚氨酯胶接缝搭接。

单位：100 m²

定额编号			7-54	7-55
项目			聚氯乙烯防水卷材铝合金压条	SBC120 复合卷材冷贴
			空铺	满铺
名称		单位	数量	
人工	综合工日	工日	86.270	5.250
材料	素水泥浆	m³	—	0.150
	铝合金压条 3×30	m	105.000	—
	PVC 防水卷材	m²	130.000	
	CSPE 嵌缝油膏 330 mL	支	—	48.960
	聚乙烯丙纶双面复合防水卷材 SBC	m²	—	110.550
	密封膏	支	13.000	—
	108 胶	kg	—	11.380
	303 胶	kg	45.000	—
	聚氨酯甲料	kg	—	19.040
	聚氨酯乙料	kg	—	28.560
	乙酸乙酯	kg	—	5.050
	射钉	百个	5.270	—
	其他材料费占材料费	%	5.000	—

工作内容：清理基面、涂刷冷底子油、铺贴卷材、封边接缝、做附加层、女儿墙、沟等处砂浆填缝压实。

单位：100 m²

定额编号			7-56	7-57	7-58	7-59
项目			热贴满铺			
			APP 卷材	APP 卷材 每增加一层	SBS 卷材	SBS 卷材 每增加一层
名称		单位	数量			
人工	综合工日	工日	5.640	2.200	5.640	2.200
材料	冷底子油 30：70	kg	20.400	—	20.400	—
	水泥砂浆 1：2	m³	0.670	—	0.670	—
	APP 防水卷材	m²	123.410	117.240	—	—
	SBS 防水卷材	m²	—	—	121.070	115.020
	CSPE 嵌缝油膏 330 mL	支	48.960	—	48.960	—
	零星材料费	元	40.000	40.000	40.000	40.000

3. 涂膜屋面

工作内容：1. 屋面满涂油膏：油膏加热，屋面满涂油膏。

2. 板嵌缝：油膏加热，板缝嵌油膏。

单位：见表

定额编号			7-60	7-61	7-62
项目			屋面满涂塑料油膏	塑料油膏嵌缝	
			4 mm	空心板	大型屋面板
			100 m²	100 m	
名称		单位	数量		
人工	综合工日	工日	2.790	3.230	3.250
材料	木柴	kg	182.160	37.070	48.220
	塑料油膏	kg	585.120	119.070	154.910

注：嵌缝取定纵缝断面：空心板 7.5 cm²，大型屋面板 9 cm²，如果断面不同于定额取定断面，以纵缝断面比例调整人工、材料数量。

工作内容:1. 塑料油膏玻璃纤维布:包括刷冷底子油,找平层分格缝嵌油膏,贴防水附加层,铺贴玻璃纤维布、表面撒粒砂保护层。

2. 屋面分格缝:支座处干铺油毡一层,清理缝、熬制油膏、油膏灌缝;沿缝上做二毡三油一砂。

单位:见表

定额编号			7-63	7-64	7-65
项目			塑料油膏玻璃纤维布		屋面分格缝
			一布二油	每增一布一油	
			100 m^2		100 m
名称		单位	数量		
人工	综合工日	工日	3.370	2.120	9.660
材料	冷底子油 30∶70	kg	—	—	38.850
	沥青玛碲脂	m^3	—	—	0.490
	木柴	kg	271.560	101.150	218.110
	砂粒	m^3	—	—	0.410
	石油沥青油毡 350#	m^2	—	—	232.100
	塑料油膏	kg	872.260	324.940	303.680
	玻璃纤维布 1.8 mm 厚	m^2	120.450	112.180	—

工作内容:熬制油膏,缝灌油膏,缝上铺贴玻璃纤维布。涂刷聚氨酯底胶,刷聚氨酯防水层二遍,并撒石碴做保护层。(或与钢性块料层的连接层)。

单位:见表

定额编号			7-66	7-67	7-68
项目			塑料油膏贴玻璃布盖缝		聚氨酯涂膜防水屋面
			一布二油	每增一布一油	
			100 m		100 m^2
名称		单位	数量		
人工	综合工日	工日	2.020	1.210	4.980
材料	木柴	kg	109.300	40.990	—
	石碴	m^3	—	—	0.310
	塑料油膏	kg	351.070	131.650	—
	二甲苯	kg	—	—	12.960
	聚氨酯甲料	kg	—	—	105.550
	聚氨酯乙料	kg	—	—	165.130
	玻璃纤维布 1.8 mm 厚	m^2	30.300	30.300	—

注:聚氨酯如果掺缓凝剂,应增加磷酸 0.30 kg;如果掺促凝剂应增加二月桂酸二丁基锡 0.25 kg。

工作内容:1. 清理基层、调配砂浆、铺抹砂浆养护、筛铺镇水粉、铺隔离纸。

2. 涂刷底胶:做一布一涂附加层于防水薄弱处;冷胶贴聚酯布防水层;最表层撒细砂保护层。

单位:100 m^2

定额编号			7-69	7-70	7-71	7-72	7-73	7-74
项目			掺无机盐铝防水剂		防水砂浆 2 cm 厚	镇水粉隔离层	氯丁冷胶	
			素水泥浆	防水砂浆 2 cm			二布三涂	每增一布一涂
名称		单位	数量					
人工	综合工日	工日	1.880	10.270	10.530	18.190	9.120	4.600
材料	水泥砂浆 1∶2	m^3	—	2.020	2.020	—	—	—
	素水泥浆	m^3	0.100	0.100	0.100	—	—	—

续表

单位:100 m²

定额编号			7-69	7-70	7-71	7-72	7-73	7-74
项目			掺无机盐铝防水剂		防水砂浆 2 cm 厚	镇水粉隔离层	氯丁冷胶	
			素水泥浆	防水砂浆 2 cm			二布三涂	每增一布一涂
名称		单位	数量					
人工	综合工日	工日	1.880	10.270	10.530	18.190	9.120	4.600
材料	细砂	m^3	—	—	—	—	0.310	—
	防水粉	kg	—	—	66.300	—	—	—
	无机盐铝防水剂	kg	14.700	132.600	—	—	—	—
	隔离纸	m^2	—	—	—	130.000	—	—
	聚酯布 100 g/m^2	m^2	—	—	—	—	236.360	110.890
	氯丁冷胶	kg	—	—	—	—	363.600	85.850
	镇水粉	kg	—	—	—	600.000	—	—
机械	灰浆搅拌机 200 L	台班	—	0.350	0.350	—	—	—

4. 铁皮屋面

工作内容:1. 铁皮截料、制作、固定铁皮带和折合缝铺设、咬口。

2. 瓦垄铁皮的钻孔、稳固、上螺丝等及安装脊瓦。

单位:100 m²

定额编号			7-75	7-76	7-77	7-78
项目			平铁皮		瓦垄铁皮	
			单咬口	双咬口	木檩上	钢檩上
名称		单位	数量			
人工	综合工日	工日	3.710	4.080	2.030	3.080
材料	镀锌波纹瓦 2000×900	块	—	—	70.000	70.000
	镀锌铁皮 0.4 mm	m^2	116.000	125.000	4.410	4.410
	镀锌螺钉 带垫	个	—	—	4.040	—
	镀锌瓦钩	百个	—	—	—	4.040
	铁钉	kg	0.550	0.550	0.140	0.140
	零星材料费	元	2.360	2.360	3.450	3.450

5. 屋面排水

工作内容:铁皮截料、制作安装。

单位:100 m²

定额编号			7-79	7-80
项目			铁皮排水	
			水落管、檐沟	天沟、泛水
名称		单位	数量	
人工	综合工日	工日	28.120	10.410
材料	预埋(焊接)铁件	kg	49.150	—
	镀锌铁皮 0.4 mm	m^2	105.800	105.400
	木炭	kg	7.690	9.240
	焊锡	kg	1.800	2.080
	盐酸	kg	0.380	0.440
	铁钉	kg	0.380	3.000

工作内容：1. 铸铁水落管：包括切管、埋管卡、安水管、合灰捻口。

2. 铸铁雨水口：就位、安装。

单位：见表

定额编号			7-81	7-82	7-83	7-84
项目			铸铁落水管		铸铁雨水口	
			直径(mm)			
			100	150	100	150
			10 m		10个	
名称		单位	数量			
人工	综合工日	工日	3.619	3.981	3.150	3.280
材料	沥青玛碲脂	m^3	—	—	0.010	0.010
	预埋(焊接)铁件	kg	1.440	7.780	—	—
	镀锌铁丝 8#	kg	0.820	0.820	—	—
	复合硅酸盐水泥 32.5#	kg	11.630	13.200	—	—
	砂	m^3	0.020	0.020	—	—
	石棉绒	kg	1.740	2.360	—	—
	石油沥青油毡 350#	m^2	—	—	2.420	2.930
	乳化沥青	kg	0.700	0.950	—	—
	螺栓 M3×20	套	21.000	—	—	—
	膨胀螺栓 M6×22	套	10.500	—	—	—
	铸铁雨水口 100 带罩	套	—	—	10.470	—
	铸铁雨水口 150 带罩	套	—	—	—	10.100
	铸铁排水管 100×1500	m	10.470	—	—	—
	铸铁排水管 150×1500	m	—	10.100	—	—
	铸铁三通 100×50	个	3.610	—	—	—
	铸铁三通 150×50	个	—	3.610	—	—
	麻丝	kg	0.180	0.250	—	—
	水	m^3	1.040	1.320	—	—

工作内容：就位、安装。

单位：10 个

定额编号			7-85	7-86	7-87
项目			铸铁水斗(或称接水口)		铸铁弯头(含箅子板)
			落水口直径(mm)		
			100	150	
名称		单位	数量		
人工	综合工日	工日	2.620	2.740	3.490
材料	沥青玛碲脂	m^3	—	—	0.070
	预埋(焊接)铁件	kg	10.830	11.770	2.420
	板方材	m^3	—	—	0.036
	防腐油	kg	—	—	0.400
	铸铁水斗(接水口)100	个	10.100	—	—
	铸铁水斗(接水口)150	个	—	10.100	—
	铸铁弯头(出水口)100	个	—	—	10.100

工作内容：1. 单屋面排水管系统：埋设管卡箍、截管、涂胶、接口。

2. 屋面阳台雨水管系统：埋设管卡箍、截管、涂胶、安三通、伸缩节、管等。　　单位：10 m

定额编号			7-88	7-89	7-90	7-91
项目			玻璃钢排水管直径(mm)			
			单屋面排水管系统		屋面阳台雨水管系统	
			ϕ110	ϕ160	ϕ110	ϕ160
名称		单位	数量			
人工	综合工日	工日	2.820	3.130	2.820	3.130
材料	密封胶	kg	0.120	0.200	0.280	0.480
	卡箍膨胀螺栓 110	套	7.140	—	7.140	—
	卡箍膨胀螺栓 160	套	—	7.140	—	5.100
	玻璃钢排水管 110×1500	m	10.540	—	10.180	—
	玻璃钢排水管 160×1500	m	—	10.610	—	10.150
	玻璃钢三通 110×50	个	—	—	3.610	—
	玻璃钢三通 160×50	个	—	—	—	3.610
	排水管检查口 110	个	1.110	—	1.110	—
	排水管检查口 160	个	—	1.110	—	1.110
	排水管连接件 110×115	个	—	—	3.610	—
	排水管连接件 160×135	个	—	—	—	3.160
	排水管伸缩节 110	个	1.010	—	1.010	—
	排水管伸缩节 160	个	—	1.010	—	1.010

工作内容：1. 水斗：细石混凝土填缝、涂胶、接口。

2. 弯头及短管：涂胶、接口。　　单位：10 个

定额编号			7-92	7-93	7-94	7-95
项目			玻璃钢排水部件			
			水斗(带罩)直径		弯头 90°	短管
			ϕ110	ϕ160	ϕ50	
名称		单位	数量			
人工	综合工日	工日	2.940	3.060	1.280	1.280
材料	现浇砾石砼	m^3	0.030	0.050	—	—
	密封胶	kg	0.310	0.500	0.100	0.100
	玻璃钢短管 50	个	—	—	—	10.100
	玻璃钢弯头 50	个	—	—	10.100	—
	玻璃钢雨水斗 110 带罩	个	10.100	—	—	—
	玻璃钢雨水斗 160 带罩	个	—	10.100	—	—

工作内容：1. 安装石棉水落管、檐沟、水斗等。

2. 流水槽制作及安装。　　单位：见表

定额编号			7-96	7-97	7-98	7-99	7-100
项目			石棉水泥排水			流水槽	
			水落管	檐沟	水斗	铁皮	木制
			10 延长米		10 个		
名称		单位	数量				
人工	综合工日	工日	0.810	0.680	0.810	0.390	1.350
材料	预埋(焊接)铁件	kg	3.170	5.450	5.760	—	—
	镀锌铁皮 0.4 mm	m^2	—	—	—	3.600	—
	镀锌铁丝 22#	kg	—	—	—	1.980	1.980

续表 单位:见表

定额编号			7-96	7-97	7-98	7-99	7-100
项目			石棉水泥排水			流水槽	
			水落管	檐沟	水斗	铁皮	木制
			10 延长米		10 个		
名称		单位	数量				
材料	板方材	m^3	—	—	—	—	0.100
	石棉水泥管箍	个	6.120	—	20.400	—	—
	石棉水泥双变管 45°	个	—	—	10.200	—	—
	石棉水泥水斗	个	—	—	10.200	—	—
	石棉水泥水落管 ϕ100	个	5.670	—	—	—	—
	石棉水泥檐沟(无嘴)	个	—	10.340	—	—	—
	石棉水泥檐沟(有嘴)	个	—	1.000	—	—	—
	石棉水泥圆接头	个	—	—	10.200	—	—
	石棉水泥直角水落管	个	—	—	10.200	—	—
	铁钉	kg	—	—	—	0.020	0.140
	零星材料费	元	1.000	0.500	2.280	—	—

工作内容:制作及安装。 单位:见表

定额编号			7-101	7-102	7-103	7-104	7-105
项目			屋面上人检查孔	排(集)气罩	铁皮排气筒		查盖形风帽
					保温	不保温	
			个	10 m^2			个
名称		单位	数量				
人工	综合工日	工日	2.380	4.490	18.540	2.340	3.050
材料	预埋(焊接)铁件	kg	1.400	1.200	7.500	1.500	1.000
	热轧扁钢 Q235	kg	—	1.500	32.000	4.000	—
	热轧普通钢板 Q235	kg	—	—	—	—	30.000
	镀锌铁皮 0.4 mm	m^2	1.200	11.800	23.800	10.600	—
	热轧角钢 Q235	kg	—	10.500	—	—	14.500
	热轧光圆钢筋 HPB235	kg	—	2.500	—	—	—
	板方材	m^3	0.056	—	0.090	—	—
	胶合板(五夹)	m^2	1.010	—	—	—	—
	矿渣棉	m^3	0.538	—	0.400	—	—
	电焊条	kg	—	—	—	—	1.000
	插销 150 mm	个	1.000	—	—	—	—
	风钩 200 mm	个	2.000	—	—	—	—
	木螺丝	百个	0.190	—	—	—	—
	铁钉	kg	—	—	0.500	0.500	—
	折页 75 mm	个	4.000	—	—	—	—
	零星材料费	元	4.000	2.400	4.000	2.000	2.000
	毛毡	m^2	—	—	22.800	—	—
机械	木工压刨床 三面 400 mm	台班	0.007	—	—	—	—
	木工圆锯机 ϕ500 mm	台班	0.007	—	—	—	—
	零星机械费	元	—	3.000	8.000	2.000	3.200

二、防　　水

1. 卷材防水

(1) 油毡卷材防水

工作内容:配制涂刷冷底子油、熬制玛碲脂、防水薄弱处贴附加层、铺贴玛碲脂卷材。　　单位:100 m^2

定　额　编　号			7-106	7-107	7-108	7-109
项　目			玛碲脂卷材			
			二毡三油		每增减一毡一油	
			平面	立面	平面	立面
名　称		单位	数　量			
人工	综合工日	工日	9.090	11.890	3.820	5.240
材料	冷底子油 30:70	kg	48.480	48.480	—	—
	沥青玛碲脂	m^3	0.510	0.540	0.160	0.170
	木柴	kg	227.700	240.900	66.000	70.400
	石油沥青油毡 350#	m^2	239.760	239.760	116.490	116.490

工作内容:1. 基层清理,配制、涂刷冷底子油;熬制玛碲脂,防水薄弱处贴附加层。

2. 铺贴玛碲脂玻璃纤维布。　　单位:100 m^2

定　额　编　号			7-110	7-111	7-112	7-113
项　目			玛碲脂玻璃纤维布			
			二布三油		每增减一布一油	
			平面	立面	平面	立面
名　称		单位	数　量			
人工	综合工日	工日	9.930	14.770	4.610	6.530
材料	冷底子油 30:70	kg	48.480	48.480	—	—
	沥青玛碲脂	m^3	0.510	0.540	0.160	0.170
	木柴	kg	227.700	240.900	66.000	70.400
	玻璃纤维布 1.8 mm 厚	m^2	250.300	250.300	116.490	116.490

工作内容:1. 基层清理,配制、涂刷冷底子油;熬制沥青,防水薄弱处贴附加层。

2. 铺贴沥青玻璃布卷材。　　单位:100 m^2

定　额　编　号			7-114	7-115	7-116	7-117
项　目			沥青玻璃布卷材			
			二布三油		每增减一布一油	
			平面	立面	平面	立面
名　称		单位	数　量			
人工	综合工日	工日	9.670	14.750	4.620	6.500
材料	冷底子油 30:70	kg	48.480	48.480	—	—
	木柴	kg	201.300	214.500	57.200	61.600
	乳化沥青	kg	489.720	524.700	151.580	163.240
	玻璃纤维布	m^2	250.300	250.300	121.760	121.760

(2) 高分子卷材防水

工作内容：1. 涂刷基层处理剂，防水薄弱处涂聚氨酯涂膜加强。

2. 铺贴卷材，卷材接缝贴卷材条加强。

单位：100 m^2

定额编号			7-118	7-119
项目			氯化聚乙烯-橡胶共混卷材	
			平面	立面
名称		单位	数量	
人工	综合工日	工日	19.340	24.990
材料	108 胶素水泥浆	m^3	0.010	0.010
	低碳热轧盘条(高线)HPB235 ϕ10 以内	kg	4.380	4.380
	CSPE 嵌缝油膏 330 mL	支	29.830	29.830
	BX-12 乙组份 880 mL	瓶	32.280	32.280
	BX-12 黏结剂	kg	45.450	45.450
	二甲苯	kg	27.000	27.000
	聚氨酯甲料	kg	5.420	5.420
	聚氨酯乙料	kg	8.130	8.130
	氯丁冷胶	kg	20.200	20.200
	氯化聚乙烯-橡胶共混卷材	m^2	124.530	124.530
	乙酸乙酯	kg	5.050	5.050
	铁钉	kg	0.230	0.230

工作内容：1. 涂刷基层处理剂，防水薄弱处涂聚氨酯涂膜加强。

2. 铺贴卷材，卷材接缝贴卷材条加强、收头。

单位：100 m^2

定额编号			7-120	7-121	7-122	7-123
项目			三元乙丙橡胶卷材		再生橡胶卷材	
			冷贴满铺			
			平面	立面	平面	立面
名称		单位	数量			
人工	综合工日	工日	19.840	25.640	19.840	25.640
材料	108 胶素水泥浆	m^3	0.010	0.010	0.010	0.010
	低碳热轧盘条(高线)HPB235 ϕ10 以内	kg	4.380	4.380	4.380	4.380
	CSPE 嵌缝油膏 330 mL	支	29.830	29.830	29.830	29.830
	三元乙丙橡胶卷材	m^2	124.170	124.170	—	—
	丁基黏结剂	kg	17.600	17.600	—	—
	二甲苯	kg	27.000	27.000	27.000	27.000
	聚氨酯甲料	kg	9.970	9.970	9.970	9.970
	聚氨酯乙料	kg	21.770	21.770	21.770	21.770
	氯丁胶黏合剂	kg	—	—	63.930	63.930
	乙酸乙酯	kg	5.050	5.050	5.050	5.050
	再生橡胶卷材	m^2	—	—	124.170	124.170
	铁钉	kg	0.230	0.230	0.230	0.230

2. 涂膜防水

工作内容：清理基层，刷涂料。

单位：100 m^2

定额编号			7-124	7-125	7-126	7-127
项目			苯乙烯涂料二遍		刷冷底子油	
			平面	立面	第一遍	第二遍
名称		单位	数量			
人工	综合工日	工日	2.270	2.270	1.610	1.360
材料	冷底子油 30∶70	kg	—	—	48.480	—
	冷底子油 50∶50	kg	—	—	—	36.360
	木柴	kg	—	—	16.500	20.900
	苯乙烯涂料	kg	50.500	52.000	—	—

工作内容：1. 焦油玛碲脂、塑料油膏：配制涂刷冷底子油，熬制玛碲脂或油膏，涂刷油膏或玛碲脂。

2. 氯偏共聚乳液：成品涂刷。

3. 聚氨酯：涂刷底胶及附加层，刷聚氨酯两道，并盖石碴保护层（或钢性连接层）。

单位：100 m^2

定额编号			7-128	7-129	7-130	7-131
项目			焦油玛碲脂	塑料油膏	氯偏共聚乳液	聚氨脂
			涂刷厚度遍数			
			3 mm	二遍	三遍	二遍
名称		单位	数量			
人工	综合工日	工日	3.620	2.180	1.670	6.830
材料	冷底子油 30∶70	kg	48.480	—	—	—
	沥青玛碲脂	m^3	0.320	—	—	—
	木柴	kg	148.500	182.160	—	—
	石碴	m^3	—	—	—	0.310
	塑料油膏	kg	—	585.120	—	—
	二甲苯	kg	—	—	—	12.960
	聚氨酯甲料	kg	—	—	—	107.640
	聚氨酯乙料	kg	—	—	—	168.410
	聚乙烯醇溶液 10%	kg	—	—	0.950	—
	磷酸三钠溶液 10%	kg	—	—	0.590	—
	氯偏共聚乳液	kg	—	—	21.000	—

注：聚氨酯如果掺缓凝剂，应增加磷酸 0.3 kg；如果掺促凝剂应增加二月桂酸二丁基锡 0.25 kg。

工作内容：1. 熬制石油沥青，配制冷底子油，刷冷底子油一遍，涂刷沥青。

2. 熬制沥青，刷沥青一遍。

单位：100 m^2

定额编号			7-132	7-133	7-134	7-135	7-136	7-137
项目			乳化沥青一遍			每增加乳化沥青一遍		
			平面	混凝土抹灰面立面	砖墙立面	平面	混凝土抹灰立面	砖墙立面
名称		单位	数量					
人工	综合工日	工日	1.920	2.310	2.610	0.680	0.900	1.060
材料	冷底子油 30∶70	kg	48.480	48.480	48.480	—	—	—
	木柴	kg	86.900	91.300	100.600	57.200	61.600	61.600
	乳化沥青	kg	186.560	198.220	221.540	144.430	163.240	186.560

工作内容：1. 配制涂刷冷底子油一遍，熬制石油沥青玛碲脂。

2. 涂刷石油沥青玛碲脂一遍。

3. 熬制石油沥青玛碲脂，涂刷石油沥青玛碲脂一遍。 单位：100 m^2

定额编号			7-138	7-139	7-140	7-141	7-142	7-143
项目			石油沥青玛碲脂一遍			每增加一遍石油沥青玛碲脂		
			平面	混凝土抹灰面立面	砖墙立面	平面	混凝土抹灰面立面	砖墙立面
名称		单位	数量					
人工	综合工日	工日	1.820	2.350	2.650	0.710	0.900	1.050
材料	冷底子油 30：70	kg	48.480	48.480	48.480	—	—	—
	沥青玛碲脂	m^3	0.180	0.250	0.280	0.150	0.160	0.180
	木柴	kg	91.300	122.100	130.900	61.600	66.000	74.800

工作内容：1. 清理基层，调制砂浆，抹水泥砂浆。

2. 清理基层，调配涂料，铺贴附加层。

3. 贴布(聚酯布或玻璃纤维布)，刷涂料(最后两遍掺水泥作保护层)。 单位：100 m^2

定额编号			7-144	7-145	7-146	7-147
项目			防水砂浆			
			平面	立面	五层做法	
					平面	立面
名称		单位	数量			
人工	综合工日	工日	9.460	14.320	17.880	23.230
材料	水泥砂浆 1：2	m^3	2.040	2.040	1.010	1.020
	素水泥浆	m^3	—	—	0.610	0.610
	防水粉	kg	55.000	55.000	—	—
	水	m^3	3.800	3.800	3.800	3.800
机械	灰浆搅拌机 200 L	台班	0.340	0.340	0.270	0.270

工作内容：1. 清理基层，调配涂料，铺贴附加层。

2. 贴布(聚酯布或玻璃纤维布)，刷涂料(最后两遍掺水泥作保护层)。 单位：100 m^2

定额编号			7-148	7-149	7-150	7-151
项目			水乳型普通乳化沥青涂料二布三涂		水乳型水性石棉质沥青一布二涂	
			平面	立面	平面	立面
名称		单位	数量			
人工	综合工日	工日	9.850	16.490	7.520	11.820
材料	复合硅酸盐水泥 32.5#	kg	13.770	13.730	61.200	61.200
	聚酯布 100 g/m^2	m^2	243.040	243.040	—	—
	乳化沥青	kg	260.000	260.000	—	—
	水性石棉质沥青(水乳型)	kg	—	—	832.000	832.000
	网格玻璃纤维布	m^2	—	—	124.910	124.910

工作内容：1. 清理基层，调配涂料，贴附加层。
　　　　　2. 刷涂料(最后两遍掺水泥作保护层)，贴聚酯布。　　　　单位：100 m²

定额编号			7-152	7-153	7-154	7-155
项目			水乳型再生胶沥青聚酯布			
			二布三涂		每增一布一涂	
			平面	立面	平面	立面
名称		单位	数量			
人工	综合工日	工日	9.850	16.490	3.990	4.670
材料	复合硅酸盐水泥 32.5＃	kg	13.770	13.770	—	—
	聚酯布 100 g/m²	m²	243.040	243.040	118.130	118.130
	再生胶沥青(水乳型)	kg	260.000	260.000	104.000	104.000

工作内容：1. 清理基层，调配涂料，贴附加层。
　　　　　2. 刷涂料(最后两遍掺水泥作保护层)，贴聚酯布。　　　　单位：100 m²

定额编号			7-156	7-157	7-158	7-159
项目			水乳型阴离子合成胶乳化沥青聚酯布			
			一布二涂		每增一布一涂	
			平面	立面	平面	立面
名称		单位	数量			
人工	综合工日	工日	7.520	11.820	3.990	4.670
材料	复合硅酸盐水泥 32.5＃	kg	15.300	15.300	—	—
	聚酯布 100 g/m²	m²	124.910	124.910	118.130	118.130
	阴离子合成胶乳沥青(水乳型)	kg	208.000	208.000	156.000	156.000

工作内容：1. 清理基层，调配涂料，贴附加层。
　　　　　2. 刷涂料(最后两遍掺水泥作保护层)，贴聚酯布。　　　　单位：100 m²

定额编号			7-160	7-161	7-162	7-163
项目			水乳型阳离子氯丁胶乳化沥青聚酯布			
			一布二涂		每增一布一涂	
			平面	立面	平面	立面
名称		单位	数量			
人工	综合工日	工日	7.520	11.820	3.990	4.670
材料	复合硅酸盐水泥 32.5＃	kg	15.300	15.300	—	—
	聚酯布 100 g/m²	m²	124.910	124.910	118.130	118.130
	阳离子氯丁胶乳沥青(水乳型)	kg	208.000	208.000	156.000	156.000

工作内容：1. 清理基层，调配涂料，贴附加层。

2. 刷涂料(最后两遍掺水泥作保护层)，贴聚酯布。

单位：100 m^2

定额编号			7-164	7-165	7-166	7-167
项目			溶剂型再生胶沥青聚酯布			
			二布三涂		每增一布一涂	
			平面	立面	平面	立面
名称		单位	数量			
人工	综合工日	工日	9.850	16.490	3.990	4.670
材料	复合硅酸盐水泥 32.5#	kg	20.400	20.400	—	—
	聚酯布 100 g/m^2	m^2	243.040	243.040	118.130	118.130
	再生胶沥青(溶剂型)	kg	312.000	312.000	156.000	156.000

三、变形缝

1. 填缝

工作内容：1. 油浸麻丝：熬制沥青，调配沥青麻丝、填塞沥青麻丝。

2. 油浸木丝板：熬沥青，浸木丝板，油浸木丝板嵌缝。

3. 玛碲脂：熬玛碲脂，玛碲脂灌缝。

单位：100 m

定额编号			7-168	7-169	7-170	7-171
项目			油浸麻丝		油浸木丝板	玛碲脂
			平面	立面		
名称		单位	数量			
人工	综合工日	工日	7.260	10.800	5.670	6.430
材料	沥青玛碲脂	m^3	—	—	—	0.480
	木柴	kg	99.000	99.000	61.600	198.000
	木丝板	m^2	—	—	15.300	—
	乳化沥青	kg	216.240	216.240	163.240	—
	麻丝	kg	55.080	55.080	—	—

工作内容：1. 石灰麻刀：调制石灰麻刀，石灰麻刀嵌缝，缝上贴二毡二油条一层。

2. 建筑油膏、沥青砂浆：熬制油膏、沥青，拌和沥青砂浆，沥青砂浆或建筑油膏嵌缝。

单位：100 m

定额编号			7-172	7-173	7-174	7-175	7-176
项目			石灰麻刀		建筑油膏	沥青砂浆	泡沫塑料填缝
			平面	立面			
名称		单位	数量				
人工	综合工日	工日	6.710	7.640	5.370	6.350	4.160
材料	沥青砂浆	m^3	—	—	—	0.480	—
	木柴	kg	24.000	24.000	27.000	198.000	—
	生石灰	kg	180.000	180.000	—	—	—
	泡沫塑料	m^3	—	—	—	—	0.820
	建筑油膏	kg	—	—	87.770	—	—
	石油沥青油毡 350#	m^2	17.000	17.000	—	—	—
	乳化沥青	kg	65.000	65.000	—	—	—
	麻刀	kg	108.000	108.000	—	—	—

工作内容：1. 贴氯丁橡胶片：清理用乙酸乙酯洗缝，隔纸，用氯丁胶粘剂贴氯丁橡胶片，最后在氯丁橡胶片上涂胶铺砂。

2. 紫铜板止水带：铜板剪裁、焊接成型，铺设。

3. 聚氯乙烯胶泥：清缝、水泥砂浆勾缝，垫牛皮纸，熬灌聚氯乙烯胶泥。

单位：100 m

定额编号			7-177	7-178	7-179
项目			氯丁橡胶片止水带	预埋式紫铜板止水片	聚氯乙烯胶泥
名称		单位	数量		
人工	综合工日	工日	10.780	25.510	7.300
材料	水泥砂浆 1∶2	m^3	—	—	0.060
	复合硅酸盐水泥 32.5#	kg	9.090	—	—
	砂粒	m^3	0.160	—	—
	氯丁橡胶片 2 mm 厚	m^2	31.820	—	—
	铜焊条	kg	—	14.300	—
	聚氯乙烯胶泥	kg	—	—	83.320
	氯丁橡胶浆液	kg	60.580	—	—
	三异氰酸酯	kg	9.090	—	—
	乙酸乙酯	kg	23.000	—	—
	紫铜板 2 mm 厚	kg	—	810.900	—
	牛皮纸	m^2	5.910	—	53.230
机械	剪板机 20×2500	台班	—	0.110	—
	交流电焊机 32 kVA	台班	—	0.700	—

工作内容：1. 清理基层，刷底胶，缝上粘贴 350 mm 宽一布二涂氯丁胶贴玻璃纤维布。

2. 在缝中心贴 150 mm 宽一布二涂氯丁胶玻璃布。

3. 止水片干后，表面涂胶并粘粒砂。

单位：100 m

定额编号			7-180	7-181
项目			涂刷式一布二涂氯丁胶贴玻璃纤维布止水片	
			湿基层	干基层
名称		单位	数量	
人工	综合工日	工日	4.710	4.710
材料	复合硅酸盐水泥 32.5#	kg	7.000	3.000
	砂粒	m^3	0.180	0.180
	300 号低分子聚酰胺	kg	2.880	—
	600 号环氧树脂	kg	14.420	—
	氯丁橡胶浆液	kg	116.940	135.980
	三异氰酸酯	kg	17.540	20.400
	乙酸乙酯	kg	15.310	15.310
	玻璃纤维布	m^2	95.200	95.200

工作内容：止水带制作，接头及安装。　　　　单位：100 m

定　额　编　号			7-182	7-183
项　目			预埋式止水带	
			橡胶	塑料
名　称		单位	数　量	
人工	综合工日	工日	10.620	10.620
材料	塑料止水带	m	—	105.000
	橡胶止水带	m	105.000	—
	E44 环氧树脂	kg	3.040	3.040
	丙酮	kg	3.040	3.040
	甲苯	kg	2.400	2.400
	乙二胺	kg	0.240	0.240

2. 盖　缝

工作内容：1. 木板盖面：平面板材加工，板缝一侧涂胶黏合；立面，埋木砖，钉木盖板。

2. 铁皮盖面：平面(屋面)埋木砖，钉木条，木条上钉铁皮；立面埋木砖，木砖上钉铁皮。

单位：100 m

定　额　编　号			7-184	7-185	7-186	7-187
项　目			木板盖板		铁皮盖板	
			平　面	立　面	平　面	立　面
名　称		单位	数　量			
人工	综合工日	工日	3.890	11.760	12.960	10.210
材料	镀锌铁皮 0.7 mm	m^2	—	—	62.540	53.000
	板方材	m^3	0.612	1.087	1.149	0.301
	木炭	kg	—	—	18.020	15.270
	焊锡	kg	—	—	4.060	3.440
	防腐油	kg	—	—	6.760	5.310
	盐酸	kg	—	—	0.860	0.740
	黏合剂 XY508	kg	1.520	—	—	—
	铁钉	kg	—	1.810	2.100	0.700

工作内容：制安钢盖板及橡胶板、铁钉皮、安预埋件、填沥青麻丝、铁件刷漆。　　　　单位：100 m

定　额　编　号			7-188	7-189
项　目			钢板盖缝	橡胶板盖缝
名　称		单位	数　量	
人工	综合工日	工日	26.550	17.700
材料	热轧普通钢板 Q235 $\delta 3$	t	0.350	—
	热轧普通钢板 Q235 $\delta 5$	t	—	0.540
	镀锌铁皮 0.4 mm	m^2	20.780	22.900
	热轧角钢 Q235	kg	378.630	378.630
	热轧光圆钢筋 HPB235	kg	8.270	8.270
	板方材	m^3	0.320	—
	花纹硬橡胶板 150×20	m^3	—	0.310
	红丹防锈漆	kg	9.600	11.930
	带帽螺栓	kg	2.510	—
	麻丝	kg	3.670	—

四十五、深圳市建筑防水计价指南

（2011 年）

第四章 建筑防水计价指南

4.1 防水涂料工程计价分析

4.1.1 双组分聚氨酯防水涂料工程价格分析

规格：2 mm 厚

序号	项目		数量	单价	金额（元/m^2）	备注
1	直接成本	人工费		150 元/工日	4.50	
		主材		14.00 元/kg	35.00	（平面）2.5 kg/m^2、（立面）2.8 kg/m^2
		辅材、耗材（二甲苯）			0.30	
		机具（刮板、搅拌器）			0.20	
		运费			0.50	
		保险			0.40	
		检测费			0.10	另：抽检费用 0.2-0.5 元/m^2
2	直接工程费 A				41.00	
3	管理费（A×25%）				10.25	
4	利润（A×5%）				2.05	
5	保修成本 （A+3+4）×3%～5%				1.60	
6	税收 （A+3+4）×6.33%				3.37	
7	综合单价				58.27	

4.1.2 单组份聚氨酯防水涂料工程价格分析

规格：2 mm 厚

序号	项目		数量	单价	金额（元/m^2）	备注
1	直接成本	人工费		150 元/工日	4.50	
		主材		18.00 元/kg	45.00	（平面）2.5 kg/m^2、（立面）2.8 kg/m^2
		辅材、耗材			0.30	
		机具（刮板、搅拌器）			0.20	
		运费			0.50	
		保险			0.40	
		检测费			0.10	另：抽检费用 0.2-0.5 元/m^2
2	直接工程费 A				51.00	
3	管理费（A×25%）				12.75	
4	利润（A×5%）				2.55	
5	保修成本 （A+3+4）×3%～5%				1.99	
6	税收 （A+3+4）×6.33%				4.20	
7	综合单价				72.49	

4.1.3 聚合物水泥防水涂料工程价格分析

规格：1.0 mm 厚　　配比：乳液：水泥＝1：0.8

序号	项目			数量	单价	金额(元/m²)	备注
1	直接成本	人工费			150 元/工日	3.00	
		主材	乳液		13.00 元/kg	26.00	2 kg/m²
			粉		6.00 元/kg		
		辅材					
		机具				0.20	
		运费				0.50	
		保险				0.30	
		检测费				0.10	另：抽检费用 0.2-0.5 元/m²
2	直接工程费 A					30.10	
3	管理费(A×25%)					7.52	
4	利润(A×5%)					1.51	
5	保修成本　(A+3+4)×3%～5%					1.17	
6	税收　(A+3+4)×6.33%					2.48	
7	综合单价					42.78	

4.1.4 丙烯酸防水涂料工程价格分析

规格：1.0 mm 厚　　配比：乳液：水泥＝1：1

序号	项目		数量	单价	金额(元/m²)	备注
1	直接成本	人工费		150 元/工日	3.00	
		主材		17.00 元/kg	25.50	1.5 kg/m²
		辅材			0.50	
		机具			0.20	
		运费			0.50	
		保险			0.40	
		检测费			0.10	另：抽检费用 0.2-0.5 元/m²
2	直接工程费 A				30.20	
3	管理费(A×25%)				7.55	
4	利润(A×5%)				1.51	
5	保修成本　(A+3+4)×3%～5%				1.18	
6	税收　(A+3+4)×6.33%				2.48	
7	综合单价				42.92	

4.1.5 喷涂聚脲防水涂料工程价格分析

规格:1.0 mm厚

序号	项目		数量	单价	金额(元/m^2)	备注
1	直接成本	人工费		150元/工日	12.00	
		主材		68.00元/kg	78.20	1.15 kg/m^2
		辅材			1.00	
		机具(专用设备)			3.00	
		运费			0.50	
		保险			0.40	
		检测费			0.10	另:抽检费用0.2-0.5元/m^2
2	直接工程费 *A*				95.20	
3	管理费(*A*×25%)				23.80	
4	利润(*A*×5%)				4.76	
5	保修成本 (*A*+3+4)×3%～5%				3.71	
6	税收 (*A*+3+4)×6.33%				7.83	
7	综合单价				135.31	

4.1.6 水泥基渗透结晶型防水涂料工程价格分析

序号	项目			数量	单价	金额(元/m^2)	备注
1	直接成本	人工费			150元/工日	4.50	
		主材	国产		28.80元/kg	43.20	进口母料、国内生产
			进口		42.00元/kg	63.00	成品原装进口
		辅材				1.50	
		机具				0.20	
		运费				0.50	
		保险				0.30	
		检测费				0.10	
2	直接工程费 *A*					50.3	70.10(进口)
3	管理费(*A*×25%)					12.58	17.53
4	利润(*A*×5%)					2.52	3.51
5	保修成本 (*A*+3+4)×3%～5%					1.96	2.73
6	税收 (*A*+3+4)×6.33%					4.14	5.77
7	综合单价					71.49	99.63

4.2 防水卷材工程计价分析

4.2.1 SBS改性沥青防水卷材工程价格分析

规格:聚酯胎3 mm厚

序号	项目		数量	单价	金额(元/m^2)	备注
1	直接成本	人工费		150元/工日	4.50	
		主材1 (−25 ℃)		28.00元/m^2	32.20	主材2(−28 ℃) 金额:36.00元/m^2
		辅材(基层处理剂)			0.80	
		机具			0.20	
		运费			0.50	
		保险			0.40	
		检测费			0.10	另:抽检费用0.2-0.5元/m^2
2	直接工程费 *A*				38.70	42.50
3	管理费(*A*×25%)				9.68	10.63
4	利润(*A*×5%)				1.94	2.13
5	保修成本 (*A*+3+4)×3%～5%				1.51	1.66
6	税收 (*A*+3+4)×6.33%				3.19	3.50
7	综合单价				55.02	

4.2.2 APP 改性沥青防水卷材工程价格分析

规格:3 mm 厚

序号	项目		数量	单价	金额(元/m²)	备注
1	直接成本	人工费		150 元/工日	6.00	
		主材		25.00 元/m²	31.00	搭接、附加、损耗按 24%计
		辅材(基层处理剂)			0.80	
		机具			0.20	
		运费			0.50	
		保险			0.40	
		检测费			0.10	另:抽检费用 0.2-0.5 元/m²
2	直接工程费 A				33.00	
3	管理费(A×25%)				8.25	
4	利润(A×5%)				1.65	
5	保修成本 (A+3+4)×3%～5%				1.28	
6	税收 (A+3+4)×6.33%				2.71	
7	综合单价				46.89	

4.2.3 三元乙丙防水卷材工程价格分析

规格:1.5 mm 厚

序号	项目		数量	单价	金额(元/m²)	备注
1	直接成本	人工费		150 元/工日	6.00	
		主材(均质体)		45.00 元/m²	55.80	搭接、附加、损耗按 24%计
		辅材			12.00	粉接与搭接胶要区别,内、外密封胶
		机具			0.20	
		运费			0.50	
		保险			0.30	
		检测费			0.10	另:抽检费用 0.2-0.5 元/m²
2	直接工程费 A				74.90	
3	管理费(A×25%)				18.73	
4	利润(A×5%)				3.75	
5	保修成本 (A+3+4)×3%～5%				2.92	
6	税收 (A+3+4)×6.33%				6.16	
7	综合单价				106.45	

4.2.4 聚氯乙烯 PVC 防水卷材工程价格分析

规格:1.5 mm 厚 (N 型)

序号	项目		数量	单价	金额(元/m²)	备注
1	直接成本	人工费		150 元/工日	6.00	
		主材		25.00 元/m²	31.00	搭接、附加、损耗按 24%计
		辅材			12.00	粘结胶
		机具			0.20	
		运费			0.50	
		保险			0.40	
		检测费			0.10	另:抽检费用 0.2-0.5 元/m²
2	直接工程费 A				50.20	
3	管理费(A×25%)				12.55	
4	利润(A×5%)				2.51	
5	保修成本 (A+3+4)×3%～5%				1.96	
6	税收 (A+3+4)×6.33%				4.13	
7	综合单价				71.35	

4.2.5 聚乙烯丙纶(涤纶)防水卷材工程价格分析

规格:0.7 mm厚+1.3 mm涂料

序号	项目		数量	单价	金额(元/m²)	备注
1	直接成本	人工费		150元/工日	6.50	
		主材		19.00元/m²	23.56	搭接、附加、损耗按24%计
		辅材			2.00	粘结胶泥
		机具			0.20	
		运费			0.50	
		保险			0.30	
		检测费			0.10	另:抽检费用0.2-0.5元/m²
2	直接工程费 A				33.16	
3	管理费(A×25%)				8.29	
4	利润(A×5%)				1.66	
5	保修成本　(A+3+4)×3%～5%				1.29	
6	税收　(A+3+4)×6.33%				2.73	
7	综合单价				47.13	

4.2.6 耐根穿刺防水卷材工程价格分析

规格:3.0 mm厚

序号	项目		数量	单价	金额(元/m²)	备注
1	直接成本	人工费		150元/工日	7.00	
		主材		52.00元/m²	64.48	搭接、附加、损耗按24%计
		辅材			12.00	粘结胶
		机具			0.20	
		运费			0.50	
		保险			0.40	
		检测费			0.10	另:抽检费用0.2-0.5元/m²
2	直接工程费 A				84.68	
3	管理费(A×25%)				21.17	
4	利润(A×5%)				4.23	
5	保修成本　(A+3+4)×3%～5%				3.30	
6	税收　(A+3+4)×6.33%				6.97	
7	综合单价				120.35	

4.2.7 TPO防水卷材工程价格分析

规格:1.5 mm厚

序号	项目			数量	单价	金额(元/m²)	备注
1	直接成本	人工费			150元/工日	7.00	
		主材			130.00元/m²	149.5	按1.15搭接
		辅材	压条封口胶			3.00	
			固定件			15.00	
		机具				2.00	
		运费				0.50	
		保险				0.30	
	检测费					0.10	另:抽检费用0.2-0.5元/m²
2	直接工程费 A					177.40	
3	管理费(A×25%)					44.35	
4	利润(A×5%)					8.87	
5	保修成本　(A+3+4)×3%～5%					6.92	
6	税收　(A+3+4)×6.33%					14.6	
7	综合单价					252.14	

4.2.8 预铺/湿铺自粘防水卷材工程价格分析

规格:3.0 mm 厚

序号	项目		数量	单 价	金额(元/m²)	备 注
1	直接成本	人工费		150 元/工日	5.50	
		主材		37.00 元/m²	42.55	按 1.15 搭接
		基层处理			4.50	
		机具			0.20	
		运费			0.50	
		保险			0.30	
		检测费			0.10	另:抽检费用 0.2-0.5 元/m²
2	直接工程费 A				53.65	
3	管理费($A\times25\%$)				13.41	
4	利润($A\times5\%$)				2.68	
5	保修成本 $(A+3+4)\times3\%\sim5\%$				2.09	
6	税收 $(A+3+4)\times6.33\%$				4.41	
7	综合单价				76.25	

4.3 刚性防水工程

4.3.1 外加剂防水砂浆工程价格分析

规格:1.5 mm 厚

序号	项目		数量	单 价	金额(元/m²)	备 注
1	直接成本	人工费		150 元/工日	4.00	
		主材	2.5 kg	8.8 元/kg	22.00	
		辅材\耗材(二甲苯)			0.30	
		机具(刮板、搅拌器)			0.20	
		运费			0.50	
		保险			0.30	
		检测费			0.10	另:抽检费用 0.2-0.5 元/m²
2	A 直接工程费				27.4	
3	管理费($A\times25\%$)				6.85	
4	利润($A\times5\%$)				1.37	
5	保修成本 $(A+3+4)\times3\%\sim5\%$				1.07	
6	税收 $(A+3+4)\times6.33\%$				2.25	
7	综合单价				38.94	

4.3.2 微膨胀防水砂浆工程价格分析

规格:按点计算

序号	项目		数量	单 价	金额(元/点)	备 注
1	直接成本	人工费		150 元/工日	12.00	
		主材	1.2 kg	9.00 元/kg	10.80	1.2 kg/点单耗
		辅材			1.00	
		机具			4.33	
		运费			0.50	
		保险			0.40	
		检测费			0.10	另:抽检费用 0.2-0.5 元/点
2	直接工程费 A				29.13	
3	管理费($A\times25\%$)				7.28	
4	利润($A\times5\%$)				1.46	
5	保修成本 $(A+3+4)\times3\%\sim5\%$				1.14	
6	税收 $(A+3+4)\times6.33\%$				2.40	
7	综合单价				41.40	

4.3.3 聚合物水泥防水砂浆工程计价分析

规格：10 mm 厚

序号	项目		数量	单 价	金额(元/m²)	备 注
1	直接成本	人工费		150 元/工日	4.00	
		主材	2.7 kg	9.00 元/kg	25.00	
		辅材、耗材(二甲苯)			0.30	
		机具(刮板、搅拌器)			0.20	
		运费			0.50	
		保险			0.30	
		检测费			0.10	另：抽检费用 0.2-0.5 元/m²
2	直接工程费 A				30.40	
3	管理费(A×25%)				7.60	
4	利润(A×5%)				1.52	
5	保修成本 (A+3+4)×3%～5%				1.19	
6	税收 (A+3+4)×6.33%				2.50	
7	综合单价				43.21	

4.3.4 渗透结晶型防水外加剂价格分析

规格：混凝土厚度按 40 mm 计

序号	项目		数量	单 价	金额(元/m²)	备 注
1	直接成本	人工费		150 元/工日	4.00	
		主材		30.95/kg	26.00	1. 按混凝土或砂浆中水泥用量的 0.7%重量比； 2. 用量：2.1 kg/m²
		辅材、耗材			0.00	
		机具(刮板、搅拌器)			0.20	
		运费			0.50	
		保险			0.30	
		检测费			0.10	另：抽检费用 0.2-0.5 元/m²
2	直接工程费 A				31.10	
3	管理费(A×25%)				7.78	
4	利润(A×5%)				1.56	
5	保修成本 (A+3+4)×3%～5%				1.21	
6	税收 (A+3+4)×6.33%				2.56	
7	综合单价				44.20	

4.4 密封材料工程计价分析

4.4.1 聚氨酯密封材料工程

规格：

序号	项目		数量	单价	金额(元/m)	备注
1	直接成本	人工费		150元/工日	3.00	
		主材			13.00	
		辅材			1.00	
		机具			4.00	
		运费			0.40	
		保险			0.50	
		检测费			0.10	
2	直接工程费 A				22.00	
3	管理费(A×25%)				5.50	
4	利润(A×5%)				1.10	
5	保修成本 (A+3+4)×3%～5%				0.86	
6	税收 (A+3+4)×6.33%				1.81	
7	综合单价				31.27	

4.4.2 橡胶止水带材料工程价格分析

规格：

序号	项目		数量	单价	金额(元/m)	备注
1	直接成本	人工费		150元/工日	3.00	
		主材			15.00	
		辅材			1.00	
		机具			4.00	
		运费			0.40	
		保险			0.50	
		检测费			0.10	
2	直接工程费 A				24.00	
3	管理费(A×25%)				6.00	
4	利润(A×5%)				1.20	
5	保修成本 (A+3+4)×3%～5%				0.94	
6	税收 (A+3+4)×6.33%				1.97	
7	综合单价				34.11	

4.4.3 聚氨酯密封胶工程价格分析

序号	项目		数量	单价	金额(元/m)	备注
1	直接成本	人工费	立面	150元/工日	8.00	平面按6元/m计
		主材		35.00元/kg	10.50	
		辅材			5.00	
		机具			1.00	
		运费			0.50	
		保险			0.40	
		检测费			0.10	另：抽检费用0.2-0.5元/m
2	直接工程费 A				25.50	23.50
3	管理费(A×25%)				6.40	5.88
4	利润(A×5%)				1.28	1.18
5	保修成本 (A+3+4)×3%～5%				1.00	0.92
6	税收 (A+3+4)×6.33%				2.10	1.93
7	综合单价				36.28	33.41

4.4.4 硅酮密封胶工程价格分析

序号	项目		数量	单价	金额(元/m)	备注
1	直接成本	人工费	立面	150元/工日	8.00	平面按6元/m计
		主材		33.50元/kg	10.05	
		辅材			5.00	
		机具			1.00	
		运费			0.50	
		保险			0.40	
		检测费			0.10	另:抽检费用0.2-0.5元/m
2	直接工程费A				25.05	23.05
3	管理费(A×25%)				6.26	5.76
4	利润(A×5%)				1.25	1.15
5	保修成本 (A+3+4)×3%～5%				0.98	0.90
6	税收 (A+3+4)×6.33%				2.06	1.90
7	综合单价				35.60	32.76

4.4.5 丙烯酸酯密封材料工程价格分析

序号	项目		数量	单价	金额(元/m)	备注
1	直接成本	人工费		150元/工日	3.00	
		主材			18.00	
		辅材			1.00	
		机具			4.00	
		运费			0.40	
		保险			0.50	
		检测费			0.10	
2	直接工程费A				27.00	
3	管理费(A×25%)				6.75	
4	利润(A×5%)				1.35	
5	保修成本 (A+3+4)×3%～5%				1.05	
6	税收 (A+3+4)×6.33%				2.22	
7	综合单价				38.37	

四十六、西藏自治区建设工程工程量清单计价定额

（2006 年定额防水工程部分）

关于发布《西藏自治区建设工程工程量清单计价定额》的通知

（藏建造[2007]10 号）

各地（市）建设局、发改委、财政局，区（中）直各部门，招标代理、施工、造价咨询单位：

青藏铁路的全线贯通，给我区经济建设带来了机遇和挑战。为适应我区建筑市场发展变化的需要，合理确定工程造价，统一我区建设工程工程量清单计价依据，加强和规范建筑市场计价的宏观调控，促进自治区建筑市场的稳步发展，依法维护工程建设各方的权益，根据国家标准《建设工程工程量清单计价规范》GB 50500—2003 和建设部颁布的《全国统一建筑工程基础定额》、《全国统一建筑装饰装修工程消耗量定额》、《全国统一安装工程预算定额》、《全国统一市政工程预算定额》、《全国统一园林工程预算定额》，结合我区实际，由自治区建设工程造价管理总站组织编制了 2006 年《西藏自治区建设工程工程量清单计价定额》A、建筑工程 B、装饰装修工程 C、安装工程 D、市政工程 E、园林绿化工程（其中含措施项目、混凝土砂浆配合比、机械台班）、工程量清单指引（以下简称本计价定额），并经编制领导小组审定通过，现予以发布，自二〇〇七年四月一日起执行。原西藏"2001"基价定额同时废止。现将有关事项通知如下：

一、本计价定额适用于西藏自治区行政区域内的建设项目工程量清单计价。凡全部使用国有资金投资或国有资金投资为主的建设工程均应执行本计价定额。

二、本计价定额是新建、改建和扩建的建筑、装修装饰、安装、市政、园林建设工程编审设计概算、施工图预算、标底和投标报价、签订工程合同、竣工结算、调解处理工程造价纠纷，控制工程造价的依据。凡在我区内从事上述建设工程的建设、设计、招标投标代理、施工、造价咨询单位均应执行。

三、本计价定额按《西藏自治区实施国家标准〈建设工程工程量清单计价规范〉暂行办法》（藏建造[2004]116 文）实施管理。建设行政主管部门及其建设工程造价管理机构，应加强对本计价定额中的工程造价管理，及时、准确测算建筑市场材料价格并予以公布，有效地开展监督检查工作。

四、本计价定额由自治区建设工程造价管理总站负责解释、管理。

西藏自治区建设厅

西藏自治区发展和改革委员会

西藏自治区财政厅

二〇〇七年一月十五日

第八章 屋面及防水工程

说 明

一、水泥瓦、粘土瓦、小青瓦、石棉瓦规格与定额不同时，瓦材数量可以换算，其他不变。

二、高分子卷材厚度，再生橡胶卷材按 1.5 mm；其他均按 1.2 mm 取定。

三、防水工程也适用于楼地面、墙基、墙身、构筑物、水池水塔及室内厕所、浴室等防水，建筑物±0.00 以下的防水、防潮工程按防水工程相应项目计算。

四、三元乙丙丁基橡胶卷材屋面防水、按相应三元乙丙橡胶卷材屋面防水项目计算。

五、氯丁冷胶"二布三涂"项目，其"三涂"是指涂料构成防水层数并非指涂刷遍数；每一层"涂层"刷三遍至数遍不等。

六、本定额中沥青、玛瑙脂均指石油沥青、石油玛瑙脂。

七、变形缝填缝：建筑油膏聚氯乙稀胶泥断面取定 3 cm×2 cm；油浸木丝板取定为 2.5 mm×15 cm；紫铜板止水带系 2 mm 厚，展开宽 45 mm；氯丁橡胶宽 30 cm，涂刷式录丁胶贴玻璃止水片宽 35 cm。其余均为 15 cm×30 cm，如设计断面不同时，用料可以换算，人工不变。

八、盖缝：木板盖缝断面为 20 cm×2.5 cm，如设计端面不同时，用料可以换算，人工不变。

九、屋面砂浆找平层，面层按楼地面相应定额项目计算。

十、改性沥青(APP)防水卷材屋面本定额中厚度按 3 mm 计算，如设计与本定额不同时可按实换算，耗量不变。

工程量计算规则

一、瓦屋面，金属压型板(包括挑檐部分)均按(图 1)中尺寸的水平投影面积乘以屋面坡度系数(见屋面坡度系数表)，以"m^2"计算。不扣除房上烟囱、风帽底座、风道、屋面小气窗、斜沟法等所占面积，屋面小气窗的出檐部分亦不增加。天窗出檐与屋面重叠部分的面积，并入屋面工程量计算。

屋面坡度系数表

坡度 B(A=1)	坡度 B/2A	坡度 角度(α)	延尺系数 C(A=1)	隅延尺系数 D(A=1)
1	1/2	45°	1.4142	1.7321
0.75		36°52′	1.2500	1.6008
0.7		35°	1.2207	1.5779
0.666	1/3	33°40′	1.2015	1.5620
0.65		33°01′	1.1926	1.5564
0.6		30°58′	1.1662	1.5362
0.577		30°	1.1547	1.5270
0.55		28°49′	1.1413	1.5170

续表

坡度 B(A=1)	坡度 B/2A	坡度 角度(α)	延尺系数 C(A=1)	隅延尺系数 D(A=1)
0.50	1/4	26°34′	1.1180	1.5000
0.45		24°14′	1.0996	1.4839
0.40	1/5	21°48′	1.0770	1.4697
0.35		19°17′	1.0594	1.4569
0.30		16°42′	1.0440	1.4457
0.25		14°02′	1.0308	1.3462
0.20	1/10	11°19′	1.0198	1.4283
0.15		8°32′	1.0112	1.4221
0.125		7°8′	1.0078	1.4191
0.100	1/20	5°42′	1.0050	1.4177
0.083		4°45′	1.0035	1.4166
0.066	1/30	3°49′	1.0022	1.4157

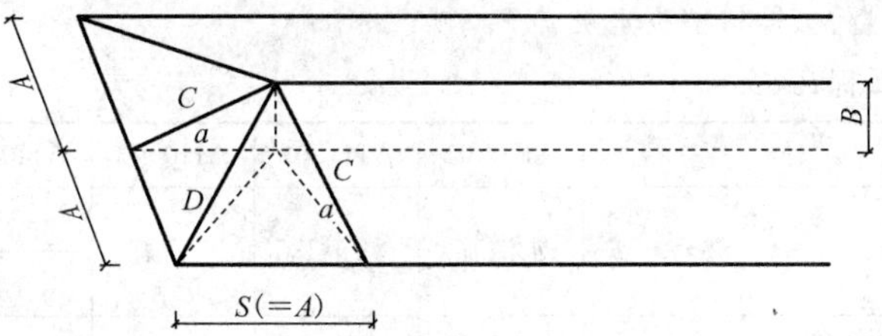

注：1. 两坡排水屋面面积为屋面水平投影面积乘以延长尺系数 c；

2. 四坡排水屋面斜脊长度＝A×D(当 S＝A 时)；

3. 沿山墙泛水长度＝A×C。

二、卷材屋面：工程量按以下规定计算：

1. 卷材屋面按图示尺寸的水平投影面积乘以规定的坡度系数(见表 1)以“m^2”计算。但不扣除房上烟囱、风帽底座、风道、屋面小气窗和斜沟所占面积，屋面的女儿墙、伸缩缝和天窗等处的弯起部分，按图示尺寸并入屋面工程量计算。如图纸无规定时，伸缩缝、女儿墙弯起部分可按 250 mm 计算，天窗弯起部分可按 500 mm 计算。

2. 卷材屋面的附加层、接缝、收头、找平层的嵌缝、冷底子油已计入定额内，不另计算。涂膜屋面的工程量计算同卷材屋面。涂膜屋面的油膏嵌缝、玻璃布盖缝、屋面分格缝，以延长米计算。屋面排水工程量按以下规定计算：

三、铁皮排水按图示尺寸以展开面积计算，如图纸没有注明尺寸时，可按下表计算。咬口和搭接等已计入定额项目中，不另计算，屋面排水管，按设计图示尺寸以长度计算，如设计未标注尺寸，以檐口至设计室外散水上表面垂直距离计算。

铁皮排水单体零件折算表

名称		单位	水落管(m)	檐沟(m)	水斗(个)	漏斗(个)	下水口(个)		
铁皮排水	水落管、檐沟、水斗、漏斗、下水口	m^2	0.32	0.30	0.40	0.16	0.45		
	天沟、斜沟、天窗窗台泛水、天窗侧面泛水、烟囱泛水、通气管泛水、滴水檐头泛水、滴水	m^2	天沟(m)	斜沟、天窗窗台泛水	天窗侧面泛水(m)	烟囱泛水(m)	通气管泛水(m)	滴水檐泛水(m)	滴水(m)
			1.30	0.50	0.70	0.80	0.22	0.24	0.11

四、PVC水落管区别不同直径按图示尺寸以延长米计算，雨水口水斗、弯头、短管以个计算。

五、防水工程量按以下规定计算：

1. 建筑物地面防水、防潮层按主墙间净空面积计算，扣除凸出地面的构筑物、设备基础等所占的面积，不扣除柱、垛、间壁墙、烟囱及0.3 m² 以内孔洞所占面积。与墙面连接处高度在500 mm以内者按展开面积计算，并入平面工程量内，超过500 mm时，按立面防水层计算。

2. 建筑物墙基防水、防潮层、外墙长度按中心线，内墙按净长乘以宽度以"m²"计算。

3. 构筑物及建筑物地下室防水层，按实铺面积计算但不扣除0.3 m² 以内的孔洞面积。平面与立面交接处的防水层，其上卷超过500 mm时，按立面防水层计算。

4. 防水卷材的附加层、接缝、收头、冷底子油等人工材料均已计定额内，不另计算。

5. 变形缝按延长米计算。

一、屋　面

1. 瓦屋面

工作内容：1. 铺瓦。

2. 调制砂浆、安脊瓦、檐口梢头坐灰。

3. 檩条上铺钉石棉瓦、安脊瓦。

单位：100 m²

定额编号				AH0001	AH0002	AH0003	AH0004	AH0005	AH0006
项目				水泥瓦	粘土瓦	小青瓦	小波石棉瓦		
							木檩上	钢檩上	混凝土檩上
基价(元)				8033.35	1103.67	5191.11	1143.20	1408.14	1402.10
其中	人工费(元)			284.84	284.84	506.40	208.88	316.92	316.92
	材料费(元)			7748.51	818.83	4684.71	934.32	1091.22	1085.18
	机械费(元)			—	—	—	—	—	—
	名称	单位	单价(元)	数量					
人工	综合人工(土建)	工日	40.00	7.121	7.121	12.660	5.222	7.923	7.923
材料	水泥瓦 385×235	千块	4500.00	1.700	—	—	—	—	—
	水泥脊瓦	块	2.50	28.460	—	—	—	—	—
	小波石棉瓦 1820×720	块	8.00	—	—	—	102.550	102.550	102.550
	小波石棉脊瓦 850×360	块	6.00	—	—	—	14.660	14.660	14.660
	粘土瓦 380×240	千块	464.56	—	1.670	—	—	—	—
	粘土脊瓦	块	0.55	—	28.460	—	—	—	—
	小青瓦	千块	300.26	—	—	15.350	—	—	—
	混合砂浆 1∶0.5∶2	m³	244.27	—	—	0.310	—	—	—
	水泥砂浆 1∶2.5	m³	248.76	0.110	0.110	—	—	—	—
	麻刀石灰浆	m³	162.35	—	—	—	0.020	0.020	0.020
	油灰	kg	2.25	—	—	—	2.940	2.940	2.940
	镀锌扁钢钩 3×12×300	个	0.50	—	—	—	—	201.160	—
	镀锌扁钢钩 3×12×400	个	0.47	—	—	—	—	—	201.160
	镀锌螺栓钩 6×600	个	0.36	—	—	—	—	201.160	—
	镀锌螺栓钩 6×800	个	0.36	—	—	—	—	—	201.160
	镀锌螺钉　带垫	个	0.04	—	—	—	402.330	—	—

注：水泥瓦或粘土瓦如果穿铁丝钉铁钉，每100 m檐瓦增加2.2工日，20# 铁丝0.7 kg，铁钉0.4 kg。

工作内容:檩条上铺钉石棉瓦、安脊瓦。构件变形修理、临时加固、吊装、就位、找正、螺栓固定。　　　单位:100 m²

定额编号				AH0007	AH0008	AH0009	AH0010	AH0011	AH0012
项目				大波石棉瓦			金属压型板屋面		
				木檩上	钢檩上	混凝土檩上	檩距m以内		
							7.50	6.00	4.20
基价(元)				1678.27	1935.43	1931.77	13956.85	14154.36	14549.31
其中	人工费(元)			181.88	289.48	289.48	722.48	762.96	844.00
	材料费(元)			1496.39	1645.95	1642.29	13037.21	13194.24	13508.15
	机械费(元)			—	—	—	197.16	197.16	197.16
	名称	单位	单价(元)	数量					
人工	综合人工(土建)	工日	40.00	4.547	7.237	7.237	18.062	19.074	21.100
材料	大波石棉脊瓦 850×460	块	6.00	14.660	14.660	14.660	—	—	—
	大波石棉瓦 2800×994	块	25.70	53.700	53.700	53.700	—	—	—
	屋脊板 2 mm	m²	82.00	—	—	—	4.340	4.340	4.340
	屋脊挡雨板 WD-3	块	6.12	—	—	—	59.310	59.310	59.310
	屋脊堵头板 WD-2	块	4.48	—	—	—	59.310	59.310	59.310
	檐口堵头板 WD-1	块	9.41	—	—	—	59.310	59.310	59.310
	压型屋面板 W-550	m²	57.00	—	—	—	116.520	116.520	116.520
	端部固定架 WG-3	个	5.44	—	—	—	1.180	1.520	2.190
	中间固定架 WG-2	个	11.00	—	—	—	42.630	54.810	79.160
	单面固定螺栓 ML-850R	个	0.59	—	—	—	86.460	111.140	160.520
	单面连接螺栓 R-8	个	0.59	—	—	—	143.420	143.420	143.420
	镀锌扁钢钩 3×12×300	个	0.50	—	105.330	—	—	—	—
	镀锌扁钢钩 3×12×400	个	0.47	—	—	105.330	—	—	—
	镀锌螺钉带垫	个	0.04	421.300	—	—	—	—	—
	镀锌螺栓 6×800	个	0.36	—	—	315.980	—	—	—
	镀锌螺栓钩 6×600	个	0.36	—	315.980	—	—	—	—
	石灰麻刀砂浆 1:3	m³	145.71	—	—	0.030	—	—	—
	麻刀石灰浆	m³	162.35	0.030	0.030	—	—	—	—
	圆钢 ϕ20	t	3500.00	—	—	—	1.110	1.110	1.110
	电焊条	kg	5.50	—	—	—	4.030	5.180	7.480
	橡胶密封条	m	3.62	—	—	—	16.430	16.430	16.430
	密封膏	支	9.00	—	—	—	20.000	20.000	20.000
	黑铁丝 8#～12#	kg	4.60	—	—	—	3.000	3.000	3.000
	普通螺栓 M8	个	0.30	—	—	—	177.780	177.780	177.780
	拉铆钉 LD-1	个	0.07	—	—	—	30.300	30.300	30.300
	油灰	kg	2.25	2.940	2.940	2.940	—	—	—
	其他材料费	元	1.00	—	—	—	26.0224	26.3358	26.9624
机械	交流电焊机容量(kv·A)30	台班	156.16	—	—	—	1.100	1.100	1.100
	其他机械费	元	1.00	—	—	—	25.3879	25.3879	25.3879

2. 卷材屋面

(1) 油毡屋面

工作内容:熬制沥青玛碲脂、配制冷底子油、刷冷底子油、贴附加层、铺贴卷材收头。 单位:100 m²

定额编号				AH0013	AH0014	AH0015	AH0016	AH0017
项目				石油沥青玛琋脂卷材屋面				
				一毡二油	二毡三油	二毡三油一砂	玛琋脂卷材每增减一毡一油	干铺油毡一层
基价(元)				2661.69	3731.78	4183.78	1079.91	337.19
其中	人工费(元)			135.48	216.08	264.16	80.60	52.76
	材料费(元)			2526.21	3515.70	3919.62	999.31	284.43
	机械费(元)			—	—	—	—	—
名称		单位	单价(元)	数量				
人工	综合人工(土建)	工日	40.00	3.387	5.402	6.604	2.015	1.319
材料	石油沥青玛碲脂	m³	4594.60	0.460	0.610	0.690	0.150	—
	石油沥青油毡 350#	m²	2.50	124.170	237.940	237.940	113.770	113.770
	粒砂	m³	27.00	—	—	0.520	—	—
	木柴	kg	0.40	205.700	245.400	301.180	64.240	—
	铁钉	kg	5.20	0.280	0.280	0.280	—	—
	钢筋 ϕ10 以内	kg	3.55	5.220	5.220	5.220	—	—

(2) 高分子卷材屋面

工作内容:清理基层、找平层分格缝嵌油膏、防水薄弱处刷涂膜附加层。刷底胶、铺贴卷材、接缝嵌油膏、做收头。涂刷着色剂保护层二遍。 单位:100 m²

定额编号				AH0018	AH0019	AH0020	AH0021
项目				三元乙丙橡胶卷材冷贴			
				满铺	空铺	点铺	条铺
基价(元)				6699.96	6316.50	6354.90	6365.66
其中	人工费(元)			389.08	389.08	389.08	342.24
	材料费(元)			6310.88	5927.42	5965.82	6023.42
	机械费(元)			—	—	—	—
名称		单位	单价(元)	数量			
人工	综合人工(土建)	工日	40.00	9.727	9.727	9.727	8.556
材料	三元乙丙橡胶卷材	m²	38.00	110.550	112.850	112.850	112.850
	银色着色剂	kg	6.00	20.200	20.200	20.200	20.200
	乙酸乙酯	kg	10.32	5.050	5.050	5.050	5.050
	粘结剂 CX-404	kg	15.00	40.400	7.890	10.450	14.290
	CSPE 嵌缝油膏 330 mL	支	10.00	50.280	50.280	50.280	50.280
	107 胶素水泥浆	m³	3543.55	0.010	0.010	0.010	0.010
	二甲苯	kg	8.00	27.000	27.000	27.000	27.000
	丁基粘结剂	kg	7.33	9.560	11.850	11.850	11.850
	钢筋 ϕ10 以内	kg	3.55	4.380	4.380	4.380	4.380
	聚氨脂甲料	kg	11.00	16.210	16.210	16.210	16.210
	聚氨脂乙料	kg	10.00	31.130	31.130	31.130	31.130
	铁钉	kg	5.20	0.230	0.230	0.230	0.230

工作内容:同前。 单位:100 m^2

定额编号				AH0022	AH0023	AH0024	AH0025
项目				再生橡胶卷材冷贴			
				满铺	空铺	点铺	条铺
基价(元)				5405.21	5324.85	5307.66	5249.34
其中	人工费(元)			389.08	389.08	389.08	342.24
	材料费(元)			5016.13	4935.77	4918.58	4907.10
	机械费(元)			—	—	—	—
名称		单位	单价(元)	数量			
人工	综合人工(土建)	工日	40.00	9.727	9.727	9.727	8.556
材料	再生橡胶卷材	m^2	30.00	110.550	112.850	112.850	112.850
	乙酸乙酯	kg	10.32	5.050	5.050	5.050	5.050
	CSPE 嵌缝油膏 300 mL	支	10.00	50.280	50.280	50.280	50.280
	银色着色剂	kg	6.00	20.200	20.200	20.200	20.200
	氯丁胶粘合剂	kg	5.60	49.950	23.280	20.210	18.160
	107 胶素水泥浆	m^3	3543.55	0.010	0.010	0.010	0.010
	二甲苯	kg	8.00	25.250	25.250	25.250	25.250
	钢筋 ϕ10 以内	kg	3.55	4.380	4.380	4.380	4.380
	聚氨脂甲料	kg	11.00	16.210	16.210	16.210	16.210
	聚氨脂乙料	kg	10.00	31.130	31.130	31.130	31.130
	铁钉	kg	5.20	0.230	0.230	0.230	0.230

工作内容:同前。 单位:100 m^2

定额编号				AH0026	AH0027	AH0028	AH0029
项目				氯丁橡胶卷材冷贴			
				满铺	空铺	点铺	条铺
基价(元)				3694.49	3399.75	3362.91	3291.59
其中	人工费(元)			389.08	389.08	389.08	342.24
	材料费(元)			3305.41	3010.67	2973.83	2949.35
	机械费(元)			—	—	—	—
名称		单位	单价(元)	数量			
人工	综合人工(土建)	工日	40.00	9.727	9.727	9.727	8.556
材料	氯丁橡胶卷材	m^2	11.00	110.550	112.850	112.850	112.850
	氯丁胶沥青胶液	kg	12.00	60.600	31.630	28.560	26.520
	乙酸乙酯	kg	10.32	5.050	5.050	5.050	5.050
	钢筋 ϕ10 以内	kg	3.55	4.380	4.380	4.380	4.380
	银色着色剂	kg	6.00	20.200	20.200	20.200	20.200
	CSPE 嵌缝油膏 330 mL	支	10.00	50.280	50.280	50.280	50.280
	CY409 液	kg	12.00	9.550	11.850	11.850	11.850
	二甲苯	kg	8.00	27.000	27.000	27.000	27.000
	107 胶素水泥浆	m^3	3543.55	0.010	0.010	0.010	0.010
	聚氨脂甲料	kg	11.00	11.660	11.660	11.660	11.660
	聚氨脂乙料	kg	10.00	17.500	17.500	17.500	17.500
	铁钉	kg	5.20	0.230	0.230	0.230	0.230

工作内容：同前。

单位：100 m²

定额编号			AH0030	AH0031	AH0032	AH0033
项目			氯化聚乙烯-橡胶共混卷材冷贴			
			满铺	空铺	点铺	条铺
基价(元)			4534.77	3822.21	3739.41	3637.13
其中 人工费(元)			389.08	389.08	389.08	342.24
其中 材料费(元)			4145.69	3433.13	3350.33	3294.89
其中 机械费(元)			—	—	—	—
名称	单位	单价(元)	数量			
人工 综合人工(土建)	工日	40.00	9.727	9.727	9.727	8.556
材料 氯化聚乙烯-橡胶共混卷材	m²	14.04	110.550	112.850	112.850	112.850
107胶素水泥浆	m³	3543.55	0.010	0.010	0.010	0.010
CSPE嵌缝油膏330 mL	支	10.00	50.280	50.280	50.280	50.280
BX-12乙组份880 mL	瓶	13.00	11.940	14.810	14.810	14.810
BX-12粘结剂	kg	24.00	45.450	12.860	9.410	7.100
银色着色剂	kg	6.00	20.200	20.200	20.200	20.200
乙酸乙酯	kg	10.32	5.050	5.050	5.050	5.050
氯丁胶乳	kg	5.50	18.180	18.180	18.180	18.180
二甲苯	kg	8.00	27.000	27.000	27.000	27.000
钢筋ϕ10以内	kg	3.55	4.380	4.380	4.380	4.380
聚氨脂甲料	kg	11.00	11.660	11.660	11.660	11.660
聚氨脂乙料	kg	10.00	17.500	17.500	17.500	17.500
铁钉	kg	5.20	0.230	0.230	0.230	0.230

工作内容：同前。

单位：100 m²

定额编号			AH0034	AH0035	AH0036	AH0037
项目			氯磺化聚乙烯卷材冷贴			
			满铺	空铺	点铺	条铺
基价(元)			4008.85	3688.33	3657.95	3557.12
其中 人工费(元)			389.08	389.08	389.08	342.24
其中 材料费(元)			3619.77	3299.25	3268.87	3214.88
其中 机械费(元)			—	—	—	—
名称	单位	单价(元)	数量			
人工 综合人工(土建)	工日	40.00	9.727	9.727	9.727	8.556
材料 氯磺化聚乙烯卷材	m²	14.04	110.550	112.850	112.850	112.850
二甲苯	kg	8.00	27.000	27.000	27.000	27.000
CX-401胶	kg	11.00	10.510	12.210	13.030	10.510
CX-404胶	kg	10.26	50.500	14.290	10.450	7.890
乙酸乙酯	kg	10.32	5.050	5.050	5.050	5.050
CSPE嵌缝油膏330 mL	支	10.00	50.280	50.280	50.280	50.280
银色着色剂	kg	6.00	20.200	20.200	20.200	20.200
钢筋ϕ10以内	kg	3.55	4.380	4.380	4.380	4.380
107胶素水泥浆	m³	3543.55	0.010	0.010	0.010	0.010
聚氨脂甲料	kg	11.00	16.210	16.210	16.210	16.210
聚氨脂乙料	kg	10.00	31.130	31.130	31.130	31.130
铁钉	kg	5.20	0.230	0.230	0.230	0.230

工作内容：1. 防水柔毡：清扫基层、熔化粘胶、涂刷粘胶、铺贴柔毡、收头铺撒白石子保护层。

2. 聚氯乙烯卷材铝合金压条：清理基层、铺卷材、钉压条、射钉上嵌密封膏收头。

3. 找平层嵌缝、刷聚酯涂膜附加层；用掺胶水泥浆贴卷材，聚氨酯胶接缝搭节。　　单位：100 m^2

定额编号				AH0038	AH0039	AH0040	AH0041
项目				防水柔毡（热贴满铺）		聚氯乙烯防水卷材铝合金压条	SCB120复合卷材冷贴满铺
				二胶一毡一砂	每增一胶一毡	空铺	
基价（元）				4155.93	1079.57	8134.56	2988.06
其中	人工费（元）			253.20	130.84	3730.48	227.04
	材料费（元）			3902.73	948.73	4404.08	2761.02
	机械费（元）			—	—	—	—
	名称	单位	单价（元）	数量			
人工	综合人工（土建）	工日	40.00	6.330	3.271	93.262	5.676
材料	防水柔毡	m^2	2.50	126.150	110.150	—	—
	PVC防水卷材	m^2	24.00	—	—	130.000	—
	聚乙烯丙纶双面复合防水卷材SBC	m^2	14.50	—	—	—	110.550
	CSPE嵌缝油膏330 mL	支	10.00	50.280	—	—	48.960
	密封膏	支	9.00	—	—	13.000	—
	107胶	kg	1.65	—	—	—	11.380
	303胶	kg	14.50	—	—	45.000	—
	粘胶	kg	1.99	730.820	320.240	—	—
	二甲苯	kg	8.00	25.250	—	—	—
	乙酸乙酯	kg	10.32	5.050	—	—	5.050
	聚氨脂甲料	kg	11.00	—	—	—	19.040
	聚氨脂乙料	kg	10.00	—	—	—	28.560
	素水泥浆	m^3	683.43	—	—	—	0.150
	107胶素水泥浆	m^3	3543.55	0.010	—	—	—
	钢筋ϕ10以内	kg	3.55	4.380	—	—	—
	铝合金压条3×30	m	2.00	—	—	105.000	—
	白石子	kg	1.60	772.500	—	—	—
	木柴	kg	0.40	219.820	90.200	—	—
	射钉	100个	18.00	—	—	5.270	—
	铁钉	kg	5.20	0.230	—	—	—
	其他材料费	元	1.00	—	—	209.7181	—

3. 涂膜屋面

工作内容：1. 屋面满涂油膏：油膏加热，屋面满涂油膏。

2. 板嵌缝：油膏加热，板缝嵌油膏。

3. 塑料油膏玻璃纤维布：包括刷冷底子油，找平层分格缝嵌油膏，贴防水附加层，铺贴玻璃纤维布，表面撒粒砂保护层。

4. 屋面分格缝：支座处于铺油毡一层，清理缝、熬制油膏、油膏灌缝；沿缝上做二毡三油一砂。

单位：见表

定额编号			AH0042	AH0043	AH0044	AH0045	AH0046	AH0047
项目			屋面满涂塑料油膏4 mm	塑料油膏嵌缝		塑料油膏玻璃纤维布		屋面分格缝
				空心板	大型屋面板	一布二油	每增一布一油	
			100 m^2	100 m		100 m^2		100 m
基价(元)			1714.86	464.09	562.57	2755.77	1194.49	1890.93
其中 人工费(元)			120.68	139.68	140.52	145.60	91.56	417.80
其中 材料费(元)			1594.18	324.41	422.05	2610.17	1102.93	1473.13
其中 机械费(元)			—	—	—	—	—	—
名称	单位	单价(元)	数量					
人工 综合人工(土建)	工日	40.00	3.017	3.492	3.513	3.640	2.289	10.445
材料 石油沥青油毡350#	m^2	2.50	—	—	—	—	—	232.100
玻璃纤维布1.8 mm厚	m^2	1.94	—	—	—	120.450	112.180	—
玛琋脂	m^3	10.21	—	—	—	—	—	0.490
塑料油膏	kg	2.60	585.120	119.070	154.910	872.260	324.940	303.680
木柴	kg	0.40	182.160	37.070	48.220	271.560	101.150	218.110
粒砂	m^3	27.00	—	—	—	—	—	0.410

注：嵌缝取定纵横断面：空心板7.5 cm^2，大型屋面板9 cm^2，如果断面不同于定额取定断面，以纵缝断面比例调整人工、材料数量。

工作内容：熬制油膏，缝灌油膏，缝上铺贴玻璃纤维布。涂刷聚氨酯底胶，刷聚氨酯防水层二遍，并撒石碴做保护层(或与钢性块料层的连接层)。清理基层、调配砂浆、铺抹砂浆养护。

单位：100 m^2

定额编号			AH0048	AH0049	AH0050	AH0051	AH0052	AH0053
项目			塑料油膏贴玻璃布盖缝		聚氨酯涂膜防水屋面	掺无机盐铝防水剂		防水砂浆2 cm厚
			一布二油	每增一布一油		素水泥浆	防水砂浆2 cm	
			100 m					
基价(元)			1102.64	469.79	3140.57	246.51	1969.14	1406.34
其中 人工费(元)			87.36	52.32	215.24	81.44	443.96	455.32
其中 材料费(元)			1015.28	417.47	2925.33	165.07	1499.34	925.18
其中 机械费(元)			—	—	—	—	25.84	25.84
名称	单位	单价(元)	数量					
人工 综合人工(土建)	工日	40.00	2.184	1.308	5.381	2.036	11.099	11.383
材料 玻璃纤维布1.8 mm厚	m^2	1.94	30.300	30.300	—	—	—	—
塑料油膏	kg	2.60	351.070	131.650	—	—	—	—
二甲苯	kg	8.00	—	—	12.960	—	—	—
无机盐铝防水剂	kg	6.58	—	—	—	14.700	132.600	—
水泥砂浆1：2	m^3	276.48	—	—	—	—	2.020	2.020
素水泥浆	m^3	683.43	—	—	—	0.100	0.100	0.100
聚氨脂甲料	kg	11.00	—	—	105.550	—	—	—
聚氨脂乙料	kg	10.00	—	—	165.130	—	—	—
防水粉	kg	4.50	—	—	—	—	—	66.300
石碴	m^3	30.00	—	—	0.310	—	—	—
木柴	kg	0.40	109.300	40.990	—	—	—	—
机械 灰浆搅拌机(L)200	台班	73.83	—	—	—	—	0.350	0.350

注：聚氨酯如果掺缓凝剂，应增加磷酸0.3 kg；如果掺促凝剂应增加二月桂酸二丁基锡0.25 kg。

工作内容：涂刷底胶；做一布一涂附加层于防水薄弱处；冷胶贴聚脂布防水层；最表层撒细砂保护层。筛铺镇水粉、铺隔离纸。

单位：100 m^2

定额编号				AH0054	AH0055	AH0056
项目				镇水粉隔离层	氯丁冷胶	
					二布三涂	每增一布一涂
基价(元)				3719.50	4204.07	1112.08
其中	人工费(元)			786.60	394.56	175.96
	材料费(元)			2932.90	3809.51	936.12
	机械费(元)			—	—	—
名称		单位	单价(元)	数量		
人工	综合人工(土建)	工日	40.00	19.665	9.864	4.399
材料	镇水粉	kg	2.91	600.000	—	—
	隔离纸	m^2	9.13	130.000	—	—
	聚脂布 100 g/m^2	m^2	0.70	—	236.360	110.890
	氯丁冷胶	kg	10.00	—	363.600	85.850
	细砂	m^3	26.00	—	0.310	—

4. 屋面排水

工作内容：铁皮截料、制作安装。铸铁水落管：包括切管、埋管卡、安水管、合灰捻口。铸铁雨水口：就位、安装。

单位：100 m^2

定额编号				AH0057	AH0058	AH0059	AH0060	AH0061	AH0062
项目				铁皮排水		铸铁落水管		铸铁雨水口	
				水落管、檐沟	天沟、泛水	直径 100 mm	直径 150 mm	直径 100 mm	直径 150 mm
						10 m		10 个	
基价(元)				4121.28	3196.37	780.80	1112.75	530.28	628.78
其中	人工费(元)			1215.80	439.32	119.00	131.68	136.32	141.80
	材料费(元)			2905.48	2757.05	661.80	981.07	393.96	486.98
	机械费(元)			—	—	—	—	—	—
名称		单位	单价(元)	数量					
人工	综合人工(土建)	工日	40.00	30.395	10.983	2.975	3.292	3.408	3.545
材料	镀锌铁皮 26#	m^2	24.50	105.800	105.400	—	—	—	—
	镀锌铁丝 8#	kg	4.42	—	—	0.820	0.820	—	—
	石油沥青油毡 350#	m^2	2.50	—	—	—	—	2.420	2.930
	石油沥青 30#	kg	4.30	—	—	0.700	0.950	—	—
	膨胀螺栓 M6×22	套	1.50	—	—	10.500	—	—	—
	铸铁雨水口 100 带罩	套	37.04	—	—	—	—	10.470	—
	铸铁雨水口 150 带罩	套	47.48	—	—	—	—	—	10.100

续表 单位:100 m²

定额编号				AH0057	AH0058	AH0059	AH0060	AH0061	AH0062
项目				铁皮排水		铸铁落水管		铸铁雨水口	
				水落管、檐沟	天沟、泛水	直径 100 mm	直径 150 mm	直径 100 mm	直径 150 mm
						10 m		10 个	
材料	铸铁排水管 100×1500	m	50.41	—	—	10.470	—	—	—
	铸铁排水管 150×1500	m	76.00	—	—	—	10.100	—	—
	铸铁三通 100×50	个	22.69	—	—	3.610	—	—	—
	铸铁三通 150×50	个	42.08	—	—	—	3.610	—	—
	水泥 32.5	kg	0.45	—	—	11.630	13.200	—	—
	盐酸	kg	10.00	0.380	0.440	—	—	—	—
	玛碲脂	m^3	10.21	—	—	—	—	0.010	0.010
	螺栓 M3×20	套	0.20	—	—	21.000	—	—	—
	石棉绒	kg	6.00	—	—	1.740	2.360	—	—
	焊锡	kg	70.00	1.800	2.080	—	—	—	—
	铁件	kg	3.54	49.150	—	1.440	7.780	—	—
	铁钉	kg	5.20	0.380	3.000	—	—	—	—
	木炭	kg	0.99	7.690	9.240	—	—	—	—
	麻丝	kg	15.00	—	—	0.180	0.250	—	—
	砂	m^3	24.00	—	—	0.020	0.020	—	—
	水	m^3	1.50	—	—	1.040	1.320	—	—

工作内容：铸铁水斗：就位、安装。单屋面排水管系统：埋设管卡箍、截管、涂胶、接口。

屋面阳台雨水管系统：埋设管卡箍、截管、涂胶、安三通、伸缩节、管等。 单位：见表

定额编号				AH0063	AH0064	AH0065	AH0066	AH0067	AH0068
项目				铸铁水斗（或称接水口）		铸铁弯头（含箅子板）	玻璃钢排水管		
				落水口直径			单屋面排水管系统		屋面阳台雨水管系统
				100 mm	150 mm	10 个	ϕ110	ϕ160	ϕ110
				10 个			10 m		
基价(元)				320.19	404.38	1730.72	393.90	501.55	437.48
其中	人工费(元)			113.08	118.60	151.08	121.96	135.48	121.96
	材料费(元)			207.11	285.78	1579.64	271.94	366.07	315.52
	机械费(元)			—	—	—	—	—	—
	名称	单位	单价(元)	数量					
人工	综合人工(土建)	工日	40.00	2.827	2.965	3.777	3.049	3.387	3.049
材料	二等板方材	m^3	1450.00	—	—	0.036	—	—	—
	密封胶	kg	15.00	—	—	—	0.120	0.200	0.280
	防腐油	kg	1.32	—	—	0.400	—	—	—
	玛琋脂	m^3	10.21	—	—	0.070	—	—	—
	铸铁水斗(接水口)100	个	16.71	10.100	—	—	—	—	—

续表 单位:见表

定额编号				AH0063	AH0064	AH0065	AH0066	AH0067	AH0068
项目				铸铁水斗(或称接水口)		铸铁弯头(含箅子板)	玻璃钢排水管		
				落水口直径			单屋面排水管系统		屋面阳台雨水管系统
				100 mm	150 mm	10 个	ϕ110	ϕ160	ϕ110
				10 个			10 m		
材料	铸铁水斗(接水口)150	个	24.17	—	10.100	—	—	—	—
	铸铁弯头(出水口)100	个	150.26	—	—	10.100	—	—	—
	玻璃钢排水管 110×1500	m	23.40	—	—	—	10.540	—	10.180
	玻璃钢排水管 160×1500	m	30.00	—	—	—	—	10.610	—
	玻璃钢三通 110×50	个	5.85	—	—	—	—	—	3.610
	排水管检查口 110	个	11.00	—	—	—	1.110	—	1.110
	排水管检查口 160	个	21.00	—	—	—	—	1.110	—
	排水管连接件 110×115	个	7.89	—	—	—	—	—	3.610
	排水管伸缩节 110	个	8.00	—	—	—	1.010	—	1.010
	排水管伸缩节 160	个	18.00	—	—	—	—	1.010	—
	卡箍膨胀螺栓 110	套	0.45	—	—	—	7.140	—	7.140
	卡箍膨胀螺栓 160	套	0.46	—	—	—	—	7.140	—
	铁件	kg	3.54	10.830	11.770	2.420	—	—	—

工作内容:1. 水斗:细石混凝土填缝、涂胶、接口。

2. 弯头及短管:涂胶、接口。 单位:10 个

定额编号				AH0069	AH0070	AH0071	AH0072	AH0073
项目				玻璃钢排水管	玻璃钢排水部件			
				屋面阳台雨水管系统	水斗(带罩)		弯头 90 度	短管
				ϕ160 10 m	ϕ110	ϕ160	ϕ50	
基价(元)				548.77	244.10	291.92	123.44	281.00
其中	人工费(元)			135.48	127.04	132.52	55.28	55.28
	材料费(元)			413.29	117.06	159.40	68.16	225.72
	机械费(元)			—	—	—	—	—
	名称	单位	单价(元)	数量				
人工	综合人工(土建)	工日	40.00	3.387	3.176	3.313	1.382	1.382
材料	玻璃钢短管 50	个	22.20	—	—	—	—	10.100
	玻璃钢排水管 160×1500	m	30.00	10.150	—	—	—	—
	玻璃钢三通 160×50	个	7.20	3.610	—	—	—	—
	玻璃钢弯头 50	个	6.60	—	—	—	10.100	—
	排水管检查口 160	个	21.00	1.110	—	—	—	—
	排水管连接件 160×135	个	10.05	3.160	—	—	—	—
	排水管伸缩节 160	个	18.00	1.010	—	—	—	—
	玻璃钢雨水斗 110 带罩	个	10.53	—	10.100	—	—	—
	玻璃钢雨水斗 160 带罩	个	14.04	—	—	10.100	—	—
	半干硬性砼 砾石 10 mmC20	m^3	201.88	—	0.030	0.050	—	—
	密封胶	kg	15.00	0.480	0.310	0.500	0.100	0.100
	卡箍膨胀螺栓 160	套	0.46	5.100	—	—	—	—

工作内容：1. 水斗：细石混凝土填缝、涂胶、接口。

2. 弯头及短管：涂胶、接口。

单位：见表

定额编号				AH0074	AH0075
项目				PVC 塑料落水管	PVC 塑料吐水斗
				10 m	10 个
基价(元)				137.48	96.02
其中	人工费(元)			52.32	31.64
	材料费(元)			85.16	64.38
	机械费(元)			—	—
	名称	单位	单价(元)	数量	
人工	综合人工(土建)	工日	40.00	1.308	0.791
材料	PVC 管件 ϕ100	个	6.50	10.836	—
	PVC 塑料硬管弯头	个	9.00	0.662	5.303
	膨胀螺栓 M6×22	套	1.50	0.147	—
	PVC 塑料卡箍	个	1.50	4.190	—
	聚氯乙烯热熔密封胶	kg	8.60	0.263	—
	PVC 塑料雨水斗	个	19.00	—	0.662
	水泥 32.5	kg	0.45	—	3.318
	油浸麻丝	kg	10.40	—	0.147
	石油沥青 60#	kg	4.00	—	0.263

二、防　　水

1. 卷材防水

(1) 油毡卷材防水

工作内容：清理基层：配制涂刷冷底子油、熬制玛碲脂，防水薄弱处贴附加层、铺贴玛碲脂卷材。

铺贴玛碲玻璃纤维布。

单位：100 m²

定额编号				AH0076	AH0077	AH0078	AH0079	AH0080	AH0081
项目				玛碲脂卷材				玛碲脂玻璃纤维布	
				二毡三油		每增一毡一油		二布三油	
				平面	立面	平面	立面	平面	立面
基价(元)				3407.61	3665.92	1209.76	1316.11	3328.39	3670.71
其中	人工费(元)			373.88	489.08	157.00	215.64	408.48	607.68
	材料费(元)			3033.73	3176.84	1052.76	1100.47	2919.91	3063.03
	机械费(元)			—	—	—	—	—	—
	名称	单位	单价(元)	数量					
人工	综合人工(土建)	工日	40.00	9.347	12.227	3.925	5.391	10.212	15.192
材料	玻璃纤维布 1.8 mm 厚	m²	1.94	—	—	—	—	250.300	250.300
	石油沥青玛碲脂	m³	4594.60	0.510	0.540	0.160	0.170	0.510	0.540
	石油沥青油毡 350#	m²	2.50	239.760	239.760	116.490	116.490	—	—
	木柴	kg	0.40	227.700	240.900	66.000	70.400	227.700	240.900

工作内容：1. 基层清理，配制、涂刷冷底子油；熬制沥青，防水薄弱处贴附加层。
2. 铺贴沥青玻璃布卷材。

单位：100 m²

定额编号				AH0082	AH0083	AH0084	AH0085	AH0086	AH0087
项目				玛碲脂玻璃纤维布		沥青玻璃布卷材			
				每增一布一油		二布三油		每增一布一油	
				平面	立面	平面	立面	平面	立面
基价(元)				1177.01	1303.63	3079.98	3434.43	1100.81	1230.35
其中	人工费(元)			189.48	268.40	408.08	606.84	189.92	267.56
	材料费(元)			987.53	1035.23	2671.90	2827.59	910.89	962.79
	机械费(元)			—	—	—	—	—	—
	名称	单位	单价(元)	数量					
人工	综合人工(土建)	工日	40.00	4.737	6.710	10.202	15.171	4.748	6.689
材料	玻璃纤维布	m²	1.94	—	—	250.300	250.300	121.760	121.760
	玻璃纤维布 1.8 mm 厚	m²	1.94	116.490	116.490	—	—	—	—
	石油沥青玛碲脂	m³	4594.60	0.160	0.170	—	—	—	—
	石油沥青 30#	kg	4.30	—	—	489.720	524.700	151.580	163.240
	木柴	kg	0.40	66.000	70.400	201.300	214.500	57.200	61.600

(2) 改性沥青防水卷材

工作内容：1. 清理基层、刷基层处理剂、找平层分格缝嵌油膏，防水薄弱处刷聚氨涂膜附加层；
2. 屋面贴改性沥青卷材，卷材搭接处及收头嵌油膏。

单位：100 m²

定额编号				AH0088	AH0089	AH0090	AH0091	AH0092	AH0093
项目				改性沥青防水卷材满铺		改性沥青防水卷材屋面			
				平面	立面	满铺	条铺	点铺	空铺
基价(元)				2996.16	3234.56	2585.35	2435.68	2431.44	2349.25
其中	人工费(元)			816.16	1054.56	296.24	296.24	296.24	249.40
	材料费(元)			2180.00	2180.00	2289.11	2139.44	2135.20	2099.85
	机械费(元)			—	—	—	—	—	—
	名称	单位	单价(元)	数量					
人工	综合人工(土建)	工日	40.00	20.404	26.364	7.406	7.406	7.406	6.235
材料	聚氨脂甲料	kg	11.00	5.420	5.420	8.320	8.320	8.320	8.320
	聚氨脂乙料	kg	10.00	8.130	8.130	12.480	12.480	12.480	12.480
	改性乳化沥青	kg	5.50	30.000	30.000	30.000	30.000	30.000	30.000
	改性沥青卷材(3 mm 厚)	m²	12.00	126.540	126.540	115.500	113.930	113.930	113.930
	改性沥青粘结剂	kg	3.50	50.620	50.620	55.750	21.970	20.760	14.260
	改性沥青嵌缝油膏	kg	6.50	12.220	12.220	33.640	33.640	33.640	33.640
	液化气	kg	4.50	22.000	22.000	24.000	21.200	21.200	18.400

工作内容：热熔单层：基层刷处理剂、找平层嵌缝，附加层刷聚氨酯膜，贴卷材，卷材接缝收头处嵌油膏。

单位：见表

定额编号				AH0094	AH0095
项目				改性沥青防水卷材屋面扫热熔单层	屋面分格缝上点粘 300 宽改性沥青卷材
				100 m^2	100 m
基价(元)				2638.97	536.35
其中	人工费(元)			296.24	87.36
	材料费(元)			2342.73	448.99
	机械费(元)			—	—
	名称	单位	单价(元)	数量	
人工	综合人工(土建)	工日	40.00	7.406	2.184
材料	聚氨酯甲料	kg	11.00	8.320	—
	聚氨酯乙料	kg	10.00	12.480	—
	改性沥青嵌缝油膏	kg	6.50	33.640	—
	改性沥青卷材(铝箔)	m^2	14.50	111.500	—
	改性沥青卷材(3 mm 厚)	m^2	12.00	—	33.630
	改性沥青粘结剂	kg	3.50	—	7.580
	改性乳化沥青	kg	5.50	30.000	—
	液化气	kg	4.50	28.000	4.200

(3) 高分子卷材防水

工作内容：1. 涂刷基层处理剂，防水薄弱处涂聚氨酯涂膜加强。

2. 铺贴卷材，卷材接缝贴卷材条加强，收头。

单位：100 m^2

定额编号				AH0096	AH0097	AH0098	AH0099	AH0100	AH0101
项目				氯化聚乙烯-橡胶共混卷材		三元乙丙橡胶卷材		再生橡胶卷材	
						冷贴满铺			
				平面	立面	平面	立面	平面	立面
基价(元)				5036.52	5274.92	6609.59	6847.99	5845.23	6083.63
其中	人工费(元)			816.16	1054.56	816.16	1054.56	816.16	1054.56
	材料费(元)			4220.36	4220.36	5793.43	5793.43	5029.07	5029.07
	机械费(元)			—	—	—	—	—	—
	名称	单位	单价(元)	数量					
人工	综合人工(土建)	工日	40.00	20.404	26.364	20.404	26.364	20.404	26.364
材料	氯化聚乙烯-橡胶共混卷材	m^2	14.04	124.530	124.530	—	—	—	—
	三元乙丙橡胶卷材	m^2	38.00	—	—	124.170	124.170	—	—
	再生橡胶卷材	m^2	30.00	—	—	—	—	124.170	124.170
	BX-12 乙组份 880 mL	瓶	13.00	32.280	32.280	—	—	—	—
	BX-12 粘结剂	kg	24.00	45.450	45.450	—	—	—	—

续表 单位:100 m²

定额编号				AH0096	AH0097	AH0098	AH0099	AH0100	AH0101
项目				氯化聚乙烯-橡胶共混卷材		三元乙丙橡胶卷材		再生橡胶卷材	
				冷贴满铺					
				平面	立面	平面	立面	平面	立面
材料	107胶素水泥浆	m³	3543.55	0.010	0.010	0.010	0.010	0.010	0.010
	钢筋 $\phi10$ 以内	kg	3.55	4.380	4.380	4.380	4.380	4.380	4.380
	氯丁胶粘合剂	kg	5.60	—	—	—	—	63.930	63.930
	丁基粘结剂	kg	7.33	—	—	17.600	17.600	—	—
	氯丁冷胶	kg	10.00	20.200	20.200	—	—	—	—
	乙酸乙酯	kg	10.32	5.050	5.050	5.050	5.050	5.050	5.050
	CSPE嵌缝油膏330 mL	支	10.00	29.830	29.830	29.830	29.830	29.830	29.830
	二甲苯	kg	8.00	27.000	27.000	27.000	27.000	27.000	27.000
	聚氨脂甲料	kg	11.00	5.420	5.420	9.970	9.970	9.970	9.970
	聚氨脂乙料	kg	10.00	8.130	8.130	21.770	21.770	21.770	21.770
	铁钉	kg	5.20	0.230	0.230	0.230	0.230	0.230	0.230

2. 涂膜防水

工作内容：清理基层、刷涂料。焦油玛碲脂、塑料油膏：配制涂刷冷底子油，熬刷玛碲脂或油膏，涂刷油膏或玛碲脂。

单位:100 m²

定额编号				AH0102	AH0103	AH0104	AH0105	AH0106	AH0107
项目				苯乙烯涂料二遍		刷冷底子油		焦油玛碲脂	塑料油膏
				平面	立面	第一遍	第二遍	3 mm	二遍
基价(元)				314.98	321.56	33516.77	22671.31	33652.67	1683.66
其中	人工费(元)			93.28	93.28	66.24	56.12	148.96	89.48
	材料费(元)			221.70	228.28	33450.53	22615.19	33503.71	1594.18
	机械费(元)			—	—	—	—	—	—
名称		单位	单价(元)	数量					
人工	综合人工(土建)	工日	40.00	2.332	2.332	1.656	1.403	3.724	2.237
材料	苯乙烯涂料	kg	4.39	50.500	52.000	—	—	—	—
	冷底子油100 kg 30∶70	m³	689.85	—	—	48.480	—	48.480	—
	冷底子油100 kg 50∶50	m³	621.75	—	—	—	36.360	—	—
	焦油玛碲脂	m³	1.20	—	—	—	—	0.320	—
	塑料油膏	kg	2.60	—	—	—	—	—	585.120
	木柴	kg	0.40	—	—	16.500	20.900	148.500	182.160

工作内容：1. 氯一偏共聚乳液，成品涂刷。

2. 聚氨酯：涂刷底胶及附加层，刷聚氨酯两道，并盖石碴保护层（或刚性连接层）。

3. 熬制石油沥青，配制冷底子油，刷冷底子油一遍，涂刷沥青。

4. 熬制沥青，刷沥青一遍。

单位：100 m²

定额编号				AH0108	AH0109	AH0110	AH0111	AH0112	AH0113
项目				氯偏共聚乳胶	聚氨脂	石油沥青			
						一遍			每增加一遍
				二遍	三遍	平面	混凝土抹灰面立面	砖墙立面	平面
基价（元）				169.66	3262.16	34359.82	34427.75	34543.99	671.77
其中	人工费（元）			68.80	281.04	78.92	94.96	107.20	27.84
	材料费（元）			100.86	2981.12	34280.90	34332.79	34436.79	643.93
	机械费（元）			—	—	—	—	—	—
	名称	单位	单价（元）	数量					
人工	综合人工（土建）	工日	40.00	1.720	7.026	1.973	2.374	2.680	0.696
材料	氯偏共聚乳液	kg	4.52	21.000	—	—	—	—	—
	聚氨脂甲料	kg	11.00	—	107.640	—	—	—	—
	聚氨脂乙料	kg	10.00	—	168.410	—	—	—	—
	聚乙烯醇溶液 10%	kg	4.25	0.950	—	—	—	—	—
	磷酸三钠溶液 10%	kg	3.22	0.590	—	—	—	—	—
	冷底子油 100 kg 30：70	m³	689.85	—	—	48.480	48.480	48.480	—
	石油沥青 30#	kg	4.30	—	—	186.560	198.220	221.540	144.430
	二甲苯	kg	8.00	—	12.960	—	—	—	—
	木柴	kg	0.40	—	—	86.900	91.300	100.600	57.200
	石碴	m³	30.00	—	0.310	—	—	—	—

工作内容：1. 配制涂刷冷底子油一遍，熬制石油沥青玛碲脂。

2. 涂刷石油沥青玛碲脂一遍。

单位：100 m²

定额编号				AH0114	AH0115	AH0116	AH0117	AH0118	AH0119
项目				石油沥青		石油沥青玛碲脂			
				每增加一遍		一遍			每增加一遍
				混凝土抹灰立面	砖墙立面	平面	混凝土抹灰面立面	砖墙立面	平面
基价（元）				763.69	870.33	34382.16	34738.06	34891.66	742.95
其中	人工费（元）			37.12	43.48	74.68	96.64	108.88	29.12
	材料费（元）			726.57	826.85	34307.48	34641.42	34782.78	713.83
	机械费（元）			—	—	—	—	—	—
	名称	单位	单价（元）	数量					
人工	综合人工（土建）	工日	40.00	0.928	1.087	1.867	2.416	2.722	0.728
材料	石油沥青 30#	kg	4.30	163.240	186.560	—	—	—	—
	石油沥青玛碲脂	m³	4594.60	—	—	0.180	0.250	0.280	0.150
	冷底子油 100 kg 30：70	m³	689.85	—	—	48.480	48.480	48.480	—
	木柴	kg	0.40	61.600	61.600	91.300	122.100	130.900	61.600

工作内容：清理基层，调制砂浆，抹水泥砂浆。　　　　单位：100 m²

定额编号				AH0120	AH0121	AH0122	AH0123	AH0124	AH0125
项目				石油沥青玛碲脂		防水砂浆		防水砂浆	
				每增加一遍				五层做法	
				混凝土抹灰面立面	砖墙立面	平面	立面	平面	立面
基价(元)				798.66	899.99	1231.40	1431.44	1457.33	1679.93
其中	人工费(元)			37.12	43.04	389.08	589.12	735.56	955.40
	材料费(元)			761.54	856.95	817.22	817.22	701.84	704.60
	机械费(元)			—	—	25.10	25.10	19.93	19.93
名称		单位	单价(元)	数量					
人工	综合人工(土建)	工日	40.00	0.928	1.076	9.727	14.728	18.389	23.885
材料	石油沥青玛碲脂	m³	4594.60	0.160	0.180	—	—	—	—
	水泥砂浆 1∶2	m³	276.48	—	—	2.040	2.040	1.010	1.020
	素水泥浆	m³	683.43	—	—	—	—	0.610	0.610
	防水粉	kg	4.50	—	—	55.000	55.000	—	—
	木柴	kg	0.40	66.000	74.800	—	—	—	—
	水	m³	1.50	—	—	3.800	3.800	3.800	3.800
机械	灰浆搅拌机(L)200	台班	73.83	—	—	0.340	0.340	0.270	0.270

工作内容：1. 清现基层，调配涂料，铺贴附加层。

2. 贴布(聚酯布或玻璃纤维布)，刷涂料(最后两遍掺水泥作保护层)，贴聚酯布。　单位：100 m²

定额编号				AH0126	AH0127	AH0128	AH0129	AH0130	AH0131
项目				水乳型普通乳化沥青涂料二布三涂		水乳型水性石棉质沥青一布二涂		水乳型再生胶沥青聚酯布	
								二布三涂	
				平面	立面	平面	立面	平面	立面
基价(元)				1189.84	1462.87	2544.04	2720.88	1351.04	1624.08
其中	人工费(元)			405.12	678.16	309.32	486.16	405.12	678.16
	材料费(元)			784.72	784.71	2234.72	2234.72	945.92	945.92
	机械费(元)			—	—	—	—	—	—
名称		单位	单价(元)	数量					
人工	综合人工(土建)	工日	40.00	10.128	16.954	7.733	12.154	10.128	16.954
材料	聚脂布 100 g/m²	m²	0.70	243.040	243.040	—	—	243.040	243.040
	网格玻璃纤维布	m²	2.75	—	—	124.910	124.910	—	—
	普通乳化沥青(水乳型)	kg	2.34	260.000	260.000	—	—	—	—
	水性石棉质沥青(水乳型)	kg	2.24	—	—	832.000	832.000	—	—
	再生胶沥青(水乳型)	kg	2.96	—	—	—	—	260.000	260.000
	水泥 32.5	kg	0.45	13.770	13.730	61.200	61.200	13.770	13.770

工作内容：1. 清理基层，调配涂料，贴附加层。

2. 刷涂料(最后两遍掺水泥作挂保护层)，贴聚酯布。

单位：100 m²

定额编号				AH0132	AH0133	AH0134	AH0135	AH0136	AH0137
项目				水乳型再生胶沥青聚酯布		水乳型阴离子合成胶化沥青聚酯布			
				每增一布一涂		一布二涂		每增一布一涂	
				平面	立面	平面	立面	平面	立面
基价(元)				554.69	582.53	1027.64	1204.48	714.85	742.69
其中	人工费(元)			164.16	192.00	309.32	486.16	164.16	192.00
	材料费(元)			390.53	390.53	718.32	718.32	550.69	550.69
	机械费(元)			—	—	—	—	—	—
名称		单位	单价(元)	数量					
人工	综合人工(土建)	工日	40.00	4.104	4.800	7.733	12.154	4.104	4.800
材料	聚脂布 100 g/m²	m²	0.70	118.130	118.130	124.910	124.910	118.130	118.130
	阴离子合成胶乳沥青(水乳型)	kg	3.00	—	—	208.000	208.000	156.000	156.000
	再生胶沥青(水乳型)	kg	2.96	104.000	104.000	—	—	—	—
	水泥 32.5	kg	0.45	—	—	15.300	15.300	—	—

工作内容：同前。

单位：100 m²

定额编号				AH0138	AH0139	AH0140	AH0141
项目				水乳型阳离子氯丁胶乳化沥青聚脂布			
				一布二涂		每增一布一涂	
				平面	立面	平面	立面
基价(元)				1466.52	1643.36	1044.01	1071.85
其中	人工费(元)			309.32	486.16	164.16	192.00
	材料费(元)			1157.20	1157.20	879.85	879.85
	机械费(元)			—	—	—	—
名称		单位	单价(元)	数量			
人工	综合人工(土建)	工日	40.00	7.733	12.154	4.104	4.800
材料	聚脂布 100 g/m²	m²	0.70	124.910	124.910	118.130	118.130
	阳离子氯丁胶乳沥青(水乳型)	kg	5.11	208.000	208.000	156.000	156.000
	水泥 32.5	kg	0.45	15.300	15.300	—	—

工作内容：同前。

定　额　编　号				AH0142	AH0143	AH0144	AH0145
项　目				溶剂型再生胶沥青聚酯布		溶剂型再生胶沥青聚酯布	
				二布三涂		每增一布一涂	
				平面	立面	平面	立面
基　价(元)				1698.27	1971.31	803.77	831.61
其中	人　工　费(元)			405.12	678.16	164.16	192.00
	材　料　费(元)			1293.15	1293.15	639.61	639.61
	机　械　费(元)			—	—	—	—
名　称		单位	单价(元)	数　量			
人工	综合人工(土建)	工日	40.00	10.128	16.954	4.104	4.800
材料	聚脂布 100 g/m^2	m^2	0.70	243.040	243.040	118.130	118.130
	再生胶沥青(溶剂型)	kg	3.57	312.000	312.000	156.000	156.000
	水泥 32.5	kg	0.45	20.400	20.400	—	—

三、变　形　缝

1. 填　　缝

工作内容：1. 油浸麻丝：熬制沥青，调配沥青麻丝、填塞沥青麻丝。

2. 油浸木丝板：熬沥青，浸木丝板，油浸木丝板嵌缝。

3. 玛琋脂，玛琋脂灌缝。

4. 石灰麻刀：调制石灰麻刀，石灰嵌缝，缝上贴二毡二油条一层。　　单位：100 m

定　额　编　号				AH0146	AH0147	AH0148	AH0149	AH0150	AH0151
项　目				油浸麻丝		油浸木丝板	玛琋脂	石灰麻刀	
				平面	立面			平面	立面
基　价(元)				2112.99	2267.83	1231.33	2565.65	1236.88	1277.84
其中	人　工　费(元)			317.36	472.20	247.72	281.04	293.28	334.24
	材　料　费(元)			1795.63	1795.63	983.61	2284.61	943.60	943.60
	机　械　费(元)			—	—	—	—	—	—
名　称		单位	单价(元)	数　量					
人工	综合人工(土建)	工日	40.00	7.934	11.805	6.193	7.026	7.332	8.356
材料	石油沥青 30#	kg	4.30	216.240	216.240	163.240	—	65.000	65.000
	石油沥青玛琋脂	m^3	4594.60	—	—	—	0.480	—	—
	石油沥青油毡 350#	m^2	2.50	—	—	—	—	17.000	17.000
	麻丝	kg	15.00	55.080	55.080	—	—	—	—
	麻刀	kg	5.00	—	—	—	—	108.000	108.000
	生石灰	kg	0.40	—	—	—	—	180.000	180.000
	木丝板	m^2	16.80	—	—	15.300	—	—	—
	木柴	kg	0.40	99.000	99.000	61.600	198.000	24.000	24.000

工作内容：1. 建筑油膏、沥青砂浆：熬制油膏、沥青，拌和沥青砂浆、沥青砂浆或建筑油膏嵌缝。

2. 贴氯丁橡胶片：清理用乙酸乙酯洗缝，隔纸，用氯丁胶粘剂贴氯丁橡胶片，最后在氯丁橡胶片上涂胶铺砂。

3. 紫铜板止水带：铜板剪裁、焊接成型，铺设。

4. 聚氯乙烯胶泥：清缝、水泥砂浆勾缝，垫牛皮纸，熬灌聚氯乙烯胶泥。 单位：100 m

	定额编号			AH0152	AH0153	AH0154	AH0155	AH0156
	项目			建筑油膏	沥青砂浆	氯丁橡胶片止水带	预埋式紫铜板止水片	聚氯乙烯胶泥
	基价(元)			450.82	1026.74	1667.90	26333.84	657.61
其中	人工费(元)			234.64	277.68	151.08	1115.36	319.04
	材料费(元)			216.18	749.06	1516.82	25077.33	338.57
	机械费(元)			—	—	—	141.15	—
	名称	单位	单价(元)	数量				
人工	综合人工(土建)	工日	40.00	5.866	6.942	3.777	27.884	7.976
材料	建筑油膏	kg	2.34	87.770	—	—	—	—
	氯丁橡胶浆	kg	10.00	—	—	60.580	—	—
	氯丁橡胶片 2 mm 厚	m^2	15.00	—	—	31.820	—	—
	聚氯乙烯胶泥	kg	3.20	—	—	—	—	83.320
	三异氰酸酯	kg	20.00	—	—	9.090	—	—
	乙酸乙酯	kg	10.32	—	—	23.000	—	—
	普通沥青砂浆 1∶2∶6	m^3	1395.54	—	0.480	—	—	—
	水泥砂浆 1∶2	m^3	276.48	—	—	—	—	0.060
	紫铜板 2 mm 厚	kg	29.25	—	—	—	810.900	—
	牛皮纸	m^2	1.04	—	—	5.910	—	53.230
	铜焊条	kg	95.00	—	—	—	14.300	—
	水泥 32.5	kg	0.45	—	—	9.090	—	—
	粒砂	m^3	27.00	—	—	0.160	—	—
	木柴	kg	0.40	27.000	198.000	—	—	—
机械	剪板机 20×2500	台班	289.47	—	—	—	0.110	—
	交流电焊机容量(kv. A)30	台班	156.16	—	—	—	0.700	—

工作内容：1. 清理基层，刷底胶，缝上粘贴 350 mm 宽一布二涂氯丁胶贴玻璃纤维布。

2. 在缝中心贴 150 mm 宽一布二涂氯丁胶玻璃布。

3. 止水片干后，表面涂胶并粘粒砂。

4. 止水带制作，接头及安装。 单位：100 m

	定额编号	AH0157	AH0158	AH0159	AH0160
	项目	一布二涂氯丁胶贴玻璃纤维布止水片		预埋式止水带	
		湿基层	干基层	橡胶	塑料
	基价(元)	2538.06	2322.62	2218.66	2395.06
其中	人工费(元)	205.92	205.92	464.20	464.20
	材料费(元)	2332.14	2116.70	1754.46	1930.86
	机械费(元)	—	—	—	—

续表

定额编号				AH0157	AH0158	AH0159	AH0160
项目				一布二涂氯丁胶贴玻璃纤维布止水片		预埋式止水带	
				湿基层	干基层	橡胶	塑料
名称		单位	单价(元)	数量			
人工	综合人工(土建)	工日	40.00	5.148	5.148	11.605	11.605
材料	玻璃纤维布	m^2	1.94	95.200	95.200	—	—
	塑料止水带	m	17.55	—	—	—	105.000
	橡胶止水带	m	15.87	—	—	105.000	—
	氯丁橡胶浆液	kg	10.00	116.940	135.980	—	—
	低分子聚酰胺 300 号	kg	50.00	2.880	—	—	—
	600 号环氧树脂	kg	22.00	14.420	—	—	—
	三异氰酸酯	kg	20.00	17.540	20.400	—	—
	乙酸乙酯	kg	10.32	15.310	15.310	—	—
	E44 环氧树脂	kg	15.00	—	—	3.040	3.040
	丙酮	kg	6.80	—	—	3.040	3.040
	甲苯	kg	7.50	—	—	2.400	2.400
	乙二胺	kg	16.00	—	—	0.240	0.240
	水泥 32.5	kg	0.45	7.000	3.000	—	—
	粒砂	m^3	27.00	0.180	0.180	—	—

2. 盖　　缝

工作内容：1. 木板盖面：平面板材加工，板缝一侧涂胶粘合；立面，埋木砖钉木盖板。

2. 铁皮盖面：平面(屋面)埋木砖，钉木条，木条上钉铁皮；立面埋木砖，木砖上钉铁皮。

单位：100 m

定额编号				AH0161	AH0162	AH0163	AH0164
项目				木板盖板		铁皮盖板	
				平面	立面	平面	立面
基价(元)				1101.92	2132.71	4239.28	2534.90
其中	人工费(元)			164.16	514.40	566.76	446.48
	材料费(元)			937.76	1618.31	3672.52	2088.42
	机械费(元)			—	—	—	—
名称		单位	单价(元)	数量			
人工	综合人工(土建)	工日	40.00	4.104	12.860	14.169	11.162
材料	二等板方材	m^3	1450.00	—	0.432	0.150	0.301
	一等板方材	m^3	1500.00	0.612	0.655	0.999	—
	镀锌铁皮 24#	m^2	26.00	—	—	62.540	53.000
	粘合剂 XY508	kg	13.00	1.520	—	—	—
	焊锡	kg	70.00	—	—	4.060	3.440
	防腐油	kg	1.32	—	—	6.760	5.310
	盐酸	kg	10.00	—	—	0.860	0.740
	铁钉	kg	5.20	—	1.810	2.100	0.700
	木炭	kg	0.99	—	—	18.020	15.270

四十七、全国建筑抗渗堵漏工程定额(2011年)

关于颁布《全国建筑抗渗堵漏工程定额》的通知

(全防堵[2011]第018号)

根据建设部关于发布和贯彻执行《建筑工程工程量清单计价规范(GB 50500—2008)》的若干规定和通知精神，结合全国建筑防水堵漏实际情况，我委组织有关专家编制了《全国建筑抗渗堵漏工程定额》。经审定，现颁发执行。并就有关执行事项通知如下：

一、本定额是编制施工图预算、拨付工程款、办理工程结算的依据；是招标承包工程编制招标标底造价的依据和投标报价的基础；是编制建筑工程概算定额、估价指标的基础。

二、本定额中的基价，是计取间接费、计划利润等费用的基础价。各地定额(造价)管理站发布的材料价差不作为取费的基础，但应计增或冲减计税前的总造价，并作为计取税金和劳保基金的基础。

三、一次性的补充定额估价表由各建筑、施工单位协商编制，报工程所在地的定额(造价)站备案。

四、本定额从2012年1月1日起执行。从执行之日起，凡新堵漏的单位工程以及在修未修完工程量均按本定额执行。本定额颁布后，原我委颁布的《全国防水堵漏工程定额(2004年定额)》从2012年1月1日起停止执行。

五、本定额由我委负责解释。

各地在执行本定额中有何问题和意见、建议，请及时与我委联系。

全国新型建材网防水堵漏材料专业委员会

2011年8月28日

一、伸缩缝、沉降缝(变形缝)堵漏施工

工作内容：1. 清理基层；　2. 埋注浆管；3. 封缝引水；4. 注化学浆液；
5. 割管；　6. 烘干基层；7. 基层再次清理；8. 涂底涂料；
9. 施工密封材料；10. 施工丙乳砂浆保护层　　单位：m

定额编号			8-81		8-82		8-83		8-84	
项目			水溶性聚氨酯注浆		油溶性聚氨酯注浆		环氧树脂注浆		非固化橡胶注浆	
			宽度 30 mm	每增加 10 mm	宽度 30 mm	每增加 10 mm	宽度 30 mm	每增加 10 mm	宽度 30 mm	每增加 10 mm
基价(元)			1367.5	440.6	1387.5	41	1405.5	458.2	1610	53
其中 人工费(元)			450.0	150.0	450.0	150.0	450.0	150.0	450.0	150.0
材料费(元)			837.5	258.1	777.5	245.1	875.5	281.2	980.5	243.4
机械费(元)			80.0	27.0	80.0	27.0	80.0	27.0	80.0	27.0
名称	单位	单价	数量							
人工 综合工日	工日	150	3.0	1.0	3.0	1.0	3.0	1.0	3.0	1.0
材料 压力注浆管	m	5	1.5	—	1.5	—	1.5	—	1.5	—
注浆嘴	个	3	5	—	5	—	5	—	4	—
无机堵漏材料	kg	18	7	2	7	2	7	2		
水溶性聚氨酯注浆材料	kg	40	5	1.6	—	—	—	—		
油溶性聚氨酯注浆	kg	45	—	—	4	1.3	—	—		
环氧树脂注浆材料	kg	68	—	—	—	—	3.5	1.2		
非固化橡胶注浆材料	kg	29	6	2	6	2	6	2	18	6
建筑密封胶	kg	50	6	2	6	2	6	2	5	1.5
NYS 丙乳	kg	0.4	3	1	3	1	3	1	2	0.7
P. O42.5 水泥	kg	0.6	6	2	6	2	6	2	3	1
黄砂	kg								6	2
辅助材料	kg	150	150	50	150	50	150	50	150	50

注：变形缝宽度不满 30 mm 宽按标准宽 30 mm 计。

二、不规则裂缝、施工缝等裂缝堵漏施工

工作内容：1. 清理基层；2. 凿“V”型槽；　3. 埋注浆管；
4. 封缝引水；5. 注化学浆液；　6. 割管；
7. 烘干基层；8. 基层再次清理；9. 涂底涂料；
10. 施工密封材料；11. 施工丙乳砂浆保护层。　　单位：m

定额编号	8-85		8-86		8-87	
项目	水溶性聚氨酯注浆		油溶性聚氨酯注浆		环氧树脂注浆	
	宽度 5 mm	每增加 1 mm	宽度 5 mm	每增加 1 mm	宽度 5 mm	每增加 1 mm
基价(元)	847.5	221.6	842.5	217.6	877.5	222.4
其中 人工费(元)	255.4	85	255.4	85	255.4	85
材料费(元)	542.5	119.6	537.5	115.6	572.5	120.4
机械费(元)	50.0	17.0	50.0	17.0	50.0	17.0

续表 单位:m

定额编号				8-85		8-86		8-87	
项目				水溶性聚氨酯注浆		油溶性聚氨酯注浆		环氧树脂注浆	
				宽度 5 mm	每增加 1 mm	宽度 5 mm	每增加 1 mm	宽度 5 mm	每增加 1 mm
	名称	单位	单价	数量					
人工	综合工日	工日	150	1.7	0.4	1.7	0.4	1.7	0.4
材料	压力注浆管	m	5	1.5	—	1.5	—	1.5	—
	注浆咀	个	3	5	—	5	—	5	—
	无机防水堵漏材料	kg	18	4	1	4	1	4	1
	水溶性聚氨酯注浆材料	kg	40	3.5	1	—	—	—	—
	油溶性聚氨酯注浆	kg	45	—	—	3	0.8	—	—
	环氧树脂注浆材料	kg	68	—	—	—	—	2.5	0.6
	建筑密封胶	kg	50	3	0.6	3	0.6	3	0.6
	NYS 丙乳	kg	18	1.5	0.3	1.5	0.3	1.5	0.3
	P.O42.5 水泥	kg	0.6	1	0.2	1	0.2	1	0.2
	黄砂	kg	0.2	2	0.4	2	0.4	2	0.4
	辅助材料		130	130	26	130	26	130	6

注：裂缝宽度不满 5 mm 按标准宽 5 mm 计。

三、孔洞渗漏水、涌水堵漏施工

工作内容：1. 清理基层； 2. 埋注浆管；3. 封堵引水；

4. 注化学浆液； 5. 割管； 6. 烘干基层；

7. 基层再次清理；8. 涂底涂料；9. 施工密封材料；10. 施工丙乳砂浆保护层。 单位:个

定额编号				8-88		8-89		8-90	
项目				水溶性聚氨酯注浆		油溶性聚氨酯注浆		环氧树脂注浆	
				直径 10 mm	每增加 1 mm	直径 10 mm	每增加 1 mm	直径 10 mm	每增加 1 mm
基价(元)				416.3	43.2	462.0	43.2	465.0	48.8
其中	人工费(元)			150.0	15	150.0	15	150.0	15
	材料费(元)			246.3	26.2	292.0	26.2	295.0	31.8
	机械费(元)			20.0	2.0	20.0	2.0	20.0	2.0
	名称	单位	单价	数量					
人工	综合工日	工日	150	1.0	0.1	1.0	0.1	1.0	0.1
材料	压力注浆管	m	5	1.5	—	1.5	—	1.5	—
	注浆咀	个	3	1	—	1	—	1	—
	无机防水堵漏材料	kg	18	1.5	0.3	1.5	0.3	1.5	0.3
	水溶性聚氨酯注浆材料	kg	40	2.0	0.2	—	—	—	—
	油溶性聚氨酯注浆	kg	45	—	—	1.8	0.2	—	—
	环氧树脂注浆材料	kg	68	—	—	—	—	1.5	0.2
	建筑密封胶	kg	50	1.0	0.1	1.0	0.1	1.0	0.1
	NYS 丙乳	kg	18	1.0	0.1	1.0	0.1	1.0	0.1
	P.O42.5 水泥	kg	0.6	1.0	—	0.5	—	0.5	—
	黄砂	kg	0.1	1.0	—	1.0	—	1.0	—
	辅助材料		60	60	6	60	6	60	6

注：孔洞直径不满 10 mm 按直径 10 mm 计。

四、预埋件(穿墙管件等)堵漏施工

工作内容:1. 清理基层;　　2. 埋注浆管;3. 封堵引水;
　　4. 注化学浆液;　5. 割管;　　6. 烘干基层;
　　7. 基层再次清理;8. 涂底涂料;9. 施工密封材料;10. 施工丙乳砂浆保护层。　　单位:个

定额编号				8-91		8-92		8-93	
项目				水溶性聚氨酯注浆		油溶性聚氨酯注浆		环氧树脂注浆	
				面积 25 cm²	每增加 5 cm²	面积 25 cm²	每增加 5 cm²	面积 25 cm²	每增加 5 cm²
基价(元)				615.7	129.88	610.7	128.88	645.7	135.88
其中	人工费(元)			225.0	50.0	225.0	50.0	225.0	50.0
	材料费(元)			365.7	74.88	360.7	73.88	395.7	80.88
	机械费(元)			25.0	5.0	25.0	5.0	25.0	3.0
人工	名称	单位	单价	数量					
	综合工日	工日	150	1.5	0.3	1.5	0.3	1.5	0.3
材料	压力注浆管	m	5	1.5	—	1.5	—	1.5	—
	注浆咀	个	3	1	—	1	—	1	—
	无机防水堵漏材料	kg	18	2.0	0.4	2.0	0.4	2.0	0.4
	水溶性聚氨酯注浆材料	kg	40	3.5	0.7	—	—	—	—
	油溶性聚氨酯注浆	kg	45	—	—	3.0	0.6	—	—
	环氧树脂注浆材料	kg	68	—	—	—	—	2.5	0.5
	建筑密封胶	kg	50	1.5	0.3	1.5	0.3	1.5	0.3
	NYS丙乳	kg	18	1.3	0.26	1.3	0.26	1.3	0.26
	P.O42.5水泥	kg	0.6	0.8	—	0.8	—	0.8	—
	黄砂	kg	0.2	1.6	—	1.6	—	1.6	—
	辅助材料		80	80	20	80	20	80	20

注:预埋件埋深断面面积不满 25 cm² 按断面面积 25 cm² 计。

五、大面积渗漏水堵漏施工

工作内容:1. 清理基层;　　2. 施工霍尼漏克;3. 施工抗渗材料;
　　4. 施工无机材料;5. 施工丙乳砂浆;6. 最后养护。　　单位:m²

定额编号				8-94	8-95	8-96	8-97
项目				微渗水堵漏	渗漏水堵漏	漏水堵漏	渗漏水堵漏
				涂层 10 mm 其中丙乳砂浆 8 mm	涂层 12 mm 其中丙乳砂浆 10 mm	涂层 15 mm 其中丙乳砂浆 12 mm	喷涂抗渗浆料
基价(元)				265.4	268.7	328	273.4
其中	人工费(元)			90.0	105.0	120.0	90.0
	材料费(元)			145.4	133.7	178	133.4
	机械费(元)			30.0	30.0	30.0	50.0
人工	名称	单位	单价	数量			
	综合工日	工日	150	0.6	0.7	0.8	0.6

续表　　　　单位：m²

定额编号				8-94	8-95	8-96	8-97
项目				微渗水堵漏	渗漏水堵漏	漏水堵漏	渗漏水堵漏
				涂层 10 mm 其中丙乳砂浆 8 mm	涂层 12 mm 其中丙乳砂浆 10 mm	涂层 15 mm 其中丙乳砂浆 12 mm	喷涂抗渗浆料
材料	水泥基渗透结晶型防水材料	kg	23	1.5	—	—	—
	霍尼漏克	kg	23	2.5	3	4	—
	YYA 防水抗渗浆料	kg	15	—	—	—	6
	无机防水材料	kg	10	1	1	1	—
	NYS 丙乳	kg	18	1.2	1.5	1.8	1.2
	P.O42.5 水泥	kg	0.6	2.0	3.0	4.0	2.0
	黄砂	kg	0.2	3.0	4.5	6.0	3.0
	辅助材料			20	25	30	20

六、电梯坑堵漏施工

工作内容：1. 清理基层； 2. 埋注浆管；3. 封堵引水；
4. 注化学浆液；5. 割管； 6. 烘干基层；7. 基层再次清理；
8. 涂底涂料； 9. 施工丙乳砂浆保护层。　　　　单位：个

定额编号				8-98		8-99		8-100	
项目				渗水堵漏		漏水堵漏		涌水堵漏	
				底部面积 3 m² 四周面积 7 m²	每增加底部 1 m²	底部面积 3 m²	每增加 1 m²	底部面积 3 m²	每增加 1 m²
基价(元)				5870.0	2077.0	8616.0	1811.0	10966.0	3453.0
其中	人工费(元)			900.0	300.0	1200.0	375.0	1500.0	450.0
	材料费(元)			4570.0	1677.0	6916.0	1311.0	8866.0	2853.0
	机械费(元)			400.0	100.0	500.0	125.0	600.0	150.0
	名称	单位	单价	数量					
人工	综合工日	工日	150	6.0	2.0	8.0	2.5	10.0	3.0
材料	压力注浆管	m	5	6.0	2.0	6.0	2.0	6.0	2.0
	注浆咀	个	3	12.0	4.0	12.0	4.0	12.0	4.0
	无机防水堵漏材料	kg	18	100.0	35.0	150.0	50.0	200.0	70.0
	水溶性聚氨酯注浆材料	kg	40	60.0	20.0	80.0	25.0	10.0	30.0
	NYS 丙乳	kg	18	30.0	10.0	40.0	13.0	50.0	17.0
	P.O42.5 水泥	kg	0.6	100.0	30.0	120.0	40.0	150.0	50.0
	黄砂	kg	0.2	200.0	60.0	240.0	80.0	300.0	100.0
	辅助材料		150	150.0	15.0	150.0	15.0	150.0	15.0

注：电梯坑底部面积不满 3 m² 按标准面积 3 m² 计。

七、外墙渗水堵漏施工

工作内容：1. 清洗基层；2. 修补基层面；3. 嵌密封材料；

4. 喷有机硅防水剂二遍。

单位：m^2

定额编号				8-101	8-102	8-103	8-104
项目				瓷砖基层	马赛克基层	水泥砂浆基层	清水砖基层
基价(元)				3317	35.16	42.53	39.14
其中	人工费(元)			15	15	15	15
	材料费(元)			9.37	11.16	18.13	14.74
	机械费(元)			5.4	5.4	5.4	5.4
	名称	单位	单价	数量			
人工	综合工日	工日	150	0.1	0.1	0.1	0.1
材料	清洗剂	kg	18	0.1	0.1	0.1	0.2
	密封材料	支	12	0.1	0.1	0.1	0.1
	有机硅防水剂	kg	35.8	0.15	0.2	0.25	0.3
	辅助材料		5	5	5	5	5

注：机械费中含脚手架或吊板费用及喷雾器费用。

八、粘贴式止水带施工

工作内容：1. 清洗基面层； 2. 涂刷高渗透环氧树脂； 3. 清洗止水带；

4. 向燕尾槽注入粘合剂；5. 粘结及临时固定止水带；6. 对接止水带；

7. 铺设隔离层，砂浆保护层。

单位：m

定额编号				8-105
项目				大型预制钢筋混凝土箱涵接口防水
基价(元)				222.03
其中	人工费(元)			75.0
	材料费(元)			137.03
	机械费(元)			10.00
	名称	单位	单价(元)	数量
人工	综合工日	工日	150.0	0.20
材料	临时固定装置	套	200.0	0.05
	高渗透环氧树脂	kg	68.0	0.04
	清洗剂 500 mL	瓶	20.0	0.02
	预制止水带	m	47.0	1.05
	PVC 环氧粘合剂 0.5 kg	支	42.0	1.43
	接缝夹具	套	200.0	0.02
	辅助材料	元		10.50

四十八、GJD 101—1995 建设部《全国统一建筑工程基础定额》（防水部分）

第一节　说　　明

1. 水泥瓦、黏土瓦、小青瓦、石棉瓦规格与定额不同时，瓦材料数量可以换算，其他不变。

2. 高分子卷材厚度，再生橡胶卷材按 1.5 mm，其他均按 1.2 mm 取定。

3. 防水工程也适用于楼地面、墙身、构筑物、水池、水塔及室内厕所、浴室等防水，建筑物±0.00以下的防水、防潮工程按防水工程相应项目计算。

4. 三元乙丙丁基橡胶卷材屋面防水，按相应三元乙丙橡胶卷材屋面防水项目计算。

5. 氯丁冷胶"二布三涂"项目，其"三涂"是指涂料构成防水层数并非指涂刷遍数；每一层"涂层"刷二遍至数遍不等。

6. 本定额中沥青、玛碲脂均指石油沥青、石油沥青玛碲脂。

7. 变形缝填缝：建筑油膏聚氯乙烯胶泥断面取定 3 cm×2 cm；油浸木丝板取定为 2.5 cm×15 cm；紫铜板止水带系 2 mm 厚，展开宽 45 cm；氯丁橡胶宽 30 cm，涂刷式氯丁胶贴玻璃止水片宽 35 cm。其余均为 15 cm×3 cm。如设计断面不同时，用料可以换算，人工不变。

8. 盖缝：木板盖缝断面为 20 cm×2.5 cm，如设计断面不同时，用料可以换算，人工不变。

9. 屋面砂浆找平层，面层按楼地面相应定额项目计算。

第二节　屋　　面

一、瓦屋面

工作内容：1. 铺瓦。

2. 调制砂浆、安脊瓦、檐口梢头坐灰。　　　　单位：100 m²

定额编号			9-1	9-2	9-3
项目		单位	水泥瓦	黏土瓦	小青瓦
			屋面板上或椽子挂瓦条上铺设		椽子上铺设
人工	综合工日	工日	6.75	6.75	12.00
材料	水泥瓦 385×235	千块	1.70	—	—
	黏土瓦 380×240	千块	—	1.67	—
	小青瓦	千块	—	—	15.35
	黏土脊瓦	块	—	28.46	—
	水泥脊瓦	块	28.46	—	—
	水泥砂浆 1∶2∶5	m³	0.11	0.11	—
	混合砂浆 1∶1∶4	m³	—	—	0.31

注：水泥瓦或黏土瓦如果穿铁丝钉铁钉，每 100 m 檐瓦增加 2.2 工日，20# 铁丝 0.7 kg，铁钉 0.49 kg。

工作内容：檩条上铺钉石棉瓦，安脊瓦。　　　　单位：100 m²

定额编号			9-4	9-5	9-6
项目		单位	小波石棉瓦		
			木檩上	钢檩上	混凝土檩上
人工	综合工日	工日	4.95	7.51	7.51
材料	小波石棉瓦 1820×720	块	102.55	102.55	102.55
	小波石棉脊瓦 850×360	块	14.66	14.66	14.66
	麻刀石灰浆	m³	0.02	0.02	0.02
	油灰	kg	2.94	2.94	2.94
	镀锌螺钉　带垫	个	402.33	—	—
	镀锌螺栓钩 6×600	个	—	201.16	—
	镀锌扁钢钩 3×12×300	个	—	201.16	—
	镀锌螺栓 6×800	个	—	—	201.16
	镀锌扁钢钩 3×12×400	个	—	—	201.16

工作内容：檩条上铺钉石棉瓦，安脊瓦。　　　　单位：100 m²

定额编号			9-7	9-8	9-9
项目		单位	大波石棉瓦		
			木檩上	钢檩上	混凝土檩上
人工	综合工日	工日	4.31	6.86	6.86
材料	大波石棉瓦 2800×994	块	53.77	53.77	53.77
	大波石棉脊瓦 850×460	块	14.66	14.66	14.66
	麻刀石灰浆	m³	0.03	0.03	0.03
	油灰	kg	2.94	2.94	2.94
	镀锌螺钉　带垫	个	421.30	—	—
	镀锌螺栓钩 6×600	个	—	315.98	—
	镀锌扁钢钩 3×12×300	个	—	105.33	—
	镀锌螺栓 6×800	个	—	—	315.98
	镀锌扁钢钩 3×12×400	个	—	—	105.33

工作内容：构件变形修理、临时加固，吊装、就位、找正，螺栓固定。　　　　单位：100 m²

定额编号			9-10	9-11	9-12
项目		单位	金属压型板屋面		
			檩距　(m以内)		
			7.50	6.00	4.20
人工	综合工日	工日	17.12	18.08	20.00
材料	压型屋面板 W-550	m²	16.52	116.52	116.52
	中间固定架 WG-2	个	42.63	54.81	79.16
	端部固定架 WG-3	个	1.18	1.52	2.19
	单面固定螺栓 ML-850R	个	86.46	111.14	160.52
	单面连接螺栓 R-8	个	143.42	143.42	143.42
	普通螺栓 M8	个	177.78	177.78	177.78
	檐口堵头板 WD-1	块	59.31	59.31	59.31

续表　　　　单位:100 m²

定额编号			9-10	9-11	9-12
项目		单位	金属压型板屋面		
			檩距 (m以内)		
			7.50	6.00	4.20
材料	屋脊堵头板 WD-2	块	59.31	59.31	59.31
	屋脊挡雨板 WD-3	块	59.31	59.31	59.31
	屋脊板 2mm	m²	4.34	4.34	4.34
	沿口包角板 0.8mm	m²	1.11	1.11	1.11
	密封膏	支	20.00	20.00	20.00
	电焊条	kg	4.03	5.18	7.48
	黑铁丝 8～12#	kg	3.00	3.00	3.00
	拉铆钉 LD-1	个	30.30	30.30	30.30
	橡胶密封条	m	16.43	16.43	16.43
	其他材料费占材料费	%	0.20	0.20	0.20
机械	交流电焊机 30 kVA	台班	1.10	1.10	1.10
	其他机械占机械费	%	14.78	14.78	14.78

二、卷材屋面

(一) 油毡屋面

工作内容:熬制沥青玛碲脂,配制冷底子油,刷冷底子油,贴附加屋,铺贴卷材收头。　　单位:100 m²

定额编号			9-13	9-14	9-15
项目		单位	石油沥青玛碲脂卷材屋面		
			一毡二油	二毡三油	二毡三油一砂
人工	综合工日	工日	3.12	5.12	6.26
材料	石油沥青玛碲脂	m²	0.46	0.61	0.69
	石油青油毡 350#	m³	124.17	237.94	237.94
	冷底子油 30：70	kg	48.96	48.96	48.96
	木柴	kg	205.70	245.40	301.18
	粒砂	m³	—	—	0.52
	铁钉	kg	0.28	0.28	0.28
	钢筋 ϕ10 以内	kg	5.22	5.22	5.22

单位:100 m²

定额编号			9-16	9-17
项目		单位	石油沥青玛碲脂屋面	
			玛碲脂卷材每增减一毡一油	干铺油毡一层
人工	综合工日	工日	1.91	1.25
材料	石油沥青玛碲脂	m³	0.15	—
	石油沥青油毡 350#	m²	113.77	113.77
	木柴	kg	64.24	—

（二）高分子卷材屋面

工作内容：1. 清理基层，找平层分格缝嵌油膏，防水薄弱处刷涂附加层。

2. 刷底胶，铺钻卷材，接缝嵌油膏，做收头。

3. 涂刷着色剂保护层二遍。

单位：100 m^2

定额编号			9-18	9-19	9-20	9-21
项目		单位	三元乙丙橡胶卷材冷贴			
			满铺	空铺	点铺	条铺
人工	综合工日	工日	9.22	9.22	9.22	8.11
材料	三元乙丙橡胶卷材	m^2	110.55	112.85	112.85	112.85
	黏结剂 CX-404	kg	40.40	7.89	10.45	14.29
	铁钉	kg	0.23	0.23	0.23	0.23
	钢筋 ϕ10 以内	kg	4.38	4.38	4.38	4.38
	CSPE 嵌缝油膏 330 mL	支	50.28	50.28	50.28	50.28
	107 胶素水泥浆	m^3	0.01	0.01	0.01	0.01
	银色着色剂	kg	20.20	20.20	20.20	20.20
	二甲苯	kg	27.00	27.00	27.00	27.00
	乙酸乙酯	kg	5.05	5.05	5.05	5.05
	丁基黏结剂	kg	9.56	11.85	11.85	11.85
	聚氨酯甲料	kg	16.21	16.21	16.21	16.21
	聚氨酯乙料	kg	31.31	31.31	31.31	31.31

工作内容：1. 清理基层，找平层分格缝嵌油膏，防水薄弱处刷涂附加层。

2. 刷底胶，铺钻卷材，接缝嵌油膏，做收头。

3. 涂刷着色剂保护层二遍。

单位：100 m^2

定额编号			9-22	9-23	9-24	9-25
项目		单位	再生橡胶卷材冷贴			
			满铺	空铺	点铺	条铺
人工	综合工日	工日	9.22	9.22	9.22	8.11
材料	再生橡胶卷材	m^2	110.55	112.85	112.85	112.85
	氯丁胶黏合剂	kg	49.95	23.28	20.21	18.16
	铁钉	kg	0.23	0.23	0.23	0.23
	钢筋 ϕ10 以内	kg	4.38	4.38	4.38	4.38
	CSPE 嵌缝油膏 330 mL	支	50.28	50.28	50.28	50.28
	107 胶素水泥浆	m^3	0.01	0.01	0.01	0.01
	银色着色剂	kg	20.20	20.20	20.20	20.20
	二甲苯	kg	25.25	25.25	25.25	25.25
	乙酸乙酯	kg	5.05	5.05	5.05	5.05
	聚氨酯甲料	kg	16.21	16.21	16.21	16.21
	聚氨酯乙料	kg	31.31	31.31	31.31	31.31

工作内容：1. 清理基层，找平层分格缝嵌油膏，防水薄弱处刷涂附加层。

2. 刷底胶，铺贴卷材，接缝嵌油膏，做收头。

3. 涂刷着色剂保护层二遍。

单位：100 m^2

定额编号			9-26	9-27	9-28	9-29
项目		单位	氯丁橡胶卷材冷贴			
			满铺	空铺	点铺	条铺
人工	综合工日	工日	9.22	9.22	9.22	8.11
材料	氯丁橡胶卷材	m^2	110.55	112.85	112.85	112.85
	氯丁胶沥青胶液	kg	60.60	31.63	28.56	26.52
	CY409 液	kg	9.55	11.85	11.85	11.85
	铁钉	kg	0.23	0.23	0.23	0.23
	钢筋 ϕ10 以内	kg	4.38	4.38	4.38	4.38
	CSPE 嵌缝油膏 330 mL	支	50.28	50.28	50.28	50.28
	107 胶素水泥浆	m^3	0.01	0.01	0.01	0.01
	银色着色剂	kg	20.20	20.20	20.20	20.20
	二甲苯	kg	27.00	27.00	27.00	27.00
	乙酸乙酯	kg	5.05	5.05	5.05	5.05
	聚氨酯甲料	kg	11.66	11.66	11.66	11.66
	聚氨酯乙料	kg	17.50	17.50	17.50	17.50

工作内容：1. 清理基层，找平层分格缝嵌油膏，防水薄弱处刷涂附加层。

2. 刷底胶，铺钻卷材，接缝嵌油膏，做收头。

3. 涂刷着色剂保护层二遍。

单位：100 m^2

定额编号			9-30	9-31	9-32	9-33
项目		单位	氯化聚乙烯橡胶共混卷材冷贴			
			满铺	空铺	点铺	条铺
人工	综合工日	工日	9.22	9.22	9.22	8.11
材料	氯化聚乙烯橡胶共混卷材	m^2	110.55	112.85	112.85	112.85
	氯丁胶乳	kg	18.18	18.18	18.18	18.18
	BX-12 黏结剂	kg	45.45	12.86	9.41	7.10
	BX-12 乙组分 880 mL	瓶	11.94	14.81	14.81	14.81
	铁钉	kg	0.23	0.23	0.23	0.23
	钢筋 ϕ10 以内	kg	4.38	4.38	4.38	4.38
	CSPE 嵌缝油膏 330 mL	支	50.28	50.28	50.28	50.28
	107 胶素水泥浆	m^3	0.01	0.01	0.01	0.01
	银色着色剂	kg	20.20	20.20	20.20	20.20
	二甲苯	kg	27.00	27.00	27.00	27.00
	乙酸乙酯	kg	5.05	5.05	5.05	5.05
	聚氨酯甲料	kg	11.66	11.66	11.66	11.66
	聚氨酯乙料	kg	17.50	17.50	17.50	17.50

工作内容：1. 清理基层，找平层分格缝嵌油膏，防水薄弱处刷涂附加层。

2. 刷底胶，铺贴卷材，接缝嵌油膏，做收头。

3. 涂刷着色剂保护层二遍。

单位：100 m^2

定额编号			9-34	9-35	9-36	9-37
项目		单位	氯磺化聚乙烯卷材冷贴			
			满铺	空铺	点铺	条铺
人工	综合工日	工日	9.22	9.22	9.22	8.11
材料	氯磺化聚乙烯卷材	m^2	110.55	112.85	112.85	112.85
	CX-404胶	kg	50.50	14.29	10.45	7.89
	CX-401胶	kg	10.51	12.21	13.03	10.51
	铁钉	kg	0.23	0.23	0.23	0.23
	钢筋ϕ10以内	kg	4.38	4.38	4.38	4.38
	CSPE嵌缝油膏330 mL	支	50.28	50.28	50.28	50.28
	107胶素水泥浆	m^3	0.01	0.01	0.01	0.01
	银色着色剂	kg	20.20	20.20	20.20	20.20
	二甲苯	kg	27.00	27.00	27.00	27.00
	乙酸乙酯	kg	5.05	5.05	5.05	5.05
	聚氨酯甲料	kg	16.21	16.21	16.21	16.21
	聚氨酯乙料	kg	31.13	31.13	31.13	31.13

工作内容：1. 防水柔毡：清扫基层，熔化黏胶，涂刷黏胶，铺贴柔毡，收头铺撒白石子保护层。

2. 聚氯乙烯卷材铝合金压条：清理基层，铺卷材，钉压条，射钉上嵌密封膏收头。

单位：100 m^2

定额编号			9-38	9-39	9-40
项目		单位	防水柔毡		聚氯乙烯防水卷材铝合金压条
			热贴满铺		
			二胶一毡一砂	每增一胶一毡	空铺
人工	综合工日	工日	6.00	3.10	88.40
材料	防水柔毡	m^3	126.15	110.15	—
	黏胶	kg	730.82	324.24	—
	白石子	kg	772.5	—	—
	木柴	kg	219.82	92.20	—
	铁钉	kg	0.23	—	—
	钢筋ϕ10以内	kg	4.38	—	—
	CSPE嵌缝油膏330 mL	支	50.28	—	—
	107胶素水泥浆	m^3	0.01	—	—
	二甲苯	kg	25.25	—	—
	乙酸乙酯	kg	5.05	—	—
	PVC防水卷材	m^2	—	—	130.00
	铝合金压条3×30	m	—	—	105.00
	303胶	kg	—	—	45.00
	射钉	百个	—	—	5.27
	密封膏	kg	—	—	13.00
	其他材料费占材料费	%	—	—	5.00

工作内容：找平层嵌缝，刷聚氨酯涂膜附加层。用掺胶水泥浆贴卷材，聚氨酯胶接缝搭接。

单位：100 m^2

定额编号			9-41
项目		单位	SBC120复合卷材冷贴满铺
人工	综合工日	工日	5.38
材料	聚乙烯丙纶双面复合防水卷材SBC	m^2	110.55
	素水泥浆	m^2	0.15
	107胶	kg	11.38
	乙酸乙酯	kg	5.05
	CSPE嵌缝油膏330 mL	支	48.96
	聚氨酯甲料	kg	19.04
	聚氨酯乙料	kg	28.56

三、涂膜屋面

工作内容：1. 油膏加热，屋面满涂油膏。

2. 油膏加热，板缝嵌油膏。

定额编号			9-42	9-43	9-44
项目		单位	屋面满热塑料油膏4mm	塑料油膏嵌缝	
				空心板	大型屋面板
			100 mL	100 mL	
人工	综合工日	工日	2.86	3.31	3.33
材料	塑料油膏	kg	585.12	119.07	154.91
	木柴	kg	182.16	37.07	48.22

注：嵌缝取定纵缝断面：空心板7.5 cm^2，大型屋面板9 cm^2，如果断面不同于定额取定断面，以纵缝断面比例调整人工、材料数量。

工作内容：1. 塑料油膏玻璃纤维布：包括刷冷底子油，找平层分格缝嵌油膏，贴防水附加层，贴玻璃纤维布，表面撒粒砂保护层。

2. 层面分格缝：支座处干铺油毡一层，清理缝，熬制油膏，油膏灌缝，沿缝上做二毡三油一砂。

定额编号			9-45	9-46	9-47
项目		单位	塑料油膏玻璃纤维布		屋面分格缝
			一布二油	每增一布一油	
			100 m^2		100 m
人工	综合工日	工日	3.45	2.17	9.90
材料	玻璃纤维布1.8mm	m^2	120.45	112.18	—
	塑料油膏	kg	872.26	324.94	303.68
	木柴	kg	271.56	101.15	218.11
	石油沥青油毡350#	m^2	—	—	232.10
	玛碲脂	m^3	—	—	0.49
	冷底子30∶70	kg	—	—	38.85
	粒砂	m^3	—	—	0.41

工作内容：熬制油膏，缝灌油膏，缝上铺贴玻璃纤维布。涂刷聚氨酯底胶，刷聚氨酯防水层二遍，并撒石渣做保护层（或与钢性块料层的连接层）。

定额编号			9-48	9-49	9-50
项目		单位	塑料油膏贴玻璃布盖缝		聚氨酯涂膜防水屋面
			一布二油	每增一布一油	
			100 m		100 m²
人工	综合工日	工日	2.07	1.24	5.10
材料	玻璃纤维布 1.8mm	m²	30.30	30.30	—
	塑料油膏	kg	351.07	131.65	—
	木柴	kg	109.30	40.99	—
	二甲苯	kg	—	—	12.96
	石渣	m³	—	—	0.31
	聚氨酯甲料	kg	—	—	105.55
	聚氨酯乙料	kg	—	—	165.13

注：聚氨酯如果掺缓凝剂，应增加磷酸 0.30 kg；如果掺促凝剂应增加二月桂酸二丁基锡 0.25 kg。

工作内容：清理基层，调配砂浆，铺抹砂浆养护，筛铺镇水粉，铺隔离纸。　　单位：100 m²

定额编号			9-51	9-52	9-53	9-54
项目		单位	掺无机铝盐防水剂		水砂浆 2 cm 厚	镇水粉隔离层
			素水泥浆	防水砂浆 2cm		
人工	综合工日	工日	1.93	10.52	10.79	18.64
材料	素水泥浆	m³	0.10	0.10	0.10	—
	水泥砂浆 1∶2	m³	—	2.02	2.02	—
	防水粉	kg	—	—	66.30	—
	无机铝盐防水剂	kg	14.70	132.60	—	—
	镇水粉	kg	—	—	—	600.00
	隔离纸	m²	—	—	—	130.00
机械	灰浆搅拌机 200 L	台班	—	0.35	0.35	—

工作内容：涂刷底胶。做一布一涂附加层于防水薄弱处，冷胶贴聚酯布防水层，最表层撒细砂保护层。

单位：100 m²

定额编号			9-55	9-56
项目		单位	氯丁冷胶	
			二布三涂	每增一布一涂
人工	综合工日	工日	9.35	4.17
材料	聚酯布 100 g/m²	m²	236.36	110.89
	氯丁冷胶	kg	363.60	85.85
	细砂	m³	0.31	—

四、屋面排水

工作内容：铁皮截料、制作安装。　　　　单位：100 m^2

定额编号			9-57	9-58
项目		单位	铁皮排水	
			水落管、檐沟	天沟、泛水
人工	综合工日	工日	28.81	10.41
材料	镀锌铁皮 26#	m^2	105.80	105.40
	铁件	kg	49.15	—
	铁钉	kg	0.38	3.00
	焊锡	kg	1.80	2.08
	盐酸	kg	0.38	0.44
	木炭	kg	7.69	9.24

工作内容：1. 铸铁水落管：包括切管、埋管卡、安水管、和灰埝口。

2. 铸铁雨水口：就位、安装。　　　　单位：100 m^2

定额编号			9-59	9-60	9-61	9-62
项目		单位	铸铁水落管		铸铁雨水口	
			直径 (mm)			
			100	150	100	150
			10 m		10 个	
人工	综合工日	工日	2.82	3.12	3.23	3.36
材料	铸铁排水管 100×1500	m	10.47	—	—	—
	铸铁排水管 150×1500	m	—	10.10	—	—
	铸铁雨水口 100 带罩	套	—	—	10.47	—
	铸铁雨水口 150 带罩	套	—	—	—	10.10
	膨胀螺栓 6×22	套	1050	—	—	—
	螺栓 M3×20	套	21.00	—	—	—
	水泥	kg	11.63	13.20	—	—
	砂	m^3	0.02	0.02	—	—
	镀锌铁丝	kg	0.82	0.82	—	—
	石油沥青 30#	kg	0.70	0.95	—	—
	麻丝	kg	0.18	0.25	—	—
	石棉绒	kg	1.74	2.36	—	—
	铁件	kg	1.44	7.78	—	—
	水	m^3	1.04	1.32	—	—
	玛碲脂	m^3	—	—	0.10	0.10
	石油沥青油毡 350	m^2	—	—	2.42	2.93
	铸铁三通 100×50	个	3.61	—	—	—
	铸铁三通 150×50	个	—	3.61	—	—

工作内容：就位、安装。　　　　　　　　　　　　　　　　　　　　单位：10 个

定　额　编　号			9-63	9-64	9-65
项　目		单位	铸铁水斗(或称接水口)		铸铁弯头(含箅子板)
			落水口直径(mm)		
			100	150	
人工	综合工日	工日	2.68	2.81	3.58
材料	铸铁水斗(接水口)100	个	10.10	—	—
	铁件	kg	10.83	11.77	2.42
	铸铁斗(接水口)150	个	—	10.10	—
	铸铁弯斗(接水口)100	个	—	—	10.10
	二等板方材	m^3	—	—	0.036
	玛碲脂	m^3	—	—	0.07
	防腐油	kg	—	—	0.40

工作内容：1. 单屋面排水管系数：埋设管卡箍、截管、涂胶、接口。

2. 屋面阳台雨水管系统：埋设管卡箍、截管、涂胶、安三通、伸缩节、管等。　　单位：100 m^2

定　额　编　号			9-66	9-67	9-68	9-69
项　目		单位	玻璃钢排水管(直径 mm)			
			单屋面排水管系数		屋面阳台雨水管系统	
			$\phi110$	$\phi160$	$\phi110$	$\phi160$
人工	综合工日	工日	2.89	3.21	2.98	3.21
材料	玻璃钢排水管 110×1500	m	10.54	—	10.18	—
	卡箍膨胀螺栓 110	套	7.14	—	7.14	—
	玻璃钢排水管 160×1500	m	—	10.61	—	10.15
	卡箍膨胀螺栓 160	套	—	7.14	—	5.10
	排水管连接件 160×135	个	—	—	—	3.16
	排水管连接件 110×115	个	—	—	3.16	—
	玻璃钢三通 160×50	个	—	—	—	3.16
	玻璃钢三通 110×50	个	—	—	3.16	—
	排水管检查口 110	个	1.11	—	1.11	—
	排水管检查口 160	个	—	1.11	—	1.11
	排水管伸缩节 110	个	1.01	—	1.01	—
	排水管伸缩节 160	个	—	1.01	—	1.01
	密封胶	kg	0.12	0.20	0.28	0.48

工作内容：1. 水斗：细石混凝土填缝、涂胶、接口。

2. 弯头及短管：涂胶、接口。　　　　　　　　　　　　　　单位：100 m

定　额　编　号			9-70	9-71	9-72	9-73
项　目		单位	玻璃钢排水部件			
			水斗(带罩)直径		弯头 90°	短　管
			$\phi110$	$\phi160$	$\phi50$	$\phi50$
人工	综合工日	工日	3.01	3.14	1.31	1.31
材料	玻璃钢水斗 110 带罩	个	10.10	—	—	—
	玻璃钢水斗 160 带罩	个	—	10.10	—	—
	密封胶	kg	0.31	0.50	0.10	0.10
	细石混凝土 C20	m^3	0.31	0.05	—	—
	玻璃钢弯头 50	个	—	—	10.10	—
	玻璃钢短管 50	个	—	—	—	10.10

第三节　防　　水

一、卷材防水

（一）油毡卷材防水

工作内容：配制涂刷冷底子油，熬制玛碲脂，防水薄弱处贴附加层，铺贴玛碲脂卷材。　　单位：100 m²

定额编号			9-74	9-75	9-76	9-77
项目		单位	玛碲脂卷材			
			二毡三油		每增减一毡一油	
			平面	立面	平面	立面
人工	综合工日	工日	8.86	11.59	3.27	5.11
材料	石油沥青毡 350#	m²	239.76	239.76	116.49	116.49
	石油沥青玛碲脂	m³	0.51	0.54	0.16	0.17
	冷底子油 30∶70	kg	48.48	48.48	—	—
	木柴	kg	227.70	240.90	66.00	70.40

工作内容：1. 基层清理，配制、涂刷冷底子油，熬制玛碲脂，防水薄弱处贴附加层。

2. 铺贴玛碲脂玻璃纤维布。　　单位：100 m²

定额编号			9-78	9-79	9-80	9-81
项目		单位	玛碲脂玻璃纤维布			
			二毡三油		每增减一毡一油	
			平面	立面	平面	立面
人工	综合工日	工日	9.68	14.40	4.49	6.36
材料	玻璃纤维布 1.8 mm	m²	250.30	250.30	116.49	116.49
	石油沥青玛碲脂	m³	0.51	0.54	0.16	0.17
	冷底子油 30∶70	kg	48.48	48.48	—	—
	木柴	kg	227.70	240.90	66.00	70.40

工作内容：1. 基层清理，配制、涂刷冷底子油，熬制玛碲脂，防水薄弱处贴附加层。

2. 铺贴沥青玻璃纤维布。　　单位：100 m²

定额编号			9-82	9-83	9-84	9-85
项目		单位	沥青玻璃布卷材			
			二毡三油		每增减一毡一油	
			平面	立面	平面	立面
人工	综合工日	工日	9.67	14.38	4.50	6.34
材料	玻璃纤维布	m²	250.30	250.30	121.76	121.76
	石油沥青 30#	kg	489.72	524.70	151.58	163.24
	冷底子油 30∶70	kg	48.48	48.48	—	—
	木柴	kg	201.30	214.50	57.20	61.60

（二）高分子卷材防水

工作内容：1. 涂刷基层处理剂，防水薄弱处涂聚氨酯涂膜加强。

2. 铺贴卷材，卷材接缝贴卷材条加强，收头。　　　　单位：100 m²

定额编号			9-86	9-87
项目		单位	氯化聚乙烯橡胶共混卷材	
			平面	立面
人工	综合工日	工日	19.34	24.99
材料	氯化聚乙烯橡胶共混卷材	m²	124.53	124.53
	氯丁冷胶	kg	20.20	20.20
	BX-12 黏结剂	kg	45.45	45.45
	BX-12 乙组分 880 mL	瓶	32.38	32.38
	CSPE 嵌缝油膏 330 mL	支	29.83	29.83
	二甲苯	kg	27.00	27.00
	乙酸乙酯	kg	5.05	5.05
	铁钉	kg	0.23	0.23
	钢筋 ϕ10 以内	kg	4.38	4.38
	107 胶素水泥浆	m³	0.01	0.01
	聚氨酯甲料	kg	5.42	5.42
	聚氨酯乙料	kg	8.13	8.13

工作内容：1. 涂刷基层处理剂，防水薄弱处涂聚氨酯涂膜加强。

2. 铺贴卷材接缝贴卷材条加强，收头。　　　　单位：100 m²

定额编号			9-88	9-89	9-90	9-91
项目		单位	三元乙丙橡胶卷材		再生橡胶卷材	
			冷贴满铺			
			平面	立面	平面	立面
人工	综合工日	工日	19.34	24.99	19.34	24.99
材料	三元乙丙橡胶卷材	m²	124.17	124.17	—	—
	再生橡胶卷材	m²	—	—	124.17	124.17
	氯丁胶黏合剂	kg	—	—	63.93	63.93
	CSPE 嵌缝油膏 330 mL	支	29.83	29.83	29.83	29.83
	二甲苯	kg	27.00	27.00	27.00	27.00
	乙酸乙酯	kg	5.05	5.05	5.05	5.05
	铁钉	kg	0.23	0.23	0.23	0.23
	钢筋 ϕ10 以内	kg	4.38	4.38	4.38	4.38
	107 胶素水泥浆	m³	0.01	0.01	0.01	0.01
	丁基黏结剂	kg	17.60	17.60	—	—
	聚氨酯甲料	kg	9.97	9.97	9.97	9.97
	聚氨酯乙料	kg	21.77	21.77	21.77	21.77

二、涂膜防水

工作内容：清理基层，刷涂料。　　　　　　　　　　　　　　　　　　　　单位：100 m^2

定额编号			9-92	9-93	9-94	9-95
项目		单位	苯乙烯涂料二遍		刷冷底子油	
			平面	立面	第一遍	第二遍
人工	综合工日	工日	2.21	2.21	1.57	1.33
材料	苯乙烯涂料	kg	50.50	52.00	—	—
	冷底子油 30∶70	kg	—	—	48.48	—
	冷底子油 50∶50	kg	—	—	—	36.36
	木柴	kg	—	—	16.50	20.90

工作内容：1. 焦油玛碲脂、塑料油膏：配制涂刷冷底子油，熬制玛碲脂或油膏，涂刷油膏或玛碲脂。

2. 氯偏共聚乳液，成品涂刷。

3. 聚氨酯：涂刷底胶主附加层，刷聚氨酯两道，并盖石渣保护层（或刚性连接层）。

单位：100 m^2

定额编号			9-96	9-97	9-98	9-99
项目		单位	焦油玛碲脂	塑料油膏	氯偏共聚乳胶	聚氨酯
			涂刷厚度遍数			
			3 mm	二遍	三遍	二遍
人工	综合工日	工日	3.53	2.12	1.63	6.66
材料	冷底子油 30∶70	kg	48.48	—	—	—
	焦油玛碲脂	m^3	0.32	—	—	—
	木柴	kg	148.50	182.16	—	—
	塑料油膏	kg	—	585.12	—	—
	氯偏共聚乳液	kg	—	—	21.00	—
	磷酸三钠溶液 10%	kg	—	—	0.59	—
	聚乙烯醇溶液 10%	kg	—	—	0.95	—
	二甲苯	kg	—	—	—	12.96
	石渣	m^3	—	—	—	0.31
	聚氨酯甲料	kg	—	—	—	107.64
	聚氨酯乙料	kg	—	—	—	168.41

工作内容：熬制石油沥青，配制冷底子油，刷冷底子油一遍，涂刷沥青。　　　　单位：100 m^2

定额编号			9-100	9-101	9-102
项目		单位	石油沥青一遍		
			平面	混凝土抹灰面立面	砖墙立面
人工	综合工日	工日	1.87	2.25	2.54
材料	冷底子油 30∶70	kg	48.48	48.48	48.48
	石油沥青 30#	kg	186.56	198.22	221.54
	木柴	kg	86.90	91.30	100.60

工作内容：熬制沥青，刷沥青一遍。

单位：100 m²

定额编号			9-103	9-104	9-105
项目		单位	每增加石油沥青一遍		
			平面	混凝土抹灰面立面	砖墙立面
人工	综合工日	工日	0.66	0.88	1.03
材料	石油沥青 30#	kg	144.43	163.24	186.56
	木柴	kg	57.20	61.60	61.60

工作内容：1. 配制涂刷冷底子油一遍，熬制石油沥青玛碲脂。

2. 涂刷石油沥青玛碲脂一遍。

单位：100 m²

定额编号			9-106	9-107	9-108
项目		单位	刷石油沥青玛碲脂一遍		
			平面	混凝土抹灰面立面	砖墙立面
人工	综合工日	工日	1.77	2.29	2.58
材料	石油沥青玛碲脂	m^3	0.18	0.25	0.28
	冷底子油 30∶70	kg	48.48	48.48	48.48
	木柴	kg	91.30	122.10	130.90

工作内容：熬制石油沥青玛碲脂，涂刷石油沥青玛碲脂一遍。

单位：100 m²

定额编号			9-109	9-110	9-111
项目		单位	每增加一遍石油沥青玛碲脂		
			平面	混凝土抹灰面立面	砖墙立面
人工	综合工日	工日	0.69	0.88	1.02
材料	石油沥青玛碲脂	m^3	0.15	0.16	0.18
	木柴	kg	61.60	66.00	74.80

工作内容：清理基层，调制砂浆，抹水泥砂浆。

单位：100 m²

定额编号			9-112	9-113	9-114	9-115
项目		单位	防水砂浆			
			平面	立面	五层做法	
					平面	立面
人工	综合工日	工日	9.22	13.96	17.43	22.64
材料	水泥砂浆 1∶2	m^3	2.04	2.04	1.01	1.02
	防水粉	kg	55.00	55.00	—	—
	素水泥浆	m^3	—	—	0.61	0.61
	水	m^3	3.80	3.80	3.80	3.80
机械	灰浆搅拌机 200 L	台班	0.34	0.34	0.27	0.27

工作内容：1. 清理基层，调配涂料，铺贴附加层。

2. 贴布(聚酯布或玻璃纤维布)，刷涂料(最后两遍掺水泥作保护层)。　　单位：100 m²

定额编号			9-116	9-117	9-118	9-119
项目		单位	水乳型普通乳化沥青涂料二布三涂		水乳型水性石棉质沥青一布二涂	
			平面	立面	平面	立面
人工	综合工日	工日	9.60	16.07	7.33	11.52
材料	聚酯布 100 g/m²	m²	243.04	243.04	—	—
	普通乳化沥青(水乳型)	kg	260.00	260.00	—	—
	水泥	kg	13.77	13.77	61.20	61.20
	网络玻璃纤维布	m²	—	—	124.91	124.91
	水性石棉质沥青(水乳型)	kg	—	—	832.00	832.00

工作内容：1. 清理基层，调配涂料，贴附加层。

2. 刷涂料(最后两遍掺水泥作保护层)，贴聚酯布。　　单位：100 m²

定额编号			9-120	9-121	9-122	9-123
项目		单位	水乳型再生胶沥青聚酯布			
			二布三涂		每增一布一涂	
			平面	立面	平面	立面
人工	综合工日	工日	9.60	16.07	3.89	4.55
材料	聚酯布 100 g/m²	m²	243.04	243.04	118.13	118.13
	再生胶沥青(水乳型)	kg	260.00	260.00	104.00	104.00
	水泥	kg	13.77	13.77	—	—

单位：100 m²

定额编号			9-124	9-125	9-126	9-127
项目		单位	水乳型阴离子合成胶乳化沥青聚酯布			
			一布二涂		每增一布一涂	
			平面	立面	平面	立面
人工	综合工日	工日	7.33	11.52	3.89	4.55
材料	聚酯布 100 g/m²	m²	124.91	124.91	118.13	118.13
	阴离子合成胶乳沥青(水乳型)	kg	208.00	208.00	156.00	156.00
	水泥	kg	15.30	15.30	—	—

单位：100 m²

定额编号			9-128	9-129	9-130	9-131
项目		单位	水乳型阳离子氯丁胶乳化沥青聚酯布			
			一布二涂		每增一布一涂	
			平面	立面	平面	立面
人工	综合工日	工日	7.33	11.52	3.89	4.55
材料	聚酯布 100 g/m²	m²	124.91	124.91	118.13	118.13
	阳离子氯丁胶乳化沥青(水乳型)	kg	208.00	208.00	156.00	156.00
	水泥	kg	15.30	15.30	—	—

单位：100 m²

定额编号			9-132	9-133	9-134	9-135
项目		单位	溶剂型再生胶沥青聚酯布			
			二布三涂		每增一布一涂	
			平面	立面	平面	立面
人工	综合工日	工日	9.60	16.07	3.89	4.55
材料	聚酯布 100 g/m²	m²	243.04	243.04	118.13	118.13
	再生胶沥青(溶剂型)	kg	312.00	312.00	156.00	156.00
	水泥	kg	20.40	20.40	—	—

第四节 变形缝

一、填缝

工作内容：1. 油浸麻丝：熬制沥青，调配沥青麻丝，填塞沥青麻丝。

2. 油浸木丝板：熬沥青，浸木丝板，油浸木丝板嵌缝。

3. 玛碲脂：熬玛碲脂，玛碲脂灌缝。

单位：100 m²

定额编号			9-136	9-137	9-138	9-139
项目		单位	油浸麻丝		油浸木丝板	玛碲脂
			平面	立面		
人工	综合工日	工日	7.52	11.19	5.87	6.66
材料	石油沥青 30#	kg	216.24	216.24	163.24	—
	麻丝	kg	55.08	55.08	—	—
	木柴	kg	99.00	99.00	61.60	198.00
	木丝板	m²	—	—	15.30	—
	石油沥青玛碲脂	m²	—	—	—	0.48

工作内容：1. 石灰麻刀：调制石灰麻刀，石灰麻刀嵌缝，缝上贴二毡二油条一层。

2. 建筑油膏、沥青砂浆：熬制油膏、沥青，拌和沥青砂浆，沥青砂浆或建筑油膏嵌缝。

单位：100 m

定额编号			9-140	9-141	9-142	9-143
项目		单位	石灰麻刀		建筑油膏	沥青砂浆
			平面	立面		
人工	综合工日	工日	6.95	7.92	5.56	6.58
材料	建筑油膏	kg	—	—	87.77	—
	沥青砂浆	m²	—	—	—	0.48
	石油沥青油毡 350#	m²	17.00	17.00	—	—
	生石灰	kg	180.00	180.00	—	—
	麻刀	kg	108.00	108.00	—	—
	木柴	kg	24.00	24.00	27.00	198.00
	石油沥青 30#	kg	65.00	65.00	—	—

工作内容：贴氯丁橡胶片：清理用乙酸乙酯洗缝，隔纸，用氯丁胶黏剂贴氯丁橡胶片，最后在氯丁橡胶片上涂胶铺砂。

单位：100 m

定额编号			9-144	9-145	9-146
项目		单位	氯丁橡胶片止水带	预埋式紫铜板止水片	聚氯乙烯胶泥
人工	综合工日	工日	3.58	26.43	7.56
材料	氯丁橡胶片 2 mm 厚	m^2	31.82	—	—
	乙酸乙酯	kg	23.00	—	—
	氯丁橡胶浆	kg	60.58	—	—
	三异氯酸酯	kg	9.09	—	—
	水泥	kg	9.09	—	—
	聚氯乙烯胶泥	kg	—	—	83.32
	牛皮纸	m^2	5.91	—	53.23
	水泥砂浆 1∶2	m^3	—	—	0.06
	紫铜板 2 mm 厚	kg	—	810.90	—
	粒砂	m^3	0.16	—	—
	铜焊条	kg	—	14.30	—
机械	剪板机 20×2500	台班	—	0.11	—
	交流电焊机 30 kVA	台班	—	0.70	—

工作内容：1. 清理基层，刷底胶，缝上粘贴 350 mm 宽一布二涂氯丁胶贴玻璃纤维布。

2. 在缝中心贴 150 mm 宽一布二涂氯丁胶玻璃布。

3. 止水片干后，表面涂胶并粘粒砂。

单位：100 m

定额编号			9-147	9-148
项目		单位	涂刷式一布二涂氯丁胶贴玻璃纤维布止水片	
			湿基层	干基层
人工	综合工日	工日	4.88	4.88
材料	乙酸乙酯	kg	15.31	15.31
	粒砂	m^3	0.18	0.18
	玻璃纤维布	m^2	95.20	95.20
	氯丁橡胶浆液	kg	116.94	135.98
	三异氯酸酯	kg	17.54	20.40
	水泥	kg	7.00	3.00
	600 号环氧树脂	kg	14.42	—
	300 号低分子聚酰胺	kg	2.88	—

工作内容：止水带制作、接头及安装。

单位：100 m

定额编号			9-149	9-150
项目		单位	预埋式止水带	
			橡胶	塑料
人工	综合工日	工日	11.00	11.00
材料	橡胶止水带	m	105.00	—
	塑料止水带	m	—	105.00
	E44 环氧树脂	kg	3.04	3.04
	乙二胺	kg	0.24	0.24
	丙酮	kg	3.04	3.04
	甲苯	kg	2.40	0.40

二、盖　　缝

工作内容：1. 木板盖面：平面板材加工，板缝一侧涂胶粘合；立面埋木砖，钉木盖板。

2. 铁皮盖面：平面（屋面）埋木砖，钉木条，木条上钉铁皮；立面埋木砖，木砖上钉铁皮。

单位：100 m

定额编号			9-151	9-152	9-153	9-154
项目		单位	木板盖板		铁皮盖板	
			平面	立面	平面	立面
人工	综合工日	工日	—	—	—	—
材料	一等板方材	m^3	0.612	0.655	0.999	—
	二等板方材	m^3	—	0.432	0.150	0.301
	镀锌铁皮 24#	m^2	—	—	62.54	53.00
	铁钉	kg	—	1.81	2.10	0.70
	焊锡	kg	—	—	4.06	3.44
	防腐油	kg	—	—	6.76	5.31
	盐酸	kg	—	—	0.86	0.74
	木炭	kg	—	—	18.02	15.27
	黏合剂 XY508	kg	1.52	—	—	—

四十九、GB 50500—2008 建设工程工程量清单计价规范

（防水部分）

关于发布国家标准《建设工程工程量清单计价规范》的公告

第63号

现批准《建设工程工程量清单计价规范》为国家标准，编号为GB 50500—2008，自2008年12月1日起实施。其中第1.0.3、3.1.2、3.2.1、3.2.2、3.2.3、3.2.4、3.2.5、3.2.6、3.2.7、4.1.2、4.1.3、4.1.5、4.1.8、4.3.2、4.8.1条为强制性条文，必须严格执行。原《建设工程工程量清单计价规范》GB 50500—2003同时废止。

中华人民共和国住房和城乡建设部

二〇〇八年七月九日

前　言

本规范是根据《中华人民共和国建筑法》、《中华人民共和国合同法》、《中华人民共和国招投标法》等法律以及最高人民法院《关于审理建设工程施工合同纠纷案件适用法律问题的解释》(法释[2004]14号)，按照我国工程造价管理改革的总体目标，本着国家宏观调控、市场竞争形成价格的原则制定的。

本规范总结了《建设工程工程量清单计价规范》GB 50500—2003实施以来的经验，针对执行中存在的问题，特别是清理拖欠工程款工作中普遍反映的，在工程实施阶段中有关工程价款调整、支付、结算等方面缺乏依据的问题，主要修订了原规范正文中不尽合理、可操作性不强的条款及表格格式，特别增加了采用工程量清单计价如何编制工程量清单和招标控制价、投标报价、合同价款约定以及工程计量与价款支付、工程价款调整、索赔、竣工结算、工程计价争议处理等内容，并增加了条文说明。原规范的附录A～E除个别调整外，基本没有修改。原由局部修订增加的附录F，此次修订一并纳入规范中。

本规范中以黑体字标志的条文为强制性条文，必须严格执行。本规范由住房和城乡建设部负责管理和强制性条文的解释。部标准定额研究所负责具体技术内容的解释。为了提高规范质量，请各单位在执行中注意积累资料，总结经验，如发现需要修改和补充之处，请将意见和有关资料寄住房和城乡建设部标准定额司(北京三里河路九号，邮政编码100835)，供以后修订时参考。

修订本规范的主编单位、参编单位和编制组成员：

主编单位：住房和城乡建设部标准定额研究所

四川省建设工程造价管理总站

参编单位：广东省建设工程造价管理总站

河北省建设工程造价管理总站

编制组成员：王海宏　谢洪学　吴　松　胡晓丽　吴佐民　文代安　赖铭华　金春平　周明科　李艳海

住房和城乡建设部标准定额司

二〇〇八年七月

1 总　　则

1.0.1 为规范工程造价计价行为，统一建设工程工程量清单的编制和计价方法，根据《中华人民共和国建筑法》、《中华人民共和国合同法》、《中华人民共和国招标投标法》等法律法规，制定本规范。

1.0.2 本规范适用于建设工程工程量清单计价活动。

1.0.3 全部使用国有资金投资或国有资金投资为主（以下二者简称"国有资金投资"）的工程建设项目，必须采用工程量清单计价。

1.0.4 非国有资金投资的工程建设项目，可采用工程量清单计价。

1.0.5 工程量清单、招标控制价、投标报价、工程价款结算等工程造价文件的编制与核对应由具有资格的工程造价专业人员承担。

1.0.6 建设工程工程量清单计价活动应遵循客观、公正、公平的原则。

1.0.7 本规范附录A、附录B、附录C、附录D、附录E、附录F应作为编制工程量清单的依据。

1 附录A为建筑工程工程量清单项目及计算规则，适用于工业与民用建筑物和构筑物工程。

2 附录B为装饰装修工程工程量清单项目及计算规则，适用于工业与民用建筑物和构筑物的装饰装修工程。

3 附录C为安装工程工程量清单项目及计算规则，适用于工业与民用安装工程。

4 附录D为市政工程工程量清单项目及计算规则，适用于城市市政建设工程。

5 附录E为园林绿化工程工程量清单项目及计算规则，适用于园林绿化工程。

6 附录F为矿山工程工程量清单项目及计算规则，适用于矿山工程。

1.0.8 建设工程工程量清单计价活动，除应遵守本规范外，尚应符合国家现行有关标准的规定。

2 术　　语

2.0.1 工程量清单

建设工程的分部分项工程项目、措施项目、其他项目、规费项目和税金项目的名称和相应数量等的明细清单。

2.0.2 项目编码

分部分项工程量清单项目名称的数字标识。

2.0.3 项目特征

构成分部分项工程量清单项目、措施项目自身价值的本质特征。

2.0.4 综合单价

完成一个规定计量单位的分部分项工程量清单项目或措施清单项目所需的人工费、材料费、施工机械使用费和企业管理费与利润，以及一定范围内的风险费用。

2.0.5 措施项目

为完成工程项目施工，发生于该工程施工准备和施工过程中的技术、生活、安全、环境保护等方面的非工程实体项目。

2.0.6 暂列金额

招标人在工程量清单中暂定并包括在合同价款中的一笔款项。用于施工合同签订时尚未确定或者不可预见的所需材料、设备、服务的采购，施工中可能发生的工程变更、合同约定调整因素出现时的工程价款调整以及发生的索赔、现场签证确认等的费用。

2.0.7 暂估价

招标人在工程量清单中提供的用于支付必然发生但暂时不能确定价格的材料的单价以及专业工程的金额。

2.0.8 计日工

在施工过程中，完成发包人提出的施工图纸以外的零星项目或工作，按合同中约定的综合单价计价。

2.0.9 总承包服务费

总承包人为配合协调发包人进行的工程分包自行采购的设备、材料等进行管理、服务以及施工现场管理、竣工资料汇总整理等服务所需的费用。

2.0.10 索赔

在合同履行过程中，对于非己方的过错而应由对方承担责任的情况造成的损失，向对方提出补偿的要求。

2.0.11 现场签证

发包人现场代表与承包人现场代表就施工过程中涉及的责任事件所作的签认证明。

2.0.12 企业定额

施工企业根据本企业的施工技术和管理水平而编制的人工、材料和施工机械台班等的消耗标准。

2.0.13 规费

根据省级政府或省级有关权力部门规定必须缴纳的，应计入建筑安装工程造价的费用。

2.0.14 税金

国家税法规定的应计入建筑安装工程造价内的营业税、城市维护建设税及教育费附加等。

2.0.15 发包人

具有工程发包主体资格和支付工程价款能力的当事人以及取得该当事人资格的合法继承人。

2.0.16 承包人

被发包人接受的具有工程施工承包主体资格的当事人以及取得该当事人资格的合法继承人。

2.0.17 造价工程师

取得《造价工程师注册证书》，在一个单位注册从事建设工程造价活动的专业人员。

2.0.18 造价员

取得《全国建设工程造价员资格证书》，在一个单位注册从事建设工程造价活动的专业人员。

2.0.19 工程造价咨询人

取得《工程造价咨询资质等级证书》，接受委托从事建设工程造价咨询活动的企业。

2.0.20 招标控制价

招标人根据国家或省级、行业建设主管部门颁发的有关计价依据和办法，按设计施工图纸计算的，对招标工程限定的最高工程造价。

2.0.21 投标价

投标人投标时报出的工程造价。

2.0.22 合同价

发、承包双方在施工合同中约定的工程造价。

2.0.23 竣工结算价

发、承包双方依据国家有关法律、法规和标准规定，按照合同约定确定的最终工程造价。

3 工程量清单编制

3.1 一般规定

3.1.1 工程量清单应由具有编制能力的招标人或受其委托，具有相应资质的工程造价咨询人编制。

3.1.2 采用工程量清单方式招标，工程量清单必须作为招标文件的组成部分，其准确性和完整性由招标人负责。

3.1.3 工程量清单是工程量清单计价的基础，应作为编制招标控制价、投标报价、计算工程量、支付工程款、调整合同价款、办理竣工结算以及工程索赔等的依据之一。

3.1.4 工程量清单应由分部分项工程量清单、措施项目清单、其他项目清单、规费项目清单、税金项目清单组成。

3.1.5 编制工程量清单应依据：

1 本规范；

2 国家或省级行业建设主管部门颁发的计价依据和办法；

3 建设工程设计文件；

4 与建设工程项目有关的标准、规范、技术资料；

5 招标文件及其补充通知、答疑纪要；

6 施工现场情况、工程特点及常规施工方案；

7 其他相关资料。

3.2 分部分项工程量清单

3.2.1 分部分项工程量清单应包括项目编码、项目名称、项目特征、计量单位和工程量。

3.2.2 分部分项工程量清单应根据附录规定的项目编码、项目名称、项目特征、计量单位和工程量计算规则进行编制。

3.2.3 分部分项工程量清单的项目编码，应采用十二位阿拉伯数字表示。一至九位应按附录的规定设置，十至十二位应根据拟建工程的工程量清单项目名称设置，同一招标工程的项目编码不得有重码。

3.2.4 分部分项工程量清单的项目名称应按附录的项目名称结合拟建工程的实际确定。

3.2.5 分部分项工程量清单中所列工程量应按附录中规定的工程量计算规则计算。

3.2.6 分部分项工程量清单的计量单位应按附录中规定的计量单位确定。

3.2.7 分部分项工程量清单项目特征应按附录中规定的项目特征，结合拟建工程项目的实际予以描述。

3.2.8 编制工程量清单出现附录中未包括的项目，编制人应作补充，并报省级或行业工程造价管理机构备案，省级或行业工程造价管理机构应汇总报住房和城乡建设部标准定额研究所。

补充项目的编码由附录的顺序码与B和三位阿拉伯数字组成，并应从×B001起顺序编制，同一招标工程的项目不得重码。工程量清单中需附有补充项目的名称、项目特征、计量单位、工程量计算规则、工程内容。

3.3 措施项目清单

3.3.1 措施项目清单应根据拟建工程的实际情况列项。通用措施项目可按表3.3.1选择列项，专业工程的措施项目可按附录中规定的项目选择列项。若出现本规范未列的项目，可根据工程实际情况补充。

3.3.1 通用措施项目一览表

序 号	项 目 名 称
1	安全文明施工(含环境保护、文明施工、安全施工、临时设施)
2	夜间施工
3	二次搬运
4	冬雨季施工
5	大型机械设备进出场及安拆
6	施工排水
7	施工降水
8	地上、地下设施，建筑物的临时保护设施
9	已完工程及设备保护

3.3.2 措施项目中可以计算工程量的项目清单宜采用分部分项工程量清单的方式编制，列出项目编码、项目名称、项目特征、计量单位和工程量计算规则；不能计算工程量的项目清单，以“项”为计量单位。

3.4 其他项目清单

3.4.1 其他项目清单宜按照下列内容列项：

1 暂列金额；

2 暂估价：包括材料暂估单价、专业工程暂估价；

3 计日工；

4 总承包服务费。

3.4.2 出现本规范第3.4.1条未列的项目，可根据工程实际情况补充。

3.5 规费项目清单

3.5.1 规费项目清单应按照下列内容列项：

1 工程排污费；

2 工程定额测定费；

3 社会保障费:包括养老保险费、失业保险费、医疗保险费；

4 住房公积金；

5 危险作业意外伤害保险。

3.5.2 出现本规范第 3.5.1 条未列的项目，应根据省级政府或省级有关权力部门的规定列项。

3.6 税金项目清单

3.6.1 税金项目清单应包括下列内容：

1 营业税；

2 城市维护建设税；

3 教育费附加。

3.6.2 出现本规范第 3.6.1 条未列的项目，应根据税务部门的规定列项。

4 工程量清单计价

4.1 一般规定

4.1.1 采用工程量清单计价，建设工程造价由分部分项工程费、措施项目费、其他项目费、规费和税金组成。

4.1.2 分部分项工程量清单应采用综合单价计价。

4.1.3 招标文件中的工程量清单标明的工程量是投标人投标报价的共同基础，竣工结算的工程量按发、承包双方在合同中约定应予计量且实际完成的工程量确定。

4.1.4 措施项目清单计价应根据拟建工程的施工组织设计，可以计算工程量的措施项目，应按分部分项工程量清单的方式采用综合单价计价；其余的措施项目可以"项"为单位的方式计价，应包括除规费、税金外的全部费用。

4.1.5 措施项目清单中的安全文明施工费应按照国家或省级、行业建设主管部门的规定计价，不得作为竞争性费用。

4.1.6 其他项目清单应根据工程特点和本规范第 4.2.6、4.3.6、4.8.6 条的规定计价。

4.1.7 招标人在工程量清单中提供了暂估价的材料和专业工程属于依法必须招标的，由承包人和招标人共同通过招标确定材料单价与专业工程分包价。

若材料不属于依法必须招标的，经发、承包双方协商确认单价后计价。

若专业工程不属于依法必须招标的，由发包人、总承包人与分包人按有关计价依据进行计价。

4.1.8 规费和税金应按国家或省级、行业建设主管部门的规定计算，不得作为竞争性费用。

4.1.9 采用工程量清单计价的工程，应在招标文件或合同中明确风险内容及其范围(幅度)，不得采用无限风险、所有风险或类似语句规定风险内容及其范围(幅度)。

4.2 招标控制价

4.2.1 国有资金投资的工程建设项目应实行工程量清单招标，并应编制招标控制价。招标控制价超过批准的概算时，招标人应将其报原概算审批部门审核。投标人的投标报价高于招标控制价的，其投标应予以拒绝。

4.2.2 招标控制价应由具有编制能力的招标人，或受其委托具有相应资质的工程造价咨询人编制。

4.2.3 招标控制价应根据下列依据编制：

1 本规范；

2 国家或省级、行业建设主管部门颁发的计价定额和计价办法；

3 建设工程设计文件及相关资料；

4 招标文件中的工程量清单及有关要求；

5 与建设项目相关的标准、规范、技术资料；

6 工程造价管理机构发布的工程造价信息；工程造价信息没有发布的参照市场价；

7 其他的相关资料。

4.2.4 分部分项工程费应根据招标文件中的分部分项工程量清单项目的特征描述及有关要求，按本规范第4.2.3条的规定确定综合单价计算。

综合单价中应包括招标文件中要求投标人承担的风险费用。

招标文件提供了暂估单价的材料，按暂估的单价计入综合单价。

4.2.5 措施项目费应根据招标文件中的措施项目清单按本规范第4.1.4、4.1.5和4.2.3条的规定计价。

4.2.6 其他项目费应按下列规定计价：

1 暂列金额应根据工程特点，按有关计价规定估算；

2 暂估价中的材料单价应根据工程造价信息或参照市场价格估算；暂估价中的专业工程金额应分不同专业，按有关计价规定估算；

3 计日工应根据工程特点和有关计价依据计算；

4 总承包服务费应根据招标文件列出的内容和要求估算。

4.2.7 规费和税金应按本规范第4.1.8条的规定计算。

4.2.8 招标控制价应在招标时公布，不应上调或下浮，招标人应将招标控制价及有关资料报送工程所在地工程造价管理机构备查。

4.2.9 投标人经复核认为招标人公布的招标控制价未按照本规范的规定进行编制的，应在开标前5天向招投标监督机构或(和)工程造价管理机构投诉。

招投标监督机构应会同工程造价管理机构对投诉进行处理，发现确有错误的，应责成招标人修改。

4.3 投标价

4.3.1 除本规范强制性规定外，投标价由投标人自主确定，但不得低于成本。

投标价应由投标人或受其委托具有相应资质的工程造价咨询人编制。

4.3.2 投标人应按招标人提供的工程量清单填报价格。填写的项目编码、项目名称、项目特

征、计量单位、工程量必须与招标人提供的一致。

4.3.3 投标报价应根据下列依据编制：

1 本规范；

2 国家或省级、行业建设主管部门颁发的计价办法；

3 企业定额，国家或省级、行业建设主管部门颁发的计价定额；

4 招标文件、工程量清单及其补充通知、答疑纪要；

5 建设工程设计文件及相关资料；

6 施工现场情况、工程特点及拟定的投标施工组织设计或施工方案；

7 与建设项目相关的标准、规范等技术资料；

8 市场价格信息或工程造价管理机构发布的工程造价信息；

9 其他的相关资料。

4.3.4 分部分项工程费应依据本规范第 2.0.4 条综合单价的组成内容，按招标文件中分部分项工程量清单项目的特征描述确定综合单价计算。

综合单价中应考虑招标文件中要求投标人承担的风险费用。

招标文件中提供了暂估单价的材料，按暂估的单价计入综合单价。

4.3.5 投标人可根据工程实际情况结合施工组织设计，对招标人所列的措施项目进行增补。

措施项目费应根据招标文件中的措施项目清单及投标时拟定的施工组织设计或施工方案按本规范第 4.1.4 条的规定自主确定。其中安全文明施工费应按照本规范第 4.1.5 条的规定确定。

4.3.6 其他项目费应按下列规定报价：

1 暂列金额应按招标人在其他项目清单中列出的金额填写；

2 材料暂估价应按招标人在其他项目清单中列出的单价计入综合单价；专业工程暂估价应按招标人在其他项目清单中列出的金额填写；

3 计日工按招标人在其他项目清单中列出的项目和数量，自主确定综合单价并计算计日工费用；

4 总承包服务费根据招标文件中列出的内容和提出的要求自主确定。

4.3.7 规费和税金应按本规范第 4.1.8 条的规定确定。

4.3.8 投标总价应当与分部分项工程费、措施项目费、其他项目费和规费、税金的合计金额一致。

4.4 工程合同价款的约定

4.4.1 实行招标的工程合同价款应在中标通知书发出之日起 30 天内，由发、承包双方依据招标文件和中标人的投标文件在书面合同中约定。

不实行招标的工程合同价款，在发、承包双方认可的工程价款基础上，由发、承包双方在合同中约定。

4.4.2 实行招标的工程，合同约定不得违背招、投标文件中关于工期、造价、质量等方面的实质性内容。招标文件与中标人投标文件不一致的地方，以投标文件为准。

4.4.3 实行工程量清单计价的工程，宜采用单价合同。

4.4.4 发、承包双方应在合同条款中对下列事项进行约定，合同中没有约定或约定不明的，由双方协商确定；协商不能达成一致的，按本规范执行。

1 预付工程款的数额、支付时间及抵扣方式；

2 工程计量与支付工程进度款的方式、数额及时间；

3 工程价款的调整因素、方法、程序、支付及时间；

4 索赔与现场签证的程序、金额确认与支付时间；

5 发生工程价款争议的解决方法及时间；

6 承担风险的内容、范围以及超出约定内容、范围的调整办法；

7 工程竣工价款结算编制与核对、支付及时间；

8 工程质量保证(保修)金的数额、预扣方式及时间；

9 与履行合同、支付价款有关的其他事项等。

4.5 工程计量与价款支付

4.5.1 发包人应按照合同约定支付工程预付款。支付的工程预付款，按照合同约定在工程进度款中抵扣。

4.5.2 发包人支付工程进度款，应按照合同约定计量和支付，支付周期同计量周期。

4.5.3 工程计量时，若发现工程量清单中出现漏项、工程量计算偏差以及工程变更引起工程量的增减，应按承包人在履行合同义务过程中实际完成的工程量计算。

4.5.4 承包人应按照合同约定，向发包人递交已完工程量报告。发包人应在接到报告后按合同约定进行核对。

4.5.5 承包人应在每个付款周期末，向发包人递交进度款支付申请，并附相应的证明文件。除合同另有约定外，进度款支付申请应包括下列内容：

1 本周期已完成工程的价款；

2 累计已完成的工程价款；

3 累计已支付的工程价款；

4 本周期已完成计日工金额；

5 应增加和扣减的变更金额；

6 应增加和扣减的索赔金额；

7 应抵扣的工程预付款；

8 应扣减的质量保证金；

9 根据合同应增加和扣减的其他金额；

10 本付款周期实际应支付的工程价款。

4.5.6 发包人在收到承包人递交的工程进度款支付申请及相应的证明文件后，发包人应在合同约定时间内核对和支付工程进度款。发包人应扣回的工程预付款，与工程进度款同期结算抵扣。

4.5.7 发包人未在合同约定时间内支付工程进度款，承包人应及时向发包人发出要求付款的通知，发包人收到承包人通知后仍不按要求付款，可与承包人协商签订延期付款协议，经承包人同意后延期支付。协议应明确延期支付的时间和从付款申请生效后按同期银行贷款利率计算应付款的利息。

4.5.8 发包人不按合同约定支付工程进度款，双方又未达成延期付款协议，导致施工无法进行时，承包人可停止施工，由发包人承担违约责任。

4.6 索赔与现场签证

4.6.1 合同一方向另一方提出索赔时，应有正当的索赔理由和有效证据，并应符合合同的相关约定。

4.6.2 若承包人认为非承包人原因发生的事件造成了承包人的经济损失，承包人应在确认该事件发生后，按合同约定向发包人发出索赔通知。

发包人在收到最终索赔报告后并在合同约定时间内，未向承包人作出答复，视为该项索赔已经认可。

4.6.3 承包人索赔按下列程序处理：

1 承包人在合同约定的时间内向发包人递交费用索赔意向通知书；

2 发包人指定专人收集与索赔有关的资料；

3 承包人在合同约定的时间内向发包人递交费用索赔申请表；

4 发包人指定的专人初步审查费用索赔申请表，符合本规范第 4.6.1 条规定的条件时予以受理；

5 发包人指定的专人进行费用索赔核对，经造价工程师复核索赔金额后，与承包人协商确定并由发包人批准；

6 发包人指定的专人应在合同约定的时间内签署费用索赔审批表，或发出要求承包人提交有关索赔的进一步详细资料的通知，待收到承包人提交的详细资料后，按本条第 4、5 款的程序进行。

4.6.4 若承包人的费用索赔与工程延期索赔要求相关联时，发包人在作出费用索赔的批准决定时，应结合工程延期的批准，作出综合费用索赔和工程延期的决定。

4.6.5 若发包人认为由于承包人的原因造成额外损失，发包人应在确认引起索赔的事件后，按合同约定向承包人发出索赔通知。

承包人在收到发包人索赔通知后并在合同约定时间内，未向发包人作出答复，视为该项索赔已经认可。

4.6.6 承包人应发包人要求完成合同以外的零星工作或非承包人责任事件发生时，承包人应按合同约定及时向发包人提出现场签证。

4.6.7 发、承包双方确认的索赔与现场签证费用与工程进度款同期支付。

4.7 工程价款调整

4.7.1 招标工程以投标截止日前 28 天，非招标工程以合同签订前 28 天为基准日，其后国家的法律、法规、规章和政策发生变化影响工程造价的，应按省级或行业建设主管部门或其授权的工程造价管理机构发布的规定调整合同价款。

4.7.2 若施工中出现施工图纸(含设计变更)与工程量清单项目特征描述不符的，发、承包双方应按新的项目特征确定相应工程量清单项目的综合单价。

4.7.3 因分部分项工程量清单漏项或非承包人原因的工程变更，造成增加新的工程量清单项目，其对应的综合单价按下列方法确定：

1 合同中已有适用的综合单价，按合同中已有的综合单价确定；

2 合同中有类似的综合单价，参照类似的综合单价确定；

3 合同中没有适用或类似的综合单价，由承包人提出综合单价，经发包人确认后执行。

4.7.4 因分部分项工程量清单漏项或非承包人原因的工程变更，引起措施项目发生变化，造成施工组织设计或施工方案变更，原措施费中已有的措施项目，按原措施费的组价方法调整；原措施费中没有的措施项目，由承包人根据措施项目变更情况，提出适当的措施费变更，经发包人确认后调整。

4.7.5 因非承包人原因引起的工程量增减，该项工程量变化在合同约定幅度以内的，应执行原有的综合单价；该项工程量变化在合同约定幅度以外的，其综合单价及措施项目费应予以调整。

4.7.6 若施工期内市场价格波动超出一定幅度时，应按合同约定调整工程价款；合同没有约定或约定不明确的，应按省级或行业建设主管部门或其授权的工程造价管理机构的规定调整。

4.7.7 因不可抗力事件导致的费用，发、承包双方应按以下原则分别承担并调整工程价款。

1 工程本身的损害、因工程损害导致第三方人员伤亡和财产损失以及运至施工场地用于施工的材料和待安装的设备的损害，由发包人承担；

2 发包人、承包人人员伤亡由其所在单位负责，并承担相应费用；

3 承包人的施工机械设备损坏及停工损失，由承包人承担；

4 停工期间，承包人应发包人要求留在施工场地的必要的管理人员及保卫人员的费用，由发包人承担；

5 工程所需清理、修复费用，由发包人承担。

4.7.8 工程价款调整报告应由受益方在合同约定时间内向合同的另一方提出，经对方确认后调整合同价款。受益方未在合同约定时间内提出工程价款调整报告的，视为不涉及合同价款的调整。

收到工程价款调整报告的一方应在合同约定时间内确认或提出协商意见，否则，视为工程价款调整报告已经确认。

4.7.9 经发、承包双方确定调整的工程价款，作为追加(减)合同价款与工程进度款同期支付。

4.8 竣工结算

4.8.1 工程完工后，发、承包双方应在合同约定时间内办理工程竣工结算。

4.8.2 工程竣工结算由承包人或受其委托具有相应资质的工程造价咨询人编制，由发包人或受其委托具有相应资质的工程造价咨询人核对。

4.8.3 工程竣工结算应依据：

1 本规范；

2 施工合同；

3 工程竣工图纸及资料；

4 双方确认的工程量；

5 双方确认追加(减)的工程价款；

6 双方确认的索赔、现场签证事项及价款；

7 投标文件；

8 招标文件；

9　其他依据。

4.8.4　分部分项工程费应依据双方确认的工程量、合同约定的综合单价计算；如发生调整的，以发、承包双方确认调整的综合单价计算。

4.8.5　措施项目费应依据合同约定的项目和金额计算；如发生调整的，以发、承包双方确认调整的金额计算，其中安全文明施工费应按本规范第4.1.5条的规定计算。

4.8.6　其他项目费用应按下列规定计算：

1　计日工应按发包人实际签证确认的事项计算；

2　暂估价中的材料单价应按发、承包双方最终确认价在综合单价中调整；专业工程暂估价应按中标价或发包人、承包人与分包人最终确认价计算；

3　总承包服务费应依据合同约定金额计算，如发生调整的，以发、承包双方确认调整的金额计算；

4　索赔费用应依据发、承包双方确认的索赔事项和金额计算；

5　现场签证费用应依据发、承包双方签证资料确认的金额计算；

6　暂列金额应减去工程价款调整与索赔、现场签证金额计算，如有余额归发包人。

4.8.7　规费和税金应按本规范第4.1.8条的规定计算。

4.8.8　承包人应在合同约定时间内编制完成竣工结算书，并在提交竣工验收报告的同时递交给发包人。

承包人未在合同约定时间内递交竣工结算书，经发包人催促后仍未提供或没有明确答复的，发包人可以根据已有资料办理结算。

4.8.9　发包人在收到承包人递交的竣工结算书后，应按合同约定时间核对。

同一工程竣工结算核对完成，发、承包双方签字确认后，禁止发包人又要求承包人与另一个或多个工程造价咨询人重复核对竣工结算。

4.8.10　发包人或受其委托的工程造价咨询人收到承包人递交的竣工结算书后，在合同约定时间内，不核对竣工结算或未提出核对意见的，视为承包人递交的竣工结算书已经认可，发包人应向承包人支付工程结算价款。

承包人在接到发包人提出的核对意见后，在合同约定时间内，不确认也未提出异议的，视为发包人提出的核对意见已经认可，竣工结算办理完毕。

4.8.11　发包人应对承包人递交的竣工结算书签收，拒不签收的，承包人可以不交付竣工工程。

承包人未在合同约定时间内递交竣工结算书的，发包人要求交付竣工工程，承包人应当交付。

4.8.12　竣工结算办理完毕，发包人应将竣工结算书报送工程所在地工程造价管理机构备案。竣工结算书作为工程竣工验收备案、交付使用的必备文件。

4.8.13　竣工结算办理完毕，发包人应根据确认的竣工结算书在合同约定时间内向承包人支付工程竣工结算价款。

4.8.14　发包人未在合同约定时间内向承包人支付工程结算价款的，承包人可催告发包人支付结算价款。如达成延期支付协议的，发包人应按同期银行同类贷款利率支付拖欠工程价款的利息。如未达成延期支付协议，承包人可以与发包人协商将该工程折价，或申请人民法院将该工程依法拍卖，承包人对该工程折价或者拍卖的价款优先受偿。

4.9 工程计价争议处理

4.9.1 在工程计价中，对工程造价计价依据、办法以及相关政策规定发生争议事项的，由工程造价管理机构负责解释。

4.9.2 发包人以对工程质量有异议，拒绝办理工程竣工结算的，已竣工验收或已竣工未验收但实际投入使用的工程，其质量争议按该工程保修合同执行，竣工结算按合同约定办理；已竣工未验收且未实际投入使用的工程以及停工、停建工程的质量争议，双方应就有争议的部分委托有资质的检测鉴定机构进行检测，根据检测结果确定解决方案，或按工程质量监督机构的处理决定执行后办理竣工结算，无争议部分的竣工结算按合同约定办理。

4.9.3 发、承包双方发生工程造价合同纠纷时，应通过下列办法解决：

1 双方协商；

2 提请调解，工程造价管理机构负责调解工程造价问题；

3 按合同约定向仲裁机构申请仲裁或向人民法院起诉。

4.9.4 在合同纠纷案件处理中，需作工程造价鉴定的，应委托具有相应资质的工程造价咨询人进行。

5 工程量清单计价表格

5.1 计价表格组成

5.1.1 封面：

1 工程量清单：封-1

2 招标控制价：封-2

3 投标总价：封-3

4 竣工结算总价：封-4

5.1.2 总说明：表-01

5.1.3 汇总表：

1 工程项目招标控制价/投标报价汇总表：表-02

2 单项工程招标控制价/投标报价汇总表：表-03

3 单位工程招标控制价/投标报价汇总表：表-04

4 工程项目竣工结算汇总表：表-05

5 单项工程竣工结算汇总表：表-06

6 单位工程竣工结算汇总表：表-07

5.1.4 分部分项工程量清单表：

1 分部分项工程量清单与计价表：表-08

2 工程量清单综合单价分析表：表-09

5.1.5 措施项目清单表：

1 措施项目清单与计价表(一)：表-10

2 措施项目清单与计价表(二)：表-11

5.1.6 其他项目清单表：

1 其他项目清单与计价汇总表:表-12

2 暂列金额明细表:表-12-1

3 材料暂估单价表:表-12-2

4 专业工程暂估价表:表-12-3

5 计日工表:表-12-4

6 总承包服务费计价表:表-12-5

7 索赔与现场签证计价汇总表:表-12-6

8 费用索赔申请(核准)表:表-12-7

9 现场签证表:表-12-8

5.1.7 规费、税金项目清单与计价表:表-13

5.1.8 工程款支付申请(核准)表:表-14

______________工程

工程量清单

招　标　人：______________　　　工程造价
　　　　　　　　　　　　　　　　咨 询 人：______________

（单位盖章）　　　　　　　　　　（单位资质专用章）

法定代表人　　　　　　　　　　　法定代表人
或其授权人：______________　　　或其授权人：______________

（签字或盖章）　　　　　　　　　（签字或盖章）

编　制　人：______________　　　复　核　人：______________

（造价人员签字盖专用章）　　　　（造价工程师签字盖专用章）

编制时间：　年　　月　　日　　复核时间：　年　　月　　日

____________________工程

招标控制价

招标控制价（小写）：____________________

（大写）：____________________

招　标　人：____________

（单位盖章）

工程造价
咨 询 人：____________

（单位资质专用章）

法定代表人
或其授权人____________：

（签字或盖章）

法定代表人
或其授权人：____________

（签字或盖章）

编　制　人：____________

（造价人员签字盖专用章）

复　核　人：____________

（造价工程师签字盖专用章）

编制时间：　年　　月　　日　　复核时间：　年　　月　　日

投 标 总 价

招　　标　　人：＿＿＿＿＿＿＿＿＿＿＿＿＿＿＿＿

工　程　名　称：＿＿＿＿＿＿＿＿＿＿＿＿＿＿＿＿

投标总价（小写）：＿＿＿＿＿＿＿＿＿＿＿＿＿＿＿＿

（大写）：＿＿＿＿＿＿＿＿＿＿＿＿＿＿＿＿

投　　标　　人：＿＿＿＿＿＿＿＿＿＿＿＿＿＿＿＿

（单位盖章）

法定代表人

或其授权人：＿＿＿＿＿＿＿＿＿＿＿＿＿＿＿＿

（签字或盖章）

编　　制　　人：＿＿＿＿＿＿＿＿＿＿＿＿＿＿＿＿

（造价人员签字盖专用章）

编　制　时　间：　　年　　月　　日

______________________________工程

竣工结算总价

中标价(小写):______________(大写):______________

结算价(小写):______________(大写):______________

发包人:__________ 承包人:__________ 工程造价咨询人:__________

(单位盖章) (单位盖章) (单位资质专用章)

法定代表人或其授权人:______ 法定代表人或其授权人:______ 法定代表人或其授权人:______

(签字或盖章) (签字或盖章) (签字或盖章)

编 制 人:__________________ 核 对 人:__________________

(造价人员签字盖专用章) (造价工程师签字盖专用章)

编制时间: 年 月 日 核对时间: 年 月 日

总　说　明

工程名称：　　　　　　　　　　　　　　　　　　　　　　　第　页　共　页

工程项目招标控制价/投标报价汇总表

工程名称：　　　　　　　　　　　　　　　　　　　　　　　　　　第　页 共　页

序号	单项工程名称	金额(元)	其　中		
			暂估价(元)	安全文明施工费(元)	规费(元)
合　计					

注：本表适用于工程项目招标控制价或投标报价的汇总。

单项工程招标控制价/投标报价汇总表

工程名称：　　　　　　　　　　　　　　　　　　　　　第　页　共　页

序号	单位工程名称	金额(元)	其中		
			暂估价(元)	安全文明施工费(元)	规费(元)
合计					

注：本表适用于单项工程招标控制价或投标报价的汇总。暂估价包括分部分项工程中的暂估价和专业工程暂估价。

单位工程招标控制价/投标报价汇总表

工程名称：　　　　　　　　　　　　　标段：　　　　　　　　　　第　页共　页

序号	汇　总　内　容	金额(元)	其中：暂估价(元)
1	分部分项工程		
1.1			
1.2			
1.3			
1.4			
1.5			
2	措施项目		—
2.1	安全文明施工费		—
3	其他项目		—
3.1	暂列金额		—
3.2	专业工程暂估价		—
3.3	计日工		—
3.4	总承包服务费		—
4	规费		—
5	税金		—
招标控制价合计＝1＋2＋3＋4＋5			

注：本表适用于单位工程招标控制价或投标报价的汇总，如无单位工程划分，单项工程也使用本表汇总。

工程项目竣工结算汇总表

工程名称：　　　　　　　　　　　　　　　　　　　　第　页共　页

序号	单项工程名称	金额(元)	其中	
			安全文明施工费(元)	规费(元)
合计				

单项工程竣工结算汇总表

工程名称：　　　　　　　　　　　　　　　　　　　　　　　　　　第　页共　页

序号	单项工程名称	金额(元)	其中	
			安全文明施工费(元)	规费(元)
合　计				

单位工程竣工结算汇总表

工程名称：　　　　　　　　　　　　　　标段：　　　　　　　　　　第　页共　页

序号	汇　总　内　容	金　额(元)
1	分部分项工程	
1.1		
1.2		
1.3		
1.4		
1.5		
2	措施项目	
2.1	安全文明施工费	
3	其他项目	
3.1	专业工程结算价	
3.2	计日工	
3.3	总承包服务费	
3.4	索赔与现场签证	
4	规费	
5	税金	
竣工结算总价合计＝1＋2＋3＋4＋5		

注：如无单位工程划分，单项工程也使用本表汇总。

分部分项工程量清单与计价表

工程名称：　　　　　　　　　　　　　　标段：　　　　　　　　　　　　第　页共　页

序号	项目编码	项目名称	项目特征描述	计量单位	工程量	金额(元)		
						综合单价	合价	其中：暂估价
本页小计								
合　计								

注：根据建设部、财政部发布的《建筑安装工程费用组成》(建标[2003]206 号)的规定，为计取规费等的使用，可在表中增设其中："直接费"、"人工费"或"人工费＋机械费"。

工程量清单综合单价分析表

工程名称： 标段： 第 页共 页

项目编码			项目名称			计量单位					
清单综合单价组成明细											
定额编号	定额名称	定额单位	数量	单价				合价			
				人工费	材料费	机械费	管理费和利润	人工费	材料费	机械费	管理费和利润
人工单价		小计									
元/工日		未计价材料费									
清单项目综合单价											

材料费明细	主要材料名称、规格、型号	单位	数量	单价（元）	合价（元）	暂估单价（元）	暂估合价（元）
	其他材料费			—		—	
	材料费小计			—		—	

注：1. 如不使用省级或行业建设主管部门发布的计价依据，可不填定额项目、编号等。

2. 招标文件提供了暂估单价的材料，按暂估的单价填入表内“暂估单价”栏及“暂估合价”栏。

措施项目清单与计价表(一)

工程名称： 标段： 第 页共 页

序号	项目名称	计算基础	费率(%)	金额(元)
1	安全文明施工费			
2	夜间施工费			
3	二次搬运费			
4	冬雨季施工			
5	大型机械设备 进出场及安拆费			
6	施工排水			
7	施工降水			
8	地上、地下设施、 建筑物的临时保护设施			
9	已完工程及设备保护			
10	各专业工程的措施项目			
11				
12				
合　计				

注：1. 本表适用于以“项”计价的措施项目。

2. 根据建设部、财政部发布的《建筑安装工程费用组成》(建标[2003]206号)的规定，“计算基础”可为“直接费”、“人工费”或“人工费＋机械费”。

措施项目清单与计价表(二)

工程名称： 标段： 第 页共 页

序号	项目编码	项目名称	项目特征描述	计量单位	工程量	金额(元)	
						综合单价	合价
本页小计							
合 计							

注：本表适用于以综合单价形式计价的措施项目。

其他项目清单与计价汇总表

工程名称：　　　　　　　　　　　　标段：　　　　　　　　　　第　页共　页

序号	项目名称	计算单位	金额(元)	备注
1	暂列金额			明细详见表-12-1
2	暂估价			
2.1	材料暂估价		—	明细详见表-12-2
2.2	专业工程暂估价			明细详见表-12-3
3	计日工			明细详见表-12-4
4	总承包服务费			明细详见表-12-5
5				
合　计				—

注：材料暂估单价进入清单项目综合单价，此处不汇总。

暂列金额明细表

工程名称：　　　　　　　　　　标段：　　　　　　　　　第　页共　页

序号	项目名称	计算单位	暂定金额(元)	备注
1				
2				
3				
4				
5				
6				
7				
8				
9				
10				
11				
合　计				—

注：此表由招标人填写，如不能详列，也可只列暂定金额总额，投标人应将上述暂列金额计入投标总价中。

材料暂估单价表

工程名称：　　　　　　　　　　　　　标段：　　　　　　　　　　　　第　页共　页

序号	材料名称、规格、型号	计算单位	单价(元)	备注

注：1. 此表由招标人填写，并在备注栏说明暂估价的材料拟用在哪些清单项目上，投标人应将上述材料暂估单价计入工程量清单综合单价报价中。

2. 材料包括原材料、燃料、构配件以及按规定应计入建筑安装工程造价的设备。

专业工程暂估价表

工程名称：　　　　　　　　　　　　标段：　　　　　　　　　　　第　页共　页

序号	工程名称	工程内容	金额(元)	备注
合　计				—

注：此表由招标人填写，投标人应将上述专业工程暂估价计入投标总价中。

计日工表

工程名称：　　　　　　　　　　　　　标段：　　　　　　　　　　　第　页共　页

编号	项目名称	单位	暂定数量	综合单价	合价
一	人　工				
1					
2					
3					
4					
	人工小计				
二	材　料				
1					
2					
3					
4					
5					
6					
	材料小计				
三	施工机械				
1					
2					
3					
4					
	施工机械小计				
	总　计				

注：此表项目名称、数量由招标人填写，编制招标控制价时，单价由招标人按有关计价规定确定；投标时，单价由投标人自主报价，计入投标总价中。

总承包服务费计价表

工程名称：　　　　　　　　　　标段：　　　　　　　　　第　页共　页

序号	项目名称	项目价值(元)	服务内容	费率(%)	金额(元)
1	发包人发包专业工程				
2	发包人供应材料				
合　计					

索赔与现场签证计价汇总表

工程名称： 标段： 第 页共 页

序号	签证及索赔项目名称	计量单位	数量	单价（元）	合价（元）	索赔及签证依据
本页小计						—
合　计						—

注：签证及索赔依据是指经双方认可的签证单和索赔依据的编号。

费用索赔申请（核准）表

工程名称：　　　　　　　　　　　　　　标段：　　　　　　　　　　　　　　编号：

<table>
<tr><td colspan="2">致：______________________________（发包人全称）
根据施工合同条款第______条的约定，由于____________原因，我方要求索赔金额（大写）__________元，（小写）__________元，请予核准。
附：1. 费用索赔的详细理由和依据：
2. 索赔金额的计算：
3. 证明材料：

承包人（章）
承包人代表________
日　　期________</td></tr>
<tr><td>复核意见：
根据施工合同条款第______条的约定，你方提出的费用索赔申请经复核：
□不同意此项索赔，具体意见见附件。
□同意此项索赔，索赔金额的计算，由造价工程师复核。

监理工程师________
日　　期________</td><td>复核意见：
根据施工合同条款第______条的约定，你方提出的费用索赔申请经复核，索赔金额为（大写）______元，（小写）______元。

造价工程师________
日　　期________</td></tr>
<tr><td colspan="2">审核意见：
□不同意此项索赔。
□同意此项索赔，与本期进度款同期支付。

发包人（章）
发包人代表________
日　　期________</td></tr>
</table>

注：1. 在选择栏中的“□”内作标识“√”。

2. 本表一式四份，由承包人填报，发包人、监理人、造价咨询人、承包人各存一份。

现场签证表

工程名称：　　　　　　　　　　　　　　标段：　　　　　　　　　　　　　　编号：

<table>
<tr><td>施工部位</td><td></td><td>日期</td><td></td></tr>
<tr><td colspan="4">致：____（发包人全称）
根据________（指令人姓名）　年　月　日的口头指令或你方________（或监理人）　年　月　日的书面通知，我方要求完成此项工作应支付价款金额为(大写)______________元，(小写)______________元，请予核准。
附：1. 签证事由及原因：
2. 附图及计算式：

承包人(章)
承包人代表__________
日　　期__________</td></tr>
<tr><td colspan="2">复核意见：
你方提出的此项签证申请经复核：
□不同意此项签证，具体意见见附件。
□同意此项签证，签证金额的计算，由造价工程师复核。

监理工程师__________
日　　期__________</td><td colspan="2">复核意见：
□此项签证按承包人中标的计日工单价计算，金额为(大定)__________元，(小写)__________元。
□此项签证因无计日工单价，金额为(大写)______元，(小写)________元。

造价工程师__________
日　　期__________</td></tr>
<tr><td colspan="4">审核意见：
□不同意此项签证。
□同意此项签证，价款与本期进度款同期支付。

发包人(章)
发包人代表__________
日　　期__________</td></tr>
</table>

注：1. 在选择栏中的“□”内作标识“√”。

2. 本表一式四份，由承包人在收到发包人(监理人)的口头或书面通知后填写，发包人、监理人、造价咨询人、承包人各存一份。

规费、税金项目清单与计价表

工程名称：　　　　　　　　　　　　　　　标段：　　　　　　　　　　　　　　第　页共　页

序号	项目名称	计算基础	费率(%)	金额(元)
1	规费			
1.1	工程排污费			
1.2	社会保障费			
(1)	养老保险费			
(2)	失业保险费			
(3)	医疗保险费			
1.3	住房公积金			
1.4	危险作业意外伤害保险			
1.5	工程定额测定费			
2	税金	分部分项工程费＋措施项目费＋其他项目费＋规费		
合　计				

注：根据建设部、财政部发布的《建筑安装工程费用组成》(建标[2003]206号)的规定，“计算基础”可为“直接费”、“人工费”或“人工费＋机械费”。

工程款支付申请(核准)表

工程名称: 标段: 编号:

致:________________________________(发包人全称)

我方于______至______期间已完成了__________工作,根据施工合同的约定,现申请支付本期的工程款额为(大写)__________元,(小写)__________元,请予核准。

序号	名　称	金额(元)	备注
1	累计已完成的工程价款		
2	累计已实际支付的工程价款		
3	本周期已完成的工程价款		
4	本周期完成的计日工金额		
5	本周期应增加和扣减的变更金额		
6	本周期应增加和扣减的索赔金额		
7	本周期应抵扣的预付款		
8	本周期应扣减的质保金		
9	本周期应增加或扣减的其他金额		
10	本周期实际应支付的工程价款		

承包人(章)
承包人代表______
日　　期______

复核意见:

□与实际施工情况不相符,修改意见见附件。

□与实际施工情况相符,具体金额由造价工程师复核。

监理工程师______
日　　期______

复核意见:

你方提出的支付申请经复核,本期间已完成工程款额为(大写)______元,(小写)______元,本期间应支付金额为(大写)______元,(小写)______元。

造师工程师______
日　　期______

审核意见:

□不同意。

□同意,支付时间为本表签发后的 15 天内。

发包人(章)
发包人代表______
日　　期______

注:1. 在选择栏中的"□"内作标识"√"。

2. 本表一式四份,由承包人填报,发包人、监理人、造价咨询人、承包人各存一份。

5.2 计价表格使用规定

5.2.1 工程量清单与计价宜采用统一格式。各省、自治区、直辖市建设行政主管部门和行业建设主管部门可根据本地区、本行业的实际情况，在本规范计价表格的基础上补充完善。

5.2.2 工程量清单的编制应符合下列规定：

1 工程量清单编制使用表格包括：封-1、表-01、表-08、表-10、表-11、表-12(不含表-12-6～表-12-8)、表-13。

2 封面应按规定的内容填写、签字、盖章，造价员编制的工程量清单应有负责审核的造价工程师签字、盖章。

3 总说明应按下列内容填写：

1）工程概况：建设规模、工程特征、计划工期、施工现场实际情况、自然地理条件、环境保护要求等。

2）工程招标和分包范围。

3）工程量清单编制依据。

4）工程质量、材料、施工等的特殊要求。

5）其他需要说明的问题。

5.2.3 招标控制价、投标报价、竣工结算的编制应符合下列规定：

1 使用表格：

1）招标控制价使用表格包括：封-2、表-01、表-02、表-03、表-04、表-08、表-09、表-10、表-11、表-12(不含表-12-6～表-12-8)、表-13。

2）投标报价使用的表格包括：封-3、表-01、表-02、表-03、表-04、表-08、表-09、表-10、表-11、表-12(不含表-12-6～表-12-8)、表-13。

3）竣工结算使用的表格包括：封-4、表-01、表-05、表-06、表-07、表-08、表-09、表-10、表-11、表-12、表-13、表-14。

2 封面应按规定的内容填写、签字、盖章，除承包人自行编制的投标报价和竣工结算外，受委托编制的招标控制价、投标报价、竣工结算若为造价员编制的，应有负责审核的造价工程师签字、盖章以及工程造价咨询人盖章。

3 总说明应按下列内容填写：

1）工程概况：建设规模、工程特征、计划工期、合同工期、实际工期、施工现场及变化情况、施工组织设计的特点、自然地理条件、环境保护要求等。

2）编制依据等。

5.2.4 投标人应按招标文件的要求，附工程量清单综合单价分析表。

5.2.5 工程量清单与计价表中列明的所有需要填写的单价和合价，投标人均应填写，未填写的单价和合价，视为此项费用已包含在工程量清单的其他单价和合价中。

A.6.7 金属网。工程量清单项目设置及工程量计算规则，应按表 A.6.7 的规定执行。

表 A.6.7　金属网(编码:010607)

项目编码	项目名称	项目特征	计量单位	工程量计算规则	工程内容
010607001	金属网	1.材料品种、规格 2.边框及立柱型钢品种、规格 3.油漆品种、刷漆遍数	m^2	按设计图示尺寸以面积计算	1.制作 2.运输 3.安装 4.刷油漆

A.6.8　其他相关问题应按下列规定处理:

1　型钢混凝土柱、梁浇筑混凝土和压型钢板楼板上浇筑钢筋混凝土,混凝土和钢筋应按 A.4 中相关项目编码列项。

2　钢墙架项目包括墙架柱、墙架梁和连接杆件。

3　加工铁件等小型构件,应按 A.6.6 中零星钢构件项目编码列项。

A.7　屋面及防水工程

A.7.1　瓦、型材屋面。工程量清单项目设置及工程量计算规则,应按表 A.7.1 的规定执行。

表 A.7.1　瓦、型材屋面(编码:010701)

项目编码	项目名称	项目特征	计量单位	工程量计算规则	工程内容
010701001	瓦屋面	1. 瓦品种、规格、品牌、颜色 2. 防水材料种类 3. 基层材料种类 4. 檩条种类、截面 5. 防护材料种类	m^2	按设计图示尺寸以斜面积计算。不扣除房上烟囱、风帽底座、风道、小气窗、斜沟等所占面积,小气窗的出檐部分不增加面积	1. 檩条、椽子安装 2. 基层铺设 3. 铺防水层 4. 安顺水条和挂瓦条 5. 安瓦 6. 刷防护材料
010701002	型材屋面	1. 型材品种、规格、品牌、颜色 2. 骨架材料品种、规格 3. 接缝、嵌缝材料种类			1. 骨架制作、运输、安装 2. 屋面型材安装 3. 接缝、嵌缝
010701003	膜结构屋面	1. 膜布品种、规格、颜色 2. 支柱(网架)钢材品种、规格 3. 钢丝绳品种、规格 4. 油漆品种、刷漆遍数		按设计图示尺寸以需要覆盖的水平面积计算	1. 膜布热压胶接 2. 支柱(网架)制作、安装 3. 膜布安装 4. 穿钢丝绳、锚头锚固 5. 刷油漆

A.7.2　屋面防水。工程量清单项目设置及工程量计算规则,应按表 A.7.2 的规定执行。

表 A.7.2　屋面防水(编码:010702)

项目编码	项目名称	项目特征	计量单位	工程量计算规则	工程内容
010702001	屋面卷材防水	1. 卷材品种、规格 2. 防水层做法 3. 嵌缝材料种类 4. 防护材料种类	m^2	按设计图示尺寸以面积计算 1. 斜屋顶(不包括平屋顶找坡)按斜面积计算,平屋顶按水平投影面积计算	1. 基层处理 2. 抹找平层 3. 刷底油 4. 铺油毡卷材、接缝、嵌缝 5. 铺保护层

续表

项目编码	项目名称	项目特征	计量单位	工程量计算规则	工程内容
010702002	屋面涂膜防水	1. 防水膜品种 2. 涂膜厚度、遍数、增强材料种类 3. 嵌缝材料种类 4. 防护材料种类	m^2	2. 不扣除房上烟囱、风帽底座、风道、屋面小气窗和斜沟所占面积 3. 屋面的女儿墙、伸缩缝和天窗等处的弯起部分，并入屋面工程量内	1. 基层处理 2. 抹找平层 3. 涂防水膜 4. 铺保护层
010702003	屋面刚性防水	1. 防水层厚度 2. 嵌缝材料种类 3. 混凝土强度等级		按设计图示尺寸以面积计算。不扣除房上烟囱、风帽底座、风道等所占面积	1. 基层处理 2. 混凝土制作、运输、铺筑、养护
010702004	屋面排水管	1. 排水管品种、规格、品牌、颜色 2. 接缝、嵌缝材料种类 3. 油漆品种、刷漆遍数	m	按设计图示尺寸以长度计算。如设计未标注尺寸，以檐口至设计室外散水上表面垂直距离计算	1. 排水管及配件安装、固定 2. 雨水斗、雨水箅子安装 3. 接缝、嵌缝
010702005	屋面天沟、沿沟	1. 材料品种 2. 砂浆配合比 3. 宽度、坡度 4. 接缝、嵌缝材料种类 5. 防护材料种类	m^2	按设计图示尺寸以面积计算。铁皮和卷材天沟按展开面积计算	1. 砂浆制作、运输 2. 砂浆找坡、养护 3. 天沟材料铺设 4. 天沟配件安装 5. 接缝、嵌缝 6. 刷防护材料

A. 7. 3　墙、地面防水、防潮。工程量清单项目设置及工程量计算规则，应按表 A. 7. 3 的规定执行。

表 A. 7. 3　墙、地面防水、防潮(编码:010703)

项目编码	项目名称	项目特征	计量单位	工程量计算规则	工程内容
010703001	卷材防水	1. 卷材、涂膜品种 2. 涂膜厚度、遍数、增强材料种类 3. 防水部位 4. 防水做法 5. 接缝、嵌缝材料种类 6. 防护材料种类	m^2	按设计图示尺寸以面积计算 1. 地面防水：按主墙间净空面积计算，扣除凸出地面的构筑物、设备基础等所占面积，不扣除间壁墙及单个 $0.3m^2$ 以内的柱、垛、烟囱和孔洞所占面积 2. 墙基防水：外墙按中心线，内墙按净长乘以宽度计算	1. 基层处理 2. 抹找平层 3. 刷黏结剂 4. 铺防水卷材 5. 铺保护层 6. 接缝、嵌缝
010703002	涂膜防水				1. 基层处理 2. 抹找平层 3. 刷基层处理剂 4. 铺涂膜防水层 5. 铺保护层
010703003	砂浆防水(潮)	1. 防水(潮)部位 2. 防水(潮)厚度、层数 3. 砂浆配合比 4. 外加剂材料种类			1. 基层处理 2. 挂钢丝网片 3. 设置分格缝 4. 砂浆制作、运输、摊铺、养护
010703004	变形缝	1. 变形缝部位 2. 嵌缝材料种类 3. 止水带材料种类 4. 盖板材料 5. 防护材料种类	m	按设计图示以长度计算	1. 清缝 2. 填塞防水材料 3. 止水带安装 4. 盖板制作 5. 刷防护材料

A.7.4 其他相关问题应按下列规定处理：

1 小青瓦、水泥平瓦、琉璃瓦等，应按 A.7.1 中瓦屋面项目编码列项。

2 压型钢板、阳光板、玻璃钢等，应按 A.7.1 中型材屋面编码列项。

A.8 防腐、隔热、保温工程

A.8.1 防腐面层。工程量清单项目设置及工程量计算规则，应按表 A.8.1 的规定执行

表 A.8.1 防腐面层（编码：010801）

<table>
<tr><th>项目编码</th><th>项目名称</th><th>项目特征</th><th>计量单位</th><th>工程量计算规则</th><th>工程内容</th></tr>
<tr><td>010801001</td><td>防腐混凝土面层</td><td rowspan="3">1. 防腐部位
2. 面层厚度
3. 砂浆、混凝土、胶泥种类</td><td rowspan="6">m^2</td><td rowspan="4">按设计图示尺寸以面积计算
1. 平面防腐：扣除凸出地面的构筑物、设备基础等所占面积
2. 立面防腐：砖垛等突出部分按展开面积并入墙面积内</td><td rowspan="2">1. 基层清理
2. 基层刷稀胶泥
3. 砂浆制作、运输、摊铺、养护
4. 混凝土制作、运输、摊铺、养护</td></tr>
<tr><td>010801002</td><td>防腐砂浆面层</td></tr>
<tr><td>010801003</td><td>防腐胶泥面层</td><td>1. 基层清理
2. 胶泥调制、摊铺</td></tr>
<tr><td>010801004</td><td>玻璃钢防腐面层</td><td>1. 防腐部位
2. 玻璃钢种类
3. 贴布层数
4. 面层材料品种</td><td>1. 基层清理
2. 刷底漆、刮腻子
3. 胶浆配制、涂刷
4. 粘布、涂刷面层</td></tr>
<tr><td>010801005</td><td>聚氯乙烯板面层</td><td>1. 防腐部位
2. 面层材料品种
3. 粘结材料种类</td><td rowspan="2">按设计图示尺寸以面积计算
1. 平面防腐：扣除凸出地面的构筑物、设备基础等所占面积
2. 立面防腐：砖垛等突出部分按展开面积并入墙面积内
3. 踢脚板防腐：扣除门洞所占面积并相应增加门洞侧壁面积</td><td>1. 基层清理
2. 配料、涂胶
3. 聚氯乙烯板铺设
4. 铺贴踢脚板</td></tr>
<tr><td>010801006</td><td>块料防腐面层</td><td>1. 防腐部位
2. 块料品种、规格
3. 粘结材料种类
4. 勾缝材料种类</td><td>1. 基层清理
2. 砌块料
3. 胶泥调制、勾缝</td></tr>
</table>

A.8.2　其他防腐。工程量清单项目设置及工程量计算规则，应按表A.8.2的规定执行。

表A.8.2　其他防腐（编码：010802）

项目编码	项目名称	项目特征	计量单位	工程量计算规则	工程内容
010802001	隔离层	1. 隔离层部位 2. 隔离层材料品种 3. 隔离层做法 4. 粘贴材料种类	m^2	按设计图示尺寸以面积计算 1. 平面防腐：扣除凸出地面的构筑物、设备基础等所占面积 2. 立面防腐：砖垛等突出部分按展开面积并入墙面积内	1. 基层清理、刷油 2. 煮沥青 3. 胶泥调制 4. 隔离层铺设
010802002	砌筑沥青浸渍砖	1. 砌筑部位 2. 浸渍砖规格 3. 浸渍砖砌法（平砌、立砌）	m^3	按设计图示尺寸以体积计算	1. 基层清理 2. 胶泥调制 3. 浸渍砖铺砌
01082003	防腐涂料	1. 涂刷部位 2. 基层材料类型 3. 涂料品种、刷涂遍数	m^2	按设计图示尺寸以面积计算 1. 平面防腐：扣除凸出地面的构筑物、设备基础等所占面积 2. 立面防腐：砖垛等突出部分按展开面积并入墙面积内	1. 基层清理 2. 刷涂料

A.8.3　隔热、保温。工程量清单项目设置及工程量计算规则，应按表A.8.3的规定执行。

表A.8.3　隔热、保温（编码：010803）

<table>
<tr><th>项目编码</th><th>项目名称</th><th>项目特征</th><th>计量单位</th><th>工程量计算规则</th><th>工程内容</th></tr>
<tr><td>010803001</td><td>保温隔热屋面</td><td rowspan="5">1. 保温隔热部位
2. 保温隔热方式（内保温、外保温、夹心保温）
3. 踢脚线、勒脚线保温做法
4. 保温隔热面层材料品种、规格、性能
5. 保温隔热材料品种、规格及厚度
6. 隔气层厚度
7. 粘结材料种类
8. 防护材料种类</td><td rowspan="5">m^2</td><td rowspan="2">按设计图示尺寸以面积计算。不扣除柱、垛所占面积</td><td rowspan="2">1. 基层清理
2. 铺粘保温层
3. 刷防护材料</td></tr>
<tr><td>010803002</td><td>保温隔热天棚</td></tr>
<tr><td>010803003</td><td>保温隔热墙</td><td>按设计图示尺寸以面积计算。扣除门窗洞口所占面积；门窗洞口侧壁需做保温时，并入保温墙体工程量内</td><td rowspan="2">1. 基层清理
2. 底层抹灰
3. 粘贴龙骨
4. 填贴保温材料
5. 粘贴面层
6. 嵌缝
7. 刷防护材料</td></tr>
<tr><td>010803004</td><td>保温柱</td><td>按设计图示以保温层中心线展开长度乘以保温层高度计算</td></tr>
<tr><td>010803005</td><td>隔热楼地面</td><td>按设计图示尺寸以面积计算。不扣除柱、垛所占面积</td><td>1. 基层清理
2. 铺设粘贴材料
3. 铺贴保温层
4. 刷防护材料</td></tr>
</table>

A.8.4　其他相关问题应按下列规定处理：

1. 保温隔热墙的装饰面层，应按B.2中相关项目编码列项。

2. 柱帽保温隔热应并入天棚保温隔热工程量内。

3. 池槽保温隔热，池壁、池底应分别编码列项，池壁应并入墙面保温隔热工程量内，池底应并入地面保温隔热工程量内。

二、措施项目

序号	项　目　名　称
1.1	混凝土、钢筋混凝土模板及支架
1.2	脚手架
1.3	垂直运输机械

五十、LD/T 72.9—2008 建设工程劳动定额 建筑工程—防水工程

关于发布《建设工程劳动定额》行业标准的通知

人社部发[2009]10 号

各省、自治区、直辖市劳动保障厅(局)、建设厅(委),新疆生产建设兵团劳动保障局、建设局:

现发布《建设工程劳动定额》推荐性行业标准,自 2009 年 3 月 1 日起施行,同时废止以前年度相关行业标准。标准名称及编号见附件。

本标准由住房和城乡建设部组织出版发行。

附件:《建设工程劳动定额》行业标准名称及编号一览表

中华人民共和国人力资源和社会保障部
中华人民共和国住房和城乡建设部
二〇〇九年一月八日

说　明

本标准为《建设工程劳动定额》"建筑工程"系列标准中的"建筑工程—防水工程"。

本标准的附录 A 是标准性附录。

本标准的附录 B 是资料性附录。

本标准的定额编号用 6 位码标识。

第一位码用英文大写字母标识,代表专业:A-建筑工程,B-装饰工程,C-安装工程,D-市政工程,E-园林绿化工程。

第二位码用英文大写字母标识,代表分册的顺序,如建筑工程中的第九分册"防水工程"为 I,以此类推。

第三至六位码用阿拉伯数字标识,是顺序码。

例如:定额项目"塑料水落管"AI0121 定额编号,其第一位大写英文字母代表建筑工程,第二位大写英文字母代表建筑工程专业第九分册防水工程,"0121"是其顺序码。

本标准由陕西建工集团总公司技术定额站负责起草。

本标准主要起草人:师怀儒、朱丁全、秦正婷、胡永青、杜浐阳。

中华人民共和国劳动和劳动安全行业标准

LD/T 72.9—2008
代替 LD/T 72.9—94

建设工程劳动定额
建筑工程—防水工程

1 范围

本标准适用于一般工业与民用建筑的新建、扩建、改建工程中的防水工程。

本标准是施工企业编制施工作业计划、签发施工任务书、考核工效、实行按劳分配和进行经济核算的依据；是规范建筑劳务合同的签订和履行，指导施工企业劳务结算与支付管理的依据；是各地区、各部门编制预算定额、清单计价定额人工消耗量标准的依据；是各地建设行政主管部门发布实物工程量人工单价的基础。

2 规范性引用文件

下列文件中的条款通过本标准的引用而成为本标准的条款。凡是注日期的引用文件，其随后所有的修改单(不包括勘误的内容)或修订版均不适用于本标准，然而，鼓励根据本标准达成协议的各方研究是否可使用这些文件的最新版本。凡是不注日期的引用文件，其最新版本适用于本标准。

GB/T 14002　劳动定员定额术语

GB/T 14163　工时消耗分类、代号和标准时间构成

GB 50300—2001　建筑工程施工质量验收统一标准

GB 50207—2002　屋面工程质量验收规范

GB 50208—2002　地下防水工程质量验收规范

GB 50345—2004　屋面工程技术规范

GB 50108—2002　地下工程防水技术规范

3 使用规定

3.1 劳动消耗量的单位和定额时间构成

3.1.1 本标准的劳动消耗量均以时间定额表示，以“工日”为单位，每一工日按 8 h 计算。

3.1.2 定额时间是由完成生产工作的作业时间、作业宽放时间、个人生理需要与休息宽放时间以及必须分摊的准备与结束时间等部分组成。

3.2 劳动技术等级

本标准根据建设工程的特点和定额工作物的技术要求，结合现行建筑安装工人高、中、初技术等级标准划分和实际情况综合考虑。实际工作中，技术工人的配备应符合岗位设置的要求。

3.3 工程量计算规则

3.3.1 卷材、涂膜防水层工程量按实铺(涂)面积计算，压边、留槎、拼缝部分不展开，附加层不计算；烟囱、通风塔、回气管等部分面积不扣除；屋面带气楼者，工程量合并计算；墙垛、梁、柱按

展开面积计算，墙垛的加固部分不另增加工程量。

3.3.2　变形缝按设计图示长度计算。

3.3.3　水落管制作、安装按檐口至地面的立面投影高度计算(包括弯头、漏斗、斜管、直管等重复搭接)；檐沟、天沟、斜沟、泛水制作与安装，均按实际长度计算。

3.4　水平运输

3.4.1　本标准规定地面水平运距的计算，均以取料中心点为起点，以建筑物入口处或材料堆放中心为终点；对于垂直运输者，以斜道口或机械起吊处为终点。

3.4.2　原材料、燃料和半成品的水平运距，包括运距≤100 m 的地面水平运输和建筑物底层或楼层的水平运输；地面水平运距>100 m 者，按表 1 增加工日。超运距增加工日，详见表 1。

表 1

项　目	单位	超运距(≤m)				
		30	60	90	120	150
卷材	100 卷	0.0242	0.0505	0.079	0.116	0.190
煤、柴	t	0.019	0.041	0.064	0.100	0.146
沥青(液体)防水涂料		0.0743	0.156	0.246	0.345	0.454
沥青(固体)		0.0126	0.0284	0.0442	0.0695	0.101
轻质材料	m^3	0.014	0.024	0.038	0.061	0.085
石子、绿豆砂		0.0305	0.0537	0.0853	0.137	0.19
沥青砂浆		0.0339	0.0596	0.0947	0.152	0.211

3.5　垂直运输

原材料、燃料和半成品的垂直运输，包括人力一层及机械运输楼层数≤6 层(或高度≤20 m)的垂直运输；人力垂直运输的高度超过规定的一层者，按表 2 增加工日。人力垂直运输增加工日，详见表 2。

表 2

单位：10 m^2

项　目		一毡	二毡三油	二毡三油一砂	每增减一毡一油	沥青砂浆
地面至	二层	0.006	0.0344	0.0459	0.010	0.110
	三层	0.0076	0.0435	0.0579	0.0127	0.138
	四层	0.0094	0.0538	0.0717	0.0157	0.172
	五层	0.0116	0.0662	0.0882	0.0193	0.218
	六层	0.0155	0.0807	0.108	0.0235	0.256

3.6　使用系数

本标准中同时使用两个或两个以上系数时，按连乘方法计算。

3.7　其他

3.7.1　建筑物楼层数>6 层时，高层建筑增加用工按表 3 计算。高层建筑增加用工系数，详见表 3。

表 3

层数	7～10	11～15	16～20	21～25	26～30	31～35	36～40	41～45	46～50
系数	1.10	1.15	1.20	1.25	1.30	1.35	1.41	1.48	1.55

注：有楼层分界线者，建筑物高度按楼层划分，如层高超过 3.3 m，其本层超过部分按上一层计算；无楼层分界线者，建筑物高度按 3.3 m 折算为一层计算，顶层不足 3.3 m 者，亦按一层计算。

3.7.2 平屋面以坡度≤15%为准，15%<坡度≤25%者，按相应项目的时间定额乘以系数1.18；坡度>25%及人字形屋面，按锯齿形、弧形屋面时间定额执行。

3.7.3 胶结料以石油沥青玛碲脂为准，如使用煤油沥青玛碲脂者，其时间定额乘以系数1.18；如使用加工好的玛碲脂，其时间定额乘以系数0.91。

3.7.4 墙面、地面、屋面做油毡(纸)、玻璃丝布、纤维布防水层，涂刷沥青等均包括刷冷底子油一遍，如不刷，平面每10 m^2 减0.035工日，立面每10 m^2 减0.052工日。

3.7.5 屋面单位工程面积≤200 m^2 者，按其相应项目的时间定额乘以1.25；面积>2 000 m^2 者，按其相应项目的时间定额乘以系数0.91。

3.7.6 墙面、地面做卷材防水层，总工程量所需劳动消耗量≤2工日者，其时间定额乘以系数1.43。

3.7.7 高聚物改性沥青卷材、合成高分子卷材防水层，以铺单层为准，如铺双层按其相应项目的时间定额乘以系数1.8；冷粘法以满铺为准，点、条、空铺者按其相应项目的时间定额乘以系数0.91。

4 工作内容

除各项目规定的作业内容外，还包括下列内容：

1. 熟悉施工图纸，布置操作地点，领退料具，队组自检互检，机械加油加水，排除一般机械故障，保养机具，操作完毕后场地清理等。

2. 裁卷材(布)，配料，过秤，清理基层，涂刷，铺贴，压实，搭拆高度≤3.6m简单架子等全部操作过程。

5 时间定额表

5.1 卷材防水层

5.1.1 石油沥青玛碲脂卷材防水层

5.1.1.1 工作内容：包括沥青开拆、分块、熬制，填充料加热，砂石加热，铺砂，粘砂，落水眼加固，墙面压槎加固，天沟两面压槎，铺沟底弧度等全部操作过程。

5.1.1.2 石油沥青玛碲脂卷材防水层时间定额，详见表4。

表4

单位：10 m^2

定额编号		AI0001	AI0002	AI0003	AI0004	序号
项目		墙基	地面	墙面		
				地面以上	地面以下	
石油沥青玛碲脂卷材	一毡焊接	0.123	0.105	0.191	0.242	一
	二毡三油	0.417	0.467	0.709	0.863	二
	二毡三油一砂			0.959	1.17	三
	每增减一毡一油	0.149	0.170	0.215	0.303	四

表 4(续)　　单位:10 m^2

定额编号		AI005	AI006	AI007	AI008	AI009	AI0010	AI0011	序号
项目		屋面			天沟	地沟	回水坑		
		平屋面	锯齿形、弧形	折板			方形	圆形	
石油沥青玛碲脂卷材	一毡焊接	0.087	0.110						一
	二毡三油	0.398	0.539	0.710	0.556	0.709	1.03	1.63	二
	二毡三油一砂	0.504	0.694	0.907	0.617				三
	每增减一毡一油	0.146	0.206	0.272	0.224	0.283	0.448	0.665	四

定额编号		AI0012	AI0013	AI0014	AI0015	序号
项目		独立设备基础				
		平面		立面		
		面积(≤m^2)				
		5	20	5	20	
石油沥青玛琋脂卷材	一毡一油	0.413	0.327	0.610	0.493	一
	二毡三油	0.752	0.610	1.19	0.943	二
	每增减一毡一油	0.214	0.204	0.395	0.328	三

注 1:水池、地沟、回水坑均以深度≤5 m为准,深度>5 m者另行处理。水池、水箱面积≤30 m^2 者,按回水坑时间定额执行;面积>30 m^2 者,其平面按地面时间定额执行,立面按地面以下墙面时间定额执行。

注 2:玛琋脂以填充料比例≤30%为准,填充料比例>30%者,其时间定额乘以系数 1.18,无填充料者乘以系数 0.91。

注 3:屋面(或地面)与墙面连接处压槎,墙面部分高≤0.5 m者,按屋面(或地面)时间定额执行,高>0.5 m者,墙面部分按墙面时间定额执行。

注 4:墙面以直形为准,圆形或弧形者,其时间定额乘以系数 1.18。

注 5:屋脊和檐头泛水加固,每 10 m 增加 0.25 工日;墙垛加固按垛的高度每 10 m 增加 0.5 工日;屋面反梁每 10 m 增加 0.35 工日。

注 6:独立设备基础面积>20 m^2 者,立面按墙面、平面按地面定额执行。

注 7:通风塔、回气管、烟囱根加固,直径≤0.5 m者,每 10 个增加 1 工日;直径>0.5 m者,每 10 个增加 2 工日。

注 8:玛琋脂油毡(纸)防水层,如使用玻璃纤维布,其相应项目的时间定额乘以系数 1.33。

5.1.2 高聚物改性沥青卷材防水层

5.1.2.1 工作内容:清理基层,填平、刮平局部凹凸,涂刷基层处理剂,冷粘,熔贴等全部操作过程。

5.1.2.2 高聚物改性沥青卷材防水层时间定额,详见表 5。

表 5　　单位:10 m^2

定额编号		AI0016	AI0017	AI0018	AI0019	序号
项目		墙基	地面	墙面		
				地面以上	地面以下	
高聚物改性沥青卷材	热熔法	0.199	0.238	0.384	0.481	一
	冷粘法	0.181	0.217	0.349	0.438	二
	自粘法	0.166	0.198	0.320	0.401	三

表 5(续) 单位:10 m^2

定额编号		AI0020	AI0021	AI0022	AI0023	AI0024	AI0025	AI0026	序号
项目		屋面			天沟	地沟	回水坑		
		平屋面	锯齿形、弧形	折板			方形	圆形	
高聚物改性沥青卷材	热熔法	0.200	0.259	0.338	0.314	0.395	0.596	0.896	一
	冷粘法	0.182	0.236	0.308	0.286	0.359	0.542	0.815	二
	自粘法	0.167	0.216	0.282	0.262	0.329	0.496	0.746	三

5.1.3 **合成高分子卷材防水层**

5.1.3.1 工作内容:清理基层,填平、刮平局部凹凸,涂刷基层处理剂,冷粘,热风焊接等全部操作过程。

5.1.3.2 合成高分子卷材防水层时间定额,详见表 6。

表 6 单位:10 m^2

定额编号		AI0027	AI0028	AI0029	AI0030	序号
项目		墙基	地面	墙面		
				地面以上	地面以下	
合成高分子卷材	冷粘法	0.224	0.268	0.432	0.541	一
	热风焊接	0.249	0.297	0.480	0.601	二
	自粘法	0.204	0.244	0.393	0.492	三

定额编号		AI0031	AI0032	AI0033	AI0034	AI0035	AI0036	AI0037	序号
项目		屋面			天沟	地沟	回水坑		
		平屋面	锯齿形、弧形	折板			方形	圆形	
合成高分子卷材	冷粘法	0.225	0.291	0.380	0.353	0.444	0.670	1.01	一
	热风焊接	0.250	0.323	0.422	0.392	0.493	0.744	1.12	二
	自粘法	0.205	0.265	0.346	0.321	0.404	0.610	0.919	三

注:高分子卷材包括:三元乙丙、再生、氯丁橡胶卷材,氯化聚乙烯一橡胶共混卷材,氯磺化聚乙烯卷材,聚氯乙烯防水卷材,SBC120 复合卷材等。

5.2 **涂膜防水层**

5.2.1 冷胶料、玻璃纤维布涂膜防水层

5.2.1.1 工作内容:涂刷冷底子油,刷冷胶料,粘贴纤维布和涂膜防水层。

5.2.1.2 冷胶料、玻璃纤维布涂膜防水层时间定额,详见表 7。

5.2.2 高聚物改性沥青防水涂料防水层时间定额,详见表 8。

5.2.3 合成高分子防水涂料防水层时间定额,详见表 9。

5.2.4 涂刷沥青时间定额,详见表 10。

表 7

单位：10 m²

定额编号		AI0038	AI0039	AI0040	AI0041	序号
项目		墙基	地面	墙面		
				地面以上	地面以下	
冷胶料、玻璃纤维布	一布二涂	0.229	0.256	0.403	0.509	一
	每增减一布一涂	0.128	0.145	0.195	0.261	二
	每增减一涂	0.052	0.044	0.054	0.077	三

定额编号		AI0042	AI0043	AI0044	AI0045	AI0046	AI0047	AI0048	序号
项目		屋面			天沟	地沟	回水坑		
		平屋面	锯齿形、弧形	折板			方形	圆形	
冷胶料、玻璃纤维布	一布二涂	0.186	0.247	0.325	0.291	0.369	0.602	0.926	一
	一布二涂一砂	0.265	0.360	0.472	0.342				二
	每增减一布一涂	0.107	0.154	0.198	0.194	0.241	0.343	0.481	三
	每增减一涂	0.035	0.049	0.074	0.053	0.076	0.188	0.306	四

注 1：冷涂料的施工方法、质量要求与冷胶料相似者，可按冷胶料相应项目的时间定额执行。

注 2：冷胶料材料包括 SBS 弹性沥青、氯丁橡胶沥青、硅橡胶沥青、非焦油聚氨酯、丙烯酸酯防水涂料等。

表 8

单位：10 m²

定额编号	AI0049	AI0050	AI0051	AI0052	AI0053	AI0054	AI0055	AI0056	AI0057
项目	屋面			天沟	地沟	回水坑		地面	墙面
	平屋面	锯齿形、弧形	折板			方形	圆形		
综合	0.180	0.239	0.315	0.282	0.358	0.583	0.896	0.248	0.390

表 9

单位：10 m²

定额编号	AI0058	AI0059	AI0060	AI0061	AI0062	AI0063	AI0064	AI0065	AI0066
项目	屋面			天沟	地沟	回水坑		地面	墙面
	平屋面	锯齿形、弧形	折板			方形	圆形		
综合	0.198	0.263	0.346	0.310	0.393	0.641	0.985	0.273	0.429

注 1：涂膜的厚度，按现行规范，高聚物改性沥青防水涂料防水层以 2～3 mm、合成高分子防水涂料防水层以 1.5～2 mm，并以多遍成活为准。厚度超过规范者，另行处理。

注 2：表中未列的新型涂料防水材料，可参照类似相应项目的时间定额执行。

表 10

单位：10m²

定额编号	AI0067	AI0068	AI0069	AI0070	AI0071
项目	地面、墙面				柱基、设备基础
	平面	立面及斜面			
		混凝土及抹灰面	砖面	石面	
综合	0.091	0.120	0.141	0.169	0.208

表 10(续)　　单位:10m²

定额编号	AI0072	AI0073	AI0074	AI0075	AI0076	AI0077
项　目	屋架、檩条、挑檐木、楼地楞	游檐木	木门窗框	方圆木	板　材	浸木砖
	10 端头	10m		10m²		10 块
综合	0.050	0.056	0.034	0.111	0.093	0.006

注 1：刷沥青以一遍为准，如刷二遍，其时间定额乘以系数 1.5；刷三遍者，时间定额乘以系数 2。

注 2：屋架、檩条、挑檐木、楼地楞满刷沥青者，按方圆木时间定额执行。

5.3　变形缝

5.3.1　工作内容：嵌缝包括煮麻丝，砂子加热，填塞麻丝、油膏等；金属制品包括放样，划线，截料，起线，卷边，包铁线，咬口，焊接，铆接，打墙眼，安卡子，吊正找平等全部操作过程。

5.3.2　变形缝时间定额，详见表 11。

表 11　　单位:10m

定额编号	AI0078	AI0079	AI0080	AI0081	AI0082	AI0083	AI0084	AI0085
项　目	地面、屋面				墙面		塞麻丝	
	沥青		沥青砂浆					
	缝深(mm)				嵌刨花板、嵌沥青板	嵌木屑	平面	立面
	≤100	>100	≤100	>100				
综合	0.067	0.100	0.500	0.588	0.313	0.500	0.667	1.00

定额编号	AI0086	AI0087	AI0088	AI0089	AI0090
项　目	止水带		嵌油膏		卷材贴缝（二毡三油）
	橡胶	钢板	平面	立面	
综合	0.980	1.17	0.353	0.503	0.250

注 1：嵌塞不分缝的宽度和深度，均以单面为准；油膏以成品为准。

注 2：嵌塞板缝者，按相应项目的时间定额乘以乘数 0.7。

定额编号	AI0091	AI0092	AI0093	AI0094	AI0095
项　目	镀锌铁皮				
	屋面	墙面	地下室	靠墙上层	靠墙底层
综合	0.667	0.588	0.526	0.286	1.00

定额编号	AI0096	AI0097	AI0098	AI0099	AI00100
项　目	不锈钢				
	屋面	墙面	地下室	靠墙上层	靠墙底层
综合	0.834	0.735	0.658	0.358	1.25

注：屋面变形缝包括上层和地底，上层以三块料为准，如遇"十"字头制作、安装，每个增加 1 工日，堵头每个增加 0.3工日。

5.4　排水制品

5.4.1　白铁排水制品制作与安装

5.4.1.1　工作内容：包括放样、划线、截料、起线、卷边、包铁线、咬口、焊接、焊缝、铆接及开水眼、装套管、打眼、安卡子、安装漏斗、吊正找平、搬移梯子等全部操作过程。

5.4.1.2　白铁排水制品制作与安装时间定额，详见表12。

表12

单位：10m

定额编号	AI0101	AI0102	AI0103	AI0104	AI0105	AI0106	序号
项目	檐沟	天沟		斜沟	水落管		
		底宽（≤mm）			圆形	方形	
		900	1800				
综合	0.433	0.790	1.46	0.450	0.614	0.692	一
制作	0.189	0.357	0.625	0.200	0.244	0.259	二
安装	0.244	0.433	0.833	0.250	0.370	0.433	三

定额编号	AI0107	AI0108	AI0109	AI0110	AI0111	AI0112	AI0113
项目	漏斗制作			阳台落水口制作		弯头制作	
	猴头四块料	圆型	方型	圆型	方型	圆型	方型
综合	1.96	1.44	2.50	0.330	0.400	0.420	0.500

定额编号	AI0114	AI0115	AI0116	AI0117	AI0118	AI0119	AI0120	序号
项　目	泛　水							
	檐口	天窗		屋面墙根	烟囱根		踏步式	
		甲型	乙型		带分水	不带分水		
综合	0.467	0.270	0.330	0.278	0.872	0.698	0.911	一
制作	0.250	0.137	0.182	0.144	0.455	0.313	0.476	二
安装	0.217	0.133	0.148	0.134	0.417	0.385	0.435	三

5.4.2　成品排水制品安装

5.4.2.1　工作内容：包括划线，截料，粘接，石棉水泥接口，打眼，安卡子，安装水落管、水落口、漏斗，吊正找平，搬移梯子等全部操作过程。

5.4.2.2　成品排水制品安装时间定额，详见表13。

表13

单位：10m

定额编号	AI0121	AI0122
项目	塑料水落管	铸铁水落管
综合	0.370	3.29

5.4.3　瓦垄铁屋面安装

5.4.3.1　工作内容：包括划线，截料，割角，钻孔，铺设，加垫，上螺丝及螺栓，稳固，钉钉等全部操作过程。

5.4.3.2　瓦垄铁屋面安装时间定额，详见表14。

表14

单位：$10m^2$

定额编号	AI0123	AI0124	AI0125	AI0126	AI0127
项　目	瓦垄铁屋面				
	板上铺		木楞上铺		钢楞条上铺
	木螺丝	钉子	木螺丝	钉子	螺栓
综合	0.161	0.130	0.189	0.152	0.287

附 录 A
（标准性附录）
施工方法、规定及示意图
（补充件）

A.1 施工方法

使用一般工具，以手工操作为主。

A.2 施工用料

均以设计规定的标准材料为准。

A.3 质量要求

符合现行的防水工程施工质量及验收规范。

A.4 安全要求

符合现行的防水工程安全操作规程。

A.5 术语、名词别称或解释

A.5.1 沥青防水卷材（油毡）：以原纸、织物、纤维毡、塑料膜等材料为胎基，浸涂石油沥青、矿物粉料或塑料膜隔离材料制成的防水卷材。

A.5.2 高聚物改性沥青防水卷材：以高分子聚合物改性沥青为涂盖层，聚酯毡、玻纤毡或聚酯玻纤复合为胎基，细砂、矿物粉料或塑料膜为隔离材料制成的防水卷材。

A.5.3 合成高分子防水卷材：以合成橡胶、合成树脂或两者共混为基料，加入适量的助剂和填料，经混炼压延或挤出等工序加工而成的防水卷材。

A.5.4 高聚物改性沥青防水涂料：以石油沥青为基料，用高分子聚合物改性，配制成的水乳型或溶剂型防水涂料。

A.5.5 合成高分子防水涂料：以合成橡胶或合成树脂为主要成膜物质，配制成的单组分或多组分防水涂料。

A.5.6 玛碲脂：即沥青掺合料，分为带填充料、不带填充料两种。通常也用下列各种名称，如胶着剂、胶合料、胶合剂、胶合物等。

A.5.7 冷胶料：不用加热熬制的防水胶结材料称为冷胶料。

A.5.8 溶剂：又名稀释剂，用于溶化沥青，作为涂料用。常用的溶剂有：动力苯、汽油、绿油、粗苯、精中油、煤油等。

A.5.9 填充料：为了制成软化点较高，韧性较好的玛碲脂，必须加填充料。填充料有三种：

1. 纤维填充料：如石棉屑、锯木屑等。
2. 粉末填充料：如滑石粉、石灰、石粉、火山灰粉、高炉水渣、矿渣粉、泥炭粉、大白粉。
3. 纤维粉末混合填充料：就是纤维填充料和粉末填充料二者混合而成的填充料。

A.5.10 游檐木：即楼楞下通长垫木。

A.6 金属制品示意图

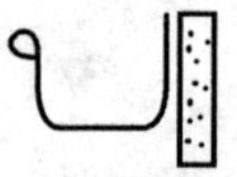

图 A.1 槽沟

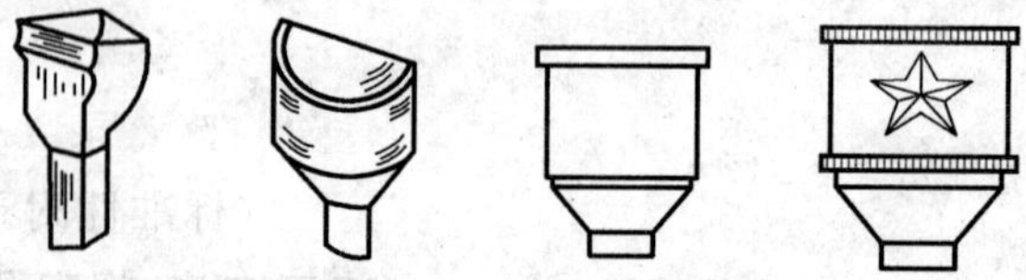

图 A.2 漏斗

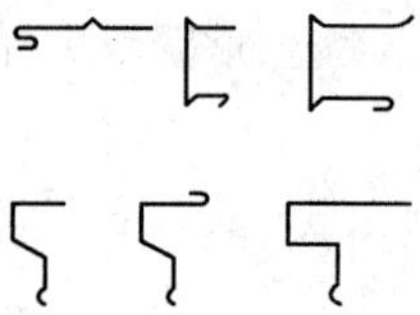
图 A.3 檐口泛水

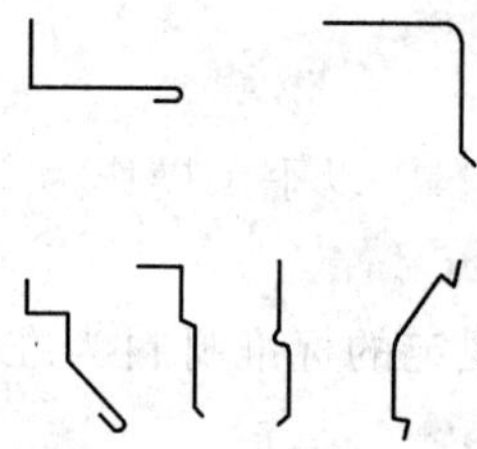

图 A.4 天窗下泛水

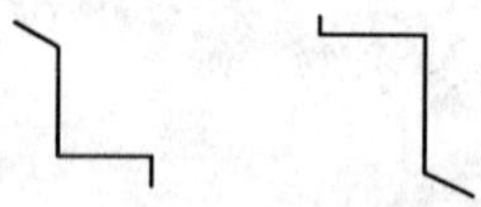
图 A.5 屋面墙根泛水

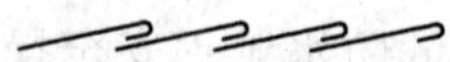
图 A.6 踏步式墙根泛水

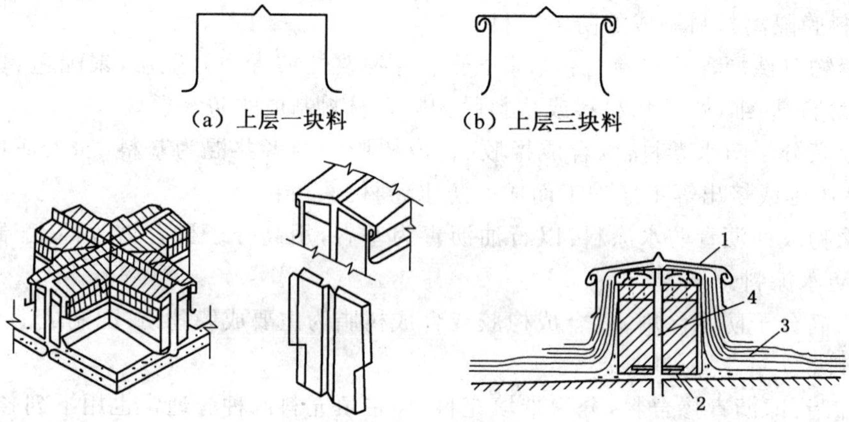

图 A.7 屋面伸缩缝

1—上层三块料；2—底层；3—油毡；4—伸缩缝填充料

图 A.8 靠墙伸缩缝

图 A.9 墙面伸缩缝

图 A.10 地下室伸缩缝

附　录　B

(资料性附录)

建筑工程—防水工程

编制说明

B.1　概况

本标准是在1994年中华人民共和国劳动和劳动安全行业标准《建筑安装工程劳动定额　防水工程》的基础上,结合目前建筑施工实际情况,删除了不常用项目,新增加了防水新材料、新工艺项目。内容包括卷材防水层、涂膜防水层、变形缝、排水制品等,共计127个定额项目,254个定额子目。

B.2　编制依据

1. 《建筑安装工程劳动定额　防水工程》LD/T 72.9-94
2. 《全国统一建筑工程基础定额》GJD-101-95
3. 《陕西省建筑安装、建筑装饰工程施工定额》(1995)
4. 《陕西省建筑安装、建筑装饰分部分项工程劳动定额》(2000)
5. 《陕西省建筑、装饰工程消耗量定额》(2004)
6. 定额水平调研统计资料

B.3　项目划分情况

B.3.1　章节变化情况

按照工程量计价规则项目,对原"防水工程"册部分章节项目进行了调整归类,划分为卷材防水层、涂膜防水层两章;保留了原变形缝一章;并将原"金属制品制作与安装"册白铁制品一章(包镶金属面除外)移入本册。

1. 卷材防水层一章,包括了原定额石油沥青玛碲脂卷材防水项目;移入了原定额改性沥青、沥青防胶防水卷材一章;并增加了1995年《全国统一建筑工程基础定额》的高分子防水卷材项目。

2. 涂膜防水层,是新组成的一章。包括了原定额卷材防水层节中的冷胶料、玻璃纤维布项目;移入了原定额涂刷沥青、臭油一节;新增加了无布涂料防水项目。

B.3.2　新增加项目

1. 在高聚物改性沥青卷材原定额项目的基础上,增加了墙基、地面、墙面等项目;施工方法以冷粘法、热熔法、自粘法三种施工方法单列。

2. 新增加了合成高分子卷材,项目分为屋面、地面、墙面等项目;施工方法以冷粘法、热风焊接、自粘法三种施工方法考虑。

3. 新增加了高聚物改性沥青、合成高分子等两类防水涂料,项目均分为屋面、地面、墙面等项目。

4. 变形缝项目在原定额的基础上,增加了橡胶、钢板止水带项目,并从原"金属制品制作及安装"册移入镀锌铁皮变形缝项目,又新增加了不锈钢板变形缝项目。

5. 从原"金属制品制作及安装"册移入排水制品一章,在此基础上,又新增加了成品排水制品项目。

B.3.3　原项目减少

1. 将沥青混凝土、沥青路面一节，划入市政道路工程。

2. 将沥青砂浆、沥青珍珠岩，沥青贴软木两节，划入防腐、隔热、保温工程。

3. 取消了其他一节，删除了其中的刷油毡面、砖砌沥青灶等项目；将卷材贴缝项目，划入变形缝一节。

4. 取消了石油沥青玛碲脂防水卷材天棚、水塔顶面项目。

5. 将石油沥青玛碲脂防水卷材，冷胶料、玻璃纤维布防水层的墙面（地面以下深≤2 m、深≤4.5 m），合并为地面以下项目，深>4.5 m的定额项目取消。

6. 将石油沥青玛碲脂防水卷材防水层，毡、油的遍数子目减少到目前常用的子目，并单列了遍数增减的子目。

7. 将冷胶料、玻璃纤维布防水层，贴涂遍数子目减少到目前常用的子目，并单列了贴涂遍数增减的子目。

8. 柱基、设备基础涂刷沥青项目取消了两遍、三遍项目，以一遍为准，二遍、三遍者按系数执行。

9. 从原“金属制品制作及安装”册移入的排水制品一章，取消了“其他白铁制品”一节的漏斗、灰桶制作等项目，将其余的镀锌铁皮伸缩缝项目划入变形缝一节，并取消了“白铁制品排水”一节的石棉管、沟及玻璃钢管、沟安装项目。

B.4　综合工程内容修改说明

1. 将引用标准BGJ 207—83《屋面工程施工及验收规范》修改为新的GB 50207—2002《屋面工程质量验收规范》。新增加了GB 50300—2001《建筑工程施工质量验收统一标准》、GB 50208—2002《地下防水工程质量验收规范》、GB 50345—2004《屋面工程技术规范》、GB 50108—2001《地下工程防水技术规范》作为引用标准。

2. 将原定额“编号”，统一修改为“定额编号”。

3. 将“伸缩缝”一节名称，按照规范修改为“变形缝”。

4. 将冷胶料、玻璃纤维布防水层，定额子目“一布二胶”，按规范修改为“一布二涂”，子目内所有“胶”字，均修改为“涂”字。

5. 将原定额涂刷臭油项目，修改为常用的刷沥青项目。

6. 统一了刷沥青项目计量单位，均以“10 m”、“10端头”、“10块”为计量单位，如：屋架刷沥青计量单位，由“工日/100端头”，修改为“工日/10端头”等。

7. 统一了白铁制品水落管制作、安装工程量计算规则，将“白铁制品水落管制作按实际长度计算”，修改为：“白铁制品水落管制作、安装按檐口至地面的立面投影高度计算”，便于此项定额的执行。

8. 将白铁皮漏斗、弯头、阳台落水口制作计量单位“个”，修改为“10个”，使全册统一以“10”计量。

9. 将附录A中的质量要求详细表述，修改为一句话“符合现行的防水工程质量验收规范”。

B.5　定额水平确定

B.5.1　原有定额项目水平

均保持1994“劳动定额”水平；子目划分有变化的，按原定额水平的遍数、层数、高度推算取定，基本上保持了1994“劳动定额”水平。如：

1. 石油沥青玛碲脂卷材防水层每增减一毡一油的定额水平，是按照原定额三毡四油减二毡三油的水平差，加原定额二毡三油减一毡二油的水平差之和，除以2，来推算的。

例：地面每增减一毡一油的定额水平：[(0.633－0.467)＋(0.467－0.294)]÷2≈0.170

平屋面每增减一毡一油的定额水平：[(0.544－0.398)＋(0.398－0.253)]÷2≈0.146

2. 冷胶料、玻璃纤维布涂膜防水层每增减一布一涂定额水平，是按照原定额三布四涂减二布三涂的水平差，加原定额二布三涂减一布二涂差，再加原定额三布三涂减二布二涂的水平差之和，除以3，来推算的。

例：地面每增减一布一涂的定额水平：[(0.549－0.407)＋(0.407－0.256)＋(0.505－0.362)]÷3≈0.145

平屋面每增减一布一涂的定额水平：[(0.4－0.292)＋(0.292－0.186)＋(0.365－0.258)]÷3≈0.107

3. 冷胶料、玻璃纤维布涂膜防水层每增减一涂的定额水平，是按照原定额三布四涂减三布三涂的水平差，加原定额二布三涂减二布二涂差，再加原定额一布二涂减一布一涂的水平差之和，除以3，来推算的。

例：地面每增减一涂的定额水平：[(0.549－0.505)＋(0.407－0.362)＋(0.256－0.212)]÷3≈0.044

平屋面每增减一涂的定额水平：[(0.4－0.365)＋(0.292－0.258)＋(0.186－0.151)]÷3≈0.035

4. 人力垂直运输加工每增减一毡一油的定额水平，是按照原定额三毡四油减二毡三油的水平差，加原定额二毡三油减一毡二油的水平差之和，除以2，来推算的。

例：地面至二层人力垂直运输加工每增减一毡一油的定额水平：[(0.0459－0.0344)＋(0.0344－0.0259)]÷2≈0.01

5. 人力垂直运输加工一毡的定额水平，是按照原定额三毡三油减二毡三油的水平差，加原定额二毡二油减一毡二油的水平差之和，除以2，来推算的。

例：地面至二层人力垂直运输加工一毡的定额水平：[(0.0413－0.0344)＋(0.031－0.0259)]÷2≈0.006

6. 石油沥青玛碲脂防水卷材防水层，冷胶料、玻璃纤维布涂膜防水层墙面(地面以下)，是按照原定额地面以下深≤2 m，加地面以下深≤4.5 m水平之和，除以2，来推算的。

例：石油沥青玛碲脂防水卷材二毡三油一砂防水层墙面(地面以下)定额水平：(1.08＋1.25)÷2＝1.17；

B.5.2 新增加项目水平的确定

B.5.2.1 高聚物改性沥青卷材防水层

施工方法以冷粘法、热熔法、自粘法三种施工方法单列。

屋面原有定额项目保持了1994年“劳动定额”中热熔法的水平，新增的地面、墙面(热熔法)等项目参照石油沥青玛碲脂卷材防水层一毡一油相应项目推算确定。

例：1. 取定推算系数：0.2(高聚物改性沥青卷材防水层平屋面定额水平)÷0.205(石油沥青玛碲脂卷材防水层一毡一油平屋面定额水平)≈0.9756，取定0.9756系数。

2. 高聚物改性沥青卷材防水层地面(热熔法)定额水平：0.244×0.9756≈0.238(工日/$10m^2$)；

冷粘法以热熔法定额水平，按其相应项目时间定额乘以系数 0.91；自粘法乘以系数 0.833 确定。

B.5.2.2 合成高分子卷材防水层

施工方法以冷粘法、热风焊接、自粘法三种施工方法考虑。

水平来源于 2007 年陕西省修编《全国建设工程劳动定额》取得的防水工程劳动定额水平调研统计资料。该资料经分析后，剔除过高过低水平，选用了水平接近且劳动组织较合理的资料，首先确定冷粘法地面水平。

合成高分子卷材防水层地面（冷粘法）定额水平，以以下四份统计资料的算术平均水平确定。

1. 地下室地面铺贴 SBC-120 卷材，0.28 工日/$10m^2$；

2. 基础垫层铺贴 SBC-120 卷材，0.23 工日/$10m^2$；

3. 基础垫层铺贴 TE 高分子卷材，0.265 工日/$10m^2$；

4. 地下室底板铺贴三元乙丙丁基橡胶卷材，0.295 工日/$10m^2$。

合成高分子卷材防水层地面（冷粘法）定额水平为：$(0.28+0.23+0.265+0.295)\div 4\approx 0.268$（工日/$10m^2$）。

再以新确定的合成高分子卷材防水层（冷粘法）地面水平与高聚物改性沥青卷材防水层（热熔法）地面定额水平对比，测算取定系数，推算出其他合成高分子卷材防水层（冷粘法）相应项目定额的水平。

例：1. 取定推算系数：0.268（新确定的合成高分子卷材防水层地面定额水平）÷0.238（高聚物改性沥青卷材防水层地面定额水平）≈1.126，取定 1.124 系数。

2. 合成高分子卷材防水层平屋面（冷粘法）定额水平：$2.00\times 1.124\approx 0.225$（工日/$10m^2$）。

热风焊接以冷粘法定额水平，按其相应项目时间定额乘以系数 1.11 确定，自粘法乘以系数 0.91 确定。

B.5.2.3 高聚物改性沥青防水涂料防水层

定额水平参照合成高分子防水涂料防水层，按其相应项目时间定额乘以系数 0.91 确定。

B.5.2.4 合成高分子防水涂料防水层

水平来源于 2007 年陕西省修编《全国建设工程劳动定额》取得的防水工程劳动定额水平调研统计资料。该资料经分析后，剔除过高过低水平，选用了水平接近且劳动组织较合理的资料，首先确定涂刷地面水平。

合成高分子地面防水涂料防水层定额水平，以以下四份统计资料的算术平均水平确定。

1. 基础刷聚氨酯防水涂料，厚度 2 mm，0.273 工日/$10m^2$；

2. 地下室混凝土垫层刷聚氨酯防水涂料，厚度 2 mm，0.256 工日/$10m^2$；

3. 厂房地面刷"瑞士西卡"防水涂料，厚度 1.4 mm，两遍，0.275 工日/$10m^2$；

4. 地下室混凝土底板刷"益胶泥"防水涂料，厚度 2 mm，0.286 工日/$10m^2$。

合成高分子地面防水涂料防水层定额水平为：$(0.273+0.256+0.275+0.286)\div 4\approx 0.273$（工日/$10m^2$）。

再以新确定的合成高分子防水涂料防水层地面定额水平与冷胶料、玻璃纤维布涂膜防水层一布二涂的地面定额水平对比，测算取定系数，推算出其他合成高分子相应项目防水涂料的水平。

例：1. 取定推算系数：0.273（新确定的合成高分子防水涂料地面定额水平）÷0.256（冷胶料、玻璃纤维布涂膜防水层一布二涂地面定额水平）≈1.066，取定1.064系数。

2. 合成高分子防水涂料平屋面定额水平：0.186×1.064≈0.198（工日/10m^2）。

B.5.2.5 不锈钢变形缝，参照镀锌铁皮变形缝相应项目的时间定额乘以1.25确定；橡胶、钢板止水带制安，按照2004年《陕西省建筑、装饰工程消耗量定额》，扣除超运距及其他辅助用工后确定。

橡胶止水带定额水平：预埋式塑料止水带1.22工日/10m×0.8≈0.98工日/10m

钢板止水带定额水平：预埋式紫铜片止水带2.93工日/10m×0.4≈1.17工日/10m

B.5.2.6 成品排水制品安装

铸铁水落管安装定额水平：参照1995年《陕西省建筑安装、建筑装饰工程施工定额》铸铁水落管安装，每10m 3.29工日确定。

五十一、湖南省复合防水防腐卷材补充消耗量标准(2007年)

关于印发《复合防水防腐卷材等补充消耗量标准》的通知

湘建价函[2007]18号

各市、州建设工程造价站、各有关单位：

最近陆续接到有关建设单位、施工单位的咨询电话，询问SEP-SQII复合防水防腐卷材、PSQ防水涂料、PSQ防腐涂料工程计价没有适合的项目可套，要求省站予以补充。根据国家防水技术规范、设计标准、有关设计施工详图以及工程计价消耗量标准编制原则，现就上述防水防腐项目予以补充印发，该消耗量标准补充项目与《湖南省建筑装饰装修工程消耗量标准》(建筑工程)配套执行；取费标准、计费程序按照《湖南省建设工程计价办法》相应规定计取；人工工资单价、主要材料价格的调整按相关规定执行。

附件：复合防水防腐卷材等补充消耗量标准项目表

湖南省建设工程造价管理总站

二〇〇七年五月十五日

附件：

复合防水防腐卷材等补充消耗量标准项目表

工程内容：SEP-SQII 复合防水防腐卷材：清理基层，熔化配套粘胶，铺贴卷材，接缝收头密封。PSQ 防水涂料：清理基层，稀释 PSQ-S100 防水涂料结合层、配制 PSQ 腻子灰补整（底涂）；涂刷防水涂料。

编 号			A8B-1	A8B-2	A8B-3	A8B-4
项 目 名 称			SEP-SQII 复合防水防腐卷材		PSQ 防水涂料	
			平面	立面	一底两涂	面涂增加一遍
基 价			5037.29	5208.49	4982.55	1695.22
人 工 费			580.2	749.7	199.8	99.9
材 料 费			4457.09	4458.79	4782.75	1595.32
机 械 费			—	—	—	—
名 称	单位	单价	消 耗 量			
综合人工	工日	30	19.34	24.99	6.66	3.33
SEP-SQII 复合防水防腐卷材	m^2	21.8	124.17	124.17	—	—
PSQ-S100 防水涂料	kg	16.8	—	—	276.05	92.02
107 胶素水泥浆	m^3	790.83	0.01	0.01	—	—
胶粘剂	kg	3.25	447.7	447.7	—	—
木柴	kg	0.34	129.62	129.62	—	—
铁钉（圆钉）	kg	5.39	0.23	0.23	—	—
乙酸乙脂	kg	20.12	5.05	5.05	—	—
二甲苯	kg	3.35	27.0	27.0	—	—
其他材料费	元	1	49.87	51.57	145.11	49.38

注：PSQ 防水涂料不分平面、立面均执行同一项目。

工程内容：清理基层，PSQ-S200 腻子灰补整并涂刷刮一层、涂刷 PSQ-S200 防腐涂料一遍（底涂）；贴布一层；涂刷 PSQ-S400 防腐涂料。

单位：$100m^2$

编 号			A8B-5	A8B-6	A8B-7	A8B-8
项 目 名 称			刮腻子	PSQ 防腐涂料		
			每层	底涂每层	贴布每层	面涂每层
基价			1075.34	1328.6	1555.26	1247.04
人工费			99.3	158.7	381.6	102.3
材料费			976.04	1169.9	1173.66	1144.74
机械费			—	—	—	—
名 称	单位	单价	消 耗 量			
综合人工	工日	30	3.31	5.29	12.72	3.41
PSQ-S200 防腐涂料	kg	22.6	40.0	50.0	40.0	—
PSQ-S400 防腐涂料	kg	24.6	—	—	—	45.0
玻璃丝布 0.2 mm	m^2	1.67	—	—	115.0	—
石英粉	kg	0.44	7.18	—	—	—
砂布	张	0.9	40.0	—	—	—
其他材料费	元	1	32.88	39.9	77.61	37.74

注：不分平面、立面均执行同一项目。